WALDBAU

AUF PFLANZENGEOGRAPHISCH-ÖKOLOGISCHER GRUNDLAGE

VON

PROF. DR. LEO TSCHERMAK

WIEN

MIT 153 ABBILDUNGEN IM TEXT
UND AUF TAFELN

Springer-Verlag Wien GmbH

1950

Additional material to this book can be downloaded from http://extras.springer.com

ISBN 978-3-662-22787-9   ISBN 978-3-662-24720-4 (eBook)
DOI 10.1007/978-3-662-24720-4

Vorwort.

Auf vielen Gebieten der angewandten Biologie, auch auf dem des Waldbaus, ist es notwendig, vor dem Handeln die natürlichen Gegebenheiten richtig zu erkennen. Diese betreffen in unserem Falle die ökologischen Grundlagen des Waldbaus. Das Wissensgebiet der Ökologie hat die Gesamtheit der Erkenntnisse über die Beziehungen zwischen Vegetation und Umwelt zum Gegenstande. Überall ist der Waldbau abhängig von den Einflüssen des Klimas und Bodens und der natürlichen Vegetation des betreffenden Raumes. Daher muß die Ökologie mit Bezug auf bestimmte Räume die Grundlage für alle waldbaulichen Maßnahmen bilden, auch muß der Waldbau bodenständig, nach Klima, Boden und Vegetation bestimmter Ländergebiete verschieden sein, dies um so mehr, je mehr die *Erhaltung naturnaher Wirtschaftswälder* angestrebt wird.

In mehreren Ländern wurde in den letzten Jahren in Lehr- und Handbüchern des Waldbaus der Bedeutung der ökologischen Grundlagen Rechnung getragen, so in den Vereinigten Staaten von Nordamerika und in England durch das Werk: T o u m e y, Foundations of sylviculture upon an ecological basis, New York, London, 2. Aufl., 1937. In Rußland sah G. F. M o r o s o w im Walde eine geographische Erscheinung, die deutsche Übersetzung seines Werkes „Die Lehre vom Walde" erschien im Jahre 1928 in Neudamm. In Deutschland liegen die einschlägigen Werke von A. D e n g l e r, Waldbau auf ökologischer Grundlage, 3. Aufl., 1944, und von K. R u b n e r, Die pflanzengeographischen Grundlagen des Waldbaus, 3. Aufl., 1934, vor. In Italien schrieb A. P a v a r i über „Gedanken zu einer Waldbaulehre auf vergleichender ökologischer Grundlage" (Zeitschrift für Weltforstwirtschaft 5, 1937/38, S. 286). Im *vorliegenden Buche* wird nun der Versuch unternommen, einen *Waldbau mit Bezug auf Mittel- und Südosteuropa unter besonderer Berücksichtigung Österreichs und aller seiner Nachbarländer, jedoch einschließlich der ganzen Balkanhalbinsel und Kleinasiens,* der Öffentlichkeit vorzulegen.

Schon A. D e n g l e r hat den Rahmen für die ökologischen Grundlagen des Waldbaus recht weit gespannt, denn von den zwei Teilen seines Handbuches ist der eine diesen Grundlagen, der andere der Technik des Waldbaus gewidmet. Diese dem Verfasser zweckmäßig erscheinende Zweiteilung findet sich auch im vorliegenden Buche. Verfasser hat sich zuerst als praktischer Forstwirt, dann als Forscher und akademischer Lehrer nicht nur in Österreich, sondern auch in dessen Nachbarländern (Westen, Norden, Nordosten und Südosten einschließlich der Türkei) betätigt, auf Reisen lernte er auch den Süden kennen. Die Berücksichtigung eines größeren Raumes als des eigenen Landes dürfte für den Leser erwünscht sein; denn die Wirkung mancher Bedingungen des Waldbaus, sowohl der ökologischen als auch der wirtschaftlichen, wird erst dann in anschaulicher Weise klar, wenn ein Vergleich mit einem entfernteren Gebiet mit wesentlich abweichenden Werten des gleichen Standortsfaktors oder der entsprechenden wirtschaftlichen Voraussetzung möglich ist. Im Zeitalter des Flugzeuges ist es auch bei Darstellung der naturwissenschaftlichen Grundlagen des Waldbaus empfehlenswert, sich nicht auf die Verhältnisse allzu eng begrenzter Räume zu beschränken. Auch hatten Forstwirte aus Österreich, Deutschland, der Schweiz, dem sonstigen Mitteleuropa recht häufig Gelegenheit zu fachlicher Betätigung im europäischen Südosten, so daß nach friedlicher Regelung aller zwischenstaatlichen Verhältnisse auch für die Zukunft aus diesem Grunde Kenntnisse über den Wald und Waldbau dieser Länder willkommen sein dürften. Auch den Fachgenossen aus südöstlichen Nachbarländern, die ihre forstwissenschaftlichen Studien in Mitteleuropa zurückgelegt haben oder die im Südosten Schüler des Verfassers waren, sei der vorliegende Waldbau gewidmet!

In allen Abschnitten des vorliegenden Buches finden die *Verhältnisse des Gebirges* sorgfältige Berücksichtigung (siehe Stichwort „Gebirge" im alphabetischen Sachverzeichnis). Unter den ökologischen Faktoren hat Verfasser auch den in den Ostalpen und in Südosteuropa belangreichen *Einfluß der Tierwelt auf die Waldvegetation* behandelt. (Übrigens ist auch in vielen mitteleuropäischen Forstrevieren außerhalb der Alpen, vor allem in solchen mit hohen Wildständen, der Einfluß der Tierwelt auf den Waldbau gar nicht gering.) Auf die Artenarmut des europäischen Waldes, etwa im Vergleich zum nordamerikanischen, wird im forstwissenschaftlichen Schrifttum nicht selten hingewiesen; hingegen kann an der im vorliegenden Buch enthaltenen Darstellung der „natürlichen Verbreitung der wichtigeren Holzarten Mitteleuropas und des europäischen Südostens" die *große Zahl der Baumarten* auffallen, denen der Forstwirt im Südosten begegnet. Auch dem mitteleuropäischen Fachgenossen dürfte es erwünscht sein, über die Verbreitung europäischer Arten, wie zum Beispiel der Silberlinde, Roßkastanie, der Baumhasel, des Walnußbaums oder der als Schmuckbaum wertvoller, zierlichen Omorikafichte, entsprechende Angaben vorzufinden. Im ersten Teil sind selbstverständlich auch Abschnitte über die *Waldgebiete Österreichs, Deutschlands, der Balkanhalbinsel und der Türkei* enthalten. Ein kurzer Anhang über die *wirtschaftlichen Grundlagen des Waldbaus* ist dem ersten Teil beigefügt. Bei Berücksichtigung der angegebenen Räume war es naheliegend, auch auf die wirtschaftlichen Grundlagen hinzuweisen; denn Österreich grenzt im Westen an Gebiete guter wirtschaftlicher Aufschließung des Waldes und hoher Wirtschaftsintensität der Forstwirtschaft (Schweiz, Bayern, Baden, Württemberg usw.), dagegen ist schon in den Ostalpen und noch mehr im europäischen Südosten die Intensität der waldbaulichen Arbeit entsprechend den andersgearteten wirtschaftlichen Bedingungen eine geringere.

Auch der *zweite Teil* des Buches über die Technik des Waldbaus nimmt überall Bezug auf die Verhältnisse in den angegebenen Räumen. Ein pflanzengeographisch-ökologisch ausgerichteter Waldbau muß selbstverständlich auf die *Erhaltung der natürlich vorkommenden Mischwälder* besonderes Gewicht legen, so zum Beispiel jener von Fichte-Tanne-Buche oder von Fichte-Tanne-Buche-Lärche mit eingesprengten anderen Arten; demgemäß auch auf die Anwendung jener Verfahren der natürlichen Verjüngung, welche diesem Ziele dienen, oder wenigstens auf eine Verbindung der künstlichen Aufforstung mit der Berücksichtigung der natürlichen Verjüngung. Auch im Abschnitt „Von den Waldbeständen" ist in diesem Sinne die Waldbautechnik der wichtigsten Bestandesarten nicht auf Reinbestände abgestimmt, zum Beispiel nicht auf den reinen Fichtenbestand, sondern auf den Bestand mit vorherrschender Fichte und auf die *Pflege* der in ihm vorhandenen *Mischholzarten.* Im 19. Jahrhundert schrieb man noch auf das Denkmal eines der bedeutendsten österreichischen forstwissenschaftlichen Schriftsteller, J o s e f W e s s e l y : „Kein Forst ohne Kultur", heute möchte man fordern: „Nicht allzuviel künstliche Kultur im Forst, vor allem im Mischwald Mitberücksichtigung der natürlichen Verjüngung!" In den Ostalpen konnten in den letzten Jahrzehnten Mischwälder häufig wegen eines zuwenig dichten Wegnetzes nur in Kahlschlägen abgetrieben und durch Fichtenaufforstung ersetzt werden; in jüngster Zeit aber wurde mit Hilfe maschineller Roharbeit beim Bau forstlicher Wege eine derartige Erleichterung, Verbilligung und Beschleunigung des Waldwegebaues erzielt, daß für die Zukunft begründete Hoffnung auf eine Verfeinerung der waldbaulichen Arbeit auch in diesem Raume bestehen dürfte. Aber auch der Waldbau in den Nachbarländern, vor allem Deutschland, Schweiz, Südosten, wird überall berücksichtigt. Wer etwa über Standortsbedingungen, Vegetation und Waldbau, zum Beispiel auf der Balkanhalbinsel, zusammenhängend nachlesen will, braucht sich nur der unter dem Stichwort „Balkanhalbinsel" im Sachverzeichnis enthaltenen Angaben zu bedienen, die Hinweise im Sachverzeichnis betreffen sehr häufig größere Abschnitte. Auch sonst bietet das Buch Gelegenheit zum Nachschlagen (oder auch zu seminaristischen Übungen) über die waldbaulichen Verhältnisse in den einzelnen Ländern des angegebenen Raumes (siehe die Stichwörter im Sachverzeichnis: Österreich, Deutschland, Schweiz, Italien, Ungarn, Jugoslawien, Tschechoslowakische Republik, Bulgarien, Rumänien, Griechenland, Kleinasien, Türkei). Auf die italienischen Erfahrungen wurde, wegen ihrer Bedeutung für den Südosten, öfter zurückgegriffen.

Auch bei der in Österreich und im Südosten notwendigen Anbahnung von Verbesserungen in der *Bestandeserziehung* möchte das vorliegende Buch ein Behelf sein. Durch Darstellung des heutigen Standes der Waldbautechnik, betreffend Bestandespflege, wird auf dieses Ziel hingearbeitet, auch wird im „Waldbau der wichtigsten Bestandesarten" auf die speziellen Grundsätze für die Bestandeserziehung (Durchforstung) der einzelnen Arten näher eingegangen.

Unter den forstlichen Betriebsarten ist auch der Mittelwald, der im nordöstlichen Niederösterreich noch gegenwärtig stärker vertreten ist, entsprechend berücksichtigt. Ebenso werden die Verhältnisse im *Auwald* erörtert, desgleichen die Überführung der Ausschlagwälder der Auen in schlagweisen, im Lichtwuchsbetrieb zu behandelnden, mehrschichtigen Laubholzhochwald. Wo Verfahren zu besprechen waren, die in bestimmten Gebieten Mitteleuropas entwickelt und fortgebildet worden sind und die für den Fortschritt des Waldbaus von wesentlichem Belang sind, dort wurde auseinandergesetzt, wie das Verfahren in seinem Ursprungsland entstanden ist und wie es dort gehandhabt wird. So wurde zum Beispiel vorgegangen beim „bayerischen Femelschlag" und anderen bayerischen Verjüngungsmethoden, beim Verjüngungsverfahren von Bärenthoren, bei der Auslesedurchforstung nach S c h ä d e l i n-Zürich, bei der dänischen Durchforstung, bei einer Reihe von Verfahren, die in Deutschland entstanden sind und ausgebaut wurden. Der Umstand, daß Verfasser ein Jahr lang als Professor des Waldbaus im Lande Baden mit seiner besonders pfleglichen Forstwirtschaft tätig war, bot ihm Gelegenheit, im zweiten Teil des Buches auf so manche beispielgebende Leistung in der badischen Forstwirtschaft hinzuweisen.

Dem S p r i n g e r - Ve r l a g in Wien, der trotz den außerordentlichen Schwierigkeiten der Nachkriegszeit die Herausgabe des Buches sowie eine reiche Ausstattung mit Abbildungen ermöglichte, bin ich zu besonderem Danke verpflichtet.

Wien, Weihnachten 1949.

L. Tschermak.

Inhaltsverzeichnis.

Erblichkeit und Veränderlichkeit 276. — Klimatische oder geographische Rassen 279. — Entstehung der Baumrassen (oder klimatischen Rassen) 286. — Praktische Maßnahmen zur Sicherung geeigneter Herkünfte 287. — Forstwirtschaftliche Pflanzenzüchtung oder Waldbaumveredlung 289.

Mannbarkeitsalter 291. — Bedingungen des Blühens 292. — Die Häufigkeit der Samenjahre 293. — Windbestäuber und Insektenblütler 295. — Die Reifezeit 295. — Die Menge der erzeugten Samen 296. — Die Samenverbreitung 297. — Vegetative Vermehrung 298.

Innere und äußere Bedingungen der Keimung 301 — Lebensdauer der Samen 303. — Anforderungen an die Güte des Samens 305. — Gefährdung der Keimlinge 307.

Höhenwachstum in der Jugend 307. — Die Dauer des Höhenwachstums junger Pflanzen während der Vegetationszeit 310. — Schutzbedürfnis in der ersten Jugend 311. — Bezeichnung der Waldbestände je nach ihrer durch das Alter bedingten Entwicklung 312.

Höhenwuchs; Hinweis auf die Zuwachs- und Ertragslehre 313. — Formverhältnisse der Holzarten 314. — Unterschied in den Formen der Bäume im Waldbestand und im Freistand 315. — Stammausscheidung 316. — Erreichbares Lebensalter 319.

Zweiter Teil.

Technik des Waldbaus.

Berichtigungen.

Seite 361, Zeile 6 von oben, lies: mit Überhalt statt: mit Überbehalt.

Seite 375, Zeile 11 von oben, lies: Kiefer[1] statt: Kiefer 1.

Seite 463, Abbildungsunterschrift lies: 15 m hoch statt: 15 mm hoch.

Seite 683, Zeile 19 von oben, lies: Bindewieden statt: Bindeweiden.

Begriff des Waldbaues.
Gliederung des Stoffes und wichtigstes Schrifttum.

Die Lehre vom Waldbau ist ein Zweig der Forstwissenschaft. Gegenstand der Forstwissenschaft ist das Forstwesen, das ist die Geamtheit der Beziehungen zwischen Mensch und Wald hinsichtlich dessen kultureller Bedeutung, technischer und wirtschaftlicher Behandlung. Waldbau umfaßt die Ökologie des Waldes, die Technik des Waldanbaues und des durch die Verjüngung, Pflege und Erziehung der Waldbestände zu regelnden Waldaufbaues unter Berücksichtigung der naturgesetzlichen und wirtschaftlichen Grundlagen und mit dem Ziele nicht nur wertvoller, sondern auch wirtschaftlicher Ertragsleistungen des Waldes. Der erste Teil des vorliegenden Buches ist den ökologischen Grundlagen des Waldbaues gewidmet. Ökologie (wörtlich: Wissenschaft von der Haushaltung) ist die Lehre von dem Verhältnis der Lebewesen zu ihrer Umwelt, zu den Standortsbedingungen; die ökologische Pflanzengeographie zeigt nicht nur die geographische Verbreitung von Pflanzen und Pflanzenvereinen auf, sondern auch, wie diese Verbreitung und der Haushalt der Pflanzen von den durch Klima (Wärme, Feuchtigkeit, Licht usw.) und Boden gegebenen Bedingungen abhängt. Der Waldbau sowie die Forstwissenschaft überhaupt ist eine sogenannte „angewandte" Wissenschaft. Zum Unterschied von den angewandten werden unter den reinen Wissenschaften jene verstanden, welche dem bloßen Erkenntnisbedürfnis dienen, deren Gegenstand also das Erkennen des Seins ist. Waldbau ist zum großen Teil angewandte Biologie, aber er ist es nicht ausschließlich, weil er sich nicht ausschließlich nach naturgesetzlichen Erkenntnissen richten kann, sondern im Hinblick auf die unabweisbaren Erfordernisse der Volkswirtschaft auch wirtschaftliche Ziele berücksichtigen muß. (Zum Beispiel ist für die Wahl der Holzart bei der Bestandesgründung eine Synthese naturgesetzlicher und wirtschaftlicher Bestimmungsgründe entscheidend.) Hinsichtlich des zweiten Teiles der Waldbaulehre pflegt man auch von einer „Technik" des Waldbaues (ähnlich von einer Technik des Forstschutzes usw.) zu sprechen. Wir verstehen dann unter „Technik" im allgemeinen den Inbegriff aller Leistungen, mittels deren auf wissenschaftlicher Grundlage und nach wirtschaftlichen Gesichtspunkten Naturkräfte und Rohstoffe in den Dienst des Menschen gestellt werden. Nicht überall, wo es Wald gibt, besteht auch eine Forstwirtschaft (und ein Waldbau) in unserem Sinne. Denn wo es sich bloß um die Nutzung von Holzbeständen, um die Aufzehrung eines vorhandenen Waldes handelt, dort vermag eine Holzwirtschaft zu entstehen, deren Gegenstand das eben vorhandene Holz ist, aber keine Forstwirtschaft. Diese sucht aus dem Walde ein brauchbares Mittel andauernder Bedürfnisbefriedigung im Rahmen der Volkswirtschaft zu machen. Sie will den Wald nicht wie ein Bergwerk ausbeuten, sondern nachhaltige Walderhaltung und Waldnutzung miteinander verbinden, auf ein Gleichgewicht zwischen Nutzung und Zuwachs hinarbeiten.

Der Waldbau und die Forstwirtschaft überhaupt dient nicht nur materieller Bedürfnisbefriedigung; wir betreiben Waldbau 1. im Dienste einer volkskulturellen Aufgabe, Hege des Waldes um ideeller Werte willen, die er dem Volke bietet; Aufgabe des Forstmannes ist es deshalb, auch den Wirtschaftswald möglichst als naturnahen, standortsgerechten Wald zu gestalten; 2. treiben wir Waldbau im Dienste einer landeskulturellen Aufgabe, nämlich wegen der Wirkung des Waldes auf das Land, auf den Boden, zum Beispiel durch Festhalten des Verwitterungsbodens auf Hängen im Gebirge, Verlangsamung des Abtrages der Verwitterungsprodukte, Speisung der Quellen usw. (der lockere Waldboden im Gebirge nimmt mehr Wasser auf als der Boden des benachbarten Weidelandes, der oberflächliche Abfluß bei Hochwasser wird dadurch vermindert, die Ergiebigkeit der Quellen vermehrt; vgl. E n g l e r, Einfluß des Waldes auf den Stand der Gewässer, Mitteilungen d. eidgen. Anst. f. d. forstl. Versuchswesen, Bd. 12, Zürich 1919; dann B u r g e r, ebenda, Bd. 18, 1934, Bd. 23, 1943); 3. wird Waldbau betrieben in Erfüllung einer sozialen Aufgabe: Schaffung von Arbeitsgelegenheit; 4. die volkswirtschaftliche Aufgabe im engeren Sinne besteht in der Deckung des Bedarfs der Volkswirtschaft an Erzeugnissen des Waldes.

Die wissenschaftlichen Grundlagen des Waldbaues sind vor allem naturgesetzliche, sie sind durch Klima, Boden und das biologische Verhalten der Holzarten, insbesondere durch die Verbreitung des Waldes und der Holzarten, gegeben. In den letzten Jahrzehnten haben besonders die biologischen Grundlagen des Waldbaues, die Zusammenhänge zwischen Klima, Boden und dem Verhalten der Holzarten, einen wesentlichen Ausbau erfahren. Sie werden auch als ökologische Grundlagen (oder als pflanzengeographische im Sinne der ökologischen Pflanzengeographie) bezeichnet. Die ökologisch-pflanzengeographischen Grundlagen spielen im Waldbau mehr als im sonstigen Pflanzenbau eine Rolle; denn in der Landwirtschaft und im Gartenbau ist der Umtrieb in der Regel ein kurzfristiger. Wenn Jahre mit extremer Witterung (Dürre, Frost) einen Fehlschlag hervorrufen, so können in den dazwischenliegenden Jahren immerhin Reihen normaler Ernten erzielt werden. Anders verhält es sich im Waldbau, denn mit empfindlichen Holzarten, die in Jahren besonders ungünstiger Witterung, also zum Beispiel etwa alle 20 oder 25 Jahre, wesentlich geschädigt würden, könnten wegen der Höhe des Umtriebes von etwa 100 bis 120 Jahren normale Ernten nicht erzielt werden. Für den Waldbau ist deshalb auch die Witterung extremer Jahre ein Standortsfaktor, mit dem gerechnet werden muß!

Den Stoff des Waldbaues kann man etwa wie folgt gliedern: I. Grundlagen, II. Technik des Waldbaues. Teil I: 1. Die naturwissenschaftlichen Grundlagen; hier kann man unterscheiden a) den Einfluß der wichtigsten

Standortsbedingungen, wie Wärme, Wasser, Licht, Kohlensäure der Luft, Wind, klimatische Gesamtwirkung, Bestandesklima, Bodeneigenschaften, Einfluß der Tierwelt (besonders Waldweide und zu hohe Wildstände); b) die natürlichen Waldformen und die Verbreitung des Waldes und der Holzarten; c) die waldbaulich wichtigen Lebenserscheinungen des Bestandesmaterials. Dabei sollen Beispiele aus Österreich und aus Deutschland sowie aus dem europäischen Südostraum, hauptsächlich auf Grund eigener Wahrnehmungen des Verfassers, berücksichtigt werden. 2. Auch die wirtschaftlichen Grundlagen und ihr örtlich wechselnder Einfluß auf den Waldbau sollen wenigstens kurz behandelt werden. Professor B ü h l e r als Verfasser eines Werkes über Waldbau hat als erster auch die wirtschaftlichen Grundlagen in einem Waldbaulehrbuch dargestellt. Weitere Abschnitte des Waldbaues betreffen Teil II, Technik des Waldbaues: 3. die Bestandesformen oder -arten und ihre waldbauliche Behandlung; 4. die Bestandesverjüngung; 5. die Bestandeserziehung; 6. die Betriebsarten, ihre Technik und Würdigung.

Im folgenden soll wichtigstes waldbauliches Schrifttum genannt werden. Die Aufgabe der Ausrichtung auf Österreich und den europäischen Südosten konnten sich die Verfasser der im folgenden angeführten Werke selbstverständlich nicht in dem Maße stellen, wie es im vorliegenden Buche der Fall ist. D e n g l e r , Waldbau auf ökologischer Grundlage, 3. Aufl., 1944, ist ein umfassendes Lehrbuch für das Gesamtgebiet des Waldbaues. Auf die süddeutschen Verhältnisse nimmt besonders Bezug: B ü h l e r , Der Waldbau, 2 Bde., 1918—1922; kein eigentliches Lehrbuch, sondern ein umfangreiches Nachschlagewerk, das durch möglichst lückenlose Übersichten über das Schrifttum, Berichte über angestellte Versuche und dergleichen dem auf dem Lande lebenden Fachgenossen den Besitz einer Bücherei zu ersetzen suchte. Zu den neueren erfolgreichen Büchern gehört R u b n e r , Die pflanzengeographischen Grundlagen des Waldbaues, 3. Aufl., 1934. Es hat, wie schon der Titel besagt, die ökologischen Grundlagen des Waldbaues allein zum Gegenstande. Der „Waldbau" von Professor J. O e l k e r s , Hann.-Münden, in vier Teilen in den Jahren 1930—1934 erschienen, ist gekennzeichnet durch das Streben nach festen Zahlenausdrücken für jene Standortsbedingungen, die bei den einzelnen Holzarten Erträge bester oder wenigstens zweiter Ertragsklasse erwarten lassen. Mit anderen Fachgenossen hält Verfasser eine solche zahlenmäßige Kennzeichnung der für bestimmte Erträge erforderlichen Standortsbedingungen für ein derzeit noch unerfüllbares Ideal, unter anderem auch wegen des Zusammenspiels verschiedener Standortsbedingungen.

Eine sehr eingehende Darstellung eines wichtigen Teilgebietes, nämlich der verschiedenen Verfahren der natürlichen Verjüngung, verdanken wir dem Werke V a n s e l o w , Natürliche Verjüngung im Wirtschaftswald, Neudamm 1931. Zweier für die Gegenwart noch recht belangreicher, etwas älterer Werke ist noch besonders zu gedenken:

H. M a y r s „Waldbau auf naturgesetzlicher Grundlage", 1909, bedeutete bei seinem Erscheinen einen wesentlichen Fortschritt in der naturgesetzlichen Begründung des Waldbaues. M a y r hatte die Waldungen mehrerer Erdteile auf wiederholten großen Reisen kennengelernt, sein Werk wirkt noch immer ungemein anregend, wenn es auch durch weitere Arbeiten in der gleichen Richtung und durch die Bücher von D e n g l e r und R u b n e r überholt ist. Der Vorgänger H. M a y r s auf dem Waldbaulehrstuhle der Universität München, K. G a y e r, verfaßte einen Waldbau, der im Jahre 1898 in vierter (und letzter) Auflage erschien. Darin trat er insbesondere für die Erhaltung der natürlichen Mischwälder unter Berücksichtigung der natürlichen Verjüngung ein, sein Werk wurde in der ganzen Welt bekannt und ist heute noch einigermaßen richtunggebend für die Technik der natürlichen Verjüngung, doch ist es in der Art der Darstellung und naturgesetzlichen Begründung durch die Werke D e n g l e r s, R u b n e r s und V a n s e l o w s überholt.

Wichtige Bücher über größere Teilgebiete des Waldbaues sind noch S c h ä d e l i n, Die Auslesedurchforstung als Erziehungsbetrieb höchster Wertleistung, 3. Aufl., Bern-Leipzig 1942, und H. M a y e r - W e g e l i n, Ästung, Hannover 1936. In *geschichtlicher* Beziehung ist zu erwähnen, daß man als den Begründer des Waldbaues als angewandte Wissenschaft G. L. H a r t i g ansehen kann, dessen Buch „Anweisung zur Holzzucht für Förster und die es werden wollen" in erster Auflage 1791 erschienen ist, es enthält eine nach einheitlichen Gesichtspunkten geordnete Zusammenfassung der Erfahrungen der Praxis und erlebte neun Auflagen, die letzte 1818. Hartig hatte sowohl kameralistische Studien an der Universität betrieben, als auch war er durch die Praxis des sogenannten „holzgerechten Jägers" gegangen. Er war württembergischer Oberforstrat und später Chef der preußischen Staatsforstverwaltung, zugleich hochangesehener akademischer Lehrer und ein sehr fruchtbarer Schriftsteller.

Zu den ersten Begründern des Waldbaues gehört auch Heinrich C o t t a, der erste Direktor der Forstakademie in Tharandt, sein Waldbau erschien 1816, von ihm stammt auch der bekannte Ausspruch: „Wenn die Menschen Deutschland verließen, so würde dieses nach 100 Jahren ganz mit Holz bewachsen sein." (Dagegen könnte eingewendet werden, daß zum Beispiel die fruchtbaren Lößgebiete, die vom Urmenschen zuerst besiedelt wurden, nach G r a d m a n n waldfreie Steppengebiete gewesen sein sollen; nach neueren Forschungen braucht aber das dichtbevölkerte Siedlungsland des Spätneolithikums doch nicht ganz waldfrei gewesen zu sein, man fand auch Beispiele von Siedlungen außerhalb des Steppenheidegebietes. Der steinzeitliche Bauer besiedelte die Lichtungen im Eichenmischwald und verstand es, sie durch Rodung abzurunden und zu erweitern.) In geschichtlicher Hinsicht ist noch hinzuweisen auf H u n d e s h a g e n, der hauptsächlich in Gießen wirkte und eine Enzyklopädie der Forstwissenschaft 1821, 2. Aufl. 1828, erscheinen ließ, auf den Österreicher G o t t l i e b Z ö t l, der 1831 einen Waldbau für das Hochgebirge[1] veröffentlichte, auf P f e i l, Die Deutsche Holzzucht, 1860 (erster Direktor der Forstakademie Eberswalde), auf B u r c k h a r d t, Säen und Pflanzen nach forstlicher Praxis, 1854; end-

---

[1] Z ö t l G., Handbuch der Forstwirthschaft im Hochgebirge, I., Holzerziehungskunde, Gerold, Wien 1831.

lich auf Heyer-Heß, Der Waldbau oder die Forstproduktenzucht, 5. Aufl., 1906 (unter anderem besonders eingehende Bearbeitung von Angaben über künstlichen Aufforstungsbetrieb einschließlich der Pflanzenzucht in Forstgärten).

Noch älter als die angeführten, im Hinblick auf die Geschichte des Waldbaues belangreichen Werke ist die Sylvicultura oeconomica von Hans Carl von Carlowitz, 1713, 2. Aufl. 1732 (er suchte den Ruin der Wälder wegen des für Sachsen wichtigen Bergbaues zu verhindern).

Was schließlich den Waldbau im europäischen Südosten anbelangt, sei einleitend bemerkt, daß er in beträchtlichen *Teilen* der Südostländer durch

Abb. 1. Klimate nach Köppens Klassifikation. ———— Nordgrenze der sommertrockenen Mediterrangebiete (nach Alt, Klimakunde von Mittel- und Südeuropa, 1932).

abweichende klimatische Verhältnisse und wohl auch durch schwierige wirtschaftliche Bedingungen ungünstig beeinflußt ist (andere Teilgebiete, zum Beispiel Gebirge Bosniens, haben ein durchaus günstiges Waldklima). Nicht selten wird auf die Waldzerstörungen in Süd- und Südosteuropa hingewiesen; der ungünstige Zustand, die zum Teil vorhandene Verkarstung, wird in der Regel etwas einseitig damit erklärt, daß in den Ländern alter Kultur am Walde viel gesündigt worden sei. Dabei wird aber meist übersehen, daß neben der uralten starken Besiedlung und neben der Viehweide insbesondere auch das abweichende Klima in großen Teilen der Südostländer die Walderhaltung schwieriger gestaltet. Das wärmere Klima im Vergleich zu jenem Mittel- und Nordeuropas gestattet zwar einer größeren Anzahl von Holzarten das Dasein; das Verhältnis zwischen Niederschlag und Verdunstung wird aber im Süden ungünstiger. Die Sommertrockenheit eines

Teiles dieser Gebiete bewirkt, daß dort, wo der Wald gerade noch klimatisch möglich ist, seine Erhaltung in Verbindung mit seiner Benutzung schwieriger wird als in feuchteren und kühleren Ländergebieten weiter im Norden. Treffend sagte der spanische Forstbotaniker L a g u n a : „Unser Reichtum an Holzarten ist ebenso groß, wie unsere Armut an Wäldern, die sie zusammensetzen." Zum Beispiel hat Deutschland weniger Holzarten aufzuweisen als Kleinasien, es hat aber wesentlich mehr Waldanteil, größere Waldflächen, dichtere Wälder.

Aus dem Kärtchen „Klimate nach K ö p p e n s Klassifikation" (Abb. 1) können wir entnehmen, daß in Europa südlich einer durch die gestrichelte Linie angedeuteten Übergangszone die sommertrockenen Klimagebiete verbreitet sind, nördlich von ihr die Gebiete mit Niederschlägen zu allen Jahreszeiten. Das sommertrockene Klima herrscht also auf dem größten Teil der Iberischen Halbinsel, auf den Mittelmeerinseln, ferner in den Küstenlandschaften Italiens und der mittleren und südlichen Adria, in Griechenland, im äußersten Süden Bulgariens sowie an der ganzen Westküste Kleinasiens und an dessen Südküste gegen das Mittelländische Meer hin. Im sommertrockenen Gebiet kann zwar, dank der im Boden vorhandenen Winterfeuchtigkeit, Wald noch gedeihen, aber er kann durch die Nutzung leichter zerstört werden als in den Gebieten mit über das ganze Jahr hin verteilten Niederschlägen. Nördlich von der angegebenen Linie, zum Beispiel im nordwestlichen Teil der südosteuropäischen Halbinsel, in den Gebirgen Bosniens, herrscht auf ausgedehnten Flächen ein für den Wald besonders günstiges Klima. Der breite nördliche Teil der südosteuropäischen Halbinsel ist den Einflüssen des sommertrockenen, wintermilden mediterranen Klimas entzogen und ist in bezug auf Klima und Vegetation mehr dem europäischen Rumpf verwandt. Schon einzelne Gebiete im Südosten der Balkanhalbinsel und besonders das Innere Kleinasiens sind klimatisch für Waldwuchs noch ungünstiger als die bloß sommertrockenen Gebiete, da sie von Natur aus waldlose Steppen besitzen (bis auf die „Galeriewälder" längs der Wasserläufe).

Was die Ungunst der wirtschaftlichen Verhältnisse im Südosten anbelangt, so sind dort bewaldete Gebirge in der Regel nur sehr wenig durch Verkehrswege oder durch Anlagen zur Holzbringung aufgeschlossen. Die wirtschaftliche Benutzung und infolgedessen auch die Pflege des Waldes wird dadurch erschwert.

Erster Teil

Die pflanzengeographischen Grundlagen.

I. Der Einfluß der wichtigsten Standortsbedingungen auf die Holzarten und den Wald.

Der Standort ist die Stätte, auf der eine Pflanze wächst. Wir verstehen aber unter dem Standort mehr als den bloßen Fundort. Im pflanzenphysiologischen und forstlichen Sinne versteht man unter „Standort" die Gesamtheit der zusammenwirkenden Bedingungen des Wachstums an einem bestimmten Orte. Diese Bedingungen (Wärme, Feuchtigkeit, Licht, Kohlensäure der Luft, Wind, Bodeneigenschaften usw.) wirken als Gesamtheit auf die Pflanzenwelt ein. Manche dieser Bedingungen, zum Beispiel Licht und Kohlensäure, sind überall auf der Erde in solchem Maße vorhanden, daß Wald, soweit es auf sie ankommt, bestehen kann. Hingegen sind ausschlaggebende Bedingungen, von denen das Vorkommen des Waldes und seine Begrenzung abhängt, *Feuchtigkeit* und *Wärme*. In der Richtung gegen die Steppe und Wüste wird die Grenze des Waldes durch mangelnde Feuchtigkeit hervorgerufen. Eine andere Waldgrenze ist jene, die wir auf dem Wege gegen den Nordpol treffen, man bezeichnet sie als „polare" Waldgrenze, sie wird durch die Wärmeverhältnisse während der Vegetationszeit bedingt. Das gilt auch von jener Waldgrenze, die man beim Besteigen hoher Berge erreicht, der sogenannten „alpinen" Waldgrenze, auch sie ist meist durch die Wärmeverhältnisse während der Vegetationszeit hervorgerufen, manchmal auch durch andere Einflüsse, wie windausgesetzte Hochlage, felsiger, steiler Boden oder Geröllboden. Nach L i e b i g (Gesetz des Minimums) ist für die Erzeugung die im Minimum vorhandene Bedingung der Pflanzenernährung maßgebend. Später hat man diesen Satz dahin abgeändert, daß jede Bedingung (jeder „Faktor") nach Maßgabe ihrer Entfernung vom Optimum wirke. Das heißt nicht nur zuwenig, zum Beispiel an Feuchtigkeit, wirkt ungünstig, sondern auch zuviel, also die Entfernung vom Bestmaß. Ist der Faktor in Minimumnähe, so bewirkt seine Verbesserung starke Ertragssteigerung. In Optimumnähe nur schwache. Die Wirkung der einzelnen Standortsbedingungen in ihrer Abhängigkeit voneinander, ihr Zusammenspiel, ist sehr verwickelt und läßt sich deshalb vorläufig in der Regel noch nicht zahlenmäßig erfassen.

1. Die Wärme.

Von einem gewissen Maß an Wärme hängen bekanntlich die wichtigsten Lebenserscheinungen der Pflanze ab, wie Assimilation, Transpiration, Atmung. Das Gedeihen jedes Pflanzenorganismus, aber auch die Verbreitung der Pflanzen, die horizontalen und vertikalen Grenzen des Vorkommens unserer Waldbäume, werden in erster Linie durch die Wärme bedingt. Man kann in bezug auf das Maß von Wärme von drei Hauptpunkten sprechen: Mindestmaß, Bestmaß, Höchstmaß (Minimum, Optimum, Maximum). Bei einem gewissen Mindestmaß an Wärme beginnen die Lebenserscheinungen bestimmter Pflanzen, beim Bestmaß erreichen sie ihren Höhepunkt, um bei weiterer Wärmesteigerung wieder abzufallen. Beim Höchstmaß hören die Lebenserscheinungen auf. Starre oder Tod tritt ein.

Für die Assimilation bei den höheren Pflanzen liegt das Mindestmaß an Wärme bei etwa 0 bis 5^0 C, das Bestmaß zwischen 20 bis 30^0 C, das Höchstmaß zwischen 40 bis 50^0 C. Die Schaulinien, welche je nach der Wärme den Anstieg oder Abfall ein und derselben Lebensäußerung, zum Beispiel der Kohlensäureassimilation, darstellen, sind wesentlich verschieden bei verschiedenen Graden der anderen Bedingungen, zum Beispiel des Lichtes oder des Kohlensäuregehaltes der Luft. Die zahlenmäßige Bestimmung des Mindestmaßes, Best- und Höchstmaßes an Wärme aus Messungen in der Natur ist also bisher nicht möglich, weil alle verschiedenen Bedingungen in den verschiedensten Wechselbeziehungen miteinander auftreten.

Zahlenmäßige Erfassung der Wärmewirkung.

Trotzdem strebt man nach zahlenmäßiger Erfassung der Wärmewirkung bei unseren Holzarten. Man möchte, ähnlich wie bei einer technischen Erzeugung, auch im Waldbau wissen, mit welchen Zahlen zum Beispiel hinsichtlich der Wärmewirkung zu rechnen ist. Die praktisch wichtigsten Angaben hinsichtlich der Wärme eines Waldstandortes sind: die mittlere Lufttemperatur des Jahres, dann die mittlere Lufttemperatur der Monate und insbesondere der Unterschied der Monatsmittel der Lufttemperatur des kältesten und wärmsten Monats, also die sogenannte Jahresschwankung. Die mittlere Jahrestemperatur allein ist kein ausreichender Maßstab, denn es kann sich für Gebiete mit mehr kontinentaler Klimatönung, mit warmen Sommern und kalten Wintern, das gleiche Mittel ergeben wie für andere, mehr ozeanische Gebiete mit kühlen Sommern und milden Wintern. So führt D e n g l e r als Beispiel an, daß Irland und Odessa die gleiche mittlere Jahrestemperatur von $+ 10^0$ C haben; Irland hat aber Seeklima, Odessa Festlandsklima; in Irland reift wegen des kühlen Sommers der Wein nicht mehr, dagegen halten wegen des milden Winters Fuchsien, Kamelien und sogar Palmen im Freien aus. In Odessa erfriert schon der Efeu im strengen dortigen Winter, dagegen reifen wegen des heißen Sommers noch Trauben und Melonen, also ein gewaltiger Unterschied, und dennoch das gleiche Jahresmittel von $+ 10^0$ C.

Ein anderes Beispiel: London und Wien haben ähnliche Jahresmittel, London $9,8^0$, Wien $9,2^0$ C; in London kann eine Menge immergrüner Holz-

gewächse im Freien überwintern, in Wien nicht, denn Wien hat ein Januarmittel von — 1,7⁰, London aber von + 3,4⁰ C!

H. M a y r stellte den Satz auf, daß für das Dasein des Waldes, was die
Wärmeverhältnisse anbelangt, in erster Linie die Lufttemperatur während
der Hauptvegetationszeit entscheidend sei. Nach ihm soll auf der ganzen
Erde eine „4-Monats-Temperatur" oder „Tetratherme" (das Mittel der
Lufttemperatur der vier Monate Mai bis August auf der nördlichen Halb-
kugel) von + 10⁰ C das Minimum sein, das ein Wald zu seinem Dasein
verlangt. Dieser Satz hat durch Untersuchungen eines Schweizer Forschers,
B r o c k m a n n - J e r o s c h, über „Baumgrenze und Klimacharakter",
Zürich 1919, in gewissem Sinne eine Änderung erfahren, besonders betreffs
der Zahlenangaben. (Deshalb bleiben die eindrucksvollen Hinweise
H. M a y r s doch verdienstlich). Maßgebend ist nach B r o c k m a n n -
J e r o s c h nicht die Durchschnittstemperatur allein, nicht die der vier
Monate oder die des Jahres, sondern der Klimacharakter: bei niederen
Durchschnittstemperaturen sind in einem verhältnismäßig festländischen
Klima, zum Beispiel in den Zentralalpen, die Temperaturausschläge, also
die tages- und jahreszeitlichen Schwankungen, größer, mit kühlen Nächten,
heißen Sommertagen usw.; bei gleichen, verhältnismäßig niederen Durchschnittstemperaturen sind daher die Tages- und sommerlichen Temperaturen im kontinentalen Gebiet höher, die Baumgrenze rückt daher unter
kontinentalen Verhältnissen in niedrigere Mitteltemperaturen hinauf (mit
gegen Winterkälte widerstandsfähigen Holzarten). Daher das Höherrücken
der oberen Baumgrenze in den Massiven der Innenalpen, die Baumgrenze
rückt dort in Gebiete einer kleineren 4-Monats-Temperatur als 10⁰ C empor.
In anderen Gebirgen mit größerer Breitenausdehnung verhält es sich ähnlich.

Schätzungsweise hat H. M a y r die Durchschnittstemperatur, die jede
Holzart während ihrer Vegetationszeit vom Beginn des Austreibens bis
Vegetationsschluß braucht, angegeben und als „Vegetationstherme" bezeichnet; zum Beispiel Picea und Larix Durchschnittstemperaturen von
14⁰ C während der ganzen Vegetationszeit. Diese Vegetationszeit könne im
Mindestmaß 1¹/₂ Monate betragen; sie könne aber, bei Annäherung an das
Bestmaß, auch länger dauern. In jedem Fall sei die Durchschnittstemperatur
dieser Zeit, die „Vegetationstherme", gleich der angegebenen (zum Beispiel 14⁰ C bei den angeführten Arten). Aber auch diese nur auf Schätzung
beruhenden Zahlen sind nicht genau verläßlich.

O e l k e r s, Hann.-Münden, hat Zahlenangaben für jene Standortsbedingungen zu finden gesucht, welche Bestleistungen der Holzarten ermöglichen. Bekanntlich geben die Ertragstafeln an, welche Holzmassen je
Hektar in den verschiedenen Altern die Baumarten von der besten (I.) Klasse
bis zur schlechtesten (V.) ergeben. Diesen Ertragstafeln liegen Versuchsflächen zugrunde. O e l k e r s hat nun aus dem Grundlagenmaterial der
Ertragstafelwerke die Versuchsflächen I. und II. Güteklasse ausgewählt und
für diese Örtlichkeiten aus klimatographischen Quellen die Zahlenangaben
für die Durchschnittstemperatur während der Vegetationszeit und andere
Werte entnommen, zum Beispiel Vegetationsdauer, Niederschläge während
der Vegetationszeit. Aber auch die so gefundenen Zahlen stimmen mit

sonstigen Erfahrungen und Beobachtungen nicht überein (vergleiche W i e d e m a n n , Über die Brauchbarkeit der Zahlenangaben von Professor O e l k e r s , Ztschr. f. Forst- u. Jagdw. 1933, S. 177). So zum Beispiel kann man gleich gutes Gedeihen der Buche sowohl bei günstiger Vegetationszeittemperatur und bindigem, kaltem Boden als auch bei etwas weniger günstiger Temperatur und durchlässigem, warmem Boden finden.

Wir können Vergleichsmaßstäbe für die Wärmeansprüche der Holzarten aus den Grenzen ihrer Verbreitung, aus der Bildung der Höhenstufen im Gebirge entnehmen; außerdem können wir durch mehrere einander ergänzende Zahlenwerte, wie schon angedeutet, das Wärmeklima von Standorten besser kennzeichnen als durch irgendeine einzelne Formel.

G e b i r g e ,   T e m p e r a t u r a b n a h m e   m i t   d e r   H ö h e .

Die Temperaturabnahme mit der Höhe hängt damit zusammen, daß die Erwärmung der Luft nicht unmittelbar durch die Sonnenstrahlung erfolgt, sondern von der Erdoberfläche als Heizfläche. Vom Tale weg nach der Höhe nimmt die Temperatur im Mittel um 0,54⁰ C für je 100 m Erhebung ab oder bei 184 m Steigung um 1⁰ C. In der oberen, steileren Stufe wurden die Zahlen mit 0,66⁰ für je 100 m ermittelt, beziehungsweise mit 151 m für 1⁰ C für die Sommermonate. Örtlich können diese Zahlen gewisse Schwankungen aufweisen, zum Beispiel wurde für das bayrische Alpengebiet (von A. H u b e r) ein Temperaturgradient für das Jahresmittel von 0,52⁰ für je 100 m ermittelt; für die Nordseite der Alpen berechnete H a n n eine Abnahme von 0,51⁰ C[1]. Ähnliche Zahlen wurden auch im südosteuropäischen Gebiet gefunden; J. H a n n führt aus diesem Gebiet einige für den Jahresdurchschnitt gültige Temperaturgradienten an: so nimmt in Bosnien auf der Bjelašnica unweit Sarajewo der Jahresdurchschnitt der Temperatur für je 100 m Erhebung um 0,63⁰ C ab; für Sitniakowo in Bulgarien, 1740 m, am Nordrande des Rhodopegebirges ist nach J. H a n n der Gradient 0,54⁰, für Petrohan, 1400 m, gleichfalls Bulgarien, westlicher Balkan, 0,56⁰ C[2]. Die Temperaturabnahme mit der Höhe ist also eine normale, durch Beobachtungen bestätigte Erscheinung. Doch ist im einzelnen für die Wärmeverhältnisse in einer bestimmten Höhenlage der Erdoberfläche nicht die Meereshöhe allein maßgebend, sondern auch die Art und Weise, wie die gehobene Landoberfläche in die betreffende Höhe hinaufragt. Eine ausgedehnte Hochfläche (ein Plateau) zeigt ein anderes Verhalten der Wärmeverhältnisse als einzelne hochragende Berggipfel eines stark zertalten Gebirgsgeländes. „Es kommt eben auf die Wirkungsfähigkeit der Heizfläche an, als welche wir... die Erdoberfläche ansehen müssen[3]." (Auf den großen Plateaus liegt auch die obere Waldgrenze höher.)

In den Alpen tritt für je 100 m Höhenzunahme das Erwachen der Vegetation im Frühjahr durchschnittlich um drei Tage später ein, auch die Fruchtbildung der Bäume (Samenjahre) wird infolge dieser Verspätung

---

[1] K r e b s , Die Ostalpen und das heutige Österreich, 1. Bd., Stuttgart 1928, S. 134.
[2] A l t , Klimakunde von Mittel- und Südeuropa, Berlin 1932, S. 61.
[3] A l t , a. a. O., S. 61.

seltener. Nach J. H a n n [1] beträgt „im Frühling bis zum Ende der Blütenbildung die Verzögerung der Vegetationsentwicklung zehn Tage für je
300 m rund; während der Fruchtreife bis zum Eintritt des Winters 12,5 Tage
für dieselbe Erhebung", R o s e n k r a n z [2] berichtete 1938, daß sich für die
Roßkastanie in Österreich für je 100 m Steigung eine Verkürzung der Vegetationszeit von im Mittel 6,1 Tagen ergibt, davon entfällt die Hälfte auf
die Verspätung der Blattenwicklung im Frühling, die andere Hälfte auf die
Verfrühung des Laubabfall-Endes im Herbst (also im Frühling je 100 m
drei Tage). Ähnliches fand R o s e n k r a n z für die Buche. Die Holzarten
weisen in solchen Höhenstufen, die kühler sind als das Optimum der betreffenden Art, einen verringerten Zuwachs auf.

<h3 style="text-align:center">T e m p e r a t u r u m k e h r.</h3>

Im Gebirge ist besonders im Winter die Temperaturumkehr eine nicht
seltene Erscheinung. Die schwere kalte Luft fließt von den Bergen ab und
lagert dann in Kesseln und Tälern, während es auf den Höhen selbst
wärmer ist. Mit der Temperaturumkehr kann dann auch eine Umkehrung
der Vegetationsstufen, also der natürlichen Waldstufen, parallel gehen.
Starke Ausstrahlung und Windstille, so daß keine Luftzufuhr aus wärmeren
Gegenden erfolgt, befördern die Temperaturumkehr. So tritt zum Beispiel in Siebenbürgen in den das Becken umschließenden Gebirgen bei den
häufigen Windstillen die winterliche Temperaturumkehr oft in auffälliger
Weise auf. Bei einem Höhenunterschied von etwa 1000 m kann dort bisweilen die obere Station um 20^0 wärmer als die Tallage sein (A l t, a. a. O.,
Seite 132).

Die Erscheinung der Temperaturumkehr ist in den österreichischen
Alpen so bekannt, daß auch Volkssprüche auf sie Bezug nehmen, zum Beispiel: „Steigt man im Winter höher um einen Stock, wird es wärmer um
einen Rock." In manchen Gegenden kommt die Temperaturumkehr infolge
ihres häufigen Eintretens auch im langjährigen Temperaturmittel zum Ausdruck, zum Beispiel betragen die Zahlenwerte der langjährigen Januar-
mitteltemperaturen des gleichen Zeitabschnittes (für Stationspaare mit beträchtlichem Höhenunterschied und geringer Entfernung)[3]:

Schladming	732 m	$— 4,8^0$ C	Naßwald	650 m	$— 3,1^0$ C
Ramsau	1100 m	$— 2,8^0$ C	Semmering	1025 m	$— 3,1^0$ C

Markt Aussee	655 m	$— 5,2^0$ C
Alt-Aussee	947 m	$— 3,4^0$ C

Ein sehr bekanntgewordenes Beispiel der Temperaturumkehr und zugleich der Umkehrung der Vegetationsstufen wurde von W. S c h m i d t,

---

[1] J. H a n n, Handbuch der Klimatologie, Stuttgart 1897, S. 316.
[2] Fr. R o s e n k r a n z, Die Phänologie der Roßkastanie und Rotbuche in Österreich, Beihefte zu d. Jahrbüchern d. Zentralanst. f. Meteor. u. Geodyn., zu Jg. 1932,
5. Heft, Wien 1938.
[3] A. R o s c h k o t t („Das Wetter in Österreich", in dem Werke H a b e r l a n d t,
Österreich, sein Land und Volk und seine Kultur, 2. Aufl., 1929) führt noch mehrere
solcher Beispiele an.

Wien, für die Gstettneralm bei Lunz in Niederösterreich gezeigt: es handelt sich dort um eine Kessellage, eine Doline im Kalkgebirge mit dem Boden des Kessels in 1270 m Seehöhe, der obere Rand um 150 m höher, also in 1420 m; die Doline weist gelegentlich selbst im Hochsommer eine ganze Reihe Grade unter 0⁰ C auf. Eine Meßreihe vom klaren Morgen des 20. Januar 1930 zeigte, daß von oben bis zu einer Tiefe von 60 m über dem Boden des Kessels die Temperatur nur wenig unter 0⁰ war, dann folgte nach unten eine äußerst rasche Abnahme bis — 28,8⁰ C (Abb. 2). Der Grund waren die starke Ausstrahlung und Windstille bei Schneedecke, die eine Wärmezufuhr vom Boden her unterbindet. Die Dolinen in diesem Gebiet

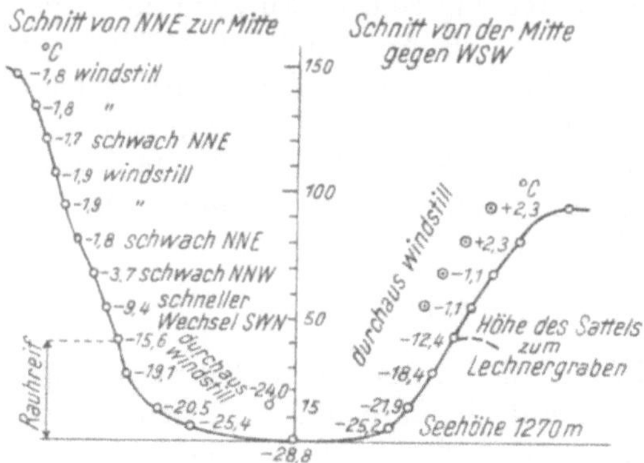

Abb. 2. Profil durch die Doline der Gstettneralm (nach W. Schmidt, 1930).

zeigen eine untere Stufe von Krummholz (*Pinus montana*, niedrige Büsche, entsprechend den Klimaverhältnissen hoher, ungünstiger Standorte von Holzarten), dagegen steigt an den Hängen und Gipfeln trotz größerer Seehöhe die wärmebedürftige Buche bis über 1400 m und vereinzelt bis 1530 m empor[1]! Eine ähnliche Vegetationsumkehr ist auch von Dolinen anderer Gebiete, zum Beispiel aus dem Ternovaner Wald bei Görz, bekannt. Die „bewaldeten Dolinen" im Ternovaner Wald (im Gebiete des bedeckten Karstes) weisen häufig an ihrem tiefsten Punkte kahles Gestein und Legföhren auf, dann weiter oben Fichten und Tannen, während im obersten Teil das Laubholz vorzukommen pflegt; sie wurden deshalb hinsichtlich ihrer Vegetation mit einem „mit der Spitze gegen das Erdinnere gekehrten Berge" verglichen[2].

Schnee ist ein guter Wärmestrahler und als solcher von Einfluß auf die Witterung. Wenn eine klare Nacht starke Wärmeausstrahlung ermöglicht, so kann dies bei einer Schneedecke so weit führen, daß der Schnee sich selbst und damit auch die unteren Luftschichten stark abkühlt. Daher treten nach frischem Schneefall und bei klarem Himmel starke Fröste ein.

An der adriatischen Küste der Balkanhalbinsel haben der Küstensaum und die Inseln sehr ausgeglichene Wärmeverhältnisse mit geringen Temperaturschwankungen; dagegen ist in den weiter vom Meer entfernten oder durch Bergketten von ihm getrennten Karsttälern die Temperaturumkehr im Winter eine häufige Erscheinung. Die Täler weisen dann bisweilen sehr tiefe Frostgrade auf. Auch in den Beckenlandschaften des südlichen Kroatien und Serbien stagnieren in den zwischen Bergwällen liegen-

---

[1] W. Schmidt, Die tiefsten Minimumtemperaturen in Mitteleuropa, Die Naturwissenschaften 18, 1930, S. 367—369.
[2] Österr. Vierteljahresschr. f. Forstw. 41, 1891, S. 349 (im Artikel: Der k. k. Ternovaner Staatsforst).

den Senkungen im Winter kalte Luftmassen, im Sommer heiße. Daher ist das Wärmeklima ziemlich kontinental trotz der Nähe der Meeresküste.

Mulden pflegen besonders frostgefährdet zu sein durch Herabfließen der Kaltluft von den Muldenwänden in die Muldenmitte. Die Frostschäden durch Ausstrahlung entstehen insbesondere in Bodennähe von Mulden; die an den ausstrahlenden Körpern (Boden, Pflanzen) sich bildende Kaltluft wird bei Windstille nicht mit den wärmeren, darüberliegenden Luftschichten gemischt, infolge ihrer Schwere sammelt sie sich in tieferen Teilen, wo der weitere Abfluß durch eine Erhebung verhindert wird. Woelfle[1] kennzeichnet eine Reihe von Fällen:

Abb. 3. Mulde in ebenem Gelände: die Muldenränder meist nicht gefährdet, weil die Kaltluft abfließen kann, auch die Muldenmitte infolge des kleinen Einzugsgebietes der Kaltluft nicht so stark gefährdet.

1. Mulde in ebenem Gelände

Abb. 4. Mulde in einem Hang: Die Kaltluft fließt von dem ganzen, über der Mulde liegenden Hang zusammen. Der Kaltluftsee kann bei langdauernder Ausstrahlung so sehr steigen, daß auch die obersten Muldenränder von ihm erfaßt werden.

2. Mulde in einem Hang

Abb. 5. Die auf dem unbestockten Hang entstehende Kaltluft fließt ab, der dicht geschlossene, bis zum Boden reichende Bestandesmantel wirkt wie eine Talsperre, die Kaltluft wird aufgestaut, an dem Bestand ist ein Streifen durch den Kaltluftstausee gefährdet.

3. Geschlossener Bestandsrand an einem Hang

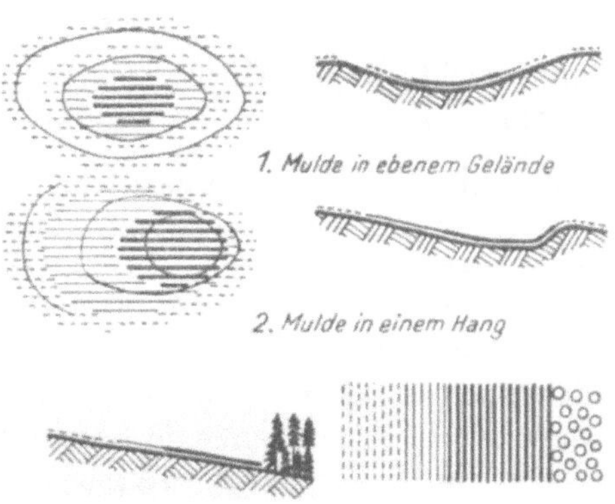

Temperaturextreme.

a) Größere Temperaturschwankungen bei festländischem Klima auch im Inneren von Gebirgen größerer Breitenausdehnung. Ein Höchstmaß an Wärme bei starker Besonnung kann auch schädlich werden, zum Beispiel durch den Hitzetod von Keimpflanzen, durch „Rindenbrand“ bei glattrindigen Bäumen an der besonnten Seite; noch viel häufiger werden aber die Kälteextreme schädlich. Sie schaden besonders während der Vegetationszeit, so die Spätfröste und Frühfröste (letztere im Herbst auftretend, „früh“ vom Standpunkt des Winters als der normalen Frostzeit). Besonders beim festländischen Klima zeigt sich, daß auch winterliche Kälteextreme das Vorkommen gewisser Holzpflanzen ausschließen. In kontinentalen Gebieten, auch im Inneren von Gebirgen größerer Breitenausdehnung, sind die Fröste schärfer. Im Lungau zum Beispiel (dem durch hohe Gebirge gegen Westen und Nordwesten vollkommen abgeschlossenen, nach Osten sich öffnenden obersten Murtal) sinkt die Temperatur in Tamsweg in 1020 m Seehöhe im Januar durchschnittlich auf ein Minimum von — 20°, jedes dritte bis vierte Jahr aber auf — 30° C. Die Buche fehlt im Lungau und in anderen Lagen der Innenalpen mit ähnlichem Klima von Natur aus völlig, und zwar auch in jenen Meereshöhen, in denen sie in anderen Teilen der Alpen vorkommt, und auch auf dem gleichen Grundgestein

[1] Woelfle, Waldbau und Forstmeteorologie, Neudamm 1939, S. 16.

(zum Beispiel auch auf Kalk). Die Buchen auf jenen Standorten, die der buchenfreien Innenzone der Alpen am nächsten liegen, weisen Frostformen auf, sogenannte „Renkformen", und zwar auch bei mäßiger Meereshöhe infolge häufiger Frostschäden. (Die in kontinentalen Gebieten vorkommenden Wintertemperaturen verträgt die Buche nicht[1], dafür sprechen auch die bedeutenden Winterfrostschäden an Buchen, die sich im östlichen Teil des Verbreitungsgebietes der Buche im strengen Winter 1928/29 einstellten.)

Ein Beispiel für den Unterschied des Wärmeganges zwischen Randgebirge und Innenalpen bei annähernd gleicher Seehöhe sei im folgenden angeführt:

	Seehöhe	Januar	Juli	Jahr	Jahres-schwankg.
Mittenwald (Bayr. Alpen)	912 m	— 2,2⁰	14,4⁰	6,2⁰	16,6⁰
Fulpmes (Tirol)	960 m	— 4,2⁰	15,8⁰	5,9⁰	20,0⁰

Eine Reihe solcher Vergleiche mit ähnlichen Ergebnissen ist in der Veröffentlichung des Verfassers „Die natürliche Verbreitung der Lärche in den Ostalpen", Wien 1935, S. 267—270, enthalten. Durch Thermographenaufstellung hat der Verfasser den Wärmegang auf Hängen (Standorten des Waldes) in den Innenalpen, 1630 m, und in gleicher Höhe in den Außenzonen der Alpen gemessen und hat dabei die größere mittlere Tagesschwankung in den Innenalpen festgestellt[2] (Abb. 6 und 7). Ähnliche Unterschiede zwischen den durch ozeanische Luftströmungen beeinflußten Außenzonen und den Innenlagen ergeben sich auch in anderen Gebirgen größerer Breitenausdehnung[3].

Außer der Buche fehlen in den Innenalpen aus den angegebenen Gründen auch Eibe und Stechpalme, die empfindlich gegen Winter- und Spätfröste sind; auch die Tannen sind selten, nur an wenigen Standorten, sie sind gegen Kälte empfindlich, besonders gegen Frost Ende Mai oder gar im Juni. Tiefe Winterkälte schadet bei einigen Tannenarten an den Nadel- und Triebspitzen.

Das Vorkommen des Waldes an und für sich ist durch tiefe Wintertemperaturen nicht ausgeschlossen. Denn gewisse Holzarten des kontinentalen Klimas, wie Fichte, Birke, Weide, Lärche, Zirbe, vermögen im ostsibirischen Kältebecken noch tiefsten Wintertemperaturen von — 50⁰ C zu trotzen. Aber nur Wälder bestimmter Holzarten kommen bei so niedrigen Wintertemperaturen vor.

Steile, beschattete Hänge und Schluchten im Hochgebirge bewirken eine Herabdrückung der Höhengrenzen des Vorkommens der Arten, desgleichen der Hintergrund der Hochgebirgstäler infolge kalter und trocknender Bergwinde. In solchen Talhintergründen findet man dann auch

---

[1] oder nicht immer, wobei der Zustand der Buche jedenfalls mitwirkt, vgl. H. L e i - b u n d g u t, Buchenkrankheit im Schweizer Mittelland, Schweizer. Zeitschr. f. Forstw. 1944.

[2] T s c h e r m a k, Beitrag zur Kenntnis des Klimas der Zirbenbestandorte, Mitt. d. Akademie d. Dtsch. Forstwiss. II, 1942, S. 143—171.

[3] T s c h e r m a k, Ozeanität und Waldkleid in Gebirgen, Ztschr. f. d. ges. Forstwesen, 1944, S. 12—28.

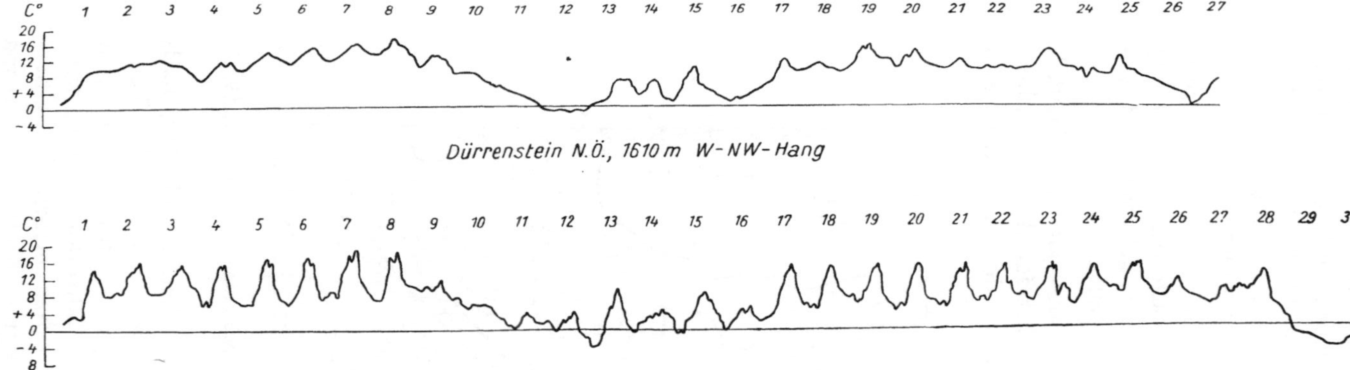

Abb. 6. Thermographenaufzeichnungen September 1940 (nach L. Tschermak, 1942).

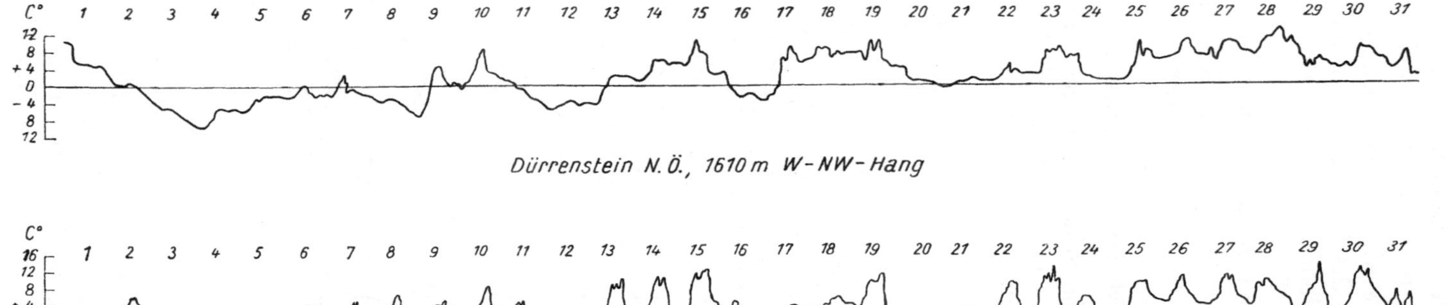

Abb. 7. Thermographenaufzeichnungen Mai 1941.

(ähnlich wie in Dolinen) eine dem rauheren Klima entsprechende Waldvegetation trotz geringerer Seehöhe.

Für die Alpen, Zentralkarpaten und manche andere Gebirge ist außer dem Unterschied zwischen Innenalpen und Außenzone noch zu bemerken, daß auf Talböden, die gegen ozeanische Luftströmungen abgeschlossen sind, in Kesseln, Dolinen, die Temperaturextreme größer sind als auf Hängen. Das spiegelt sich auch in der Waldvegetation deutlich wider.

Ob die Wärmeverhältnisse mehr dem Seeklima oder einem festländischen Klima entsprechen, dies pflegen wir nach dem Unterschied zwischen den Monatsmitteln der Lufttemperatur des kältesten und des wärmsten Monats, des Januar und des Juli, zu beurteilen.

b) Jahresschwankung der Lufttemperatur bei See- und Kontinentalklima. Im Westen Europas, in Teilen von Irland, beträgt der Unterschied zwischen den Monatsmitteln der Lufttemperatur des kältesten und

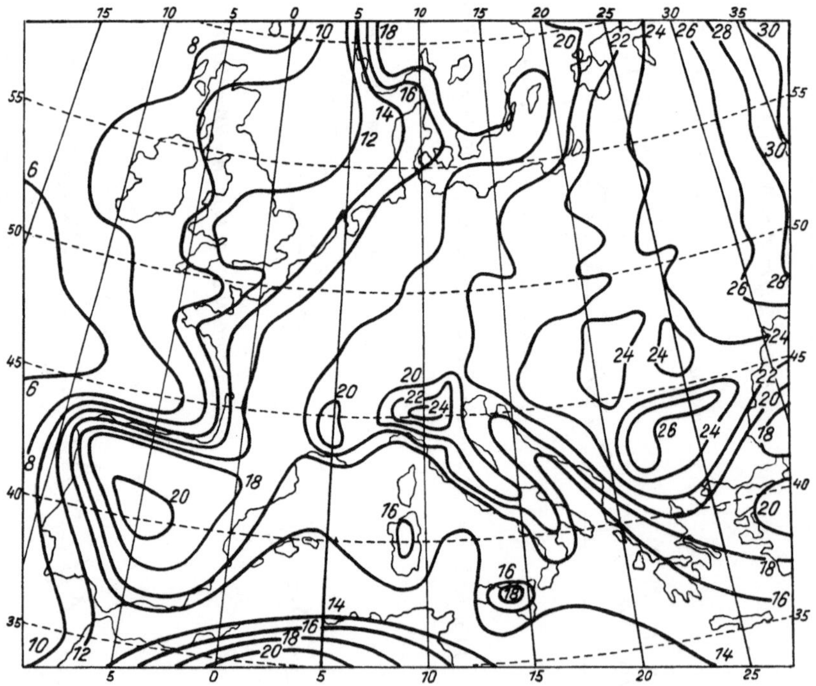

Abb. 8. Verteilung der jährlichen periodischen Temperaturschwankungen (nach Alt, 1932).

wärmsten Monats nur 8⁰, an der Küste Nordwestdeutschlands 16⁰, nach Osten wird er größer, in Wien ist er 21,3⁰ C. Die Verteilung der Temperaturschwankungen in einem Teil von Europa ist aus der Abb. 8 (nach Alt, a. a. O., S. 46) ersichtlich. Je nach der Jahresschwankung wird ein Landklima, Seeklima und, in der Mitte zwischen beiden, ein Übergangsklima unterschieden. Innerhalb des gemäßigten Klimas in Europa wird für das Seeklima eine Jahresschwankung von 7 bis 17⁰, für das Übergangsklima eine solche von 17 bis 21°, für das Landklima jene von 21 bis 38° C angenommen[1].

Nach S c h i m p e r - v. F a b e r, Pflanzengeographie, 1935, ist die Jahresschwankung unter gleicher geographischer Breite von 52° in:

Valentia, Irland	7,8° C	Orenburg	37,0° C
Westdeutschland	16,2° C	Westsibirien	40,1° C
Warschau	22,8° C		

In Irland überwintert der Lorbeerbaum im Freien, ohne Schutz, unbeschädigt und erreicht Höhen bis zu 10 m. An der französischen West-küste gedeiht die Kamelie im Freien. Auch auf der südosteuropäischen Halbinsel und in der Türkei sind die Temperaturunterschiede an den Küsten ausgeglichen, gegen das kontinentale Innere dagegen, hinter den Bergen, schroffer, extremer. Zum Beispiel sind in dalmatinischen Küsten-stationen die Schwankungen der Temperatur gering, Fröste sind selten. Der Küstensaum weist eine Schwankung von etwa 16° auf (Lesina 16,3°). Dagegen hat im Inneren Skoplje (Üsküb) 24,6°, ein solcher Unterschied bedingt auch einen ebenso großen hinsichtlich vorkommender Gehölze. Skoplje liegt im Vardartal in Mazedonien in einer Beckenlandschaft zwischen Bergwällen eingesenkt und hat kontinentales Klima, worauf auch der ge-ringe durchschnittliche Jahresniederschlag von 487 mm deutet.

In Kleinasien beträgt für Rize (an der Küste des Schwarzen Meeres) der Unterschied zwischen den Monatsmitteln des wärmsten und kältesten Monats nur 17°, dagegen für Kars, gleichfalls im Nordosten, aber im Inneren, wenn auch in höherer Lage, 31°! Im Seeklima im östlichen Pontus-gebirge an der Küste des Schwarzen Meeres ist die Kultur von Apfelsinen, Mandarinen und Tee möglich. Es gedeihen frostempfindliche Bäume, ohne beschädigt zu werden. Im Inneren, im Osten des Landes, herrschen dagegen Winter mit gewaltigen Schneemengen, frostempfindliche immergrüne Ge-hölze können nicht vorkommen, die Kultur des Wintergetreides wird unsicher. Die „thermische Unruhe", also die Veränderlichkeit der Wärme-verhältnisse, die Abweichung vom Mittel, ist im allgemeinen in kontinen-talen Lagen erheblich größer als in maritimen, es kommen durch die größeren Schwankungen (auch innerhalb eines Tages) sozusagen gröbere Stöße für die Pflanzenwelt in den kontinentalen Gebieten vor. Die Durch-schnittstemperatur, auch das Monatsmittel des kältesten Monats, ist allein nicht ausschlaggebend hinsichlich der Wärmeansprüche der Bäume; für manche gegen Winterkälte empfindliche Arten sind auch die Minima wichtig. Beispielsweise ist für den Anbau raschwüchsiger Eukalyptusarten wichtig, daß die durchschnittliche tiefste Wintertemperatur, das Minimum, nicht unter — 5° C betragen darf. Die Küstengebiete Anatoliens, zum Bei-spiel an der Südküste, haben entsprechend milde Winter, die Küstenstation Antalya zum Beispiel wies in den Jahren 1929 bis 1935 als tiefste Tem-peratur — 4,3° C auf, hingegen Konya im Landesinneren, etwa 185 km von Antalya entfernt, — 24,4° C (die größere Meereshöhe von Konya allein reicht zur Begründung dieses Unterschiedes keineswegs aus). In den gleichen

---

[1] R u b n e r, Die pflanzengeographischen Grundlagen des Waldbaus, 1934, S. 146.

sechs Jahren gab es absolute Minima: in den Küstenstationen Dörtyol — 4,8, Adana — 5,2 und — 6,2⁰ C, hingegen im Landesinneren Ankara — 24,2, Afyon — 23, Sivas — 30⁰ C.

Im Inneren Anatoliens drückt sich also der festländische Klimacharakter nicht nur durch die Trockenheit, sondern auch durch die große Wärmeschwankung, die bedeutenden Unterschiede der Wärmeverhältnisse zu verschiedenen Jahreszeiten, aus. Das Landesinnere wäre daher etwa für raschwüchsige Eukalyptusarten, selbst wenn die Trockenheit durch Bewässerung überwunden würde, dennoch wegen der Wärmeverhältnisse gänzlich ungeeignet. Auch andere gegen große Winterkälte empfindliche Arten, die an der Küste gedeihen, könnten im Landesinneren auch bei Bewässerung wegen der Wärmeverhältnisse nicht angebaut werden. Auch im Inneren der Iberischen Halbinsel sind die Winter durchaus nicht mild, sondern zeigen ein in Anbetracht der südlichen Breitenlage auffallend extremes und schneereiches Klima. Frostempfindliche Mediterranpflanzen sind daher vom größten Teil der inneren Hochländer ausgeschlossen (M. R i k l i , „Das Pflanzenkleid der Mittelmeerländer", Bern 1942, S. 21 und 22).

c) *Spät- und Frühfröste.* Die im Herbst auftretenden Frühfröste haben weniger Bedeutung als die Spätfröste im Frühjahr. Denn die Frühfröste treffen meist nur einige ausländische Holzarten und sind fast nie lebensgefährlich. So erleiden die ihnen ausgesetzte Robinie und die grüne Douglasie durch Frühfröste unter Umständen ein Zurückfrieren ihrer noch nicht vollständig verholzten einjährigen Zweige, wodurch aber ihr Anbau nicht in Frage gestellt wird. Von einheimischen Holzarten ist die Stieleiche den Frühfrösten gegenüber empfindlich. Die Spätfröste entstehen meist durch nächtliche Wärmeausstrahlung vom Boden aus, daher ist die Frostgefährdung in Bodennähe am größten, nach oben nimmt sie ab, sie geht in der Regel nicht über 3 bis 5 m, oft nicht über 1 bis 3 m. Bei Frösten ist grundsätzlich zu unterscheiden zwischen Fällen der Temperaturerniedrigung durch Heranführen von Kaltluft durch das Großwettergeschehen auf weiten Flächen (Advektivfröste, Windfröste) und andererseits Frostschäden, die ihre Entstehung der nächtlichen Ausstrahlung verdanken: Strahlungsfröste, gegen die eher Schutzmaßnahmen möglich sind. Durch solche Strahlungsfröste leiden in erster Linie Jungwüchse. Durch die *„Hügelpflanzung"* sucht man den Schäden zu begegnen, durch Pflanzung auf künstlich erhöhten Bodenstellen sucht man nämlich die Pflanzen über die frostgefährdete bodennahe Luftschichte zu heben. Wenn die nächtliche Ausstrahlung durch die Bewölkung des Himmels oder durch einen lockeren *Schirm* von frostharten lichtkronigen Holzarten (Bestandesschutzholz, Birke usw.) herabgesetzt ist, so wird die Frostgefahr erheblich verringert. Manche in der Jugend besonders frostempfindliche Holzarten werden daher fast nur unter dem Schirm von Mutterbäumen verjüngt, so die Tanne und die Rotbuche. Zur Zeit der sogenannten „Eismänner", zwischen 12. und 15. Mai, sind Kälterückfälle erfahrungsgemäß häufig, doch treten sie in den verschiedenen Jahren nicht genau zu den gleichen Zeiten auf, man kann sich also in Einzeljahren nicht genau auf das Datum ihres Eintrittes verlassen. Auf den

Beeten der Forstgärten kann *Beschirmung* mit Saatgittern, Deckreisig, Stroh, Schilfmatten usw. eine Verminderung der Wärmestrahlung des Bodens bewirken und somit zu einem Festhalten der Wärme um die frostbedrohten Pflanzenteile führen. Auch im Gartenbau (Obstbau) ist Frostabwehr durch Beschirmung üblich. Da in Nächten mit Strahlungsfrost häufig nur in Bodennähe Frosttemperaturen auftreten, in Höhen von 4 bis 12 m schon höhere Temperaturen herrschen, so wendet der Gartenbau *Luftmischung* an: Luftpropeller werden im Gelände etwa 3 m hoch so aufgestellt, daß sie die Luft aus der Höhe saugen und zu Boden blasen[1]. Auch *Geländeheizung* zur Erwärmung der Luftschichten (zum Beispiel Petroleumheizung unter einzelnen wertvollen Obstbäumen in voller Blüte) wird versucht.

Gegen Frost besonders empfindlich sind: Esche, Eiche, Rotbuche, Robinie, Tanne; an Rotbuche und Tanne, Esche und Eiche kann man im Frühjahr häufig Frostschäden beobachten. Frosthart sind Weißbuche, Birke, Erle, Ulme Aspe, Weide, Vogelbeere, Weiß- und Schwarzkiefer, Weymouthskiefer. Mit Hilfe der Tatsachen der Verbreitung kann man sich die Frosthärte dieser Arten unschwer gegenwärtig halten: die Birke ist auf Kahlflächen allgegenwärtige Pionierholzart, dies ist nur bei Frosthärte möglich. Das Erlenvorkommen auf „Brüchern" setzt auch Frosthärte voraus. Vogelbeere findet sich hoch im Gebirge; Kiefer im kontinentalen Osten, dann auf Mooren: die Sumpfkiefer. Ulme, Aspe, Weide kommen auch in kontinentalen Gebieten vor, sind also frosthart.

Auch auf die Samenerzeugung der Waldbäume wirken die Spätfröste (die ja in die Zeit der Blüte fallen können) ein, so wurde durch Untersuchungen in Baden für die Rotbuche nachgewiesen, daß ihre Samenernte unter dem Einfluß der Spätfrostgefahr steht. Die Bodenseegegend, wo die Wasserfläche des Sees spätfrostverhindernd wirkt, weist das beste Ergebnis auf[2].

Verschärfung der Wärmewirkung infolge der Konkurrenz anderer Holzarten.

Der Wettbewerb läßt den Einfluß der Wärmeverhältnisse noch schärfer hervortreten: an den Grenzen ihres Verbreitungsgebietes, fern vom Optimum, kann die Pflanze infolge des natürlichen Wettbewerbs anderer Arten, deren Wärme- und sonstigen Ansprüchen der betreffende Standort besser entspricht, leicht verdrängt werden. Wäre aber der Wettbewerb aufgehoben, zum Beispiel durch wirtschaftliche Eingriffe, dann würden sich manche Arten erhalten können, ohne ihr Bestmaß an Wärme zu finden. In dendrologischen Anlagen zum Beispiel halten sich dank der Ausschaltung der Konkurrenz viele fremdländische Arten wenigstens jahrzehntelang, und zwar auch solche, die im Walde infolge der Konkurrenz wesentlich rascher verschwinden würden. (Wenn aber zum Beispiel die Buche an der Grenze gegen die Innenalpen nur mehr in Renkformen vorkommt, so ist wohl der

---

[1] L ö s c h n i g J., Obsternte trotz Spätfrost, Die Scholle (Eipeldauers Gartenzeitung) **9**, 1947, S. 57 ff.

[2] S e e g e r, Samenproduktion der Waldbäume in Baden, Ztschr. f. Forst. u. Landwirtsch., 1913.

Schluß erlaubt, daß sie jenseits dieser Grenze, im Gebiet mit *noch* ungünstigeren Wärmeverhältnissen, auch abgesehen von etwaigem Wettbewerb, im großen und ganzen nicht mehr gedeihen kann.)

Schatten- und Sonnenseiten.

Die Neigungsrichtung (Hangrichtung), also der Unterschied von Sonn- und Schattenseiten, ist bei stärkerer Neigung von größtem Einfluß auf die Erwärmung des Bodens. Untersuchungen von Geiger[1] ergaben an den Süd- und Westhängen, also auf Sonnseiten, an heiteren Tagen einen Temperaturgang mit viel größeren Schwankungen als an den nördlichen und östlichen Hangrichtungen. Die Süd- und Südwestseiten sind die Sonnseiten (Sommerhänge), in geringerem Maße die Südostseiten; die Sonnseiten haben besonders in unteren und mittleren Höhenlagen infolge der stärkeren direkten Erwärmung durch die Sonne ein geringeres Maß an Boden- und Luftfeuchtigkeit als die Nord-, Nordost- und Nordwestseiten. Sonnseiten (Sommerhänge) pflegen gekennzeichnet zu sein durch weniger Bodenfeuchtigkeit, größere Blattverdunstung, durch Fernbleiben der in bezug auf die Feuchtigkeit anspruchsvollen Holzarten von ihnen. Während in vielen Gebirgstälern, zum Beispiel der Alpen, der Wald auf Schattenseiten bis herab zum Fuße der Hänge geschlossen zu sein pflegt, ergreift auf den Sonnseiten (in den Alpen) häufig die Siedlung auch die Hänge, es kommt zur teilweisen Kulturumwandlung, der Wald ist teils infolge der größeren Trockenheit, teils durch Beweidung und sonstige menschliche Einwirkung weniger gut geschlossen (Beispiel Pinzgau).

Der Einfluß der Neigungsrichtung kann noch verstärkt oder abgeschwächt werden durch die Bodenart: auf stark zerklüfteten, daher trockenen und besonders gut erwärmbaren Kalk- und Dolomitböden (auch auf sonstigen ähnlichen, seichtgründigen, trockenen Böden, zum Beispiel auf Serpentin) äußern sich die Nachteile der Sonnseiten: Trockenheit, ja Dürre, in besonderem Maße. Fichte, Tanne, Buche, Lärche ziehen dann die „Winterhänge" vor, während die Sommerhänge von der weniger anspruchsvollen Kiefer besiedelt oder aber von der Forstwirtschaft ihr überantwortet werden. Auch die Böden können bei gleichem Grundgestein auf den Schattenseiten besser sein, denn wo sich die Feuchtigkeit länger hält, dort verwittert das Grundgestein besser und der Boden wird tiefgründiger (sowohl zur Spaltenfrostwirkung als auch zur chemischen Gesteinszersetzung ist die Gegenwart von Feuchtigkeit erforderlich). Innerhalb der Sonnseiten genießen Geländeeinschnitte, schattige Schluchten Schutz vor Sonne und austrocknendem Wind, haben günstigere Wasserversorgung und dann auch bessere Vegetationsverhältnisse.

In der Nähe der oberen Wald- und Baumgrenze allerdings sagen den Holzarten die Sommerhänge wegen der größeren Wärme, bei auf jeden Fall ausreichender Feuchtigkeit, mehr zu als die Winterhänge. Im allerobersten Waldgürtel des Hochgebirges reicht daher die Waldvegetation auf den Südseiten höher hinauf als auf den Nordseiten, und zwar im einzelnen um

---

[1] Geiger, zit. nach Woelfle, Waldbau und Forstmeteorologie, S. 24/26.

etwa 100 bis 200 m. Auf dem Patscherkofel bei Innsbruck zum Beispiel ist bei 1870 m Höhe auf dem Südhang besserer Wald von Zirbe, etwas Lärche, Fichte als auf dem Nordhang. Wo zahlreiche Messungen über die Lage der oberen Waldgrenze durchgeführt wurden, stellte man allerdings auch viele Unregelmäßigkeiten ihrer Erhöhung auf den Sonnseiten fest. Diese Unregelmäßigkeiten sind teils auf menschlichen Einfluß, die Almwirtschaft, zurückzuführen, die im Frühjahr die wärmeren Sonnseiten bevorzugt, teilweise auch auf den Einfluß der Bodenbeschaffenheit, Steilheit, Sturmlagen, Lawinen- und Murgänge und dergleichen.

Selbstverständlich ist der Unterschied zwischen Sonn- und Schattenseiten auch in Südosteuropa in der Regel sehr ausgeprägt. So heißt es zum Beispiel in einer Landeskunde Ostmakedoniens und Westthrakiens (1937): „Der Übergang von den lichten zu den vollentwickelten Wäldern richtet sich von Ort zu Ort nach Tiefgründigkeit, Wassergehalt und Exposition des Bodens. Es gibt eine große Zahl von Tälern, in denen gleichmäßig bewaldete Nordhänge auf schütter bewachsene Südhänge blicken[1].“

Im Taurusgebirge Kleinasiens, westlich vom Dorfe Namrun, in etwa 1200 m Höhe, sah der Verfasser auf der Schattenseite Mischbestände von *Abies cilicica* und *Pinus brutia;* hingegen auf der gegenüberliegenden Sonnseite trotz der beträchtlichen Meereshöhe noch Hartlaubbüsche, die durch ihr Hartlaub, durch den Transpirationsschutz, gegen die Sommertrockenheit auf dem sonnseitigen Standort im mediterranen Gebiet besser widerstandsfähig sind.

Wie B e r n h a r d berichtet, erscheint im trockenen Innern Anatoliens *Pinus silvestris* auf den Nordhängen; auf der Südseite der Berge aber nur in Lagen von 1400 m aufwärts. An Nordhängen dagegen steigt sie hier auch tiefer zu Tal. (Nur im Ak Dag soll sie bei Yozgat alle Hangseiten des Gebirges beherrschen.) Auch der

N e i g u n g s g r a d.

spielt eine Rolle: mit zunehmender Steilheit vergrößern sich die Temperaturunterschiede in den einzelnen Hangrichtungen (W o e l f l e, a. a. O., S. 25). Am Nordhang nimmt, je steiler er ist, desto mehr die Bodenwärme ab; am Südhang nimmt sie mit der Steilheit zu. Der Boden wird bei übergroßer Steilheit meist flachgründig. Nebenbei erwähnt sei, ohne daß es auf die Wärmewirkung Bezug hat, daß die Steilheit der Hänge den Forstbetrieb erschwert, daß ein mäßig steiler Hang für den Forstbetrieb im allgemeinen am günstigsten ist. Auf steilen, felsigen Gebirgshängen im Hochgebirge ist der Wald Schädigungen durch Steinschlag, Felsabstürze, Schuttriesen, Wildbäche und Lawinen ausgesetzt.

B e s t a n d e s r ä n d e r.

Auch die verschiedenen Bestandesränder, so zum Beispiel der schattige, hinsichtlich der Feuchtigkeitsverhältnisse begünstigte Nordrand, den C h r. W a g n e r für den Saumhieb („Blendersaumschlag“) empfohlen hat, kön-

---

[1] S c h u l t z e J., Neugriechenland, eine Landeskunde Ostmakedoniens und Westthrakiens, Petermanns Mitteilungen, Erg.-Heft Nr. 233, Justus Perthes, Gotha 1937, S. 122.

nen klimatischen Einfluß üben, der Nordrand besonders in bezug auf das Haushalten mit der Feuchtigkeit, Abhalten der direkten Besonnung, Auffangen leichter Strichregen. In jenen Höhenstufen, in denen ein Haushalten mit der Feuchtigkeit nötig ist (meist wärmere, tiefere Lagen), erlangt die Wahl solcher Bestandesränder für den Saumhieb Wichtigkeit.

Lücken im Waldbestand, besonnte und beschattete Ränder können Unterschiede des Klimas und der Vegetation hervorrufen, es handelt sich dann um Wirkungen des Kleinklimas. („Kleinklimatologie ist Klimatologie auf einheitlich beeinflußtem, beschränktem Raum, der aber noch so groß ist, daß mit Geräten der Großklimatologie gearbeitet werden kann, zum Beispiel Temperaturverteilung in einem Fichtenaltholz, während in der Mikroklimatologie die Verhältnisse auf kleinstem Raum, der andere Geräte und Meßverfahren verlangt, untersucht werden, zum Beispiel Temperaturverteilung an einem sonnenbeschienenen Fichtenstamm[1].“)

Die Wärmeverhältnisse verschiedener Gebiete: Wärmere Gebiete Österreichs, Deutschlands, Europas.

In Österreich gehört zu den wärmsten Gebieten das Donautal; Wien hat eine mittlere Jahrestemperatur von 9,2⁰ C, Jahresschwankung 21,2⁰ C. (Zum Vergleich sei bemerkt, daß in Deutschland die höchsten mittleren Jahrestemperaturen bis etwa 10⁰ C betragen, sie werden im Südwesten, im Rheintal mit seinen Nebentälern Neckar, Main, Mosel erreicht.) Auch der Osten Österreichs, gegen die pannonische Niederung zu, ist warm: Das Weinviertel, Marchfeld, Wiener Becken, Leithagebirge, das Burgenland mit der Neusiedler-See-Landschaft und dem Rabnitzer Hügelland sowie das Steirische Hügelland. Auf dem Alpenostrand finden sich auch Vertreter der pannonischen Flora, die auf sommerwarmes Klima angewiesen sind. Das Vorkommen der Schwarzkiefer südlich von Wien ist hier zu erwähnen. An der Donau geht die wärmeliebende pannonische Flora bis in die Wachau (aber nicht die Schwarzkiefer, sondern zum Beispiel *Stipa pennata*, Mädchenhaar), das Klima der Wachau ist durch günstige Wärmeverhältnisse ausgezeichnet und ermöglicht den Wein- und Obstbau. Graz hat, bei einer Seehöhe von 344 m, Lage am Gebirgsrand, eine mittlere Jahrestemperatur von 9,2⁰ C, das Julimittel beträgt 19,9⁰ C, Januar — 2,2⁰ C, Jahresschwankung 22,1⁰ C.

In Deutschland[2] liegen die wärmsten Gebiete im Südwesten; Freiburg i. Br., Karlsruhe, Mannheim, Heidelberg, Würzburg gehören zu den Orten mit den höchsten mittleren Jahrestemperaturen Deutschlands, bis etwa 10⁰ C. Die Rheinebene im Regenschatten der Vogesen ist warm und verhältnismäßig trocken. Von den ausländischen Holzarten findet in Südwestdeutschland mit seinen milden Wintern eine größere Anzahl als in anderen Gegenden Deutschlands ein gutes Gedeihen. In Heidelberg (mit

---

[1] Geiger R. und Schmidt W., Einheitliche Bezeichnungen in kleinklimatischer und mikroklimatischer Forschung, Bioklimatische Beiblätter, 1934, S. 153; zitiert nach Woelfle M., Waldbau und Forstmeteorologie, 1939, S. 10.

[2] Krebs N., Atlas des deutschen Lebensraums, Leipzig 1937, Karte 5, Verteilung der Temperatur, Monatsmittel Januar und Juli.

einer mittleren Jahrestemperatur von 10^0 C) beträgt die Jahresschwankung 18,2^0 C. Die Insel Mainau im Bodensee (und zwar im Überlinger See) ist durch die in ihrem Park angebauten, prächtig gedeihenden südlichen Pflanzen ausgezeichnet: Zypressen und Araukarien und selbst Orangen und

Abb. 9. Palmen und Araukarien im Schloßpark der Insel Mainau, Bodensee (nach einem käuflichen Lichtbild).

Abb. 10. Zitronen im Schloßpark der Insel Mainau (Bodensee).

Zitronen sowie Palmen, die im Winter bloß durch einen Bretterverschlag geschützt werden (Abb. 9 und 10). Bekannt sind die Gräflich von Berckheimschen Anlagen ausländischer Holzarten in Weinheim (an der Bergstraße, Westhang des Odenwaldes), zum Beispiel ein 1,5 ha großer, über

70jähriger Bestand von Riesensequoien sowie die „größte Zeder Deutschlands". Der Standort ist durch lange Vegetationszeit und selteneres Auftreten von Spätfrösten ausgezeichnet. Die ungünstigsten Wärmeverhältnisse in Deutschland, abgesehen von Hochlagen, finden sich im Nordosten. In Klaußen in Ostpreußen ist die mittlere Jahrestemperatur nur 6,5° C, die Jahresschwankung schon beträchtlich, nämlich 22° C.

Nordwestdeutschland hat infolge des atlantischen Einflusses einen milden Winter, es ist daher ein natürliches Laubholzgebiet, der Sommer ist aber verhältnismäßig kühl, das Julimittel beträgt in Bremen 17,3° C, dagegen in Heidelberg 19° C. Die geringste Jahreswärme in Österreich und in Deutschland zeigen die Hochlagen der Gebirge, zum Beispiel:

Inselsberg, Thüringen	900 m	Jahrestemperatur	+ 4,0° C
Semmering, Niederösterreich	1005 m	„	+ 6,1° C
Badgastein, Salzburg	1023 m	„	+ 5,6° C
Brenner, Tirol	1380 m	„	+ 3,4° C

Innerhalb Europas sind wärmere Gebiete: die südosteuropäische Halbinsel, Spanien, Italien, Frankreich, Belgien und Holland sowie der südliche Teil von England mit Jahrestemperaturen von 10 bis 16° C. Görz hat eine Jahrestemperatur von 12,9, Triest 14[1], Budapest 10,9° C. Smyrna, an der kleinasiatischen Küste des Ägäischen Meeres, besitzt eine Jahrestemperatur von 17,1° C (Jahresschwankung nur 19,3° C), in den Gärten angebaute Palmen gedeihen dort gut und überwintern im Freien, von Natur aus kommen Lorbeer und Ölbaum und immergrüne Hartlaubbüsche vor. Innerhalb der aufgezählten Wärmegebiete herrscht im Westen, in der Nähe des Atlantischen Ozeans, warmes Seeklima, im Osten, zum Beispiel Rumpf der südosteuropäischen Halbinsel, warmes Landklima, in der Mitte warmes Übergangsklima (vergl. R u b n e r, Pflanzengeographische Grundlagen, Karte 1).

W ä r m e v e r h ä l t n i s s e a u f d e r s ü d o s t e u r o p ä i s c h e n
H a l b i n s e l.

Besonders begünstigt sind die *Küstenlandschaften des adriatischen Gestades* und die griechische Halbinsel- und Inselwelt. Am adriatischen Gestade ist der Einfluß des Meeres maßgebend, das im Winter wärmt, im Sommer die Temperatur erniedrigt. Weiter ist von wesentlichem Einfluß der Schutz, den der hohe dinarische Gebirgswall den vorliegenden schmalen Küstenlandschaften gewährt. Die winterlichen Winde kommen an der Adriaküste (Dalmatien) vorwiegend von Süden, das hat milde Wintertemperaturen zur Folge[2]. Doch beschränken sich die milden Winter auf einen sehr schmalen Saum. Zara hat ein Januarmittel von + 6,7°, Juli 25°, Schwankung 18,3° C.

Auf den *griechischen Halbinseln und Inseln* werden die Wintertemperaturen noch höher als an der Adria (Athen: Januarmittel + 9,3° C), die „Wärmeverhältnisse des adriatischen Saumes" nehmen einen größeren

---

[1] K r e b s N., Die Ostalpen und das heutige Österreich, 1. Bd., Stuttgart 1928, S. 137.
[2] M a u l l, Länderkunde von Südosteuropa, Leipzig u. Wien 1929, S. 339.

Raum ein, indem sie sich über das ganze Gebiet der Halbinseln und Inseln ausdehnen. Die Landmasse wird im Süden schmal, Land und Meer sind verzahnt, und die südliche geographische Breite macht sich geltend. In Ostgriechenland zeigen sich östliche kontinentale Einflüsse, die Januartemperaturen östlicher Stationen sind geringer als die Mittel der Stationen an der Westküste, die Jahresschwankungen sind höher. In Griechenland kommen Januarmittel von etwa $+ 8^0$ C, Julimittel von $+ 25^0$ C und mehr vor. Dies gilt für den unteren Küstensaum und die unteren Hänge. Die Gebirge sind kühler, ohne aber den mitteleuropäischen Typus anzunehmen. Im Peloponnes und auf den größeren Inseln sind die Jahrestemperaturen sehr hoch, 18 bis 19^0 C.

Einen anderen Klimacharakter hat der *Rumpf der südosteuropäischen Halbinsel*, der besonders im Gebirgsinneren und im östlichen Teil einen kontinentalen Einschlag der Wärmeverhältnisse aufweist.

Das zeigt sich sowohl in den Mittelzahlen als auch in den Kälteeinbrüchen von Rußland her, denen die Gegend am Schwarzen Meer sowie die inneren und die nördlichen Landschaften der Rumpfhalbinsel ausgesetzt sind. Während Pola (im Westen) eine Januartemperatur von $+ 5,4^0$ C besitzt, hat Sulina im Osten bei annähernd gleicher geographischer Breite eine solche von $- 1,7^0$ C. In Sofia beträgt das Januarmittel $- 3^0$, das Julimittel $20,7^0$ C, die Jahresschwankung ist also beträchtlich.

Das Gebiet *nördlich vom Ägäischen Meer*, von Thessalien über Niedermazedonien zum Bosporus, hat warme und trockene Sommer, ist aber im Winter Kälteeinbrüchen aus dem Kontinent ausgesetzt, dabei ist Konstantinopel mit seiner Lage zwischen zwei Meeren noch verhältnismäßig begünstigt, sein Januarmittel beträgt $+ 5,2^0$ C.

Im *Dinarischen Gebirgsland* sind in den höheren Lagen gemäßigte Sommertemperaturen, in den tieferen Lagen hohe, die Winter sind kalt. In Bosnien und der Herzegowina betragen in tiefergelegenen Stationen die Jahresmittel etwa 11 bis 15^0 C (Bihać, 227 m ü. M., 11^0, Schwankung 22^0 C, Banjaluka, 163 m ü. M., $11,3^0$, Schwankung $22,5^0$ C, Mostar, 70 m ü. M., $15,1^0$, Schwankung $19,9^0$ C), die Jahresschwankungen etwa 20 bis 22^0 C.

Serbien schließt sich mit tiefen Winter- und hohen Sommertemperaturen in seiner Wärmegestaltung an Pannonien an; in *Bulgarien* ist der Charakter des Landes in bezug auf das Wärmeklima „im Inneren mehr osteuropäisch mit warmen Sommern und ziemlich kalten Wintern, nur an der Meeresküste und im Süden des Landes sind die Winter merklich milder, und die südlichsten Grenzgebiete gehören bereits dem mediterranen Klima an" (A l t, a. a. O., S. 134, 175).

Dauer der Vegetationszeit; Phänologie.

Für das Waldgedeihen ist die Dauer der Vegetationszeit von grundlegender Bedeutung. Mit R u b n e r[1] können wir als forstliche Vegetationszeit einer Gegend die Anzahl der Tage mit Tagesmitteln über 10^0 C be-

---

[1] R u b n e r, Das natürliche Waldbild Europas, Ztschr. f. Weltforstw. 2, 1934/35 S. 68—155.

trachten. Es ist dies kein absolut genaues Maß, sondern nur ein Mittelwert. An der polaren und alpinen Waldgrenze beträgt diese Vegetationsdauer oder Vegetationszeit mit Tagesmitteln über 10^0 C nur etwa 60 Tage. Das betreffende Klima bezeichnen wir als das *subalpine oder subarktische*. Nach Süden zu folgt dann (in Norwegen, Schweden, Finnland usw.) das *kühle Klimagebiet* mit einer Vegetationszeit von 60 bis 120 Tagen. Weiterhin das *gemäßigte* Klimagebiet, den größten Teil Deutschlands, Österreich, Polen usw. umfassend, in welchem die forstliche Vegetationszeit 120 bis 180 Tage ausmacht. Auf das gemäßigte folgt das *„warme Klimagebiet"* (Frankreich, Südwestdeutschland, Ungarn, Rumänien, Bulgarien usw.), dort beträgt die Vegetationsdauer 180 bis 240 Tage, im noch wärmeren *„warm temperierten Gebiet"* (zum Beispiel südliches Spanien, Sizilien, südliches Griechenland) sogar 240 bis 300 Tage. Der hauptsächlichste Unterschied zwischen Ost und West in Mitteleuropa liegt im Frühling, beziehungsweise Vorfrühling. In der Rheinebene und im nordwestdeutschen Tiefland ist das frühe Erwachen der Lebenstätigkeit der Holzgewächse im März beachtenswert; Ostpreußen zeigt dagegen eine wesentliche Verspätung. Mit den einschlägigen Feststellungen befaßt sich die Phänologie, wörtlich „Erscheinungslehre", das ist die Wissenschaft, „die es sich zur Aufgabe gestellt hat, die unter dem Einfluß der Jahreszeiten wechselnden Erscheinungen des Pflanzen- und Tierlebens zeitlich zu verfolgen"[1]. Sie beobachtet an weitverbreiteten und leicht kenntlichen Pflanzen, namentlich an Holzgewächsen, das Datum des Eintrittes gewisser periodischer Erscheinungen, wie Anfang der Blütezeit, Beginn der Laubentfaltung (wenn die ersten normalen Blattoberflächen an verschiedenen Stellen sichtbar sind), Anfang der Fruchtreife, allgemeine Belaubung, also „Wald grün", wenn die Hälfte sämtlicher Blätter entfaltet ist, was an zahlreichen Hochstämmen festzustellen ist, endlich die allgemeine Laubverfärbung, wenn über die Hälfte aller Blätter verfärbt ist. Sie sucht, indem sie diese Beobachtungen durch eine Reihe von Jahren fortsetzt, ein mittleres Datum für den Eintritt einer jeden dieser Erscheinungen zu finden. Sie ermöglicht es, das Gesamtklima oder die Jahreszeiten verschiedener Orte und Gebiete mittels des Entwicklungsganges der Pflanzen miteinander zu vergleichen; denn die periodischen Lebenserscheinungen im Ablauf eines Jahres hängen außer vom Boden insbesondere von der klimatischen Gesamtwirkung ab. Durch phänologische Beobachtungen wird zum Beispiel sehr anschaulich zum Ausdruck gebracht, daß der Einzug des Frühlings, beurteilt nach dem Zeitpunkt des Aufblühens von 13 Obstbaumarten und Ziergehölzen, in der Oberrheinischen Tiefebene zwischen 22. und 28. April stattfindet, in Memel dagegen erst zwischen 20. und 26. Mai, also einen Monat später[2]. In Deutschland wurden phänologische Beobachtungen der forstlichen Versuchsanstalten von W i m m e n a u e r veröffentlicht: „Die Hauptergebnisse zehnjähriger forstlich-phänologischer Beobachtungen", Berlin 1897. 1938 hat Fr. R o s e n k r a n z „Die Phänologie der Roß-

---

[1] H i l t n e r E., Die Phänologie und ihre Bedeutung, Naturwissensch. und Landwirtsch., H. 8, Freising-München 1926.

[2] G i n z b e r g e r - S t a d l m a n n, Pflanzengeographisches Hilfsbuch, Wien 1939, S. 4.

kastanie und Rotbuche in Österreich"[1] veröffentlicht. Seit 1928 bestand der phänologische Beobachtungsdienst der Zentralanstalt für Meteorologie und Geodynamik in Wien, nach 1938 wurde das Bundesnetz dem Reichsamt für Wetterdienst eingegliedert, seit 1946 arbeitet es wieder selbständig und stark verdichtet[2]. In Ungarn werden von seiten der Alföld-Kommission der Ungarischen Geographischen Gesellschaft seit Jahren phänologische Beobachtungen angestellt, ein Teil wurde in den „Phänologischen Mitteilungen" (Prof. Dr. I h n e, Darmstadt) veröffentlicht. Die Beobachtungen der Kommission beziehen sich auf 46 Pflanzen[3]. In Ländern der Balkanhalbinsel wurden gleichfalls phänologische Beobachtungen durchgeführt, so in Bukarest während der Vegetationsperiode 1937 an 98 Holzarten[4].

Die Kommission für landwirtschaftliche Meteorologie der Internationalen Meteorologischen Vereinigung hat (Danzig 1935) den Vorschlag angenommen, daß die einzelnen Länder dieselben Pflanzenarten benützen und daß auch die einzelnen Phytophasen einheitlich bestimmt werden. (Laubausbruch von *Alnus glutinosa:* Vorfrühling; Blüte von *Sambucus nigra:* Vorsommer; Fruchtreife von *Sambucus nigra:* Vorherbst; Schlußblattfall von *Betula verrucosa:* Vollherbst.)

In der Ebene erwacht im Frühling die Vegetation bei gleicher geographischer Breite bekanntlich früher als im Gebirge, dagegen treten die Herbstphänomene im Gebirge etwas früher ein als in der Ebene; der Herbst findet sich also im Gebirge früher ein und steigt dann in die Ebene herab. Bei der Birke verkürzt sich die Periode der Belaubung von Süden nach Norden innerhalb Finnlands, und zwar vom 60. bis zum 69. Grad nördlicher Breite, von 145 Tagen auf 114 Tage[5]. Auch in Jägersprüchen und Bauernregeln wurden aus jahreszeitlich gebundenen Erscheinungen Schlüsse gezogen, zum Beispiel: „Buchlaub raus — Hahnfalz aus!"

Nach der Ruhezeit des Winters ist die erste phänologische Jahreszeit der *Vorfrühling.* „Er beginnt mit dem Stäuben der Haselnußkätzchen und endet mit der Blüte des Lerchensporns. Einige Gehölze beginnen längere Zeit vor der Blattentfaltung zu blühen und die Wiesen langsam zu ergrünen. Auf den Vorfrühling folgt der *Erstfrühling* mit dem Blühen von Holzpflanzen, bei denen die Blattentfaltung fast gleichzeitig mit der Blüte einsetzt. Er endet mit der Blüte des Apfelbaums, die in den *Vollfrühling* überleitet. Nun beginnen solche Holzpflanzen aufzublühen, bei denen die Blüte deutlich nach der Entfaltung der ersten Blätter einsetzt. Der Laubwald wird grün.

---

[1] R o s e n k r a n z, Die Phänologie der Roßkastanie und Rotbuche in Österreich, Beihefte zu d. Jahrbüchern d. Zentralanst. f. Meteor. u. Geodyn., Wien 1938.

[2] R o s e n k r a n z Fr., Die Bedeutung der Phänologie für die Landwirtschaft, erschienen im „Jahrbuch der Hochschule für Bodenkultur in Wien", Bd. I, zweiter Teil, Wien 1948, S. 57—66.

[3] R e t h l y A., Die Teilnahme Ungarns an dem Internationalen phänologischen Dienst, Erdészeti Lapok **75**, S. 1029—1036, 1936.

[4] R a d u l e s c u A. V., Phänologische Beobachtungen an Holzarten in Bukarest während der Vegetationsperiode 1937, Analele Institut de Certecari Exp. For. 4, S. 231—247, 1939.

[5] K u j a l a, Berechnungen über die Länge der Laubperiode der Laubbäume usw. Communicationes ex Instituto Quaest. Forest. Finlandiae ed., Bd. 7, 1924.

Mit der Blüte des Weißdorns endet der Vollfrühling, und das Aufblühen des Getreides, vor allem des Winterroggens, leitet den *Frühsommer* ein, dessen Ende durch die Lindenblüte gekennzeichnet ist. In den *Hochsommer* fällt die Ernte des Getreides, Beeren und Frühobst reifen. Die Reife des schwarzen Holunders schließt ihn ab. Im *Frühherbst* oder *Spätsommer* kommt die Obstreife (ausgenommen Spätobst und Wein) zum Abschluß. Im *Spätherbst* wird der Wein geerntet. Mit dem Laubfall endigt der Herbst…" (H i l t n e r, a. a. O., S. 21).

W ä r m e a n s p r ü c h e   d e r   H o l z a r t e n.

Auf Grund der Beobachtungen über die Verbreitung der Holzarten und sonstiger Wahrnehmungen ist es seit langer Zeit üblich, im Waldbau eine Reihe der Holzarten je nach ihren Wärmeansprüchen aufzustellen. Wenn man aber die Grenzen der vertikalen Verbreitung, von der Ebene bis zu den höchstgelegenen Waldbeständen im Gebirge, betrachtet, so kann man im einzelnen zu einer anderen Reihe kommen als bei der Beobachtung der horizontalen Verbreitungsgrenzen. So geht zum Beispiel die Hainbuche, *Carpinus Betulus*, in Mitteleuropa nicht so hoch ins Gebirge hinauf wie *Fagus*. Aber in den kontinentalen, winterkalten Nordosten Europas geht *Carpinus Betulus* weiter als *Fagus silvatica, Carpinus* ist also weniger gegen Spätfröste empfindlich, verträgt etwas mehr Winterkälte, benötigt aber anscheinend etwas mehr Sommerwärme, ist gegen Frühfröste empfindlich, die ihren Aufstieg ins höhere Gebirge hindern. Beurteilt man also den Wärmeanspruch, die Stellung in der Reihe, nach der einen Erscheinung, so fällt die Reihung anders aus als bei Beurteilung nach der anderen. Allgemeingültig ist also die Reihenfolge der Holzarten je nach ihrem Wärmebedürfnis strenge genommen nicht. Wir können etwa folgende Reihe (mit den anspruchsvollsten beginnend) aufstellen:

(In Süd- und Südosteuropa:) Lorbeer, Zypresse, Aleppokiefer oder ihre Verwandte, *Pinus brutia; Quercus Ilex, coccifera,* sonstige Hartlaubbüsche der *Macchie;*

Edelkastanie, Flaumhaareiche, Blumenesche, Nußbaum, Zerreiche, Robinie (die große Sommerwärme eines südlichen Kontinentalklimas braucht);

Stiel- und Traubeneiche, Hainbuche, Sommerlinde, Ulme, Schwarzerle;

Schwarzkiefer, Esche, Winterlinde;

Rotbuche, Eibe, Bergahorn, Weißtanne;

Fichte, Kiefer, Birke, Aspe, Vogelbeere, Grauerle;

Grünerle, Lärche, Zirbe, Krummholzkiefer.

Der Stieleiche wird häufig ein größeres Wärmebedürfnis zugeschrieben als der Traubeneiche; dies deshalb, weil sie tiefere Lagen mit wärmeren Sommern besiedelt. Sie kommt nämlich in Auwaldungen und Flußniederungen vor, die Traubeneiche dagegen mehr auf sonnigen Hügeln. Allein in den Alpen steigt die Stieleiche oft höher empor als die Traubeneiche, wie der Verfasser in den österreichischen Alpen festgestellt und wie H. B u r g e r in der Schweiz[1] beobachtet hat. Nach B u r g e r ist nicht

---

[1] B u r g e r H., Die Verbreitung der Stiel- und Traubeneiche in der Schweiz, Schweiz. Zeitschr. f. Forstw., 1926, S. 169—174.

die Höhenlage entscheidend, sondern die physiologisch wirksamen Eigenschaften des Bodens (Stieleiche mehr auf frischen, schweren Böden und außerdem in niederschlagsreichen Alpentälern; Traubeneiche auf etwas trockenen Standorten in sonniger Lage). Auch nach dem östlichen Europa ins Gebiet kontinentaler kalter Winter vermag die Stieleiche weiter als die Traubeneiche vorzudringen.

2. Das Wasser.

Die zweite für das Waldgedeihen ausschlaggebende Bedingung des Klimas ist die Wasserzufuhr. In Landstrichen, deren Wärmeverhältnisse für das Waldgedeihen entsprechen würden, kann durch mangelnde Wasserzufuhr das Vorkommen der Wälder begrenzt werden. Diese durch zunehmende Trockenheit bedingte Waldgrenze scheidet das Gebiet der Wälder von jenem der Prärien, der Grasfluren oder Steppen (Abb. 11).

Abb. 11. Steppenberge in Kleinasien zwischen Nigde und Ulukişla
(Aufn. von A s a f I r m a k).

Die Wirkung des Wassers ist sehr auffallend. Das Verhältnis von Niederschlag und Verdunstung, die Verteilung der Bodenfeuchtigkeit ruft mehr als irgendeine andere äußere Ursache einen bunten Wechsel von Vegetationsformen hervor. Das Wasser als Standortsfaktor schließt drei Erscheinungen in sich:

die *Niederschläge* (Menge, Form, jahreszeitliche Verteilung),
die für die Verdunstung maßgebende *Luftfeuchtigkeit* und
die *Bodenfeuchtigkeit*.

Es ist anzunehmen, daß es auch für die Wasserversorgung der Pflanzen ein Mindestmaß, ein Bestmaß und ein Höchstmaß gibt. Ökologisch wichtig ist für uns vor allem das Mindestmaß. Äußerlich erkennbar wird die Annäherung an das Mindestmaß meist durch Beginn des Welkens der Blätter, schließlich kann infolge der Dürre das Absterben einzelner Organe oder ganzer Individuen eintreten. Die Widerstandsfähigkeit verschiedener Pflanzen gegen Dürre ist ungleich groß, man unterscheidet daher mit Rücksicht auf den Wasserbedarf der Pflanzenwelt *Xerophyten*, die in hohem Grade der Austrocknung angepaßt sind, *Hygrophyten*, zum Beispiel die

Esche mit dünnen, gefiederten, unbehaarten Blättern, die gegen Austrocknung sehr empfindlich sind, und *Mesophyten*, die in der Mitte zwischen den beiden Genannten stehen. Außerdem gibt es Pflanzen, zum Beispiel viele unserer Waldbäume, deren Daseinsbedingungen je nach der Jahreszeit einmal diejenigen von *Hygrophyten*, dann solche von *Xerophyten* sind, die also an Regen- und Trockenzeiten, beziehungsweise an die physiologische Trockenzeit des Winters angepaßt sind. Was die Anpassung anbelangt, so besitzen die *Xerophyten* geringe Flächenentwicklung der oberirdischen Organe, als Beispiel seien die kleinen Blättchen der *Ericaceen* und Ginsterarten genannt, oder harte, meist dicke, ledrige Blätter, wie zum Beispiel die Hartlaubbüsche der *Macchie* in den Mittelmeerländern, die an einen sehr niederschlagsarmen Sommer angepaßt sind. Andere *Xerophyten* weisen eingesenkte oder verschließbare Spaltöffnungen auf sowie filzige Behaarung, Wachsüberzug usw., zum Beispiel Pflanzen der alpinen Zwergstrauchheide, wie *Loiseleuria procumbens*, mit kleinen, derben, dicken Blättern (Rollblatt) und zugleich Lederblättern, Spaltöffnungen unter dem umgerollten Rand; hieher gehören auch *Rhododendron ferrugineum* und *hirsutum*, *Vaccinium vitis idaea* usw.

Die Nadelhölzer sind hinsichtlich ihrer Assimilationsorgane xerophytisch gebaut, mit schmalen, nadelförmigen Blättern, derber *Epidermis*, manche Pflanzengeographen rechneten deshalb früher die Nadelhölzer einschließlich zum Beispiel der Fichte zu den *Xerophyten*. Dies ist jedoch nur insofern zutreffend, als der echte Winter der Fichtenverbreitungsgebiete trotz zum Teil hoher Niederschläge als eine physiologische Trockenzeit betrachtet werden muß, da es bei gefrorenem Boden für die Wurzeln nicht möglich ist, Wasser nachzuschaffen. An diese „Trockenzeit" sind nun die hinsichtlich der Assimilationsorgane xerophytisch gebauten Nadelhölzer angepaßt; während der Vegetationszeit aber ist von unseren Nadelhölzern besonders die Fichte auf eine genügende Menge von Feuchtigkeit angewiesen. Mangel an dieser führt bei ihr zu schlechten Wuchsergebnissen, dagegen bringt sie es in niederschlagsreichen Gebirgsgegenden zu besten Wuchsleistungen. In den niederschlagsreichen Alpen ist die Fichte der wichtigste Waldbaum. Das flache Wurzelsystem macht sie abhängiger von der Standortsbedingung „Feuchtigkeit" als andere Holzarten. In Dürrejahren leidet die Fichte bei künstlichem Anbau außerhalb ihres natürlichen Verbreitungsgebietes, in niederschlagsarmen, warmen Tieflagen, von allen Holzarten am meisten durch Trockenheit. Daß Trockenheit dabei die Hauptrolle spielt, wurde durch Untersuchungen von W i e d e m a n n für warme, tiefere Anbaugebiete Sachsens bewiesen[1]. Die Fichte ist also ein *Tropophyt*, das sind nach S c h i m p e r jene Pflanzen, die sich hinsichtlich des Wasserbedarfs in der einen Jahreszeit so, in der anderen anders verhalten. Mit Recht sagt M ü n c h[2] in dem Werke „Bau und Leben unserer Waldbäume": „Die Anpassungen der Pflanzen sind viel zu vielseitig, als daß man aus dem Aussehen immer ohne weiteres auf die Lebensverhältnisse schließen dürfte.

---

[1] W i e d e m a n n, Zuwachsrückgang und Wuchsstockungen der Fichte in den mittleren und unteren Höhenlagen der sächsischen Staatsforsten, Tharandt 1925.

[2] M ü n c h, Bau und Leben unserer Waldbäume, 1927.

So hat zum Beispiel unsere Fichte mit ihren harten, kleinen Nadeln das Ansehen eines Trockenbaumes (xerophil). Jeder weiß aber, daß sie sowohl Bodenwasser wie Luftfeuchtigkeit nötig hat und in trockenen Winterwochen auf gefrorenem Boden an sonnigen, der Verdunstung aus den Nadeln günstigen Lagen leicht vertrocknet." Danach bleibt also nicht einmal für die Frostzeit des Winters (dort, wo er „trockene Wochen" und gleichzeitig sonnige Lage aufweist) die xerophile Beschaffenheit der Fichte ganz aufrecht. — Ein Höchstmaß an Wasser (Überschwemmung) schadet manchen Pflanzen wegen Sauerstoffmangels.

Die Niederschläge.

Die Vegetationszeit ist (nach Köppen) gleichbedeutend mit der Zeit ausreichender Bodenfeuchtigkeit und genügender Wärme, wobei für die Bäume hinsichtlich der Feuchtigkeit der Zustand des Untergrunds in der Tiefe des Wurzelbereichs entscheidend ist. Die Bäume und die Holzgewächse überhaupt, auch die der *Macchie*, besitzen ein reich verzweigtes, in tiefe Bodenschichten dringendes Wurzelsystem, welches geeignet ist, tiefgelegene Wasservorräte auszunutzen. Andererseits ist ihre transpirierende Oberfläche, die Laubkrone, eine sehr große und ragt in Luftschichten empor, die oft schon sehr der austrocknenden Wirkung der Winde ausgesetzt sind. Der Baum benötigt demnach verhältnismäßig große Wasservorräte, die aber auch in tieferen Schichten des Bodens aufgespeichert sein können. Da also die im Winter gefallene Niederschlagsmenge einen Vorrat für die Vegetationszeit bedeuten kann (Bodenwasser infolge Schneeschmelze, Winterfeuchtigkeit), so hat bei den Niederschlägen der Jahresdurchschnitt für Gehölze immerhin eine größere Bedeutung und ist im Hinblick auf das Wachstum von Bäumen und Gehölzern brauchbarer als die jährliche Durchschnittstemperatur. Selbst in Gebieten mit ausgesprochenen Trockenperioden im Jahre ist Baumwuchs möglich, wenn nur zu irgendeiner Zeit im Jahre die Niederschläge so reichlich sind, daß sich in tieferen Bodenschichten (von zum Beispiel 0,8 bis 1,5 m) ein genügender Wasservorrat ansammeln kann[1]. Zum Vergleich sei auf die Gräser hingewiesen: deren Wurzelsystem dringt nur in die oberen Schichten des Bodens und kann bei längerer Trockenheit leicht austrocknen. Grasfluren brauchen zur Vegetationszeit wiederholte Regenfälle; nicht die absolute Niederschlagsmenge ist hier maßgebend, sondern regelmäßige Wiederholung in kurzen Zwischenräumen. Das Mittelmeergebiet, etwa die Umgebung von Istanbul oder Griechenland, bietet Beispiele. Im Sommer herrscht blauer Himmel, monatelang gibt es fast keinen Niederschlag. Grasflächen sind dann im Juni, Juli dürr, gelb; die *Macchien* aber und der Baumwuchs bleiben frisch, grün, weil es im Winter genug Niederschlag gegeben hat und ihren tiefreichenden Wurzeln die Winterfeuchtigkeit zur Verfügung steht. Wo nur die oberen Schichten regelmäßig durchfeuchtet sind, ist Baumwuchs unmöglich, außer an Stellen, wo aus anderen Ursachen im Boden Wassermengen aufgespeichert sind, zum Beispiel an Flußufern. Dies

---

[1] v. Hayek, Pflanzendecke Österreich-Ungarns, 1916.

erklärt das Auftreten von Wäldern entlang der Flußufer in ausgesprochenen Steppen- oder Grasflurgebieten, der sogenannten „Galeriewälder", wie man sie auch in Anatolien häufig beobachten kann (Abb. 12).

Durch Wasser, das an der Meeresoberfläche verdunstet, werden die Festländer mit Feuchtigkeit versehen. In Europa zum Beispiel wehen während der Vegetationszeit vorherrschend Winde aus West, Südwest und Nordwest. An den Gebirgen kühlen sich die Winde bis zum Taupunkt und zu Niederschlägen ab, daher der vermehrte Niederschlag im Gebirge, der auch der Bewaldung förderlich ist. In Europa steigt das Gelände von der Küste hinweg nur allmählich an, der feuchte Luftstrom vom Meere kann daher weit ins Festland eindringen, deshalb reicht die Bewaldung Europas auf weite Entfernung von der Küste.

Abb. 12. Galeriewald in der Steppe in Mittelanatolien (Aufn. von A s a f I r m a k).

Anders verhält es sich, worauf H. M a y r[1] treffend hingewiesen hat, beim pazifischen Wald in Nordamerika: der über dem Großen oder Stillen Ozean gesättigte Luftstrom stößt an den ersten Gebirgszug, das Küstengebirge, kühlt sich beim Aufstieg ab, gibt gewaltige Wassermengen ab und ermöglicht das Dasein eines sehr hoch- und raschwüchsigen Waldes. Der absteigende Luftstrom erwärmt sich, wird verhältnismäßig trockener, die Niederschläge sinken, Grassteppe tritt auf. Im zweiten Gebirge, dem Kaskadengebirge, ist von der Paßhöhe des ersten (900 m) aufwärts wieder Wald und entsprechender Niederschlag, auf der Windschattenseite wieder Trockenheit und Prärie. Ähnlich verhält es sich beim dritten Gebirge, dem Felsengebirge (an der Westseite Wald von 1200 m an, Ostseite trocken, Prärie, vgl. Abb. 13).

Gebirge sind in der Regel Räume häufigeren und vermehrten Niederschlages, aber, wie dieses Bild von M a y r zeigt, nicht überall. (Im Kaskadengebirge zum Beispiel ist unterhalb der Paßhöhe des vorhergehenden Gebirges Steppe, ähnlich verhält es sich auch in manchen Gebirgen im Inneren Anatoliens.) Wenn Luft über ein Gebirge strömt, das sich aus einer großen Ebene erhebt, so muß sie an einem Hang aufwärts, auf dem

[1] M a y r H., Waldbau auf naturgesetzlicher Grundlage, Berlin 1909, S 29.

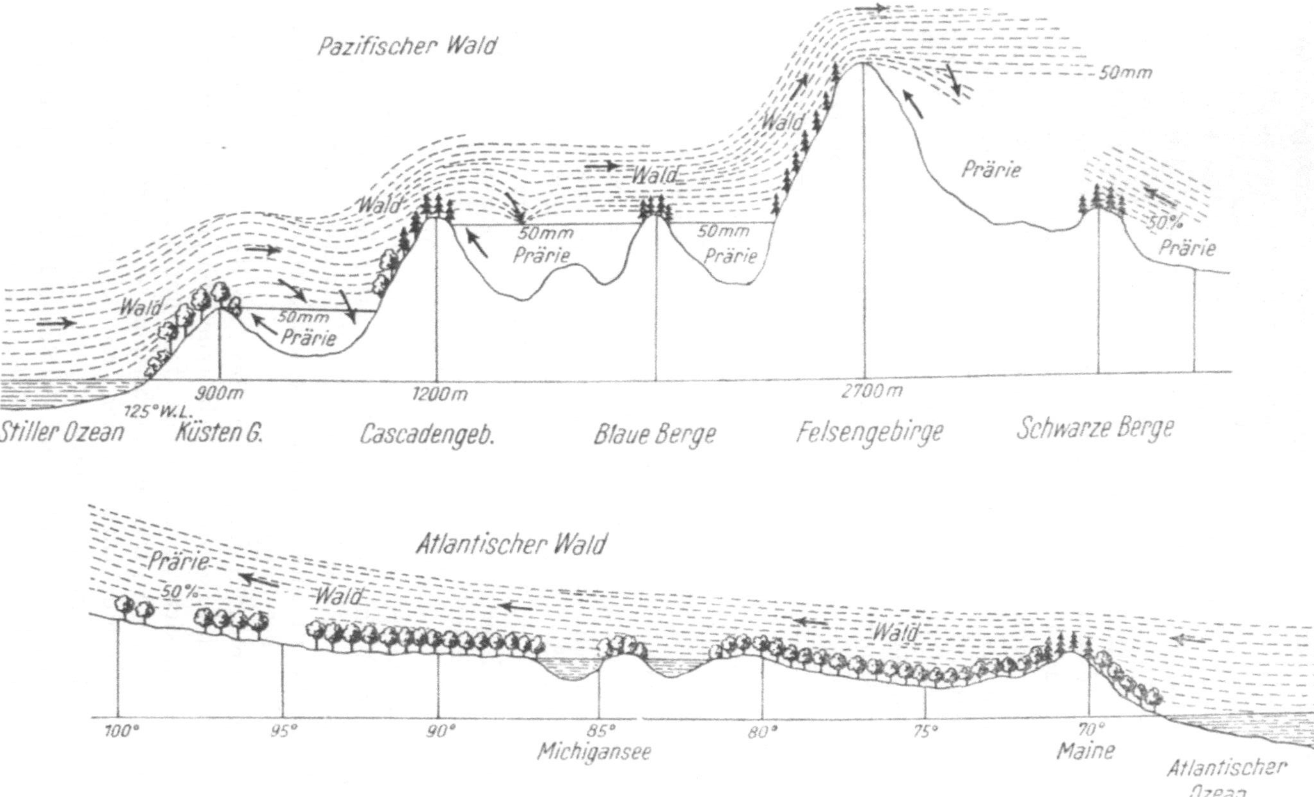

Abb. 13. Waldverteilung, *a*) im Gebirge des pazifischen Nordamerika, *b*) im östlichen Nordamerika. Profil unter dem 40.⁰ n. Br. (nach H. Mayr, 1909).

anderen herabgleiten. Den Hang, an dem sie aufwärts strömt, nennen wir bekanntlich die Luvseite, den anderen, wo sie abfließt, die Leeseite des Gebirges. Auf der Luvseite, wo die Luft aufsteigt, bilden sich Wolken und Niederschlag, auch die Wärmeausschläge sind auf der Luvseite gemildert. Die aufsteigende Luftbewegung führt zur Kondensation des Wasserdampfes, zur Zunahme des Niederschlages mit der Höhe (aber nicht unbegrenzt). In der Niederung auf der Leeseite des Gebirges ist die Luft klarer, trockener und wärmer geworden. Innerhalb Mitteleuropas liegen die Unterschiede in der Höhe der Niederschläge zwischen 400 und mehr als 2000 mm. Zu den niederschlagreichsten Gebieten Mitteleuropas gehören manche Außenzonen der Alpen, zum Beispiel (nach Hellmann, Klimaatlas von Deutschland, 1921) die Allgäuer Alpen mit mehr als 2000 mm Niederschlag. Auf den hohen Niederschlägen des Allgäus beruht der Reichtum an Wiesen und Matten.

Die Regenkarte *Österreichs*[1] (Abb. 14) und die in den Klimatographien der einzelnen Bundesländer enthaltenen Regenkarten lassen deutlich erkennen, daß sowohl die Nord- als auch die Südseite der Alpen Luvseiten sind. Gegen die Mitte des Gebirges nehmen die Niederschläge ab. Gebiete mit mehr als 2000 mm Niederschlag gibt es im Salzkammergut, in den Salzburger Kalkalpen, in Vorarlberg und im Allgäu. In den südlichen Kalkalpen im italienisch-jugoslawischen Grenzgebiet und westlich von diesem wurden Werte über 3000 mm verzeichnet. In den Innenalpen beträgt die Regenmenge selten mehr als 1600 mm, in Tirol bleibt sie meist darunter. Die östlichen Tauern sind reicher an Niederschlägen, „besonders dort, wo breitere Pforten im Kalkgebirge dem Regen den Zutritt gewähren" (Krebs N., a. a. O., I. Bd., S. 145). Die trockensten Gebiete der Ostalpen sind die gegen beide Regenseiten durch hohe Ketten abgesperrten Täler, zum Beispiel das Oberinntal, Vintschgau, dann das Längstal der Mur und der nördliche Teil des Klagenfurter Beckens. Von den Außenseiten ist die trockenste die nordöstliche im Wiener Becken und um den Neusiedler See. Die Niederungen im Osten mit pannonischem Klima haben am wenigsten Niederschlag: östliches Niederösterreich, so das Weinviertel, Marchfeld, im Burgenland die Landschaft am Neusiedler See, die östliche Steiermark und die benachbarten Teile des Burgenlandes.

Bedeutende Regenmengen finden sich dort, wo der Anstieg des Gebirges plötzlich und ruckweise vor sich geht (zum Beispiel Salzburg, Bregenz). Der Lungau im Gebirgsinneren hat fast um die Hälfte weniger Niederschlag als Salzburg. Das Beispiel von Salzburg ist lehrreich: das nach Nordwesten sich erweiternde Salzachtal steht mit seiner Mündung gerade den Hauptregenwinden entgegen, durch die trichterförmige Talöffnung strömen die Luftmassen ungehindert ein, kühlen sich beim Aufstieg ab und geben auf der Luvseite der entgegenstehenden Bergwände ihren reich-

---

[1] Krebs N., Die Ostalpen und das heutige Österreich, Stuttgart 1928, 1. Bd., S. 144. — Reichel E., Die Verteilung des Niederschlags (mit Karte) im „Atlas des deutschen Lebensraumes in Mitteleuropa" von N. Krebs, Bibliographisches Institut AG, Leipzig 1937. In der vorliegenden Wiedergabe der Karte nach E. Reichel sind aus drucktechnischen Gründen je zwei Stufen der Skala zusammengezogen.

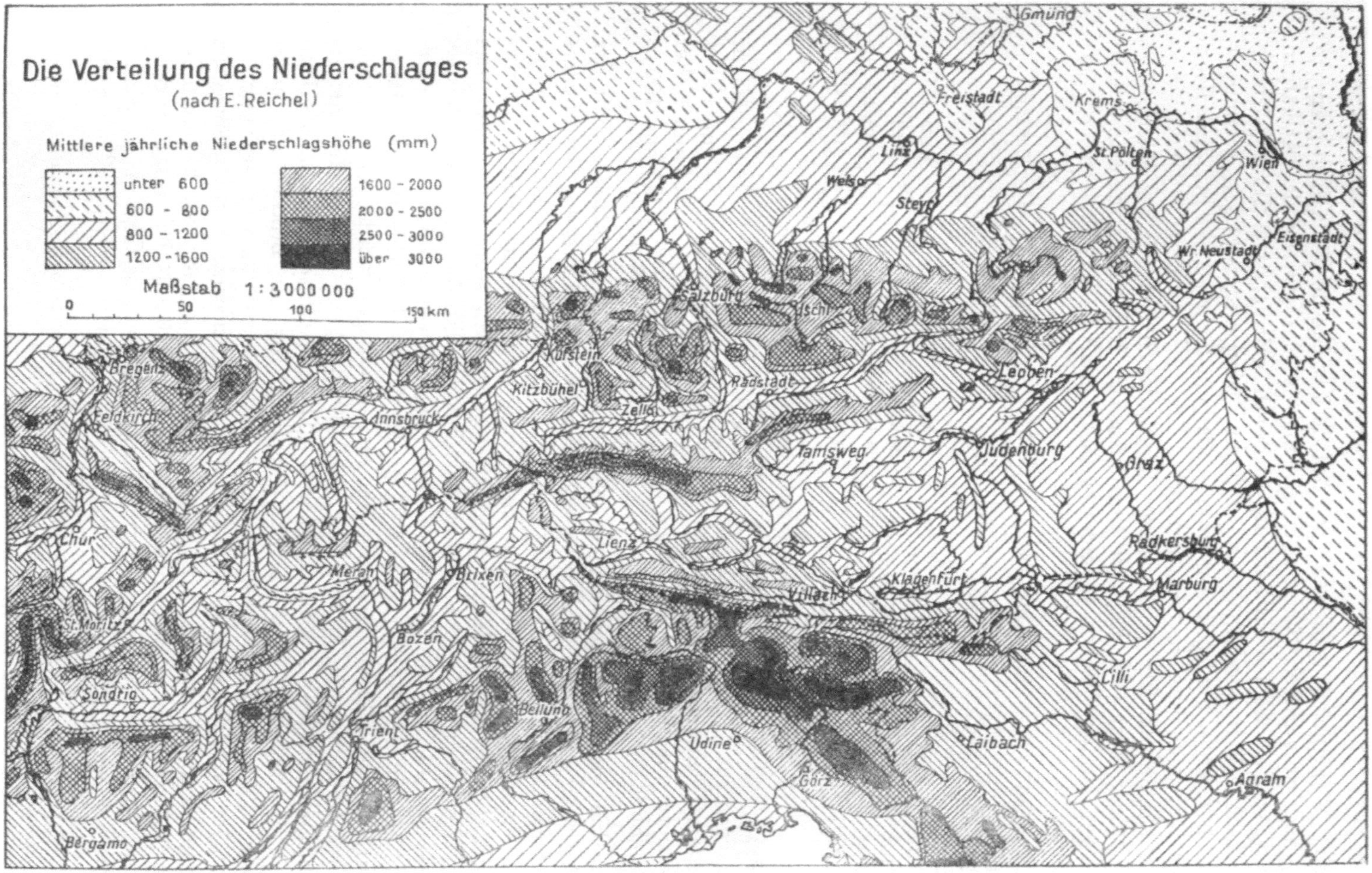
Die Verteilung des Niederschlages
(nach E. Reichel)
Mittlere jährliche Niederschlagshöhe (mm)
unter 600
600 - 800
800 - 1200
1200 - 1600
1600 - 2000
2000 - 2500
2500 - 3000
über 3000
Maßstab 1 : 3000000
0
50
100
150 km
Gmünd
Freistadt
Krems
Linz
St. Pölten
Wien
Wels
Steyr
Wr. Neustadt
Eisenstadt
Salzburg
Ischl
Kufstein
Radstadt
Leoben
Bregenz
Kitzbühel
Zell
Feldkirch
Innsbruck
Tamsweg
Judenburg
Graz
Chur
Lienz
Radkersburg
Meran
Brixen
Klagenfurt
Villach
Marburg
St. Moritz
Bozen
Cilli
Sondrio
Belluno
Trient
Udine
Laibach
Görz
Agram
Bergamo

Abb. 14.

lichen Wassergehalt großenteils ab. Auf die Leeseite der Kalkalpen gelangen sie nach ausgiebiger Wasserabgabe, daher ist der jenseits der Kalkalpen gelegene Teil des Landes Salzburg niederschlagsärmer. Die Stadt Salzburg in bloß 430 m Seehöhe hat 1358 mm Jahresniederschlag („Salzburger Schnürlregen"), hingegen der Pinzgau, der um mehr als 400 m höher liegt, nur 1053 mm mittlere Jahressumme.

Als Beispiel für die Zunahme des Niederschlages mit der Meereshöhe im Hochgebirge seien folgende Ergebnisse von Niederschlagsbeobachtungen in den Hohen Tauern (Sonnblickgebiet) nach F. Steinhauser angeführt[1]:

Ort	Seehöhe	Horizontal-entfernung	Mittlere Jahressumme	Zunahme
		Nordseite		
Rauris	911 m		993 mm	
Bucheben	1140 m	8,4 km	1100 mm	47 mm/100 m
Maschine	2120 m	10,6 km	1814 mm	73 mm/100 m
Rojacherhütte	2570 m	1,4 km	1918 mm	23 mm/100 m
Sonnblick	3080 m	1,6 km	2278 mm	70 mm/100 m
		Südseite		
Döllach	1046 m		832 mm	
Heiligenblut	1300 m	8,0 km	867 mm	14 mm/100 m
Unteres Fleißkees	2560 m	6,7 km	1552 mm	54 mm/100 m
Mittleres Fleißkees	2810 m	1,1 km	1837 mm	106 mm/100 m
Sonnblick	3080 m	1,5 km	2278 mm	163 mm/100 m

Eine neuere Darstellung der Niederschläge in *Deutschland* enthält der „Atlas des deutschen Lebensraumes", Karte 6, „Die Verteilung des Niederschlages", Maßstab 1 : 3,000.000.   Da mit zunehmender Meereshöhe die Niederschläge steigen, so haben die Mittelgebirge und der Süden Deutschlands größere Niederschläge als die Niederungen im Norden und besonders im Nordosten. Im westseitig steil ansteigenden Schwarzwald zum Beispiel nehmen auf der den Südwestwinden zugekehrten Luvseite die Niederschläge mit der Höhe rasch zu, längs des Fußes des Schwarzwaldes fallen jährlich etwa 800 bis 1000 mm; in mittleren Lagen werden bis 1400 mm verzeichnet, auf den Höhen mehr als 1800 mm,   ja in besonders niederschlagsreichen Jahren sogar 2500 mm („Die Forstwissenschaft an der Universität Freiburg", 1937, S. 12). Im Harz hat der Brocken mit etwas über 1100 m Seehöhe einen mittleren Jahresniederschlag von 1640 mm.

Im *Norddeutschen Tiefland* sind die Niederschläge[2] am größten im atlantischen Nordwesten mit 700 bis 800 mm im Jahr, am kleinsten im festländischen Osten mit Mitteln von 500 bis 550 mm. Die ausgesprochensten Trockengebiete finden sich in der Magdeburger Gegend im Regenschatten des Harzes, in der Oderniederung und in Westpreußen an der

---

[1] Steinhauser F., Neue Ergebnisse von Niederschlagsbeobachtungen in den Hohen Tauern (Sonnblickgebiet), Meteorol. Ztschr., 1934.

[2] Atlas des deutschen Lebensraumes, Karte Nr. 6; dann: Geiger in „Neudammer Forstl. Lehrb." 1942, S. 35 ff.

ehemaligen preußisch-polnischen Grenze bei Hohensalza, wo das Jahresmittel sogar unter 400 mm liegt. Das Rheintal westlich Freiburg grenzt an die sogenannte Kolmarer Trockeninsel im Regenschatten der Vogesen mit geringeren Niederschlägen von jährlich 500 bis 600 mm.

Der atlantische Nordwesten Deutschlands sowie die (sommertrockenen) Mittelmeerländer, und zwar die Küstengebiete, haben ungefähr die gleichen mittleren Niederschlagsmengen im Jahre, 700 bis 800 mm, aber in Deutschland ist die Verteilung über das Jahr hin eine gleichmäßige, in den Mittelmeerländern regnet es dagegen fast nur im Winter, hingegen ist der heiße Sommer trocken. In Deutschland finden wir daher vorherrschend mesophile Vegetation, hingegen herrscht in den Küstengebieten Italiens, Griechenlands, Kleinasiens eine xerophile mit immergrünen Hartlaubbuschwäldern.

Auf der *südosteuropäischen Halbinsel* wird der Westen unter dem Einfluß westlicher Winde mit Regen überschüttet, während die Ostseite der Halbinsel relativ trocken erscheint. In Pola fällt doppelt soviel Niederschlag wie an der Sulinamündung, dies bei gleicher nördlicher Breite. In Korfu fällt mehr als dreimal soviel als in Volo[1]. Auf den adriatischen Inseln und am Küstensaum ist die größte Niederschlagshäufigkeit im Winter, im Jahre werden 500 bis 900 mm erreicht. Die dann folgenden Küstenhänge und Gebirge im Westen der Halbinsel haben die größten Niederschläge der Balkanhalbinsel, stellenweise die größten Europas, so die nach Südwesten geneigte Seite des Gebirges von Krivošije[2] oberhalb der Bucht von Cattaro, dort sowie im Gebirgsland der Crna Gora fallen jährlich 2500 bis 4600 mm Regen. Eine zweite sehr regenreiche Zone ist das Hinterland der Velebitküste zwischen Zara und Fiume und das Hinterland von Fiume selbst. Im Inneren von Jugoslawien, in den Talsohlen der Morava und des Vardar, werden jährlich durchschnittlich 600 bis 700 mm gemessen. Die eingesenkte Beckenlandschaft von Skoplje hat nur 487 mm.

Die geringste Niederschlagshäufigkeit ist infolge der Sommertrockenheit im Mittelmeergebiet, wo zum Beispiel in *Griechenland* (ähnlich wie an der Ostküste Spaniens und im südlichsten Italien) weniger als 60 Niederschlagstage im Jahr gezählt werden. Die Küstenregionen des südlichen Mittelmeeres haben im Juli nur bis zu zwei Regentage, auf Malta sind gar im Juli im langjährigen Durchschnitt nur 0,2 Regentage, dagegen zum Vergleich in Mittenwald im bayrischen Alpengebiet im Juli durchschnittlich 21, also 105mal soviel! Westgriechenland ist noch regenreich, das östliche Griechenland ist ziemlich trocken. Die von Nordwesten nach Südosten streichenden Gebirgsketten stellen sich den Regenwinden entgegen. Die Gebirgserhebungen in Westgriechenland haben jährlich 800 bis 1200 mm, Ostgriechenland weniger als 500 mm.

In *Bulgarien* macht sich infolge der östlichen Lage der kontinentale Einfluß geltend, die Gebirge: Balkan, Rhodope sind noch verhältnismäßig

---

[1] M a u l l, Länderkunde von Südeuropa, Leipzig und Wien 1929, S. 345. — A l t, Klimakunde von Mittel- und Südeuropa, Berlin 1932, S. 138. — T r z e b i t z k y, Niederschlagsverhältnisse auf der südosteuropäischen Halbinsel, Sarajewo 1911.

[2] Hinweis auf Untersuchungen von H a n n : E. B r ü c k n e r, Bericht über die Fortschritte der geogr. Meteorologie, Geogr. Jb. **21**, 1898, S. 370.

regenreiche Inseln mit mehr als 750 mm, zum Teil sogar mehr als 1000 mm, die Becken- und Plattenlandschaften sind regenarm. Im Flachland fallen 500 bis 700 mm. In der Dobrudscha herrscht stellenweise Steppenklima.

In den Zentralgebieten des *ungarischen Tieflandes* sind zwar die durchschnittlichen jährlichen Niederschlagsmengen dem Zahlenwert nach scheinbar nicht gering, aber in Anbetracht der starken Verdunstung infolge der höheren Temperatur doch kaum hinreichend, auch sind die Trockenperioden länger und die Unterschiede der einzelnen Jahre größer, daher Neigung zur Dürre und zur Steppenbildung; die ungarischen Ebenen sind waldarm, auf Grundflächen von Hunderttausenden von Hektar gibt es oft nur einige schmale Galeriewälder oder fast gar keinen Wald[1]. In den die ungarische Tiefebene umgebenden Gebirgen nimmt der Niederschlag mit der Höhe zu.

Im Flachlande *Rumäniens* (Moldau, Walachei, Dobrudscha) liegen die Jahressummen der Niederschläge meist zwischen 400 und 600 mm. Im Gebiet des Donaudeltas sind weniger als 400 mm verzeichnet. Mit dem Anstieg gegen die Karpaten und Transsylvanischen Alpen nimmt der Niederschlag immerhin bis zu mehr als 900 mm zu. In der Dobrudscha gibt es im Bezirk Constanţa ein Steppengebiet mit häufiger Trockenheit.

In *Kleinasien* verlaufen hohe Gebirge längs der Küste, besonders im Norden (Pontus) und im Süden (Taurus). Die Luft, die vom Meere her dem Inneren des Landes zuströmt, muß zunächst an den meist 2000 m hohen und höheren Randgebirgen emporsteigen. Jene Teile des Festlandes, die zwischen dem Meer und dem Kamm des Randgebirges liegen, erhalten für Waldwuchs ausreichende Niederschläge. Hinter dem Gebirgskamme sinken und erwärmen sich die Luftströme wieder, ihre Fähigkeit, Feuchtigkeit aufzunehmen, wird größer, ihre relative Feuchtigkeit kleiner. Daher die Niederschlagsarmut im Inneren des Landes und das Fehlen des Waldes im Inneren. An der Küste des Schwarzen Meeres gibt es Stationen mit 1500 bis 2000 mm Niederschlag und mehr, im Inneren des Landes solche mit 300 mm und weniger. Beim Salzsee Tuz Gölü im Inneren des Landes kann das gewonnene Salz mehrere Jahre hindurch in einem aufgeschütteten, ungeschützten Berg gelagert werden, ohne daß es Gefahr läuft, zu zerfließen, da die jährliche Regenmenge unter 200 mm bleibt. Solche Gebiete sind von Natur aus waldlos. Der gleichfalls gebirgige Westen Kleinasiens gestattet immerhin ein Eindringen westlicher Luftströmungen und ermöglicht ein Klima, das trotz Sommertrockenheit bis zu einer Entfernung von etwa 300 km von der Küste lockere Wälder nicht ausschließt.

Dürrejahre. Bei ungleicher Verteilung der Niederschläge, und zwar besonders bei langen Trockenzeiten im Frühjahr und im Sommer, leiden vor allem junge, noch nicht tief wurzelnde Pflanzen, weil ja die oberen

---

[1] Vgl. Jahresbericht d. Dtsch. Forstvereins 1927, Vortrag des ungarischen Professors R o t h. — V á g i J., Ist die ungarische Pußta tausend Jahre alt oder nur eine Folge der Türkenherrschaft usw.? Erdészeti Lapok 73, S. 670—682, 781—801, 1040—1052, 1934; 74, S. 142—153, 1935. (Das ungarische Tiefland ist von Natur aus eine Waldsteppe, die gegenteilige irrtümliche Ansicht eines namhaften ungarischen Historikers wird widerlegt.)

Bodenschichten am meisten austrocknen. Bei oberflächlich wurzelnden Holzarten, wie zum Beispiel der Fichte, können auch ältere Stämme in Dürrejahren eingehen, auf flachgründigen Böden auch Stämme anderer Arten, zum Beispiel Tanne. In Mitteleuropa waren beispielsweise die Jahre 1904, 1911, 1917, 1921, 1946, 1947 verhältnismäßig „Dürrejahre". Die Häufigkeit sommerlicher Dürremonate nimmt beim Herabsteigen vom Gebirge gegen die Niederung außerordentlich zu. Auch in Österreich wurde im Dürrejahr 1917 beobachtet, daß in der Vegetationszeit Mai bis September die Niederschläge in den natürlichen Fichtenstandortsgebieten der Alpen ungefähr fünfmal so groß waren als im warmen, trockenen Hügelland des nordöstlichen Niederösterreich und im östlichen Wienerwald. (Zahlen für den Niederschlag der Vegetationszeit des „trockenen Jahres" 1917 in den Stationen Schmittenhöhe, Badgastein, Salzburg, Alt-Aussee, Reichraming: 706 mm, 540 mm, 505 mm, 836 mm, 562 mm; in den Stationen der Niederung Retz, Feldsberg, Mistelbach, Dürnkrut: 117 mm, 102 mm, 121 mm, 131 mm.) Wie H u b e r mit Recht bemerkt, ist die Wassermenge sogar in unserem angeblich humiden und mäßig warmen Klima der entscheidendste Wachstumsfaktor: „Die Trieblängen unserer Bäume, die Breiten der Jahresringe folgen meist der Regenmenge und sind daher in warmtrockenen Jahren (1911, 1921, 1928, 1934) kleiner. Erst in Skandinavien und in höheren Gebirgen pflegt in solchen Jahren das Mehr an Wärme entscheidender zu sein als das Weniger an Feuchtigkeit und eine Wachstumsförderung zu resultieren[1]."

Schnee. Unter den Niederschlägen hat der Schnee eine besondere Bedeutung. Er schützt den Boden vor zu starker Erkaltung, da er eine die Wärme schlecht leitende Bodendecke bildet, er verhindert das sogenannte „Auffrieren" junger Pflänzchen (Volumzunahme des Wassers beim Gefrieren, daher Hebung der obersten Bodenschichte der Saatbeete samt den Pflänzchen, nach dem Auftauen liegt ein Teil der Würzelchen zutage, darin besteht das Auffrieren, dem man durch Bedeckung der Zwischenräume zwischen den Saatrillen mit Moos, Latten usw. entgegenzuwirken sucht, auch die Schneebedeckung wirkt ähnlich). Bei natürlicher Verjüngung durch den Samenabfall von Mutterbäumen, also in Besamungs- und Lichtschlägen des Schirmschlag- und Femelschlagbetriebes, bietet der Schnee mechanischen Schutz der jungen Anwüchse gegen Beschädigungen bei der Fällungsarbeit, Rückung und Bringung. Kälteempfindlichen Pflanzen, zum Beispiel der Stechpalme an der Grenze ihrer Verbreitung, gewährt Schneebedeckung Schutz gegen Winterfrostschäden. Die Temperaturschichtung der Schneedecke ist ein wichtiger Faktor für das Mikroklima in und unter der Schneedecke. Im allgemeinen wirkt die Schneedecke für die in und unter ihr befindlichen Organismen als Kälteschutz. Die täglichen Schwankungen der Außentemperatur dringen in der Regel nur bis höchstens 30 cm Tiefe in den Schnee ein[2]. In tieferen Schichten treten nur langsame Schwankungen

---

[1] H u b e r Br., Pflanzenphysiologie, ihre Grundlagen und Anwendungen, Leipzig 1941, S. 82.

[2] S a u b e r e r Fr., Über die Schneeverhältnisse Niederösterreichs und das Mikroklima im Schnee, Zentralbl. f. d. ges. Forst- u. Holzwirtschaft 70, 1947, Heft 2,

auf. Unter der Schneedecke nimmt normalerweise die Temperatur mit der Tiefe zu. Erreicht die Schneedecke (in Niederösterreich) Höhen von 30 bis 50 cm, so ist die Temperatur am Boden meist nahe an Null Grad oder überhaupt Null Grad. In höheren Gebirgslagen und im hohen Norden schützt der Schnee gegen Vertrocknen von Pflanzenteilen durch rauhe Winde. (So zum Beispiel sah der Verfasser im „Rennangeralpswald" im Hagengebirge des Landes Salzburg, in etwa 1500 m Seehöhe, „Säulen-fichten" oder „Spitzfichten", die aber bis zu jener Baumhöhe, zu der der winterliche Schneeschutz zu reichen pflegte, normal beastet waren.) Bei der Schneeschmelze befördert der Schnee die so wichtige Winterfeuchtigkeit im Boden. Über den Anteil des Schnees an der jährlichen Niederschlagsmenge in verschiedenen Meereshöhen der Schweiz berichtete B ü h l e r im „Waldbau":

> bei   500 m Meereshöhe entfallen von der Niederschlagsmenge 10 v. H.
>   auf den Schnee,
> bei 1000 m Meereshöhe 30 v. H.,
> bei 1500 m Meereshöhe 40 v. H.

In Höhen über 1500 m gibt es in den Alpen keinen Monat, in dem nicht Schneefall eintreten könnte. In den *Ostalpen* ist der Anteil des Schnees an der Gesamtniederschlagshöhe eines Jahres im Durchschnitt:

> in   500 m Meereshöhe 20 v. H.
> in 1000 m   „   33 v. H.
> in 1500 m   „   46 v. H.[1]

Eine Schneedecke von 20 cm Mächtigkeit lagert in 500 m Meereshöhe durchschnittlich durch 25 Tage im Jahr, in 1000 m Höhe durch 80 Tage, in 1500 m Höhe 121 Tage lang.

In tieferen Lagen (mit kleineren Niederschlägen und höherer Verdunstung infolge der größeren Wärme) ist *örtlich erhöhte Schneeablagerung* wegen der Anreicherung des Bodens mit Winterfeuchtigkeit von großer Bedeutung. An Stellen, über welchen die Windgeschwindigkeit herabgesetzt ist oder wo in Bodennähe dichter lebender oder toter Pflanzenüberzug ein Wegfegen des Schnees verhindert, finden wir Schneeanhäufungen auf Kosten der dem Wind frei ausgesetzten, nackten Bodenstellen. Freiland, das an einen Bestand angrenzt, erhält auf einem *Streifen längs des Bestandesrandes* im allgemeinen eine größere Schneemenge, „weil durch die Windabbremsung in Bestandesnähe die Schneeflocken in größerer Zahl ausfallen (besonders auf der Leeseite des Bestandes). Aber nicht nur die erhöhte Schneeablagerung in Bestandesrandnähe verursacht den günstigeren Wasserhaushalt auf diesen Flächen, sondern auch die dort — gegenüber Freiland — herabgesetzte Verdunstung (bessere Erhaltung des Niederschlages). Mit Ausnahme des Süd-randes genießen alle Bestandesrandlagen bei der im Winter tiefstehenden Sonne auf einem ziemlich breiten Streifen Schatten; am meisten der Nord-rand, der im Winterhalbjahr nie besonnt wird. Die durch Sonnen-

---

S. 138—157. — O e c h s l i n M., Schneetemperaturen, Schneekriechen und Schneekohäsion, Schweiz. Ztschr. f. Forstw. 88, 1937, S. 1—19 (mit zahlreichen Literaturangaben).

[1] Zentralamt f. Meteorologie u. Geodynamik Wien, Kurze Berichte über die bio-klimatischen Diskussionen, Nr. 3, 1947, S. 1 (Referat O. E c k e l).

einstrahlung bewirkte Schneeverdunstung ist auf zeitweise beschatteten Flächen gegenüber dem der Sonne voll ausgesetzten Freiland wesentlich herabgesetzt. Dabei ist hervorzuheben, daß Schneeverdunstung auch bei Temperaturen unter Null Grad stattfindet[1]."

Auf die Gestalt unserer Waldbäume wirkt der Schnee ebenfalls ein, insbesondere tritt dies bei naßfallendem Schnee ein, bei frühem oder spätem Schneefall, zum Beispiel im April oder Oktober, wenn er sich auf die belaubten (oder benadelten) Bäume in Mengen auflagert. Es kommt dann zu Schneebruch oder Schneedruck. Wenn die mit Schnee beladenen Bäume noch vom Wind betroffen werden, brechen und fallen sie mit Getöse, mitunter können in wenigen Stunden Tausende von Festmetern gebrochen oder geworfen werden. Die Gestalt der Bäume wird beeinflußt, wenn Schrägstellung der Baumschäfte durch Schneedruck oder durch kleine Lawinen oder aus anderen Ursachen erfolgt, nachher tritt geotropische Aufkrümmung ein, die Folge sind Schaftkrümmungen wie Säbelwuchs und dergleichen. Die Schrägstellung kann aber auch durch Wind, Bodenrutschung usw. verursacht werden. Als „negativen Geotropismus" bezeichnet man die Gesetzmäßigkeit, daß der Hauptsproß, wenn er schräggestellt wurde, sich mindestens mit den neuen Gipfeltrieben in die Lotrechte zu stellen trachtet. Mitte April 1924 zum Beispiel gab es im Waldviertel von Niederösterreich infolge naßfallenden Schnees Schneebruch, in Waldkirchen im Waldviertel war damals das Getöse vom Brechen und Fallen der Bäume nachts über eine Stunde lang zu hören.

In der Nähe der oberen Waldgrenze sowie in der Kampfzone (zwischen oberer Wald- und Baumgrenze) schadet der Schnee den Verjüngungen, wie Untersuchungen in der Schweiz von C h. G u t[2] des näheren dargetan haben. Auf Grund seiner Beobachtungen und Messungen in den waadtländischen Alpen kam G u t zu folgenden Schlüssen: Der Schnee ist der Verjüngung in dieser Höhenstufe des Gebirges hinderlich durch schädliche Auswirkungen, wie Schneedruck, Kriechen des Schnees und Gefrierschäden. Der Wald schützt sich dort vor diesen Schäden selbst einigermaßen, indem er sich im Schutz älterer Bäume, in engen Gruppen verjüngt. Aufforstungen können dort mit Erfolg nur durchgeführt werden, wenn die erste Generation geopfert wird. Pflanzungen sollen in engen Gruppen ausgeführt werden, wenn möglich im Schutz vor dem kriechenden Schnee. Bodenvorbereitung am Fuß alter Bäume erleichtert die natürliche Verjüngung.

Das Wasser im Boden.

Der Wassergehalt des Bodens hat großen Einfluß auf die Verteilung der auf ihm wachsenden Pflanzenwelt. Wo Wasser im Boden, zum Beispiel Grundwasser der Flüsse, zur Verfügung steht, dort ist selbst im Steppenklima Baumwuchs möglich. Wenn in niederschlagsarmen Gebieten auch noch Böden von geringer Wasserspeicherung vorkommen, wasserdurchlässige Böden, die rasch vom Wasser durchsunken werden, so ist dies für die

---

[1] W o e l f l e M., Waldbau und Forstmeteorologie, Neudamm 1939, S. 40—41.

[2] G u t Ch., Beobachtungen über die Verjüngung im Gebirge, Journal forest. suisse 89, 159—164, 173—181, 1938.

Vegetation besonders ungünstig. Geringes Wasserspeicherungsvermögen besitzen Böden mit flach anstehendem Fels, Böden, die an groben Teilen reich, an Feinerde arm sind, Schotterböden, grobkörnige Sande, zerklüftete Kalkgesteinsböden, aber auch sonstige seichtgründige, steinige Böden. In den Kalkalpen der österreichischen Alpenländer sowohl als auch in Kalkgebirgen der südosteuropäischen Halbinsel und Kleinasiens können reinere Kalk- und Dolomitgesteine mit mergeligen wechseln, es wechseln dann zugleich auch aus dem Mergel entstandene, feinerdereiche, tiefgründige, gut wasserhaltende Böden mit erdarmen, seichtgründigen, trockenen Kalkböden. Die trockenen, erdarmen Böden sind gut erwärmbar, sie werden von wärmeliebenden und zugleich Trockenheit ertragenden Gewächsen, auch Gehölzen, bevorzugt. So ist zum Beispiel in Bosnien die Schwarzkiefer hauptsächlich auf Serpentin verbreitet. Der Serpentin ist schlecht verwitterbar und gibt flachgründige, trockene, erdarme Böden.

Ein Teil des Niederschlagswassers sammelt sich im Boden und dient, soweit es im Wurzelbereich liegt, als Bodenwasser den Pflanzen als Quelle für die Wasserentnahme. Ein anderer Teil sinkt in humiden Gebieten tiefer ab und sammelt sich über undurchlässigen Schichten als Grundwasser, das dort, wo die betreffenden Schichten zutage treten, zur Quelle wird. Wenn die Niederschläge reichlich und über das Jahr hin entsprechend verteilt sind, dann vermögen auch noch ziemlich grobkörnige Waldböden von mäßigem Wasserspeicherungsvermögen dennoch mittlere Erträge hervorzubringen: so finden wir in den niederschlagsreichen Außenzonen der Kalkalpen zum Beispiel noch auf Dolomitgrus, der, mit etwas Lehm vermengt, mäßigen Gehalt an Feinerde besitzt, doch noch mittlere Bestandesgüteklassen.

Bei wissenschaftlichen Untersuchungen wird der Wassergehalt in v. H. des Gewichtes oder Volumens der untersuchten Bodenprobe ausgedrückt. In der Praxis bezeichnet man die einzelnen Grade der Bodenfeuchtigkeit mit verschiedenen Ausdrücken als:

naß, wenn das Wasser beim Ausheben des Bodens abtropft;

feucht, wenn der Boden erst beim Zusammenpressen Wasser abtropfen läßt;

frisch, wenn der Boden sich für die zusammendrückende Hand mäßig feucht anfühlt;

trocken, wenn es an Feuchtigkeit mangelt und nur die Pflanzenwurzeln dem Boden noch etwas Feuchtigkeit zu entnehmen vermögen;

dürr, wenn dem Boden jegliche Feuchtigkeit zu fehlen scheint, so daß er, falls er locker ist, zerfällt, falls er bindig ist, unter Schwindung erhärtet.

Den Waldbäumen sagt am meisten der frische Boden zu. Auf trockenen Böden, zum Beispiel im Grenzgebiet der Steppe, gehen die Baumwurzeln bei entsprechender Bodenbeschaffenheit sehr tief. Auch die Fichte wurzelt nach H i l f [1] auf trockenem Sand- und lockerem Lehmboden tiefer als auf oberflächlich feuchtem Boden. In einem ungarischen (Wald-) Steppengebiet

---

[1] H i l f H. H., Studien über die Wurzelausbreitung von Fichte, Buche und Kiefer, Diss. Hannover, Schaper, 1927.

wurden 1936 beim Internationalen Kongreß forstlicher Forschungsanstalten sorgfältige Wurzelausgrabungen junger Eichen und Tamarisken vorgeführt. Verfasser sah dort zum Beispiel, daß das Wurzelsystem einer zehn- oder elf-jährigen Eiche bis 576 cm Tiefe erreichte (das Grundwasser stand in 720 cm Tiefe an). Eine Tamarix hatte 502 cm tiefe Bewurzelung, Grundwasser gab es in 724 cm Tiefe. Auch in einem Forstgarten in Bessarabien ergaben Untersuchungen[1], daß die Eichenwurzeln im Vergleich zum oberirdischen Teil eine viel größere und raschere Entwicklung aufwiesen: Länge der Wurzeln bei zweijährigen Pflanzen 1,70 bis 2,60 m, Höhe: 0,20 bis 0,30 m. Doch kann man, worauf in dem Werk von Büsgen-Münch, Bau und Leben der Waldbäume, hingewiesen wird, nicht etwa uneingeschränkt die Regel aufstellen, daß ein geringer Boden „auf eine umfassendere Bewurze-lung hinwirke[2]". Grundwasser oder eine durch kapillaren Aufstieg durch-feuchtete Bodenschicht, die für die Wurzeln erreichbar ist, vermag den Ertrag zu heben, sofern nicht mangelnde Durchlüftung störend wirkt. Bei Aufforstungen in Grenzgebieten zwischen Wald und Steppe muß stets auf die Grundwasserverhältnisse Bedacht genommen werden[3].

Bei Übermaß an Wasser kommt es darauf an, ob das betreffende Grundwasser steht oder allmählich strömt. In stehendem Wasser wird der Sauerstoff rasch verbraucht, es entstehen durch Fäulnisprozesse, durch die Tätigkeit anaerober Bakterien, anmoorige, saure Böden, die von den neutral nassen Böden mit strömendem Wasser zu unterscheiden sind. Auch Holzarten, die feuchte Standorte mit hohem Grundwasserstand bevor-zugen, bedürfen wegen der Wurzelatmung eines nicht bis zur Oberfläche nassen Bodens. Bei *Populus canadensis* zum Beispiel soll nach den Er-fahrungen aus den badischen Rheinauen der Grundwasserstand im Sommer mindestens 50 cm unter der Bodenoberfläche liegen. Dagegen ist solchen Arten längere Überflutung im Winter unschädlich.

Schwere, undurchlässige, nasse Böden sind kalte Böden, Wasser besitzt nämlich eine hohe Wärmekapazität, zugleich ist auch die Wärmebindung beim Verdunsten beträchtlich. In den unteren Teilen der Hänge und in Mulden pflegt der Boden infolge Abtragung des feinerdigen Materials von oben herab in der Regel feinkörniger, feuchter und tiefgründiger zu sein als auf den oberen Teilen der Hänge und auf den Kuppen.

Wasserführung der Böden in Österreich und Deutschland. In den Ge-birgen Österreichs ist die Wasserführung der Böden, da es sich zumeist um niederschlagsreiche Gebiete handelt, fast nur auf steinigen, seichtgründigen, erdarmen Böden eine ungünstige. Im allgemeinen kommen als wirtschaft-liche Maßnahmen, um die Feuchtigkeit des Waldbodens zu erhöhen und den Waldwuchs zu steigern, in Betracht: Vermeidung von Freilegung des Bodens; Schaffung und Erhaltung einer wasserhaltenden obersten Boden-

---

[1] Petcut M., Entwicklung der Wurzel im Vergleich mit dem oberirdischen Teil bei Eichenpflanzen, Revista Padurilor **52**, 721—723, 1940 (rumänisch).

[2] Büsgen-Münch, Bau und Leben der Waldbäume, 1927, S. 269.

[3] Iljasz E., Grundwasser und Baumvegetation, unter besonderer Berücksichtigung der Verhältnisse in der ungarischen Tiefebene, Erdészeti Kisérletek (Forstliche Versuche), Sopron, 41. Bd., 1.—4. Heft, S. 1—107, 1939.

schicht, besonders durch Humusanreicherung, daher Vermeidung der Streuabgabe, sofern nicht Rohhumusschichten vorhanden sind; möglichste Verringerung der wasserverbrauchenden Unkräuter durch Erhaltung und Schaffung von allseits geschlossenen (ein- oder mehrschichtigen) Beständen[1]. Zu den Gebieten mit ungünstiger Wasserführung der Böden gehören die warmen Niederungen im Osten Österreichs, so das Marchfeld, das Wiener-Neustädter Steinfeld, das Wiener Becken, das Weinviertel, besonders im Bereich durchlässiger Schotter- und Sandböden. In Deutschland ist im allgemeinen unter sonst gleichen Verhältnissen im niederschlagsreichen Nordwesten und Süden und im Gebirge die Wasserführung der Böden günstiger als im Osten. Dazu kommt noch, daß im Nordosten die sandigen Böden mit geringerem Wasserspeicherungsvermögen vorherrschen, allerdings keineswegs ohne Ausnahme, denn es gibt selbstverständlich auch im Osten, zum Beispiel auch in Ostpreußen, Reviere auf Lehmböden. In Gebieten, in denen sehr grobkörnige Sande vorkommen, hat man die ausschlaggebende Bedeutung des Wasserspeicherungsvermögens für die Ertragsleistungen des Waldes nachgewiesen[2]. A l b e r t untersuchte grobkörnige diluviale Sande der Niederlausitz im Waldgebiet der Standesherrschaft Lieberose. Dort hatten die schlechtesten Böden, das sogenannte „Sibirien", 93 bis 95 v. H. Grobsand. Die wüchsigsten Bestände waren auf Böden, die bloß 54 bis 59 v. H. Grobsand enthielten, sonst Feinsand und Schluff aufwiesen. Nach W i e d e m a n n (Die schlechtesten ostdeutschen Kiefernbestände, 1942) gibt es ein großes Gebiet trockener, ungünstiger Waldböden, das sich durch die Lausitz, Nordwestschlesien, die südliche Grenzmark, die Tucheler Heide bis an den Südrand von Ostpreußen zieht, im Bereiche der Städte Hoyoswerda, Sagan, Kottbus, Königswusterhausen, Reppen, Schönlanke, Neustettin, gekennzeichnet nicht nur durch ungünstige, trockene Böden, sondern auch durch geringe Niederschläge (weniger als 570 mm, meist weniger als 550 mm, hohe Sommertemperaturen)[3]. Auch das andere Extrem, zu strenge Tonböden, kann wegen Wasserundurchlässigkeit ungünstig wirken und zur Versumpfung führen.

Die Wasserverhältnisse der Standorte in Auwäldern[4]. Auwälder sind Waldungen in der Nähe der Flüsse und Ströme, die noch im Gebiet der regelmäßigen Überschwemmung liegen, einschließlich auch jener Standorte, die etwa vor der Regulierung regelmäßig überschwemmt wurden und die in den Bodenverhältnissen und im Waldaufbau diesen Einfluß erkennen lassen. Jedoch gehören diluviale Schotterterrassen, die höher liegen als das

---

[1] W o e l f l e M., Waldbau und Forstmeteorologie, Neudamm 1939, S. 42—43.

[2] A l b e r t, Die ausschlaggebende Bedeutung des Wasserhaushalts für die Ertragsleistung unserer diluvialen Sande, Ztschr. f. Forst- u. Jagdw., 1924.

[3] W i e d e m a n n, Die schlechtesten ostdeutschen Kiefernbestände, die Ursachen ihres Zustandes und Wege zu ihrer Besserung, Berlin, Reichsnährstandsverlag, 1942.

[4] P u s t e r, Auewirtschaft, Forstw. Cbl., 1924. — B a y e r. L a n d e s f o r s t v e r w a l t u n g, Auszug aus dem Betriebswerk für die staatl. Rheinauwaldungen der Pfalz, Mitt. a. d. Landesforstverwaltung Bayerns, 24. Heft, München 1939. — W o d e r a, Die Donauauen bei Wien, Cbl. f d. ges. Forstw. 1929. — R u b t o v St., Auwaldböden des Buzauflusses und die entsprechenden Bestandestypen, Revista Padurilor 52, 81—90, 1940.

Hochwasserbett der Wasserläufe, die also nicht mehr überschwemmt werden können, nicht mehr zum Begriff der Auen. Die Regulierungen bezwecken in der Regel, durch Herstellung eines tieferen, einheitlichen und gestreckten Bettes in Verbindung mit Eindeichung des Hochwasserprofils dafür zu sorgen, daß bei Hochwasser die Fluten rascher ablaufen können als bisher, den Hochwasserschäden wird dadurch entgegengewirkt. Auch für die Schiffahrt ist der unregelmäßige Flußlauf mit außerordentlich starken Windungen hinderlich. Durch die Korrektion (zum Beispiel Donau, Rhein) wird der Lauf verkürzt, das Gefälle und die Stromgeschwindigkeit erhöht und der Wasserspiegel gesenkt. Die durch die Durchstiche abgeschnittenen Stromschlingen werden zu „Altwassern". Sie versumpfen und verlanden schließlich. Zuerst bildet sich im „Einlauf" (an der oberen Mündung) durch Einschwemmung von Kies, Sand und Schlick eine Barre, die immer größer wird und schließlich die Verbindung des Altwassers mit dem Flußbett unterbricht. Auch beim „Auslauf" erhöht sich die Sohle, der Zusammenhang mit dem fließenden Wasser geht dadurch verloren. Es bleibt ein seeartig geschlossenes Altwasser übrig. Seine weitere Verlandung besorgt die Vegetation. An den stromfernen Scheitelbogen der Altwasser halten sich am längsten die offenen Wasserflächen.

Auf der Stromseite der Hochwasserdämme geht die Verlandung weiter, jedes Hochwasser lagert Senkstoffe ab, Sand und Schlick. Die Hochwässer haben also Bodenerhöhung und Neulandbildung zur Folge. Je tiefer die Ortslage, desto häufiger sind Überflutungen, desto rascher findet die Schlickaufhöhung statt. „Durch fortgesetzte alluviale Schlickaufhöhung wächst der Auboden allmählich aus den Hochwässern heraus oder doch auf den höchsten Wasserstand an" (P u s t e r). Gleichmäßige Bodenbewachsung mit Gras, Unkraut oder Strauchwerk begünstigt in hohem Maße die Schlickablagerung. In den niederösterreichischen Donauauen liegt zuoberst ein sandiger, gelblicher, gegen die Tiefe mehr bläulicher und mehr toniger Lehm, der „Silt". Er besteht aus den vom Wasser herangebrachten Schwebestoffen, zum Unterschied von dem auf dem Boden fortgeschobenen Material der Schotter- und Kiesbänke[1].

Die Hochwässer, die für den Auwald und seine Bewirtschaftung von großer Bedeutung sind, werden vorwiegend durch Eis- und Schneeschmelze, dann auch durch Dauerregen hervorgerufen. Wenn nach einem Hochwasser der Wasserstand sinkt und das Überflutungswasser sich verläuft, so kann es aus abflußlosen Senken nicht abfließen, sondern bleibt stehen, bis es, oft erst nach längerer Zeit, verdunstet oder versickert. Für die Wahl der anzubauenden Holzarten ist diese *Stauwassergefahr* von Belang. Landseits der Dämme füllen sich bei länger dauerndem höherem Wasserstand alle Vertiefungen, die unter dem Wasserstand des Stromes liegen, durch dessen „Druckwasser" allmählich mit Wasser an. Dies wird durch undichte Dämme und durch Aufsteigen aus den mit dem Strom in Verbindung stehenden kiesigen und sandigen Bodenschichten ermöglicht. Beim Zurück-

---

[1] V e t t e r s H., Die geologischen Verhältnisse der weiteren Umgebung Wiens, Wien 1910.

gehen des Wasserspiegels im Strom sinkt das Druckwasser nicht sofort mit ab. Auch die *Druckwassergefahr* beeinflußt die Holzartenwahl.

Auf die Vegetation wirken Mittelwasser und schwächeres Hochwasser günstig. Hochwässer nützen durch die düngende Wirkung des abgelagerten Schlicks und durch den Bodengewinn, im übrigen schaden sie durch die Einwirkungen auf den Holzwuchs, durch Uferabrisse, Bildung tiefer Löcher und dergleichen. — Starke Strömung entwurzelt die Jungpflanzen, bei Eisgang werden auch ältere Pflanzen geknickt. Jungpflanzen werden durch länger dauernde Überflutung während der Vegetationszeit, wenn sie völlig, auch mit der Krone, untertauchen, infolge Luft- und Lichtmangels zum Absterben gebracht. Besonders schädlich sind Überschwemmungen durch länger stehende Sommerhochwässer; durch das bei sehr warmer Sommerwitterung entstehende Warmwasser werden glattrindige Holzarten besonders gefährdet, so Buche, Esche, Ahorn, Linde. Nach schlesischen Beobachtungen erwiesen sich als widerstandsfähig Kanadische Pappel, Weißbuche, Stieleiche[1]. Nach Beobachtungen in den Rheinauwaldungen der Pfalz sind Pflanzen mit borkiger Rinde: Eiche, Ulme, Birke, ältere Pappeln und Weiden gegen Schäden an dem vom warmen, sauerstoffarmen Wasser bespülten Kambium mehr geschützt und daher weniger empfindlich gegen Warmwasser. Auf den sogenannten Stauwasser- und Druckwasserflächen hält die schädliche Wirkung auch nach dem Rückgang des Sommerhochwassers noch länger an.

Über die Schädigung der Forstkulturen durch Überschwemmung wurde am bulgarischen Donauufer in den letzten 30 Jahren folgendes beobachtet[2]: 1. Den Forstkulturen und besonders der Kanadapappel schadet andauernder hoher Wasserstand in den Monaten Mai und Juni, also während der Zeit der Frühjahrsvegetation. Überschwemmungen, die vor dem Juni beginnen und endigen, bringen die jungen Forstkulturen nicht zum Absterben. Jene Überschwemmungen aber, die erst nach dem 15. Juni einsetzen und die auch noch während der Monate Juli und August andauern, wirken sich verheerend auf die Forstkulturen aus. 2. Katastrophale Überschwemmungen treten nicht allzu häufig, im Durchschnitt nur alle 15 bis 16 Jahre, auf. Es ist also möglich, in den dazwischenliegenden Jahren Aufforstungsarbeiten erfolgreich durchzuführen. 3. Kurz andauernde Überschwemmungen, wenn auch mit sehr hohem Wasserstand, sowie auch andauernde Überschwemmungen *vor* Beginn der Vegetationsentwicklung sind für das Leben der Forstkulturen nicht gefährlich. 4. Die *Weide* übertrifft an Widerstandsfähigkeit sowohl die Kanadische Pappel als auch die anderen Holzarten. Die Weide ist daher für die Aufforstung der tiefstgelegenen Stellen zu wählen, die den am längsten dauernden Überschwemmungen ausgesetzt sind, ebenso für die Linie stärkster Angriffe längs des Ufers, wo die Wirkung des Hochwassers und der Eismassen die heftigste ist. Wird mit Kanadischer Pappel gearbeitet, so sind zwei- bis dreijährige Heister zu

---

[1] Jahrbuch des Schlesischen Forstvereins, 1927, S. 174 ff.

[2] Dimitroff B., Der Einfluß des Donaustromes auf die Aufforstung und die Verbauung seiner Ufer, Gorski pregled 27, 5—6, 151—165, 1942.

wählen, denn wenn die Kronen oder auch nur die Gipfel wasserfrei bleiben, so gehen die Bäumchen nicht zugrunde. Auch Eismassen sind den Aufforstungen verderblich. Winterliche Überschwemmungen können, falls das Wasser gefriert, den Forstkulturen gleichfalls empfindlich schaden durch Umdrücken und Brechen junger Bäumchen sowie durch Herausziehen dieser aus dem Boden samt den Wurzeln. — Auch aus der Banater Ebene Rumäniens liegen einschlägige neuere Beobachtungen (vom Jahre 1940, veröffentlicht 1941) vor [1].

In Auwäldern kann man im Hinblick auf die durch die Lage bedingten Wasserverhältnisse des Standortes und auf das Vorkommen der Holzarten nach ihrer Wasserempfindlichkeit *drei Höhenstufen* (nach P u s t e r sowie nach dem „Auszug aus dem Betriebswerk für die Rheinauwaldungen der Pfalz", München 1939) unterscheiden: Die *Wasserstufe,* deren Gelände normalerweise, also bei mittlerem Wasserstand, von Wasser bedeckt ist; nur bei Niederwasser tritt es zutage. Es ist daher in der Hauptsache vegetationslos und ertraglos. Die Wasserstufe gibt aber nach jedem Hochwasser fruchtbaren Schlickboden, humosen, tonigen Sand, an die nächsthöhere Stufe, die Halblandstufe, ab. Durch Verlandung nimmt die Wasserstufe an Fläche allmählich immer mehr ab. Die *Halblandstufe* umfaßt (in den Rheinauen) alles Gelände bis 0,50 m *über* dem örtlichen Mittelwasser. In dieser Stufe findet die Verlandung statt. Sie wird beim geringsten Hochwasser überflutet. Die unteren Lagen der Halblandstufe sind großenteils mit Schilfrohr bestanden. Ihre oberen Lagen weisen eine lichte Bestockung von Buschweiden auf. Erst wenn das Gelände durch Schlickauflagerung, allmähliche Erhöhung, daher verminderten Einfluß des Grundwassers trockener wird und das Schilfrohr nicht mehr recht gedeihen kann, stellen sich die Strauchweiden ein, erst dann ist die Aufforstung mit Weide möglich, falls ein bis zwei Jahre kein Hochwasser eintritt. Die dritte Stufe, die *Landstufe,* ist zugleich eine *Waldstufe.* Ihr Gelände liegt mehr als 0,5 m über dem Mittelwasser. Es wird zwar auch alljährlich mehr oder weniger überschwemmt, ist aber doch bei genügender Bodenmächtigkeit für den Waldwuchs geeignet. Zu unterscheiden ist die tieferliegende *Weichholzstufe* oder „*Waldniederstufe*" und die *Hartholz-* oder *Waldhochstufe.* In den tieferen Lagen, die häufigerer und längerer Überstauung ausgesetzt sind, können nur die weniger wasserempfindlichen Holzarten aufkommen: Weiden und Pappeln; in den tiefsten Lagen, Mulden, Senken und Wasserlöchern, nur Weiden; in etwas höherem Gelände Pappeln. In den Rheinauen der Pfalz ist im Gelände von 1,50 m bis 2,00 m über Mittelwasser die Übergangsstufe von Weichholz zu Hartholz, im Gelände von mehr als 2,00 m über Mittelwasser die Hartholzstufe. Sie bietet Standorte für Esche, Ahorn, Eiche, Ulme, Robinie, Birke, Linde (doch ist die in hohem Maße wassergefährdete Rotbuche nur auf die „obere Hartholzstufe" beschränkt, die nur mehr in Katastrophenjahren hochwassergefährdet, in der Vegetationszeit kaum jemals überschwemmt ist). Die Ansprüche der

---

[1] P a s c o v s c h i S., Die Folgen der Überschwemmungen im Jahre 1940 in der Banater Ebene, Revista Padurilor **53,** 6—12, 1941.

Holzarten an die Mächtigkeit der Schlickdecke sind verschieden. Je mächtiger die Schlickdecke, um so günstiger ist dies für den Holzwuchs. Die Schwarznuß erfordert nach P u s t e r Schlick von 1,50 m, die Eiche 1,20 m, die Esche 0,90 m [1], dann in absteigender Reihenfolge Ulme, Ahorn, Buche, Robinie, Birke. Bei einer Schlickdecke von 0,70 m gedeihen diese Holzarten sehr gut, bei mindestens 0,50 m Schlickdecke gedeihen die Pappeln. In den Donauauen bei Petronell (Niederösterreich) hat man die Anwendbarkeit der Pusterschen Einteilung und Unterscheidung der Höhenstufen auch für den dortigen Auwald bestätigt. Die Auwälder der Weichholzstufe pflegt man häufig kurz als *„weiche Au"* zu bezeichnen und von den *„harten Auen"* zu unterscheiden, die seltener Überschwemmungen ausgesetzt sind und deshalb Entwicklungsmöglichkeiten für die Harthölzer bieten.

Grundwasser. Niederschlagswasser, das in den Boden eindringt und sich auf einer wasserundurchlässigen Schichte fortbewegt, bezeichnet man als Grundwasser. Dem Grundwasser kommt (zum Beispiel in den Donauauen) in der Regel nur auf den tiefer gelegenen Örtlichkeiten und in der unmittelbaren Nachbarschaft der Gewässer eine forstliche Bedeutung zu [2]. Wenn man das sogenannte „obere Grundwasser", das den Waldbeständen im Wurzelraum entweder unmittelbar oder infolge kapillaren Aufstieges zur Verfügung steht, durch Entwässerung oder durch Wasserentnahme zum Zwecke der Wasserversorgung von Siedlungen anzapft, so senkt sich natürlich der obere Grundwasserspiegel auf weite Entfernung hin. Wenn sich das Grundwasser etwa von der Seite her, zum Beispiel in durchlässigen Schottern, rasch ergänzen kann, so braucht die Güteklasse des Standortes und Bestandes nicht zurückgehen. Ungünstiger ist es, wenn dieser Ersatz längere Zeit fehlt. Bei Senkungen des Grundwasserspiegels im Bereiche des Wurzelraumes der Waldbäume leiden besonders die älteren, auf dem betreffenden Boden schon stockenden Bestände, deren Wurzelbau ganz den früheren Wasserverhältnissen angepaßt ist (dies gilt im Bereich der Auen und auch außerhalb dieser). Im Falle von Neuaufforstungen sind dann die Verhältnisse etwas günstiger, da sich die jungen Pflanzen auf die neuen Verhältnisse einstellen. Besonders für die Eiche mit ihren erheblichen Ansprüchen an Bodenfrische wirkt sich die Senkung des Grundwassers nachteilig aus. Wenn aber tiefer gelegene Wasseransammlungen (schon außerhalb des Wurzelbereiches), sogenanntes *„Tiefengrundwasser"*, etwa für Zwecke der Wasserversorgung menschlicher Siedlungen ausgenützt werden, so ist dies ohne Schaden für den Wald möglich. Da die kapillare Steighöhe höchstens 1,50 m beträgt, bei grobem Sandboden entsprechend weniger, und da die tiefsten Baumwurzeln in der Regel nicht tiefer als 1 bis 1,50 m reichen, so ist Grundwasser, dessen Spiegel tiefer als 3 m liegt, in der Regel für den Baumwuchs ohne Wir-

---

[1] Die hohen Ansprüche an Gründigkeit hängen mit den besonderen Verhältnissen der Auen zusammen: die Unterlage unter dem Schlick ist häufig ein kapillar unwirksamer Kies, ferner herrschen hohe Temperaturen in der Vegetationszeit, daher höhere Verdunstung usw.

[2] H a r t m a n n Fr., Die niederösterreichischen Donauauen als forstlicher Standort, Zentralbl. f. d. ges. Forst- u. Holzwirtschaft 70, 1947, 1—38.

kung. Wenn der Grundwasserspiegel in der Vegetationszeit weniger als 50 cm unter der Bodenoberfläche liegt, so bedeutet dies einen zu hohen Grundwasserstand, der infolge kapillarer Sättigung die Durchlüftung des Bodens hindert, daher der Wurzelatmung abträglich ist und somit störend auf das Wachstum des Waldbestandes wirken kann. — In den Auen gibt es auch durchlässige, trockene Schotter-, Kies- und Grobsandböden, die sich im Sommer stark erwärmen, infolge der Trockenheit für die Vegetation sehr ungünstig sind und als „Heißländer" bezeichnet werden.

Kalkgestein und Wasserführung. Daß reineres Kalkgestein fast stets stark zerklüftet, daher gut entwässert ist, wurde schon kurz erwähnt. Daher pflegen die dem reineren Kalk auflagernden Böden durch verhältnismäßige Trockenheit und hohe Bodentemperatur ausgezeichnet zu sein. Die Niederschlagwasser im reineren Kalkgestein pflegen rasch in die Klüfte und Spalten des Gesteins zu sinken, die durch Auslaugung des Kalkes noch erweitert sind. Die meisten Böden auf reinerem Kalkgestein sind daher nicht durch Grundwasser beeinflußt, leiden selten unter Versumpfungen, dagegen vielfach unter unzureichender Wasserversorgung der Pflanzendecke. Tonreiche, beziehungsweise mergelige Kalkgesteine dagegen geben lehmige, genügend bindige, wasserhaltige Böden. Außer reinen Kalken können auch Serpentin, dann feinkörnigere, quarzreichere Granite, weiter die schlecht verwitternden Quarzite und andere schlecht verwitternde Gesteine gelegentlich seichte, trockene, warme Böden bilden.

Luftfeuchtigkeit und Verdunstung.

Die Luftfeuchtigkeit ist unter sonst gleichen Bedingungen von entscheidendem Einfluß auf die Verdunstung der Pflanzen. Ob das Klima ein Feucht- oder Trockenklima *(humid* oder *arid)* ist, hängt nicht etwa von der Menge der Niederschläge ab, sondern vom Verhältnis zwischen Niederschlag und Verdunstung. Die Verdunstung steigt meist proportional der Temperatur, verkehrt proportional der relativen Luftfeuchtigkeit (Sättigungsdefizit) und bei Zunahme der Windwirkung.

Wenn B ü h l e r im „Waldbau", 1. Band, in den praktischen Schlußfolgerungen über die Luftfeuchtigkeit sagte, der Einfluß der Luftfeuchtigkeit sei im allgemeinen nicht sehr bedeutend, er sei bisher vielfach überschätzt worden, so sollte damit wohl nur zum Ausdruck gebracht werden: die in Deutschland vorkommenden, nicht sehr großen Unterschiede im Jahresdurchschnitt der Luftfeuchtigkeit haben einen nicht sehr bedeutenden Einfluß. Bei Berücksichtigung weiterer Räume aber und der Klimate, die zum Beispiel im europäischen Südostraum vorkommen, ist der Einfluß der Luftfeuchtigkeit beträchtlich.

Die Verdunstung ist in warmen Gegenden am größten, somit meist in Tieflagen, die in der Regel durch weniger Niederschlag und größere Verdunstung gekennzeichnet sind, dann in wärmeren Jahreszeiten und in trockener Luft (daher Einfluß trockener Landwinde) sowie an windausgesetzten Örtlichkeiten. Da die Verdunstung unter anderem von der Wärme abhängt, so versuchten verschiedene Verfasser, zur Kennzeichnung von Zufuhr und Abgabe der Feuchtigkeit das Verhältnis zwischen Niederschlag und Wärme festzuhalten. So hat beispielsweise L a n g einen „Regenfaktor" aufgestellt[1], dieser Faktor wird gefunden, wenn man die Jahresniederschlagsmenge in Millimetern dividiert durch die mittlere Jahrestemperatur in Celsiusgraden. Zum Beispiel würde bei 600 mm Niederschlag und 10^0 C mittlerer Jahrestemperatur der Regenfaktor nach L a n g 60 betragen. Als Grenzwert für den Übergang von humiden zu ariden Verhältnissen gibt L a n g den Faktor 40 an. Als einen Mangel, der der Verwendung des Regenfaktors für die Beurteilung eines Gebietes hinsichtlich seiner Eignung für das Waldgedeihen anhaftet, bezeichnet B e r n h a r d[2] auf Grund der Erfahrungen aus der Türkei mit Recht das Fehlen einer Angabe über die relative Luftfeuchtigkeit, also jener Wassermenge, welche die Luft fähig ist, bis zur Sättigung noch aufzunehmen.

In der Luft ist immer etwas Wasser in Dampfform vorhanden, die Menge wechselt, sie steigt und fällt mit der Wärme der Luft. Die Wassermenge, welche die Luft in Dampfform aufnehmen kann, ist verschieden je nach der Temperatur der Luft. Die *absolute* Luftfeuchtigkeit ist bekanntlich die Wassermenge, welche die Luft tatsächlich enthält, sie wird in Gramm für den Kubikmeter ausgedrückt. Sie hängt in erster Linie von der herrschenden Temperatur ab, Luft von 0^0 C kann höchstens 4,9 g Wasser in Dampfform je Kubikmeter enthalten, Luft von 30^0 C dagegen 30,1 g. Enthält die Luft die für ihre jeweilige Temperatur höchstmögliche Wasserdampfmenge, so ist sie gesättigt und hat den Taupunkt erreicht, das heißt die geringste Temperaturabnahme führt ein Ausscheiden der dann überschüssigen Feuchtigkeit als Tau, Nebel, Regen, Schnee herbei. Für das Pflanzenleben wichiger ist die *relative* Luftfeuchtigkeit, das ist das Verhältnis der bei der augenblicklichen Temperatur in der Luft enthaltenen Wassermenge zu der bei dieser Temperatur überhaupt möglichen Menge, gewöhnlich ausgedrückt in v. H. Die relative Feuchtigkeit ist im Laufe des Tages starken Schwankungen unterworfen, die Mittel sind aber ziemlich ausgeglichen. Bei Sonnenaufgang ist sie in der Regel am größten, nachmittags gegen 3 Uhr am kleinsten (wenn nämlich, am Morgen, die Lufttemperatur niedrig ist, kann weniger Feuchtigkeit aufgenommen werden, die vorhandene Feuchtigkeit ist also dann relativ groß).

In den meisten Gebieten Österreichs und Deutschlands sowie in der Schweiz beträgt das Mittel der Luftfeuchtigkeit im Jahresdurchschnitt etwa 75 bis 80 v. H.; B ü h l e r führt im „Waldbau" viele der Klimatographie Mitteleuropas entnommene Zahlen an, zum Beispiel für

---

[1] L a n g R, Verwitterung und Bodenbildung als Einführung in die Bodenkunde, 1920; ähnlich stellte Fr. R o s e n k r a n z, Wien, einen „Ozeanitätsindex" auf, wobei die Ozeanität direkt proportioniert ist der Niederschlagssumme und der relativen Luftfeuchtigkeit und verkehrt proportioniert der Jahrestemperatur und der Temperaturschwankung, außerdem suchte R o s e n k r a n z auch die Seehöhe zu berücksichtigen. R o s e n k r a n z Fr., Klimacharakter und Pflanzendecke von Mitteleuropa, Beihefte zum Botan. Centralbl., Bd. 58 (1938), Abt. B; d e r s e l b e, Klimacharakter und Pflanzendecke, Österr. Botan. Zeitschr., Bd. 85, 1936.

[2] B e r n h a r d, Grundlagen, Geschichte und Aufgaben der Forstwirtschaft in der Türkei, Ankara 1935, S. 48.

Wien den Jahresdurchschnitt von 76 v. H., Karlsruhe 77 v. H., Freiburg i. Br. 76 v. H. Der Einfluß der Meeresnähe erhöht die relative Luftfeuchtigkeit, die friesische Insel Borkum hat 86 v. H., Hamburg 82 v. H., im Seeklima ist die Verdunstung geringer als im Landklima. Die Frühlingsmonate weisen, insbesondere in mehr kontinentalen Gebieten, verhältnismäßig niedrige Werte auf. Auf die Schwankungen der Luftfeuchtigkeit während des Tages wurde schon hingewiesen. Auch die Verteilung auf die einzelnen Monate zeigt Schwankungen, und zwar ist meist in den kältesten Monaten die relative Feuchtigkeit größer als der Jahresdurchschnitt, in den wärmsten Monaten kleiner. Zum Beispiel hat Breslau im Jahresdurchschnitt 75 v. H., im Januar und Dezember 84 und 85 v. H., im Juni und Juli 67 v. H.

Auf der *südosteuropäischen Halbinsel*, mit Ausnahme Griechenlands, beträgt im Winter (Januar) die relative Luftfeuchtigkeit zwischen 80 und 90 v. H., in Griechenland und im übrigen Mittelmeergebiet bleibt sie unter 80 v. H., stellenweise unter 70 v. H.; die Luft hat nämlich relativ hohe Temperaturen. Im *Monat Juli* werden die Temperaturen so hoch, daß die ebenfalls geförderte Verdunstung nicht mehr die gleichen Sättigungsgrade erzeugen kann. Im Juli beträgt daher die relative Luftfeuchtigkeit in *Rumänien* und *Bulgarien* meist noch *60 bis 70 v. H.*, in sommertrockenen Küstengebieten weniger, in Stationen *Griechenlands selbst weniger als 50 v. H.* (in Athen im Juli 47 v. H., in Sparta 45 v. H.)[1].

Die neue Hauptstadt der *Türkei*, Ankara, hat in den vier Vegetationsmonaten Mai bis August eine relative Luftfeuchtigkeit von nur 44 v. H. bei einer durchschnittlichen Niederschlagsmenge in den gleichen vier Monaten von 91 mm. H. M a y r hielt schätzungsweise dafür, daß in solchen Fällen, also bei einer Summe der Niederschläge in den vier Monaten zwischen 50 und 100 mm und einer relativen Luftfeuchtigkeit von weniger als 50 v. H. der Wald von Natur aus zwar fehlt, daß er aber künstlich, ohne Bewässerung, bloß durch Bekämpfung des Steppengrases, begründet werden kann und sich dann bei naturgemäßer Behandlung von selbst erhält. Demgegenüber ist darauf hinzuweisen, daß in Ankara in der Mittagszeit des Monats Juli die relative Luftfeuchtigkeit häufig auf 0 v. H. herabsinkt, die oberste Bodenschicht trocknet bei solchen Extremen aus, junge Pflanzen müssen zugrunde gehen. Der bloße Kampf gegen das Gras reicht dort zur Begründung eines Waldes nicht aus[2]. Im dortigen Klima läßt sich selbst bei künstlicher Bewässerung durch mehrere Monate des Jahres ein „Wald" von nur sehr mäßigem Gedeihen und von dürftigen Ausmaßen begründen, zum Beispiel ein schütteres, niedriges Robinienwäldchen (außer verschiedenen Gartenanlagen).

---

[1] A l t, Klimakunde von Mittel- und Südeuropa, 1932, S. 72.

[2] B e r n h a r d, Grundlagen, Geschichte und Aufgaben der Forstwirtschaft in der Türkei, 1935, S. 52.

Örtlicher Wechsel der Feuchtigkeitsverhältnisse auf kleinstem Raum.

Im Walde können große Unterschiede in bezug auf die Feuchtigkeit, vor allem die Bodenfeuchtigkeit, auf engem Raum herrschen: es wechseln tiefgründige und seichtgründige Stellen, solche mit lockerem und mit bindigem Boden, bedeckte und nicht bedeckte, also nicht gegen Verdunstung geschützte, Sonnenseiten und Schattenseiten, Berg und Tal, Riegel und Mulde, windgeschützte Lagen und windausgesetzte Kuppen. In der Wurzelschicht der Waldbäume eines Bestandes ist, wie Untersuchungen R a m a n n s und anderer gezeigt haben, die Bodenfeuchtigkeit während der Vegetationszeit stark vermindert. Sogar Senkung des Grundwasserspiegels unter dem Waldbestand wurde am Rande der russischen Steppe durch W i s s o t z k y gefunden. Im Gebirge sind allerdings andere Verhältnisse für die Beurteilung des Waldeinflusses auf das Wasser im Boden maßgebend.

Wasserabfluß im bewaldeten Gebirge.

Seit langem galt der Wald als Schutz gegen die Schäden, die durch plötzlichen Abfluß großer Wassermassen im Gebirge, etwa nach plötzlicher Schneeschmelze, nach Landregen, Wolkenbrüchen usw., hervorgerufen werden können. Die Baumwurzeln und die Waldstreu bieten mechanischen Schutz gegen den Abtrag des Verwitterungsbodens auf dem Hang durch das Wasser, außerdem nimmt der lockere Waldboden mehr Wasser auf als der Boden des Weidelandes, das Hochwasser wird dadurch vermindert, desgleichen dessen schädliche Folgen. Eingehende Untersuchungen in der Schweiz haben dieses günstige Urteil über den Wald als Regler der Wasserabflußverhältnisse im Gebirge im großen und ganzen bestätigt[1]. Die Untersuchungen wurden 1900 begonnen und die Ergebnisse 1919 in einer umfassenden Arbeit von E n g l e r veröffentlicht, die Arbeiten wurden auch später fortgesetzt, Berichte von H. B u r g e r wurden vorgelegt[2]. Der Waldboden ist im allgemeinen bis etwa 40 cm Tiefe lockerer als der Boden des Weidelandes. Darauf beruht seine Fähigkeit, bei größeren Niederschlägen mehr Wasser aufzunehmen, die Menge des oberflächlich abfließenden Wassers zu vermindern, dadurch die Hochwasserschäden, die schädliche Abtragung der Verwitterungsprodukte, herabzusetzen. Zugleich ist eine bessere Speisung der Quellen die Folge. Daraus ergibt sich andererseits für Zeiten des Niedrigwasserstandes eine günstigere Wasserführung der Bäche und Flüsse. Manchmal allerdings fallen so bedeutende Mengen von Niederschlägen in kurzer Zeit, daß auch der Wald sie nicht zurückhalten kann.

---

[1] E n g l e r, Untersuchungen über den Einfluß des Waldes auf den Strand der Gewässer, Mitt. d. Schweiz. Forstl. Versuchsanst., Zürich 1919.

[2] B u r g e r H., Der Einfluß des Waldes auf den Stand der Gewässer, II. Mitt., Der Wasserhaushalt im Sperbel- und Rappengraben von 1915/16 bis 1926/27, Mitt. d. eidg. Anst. f. d. forstl. Versuchsw., XVIII. Bd., 2. H., 311—418; d e r s e l b e, Physikalische Eigenschaften von Wald- und Freilandböden, Mitt. d. eidg. Anst. f. d. forstl. Versuchsw., XIII. Bd., 1. H., 1922; XIV. Bd., 2. H., 1927; XV. Bd., 1. H., 1929; XVII. Bd., 2. H., 1932; XX. Bd., 1. H., 1937 und XXI. Bd., 2. H., 1940. Mit zahlreichen Literaturangaben.

Auch wenn der Boden gefroren ist und rasche Schneeschmelze eintritt, sind auch in waldreichen Gebieten Überschwemmungen unvermeidlich.

Beispiele von Bodenverwüstungen infolge rücksichtsloser Ausbeutung des Waldes gibt es in verschiedenen Ländern, in besonderem Umfange in Nordamerika. In den Vereinigten Staaten von Amerika wurden seit dem Jahre 1928 im Auftrage des Departements of Agriculture Forschungen über das Ausmaß der Bodenabschwemmung ausgeführt. Rund 13,6 Millionen Hektar sind allein in den Vereinigten Staaten von Amerika in den letzten Jahren durch Bodenabschwemmung gänzlich verwüstet. Außerdem sind dort 50 Millionen Hektar ebenfalls durch Abspülung weitgehend beschädigt und verarmt[1]. Der Bodenkundler H i l g a r d berichtet von Gegenden in Nordwest- und Zentralmississippi, daß dort der ursprünglich lockere Eichenwald mit Grasvegetation von Menschenhand entfernt, gerodet wurde, um das Land für Baumwoll- und Maisbau in Kultur zu nehmen; man pflügte von oben nach unten und umgekehrt, Regengüsse verwandelten diese Furchen in erste Abflußrinnen. Die Ackerkrume, aus tiefem, fruchtbarem Lehm bestehend, wurde abgeschlämmt. Die Wildbäche schnitten tiefe Runsen ein, der Ackerbau in den höher gelegenen Teilen wurde bald unmöglich, sie blieben brach liegen. Die Regengüsse gruben sich immer tiefer ein und trugen den erodierten Sand des Untergrunds in die Täler, weite Gegenden für den Ackerbau zerstörend. Auch in den Südostländern, zum Beispiel Bulgarien, Griechenland, der Türkei, hat die Waldzerstörung vielfach der Bodenabtragung durch Wasser und der Tätigkeit der Wildbäche Vorschub geleistet.

Durch Vermeidung jeder Freilegung des Bodens, Schonung der Streu und somit Schaffung humus- und feinerdereicher oberster Bodenschichten kann die Wirtschaft dem raschen oberirdischen Abfluß entgegenwirken. Für die Aufforstung trockener Hänge kann es von Belang sein, den oberirdischen Abfluß herabzusetzen durch Schaffung von waagrechten Terrassen in der Richtung der Schichtenlinien auf den Hängen (in Italien „gradoni"), Bodenlockerung auf diesen Terrassen, Auffangen des Regenwassers. Dem Gelingen der Aufforstung kommt dieses Zurückhalten des Niederschlagswassers zugute.

Wasserbedarf der einzelnen Holzarten.

v. H ö h n e l stellte (1878 bis 1881) Untersuchungen, die seither sehr bekanntgeworden sind, über den Wasserverbrauch durch Transpiration an jungen Pflanzen in luftdicht abgeschlossenen Töpfen (durch Wägungen) an. Dadurch gelangte er zu einer Reihenfolge der einzelnen Arten in bezug auf die Größe der Transpiration. Aus ihr geht die viel schwächere Transpiration der Nadelhölzer (mit Ausnahme der Lärche) und ein höherer Wasserverbrauch der Lärche, Esche, Birke usw. hervor. Die Zahlen geben aber nur die Transpiration für je 100 g Blattmasse (Trockengewicht) an, ohne etwas darüber auszusagen, ob das Maß der Gesamtbelaubung der einzelnen Holzarten größer oder kleiner ist. Bei Lärche und Birke zum

---

[1] S t i n y, J., Wiener Allgem. Forst- u. Jagdztg., 1934, S. 95, 99 ff.

Beispiel ist die Gesamtbelaubung gering, es braucht also — trotz ihrer großen Transpiration für je 100 g Blatttrockengewicht — ihr Wasserverbrauch je Hektar oder je Stamm vielleicht nicht besonders groß zu sein. H. B u r g e r fand (1945), daß der Wasserverbrauch ganzer Lärchenbestände nicht wesentlich größer als bei Fichten-, Tannen- und Buchenbeständen ist[1]. H ö h n e l beobachtete auch, daß sich die Verdunstung stark nach dem vorhandenen Wasservorrat im Boden richtet. Es ist nicht der Zweck seiner Zahlen, die Feuchtigkeitsansprüche der Holzarten aus ihnen abzuleiten. In dieser Hinsicht sind wir vielmehr auf die Erfahrungen über das Gedeihen der einzelnen Arten auf trockenen und feuchten Standorten, über das Vorkommen auf solchen angewiesen.

Holzarten, welche erfahrungsgemäß s e h r   t r o c k e n e   B ö d e n ertragen können, sind: *Pinus silvestris* und *Pinus nigra, Robinia pseudacacia, Betula verrucosa, Populus tremula*, Wacholderarten. In der Türkei und in Griechenland erweisen sich Wacholderarten, Schwarzkiefern und Aleppokiefern als Gehölze, die trockene Böden ertragen können, sie wachsen auf trockenen, steinigen Hängen, außerdem in Klimagebieten mit Sommertrockenheit (in Keinasien tritt an die Stelle der Aleppokiefer ihre Verwandte *Pinus brutia*).

Sauerstoffarmes, stehendes Wasser (saure, nasse Böden) vertragen: Schwarzerle, Haarbirke, viele Weidenarten, *Pinus montana uliginosa*.

Neutral nasse Böden: Eschen, Ulmen, Erlen, Birken, Weiden, Platanen, Pappeln. Im mediterranen Gebiet findet man an Wasserläufen mit Vorliebe Platanen und Oleander.

Da *Quercus sessiliflora (Synonym petraea*, also „Steineiche") häufig auf sonnigen Hügeln anzutreffen ist, *Quercus Robur (Synonym pedunculata)* dagegen in Auen, so gilt *sessiliflora* für genügsamer in bezug auf die Feuchtigkeit als *Quercus Robur*. Noch mehr als *sessiliflora* ist *Quercus pubescens* auf sonnseitigen, trockenen Standorten zu finden, sie geht auch weit ins trockene Innere von Steppenländern (zum Beispiel Anatoliens) hinein. Unter den Erlen ist *Alnus incana* befähigt, auch trockene Standorte zu besiedeln, allerdings stellt sie auf solchen Standorten, zum Beispiel auf den „Heißländern" der Donauauen, frühzeitig ihr Wachstum ein.

Auch jene Holzarten, die trockenere Standorte ertragen können, gedeihen auf frischen Böden besser und ergeben dort größere Massen. Gegen ein Übermaß an stehendem Wasser sind alle Holzarten, sogar die Schwarzerle, empfindlich, Ursache ist wohl die Sauerstoffarmut stehenden Wassers, vielleicht auch die Bildung schädlich wirkender Stoffe in solchem. Daß den Pappeln lange Überflutung mit fließendem, sauerstoffreichem Wasser nicht schadet, kann man in Auen allgemein beobachten. Stagnierendes Wasser und versauerte Böden hingegen vertragen auch die Pappeln nicht.

Unsere bisherigen Feststellungen über den Wasserbedarf der Holzarten bezogen sich auf die Ansprüche an die Bodenfeuchtigkeit. Von Interesse wären auch jene an die *Luftfeuchtigkeit*. Zur vergleichenden Beurteilung dieses

---

[1] B u r g e r H., Holz, Blattmenge und Zuwachs, VII. Mitt., Die Lärche. Mitt. d. Schweizer Anstalt f. d. forstl. Versuchsw. XXIV., 1. H., Zürich 1945.

Bedarfs unserer Holzarten stehen nur recht bescheidene Grundlagen zur Verfügung. Aus der Verbreitung der Fichte und Buche schloß man, daß sie größere Ansprüche an die Luftfeuchtigkeit bekunden. Der Lärche schreiben manche wegen ihres Vorkommens in verhältnismäßig kontinentalen Gebieten und wegen ihres höheren Transpirationsbedürfnisses geringere Ansprüche an die Luftfeuchtigkeit zu, aber die Lärche ist in den Alpen fast stets mit der Fichte vergesellschaftet! Jene Holzarten, welche sehr trockene Böden zu ertragen vermögen, finden sich auch am ehesten in Gebieten geringerer sommerlicher Luftfeuchtigkeit; zum Beispiel in Griechenland und in Kleinasien einige Wacholderarten (*Juniperus excelsa, foetidissima, drupacea, Oxycedrus* und andere), dann Schwarzkiefer, Aleppokiefer und brutische Kiefer. Im Vergleich zu diesen beanspruchen dann Fichte und Buche tatsächlich größere Luftfeuchtigkeit, wie aus ihrer Verbreitung unzweifelhaft hervorgeht.

3. Das Licht.

Das Sonnenlicht ist die Energiequelle, von der alles Pflanzenleben abhängt. Etwa die Hälfte der Trockensubstanz der grünen Pflanze besteht aus Kohlenstoff, dessen Assimilation unter dem Einfluß des Lichtes erfolgt ist. Das Licht ist eine Standortsbedingung, auf die der Forstwirt im Wege der Bestandespflege Einfluß üben kann. Bei Gegenwart von Chlorophyll bildet sich bekanntlich aus der Kohlensäure der Luft und dem Wasser der Pflanze durch die Wirkung des Lichtes zunächst Stärke. Diese ist der Ausgangsstoff für andere an dem Aufbau der Pflanze beteiligte Verbindungen. Für die Rolle des Chlorophylls spricht die Beobachtung, daß der Zellkern und das farblose Protoplasma im Sonnenlicht keinen Sauerstoff abgeben, sondern nur die Chromatophoren, wenn sie Chlorophyll führen.

Der Einfluß des Lichtes zeigt sich auch darin, daß Bäume, die im Bestand unter seitlicher Beschattung ihrer unteren Kronenteile erwachsen, astreine Baumschäfte und hochangesetzte Kronen ausbilden, zum Unterschied von den astigen Bäumen, die in vollem Licht aufgewachsen sind. Das Bild freistehender, kurzschaftiger, breitkroniger Dorflinden zum Beispiel ist allgemein bekannt, dagegen haben Linden im Bestandesschluß, etwa als Mischholzarten im Buchengrundbestand, häufig bis zu beträchtlicher Höhe astreine, walzenförmige, gerade Baumschäfte. Auch darin besteht ein Einfluß des Lichtes, daß in geschlossenen Beständen schattenertragender Holzarten, zum Beispiel der Rotbuche, auf dem Boden zwischen den Bäumen infolge Lichtmangels beinahe jegliches Pflanzenkleid fehlt. Zwischen der den Waldgrund deckenden Schichte braunen Buchenlaubes finden sich nur vereinzelte Vertreter humusbewohnender Pflanzen, die auf geringen Lichtgenuß gestimmt sind. Wird aber das den Boden schirmende Kronendach lichter, weist es Lücken auf, so begrünt sich der Boden, die Zahl der Arten und Individuen wird größer. Auch das Gedeihen der „Verjüngungen" und „Kulturen" unter dem Schirm von Mutterbäumen hängt vom Lichte, nämlich vom Grade der Beschirmung ab. Die jungen Pflanzen, die entweder in natürlichen Verjüngungen durch den Samenabfall von Mutterbäumen entstanden sind, oder solche, die man künstlich durch Pflanzung unter locker gestelltem Altholz eingebracht hat (durch „Voranbau" zur Bestandesgründung oder durch „Unterbau" zur Bodenpflege), bedürfen zu ihrem Gedeihen einer gewissen Lichtmenge.

Direktes und zerstreutes Licht.

Das Gesamtlicht, das den Pflanzen zuströmt, ist teils direktes Sonnenlicht, teils sogenanntes zerstreutes (diffuses) Licht, das heißt durch die in der Lufthülle vorhandenen kleinsten Teilchen nach allen Richtungen hin zerstreutes Licht. Bei bedecktem Himmel herrscht nur diffuses Licht, an klaren Tagen das gemischte Licht (nach Wiesner), das heißt diffuses *und* Sonnenlicht. Das zerstreute (diffuse) ist für die Vegetation vor allem wichtig; die Sonne in ihrer Beziehung zur Vegetation ist, sagt Wiesner, „weniger dazu da, die Pflanzen zu bestrahlen, als den Himmel zu beleuchten, dessen milderes und gleichmäßigeres Licht die gewöhnlichen, vom Licht abhängigen Vegetationsprozesse unterhält".

Das Licht im Gebirge.

Mit zunehmender Meereshöhe im Gebirge nimmt das direkte Licht zu, das diffuse Licht ab, die Lichtintensität im ganzen zu. Das beruht auf den Veränderungen, welche die Sonnenstrahlung auf dem Wege durch die Lufthülle erfährt. Die Mächtigkeit der Lufthülle wird auf 500 km berechnet (Schröter, Pflanzenleben der Alpen, Zürich 1926), diese Hülle wirkt auf die Sonnenstrahlung verändernd, und zwar um so mehr, je dichter und wasserdampfreicher sie ist. Daher wirken die untersten Lufthüllen mit ihrer Feuchtigkeit, ihren Staubteilchen, Gasmolekülen usw. am stärksten. In der Ebene wird mehr als die Hälfte der einfallenden Sonnenstrahlen durch Zerstreuung in der Lufthülle absorbiert, in den Höhen weniger, darauf beruht der Unterschied des „Strahlungsklimas" der Bergeshöhen (des Wärme-, Licht- und lichtchemischen Klimas) im Vergleich zum Tiefland.

Nach Dorno (zitiert nach Schröter) geht aus sorgfältigen Beobachtungen amerikanischer Forscher hervor, daß bei mittlerer Sonnenhöhe auf höchsten Berggipfeln nur etwa ein Fünftel der einfallenden Sonnenstrahlen verlorengegangen ist, auf bewohnten Höhen ein Viertel bis ein Drittel, in der Ebene aber mehr als die Hälfte. Nach Messungen von Dorno in Kiel (Meereshöhe) und in Davos (1560 m Höhe) ergab sich als mittägige Helligkeit, Monatsmittel, 1908 bis 1920, in Tausenden von Meter-Hefnerkerzen[1]:

	Juni	Juli	August
Davos (mittägige Helligkeit, Monatsmittel)	222	199	205
Kiel „ „ „	112	110	90

Auch bei Berücksichtigung der verschiedenen geographischen Breitenlagen beider Orte bleibt der Unterschied im Strahlungsklima noch recht erheblich.

---

[1] Einheitsmaß: Kerze von bestimmter Helligkeit, sog. Hefnerkerze, die man in 1 m Entfernung beobachtet (daher „Meter-Hefnerkerze").

Das Licht besteht bekanntlich aus Strahlen verschiedener Wellenlänge; die kurzwelligen ultravioletten Strahlen wirken im allgemeinen vor allem chemisch, die mittelwelligen haben den größten Helligkeitsgrad für das menschliche Auge; die roten (neben den weniger wichtigen blauen) sind für die Pflanzenernährung (Assimilation) entscheidend. Die ultraroten sind für das Auge nicht sichtbare Wärmestrahlen. Im *Gebirge* steigt nun zugleich mit der Intensität der direkten Strahlung verhältnismäßig der kurzwellige Anteil (ultraviolett, chemisch wirksam); das anders zusammengesetzte Licht der Höhen trägt augenscheinlich zu einer Veränderung in der Gestalt mancher Pflanzen bei, starkes Licht und nächtliche starke Ausstrahlung bewirken gedrungenen Wuchs, hemmen die Streckung der Stengelglieder. Die besondere Gestalt der alpinen Pflanzen wird (von S c h a n z, zitiert nach C h r i s t i a n s e n - W e n i g e r)[1] auf die größere Intensität der ultravioletten Strahlen zurückgeführt. Für den Gebirgsforstwirt ist diese Veränderung des Lichtklimas mit der Höhe beachtenswert.

Die Veränderungen an Dunkelpflanzen, die man als Etiolement bezeichnet, lassen den Schluß zu, daß eine „normale Belichtung auf das Längenwachstum hemmend wirkt. Hiebei sind besonders die kurzwelligen blauen und violetten Strahlen... beteiligt. Dies ist wohl einer der Gründe, warum die Pflanzen des Hochgebirges allgemein einen gedrungenen Habitus besitzen. Typische Alpenpflanzen zeigen daher auch, wenn sie in das Tiefland verpflanzt werden, meist ein starkes Längenwachstum, das ihr äußeres Aussehen sehr verändert[2]."

Auch die *Hangrichtung* ist für die Lichtintensität von Bedeutung. G e i g e r hat auf steilen Berghängen verschiedener Hangrichtung (Neigung 35[0]) das Licht mittels Graukeilphotometers gemessen (Mai bis einschließlich September 1926). Der Höchstwert der gemessenen Lichtmenge lag jeweils bei dem nach Süden geneigten Photometer, doch zeigten auch die nach Südwesten und Südosten liegenden noch fast dieselben Beträge. Je mehr man auf die Nordhälfte des Bergkegels kommt, um so geringer ist die im Laufe des Tages gespendete Lichtmenge. Für Verjüngungen unter Schirm muß also unter sonst gleichen Bedingungen der Schirm um so lockerer sein, je mehr die Hangrichtung nach Norden übergeht und je steiler der Hang dabei gleichzeitig wird. Auf einem Südhang kann eine geringe Auflockerung des Bestandesschlusses genügen[3].

Intensität, Dauer und Verteilung des Sonnenscheins.

Mit dem höheren Stande der Sonne nimmt die Intensität des Sonnenlichtes zu, sie ist am Tage am höchsten zu Mittag, innerhalb des Jahres erreicht sie im Sommer ihr Höchstmaß, auf der Erde ist sie am größten am Äquator. Neben der Intensität ist auch die Dauer und Verteilung des

---

[1] C h r i s t i a n s e n - W e n i g e r, Grundlagen des türkischen Ackerbaus, Leipzig 1934.

[2] S c h u m a c h e r W. im „Lehrbuch der Botanik", begr. von Strasburger-Noll-Schenck-Schimper, 22. Aufl., Jena 1944.

[3] G e i g e r R., Messung des Expositionsklimas, Forstw. Centralbl. 1927, 1928, 1929, zit. nach W o e l f l e M., Waldbau und Forstmeteorologie, 1939, S. 31—33.

Sonnenscheins zu beachten. Nach S c h u b e r t s [1] Untersuchungen über Sonnenscheindauer (1940) hat „das östliche Norddeutschland im Sommer, besonders am Morgen und vormittags, mehr Sonnenschein als das westliche". Die Bewölkung übt einen wesentlichen Einfluß auf das Lichtklima eines Ortes und auf dessen direkte Bestrahlung aus. Der Unterschied in der Sonnenscheindauer zwischen dem Westen (mit häufiger Bewölkung) und dem Osten (mit einer größeren Zahl wolkenloser Tage) ist bei Berücksichtigung größerer Räume beträchtlich: Im Seeklima Englands beträgt die mittlere Sonnenscheindauer im Jahr nur 1200 Stunden, in Deutschland im Westen etwa 1500 Stunden, im Osten 1800 Stunden, in Ungarn im Alföld im Mittel 2000 Stunden, in Ankara im Mittel (1928 bis 1933) 2746 Stunden, im August sogar 88,4 v. H. der möglichen Sonnenscheindauer, wobei die „mögliche" bestimmt ist durch die Tageslänge von Sonnenaufgang bis Sonnenuntergang [2].

Die große Sonnenscheindauer des griechischen Sommers ist bekannt. Athen hat nur eine mäßige Anzahl von Regentagen und eine kleine Anzahl von trüben Tagen im Jahr, hingegen ist die Zahl der klaren und halbklaren Tage sehr groß. In Mitteldeutschland kommen sehr viel weniger wolkenlose Tage vor. Vom Juli bis September ist in Athen die Sonnenscheindauer 76 v. H. der möglichen. Im Jahre beträgt die Sonnenscheindauer in Athen 2568 Stunden [3]. Die Angabe eines ewig blauen Himmels in Griechenland ist zwar nicht ganz zutreffend, aber in den Sommermonaten ist der blaue Himmel dort doch die Regel. Im Mittelmeergebiet ist die Intensität der Sonnenstrahlung, auch wenn man von der bedeutend geringeren Bewölkung absieht, infolge des höheren Sonnenstandes wesentlich höher als in mitteleuropäischen Stationen.

Einfallsrichtung des Lichtes.

Je nach der Einfallsrichtung unterscheidet man das *Oberlicht*, das *Vorderlicht* und das weniger wichtige *Hinterlicht* und *Unterlicht* (W i e s n e r). Man versteht unter Oberlicht das auf die horizontale Ebene einfallende Licht. Vorderlicht ist das von der Sonne oder dem freien Himmel auf eine vertikale Ebene einfallende, zum Beispiel auf eine Wand, einen Bestandesrand. Vom Vorderlicht hängt die Ausbildung der Bestandesränder ab. Nach B ü h l e r bekommt ein nördlicher Bestandesrand nur ein Drittel soviel Vorderlicht als ein südlicher. Hinterlicht ist das von einer Wand oder von Bäumen usw. zurückgeworfene (reflektierte) Licht, das dann von rückwärts auf die Bäume oder sonstige Gewächse auffällt. Das Unterlicht endlich ist das von hellem Boden oder von einer Wasserfläche nach oben zurückgeworfene (reflektierte) Licht. Für uns ist auch der im Forstwesen gebräuchliche Begriff „Seitenlicht" wichtig. Man versteht darunter denjenigen Teil des Ober- und Vorderlichtes im Sinne W i e s n e r s, der an einer Schlagwand, überhaupt an offenen Bestandesrändern, von der Seite, und zwar von einer offenen Fläche her, eingestrahlt wird.

---

[1] S c h u b e r t, Sonnenscheindauer, Zeitschr. f. Forst- u. Jw., 1940, S. 272/273.
[2] R é t h l y, Sonnenscheindauer und Verdunstung in Ankara, Met. Ztschr., 1935.
[3] M a u l l, Länderkunde von Südeuropa, 1929.

Der Lichtgenuß der Pflanzen.

Von dem Gesamtlicht, das im Freien an irgendeiner Stelle eingestrahlt wird, erhält die Pflanze, zum Beispiel Waldbäume im Bestandesschluß, nur einen Teil. Im Waldbestand entzieht ein Bestandesglied dem anderen einen Teil des Lichtes. Die von der Pflanze tatsächlich empfangene Lichtmenge bezeichnet W i e s n e r als Lichtgenuß, womit nichts darüber ausgesagt ist, ob die Pflanze das Licht tatsächlich verwendet oder auch teilweise durchläßt oder etwa zurückwirft. Den Anteil, den das tatsächlich empfangene Licht am Gesamtlicht im Freien bildet, nennt er den „Relativen Lichtgenuß" und drückt ihn in v. H. oder in einem Bruch aus. Empfängt zum Beispiel die Pflanze die Hälfte des im Freien vorhandenen vollen Lichtes, so ist der relative Lichtgenuß 50 v. H. oder $^1/_2$.

Einfluß des Lichtes auf die Blattstellung.

Durch das Licht werden Krümmungsbewegungen ausgelöst. Die Assimilationsorgane (Blätter oder Nadeln) der Waldbäume stellen sich durch Bewegungen der Blätter selbst, durch Drehungen der Blattstiele oder durch

Abb. 15. Wirkung des Lichtes an durch Schnee zu Boden gedrückten Tannen.

Wachstumsbewegungen der blatttragenden Sprosse möglichst zweckmäßig auf den Lichtgenuß ein. Solches Laub, das keine bestimmte Richtung zum einfallenden Licht erkennen läßt, nennt W i e s n e r „aphotometrisch",

also „nicht lichtanzeigend". Ein Blatt, das sich senkrecht zur Haupteinfallsrichtung des Lichtes, also bei Oberlicht meist horizontal stellt, nennt er
„euphotometrisches" Blatt. Das finden wir besonders bei den im Wald-
schatten erwachsenen jungen Pflanzen von *Abies* und *Fagus*. Diejenigen
Blätter oder Nadeln aber, die dem direkten Sonnenlicht stark ausgesetzt
sind, zum Beispiel die Gipfel von *Picea, Abies, Fagus,* zeigen dort schräg
nach aufwärts stehende oder gekrümmte Nadeln und Blätter, es ist dies
eine Stellung, durch die das intensivste direkte Sonnenlicht abgewehrt und
zugleich zerstreutes Licht voll ausgenützt wird („panphotometrische"
Blätter). In einer Abhandlung über „Wirkungen des Standortsfaktors Licht
an durch Schnee zu Boden gedrückten Nadelhölzern" im Jahrgang 1925
des „Centralblatts f. d. ges. Forstwesen" konnte Verfasser mitteilen: „An
Tannen, die durch naßfallenden, an den Kronen hängenbleibenden Schnee
im Wienerwald und Waldviertel von Niederösterreich im April 1924 um-
gedrückt, aber nicht entwurzelt worden waren, waren an Tausenden von
Zweigen die Nadelunterseiten durch die Katastrophe nach oben gewendet;
die im Frühjahr entstehenden neuen Triebe stellten aber ihre Nadeln so,
daß ihre Oberseite vom intensiveren Licht getroffen wurde. Die schon vor
der Katastrophe ausgebildeten Tannennadeln dagegen vermochten ihre Einstellung zum Lichte nicht mehr zu ändern. An sehr zahlreichen Zweigen
wiesen also die neuen Triebe Nadeln auf, deren Stellung im Vergleich zu
der der alten Nadeln um 180⁰ gedreht war. Die neuen Nadeln befanden
sich in der günstigsten Lage zum Oberlichte, in euphotometrischer Stellung
(vgl. Abb. 15). Analoge Erscheinungen gab es auch an zu Boden gedrückten
Weißkiefern und Fichten [1]."

Wirkung der verschiedenen Spektralfarben,
Lichtmessung.

Das weiße Licht ist bekanntlich ein gemischtes, aus Strahlen verschiedener Farbe, beziehungsweise Wellenlänge, zusammengesetztes. Durch
ein Prisma können wir es in seine Strahlen zerlegen und die Assimilation
in den verschiedenen Spektralbezirken untersuchen. Assimilatorische Kraft
besitzen zwar alle leuchtenden Strahlen, doch ist sie in einem gewissen
Teil des Rot am höchsten (und erreicht im Blau ein zweites kleines
Maximum). Chemische Wirkung, Schwärzung der Silbersalze auf der photographischen Platte, zeigt hauptsächlich der blaue Teil. Die chemisch wirksamen Strahlen sind also nicht dieselben wie die assimilatorisch wirkenden.
Die älteste und einfachste Vorrichtung zum Lichtmessen besteht darin, daß
man die Zeit bestimmt, in welcher ein Stück photographisches Papier einen
bestimmten Normalton der Schwärzung erreicht. Damit wird aber eigentlich nicht das für die Assimilation vorwiegend wirksame rote, sondern das
chemisch wirksame blaue Licht gemessen. Das hat O e l k e r s berücksichtigt
(Ztschr. f. Forst- u. Jagdw., 1917/18), er benützte ein Meßgerät mit Licht-
filter, das die hellen und dunklen Strahlen zu trennen gestattet. Solche

---

[1] T s c h e r m a k, Wirkungen des Standortsfaktors Licht an durch Schnee zu Boden
gedrückten Nadelhölzern, Cbl. f. d. ges. Forstw., **51**, 1925, 351—356.

Beobachtungen zur Messung des Lichtes unter Trennung der einzelnen Spektralbezirke sind aber sehr umständlich und zeitraubend. Auch hat Wiesner nachgewiesen, daß man innerhalb gewisser Grenzen der Tagesbeleuchtung die einfachere Methode der Messung der chemisch wirksamen Strahlen auch zur Ermittlung der gesamten Lichtstärke, beziehungsweise des relativen Lichtgenusses der Pflanzen verwenden kann. Man zog daher in der Regel in der Ökologie die einfacheren Meßverfahren vor: mit Wiesners Photometer oder mit dem Eder-Hechtschen Graukeilphotometer. Heuzutage verwendet man zum Messen der Lichtstärke Selenzellen, ähnlich wie zum Lichtmessen beim Photographieren. Wiesners Verfahren, die Lichtintensität zu messen, bestand darin, daß er photographisches Papier dem Lichte aussetzte, wodurch das Papier geschwärzt wurde, zum Vergleich diente sogenanntes „Normalschwarz". Als Maßeinheit der Lichtintensität (Lichtintensität 1) wurde jenes Licht festgesetzt, bei welchem die Schwärzung des photographischen Papiers auf Normalschwarz im Zeitraum von einer Sekunde erreicht wird. Brauchte man gegebenenfalls zur Färbung auf Normalschwarz zum Beispiel 4 Sekunden, so ist die Lichtintensität dementsprechend nur ein Bruchteil von 1, nämlich $\frac{1}{4}$ usw. Umfassende Untersuchungen im Walde auf Grund dieses Verfahrens stammen von Cieslar, Einiges über die Rolle des Lichtes im Walde, Mitt. a. d. Forstl. Versuchsw. Österr., 1904, Heft 30. Er fand zum Beispiel, daß die Kronen eines gelichteten Schwarzföhrenbestandes 60 v. H. der chemisch wirksamen Strahlen des Gesamtlichtes zurückhalten, die eines gelichteten Tannenbestandes 80 v. H., eines belaubten Buchenbestandes 80 bis 90 v. H. Die Messungen der Lichtintensität haben ergeben, daß die Lichtmenge, welche der Baum mittels seiner Blattfläche empfängt, erheblicher ist, als es den Anschein hat. Wiesner fand in einem Buchenjungwuchs und in einem Eichenbestand sogar vor der Belaubung die Lichtstärke bis auf 50 v. H. des Tageslichtes herabgesetzt (Cbl. f. d. ges. Forstw., Wien 1897). Nach Cieslar war die Lichtmenge im unbelaubten 60jährigen Buchenbestand auf 26 v. H., in einer Tannenfläche auf 7 bis 11 v. H., in einer Schwarzföhrenfläche auf 17 bis 21 v. H. des vollen Tageslichtes vermindert. Mit dem Eder-Hechtschen Graukeilphotometer, mit dem gleichfalls auf photochemischem Wege gearbeitet wird, läßt sich die einfallende Lichtmenge (Sonnenstrahlung und Himmelsstrahlung) in einem bestimmten Zeitabschnitt als Summe messen, und zwar wird nur Licht mit bestimmten Wellenlängen des kurzwelligen Bereiches der sichtbaren Sonnenstrahlung aufgezeichnet[1].

Lichtbedarf der Holzarten.

Die ausübenden Forstwirte hatten schon lange, bevor die Wissenschaft Messungen des Lichtes durchführte, beobachtet, daß das Lichtbedürfnis der verschiedenen Holzarten ungleich groß ist. Vor allem läßt sich im Walde wahrnehmen, daß der durch Samenabfall entstehende Anwuchs, die „natürliche Verjüngung", bei manchen Holzarten sich längere Zeit unter dem

---

[1] Woelfle M., Waldbau und Forstmeteorologie, Neudamm 1939, S. 31.

geschlossenen Kronendach der Mutterbäume lebend erhalten kann, so bei Tanne und Buche, in etwas geringerem Maße bei Fichte. Die Eibe lebt selbst auch noch im Baumholzalter häufig unter dem Kronendach geschlossener Bestände. Andere Holzarten dagegen, wie Lärche, Kiefer, Birke, weisen diese Fähigkeit, Schatten zu ertragen, nicht auf. Diese Holzarten haben auch eine mehr lockere Belaubung, jene dagegen einen dichteren Baumschlag. Auch beim Zusammenleben der Bäume in ganzen Beständen zeigt sich, daß die einen Holzarten auch mit zunehmendem Alter geschlossen bleiben, also ein Kronendach bilden, das nur wenig Licht durchläßt, die anderen dagegen sich mit zunehmendem Alter „licht" stellen, indem durch das Absterben von Bestandesgliedern das Kronendach lückig wird. Beispielsweise kann man im Wienerwald beobachten, daß die Buchenbestände wenig Licht durchlassen, so daß zur Zeit ihrer Belaubung der Boden nur sehr spärlich begrünt, sonst mit totem braunem Buchenlaub bedeckt ist; kommt aber im Buchenbestand einmal eine Gruppe oder gar ein Horst von Eichen vor, so ist unter dieser Lichtholzart der Boden grün, mit Gräsern überzogen.

Auf Grund solcher Erfahrungen wurden von verschiedenen Verfassern Reihen der Holzarten je nach ihrem Lichtbedürfnis, beziehungsweise ihrer Fähigkeit, Schatten zu ertragen, aufgestellt. Die Reihen der verschiedenen Verfasser stimmen in den Einzelheiten nicht immer ganz genau überein, wohl aber im wesentlichen. Am meisten Schatten ertragen Eibe und Tanne, am lichtbedürftigsten sind Lärchen und Birken, Pappeln einschließlich der Aspe, Weiden und in etwas geringerem Maße die gemeine Kiefer. Mit den *schattentragenden* beginnend, ist also die Reihe der Holzarten nach ihrer Fähigkeit, Schatten zu ertragen: Eibe, Tanne, Hemlockstanne *(Tsuga canadensis)*, Buche. In etwas geringerem Maße schattenertragend ist auch noch die grüne Douglasie, die Fichte, die Thuje. Die im Südosten (Kaukasus und östlichem Teil des Pontusgebirges) vorkommende orientalische Fichte hat eine etwas dichtere Baumkrone als unsere Fichte und kann auch unter einem Schirm von Buchen gedeihen.

Zur Gruppe der *Halbschattholzarten* sind zu rechnen: Weißbuche, Linde, Ahorn, Esche (diese ist in der Jugend, bis etwa zum zwanzigsten Jahre, schattenfest), Ulme, Erle, Weymouthskiefer, Zirbelkiefer, Edelkastanie (Schwarzkiefer als mäßige Lichtholzart). Das Lichtbedürfnis der Edelkastanie ist mäßig, wie aus der Dichte ihrer Krone und aus ihrer Fähigkeit, sich im Seiten- und Schirmdruck von Lichthölzern zu erhalten, geschlossen werden kann. Unter dem Schirm der gemeinen Kiefer zum Beispiel kann sie bestehen, worauf schon H e m p e l und W i l h e l m hinwiesen. Die Schwarzkiefer hat einen dichteren Baumschlag als die gemeine Kiefer (demgemäß auch größeren Nadelabfall).

Zur Gruppe der *Lichtholzarten* gehören: die sommergrünen Eichen, während die immergrünen Eichen schon von H. M a y r mit Recht zu den schattenertragenden Holzarten gerechnet wurden; gemeine Kiefer, Bergkiefer, die Pappelarten, falsche Akazie, insbesondere Lärche und Birke. Von den Kiefern des Mittelmeergebietes ist die Pinie besonders im Alter sehr lichtbedürftig, auch die Aleppokiefer gehört besonders im späteren

Alter zu den lichtbedürftigen Holzarten. Was die größere Schattenfestigkeit der immergrünen Eichen im Vergleich zu den sommergrünen anbelangt, so kann man im Mittelmeergebiet gelegentlich dichtschattende Gruppen und Haine der Immergrüneichen (*Quercus Ilex*) beobachten, zum Beispiel in Italien oder in Griechenland.

Die wissenschaftliche Erforschung des Lichteinflusses hat die von der Praxis aufgestellten Sätze nicht geändert, wohl aber bestätigt. Die Einteilung in lichtbedürftige und schattenertragende Holzarten stammt von Gustav Heyer, Das Verhalten der Waldbäume gegen Licht und Schatten, 1852. Wenn dann später von anderen kurz von „Schattholzarten" oder gar von „schattenliebenden Holzarten" gesprochen wurde, so ist dies nicht zutreffend. Die schattenertragenden bedürfen nicht des Schattens, sondern nur des Schutzes gegen Frost und Hitze in der Jugend (Tanne, Buche), hiebei können sie den mit diesem Schutz verbundenen Schatten ertragen. Man könnte sie auch „schattenfest" nennen.

Wurzelkonkurrenz oder Lichtentzug?

Wenn Lichtholzarten unter dem Schirm von Mutterbäumen kümmern, so ergab sich die Frage, ob sie tatsächlich durch den Lichtentzug oder durch die Wurzelkonkurrenz des Altholzes geschädigt sind. Fricke, Hann. Münden, hat 1904 durch Versuche auf den Einfluß der Wurzelkonkurrenz hingewiesen. Wenn er kümmernde Jungwuchshorste der Kiefer durch Stichgräben, also durch Abschneiden der Altholzwurzeln, vom Wettbewerb im Boden befreite, so besserten sich die Wuchsverhältnisse. Die Aufhebung der Wurzelkonkurrenz wirkte also günstig, es fehlte noch der weitere Versuch, ob bei Entfernung des Schirmes, also in vollem Licht, der Wuchs nicht noch viel besser geworden wäre. Die Zweifel an der Wirkung des Lichtes widerlegte Cieslar. Er zeigte in seiner Erwiderung, daß es wirklich den Unterschied zwischen lichtbedürftigen und schattenertragenden gibt. Der Bruchteil des Tageslichtes, der im Inneren der Baumkrone gerade noch vorhanden ist, ist bei ausgesprochenen Lichthölzern (Lärche, Birke, Kiefer) höher als bei Buche und Tanne. Diese können bei noch viel schwächerem Licht assimilieren als erstere. Cieslar zeigte durch Versuche, bei denen junge Holzpflanzen unter sonst besten Bedingungen unter Lattenschirmen von verschiedenem Beschattungsgrade erzogen wurden, daß *alle* das größere Volumen im helleren Licht hatten, daß aber die Abnahme des Volumens mit abnehmendem Lichte verschieden war: bei Tanne war sie sehr gering, bei Fichte stärker, bei Kiefer sehr viel stärker, bei der Lärche am stärksten. Dabei waren die Lichtholzarten gemeine Kiefer und Lärche sehr dünn erwachsen (Erscheinung von „Etiolement", krankhafte Überverlängerung der Sproßachsen). Cieslar hatte den Lichteinfluß, Fricke den Einfluß der Ausschaltung der Wurzelkonkurrenz nachgewiesen; den entscheidenden Vergleichsversuch über beide Wirkungen, den Fricke bei seinem verdienstvollen Hinweis auf die Wurzelkonkurrenz unterlassen hatte, stellte später Fabricius (München) an, das Ergebnis wurde 1929 veröffentlicht: Neben Ausschaltung der Wurzelkonkurrenz wurde auch das Verhalten in vollem Licht untersucht.

Es zeigte sich, daß erst im vollen Lichte die Entwicklung der Durchschnittspflanzen die allergünstigste war. Insbesondere erwiesen sich Kiefer und Lärche unbedingt als lichtbedürftige Holzarten. Zweijährige *Pinus silvestris* zum Beispiel zeigten bei bloßer Beseitigung der Wurzelkonkurrenz eine Steigerung des Gewichtes auf das Zwei- bis Dreifache; bei vollem Licht im Freistand aber eine Gewichtssteigerung auf das etwa Zehnfache[1]! Bei der Tanne dagegen kam das geringere Lichtbedürfnis deutlich zum Ausdruck. Den Lichtholzarten schadet also der Lichtentzug in wesentlich höherem Maße als der bloße Wurzelwettbewerb[2].

Licht- und Schattenformen unserer Holzarten, namentlich des Jungwuchses.

Unter dem Kronendach des Altholzbestandes findet man in der Regel wenigstens einzelne, durch natürliche Verjüngung entstandene Jungwüchse. Diese im Schatten erwachsenen Pflanzen unterscheiden sich bei starker Beschattung durch ihre Form, durch den „Habitus", von den Lichtpflanzen des Freistandes. Die in stärkerer Beschattung erwachsenen jungen Buchen, Tannen und Fichten sind gewöhnlich niedriger als gleichaltrige Freistandspflanzen, die Länge der Jahrestriebe ist bei stärkerer Unterdrückung gering, die Kronenform ist durch das Fehlen der unteren Stockwerke, also durch geringe Tiefe und größere Breite, gekennzeichnet. Die Kronen der Schattenpflanzen sind schirmförmig, die Seitenäste waagrecht ausgebreitet. Die Blattstellung ist im Schatten senkrecht zur Haupteinfallsrichtung des Lichtes („euphotometrisch"), daher sind zum Beispiel die Tannennadeln im Schatten gescheitelt. Die im Licht erwachsenen Blätter pflegen stets dicker und derber zu sein als die Schattenblätter. Auch nimmt bei stärkerer Beschattung die Blattgröße ab. (Das Blattgrün ist bei Schattenblättern vielfach etwas dunkler, der Chlorophyllgehalt erfährt zunächst mit abnehmender Lichtintensität eine Steigerung, jedoch nur bis zu einer gewissen Grenze, nach deren Überschreitung er wieder sinkt.)

Die Belichtung der Triebe übt auch einen entscheidenden Einfluß auf die Beschaffenheit der Knospen. Dies hat A. E n g l e r in Zürich in einer Arbeit über den Blattausbruch und das sonstige Verhalten von Schatten- und Lichtpflanzen der Buche und einiger anderer Laubhölzer gezeigt[3]. Die Lichtknospen sind größer, schwerer, derber, fester verschlossen als die Schattenknospen. Sie besitzen zahlreichere, derbere Deckschuppen als die Schattenknospen. (Im Frühjahr bei Laubausbruch im Buchenwald kann das Licht oder die Wärme durch die dünneren Hüllen der Schattenknospen rascher durchdringen als durch diejenigen der Lichtknospen. Damit suchte E n g l e r die Tatsache des früheren Blattausbruches an den unteren und inneren Zweigen der Buche und an beschattetem Unterwuchs zu erklären.)

---

[1] F a b r i c i u s, Forstliche Versuche, Fw. Cbl., 51, 1929, 478—508, Abb. S. 494, 498, 502.

[2] P. M a g y a r zeigte, daß in trockenen Lagen Ungarns die rechtzeitige Beseitigung der Wurzelkonkurrenz besonders wichtig ist: M a g y a r P., Beschattung oder Wurzelkonkurrenz? Erdészeti Lapok 72, 158—175, 1933.

[3] E n g l e r A., Mitt. d. Schweizer Anstalt f. d. forstl. Versuchsw., X, Heft 2, 1911.

Von anderer Seite wird der Tatsache, daß unterständige Buchen im Frühjahr um einige Tage früher ergrünen, eine andere Deutung gegeben, die einiges für sich zu haben scheint: Die im Frühjahr vor der Belaubung dem Kronenraum durch die Sonnenstrahlung zugeführte Wärme wird bei Buchen des Hauptbestandes durch den leichter eingreifenden Wind rascher weggeführt als bei unterständigen, denn dort verhindern die Äste und Zweige der Stämme des Hauptbestandes ein stärkeres Durchgreifen des Windes bis in den Kronenraum des Unterstandes. Bei Nacht schützen die Bäume des Hauptbestandes die unterständigen Buchen vor starker Ausstrahlung. „Der Kronenraum unterständiger Buchen ist deshalb im Frühjahr an klaren Tagen vor Laubausbruch bei Tag unter Umständen und bei Nacht immer wärmer als der Kronenraum gleichartiger hauptständiger Buchen. Auch freistehende ältere Buchen ergrünen von unten nach oben, entsprechend der Erwärmung der Luft, die bei heiterem Wetter vom Boden ausgeht[1].“

Licht- und Schattenblätter.

Auch der innere Bau der Licht- und Schattenblätter ist verschieden. Lichtblätter haben eine dickere Epidermis, oft mehrere Reihen von Palisadenzellen, sie sind daher dicker. Die Anpassung an die Unterschiede im Lichtgenuß ist also eine weitgehende. „Die Blätter auf der sonnigen Südseite eines Baumes pflegen höhere und manchmal sogar in mehr Schichten unterteilte Palisaden zu besitzen als die ‚Schattenblätter‘ der Nordseite[2].“

Bei einer Untersuchung (von S c h r a m m, Über die anatomischen Grundformen der Blätter..., 1912) ergab sich, daß die jungen Pflanzen der Schattholzarten an allen Blättern oder Nadeln, selbst wenn sie im Lichte erwachsen sind, mehr den Bau von Schattenblättern zeigen: sie sind also im Bau mehr an die Verhältnisse der natürlichen Verjüngung im Schatten des Mutterbestandes angepaßt! Dagegen sind Lichthölzer weniger für das Gedeihen unter starker Beschattung geeignet. Auch Untersuchungen M. S c h r e i b e r s[3] weisen in diese Richtung.

Nach E n g l e r s Untersuchungen wirkt der ursprüngliche Lichtcharakter bei Licht- und Schattenpflanzen der Rotbuche auch nach dem Verpflanzen, also bei geänderten Lichtverhältnissen, noch lange nach. Solche Feststellungen haben auch praktische Bedeutung, sie sprechen nämlich für die Anwendung des Grundsatzes der Stetigkeit im Waldbau, Vermeidung aller plötzlichen Änderungen der Lichtverhältnisse!

Zuwachsförderung im Wege der Lichtung.

Wenn Bäume in einem Waldbestand etwa in der zweiten Hälfte der Umtriebszeit durch Fällung von Nachbarn vom Wettbewerb dieser befreit werden, so pflegt sich unter günstigen Standortsverhältnissen an den

---

[1] W o e l f l e M., Waldbau und Forstmeteorologie, 1939, S. 33.
[2] S c h u m a c h e r W., im „Lehrbuch der Botanik“, 22. Aufl., Jena 1944.
[3] S c h r e i b e r M., Waldbauliche Folgerungen aus Studien über die Variation des Blattcharakters unserer Holzarten, Cbl. f. d. g. Fw., 1924.

Stämmen ein größerer Zuwachs als bisher, der sogenannte Lichtungszuwachs, einzustellen, die Jahrringe werden breiter. Inwieweit nur das Licht an dieser Erscheinung beteiligt ist oder aber auch der größere Standraum, die reichlicher zur Verfügung stehenden Nährstoffe, das Bodenwasser usw. infolge des Wegfalles des Wurzelwettbewerbs, diese Frage ist wohl ähnlich wie bei den Versuchen von F a b r i c i u s (über Wurzelkonkurrenz und Licht) zu beantworten: sicher wirkt beides zusammen. Aus Untersuchungen von L u n d e g å r d h und anderen wissen wir, daß bei sonst gleichen und entsprechenden Bedingungen hinsichtlich Wärme, Feuchtigkeit, Kohlensäure die Assimilation bei geringen Lichtgraden (Optimumferne) anfangs bei Erhöhung des Lichtgenusses stark steigt, daß aber diese Steigerung mit zunehmender Lichtintensität immer mehr nachläßt. Daraus können wir schließen, daß eine Zuwachssteigerung durch das Licht wahrscheinlich nur bei vorher schwacher Beleuchtung (Optimumferne) stattfindet, nachher, bei stärkerem Licht, nicht mehr. Dicht geschlossene Bestände mit kleinen, hoch hinaufgerückten Kronen (wie wir sie in zu wenig oder gar nicht durchforsteten Waldteilen etwa im Stangenholz- oder angehenden Baumholzalter häufig antreffen) sind aber jedenfalls hinsichtlich lich der Lichtverhältnisse nicht im Optimum.

D a s   L i c h t   i m   W a l d b e s t a n d e.

Die Lichtmessungen von C i e s l a r, W i e s n e r und anderen zeigten, daß im Inneren der Waldbestände die Lichtstärke tief herabgesetzt ist. Auch an den Standortspflanzen, in der Zahl der Arten und Individuen dieser, zeigt sich die Wirkung (vgl. C i e s l a r, Einiges über die Rolle des Lichtes im Walde, 1904, S. 83 bis 87). Bei den Waldbodengewächsen, gibt es ebenfalls Licht- und Schattenpflanzen. Zu den Schattenpflanzen gehören Sauerklee, Waldmeister, Rührmichnichtan, Haarmützenmoos, Astmoose, Wurmfarn, Frauenfarn, Heidelbeere und andere. Zu den stark lichtbedürftigen: *Cirsium*-Arten, *Calluna vulgaris, Epilobium-, Senecio*-Arten, die meisten Gräser und Kleearten usw.

Eine Anzahl von Bodenpflanzen in Laubwäldern, wie: *Corydalis cava, Anemone nemorosa, Pulmonaria officinalis, Hepatica triloba* und andere schließen ihre Blütezeit ab, *bevor* die völlige Belaubung der Waldbäume eintritt (ihre Blätter verwelken erst einige Zeit später).

Auch die entstehende natürliche Verjüngung ist abhängig vom Licht im Inneren des Bestandes. In gemischten Beständen zeigt sich bei der Verjüngung mit verschiedenen Graden der Lockerung des Kronendaches (zum Beispiel stark gelichteter Außensaum, im Inneren dunkel) in der Regel folgendes: Im Inneren bei geringstem Licht verjüngen sich die Schattholzarten Tanne und Buche; am Rande des Altholzes, also am Saum, verjüngt sich die Fichte als Halbschattholzart. Auf der lichten Außenfläche die Lichtholzarten, zum Beispiel Kiefer und Lärche. Die Forstwirtschaft hat die Möglichkeit, durch Eingriffe in den Bestand, durch Entnahme von Stämmen, das Licht zu verstärken. Da aber, wie wir gehört haben, die Bäume in ihrer Form, Blattstellung und dem Blattbau den gegebenen Lichtverhältnissen angepaßt sind, so ist eine allmähliche Umstellung durch mäßige

Eingriffe zweckdienlicher als plötzliche starke Entnahme. Diese würde auch der Verunkrautung Vorschub leisten. Die starken Eingriffe des sogenannten „Lichtungsbetriebes" führen auch nur bei sehr guten Standortsverhältnissen zu einer befriedigenden Zuwachssteigerung. Alle diese Gesichtspunkte sprechen für die Stetigkeit des Vorgehens, Bevorzugung häufig wiederholter mäßiger Eingriffe.

4. Kohlensäuregehalt der Luft.

Die Kohlensäure spielt für die chemischen Vorgänge im Boden, Aufschließung mineralischer Pflanzennährstoffe, eine wichtige Rolle. Uns interessiert hier vor allem der Kohlensäuregehalt der Luft, wo die Kohlensäure als Baustoff der Pflanze wirkt. Die Untersuchung der Kohlensäureversorgung der Pflanzen (für die Assimilation) ist erst seit den letzten Jahren eingehender betrieben worden. Die Luft weist bekanntlich neben 78 v. H. (dem Volumen nach) Stickstoff, 21 v. H. Sauerstoff, einen durchschnittlichen Gehalt von 0,03 v. H. Kohlensäure (nach neueren Untersuchungen 0,04 bis 0,05 v. H.) auf. Diese in verhältnismäßig geringer Menge vorhandene Kohlensäure wird bei der Assimilation in Sauerstoff und Kohlenstoff zerlegt, der als Baustoff für alle organischen Verbindungen abgegeben wird. E b e r m a y e r, von dem grundlegende ältere Untersuchungen herrühren, hielt dafür, daß der Kohlensäuregehalt der Luft nicht der die Assimilation begrenzende Minimumfaktor sei, sondern daß sie stets in einer für die Assimilation ausreichenden Menge, ja überhaupt im Bestmaß vorhanden sei. In neuerer Zeit haben aber Versuche zunächst bei landwirtschaftlichen Gewächsen gezeigt, daß bei einer Erhöhung des Kohlensäuregehaltes der Luft (über 0,03 v. H.) auch die Assimilation gesteigert wurde. Unter anderem berichtet L u n d e g å r d h, daß bei der Pflanze *Nasturtium palustre* eine dreifache Erhöhung der Kohlensäurekonzentration von 0,03 auf 0,09 v. H. bei konstantem Licht eine dreifache Steigerung der Assimilation hervorrief[1].

Die Kohlensäure der Luft entstammt teils dem Vulkanismus, teils der Verwesung organischer Stoffe im Boden durch Bakterientätigkeit, zum Teil auch der Verbrennung von Kohle und der Atmung von Menschen, Tieren und Pflanzen. Für besonders wirksam gilt die sogenannte *Bodenatmung*, das ist die Abgabe von Kohlensäure aus dem Boden, die auf den Abbau der Humusstoffe durch die im Boden lebenden niederen Organismen zurückzuführen ist. Auch bei starker Bodenatmung erreicht der Kohlensäuregehalt der Waldluft nur unmittelbar über der Erdoberfläche eine etwas erhöhte Konzentration. Nach oben nimmt diese ab. Zwischen Bodenatmung und Bakteriengehalt besteht eine scharfe Abhängigkeit[2]. In einer Arbeit von 1941 weist K r e u t z[3] darauf hin, daß große Kohlensäure-

---

[1] L u n d e g å r d h H., Klima und Boden in ihrer Wirkung auf das Pflanzenleben, Jena 1930, S. 398.

[2] Vgl. die Übersicht von W. Graf L e i n i n g e n, Centralbl. f. d. ges. Forstw., 1929, S. 76; W i t t i c h, Forstarchiv, 1930, S. 509—511.

[3] K r e u t z W., Kohlensäuregehalt der unteren Luftschichten in Abhängigkeit von Witterungsfaktoren, Angewandte Botanik, **23**, 1941, S. 94.

mengen beim Verbrennen von Kohle und in geringerem Maße auch beim Verbrennen von Holz und Torf entweichen und daß Industriegebiete und Großstädte deshalb als nennenswerte Kohlensäurequellen anzusprechen sind. Der Kohlensäuregehalt der Luft ist also nicht immer dem Durchschnitt von 0,03 v. H. gleich. Im einzelnen beobachtete schon E b e r - m a y e r recht bedeutende Unterschiede. Aus Untersuchungen von L u n d e g å r d h , M e i n e c k e , L a r s G u n n a r R o m e l l und anderen wissen wir, daß in vielen Fällen höhere Werte, und zwar von 0,05 bis 0,07 v. H. vorkommen. Bei gleichmäßigem Bestandesschluß, entsprechender Feuchtigkeit, Bodenlockerheit, reichlicher Erzeugung von Bodenstreu in nicht oder nur mäßig durchforsteten Beständen ist die Kohlensäureabgabe des Waldbodens gesteigert. Doch ist, wie bereits angeführt, diese Steigerung meist unmittelbar über dem Waldboden am größten, in 1,5 m Höhe schon wesentlich kleiner. In der Höhe der Baumkronen nimmt der Kohlensäuregehalt wieder stark ab (dort wird reichlich Kohlensäure verbraucht). M e i n e c k e fand allerdings auch bis zur Höhe der Baumkronen manchmal noch Werte von 0,04 bis 0,05 v. H.[1]. Durch Versuche wurde an abgetrennten Zweigen von Bäumen, zum Beispiel von Platanen, dann auch von Fichten und Kiefern, nachgewiesen, daß eine Zuwachssteigerung durch CO_2-Zufuhr auch bei ihnen stattfindet (S t å l f e l d in Schweden, zit. nach M e i n e c k e, 1927, S. 90). Ob der vermehrte Kohlensäuregehalt der bodennahen Luftschichten im Walde für die Kohlensäureversorgung der Bestände von Bedeutung ist, das hängt davon ab, ob der Ausgleich der verschiedenen CO_2-Konzentration in diesen Schichten nur langsam erfolgt oder ob sich durch Luftströmungen im Walde eine rasche Durchmischung vollzieht. Diese Frage ist bisher nicht hinreichend beantwortet. Für den jungen Nachwuchs im Walde kann der höhere Kohlensäuregehalt der untersten Luftschichten am ehesten von Bedeutung sein. Die Forstwirtschaft kann den Kohlensäuregehalt im Walde fördern, die Kohlensäureabgabe aus dem Boden günstig gestalten durch Erhaltung der Bodenstreu, alle Maßnahmen der Bodenpflege, Reisigdeckung, die ausgleichend auf die Bodentemperatur und Bodenfeuchtigkeit wirkt, Erhaltung eines entsprechend geschlossenen Kronendaches und dgl. — Auch für Luftruhe im Bestande (besonders bei Verjüngungen) wäre zu sorgen, denn Wind kann die kohlensäurereichere Waldluft entführen oder vermischen.

Die eben erwähnte, 1941 erschienene Arbeit von K r e u t z befaßt sich mit der Steigerung des Kohlensäuregehaltes der Luft durch Industrieabgase. Er verweist darauf, daß die Dichte der schweren Gase in der Atmosphäre mit der Höhe rascher abnimmt als die der leichteren. Das spezifische Gewicht der Kohlensäure, bezogen auf die Luft, ist 1,5. Die Kohlensäure tritt wegen ihres hohen spezifischen Gewichtes in der Hauptsache in unteren Luftschichten auf. Sie macht hier aber im Mittel aller Messungen von K r e u t z nicht 0,03 v. H., sondern etwas über 0,04 aus. Die Messungen bei den Versuchen von K r e u t z gingen bis 14 m Höhe. Der Kohlensäuregehalt nimmt zu allen Zeiten von der Erdoberfläche nach

---

[1] M e i n e c k e, Die Kohlenstoffernährung des Waldes, Berlin 1927.

oben hin zunächst ab und dann in 14 m Höhe wieder stark zu. Der Gehalt in diesen Schichten setzt sich aus zwei Komponenten zusammen: Die erste hat den Ursprung im Boden, sie nimmt nach oben hin eindeutig ab; die zweite Komponente stammt nach K r e u t z im wesentlichen aus Abgasen der Industrie, diese Komponente nimmt nach oben hin zu. Der Untersuchungsort war die Agrometeorologische Forschungsstelle Gießen des Reichsamtes für Wetterdienst; es ist natürlich nicht ohne weiteres bekannt, in welchen Gebieten der Gehalt der Luft an Industrieabgasen ähnlich jenem der Untersuchungsstelle in Gießen ist, inwieweit also das Ergebnis verallgemeinert werden darf. Auch die Abhängigkeit des Kohlensäureaustausches von den Witterungsfaktoren wurde untersucht. Zum Beispiel nimmt mit zunehmender Strahlung die Assimilation der Pflanzen, also der Kohlensäureverbrauch, zu, es findet also eine Abnahme des Gases in der Luft statt.

5. Der Wind.

Der Wind kann zu einem klimatischen Standortsfaktor von hervorragender Bedeutung werden. Die Wirkungen sind, sobald es sich um ständige Luftbewegung handelt, überwiegend schädlich. Die pflanzenphysiologisch wichtige Rolle, den Gasaustausch der Pflanzen durch Luftbewegung zu fördern, darf man dem Wind nicht zuschreiben. Denn dafür ist stets genügend Luftbewegung schon durch das Aufsteigen erwärmter Luftmassen und dgl. vorhanden. Hingegen wird durch den Wind die Wasserdampfabgabe des Baumes in der Regel übermäßig gesteigert, und zwar nach Untersuchungen von F r i t z s c h e (1929)[1] bei den Laubhölzern mehr als bei Fichte und Tanne. Zugleich mit der Steigerung der Transpiration tritt Verengung der Spaltöffnungen und Herabsetzung der Assimilation ein. An den der Faltung und Biegung ausgesetzten Stellen findet (nach B e r n b e c k, Der Wind als pflanzenpathologischer Faktor, Bonn, 1907) ein mechanische Schädigung der Gewebe an Blättern und Stengeln statt.

Xerophytisch gebaute Pflanzen sind durch ihre erblich festgehaltenen Eigenschaften gegen die Windwirkung besser geschützt als Hygrophyten. Das gilt auch für die Nadelbäume, die in ihren schmalen Assimilationsorganen einen besonderen Verdunstungsschutz besitzen. Auch reicher Lichtgenuß, der das Längenwachstum der Sprosse verringert und das Dickenwachstum begünstigt, fördert dadurch die Windfestigkeit. Feuchtigkeit und Schatten dagegen bewirken lange Triebe mit dünnen Stengeln und Blättern und steigern so die Windempfindlichkeit.

Durch Reiben und Peitschen von Blättern und Nadeln an einzelnen Zweigen entstehen grobe mechanische Beschädigungen, Teile der Kronen und Äste werden kahl und sterben ab. So zum Beispiel weisen Buchen in windausgesetzter Lage auf dem 890 m hohen Schöpfl im Wienerwald wenig belaubte dürre Äste, Vertrocknung infolge Transpirationssteigerung durch den Wind, auf. Die Buche ist gegen Wind noch empfindlicher als andere mit ihr vergesellschaftet vorkommende Holzarten, zum Beispiel Fichte und

---

[1] F r i t z s c h e K., Physiologische Windwirkung auf Bäume, Diss., 1929.

Lärche[1]. Das Höhenwachstum wird in erheblichem Maße beeinflußt. Bei Versuchen (F r i t z s c h e) betrug im äußersten Falle die Höhe am Windrande nur knapp ein Drittel der Höhe, die im Bestandesinneren erreicht wurde. Besonders dem Wind ausgesetzt sind ungeschützte Höhen im Gebirge und Meeresküsten; auf der größten der Prinzeninseln im Marmarameer, Büjük Ada, ist die *Pinus brutia* häufig windgeformt. Auch Bodenaustrocknung, Verwehung der Feinerde, des Humus, des Laubes wird durch den Wind bewirkt, besonders auf offenen Bestandesrändern und ausgesetzten Kuppen.

Die obere Baumgrenze im Gebirge sowie die Baumgrenze in polaren Gegenden hängt nicht immer mit der zu geringen Wärme, sondern häufig mit der Wirkung stark austrocknender Winde zusammen. Ebenso der niedere Wuchs der Zwergbäume oberhalb der Baumgrenze (doch trägt dazu, wie bereits besprochen, auch das intensive Licht hoher Lagen sowie die nächtliche Wärmeausstrahlung bei). Was jenseits der Baumgrenze über die winterliche Schneedecke emporragt, das vertrocknet im Winde, wobei die Besonnung im Winter noch die Wirkung verstärkt, Strauch- und Zwergformen sind das Ergebnis. Auf exponierten Berghängen entsteht „Fahnenwuchs", indem die Äste der Bäume an der Windseite in ihrer Entwicklung gehindert und gezwungen werden, sich fahnenartig nach der der herrschenden Luftströmung entgegengesetzten Seite auszubreiten. Von scherender Wirkung des Windes spricht man, wenn die ihm zugekehrte Hälfte der Krone, die „Stoßseite der Krone", zerstört ist („windgescherte Bäume", vgl. Abb. 16): Bergstation der Raxbahn in Niederösterreich mit einer „windgescherten" Fichte). Auch „windgedrückte Bäume" mit schiefer Stellung des Stammes und „Kandelaberbäume" mit Sekundärgipfeln, besonders in der zwischen oberer Wald- und oberer Baumgrenze liegenden „Kampfzone", „Harfenbäume" an geschobenen oder zu Boden gedrückten Stämmen sind unter anderem auf die Windwirkung zurückzuführen. Die Schäden durch Windbruch und Windwurf an Stämmen oder ganzen Beständen können fallweise große Bedeutung für den Wald erlangen, die Darstellung dieser Naturerscheinung und der Maßnahmen zu ihrer tunlichsten Verhütung gehört aber in das Gebiet des Forstschutzes. Die Gipfeltriebe der Lärchen sind häufig in der Hauptwindrichtung eingebogen, auch der Säbelwuchs der Lärche und anderer Holzarten kann (außer durch Schrägstellung infolge Bodenrutschung, Schneeschub, Schneedruck usw.) auch durch Wind hervorgerufen werden, und zwar als Folge der Schrägstellung durch den Wind und der darauf folgenden geotropischen Aufkrümmung. D e n g l e r erwähnt (im „Waldbau", 3. Aufl., 1944, S. 151), daß auch die sibirische Lärche vielfach ihre Wipfelspitzen mit den Seitenästen in die Hauptwindrichtung einbiege („sibirischer Jägerkompaß").

Die Baumstämme sind ferner in Windlagen exzentrisch gebaut, der Querschnitt ist nicht mehr kreisförmig, sondern eiförmig, der größte Halbmesser liegt bei den Nadelhölzern in der Regel auf der vom Wind ab-

---

[1] T s c h e r m a k, Verbreitung der Rotbuche in Österreich, Mitt. aus den forstl. Versuchsw. Österr., 41. Heft, Wien 1929, S. 34—36.

gekehrten Seite, also der Leeseite des vorherrschenden Windes. T i s c h e n -
d o r f hat die Ursachen der Exzentrizität von Baumquerflächen untersucht[1]
und festgestellt, daß diese Exzentrizität in ursächlicher Beziehung zur ein-
seitigen Ausgestaltung der Krone steht. Dies ist vor allem auf die mechanische und physiologische Wirkung des Windes zurückzuführen. In zweiter
Linie macht sich der Einfluß der Sonnseite fühlbar, diese beiden Umstände
bewirken eine bevorzugte Ausbildung der Krone in der Richtung der
herrschenden Winde, beziehungsweise zur Sonne. Auf steilen Hängen entwickeln sich die Kronen in der Hangrichtung, was namentlich auf den
größeren Lichtgenuß auf der Talseite zurückzuführen ist. Die Lage der

Abb. 16. Windgescherte Fichte bei der Bergstation der Raxbahn
(Aufnahme: Österreichische Lichtbildstelle).

größten Durchmesser der Stämme fällt also vor allem mit der Richtung
der herrschenden Winde zusammen oder erfährt durch die Sonnseite, beziehungsweise durch die Hangrichtung eine entsprechende Ablenkung.

Von den Laubhölzern hatte nach Untersuchungen von F r i t z s c h e
die Mehrzahl (vier von fünf) den größten Halbmesser auf der Luvseite.
Die Tatsache, daß Überhälter von Eichen und von manchen anderen Holzarten leicht gipfeldürr werden, schreibt M ü n c h ebenfalls der Windwirkung zu: „Die infolge der Freistellung plötzlich erforderlichen größeren
Wassermengen vermag der Baum nicht mehr emporzuheben, obere Äste
oder der ganze obere Kronenteil werden abgestoßen[2]."

---

[1] T i s c h e n d o r f, Gesetzmäßigkeit und Ursachen der Exzentrizität von Baumquerflächen, Centralbl. f. d. ges. Forstw., 1943, **69**, 53.
[2] M ü n c h E., Windschutz im Walde, Silva 1923.

Einfluß der Höhe über dem Boden; Gebirge und Wind.

Gewächse, die wenig über den Boden emporragen, sind den Windwirkungen weniger ausgesetzt als hochwachsende, vor allem Bäume. Hellmann[1] hat auf den Funktürmen von Nauen und Potsdam festgestellt, daß mit der Höhe über dem Boden die Windgeschwindigkeit sehr zunahm, zum Beispiel

Höhe (m):	0,05	1	16	32
Wind (m/sec):	1,30	2,84	4,69	5,40

Die Zunahme der Windgeschwindigkeit mit der Höhe macht sich selbstverständlich auch *im Gebirge* in erheblichem Maße geltend. Im Gebirge werden die höchsten Erhebungen von Luftströmungen, welche keine nennenswerten Hemmungen erlitten haben, getroffen. Die Gipfel der höchsten Erhebungen eines Gebirges werden deshalb am heftigsten vom Wind beeinflußt und auch die Sättel pflegen starken Luftströmungen ausgesetzt zu sein. Wo die Berge eines Gebirges sehr hoch sind, dort pflegt die Höhenstufe der heftigsten Winde infolge der höheren Umgebung weiter hinaufgerückt zu sein als im niedrigeren Bergland. In diesem findet man häufig schon bei geringen Höhen nur mehr strauchförmige, windzerzauste Bäume. Im Westen Österreichs, zum Beispiel in Tirol, ist die Höhenstufe der heftigsten Winde infolge der höheren Umgebung weiter hinaufgerückt als im niedrigeren östlichen Alpenland Österreichs, zum Beispiel im Wechselgebiet; auf der Pretulalpe in Steiermark finden sich etwas unterhalb des Gipfels (1668 m) nur mehr vereinzelte Gruppen strauchförmiger, kaum 1 m hoher, windzerzauster, fahnenwüchsiger Fichten. Auch hinsichtlich gewisser Berge in der Schweiz entscheidet nach Flury über die obere Baumgrenze in erster Linie der Wind. Die Abhängigkeit der Wuchsformen der Zirbe in alpinen Hochlagen vom Winde stellte Jugoviz (Wald und Weide in den Alpen, Wien 1908, S. 28) in einer Reihe von Bildern dar.

In hohen Lagen des Hochgebirges (Alpen), an Windecken und stark südlich ausgesetzten Hängen, auf denen sich keine Schneedecke halten kann, ist nicht einmal eine Legföhrenbesiedlung möglich; denn diese würden im Winter bei Wind, ohne Schneeschutz, zu viel Feuchtigkeit abgeben, der hart gefrorene Boden würde die Wasserzufuhr unterbinden, die Legföhren würden in der windreichen und sonnigen Winterluft „verdursten"[2].

Sehr warme Fallwinde in Gebirgstälern sind als „*Föhn*" bekannt, sie kommen vor allem in manchen Alpentälern vor, aber auch in manchen anderen Gebirgen (zum Beispiel Randgebirgen Kleinasiens oder im Norden, Grönland). Der Föhn verdankt Wärme und extreme Trockenheit (mit nur 20 bis 30 v. H. relativer Luftfeuchtigkeit in den Alpen) dem Abstieg. In den Ostalpen ist im Rheintal, Inn- und Wipptal der Föhn sehr häufig. In den Innsbrucker Gebirgsvorlagen konnten sich infolge der Föhneinwirkung südliche und südöstliche Pflanzen, wie *Ostrya carpinifolia, Juniperus Sabina* und andere, als Relikte erhalten. Im Frühjahr kann die Wärme des

---

[1] Zit. nach Schimper-v. Faber, Pflanzengeographie, 3. Aufl., I. Bd., S. 149.
[2] Aichinger, Wiener Allgem. Forst- u. Jgd.-Ztg. 1931, S. 295.

Föhns das Wachstum fördern; trifft aber der Föhn in eine Trockenzeit, so schädigt er die Pflanzen durch übermäßige Steigerung der Transpiration. Bei Innsbruck kann man auf Hängen, die dem trockenen, heißen Südwind (Föhn) ausgesetzt sind, ungünstigen Einfluß auf die Güteklasse des Waldes (Mischwald von Kiefer, Fichte, Lärche) feststellen[1]. Auch Sturmschäden (Windwurf und Windbruch) können durch den Föhn auf ausgedehnten Waldflächen hervorgerufen werden. Durch Beschleunigung der Schneeschmelze im Februar, März kann er Hochwässer mit Überschwemmungen hervorrufen.

Ein Fallwind des Mittelmeergebietes ist die *Bora:* Im Winter liegen über dem Dinarischen Gebirgswall kalte und schwere Luftmassen, dagegen über der Adria an der dalmatinischen Küste warme Luftschichten infolge des ozeanischen Klimas, der Luftdruck über der Adria ist niedrig, es kommt zum Ausgleich durch trockene, kalte Fallwinde aus Nord und Nordost, die trotz Temperatursteigerung des Fallwindes die Kälteeinbrüche bis an die Küste bringen[2].

Auch sonst wirkt der Wind auf die Vegetation als Überbringer von Kälte oder Wärme, Feuchtigkeit oder Trockenheit. In der Ebene können Luftmassen auf weite Entfernungen verfrachtet werden, im Gebirge ergeben sich durch die Behinderung des Transportes von Luftmassen Klimaunterschiede wie die der Luv- und Leeseite und andere.

Baumschaft und Wind (Bau des Baumschaftes nach statischen Gesetzen).

Auf die Ausbildung der Schäfte unserer Waldbäume übt der Wind noch insofern Einfluß aus, als diese in ihrem Aufbau die Form eines Trägers gleichen Widerstandes gegen die senkrecht angreifende Kraft des Windes aufweisen. Diese Feststellung rührt von M e t z g e r[3] her und wurde später von anderen Verfassern bestätigt, so von M ü n c h für Fichte, Kiefer und Lärche, von S c h w a r z für Kiefer, von H a m p e l für Fichte (Cbl. f. d. ges. Fw. 1929). Nach F r i t z s c h e trifft die Metzgersche Auffassung bei herrschenden und ziemlich freistehenden Bäumen zu, während im dichtgeschlossenen Bestande die Windwirkung zurücktritt. Nach dieser Lehre kann man sich den Baumschaft als einen am Wurzelende im Boden befestigten Träger vorstellen, der in erster Linie gegen Beanspruchung auf Biegungsfestigkeit durch den im Schwerpunkt der Krone seitlich angreifenden Wind Widerstand leisten muß. Mit der Länge des Hebelarmes muß daher der Stammdurchmesser nach unten zunehmen, nach oben nimmt er ab. Das Maß der Zu- oder Abnahme ist jenes, das dem gleichen Widerstand nach statischen Berechnungen entspricht. Bei frei oder licht stehenden Bäumen, die vermöge ihrer starken Krone dem Windanprall besonders ausgesetzt sind, muß der Stammdurchmesser nach unten zu be-

---

[1] T s c h e r m a k, Die natürliche Verbreitung der Lärche in den Ostalpen, 43. Heft der Mitt. a. d. forstl. Versuchsw. Österreichs, Wien 1935, S. 109.

[2] M a u l l O., Länderkunde von Südeuropa, Leipzig und Wien 1929, S. 341.

[3] Referat über M e t z g e r, Der Wind als maßgebender Faktor für das Wachstum der Bäume, Österr. Vierteljahresschr. f. Forstw. 47, 1897, S. 161—168.

sonders stark zunehmen. Eine solche Stammform bezeichnen wir als „abholzig". Dagegen sind Bäume im geschlossenen Bestande, die wegen kleiner Krone und Windruhe vom Wind nicht sehr beansprucht werden, im allgemeinen stets vollholziger, das heißt in der Stammstärke nach oben weniger ab-, beziehungsweise nach unten weniger zunehmend (der Form einer Walze, eines Zylinders mehr genähert). Nach jeder Freistellung oder Lichtung wird die Beanspruchung des Schaftes durch Wind größer, zugleich nimmt aber auch der Stärkenzuwachs im unteren Stammteil mehr zu als im oberen, der Stamm wird „abholziger". (Zur Verminderung der Beanspruchung plötzlich freigestellter, bisher im Schluß erwachsener Bäume nimmt man mitunter Äste weg, man stutzt die Krone, um den Windanprall zu verringern.)

Neben mancherlei schädlichen Wirkungen des Windes ist auch eine nützliche anzuführen:

D e r   W i n d   a l s   V e r b r e i t u n g s m i t t e l   f ü r   P o l l e n
u n d   S a m e n.

Die Nadelhölzer und eine Anzahl von Laubhölzern unter unseren Waldbäumen sind Windblütler, der Wind ermöglicht bei ihnen die Bestäubung und wirkt in dieser Hinsicht nützlich. In Kiefern- oder Fichtenwäldern kann man in Frühjahren reicher Blüte häufig die Windbeförderung ganzer Wolken des massenhaft gebildeten Baumblütenstaubs beobachten. Auch bei der Verbreitung der Samen und Früchte fällt dem Wind hinsichtlich vieler Holzarten eine wichtige Rolle zu. Die geflügelten Samen zum Beispiel von Fichten, Lärchen, Weißkiefern, Bergkiefern werden im Gebirge oft auf große Entfernung durch den Wind verfrachtet.

E i n f l u ß   v o n   W a l d b e s t ä n d e n   u n d   G e h ö l z e n   a u f   d i e
W i n d w i r k u n g.

Ein auf einen Waldbestand auftreffender, in horizontaler Richtung wehender Wind wird hier zum Aufsteigen gezwungen und am oberen Kronendach wird seine Geschwindigkeit abgebremst. Nach G e i g e r und A m a n n[1] regelt der Vorgang der Windbremsung die Verteilung der Windgeschwindigkeit im Bestande. Die Bremsung ist stark im Kronenraum, schwach im freien Stammraum, sehr stark im unterstellten Bestand (Unterwuchs). Die Bestandesform, zum Beispiel das Vorhandensein von Unterwuchs, mehrschichtiger Bestandesaufbau oder einschichtiger, übt starken Einfluß auf die Windverhältnisse, welcher Einfluß von der Holzart unabhängig ist (soweit nicht etwa der Bestandesaufbau von der Holzart abhängt). Im Inneren des Waldbestandes herrscht auf dem Boden „Luftruhe".

Auch schmale Waldstreifen und Gehölze, lebende Zäune bewirken auf der Windschattenseite eine Abbremsung der Windgeschwindigkeit auf einige (begrenzte) Entfernung und dadurch einen Schutz landwirtschaftlicher Kulturen vor gesteigerter Verdunstung. In Schleswig-Holstein,

---

[1] G e i g e r und A m a n n, Forstmeteorologische Messungen in einem Eichenbestand, Forstw. Centralbl. 1931, S. 351.

Dänemark, Holland usw. wendet man deshalb vielfach sogenannte „Wallhecken" an. Die Windgeschwindigkeit ist über einer glatten Oberfläche größer als über einer rauhen. In den sogenannten *Wytweiden* in der Schweiz wird daher durch ungefähr schachbrettartige Verteilung von Waldgruppen über das Weideland für Windschutz des Geländes der Alpenweiden gesorgt.

In russischen Steppenversuchsstationen hat man festgestellt, daß Windschutzstreifen den Wasserhaushalt und den Ertrag wesentlich verbessern. Besonders wurde im Dürrejahr 1921 die günstige Wirkung der angebauten Waldstreifen auf die Getreideernte beobachtet[1]. Nach Angabe der Steppenversuchsstation „Kamenaja Step" (Bezirk Woronesch) betrug damals die Roggenernte zwischen den Waldstreifen 8,69 Zentner je ha, in der freien Steppe aber nur 2,17 Zentner. Die Windstärke wird durch Waldstreifen um 55 bis 80 v. H. abgeschwächt, je nach der Höhe der Bäume. Die relative Luftfeuchtigkeit an den Windschutzstreifen nimmt zu. In den südlichen Gebieten Rußlands hatten die Flugsandflächen infolge der Waldverwüstung zugenommen. Auch in den waldlosen Ebenen Bulgariens sucht man die Dürre und die schädliche Wirkung trockener Winde mit Hilfe von Aufforstungen zu bekämpfen (N. Peneff)[2].

Windmäntel an Waldrändern.

An Waldrändern und auf windausgesetzten Bergkuppen kann durch Schaffung von Windmänteln der Windschutz erhöht werden. Solche Windmäntel sind vor allem tief bekronte, von oben bis unten beastete Bestandesränder. An Laubholzbestandesrändern kann durch Erhaltung von Sträuchern, wie Schlehdorn, Weißdorn, Hartriegel usw., der Windschutz verbessert werden. Auch der mehrschichtige Bestandesaufbau (Stufenschluß) statt des einschichtigen, die Erhaltung lebensfähigen Unterwuchses, ist für die Förderung der Luftruhe im Bestande günstig. Einen tief beasteten, sturmfesten Bestandesrand besonders von Eiche, Buche, Tanne, also von Holzarten mit größerer Kronendichte und Wiedererzeugungskraft, bezeichnete Chr. Wagner als „Trauf". Die Forstbetriebseinrichtung sorgt durch Einlegen von „Loshieben" oder „Ablösungen" (schmäler) für die rechtzeitige Bildung eines Windmantels oder „Traufs" am Bestandesrande dort, wo voraussichtlich ein jüngerer Bestand später durch Abtrieb eines vorgelagerten älteren in der am meisten sturmgefährdeten Richtung den Winden ausgesetzt werden wird. (Loshiebe sind 10 bis 20 m breit, begünstigen die Traufbildung des jüngeren Bestandes und brauchen nicht holzleer zu bleiben, sondern können aufgeforstet werden; „Ablösungen" sind schmäler, es werden nur ein bis zwei Stammreihen entnommen, nach Bedarf kann die Entnahme wiederholt werden.)

---

[1] Buchholz, in Zeitschr. f. Weltforstwirtschaft 8, 1941, S. 365 ff.

[2] Peneff N., Die künstlichen Aufforstungen im Dienste der Landwirtschaft, Bibl. Lessowodska missal Nr. 4, S. 57—78, 1939 (mit dtsch. Zusammenfssg.).

6. Klimatische Gesamtwirkung.

Für das Vorkommen von Holzarten sind insbesondere folgende Erscheinungen wichtig: Das Seeklima hat im Verhältnis zum festländischen
geringere Unterschiede zwischen den Wärmeverhältnissen der extremen
Jahreszeiten, die Gegensätze zwischen Sommer und Winter sind abgestumpft. Es gibt also verhältnismäßig warme Winter und kühle Sommer,
keine Frühfröste, selten Spätfröste. (Das Wasser speichert bekanntlich infolge seiner größeren Wärmekapazität und infolge der Beteiligung größerer
Massen während der warmen Jahreszeit eine größere Wärmemenge auf
und gibt sie im Herbst und Winter allmählich ab, wodurch die Kälte gemildert wird.) Im Seeklima sind auch die Niederschläge, besonders im
Winter und Frühjahr, größer. Die Bewölkung ist stärker, die Lichtintensität geringer, und zwar letzteres infolge der stärkeren Bewölkung
und geringerer Sonnenscheindauer.

Die Nordseeinsel Helgoland ist im Winter wärmer als das südöstliche
Ostpreußen bei gleicher geographischer Breite, und zwar beträgt der Unterschied im Dezembermittel 6,4⁰! Im Sommer ist die Nordseeinsel kälter,
der größte Unterschied ist im Monat Juni: 2,9⁰ für das Monatsmittel. Auch
die Tagesschwankung der Temperatur ist im Seeklima bedeutend kleiner,
für Helgoland im Juli und August um 7⁰ kleiner als für Ostpreußen[1]!
Ähnlich sind in Küstenstationen Kleinasiens die Winter ganz bedeutend
milder als im Inneren Kleinasiens.

Bei der Beurteilung der klimatischen Gesamtwirkung haben wir zu
beachten, daß es sich immer um ein Zusammenspiel vieler Einflüsse zugleich handelt; dadurch ist jede Verallgemeinerung aus der örtlichen Beobachtung über eine bestimmte Standortsbedingung erschwert. Nehmen
wir an, in einem engeren Gebiet wäre eine bestimmte Niederschlagsmenge
als begrenzende Bedingung für die Verbreitung einer Holzart nachgewiesen
(zum Beispiel für die Fichte: mindestens 600 mm Niederschlag). Die Schlußfolgerung über die Bedeutung dieser Niederschlagsmenge braucht in einem
Nachbargebiet mit anderen Luftfeuchtigkeits- oder Grundwasserverhält-
nissen nicht mehr zu stimmen. Feuchtes Klima kann durch nördliche Hangrichtung ersetzt werden, trockenes Klima durch südliche Hangrichtung,
kühles Klima durch kalten, nassen Boden usw.

Als Ausdruck der klimatischen Gesamtwirkung ergeben sich verschiedene
klimatische Vegetationsgebiete, die in forstlicher Beziehung zuerst von
H. M a y r eingeteilt worden sind. Als „Zonen" bezeichnet M a y r die
horizontal sich erstreckenden Vegetationsgebiete, als „Regionen" die
Höhenstufen der Vegetation. M a y r suchte ein einfaches Schema zu geben,
wohl aus diesem Grunde hat er dabei auf die Berücksichtigung des wesentlichen Einflusses von See- und Landklima verzichtet. Sein einfacher Entwurf reicht zu einer, wenn auch nur großzügigen Kennzeichnung der
Klimaansprüche, insbesondere der Wärmeansprüche der in den einzelnen
Gebieten heimischen Holzarten aus und hat sich im forstlichen Schrifttum

---

[1] S c h u b e r t, Studien über See- und Waldklima, Z. f. Balneologie u. Klimatologie, 1917.

eingebürgert. Im folgenden sei daher zuerst M a y r s Entwurf kurz dargestellt und dann zur Ergänzung, insbesondere hinsichtlich des Land- und Seeklimas, auf R u b n e r s klimatische Gliederung Europas hingewiesen.

Die Berücksichtigung der durch das Klima bedingten natürlichen Verbreitung der Holzarten ist von großer praktischer Bedeutung. Nach M a y r kann man unterscheiden: Die tropische Waldzone oder das „*Palmetum*", das in Europa nicht vertreten ist (wenn auch eine Palme, *Chamerops humilis*, in Spanien vorkommt). M a y r nennt es nach seiner eigentümlichsten, wenn auch nicht vorherrschenden Baumform, den Palmen.

Die *subtropische* Waldzone der immergrünen Eichen, Hartlaubbüsche und Lorbeerbäume, das *Lauretum*, das in Küstengebieten der Mittelmeerländer verbreitet ist, mit *Laurus nobilis*, *Pinus halepensis* (in den westlichen Mittelmeerländern, während im östlichen Mittelmeergebiet ihre nahe Verwandte *Pinus brutia* an ihre Stelle tritt), *Cupressus sempervirens*, *Pinus Pinea* und anderen. In Küstengebieten von Spanien bis Kleinasien ist das *Lauretum* vertreten.

Das nächste Gebiet des *sommergrünen* (winterkahlen) *Laubwaldes* teilte M a y r in zwei Hälften: das wärmere *Castanetum* und das kühlere *Fagetum*. Es folgt also: Die gemäßigt warme Zone des winterkahlen Laubwaldes, wärmere Hälfte, das *Castanetum*, gekennzeichnet durch *Castanea vesca*, beziehungsweise durch verschiedene Castaneaarten in Europa, Asien und Nordamerika, dann durch *Quercus pedunculata (Synonym Robur)* und *sessiliflora (Synonym petraea)*, *Qu. pubescens, Cerris, conferta* und andere sommergrüne Eichen; *Ostrya, Fraxinus, Ulmus, Carpinus* und andere, auch durch Arten, welche die kühlere Hälfte meiden, wie *Aesculus, Platanus, Juglans, Carya, Liriodendron*, winterkahle Magnolien usw. Landwirtschaftliche Kulturpflanzen dieser Zone sind Reis, Wein, Tabak, Maulbeere, edelste Obstarten. Vertreten in Südeuropa: Italien, Griechenland, Südfrankreich, Spanien, Portugal, auch in Teilgebieten Kleinasiens ist das *Castanetum* verbreitet. Nach M a y r s Gliederung fällt das klimatische Optimum der Eichen in den kühleren Teil des *Castanetums* und in den wärmeren Teil des nächsten Gebietes, des *Fagetums*.

Es folgt: die gemäßigt warme Zone des winterkahlen Laubwaldes, kühlere Hälfte, das *Fagetum*, es ist gekennzeichnet durch *Fagus*, und zwar die verschiedenen Buchenarten in allen drei nördlichen Erdteilen. Größere Wärme beanspruchende Laubhölzer scheiden in großer Zahl aus, es kommen vor: In den wärmeren Teilen des *Fagetums* noch *Qu. Robur* und *petraea, Carpinus Betulus; sonst Acer, Ulmus, Betula, Alnus, Fraxinus, Salix, Tilia, Pinus silvestris* und andere; in kühleren Teilen des *Fagetums* ist auch *Abies* zu Hause. Von einer Höhenstufe oder Zone zur anderen sind meist allmähliche Übergänge vorhanden mit Mischung der Holzarten aus den beiden, aneinandergrenzenden Gebieten, so im wärmsten Teil des *Fagetums* Mischung mit Eichen (der Vordere Wienerwald ist dafür ein Beispiel), im Optimum des *Fagetums* herrscht fast reine Buche, im kühleren Teil ist auch Tanne, dann noch weiter oben auch die Fichte.

Das *Fagetum* findet sich unter anderem im mittleren Europa, und zwar in dessen südlichem Teil nach M a y r bis 900 m Meereshöhe (die

Zahlen in diesem Schema können nicht ganz genau sein; Verfasser fand zum Beispiel im südlichen Österreich, also einem Teil des südlichen Mitteleuropa, das Optimum der Buche gelegentlich bis über 1000 m emporreichend [Karawanken], mittlere Güteklassen bis über 1200 m). Im nördlichen Teil Mitteleuropas reicht nach M a y r das *Fagetum* bis 600 m Meereshöhe hinauf. Für das südliche Europa gibt M a y r die Höhengrenzen des Fagetums wie folgt an: Südosteuropäische Halbinsel 800 bis 1200 m, Pyrenäen bis 1300 m, Apennin bis 1400 m. Im nördlichen Europa findet sich das *Fagetum* noch in den südlichsten Gebieten von Schweden, dann in Dänemark.

Auf das *Fagetum* folgt die gemäßigt kühle Zone oder Höhenstufe der Fichten (Tannen, Lärchen usw.), das *Picetum* (als Synonym gebraucht M a y r : *Abietum, Laricetum;* doch ist *Abies* nur in den wärmeren Teil des *Picetums* einzureihen sowie in den kühleren des *Fagetums*). Das *Picetum* weist *Picea, Larix* auf, zum Teil *Abies*, auch Pinusarten kommen vor. In seinen kühleren Teilen besteht das *Picetum* fast nur aus Nadelwald, Laubhölzer treten nur wenig auf und fast nur aus den Gattungen *Betula, Populus, Alnus, Salix, Sorbus.* Im südlichen Europa ist nach M a y r das *Picetum* nur in der Höhe von 1300 bis 2300 m, im mittleren Europa: im südlichen Teil in 900 bis 2100 m (das würde in Österreich ungefähr zutreffen, wenn auch der Buchenbestand nicht selten höher als bis 900 m hinaufreicht), im nördlichen Mitteleuropa in 600 bis 1000 m. Im nördlichen Europa geht das *Picetum* nur bis über 500 m.

Zuletzt führte M a y r die Zone oder Höhenstufe der Halbbäume und Krummhölzer an den Waldgrenzen an, das *Polaretum* oder im Hochgebirge das *Alpinetum.* Hier kommen Zwerg- und Strauchformen von Fichte, Tanne, Lärche oder Kiefer und buschartige oder kriechende Weiden, Erlen, Zitterpappeln und Birken vor.

Das von M a y r in seinem „Waldbau" angeführte Verzeichnis der in den verschiedenen Stufen der einzelnen Länder auftretenden Holzarten ist sehr ausführlich und bringt zum Ausdruck, daß auch in den verschiedenen Erdteilen die einander entsprechenden Waldzonen und Höhenstufen immer fast die gleichen oder doch nahe verwandte Gattungen aufzuweisen haben. Seine den Vegetationsgebieten gegebenen kurzen Namen auf *-etum* decken sich nicht mit der heute in der Pflanzengeographie üblichen Ausdrucksweise (wo die Namen der „Assoziationen" auf *-etum* gebildet werden).

Es wurde schon darauf hingewiesen, daß M a y r s Einteilung, die den großen Vorteil der Einfachheit und Übersichtlichkeit besitzt, nicht für alle Zwecke ausreichen kann. Nach dieser Einteilung würden zum Beispiel Teile Polens zum *Fagetum* gehören, obwohl in ihnen wegen des festländischen Klimas die Buche gar nicht vorkommt. R u b n e r[1] hat deshalb unter Benützung wertvoller Arbeiten K ö p p e n s eine andere klimatische Einteilung Europas vorgeschlagen. Für das Vorkommen von Wald ist eine Anzahl von Tagen mit einer durchschnittlichen Temperatur von 10° bei

---

[1] R u b n e r, Pflanzengeographische Grundlagen des Waldbaues, 1934. D e r s e l b e, Das natürliche Waldbild Europas, Zeitschr. f. Weltforstw. II, 1934/35.

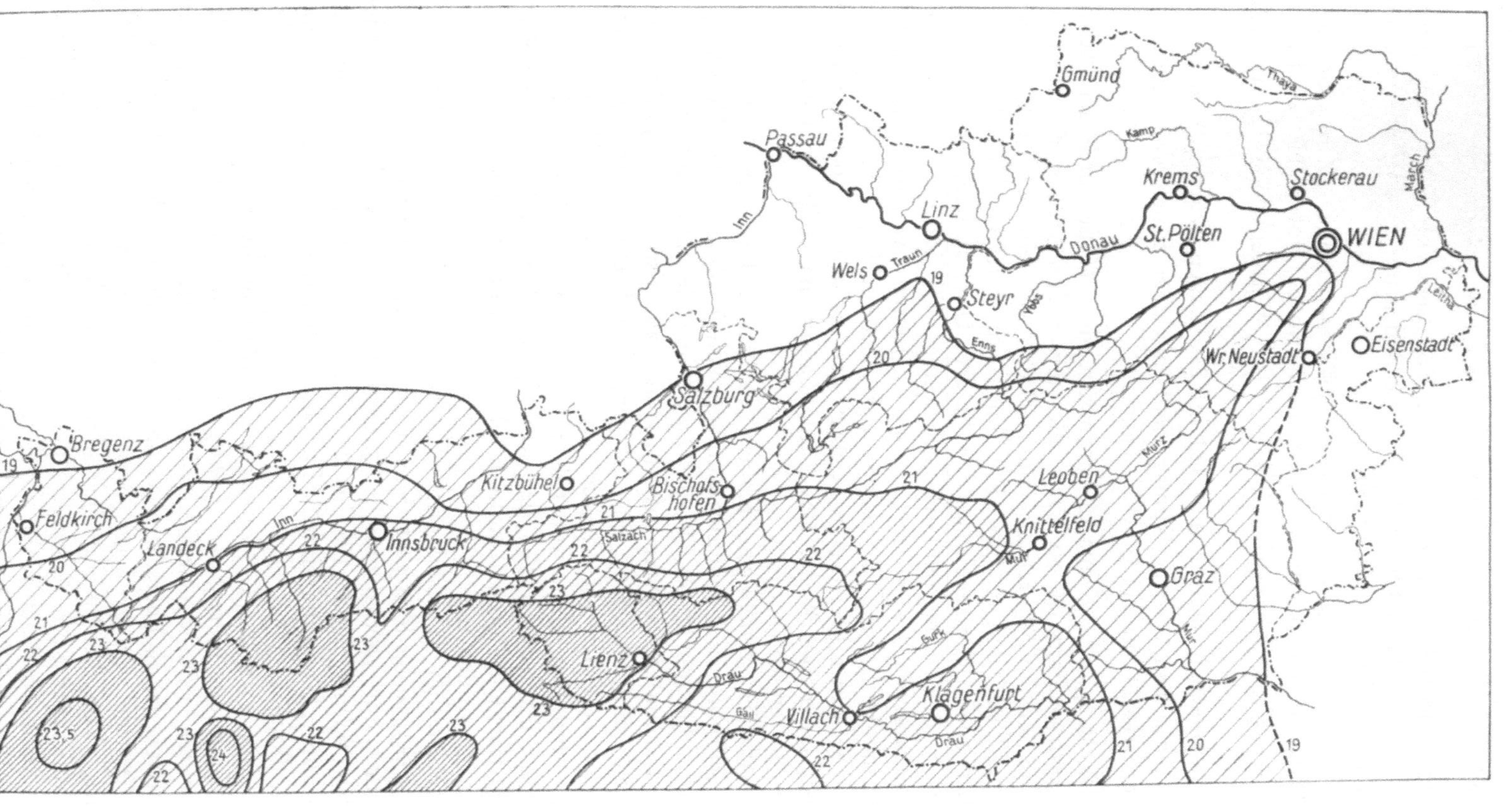

Abb. 17. Isothermen in der Seehöhe 800 m im Monat Juli um 2 Uhr nachmittags, nach H. Mikula. (Text S. 81).

genügender Feuchtigkeit ausschlaggebend. Von den von R u b n e r unterschiedenen Zonen haben folgende forstliche Bedeutung (wobei wir von der arktischen und subarktischen absehen):

das „*kühle* Klimagebiet" mit einer „Wärmeperiode" (Zahl der Tage über 10^0 C, das ist die „forstliche Vegetationsperiode") von 61 bis 120 Tagen;

das „*gemäßigte* Klimagebiet", Dauer der Wärmeperiode 121 bis 180 Tage;

das „*warme* Klimagebiet" mit 181 bis 240 Tagen Wärmeperiode;

(ein „*warm temperiertes* Klimagebiet" mit einer Dauer der forstlichen Vegetationsperiode von 241 bis 300 Tagen.)

Da das europäische Klima in hervorragendem Maße durch den Atlantischen Ozean bedingt ist, so wird jedes dieser drei großen Klimagebiete unterteilt in ein im Westen liegendes „Seeklima", ein im Osten befindliches „Landklima" und ein zwischen ihnen sich erstreckendes „Übergangsklima". Bei jedem Klimagebiet ist für die drei Unterabteilungen (Seeklima, Übergangs- und Kontinentalklima) insbesondere die Jahresschwankung der Mitteltemperaturen des wärmsten und kältesten Monats bezeichnend, außerdem die Höhe und Verteilung der Niederschläge, die Frostgefahr. Das kühle Seeklima herrscht im Gebiet des maritimen Birkenwaldes an der norwegischen Westküste. Das kühle Landklima stellt ein Gebiet der nordischen Kiefer dar.

Innerhalb des „gemäßigten Klimas" in Europa hat nach dieser Einteilung das *Seeklima* eine Jahresschwankung von 7 bis 17^0, das *Übergangsklima* eine solche von 17 bis 21^0, das *Landklima* die Jahresschwankung von 21 bis (in Europa) 38^0 (Österreich weist also zumeist Übergangsklima, im Osten schon Landklima auf). Für das gemäßigte Seeklima ist bezeichnend das Auftreten von *Ilex* (Stechpalme) im Walde; für das gemäßigte Übergangsklima und Landklima führt R u b n e r keine Charakterholzart an. Doch kommt im größten Teil des gemäßigten Übergangsklimas die Rotbuche vor, im gemäßigten Landklima die Stieleiche, die aber auch weiter im Westen zu finden ist.

Der Südwesten Deutschlands (Rheintal einschließlich des Bodenseegebietes, Neckartal bis Stuttgart, Moseltal bis Trier) gehört nach R u b n e r nicht mehr zum „gemäßigten", sondern zum „warmen" Klimagebiet (Dauer der Wärmeperiode 181 bis 240 Tage), und zwar hinsichtlich der Ozeanität zum „Übergangsklima". Im Osten Österreichs beginnt schon das warme Landklima.

Außerdem wird das *Gebirgsklima* gesondert in Betracht gezogen. Die Unterscheidung des Klimas der *Gebirgs-Außenseiten* und des Klimas des *Gebirgs-Inneren* („Randgebirgsklima" und „Zentralgebirgsklima", die in der 3. Auflage der Rubnerschen „Grundlagen" nur angedeutet ist) erweist sich für Gebirge von größerer Breitenausdehnung als sehr ·zweckmäßig und wichtig. Von den Besonderheiten des Gebirgsklimas ist bekannt, daß die Lufttemperatur beim Ansteigen in größerer Höhe abnimmt, dann daß die Niederschläge mit der Höhe zunehmen (besonders in den Außenzonen des Gebirges) und daß sie gleichmäßiger verteilt sind als in der Ebene, die

Jahresschwankung der Temperatur geringer ist. Wenn wir es mit großen, breiten Massengebirgen zu tun haben, tritt aber auf der Innenseite des Gebirges, in den Hochtälern, als kennzeichnend für das „Zentralgebirgsklima" eine oft wesentlich stärkere Temperaturschwankung auf. Die Niederschläge sind zugleich im Gebirgsinneren etwas geringer als in den Außenzonen des Gebirges. Das Klima der Außenzonen des Gebirges ist dem Seeklima ähnlicher, das des Gebirgsinneren hingegen dem Landklima. Das gilt vor allem von den inneren Lagen der Alpen; in einer Veröffentlichung vom Jahre 1944[1] über „Ozeanität und Waldkleid in Gebirgen" hat Verfasser gezeigt, daß ähnliche Gesetzmäßigkeiten hinsichtlich des Klimas der Innenlandschaften des Gebirges auch in den Zentralkarpaten der Slowakei nachweisbar sind, dann im Schwarzwald (Luvseite und Ostabfall mit der Baar), im Apennin, in Gebirgen der Türkei, im Kaukasus, im Himalaya und in anderen Gebirgen. In den Außenlagen des Gebirges steigen Holzarten, die gegen scharfe Temperaturextreme empfindlich sind, wie Buche und Tanne, hoch empor, vereinzelt selbst bis zur oberen Baumgrenze. Im Klima des Gebirgsinneren dagegen fehlt die Buche und (in den Alpen bis auf wenige Ausnahmen) auch die Tanne schon von den Talsohlen, von geringen Meereshöhen an, ebenso Eibe und Stechpalme. Jene Holzarten aber, die das Landklima des Gebirgsinneren, die größeren Wärmeschwankungen zu ertragen vermögen, zum Beispiel Fichte, Lärche, die also in der Innenlandschaft vorkommen, steigen dort höher empor als im Randgebirge, weil dem Landklima im Sommer wärmere sonnige Tage entsprechen. Wegen der wärmeren Sommertage steigen die genannten Holzarten in Höhen geringerer Mitteltemperatur empor. Im Himalaya zeigt die Südseite mit Randgebirgsklima im allgemeinen eine tiefer liegende Baumgrenze als die Nordseite gegen das kontinentale Tibet (S c h i m p e r - v. F a b e r, Pflanzengeographie, 1935, S. 1346). Im Kaukasus hat die dem Schwarzen Meer zugekehrte Südseite ein Klima der Außenzone des Gebirges mit höherer Ozeanität, die Nordseite ist dagegen wesentlich weniger ozeanisch. Auf der Südseite geht der Buchenmischwald, durch Wald von *Abies Nordmanniana* unterbrochen, bis zur Waldgrenze hinauf; auf der Nordseite dagegen gehen die Laubmischwälder nicht bis zur Baumgrenze, sondern werden in der oberen Stufe durch Nadelwald vertreten (es besteht also auf der kontinentalen Nordseite Ähnlichkeit mit den Innenlagen der Alpen, wo die Buche fehlt). In diesem Nadelholzgürtel der weniger ozeanischen Seite des Kaukasus treten nach S c h i m p e r - v. F a b e r *Pinus silvestris, Abies Nordmanniana* und *Picea orientalis* waldbildend auf.

An sonnigen Sommertagen ist mittags, zur Zeit der stärksten Einstrahlung, die Wärme im inneren Alpengebiet größer als in den Außenzonen des Gebirges; nach H. M i k u l a ist die Temperatur im Juli um 2 Uhr nachmittags am Nordrand der Ostalpen in 800 m Höhe 19⁰, dagegen im Gebirgsinneren: Pinzgau, Pongau in gleicher Höhe 21⁰, noch

---

[1] T s c h e r m a k, Ozeanität und Waldkleid in Gebirgen, Z. f. d. ges. Forstw. 1944, 76/70, S. 12—28.

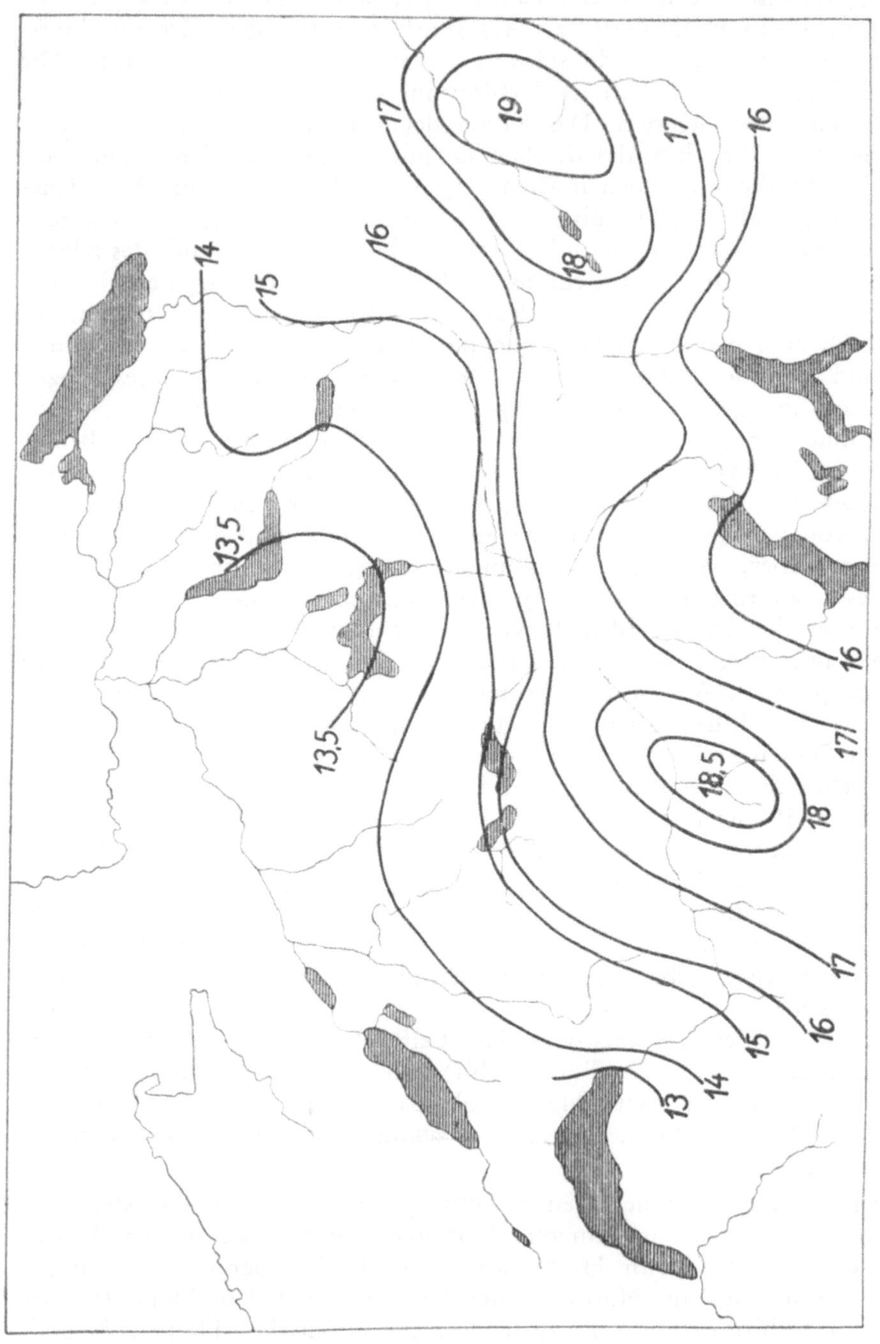

Abb. 18. A. de Quervain, Isothermen in 1500 m, Juli, 1 Uhr nachmittags.

weiter im Inneren, im Lungau, 22°[1] (Abb. 17). In der Schweiz hat d e Q u e r - v a i n gezeigt, daß die Isothermen im Sommer in den Innenlandschaften der Walliser Alpen und des Engadin beträchtlich höher liegen als in der übrigen Schweiz, damit wurde das Hinaufrücken der Waldgrenze erklärt[2]. Diese liegt im Jura bei 1400 bis 1600 m, in den nördlichen Voralpen bei 1500 bis 1700 m, in den südlichen bei 1800 bis 2000 m, im Wallis und Engadin aber bei 2100 bis 2300 m.

Bei gleicher Höhe des Gebirges ergeben sich ungleiche Klimatypen, je nachdem, ob sich das Gebirge in Nord-, Mittel- oder Südeuropa, im See- oder Landklima oder im Übergangsklima aus der Ebene erhebt.

7. Das Klima des Bestandes.

Der Begriff des Bestandesklimas soll (nach G e i g e r, Das Klima der bodennahen Luftschicht, 2. Aufl., 1942) in sich schließen: das Mikroklima des Kronenraums samt dessen Einflußbereich darüber, das Stammraum- klima, das auch als Bestandesinnenklima bezeichnet wurde, und das Klima des Waldbodens und der waldbodennächsten Luftschicht, sofern sich letzteres vom Stammraumklima unterscheidet.

Die Kenntnis des Bestandesklimas ist von Bedeutung, und zwar auch praktisch, zum Beispiel bei der natürlichen Verjüngung; besonders der wissenschaftlich begründete Waldbau kann dieser Kenntnis nicht entbehren. Handelt es sich doch um das Klima der jungen Anwüchse, um Beant- wortung der Frage: „Welche Klimaverbesserungen bieten wir dem Jung- wuchs, wenn wir ihn unter Schirm verjüngen?" Auf der Freifläche, zum Beispiel auf einer frisch aufgeforsteten Kahlfläche, erleben die jungen Pflanzen nahe über dem Boden einen wesentlich extremeren Temperatur- gang, als er sich etwa schon in 1,5 m Höhe über dem Boden ergibt. (In der meteorologischen Hütte befinden sich die Meßgeräte in 1,5 bis 2 m Höhe über dem Boden, um die größeren Schwankungen der bodennahen Luftschicht zu vermeiden.) Aber auch die Klimaverhältnisse des Alt- bestandes, Wärmehaushalt und Wasserhaushalt im Kronenraum, Stamm- raum und Bodenraum, sind für den Forstwirt von Bedeutung. Auch die Einwirkung des Waldklimas auf die unmittelbare Umgebung ist von Be- lang, schon deshalb, weil die Bestände in der Regel in Altholznähe ver- jüngt werden.

Die Kronen eines geschlossenen Bestandes schützen vor direkter Be-

---

[1] M i k u l a H., Die Hebung der atmosphärischen Isothermen in den Ostalpen und ihre Beziehung zu den Höhengrenzen, Geogr. Jahresber. aus Österr., Wien 1911, S. 122 f. und Tafel III (Kärtchen-Beilagen).

[2] d e Q u e r v a i n, A., Die Hebung der atmosphärischen Isothermen in den Schweizer Alpen und ihre Beziehungen zu den Höhengrenzen, Gerlands Beiträge zur Geophysik, 1903, Bd. VI. Nach neuesten Untersuchungen von H. T o l l n e r ist allerdings die Reduktion der Temperatur auf ein bestimmtes Niveau (800 m in der Arbeit M i k u l a s, 1500 m in der d e Q u e r v a i n s) mit Hilfe von Gradienten erfolgt, deren Anwendbarkeit im Einzelfalle zweifelhaft ist. Die Frage einer Hebung der Isothermen in den Gebieten größter Massenerhebung des Gebirges bedarf also noch weiterer Klärung. T o l l n e r H., Der Einfluß großer Massenerhebungen auf die Lufttemperatur, Archiv der Meteorologie, Geophysik und Bioklimatologie, Wien, Springer-Verlag (derzeit noch im Druck).

sonnung oder vermindern wenigstens das Maß dieser und bewirken dadurch eine wesentliche *Herabsetzung der Verdunstung der Pflanzen*. Dies ist zum Beispiel für Tannenverjüngungen, überhaupt für Jungpflanzen unter dem Schirm der Mutterbäume vorteilhaft, besonders zur Zeit sommerlicher Trockenheit. Im Bestande mit geschlossenem Kronendach ist der hauptsächliche Träger des Wärmeumsatzes (der Erwärmung bei Tage bei Einstrahlung, der Wärmeabgabe bei Nacht) nicht der Waldboden, sondern die Kronenoberfläche. Die Kronen der Bäume gewähren für den unter ihnen befindlichen Jungwuchs Schutz gegen Spät- und Frühfröste, wenn diese durch nächtliche Wärmeausstrahlung veranlaßt sind, wenn es sich also nicht um Frostwinde, „Advektivfröste", also Heranbringung kalter Luft durch Wind, handelt. Gegen solche vermag ein Altholzschirm nicht zu schützen, allenfalls könnte gegen sie ein Windmantel in Anwendung kommen.

Im 19. Jahrhundert, als die Wälder in den Alpen Frankreichs unter dem Einfluß der französischen Revolution verwüstet waren, interessierte die Wirkung des Waldes auf das Großklima. In der zweiten Hälfte des 19. Jahrhunderts suchten die Forstlichen Versuchsanstalten zuerst in Bayern, Österreich und Preußen (dann auch in der Schweiz und in Frankreich) den Einfluß des Waldes auf das Klima dadurch zu ermitteln, daß sie „forstliche Doppelstationen" errichteten, nämlich jeweils Paare meteorologischer Stationen, die eine im Freiland zur Erforschung des Freilandklimas, die andere nicht weit davon im Walde, um das Waldklima kennenzulernen. E b e r m a y e r in Bayern, L o r e n z v. L i b u r n a u in Österreich, M ü t t r i c h in Preußen führten diese Untersuchungen durch. Die Arbeiten lieferten einen Einblick in das Klima des Stammraums. Über die Ergebnisse wurde mehrfach berichtet. So wurde zum Beispiel über die Lufttemperatur folgendes gefunden:

Unter dem Kronendach des Bestandes, also im Stammraum, ist der Temperaturgang ausgeglichener als im benachbarten Freiland (die mittleren täglichen Temperaturschwankungen sind kleiner). Eine (von G e i g e r, Klima d. bodennahen Luftschicht, 1942, S. 290, wiedergegebene) Abbildung zeigt auf Grund von 15jährigen Beobachtungsreihen von M ü t t r i c h an insgesamt 15 Stationspaaren im Fichten-, im Kiefern- und im Buchenwald die Verkleinerung der täglichen Temperaturschwankung im Stammraum des Bestandes gegenüber dem Freiland. Nach M ü t t r i c h [1] ist nämlich im Walde zum Beispiel im Juli (also im wärmsten Monat) die mittlere Höchsttemperatur geringer um Grade:

$$\begin{array}{ll}
\text{Buchenwald} & 3{,}46^0 \\
\text{Fichtenwald} & 2{,}78^0 \\
\text{Kiefernwald} & 2{,}09^0
\end{array}$$

---

[1] M ü t t r i c h, Über den Einfluß des Waldes auf die periodischen Veränderungen der Lufttemperatur, Z. f. Forst- u. Jgdw., 1890; vgl. auch: L o r e n z - L i b u r n a u, Resultate forstlich-meteorologischer Beobachtungen, insbesondere in den Jahren 1885 bis 1887, I. Teil, Unters. über die Temperatur und die Feuchtigkeit der Luft unter, in und über den Baumkronen des Waldes sowie im Freiland, Mitt. a. d. forstl. Versuchswesen Österreichs, Heft 12.

Das mittlere Temperaturminimum im Juli ist im Vergleich zum Freiland im Walde höher um:

Buchenwald 0,98⁰

Fichtenwald 1,33⁰

Kiefernwald 0,72⁰

Die Verminderung der mittleren täglichen Temperaturschwankung im Walde im Juli erhalten wir, wenn wir die Unterschiede der beiden Zahlentafeln zusammenzählen:

Buchenwald 4,44⁰

Fichtenwald 4,11⁰

Kiefernwald 2,81⁰

Der Buchenwald hat nicht nur im Juli, sondern von Juni bis August um über 4⁰ geringere tägliche Schwankungen als das Feld. (Im Fichten- und Kiefernwald werden die Schwankungen von März bis August immer mehr

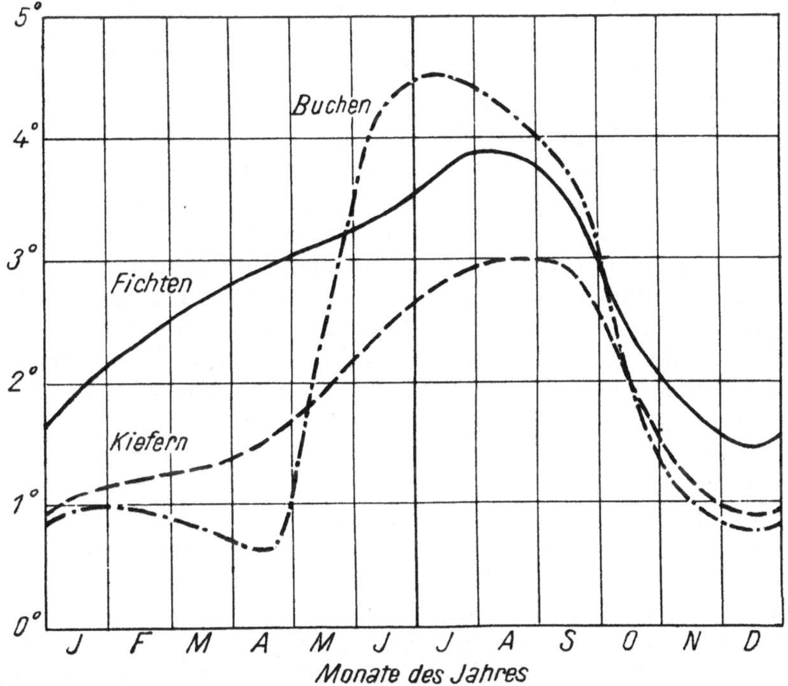

Abb. 19. Betrag der Verkleinerung der täglichen Temperaturschwankung im Stammraum des Bestandes im Vergleich zum Freiland (nach M ü t t r i c h, zit. nach G e i g e r).

im Vergleich zum Freiland verkleinert.) Diese Zahlen der von M ü t t r i c h veröffentlichten älteren preußischen Versuche sind zwar, wie S c h u b e r t nachgewiesen hat, wegen der Aufstellung des Instruments in der „Forstlichen Hütte" nicht absolut zutreffend, liefern aber doch einen genügenden Nachweis für die Abstumpfung der Temperaturextreme durch das Kronendach. Dazu kommt noch, daß an heiteren Tagen auch ein wesentlicher Teil der Strahlungswärme durch das Kronendach abgefangen wird. Am größten ist die Verminderung der täglichen Temperaturschwankung durch den

Waldbestand in der strahlungsreichen Sommerszeit, am kleinsten im November, Dezember. G e i g e r bemerkt über die in den Kurven dargestellte Verkleinerung der Temperaturschwankung treffend: „Wenn im Frühjahr die kräftiger werdende Sonnenstrahlung in den kahlen Buchenwald einfällt, ist der Unterschied zwischen Feld und Wald nur geringfügig. Was der Stammraum durch den Schatten der Stämme und Äste an zugestrahlter Wärme gegenüber dem Freiland verliert, gewinnt er nämlich dadurch, daß die Luftruhe im Bestand die Wärme festhält ... Mit dem Laubausbruch tritt aber ein jäher Wechsel ein. Das dichte Blätterdach der Kronen fängt alle Strahlung ab. Die tägliche Schwankung wird im Buchenbestand um fast 5^0 (im Mittel!) herabgesetzt und erreicht damit einen Wert, der von keiner anderen Holzart zu irgendeiner Zeit erreicht wird. Der Nadelwald ist in seinem Gang viel gleichmäßiger. Er schirmt den Stammraum nie so wenig wie der Buchenwald vor dem Laubausbruch und nie so kräftig wie der belaubte Buchenwald. Die Kurven für die beiden Nadelhölzer laufen im wesentlichen parallel. Diejenige des Fichtenwaldes mit seinem dichten dunklen Kronendach liegt stets wesentlich höher als diejenige des lichteren Kiefernwaldes."

Was die *Niederschläge im Walde* anbelangt, so wird ein großer Teil an den Baumkronen von den Blättern und Ästen abgefangen. Ein Teil tropft nachträglich zu Boden (zum Beispiel von Fichten) oder läuft an Zweigen und Stämmen herunter (zum Beispiel an Buchen), ein anderer Teil aber verdunstet und gelangt nicht in den Waldboden. Von Beständen mittleren Alters werden zurückgehalten: bei Buche 25 bis 30 v. H., Kiefer 15 bis 25 v. H., Lärche 10 bis 15 v. H., Fichte 25 bis 35 v. H. (Fichte hält also soviel Niederschlag zurück, daß sie sich für niederschlagsarme Tiefländer auch aus diesem Grunde weniger eignet). H o p p e [1] hat nachgewiesen, daß sich je nach der Art der Aufstellung der Regenmesser beträchtliche Unterschiede ergeben. Die Zahlen schwanken also innerhalb ziemlicher Grenzen, auch wegen verschiedenen Schlußgrades der Waldbestände. Schwächere Niederschläge hält der Wald in höherem Maße in seinen Kronen zurück (zum Beispiel leichtere Strichregen) als stärkere. Niederschläge unter 1 mm kommen im Walde in der Regel überhaupt nicht zum Boden. In größerer Meereshöhe sind starke Niederschläge häufiger, und da von diesen weniger zurückgehalten wird, so nimmt in größerer Meereshöhe der prozentuelle Anteil des von den Kronen zurückgehaltenen Niederschlags ab. Auch ergibt sich in nebelreichen Lagen eine nennenswerte Niederschlagsvergrößerung durch Kondensation an Ästen und Zweigen (R u b n e r [2]).

Der Wasserhaushalt des Jungwuchses unter den Baumkronen ist ungünstig beeinflußt sowohl durch Zurückhaltung eines Teiles der Niederschläge durch die Baumkronen (zur Abhilfe werden daher der „Besamungs-

---

[1] H o p p e, Bericht über die 4. Versammlung des Verbandes forstl. Versuchsanstalten, Mariabrunn 1903; B u r g e r H., Meteorolog. Beobachtungen im Freien, in einem Buchen- und einem Fichtenbestand, Mitt. d. Schweizer Anstalt f. d. forstl. Versuchsw., XVIII. Bd., 1. H., 1933.
[2] R u b n e r, Der Nebelniederschlag im Walde und seine Messung, Thar. Forstl. Jahrb. 1932.

hieb" und die „Lichthiebe" angewandt) als auch durch Wurzelkonkurrenz des Altholzes (auch diesbezüglich wirkt sich die Lichtung aus).

Betreffs der *Luftfeuchtigkeit* gilt, daß die absolute Luftfeuchtigkeit im Walde nicht höher ist als im Freien, wohl aber die relative Luftfeuchtigkeit. Bei gleichem absolutem Feuchtigkeitsgehalt der Luft, aber niedrigerer Sommertemperatur im Walde muß die relative Luftfeuchtigkeit höher sein, das wird auch zahlenmäßig durch Veröffentlichungen von M ü t t r i c h, B ü h l e r und anderen bestätigt. Nach M ü t t r i c h [1] ist zum Beispiel im Sommer in 70- bis 80jährigen Buchenbeständen die relative Luftfeuchtigkeit um 7,9 v. H. höher, in 60- bis 70jährigen Fichtenbeständen um 5,4 v. H., in Kiefernbeständen verschiedenen Alters um 8,2 v. H. Auch die Wasserabgabe der Blätter des Kronenraumes wirkt günstig auf die relative Feuchtigkeit im Bestande. In Trockenzeiten ist eine Erhöhung der relativen Luftfeuchtigkeit für den Pflanzenwuchs von Vorteil, die natürliche Verjüngung unter Schirm ist in Trockenzeiten besser geschützt als die Freilandskultur, auch die geringere Luftbewegung im Walde nahe dem Boden ist für die Erhaltung der Luftfeuchtigkeit in der für die Verjüngungen belangreichen Luftschicht günstig. „Die Luftruhe im Stammraum hält den Wasserdampf fest, so daß die hohe Feuchtigkeit zu den wichtigsten Kennzeichen seines Mikroklimas gehört", sagt G e i g e r a. a. O., S. 307. Durch plötzlichen Abtrieb der Mutterbäume wird der Jungwuchs, dessen Blattorgane, wie schon erwähnt, den Bau von Schattenblättern aufweisen, unvermittelt einem lufttrockeneren Klima ausgesetzt (daher die Forderung der „Stetigkeit", nämlich des allmählichen Vorgehens beim Abtrieb, Vermeidung der Plötzlichkeit!).

Die Herabsetzung der *Verdunstung* im Walde ist sehr beträchtlich, und zwar im Bestandesinneren, es handelt sich nur um eine Herabsetzung der Verdunstung an der Bodenoberfläche und bei dem etwa vorhandenen Jungwuchs unter dem Altbestand, während die Verdunstung in den Baumkronen selbst eine bedeutende ist. Die Ermäßigung der Verdunstung im Bestandesinneren beträgt nach S c h u b e r t [2] im Mittel 48 v. H. im Kiefern-, 57 v. H. im Buchenbestand. Sie ist zurückzuführen teils auf die verringerte Besonnung, teils auf den Schutz gegen Windwirkung.

H. B u r g e r (Zürich) hat durch seine Untersuchungen in Oppligen (Schweiz) gezeigt, daß der kleinere Verdunstungsanreiz unter Waldbestand bedingt ist: zu einem wesentlichen Teil durch die höhere Luftfeuchtigkeit, zum geringeren Teil durch niedrigere Temperatur und wiederum wesentlich durch geringere Luftbewegung. B u r g e r berechnete aus Evaporimeter- und anderen Messungen, daß der Anreiz zur Verdunstung unter einem geschlossenen Waldbestand um 50 bis 80 v. H. kleiner ist als im Freien [3].

Die Wasserabgabe in den Baumkronen wirkt sich auch im Bereich der

---

[1] M ü t t r i c h, Beobachtungsergebnisse der von den forstl. Versuchsanstalten . . . eingerichteten forstl.-meteorolog. Stationen, 1.—15. Jg., 1875—1889.

[2] S c h u b e r t, Verdunstung, Bodenfeuchtigkeit, Schneedecke in Waldbeständen und im Freien, Meteorolog. Zeitschr. 1917.

[3] B u r g e r H., Boden, Vegetation und Verdunstung, Gerlands Beiträge zur Geophysik, 1937.

Wurzeln im Boden aus. Nach Untersuchungen von R a m a n n in einem Buchenbestand („Wassergehalt diluvialer Waldböden", Zeitschr. f. Forst- u. Jagdw. 1906) ist der Feuchtigkeitsgehalt der Bodenoberfläche am größten, während nach der Tiefe zu der Waldboden im Vergleich zum Freiland- boden infolge Verdunstung durch die Baumkronen eine wachsende Aus- trocknung aufweist; im Vergleich zum Freilandboden unter Graswuchs war im Wurzelbereich des Buchenbestandes (25 bis 60 cm Tiefe) der Wasser- gehalt um ein Drittel geringer.

Die *Windgeschwindigkeit* ist im Walde bedeutend herabgesetzt. Diese Erfahrungstatsache wurde auch durch Untersuchungen von S c h u b e r t (Silva 1922) bestätigt. Auch G e i g e r [1] führte Anemometermessungen in einem Kiefernbestande durch. Danach war die Windgeschwindigkeit vom Waldboden bis zum unteren Kronenansatz etwa 40 v. H. derjenigen über den Kronen. Im Walde herrscht also verhältnismäßig Luftruhe, diese ist für das Wachstum, insbesondere der jungen, empfindlichen Pflanzen, sehr von Vorteil. Durch sie wird Bodenaustrocknung, Laub- und Humus- verwehung, die Steigerung der Transpiration, mechanische Verletzung der Blätter und Zweige verhindert.

Die *Lichtintensität* ist im Inneren des Waldbestandes wesentlich herab- gesetzt. Die Blätter und Nadeln, die Zweige, überhaupt die Baumkronen fangen die Sonnenstrahlung ab. Nur wenig dringt bis zum Waldboden durch. In einem Rotbuchenbestand bei Lunz, Niederösterreich, in 1000 m Seehöhe wurden nach Untersuchungen von T r a p p [2] (1937), wobei Photo- zellen Verwendung fanden, bis 80 v. H. der einfallenden Strahlung bereits im Kronenraum abgefangen, nur weniger als 5 v. H. erreichte den Wald- boden. Vorkommen und Gedeihen der Bodenpflanzen und der Verjüngung hängen im Bestandesinneren großenteils vom Maße der Belichtung ab (vergleiche C i e s l a r, Einiges über die Rolle des Lichtes im Walde, 1904). Insbesondere im Buchenwalde können die Wechselbeziehungen zwischen Bodenbelichtung und Begrünung sehr gut beobachtet werden. Die Licht- holzarten Lärche und Kiefer, Eiche sind unter Schirm schwierig zu ver- jüngen, allerdings kommt ihnen ihre Raschwüchsigkeit in der Jugend zu- gute, so daß sie des Schutzes durch Mutterbäume weniger lang bedürfen und daher unter lichterem Schirm mit rascher Nachlichtung und Räumung in Bestand gebracht werden können (die Lärche auch durch „Überhalt" einzelner Altholzstämme [Samenbäume] auf der sonst schon verjüngten und geräumten Fläche).

Über die gesteigerte *Kohlensäureabgabe* des Waldbodens durch „Boden- atmung" und den größeren Kohlensäuregehalt unmittelbar über dem Wald- boden sowie über die Möglichkeit, daß wenigstens für den Jungwuchs im Walde der höhere Kohlensäuregehalt der untersten Luftschicht von Be- deutung sein könnte, wurde schon früher gesprochen.

Zusammenfassend kann festgehalten werden: Im Bestande sind also

---

[1] G e i g e r, Das Klima der bodennahen Luftschicht, 1942, 311.
[2] T r a p p, Unters. über d. Verteilung der Helligkeit in einem Buchenbestand, Bioklimat. Beiblätter 5, 1938, 153—158.

kleinere Temperaturausschläge (Abstumpfung dieser); etwas weniger Niederschlag infolge Zurückhaltung durch die Kronen (daher Eingriffe in das Kronendach vor der Verjüngung); größere relative Luftfeuchtigkeit, wesentliche Herabsetzung der Verdunstung, Herabsetzung der Windgeschwindigkeit (Luftruhe auf dem Boden!), es findet eine gesteigerte Kohlensäureabgabe des Waldbodens statt. Wie weit die in Mitteleuropa gewonnenen Ergebnisse über das Klima des Bestandes auch unter abweichenden Verhältnissen in Südosteuropa, zum Beispiel in den Wäldern der Mittelmeerländer, Gültigkeit besitzen, bedarf der Untersuchung; eine solche veröffentlichte P a v a r i (Italien): Forschungen über den Einfluß der Mittelmeerwälder auf das Klima, Kongreßmitt. des Intern. Verbandes forstl. Forschungsanstalten, Ungarn 1936 (42).

8. Der Boden.

Außer dem Klima ist der Boden ein wichtiger Standortsfaktor des Waldes. Wie bisher dargetan wurde, kann dem Vorkommen des Waldes eine Grenze durch klimatische Einflüsse, vor allem durch das Maß an Wärme und Feuchtigkeit, gesetzt werden, auf ungeschützten Höhen auch durch den Wind. Unter Umständen kann aber auch der Boden für die Waldgrenze entscheidend sein: nackter Fels, Felswände, Geröllhalden sind als Standort des Waldes ungeeignet. Durch solche Bodenverhältnisse wird mitunter der Verlauf der oberen Waldgrenze im Gebirge bedingt, so daß also in einem Klima, das noch für Wald geeignet wäre, wegen derartiger Böden der Wald fehlt. (Umgekehrt kann auch in Gebieten, die aus klimatischen Gründen Steppen und Wüsten sind, die Bodenbeschaffenheit, vor allem dessen Wassergehalt, Wald hervorrufen. In Steppen finden sich entlang der Flüsse, dort, wo der Boden durch Grundwasser durchfeuchtet wird, die Galeriewälder; in Wüsten sind jene Stellen, deren Boden durch Quellen Feuchtigkeit empfängt, als „Oasen" Standorte von Bäumen.)

Den Unterschied zwischen Wüsten und Steppen hat H a n d e l - M a z z e t t i wie folgt umschrieben: „Wüstenvegetation ist eine solche, die im Frühjahr oft ziemlich reichlich und gleichmäßig erscheint, im Sommer aber ganz verschwindet oder nur spärlichste, auf bestimmte Stellen beschränkte Perennen zeigt und dann keine Weide mehr bietet. Dagegen ‚Steppe' eine baumlose, sommerdürre, offene, gleichmäßig verteilte Bodenbedeckung durch Pflanzen, die den ganzen Sommer über sichtbar ist und diese ganze Zeit hindurch beweidet werden kann." K. K r a u s e (als Vertreter der Botanik an der Landwirtschaftlichen Hochschule Ankara) schloß aus dieser Begriffsbestimmung, daß die Hochflächen im Inneren Kleinasiens noch Steppen und keine Wüsten sind (Ausnahmen seien höchstens räumlich beschränkte Salzwüsten)[1]. Auch der Geograph H. L o u i s (Das natürliche Pflanzenkleid Anatoliens, Stuttgart 1939) ist der Auffassung, daß es echte, klimatisch bedingte Wüsten in ganz Anatolien nicht gibt. Wenn man von bodenbedingten örtlichen Ausnahmeerscheinungen, zum Beispiel periodisch

---

[1] H a n d e l - M a z z e t t i, Wien, zit. nach K. K r a u s e, Über die Vegetationsverhältnisse des westlichen und mittleren Kleinasien, Botan. Jahrb. 1915.

trockenen Salzpfannen, absehe, oder von gelegentlich vorkommenden Steilhängen mit starker Abspülung, so sei das Land allenthalben von einer zusammenhängenden, wenn auch stellenweise *sehr* schütteren Pflanzendecke überzogen.

Aber auch in Halbwüsten mit überaus schütterer Pflanzendecke ermöglicht in den Oasen der Wassergehalt des Bodens den Baumwuchs.

Die Bodengründigkeit

ist eine der waldbaulich wichtigsten Bodeneigenschaften. Man versteht unter ihr die Mächtigkeit der Bodenschicht. Die waldbauliche Bedeutung der Gründigkeit offenbart sich im Wachstum der Holzarten: je tiefgründiger der Boden, um so besser das Wachstum, um so fester auch die Verankerung des Wurzelwerks, die Sicherheit wenigstens der Holzarten mit Pfahl- oder Herzwurzel gegen Windwurf. Nach Übereinkommen der forstlichen Versuchsanstalten bezeichnet man die Gründigkeit je nach der Mächtigkeit der lockeren, für die Wurzeln durchdringbaren Schichte in folgenden Abstufungen:

Sehr tiefgründig	über	1,2 m
Tiefgründig	0,6 bis	1,2 m
Mittelgründig	0,3 bis	0,6 m
Flachgründig	0,15 bis	0,3 m
Sehr flachgründig	bis	0,15 m

Das Wachstum im tiefgründigen Boden ist gefördert, weil der tiefgründige einen größeren Wasservorrat, ferner mehr Nährstoffe (nämlich eine mächtigere, Nährstoffe bietende Schicht) zur Verfügung stellt, die Gefahr der Austrocknung für Jungpflanzen in Dürrejahren ist auf tiefgründigem Boden kleiner als bei der seichten, oberflächlichen Durchwurzelung des flachgründigen Bodens. Die „absolute" Tiefgründigkeit reicht bis zu jener Schicht, welche ihrer geognostischen Beschaffenheit nach Wurzeln nicht mehr beherbergen kann, indem sie zum Beispiel aus Steinen besteht oder Raseneisensteinplatten enthält (das ist Brauneisenstein, Limonit, unrein, mit organischen Beimengungen) oder sonstige ähnliche Substrate aufweist. Von „physiologischer Tiefgründigkeit" spricht man insofern, als auch andere Umstände, zum Beispiel Dichtlagerung oder mangelhafte Durchlüftung oder flach anstehendes Grundwasser, den Boden nach unten für die Durchwurzelung unzugänglich machen. Die physiologische Tiefgründigkeit ist begrenzt durch Einflüsse chemischer, physiologischer und auch biologischer Natur (Bakterienleben u. dgl.)[1].

Einen *sehr tiefgründigen* Boden beanspruchen die Holzarten mit Pfahlwurzel- und mit Herzwurzelbildung, das sind vor allem Eichen, dann Ulmen, Eschen, Ahorne, Linden, Walnuß, Kiefer, Schwarzkiefer, Lärche, einigermaßen Tanne (die aber auch auf flachem Boden vorkommt). Als „Pfahlwurzel" bezeichnet man senkrecht abwärts wachsende kräftige Wurzeln; als „Herzwurzel" kräftig schief abwärts wachsende. Endlich sind „Seitenwurzeln" die oberflächlich streichenden.

---

[1] B e r n b e c k, Forstwissensch. Centralbl. 1914.

Geringere Ansprüche an die Tiefgründigkeit erheben: Rotbuche, Erle, Weißbuche, Schwarzpappel.

Flachwurzelnd sind: Birke, Akazie, Aspe, Krummholzkiefer, Fichte.

Die flache Bewurzelung der Fichte kann man zum Beispiel an Windwürfen, und zwar an dem flachen, tellerförmigen Erdwulst, unschwer beobachten. Je nach der Bodenbeschaffenheit zeigen sich auffällige Verschiedenheiten und Übergänge in der Bewurzelung, unter Umständen sind auch sonst tiefwurzelnde Holzarten nur mit Seitenwurzeln von geringer Tiefe ausgestattet und umgekehrt. Der Wurf selbst über 80jähriger Eichen durch Sturm ist zum Beispiel in der Rheinebene Badens (bei Emmendingen) nicht selten, weil die Bodenverhältnisse, Dichtlagerung in etwa 40 bis 60 cm Tiefe, Flachwurzeligkeit der Eiche bedingen (M. S e e g e r, Erfahrungen über die Eiche in der Rheinebene bei Emmendingen [Baden], Allg. Forstu. Jagdztg. **106**, 1930, S. 201 ff.). Die Kiefer kann, wie H i l f s „Studien über die Wurzelausbreitung, 1927" ergaben, eine 5 bis 6 m tiefe Pfahlwurzel ausbilden; auf armen, verdichteten Böden aber bildet auch sie nur 0,5 bis 1 m tiefgehende Herzwurzeln aus. Die Fichte kann auf gut durchlüfteten Gebirgsböden, zum Beispiel auf milden Lehmböden, immerhin auch tiefgehende Wurzeln, sogenannte „Abläufer", aufweisen, die von den waagrechten Seitenwurzeln nach abwärts gehen. Die sonst für die Fichte bezeichnende Flachwurzeligkeit ist auf oberflächlich nassen sowie auf anmoorigen Böden am stärksten ausgebildet. Ganz flachgründige, felsige Böden im Gebirge pflegen nur schütter bestockt zu sein, auf solchen (und auf anderen sehr nährstoffarmen) Böden bilden zum Beispiel die Kiefern sehr lange, weitstreichende Wurzeln aus[1]. Im Gebirge nutzen die Wurzeln die Spalten im Gestein weitgehend aus.

C h e m i e   d e s   B o d e n s   (A s c h e n a n a l y s e n,   B e d a r f   d e r
W a l d b ä u m e   a n   M i n e r a l s t o f f e n   u n d   S t i c k s t o f f).

Die mineralischen Nährstoffe des Bodens werden von den Pflanzen nur in gelöstem Zustand, im Bodenwasser, aufgenommen. Somit ist sowohl das Vorhandensein des Wassers als Lösungsmittel als auch jenes ausreichender Nährstoffe wichtig. Der Bedarf an Nährstoffen ist bei den Waldbäumen viel kleiner als bei landwirtschaftlichen Gewächsen. Außerdem ist der physikalische Bodenzustand, die lockere Lagerung, die Durchlüftbarkeit, von Belang und endlich auch die biologische, durch Kleinlebewesen bedingte Beschaffenheit.

Durch Aschenanalysen wurde festgestellt, daß die Blätter und Zweige (auch die Rinde) der Waldbäume reicher an Mineralstoffen sind, hingegen starkes Stammholz den geringsten Mineralstoffgehalt aufweist. Zahlreiche Analysen bestätigen dies. Bei der Buche zum Beispiel enthalten die Blätter[2] (in abgerundeten Zahlen) 50 bis 70 v. T. Reinasche, ein- bis vierjährige

---

[1] Ähnliches beobachtete Verfasser an Lärchen in den Alpen auf seichtgründigen Verwitterungsböden über trockenem Kalkschutt: T s c h e r m a k L., Die natürliche Verbreitung der Lärche in den Ostalpen, 1935, S. 63.

[2] W o l f f, Aschenanalysen, Berlin 1871 und 1880.

Pflanzen 27 v. T., Reisig 14 bis 18 v. T., Stammholz von älteren Stämmen dagegen nur 3 bis 4 v. T. Bei landwirtschaftlichen Gewächsen ist der Mineralstoffgehalt wesentlich größer, zum Beispiel Wiesenheu 70 v. T., Kartoffelkraut 86 v. T. In Pflanzgärten bei regelmäßiger Ernte von jungen Pflanzen ist also der Entzug größer und Düngung nötig. Durch bloße Stammholznutzung ist der Entzug an Nährstoffen gering.

Nach E b e r m a y e r [1] entziehen, wie auf Grund der Aschenanalysen berechnet wurde, dem Boden bei mittlerer Ernte je Hektar und Jahr:

		Kali	Phosphorsäure	Kalk
Kartoffeln		120 kg	36 kg	40 kg
Runkelrüben		184 kg	32 kg	40 kg
Wiesenheu		80 kg	30 kg	50 kg
Dagegen				
Buchenwald:	Holzbildung	5 kg	3 kg	15 kg
	Blattbildung	10 kg	11 kg	81 kg
Kiefernwald:	Holzbildung	2 kg	1 kg	9 kg
	Blattbildung	5 kg	4 kg	19 kg
Fichtenwald:	Holzbildung	4 kg	1,5 kg	10 kg
	Blattbildung	5 kg	6,5 kg	60 kg

Aus den Ergebnissen der Aschenanalysen kann aber nur auf den *Entzug* an mineralischen Stoffen geschlossen werden, welchen der Boden durch die betreffenden Bäume erfährt, aber nicht auf den *Anspruch* der Baumart in Bezug auf die Güte des Bodens; so gilt die Robinie oder Falsche Akazie als anspruchslos, weil sie auch auf armem Boden gedeihen kann, sie weist aber aschenreiches Holz, also einen großen Entzug, auf. Ähnlich verhält es sich mit der Aspe.

Der Bedarf an *Stickstoff* bei mittlerer Ernte für ein Jahr und Hektar ist:

	Buchenwald	Fichtenwald	Kiefernwald
Blattbildung	42 bis 44 kg	30 bis 32 kg	28 kg
Holzbildung	9 bis 10 kg	10 bis 13 kg	6 kg
Zusammen	51 bis 54 kg	40 bis 45 kg	34 kg

(Zum Vergleich der des Kartoffelkrautes 61 kg, jener von Roggen 52 kg.)

Der Stickstoffentzug für die Holzbildung wird ersetzt durch die mit den Niederschlägen dem Boden zugeführten Stickstoffverbindungen; bloße Holznutzung gefährdet also nicht die Stickstoffbilanz des Waldbodens.

Die *Gruppierung der Holzarten nach den Ansprüchen an die Güte des Bodens* pflegt man aber am zweckmäßigsten auf Grund von diesbezüglichen Beobachtungen und Erfahrungen vorzunehmen und nicht nach den (nur ausnahmsweise damit übereinstimmenden) Ergebnissen der Aschenanalysen. Nach diesen Erfahrungen gelten als:

I. *anspruchsvolle* Holzarten: Esche, Ahorn, Ulme, Eiche, Walnuß, Edelkastanie;

---

[1] E b e r m a y e r, Die Lehre von der Waldstreu, S. 118, im Zusammenhalt mit anderen Angaben Ebermayers.

II. Holzarten mit *mittleren* Ansprüchen: Buche, Weißbuche, Tanne, Lärche, Fichte, Douglasie, Weymouthskiefer, Zirbelkiefer;

III. *anspruchslose* genügsame Holzarten: Falsche Akazie, Erle, Schwarzpappel, Aspe, Birke, Weißkiefer, Schwarzkiefer (diese wird häufig als die „anspruchsloseste Holzart des Ertragswaldes" bezeichnet).

Chemie des Bodens und Holzartenverbreitung.

Im großen entscheidet über die *Holzartenverbreitung* das *Klima*, und nur feinere Unterschiede und das Vorkommen im einzelnen sowie die Güteklassen werden durch die Bodenbeschaffenheit und den geologischen Untergrund bedingt. Zu diesem Schluß gelangt man auch auf Grund jahrelanger eingehender Untersuchungen über Holzartenverbreitung zum Beispiel in den Alpen, und zwar im ganzen Bereich der Ostalpen. Um diese Zusammenhänge beurteilen zu können, ist in der Regel Beobachtung in einem größeren Gebiet notwendig. Denn in einem engeren Raum, zum Beispiel in einem einzelnen Forstwirtschaftsbezirk, kann man in der Regel wohl den Wechsel der Bodenverhältnisse und seine Wirkungen feststellen; Verschiedenheiten des Klimas aber sind (bis auf etwaige kleinklimatische Verhältnisse oder Unterschiede der Meereshöhe, Hangrichtung usw.) selten auf engeren Räumen feststellbar.

Als Beispiel für den Einfluß sowohl des Bodens als auch des Klimas auf die Verbreitung sei die Rotbuche gewählt: Der Einfluß des Grundgesteins auf ihre Verbreitung zeigt sich besonders darin, daß die Buche in kühleren Gebieten die felsigen, trockenen, daher warmen Böden aufsucht, das sind oft die Kalkböden, aber auch andere gut entwässerte, trockene, warme Böden. In manchen Alpengebieten geht mitten durch das Kalkgebirge die Verbreitungsgrenze der Buche, und zwar aus klimatischen Gründen. An ihrer Wärmegrenze meidet sie solche warme Böden (die sie an der Kältegrenze aufsucht), so meidet sie die warmen Kalkböden im Leithagebirge, sie gedeiht an der Wärmegrenze auch auf bindigen, feuchten, kalten Böden, auch wenn der Kalkgehalt sehr mäßig ist. In Nordwestdeutschland gilt sie als kalkhold, wohl weil sie im Gebiete des atlantisch beeinflußten Klimas mit kühleren Sommern Kalkböden bevorzugt. Auch wenn die „Kalkböden" nicht auf zerklüftetem, wasserdurchlässigem Kalkgestein auflagern, sind sie infolge der Wirkung des Kalkes auf die Bodenkolloide gekrümelt, wasserdurchlässig und infolgedessen wärmer als strenge Tonböden. Die angeblich kalkholde Buche ist also vor allem im Gebiet kühler Sommer kalkhold; sie meidet im Klima der Innenalpen und in sonstigen zu kontinentalen Gebieten alle Böden, auch die Kalkböden, und sie gedeiht im Klima der Außenzone der Alpen auch auf kalkarmen Böden sehr gut (mit besten Güteklassen).

Auf den Böden verschiedensten geognostischen Ursprungs ist keine unserer Hauptholzarten ausgeschlossen. Die sogenannten Kalkpflanzen, Kieselpflanzen, Kalipflanzen usw. können auch nebeneinander auf dem gleichen Boden vorkommen. Zum Beispiel sind die als „kalkhold" angesehenen Buchen und die angeblich „kalkfeindlichen" Edelkastanien in Südeuropa häufig gemischt auf dem gleichen Boden. Wenn dennoch der Boden auf die natürliche Verteilung der Holzarten Einfluß übt, zum Beispiel der Kalkboden, so ist meist sein physikalischer Charakter die Hauptursache. Und zwar in dem Sinne, daß der Kalk und Dolomit in der Regel ein durchlässiges, zerklüftetes Grundgestein darstellen, die Böden sind gut entwässert, infolge der Trockenheit warm, das Bodenklima wird durch diese physikalische Beschaffenheit wesentlich beeinflußt. Wärmeliebende Holzarten treten dann auf dem trockenen, warmen Boden auf. Es wurde schon angedeutet, daß auch andere trockene, seichtgründige, infolge der Trockenheit warme Böden in dieser Hinsicht ähnlich wie Kalk wirken können, zum Beispiel der Serpentin (so fanden sich in Bosnien bei noch ursprünglicher, vom Menschen unbeeinflußter Holzartenverbreitung des Urwaldes mitten in einem Fichtengebiet [wobei die Fichte auf tonigen, bindigen Verwitterungsböden der „Werfener Schichten" stockte] auf einer Kuppe mit trockenem Serpentinboden Schwarzkiefern und Eichen; die wärmeliebenden Schwarzkiefern und Eichen hatten also die obere Lage auf der Kuppe besiedelt, die Fichte dagegen, die Holzart kühleren Klimas, war unten, aber auf bindigem Schieferboden).

Die Elsbeere, *Sorbus torminalis*, gilt mitunter als „kalkstet", auch D e n g l e r führt sie im „Waldbau" als Beispiel der Kalkstetigkeit an, vielleicht weil sie an ihrer nördlichen Verbreitungsgrenze in Mitteldeutschland die warmen Kalkböden aufsucht; aber schon in Österreich findet sie sich auch auf tertiären Lehmböden des oststeirischen Hügellandes, in Ungarn auch auf Sandstein und Glimmerschiefer und verschiedenen anderen Böden; auch in Deutschland dürfte sie kaum an Kalk gebunden sein, denn der Botaniker K l e i n gibt in L o r e y s Handbuch, I. Bd., von ihr mit Recht an, daß sie „auf Kalk, aber auch auf anderen mineralkräftigen Böden wächst". Die Schwarzkiefer, die man oft für kalkhold gehalten hat, ist in Bosnien auf Serpentin viel mehr verbreitet als auf Kalk.

Physikalische Bodeneigenschaften.

Auch in Gebirgen, zum Beispiel in den Alpen, pflegt der wichtigste physikalische Unterschied der Böden der zwischen strengen, tonigen, dann lockeren sandig-lehmigen, endlich allzu durchlässigen sandigen oder steinigen Böden zu sein. Demgemäß ist von den physikalischen Bodeneigenschaften von entscheidendem Einfluß: die Zusammensetzung des Bodens je nach den Korngrößen, dann die gegenseitige Lagerung (Porenvolumen, Durchlüftung), weiter die Feuchtigkeit und Bindigkeit. Durch Humusgehalt werden die physikalischen sowie auch die chemischen Bodeneigenschaften beeinflußt.

Die *Korngröße* wirkt auf das Wasserspeicherungsvermögen und somit auf die Wasserführung ein; der Wassergehalt ist aber auch entscheidend für die Wärmekapazität des Bodens, denn Wasser erwärmt sich langsamer als feste Bodenteile. Daher sind wasserhaltende Böden, wie Ton- und Moorböden, in der Regel kalte Böden. Böden von sehr feinem Korn pflegen zwar in chemischer Hinsicht von günstiger Beschaffenheit zu sein (so die Tonböden), sie sind aber wenig wegsam für Wasser, Luft und

Wurzeln, sind wasserundurchlässige Böden. In sandigen und feinsandigen Böden ist die physikalische Beschaffenheit günstiger, und zwar die Wasserdurchlässigkeit, Durchlüftbarkeit, Wegsamkeit für Wurzeln, doch ist in grobem Sand die Wasserspeicherung gering und infolge der Auswaschung durch die Niederschlagswässer auch der Nährstoffgehalt ungünstig. Am besten verhalten sich Böden mittlerer Beschaffenheit, zum Beispiel sandiger Lehm, lehmiger Sand.

Bodenfeuchtigkeit: Das Wasser im Boden wurde schon beim Klimafaktor „Wasser" kurz besprochen. Die Fähigkeit des Bodens, eine gewisse Wassermenge festzuhalten und vor dem Absickern zu bewahren, bezeichnet man als sein Wasserspeicherungsvermögen (Wasserkapazität). Grober Sand hat geringere Wasserkapazität, die Fruchtbarkeit ist dadurch sehr herabgesetzt. Durch Humusbeimengung wird die Wasserspeicherung von Sandböden erhöht.

An der Oberfläche unbedeckter Mineralböden würde Feuchtigkeit verdunsten und durch kapillare Hebung immer wieder neue an die Oberfläche gebracht werden. Bedeckung des Mineralbodens mit organischen Abfallstoffen (Humus, Streu), wie sie sich im Walde bei Schonung der Streudecke ergibt, hemmt die kapillare Leitung und die oberflächliche Verdunstung. Auch eine Zerstörung der Kapillarröhren durch künstliche Auflockerung (Bodenbearbeitung) schafft eine Unterbrechung der kapillaren Leitung und fördert somit den Wasserhaushalt des Bodens, daher die Nützlichkeit des oberflächlichen Behackens im Forstgarten in Trockenzeiten.

Bodenbindigkeit: Unter dieser versteht man das Maß des Zusammenhanges der einzelnen Bodenteilchen. Die Bindigkeit nimmt mit dem Tongehalt des Bodens zu und mit seinem Gehalt an Sand ab. Die Eigenschaft großer Bindigkeit hat unter allen Bodenbestandteilen, die in unserem Klimagebiet vorkommen, vor allem der Ton. Das besonders kennzeichnende, wenn auch nicht einzige Merkmal der Böden, die wir als tonig bezeichnen, ist die sehr geringe Korngröße, beziehungsweise die sehr feine Zerteilung. Am häufigsten kommt bei den in Mitteleuropa herrschenden Klimaverhältnissen im Boden als Bodenstoff sehr feiner Zerteilung wasserhaltiges Aluminiumsilikat vor. Außerdem faßt man als „Rohton" alles mineralische Bodenmaterial von sehr geringer Korngröße zusammen.

Die Bindigkeit oder Kohäsion der festen Bodenteilchen ist die Anziehungskraft, der die Bodenteilchen gegenseitig unterliegen, sie entspricht der Größe der Berührungsfläche in der Volumeinheit Boden. Eine Gesamtheit kleiner Bodenteilchen hat im Verhältnis zu ihrer Größe eine große Oberfläche, also viel Berührungsflächen, an denen gegenseitige Anziehungskräfte ausgeübt werden.

Ein sehr bindiger Boden (zugleich ein fester Boden), der auch, weil er schwer zu bearbeiten ist, als „schwerer" Boden bezeichnet wird, erschwert das Eindringen der Wurzeln. Er nimmt die Niederschläge nicht leicht auf, hält sie dagegen, wenn er einmal gehörig angefeuchtet ist, um so länger und hat daher von Austrocknung durch Sonne und Wind weniger zu leiden. Da solcher Boden wenig durchlässig ist, so bleibt Wasser in Vertiefungen stehen und verursacht Versumpfungen. Solche Böden sind infolge ihres Wassergehaltes kalte Böden, es kommt daher in ihrem Bereich eher zur Entstehung von Früh- und Spätfrostschäden. Das andere Extrem in bezug auf die Bindigkeit sind lockere, lose Böden von so geringem Zusammenhang, daß sie vom Wind bewegt werden können: Flugsand.

Im allgemeinen sagt ein Boden von mittlerem Bindigkeitsgrad, das sind lehmige Sand- oder sandige Lehmböden, allen Holzarten am meisten zu. Auf losen Böden gedeihen noch am ehesten gemeine Kiefer, Schwarzkiefer, Birke und Robinie (in Ostpreußen und Dänemark wurde zur Dünenaufforstung die Bergkiefer verwendet). Auf strengen Böden gedeihen (in entsprechend warmem Klima) am besten die Laubhölzer. In solchen Böden ist die Erhaltung der natürlichen Hohlräume und der durch Humusbeimengung bewirkten Lockerheit von Belang. Daher ist Schonung des organischen Abfalles (Bodenstreu), Vermeidung der Bodenbearbeitung im Walde und somit Erhaltung der durch vermoderte Wurzeln entstandenen Hohlräume des Waldbodens dringend zu empfehlen; dafür sprechen auch die Ergebnisse von Untersuchungen von H. B u r g e r , Zürich, über „Physikalische Eigenschaften von Wald- und Freilandböden" (Mitt. der Schweiz. Anstalt f. forstl. Versuchsw., Bd. XIII, 1924, S. 3 — 221, Bd. XIV, 1926, S. 201 — 250, Bd. XV, 1929, S. 51 — 104. Wir können uns auf die Unterscheidung von drei Graden der Bindigkeit beschränken: *schwere, feste* Böden sind Ton, Lehm, Letten, alle sandarmen Bodenarten, die beim Austrocknen erhärten und zerspringen. *Locker, mürbe* sind: sandiger Lehm, lehmiger Sand, humusreicher Mineralboden, frischer Sandboden, Gartenerde; *lose, flüchtig:* Flugsand, Dünensand, Schutthalden. Flüchtige Sande sind sehr leicht zu bearbeiten, aber der Zusammenhang fehlt.

Durch Zusatz von Kalk, Humus usw. zum Ton werden die Tonteilchen zu Flocken vereinigt, die Bindigkeit wird gemildert. Auch Frost wirkt ähnlich, im Sinne einer Krümelung. Man bearbeitet daher Tonböden im Herbst und läßt sie durchfrieren. Auch auf Sandboden wirkt Humus verbessernd. Außer der Gründigkeit des Bodens, seiner Chemie und seinen physikalischen Eigenschaften ist noch von Belang der

H u m u s g e h a l t .

Er ist physikalisch und chemisch wirksam. Humus ist für uns nicht die „fruchtbare Dammerde" schlechtweg, sondern organische Substanz. Wie schon erwähnt wurde, wird der größte Teil der durch die Wurzeln dem Boden entzogenen Nährstoffe den Blattorganen und Zweigen zugeführt und kehrt mit deren Abfall wieder in den Boden zurück. Die normale Zersetzung des Pflanzenabfalles fördert also den Gehalt des Bodens an *leicht löslichen* Nährstoffen. Humus ist in Zersetzung befindliche organische Substanz, „die Gesamtheit der organischen Reste und Abfälle von Pflanzen und Tieren, die dem Boden einverleibt wurden und dort Umwandlungsprozessen unterworfen sind" (H a r t m a n n, Cbl. f. das ges. Forstw. 1944, 39). Die Anhäufung von *Rohhumus* (wenig zerkleinerte Pflanzenabfälle, deren Pflanzenstruktur noch deutlich erkennbar ist) bedeutet eine Verzögerung der Zersetzung, deshalb wies schon G r e b e mit Recht darauf hin, die Güte des vorhandenen Humus stehe meist im umgekehrten Verhältnis zu dessen Menge. Die forstliche Bodenkunde verwendet für die Rohhumusdecke die Bezeichnung „Auflagetorf", das ist „der in sich verfilzte, zu einer stärkeren Schicht bis torfartig zusammengelagerte Auflagehumus verschiedensten Zersetzungsgrades im Zustande stark gehemmten bis teilweise unterbundenen Verwesungsfortganges und Humusabbaues" (Hartmann, a. a. O. 63; Albert). Der Verwesungsfortgang und Humusabbau kann gehemmt oder unterbunden sein durch Trockenheit oder durch Wasserüberschuß und Sauerstoffmangel, danach unterscheidet man Auflagetrockentorf und Auflagenaßtorf.

Ist der dem Boden aufliegende Humus weitgehend zerkleinert, so daß man mit freiem Auge in ihm keine pflanzliche Struktur mehr erkennen kann, so wird er als „*Moder*" bezeichnet. In den Alpen ist der „*Alpenmoder*" sehr verbreitet, im niederschlagsreichen Klima der Alpen weist er gleichmäßige Feuchtigkeit auf und stellt der Verjüngung des Waldes in der Regel keine Schwierigkeiten entgegen. Der im Bodenraum selbst befindliche Humus (*Bodenhumus* zum Unterschied vom Auflagehumus) ist entweder Moder oder bei noch weitergehender Zerkleinerung „*Mull*", unter dem wir die im Tierleib (von Regenwürmern und sonstigen Bodentieren) verarbeitete, mit Bakterien angereicherte, als Losung ausgeschiedene Mischung von Humus mit mineralischer Feinerde verstehen.

Böden extremer Beschaffenheit, und zwar sowohl schwere Böden als auch lockere, lose Sande, werden durch Humusbeimischung verbessert, zu lose werden bindiger, zu feste werden gelockert. Die Lockerung allzu bindiger Böden durch Humus beruht bekanntlich auf der Ausfällung, Ausflockung der Kolloide des Tons, die dadurch sich bildenden Krümel sind lockerer gelagert als der bindige Tonboden in Einzelkornstruktur. Die Verbesserung von Sandböden durch Humus beruht auf gewissen Klebewirkungen des beigemengten Humus und auf der Einlagerung von Sandkörnern in Fasern wenig zersetzter Humusmassen, auch wirkt sich in Sandböden die wasserhaltende Kraft des Humus günstig aus. Die Wasserkapazität der allzu durchlässigen Sande wird durch den Humusgehalt verbessert. Die Kohlensäureentwicklung aus dem Humus ist von Belang für den Vorgang der „Bodenatmung"; außerdem nützt sie bei der chemischen Zersetzung des Mineralbodens und somit bei der weiteren Aufschließung von mineralischen Nährstoffen. Humus ist also in mehrfacher Hinsicht nützlich: durch den Gehalt an leicht löslichen mineralischen Nährstoffen, durch CO_2-Bildung, Aufschließung der Mineralstoffe und in bezug auf die physikalischen Bodeneigenschaften; für das Leben der Mikroorganismen ist die organische Substanz des Humus förderlich. Eine Anreicherung von aufliegendem Humus ist aber weder nötig noch nützlich.

Die an den Wurzeln der Waldbäume auftretenden Mykorrhizapilze sind nach dem Ergebnis schwedischer Untersuchungen (Melin[1]) befähigt, Stickstoffverbindungen der Rohhumusböden zu Ammoniak zu verarbeiten und dadurch für die Waldbäume aufnehmbar zu machen.

---

[1] Melin, Untersuchungen über die Bedeutung der Baummykorrhiza, Jena, 1925.

Bodenazidität.

Tonböden und auch manche andere Mineralböden röten den blauen Lackmusfarbstoff nicht etwa aus dem Grunde, weil sie freie Säure enthalten, sondern weil die Basen der in ihnen vorhandenen Salze an der großen Oberfläche der Tonkolloide festgehalten, „adsorbiert" werden, wodurch das Säurejon in Freiheit gesetzt wird. Außerdem können (wohl nur in seltenen Fällen) im Humus auch wasserlösliche freie Säuren entstehen, zum Beispiel Schwefelsäure aus dem im Eiweiß enthaltenen schwefelhaltigen Bestandteil. Übrigens können auch Humuskolloide absorbierend auf Basen wirken, wodurch die Säure der vorhandenen Salze frei wird. Der Säuregrad wird in der Regel als Wasserstoffjonenkonzentration angegeben; $p_H = 7$ bezeichnet den Neutralpunkt, kleinere Werte bezeichnen saure, größere Werte alkalische Reaktion. In einem Liter reinen Wassers von 18⁰ C sind nämlich $\frac{1}{10^7}$ Gramm Wasserstoffjonen vorhanden. Diese Zahl wird als Wasserstoffzahl bezeichnet. Man gibt dann zur Vereinfachung nur den Wert des Exponenten von 10 an und nennt diese Zahl Wasserstoffexponent oder p_H-Wert. Da ein Tausendstel ein größerer Wert ist als ein Zehnmillionstel, so muß p_H 3 einen höheren Säuregrad bedeuten als p_H 7.

Nadelwaldböden sind im allgemeinen saurer als solche von Laubwald. Fichten und Tannen gedeihen sehr gut bei p_H 3,8 bis 7,4. L e i n i n g e n weist darauf hin, daß auf Alpenmoder mit p_H 3,8 die natürliche Verjüngung erfahrungsgemäß glänzend vor sich geht, somit scheinen auch die Keimlinge durch diesen Säuregrad nicht gefährdet zu sein. Viele landwirtschaftliche Gewächse sind gegen Bodensäure empfindlicher als die Waldbäume. Für die Waldböden sind physiologisch schädliche Säuregrade, wenigstens was den Baumbestand anbelangt, bisher nicht festgestellt worden. Für die den Boden besiedelnden Pflanzengesellschaften dagegen (Krautschicht, Moosschicht) sowie für die Mikroflora im Boden dürfte der Säuregrad eher von Bedeutung sein. Waldböden, die unter der Einwirkung von stark saurem Auflagehumus stehen, zeigen einen schroffen Wechsel der Säuregrade der obersten Schichten. Die Aziditätsbestimmung gibt dann einen Einblick in den jeweiligen mehr oder weniger fortgeschrittenen Auslaugungs- und Entbasungszustand des Bodens[1].

Einiges über Bodenbildung im südöstlichen Europa.

In sommertrockenen Mittelmeergebieten, etwa des südlichen Griechenland oder Anatoliens, nimmt die Bodenbildung durch Verwitterung der Gesteine einen anderen Verlauf als in feuchten Gebieten. Gleichzeitige Einwirkung von Wasser und Wärme fördert nämlich in feuchten Gebieten die chemische Zersetzung der Gesteine. In den niederschlagsreichen Waldgebirgen Bosniens zum Beispiel sind die Bedingungen für die Bodenbildung günstig; im Winter kommt es zur Eisbildung, Spaltenfrost bewirkt

---

[1] B l a n c k E., Handbuch der Bodenlehre, Bd. IX, 1931, Abschnitt: L e i n i n g e n W., Forstwirtschaftliche Bodenbearbeitung usw., dort weitere Schrifttumsangaben.

mechanische Lockerung der Gesteine; in der warmen Jahreszeit befördert genügende Feuchtigkeit und gleichzeitig auch Wärme die chemische Zersetzung. Das Klima gestattet das Vorhandensein einer dichten Pflanzendecke, welche den allzu raschen Abtrag der Verwitterungsprodukte hintanhält. Es finden sich daher gute Waldböden in genügender Mächtigkeit, mit Humus vermischt, mit genügender Beeinflussung des Bodens durch Lebewesen. Ähnlich verhält es sich im Pontusgebirge im Nordosten Kleinasiens am Schwarzen Meer.

Im sommertrockenen Mittelmeergebiet Anatoliens und des südlichen Griechenland dagegen fehlt in der Regel die Spaltenfrostwirkung im Winter, im Sommer ist die chemische Zersetzung durch die Dürreperiode herabgesetzt. Das Klima gestattet nur eine lichte Bestockung, ein Abtrag der Verwitterungsprodukte findet um so leichter statt. In den Steppen im

Abb. 20. Karst, Karrenfeld bei Portoré mit reicher Kannelierung; die Verwitterung folgt Spalten im Gestein; in den Karrenfurchen wurzeln Bäume (nach W. Graf zu Leiningen).

Inneren Anatoliens ist die Trockenheit während des Sommers und somit auch die Herabsetzung der chemischen Gesteinszersetzung noch größer. Wohl führt der Wechsel von Hitze und Kälte zu oberflächlichem Gesteinszerfall, aber Wind und Wasser entführen von den Bergen der Steppe, da der Schutz durch ein dichtes Pflanzenkleid fehlt, die feineren Zerfallsprodukte bald in tiefere Lagen. Daher ist auf den Bergen der Steppe die Bodenkrume äußerst karg[1].

---

[1] B e r n h a r d, Grundlagen, Geschichte und Aufgaben der Forstwirtschaft in der Türkei, Ankara, 1935.

Karstböden im Südosten.

Im dinarischen Gebirgswall und in griechischen Gebirgen spielt das Karstphänomen eine besondere Rolle. Die Erscheinung hängt zusammen mit der starken Zerklüftung des Kalkgesteins in der Nähe von Bruch- und Verwerfungsspalten und der dadurch bedingten Entwässerung und somit Wasserarmut; dann häufig auch mit dem Vorkommen ziemlich reiner Kalke, die bei der Verwitterung (Lösung des Kalkes) nur wenig Lösungs- rest und somit erdarme, steinige Böden ergeben. Die Löslichkeit des Kalk- gesteins begünstigt die allmähliche Erweiterung der Gesteinsklüfte und

Abb. 21. Karst, Doline bei Buccari, landwirtschaftlich genutzt; Abhänge in Terrassen ausgebaut (nach W. Graf zu Leiningen).

Spalten und somit die Entwässerung. Dazu kommen klimatische Einflüsse, wie Trockenheit des Sommers, Bora und andere. Hie und da ist der Karst von Dolinen (Kalkmulden, Kalktrichtern und -wannen) übersät, in anderen Abschnitten treten sie seltener auf[1]. Ihre Entstehung wird zurück- geführt teils auf oberflächliche Auswaschung, teils auf Einsturz von Decken unterirdischer, durch die Tätigkeit des Wassers entstandener Hohlräume. Wenn die Klüfte und Spalten des Gesteins durch die lösende Wirkung des Wassers erweitert werden, so können „Geologische Orgeln, Naturschächte, Auswaschungs- und Karsttrichter" entstehen. Auch „Karrenfelder oder Schratten" (Abb. 20) kommen vor: Lösungsvorgänge durch niederfallenden Regen oder abfließendes Wasser, mit launenhaft gestalteten Zacken und Käm-

---

[1] Maull, Länderkunde von Südeuropa, Leipzig und Wien, 1929, S. 327.

men an der Oberfläche des Gesteins, hervorgerufen durch verschiedene Angreifbarkeit des Gesteins an verschiedenen Stellen und durch ungleiche Verteilung des Lösungsmittels, ein Gewirr von Rillen. Die R o t e r d e ist dem Karst eigentümlich, sie ist ein Gemisch von Sesquioxyden und Silikaten, entsteht im Karstgebiet hauptsächlich auf Kalk[1]. Unterirdische Wasserläufe sind häufig, da und dort treten besonders starke Quellen zutage. Oft handelt es sich um kahle oder fast kahle Steinflächen oder Hänge, die Dürftigkeit ihrer Vegetation ist außer der Wasserarmut und den sonstigen natürlichen Ursachen *auch der seit Jahrhunderten geübten Kleinviehweide* und sonstigen wirtschaftlichen Eingriffen zuzuschreiben. Auch auf manche Kalkgebirge im Süden und Westen Kleinasiens kann man sinngemäß den Begriff der Verkarstung anwenden[2].

9. Einfluß der Tierwelt auf die Waldvegetation.

Auch in allgemein-pflanzengeographischen Werken pflegt man den Einfluß der Tierwelt auf die Vegetation als eine der Umweltsbedingungen des Pflanzenlebens hervorzuheben, so die Tätigkeit der Regenwürmer und anderer erdbewohnender Tiere, die Mitwirkung der Vögel bei der Verbreitung der Pflanzen, die Befruchtung von Pflanzen durch Insekten und anderes. Für uns sind als Umweltsbedingungen des Walddaseins, hervorgerufen durch die Tierwelt, vor allem *zu hohe Wildstände* wichtig sowie dort, wo Waldweide betrieben wird, der Einfluß der *Weidetiere.*

Waldweide findet insbesondere in den Alpenländern, hier meist als Großviehweide, und in südöstlichen Nachbarländern, in diesen vorwiegend als Kleinviehweide, statt. Im Hochgebirge der Alpenländer ist neben der Forstwirtschaft auch die Viehzucht ein besonders wichtiger Zweig der Volkswirtschaft; die der Landwirtschaft dienenden Weideflächen im Gebirge („Almen" in den Alpen, meist offene Lichtungen) ermöglichen den Auftrieb des Viehs während des Sommers, also die Alm- und Weidewirtschaft, die aber in der Mehrzahl der Fälle erst dadurch praktisch möglich wird, daß auch große Teile des angrenzenden Waldes mit zur Beweidung herangezogen werden. Die Waldweide schadet insbesondere durch Viehtritt und durch Verbiß der Kulturen, die Schäden steigen mit der Dauer der jährlichen Beweidung und mit der aufgetriebenen Viehzahl und hängen außerdem von der Viehgattung, vom Alter und der Beschaffenheit der Bestände, den Bodeneigenschaften, der Neigung des Geländes und anderen Umständen ab. In stark weidebelasteten Gebieten (zum Beispiel in Staatsforsten Nordtirols etwa zwischen Thiersee und Scharnitz) trägt der Weidebetrieb durch Verbeißen und Vertreten der Anflüge und Aufschläge zum Verschwinden der Mischhölzer bei[3]. Bei der Regelung der Verhältnisse zwi-

---

[1] L e i n i n g e n, Wilh. G r a f z u, Die Roterde (Terra rossa) als Lösungsrest mariner Kalkgesteine. Zeitschr. „Chemie der Erde", 4. Bd., 1929, 178—187.

[2] Vgl. auch G i e s e c k e F., Bodenkundliche Beobachtungen auf Reisen in Anatolien und Ostthrazien, Chem. d. Erde 4, 551 (1930), zit. L e i n i n g e n, W. G r a f z u, im Handbuch der Bodenlehre von E. B l a n c k, 9. Bd., 1931, S. 485.

[3] R. H a p p a k, Allg. Forst- und holzwirtsch. Ztg. 1948.

schen Wald und Weide muß auf die Bedürfnisse *beider* volkswirtschaftlich wichtiger Betriebszweige Rücksicht genommen werden. Wo es sich in den österreichischen Alpen um Berechtigungen zur Ausübung der Weide im Walde (Weideservituten) handelt, dort ist in der Regel durch Servituten-regulierungsurkunden eine gewisse Regelung geschaffen. Österreich hatte vor dem Kriege 1939—1945 bei einer Gesamtfläche von 8,4 Millionen Hektar rund 1,3 Millionen Hektar Almgelände, die Almen liegen (mit Ausnahme von 14.000 ha) in den eigentlichen Alpenländern Salzburg, Tirol, Vorarlberg sowie im waldreichen, niedrigeren östlichen Alpenland von Steiermark und Kärnten [1].

In den mediterranen Gebieten Südosteuropas trägt, wie auch sonst in den Ländern der Balkanhalbinsel, zu den Schwierigkeiten der Wald-erhaltung noch bei, daß hier weniger Großviehzucht, weil Wiesen spärlich sind, und mehr die Kleinviehzucht der Ziegen und Schafe herrscht, die den mageren Weiden angepaßt sind. Das Kleinvieh verbeißt auf der Weide die Gehölze des Waldes und verhindert durch Abweiden der jungen Säm-linge auch die natürliche Waldverjüngung. Die große Ziegenhaltung in manchen Südostländern trägt also wesentlich zur Waldvernichtung bei.

In der Türkei zum Beispiel waren nach Erhebungen für 1935 etwa 82 v. H. der Gesamtbevölkerung in der Landwirtschaft tätig, nach der Zählung für das Jahr 1937 beträgt die Gesamtzahl des Viehes dort über 50 Millionen Stück, davon Kleinvieh (Schafe und Ziegen) über 37,7 Mil-lionen. Die Ernährung des Viehes und seine Versorgung mit Wasser ist mit Rücksicht auf das Klima eine der schwierigsten Aufgaben [2]. Im Sommer scheidet das Steppengebiet als Weidefläche aus, weil es vom Juni an in der dürren Steppe an Nahrung fehlt, außerdem mangelt dort von dieser Zeit ab auch das für das Tränken nötige Wasser. Deshalb verlassen im Sommer die Viehzüchter die Steppe, um in den feuchteren Randgebirgen Futter und Wasser für das Vieh zu finden, sie drängen also im Sommer mit ihrem Vieh aus der Steppe wegen Mangels an Futter, an Wasser und an Schatten nach dem Walde zu, in die mit etwas günstigerem Klima aus-gestatteten Randgebirge. Im Winter wird Laubstreu als Viehfutter im Walde geholt. Der Weidegang im Waldgebiet verhindert die Entwicklung von Jungwuchs des Waldes. Das Vieh wird in riesigen Herden eingetrieben, in manchen Gegenden wird dann ohne Hirten Tag und Nacht geweidet. An manchen Orten Südanatoliens (im Taurusgebirge) überwintert das Vieh im Walde in Hürden, in denen es zweimal des Tages mit den Zweigen und Gipfeln in der Nähe stehender Waldbäume (darunter auch Libanonzedern) gefüttert wird (Abb. 22). Nach einigen Jahren, wenn die nächstgelegenen

<hr>

[1] M a n t e l W., Die Alm- und Weidewirtschaft im Hochgebirge in ihrer Auswir-kung auf den forstlichen Betrieb, Jahresber. d. Dtsch. Forstvereins 1925, 191—207. J u g o v i z R., Wald und Weide in den Alpen, Wien 1908. D o m e s N., Die Entwick-lung der Alp- und Weidewirtschaft und ihrer Beziehungen zur Forstwirtschaft in Öster-reich, Jahresber. d. Dtsch. Forstvereins 1925, S. 310—322 (und Wechselrede).

[2] K e m a l S a v a ş, Die Waldweide in der Türkei, ihr gegenwärtiger Umfang und ihre künftige wirtschaftliche sowie rechtliche Regelung, M. Dittert & Co., Dresden 1941. T s c h e r m a k L., Einiges über die pflanzengeogr. Grundlagen des Waldbaus in der Türkei, Der Biologe, 1941.

Waldungen vernichtet sind, werden die Plätze der Hürden gewechselt. In der Nähe der Ortschaften ist der Wald meist völlig vernichtet oder durch die Beweidung zu kaum kniehohem Buschwerk geworden. Durch Verbesserungen im Wasserbau, in der Landwirtschaft und in der Bodenpolitik, Steigerung der Futtererträge müßten erst die Voraussetzungen geschaffen werden, um den Wald von der schädlichen Viehweide entlasten zu können.

Abb. 22. Geschneitelte *Abies cilicica* (gemischt mit *Pinus brutia*) im Walde westlich vom Dorfe Namrun im Taurusgebirge, 1250 m ü. d. M. (Aufn. K. F r i t z s c h e).

Auch in *Bosnien und der Herzegowina* sind in der Nähe der Ortschaften und Kommunikationen große Flächen ehemaligen Laubwaldes durch andauernde Beweidung in bloßen Buschwald (Gestrüpp) umgewandelt, in Bosnien werden solche Buschwälder als „šikara" bezeichnet. Die ehemalige österreichisch-ungarische Forstverwaltung in Bosnien und der Herzegowina rechnete mit einer halben Million Hektar solcher Gestrüppwälder[1]. Auf der ganzen Balkanhalbinsel beträgt die Fläche derartigen Buschwaldes ein Vielfaches dieses Ausmaßes. In *Ostserbien* zum Beispiel beobachtete R. K n a p p gelegentlich seiner Vegetationsstudien, daß im Timokgebiet, nordwestlich der Stadt Zaječav, auf sanft gerundeten Hügeln aus Silikatgestein und auf Kalkrücken Viehherden, zusammengesetzt aus Rindern, Ziegen und wollig behaarten Schweinen, miteinander weideten. Infolge starken Weideganges seien vom Laubwald nur buschartige Reste geblieben (K n a p p R., Vegetationsstudien in Serbien, Halle an der Saale, 1944).

In *Bulgarien* ist für die Fütterung des Viehs nach S t o j a n o f f jährlich eine Menge von 6,604.000 Tonnen trockenes Grasfutter erforderlich,

---

[1] F r ö h l i c h J., Steigerung der Holzproduktion in den Staaten Südosteuropas. Intern. Holzmarkt 1942, Nr. 24/25, S. 23—29.

während nach M. S t o j e f f die mittlere Jahreserzeugung an Futtermitteln aus künstlichen und natürlichen Wiesen im Lande im allgemeinen 1,580.000 Tonnen ist. Die Landwirtschaft liefert nur ein Viertel der erforderlichen Menge, der Rest muß von den Wäldern und Waldweiden beschafft werden [1].

Ein in der Regel im eigenen Wirkungskreis der Forstwirtschaft beeinflußbarer Standortsfaktor sind *zu hohe Wildstände.* Insbesondere sind zu hohe Stände an Hochwild und an Rehwild dem Waldbau abträglich. In einer Veröffentlichung über „Die Forstwirtschaft in Österreich [2]" hat Verfasser (1929) angenommen, daß in den höheren Teilen des Hochgebirges mit Alpe, Wald, Weide, verhältnismäßig viel Ödland und wenig Ackerboden weite Gebiete eine intensive land- und forstwirtschaftliche Nutzung ohnehin nicht zulassen, daher seien die Möglichkeiten für Jagd- und Wildhaltung gegeben. In solcher Einschränkung gilt dies wohl heute noch. In Österreich sind aber häufig auch in Gebirgslagen bloß mittlerer Höhe, wo eine intensive Forstwirtschaft möglich wäre, dennoch hohe Wildstände. Zu große Stände an Hochwild und an Rehwild sind aber dem Waldbau in hohem Maße abträglich. Oft wird eingewendet, daß der belebte Wald naturgemäß und erwünscht sei. Aber die hohen Wildstände im Walde sind in Wirklichkeit gar nicht mehr naturgemäß. In Urwäldern, zum Beispiel in Bosnien, überzeugte sich Verfasser, daß der Urwald keineswegs besonders reich an Nutzwild ist, denn infolge des ziemlich dichten Bestandesschlusses ergeben sich nur bescheidene Äsungsmöglichkeiten, auch ist durch das Vorhandensein von Raubwild die Vermehrung des Nutzwildes eingeschränkt. Auch K ö s t l e r (Wirtschaftslehre des Forstwesens, 1943) sagt, die Anschauung vom Wildreichtum des Urwaldes sei nur bedingt richtig, nämlich dort, wo der Wald durchbrochen, licht und ausreichend von Äsungsflächen durchsetzt ist. Der dichte Urwald hingegen sei wildarm. Von Natur aus besonders wildreich sind die Savannen und manche Steppen, dafür bietet das Innere Afrikas gute Beispiele. „Auch der tropische Regenwald und die dicht bewaldeten Teile Sibiriens sind wildarm" (K ö s t l e r). Die Jagdleidenschaft der Kulturmenschen, zusammen mit dem Streben nach Versorgung mit Wildbret, haben dahin geführt, daß der Wald durch Überhegung wildreicher gemacht wurde, als es seiner Natur entspricht. Empfindliche Schäden am Walde waren die Folge. In entlegenen Gebirgen, etwa in den Karpaten, aber auch in den österreichischen Alpen, wurden öfter Waldgebiete, die für eine geregelte Forstwirtschaft zu wenig durch Verkehrsmittel aufgeschlossen waren, als fast reine Jagdobjekte für begüterte Jäger aus Mittel- und Westeuropa eingerichtet. Dadurch wurde die Fortentwicklung der Waldwirtschaft gehemmt. Denn sobald einmal

---

[1] I w a n o w, Die staatliche Aufsicht über die Privatwälder in Bulgarien, Dissertation (Hochschule für Bodenkultur Wien, 1943); R u s k o f f M., Über den Schneitelbetrieb in den bulgarischen Eichenwäldern. Lessowodska missal **4**, 129—136, 1935. Mit. dtsch. Zus.

[2] T s c h e r m a k L., Die Forstwirtschaft in Österreich, Beitrag zu dem Werke: H a b e r l a n d t, Österreich, sein Land und Volk und seine Kultur, 2. Aufl., Wien und Weimar, 1929, S. 386.

alles auf den reinen Jagdbetrieb zugeschnitten war, wurde in der Regel zur Vermeidung der Beunruhigung des Wildes die Aufschließung durch Bringungsanlagen gehemmt oder unterlassen. Mangelnde Aufschließung zwingt dann weiter zu einer rohen Wirtschaft. J u g o v i z [1] schrieb 1928 einigermaßen mit Recht, die österreichischen Alpenländer seien „vom Semmering bis zur Schweizer Grenze" mit Hochwildüberhegung belastet. Dies sei Jahrhunderte hindurch der Fall gewesen und habe insbesondere noch in den letzten vierzig Jahren vor Ausbruch des ersten Weltkrieges zugenommen. Auch erwähnte er, daß gar manche, die ihren eigenen Besitz „in forstlich hochentwickelten Gebieten gegen Hochwildüberhegung gar wohl zu schützen und zeitgerecht wirtschaftlich zu erschließen verstanden", die Alpenländer einem Kolonialland vergleichbar einschätzten und hier Jagd- und Waldgebiete pachteten und kauften, die heute noch nicht aufgeschlossen sind. — Man nimmt an, daß der Wald etwa 20 Stück Hochwild auf 1000 ha ohne wesentlichen Schaden ernähren kann. Es gibt aber Reviere in Österreich, in denen 700 und mehr Stück auf 1000 ha gehalten werden.

Es ist also davor zu warnen, weiterhin die Überhegung des Wildes zu einem wesentlichen, waldbaulich verhängnisvollen Standortsfaktor werden zu lassen. Überall, wo es sich um eine entwickelte, fortgeschrittene Forstwirtschaft handelt, kann der Wald nur noch geringe jagdwirtschaftliche Bedeutung haben. Die Einnahmen der Jagd sind meist mit vielfachen Verlusten an Zuwachs, Wildschäden in der Landwirtschaft usw. erkauft. Die Verhältnisse des Krieges von 1939 bis 1945 zeigten, „daß auch die naturalwirtschaftliche Leistung der Jagd für die Volksgesamtheit niedrig ist" (K ö s t l e r). Wo, ähnlich wie im Wildparkbetrieb, die Jagd im Walde zur Hauptsache wird, dort fristet der Waldbau im ertragsarmen Wald mit verbissenen Kulturen, geschälten Stangenhölzern und hohen Umtriebszeiten für das frühzeitig stammfaul werdende Nadel- und Laubholz ein kümmerliches Dasein.

II. Waldformen, Verbreitung des Waldes und der Holzarten, die Rassen der Holzarten.

Der Wald ist eine der hauptsächlichsten Lebensformen (Vegetationstypen) der Pflanzenwelt. Für die „Vegetation" ist die Abhängigkeit von den ökologischen Verhältnissen maßgebend, für die „Flora" dagegen die Stellung im System, die Verwandtschaft. Man versteht also unter Flora den systematischen Wert der einzelnen Pflanzenformen, welche in einem Gebiet vorkommen; unter Vegetation hingegen die durch Anpassung an den Standort, besonders das Klima des Gebietes, erlangte biologische Ausbildung der Pflanzen, zum Beispiel in der Wüste die sukkulenten Pflanzen, die dabei in systematischer Hinsicht sehr verschieden sind, aber die Aus-

---

[1] J u g o v i z R., Allg. Forst- u. Jagdztg. 1928.

bildung als Sukkulente gemeinsam haben. Mit anderen Worten: Die Pflanzengeographie kann die Pflanzen entweder in ihrer Abhängigkeit von den Faktoren der Umwelt betrachten, nach der Ähnlichkeit in den Anpassungsmerkmalen (zum Beispiel Sukkulente, sommergrüne Laubbäume usw.), sie kommt dann zu einem System der „Vegetationsformen"; oder sie kann sie nach Merkmalen, die unter den verschiedensten äußeren Lebensbedingungen gleichbleiben und in der Entstehung der Arten, in der Verwandtschaft begründet sind, gruppieren (zum Beispiel Bau der Blüten, Zahl der einzelnen Blütenteile, Beschaffenheit der Früchte, Stellung der Blätter zu einander), sie kommt dann zu einem Sippensystem. In beiden Fällen: bei der „Vegetation" (oder dem System der Vegetationsformen) und bei der „Flora" oder dem Sippensystem ist der betrachtete Gegenstand der gleiche, nämlich die Pflanzenwelt. Für den Geographen und für den Forstwirt ist das System der Vegetationsformen besonders wichtig.

Nach den Lehren der Pflanzengeographie wird der Vegetationstyp in der gemäßigten und in der tropischen Zone vor allem durch die klimatische Feuchtigkeit, die Menge und Verteilung der Regen sowie durch den mehr oder weniger austrocknenden Wind bedingt, während die Flora in erster Linie auf die Wärme zurückzuführen ist[1]. Der Boden aber bestimmt nur die feinere Verteilung des von den beiden klimatischen Faktoren gelieferten Materials. Auch die eigenen forstlich-pflanzengeographischen Untersuchungen des Verfassers ergeben analog, daß vom Klima die Holzartenverteilung über ganze größere Räume (Ländergebiete) abhängt, vom Boden die Einzelheiten dieser Verteilung innerhalb der klimatisch bedingten Räume und die Güteklassen.

Die wichtigsten Vegetationstypen oder Pflanzenformationen sind *Gehölz*, *Grasflur* und *Wüste*[2]. Zum Gehölz gehören: a) Wald, wenn Bäume in geschlossenem Stand wachsen; b) Gebüsch, wenn Sträucher zwischen den Bäumen so reichlich entwickelt sind, daß die Baumkronen einander nicht berühren; c) Gesträuch, wenn Sträucher für die Gesamtphysiognomie ausschlaggebend sind. Zur Grasflur gehören: Wiesen, das sind hygrophile und tropophytische Grasfluren, weiter Steppen als xerophytische Grasflächen; Savannen, gleichfalls xerophytische Grasflächen mit einzeln wachsenden Bäumen. Außerdem gibt es noch andere Vegetationstypen, wie Moor, Tundra, Heide usw.

1. Der Vegetationstyp Wald; die Lebensgemeinschaft in diesem.

Wir verstehen unter Wald die Vergesellschaftung von Bäumen in mehr oder weniger geschlossenem Stande. Was den Begriff „Baum" anbelangt, so gehört zu ihm, daß der oberirdische Sproß im Herbst nicht abstirbt, sondern sich von Jahr zu Jahr höher erhebt, zugleich auch reicher verzweigt, und daß er, beziehungsweise der Stamm, durch Verholzung und Dickenwachstum die nötige Festigkeit erlangt, um die zunehmende Last

---

[1] Schimper - v. Faber, Pflanzengeographie, 3. Aufl., S. 267.
[2] Schimper - v. Faber, a. a. O. S. 270. (Die Definition für „Gebüsch" ist für den Forstwirt nicht ganz befriedigend im Hinblick auf den Begriff des Mittelwaldes.)

der Krone zu tragen[1]. Für die „Baumform" ist ferner als untere Grenze der Höhe eine Mittelhöhe älterer Bäume von mindestens 8 m vom Verein der deutschen forstlichen Versuchsanstalten festgesetzt. Was unter 8 m liegt, wird als Zwerg- (Krüppel-, Strauch-) Form bezeichnet. Einzelne Verfasser schlugen andere Grenzen vor, zum Beispiel S c h r o e t e r, Pflanzenleben der Alpen: 4 bis 5 m.

Als „Bäume I. Größe" bezeichnet man unter den Nadelhölzern solche, die in einem Alter von 100 bis 150 Jahren Scheitelhöhen von 35 bis 40 m erreichen können, wie Fichte, Tanne, Lärche usw.; im Urwald können sie auch 50 m und mehr erlangen. Weiter gehören zu den „Bäumen I. Größe" unter den Laubhölzern jene, die im angegebenen Alter 30 bis 35 m hoch werden können (Stiel- und Traubeneichen, Buchen, Eschen, Berg- und Spitzahorne, Sommer- und Winterlinden und andere). „Bäume II. Größe" erreichen nur 20 bis 25 m Höhe, zum Beispiel *Carpinus Betulus*, *Salix alba*, *Acer campestre*. „Bäume III. Größe" oder Großsträucher werden nur bis 10 m hoch (zum Beispiel *Juniperus communis*, *Fraxinus Ornus*).

Der amerikanische Urwald weist Holzarten auf, welche an Wuchsleistungen und somit auch an Scheitelhöhen unsere günstigsten Erfahrungen nicht bloß aus dem Wirtschaftswalde, sondern auch aus den Resten des europäischen Urwaldes übertreffen. Die Douglasie erreicht in ihrer Heimat im amerikanischen Urwald (pazifisches Nordamerika) Höhen von 70 bis 90 m, die Riesensequoie Höhen bis zu 84 m (früher wurde irrtümlich mehr behauptet) und Durchmesser[2] bis zu fast 12 m. Auch immergrüne Laubbäume in Küstengebieten Australiens, und zwar einige Eukalyptusarten, erwachsen zu bedeutenden Höhen.

Zum Begriff des Waldes gehört auch, daß die Bäume in gegenseitiger ununterbrochener Wechselwirkung zueinander stehen (Kampf um den Standraum, Astreinigung, gegenseitiger Schutz), daß sie also eine Gemeinschaft bilden. Das Ineinandergreifen der Baumkronen bezeichnen wir als Bestandesschluß. Fehlt von Natur aus der Bestandesschluß, so handelt es sich entweder um die „Kampfzone" an einer Kältegrenze des Waldes (polare und alpine Waldgrenze) oder aber um sogenannten „Trockenwald" (Wald sommertrockener Gebiete), weiterhin um Waldsteppe (Übergang von Wald zu Steppe), beziehungsweise um eine Savanne (ein dieser entsprechendes, von Menschenhand geschaffenes Gebilde ist die Parklandschaft). Unter Wald stellen wir uns also eine Vergesellschaftung von Bäumen im Sinne obiger Begriffsbestimmung vor, somit auch eine gewisse Höhe der Vegetation, ein entsprechendes Ausmaß der von ihr besiedelten Grundfläche und einen entsprechenden Bestandesschluß.

Der Wald ist zwar nicht, wie M ö l l e r annahm, ein Organismus, wohl aber eine Lebensgemeinschaft (Biozönose), die Bindung der einzelnen Glieder ist eine losere als bei einem Organismus. Zu dieser Lebensgemeinschaft gehören außer den Bäumen auch die Bodenpflanzen des Waldes, die Tiere, die in ihnen und an ihnen leben, die Kleinlebewesen des Bodens usw.

---

[1] Begriffsbestimmung frei nach J o s t, Baum und Wald, Berlin 1936, S. 3.
[2] K n u c h e l H., Beg trees, Schweizer. Landwirtsch. Monatshefte, 1931.

Manche von den Pflanzen und Tieren des Waldes sind an ihn gebunden, andere können auch außerhalb des Waldes auftreten. Es sind also verschiedene Grade der Bindung vorhanden.

Die treibende Kraft der Lebensgemeinschaft Wald ist teils der Kampf ums Dasein, und zwar bei den zuwachsenden und immer mehr Raum beanspruchenden Bäumen: Kampf um Licht, um die Nährstoffe und das Wasser im Boden, teils auch gegenseitige Hilfe; die Bäume stützen sich gegenseitig gegen die Kraft des Windes (sie bedürfen der Stütze, weil sie im Bestandesschluß schlanker aufgewachsen sind als im Freien), sie halten sich gegenseitig durch Beschattung die Unkräuter fern, sie beschirmen gemeinsam den Nachwuchs gegen Sonne und Frost, sie verbessern den Boden durch Streuabfall und schaffen ein besonderes „Klima des Bestandes".

Der Vegetationstyp Wald ist keineswegs überall auf der Erde verbreitet: Im Norden in der Polarzone finden wir die Tundra, diese Lebensform ist gekennzeichnet durch völlige Baumlosigkeit, Stauden mit starker Wurzelentwicklung, kurzer Vegetationsperiode (Kennzeichen der Stauden sind bekanntlich unterirdische ausdauernde Organe); Tundren gibt es in Nordeuropa, Nordasien und im nördlichsten Amerika. In diesen der Polarzone angehörigen Gebieten ist wohl verschiedene Flora, aber der Vegetationstyp stimmt überein.

Andere Gebiete ohne Wald sind die Steppen (in Nordamerika: Prärien). Das größte waldlose Gebiet dehnt sich vom Schwarzen Meer durch Mittelasien bis an die Grenze der Mandschurei nach Osten hin. Es umfaßt die russische, persische und mongolische Steppe und die Wüste Gobi. Nach Westen grenzen an: ein Trockengebiet in Arabien und Nordafrika (einschließlich Sahara), ein kleineres Trockengebiet in Südafrika. Weitere waldlose Gebiete sind noch im Inneren Australiens, in den Prärien Nordamerikas und den Pampas Südamerikas (vgl. die Karte: „Verbreitung der wichtigsten Vegetationstypen der Erde", Abb. 23). An den durch Trockenheit bedingten Grenzen des Waldes kommt es meist weniger zu Zwergund Krüppelwuchs der Bäume, wohl aber zur Auflösung des Schlusses („Waldsteppe", Steppenwald). Hieher gehören auch die besonders im mittleren Afrika große Flächen einnehmenden Savannen. S c h i m p e r beobachtete in afrikanischen Savannen teils spärlichen, teils reichlicheren Baumwuchs, jedoch ohne Annäherung an Waldbildung, zum Teil mit breitkronigen Bäumen, auch ein Zwergbaum von etwa 2 m Höhe trat (jedoch nicht gerade häufig) auf[1].

2. Die wichtigsten Waldformen.

Als die *wichtigsten Waldformen* können wir unterscheiden: I. *Immergrüne Laubwälder* (auch sie wechseln ihr Laub, aber meist erst, wenn schon neue Belaubung vorhanden ist), und zwar gehören zu dieser ersten Gruppe: 1. *tropische und subtropische Regenwälder*, üppige Hochwälder mit zahlreichen Epiphyten, in heißen Gebieten mit Niederschlägen zu allen Jahreszeiten, geringer jährlicher Schwankung der Temperatur (1 bis 6^0 C). In den

---

[1] S c h i m p e r - v. F a b e r, Pflanzengeographie, I. Bd., S. 535.

Additional information of this book

(Waldbau; 978-3-662-22787-9; 978-3-662-22787-9_OSFO1)

is provided:

http://Extras.Springer.com

Ländern des europäischen Südostens (auf der südosteuropäischen Halbinsel und in der Türkei) ist diese Waldform nicht vertreten. 2. *Lorbeer- und Hartlaubwälder* in Gebieten, wo die Niederschläge mit niederen Temperaturen zusammenfallen, während die warmen Jahreszeiten ganz oder zum Teil regenlos sind, doch herrschen milde Winter. Vereinzelt kommt der Lorbeer auch in diesem sommertrockenen Hartlaubbusch vor; eigentliche Lorbeerwälder hingegen bewohnen (zum Beispiel auf den Kanarischen Inseln) die feuchteste von den Höhenstufen der Berge (in windgeschützten, feuchten Nebelwinden zugänglichen Schluchten)[1].

II. *Periodisch grüne Laubwälder:* 1. *Sommerwälder*, winterkahle, sommergrüne Laubwälder, Bäume mit Knospenschutz, in Gebieten mit ausgesprochen kühlen Wintern mit Schnee und Frost und mit mäßig warmen Sommern. 2. *Winter- oder Monsunwälder*, wintergrüne oder regengrüne Laubwälder mit Vegetationsruhe und Blattabwurf in der wärmsten Jahreszeit: in immer heißen, aber im Sommer sehr trockenen, im Winter feuchten Gebieten. „Monsunwälder" heißen sie wegen der regenbringenden Meereswinde, Monsune, die im Herbst einsetzen (Beginn der Regenzeit). Auch Savannenwälder gehören hieher. Auch diese Art von Wäldern kommt im europäischen Südosten nicht vor.

III. *Nadelwälder*, immergrün (mit Ausnahmen, wie Larix), im kälteren Klimagebiet mit strengeren Wintern, Schnee- und Frostzeiten, kühlem bis mäßig warmem Sommer und ziemlich gleichverteilter Feuchtigkeit.

Für den europäischen Südosten sind hauptsächlich die *sommergrünen Laubwälder*, die *Nadelwälder* und die *Hartlaubwälder* wichtig.

Der tropische und subtropische Regenwald.

Bekannte Merkmale der tropischen Regenwälder im Vergleich zu Laubwäldern gemäßigter Zonen sind *Artenreichtum und Üppigkeit* (Abb. 24). Im Bereich des tropischen Regenwaldes gestattet das hohe Maß an Wärme und Feuchtigkeit das Vorkommen vieler Arten. Die große Artenzahl stellten auch J e n t s c h (als Vertreter der Forstwissenschaft) und B ü s g e n (als Botaniker) im Urwald von Kamerun fest[2]. J e n t s c h fand dort auf Probeflächen von je 1/2 ha bis zu 82 verschiedene Holzarten, B ü s g e n legte ebendort in verhältnismäßig kurzer Zeit ein dendrologisches Herbar von annähernd 500 verschiedenen Baumarten an. In Niederländisch-Indien kann in den tropischen Regenwäldern die Anzahl der botanischen Arten, die Holz liefern, auf einige Tausend geschätzt werden. Die Gesamtzahl der tropischen Baumarten dürfte „etwa 10.000, vielleicht noch bedeutend mehr betragen[3]". Das „Buch der Holznamen" von H. M e y e r, Hannover

[1] W a r m i n g - G r a e b n e r, Pflanzengeographie, 4. Aufl., 1933, S. 988; S c h i m p e r - v. F a b e r, Pflanzengeographie, 3. Aufl., S. 1392.

[2] J e n t s c h und B ü s g e n in „Der Tropenpflanzer", Beihefte, Bd. XII, 1911.

[3] G o n g g r y p J. W., Die Stellung der Forstwirtschaft in den Tropen, Intersylva, Zeitschr. der Internationalen Forstzentrale 1, 1941, S. 324—343; dortselbst Hinweise auf weiteres einschlägiges Schrifttum; d e r s e l b e, Die Holzzufuhr aus den Tropen nach Europa, Intersylva 2, 1942, S. 232—247 (Veröffentlichung des Centre International de

1933, enthält ungefähr 35.000 Holznamen, die zum größten Teil von tropischen Arten stammen, doch handelt es sich bei einer großen Zahl von Fällen um Synonyma, die wirkliche Artenzahl ist also kleiner. Oft können aber mehrere botanische Arten, die miteinander nahe verwandt sind, zu einer einzigen im Handel gangbaren Holzart zusammengefaßt werden. Umgekehrt treten nicht selten innerhalb einer und derselben botanischen Art je nach den Standortsverhältnissen so große Verschiedenheiten der Holzbeschaffenheit auf, daß die Hölzer auf dem Markte nicht als einheitlich gelten (zum Beispiel leichte und schwere Sorten von sogenanntem Balsaholz, das ist Holz von *Ochroma Lagopus Sw.*, halb so schwer als Kork, für Isolationszwecke und für Rettungsmittel benutzt).

Es gibt in den Tropen nicht nur äußerst reichhaltig zusammengesetzte Mischwälder, sondern andererseits auch solche Wälder, die praktisch als ziemlich reine Bestände aufgefaßt werden können. So finden sich nach Gonggryp (a. a. O.) in Südamerika, in Niederländisch- und Britisch-Guayana entlang einiger Flüsse Bestände

Abb. 24. Tropischer Regenwald auf Südsumatra, Ufer des Ranausees, 540 m (Auf. Fr. Ruttner).

einer Moraart. Diese Wälder erstrecken sich über etliche Tausende von Hektar. Bei anderen Reinbeständen im tropischen Wald, so bei den Teakwäldern Javas, die einen Wald von 800.000 ha einer einzigen Holzart, *Tectona grandis L. f.* (zu den regengrünen oder Monsunwäldern gehörig) darstellen, wird die Ursprünglichkeit bezweifelt (vgl. S. 123).

Da bei der großen Artenzahl der tropischen Mischwälder der Höhenwuchs, das erreichbare Alter, überhaupt das biologische Verhalten der verschiedenen Arten nicht gleich ist, so weist der Wald nicht einen ein-

Sylviculture). Eidmann F. E., Die Forstwirtschaft in Niederländisch-Indien, Forstw. Centralbl. **57**, 1935, S. 269—283, S. 331—343.

schichtigen Bestandesaufbau, also nicht ein waagrechtes Kronendach auf, sondern einen mehrschichtigen Aufbau, mehrere Baumstockwerke, ein zackiges Profil. Die große Regenmenge, große Luftfeuchtigkeit, die günstigen Temperaturverhältnisse bewirken, daß der Regenwald die üppigste aller Waldformen ist. Das Bestandesklima ist zwar nur in Bodennähe, in der Krautschicht, sehr gleichmäßig; die starke Zerrissenheit der oberen

Kontur, also die ungleichmäßige Zusammensetzung des tropischen Regenwaldes, bringt es mit sich, daß in einiger Höhe über dem Boden die Luftfeuchtigkeit, die Temperatur, das Licht usw. ziemlichen Schwankungen ausgesetzt sind, was aus Untersuchungen von F a b e r (1915)[1] hervorgeht. Trotzdem ist eine große Zahl von Epiphyten bezeichnend, das Innere mancher Wälder stellt vom Boden bis zu den Gipfeln der Bäume eine dichte Laubmasse dar, in anderen Fällen (jedoch seltener) gestatten dunkle Säulenhallen freie Bewegung. Das Wachstum mancher Arten im Regenwald ist ein sehr rasches, so wurde an Bambussen im botanischen Garten zu Buitenzorg (Java) als größter Zuwachs gemessen, daß

Abb. 25. Baum mit *Asplenium nidus* (Nestfarn) in Tschibodas, 1400 m, Westjava (Auf. Fr. R u t t n e r).

an einem Rohr innerhalb 24 Stunden 57 cm Höhenzuwachs stattfanden, an einem anderen 45 cm in der gleichen Zeit. E i d m a n n berichtet, daß in günstigsten Fällen, auf tiefgründigen lockeren Böden und bei reichlichem, über das ganze Jahr verteiltem Regenfall, bei manchen Arten die Wuchsleistung eine für europäische Begriffe unerhörte ist; so wurde bald nach seiner Ankunft in Indien im Garten der Versuchsanstalt ein Wäldchen von *Ochroma limonensis* (Balsaholz) begründet, das nach 2½ Jahren schon eine Mittelhöhe von 16 m, Brusthöhenstärken mancher Bäume von 30 cm aufwies; im einjährigen Be-

---

[1] S c h i m p e r - v. F a b e r, Pflanzengeographie, I. Bd., S. 340 ff.

stand mußte schon die erste kräftige Durchforstung eingelegt werden. Doch dürfe man nicht denken, daß in den Tropen das Wachstum allerorts so rasch vor sich gehe. Die Epiphyten sind vor allem Farne und Orchideen, sie treten meist nur als „Commensalen" oder Einmieter auf, ohne dem Wirtsbaum etwas zu entnehmen, ohne zu parasitieren. Die Abbildung 25 zeigt einen Baum mit dem bekannten großen Nestfarn (*Asplenium nidus*) im Urwald von Tschibodas. Auch H. M o l i s c h, der von Buitenzorg, Java, aus diesen Urwald besuchte, schrieb: „Dieses merkwürdige Farnkraut, eine der schönsten Zierden des tropischen Waldes, lebt als Epiphyt auf den Ästen der Bäume, bildet hier mächtige, oft über meterbreite Blattrosetten, in deren Innerem sich abfallende Baumblätter anhäufen und sich nach ihrer Verwesung Humus ansammelt [1]". Die Beschaffung von Wasser ist auf solchem Substrat schwierig, daher pflegen Epiphyten nur in Gebieten mit reichlichem Regenfall und großer Luftfeuchtigkeit vorzukommen. Auch besitzen viele Epiphyten Einrichtungen zum Speichern und Auffangen von Wasser. Auch Lianen

Abb. 26. Blüten- und Fruchtbildung unmittelbar am Stamme („*Kauliflorie*") an *Stelechocarpus Burohol* (Aufn. Fr. R u t t n e r).

(Schlinggewächse) in ungeheurer Fülle spielen eine bedeutende Rolle. Manche Bäume des tropischen Regenwaldes weisen stammbürtige Blüten (Kauliflorie) auf (Abb. 26).

Im niederländischen Schrifttum [2] wurden Vergleiche über die Wuchskraft in den Tropenwäldern und in den gemäßigten Zonen Europas veröffentlicht. Die Höhenwachstumskurven von Holzbeständen in der gemäßigten Zone und in den Tropen nach G. H e l l i n g a ergeben, „daß

---

[1] M o l i s c h H., Erinnerungen und Welteindrücke eines Naturforschers, Wien und Leipzig 1934.

[2] H e l l i n g a G., Tectona 31, 1938, S. 791 u. f., zit. nach G o n g g r y p J. W., Intersylva 1941, S. 330.

das Wachstum in Java größer ist, daß aber die schnellwüchsigen Holzarten *Populus canadensis* und *Populus robusta* in Europa ein Wachstum aufweisen, das sehr schnellwachsenden Holzarten in den Tropen nahekommt". Beim Vergleich der Erzeugung an Trockengewicht sind die Unterschiede noch geringer, so gibt H e l l i n g a für das Alter von 50 Jahren folgende Produktion an Trockensubstanz im bleibenden (durchforsteten) Bestand je Hektar an: Für die Buche, *Fagus silvatica*, in Europa 167.000 kg; für die gemeine Kiefer, *Pinus silvestris*, Europa, 150.000 kg; für *Tectona grandis*, Djati, Teakholz, Java, 212.000 kg; für die Fichte, *Picea excelsa*, Europa, 168.000 kg. (Das Durchforstungsholz sowie Reisig und Laub sind nicht mit-
gerechnet.)

Da der Wechsel der Jahreszeiten und mithin auch die Bildung von Früh- und Spätholz fehlt, so kommt es auch nicht zu einer Ausbildung von Jahrringen (außer wo kleine Trockenzeiten jährlich vorhanden sind). Eine Eigentümlichkeit bestimmter Baumarten regenreicher tropischer Klimate (nicht nur im Regenwald, sondern auch im laubabwerfenden „Monsunwald" oder Winterwald) sind „Brettwurzeln" (Abb. 27). Sie wirken sich als Stütze des Baumes gegen die

Abb. 27. Baum mit Brettwurzeln im Botanischen Garten in Buitenzorg, Java, 250 m (Aufnahme Fr. R u t t n e r).

Windgewalt aus, die überwiegende Mehrzahl der Bäume in Java hat nach F a b e r die Brettwurzeln an der vom Wind abgekehrten Seite[1].

Das Pflanzenleben im Regenwald überwuchert rasch jedes Menschen-werk. Legt man zum Beispiel eine Straße an, so müssen auf beiden Seiten Waldstreifen von 20 bis 30 m Breite gerodet werden, damit bei Stürmen keine Baumriesen über die Straße fallen. Aber die Zement- oder Asphalt-decken der Fahrbahn selbst bekommen auf dem weichen Untergrund bald Risse, und durch jeden Sprung drängt sich in kürzester Zeit die Vegetation. Ebenso bewalden sich die Randstreifen in unglaublich kurzer Zeit wieder.

---

[1] S e n n G., Über die Ursachen der Brettwurzelbildung bei der Pyramidenpappel, Verh. d. Naturforschenden Ges. Basel, **35**, 1923, S. 405, zit. nach S c h i m p e r - v. F a b e r, a. a. O., I. Bd., S. 460.

Im tropischen Urwald erreicht das Holz im allgemeinen viel größere Dimensionen als im Wirtschaftswald der gemäßigten Zone. Bei der Aufnahme der Holzvorräte der „äußeren Provinzen" Niederländisch-Indiens (also außerhalb Javas) fing man nach G o n g g r y p (a. a. O.) erst mit Durchmesserstärken von 40 cm an. Bäume von weniger als 40 cm wurden überhaupt nicht berücksichtigt. Die Gesamtholzmasse dieser 120,000.000 ha großen tropischen Fläche wurde dementsprechend mit 12 Milliarden Kubikmeter astreines Rundholz über 40 cm Durchmesser ermittelt[1]. Bei der großen Wärme im tropischen Regenwald bedarf es auch hoher und dauernder Feuchtigkeit (Durchschnittstemperatur während des ganzen Jahres 20 bis 26[0] C). Innerhalb des ausgedehntesten Waldgebietes der Tropen, des indomalayischen mit Einschluß Neuguineas, ist eine jährliche Regenmenge von über 2000 mm die Regel. Wo weniger fällt, sind die Gehölze weniger hochstämmig oder die Vegetation besteht aus Savannen. An manchen Stellen, zum Beispiel in Buitenzorg, fallen über 4000 mm. Die Verbreitung des tropischen Regenwaldes ist daher fast nur auf Küstenlandschaften und ihr Hinterland beschränkt.

In manchen Gebirgsgegenden von Java soll die Regenhöhe bis 7000 mm im Jahre erreichen (E i d m a n n). Die Flußläufe weisen infolgedessen häufig ein tief eingeschnittenes und breit ausgewaschenes Bett auf. In diesem ansehnlichen Flußbett fließt für gewöhnlich ein unverhältnismäßig kleiner Wasserlauf, aber wenn auf den Berghängen manchmal in wenigen Stunden bis zu 300 mm Regen gefallen sind, dann braust eine Flutwelle durch das Flußbett und die Wassermassen können beträchtliche Schäden anrichten. Von den Küstengebirgen an der Westküste Vorderindiens, den Western Ghats, Dekhan, wird berichtet[2], daß man, wenn man von der Küste nach Osten fährt, zuerst *immergrüne Wälder* trifft mit Niederschlägen von stellenweise *7500 mm im Jahr und mehr,* und dann *Steppenwälder,* die *alljährlich das Laub wechseln* und Regenmengen von nur 600 mm und weniger aufweisen, noch bevor man sich von seinem Ausgangspunkt an der Küste etwa 75 km entfernt hat. Auf einem Landstreifen von 55 km Breite, der parallel zur Meeresküste verläuft, schwankt die Regenmenge zwischen 1000 und 7500 mm. Auf den Gebirgshöhen selbst gibt es Stellen mit mehr als 8900 mm Niederschlag. Im Gebiete geringerer Niederschläge gibt es periodisch grüne Monsunwälder. Man schätzt, daß die tropischen Laubhölzer, also Regenwälder und Monsunwälder zusammen sowie Savannen, etwa die Hälfte des Waldbestandes der Erde ausmachen. (Statistik der „Food and Agric. Organ.", Abteilung Forestry and Forest Products)[3].

---

[1] E n d e r t F. H., Kurze Mitteilung von der Boschbowproefstation Nr. 34, Tectona 26, 1933, S. 405, zit. nach G o n g g r y p, a. a. O.

[2] K r i s h n a s w a m y   K a d a m b i, Ökologische Bemerkungen zur immergrünen Waldzone in Dekhan, im Südwesten Indiens. Forstw. Centralbl. 55, 1933, S. 55—67.

[3] Eine Darstellung der Bewaldungsverhältnisse in den wichtigsten tropischen Laubholzgebieten Zentral- und Westafrikas, dann Zentral- und Südamerikas und Asiens sowie Literaturhinweise bei: J. K r e j c i, Die Furnierindustrie in Österreich, Wirtschaftsgeographische Untersuchungen, Heft 19 der „Wiener geograph. Studien", herausgeg. von H. L e i t e r, Wien 1948.

Vom Standpunkt der *Forstbenutzung* ist der Regenwald trotz seiner Üppigkeit weniger befriedigend: In den weitaus größten Teilen der tropischen Regenwälder fehlt jede Aufschließung, diese Teile nehmen daher noch in keiner Hinsicht an der Holzproduktion für den Weltbedarf teil. Neben Holz spielen noch andere Erzeugnisse, wie zum Beispiel Nüsse, Kautschuk, Harz, in diesen Wäldern eine wirtschaftlich wichtige Rolle. Das Holz nur weniger Arten ist nutzbar, von vielen Arten ist die Nutzbarkeit noch nicht erforscht. Forstwissenschaftliche Institute befassen sich mit solchen Forschungen, zum Beispiel die Forstliche Versuchsanstalt, Abteilung für Forstbenutzung, in Dehra Dun, Britisch-Indien; ein „Institut für ausländische und koloniale Forstwirtschaft" bestand in Reinbek-Hamburg, früher in Tharandt[1] usw. Vom Standpunkt der Nutzung ist das Nadelholz zumeist begehrter, der Regenwald enthält aber nur Laubhölzer, zum Teil auch solche mit schlechten Stammformen oder solche von geringerer Dauerhaftigkeit. Die Verwendbarkeit dieser Hölzer zum Beispiel für Papierholz, sonstiges Chemieholz, Kistenholz usw. ist erst durch wissenschaftliche Untersuchungen festzustellen. Bei der Nutzung wird bisher häufig, um einen Weg zu wenigen Nutzstämmen zu bahnen, viel vorläufig Unverwertbares vernichtet. Da man für den Rückgang des Tropenwaldes infolge der Nutzung den europäischen Holzhandel verantwortlich macht, so führt dagegen G o n g g r y p zu dessen teilweiser Entlastung an, daß wenigstens eine vollständige Ausrottung der Holzarten, die kaufmännisch wertvolles Holz produzieren, nicht zu erwarten sei; denn die nutzbaren Bäume gehören nicht nur bestimmten Holzarten an, sondern müssen außerdem eine immerhin beträchtliche Mindestbaumstärke erreicht haben; außer solchen starken Bäumen enthalte aber der Tropenwald natürlich eine viel größere Anzahl schwächerer Bestandesglieder, die erst im Begriffe seien, in die wertvollen Dimensionen hineinzuwachsen. Der kaufmännisch eingestellte Weiße habe gar kein Interesse an diesem Nachwuchs und lasse ihn ruhig stehen. Dagegen benütze der Eingeborene den Wald, um Lebensmittel anzubauen, und ganz allgemein mache er dies durch den wandernden Waldfeldbau. Er schlage ein Stück Wald, verbrenne das geschlagene Holz und benütze den freigewordenen, mit Holzasche gedüngten Platz zum Anbau landwirtschaftlicher Gewächse. Selbst das während des ganzen Jahres genügend feuchte Klima sei kein Hindernis für eine solche Brandwirtschaft der Eingeborenen auf ganz bedeutender Fläche.

Bei der plenterartigen Nutzung zerstreuter hochwertiger, stärkerer Stämme müssen diese einzeln aus dem Walde befördert werden. Für jeden Baum wird ein besonderer Weg gemacht, das Holz wird oft mit Menschenkraft, bisweilen auch durch Vieh, an den Flußufern entlang oder auf sonstigen Wegen aus dem Urwald befördert. Erst in neuerer Zeit, so berichtet G o n g g r y p, sei in einem großen Teil des Urwalds die Nutzungsart eine andere, die Masse des geschlagenen Holzes werde größer, so groß, daß man von einer starken Lichtung des Waldes und selbst von Kahl-

---

[1] Vgl. die „Kolonialforstlichen Mitteilungen", herausgegeben vom Institut für ausländische und koloniale Forstwirtschaft durch F. H e s k e, Verlag Neumann, Neudamm.

schlag sprechen könne. Es sei wahrscheinlich, daß man, um die Nutzung wirtschaftlicher zu gestalten und im Hinblick auf den Weltbedarf an billigeren Holzarten aus dem Tropenwalde, öfter auf den Kahlschlag werde hinarbeiten müssen und daß die alte plenterartige Nutzung des Tropenwaldes immer mehr in den Hintergrund treten werde. Wenn dies zutrifft, so wird die Vorsorge für die Schaffung eines gesicherten Nachhaltsbetriebes auch in der tropischen Forstwirtschaft immer mehr notwendig werden. Bisher bestehen für den weitaus größten Teil der Tropenwälder noch keine Wirtschaftspläne als Sicherungen im Sinne des Grundsatzes der Nachhaltigkeit. Die Anzahl der Forstwirte, die der Verwaltung tropischer Kolonialländer beratend zur Seite stehen, ist immer sehr klein. Beispielsweise verfügte (1941) Java für 3 Millionen Hektar Wald über ungefähr 80 akademisch gebildete Forstwirte. Für 120 Millionen Hektar Wald in den Außenprovinzen aber gab es nur 30 Akademiker. Ein „Forstamt" hatte also ungefähr 4 Millionen Hektar Wald zu betreuen!

Außer den tropischen Regenwäldern gibt es auch *subtropische* und *temperierte Regenwälder.* Als temperierte Regenwälder werden die Wälder der warm temperierten Regengebiete bezeichnet, wo Regen zu allen Jahreszeiten fallen, diese Wälder ähneln den tropischen Regenwäldern, sind aber weniger formenreich und weniger üppig, auch nehmen sie, zum Unterschied von den tropischen, kleinere Areale ein (so im südlichen Japan, in Mittelchina, Südchile und im westlichen Neuseeland)[1].

Die Lorbeer- und Hartlaubwälder.

Die Heimat der Hartlaubhölzer sind die mild temperierten Gebiete mit Winterregen und Sommerdürre. Sie weisen viele Unterformen auf, gemeinsam ist ihnen die Härte ihrer dicken, lederartigen Blätter, die *Xerophyllie,* also Anpassung an Trockenheit und Verdunstungsschutz. Zum Beispiel hat *Quercus Ilex* lanzettliche, wollhaarige Blätter und kommt als Xerophyt auf trockenen, steinigen Böden vor. *Laurus nobilis* hat wohl auch lederartige Blätter, doch sind sie unbehaart und für ein Hartlaubgewächs ziemlich groß. Vereinzelt kommt der Lorbeer auch im Hartlaubbusch, in der Macchie (zum Beispiel auch in jener der kleinasiatischen Küstengebiete) vor; Lorbeer*wälder* aber sind an feuchtere Standorte gebunden, sie halten sich an windgeschützte Schluchten, wo die vom Meer aufsteigenden Nebelwinde genügend Feuchtigkeit hinführen.

Sonst sind in den Hartlaubbüschen (und -wäldern) die Blätter meist höchstens mittelgroß, oft kleiner, auch sind sie durch Dickwandigkeit, starke Ausbildung der *Cuticula,* Zurücktreten der *Intercellularen* usw. ausgezeichnet. Dies ist wegen des heißen, nahezu regenlosen Sommers nötig. Eine weitere Eigentümlichkeit ist die Häufigkeit unbeschuppter Knospen, da diese während des milden und feuchten Winters keines Schutzes bedürfen. Nach Untersuchungen von H. v. Guttenberg[2] machen die

---

[1] S c h i m p e r A. F. W. und v. F a b e r F. C., Pflanzengeographie, 2. Bd., Jena 1935, S. 640.

[2] G u t t e n b e r g H. v., Studien über das Verhalten des immergrünen Laubblattes der Mediterranflora zu verschiedenen Jahreszeiten, Planta 1927, S. 726.

immergrünen Mediterranpflanzen, also auch die Hartlaubgehölze des Mittelmeergebietes, bei strenger Sommerdürre und auf trockenen Standorten im Sommer eine Art Ruheperiode durch, die Assimilation findet dann vor allem im klimatisch sehr begünstigten Frühjahr statt, und auch in der Regenzeit tritt kein völliger Stillstand ein.

In diese Gruppe gehören auch die Küstenländer des Mittelmeeres[1]. Zur Kennzeichnung des Klimas sei angeführt: In Smyrna zum Beispiel beträgt die mittlere Jahrestemperatur 17^0, das Monatsmittel des wärmsten Monats $26,8^0$, das des kältesten $7,6^0$, die mittlere Jahresniederschlagsmenge nur 621 mm. Im *Sommer herrscht Monate hindurch blauer Himmel und es fällt sehr wenig Niederschlag*, in den Sommermonaten in Smyrna zusammen 24,6 mm oder 3,8 v. H. der jährlichen Regenmenge (S c h i m p e r - v. F a b e r, Pflanzengeographie, S. 654). Das Wachstum der Hartlaubgehölze ist im Sommer gehemmt durch die Trockenheit, im milden Winter durch die doch nicht genug hohen Temperaturen, es gibt daher nur Büsche und niedrigere Bäume. Man findet in den Hartlaubgehölzen der Mittelmeerländer kaum noch irgendwo die ursprüngliche Vegetation unverändert. Infolge ständigen Weideganges durch Kleinvieh und infolge sonstiger Eingriffe sind weite Strecken in Gestrüpp verwandelt und erscheinen von fern fast pflanzenleer. An entlegenen sowie an geschützten Stellen, zum Beispiel innerhalb von Gartenmauern, werden manche der sonst nur in Strauchform angetroffenen Gehölze der Macchie zu Bäumen geringerer Größe, zum Beispiel *Quercus Ilex, Quercus coccifera. Quercus Ilex*, die Steineiche, überragt die Büsche; wenn sie geschont und geschützt wird, vermag sie recht stattliche Bäume von etwa 10 m Höhe zu bilden. Im Nationalpark von Athen sah Verfasser ansehnliche *Quercus-Ilex*-Bäume mit mächtigen Kronen. Auch die Kermeseiche, *Quercus coccifera*, kommt nicht nur als Busch, sondern bei entsprechendem Schutz auch als 6 bis 8 m hoher Baum vor. Holzarten dieser Lebensform sind außer Steineiche und anderen immergrünen Eichen der Lorbeer, der Ölbaum, von Nadelbäumen *Cupressus sempervirens* (sowohl *pyramidalis* als auch *horizontalis*), *Pinus Pinea, Pinus halepensis*, beziehungsweise im Osten (so in Kleinasien, Küstennähe) die ihr verwandte Art *Pinus brutia*, dann der Erdbeerbaum, *Arbutus Unedo*, die Steinlinde, *Phillyrea media*, Baumheide, *Erica arborea*, mehrere Cistusarten und andere[2]. Im Frühling bietet die blühende Macchie ein sehr freundliches Bild (manche Arten, zum Beispiel *Arbutus Unedo*, blühen im Herbst).

Innerhalb der Macchie können verschiedene Typen unterschieden werden[3]: a) die sandliebende Küstenmacchie, mit *Juniperus macrocarpa, Juniperus phoenicea, Pistacia Lentiscus* in rundlichen Büschen, in Meeresnähe, Cistusarten, Carex, Binsen usw.; b) die Macchie der felsigen Küsten, im wesentlichen dornige Küstensteppe, Genista- und Euphorbiaarten, dazu

---

[1] R i k l i M., Das Pflanzenkleid der Mittelmeerländer, Bern 1942, S. 178 ff.

[2] Beschreibungen und Abbildungen der wichtigsten Macchiengehölze in: H e m p e l und W i l h e l m, Die Bäume und Sträucher des Waldes, Wien und Olmütz.

[3] H o f m a n n A., Über die Wälder auf Rhodos, Revista forestale Italiana 1941.

gesellen sich ganz verkrüppelte *Quercus coccifera, Ceratonia siliqua* (Johannisbrotbaum); c) hyrophile Macchie längs der Bäche: der Oleander verwandelt sie im Mai-Juni in blühende Gärten (Abb. 29). In Strauchform sind *Vitex Agnus Castus, Tamarix Pallasii* und selbst Platanen vorhanden (in Südwestanatolien und auf Rhodos in ganz feuchten Tälern hie und da auch *Liquidambar orientalis*); d) die Macchie der Hügelinnenzone, in schönem Wuchs, mit *Arbutus, Myrtus, Pistacia Lentiscus,* manchmal auch mit *Quercus coccifera,* wildem Ölbaum, dann *Styrax officinalis;* die Macchien sind hier 6 bis 8 m hoch; e) die Macchie der höheren Berge im Süden, hier wächst *Quercus coccifera, Poterium spinosum* und andere Arten.

Auf der südosteuropäischen Halbinsel ist die Stufe des immergrünen Hartlaubbusches nur im Süden breiter entwickelt. Sie säumt in einem küstennahen Gürtel den Peloponnes und Attika, ist auf den Inseln

Abb. 28. *Mastixpistazie (Pistacia Lentiscus)* in Meeresnähe bei Mersin, Südanatolien, über Hartlaubbüschen von *Quercus coccifera* (Aufnahme K. F r i t z s c h e).

(Zykladen und Ionischen Inseln). In Mittelgriechenland wird der immergrüne Küstengürtel schmal. An der thessalischen Ostküste keilt er aus, doch auf den Fingern der Halbinsel Chalkidike, in der Dardanellen- und Bosporuslandschaft erscheint er wieder[1]. Zusammenhängender reicht er an der adriatischen Westküste nach Norden. Besondere Üppigkeit erlangt er an der süddalmatinischen Küste, Umgebung von Ragusa. Auch Bäume fehlen nicht, wie *Pinus halepensis, Pinus Pinea, Cupressus sempervirens, Laurus nobilis*[2]. A. v. G u t t e n b e r g berichtet[3], daß auf der süddalmatinischen Insel Meleda im Jahre 1888, anläßlich einer Ausstellung, vom dortigen österreichischen Forstverwalter nicht weniger als 70 dort vor-

---

[1] M a u l l O., Länderkunde von Südeuropa, 1929, S. 353.

[2] B a l e n J o s., Beitrag zur Kenntnis der jugoslawischen Mittelmeerwaldungen. Sumarski List **59**, S. 125—142, S. 177—190, S. 237—259, S. 289—298, S. 356—373, S. 419—435, 1935. Mit französ. Zus.

[3] G u t t e n b e r g A. v., Der Staatsforst Meleda (mit 8 Abbildungen), Österr. Vierteljahresschr. f. Forstw. **61**, 1911, S. 233—244.

kommende Holzarten gesammelt wurden. G u t t e n b e r g hob auch mit
Recht die Schönheit der Macchie (mit dem glänzenden, tiefgrünen Laub
des Erdbeerbaums, seinen zierlichen Blüten und erdbeerähnlich aussehenden Früchten, mit der Zierde der im Frühjahr blühenden Zistrosen usw.)
hervor.

Außerhalb des Mittelmeergebietes ist diese Waldform noch im Südwesten Afrikas zu finden (bei einem Klima mit Regen- und Trockenzeiten),
ferner gibt es in Südwestaustralien (und einem Teil Süd- und Südost-

Abb. 29. *Nerium Oleander* an einem Wasserlauf bei Mersin (Aufnahme K. F r i t z s c h e).

australiens) Hartlaubgehölze, doch spielen hier Bäume, und zwar vor allem
die Eucalypten, eine wichtige Rolle (nur hier innerhalb der Hartlaub-
gebiete); immergrünes Hartlaubgesträuch (mit vereinzelten Bäumen) gibt
es ferner im Küstengebiet von Mittelchile und in einem großen Teil des
Küstenlandes von Kalifornien (von 43 bis 34⁰ n. Br.), die Vegetation in
diesen Gebieten trägt bei tiefgreifenden Unterschieden in der floristischen
Zusammensetzung im wesentlichen das gleiche Gepräge; die Gehölze haben
vorwiegend Strauchform, stellenweise kommen aus mittelhohen Bäumen
zusammengesetzte Wälder vor. Die Bäume sind meist niedrig, ihre Äste
knorrig, sie bilden nur lockere Bestände von hainartiger Beschaffenheit.
Die forstwirtschaftliche Bedeutung der Macchie liegt im Bodenschutz und
in bescheidenen Nutzungen (Kohlholz, Brennholz, Viehweide), durch
Regelung dieser Nutzungen wäre der Zustand der Macchie zu verbessern.

Die winterkahlen, sommergrünen Laubwälder oder „Sommerwälder".

Die Winterkälte ist eine wesentliche Bedingung in der Ökologie dieses Waldes. Für die winterkalten Gebiete kann man, wenn es auch Mischwälder von Laub- und Nadelholz gibt, immerhin Laubwälder und Nadelwälder unterscheiden. Die Laubwälder sind vornehmlich im Seeklima (westliches Eurasien) sowie im Süden und in tieferen Lagen beheimatet, die Nadelwälder im Landklima, also im Nordosten unseres Erdteiles sowie im Inneren von Gebirgen größerer Breitenausdehnung (Innenalpen, Zentralkarpaten) und außerdem in höheren Gebirgslagen.

Die Blätter des sommergrünen Laubwaldes sind dünn, weich. Ihr herbstlicher Abfall ist eine Anpassung an die Gefahr der Trocknis im Winter bei gefrorenem Boden. Das Kronendach ist gleichmäßiger als das des Regenwaldes, das Profil ist ruhiger, regelmäßiger, da die Bäume des Hauptbestandes in Höhe und Verzweigung in der Regel weniger ungleich sind. Die im Inneren des Regenwaldes meist herrschende Überfüllung fehlt hier, zum Beispiel im Inneren des Buchenwaldes. Im Gegenteil herrscht häufig das Bild der Leere (außer es ist unter gelockertem Kronendach Verjüngung vorhanden). Nur bei Mischung mit Sträuchern und verschieden hohen Bäumen entsteht ein mehrschichtiger Bestandesaufbau, zwei bis drei Stockwerke, meist aber neigt der Wald zum Vorherrschen einer Art und zur Einstöckigkeit. Besonders im Buchengürtel (Fagetum) ist dies der Fall, etwas weniger in der Höhenstufe der Eichen und Edelkastanien. Zur Entfaltung eines reichen Unterholzes (wie im tropischen Regenwald) ist in den Wäldern der höheren Breiten das Licht nicht ausreichend, auch Epiphyten sind nicht entwickelt, denn sie brauchen immer dampfgesättigte Luft, die sich nachts als Tau niederschlägt.

Als Beispiel eines sommergrünen Laubwaldes im Südosten seien etwa die Buchenwälder im bosnischen Urwald erwähnt, dort gibt es auf ausgedehnten Flächen im Gebirge massenreiche Rotbuchenbestände mit hohen, geraden, hoch hinauf astreinen Stämmen, Brusthöhendurchmesser selbst von 100 bis 150 cm kommen vor. Je nach Klima und Boden wechseln aber selbstverständlich auch im Urwald die Güteklassen.

Die Verwertbarkeit des Holzes der Sommerwälder ist günstiger als die der Regenwälder: die vorkommenden Arten liefern starke Stämme, meist mit hartem Holz, sie gehören einer kleinen Anzahl von Gattungen an: *Fagus, Quercus, Acer, Tilia, Ulmus, Betula, Carpinus*, in wärmeren Teilen *Castanea, Juglans, Carya* und andere.

Der sommergrüne Laubwald ist nur auf den Festländern der nördlichen Halbkugel verbreitet. Auf der südlichen Halbkugel fehlt er, weil der Gegensatz zwischen Winter und Sommer fehlt: Australien und Afrika reichen nicht weit genug gegen den Südpol, und die Südspitze von Südamerika ist schmal und steht unter dem Einfluß des umgebenden Ozeans. Der sommergrüne Laubwald der nördlichen gemäßigten Zone liegt in jenem Gebiet, das Gegensätze zwischen Sommer und Winter aufweist, aber nicht in den kontinentalen Gebieten mit schärfsten Gegensätzen, sondern in dem etwas gemilderten ozeanischen Teil.

In Europa liegt das Hauptverbreitungsgebiet des sommergrünen Laubwaldes im Westen, von den Küsten Frankreichs bis etwa zur Linie Königsberg—Warschau und von den Tieflagen der Schweiz, Österreichs und Jugoslawiens im Süden bis zur Nordgrenze von Irland—England—Dänemark; auch auf der südosteuropäischen Halbinsel und in der Türkei ist der sommergrüne Laubwald in tieferen und mittleren Gebirgslagen stark vertreten. Die Hauptgattungen in den Gebieten des sommergrünen Laubwaldes sind *Quercus* und *Fagus*. Im Kapitel über die klimatische Gesamt-

Abb. 30. Starker Bodenabtrag im lockeren „Trockenwald" mit humusarmen Böden, Abtragung unter den Wurzeln des *Pinus nigra var. Pallasiana*. Taurus, Cehenemdere (Aufnahme K. F r i t z s c h e).

wirkung wurde bereits darauf hingewiesen, daß H. M a y r die Zone des sommergrünen Waldes zweckmäßig unterteilt hat in die wärmere Hälfte, das Castanetum, und die kühlere Hälfte, das Fagetum.

Für Anatolien und Teile der südosteuropäischen Halbinsel, zum Beispiel Griechenland, empfiehlt es sich, die *sommergrünen Laubwälder* ebenso wie die Nadelwälder, beziehungsweise die Mischwälder von Laub- und Nadelholz je nach der Wasserversorgung zu unterscheiden als *Wälder sommertrockener Gebiete* sowie andererseits der *durch das ganze Jahr hindurch feuchten Gebiete*. Der Geograph L o u i s („Das natürliche Pflanzenkleid Anatoliens", Stuttgart 1939) nennt die einen „Trockenwälder", die anderen „Feuchtwälder". Den Feuchtwäldern steht das ganze Jahr hindurch genügend Niederschlag zur Verfügung. In Trockenwäldern, zum Beispiel Wäldern von sommergrünen Eichen mit Baumwacholdern, *Juniperus excelsa* (außerdem Ulmen, Ahornen, Weißdorn, Wildobstarten), ist der Schluß locker, es dringt viel Licht ein, im Bestand entsteht meist nur Halbschatten, eine zusammenhängende tote Bodenstreudecke fehlt. Der Boden ist daher nach Abholzung der Bäume dem Abtrag durch Wasser verhältnismäßig schutzlos preisgegeben (Abb. 30).

Wintergrüner oder regengrüner Laubwald.

Hieher gehört der *Monsunwald*, dann auch der *Savannenwald* und der *Dornwald*. Bei den „Winterwäldern" oder wintergrünen Wäldern findet sich ein deutlicher Wechsel zwischen niederschlagsreicher Regenzeit und langer niederschlagsarmer oder niederschlagsloser Trockenzeit, während welcher, besonders gegen Ende derselben, der Wald kahl ist. Diese Kahlheit fällt mit der wärmeren, aber trockenen Jahreszeit zusammen.

Auf Java kann man die Regenwälder des Gebirges und die Monsunwälder der Ebene unterscheiden[1]. In der Ebene dauert die Regenzeit etwa von November bis April, in der dann folgenden Trockenzeit herrschen Winde von Südosten aus trockenen Steppen und Wüsten Australiens, es fällt dann in der Ebene bei wolkenlosem Himmel oft monatelang kein Regen. Das Land dörrt aus, Gräser und Kräuter verdorren, die Flüsse versiegen, im Boden entstehen Risse. In den Bergen fällt auch während dieser Trockenzeit genügend Regen. Daher ist in der Ebene Monsunvegetation, im Gebirge immergrüner Regenwald. Die Gehölze der Monsunwälder sind darauf eingerichtet, monatelang mit einem Minimum an Wasser zu leben. Sie besitzen entweder Transpirationsschutz oder sie werfen die Blätter ganz ab und sind während der Trockenzeit kahl wie unsere sommergrünen Laubwälder im Winter. Im Monsunwald erreicht das Waldkleid nicht die Üppigkeit des Regenwaldes. Hier ist die mittelhohe Baumschicht oft stark entwickelt, während in der oberen Schicht in der Regel kein geschlossenes Kronendach zustande kommt. Die Zahl der großen Bäume je Hektar pflegt verhältnismäßig gering zu sein. Bei Beginn der Regenzeit im Herbst erneuern die Bäume ihr (hygrophiles) Laub. Bei Regen über 1800 mm gibt es noch üppige Wälder. In sehr sommertrockenen Gebieten dagegen kommen nur dürftige und lockere Bestände vor, Übergänge zu Savannen, Gebüschen und Grasfluren. Solche weniger regenreiche Gebiete sind also je nach dem Klima von verschiedenen xerophilen Gehölzen: Savannenwäldern, Dornwäldern, Dorngebüschen oder von Grasfluren des Savannentypus eingenommen. Die Baumartenzahl ist groß, darunter gibt es viele Leguminosen, bis zu 80 Prozent.

Eine besonders wertvolle Holzart der Monsunwälder der indischen Halbinsel und Javas sind die Teakbäume, *Tectona grandis*. Diese Holzart kommt in Indien in ausgedehnten Reinbeständen vor. Im mittleren und östlichen Java bedecken solche Bestände eine Fläche von etwa 800.000 ha. Das Teakholz ist sehr dauerhaft, fest und zäh, formbeständig, leicht bearbeitbar, dem Insektenfraß kaum ausgesetzt, es ist völlig termitenfest. Dabei ist es nicht schwerer als Eichenholz und ist das beste und wichtigste

---

[1] **E i d m a n n** F. E., Die Forstwirtschaft in Niederländisch-Indien, Forstw. Centralbl. **57**, 1935, S. 269—283, S. 331—343. **H e s k e** F r., Der tropische Monsunwald des Westhimalaya und seine wirtschaftliche Bedeutung, Thar. Forstl. Jb. 1930, S. 389—419.

Schiffsbauholz; auch zum Waggonbau, zu Schwellen, Tischlerholz ist es geeignet. E i d m a n n berichtet, daß dort, wo der Teakwald noch unberührter Urwald ist, die Teakbäume in sehr lockerer Verteilung, häufig als uralte Exemplare mit bedeutenden Abmessungen, über einem Unterholz von verschiedenen Sträuchern und Bäumen stehen. Man suchte festzustellen, wie aus diesem ursprünglichen Wald die *reinen Bestände von Teakholz* entstanden sein mögen. Folgende Deutung wird für die Entstehung der reinen Bestände von Teakholz als wahrscheinlich angenommen: Irgendwann mögen Eingeborene herausgefunden haben, daß auf den Reisfeldern ein höherer Ertrag erzielt werden kann, wenn im Quellgebiet des Flusses, mit dem man das Feld bewässert, ein Waldbrand stattgefunden hat. Daher wurde es Brauch, alljährlich am Ende der Trockenzeit, wenn die trockenen Blätter und Zweige den Waldboden bedecken, den Wald anzuzünden. Teak ist auch als junge Pflanze feuerfest, dieser wertvollen Eigenschaft ist die *Umwandlung* der ursprünglichen Teakwälder mit locker verteilten Teakbäumen über einem gemischten Unter- und Zwischenbestand *in reine Teakbestände* zuzuschreiben. Wo in neuerer Zeit im Teakwald dank forstpolizeilicher Maßnahmen mehrere Jahre hindurch Brand und menschliche Eingriffe unterblieben, dort stellte sich wieder Unterholz verschiedener Strauch-, bezw. Holzarten ein. Die europäischen Kolonisten strebten aber diesen Entwicklungsgang gar nicht an, sondern suchten aus wirtschaftlichen Gründen reine geschlossene Bestände zu erziehen, um auf die Geradschaftigkeit und Astreinheit hinzuwirken. Die Teakbestände werden daher im Waldfeldbau kultiviert, die Einheimischen übernehmen vertragsmäßig für einzelne Schläge die Herstellung der Teakkulturen gegen die Erlaubnis, zwischen den Reihen von Teakpflanzen kurze Zeit Reis, Mais, Tabak und Hülsenfrüchte zu bauen. Stöcke und Abraum werden von ihnen verbrannt, die Bodenfläche wird bearbeitet, dann Teak in Reihen von 2 m Abstand gesät. Zur Verhinderung schädlichen Graswuchses wird auf den Streifen in der Mitte zwischen je zwei Reihen eine Leguminose *(Leucaena glauca)* als bodendeckende Pflanze ausgesät. Zu beiden Seiten der *Leucaena* pflanzt der Eingeborene etwa ein halbes Jahr lang seine Feldfrüchte (E i d m a n n). Nach einem Jahr ist der Teak über mannshoch und die *Leucaena* bedeckt den Raum zwischen den Reihen vollständig. Der zweijährige Teak kann schon bis zu 8 m hoch werden, später läßt aber das Wachstum nach. (Natürliche Verjüngung wird nicht angewandt, weil bei dem großen Licht- und Wärmebedürfnis der jungen Teakpflanze gleich beim Besamungshieb stark gelichtet und somit auf den angestrebten engen Schluß der Verjüngungen verzichtet werden müßte.)

Eine Zwischenform zwischen Wald und Savanne ist der *Savannenwald,* auch er ist in der Trockenzeit mehr oder weniger laublos, er zeigt eine offene, parklandartige Beschaffenheit, ist nach der Schilderung H e s k e s arm an Unterwuchs, Kletterpflanzen und Epiphyten, aber reich an Bodenpflanzen, besonders Gräsern. Seine Bäume zeigen ausgesprochen xerophilen Charakter und sind bedeutend weniger hoch als die des tropischen Regenwaldes. Diese Waldform ist zum Beispiel in Indien sehr verbreitet und enthält zahlreiche Typen.

Der *Dornwald* ist dem Savannenwald sehr ähnlich, aber noch deutlicher xerophil. Dornige Pflanzen sind häufig. Auch in trockenen Teilen Britisch-Indiens ist diese Waldform sehr entwickelt, dann in Südafrika, in kontinentalen Gebieten Brasiliens usw.

Auf den *tropischen Laubwald:* Regenwälder, Monsunwälder sowie Savannen- und Steppenwälder zusammen, entfallen, wie schon erwähnt, gegen 50 Prozent der Waldfläche der Erde, und zwar findet er sich hauptsächlich in den tropischen Gebieten Mittel- und Südamerikas, in Mittelafrika, Indien sowie in Küstengebieten Australiens [1].

Der immergrüne Nadelwald.

In der Hauptsache nehmen die Nadelwälder die kühleren, die Laubwälder die mittleren Gebiete ein. Gelegentlich finden sich auch in den früher genannten Waldformen schon immergrüne Nadelhölzer, zum Beispiel Pinusarten im sommergrünen Laubwald; Cupressusarten im Hartlaub- und Lorbeerwald; Abiesarten im kühleren Teil des sommergrünen Laubwaldes usw.; auch in Gebieten, in denen der Baumbestand hauptsächlich Olivenhaine, Orangengärten, Mandel- und Feigenkulturen aufweist, gibt es von Natur aus Zypressen, zum Beispiel auf Kreta oder auf Rhodos. Nicht jedes Nadelholzvorkommen ist also beschränkt auf das eigentliche Nadelwaldgebiet. Die *eigentlichen Nadelwaldgebiete* aber sind *kältere* Klimagebiete mit strengen Wintern, finden sich also in Europa *nicht* im ozeanischen Westen und sind ausgestattet mit regelmäßigen Schnee- und Frostzeiten. In den Ostalpen zum Beispiel ist das Maximum der Lärchenverbreitung und nahezu das ganze Verbreitungsgebiet der Zirbe nicht etwa in ozeanisch beeinflußten Randgebirgen zu finden, sondern in den Innenalpen mit kontinentaler Klimatönung.

Die Ausbildung der Vegetationsorgane als Nadeln ist eine Anpassung an die „physiologische Trockenheit" des Winters (bei gefrorenem Boden); der Umstand, daß die Nadel immergrün ist, ermöglicht, worauf auch D e n g l e r im „Waldbau" hinweist, bei Frühjahrsbeginn sofortigen Anfang der Assimilation, also bei kurzer Vegetationszeit bessere Ausnützung dieser. Die winterkahlen Laubholzarten und die Lärche, welche sich als Mischholzarten im immergrünen Nadelwald finden, treiben sehr früh aus und vermögen so die kürzere Vegetationszeit gut auszunützen, so die Birke, Pappel, Weide, neben den schon genannten.

Vom Standpunkt der Forstbenutzung sind die Nadelwälder die wertvollsten Wälder der Welt, weil das lange und geradschaftige, astreine, nicht sehr schwerspaltige Holz für die Erzeugung von Sägeware und Bauholz wichtig ist (große Massen werden fast nur von diesen Sorten gebraucht [2]; von wertvollsten Laubhölzern dagegen nur kleinere Mengen). Nadelholz ist also ein Massenartikel, große Mengen sind Gegenstand des Handels. Die

---

[1] M a n t e l K., Forstpolitik im „Neudammer Forstl. Lehrbuch", 10. Aufl., II. Bd., S. 425.

[2] Nach Berechnungen des „Comité International du Bois" betrug 1935 der Anteil des Nadelholzes an der Nutzholzausfuhr der Welt 92% (Comité Intern. du Bois, Jahrbuch des Weltholzhandels, Wien 1936, zit. nach Intersylva 1, 1941, S. 325).

Belaubungsdichte der Tannen-, Douglasien- und Fichtenarten ist groß, ihre Bestände geben schattige Wälder. Auch die Holzmassenerzeugung ist eine sehr günstige. Auch in Mitteleuropa ist der durchschnittliche Gesamtzuwachs von Tannen- und Fichtenbeständen größer als jener der Laubhölzer (je Flächeneinheit). Für die Schweiz gibt F l u r y die Gesamtwuchsleistung der Fichtenbestände bester Güteklasse im Gebirge (100jährig) mit 1825 fm an, davon 545 fm Vorerträge (im Wege der Durchforstungen entnommen), es verbleiben also als Abtriebsnutzung noch 1280 fm. Für Tannenbestände I. Güteklasse in Baden, 100jährig, führt B ü h l e r[1] als Gesamtwuchsleistung 1752 fm an. In Österreich hat D i m i t z in einem Fichtenbestand bester Güte auf dem Nordhang des Höllengebirges, Salzkammergut, bei 140jährigem Alter eine Bestandshöhe von 48,5 m und eine Derbholzmasse von 1400 fm auf 1 ha gemessen[2]. Im klimatisch günstigsten Waldgebiet Kleinasiens, in den „Feuchtwäldern" im Randgebirge des Pontus, Ostteil, an der Schwarzen-Meer-Küste, gibt es Tannenbestände (*Abies Nordmanniana*) von ähnlicher Gesamtwuchsleistung wie jene von *Abies pectinata* in Südwestdeutschland (Baden) und in der Schweiz. Ähnlich können auch in Nordamerika die Massenerträge der Fichten-, Tannen- und der Douglasienwälder sehr hoch sein und die der übrigen Waldformen weitaus übertreffen.

Schon manche der sommergrünen Laubwälder zeigen Neigung zur Ausbildung reiner (also nur aus einer Holzart zusammengesetzter) Bestände auch im Naturzustande. Die schattenfeste Buche zum Beispiel ist im Optimum ihrer Verbreitung unduldsam gegen andere Arten und bildet fast reine Bestände, so sah Verfasser in bosnischen Urwäldern riesige Flächen fast reiner Buchenurwaldbestände (mit nur einzeln eingesprengten Ahornen, Eschen und Ulmen, in tieferen Lagen Eichen), auch in den Karpaten sind nahezu reine Bestände der Buche im Urwald sehr verbreitet. Auch *Fagus orientalis* bildet im Kaukasus und in den Pontischen Bergen Kleinasiens neben gemischten auch reine Bestände. Die Neigung, reine Bestände auch im Urwald zu bilden, ist besonders in kälteren Klimagebieten bei den Nadelhölzern zu beobachten. Es gibt zum Beispiel im nördlichen Skandinavien von Natur aus reine Fichten-, reine Kiefernbestände. Unter ungünstigen Klima- und Bodenverhältnissen kann es eben vorkommen, daß nur eine Art wettbewerbsfähig ist. In günstigeren Lagen aber kommen im Naturwald gemischte Bestände vor, dabei ist die Artenzahl im Nadelwaldgebiet und auch im sommergrünen Laubwald wesentlich geringer als zum Beispiel im tropischen Regenwald.

Nach der Karte „Verbreiterung der wichtigsten Vegetationstypen der Erde" (Abb. 23) bewohnen die Nadelwaldungen den ganzen Gürtel der nördlichen Halbkugel zwischen der polaren Grenze des Waldes und dem Gebiet des winterkahlen Laubwaldes (und der Steppe) und ziehen sich in ununterbrochenem Zusammenhang durch Nordeuropa und Nordasien sowie durch das nördliche Nordamerika. 35 Prozent der Waldfläche der

[1] B ü h l e r, Waldbau, I. Bd., 1918, S. 557.
[2] D i m i t z J. in d. Schweizer. Zeitschr. f. Forstw. 1923.

Erde entfallen auf die Nadelwälder (M a n t e l K., Forstpolitik, N e u - d a m m e r Forstl. Lehrb., 10. Aufl., II. Bd.). Die Breite des Gürtels, den sie bedecken, beträgt etwa 20 Breitengrade. Selbstverständlich kann die Karte schon wegen ihres Maßstabes nur schematisch, in großen Zügen, die Verbreitung darstellen. Auch das als Laubholzgebiet bezeichnete West- europa enthält immerhin auch Nadelholz, nicht nur in den Gebirgen, sondern zum Beispiel die Kiefer auch in den Ebenen Norddeutschlands, dann Fichte im Nordosten, Ostpreußen. Andererseits weist das als Nadel- wald eingezeichnete Gebiet, zum Beispiel im europäischen Rußland, nach Norden bis etwa zur geographischen Breite von Leningrad noch die Stiel- eiche, *Qu. pedunculata,* und die Esche, *Fraxinus excelsior,* auf, dann noch weiter nördlich die Bergulme, Winterlinde, Schwarzerle. Der Süden des in der schematischen Darstellung der Karte als „Nadelwald" bezeichneten Gebietes in Rußland ist die Waldsteppenzone (Übergang von Wald zur Steppe), hier kommen außer gemeinen Kiefern *(Pinus silvestris)* auch noch Laubhölzer: Eiche, Ulme, Birke, Aspe, Spitzahorn vor, in den westlichen Teilen auch Esche und Feldahorn[1]. Nach Norden grenzt an die Waldsteppe eine Zone in mittlerer geographischer Breite und eine nördliche Zone. Beide sind auch nach v. K r u e d e n e r solche des Nadelwaldes, und zwar be- zeichnet er jene in der mittleren Breite als die des „*durchweg* sich er- streckenden hochstämmigen Nadelwaldes" und die nördliche (rauhere) als die des „*nicht* durchweg sich erstreckenden hochstämmigen Nadelwaldes", aber auch da ergibt die weitere Gliederung und Beschreibung, daß immerhin noch Laubhölzer anzutreffen sind.

Trockenwälder und Feuchtwälder: Im Mittelmeergebiet können wir auch beim Nadelwald, ähnlich wie wir dies bereits beim sommergrünen Laubwald taten, je nach der Wasserversorgung die Wälder sommer- trockener Gebiete von den durch das ganze Jahr hin gleichmäßig feuchten Gebieten unterscheiden, beziehungsweise die „Trockenwälder" und die „Feuchtwälder" im Sinne des Geographen L o u i s. Auch beim Nadelholz sind die „Trockenwälder" (welche den trockenen Sommer dank der im Wurzelraum der Bäume vorhandenen Winterfeuchtigkeit noch ertragen können) äußerlich gekennzeichnet durch den nur lockeren Schluß. Bei- spiele von solchen Nadelholztrockenwäldern sind in Griechenland solche von Aleppokiefern, in Anatolien solche von Baumwacholdern *(Juniperus excelsa* und *foetidissima),* weiter (im Taurusgebirge) von Libanonzedern *(Cedrus Libani)* und von Schwarzkiefern. Beispiele von „winterharten Feuchtwäldern" im Sinne von L o u i s sind dagegen die Nordmannstannen- (und Buchen-) Wälder im Pontusgebirge Nordanatoliens mit über das ganze Jahr hin ziemlich gleichmäßig verteilten reichlichen Niederschlägen. In ihnen ist der Schluß ein dichter, die Bestandesmasse je Flächeneinheit eine größere als etwa in den lichten Zedernwäldern des Taurusgebirges Südanatoliens.

---

[1] Vgl. K r u e d e n e r, Waldtypen, Neudamm 1927, S. 37—43, Karte S. 60. Weiter „Vegetationstypen der UdSSR, Erläuterungen zu der von der Akademie der Wissen- schaften der UdSSR herausgegebenen pflanzengeographischen Karte", Zeitschr. f. Welt- forstw. 1941, S. 454 ff.

3. Der Wald nach Höhenstufen („Regionen") im Gebirge.

Ähnlich wie mit der geographischen Breite abnehmende Wärmeverhältnisse die Entstehung der Zonen (in waagrechter Erstreckung) hervorrufen, sind auch im Gebirge in senkrechter Richtung Unterschiede wahrzunehmen, die Pflanzengeographie spricht von „Stufen", „Höhenstufen" oder „Regionen". Im Gebirge sind die Unterschiede auf engen Raum zusammengedrängt, man kann hier in wenigen Stunden von der Stufe des immergrünen Hartlaub- oder des Lorbeerwaldes durch den sommergrünen Laubwald und den Nadelwald zur alpinen Waldgrenze, dann in die Krummholzstufe und über diese hinaus in die Stufe der Alpenmatten und alpinen Felsenflora wandern. Schon Alexander v o n H u m b o l d t hat nach seiner 1802 unternommenen Besteigung des Chimborasso in Südamerika auf die Ähnlichkeit dieses Wechsels in der Ebene nach Norden und im Gebirge nach der Höhe zu aufmerksam gemacht und hat versucht, diese Gesetzmäßigkeit großzügig darzustellen[1].

Genauere Beobachtung ergibt, daß die Ähnlichkeit des Wechsels beim Anstieg im Gebirge allerdings keine vollkommene im Vergleich zum Wechsel in verschiedenen geographischen Breiten ist. Zum Beispiel konnte Verfasser bei der Bereisung eines Teiles des zilizischen Taurus, eines mächtigen Gebirges längs der Südküste Kleinasiens, beobachten, daß in den Bergen von 3000 bis 3560 m (Aidost) auf die Stufe der Libanonzeder und zilizischen Tanne, die bis etwa 2000 m hinaufreicht, nach obenhin kein Wald mehr, also auch kein „Picetum" folgt: Die Sommertrockenheit des mediterranen Gebietes, die dort auch im Gebirge ausgeprägt ist, gestattet den Baumarten, die den höheren Stufen entsprechen würden, kein Vorkommen. Ähnliches drückt der Botaniker O. S c h w a r z in einer Abhandlung über die Vegetationsverhältnisse Westanatoliens aus (Botan. Jahrbücher 1935/36); er sagt mit Recht zur Frage, ob sich das Klima mit steigender Meereshöhe dem mitteleuropäischen nähere: „Der Winter wird kälter, Frostperioden kommen vor, ebenso Schneefälle, doch bleibt die steilere Sonnenstellung bei geringer Wolkenbedeckung und die damit verbundene hohe Lichtintensität, dennoch ist der Sommer monatelang frei von Niederschlägen, dennoch ist die Luftfeuchtigkeit viel geringer. . . . Das mediterrane Klima herrscht unumschränkt, von der Ebene bis zu den Gipfeln, nur daß es gewisse Charakterzüge mit steigender Höhe allmählich ändert."

Aus ähnlichen Ursachen fehlen auf manchen Bergen äquatorialer Gegenden die Stufen des sommergrünen Laubwaldes oder die des Nadelwaldes. Grundsätzlich aber und insbesondere für Gebiete, die nicht in bezug auf die Feuchtigkeitsverhältnisse wesentlich voneinander abweichen, bleibt aufrecht, daß mit der Meereshöhe ähnliche Veränderungen im Vegetationstyp wie mit der Wanderung gegen die Pole eintreten.

In Griechenland sind mittlere Höhenlagen, etwa zwischen 700 bis 1600 m Meereshöhe, für das Höhenwachstum der Waldbestände und die

---

[1] M a r e k R., Die Beziehungen zwischen Klima und Waldgrenze, Geschichte des Problems usw., Erg.-Heft Nr. 168 zu „Petermanns Mitteilungen", Gotha 1910, S. 54 ff.

Waldvegetation überhaupt immerhin etwas günstiger als die wärmeren und nicht genügend feuchten tieferen Lagen.

Stufenfolge in Mitteleuropa.

Wir finden zum Beispiel in Mitteleuropa: zuunterst die Stufe der Ebene und des Hügellandes, die *Eichenstufe*, die sich hauptsächlich aus Eichen, Hainbuchen und anderen Laubhölzern zusammensetzt. Ein ansehnliches Verbreitungsgebiet dieser Waldstufe in Österreich findet sich im Weinviertel Niederösterreichs, dann in den tieferen und wärmeren Lagen des Burgenlandes und des oststeirischen Hügellandes. Im Weinviertel kommen neben der Traubeneiche und Weißbuche noch Birke, Esche, Ahorn, Buche, Feldulme, gemeine Kiefer, Linde, dann Hasel und andere Sträucher vor. In dieser Stufe pflegt der Feldbau ausgebreitet zu sein und die anderen natürlichen Lebensformen zurückzudrängen. Der Laubwald in dieser Stufe wurde insbesondere in früherer Zeit häufig als Mittelwald bewirtschaftet. Seit dem Übergang zur Nutzholzwirtschaft kam es häufig zur Verdrängung der Mittelwälder, dabei (früher) zugleich auch zu der der Laubhölzer (vgl. J a c o b i , Die Verdrängung der Laubwälder durch Nadelwälder in Deutschland, 1912). Heute zieht man in den Eichenmittelwaldgebieten in der Regel die Überführung in Eichenhochwald vor.

Nach oben folgt (zum Beispiel in den Mittelgebirgen und auch in den Außenzonen der Alpen) die *Buchenstufe*. Sie weist oft reichere Wiesenbildung infolge der größeren Niederschläge und mehr zusammenhängende Bedeckung mit Laub- (und Nadel-) Wald auf. Die obere Grenze wechselt nach der geographischen Breite und den örtlichen klimatischen Verhältnissen. Im Süden rückt die obere Grenze höher hinauf, mit zunehmender geographischer Breite senkt sie sich. Sowohl die nächsthöhere als auch die untere Stufe schneiden zungenförmig in die Stufe des „Fagetums" ein: Jene der Ebene steigt in weit geöffneten warmen Tälern an; die höhere des „Picetums" greift in kühlere, mehr eingeengte Gebirgsschluchten oder in Frostlöcher herab. In der Buchenstufe finden sich Bergahorn, Esche, Ulme und andere. Im kühleren Teil tritt mit der Buche auch die Tanne in Mischung, die stellenweise ganze Bestände bildet.

In einem *Übergangsgürtel* des Fagetums gegen das Picetum mischt sich die Buche mit der Fichte und Tanne. In diesem Übergangsgürtel (und in der eigentlichen Buchenstufe) wurde häufig die Buche von der Wirtschaft zu weitgehend zurückgedrängt und das Nadelholz begünstigt. Nach obenhin folgt dann die *Stufe der Fichten* (Tannen, in manchen Gebirgen auch Lärchen, Zirben), in den Alpen als „Voralpenstufe" (*vor* den Alpenweiden) bezeichnet, das „Picetum" M a y r s , die kennzeichnende Holzart ist die Fichte. In Außenlandschaften des Gebirges steigen noch einzelne Buchen, Bergahorne, Tannen usw. bis in die Nähe der oberen Baumgrenze empor. In den Innenalpen dagegen herrscht fast reiner Nadelwald, also ein ausgesprochenes „Picetum", ein Beispiel für dieses inneralpine Picetum ist das Engadin in Graubünden, auf einer Tallänge von etwa 80 km herrscht Nadelwald und ist nahezu kein Laubholz wahrzunehmen, bis auf ganz vereinzelte Vogelbeerbäume, Traubenkirschen, Aspen, Birken, Grünerlen;

ähnlich das ans Engadin anschließende Oberinntal Tirols, oder das oberste Murtal, der Lungau, und andere inneralpine Täler. Die Tanne ist in den Innenalpen selten, sie gehört den wärmeren und weniger kontinentalen Teilen des Picetums an.

Die nach oben folgende *Krummholzstufe* enthält auf trockenen Standorten, also auch auf Kalk, die *Pinus montana*, auf frischeren Böden die Grünerle, *Alnus viridis*, gelegentlich finden sich auch beide nebeneinander; dann *Juniperus nana*, Zwergwacholder, sowie Zwergformen von Fichte, Tanne (nur in der Außenzone der Alpen auch in der Krummholzstufe vertreten), Vogelbeere, Alpenrosen *(Rhododendron hirsutum* und *ferrugineum)* und andere. Es wurde schon erwähnt, daß nach Norden hin die einzelnen Stufen herabsinken. Im nördlichen Skandinavien zum Beispiel fehlt das Fagetum, die unterste Stufe ist dort das Picetum.

Die höchste Stufe der Vegetation im Gebirge ist die *alpine*, mit Alpenmatten und alpiner Felsenflora. Die Grenzen der einzelnen Stufen sind nicht scharf, sondern bilden mehr oder weniger breite Gürtel. Innerhalb dieser Gürtel mischen sich die Holzarten der oberen mit jenen der unteren Stufe.

Gesetz der sinkenden Stufengrenzen mit zunehmender nördlicher Breite.

Als Ausdruck für dieses Gesetz gab Willkomm an, daß zum Beispiel die Rotbuche durchschnittlich ihre obere Grenze finde:

am Ätna in Sizilien, etwa 37⁰ nördl. Breite . . . . . . bei 1970 m;
in den Nordtiroler Alpen . . . . bei 1540 m;
im Harz, fast 52⁰ nördl. Breite . . . . bei 650 m;
in Norwegen, 59⁰ nördl. Breite . . . . bei 190 m.

Verfasser selbst beobachtete zum Beispiel in Bosnien die untere Grenze der Fichte bei etwa 800 bis 1000 m, hingegen im Urwald von Bialowies in Polen (53⁰ nördl. Breite) schon bei etwa 170 m, in Mischung mit Laubhölzern. In den Alpen ist die Fichte ein Gebirgsbaum, aber schon in Ostpreußen kommt sie von Natur aus auch in der Ebene vor.

Stufenfolge im inneren Rumpf der südosteuropäischen Halbinsel.

Die nördlichen Randgebiete sind den Einflüssen des pannonischen Klimas offen. Sonst ist das Gebiet ein Waldgebiet. Schon in den Niederungen der Save und Donau gibt es Auwälder. Nach der *Hügelstufe*, in der Wein und Obst gebaut wird, folgt in Kroatien, im nördlichen und mittleren Bosnien und Serbien die *Bergregion* (in 600 bis etwa 1200 m Höhe) mit Wäldern von Stiel- und Traubeneichen, Zerreichen, Silberlinden, Walnußbäumen, *dann* Rotbuchenwäldern und auf gut erwärmten Böden, besonders in Südbosnien und Serbien, mit Schwarzkiefernwäldern *(Pinus nigra)*. In der *obersten* Waldstufe des Gebirges, etwa 1200 bis 1600 m, folgt Nadelwald von Fichte, Tanne, Kiefer, im serbisch-bosnischen Grenzgebiet auch die zierliche *Picea Omorica*, im südlichen Bosnien und in der Herzegowina auch *Pinus leucodermis*, die Panzerföhre, im Rhodopegebirge Bulgariens die (fünfnadelige) *Pinus Peuce*.

Stufenfolge in Griechenland und im Taurusgebirge Kleinasiens.

Griechenland. In der untersten Stufe sind immergrüne Hartlaubgehölze, immergrüne Eichen und Lorbeerbäume, Waldbestände von Aleppokiefern, Zypressen; von der Landwirtschaft kultiviert werden Ölbäume, Mandeln, Feigen, in Südgriechenland auch Zitronen und Orangen. Bei Athen, im Revier Tatoi, reicht die Stufe der immergrünen Hartlaubgehölze (und Aleppokiefern) bis etwa 700 m. Der wirtschaftlich wichtigste Waldbaum in dieser Höhenstufe ist dort *Pinus halepensis*, die waldbildende Holzart, die selbst auf den ärmsten Fels- und Sandböden noch gedeiht. Auf diese Höhenstufe folgt nach obenhin jene der sommergrünen Eichen und Edelkastanien mit *Quercus pubescens, conferta, Quercus Robur, petraea, Cerris, Macedonica* und anderen, dann weiterhin nach oben die der Buchen, Tannen *(Abies cephalonica)* und Schwarzkiefern. Aus klimatischen Gründen, vor allem wegen des zu kurzen und zu milden Winters, *fehlen* in den Gebirgen Griechenlands vollständig die Fichten, Lärchen, Birken und die Krummholzkiefer.

Taurusgebirge Kleinasiens. Am Fuße des Gebirges in der zilizischen Ebene und im Hügelland (zwischen dem Gebirge und der Küste) finden wir Macchien mit *Myrtus communis*, Pistazien, *Quercus coccifera*, Oleandergebüschen längs der Wasserläufe; dann folgen nach oben zu: sommergrüne Eichen und *Pinus brutia*, die nahe Verwandte der *Pinus halepensis*, die sie im östlichen Mittelmeergebiet vertritt (beide Arten ebenso wie die Pinie wärmebedürftige Kiefern, an Küstennähe gebunden). Weiter von etwa 1000 m aufwärts: *Cedrus Libani, Abies cilicica, Pinus nigra* und baumförmige *Juniperus*-Arten (in „Trockenwäldern" im Sinne von L o u i s). Besonders auf Sonnseiten ist wegen der Trockenheit der Wald nur locker und wenig hoch. Die Stufe der Zedern und Tannen reicht bis etwa 2000 m.

4. Natürliche „Kampfzone" des Waldes; nördliche (polare) und obere (alpine) Waldgrenze.

Wenn wir den Waldgürtel eines Gebirges von unten nach oben durchwandern, so gelangen wir allmählich in Höhenstufen, in denen der Bestandesschluß deutlich aufhört, die Baumhöhe abnimmt. An die Stelle des noch einigermaßen geschlossenen Waldes treten nur mehr Gruppen abholziger, ästiger Bäume, bald sind es kleinere „Trupps", bald größere „Horste". Man nennt die obere Grenze des noch einigermaßen geschlossenen Waldes die „*Waldgrenze*"; ober ihr gibt es noch eine zweite Grenzlinie, die obere „*Baumgrenze*", das ist die Linie, bis zu der zwar kein geschlossener Wald, wohl aber noch Bäume von mindestens 8 m Höhe vorkommen. Zwischen der oberen Waldgrenze und der oberen Baumgrenze liegt die „*Kampfzone*", das ist die Höhenstufe des Kampfes der Bäume mit

den Witterungsunbilden der zu hohen Lage: Wind, ungünstige Temperaturverhältnisse, Schneedruck, Frost, geringe chemische Verwitterung des
Bodens usw. Die Bäume in der Kampfzone weisen oft infolge Gipfel-
bruches und Ausbildung von Sekundärgipfeln kandelaberförmige oder lira-
förmige Gestalten auf, ihre Schäfte sind kurz und nehmen nach unten hin
rasch an Stärke zu, man nennt sie deshalb „abholzig" (im Gegensatz zu
„vollholzigen"), auch sind sie meist bis herab beastet. (Solche abholzige,
kurze, astige Stämme sind vom Standpunkte der Forstbenutzung weniger
begehrt.) Oberhalb der Baumgrenze folgt dann in der Regel noch eine
dritte Linie, die *obere Grenze des Zwerg- und Krüppelwuchses* von Holzarten (unter 8 m Baumhöhe bleibend).

Der Unterschied der Meereshöhe zwischen der oberen Wald- und der
oberen Baumgrenze beträgt oft nur etwa 100 bis 150 m. Zu strenge Anforderungen darf man an den Bestandesschluß unmittelbar unterhalb der
oberen Waldgrenze auch nicht stellen; denn die Gestaltung des Geländes,
Felswände, Steilheit, Bodenabrutschungen, lassen oft keine vollkommen
geschlossene Bestockung zu. Auch ist im Hochgebirge, besonders auf Sonnseiten, der dort volkswirtschaftlich bisher nicht entbehrliche Weidebetrieb
häufig eine Ursache des weniger vollkommenen Schlusses, dann auch die
aus wirtschaftlichen Gründen sich notwendig ergebende weniger intensive
waldbauliche Arbeit in der entlegenen Hochlage.

Ähnlich wie an der oberen Wald- und Baumgrenze ist auch im Norden
zu beobachten, daß der Wald auch dort eine Grenze findet, das ist die
polare Waldgrenze. Die polare Wald- und die polare Baumgrenze sollen
oft 1 bis 1½ Breitengrade auseinanderliegen.

An der alpinen und an der polaren Waldgrenze ist die Wiederverjüngung des Waldes eine sehr schwierige. Ein finnischer Forscher,
A u g u s t R e n v a l l, hat durch Untersuchungen festgestellt, daß in der
Kampfzone zwischen der polaren Wald- und Baumgrenze Jahre, in denen
Koniferen reichlich Zapfen tragen, noch keineswegs Samenjahre zu sein
brauchen. Denn die Witterungsverhältnisse gestatten oft nicht, daß die
Samen in den Zapfen auch ausreifen. Nach R e n v a l l s Untersuchungen
(unter anderem durch Bestimmung des Altersabstandes in den Verjüngungen auf Grund mikroskopischer Jahrringzählung) kommt es an der
polaren Grenze des Baumwuchses nur etwa alle 90 bis 100 Jahre zu einem
wirklichen Samenjahr[1]. Aus diesem Ergebnis müssen wir schließen, daß der
Bestand auch an der oberen Wald- und Baumgrenze schonender Behandlung bedarf, denn im Falle rücksichtslosen Kahlschlages wäre es außerordentlich schwierig, ihn nachher wieder zu ersetzen. Seltenheit der Samenjahre erschwert die natürliche Verjüngung, die Unbilden des Standortes
aber lassen künstliche Aufforstung mit Pflanzen, die aus Samen fremder
Herkunft gezogen sind, meist aussichtslos erscheinen.

An der polaren Waldgrenze finden sich vor allem Picea-, Pinus- und
Betulaarten, in Europa *Picea excelsa, Pinus silvestris, Betula pubescens;*

---

[1] R e n v a l l A., Reproduktion der Kiefer an der polaren Waldgrenze, Helsingfors
1912.

in Nordasien *Picea obovata* (mit Übergängen und Zwischenformen zu *Picea excelsa*) und *Picea ajanensis*, in Nordamerika *Picea alba*, *Picea rubra* (die dort in der arktischen Zone als Strauch an der Grenze des Zwerg- und Krüppelwuchses mit beteiligt ist). In Sibirien beteiligt sich stellenweise auch *Larix sibirica* an der Wald- und Baumgrenze. In den Alpen finden wir an der oberen Baumgrenze häufig Zirbelkiefer, Lärche und Fichte.

Der Verlauf der polaren Wald- und Baumgrenze stimmt ungefähr mit der Lage der 10⁰-Juli-Isotherme überein. Beide Linien gehen im Osten Nordamerikas und des nördlichen Eurasien etwas weniger weit nach Norden als im Westen. Die alpine Wald- und Baumgrenze erreicht im Himalaja etwa 3500 m und sinkt nach Norden, im Gebiet der polaren Grenze geht sie bis zur Seehöhe 0 herab. In den Zentralalpen des Kantons Graubünden, bei Pontresina, erreicht die Baumgrenze etwa 2400 m. Aus dem Umstande, daß die Waldgrenze nahe der genannten 10⁰-Juli-Isotherme verläuft, ist zu schließen, daß nicht die Winterkälte, sondern das Maß der Sommerwärme den Verlauf der Waldgrenze bestimmt.

Die alpine obere Baumgrenze erfährt in den Alpen in der Innenlandschaft, im Gebiete großer Massenerhebungen mit Landklima, eine Hebung, wie schon im Abschnitt „Randgebirgsklima und Zentralgebirgsklima", S. 80—83, auseinandergesetzt wurde. In den Innenalpen ist zwar auch die 10⁰-Juli-Isotherme gehoben, aber die Baumgrenze ist noch höher gehoben als die Isotherme. In den Randgebirgen der Alpen liegt die Baumgrenze tiefer (Nordrand in der Schweiz, Tirol: etwa 1600 bis 1800 m). Der Unterschied ist durch den Klimacharakter bedingt. Für die Schweiz hat diese Zusammenhänge B r o c k m a n n - J e r o s c h hervorgehoben[1]. Das Randgebirgsklima ist dem Seeklima ähnlicher, dies bedingt kühlere Sommer, daher die Senkung. In den Innenalpen sind größere Wärmeausschläge; die größere Winterkälte schließt zwar gewisse Holzarten aus, aber die wärmeren Sommertage gestatten den widerstandsfähigen Arten, in Höhen geringerer Mitteltemperaturen emporzusteigen.

Den Verlauf der oberen Waldgrenze in den österreichischen Alpen hat M a r e k[2] unter Benützung der Höhenangaben der Spezialkarte dargestellt. Die beigegebene Karte (nach M a r e k, mit Ergänzungen von F e n a r o l i) ist dem Werke von R. S c h a r f e t t e r, Pflanzenleben der Ostalpen, Wien 1938, entnommen. S c h a r f e t t e r hebt als Ergebnis hervor: Der Wald steigt in der Innenzone in größere Höhen empor als in den Außenzonen; in beiden Zonen findet ein starkes Absinken der Höhengrenzen in der Richtung von Westen nach Osten statt. Diese Tatsachen treten durch folgende, der Arbeit M a r e k s entnommene abgerundete Zahlen hervor.

---

[1] B r o c k m a n n - J e r o s c h, Baumgrenze und Klimacharakter, Beitr. zur geobotan. Landesaufnahme d. Schweiz, Zürich 1919.

[2] M a r e k, Waldgrenzstudien in den österreichischen Alpen, Mitt. der Geogr. Ges. Wien, **48**, 1905; d e r s e l b e, Beitrag zur Klimatographie der oberen Waldgrenze in den Ostalpen, „Petermanns Mitteilungen" **56**, 1910.

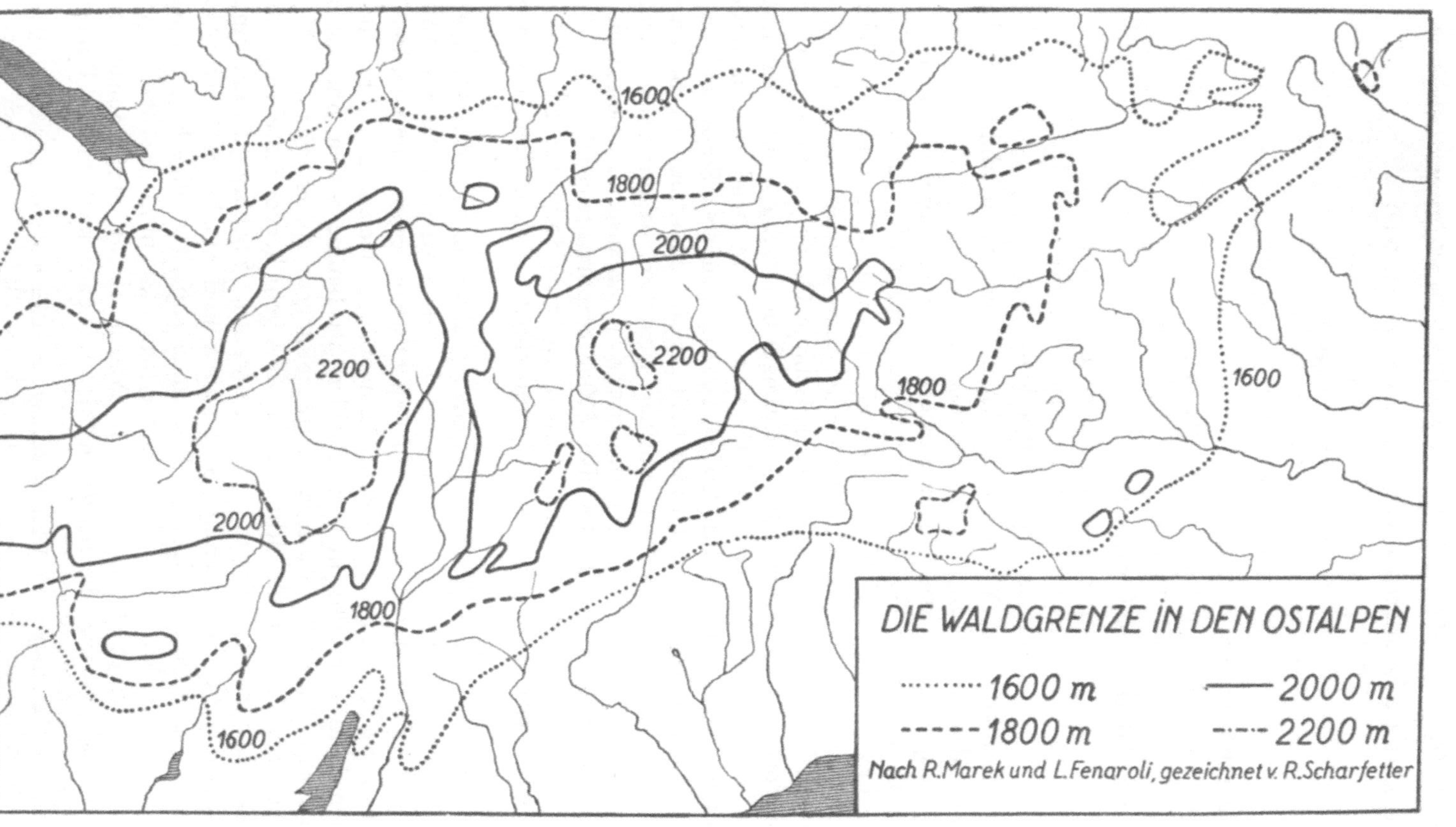

Abb. 31 (nach R. Scharfetter, Pflanzenleben der Ostalpen).

Die mittlere Waldgrenze erreicht in der Innenzone:

    2200 m in der Ortlergruppe,
    2000 m in den Hohen Tauern,
    1840 m in den Niederen Tauern,
    1700 m in den Norischen Alpen;

in der nördlichen Außenzone:

    1950 m im Karwendelgebirge,
    1720 m in den Ausseer Alpen;

in der südlichen Außenzone:

    2070 m in den Südtiroler Dolomiten,
    1870 m in der Karnischen Hauptkette,
    1700 m in den Karawanken.

Das Absinken von Westen nach Osten hängt hauptsächlich mit der geringeren Massenerhebung im Osten zusammen.

Als Beispiel dafür, daß ein ozeanisches Klima mit kühleren Sommern eine tiefere Lage der oberen Waldgrenze hervorruft, führt B r o c k - m a n n - J e r o s c h die Gebirge Englands an; England hat ein in vieler Hinsicht begünstigtes Klima mit milden, feuchten Wintern, ausgeglichenen Wärmeverhältnissen. Aber die niederen Gebirge Großbritanniens ragen in die Stufe der „Alpenmatten". Im mittelenglischen Gebirge der Penninen liegt die Baumgrenze bei etwa 53⁰ 45′ n. Br. überraschend tief, nämlich bei rund 600 m ü. d. M. Ähnlich lauten die Angaben über Schottland und Irland. „Das ozeanische Klima Großbritanniens läßt die schön ausgebildeten Baumformen der englischen Parklandschaft entstehen, baumförmige Yucca und Lorbeer bringt es hervor, verhindert aber die anspruchslosesten einheimischen Bäume, in eine Höhe über 600 m emporzusteigen."

Bemerkt sei, daß auch durch windausgesetzte Hochlagen die Waldgrenze hervorgerufen werden kann, dann durch felsigen, steilen Boden oder durch Geröllboden.

Die älteste Angabe über eine obere Waldgrenze in den Ostalpen scheint der Bericht des R i c h a r d v o n S t r e i n zu sein, der im Auftrag Kaiser Rudolfs II. im Jahre 1591 den Ötscher besuchte und meldete, „daß da an Stelle schlanker Fichten Dannenbäume treten, die nicht über halb man hoch und also mehrer Stauden als Bäume waren und doch Dannenzapfen trugen[1]". Auch zwei Jahrhunderte später war die Abhängigkeit vom Klima noch nicht erkannt, dies geht hervor aus einer Stelle der „Naturhistorischen Briefe über Österreich, Salzburg, Passau und Berchtesgaden", die die Botaniker S c h r a n k und M o l l im Jahre 1785 miteinander wechselten; sie lautet: „Eine andere merkwürdige Erscheinung gewährten mir die Pflanzen; ich bemerkte, daß diese nicht nur überhaupt, sondern die einzelnen Arten sowohl an Anzahl als an Größe abnahmen, je höher ich kam, so daß die Berge am Ende fast ganz kahl sind … Daraus

---

[1] B e c k v. M a n n a g e t t a, Über die Baumgrenze in den niederösterreichischen Alpen, Mitt. d. Sekt. f. Naturkunde d. Österr. Touristenklubs, III, Nr. 5, zit. nach M a r e k, Erg.-Heft 168 zu „Petermanns Mitteilungen", Gotha 1910. („Dannen" hier wohl *Pinus montana!*)

zog ich die sehr natürliche Folgerung, daß sich die Vegetation bergan ziehe, aber die Schritte, die sie macht, sind äußerst langsam[1]."

Fortschritte brachte dann die erste Hälfte des 19. Jahrhunderts durch eine größere Anzahl von Höhenbestimmungen für die oberen Pflanzengrenzen.

5. Die natürliche Verbreitung der wichtigeren Holzarten Mitteleuropas und des europäischen Südostens.

A. Kerner von Marilaun äußerte schon in den 1860er Jahren mit Recht, daß die Verbreitungsgrenzen der Holzpflanzen nächst den Botanikern vor allem die Forstwirte angehen[2]. Erst einige Jahrzehnte nachher haben sich Forscher auf dem Gebiete des Waldbaus die Aufgabe gestellt, den Wald als geographisch bedingte Erscheinung aufzufassen, seine standörtliche Abhängigkeit nach allen Seiten hin zu erforschen und alle unsere wirtschaftlichen Maßnahmen hiemit in möglichste Übereinstimmung zu bringen[3]. Die Kenntnis der natürlichen Verbreitung der Baumarten ist auch für die praktische waldbauliche Tätigkeit von Belang, denn aus dieser Kenntnis suchen wir die Standortsansprüche, insbesondere jene hinsichtlich des Klimas, abzuleiten. Die Frage, wie die Natur die Waldformen gegliedert, welche Grenzen sie den einzelnen Holzarten gesteckt hat und wie sich eine von der menschlichen Wirtschaft unbeeinflußte Waldgemeinschaft entwickelt, ist für den denkenden Forstwirt sehr naheliegend. Erst wenn er die Antwort auf solche Fragen kennt, kann er sich zum Beispiel bei der praktisch wichtigen Wahl der Holzart für die Aufforstung von einer Synthese naturgesetzlicher und auch wirtschaftlicher Bestimmungsgründe leiten lassen.

Methoden zur Feststellung der natürlichen Verbreitung.

Das gegenwärtige Vorkommen einer Holzart gilt überall da als ein natürliches (in Übereinstimmung mit einer Definition A. Denglers[4]), wo das heutige Auftreten sich ohne wesentliche Lücken bis in eine Zeit historisch zurückverfolgen läßt, in der eine künstliche Einführung durch den Menschen nach dem damaligen Stande der Forstwirtschaft als ausgeschlossen erscheinen muß. Bei der Würdigung des gegenwärtigen Vorkommens und der damit verbundenen geschichtlichen Untersuchung mit Hilfe von Archivstudien sprechen gewöhnlich vielerlei Beweise zugleich eindeutig in gleichem Sinne und das Beweisverfahren gewinnt dadurch an Sicherheit. Inmitten großer Gebiete des Maximums der Verbreitung einer

---

[1] Marek R., Waldgrenzstudien in den österr. Alpen, Erg.-Heft 168 zu „Petermanns Mitteilungen", Gotha 1910, S. 1.

[2] A. Kerner, Der Wald und die Alpwirtschaft in Österreich und Tirol, Gesammelte Aufsätze von Kerner, herausgeg. von K. Mahler, Berlin 1908, S. 22.

[3] Rubner K., Der Wald als geographische Erscheinung, Th. Forstl. Jb. 1928, S. 399 ff.

[4] Dengler A., Die Horizontalverbreitung der Kiefer, Mitt. aus d. forstl. Versuchswesen Preußens, 1904, S. 13.

Holzart wird kaum jemand an der Ursprünglichkeit ihres Vorkommens zweifeln, besonders wenn auch noch, wie dies in solchen Fällen häufig zuzutreffen pflegt, das erreichbare hohe Lebensalter, der gute Gesundheitszustand, die Fähigkeit zur natürlichen Verjüngung, die vorzügliche Eignung zur Konkurrenz mit anderen Holzarten im Mischbestand, endlich die Zuwachsverhältnisse für die Ursprünglichkeit zu sprechen scheinen. Aber auch in den Grenzgebieten ist die Beantwortung der Frage des Zusammenhanges mit dem übrigen Verbreitungsgebiet, die Beurteilung des biologischen Verhaltens, der Verjüngungsfreudigkeit, Wettbewerbsfähigkeit im Kampf mit anderen Arten und dergleichen wertvoll, dazu kommen dann noch in jedem Falle die forstgeschichtlichen Untersuchungen, die an der Hand von historischen, auch weit zurückreichenden Quellen (zusammen mit der vorhergegangenen Untersuchung des heutigen Vorkommens) wohlbegründete Schlußfolgerungen hinsichtlich der natürlichen Holzartenverbreitung gestatten.

Als „Maximum" der Verbreitung bezeichnet man das Gebiet großer Häufigkeit (Vorkommen in vielen Beständen) und zugleich großer Dichtigkeit (das ist mit durchschnittlich großem Bestockungsanteil in diesen Beständen). Als „Optimum" das Gebiet besonders guten Gedeihens, gekennzeichnet durch Vorkommen in bestem Zustand, durch raschen Zuwachsgang, erreichbares hohes Lebensalter in gutem Gesundheitszustand. Die Gebiete des Maximums und Optimums können sich decken, sie können aber auch getrennt sein.

Ein Beispiel für die Beurteilung der Natürlichkeit eines Vorkommens nach der *geschichtlichen Methode:* Über ein Vorkommen der Lärche im westlichen Wienerwald im Grenzgebiet der natürlichen Verbreitung dieser Holzart war zu entscheiden, ob es ein natürliches oder künstliches ist. Es finden sich dort Mischbestände von Buche, Tanne, Föhre, Lärche mit eingesprengten Traubeneichen, Zerreichen, gelegentlich auch Hainbuchen. Die Lärche tritt dort als Mischholzart auf großen Waldflächen in den Waldungen aller Besitzer auf, verjüngt sich überall sehr gut natürlich, bildet auch auf den den Waldungen benachbarten Wiesen infolge Anfluges kleine Bestände oder Horste und erreicht in den durch natürliche Verjüngung entstandenen Mischbeständen mit Buche und Tanne bei guter Konkurrenzfähigkeit ein hohes Alter in sehr gutem Zustand. Als geschichtliche Quelle dient uns dann unter anderem das „Kaiserliche Wald- und Forstbuch des Wienerwaldes in Österreich unter der Enns" (angefangen 1674, vollendet 1678), darin sind für diesen Teil des Wienerwaldes als Grenzbäume angeführt: Tannen, Lärchen, Hainbuchen, Eichen, Zerreichen, Buchen. An anderer Stelle sind neben den heute noch bestehenden, im gleichen Mischwaldgebiet gelegenen Bauerngütern Ruschenbergerhof, Kogelbauer, Stützenreith wiederum als Grenzbäume „Lehrbaum", „fehra", Buchen, Hainbuchen, Apfelbaum („alte umbgefallene Apfalderin") aufgezählt; also dieselben Holzarten, die man auch heute noch in derselben Gegend in der Nähe der genannten Höfe in den Mischbeständen findet. Die Natürlichkeit des Vorkommens ist somit erwiesen.

Eine andere Methode ist die *paläofloristische,* die Feststellung fossiler

Holzpflanzenteile zur Aufhellung der nacheiszeitlichen Waldgeschichte. Zum Beispiel: Hallstatt, im Süden des oberösterreichischen Salzkammergutes, ist ein berühmter vorgeschichtlicher Fundplatz, von dem die Hallstatt-Periode (in Mitteleuropa etwa 1000 bis 400 v. Chr.) den Namen erhalten hat[1]. Pflanzenreste haben sich im Salz der alten Gruben gut erhalten. Hallstätter Holzfunde ergeben neben Fichten-, Tannen-, Buchen-, Bergahorn-, Eschen-, Eichen-, Erlen-, Linden-, Ulmen- und Eibenholz auch solches von Lärchen und Zirben. Die Hallstatt-Leute haben zum Bau einer Blockhütte auch Lärchenholz verwendet. Dieselben Holzarten finden sich bei Hallstatt noch heute. So liegt in durchschnittlich 1300 m Seehöhe bei Hallstatt die „Dammwiese", auf ihrem nassen, moorigen Boden finden sich in lichter Stellung Lärchen, Tannen, Fichten, einzelne Buchen, in ihrer Umgebung herrscht der Mischwald der Außenzone der Alpen, in welchem in dieser Höhe die Fichte der häufigste Baum ist, die Tanne aber auch noch ausgedehnte, zum Teil fast reine Bestände bildet. Bei etwa 1400 m Höhe tritt sie dann stark zugunsten von Lärche und Zirbe zurück. Die Schlüsse aus den Holzfunden und die heutige Waldzusammensetzung ergeben also übereinstimmende Bilder.

Zur paläofloristischen Methode gehört auch die *Pollenanalyse.* Sie beruht auf der Tatsache, daß die Blütenstaubkörner der meisten Waldbäume sich im Torf als luftabschließendem, konservierendem Medium ebenso wie in manchen Seeablagerungen in bedeutenden Mengen fossil erhalten. Bei den wichtigsten Waldbäumen, so bei Fichte, Kiefer, Tanne, Buche, Eiche, Ulme, Linde, Birke, Erle, auch bei der Hasel trifft dies zu. Andere haben einen leicht zerstörbaren und daher fossil nur selten oder überhaupt nicht gefundenen Pollen, so die Pappeln und Ahorne, die Eschen, Wacholder und Eiben. Eine gewisse Zwischenstellung nimmt der Lärchenpollen ein, unter günstigen Bedingungen ist er erhaltbar, aber seine Bestimmbarkeit ist wegen seiner einfachen unskulpturierten Gestalt zweifelhaft.

Die Pollenanalyse entnimmt Torfproben in verschiedener Tiefe der Moore und stellt unter dem Mikroskop den Anteil der verschiedenen Waldbaumpollen in ihnen fest. Aus dem Mengenverhältnis des fossil in Mooren und ähnlichen Ablagerungen enthaltenen Waldbaumpollens werden Rückschlüsse auf die ehemalige Waldzusammensetzung in der Bildungszeit des betreffenden Torfhorizonts gezogen. Durch die ausgedehnte Anwendung dieser Methode war es möglich, die nacheiszeitliche Waldgeschichte für einen großen Teil von Europa regional vergleichend festzustellen. Schließlich führen diese Forschungen auch zur Rekonstruktion der natürlichen Waldzusammensetzung eines Gebietes in jener Zeit, von der wir auf Grund der Funde von Pflanzenresten annehmen dürfen, daß sie klimatisch der Gegenwart schon sehr nahe verwandt war. Die ältesten, durch die Pollenanalyse erschlossenen Schichten der Torf- und Seeablagerungen gehören allerdings Zeiten an, deren Klima von dem gegenwärtigen

---

[1] **Mahr** A., Das vorgeschichtliche Hallstatt, Veröff. d. Vereins der Freunde des Naturhistor. Museums Wien, 1925, S. 12.

verschieden war, so daß auch die damalige Holzartenverbreitung eine andere sein mußte als die dem Klima der Gegenwart entsprechende Waldzusammensetzung. Deshalb ist die Abgrenzung der letzten vorkulturellen Periode, die schon klimatisch der Gegenwart nahe verwandt war, von Belang. K. R u d o l p h suchte eine solche Abgrenzung durchzuführen, er stellte fest, daß „nach den besonders in Süddeutschland vorliegenden Datierungen durch archäologische Funde" der betreffende Abschnitt der Buchenzeit „ungefähr bis in die Bronzezeit zurückreicht"[1], und daß die so gewonnene „Pollenspektrenkarte der Buchenzeit" für Deutschland *dieselbe* natürliche Holzartenverbreitung ergibt, wie sie auch aus den historischen Untersuchungen, zum Beispiel D e n g l e r s, hervorgeht. „Beide Methoden bekräftigen sich somit gegenseitig."

Schließlich ist noch ein weiteres Hilfsmittel der Untersuchung der natürlichen Verbreitung von Gehölzen die *pflanzensoziologische oder vegetationskundliche Methode*. Da aber charakteristische Begleitpflanzen bisher nicht für alle Holzarten sichergestellt sind, können Schlüsse aus der pflanzensoziologischen Methode allein (ohne Verbindung mit anderen Untersuchungsverfahren) für das Urteil über die Ursprünglichkeit des Vorkommens von Holzarten nicht immer ausreichende Beweiskraft beanspruchen. Wohl ist aber die vegetationskundliche Methode geeignet, die Bodenflora als Standortsweiser auszuwerten, die floristische Zusammensetzung der Pflanzengesellschaften festzustellen, die Vegetations- oder Gesellschaftsentwicklung zu verfolgen von den Pioniergesellschaften auf Neuland über die „Sukzessionen" bis zum Endstadium, „Klimax"; auch der Gesellschaftshaushalt und die Gesellschaftsverbreitung sind Gegenstände der Pflanzensoziologie. Sie hat also ein weitgestecktes Arbeitsprogramm, auch dann, wenn sie bei der Beurteilung der Ursprünglichkeit des Vorkommens einer Holzart und ihrer Verbreitungsgrenzen für sich allein nicht die entscheidende Rolle beansprucht.

D a r s t e l l u n g   d e r   V e r b r e i t u n g.

Was die *Darstellung der Verbreitung* anbelangt, so ist im Falle genauer Erhebungen die *Punktkarte* empfehlenswert, weil sie am besten der induktiven Forschungsmethode entspricht und weil hier jede Einzelangabe nur auf Grund tatsächlicher Erhebungen gemacht wird. Eine weitgehende Schematisierung wird bei dieser Art der Darstellung vermieden. Die „Punkte" der Karte sind Beispiele des Vorkommens, denn es kommt dabei nicht auf eine erschöpfende Aufzählung aller Einzelvorkommen an, sondern darauf, daß die gewählten, über ein Gebiet verteilten Punkte das Vor-

---

[1] R u d o l p h, Die natürliche Holzartenverbreitung in Deutschland nach den bisherigen Ergebnissen der Pollenanalyse, Forstarchiv 1932, S. 7—14. B e r t s c h K., Geschichte des deutschen Waldes, 1940. G a m s H., Die Geschichte der Lunzer Seen, Moore und Wälder, Intern. Revue d. g. Hydrobiologie und Hydrographie, 1927, Bd. 18. L. v. P o s t, Die postarktische Geschichte der europäischen Wälder nach den vorliegenden Pollendiagrammen, Verh. Intern. Kongr. Forstl. Vers.-Anstalten, Stockholm 1930. R u d o l p h, Grundzüge der nacheiszeitlichen Waldgeschichte, Beihefte z. Bot. Centralbl., Bd. 47, 1930. D e r s e l b e, Paläoflor. Unters. des Torflagers auf der „Dammwiese" bei Hallstatt, Sitzungsber. d. Akad. d. Wissensch. Wien, math.-nat. Kl., I, 140. Bd, 1931, S. 343.

kommen in dem Gebiet repräsentieren. Im Gebirge müssen wegen des rascheren Wechsels der Standortsbedingungen die Punkte dichter angeordnet sein, als es bei Darstellungen im Flachland erforderlich ist. Bei wissenschaftlichen Arbeiten über die Verbreitung von Holzarten pflegen zu jedem in der Karte dargestellten Punkte die näheren Erläuterungen in zugehörigen Tabellen enthalten zu sein, und zwar: Bezeichnung des Waldortes, geographische Länge und Breite, Grundgestein, Form des Vorkommens, entweder im geschlossenen oder im räumdigen Bestand, in Baumform oder in Zwergform, Reinbestand oder vorherrschend oder als Mischholz oder bloß eingesprengt; beim räumdigen Bestand: Baumform mit normaler Schaftbildung oder Baumform der Kampfzone; Meereshöhe der Punkte, für die das Vorkommen festgestellt wurde; Hangrichtung, Neigung, Bestockungsanteil in Zehnteln nach Schätzung für ganze Reviere oder Revierteile; Fläche dieser, also Gesamtwaldfläche, auf welche sich diese Schätzung bezieht; Wahrnehmungen über erreichbares Alter, Wuchsleistungen, Wuchsform, Holzgüte, wirtschaftlich merkbares Auftreten von Schäden. Dies sowie die Kenntnis der Häufigkeit und des durchschnittlichen Bestockungsanteiles in ganzen Gebieten ist wertvoll für die Ableitung der Gesetzmäßigkeiten der Verbreitung. Außerdem sind an Ort und Stelle die Waldtypen, Bestandesmischungen, Konkurrenzfähigkeit, Verjüngungsfähigkeit festzustellen.

Wo solche genaue Erhebungen nicht vorliegen und vorläufig nicht eigens durchgeführt werden können, wo die Kenntnis der Verbreitungsverhältnisse noch unzureichend ist, dort kann die kartenmäßige Wiedergabe nur mittels der *Grenzlinienmethode* stattfinden (die übrigens für kleinere Übersichtskärtchen auch im Falle vorliegender genauer wissenschaftlicher Erhebungen Anwendung findet). In der Punktkarte werden verschiedene Zeichen für die Darstellung des Bestockungsanteiles der betreffenden Holzart an dem gerade vorliegenden Punkte der Erhebung angewandt, also Zeichen für „rein oder vorherrschend", „gemischt", „eingesprengt" und für isolierte Mindestvorkommen. Die Grenzlinienmethode muß in der Regel auf solche Unterscheidungen verzichten. Größere Fehlgebiete innerhalb des hauptsächlichen Verbreitungsgebietes werden auf solchen Karten als Exklaven dargestellt.

Aus der Kenntnis des Verbreitungsgebietes und der Verteilung innerhalb desselben werden schließlich die Standortsansprüche abgeleitet. Da aber viele Lebensbedingungen zusammenwirken und ihre Wirkung nicht einzeln getrennt nachgeprüft werden kann, so ist die ursächliche Deutung mit Schwierigkeiten verbunden. Zum Beispiel kann eine und dieselbe Niederschlagsmenge bei weniger günstigen Wärmeverhältnissen, kleinerer Verdunstung ausreichend sein, dagegen in wärmsten Teilen des Verbreitungsgebietes infolge der höheren Verdunstung dem Minimum nahekommen. Die ursächliche Deutung wird noch erschwert durch den Einfluß der Konkurrenz der Arten untereinander und durch den Umstand, daß Arten, die in einem sehr großen Verbreitungsgebiet vorkommen, verschiedene Klimarassen mit einigermaßen abweichenden Standortsansprüchen ausgebildet haben.

Die Fichte, *Picea excelsa* Lk.

Fichten sind im allgemeinen Holzarten *winterkalter* und *genügend feuchter* Gebiete. Sie bewohnen entweder entsprechend kühle Höhenstufen der Gebirge oder aber winterkalte Kontinentalgebiete; dagegen finden wir sie in der Regel nicht in wintermilden, auch im Winter frostfreien Lagen ausgesprochenen Seeklimas. *Picea excelsa* hat das Maximum und Optimum ihrer Verbreitung in einigen Gebirgen Mitteleuropas, insbesondere in den österreichischen und Schweizer Alpen. Zum Optimum gehörige Vorkommen finden sich auch in Gebirgen des Südostens, zum Beispiel Bosniens. Hinsichtlich der österreichischen Alpen bezeichnete schon J. Wessely[1] die Fichte als die „Holzart aller Holzarten in den Alpen", sie sei in diesen Hochgebirgsforsten was der schlichte Landmann im Staate, nehme im Hauptstock der Alpen alle Schollen ein, komme in allen Lagen fort. Dem ist hinzuzufügen, daß innerhalb der Alpen das Maximum ihrer Verbreitung in den Innenalpen, hingegen der höchste Ertrag (Optimum) in den Außenzonen festzustellen ist. Guttenberg[2] hat in den Alpen (zum Beispiel Salzburgs) bei Untersuchungen zur Aufstellung von Fichtenertragstafeln 46 Probeflächen für die beste Güteklasse der Fichte in Meereshöhen von 800 bis 1200 m aufgenommen, in diesen Höhen ist also in den österreichischen Alpen noch das Optimum der Fichte zu finden. Auch im Mühlviertel Oberösterreichs, im Waldviertel Niederösterreichs, im Böhmerwald und Bayrischen Wald, im Fichtelgebirge, Erzgebirge und Riesengebirge sind die Fichten noch sehr stark an der Waldbildung beteiligt. Das Fichtenverbreitungsgebiet von den Alpen und Karpaten und den Gebirgen Südosteuropas bis an die polare Grenze im Norden wurde früher als zusammenhängend angesehen. Nach Rubners Feststellungen ist es aber an zwei Stellen durch schmale Streifen unterbrochen, und zwar trennt ein schmaler fichtenloser Streifen längs der Donau das *alpin-südosteuropäische Fichtenverbreitungsgebiet* vom *herzynisch-karpatischen;* dieses wiederum ist durch eine zweite Trennungslinie in Polen östlich Warschau von dem großen *nordisch-baltischen Gebiet* getrennt.

Das südliche Teilgebiet, das *alpin-südosteuropäische,* ist auf Gebirgslagen beschränkt, es umfaßt die Alpen von den Seealpen im Westen (unter Ausschluß des Schweizer Mittellandes und des Bodenseegebietes) bis zur Klammhöhe in der Nähe des Schöpfl im Wienerwald im Osten. Nach Norden geht die Grenze dieses Teilgebietes noch über die Alpen hinaus in die oberbayrisch-schwäbische Hochebene, auch der Schwarzwald gehört zum südlichen Teilgebiet. Westlich vorgeschobene kleine Inseln sind der Schweizer Jura und die Vogesen, auf denen das natürliche Fichtenvorkommen aber nur geringen Anteil aufweist. Aus dem Schöpflgebiet wendet sich die Grenze nach Süden, springt dann noch einmal nach Osten, Richtung Geschriebenstein im Burgenland, vor und verläuft dann südwärts Richtung Graz und Marburg. Dort weist die Fichtengrenze einen kräftigen Vorstoß nach Südosten, in die südosteuropäischen Gebirge, auf,

---

[1] Wessely J., Die österreichischen Alpenländer und ihre Forste, Wien 1853.
[2] Guttenberg A., Wachstum und Ertrag der Fichte im Hochgebirge, Wien 1915.

bis in die Gegend von Novipazar und nach Nordalbanien bei 42⁰ n. Br. Dabei meidet sie Meeresnähe, also den Einfluß des Mittelmeerklimas. Im Gelände von Fiume beginnen Fichten und Tannen zwar schon in Höhen von etwa 600 m, meiden aber die meerseitig gelegenen Hänge des Velebit- und Dinarischen Gebirges[1]. In Bulgarien ist die Fichte nur in höheren Gebirgslagen hauptsächlich in der (2731 m hohen) Rila planina und in der

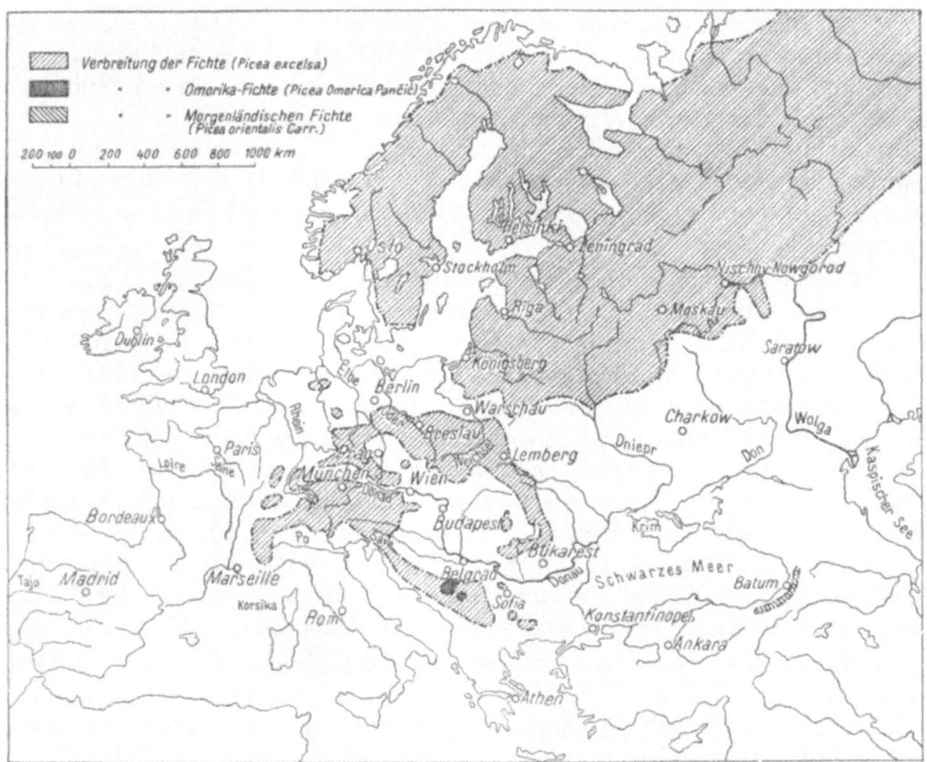

Abb. 32. Natürliches Verbreitungsgebiet der Fichte *(Picea excelsa)* sowie der Omorika- und der morgenländischen Fichte.

Pirin planina (2920 m). Nach A d a m o v i ć sind das die ausgedehntesten und besterhaltenen Fichtenwälder des östlichen Teiles der Balkanhalbinsel, dagegen seien die Fichtenbestände des Balkangebirges weniger bedeutend. Die vertikale Verbreitung der Fichte in den Alpen liegt zwischen einer unteren Grenze von etwa 400 bis 800 m und einer oberen von ungefähr 2000 m und mehr. In Bosnien liegt die untere Grenze der Fichtenverbreitung, gleichfalls örtlich wechselnd, bei 800 bis 1100 m, die obersten Vorkommen bei mehr als 1900 m. Die Gürtelbreite des Fichtenvorkommens beträgt in den Gebirgen Bosniens in der Regel nur etwa 500 bis 700 m,

---

[1] B e c k   v o n   M a n n a g e t t a, Die Vegetationsverhältnisse der illyrischen Länder, 1901, S. 337. F e k e t e - B l a t t n y, Die Verbreitung der forstlich wichtigen Bäume und Sträucher im ungarischen Staate, Schemnitz 1914, I. Bd., S. 674, und Karte II im Bd. II.

weil infolge der südlicheren geographischen Breite der Fichtengürtel erst höher oben beginnt.

Das *mittlere Gebiet* umfaßt den Thüringer Wald und das Fichtelgebirge, Erzgebirge, Sudeten, den Bayrischen Wald und Böhmerwald und die Karpaten, auf der Nordseite des Thüringer Waldes beginnt sie schon in das Hügelland herabzusteigen. Die Nordgrenze zieht durch die Niederlausitz (Sachsen) und tritt dort auch in die Ebene, geht dann durch Schlesien, etwas nördlich von Breslau, und nach Polen. Nach D e n g l e r s [1] Untersuchungsergebnissen fehlt Fichte dem bis über 900 m hohen Taunus von Natur aus (die westliche wintermilde Lage begünstigt hier das Laubholz), ebenso fehlt sie dem Odenwald und dem Bergland um Fulda; nach V a n s e l o w s [2] geschichtlichen Untersuchungen war auch im Spessart ursprünglich Nadelholz nicht vertreten. Die westlichsten deutschen Mittelgebirge sind also infolge des ozeanisch beeinflußten Klimas mit milden Wintern fichtenfrei.

Das weitaus größte Teilgebiet ist das *nordisch-baltische,* das von Norwegen durch das ganze nördliche Europa und Asien hindurch bis zum Ochotskischen Meer reicht (bei Mitberücksichtigung einer Unterart). Seine Nordgrenze deckt sich zumeist mit der polaren Waldgrenze. Im Osten, schon von der Halbinsel Kola an, ist eine Unterart, die *Picea obovata* (mit kleineren Zapfen und abgerundeten Zapfenschuppen), mit der gewöhnlichen Fichte gemischt. Die Westgrenze dieses Gebietes geht von Polen nordwärts durch Ostpreußen zur Danziger Bucht (zum Frischen Haff) und nach Südschweden. In Skandinavien geht sie bis zum 69° n. Br., die Nordgrenze verläuft vom Enaresee durch die Mitte der Halbinsel Kola und dann bis zum Ural und nach Sibirien. An der Westküste des südlichen Norwegen und Schweden fehlt sie.

Daß die dem Meer nahen, durch ein ozeanisches, wintermildes Klima ausgezeichneten Gebiete von der Fichte gemieden werden, geht aus der Westgrenze hervor: die Fichte fehlt in Frankreich, desgleichen in Westdeutschland einschließlich des Taunus, Odenwald, Spessart; sie fehlt an der Westküste des südlichen Norwegen und Schweden, fehlt in England, Schottland, Irland, desgleichen in Dänemark und im Bereich der Nordsee. Auch im sommerheißen, wintermilden Mittelmeerklima fehlt sie, so in Italien, Griechenland, ebenso in ganz Spanien einschließlich der Pyrenäen. Sie fehlt dem milden Süden und dem durch ausgeglichene Wärmeverhältnisse ausgezeichneten Westen Europas. Nach Südosten reicht sie noch in die Berge Serbiens, Albaniens, Bosniens. Im bosnischen Urwald sah Verfasser herrliche Fichtenbestände in Höhen zwischen 1000 und 2000 m.

Zur Beurteilung der Standortsansprüche (Feuchtigkeitsansprüche) der Fichte ist für uns noch von besonderem Interesse, daß die Südgrenze der Fichte in Rußland mehrere hundert Kilometer weiter vom Nordrand der Steppe (oder vom Südrand des Steppenwaldes) zurückbleibt als die Südgrenze der gemeinen Kiefer *(Pinus silvestris).* Die Fichte ist eben in bezug

[1] D e n g l e r, Die Horizontalverbreitung der Fichte und Weißtanne, Neudamm 1912.
[2] V a n s e l o w, Die Waldbautechnik im Spessart, Berlin 1926.

auf die Feuchtigkeit viel anspruchsvoller als die gemeine Kiefer. Auch der Verlauf der Nordgrenze des mittleren Teilgebietes in Deutschland spricht für die Feuchtigkeitsansprüche: Die Grenzlinie vom Westen des Thüringer Waldes bei Eisenach bis nach Polen in die Gegend von Warschau (also die Nordgrenze des mittleren Teilgebietes) ist eine Grenze gegen ein Gebiet, in welchem das Verhältnis zwischen Niederschlag und Verdunstung nicht mehr günstig genug ist (mittlerer Jahresniederschlag 600 mm), wahrscheinlich ist hier die Häufung von Trockenperioden (W i e d e m a n n)[1] der Fichte nicht zuträglich.

In diesem Zusammenhang sei erwähnt, daß auch in Kleinasien ein in bezug auf Feuchtigkeit begünstigtes (kleineres) Gebiet ein Fichtengebiet ist: Nur im perhumiden Nordosten, im Küstengebirge des Pontus, etwa zwischen Batum und Trapezunt, kommt eine Fichtenart, und zwar *Picea orientalis*, in Höhen hauptsächlich von etwa 1000 bis 2000 m (mit *Abies Nordmanniana* und *Fagus orientalis*) vor, ebenso wie im benachbarten Kaukasus[2].

Außerhalb des geschlossenen Fichtenverbreitungsgebietes in Europa sind nach Westen vorgeschobene inselförmige Vorkommen der *Picea excelsa:* ein solches im *Harz* und eines im nordwestdeutschen *(lüneburgischen)* Flachland.

Die *obere* Grenze des Fichtenvorkommens reicht im nördlichsten Gebiet nur bis 200 bis 300 m, im Thüringer Wald bis etwa 1000 m, in den Zentralalpen bis über 2000 m (zum Beispiel Graubünden, Pontresina). Über die *mittlere obere Fichtengrenze in den Ostalpen* seien den eingehenden Untersuchungen von A. v. K e r n e r[3] folgende Zahlen entnommen?

In der nördlichen Alpenkette:

		Unterschied:
Nordtirol zwischen Kufstein, Scharnitz und Innsbruck . . . . 1750 m		
Obersteiermark und „Unterösterreich" im Osten des Ennsflusses . . . . 1614 m		136 m

In der zentralen Alpenkette:

Ötztaler und Zillertaler Stock in Tirol . . . 1964 m		
Lambrechter Alpen im oberen Murgebiet . . . 1780 m		184 m

In der südlichen Alpenkette:

Kreuzkofelgruppe bei Lienz in Tirol . . . . . 2020 m		
Schwanberger Alpen in Steiermark . . . . . . 1694 m		326 m

---

[1] W i e d e m a n n, Zuwachsrückgang und Wuchsstockungen der Fichte in mittleren und unteren Höhenlagen der sächsischen Staatsforsten, Tharandt 1925.

[2] R u b n e r s Angabe (Pflanzengeogr. Grundlagen, 3. Aufl., S. 350), daß *Picea orientalis* im Taurus und Antitaurus verbreitet sei, ist irrtümlich; im sommertrockenen Taurus gibt es keine Fichten.

[3] K e r n e r A., Studien über die obere Grenze der Holzpflanzen in den österreichischen Alpen. I. Buche, II. Fichte, III. Zirbe, IV. Stieleiche. Der Wald und die Alpwirtschaft in Österreich und Tirol, Gesammelte Aufsätze von Kerner, herausgeg. von K. M a h l e r, Berlin 1908.

Die Zahlentafel läßt ohne Zweifel erkennen, daß in allen Alpenketten die obere Fichtengrenze in der Richtung von Westen nach Osten bedeutend herabsinkt. In der südlichen Alpenkette ist dieser Unterschied am größten. Dieses Sinken der oberen Fichtengrenze in westöstlicher Richtung hängt in erster Linie mit der geringeren Massenerhebung der Alpen im Osten zusammen.

In den österreichischen Alpen erreicht die Fichte auch eine *untere* Grenze, wie bereits erwähnt, bei etwa 400 bis 800 m (und zwar ist, zum Beispiel im nördlichen Alpenrandgebirge, oft bei 700 bis 800 m noch reine Buche, an anderen Stellen aber häufig auch schon bei 500 bis 600 m mehr Fichte und Tanne als Buche). Im Bodenseegebiet fehlte von Natur aus die Fichte, denn in den Pfahlbauten am Bodensee sind alle hauptsächlichen Holzarten gefunden worden, jedoch nicht die Fichte (Meereshöhe des Bodensees 400 m).

Im *europäischen Südosten* finden wir die Fichte in den Karpaten (Nordwestkarpaten, wo sie zum Beispiel auf der Babia gora in Krüppelform bis 1672 m, in Gipfelnähe, emporsteigt, in den Zentralkarpaten, besonders in der Hohen Tatra, Ostkarpaten, mit einer mittleren Fichtenwaldgrenze von etwa 1610 m, dann in den Südkarpaten), im Bihargebirge, in der Großen und Kleinen Kapela, im Velebitgebirge[1], in den Gebirgen Bosniens und der Herzegowina, Montenegros, Nordalbaniens, im Kopaonikgebirge Serbiens[2], in Bulgarien, wie bereits erwähnt, im Rhodopegebirge (mit verhältnismäßig geringem Anteil), im Piringebirge und im Rilagebirge[3].

Was die *Bodenansprüche* anbelangt, so meidet die Fichte in der Ebene die trockenen Sandböden und bevorzugt Lehmböden. Im Optimum ihrer Verbreitung im Gebirge besiedelt sie alle dort vorkommenden Böden, nur auf seichtgründigen, trockenen, sonnseitigen Lehnen tritt sie stellenweise zugunsten der gemeinen Kiefer zurück. Ihr alpenländisches Verbreitungsgebiet umfaßt sowohl die Kalkalpen (mit Kalk-, Dolomit- und Mergelböden, Lehmböden) wie die Zentralalpen (mit Verwitterungsböden silikatischer, kristalliner Schiefergesteine und Massengesteine).

Wie alle Holzarten, gedeiht auch die Fichte am besten im Gebiet des „Optimums" ihrer Verbreitung. Die Fichte ist aber auch weit über das natürliche Verbreitungsgebiet hinaus angebaut worden, und zwar wegen der Sicherheit und Bequemlichkeit ihrer Anpflanzung auch auf kahler Fläche, wegen ihres schnellen Wuchses und ihrer günstigen Schaftform, wegen der hohen Massenerzeugung und des großen Nutzholzanteils, wegen ihres wertvollen Bau- und Sägeholzes, ihrer hohen Durchforstungs-

---

[1] F e k e t e - B l a t t n y, Die Verbreitung der forstlich wichtigen Bäume und Sträucher im Königreich Ungarn, Schemnitz 1914. F r ö h l i c h, Aus dem Fichtenurwald der Südkarpaten, Centralbl. f. d. ges. Forstw. 61, S. 115: V a j d a, Verbreitung der Fichte im Gebiete der Groß-Kapela, Zeitschr. f. Forst- und Jagdw. 70, S. 539—551.

[2] B e c k v. M a n n a g e t t a, Die Vegetationsverhältnisse der illyrischen Länder, Bd. IV von A. Englers und O. Drudes „Die Vegetation der Erde".

[3] K. M. M ü l l e r, Aufbau, Wuchs und Verjüngung der südosteuropäischen Urwälder, Hannover, 1929.

erträge, da auch schwächere Sorten als Faserholz (speziell auch Papierholz), Hopfenstangen, Grubenholz usw. verwertbar sind. Fichtenholz ist ein auf dem Markte derart gesuchter Artikel, daß die Fichte zu einer wertvollen Kulturpflanze geworden ist. (Daher nannte man gelegentlich scherzweise die Fichte den „Goldbaum", während die Kiefer als der „Brotbaum" bezeichnet wurde.)

Allerdings sind mit dem Anbau reiner Fichtenbestände in wärmeren, tieferen Lagen Zuwachsrückgang und Wuchsstockungen (W i e d e m a n n) sowie verschiedene Gefahren verbunden: Die künstlich geschaffenen reinen, gleichalterigen Fichtenbestände in Tieflagen an Stelle ehemaliger Laubholzbestände leiden schon in jüngerem und mittlerem Bestandesalter durch Dürrejahre, Rindenbrand, Windwurf und Bruch, Rotfäule, Borkenkäfer, Raupenfraß der Nonne; dem Anhänger des Naturschutzes und einer schönen Landschaftsgestaltung auch mit Hilfe des Waldes sind diese reinen, gleichalterigen, meist in regelmäßigem Verband, in „Reih und Glied" begründeten Bestände unschöne „Holzäcker". Sie haben eine geringe Lebensdauer. Aus wirtschaftlichen Gründen kann der Anbau in mittleren und tieferen Lagen trotzdem nicht ganz aufgegeben werden, nur sollen Mischbestände mit anderen, dort naturgemäßen Holzarten begründet werden oder aber kleine Fichtenreinbestände wechsellagernd mit Laubholzbeständen von natürlich vorkommenden Holzarten. Einen solchen Mittelweg (statt des völligen Aufgebens) fordert auch die Praxis, so schreibt R e c h t e r n (Dt. Forstwirt 1937) zur Beurteilung der Fichtenwirtschaft auf Tieflandsböden bis 300/400 m: Er glaube nicht zu hoch zu greifen, wenn er annimmt, daß von der 3 Millionen Hektar großen Fichtenfläche Deutschlands ein Drittel der Fläche den Tieflands- und mittleren Gebirgslagen angehört und daß hier mit einem Mehrertrag gegenüber dem Durchschnittsertrag anderer Holzarten von mindestens 3 fm gerechnet werden könne. Diesen Mehrertrag brauche die deutsche Waldwirtschaft zur Rohstoffversorgung [1].

Die Weißkiefer, *Pinus silvestris L.*

Pinus silvestris hat das größte natürliche Verbreitungsgebiet aller einheimischen Holzarten, das sich über den größten Teil Europas und Nordasiens erstreckt und südwärts in Kleinasien bis etwa zum 38. Grad (15') reicht [2]. Im Norden Europas und Asiens bildet sie zusammen mit der Fichte und in Sibirien auch mit der sibirischen Lärche die Nadelwaldgrenze und kommt der polaren Waldgrenze sehr nahe. Ihre nördliche Verbreitungsgrenze geht durch das nördliche Skandinavien (Norwegen bis zum 70. Grad nördl. Breite), durch Lappland, durch die Halbinsel Kola, Nordrußland und Sibirien nach Ostasien bis in die Nähe des Stillen Ozeans, beziehungsweise des Ochotskischen Meeres. Die Südgrenze verläuft von Ostasien zum Ural, zu dessen südlichen Ausläufern, von da am Rande der russischen Steppe, wo sie nach Untersuchungen von K ö p p e n in einem

---

[1] Landforstm. R e c h t e r n, Die waldbaulichen Folgerungen aus dem erhöhten Einschlag an Fichtenpapierholz, Dt. Forstw. 1937, S. 603.

[2] B e r n h a r d, Die Kiefern Kleinasiens, Mitt. d. Dt. Dendrolog. Ges. 1931, S. 29.

Grenzstreifen versprengt vorkommt, dann nach Galizien, in die Karpaten (Fehlen in der ungarischen Ebene), nach Jugoslawien, Bulgarien, Kleinasien (in Kleinasien ist sie in Gebirgen erst in Meereshöhen von 1000 bis 2000 m, ja auf den Sonnseiten im trockenen Inneren erst von 1400 m aufwärts). In Jugoslawien, Bulgarien, Kleinasien handelt es sich um größere isolierte Gebirgsvorkommen.

Zur Beurteilung ihrer Klimaansprüche ist von besonderem Interesse, daß sie im atlantischen Westen Europas nur sehr beschränkt vorkommt.

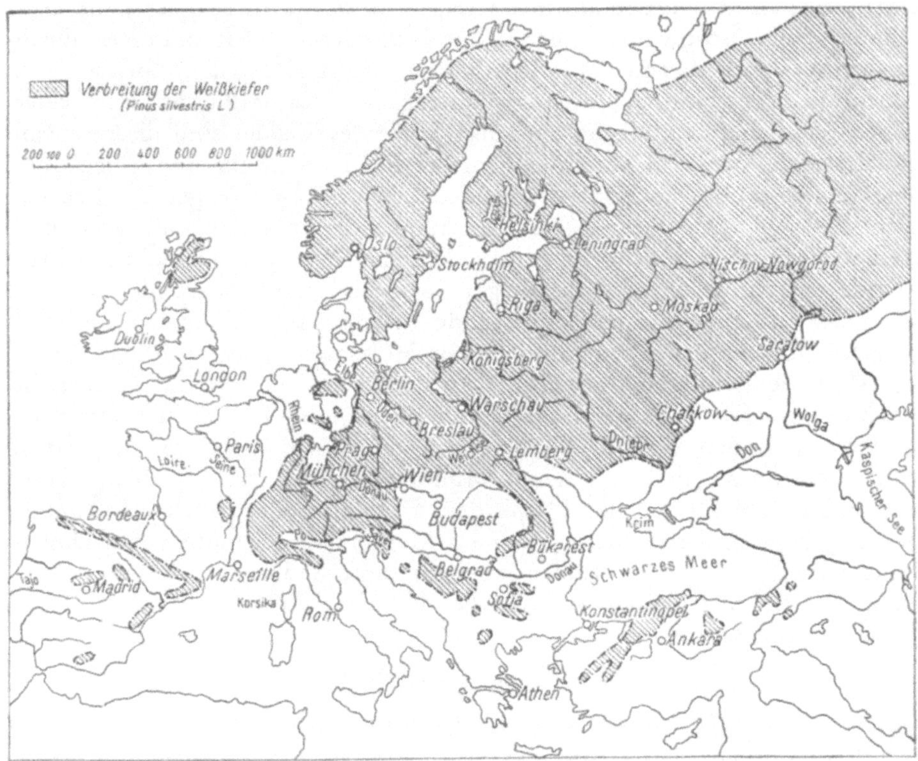

Abb. 33. Natürliches Verbreitungsgebiet der Weißkiefer (*Pinus silvestris L.*).

Im Westen und Süden hat sie isolierte Vorkommen in den schottischen Gebirgen, in der Auvergne und in den spanischen Hochgebirgen. Sie fehlt von Natur aus in der Ebene in Dänemark (Laubholzgebiet), in den Niederlanden, im Nordwesten und Westen Deutschlands, in Belgien und Frankreich. D e n g l e r hat 1904 eingehende Untersuchungen über ihre Verbreitung in Nord- und Mitteldeutschland veröffentlicht[1]. Die Hauptgrenze des geschlossenen Vorkommens (Westgrenze) geht von der Bucht von Wismar (östlich der jütländischen Halbinsel) südwärts zur Elbe-Saale-Linie, dann über die Vorberge des Thüringer Waldes und das nörd-

---

[1] D e n g l e r, Die Horizontalverbreitung der Kiefer, 1904.

liche Bayern zur Rhein-Main-Ebene, von hier südwärts in die Gebirge: Odenwald, Schwarzwald, Alpen.

Außer diesem zusammenhängenden Verbreitungsgebiet gibt es inselförmige kleinere Vorkommen weiter im Westen, unter anderem im Gebiet der nordwestdeutschen Heide. Diese Vorkommen deutet D e n g l e r wohl mit Recht als Rückzugsposten von ihrem größeren Verbreitungsgebiet nach der Eiszeit. Als das Klima (wie die Darstellung der vorgeschichtlichen Waldentwicklung auf Grund der Pollenanalyse ergibt)

Abb. 34. 150jähriger Kiefernoberstand mit etwa 60jährigem Eichenunterstand, Hangelsberg, Spree (Aufnahme H. M e l z e r).

wärmer wurde und das Laubholz begünstigte, blieben der Kiefer Rückzugsposten auf moorigen und sandigen Standorten, die dem Laubholz nicht zusagten, erhalten.

Die Hauptverbreitungsgebiete der Kiefer in Mitteleuropa sind: Ostpreußen mit der Johannisburger Heide, der östliche Teil Nord- und Mitteldeutschlands und benachbarte Gebiete Polens, dann als isoliertes Vorkommen die Lüneburger Heide in Nordwestdeutschland. Auch im Harz ist eine kleine Enklave. Die Kiefer deckt in Norddeutschland ausgedehnte Flächen in der Ebene und auf allen Hangrichtungen im leicht welligen Hügelland. Sie findet sich auch neben anderen Holzarten im herzynischen Gebirgszug (Thüringer Wald, Fichtelgebirge, Erzgebirge, Sudeten), dann im nördlichen Bayern, in Oberbayern, in den Bayerischen Alpen, im Schwarzwald, in der Rhein-Main-Ebene, in der Rheinpfalz. D e n g l e r schließt mit Recht aus ihrer Verbreitung, daß sie eine Anpassung an das kontinentale Klima zeige, und zwar sowohl in dessen kühlerem nördlichem wie auch im wärmeren südlichen Teil. Sie erträgt heiße Sommer in Südrußland und in Kleinasien und kälteste Winter in Sibirien, meidet aber die wintermilden Gebiete im Westen und steigt im Süden in die kühleren Gebirge hinauf, wo sie wenigstens noch einige Monate Winterruhe hat. Im Schwarzwald ist sie, trotz der Ähnlichkeit des dortigen Gebirgsklimas mit dem Seeklima, als Mischholzart verbreitet (die Winter sind im Gebirgsklima kühler als im Seeklima).

Auch in den *österreichischen* Alpen bevorzugt sie inneralpine Täler mit verhältnismäßig kontinentalem Klima, so kommt sie in Tirol im Oberinntal und Ötztal vor. Sie nimmt dort zum Beispiel in den Verwaltungsbezirken Imst und Landeck bedeutende Flächen ein, während sie im Randgebirgsklima des nördlichen Vorarlberg, im Bezirk Bregenz, beinahe gar nicht vertreten ist[1] (das dortige Klima ist dem Seeklima ähnlicher). Der Schweizer Botaniker E. S c h m i d hat 1936 die Föhrenwälder der Alpen eingehend beschrieben[2]; er geht von der durch pollenanalytische Untersuchungen festgestellten Tatsache aus, daß am Beginn der Postglazialzeit, also nach dem Rückzug des Eises, Föhrenwälder fast im ganzen Gebiet im Zusammenhang verbreitet waren, daher sieht er die heutigen Föhrenwälder als Überreste dieser „Kiefernzeit" an und nennt sie deshalb „Reliktföhrenwälder". Wenn auch Relikte einer früheren Klimaperiode und nicht hauptsächlich dem jetzt herrschenden Klima entsprechen, so erhielt sich die ältere Föhrenvegetation doch besonders dort, wo das niederschlagsarme Klima die Erhaltung begünstigte, so im Unter-Engadin von Zernez abwärts, im Oberinntal von Tirol, im oberen Etschtal, dem „Vintschgau" und anderen. Das Klima dieser inneralpinen Täler ist durch größere Jahresschwankung der Temperatur und durch kleinere Niederschläge (500 bis 1000 mm in der Nähe der Talsohle) gekennzeichnet. Auch am Alpenostrand, südlich von Wien, kommen in trocken-warmem Klima neben *Pinus nigra*-Wäldern auch solche von *Pinus silvestris* vor (sowie lichte Gehölze von *Quercus pubescens*). Im Osten von Österreich ist die Weißkiefer außer in Niederösterreich auch im Burgenland stärker verbreitet. In Tirol steigt sie gelegentlich bis zu bedeutenden Höhen empor, zum Beispiel im Karwendelgebirge bei Scharnitz bis etwa 1700 m, sie ist in den Alpen entweder in den mehr kontinentalen Klimagebieten oder aber mehr bodenbedingt, nämlich auf sonnseitigen, steinigen, trockenen Böden der Kalkalpen; in beiden Fällen, Innenalpen und trockene Sonnseiten, ist der Wettbewerb anderer Holzarten herabgesetzt, so daß sich Relikte aus einer früheren Klimaperiode eher erhalten konnten. Als anspruchslose Holzart eignet sie sich sehr gut für arme Sandböden und trockenes Klima sowie im Gebirge für trockene Süd- und Südwesthänge, für Kalk- und Dolomitlehnen. Auch in Teilen des Wald- und Mühlviertels (Verwaltungsbezirke Gmünd und Freistadt) sowie im oststeirischen Hügelland (dort besonders

---

[1] Forststatistik für Österreich nach dem Stande vom Jahre 1935, Wien 1938, S. 37.

[2] S c h m i d E., Die Reliktföhrenwälder der Alpen, Beiträge zur geobotanischen Landesaufnahme der Schweiz, Heft 21, 1936, zit. nach S c h a r f e t t e r, Pflanzenleben der Ostalpen, Wien 1938, S. 140. G a m s H., Über Reliktföhrenwälder und das Dolomitphänomen, Veröff. d. geobotan. Inst. Rübel 6, 1930.

auf tertiären Schottern) ist sie verbreitet, auf manchen solchen trockenen Böden ist sie aber erst durch die Forstwirtschaft an Stelle der dort ursprünglichen Laubwälder, besonders der Eiche, künstlich verbreitet worden.

Auch durch die Verbreitung in *Kleinasien* werden die Schlüsse über die Eignung für das kontinentale Klima bestätigt. Soweit gegen das kontinentale Innere Anatoliens überhaupt noch Baumwuchs (in der Hauptsache von Kiefern und Eichen) vordringt, herrscht *Pinus silvestris,* etwa zwischen 1000 und 2000 m Höhe. Meist sind es kümmerliche Kiefernbestände, vielfach nur kleine Reste; die Bäume werden selbst in höheren Berglagen bis 1500 m durch die immer wiederkehrenden Trockenjahre des dortigen Klimas so ungünstig beeinflußt, daß es in diesen Jahren kaum noch zu einer nennenswerten Jahresringbildung und auch zu einer nur ganz unbedeutenden Triebbildung kommt[1]. (Dabei sind noch auf den Höhen die Temperaturen geringer, die Verdunstungsverhältnisse günstiger, die Zeit der Sommerdürre ist kürzer, die Niederschläge sind höher.) In Lagen *unter* 1000 m ist dort (im kontinentalen Inneren der anatolischen Steppe) die Entstehung und Erhaltung eines natürlichen Baumbestandes, außer an Wasserläufen, überhaupt unmöglich.

In den Randgebirgen Kleinasiens ist das Klima auch für die Kiefer wesentlich günstiger; sie ist dort ein Bestandteil sowohl des winterharten Feuchtwaldes Anatoliens (L o u i s), bestehend zum Beispiel aus Tanne, gemeiner Kiefer, im Nordosten, östlicher Teil des Pontusgebirges, auch noch aus *Picea orientalis* als auch des winterharten Trockenwaldes, der meist aus Schwarzkiefer, Baumwacholdern, sommergrünen Eichen besteht und manchmal auch die gemeine Kiefer enthält. Unter günstigen Standortsverhältnissen ist auch die Weißkiefer Anatoliens durch gute Wuchsformen mit langen, glatten Schäften ausgezeichnet.

Auf der *Balkanhalbinsel* ist ein großes Kiefernvorkommen im Gebirgsland zwischen Bosna und Morawa, also im Inneren der Halbinsel (kontinental). Dem sind noch kleinere Vorkommen vorgelagert (R u b n e r, Grundlagen, 3. Aufl., 351). Auch westlich der Bosna kommt sie zum Beispiel in der Borja planina und im Kozaragebirge vor. Am weitesten nach Osten stößt die Kiefer auf der Balkanhalbinsel im Rhodopegebirge Bulgariens vor. Die Weißkiefer bedeckt dort, wie K. M. M ü l l e r[2] berichtet, als Hauptholzart das ganze tiefere Rhodopegebirge in reinen und mit Fichte gemischten Beständen. Bulgarien ist im allgemeinen ein Land mit mäßig kontinentalem Klima, das Klima der Rhodopen wird als „ausgesprochen südlich kontinental" bezeichnet[2]. Im Piringebirge sind in einem Gürtel zwischen 1200 bis 2000 m Weißkiefernbestände vorherrschend (G e o r g i e f f). An den Rändern der Sofioter Ebene findet sich die

---

[1] G a s s n e r und C h r i s t i a n s e n - W e n i g e r, Dendroklimatolog. Untersuchungen über die Jahresringentwicklung der Kiefern in Anatolien, Nova acta Leopoldina, Bd. 12, Nr. 80, 1942.

[2] K. M. M ü l l e r, Aufbau, Wuchs und Verjüngung der südosteuropäischen Urwälder, Hannover 1929. — G e o r g i e f f Sch., Die Wälder im Piringebirge, Bibl. Lessowodska missal Nr. 5, 1939, 63 Seiten, dtsch. Zusammenfassung (Weißkiefer im Nadelwaldgürtel vorherrschend).

Weißkiefer gleichfalls, und zwar auch in tieferen Lagen auf Reliktstandorten „mit schwächerem Grade des Vegetationswettbewerbs"[1].

Zerstreut und nur selten bestandbildend ist die Weißkiefer in den Ost- und Südkarpaten[2]. In den Zentralkarpaten ist sie im Mischbestand mit Fichte und Lärche. In Bosnien beobachtete sie Beck v. Mannagetta unter anderem im bosnischen Eichenwald von Trauben- und Zerreichen, dann in Gebirgswaldungen mit Eichen, Buchen und Schwarzföhren[3].

Während in Österreich unter den Holzarten die Fichte die erste Stelle einnimmt, ist im Norden Deutschlands, östlich der Elbe-Saale-Linie, die Kiefer die Hauptholzart, sowohl als Nutzholz wie als Brennholz. Im Osten gestattet das ihr mehr zusagende kontinentale Klima auch höhere Umtriebe als im Westen (120jähriger Umtrieb im Osten, häufig sind auch noch 150jährige Kiefernbestände dort gesund).

Was die *Bodenansprüche* anbelangt, so sagen ihr am meisten lockere, tiefgründige Sandböden zu. Dagegen kann sie auf Lehmböden von Natur aus leichter von anderen Holzarten verdrängt werden; wo aber das kontinentale Klima die Konkurrenz anderer Arten zurückhält, dort finden wir sie auch auf Lehmboden (zum Beispiel auch im Osten von Niederösterreich, im oststeirischen Hügelland, in Ostpreußen). In Ostpreußen zeigt sie sehr gute Entwicklung auf Böden, die oberflächlich Sand, darunter in einer für die untersten Wurzeln noch erreichbaren Tiefe Lehm aufweisen. Selbst auf Hochmoorböden kann sie, zusammen mit Birke, in schlechten Wuchsformen vorkommen. Ihre große Verbreitung verdankt sie ihrer Anspruchslosigkeit in bezug auf Klima und Boden. Auf schlechtesten trockenen Sanden und Schottern ist auch ihr Zuwachs gering.

Die Tanne, Weißtanne, *Abies pectinata D. C.*, (Synonym *A. alba Mill.*).

Über die Tannen im allgemeinen sagt H. Mayr[4], daß sie bereits im kühleren Teil des Buchengürtels (Fagetums) erscheinen, in der wärmeren Hälfte des Picetums sich noch wohlfühlen und im kühleren Teil des Picetums verschwinden. Hohe Luftfeuchtigkeit sagt nach Mayr allen Tannen zu, außerhalb des Schirmes von Mutterbäumen sind sie in der Jugend in der Regel empfindlich gegen Spätfröste. Frost Ende Mai oder gar im Juni ist den Tannen schädlich. Tiefe Wintertemperaturen rufen an einigen Arten Schädigungen an Nadel- und Triebspitzen hervor. Tiefgründige frische Böden sagen allen Tannen zu[5].

---

[1] Peneff N., Über das Vorkommen der Weißkiefer an den Rändern der Sofioter Ebene, Sofia, Bibl. Lessowodska missal Nr. 2, 1938 (72 Seiten, 1 Karte, mit dtsch. Zus.).

[2] Fekete-Blattny, a. a. O., S. 405, 469. Georgescu C., Die natürliche Verbreitung der Rotkiefer in den rumänischen Karpaten, Anal. Instit. de Ceroet. și Experiment for. 5, S. 3—78, 1940. Mit 15 Abb., 1 Karte und dtsch. Zusammenfassung. Czoppelt H., Rivista Padurilor 50, S. 765—779, 1938.

[3] Beck-Mannagetta, Vegetationsverhältnisse der illyr. Länder. Fröhlich, Centralbl. f. d. ges. Forstw. 60, 1934, S. 65—67.

[4] Mayr H., Waldbau auf naturgesetzlicher Grundlage, 1909, S. 150.

[5] Immerhin kommt (in Bosnien auf der Borja planina) die Tanne in ausgedehnten Mischbeständen auch auf Serpentin vor, der bekanntlich ziemlich magere Böden zu ergeben pflegt. J. Fröhlich, Centralbl. f. d. ges. Forstw. 68, 1942, S. 83.

Das Verbreitungsgebiet der Weißtanne, *Abies pectinata*, ist viel kleiner und liegt im allgemeinen südlicher als das der Fichte, es findet sich im wesentlichen in den Gebirgen Mittel- und Südeuropas, nur im Norden und Osten ihres Verbreitungsgebietes tritt sie in die Ebene. Ihr nördlichstes natürliches Vorkommen innerhalb Deutschlands reicht nur bis Eisenach, dann etwas nördlich von Dresden und nördlich von Breslau; im Harz fehlt die Tanne von Natur aus, ebenso fehlt sie in Norddeutschland. In Österreich, Deutschland und Mitteleuropa sind ihre Hauptverbreitungs-

Abb. 35. Natürliches Verbreitungsgebiet der Weißtanne (*Abies pectinata D. C.*).

gebiete der Schwarzwald und die Vogesen, die Außenzonen der Alpen, das Alpenvorland, der Schweizer Jura, der Bayerische Wald und der Böhmerwald, Mühlviertel (Oberösterreich) und Waldviertel (Niederösterreich), Frankenjura, Fichtelgebirge, Thüringer Wald; Erzgebirge, Sudeten. Auch in den Karpaten ist sie verbreitet. Isolierte Teilgebiete ihres Verbreitungsgebietes sind die Pyrenäen und das französische Zentralplateau. Weiter findet sie sich auf der Insel Korsika, im Apennin (höhere Lagen!) und in Sizilien auf dem Ätna, dann in den Gebirgen der südosteuropäischen Halbinsel südwärts bis nach Albanien und bis zum Rhodopegebirge. Auch in der Schweiz ist sie hauptsächlich (wie in Österreich) in den Außenzonen der Alpen und nur sehr selten in den Innenalpen, deren Wärmeverhältnisse einer kontinentalen Klimatönung entsprechen.

Die Westgrenze verläuft, von den inselförmigen Teilen des Verbreitungsgebietes in den Pyrenäen und in Frankreich abgesehen, am Westrand der Alpen über den Schweizer Jura in die Vogesen, geht dann, um das Rheintal eine Ausbuchtung südwärts bis etwa Basel bildend, auf den Schwarzwald über, wendet sich hierauf um den Schwäbischen Jura und die Hochebene von München herum [1] (diese ausschließend) nach Bamberg, Koburg, dann durch die südlichen Vorberge des Thüringer Waldes zur Nordwestspitze dieses Gebirges, von wo sie in die bereits kurz gekennzeichnete Nordgrenze übergeht. Diese reicht dann ostwärts über Schlesien nach Polen, wo sie im Gebiete des Bug südwärts abbiegt und zu einer Ostgrenze wird.

Ihre oberen Grenzen reichen im Thüringer Wald bis 800 m, im Schwarzwald und Schweizer Jura bis 1300 m. In Vorarlberg beobachtete Verfasser (auf dem Gapfahler Falben, Bezirk Feldkirch) noch bei 1690 m Tannen von 16 m Scheitelhöhe. (Vorarlberg, besonders der Norden, hat Randgebirgsklima, beziehungsweise ein Klima der Außenzone der Alpen; in solchen Lagen ist die Tanne begünstigt.) Im südlichen Apennin reicht sie bis 1850 m, in den bosnischen Mittelgebirgen an Südhängen gelegentlich in Mischung mit der Fichte bis 1500 m (F r ö h l i c h, Cbl. f. d. ges. Forstw., 1942, S. 82). Ein Optimum findet sie wohl in den Alpenrandgebirgen, besonders im Westteil, zum Beispiel auch im Schweizer Mittelland, dann im Schweizer Jura sowie im Schwarzwald und den Vogesen. Verfasser sah herrliche Tannen im Schwarzwald, im Schweizer Mittelland, in der nördlichen Außenzone der österreichischen Alpen, im Waldviertel und im Mühlviertel. Der Dürsrütiwald in der Nordschweiz ist ein berühmt gewordener Tannenwald. Dort maß die große Dürsrütitanne bei Langnau im Emmental (im Jahre 1914) 52,4 m Höhe und 140 cm Durchmesser in Brusthöhe, wie F l u r y [2] berichtet. Ähnliche Tannen gibt es auch in einem Urwaldrest in der Außenzone der Alpen Niederösterreichs bei Lunz („Rothwald") sowie in Urwäldern Bosniens; auch im Granflußgebiet der Zentralkarpaten, auf der ozeanisch beeinflußten Südabdachung der Zentralkarpaten, sah Verfasser herrliche Tannenmischwälder, gleichfalls ein Maximum und Optimum des Weißtannenvorkommens. Mit Recht sagt K. R e b e l bei Besprechung eines Beispieles prächtigen Gedeihens der Tanne mit „unerschöpflicher Ansamungskraft" in einem örtlich stärker ozeanischen Gebiet: Wo immer, soweit ihm bekannt, die Tanne vorkomme, stets scheine an der betreffenden Örtlichkeit im Vergleich zur Umgebung die Luft feuchter, die Temperatur gleichmäßig kühl zu sein [3].

Zweifellos ist das Vorkommen der Tanne nach oben und nach Norden durch ihr Wärmebedürfnis begrenzt, sie bevorzugt aber wärmere Lagen nur, wenn sie zugleich höhere Niederschlagsmengen oder, bei mittleren Niederschlagsmengen, höheres Wasserspeicherungsvermögen des Bodens

---

[1] F ü r s t W i n d i s c h g r ä t z, Die ursprünglich natürliche Verbreitungsgrenze der Tanne in Süddeutschland, Naturwissensch. Zeitschr. f. Land- und Forstwirtschaft, München, 1912. D e n g l e r A., Mitt. a. d. forstl. Versuchswesen Preußens, 1912.

[2] F l u r y, Die forstlichen Verhältnisse der Schweiz, 1925.

[3] R e b e l K., Waldbauliches aus Bayern, II. Bd., 1924, Abhandlung „Cham", S. 128 ff.

bieten. Ihre Nordgrenze (vom Thüringer Wald nach Polen) dürfte durch die Trockenheit des von ihr gemiedenen Gebietes hervorgerufen sein. Sie braucht eine längere Vegetationsdauer als die Fichte und ist auch gegen tiefe Wintertemperaturen empfindlich. Sie fehlt in kontinentalen Gebieten mit strengen Wintern; im strengen Nachwiner 1929, Januar bis März, entstanden im östlichen Teil ihres Verbreitungsgebietes Winterfrostschäden an Tannen. Das allzu wintermilde, atlantische Klima des Westens sagt aber auch der Tanne, wie allen Nadelhölzern, von Natur aus nicht zu (natürliches Laubholzgebiet). Zwar hat man sie in solchen Gebieten künstlich angebaut, so gibt es auch in Mecklenburg (in einem Klima mit ozeanischer Tönung) einige 80- bis 85jährige, über 25 m hohe Tannenbestände, die sich verjüngen. Nach L a u r i I l v e s s a l o (Acta forestalia fennica, 1920) ist die Tanne auch in den Niederlanden, in Nordwestdeutschland, in Dänemark, an der Westküste Norwegens und in den südlichen Teilen Schwedens künstlich angebaut, zum Teil schon seit längeren Zeiträumen. Aber wie bei allen Ausländeranbauversuchen muß man auch nach länger dauernden Erfolgen immer noch auf Rückschläge und Mißerfolge gefaßt sein. In bezug auf die Böden ist die Tanne anspruchsvoller als die Fichte.

Ähnlich, wie sie in Österreich und in der Schweiz in den *Innenalpen* mit kontinentaler Klimatönung nur *sehr spärlich* vertreten ist, ja in großen Teilgebieten fehlt, und in den *Außenzonen der Alpen* ein *Maximum und Optimum* ihrer Verbreitung findet, verhält sie sich auch in den Zentralkarpaten: In den Innenlagen zwischen Hoher und Niederer Tatra findet man sie nur sehr spärlich eingesprengt, dagegen hat sie auf der von der Adria her ozeanisch beeinflußten südlichen Außenabdachung (in den gleichen Meereshöhen) ein Maximum und Optimum ihrer Verbreitung, wie Verfasser in einer Veröffentlichung von 1944 gezeigt hat[1]. In den Karpaten und in den dinarischen Gebirgszügen sind in entsprechenden Meereshöhen Buchen-Tannen-Wälder, in noch größerer Höhe Buchen-Tannen-Fichten-Wälder (denen nach oben hin meist noch Tannen-Fichten-Wälder folgen). Aber auch mit der Eiche (in der Regel Traubeneiche) bildet die Tanne gemischte Bestände, zum Beispiel auf der südlichen Außenabdachung der Zentralkarpaten, manchmal auch mit der Kiefer. Das Werk von F e k e t e und B l a t t n y über „Die Verbreitung der forstlich wichtigen Bäume und Sträucher im Königreich Ungarn, 1914" weist das Vorkommen der Weißtanne in den Nordwest- und Zentralkarpaten, Nordost- und Ostkarpaten, Südkarpaten, im südungarischen Gebirgsland, in der Großen und Kleinen Kapela und im Velebitgebirge, den „kroatischen Alpen" nach[2]. B e c k v. M a n n a g e t t a (Die Vegetationsverhältnisse der illyrischen Länder) berichtet über das Vorkommen prächtiger Tannen und herrlicher Urwälder im liburnischen Karst und in Bosnien sowie in

---

[1] T s c h e r m a k L., Ozeanität und Waldkleid in Gebirgen, Zeitschr. f. d. ges. Forstw., 1944, S. 12—28.

[2] Vgl. auch S t r i n e k a M., Das Vorkommen und die Standorte der Tanne in den Agramer Bergen, Šumarski list **53**, S. 322, 1929 (gedeiht im Sljemengebirge auf Nord- und Nordosthängen gut, geht auf Nordhängen bis 200 m herab).

montenegrinischen Gebirgen. In bosnischen Gebirgen und in solchen der Herzegowina sah Verfasser selbst herrliche Mischbestände von Tanne und Buche mit eingesprengten anderen Holzarten. In den Gebirgen von Rumänien, Ungarn, der Slowakei und Jugoslawien herrschen im entsprechenden Höhengürtel meist Buchen und Tannen vor, die Fichte ist auf die höheren Lagen beschränkt. So berichtet J. F r ö h l i c h (1941)[1] über die Kelemengruppe in den Ostkarpaten, daß der ursprüngliche gemischte Bestand aus Buche, Tanne, etwas Fichte auf der Südseite bis zu einer Seehöhe von 550 und 600 m herabgereicht habe, seine obere Grenze lag auf der Südseite zwischen 1200 und 1300 m, worauf dann der reine Fichtenbestand folgte, der seine obere Waldgrenze zwischen 1600 und 1700 m habe. (Die Nordabdachung des Massivs hat eine Holzartenzusammensetzung, die dem kontinentaleren Klima einer Innenlage entspricht: hauptsächlich Fichtenbestockung, Tannen und Buchen sind spärlich.) Im Kapaonikgebirge Serbiens gehen (nach A d a m o v i ć, Vegetationsverhältnisse der Balkanländer) Tannen bis 1650 m. Auch im Rila- und Piringebirge Bulgariens gibt es Mischwälder von Buche, Tanne, Fichte (mit Schwarzkiefer und *Pinus Peuce),* im Rhodopegebirge die Mischung Weißtanne und Fichte. Im Rhodopegebirge ist aber der Kiefernanteil groß (nach K. M. M ü l l e r : „Anteil der Weißkiefer und Schwarzkiefer zusammengenommen 75 bis stellenweise 80 Prozent"), ein großer Kiefernanteil deutet auf kontinentales Klima, die Tanne aber bevorzugt ozeanisch beeinflußte Gebirgsteile; ihr dortiges Vorkommen steht trotzdem zu unseren Schlüssen über ihre Klimaansprüche nicht im Widerspruch, denn (nach K. M. M ü l l e r) kommt dort „die Mischung Weißtanne und Fichte nur auf kleinsten Flächen in schattseitigen, feuchten Waldgräben vor". Mitten in den ausgedehnten Buchenwäldern des Ostbalkangebirges (nahe vom Ursprung des Flusses Golema Kamtschija) gibt es einige Tannenbestände außerhalb des bis jetzt bekannten Verbreitungsgebietes in Bulgarien, in geringen Meereshöhen von 400 bis 450 m (während sonst die Tanne in Bulgarien in der Regel nicht unter 900 bis 1000 m zu finden ist). N. P e n e f f, der diese Tannenbestände im östlichen Teil des Balkangebirges untersuchte, hält sie für Reliktvorkommen[2].

Weiter im Süden, in Griechenland, ist in den Gebirgen *Abies cephalonica,* die griechische Tanne, zu Hause (die durch Nadeln mit einer scharfen stechenden Spitze und durch eiförmige, stark verharzte Knospen sowie durch kahle, bläulichrote einjährige Zweige gekennzeichnet ist). Einen Übergang zwischen *Abies pectinata* und *cephalonica* bildet *Abies Borisii regis* in Südbulgarien und Nordgriechenland.

Seit einigen Jahrzehnten wird (in Mitteleuropa) auf einen Rückgang der Tannenverbreitung und auf ein „*Tannensterben*" hingewiesen. Letzterer Ausdruck wurde zuerst für eine Erkrankung älterer Tannen mit allmäh-

---

[1] F r ö h l i c h J., Das Kelemengebirge, Centralbl. f. d. ges. Forstw. 67, 1941, S. 89—95. D e r s e l b e, Die Tanne in Südosteuropa, Centralbl. f. d. ges. Forstw. 68, 1942, S 81—91.

[2] P e n e f f N., Waldbauliche Bemerkungen über das Vorkommen der Tanne im östlichen Teil des Balkangebirges (in der Gegend von Kersenlik), Gorski pregled **21**, S. 89—102, 1935.

lich von unten nach oben fortschreitendem Absterben der Tannenkrone angewandt. Später wurde der Ausdruck sowohl für den allgemeinen Rückgang der Tannenbestockung in gewissen Gebieten, als auch für das eben erwähnte Absterben älterer Tannen und schließlich auch noch für ein ganz anderes Krankheitsbild, für das Sterben meist jüngerer Tannen infolge Befalles durch die Tannentrieblaus *(Dreyfusia Nuesslini)* und für sonstige Insektenschäden gebraucht. Für den Rückgang der Tannenbestockung gibt es eine Reihe von Ursachen[1]: Oft handelt es sich einfach um Kahlschlagbetrieb in Mischbeständen und darauf folgende Fichtenaufforstung, also Verdrängung von Buche und Tanne durch künstliche Begünstigung der Fichte. Solche Verdrängung wurde seit vielen Jahrzehnten geübt. Die doch noch natürlich ankommenden Tannen und Buchen wurden häufig infolge hoher Wildstände durch Wildschäden (Rotwild und Rehwild) wesentlich geschädigt und gingen zugrunde. In anderen Fällen wurden sie durch Läuterungen bei der Pflege der künstlich begründeten reinen Fichtenbestände beseitigt. Ein Bericht über den *Urwald „Neuwald"* in der Forstverwaltung Kernhof in Niederösterreich enthält die Angabe, daß die Tanne der Masse nach sechsmal stärker vertreten sei als die Fichte. In den benachbarten, durch künstliche Aufforstung begründeten Beständen dagegen trete die Tanne immer mehr zurück, dies werde mit Recht als Folge der lange geübten Kahlschlagwirtschaft und der Einwirkung des Wildes bezeichnet (Österr. Vierteljahresschr. f. Forstw. **86**, 1936, S. 149). Außer dem Kahlschlagbetrieb waren häufig auch Auswirkungen des kurzfristigen, also zu rasch und zu schematisch vorgehenden Großschirmschlagverfahrens für die Anteilsminderung der Tanne mitbestimmend. Das Wild, auch das Rehwild, läßt oft auch bei großer Verjüngungsfreudigkeit der Mischbestände von Fichte, Tanne, Buche von den Anflügen nur die Fichte übrig. Manchmal handelt es sich beim Tannensterben auch darum, daß man in wärmeren, tieferen Lagen, in Laubholzgebieten, die Tanne künstlich eingebracht hatte und daß dann durch Trockenheit und Schädlinge, insbesondere durch *Dreyfusia*, die künstlich angebauten Tannen im zu warmem, zu trockenem Laubholzgebiet mehr als andere gefährdet waren. Bei starkem Auftreten der *Dreyfusia Nuesslini* handelt es sich meistens (wenn auch nicht immer) um warme Tieflagen, um Grenzgebiete des Tannenvorkommens, häufig auch um künstlichen Tannenanbau im ehemaligen Laubholzgebiet (Beispiele in Dänemark, in der Rheinpfalz, in Laubholzgebieten von Württemberg usw.). Es wurde auch hervorgehoben, daß der Schädling auch im Optimum der Tanne, so im Schwarzwald, Fuß gefaßt habe. Aber dort tritt *Dreyfusia Nuesslini*, wie Verfasser im Jahre 1938 beobachten konnte, häufiger in niederen Lagen um 400 m auf, seltener in höheren (ist aber

---

[1] T s c h e r m a k L., Die Tannenfrage im Wienerwald, Centralbl. f. d. ges. Forstwesen **67**, 1941, S. 135—151; dort weitere Literaturangaben. B r a u n R., Insektenschäden an der Tanne. im Wienerwald, Centralbl. f. d. ges. Forstw. **67**, 1941, S. 186—191, S. 193—196. G ü d e J., Die forstl. Bewirtschaftung des Wienerwaldes unter Berücksichtigung der Tannenfrage, Centralbl. f. d. ges. Forstw. **67**, 1941, S. 151—160, S. 169—175. B e r g e r J., Das Massensterben der Tanne im Wienerwald, Österr. Vierteljahresschr. f. Forstw. **90**, 1949.

fast bis an die obere Grenze nachweisbar). In den niederen Lagen um 400 m war aber dort die Tanne ursprünglich nur eingesprengt, ihr Anteil ist künstlich vermehrt worden. Auch dort sind im künstlichen Anbaugebiet Massenauftreten und Schäden häufiger, es kommt zu Wuchsstockungen und Zuwachsverlusten, ein Teil der Stämme geht ein. Nach Z w ö l f e r wird das Tannensterben nicht durch die Laus verursacht, sie kann aber gelegentlich als Folgeerscheinung daran beteiligt sein[1]. Die Vorbeugung besteht in waldbaulichen Maßnahmen, strenger Beachtung der Standortsansprüche und des biologischen Verhaltens der Tanne, Aufzucht der Tanne unter Schirm. Wie an allen Holzarten, kommen selbstverständlich an der Tanne auch im Inneren des natürlichen Verbreitungsgebietes gelegentlich Erkrankungen vor. Deren Ursache immer besser zu klären, bleibt Aufgabe der künftigen Forschungen.

Dem (hauptsächlich durch die Wirtschaft bewirkten) *Rückgang der Tannenverbreitung entgegenzuwirken*, ist wegen ihrer waldbaulichen Vorzüge erwünscht. Sie gibt in ihrem natürlichen Verbreitungsgebiete widerstandsfähigere, gesündere, schönere (meistens gemischte) Bestände als

Abb. 36. Zirka 400jährige Tanne in 1300 m Meereshöhe, Waldort Ranzental der Forstverwaltung Hintersee bei Salzburg, Österr. Bundesforste.

die künstlich geschaffenen Fichtenkulturen, die man eine Zeitlang an ihre Stelle setzen wollte (und die man in den Alpen zur Arbeitsvereinfachung vielfach auch jetzt noch an ihre Stelle setzt). Sie ist in bezug auf die Bodenpflege wertvoll, ihre Nadeln verwesen leichter als die der Fichte, ihre Wurzeln dringen tiefer in den Boden ein, verursachen daher eine weitergehende Bodenlockerung. Ungleichalterige Tannen-Buchen-Fichten-Misch-

---

[1] Z w ö l f e r, Silva, 1937, S. 356. H o f m a n n, Forstw. Centralbl. 1937, S. 469; 1939, S. 219. W i e d e m a n n, Forstw. Centralbl. 1927.

wälder sind schon infolge ihres Aufbaues viel weniger als die Fichtenbestände tieferer Lagen der Schneebruchgefahr ausgesetzt. In der Vollholzigkeit, der Geradheit des Schaftes und in den Wachstumsleistungen
kommt keine andere Holzart der Tanne gleich, wenn ihr auch die Fichte
in dieser Hinsicht wenig nachsteht. Der Massenzuwachs der Tanne gipfelt
später als bei der Fichte, hält sich aber dann länger auf bedeutender Höhe.
In Baden wird der Mehrertrag der Tanne gegenüber der Fichte auf 2 Festmeter je Jahr und Hektar geschätzt. Ihr Holz ist im allgemeinen etwas
weniger begehrt als das der Fichte, weil es weniger hobelfähig ist und eher
vergraut, zu Brettern wird daher der Fichte der Vorzug gegeben. Doch ist
Tannenholz vollholziger, etwas fester und elastischer und wird daher zu
Bauholz und zu Bohlen, besonders bei Wasserbauten und im Erdbau,
bevorzugt.

Die Lärche, *Larix decidua Mill.*, (Synonym *europaea D. C.*).

Von ihren vier natürlichen Verbreitungsgebieten in Europa: Alpen,
dann kleinere Teile der Sudeten, der Karpaten (besonders Zentralkarpaten)
und Polens, ist das alpine das weitaus größte. In der Schweiz ist die Lärche
in der Hauptsache zentralalpin, sie meidet dort das Randgebirge und die
Außenlandschaft; zum Beispiel liegt der Rigikulm mit einer Höhe von
1787 m in einem lärchen*freien*, westlichen Luftströmungen gut zugänglichen
Gebiet. In seinem Umkreis gedeihen Mischwälder frostempfindlicher, verhältnismäßig ozeanisch gestimmter Arten: Buche, Tanne, Eibe, Stechpalme.
Die *lärchenreichsten* Gebiete der Schweiz sind die Innenlandschaften mit
Klima-, insbesondere Wärmeverhältnissen, die denen des Landklimas ähnlich sind. Zum Beispiel hat das Oberengadin (mit tiefen Wintertemperaturen, starker Erwärmung im Sommer) einen Lärchenanteil von 52 v. H.
der Holzmasse. Eine namhafte natürliche Verbreitung besitzt die Lärche
in der Schweiz nur in den Kantonen Wallis, Graubünden und Tessin, also
in inneralpinen Gebieten. Im Kanton Uri und einzelnen anderen ist sie
spärlich vertreten. Für den Kanton Zürich zum Beispiel ergaben Archivstudien (von G r o ß m a n n), daß erst 1760, zur Zeit der Physiokraten,
die ersten Versuche zur künstlichen Einführung der Lärche im Kanton
begannen (der Erfolg blieb bescheiden). Die natürliche Verbreitung der
Lärche in den Ostalpen (vom Kanton Graubünden bis zum Alpenostrande
bei Wien) wurde vom Verfasser untersucht[1]. Der Außenrand der Alpen
ist nur in den *östlichen* Teilen der Ostalpen von der Lärche besiedelt. Im
westlichen Teil der Ostalpen sind die Randberge von der Lärche gemieden
(beginnend etwa westlich von Steyr und von Kirchdorf an der Krems in
Oberösterreich), und zwar je weiter nach Westen, in desto breiterem
Gürtel, dies auch dann, wenn die Höhen der Berge die Lage der oberen
Baumgrenze um ein Beträchtliches überragen. Im nördlichen Vorarlberg,
dann im bayerischen Allgäu sowie in den Alpen Bayerns westlich der
Loisach gibt es nur inselförmige Kleinstvorkommen der Lärche, die prak-

---

[1] T s c h e r m a k L., Die natürliche Verbreitung der Lärche in den Ostalpen.
43. Heft der Mitt. aus d. forstl. Versuchswesen Österreichs, Wien 1935.

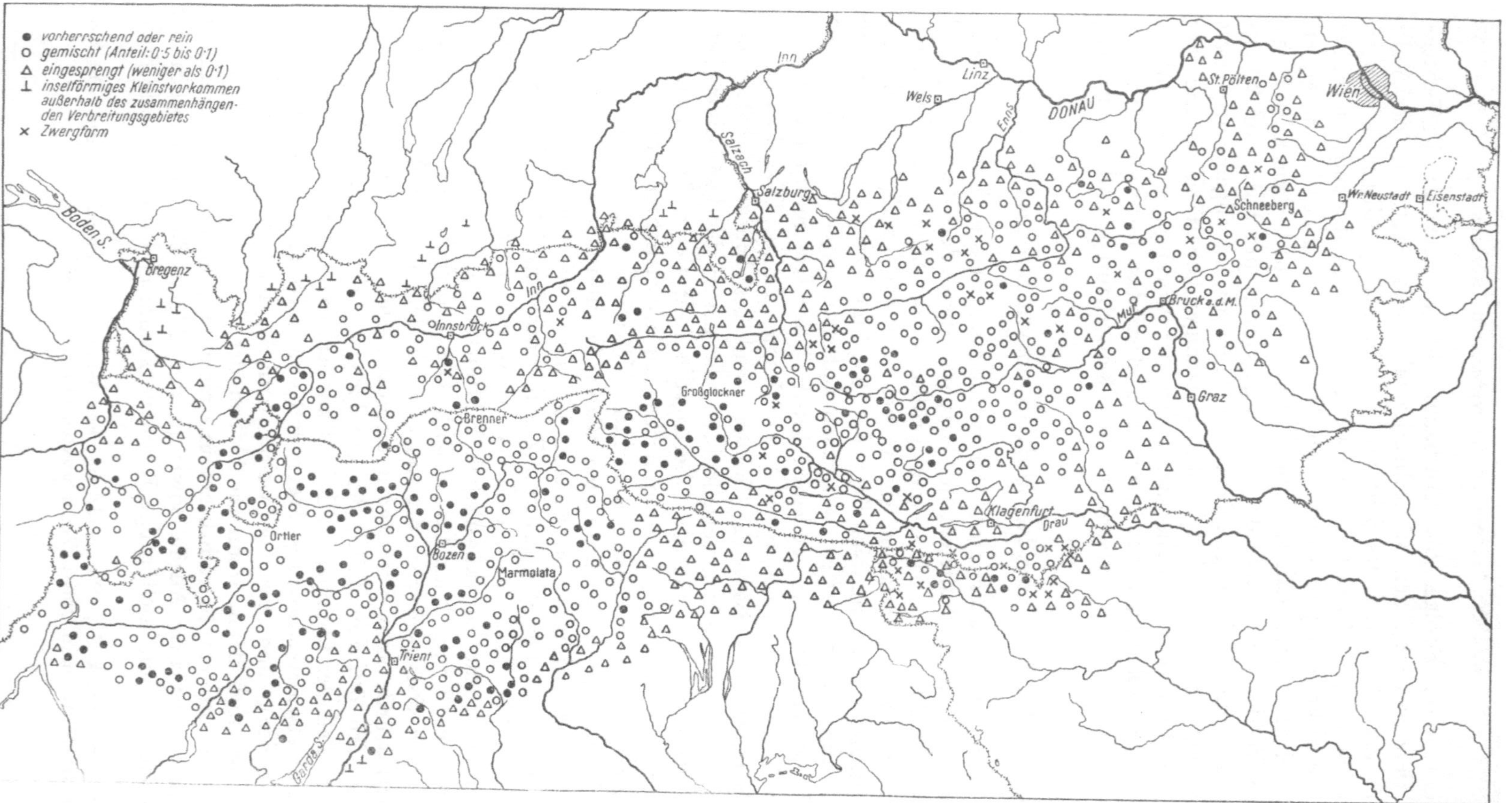

Abb. 37. Natürliche Verbreitung der Lärche in den Ostalpen (nach L. Tschermak, 1935, mit einem Beitrag hinsichtlich der italienischen Ostalpen von L. Fenaroli).

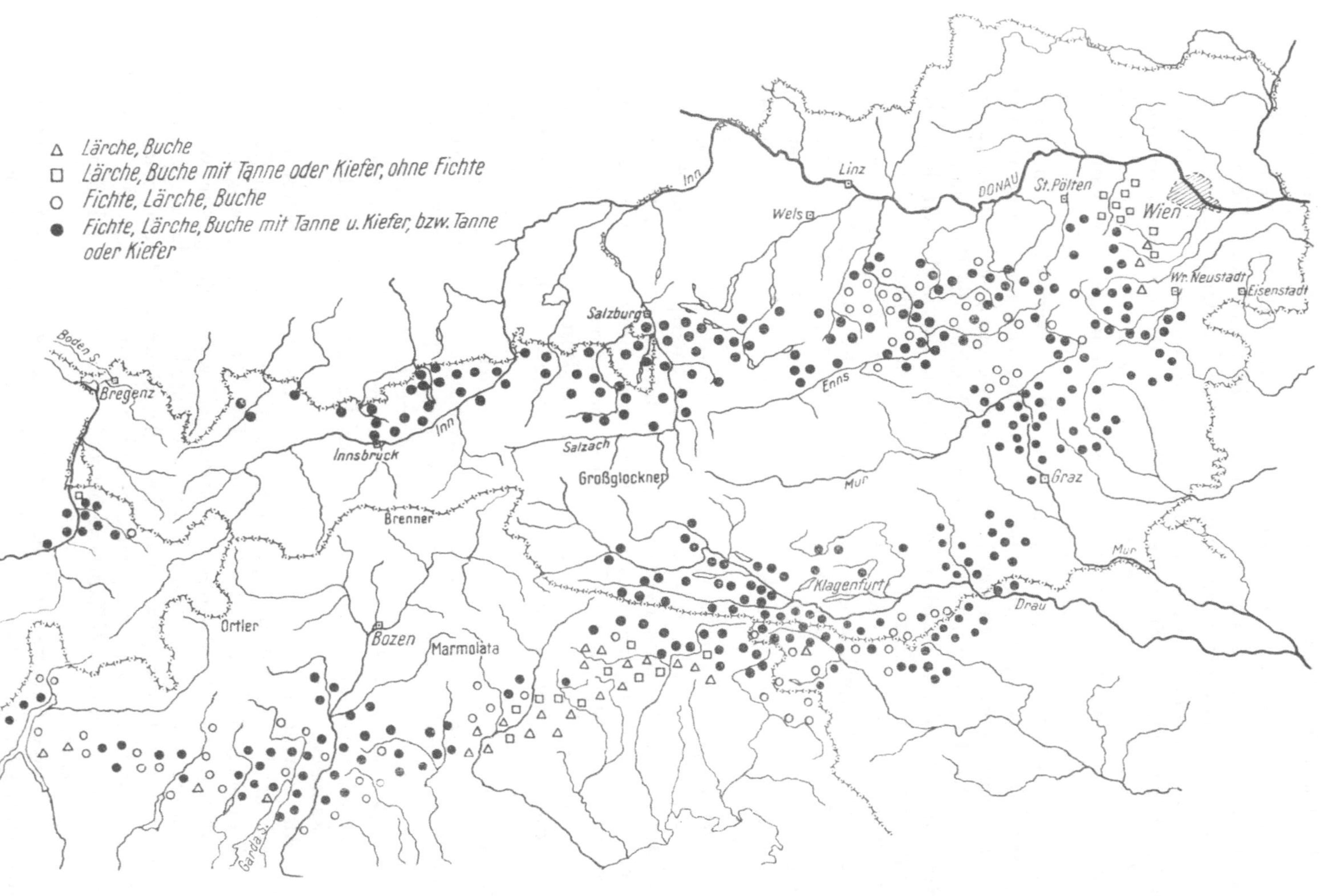

Abb. 38. Die Mischung Lärche-Buche in den Ostalpen (nach L. Tschermak, 1935).

tisch nicht von Belang sind (vergleiche die Karte: „Natürliche Verbreitung der Lärche in den Ostalpen", Abb. 37). Das Höchstmaß ihrer Verbreitung erreicht unsere Holzart ganz eindeutig in den Innenalpen. In der Richtung vom Außenrand gegen die Innenalpen ist auch bei gleicher Meereshöhe offenkundig eine Zunahme der Häufigkeit des Lärchenvorkommens nachweisbar. In dieser Richtung ist· auch sonst eine grundlegende Änderung der Waldzusammensetzung zugleich mit einer Änderung des Klimas festzustellen. Vom Rande gegen das Innere kommt man aus Gegenden verhältnismäßig ausgeglichener Wärmeverhältnisse in solche großer Wärmeschwankungen; zugleich aus buchen- und tannenreichem Gelände (mit Vorkommen der Eibe, Stechpalme usw.) in buchenfreie Gebiete des Lärchenhöchstmaßes (denen die Stechpalme, die Eibe und in der Regel auch die Tanne fehlt). In den Innenalpen, also in den Gebieten des Höchstmaßes der Lärchenverbreitung, beträgt der Anteil der Lärche im Durchschnitt ganzer Bezirke 0,3 bis 0,5 der Bestockung, mitunter auch noch mehr. In einem Übergangsgebiet überschneiden sich die Verbreitungsgebiete der Lärche und der Buche (vergleiche die Karte: Mischung Lärche-Buche in den Ostalpen, Abb. 38), die Buche ist dabei häufig nicht mehr im Optimum (auch in Meereshöhen, die ihr im Randgebirge noch ein Optimum gestatten).

Der Allgäuer Hauptkamm ist auf der Luvseite lärchenfrei, hingegen kommt auf der Leeseite, im Lechtal, die Lärche eingesprengt vor. Auf dem Arlberg ist die Luvseite (Vorarlberg, zum Beispiel vom Westportal des Eisenbahntunnels an) im Fichten-*Buchen*-Tannen-Gebiet ohne Lärche, die Leeseite (vom Ostportal an, Tiroler Seite) im Fichten-*Lärchen*-Gebiet ohne Buche, die den Innenalpen fehlt und erst bei Imst aufzutreten beginnt. Ähnliches wiederholt sich auch an anderen Stellen der Alpen. Eine ähnliche Gesetzmäßigkeit findet man auch in den Alpenhauptkämmen (vergleiche Karte Abb. 37): Im Hinblick auf die atlantischen Luftströmungen ist der Nordhang des Alpenhauptkammes die Luvseite, der Südhang die Leeseite. Die Ötztaler und die Zillertaler Alpen, die Hohen Tauern und die Niederen Tauern gehören zum Hauptkamm, die Karte zeigt die Unterschiede auf der Nord- und Südabdachung, der Lärchenanteil ist auf der Leeseite (Südabdachung) wesentlich größer als auf der Luvseite (Nordabdachung des Hauptkammes).

Als weiteres Beispiel eines besonders lärchenreichen Gebietes sei der Lungau des Landes Salzburg genannt, das ist das oberste Murtal (Hauptort Tamsweg, 14^0 östl. L., 47^0 n. Br.). Der Lungau zeigt Anklänge an sibirisches Klima wie das obere Engadin, er weist die größte Wärmeschwankung von ganz Österreich auf, der Anteil der Lärche beträgt dort gegen 0,5 der Fläche (Waldfläche des Tales einschließlich der bestockten Weiden rund 50.000 ha, hauptsächlich Fichte + Lärche). Abb. 39 gibt eine Aufnahme in einem 270jährigen Bestand von Lärchen und Fichten im Lungau wieder.

Sind diese Gebiete, weil sie Landklima aufweisen, etwa regenarm? Regenarm sind die Gebiete des Höchstmaßes der Lärchenverbreitung *nicht*. Wenn auch die mittleren jährlichen Niederschlagssummen kleiner sind als

in den Außenzonen, so betragen sie in der Regel doch 1000 mm und mehr.
Die lärchenreichen Gebiete haben aber kältere Winter, es herrschen verhältnismäßig festländische Wärmeverhältnisse, und es fehlen jene Arten,
welche solche Wärmeverhältnisse nicht vertragen können. Es wurde bereits
bemerkt, daß die Nadelwälder im großen ganzen Waldformen winterkalter Gebiete sind; hinsichtlich der Kiefer und der Fichte haben wir aus

den Verbreitungsgrenzen
geschlossen, daß sie im
großen ganzen die
wintermilden Gebiete
im Westen meiden.

In noch höherem
Maße ist ein ähnliches
Verhalten hinsichtlich
des natürlichen Vorkommens der Lärche
der Fall.

Wenn gegen diese
Schlußfolgerung eingewendet wurde, daß
hie und da auch in
Küstennähe Lärchenanbauversuche gelungen
seien, so ist dies kein
Gegenbeweis (in einem
Klima, *milder* als jenes
des natürlichen Verbreitungsgebietes, kann
gelegentlich der Anbau
gelingen, bei Fichte ist
dies sogar in großem
Maßstabe der Fall,
wenn auch die Fichtenkulturen zu warmer
Gebiete von verschiedenen Schäden heim

Abb. 39. 270jährige Lärchen in 1791 m Meereshöhe im
Lungau, nördlicher Zickenberg, Baumhöhen bis 30 m.

gesucht werden). Nach L. Ilvessalo (Acta forestalia fennica 1920) lassen
sich kontinentale Arten besser in Gebiete des Seeklimas verpflanzen als
umgekehrt.

In Österreich ist auf mindestens zwei Dritteln der Gesamtwaldfläche,
also auf mehr als 2 Millionen Hektar, die Lärche als Mischholzart von
Natur aus verbreitet, nach der Statistik nimmt sie im Mittel auf diesen
zwei Dritteln der Waldfläche etwa 10 bis 11 v. H. der Bestockung ein, das
entspricht bei 100jährigem Umtrieb einem Vorrate von rund 35 Millionen
Festmeter an Lärchenholz. Zum Vergleich sei angeführt, daß im kontinentalen Klima Rußlands der Lärchenanteil (*Larix sibirica* und *dahurica*) ein
gewaltiger ist. Nach M. Tkatschenko (Waldbestände und Forstwirt

schaft der UdSSR, Centralbl. f. d. ges. Forstw. 1941, S. 1—4) stehen die Lärchenbestände in der UdSSR flächenmäßig mit 249 Millionen Hektar an erster Stelle, sie kommen flächenmäßig den gesamten Waldbeständen eines so waldreichen Landes wie Kanada gleich. Nach den „Erläuterungen zu der von der Akademie der Wissenschaften der UdSSR herausgegebenen pflanzengeographischen Karte" (Zeitschr. f. Weltforstw. 1941, S. 454 ff.) beträgt der Anteil der Lärche 52 v. H. der Waldfläche.

Abb. 40. Mischbestand von Buche, Lärche, Kiefer bei Altlengbach, zirka 400 m ü. d. M. (Aufn. H. M e l z e r).

Was die *Höhengrenzen* der Lärche in den Alpen anbelangt, so reicht sie zum Beispiel im Rheintal des Kantons Graubünden bis 550 m herab, in Oberösterreich bis 400 m, in Niederösterreich bis 300 m (natürliches Vorkommen), vgl. Abb. 40. Die Lage der oberen Grenze hängt von der Höhe der oberen Wald- und Baumgrenze ab; die Längstäler mit festländischem Klima als Standortsgebiete des Höchstmaßes der Lärchenverbreitung sind zugleich Gebiete einer sehr hohen Lage der oberen Baumgrenze; im Engadin oberhalb Pontresina reicht das Lärchenvorkommen bis gegen 2400 m empor.

In den Innenalpen nimmt gegen die obere Waldgrenze hin der Lärchenanteil stark zu (in der Außenlandschaft ist dies zumeist nicht der Fall).

Verwitterungsböden der verschiedensten Gesteinsgruppen werden von der Lärche besiedelt; mittel- bis tiefgründige, lockere, frische Lehm- und sandige Lehmböden sagen ihr am besten zu. Auf trockenen Böden pflegt ihr Bestockungsanteil in den Alpen gering zu sein. Nasse Böden und Bodenverdichtung verträgt sie nicht.

Sie findet sich hauptsächlich in Fichten-Lärchen-Wäldern und in Fichten-Tannen-Lärchen-Buchen-Wäldern (Abb. 41). Für ihre Gesundheit in den Alpen spricht das erreichbare hohe Alter, das Abtriebsalter ganzer Bestände in mittelhohen Lagen beträgt häufig 150 Jahre, in Hochlagen bis 250 Jahre, Alter einzelner Stämme 400 bis 672 Jahre (nach Beobachtungen des Verfassers in den österreichischen Alpen); in der Schweiz soll eine Lärche mit 800 Jahrringen gefällt worden sein[1].

Ein *zweites* natürliches Vorkommen der Lärche findet sich im „mährisch-schlesischen Gesenke" in der Tschechoslowakischen Republik in einem kleinen Gebiet auf der Leeseite des Altvatergebirges, zwischen Bischofs-koppe-Troppau-Römerstadt, die Verbreitungsgrenzen wurden im Jahrbuch des Schlesischen Forstver-eins von 1925 von H e r r-m a n n[2] genauer ange-geben. Eine neuere Arbeit von R u b n e r, Das Areal der Sudetenlärche, er-schienen im Tharandter Forstl. Jahrb. 1943, stimmte hinsichtlich der Verbrei-tungsgrenzen den sorg-fältigen Feststellungen von H e r r m a n n zum großen Teil zu. Die Sudeten-lärche kommt nur zwi-schen 300 bis 800 m, nur vereinzelt bis 1000 m vor. Nach den Feststellungen der R u b n e r schen Ver-öffentlichung liegt ihr bestes Vorkommen zwi-schen 350 und 650 m, ver-einzelt geht sie höher, schon über 700 m ist sie selten und über 800 m nur in einigen Fällen. Die Ursprünglichkeit dieses Vorkommens ist erwiesen. Das Vorkommen ist klein (die reduzierte Fläche der bodenständigen, über

Abb. 41. Lärche im Klein-Gößgraben bei Göß, Steier-mark, Höhenstufen des Fichten-Lärchen-Tannen- und Buchen-Mischwaldes (Aufn. K. K r a l l, Leoben).

40jährigen, also zur Samengewinnung geeigneten Sudetenlärchen beträgt nach R u b n e r nur 945,5 ha, an unter 40jährigen bodenständigen Sudetenlärchen sind nur 356 ha vorhanden). Außerdem sind durch die Wirtschaft „eingebrachte Sudetenlärchen", über 40jährig, auf 705 ha vorhanden. Das Klima im dortigen Lärchenheimatgebiet ist ein Über-gangsklima vom ozeanischen zum kontinentalen (zugleich auch ein solches von dem der Ebene zu dem des Mittelgebirges). R u b n e r bezeichnet die Sudetenlärche als „Rasse eines Übergangsklimas"; auch in den Alpen gibt

---

[1] F l u r y, Die forstlichen Verhältnisse der Schweiz, 1925, S. 83.
[2] H e r r m a n n, Die Sudetenlärche, Thar. Forstl. Jahrb. 1933.

es große Übergangsgebiete, deren Klima sowohl der Buche-Tanne als auch der Lärche zusagt und in denen ein Übergreifen ihrer Verbreitungsgebiete stattfindet (vergleiche die Karte: „Mischung Lärche-Buche in den Ostalpen", Abb. 38). Die Rasse der Sudetenlärche zeichnet sich durch einen in der Jugend besonders raschen Wuchs und durch geraden Wuchs aus, ein ähnliches Verhalten konnte aber auch an der Alpenlärche aus tiefer gelegenen Teilgebieten des Verbreitungsbezirkes festgestellt werden (zum Beispiel an der Wienerwaldlärche). Ein Unterscheidungsmerkmal der Sudetenlärche ist dieses: Der Höhentrieb der jugendlichen Sudetenlärche ist (beim Anbau außerhalb der Alpen) bis zum achten oder zehnten Jahr immer wesentlich größer als der der Alpenlärche aus höheren Lagen, diese kommt im Mittel selten über 50 bis 60 cm, maximal nicht über 1 m hinaus. Die junge Sudetenlärche hat dagegen Durchschnittshöhentriebe von 80 bis 100 cm, maximale bis 1,50 m. Allerdings sei, sagt R u b n e r , zu beachten, daß auch die Tatra-, Polen- und Wienerwaldlärche ähnlich lange Triebe in der Jugend bilde.

Ein *drittes* ursprüngliches Verbreitungsgebiet der Lärche gibt es in den Karpaten: hauptsächlich in der Tatra, in den Innenlagen der Zentralkarpaten zwischen Hoher und Niederer Tatra, in einem Gebiete mit kontinentaler Klimatönung und einer dementsprechenden Holzartenzusammensetzung; in den nördlichen Karpaten ist die Lärche häufiger als in den Ost- und Südkarpaten mit bloßem Einzelvorkommen. Nähere Angaben über das Vorkommen der Lärche in den Karpaten enthält das schon zitierte Werk von F e k e t e und B l a t t n y. Hinweise auf das Vorkommen in den Zentralkarpaten (Innenlagen) sind auch in der Abhandlung des Verfassers, „Ozeanität und Waldkleid in Gebirgen" (Zeitschr. für d. ges. Forstw. 1944), enthalten.

Ein *viertes* Verbreitungsgebiet unserer Holzart liegt in Polen, gegenwärtig auf Flächen geringer Ausdehnung, in geringen Höhenlagen, ja bis in die Ebene gehend. In früheren Jahrhunderten soll sie in Polen, wie auch aus alten Ortsnamen hervorgeht, eine größere Verbreitung gehabt haben (nur in manchen G r e n z gebieten der Verbreitung pflegt die Vitalität einer Art so gering zu sein, daß so weitgehende Verdrängung möglich ist).

Außerhalb des natürlichen Verbreitungsgebietes ist die Lärche in Österreich und Deutschland wegen ihres wertvollen Holzes seit mehr als 150 Jahren vielfach angebaut worden, und zwar mit sehr wechselnden Erfolgen. Für die gutwüchsigen Lärchen bei Harbke, unweit Helmstedt, führte M ü n c h [1] den Nachweis der Abstammung von Sudetenlärchen. In manchen anderen Fällen haben aber auch aus Alpenlärchensamen gezogene Bestände durchaus Befriedigendes geleistet [2], zum Beispiel in Schlitz bei Fulda, in anderen hessischen Forstämtern, dann auf dem Gebhardsberg bei Bregenz usw. — Nach R u b n e r hat der künstliche Lärchenanbau vor

---

[1] M ü n c h E., Das Lärchenrätsel als Rassenfrage, Thar. Forstl. Jahrb. 1933.

[2] T s c h e r m a k L., Die natürliche Verbreitung der Lärche in den Ostalpen. Wien 1935, S. 313 ff. S c h o b e r R., Die Schlitzer Lärche, Allg. Forst- u. Jagdzeitung 111, 1935, S. 73, S. 121, S. 147. M ü n c h E., Die Tiroler Lärche in Schlitz, ebenda, S. 217. S c h o b e r R., Nochmals die Schlitzer Lärche, ebenda, S. 336.

allem in Nordwestdeutschland versagt, dann in höheren Lagen der deutschen Mittelgebirge und im Gebiete der Münchener Schotterebene. Durch Berücksichtigung der Herkunft (von gutwüchsigen Mutterbäumen tiefer gelegener Verbreitungsgebiete, häufig von Sudetenlärchen) und durch sorgfältige Auswahl des Standortes (mit tiefgründigen, lockeren, frischen Lehm- und sandigen Lehmböden) sowie durch eine angemessene Bestandespflege hofft man in Zukunft, beim künstlichen Anbau Fehlschläge vermeiden oder einschränken zu können. (Wo die Niederschläge groß sind, dort können auch weniger tiefgründige Böden für die Lärchenaufforstung in Betracht kommen. In Baden, Westseite des Schwarzwaldes, wurden auch auf mittelgründigen Böden Buchenverjüngungen mit vorwüchsigen Lärchen in weitem Verbande durchstellt.)

Die Rotbuche, *Fagus silvatica L.*

Unter den klimatischen Verhältnissen Mitteleuropas und Südosteuropas ist die Rotbuche der verbreitetste Laubbaum des Waldes. Während ferner viele Laubholzarten nur in Mischung vorkommen oder kleinere Bestände bilden, sind dagegen von der Buche, solange sie nicht durch Menschenhand verdrängt wird, große zusammenhängende Waldflächen in fast reinem Bestande bedeckt. Besonders in *West-, Mittel- und Südeuropa ist der Anteil der Buche ein großer.* In Südosteuropa sind bedeutende Buchenurwälder bis in unser Jahrhundert erhalten geblieben, besonders in Bosnien, Herzegowina, Albanien, Bulgarien, Teilen der Karpaten usw. Im *Osten Europas* mit ausgesprochenem Kontinentalklima *fehlt* sie. Ihre Ostgrenze verläuft von Königsberg in Ostpreußen über die Gegend von Allenstein, zeigt in Polen in dem trockenen Teil westlich von Warschau eine größere Einbuchtung nach Westen, geht dann über Lodž, Radom durch Podolien nach Rumänien. Die Bukowina hat von der Buche den Namen erhalten. Die Buche fehlt also im östlichen Ostpreußen, im mittleren und östlichen Polen, in Rußland. Ihre *Nordgrenze* reicht nach England, umschließt noch Dänemark, die Südspitze von Schweden und geht dann nach Ostpreußen. Innerhalb dieses Wohnraumes fehlt sie in allen Gebieten mit kontinentalem Klima, so in den Innenalpen, soweit deren (kontinental getöntes) Klima herrscht (doch gedeiht sie auch auf dem Grundgestein der Zentralalpen sehr gut dort, wo diese selbst zu einem Randgebirge werden, zum Beispiel im steirischen Randgebirge). Weiter fehlt sie in den Innenlagen der Zentralkarpaten zwischen Hoher und Niederer Tatra, in der Großen und Kleinen ungarischen Tiefebene, im siebenbürgischen Becken, im Tiefland an der unteren Donau, im warmtrockenen Gebiet zwischen Königgrätz und Saaz (in der von Gebirgen umschlossenen Niederung der böhmischen Elbelandschaft).

In *Österreich* ist sie verbreitet in den Außenzonen der Alpen, im Alpenrandgebirge, wo sie ein Maximum ihrer Verbreitung findet, dann im Waldviertel von Niederösterreich und im Mühlviertel von Oberösterreich sowie in gebirgigen Teilen des Alpenvorlandes, zum Beispiel im Kobernauser Wald (Oberösterreich). In den Mittelgebirgen *Deutschlands,* in den Gebirgen der *Tschechoslowakischen Republik* treffen wir sie gleichfalls. Im mittleren

Frankreich und in Westdeutschland ist ebenfalls ein Höchstmaß und Bestmaß ihres Vorkommens festzustellen. In Norddeutschland *östlich* der Elbe wird ihr Anteil wesentlich geringer.

Im Süden findet sie sich in den Gebirgen des nördlichen Spanien, weiter Italiens und des nördlichsten Teiles Siziliens sowie in den Gebirgen der Balkanhalbinsel mit Ausnahme des südlichen Griechenland. In den Gebirgen des nördlichen Griechenland ist sie noch verbreitet; nach Auskunft

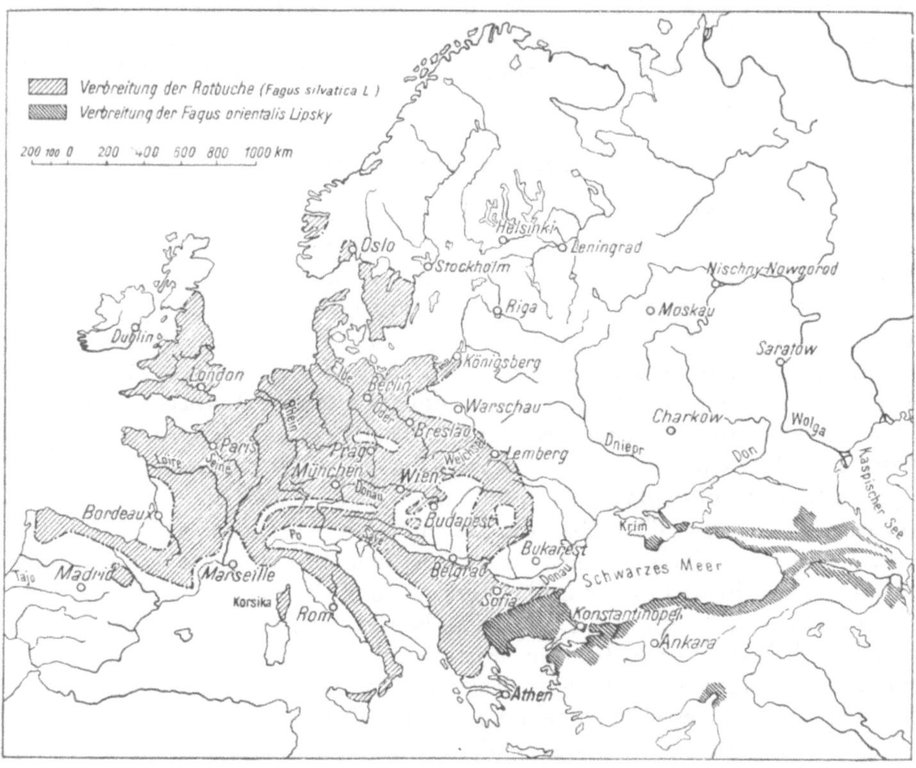

Abb. 42. Natürliches Verbreitungsgebiet der Rotbuche (*Fagus silvatica L.*) und der orientalischen Buche (*Fagus orientalis Lipsky*).

des Forstdirektors im Landwirtschaftsministerium Griechenlands betrug im Jahre 1940 der Anteil der *Fagus silvatica* an der Gesamtwaldfläche Griechenlands: 10,1 v. H. Sie kommt also im europäischen Südosten in den Karpaten[1], im Bihargebirge, in den Dinarischen Alpen, in Slawonien, Bosnien und der Herzegowina, in Montenegro, Albanien, Nordgriechenland, Mazedonien, im serbischen Gebirge und in den Gebirgen Bulgariens vor. In Slawonien stocken zwischen Drau und Save noch ausgedehnte nutzholzreiche Buchenwälder, die einen beträchtlichen Anteil von erstklassigem Nutzholz

---

[1] B e l d i e Al., Beobachtungen über die Holzvegetation des Bucegigebirges. Analele Institut. de Cercet. Exp. For. 6, S. 3—81, 1941. Mit dtsch. Zus. C o n s t a n t i n e s c u N., Die Buche in der Provinz Oltenia, Viaţa Forestiera 9, S. 85—92, 1941.

zur Möbelfabrikation ergeben[1]. Nicht nur in Griechenland, sondern überhaupt in Südeuropa ist die Buche nur auf die Gebirge beschränkt, schon in Österreich gibt es nur im Gebirge Buchenwälder, während im Norden, zum Beispiel in Mecklenburg, bei Warnemünde nächst Rostock, Buchenbestände bis an die Ostseeküste, also bis zum Meeresniveau reichen. Im östlichsten Teil Bulgariens kommt auch die *Fagus orientalis Lipsky*, Orientbuche[2], vor, die durch geringfügige morphologische Merkmale von *Fagus silvatica* verschieden ist, wie Verfasser in Gebirgen der Türkei wahrnehmen konnte. Nach R u s k o f f[3] bilden die Buchenwälder in Bulgarien einen bedeutenden Teil der Staats- und Gemeindehochwälder, der größte Teil davon befindet sich im Balkangebirge. Dort findet man noch ausgedehnte Flächen von Buchenurwäldern. Die Durchschnittshöhe der Buchenbestände im Ostbalkangebirge ist nach R u s k o f f bedeutend geringer als jene in Mitteleuropa, als Ursache bezeichnet er mit Recht den Einfluß des trockenen Klimas. Verfasser beobachtete das gleiche an *Fagus orientalis* im Lehrforst der türkischen Forstfakultät von Konstantinopel-Büjükdere, der Zusammenhang mit dem sommertrockenen mediterranen Klima war dort offenbar. Das Klima im Osten der Balkanhalbinsel (Ostbulgarien) ist kontinentaler und weniger günstig für den Wald als etwa in Bosnien. Auch K. M. M ü l l e r berichtet über *Fagus silvatica* im Rhodopegebirge (in zirka 1200 bis 1500 m Höhe): Die Buchenzone sei dort vom Charakter der reinen und ausgeprägten Buchenhochwaldgürtel Bosniens und der Karpaten weit entfernt. Sie sei im Rhodopegebirge wohl vorhanden, werde aber in ihrem Gedeihen stark beeinträchtigt durch das trockene und heiße Klima[4]. Günstiger sind die Standortsverhältnisse für die Buche in dem feuchteren und weniger heißen Rilagebirge Bulgariens sowie in den Nordwestausläufern des Piringebirges[5]. Auf die prächtigen, große Flächen einnehmenden Buchenurwälder in den Gebirgen Bosniens wurde bereits hingewiesen. In Jugoslawien ist die Fläche der Buchenwälder groß (etwa 24 v. H. der Waldfläche)[6].

In Süddeutschland ist die Buche ein Baum des Hügellandes und der unteren Stufe im Gebirge. Im Norden, zum Beispiel in Schleswig-Holstein und Dänemark, ist sie ein Baum der Ebene. In Österreich kommt sie nach den Erhebungen des Verfassers in Höhen von 170 m bis — einschließlich des bloß eingesprengten Vorkommens — rund 1700 m (auf der Außen-

---

[1] F r ö h l i c h J., Wo finden wir in Südosteuropa die hochwertigsten Nutzhölzer? Intern. Holzmarkt (Wien), 1942, Nr. 13, S. 38—41.

[2] S t o y a n o f f N., The beech woods of the Balkan Peninsula, in R ü b e l E., Die Buchenwälder Europas, Veröff. d. geobot. Inst. Rübel in Zürich, 1932.

[3] R u s k o f f M., Beitrag zum Studium des Aufbaues und der Verjüngung der Buchenwälder im Balkangebirge, Sofia 1934. D e r s e l b e, Zusammensetzung, Wuchs und Verjüngung der Eichen- und Buchenwälder im Ostbalkangebirge, 1930.

[4] M ü l l e r K. M., Aufbau, Wuchs und Verjüngung der südosteuropäischen Urwälder, Hannover 1929, S. 10, S. 128, S. 209.

[5] G e o r g i e f f Sch., Die Wälder im Piringebirge, Bibl. Lessowodska missal Nr. 5, 1939 (63 Seiten, dtsch. Zus.; Buchengürtel zwischen 1000 und 1600 m, als Beimischung oft Weißtanne).

[6] J u n g h a n s, Bleibt Südosteuropa Holzlieferant? Dtsch. Holzanzeiger 1940, Nr. 117.

abdachung der Alpen, zum Beispiel im nördlichen Vorarlberg, in Strauchform) vor[1]. Beste Güteklassen weist sie in den nördlichen Außenzonen der Alpen, falls ihr auch der Boden entspricht, etwa in Höhen zwischen 300 bis 800 m auf, mittlere Güte bis ungefähr 1000 m, manchmal noch etwas höher; auf der südlichen Außenabdachung der Alpen, zum Beispiel in den Karawanken Kärntens, reicht das Vorkommen der Buche mittlerer Güte bis etwa 1250 m. In Höhen über etwa 1000 m, beziehungsweise in Kärnten (Karawanken) über 1250 m, ist sie in den Alpen meist schlecht geformt, kurzschaftig und bleibt gegen die Fichte im Wachstum zurück. Sie fehlt in den Alpen auch auf Kalkgrundgestein dort, wo der Standort in den Innenalpen liegt; und sie kommt auch auf Urgebirgsböden vor, wo diese den Randalpen angehören. Entscheidend ist also das Klima. Dieselben Klimaansprüche, die sie hinsichtlich des Vorkommens im Randgebirge und Fehlens in den Innenalpen erkennen läßt, zeigt auch ihre europäische Verbreitung auf: Vorkommen im atlantisch beeinflußten Westen und im Übergangsklima, Fehlen im Osten mit Kontinentalklima. Auch die strengen Winter des Landklimas dürfte sie nicht vertragen, das zeigten die Winterfrostschäden an Buchen besonders im östlichen Teil ihres Verbreitungsgebietes im ausnehmend strengen Winter 1929 (Januar bis März). In *stark* ozeanisch beeinflußtem Klima, zum Beispiel in Irland, fehlt sie auch, diese Grenze dürfte durch zu geringe Sommerwärme bedingt sein.

In der Abhandlung „Ozeanität und Waldkleid in Gebirgen", Zeitschr. f. d. ges. Forstw. 1944, hat Verfasser nachgewiesen, daß sich die Buche ähnlich wie in den Alpen auch in anderen Gebirgen verhält, zum Beispiel fehlt sie in den Zentralkarpaten im Gebirgsinneren zwischen Hoher und Niederer Tatra ohne Rücksicht auf das Grundgestein, während sie auf der ozeanisch beeinflußten südlichen Außenabdachung der Zentralkarpaten in den gleichen Meereshöhen stark vertreten ist und sehr gut gedeiht.

In verschiedenen Lehrbüchern, auch von D e n g l e r, wird angegeben, daß sie Kalkböden bevorzuge. Untersuchungen haben bewiesen, daß dies nur dort gilt, wo verhältnismäßig kühlere Sommer herrschen, und die Buche deshalb warme Böden bevorzugt. Wo ihr hingegen das Klima durchaus zusagt, dort ist sie auch auf kalkarmem Boden zu finden, das ergaben chemische Analysen von mit Buche bestockten Böden. Für ihr Vorkommen und ihre natürliche Verjüngung vermag dann auch ein mäßiger oder selbst ein geringer Kalkgehalt bei sonst gutem Boden zu genügen. In nassen Lagen gedeiht sie nicht und auf grobkörnigen, armen Sandböden fehlt sie von Natur aus ganz. Kühle feuchte Senken mit anmoorigen sauren Böden meidet sie. Auf lehmigen, frischen Sandböden kommt sie vor.

In den Alpen weisen die Buchen auf jenen Buchenstandorten, die am nächsten zur Innenlandschaft gelegen sind, ausgesprochene „Renkformen" auf, die hauptsächlich durch Frostschäden entstanden sind. Ungefähr in gleicher Meereshöhe, jedoch im Randgebirge (des gleichen Landes, in derselben geographischen Breite) gibt es Bestände bestgeformter Buchen der I. Güteklasse.

---

[1] T s c h e r m a k L., Die Verbreitung der Rotbuche in Österreich, Mitt. a. d. forstl. Versuchsw. Österreichs, 41. Heft, Wien 1929.

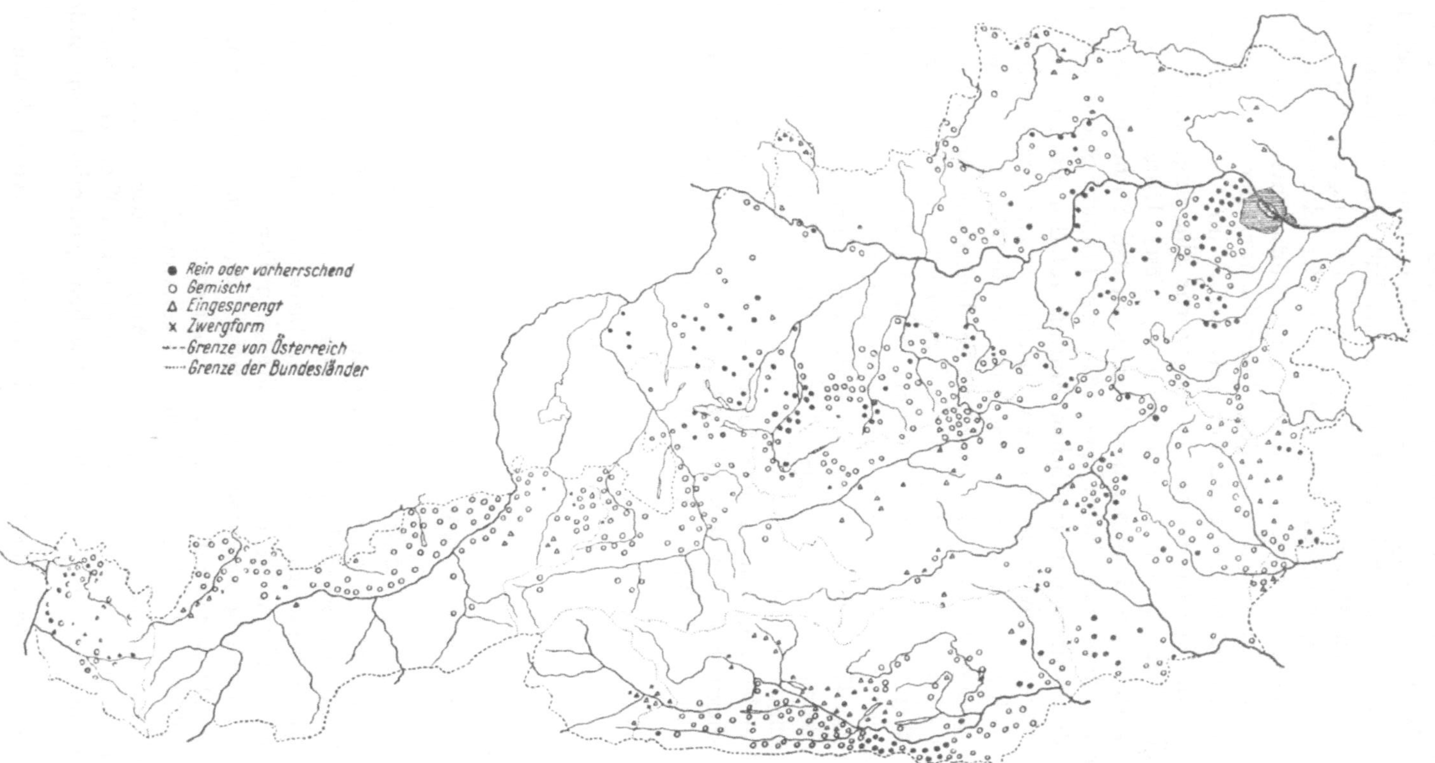

Abb. 43. Natürliche Verbreitung der Rotbuche (*Fagus silvatica L.*) in Österreich (nach L. Tschermak, 1929).

Während bei den bisher behandelten Nadelhölzern eine künstliche Erweiterung des Verbreitungsgebietes durch Anbau stattfand, ist bei der Buche in der Mehrzahl der Fälle das Gegenteil der Fall: Die Fläche, die dem Buchenwald überlassen ist, hat in der Regel durch Einbringung des Nadelholzes an Ausdehnung verloren. Nur verhältnismäßig selten sind Eingriffe der Wirtschaft zugunsten einer Vermehrung des Buchenanteiles im Walde zu verzeichnen. Die Massenleistung, der Nutzholzanteil, der Wert der Erzeugnisse ist im Buchenwalde beträchtlich geringer als im Nadelholzbestand auf gleicher Fläche. In den letzten Jahren wurde allerdings durch Fortschritte in der Technik der Holzverwendung dieser Unterschied etwas ausgeglichen, auch ist durchaus zu berücksichtigen, daß Buchenbeimischung innerhalb ihres Verbreitungsgebietes in *waldbaulicher* Hinsicht besonders wertvoll ist, die Buche übt einen trefflichen Einfluß auf den Boden aus, ihre Beimischung trägt auf ihren natürlichen Standorten zur Gesunderhaltung des Bestandes bei, sie ist in Mitteleuropa und auch in Südosteuropa wichtig für gemischte Bestände sowie als Unterholz im Unterbau- und Lichtungsbetrieb (wenn auch die Bodenpflege durch Unterbau in den Ländern Südosteuropas bisher wegen weniger günstiger wirtschaftlicher Bedingungen, daher geringerer Wirtschaftsintensität, seltener angewandt werden kann als in Mitteleuropa). K. G a y e r nannte die Buche wegen ihrer günstigen waldbaulichen Wirkung die „Mutter des Waldes", für die Gegenseite war sie wegen des geringeren Massenertrages, des kleineren Nutzholzprozents und geringerer Wertleistung ein „fauler Waldaristokrat". Im gegenwärtigen Zeitalter der chemischen und technischen Holzverwendung haben sich diese Verhältnisse etwas gebessert, der hohe waldbauliche Wert blieb unverändert.

Die Stiel- und Traubeneiche, *Quercus Robur L.* (Synonym *pedunculata Ehrh.)* und *Quercus petraea (Mattuschka) Lieblein* (Synonym *sessiliflora Ehrh.).*

Das natürliche Verbreitungsgebiet der *Stieleiche* ist wesentlich größer als das der Traubeneiche. Es umfaßt beinahe ganz Europa, geht weit nach Rußland und im Südosten bis nach Kleinasien. Die Stieleiche fehlt in Europa nur dem größten Teil Skandinaviens, wo sie nur im südlichsten Norwegen und Schweden verbreitet ist, dann dem weitaus größten Teile von Finnland und in Nordrußland. Die Nordgrenze der Stieleiche geht von Schottland durch das südliche Norwegen und Schweden über die Südküste Finnlands durch Rußland bis nahe zum südlichen Ural. Dort beginnt die Ost- und Südgrenze. Die russische Steppe meidet sie, doch ist sie im Übergangsgebiet, im „Steppenwald", vertreten, desgleichen im Kaukasus und in Teilen von Kleinasien. Im nördlichen Kaukasusgebiet nimmt nach E i t i n g e n [1] „die Eiche" (ohne Angabe der Art) von der Ebene bis etwa 1000 m Höhe mehr als 1 Million Hektar ein (im ersten Weltkrieg wurden die Bestände zur Erzeugung von Eichenschwellen geplündert). Im Süden

---

[1] E i t i n g e n Gr., Durch die Waldungen des nördlichen Kaukasus, Moskau 1928. Referat darüber: Centralbl. f. d. ges. Forstw. 1928, S. 149.

gehört zum Verbreitungsgebiet der Stieleiche die Balkanhalbinsel sowie Italien, Sizilien und das nördliche Spanien (allerdings ist nach A. P a v a r i [1] der Flächenanteil der Stieleiche in Italien nur sehr bescheiden, andere Eichenarten sind dort stärker vertreten). In der Waldsteppe im europäischen Rußland ist der bezeichnende Baum an der Grenze gegen die eigentliche Steppe die Stieleiche; die Eichenhaine, die „Kolki" der Russen, dringen in das

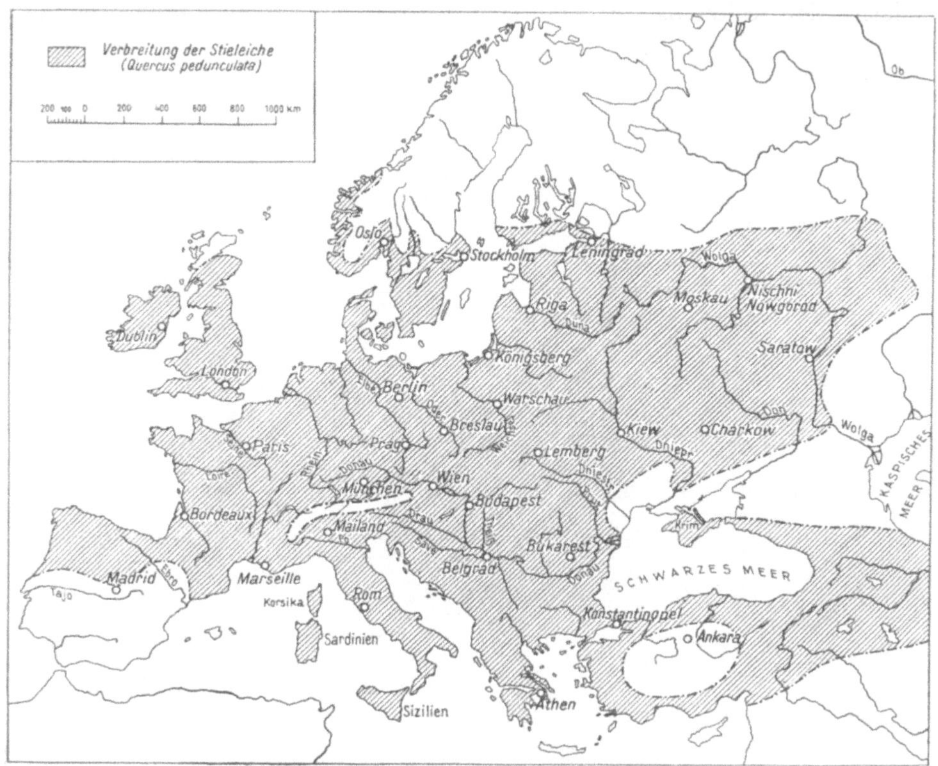

Abb. 44. Natürliches Verbreitungsgebiet der Stieleiche
(*Quercus Robur L., pedunculata Ehrh.*).

Steppengebiet ungleich tief ein, die Grenzlinie ist also unscharf, die Haine sollen (nach S c h i m p e r - v. F a b e r, Pflanzengeographie, S. 926) aus Stieleiche, Esche, Winterlinde, Spitzahorn, Feldahorn, Feldulme und Steppensträuchern bestehen. Auch gegen die Steppe Kleinasiens dringt die Stieleiche (nebst Zerreiche, gemeiner Kiefer und Schwarzkiefer) an besonders geeigneten Standorten ziemlich weit vor [2].

Das natürliche Verbreitungsgebiet der *Traubeneiche* reicht etwas weniger weit nach Norden und wesentlich weniger weit nach Osten. Die Traubeneiche meidet den kontinentalen Osten ähnlich wie die Buche. Die Nord-

---

[1] P a v a r i A., Die waldbaulichen Verhältnisse Italiens, I. Teil: Die ökologischen Grundlagen des italienischen Waldbaus. Zeitschr. f. Weltforstw. 8, 1940/41 S. 175 ff.
[2] K r a u s e, Zur Flora von Ankara, Ankara 1934.

grenze verläuft im Süden Norwegens und Schwedens, bleibt aber hinter der Stieleiche zurück, die Ostgrenze zieht von Stockholm über Königsberg durch Ostpreußen süd- und südostwärts, etwas östlich von der Buchengrenze, zum Schwarzen Meer. Die Südgrenze umfaßt die Balkanhalbinsel, Italien und das nördliche Sizilien, Nord- und Mittelspanien.

Was die Höhengrenzen anbelangt, so ist richtig, daß die Stieleiche in Niederungen und Auwaldungen zu Hause sei, die Traubeneiche in Hügelländern. Man schloß daraus, daß sie also höher emporsteige. In den Alpen

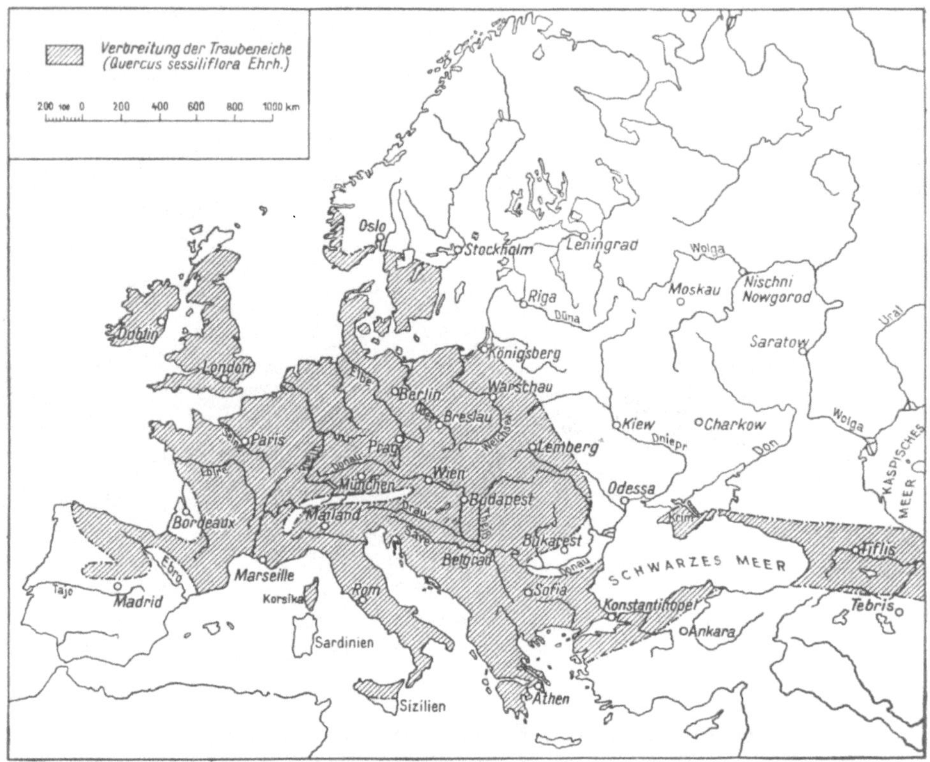

Abb. 45. Natürliches Verbreitungsgebiet der Traubeneiche
(*Quercus petraea* Liebl., *sessiliflora* Ehrh.).

Österreichs und der Schweiz[1] ist aber die Stieleiche auch in beträchtlicher Höhe und im Inneren der Alpentäler zu finden. Die Traubeneiche besiedelt vorwiegend sonnige Standorte, trockene Hügelseiten, die Stieleiche Flußniederungen und Auen, aber auch Alpentäler. Als die gegen kontinentales Klima widerstandsfähigere Art geht sie häufig auch tiefer ins Alpeninnere hinein. Man findet sie zum Beispiel im Inntal Tirols (wenn auch nur auf kleinen Flächen) sowie in Kärnten bis gegen 1000 m Seehöhe. In weiten Gebieten der Innenalpen fehlt sie.

---

[1] B u r g e r H., Die Verbreitung der Stiel- und Traubeneiche in der Schweiz, Schweiz. Zeitschrift f. Forstw. 1926, S. 169—174.

Abb. 46. Sehr gut geformte Eiche, Forstamt Rohrbrunn, Spessart, Abt. „Urwald"
(Aufn. unbekannt).

Ein *Höchstmaß* und *Bestmaß* des Vorkommens beider Eichenarten findet sich in Frankreich in großer Ausdehnung und in benachbarten wärmeren Lagen Deutschlands. Die Spessarteiche (Traubeneiche) ist das wertvollste Erzeugnis des Waldes in Deutschland. Ein *zweites* Maximum und Optimum der Eichenarten ist im europäischen Südosten, in den unteren Donauländern, in Ungarn und Jugoslawien, besonders Kroatien und Slawonien. Was das erstgenannte Optimum (im Westen) anbelangt, so enthalten im Spessart 300- bis 400jährige Eichenbestände in Meereshöhen um 400 m herum Stämme mit Scheitelhöhen bis 42 m, die Schäfte häufig bis 24 m Höhe astrein (Abb. 46), die Traubeneichen finden dort das beste Gedeihen auf lockerem, tiefgründigem, humosem Sandboden, Verwitterungsprodukt des Buntsandsteins (das Spessart-Furniereichenholz genießt den Ruf größter Feinheit in Struktur und Farbe).

Längs der Save, von Agram bis Belgrad, findet sich ein *Hauptgebiet des zweiten Optimums.* In den Tälern und auf einigen Hügelketten, bei einer mittleren Meereshöhe von 80 bis 100 m, soll es dort etwa 200.000 ha Eichenwald geben, davon ein großer Teil in *Slawonien*[1]. Der Boden der Auen ist alluvial, teils lehmig, teils sandig, tiefgründig, frisch, mit oberflächlichen Wasseradern, wiederholten Überschwemmungen. Die Stieleiche herrscht in den dortigen Wäldern vor, Mischwäldern von Stiel-, Trauben- und Zerreichen, an feuchten Stellen Eschen, sonst Feldulmen, Hainbuchen, diese mehr im Unterwuchs, wo sie mit Silberlinden, Feldahornen, Pappeln und Erlen vergesellschaftet sind. Die Strauchschicht enthält Schlehdorn, *Acer tataricum, Viburnum Opulus,* Liguster. Über dem Unterwuchs bilden die Alteichen eine sehr lichte Bestockung. Die slawonische Stieleiche hat schlanke gerade Stämme, mitunter bis 20 m Höhe astrein, etwa 1 m Brusthöhendurchmesser (Abb. 47).

Was die aus der Verbreitung zu erschließenden *Standortsansprüche* anbelangt, so ist die Stieleiche sowohl über West- und Osteuropa, also über Gebiete des ozeanischen und des kontinentalen Klimas, verbreitet. Da sie in sehr verschiedenen Klimaten vorkommt, so ist die Ausbildung verschiedener Klimarassen von vorneherein sehr wahrscheinlich. Das Vorhandensein solcher wurde auch durch vergleichende Anbauversuche nachgewiesen. Die Stieleiche erträgt im Westen kühle Sommer und warme Winter, im Osten heiße Sommer und strenge Winter. Sie unterscheidet sich in dieser Hinsicht sowohl von der Buche und Traubeneiche, die ungefähr bei Königsberg ihre Ostgrenze finden, als auch von der Kiefer und Fichte, die im Seeklima des Westens nicht vorkommen. Doch ist sie *in bezug auf die Sommerwärme anspruchsvoll (lange Vegetationszeit, beziehungsweise im Osten hohe Sommerwärme).* Die *Stieleiche* kommt auch auf *bindigen, ja schweren Schlickböden, Ton- und Lehmböden* vor, die *Traubeneiche* mehr auf *leichteren und wärmeren, jedoch tiefgründigen Böden.* Selbst auf etwas anlehmigen Sanden Nordostdeutschlands fand sich früher die Traubeneiche häufiger als gegenwärtig, zusammen mit der Kiefer. *Mittlere Lehmböden* sagen beiden Eichenarten zu.

---

[1] A l. d e P h i l i p p i s, La Revista Forestale Italiana, 1941 (Juli). B e c k v o n M a n n a g e t t a, Die Vegetationsverhältnisse der illyrischen Länder, 1901, S. 192 ff.

Abb. 47. Slawonische Alteiche, 135jährig, bis 22,9 m Höhe astrein, Festgehalt 18,488 fm.
Nach G. J a n k a, 1926.

In früheren Jahrhunderten, vor der Einführung der Kartoffel, wurde die Eiche wegen der Mast für Schweine (und Äsung für das Wild) durch die Wirtschaft begünstigt, später wurde sie durch andere Holzarten (Nadelholz, Buche) zurückgedrängt, auch sind ihr viele ihrer natürlichen Standorte durch die Landwirtschaft entzogen worden. In *Österreich* entfallen nur etwas mehr als 2 v. H. der Waldfläche auf die Eiche. Die wichtigsten Eichenproduktionsgebiete in Österreich sind die tieferen, zugleich wärmeren Lagen des Burgenlandes, Niederösterreichs und des Steirischen Hügellandes. Das Hügelland des Weinviertels im nordöstlichen Niederösterreich besitzt rund 30.000 ha Eichenmittel- und -niederwälder, auf kleinen Flächenanteilen auch Hochwald. Auch der Ostrand des Wienerwaldes (Baden, Mödling, Hietzing, Tulln) sowie der „Vordere Wienerwald" (Laubholzgebiet des östlichen Wienerwaldes, hauptsächlich Buche) haben etwas Eichenbestockung, ferner die Wachau, die tieferen Lagen des Dunkelsteiner Waldes, der warme Ostrand des Waldviertels. Kleine Vorkommen gibt es auch im Inntal Tirols und im Rheintal Vorarlbergs, dort besonders im untersten Teil der Hänge.

In *Ungarn, Rumänien, Jugoslawien* sind Eichen und Buchen die wichtigsten unter den Laubhölzern des Gebietes, der Flächenanteil der Rotbuche ist noch größer, dann folgt gleich jener der Eichenarten. Auch in *Bulgarien, Griechenland und der Türkei* haben die Eichenarten noch einen bedeutenden Anteil an der Gesamtwaldfläche, nur spielen, je weiter nach Südosten, um so mehr auch *Quercus pubescens, Quercus Cerris, Quercus hungarica* und andere Eichenarten dabei eine wichtige Rolle[1].

Wir finden Stiel- und Traubeneichen in den genannten Ländern in der Ebene, im Hügellande und in der unteren Stufe des Gebirges bestandbildend (rein und vorherrschend) sowie als Mischholz und eingesprengt, mitunter in prächtigen Beständen im Hochwald, auch auf großen Flächen. Über die Höhengrenzen enthält das Schrifttum (F e k e t e und B l a t t n y, B e c k v. M a n n a g e t t a, A d a m o v i ć und andere) reichliche Angaben. Oft ist (in Jugoslawien, Bulgarien, Griechenland, der Türkei) in der Nähe der Ortschaften der Eichenwald (beziehungsweise Laubmischwald mit Eichen) durch Holznutzung und Beweidung in *Buschwald* umgewandelt. So ist zum Beispiel in Bosnien im Hügelland und unteren Bergland der Eichenwald verbreitet. Andere Laubhölzer, wie Hainbuche, Feldahorn usw., sind beigemischt. Durch Kleinvieh-, und zwar Ziegen- und Schafweide, ist in der Nähe der Ortschaften der Buschwald entstanden. Er enthält Stiel- und Traubeneichen, Haselnuß, Feldahorn, andere Ahornarten, zum Beispiel *Acer tataricum* (mit ungeteilten, nur seicht gelappten Blättern), *Fraxinus excelsior, Fraxinus Ornus* und andere. Die Buschwälder sind in manchen Gegenden Bosniens und sonst der Balkanhalbinsel gleichsam die

---

[1] U n g a r n (Intern. Holzmarkt 1940, S. 15): 24 v. H. Eiche, 54 v. H. Buche, 22 v. H. Nadelholz. — R u m ä n i e n (J u n g h a n s, Dtsch. Holzanzeiger 1940, Nr. 117): 38 v. H. Buche, 24 v. H. Eiche, 13 v. H. sonstige Laubhölzer, 25 v. H. Nadelwald. — G r i e c h e n l a n d (Stand 1940, Auskunft des Landw.-Ministeriums): Eichenanteil 35 v. H., betrifft *Quercus pedunculata, sessiliflora, Cerris, Macedonica, pubescens.* — T ü r k e i (nach E n d r e s, Forstpolitik, 1922): Eichenarten 18,4 v. H. der Waldfläche.

Hutweiden; die Büsche binden und schützen dabei doch immerhin noch den Boden und wirken der Bodenabtragung durch Wasser entgegen. Auch A d a m o v i ć[1] gibt über die östlichen Balkanländer an, daß sich in der Ebene und im Hügelland sowie im tieferen Bergland überall im Gebiet der mitteleuropäischen Flora ein ausgedehnter Buschwald erstreckt, der durch Zutun des Menschen (Holzfällung und Weidewirtschaft) entstanden ist. A d a m o v i ć fand darin Eschen, Buchen, Ahorne, Zerreichen, Stieleichen, ungarische Eichen, Silberlinden, Birnen, Walnuß, Haselnuß, Weißdorn, Pfaffenhütchen, Schlehe, Faulbaum usw. — In Bulgarien wird strauchartiges Dickicht (das auch noch *Quercus conferta, pubescens, Rhus Cotinus* usw. enthalten kann) als „Chrastalak" bezeichnet. K. M. M ü l l e r berichtet von der Buschwaldformation aus Traubeneichen, Zerr- und Flaumhaareichen, die mit scharfer oberer und unterer Verbreitungsgrenze die Vorberge (zirka 500 bis 800 m) des ganzen nördlichen Rhodopegebirges bedecke, sowie von einem Eichenwald aus *Quercus Cerris, sessiliflora, pedunculata, conferta* im Rilagebirge, der als ein durch Ziegenweide verwüsteter Eichenbuschwald beginnt und nach oben allmählich in echten Hochwald übergeht[2].

Im *Ostbalkangebirge,* wo ein Klima mit größeren Temperaturextremen und ziemlich kleinen Niederschlägen herrscht, gibt es außer Buchenbeständen auch reine Eichenbestände sowie gemischte (*Quercus sessiliflora,* auf trockenen Südhängen und ärmeren Böden fast nur *Quercus conferta).* R u s k o f f berichtet, daß die Stammzahl je Hektar größer sei als in Mitteleuropa, dies hängt jedenfalls damit zusammen, daß infolge des trockeneren Klimas die Bestandesglieder bei gleichem Alter geringere Dimensionen besitzen. Auch fand er (ähnlich wie Verfasser selbst im Gebiete zu beiden Seiten des Bosporus feststellen konnte), daß die Durchschnittshöhen der Eichenbestände in der Regel aus klimatischen Gründen kleiner sind als in Mitteleuropa[3]. Nur dort, wo durch die Wasserführung der Böden die im Verhältnis zu den hohen Sommertemperaturen zu geringe klimatische Feuchtigkeit ersetzt wird, sind auch in der Türkei oder in Ostbulgarien Durchschnittshöhen der Eichen und anderen Holzarten zu beobachten, die besseren Güteklassen entsprechen.

6. Die natürliche Verbreitung einiger sonstiger Holzarten.

Die Schwarzkiefer, *Pinus nigra Arnold.*

Im Jahre 1785 wurde sie von einem österreichischen Verfasser, A r n o l d, zum erstenmal botanisch richtig beschrieben[4], er nannte sie *Pinus nigra,* nach ihm führt sie diesen Namen. Schon 200 Jahre früher, im Jahre 1583, hatte der Wiener Botaniker C l u s i u s berichtet, daß die

---

[1] A d a m o v i ć, Die Vegetationsverhältnisse der Balkanländer Serbien, Altserbien, Bulgarien, Ostrumelien und Nordmazedonien, Leipzig 1909.

[2] K. M. M ü l l e r, Aufbau, Wuchs und Verjüngung der südosteuropäischen Urwälder, 1929, S. 10, 209.

[3] R u s k o f f M., Zusammensetzung der Eichen- und Buchenwälder im Ostbalkangebirge, 1930.

[4] A r n o l d, Reise nach Mariazell in Steiermark, 1785.

Bauern in Niederösterreich die „schwarze Ferent" von der „weißen Ferent" unterscheiden, er bot aber noch keine botanisch richtige Beschreibung. Wir unterscheiden mindestens drei Unterarten der Schwarzkiefer: *austriaca*, die ihr größtes Verbreitungsgebiet auf der Balkanhalbinsel besitzt, ein zweites, isoliertes, nördlichstes ist am Ostrande der Alpen, südlich von Wien, ein drittes, kleines, ist in den Südostalpen (Südkärnten und angrenzende Gebiete). Eine zweite Unterart ist die *corsicana*, die in Spanien, Süditalien, Griechenland, Korsika verbreitet ist, eine dritte, die in Kleinasien und auf der Krim vorkommende *Pallasiana* oder *taurica* (Abb. 48).

Den Namen „*austriaca*" erhielt die erstgenannte Unterart trotz ihrer Hauptverbreitung auf der südosteuropäischen Halbinsel, weil sie zuerst aus dem niederösterreichischen Verbreitungsgebiet bekannt wurde, als noch nicht genügend festgestellt war, daß ihr wichtigstes Vorkommen auf der Balkanhalbinsel liege.

Trotz dieser Bezeichnung ist sie für den größten Teil von Österreich eigentlich eine fremde, nicht klimagemäße Holzart. Denn abgesehen von ihrem Vorkommen in einigen kleineren Inseln wärmeliebender Pflanzen im Süden Kärntens, konnte sie sich in Österreich nur

Abb. 48. Schwarzkiefer *(Pinus nigra var. Pallasiana)* im Taurusgebirge Kleinasiens, Waldort Karakoyak deresi (Cehenemdere), 1250 m ü. d. M.; d 1,10 bis 1,30 m, h 20 bis 32 m (Aufn. K. Fritzsche).

auf dem Alpenostrand südlich von Wien dank besonderer Standortsverhältnisse als „Relikt", als Überrest aus einer Wärmezeit, erhalten: Ihr Standortsgebiet ist hier gekennzeichnet dadurch, daß die ostwärts gerichteten kurzen Täler gegen die atlantische Westluft durch die Alpen gedeckt und nur gegen die sommerwarme Luft aus den ungarischen Steppen geöffnet sind.

Der Alpenostrand südlich von Wien ist deshalb trockener, heiterer und im Sommer auch wärmer als andere Lagen in Österreich, er stellt vorgeschobene Posten des in den Ebenen Ungarns herrschenden Klimas dar. Die mittleren Julitemperaturen, zum Beispiel in Perchtoldsdorf, Mödling, Gumpoldskirchen, Baden, betragen 19,6 bis 19,8°. Außerdem herrschen dort gut erwärmbare Kalk- und Dolomitböden vor. Das Verbreitungsgebiet am Alpenostrande liegt zwischen den Orten Mödling, Wiener Neustadt, Gloggnitz, Reichenau, Hainfeld, Altenmarkt. Sie kommt hier *mit anderen wärmeliebenden Pflanzen* vor, so mit der Zerreiche, *Quercus Cerris*, der Flaumeiche, *Quercus pubescens*, Felsenbirne, *Amelanchier rotundifolia*, Perückenbaum, *Cotinus Coggygria*, Bergmispel, *Cotoneaster integerrima* und *tomentosa*, Elsbeerbaum, *Sorbus torminalis*, Mehlbeerbaum,

Abb. 49. Schwarzkiefer auf der Hohen Wand in Niederösterreich (Aufnahme Österreichische Lichtbildstelle).

Sorbus Aria, weiter *Prunus fruticosa*, *Clematis erecta*, *Coronilla emerus* und anderen. In einer Veröffentlichung von S e c k e n d o r f f ist dieses Verbreitungsgebiet (einschließlich des durch Aufforstung begründeten, also nicht natürlichen Vorkommens auf dem Steinfeld bei Wiener Neustadt) auch auf einer Karte dargestellt[1]. Die reduzierte Fläche in Niederösterreich beträgt über 30.000 ha, sie verteilt sich hier in reinen und in gemischten Beständen auf ein Gebiet von fast 81.000 ha. Am Alpenostrand in Niederösterreich kommen auch wärmeliebende Tiere vor, zum Beispiel die Gottesanbeterin (*Mantis religiosa*) sowie Heuschreckenarten, so die italienische Heuschrecke (*Caloptenus italicus*) und die Art *Stenobothrus nigromaculatus*.

Die Schwarzkiefer erreicht in ihrem niederösterreichischen Verbreitungsgebiet ein hohes Alter bei gutem Gesundheitszustand. So sah Ver-

---

[1] v. S e c k e n d o r f f, Beiträge zur Kenntnis der Schwarzföhre, Mitt. a. d. forstl. Versuchsw. Österreichs, Wien 1881.

fasser zum Beispiel in der Forstverwaltung Stixenstein (Sierningtal, oberhalb Neunkirchen-Ternitz) im Waldort Asand in einem ungleichaltrigen
Bestande von Schwarzkiefer, Buche, Tanne 240- bis 360jährige Schwarzkiefern mit Brusthöhendurchmessern von 120 bis 130 cm und Scheitelhöhen von 28 bis 30 m. In der Forstlichen Versuchsanstalt Mariabrunn
wurden an zwei Schwarzkiefernstämmen aus dem niederösterreichischen
Verbreitungsgebiete Stammanlaysen durchgeführt, das Alter an dem einen
mit 584, am anderen Stamme mit 434 Jahren ermittelt, dabei waren sie

Abb. 50. Die „Breite Föhre" auf dem Anninger bei Mödling (Aufn. Österreichische
Lichtbildstelle).

vollkommen gesund und aus ihrem Wachstumsgang war zu schließen, daß
sie bei der Fällung noch nicht an der natürlichen Grenze ihres Daseins
standen. Auch gibt es in dem Verbreitungsgebiet am Alpenostrand einige
besonders alte, schöne, vom Volksmund mit besonderen Namen ver-
sehene Schwarzföhren, meist sind es Bäume, die in früherer Zeit die Grenze
von Grundstücken bezeichneten und dann als sogenannte Grenzbäume noch
stehenblieben, als sich die Besitzverhältnisse längst geändert hatten. Sie
sind meist durch grobborkige, kurze, sehr dicke Schäfte, breite, pilzhut-
förmige, aus horizontal ausgebreiteten Ästen bestehende Kronen gekennzeichnet. So überragt die „Vöstenhofer oder große Föhre", weithin sichtbar, den verhältnismäßig jüngeren Schwarzkiefernbestand ihrer Umgebung. (Außerdem gibt es in Niederösterreich auch gut geschlossene
Schwarzföhrenbestände mit guten Schaftformen.) Andere solche alte
Bäume sind die „Breite Föhre" bei Mödling (Abb. 50), die „Parapluiföhre" bei
Pottenstein, die „Bruthenne" bei Furt, die mit ihrer breiten Krone andere

jüngere Föhren unter ihr schützt, die „Föhre am Stein" im Kalkgraben beim Haidl-Hof und andere. — Auf sehr seichtgründigen, felsigen Standorten, zum Beispiel bei Mödling, bildet die Schwarzkiefer sehr (kurzschaftige Bäume mit schirmförmigen Kronen aus.

Weiter finden wir die *austriaca* in den südöstlichen Alpen in Südkärnten, so auf dem Bergsturz des Dobratsch vom Jahre 1359, dann zwischen Ferlach und dem Loiblpaß und in sonstigen kleinen Reliktbeständen in den Karawanken sowie in Gebieten der jugoslawischen und der italienischen Alpenanteile[1]. Im Velebitgebirge und den Dinarischen Alpen kommt sie vereinzelt vor, *die mächtigste und geschlossenste Verbreitung aber hat sie in zusammenhängenden Teilen von Bosnien, Serbien, Herzegowina und Montenegro, am Oberlauf des Vrbas, Mittellauf der Bosna und am Mittel- und Oberlauf der Drina.* H a y e k beobachtete sie (außer der Panzerföhre) auch noch auf dem thessalischen Olymp[2]. In Bulgarien und Ostrumelien sind die Schwarzkiefernwälder im allgemeinen weniger mächtig und es stocken dort Schwarzkiefernbestände auf den Kalkadern des Rhodope- und Piringebirges, auch in einem Teil des Balkangebirges.

In ihrem natürlichen Verbreitungsgebiet, zum Beispiel in Bosnien, ist *Pinus nigra austriaca* ein Baum erster Größe. Auf gutem Boden in einem ihr zusagenden Klima vermag sie massenreiche Bestände mit beträchtlichen Baumhöhen hervorzubringen, so hatte zum Beispiel in Bosnien der Schwarzkiefernmittelstamm eines 240jährigen Mischbestandes eine Baumhöhe von 43,7 m und einen Brusthöhendurchmesser[3] von 65 cm. In einem anderen Falle hatte in einem von D i m i t z untersuchten Schwarzkiefernurwald im Drinagebirge der Mittelstamm der Probefläche 40 m Höhe und 45 cm Durchmesser bei einem Alter von 156 Jahren.

Wenn vorläufig Schlüsse auf die *Standortsansprüche* aus der Verbreitung der Unterart *austriaca* gezogen werden sollen, so ist zu beachten, daß das Hauptvorkommen im südöstlichen Europa liegt, es handelt sich um eine Holzart eines im Sommer warmen, etwas kontinental getönten Klimas. Auch ihr Vorkommen südlich von Wien, in den nach Osten gerichteten kurzen Tälern, die im Sommer den warmen Luftströmungen aus Ungarn offenstehen und somit vom pannonischen Klima beeinflußt werden, deutet auf den *Anspruch auf Sommerwärme, bescheidene Ansprüche in bezug auf Boden- und Luftfeuchtigkeit.* Dabei ist sie ein *durchaus winterharter Baum.* Man sagt ihr seit langer Zeit eine gewisse Vorliebe für Kalkgehalt des Bodens nach, wohl weil sie in Niederösterreich, wo man sie zuerst beschrieb, meist (aber nicht ausschließlich) auf trockenen, warmen Kalk- und Dolomitböden vorkommt. Doch scheint es sich dabei hauptsächlich um Bevorzugung trockener, gut erwärmbarer Böden zu handeln, denn in Bosnien ist ihr Hauptvorkommen nicht auf Kalk, sondern auf

---

[1] S c h m i e d H., Centralbl. f. d. ges. Forstw. 1929, S. 302 ff.

[2] H a y e k A. v., Die Panzerföhre und ihr Vorkommen auf dem thessalischen Olymp, Centralbl. f. d. ges. Forstw. 52, 1926, S. 143—147.

[3] D i m i t z, Die forstlichen Verhältnisse und Einrichtungen Bosniens und der Herzegowina, Wien 1904, S. 126. P i š k o v i ć O., Bosnische Schwarzföhre. Hrvatski Sumarski List 65, S. 293—307, 1941.

einem anderen, trockene warme Böden ergebenden Grundgestein, nämlich auf Serpentin[1].

Die in Kleinasien vorkommende *Unterart Pallasiana* oder *taurica* unterscheidet sich von *austriaca* dadurch, daß bei letzterer die diesjährigen Zweige grau, bei *Pallasiana* mehr rötlich sind. Im Schrifttum werden unter Berufung auf P o d h o r s k y noch Unterschiede hinsichtlich der Schattenfestigkeit und Schaftform angeführt, diese Angaben wären noch zu überprüfen. Darnach soll die taurische die dünnste Benadelung und schlechte Schaftform haben; Verfasser sah in der Türkei taurische Schwarzkiefern mit guten Schaftformen, und B e r n h a r d berichtet, die Schwarzkiefer (*Pallasiana* oder *taurica*) liefere die schönsten und stärksten Nadelholzstämme Kleinasiens, walzenförmige Stämme von mehr als 1 m Brusthöhendurchmesser und 40 m Höhe. Er sagt, nur die Tanne vermöge in Kleinasien noch stärkere und längere Bäume zu ergeben[2]. Weiter soll die *austriaca* eine wesentlich dichtere Benadelung, größere Schattenfestigkeit und bessere Schaftform und endlich die korsische Kiefer die größte Schattenfestigkeit[3], die günstigsten Formen und höchsten Höhen (bis 45 m) aufweisen.

In Kleinasien fehlt *Pinus nigra Pallasiana* im sehr humiden, sehr ozeanisch beeinflußten östlichen Teil des Pontusgebirges am Schwarzen Meer. Das ist von Bedeutung für die Beurteilung der Standortsansprüche. Auch die kleinasiatische Verbreitung der *Pinus nigra* verrät kontinentale Züge. Am *Binnensaum* des nordanatolischen Waldgürtels (Pontusgebirge), im Bereich des „winterharten Trockenwaldes" nach L o u i s[4], finden sich Schwarzkiefern und sommergrüne Eichenwälder nebst Baumwacholdern und Wildobstbäumen. Wie *Pinus silvestris*, so erweist sich auch *Pinus nigra* auch in den Ländern am Mittelmeer als durchaus winterhart, während dort andere Kiefernarten (*Pinus halepensis* im westlichen, *Pinus brutia* im östlichen Mittelmeergebiet, dann *Pinus Pinea*) an ein auch im Winter mildes Klima und somit an die Nähe des Meeres gebunden sind. Auch B e r n h a r d führt an, es scheine, als ob die taurische Schwarzkiefer kalkhaltige Böden bevorzuge, doch nennt er als Grundgestein, auf dem sie in Anatolien zu finden ist, auch anderes als Kalk, und zwar Porphyr, Granit, Gneis, Quarzitschiefer, Amphibolit usw. Sie kommt im pontischen Gebiet in Höhen von 400 bis 1400 m vor, in noch größeren Höhen nur vereinzelt. In dem die Südküste Anatoliens begleitenden Gebirge, im Taurus, ist sie infolge der südlicheren geographischen Breite noch zwischen 1200 und 2100 m heimisch (mit *Abies cilicica* und *Cedrus Libani*). In der Troas beobachtete B e r n h a r d herrliche, etwa 200 Jahre alte und über 30 m hohe *Pinus nigra* mit 100 cm

---

[1] P e t r a s c h e k, Wochenschrift Silva, 1928.

[2] B e r n h a r d, Die Kiefern Kleinasiens, Mitt. d. Dt. dendrolog. Ges. 1931, S. 29—50. D e r s e l b e, Grundlagen, Geschichte und Aufgaben der Forstwirtschaft in der Türkei, türkisch und deutsch, Ankara 1935.

[3] P o d h o r s k y, Die korsische Kiefer, Schweiz. Zeitschr. f. Forstw. 1921, zit. nach R u b n e r, Die pflanzengeogr. Grundlagen des Waldbaues, Neudamm 1934, S. 370.

[4] L o u i s, Das natürliche Pflanzenkleid Anatoliens, geographisch gesehen, Stuttgart 1939, S. 109 ff.

Brusthöhendurchmesser und etwa 6 fm Inhalt je Stamm im Grundbestand von Eichen, die Eichen weit überragend, bis zu Höhen von 1500 m. Verfasser sah im Taurus (Waldort Cehenemdere) 130 cm starke, 32 m hohe *Pinus nigra* bei 1250 m Seehöhe.

In der ehemaligen österreichischen Monarchie wurde die Schwarzkiefer *(austriaca)* zur Karstaufforstung bei Triest und in Istrien Jahrzehnte hindurch mit Erfolg angewandt. Sie gilt in Mitteleuropa als die genügsamste Holzart des Ertragswaldes, auch zur Aufforstung von Flugsanden im Marchfeld in Niederösterreich wurde und wird sie verwendet. Dank ihrer tiefreichenden Wurzeln vermag sie sich in den niederschlagsarmen Gebieten bald die Feuchtigkeit tieferer Bodenschichten nutzbar zu machen. Man wählt sie mit Vorliebe für die Aufforstung armer Böden, zum Beispiel Kalködland, in warmen Lagen. Beim künstlichen Anbau in Deutschland sind ihre Wuchsleistungen geringer als im natürlichen Verbreitungsgebiet, sie wird deshalb in Deutschland meist nur zum Voranbau auf armen, trockenen Kalkstandorten (wegen ihrer Genügsamkeit und der bodenbessernden Wirkung des reichen Nadelabfalles) gebraucht. In Holland hat man sie seit etwa 70 Jahren wegen ihrer Widerstandsfähigkeit gegen Seewinde in beträchtlichem Ausmaße zur Dünenaufforstung benützt und dabei gute Erfolge und ansehnliche Massenleistungen erzielt[1]. Andere Holzarten wurden dort durch den Seewind zu stark beeinträchtigt, die Schwarzkiefer erwies sich als verhältnismäßig widerstandsfähig gegen diesen. Auch in Frankreich wurde sie zur Aufforstung herangezogen (P e r r i n, Die Wälder Frankreichs, Forstarchiv 1938, S. 328). Sie ist in Frankreich nach P e r r i n „unter den ausländischen Holzarten als einzige wirklich allgemein verbreitet", sie wird dort namentlich auf Flaumeichenstandorten angebaut.

Die Zirbelkiefer, Pinus Cembra L.

Sie findet sich in den Alpen und Karpaten hauptsächlich unter Verhältnissen des Landklimas, in erster Linie in den *Innenalpen*, dann auch in den Kalkalpen, in letzteren aber hauptsächlich dort, wo in Gestalt der *großen Kalkplateaus* bedeutende Massenerhebungen vorliegen; da bei Einstrahlung der Boden erwärmt wird, so wirkt die hoch gehobene Masse der Plateaus wie eine größere Heizfläche im Vergleich zu den Einzelgipfeln eines stark zertalten Gebirges. Es gibt also auch auf den großen Kalkplateaus, ähnlich wie in den Innenalpen, größere Erwärmung bei Einstrahlung, größere Wärmeunterschiede zwischen Tag und Nacht, zwischen Winter und Sommer. Durch Thermographenaufstellung und längere Beobachtung auf Zirbenstandorten und in gleicher Meereshöhe in der (zirbenfreien) Außenlandschaft der Alpen hat Verfasser einen Nachweis für diese Unterschiede des Wärmeganges erbracht, aus dem Ergebnis war deutlich zu erkennen,

---

[1] M. d e K o n i n g, Die österr. Schwarzkiefer in der niederländischen Forstwirtschaft, Centralbl. f. d. ges. Forstw., 1928. D e r s e l b e, Untersuchung über die österr. Schwarzkiefer *(Pinus nigra Arn. var. austriaca Endl.)* und die korsikanische Schwarzkiefer *(Pinus nigra Arn. var. corsicana Hort.)* in den Niederlanden. Mededeelingen van het Rijksboschbouwproefstation, Bd. III, 2, 1927 (holländisch).

daß die mittleren täglichen Temperaturschwankungen, besonders in den Sommermonaten, aber auch im Jahresmittel in den Innenalpen im Zirbengebiet selbst noch in 1800 m Seehöhe größer sind als in den Randalpen bei gleichen oder selbst etwas geringeren Höhen[1]. Für die Innenlandschaft der *Zentralkarpaten* in der *Slowakei,* wo gleichfalls die Zirbe vorkommt, hat Verfasser ähnliche klimatische Verhältnisse nachgewiesen[2]. Auch in der *Schweiz* sind die Hauptverbreitungszentren, das Engadin und das südliche Walliser Tal, im Gebiet größter Massenerhebung, das spricht auch nach R i k l i [3] für Bevorzugung eines ausgesprochen kontinentalen Klimas durch unsere Holzart. In *Österreich* ist die Zirbe in Tirol in den Ötztaler, Stubaier, Zillertaler und Tuxer Alpen, also in der Innenlandschaft; in Salzburg gleichfalls in dieser, und zwar in den Hohen und Niederen Tauern. In Südtirol ist sie ebenfalls hauptsächlich in Innenlagen. Sie findet

Abb. 51. Zirben in den Rottenmanner Tauern bei der Scheibalm am Großen Bösenstein, Steiermark (Aufn. Österreichische Lichtbildstelle).

sich ferner in den Tauern Kärntens und in Steiermark südlich des Ennstales, in den Niederen Tauern, dann in den Murauer Alpen und südlich der Mur bei Judenburg, in den Seetaler Alpen, besonders auf dem Zirbitzkogel. Die im Schrifttum[4] enthaltene Angabe des Gamsstein als einzigen Fundortes in Niederösterreich ist irrtümlich, sie war dort nur künstlich und ohne bleibenden Erfolg angebaut. Außerdem ist sie auf den Kalkplateaus, auf denen auch die obere Baumgrenze infolge der sonnigen Sommertage des kontinental getönten Klimas der Hochflächen beträchtlich höher liegt als in anderen Teilen der Kalkalpen, wo es sich um ein aufgelockertes Randgebirge mit Einzelgipfeln handelt. So stellen die Berchtesgadner Alpen Bayerns einen Ring gewaltiger Kalkplateaus dar, besonders im Süden und Südosten, dort kommt auch (Simetsberg usw.)

---

[1] T s c h e r m a k L., Beitrag zur Kenntnis des Klimas der Zirbenstandorte, Mitt. d. Akademie der Dtsch. Forstwissenschaft, **2**, 1942, S. 143—171.

[2] T s c h e r m a k L., Ozeanität und Waldkleid in Gebirgen, Zeitschr. f. d. ges. Forstw., 1944, S. 12 ff.

[3] R i k l i, Die Arve in der Schweiz, Basel 1909, S. 410.

[4] V i e r h a p p e r F r., Zirbe und Bergkiefer in unseren Alpen, Zeitschr. d. Dtsch. u. Österr. Alpenvereins, 1915 u. 1916.

bis zu Höhen von fast 1900 m die Zirbe und Lärche vor (Abb. 53). Ähnlich verhält es sich im Steinernen Meer (bis 2000 m), auf dem Kalkplateau des Warscheneck, des Dachstein und anderen. Auf den Zirbenstandorten in den Kalkalpen außerhalb der Plateaus ist sie meist spärlicher vertreten, zum Beispiel im Karwendel- und Wettersteingebirge. In den *Bayerischen Kalkalpen* ist ihr Vorkommen nur zerstreut und spielt forstlich nur eine sehr

bescheidene Rolle. (Die reduzierte Fläche der Zirbe in Bayern ist geringfügig im Vergleich zu jener in Tirol.) (Vgl. die Angaben über Zirbenvorkommen in der Karte „Die wichtigsten natürlichen Waldformen der Ostalpen", Abb. 65 dieses Buches.)

Auch in den *Karpaten* ist die Zirbe hauptsächlich in der „Innenlandschaft" zwischen Hoher und Niederer Tatra mit kontinental getöntem „Zentralgebirgsklima" (Abb. 54). Nicht nur im Vorkommen der Zirbe, Lärche (mit Fichte, Kiefer), sondern auch im Fehlen jener Holzarten, die das kontinentale Klima von Innenlagen breiterer Gebirge meiden, wirkt sich dieses Zentralgebirgsklima aus. In den Ost- und Süd-

Abb. 52. Zirbe (gepflanzt) mit charakteristischer eiförmiger Krone, bei St. Lambrecht, 892 m, Steiermark (Aufn. Österr. Lichtbildstelle).

karpaten ist die Zirbe nur an vereinzelten Standorten in geringem Ausmaße vertreten [1].

In Tirol kommt die Zirbe in einigen Tälern der Innenalpen in Höhen von etwa 1500 m aufwärts bis über 2200 m vor. In tieferen Lagen, wo die mit ihr konkurrierende Fichte rascher wächst, vermag die Zirbe im Höhenwuchs nicht mitzukommen und geht als lichtbedürftige Holzart

---

[1] G e o r g e s c u C. C. und J o n e s c u - B â r l a d C. D., Über die Standorte der Zirbelkiefer in den rumänischen Karpaten. Revista padurilor **44**, S. 531—543, 1932. Mit dtsch. u. französ. **Zus.**

infolge Verdämmung allmählich ein. Ihre obere Grenze reicht in den Stubaier Alpen Tirols bis 2300 m, im Engadin im Kanton Graubünden bis 2400 m. H. G a m s beobachtete, daß einzelne Zirben an vielen Orten bis 2100 bis 2200 m reichen, in Zwergform bis 2300 m und darüber, „die höchsten im Riesenfernergebiet bis 2469 m, im Engadin bis 2580 m"[1]. In Tirol gibt es nach F i g a l a[2] zum Beispiel oberhalb Tulfes in Höhen von 1800 bis 1900 m Zirbenbestände mit Massen von 500 bis 600 fm je ha, es handelt sich aber dabei, der Hochlage entsprechend, um eine recht lückige Bestockung, aus Horsten und Gruppen zusammengesetzt, so daß wohl niemals eine zusammenhängende Fläche von 1 ha voll bestockt ist und somit wirklich diese Masse ergeben kann,

Abb. 53. Zirben und Lärchen auf dem Plateau der Reitalm, im Hintergrund der Hohe Göll (Aufn. J. K ö s t l e r).

die ja nur bei voller Bestockung erreicht würde. Im Bezirk Ried in Tirol ist die Zirbe zwischen 1900 bis 2200 m vorherrschend, erreicht ein Alter bis zu 400 Jahren, Stämme bis zu 8 fm und gute Wuchsformen. In tieferen Lagen und bei ausgeglicheneren Wärmeverhältnissen kann sie, wie Anbauversuche ergeben, auch gedeihen, ist aber durch die Konkurrenz der rascher wüchsigen Fichte bedrängt. D e n g l e r (Waldbau, 3. Aufl., 1944, S. 66) hält die Zirbe für einen forstwirtschaftlich ziemlich bedeutungslosen und für einen langsam aussterbenden Waldbaum, diese Urteile hängen wohl

<hr>

[1] G a m s, Die Pflanzenwelt Tirols, Sonderdr. aus: Tirol, herausgeg. vom Hauptausschuß d. Dt. u. Österr. Alpenvereins, Bruckmann A. G., München.

[2] F i g a l a H., Die Nordtiroler Zirbe, Vortrag bei der Tagung des Österr. Reichsforstvereins in Murau 1928, Österr. Vierteljahresschr. für Forstw. 1928.

damit zusammen, daß in Deutschland das (auf die Bayerischen Alpen beschränkte) Vorkommen nur ein bescheidenes ist. In Österreich beträgt die reduzierte Zirbenfläche (nach der „Forststatistik für Österreich nach dem Stande vom Jahre 1935", Wien 1938) 15592 ha, in Tirol allein 11860 ha, in Kärnten und Salzburg zusammen 2769 ha (in Steiermark und Oberösterreich zusammen 929 ha). Sie ist in den österreichischen Alpen durch außerordentliche Zähigkeit, Erreichung eines sehr hohen Lebensalters bei gutem Gesundheitszustand (häufig bis zu 400 Jahren) sowie durch eine beträchtliche Verjüngungsfähigkeit auf natürlichem Wege ausgezeichnet. Bloß die künstliche Aufforstung ist dort, wo Weidevieh und Wild nicht ausgeschaltet werden können, etwas erschwert. Die Anwendung

Abb. 54. Zirben, Lärchen und Fichten in der Forstverwaltung Tatra-Lomnitz im Kohlbachtal, etwa 1500 m ü. d. M. (Aufn. K. R u b n e r).

eines Schutzzaunes und die Auswahl passender Standorte würden diese Schwierigkeit beheben. In Hochlagen, die sonst wenig Ertrag geben würden, liefert sie ein wertvolles Holz. Darauf und auf ihrer Rolle im Schutzwald der Hochlagen, auf ihrer Widerstandsfähigkeit und Zähigkeit, mit der sie den Unbilden der Höhen trotzt, beruht ihre wirtschaftliche Bedeutung. In dem ältesten österreichischen Waldbaulehrbuch (von G o t tl i e b Z ö t l, 1831) heißt es über sie, sie sei die Königin der Alpen unter dem Baumgeschlecht, da sie über dieses herrsche an Meereshöhe des Vorkommens, an Stärke und Kraft, mit der sie den Stürmen trotzt und die Lawinen bindet, und an Ausdauer in den rauhen Hochlagen.

Der Wachstumsgang der Zirbe, besonders der Höhenwuchs, ist ein langsamer. Im Alter von 10 Jahren ist sie oft erst 0,5 m oder weniger hoch. Unter günstigen Verhältnissen erreicht sie im Alter von 200 bis 250 Jahren Baumhöhen von etwa 25 bis (Maximum) 28 m. Im Stubachtal in den Hohen Tauern („Wiegenwald") sah Verfasser einzelne 28 m hohe Zirben. Sie findet besonders auf *lockerem, saurem Humusboden* gutes Gedeihen, vor allem wo der Boden die nötige Feuchtigkeit aufweist. Ein gewisser *Tongehalt* des Bodens sagt ihr zu, weil er infolge seiner höheren Wasserkapazität ständige, gleichmäßige Durchfeuchtung bewahrt. Doch ist sie an keine bestimmten Grundgesteine gebunden. Während des kurzen Sommers braucht sie viel Sonne und verhältnismäßig hohe Wärmegrade, wie sie dem Gebiete ihrer Verbreitung infolge der kontinentalen Klimatönung eigen sind. Alpenrosen, Heidelbeere und Heide decken oft den Boden unter ihr und liefern den ihr zusagenden Humus. In einigen Tälern der Innenalpen Tirols (zum Beispiel Kaunser Tal, Radurscheltal) tritt sie von etwa 1500 m an häufig, zunächst in Mischung mit Fichte, auf, dann von etwa 1800 m an in reinen oder fast reinen Beständen. In Steiermark, Revier Paal bei Murau, beginnt der fast reine Zirbenbestand schon bei etwa 1600 m. Gegen die Baumgrenze zu wird der Zirbenwald lichter, in der Kampfzone stehen einzelne Wetterzirben. Sie behält noch in großer Höhe die hochstämmige Wuchsform bei, nur bekommt sie, wenn der Gipfel durch Schnee gebrochen wurde, häufig malerische, vielgipfelige Kronen. Auf mittleren Standorten betragen ihre Scheitelhöhen etwa 18 m, häufig auch nur 12 bis 15 m. Die Brusthöhendurchmesser in sehr günstigen Lagen erreichen häufig 60 bis 80 cm. Sie findet sich teils horstweise mit Lärche und Fichte, teils auch in verhältnismäßig geschlossenen, fast reinen Beständen, zum Beispiel im Revier Paal bei Murau, Steiermark, oder auf dem Zirbitzkogel, gleichfalls in Steiermark. Der „Zirbenwald" im Revier Paal hat auf einer Fläche von rund 35 ha 0,9 Zirbe, 0,1 Fichte und Lärche zusammen, 110- bis 160jährig, mit 220 fm je ha (im Mittel, stellenweise mit noch größerer Holzmasse) in Höhen von 1630 bis 1770 m, Waldort Pranker. Die gesamte Zirbenfläche im Revier Paal, Schutzwald auf der Prankerseite, beträgt gegen 300 ha. Im östlichen Teil der Ostalpen (etwa östlich von Radstatt) wird der Zirbengürtel wesentlich schmäler als im westlichen Teil, weil im Osten die obere Grenze niedriger liegt (etwa 1820 bis 1920 m), diese Senkung der oberen Grenze ist hauptsächlich auf die geringere Massenerhebung zurückzuführen. Für die Innenalpen von Tirol berechnete A. v. K e r n e r [1] die obere Grenze der Zirbe auf Südwesthängen mit 2173 m, die untere mit 1565 m, die Gürtelbreite mit 608 m. J. N e v o l e (Die Verbreitung der Zirbe in der österreichisch-ungarischen Monarchie, Wien 1914) schrieb die Hebung der oberen Baumgrenze in den Innenalpen (allerdings im Jahre 1914) irrtümlich dem Boden statt dem Klima zu. In den österreichischen Alpen ist also die Zirbe ein wichtiger Waldbaum. Sie kommt in den Hochlagen dort vor, wo kontinentales Klima eine Hebung der Baumgrenze zur Folge hat. In den Alpen und in den Zentralkarpaten schließen sich die Verbreitungsgebiete der Buche und der Zirbe gegenseitig aus, weil die Buche die Innenlagen meidet, die in der entsprechenden Höhenstufe gerade von der Zirbe besiedelt sind. Die Verwandte der *Pinus Cembra*, die Unterart *sibirica* (sibirische Zirbe), hat gleichfalls unter Verhältnissen des kontinentalen Klimas ein riesiges Ver-

---

[1] K e r n e r A. v., Studien über die obere Grenze der Holzpflanzen in den österr. Alpen, III. Zirbe. In „Der Wald und die Alpwirtschaft in Österreich und Tirol. Ges. Aufsätze Kerners, herausgeg. v. K. M a h l e r, Berlin 1908."

breitungsgebiet im nordöstlichen Rußland und in Sibirien, ungefähr von der Dwina im Westen bis zum Längengrad von Werchojansk im Osten. Am breitesten ist die Zirbenzone in Rußland in der Mitte, zwischen Altai und Unterlauf des Jenissei.

In den Alpen und Karpaten wurde die Zirbenfläche wegen des begehrten, wertvollen Holzes durch übermäßige Nutzung vermindert. Das Holz ist als Schnitzholz sowie für Möbel, Wandvertäfelungen, als Modellholz, zur Herstellung von Gefäßen für Almhütten begehrt. Die Holzschnitzerei im Grödener Tale Südtirols zum Beispiel, die einen wichtigen Teil des Erwerbs der Bevölkerung bildet, hat dort bereits zu einer empfindlichen Verminderung der einst ausgedehnten Zirbenwälder geführt. R i k l i führt in dem bereits zitierten Werk über die Arve in der Schweiz viele frühere, gegenwärtig nicht mehr vorhandene Zirbenvorkommen (innerhalb des jetzigen Verbreitungsgebietes) an. Auch in den österreichischen Alpen sind Beispiele der Verdrängung aus Teilen des Verbreitungsgebietes bekannt.

Die Bergkiefer, *Pinus montana Mill.*

Sie ist ein Baum oder Strauch, dessen Verbreitungsgebiet die Pyrenäen Spaniens, die Alpen, Karpaten, den Jura, Schwarzwald, das Riesen-, Erz- und Fichtelgebirge, den Böhmerwald und Gebirge der Balkanhalbinsel umfaßt. Wir haben von ihr drei durch Wuchsform und Verbreitung verschiedene Unterarten zu unterscheiden: Die *Hakenkiefer oder Bergspirke, aufrechte Bergföhre*, als Unterart *uncinnata;* sie hat ihre Verbreitung im Westen, und zwar in den Pyrenäen, in den Westalpen einschließlich der Schweiz, dann in Tirol von der Graubündener Grenze an bis etwa Telfs im Oberinntal, und in den Bayerischen Alpen. Sie kann unter günstigen Verhältnissen ganz ansehnliche Wuchsleistungen aufweisen, bei einem 200- bis 250jährigem Alter[1] 19 bis 20 m hoch werden und einen Brusthöhendurchmesser von 50 bis 60 cm erreichen. Ihrer Zapfenform nach soll sie mit der Hakenkiefer identisch sein, daher *„uncinnata"*, mit unsymmetrischen Zapfen, höckerig erhöhten Apophysen auf der vom Zweig abgewandten Seite. (Für die botanische Unterscheidung von der gemeinen Kiefer hebt S c h r o e t e r , Pflanzenleben der Alpen, als Merkmale hervor: Rinde überall dunkel, Nadeln auch auf der inneren flachen Seite dunkelgrün, Nadeln bis 10 Jahre alt werdend, Knospen harzig, junge Zäpfchen kurz gestielt, waagrecht oder aufrecht, reife Zapfen fast sitzend; Schuppenschilder mit schwarzem Ring um den Nabel und andere.)

Als zweite Unterart ist die *Krummholzkiefer oder Legföhre, Latsche, Pinus montana Pumilio* zu nennen (Abb. 55), mit niederliegenden Ästen, niedrigen, buschigen Wuchsformen, die vor allem in den osteuropäischen Gebirgen verbreitet ist, welchen die Spirke völlig fehlt. Ihr Verbreitungsgebiet umfaßt die Ostalpen, die Karpaten, die Hochgebirge der Balkanhalbinsel, den Bayerischen Wald und den Böhmerwald, das Riesengebirge usw. Die Verbreitung hat sowohl in westöstlicher Richtung als auch in der von Norden

---

[1] C i e s l a r , A., Referat über F a n k h a u s e r , Zur Kenntnis der Bergkiefer, 1926, im Centralbl. f. d. ges. Forstw., 1927.

nach Süden eine weite Erstreckung. Pumiliozapfen sind symmetrisch, aber die einzelnen Apophysen exzentrisch, der Nabel unter der Mitte der Apophyse.

Eine dritte Form ist die *Moorspirke oder Sumpfföhre, Pinus montana uliginosa* (Abb. 56), die auf Hochmooren des Waldviertels von Niederösterreich (hier in der aufrechten Form), des Mühlviertels in Oberösterreich, des Böhmerwaldes und Erzgebirges und sonstiger Gebirge in Böhmen, Mähren, Schlesien, dann Süddeutschlands vorkommt, und zwar teils als aufrechter Baum, teils strauchförmig. Ihr Wuchs ist langsam, der Schaft oft säbelförmig, die Äste häufig knieförmig aufwärts gebogen. Sichere morphologische Unterscheidungsmerkmale der Bergspirke und der Moorspirke sind nicht anzugeben, die Abgrenzung beruht auf physiologischen Eigenschaften [1].

Abb. 55. Krummholzkiefer auf der Rax, Niederösterreich, Otto-Schutzhaus, Blick auf den Hochschneeberg (Aufn. Österreichische Lichtbildstelle).

Die *Krummholzkiefer* steigt in den Alpen der Schweiz bis 2400 m, in Tirol bis über 2300 m, im Böhmerwald bis 1460 m. In der Hohen Tatra ist sie zwischen 1450 und 1780 m verbreitet und steigt am Südosthang noch höher empor. In Bulgarien, im Piringebirge und Rilagebirge, reicht die Krummholzregion bis etwa 2200 m, sie überzieht (nach K. M. M ü l l e r) in „Reinbeständen mehr oder weniger geschlossen die Region der Baumgrenze".

Im Hochgebirge hat die Krummholzkiefer Bedeutung als Schutzbestand in Hochlagen gegen Ausblasung der Feinerde und des Humus durch heftige Winde, gegen Abtrag durch Wasser, Schutz in Anbruchgebieten der Lawinen. — In Dänemark und Norddeutschland werden Spirken und Latschen seit Jahrzehnten zur Flugsandbindung und Auf-

---

[1] I m m e l, Die Bergkiefer im Vogelsberg, Allg. Forst- u. Jagdztg. 118, 1942, 188—190.

forstung von Dünen und Heiden verwendet. Auf den mächtigen Dünen der Kurischen Nehrung in Ostpreußen sah Verfasser solche Aufforstungen. Den schädlichen Seewinden vermag sie zu trotzen. (Widerstandsfähigkeit gegen Wind ist im Hochgebirge ebenso nötig wie an der Küste.)

Abb. 56. Moorspirke oder Sumpfföhre, Hochmoor in etwa 800 m ü. d. M. im Forstamt Weitra, Waldviertel (Aufn. unbekannt).

Die Eibe, *Taxus baccata L.*

Sie findet sich als langsamwüchsige und schattenertragende Holzart im Wald meist als Unterholz unter lockerem Kronendach, das sie gegen Frost schützt, während sie auf kahler Fläche in Gegenden mit strengeren Wintern durch Abfrieren des Gipfels und der Triebe leidet. Diese Art des Vorkommens unter Schirm entspricht ihren biologischen Eigenschaften: Langsamwüchsigkeit und Schattenfestigkeit; infolge der Langsamwüchsigkeit ist sie gar nicht befähigt, im Wettbewerb mit anderen Holzarten des gleichen Klimagebietes zu siegen, sie bedarf auch dessen gar nicht, weil sie ohnehin im Schatten der anderen auch als Unterwuchs unter lockerem Kronendach gedeihen kann.

In Pfahlbauten und sonstigen vorgeschichtlichen Funden hat man öfter Gegenstände aus Eibenholz festgestellt. So auch in Pfahlbauten von Mondsee in Oberösterreich, wo Samen der Eibe (neben Bucheckern und Haselnüssen), ferner Hölzer und Holzgeräte, davon 26 von der Eibe (etwa ein Fünftel der Gesamtzahl von 121 Stück, die übrigen von Buche, Kiefer, Tanne) gefunden wurden. Man darf aus solchen Funden schließen, daß die Eibe schon zur Pfahlbauzeit, etwa 2500 v. Chr., oder kurz danach dort vorkam[1]. Auch gegenwärtig ist die Eibe noch in der Umgebung von Mondsee in den Waldungen gruppenweise und einzeln nicht allzu selten. Wenn aus derartigen vorgeschichtlichen Funden oder aus Urkunden der geschichtlichen Zeit geschlossen wird, daß die Eibe früher „ganze Bestände" oder gar Wälder gebildet habe, daß sie jetzt viel seltener und folglich ein „aussterbender Baum" sei, so geht eine solche Schlußfolgerung zu weit. Auf den ehemals vorhanden gewesenen Bestockungsanteil der Holzarten darf man aus solchen Funden nicht schließen. Denn da bei geringer Bevölkerungsdichte nur kleine Mengen gebraucht wurden, so kann auch eine verhältnismäßig seltenere, aber bevorzugte Art häufiger als andere, reichlich vorkommende verwendet worden sein.

Auch in Urwäldern, zum Beispiel in Bosnien und der Herzegowina, setzt die Eibe nicht etwa ganze Bestände oder gar Wälder zusammen, sondern sie kommt ähnlich wie in den Außenzonen der Alpen einzeln oder gruppen- und horstweise als Unterwuchs vor. So sah Verfasser sie zum Beispiel in der Herzegowina, in einem Urwald im Idbartale, auf der Prenj Planina, Verwaltungsbezirk Konjica, als Unterwuchs unter dem Kronendach eines Mischbestandes von Fichte, Tanne, Schwarzföhre, Panzerföhre (*Pinus leucodermis Ant.*, *syn. Pinus Heldreichii Christ*), Buche, Elsbeere, Esche, Ahorn (*Acer obtusatum* und *Pseudoplatanus*). Verfasser sah sie auch sonst hie und da eingesprengt im bosnischen Urwald sowie in den Karpaten und in der Türkei. *Aus der Art des Vorkommens in heutigen Urwäldern darf man schließen, daß auch das Vorkommen in Mitteleuropa zur Zeit, als dieses noch von Urwäldern bedeckt war, nicht grundsätzlich verschieden von dem gegenwärtigen natürlichen Vorkommen im Walde war.*

Auch in einem urwaldartigen Mischbestand im Kaukasus fand der Schweizer Botaniker R i k l i nur *vereinzelte* starke, bis 25 m hohe, „überständige" *Taxus-baccata*-Bäume. Verfasser kennt zahlreiche Eibenvorkommen in den Außenzonen und Randgebirgen der Ostalpen sowie ihre Fähigkeit zur natürlichen Verjüngung und hält sie nicht für aussterbend. Die Forstwirtschaft braucht sie nur zu schonen und (in winterkalten Gebieten) völlige Kahlstellung zu vermeiden, so kann sich die Holzart weiterhin behaupten. Auch verschiedene geschichtliche Quellen (ältere Waldbeschreibungen) beweisen, daß sie auch früher nur zerstreut vorkam. Daß durch die Nutzung und den Kahlschlagbetrieb der Anteil etwas vermindert wurde, daß manches

---

[1] H o f m a n n E., Pflanzenreste der Mondseer Pfahlbauten, Sitzungsber. d. Akad. d. Wissenschaften Wien, Math. Nat. Kl., I. Abt., 133. Bd., 1924.

Einzelvorkommen, auch manche Gruppe verschwunden ist und stärkere Bäume seltener geworden sind, ist selbstverständlich[1].

Die Eibe meidet Gebiete strenger Winter, ist also eine Holzart des See- und Übergangsklimas. Im strengen Winter 1929 haben Eiben durch Frost gelitten. Ihre Nordgrenze geht durch das südliche Norwegen und südliche Schweden, die Ostgrenze durch Estland, Lettland und Litauen nahe der Meeresküste, dann durch Polen, die unteren Donauländer, nach Kleinasien und zum Kaukasus. Sie geht also innerhalb Europas gegen die kontinentalen Gebiete des Ostens zu nur um weniges weiter als die Rotbuche, ihre Ostgrenze verläuft durch die baltischen Randstaaten und den westlichen Teil Polens. Im Norden ist sie ein Baum der Ebene, weiter im Süden steigt sie ziemlich hoch ins Gebirge, in den Alpen in der nördlichen Außenzone bis etwa 1300 m, in der südlichen Außenzone noch etwas höher, so in den Karawanken, unter dem Großen Mittagskogel, bis 1470 m (nach A i c h i n g e r). In den österreichischen Alpen gedeiht sie besonders im Randgebirge und in den Außenzonen. In den Innenalpen fehlt sie (zum Beispiel im Lungau). Da sie tiefe Wintertemperaturen nicht verträgt, so gedeiht sie im Westen ihres Verbreitungsgebietes besser als im östlichen Teil. Im Westen erreicht sie als Baum zweiter Größe verhältnismäßig bedeutende Ausmaße an Höhe und Stärke (Irland 15,4 m Stammumfang), in Ostpreußen sind (nach G r o ß[2]) die Höhen und Stärken bedeutend geringer, weil sie dort infolge häufiger Schädigung durch extreme Winterkälte ein geringeres Alter erreicht. Die stärkste Eibe in Ostpreußen hatte nach G r o ß nur etwa 40 cm Brusthöhendurchmesser und 6,5 m Höhe. Dagegen wurden schon in Schlesien gegen 11 m Höhe festgestellt.

In der ganzen nördlichen Außenzone der Ostalpen vom Bodensee bis Wien ist das eingesprengte Vorkommen der Eibe festzustellen. Ähnlich verhält es sich in den übrigen Außenzonen, also auch im Süden, in Kärnten, sowie in den zur Böhmischen Masse gehörigen Gebirgen Österreichs (Waldviertel, Dunkelsteiner Wald, Mühlviertel). Im nördlichen Vorarlberg, das infolge seiner Lage auf der nordwestlichen Außenabdachung der Alpen durch ein mildes, regenreiches Klima gekennzeichnet ist, kommt die Eibe in schönen Exemplaren und häufig vor, desgleichen die Stechpalme (Charakterpflanze für Seeklima). H. G a m s bezeichnet das Gebiet des Vorderen Bregenzer Waldes und der Umgebung von Dornbirn als „Bregenzer Stechlaubregion", dort und in den Umrahmungen der meisten Alpenrandseen können neben der Buche frostempfindliche immergrüne Gehölze, wie Eibe, Stechpalme *(Ilex)*, Tanne, Efeu und Immergrün, üppig gedeihen. Auch in der Außenzone von Nordtirol ist die Eibe anzutreffen, desgleichen in jener von Salzburg, Ober- und Niederösterreich. Auf dem Lidaunberg in der Forstverwaltung Hintersee (etwa 12 km östlich von der Stadt Salzburg, zwischen Salzburg und dem Mondsee) sah Verfasser in einer Höhe von etwa 800 bis 900 m über dem Meere in

---

[1] T s c h e r m a k L., Einiges über die Eibe in Österreich einst und jetzt, Wiener Allg. Forst- u. Jagd-Ztg. 1932.

[2] G r o ß, Die Eibe in Ostpreußen, Beihefte zum Botan. Centralbl. 1933.

einigen Waldbeständen Horste und Gruppen von vielen Hunderten von Eibenbäumen, samt den eingesprengten (Lidaunberg und Umgebung) sicherlich über 1000 Stämme unserer Holzart. Die Eiben fanden sich (mit Scheitelhöhen bis zu 8 m, Brusthöhendurchmessern bis 28 cm) als Unterwuchs unter Mischbeständen von Buche, Fichte, Tanne, Weißkiefer, Mehlbeerbaum, Esche, Bergahorn.

In *Deutschland* meidet die Eibe die kontinentalen Gebiete und kommt (nach S c h ö n i c h e n [1]) in drei Zonen vor: an der Ostsee (südlich der Küste) entlang, dann in einer Zone im Weser-Bergland und von dort über den Harz, das Thüringer Becken nach dem Sudetengebiet, endlich in einer dritten Zone in den Gebirgen Süddeutschlands: Schwarzwald, Jura, Bayerischer Wald, Alpen. Als eines der größten Vorkommen der Eibe in Mitteleuropa wird der bekannte Ziesbusch in der Tucheler Heide (im ehemaligen Westpreußen) mit 5000 bis 5500 Stämmen häufig angeführt. In Polen wurde ein Vorkommen von etwa 6000 Pflanzen 14 km südöstlich von Radomsko beschrieben (als Rest eines größeren Bestandes)[2]. Als ein zahlenmäßig großes Vorkommen wird ferner der Eibenbestand bei Paterzell unweit Weilheim in Oberbayern genannt (845 Bäume über 10 cm Brusthöhendurchmesser, außerdem 1456 schwächere Stämmchen)[3].

In den *Zentralkarpaten (Slowakei)* kommt die Eibe auf der südlichen Außenabdachung vor und fehlt in den Innenlagen zwischen Hoher und Niederer Tatra[4]. Im städtischen Walde von Banská Bystrica (Neusohl), auf der Außenabdachung der Zentralkarpaten, sah Verfasser ein außergewöhnlich starkes, bisher wenig bekanntes Eibenvorkommen, geschätzt auf wenigstens 300.000 Stück einschließlich aller schwächeren und schwächsten, wahrscheinlich das größte Eibenvorkommen in Europa.

Außer Nord- und Mitteleuropa[5], den Karpaten[5], den Gebirgen der Balkanhalbinsel gehört zum Verbreitungsgebiet der Eibe noch das Mittelmeergebiet, die Krim, der Kaukasus, Teile der Türkei, Nordsyrien, Algier. Innerhalb der Türkei findet sie sich nach K r a u s e [6] in der europäischen Türkei (in dem nördlichen Randgebirge Istrança Dag), in den Randgebirgen von Nordanatolien (zum Beispiel Trabzon) und Nordwestanatolien, im südlichen Randgebirge des Taurus. Auch in der Türkei treffen wir sie zerstreut im Walde, einzeln oder in kleinen Gruppen, im nördlichen Anatolien

---

[1] S c h ö n i c h e n, Deutsche Waldbäume und Waldtypen, 1933.

[2] M a l i t o w s k i, in Ochrana przyrody 1920, zit. nach H e s m e r, Der Wald im Weichsel- und Wartheraum, Forstarchiv 1941, S. 171 ff.

[3] K o l l m a n n, Die Verbreitung der Eibe in Deutschland, Naturwissensch. Zeitschr. f. Land- u. Forstw. 1909.

[4] T s c h e r m a k L., Zeitschr. f. d. ges. Forstwesen 1944, S. 15. — Über ein Eibenvorkommen von etwa 20.000 Stämmen (mit natürlicher Verjüngung) im Gemeindewald von Szentgál (Ungarn) berichtet F ö l d v á r y M., Die Naturschutzdenkmäler des Bakonygebirges und seiner Umgebung, Erdészeti Lapok 72, 1933.

[5] P r o c h á z k a J. S. und P i l á t A., Über die Eibe, besonders mit Rücksicht auf die tschechoslowakischen Länder, Annalen der tschechischen Akademie der Landwirtschaft, III, S. 299—383, 1928.

[6] K r a u s e K., Die Gymnospermen der Türkei, Arbeiten aus dem Yüksek Ziraat Enstitüsü, Ankara 1936.

soll sie bis 1350 m ü. d. M. vorkommen, im Taurus mit seiner südlicheren geographischen Breite steigt sie höher empor, nach K o t s c h y bis 2300 m. Verfasser sah im Taurus (Waldort Karakoyak derese) in einer Höhe von 1250 m ü. d. M. eine 50 cm starke Eibe unter Schwarzkiefern.

Im Altertum, Mittelalter und auch noch bis zum Ende des 16. Jahrhunderts wurden aus Eibenholz Schießbogen verfertigt. Zu diesem Zwecke bestand noch im 16. Jahrhundert eine rege Eibenholzausfuhr, auch aus den österreichischen Alpenländern, nach England und in die Niederlande[1]. Um 1600 hörte der Massenbedarf für Bogen in England auf wegen der inzwischen erfolgten Vervollkommnung der Feuerwaffen. Durch diese und sonstige Nutzungen trug die Wirtschaft zum Rückgang der Eibe bei, wenn sie auch wenigstens die teilweise Erhaltung im Wege der natürlichen Verjüngung nicht verhindert hat.

Die Hainbuche oder Weißbuche, *Carpinus Betulus L.*

Die Weißbuche erweist sich als verhältnismäßig wärmebedürftig. Sie ist eine Holzart des mittleren und südlichen Europa, geht nach Norden nur bis zur Nordspitze Jütlands, dagegen tritt sie (zum Unterschied von der Rotbuche) in Schweden nicht mehr natürlich auf[2]. Nach Osten (Lettland, Polen) geht sie immerhin beträchtlich weiter als die Rotbuche, ist also gegen das festländische Klima etwas weniger empfindlich. Im Urwald von Bialowies, etwa 250 km nordöstlich von Warschau, ersetzt sie, wie Verfasser selbst beobachten konnte, den Rotbuchengrundbestand, wird aber als Baum zweiter Größe auch im Urwald nur bis etwa 26 m hoch (mit Brusthöhendurchmessern bis 70 cm), die übrigen Laubhölzer sind dort um etwa 10 m höher, die Nadelhölzer sogar um etwa 20 m. Pflanzensoziologisch ist sie meist mit der Eiche verbunden („Eichen-Hainbuchen-Wald"). Auch als Baum des Auwaldes findet sie sich mit Feldahorn, Linde, Ulme. In Frankreich hat sie neben Eiche und Buche beträchtlichen Anteil an der Waldzusammensetzung. In den Gebirgen Mitteleuropas kommt sie meist in den unteren Lagen vor, auch in den Alpen steigt sie ganz wesentlich weniger hoch empor als die Rotbuche, und zwar nur bis etwa 800 m, die Rotbuche dagegen durchschnittlich bis 1600 m. Sie geht also nicht in den Norden Europas und nicht in kühle Hochlagen des Gebirges, aber die warmen Sommer des kontinentalen Klimas im Osten sagen ihr bis zu einer gewissen Grenze zu, allzu weit nach Osten reicht sie allerdings auch nicht (Abb. 57), und im Winter 1928/29 wurde auch sie durch Frost geschädigt, somit wäre auch für sie die Winterkälte eines noch stärker kontinentalen Klimas nachteilig. Sie ist nicht gegen Spät-, wohl aber gegen Frühfröste empfindlich, diese hindern ihren Aufstieg ins höhere Gebirge, deshalb meidet sie Hochlagen und den Norden etwas mehr als die Buche; kalte Winter des Ostens meidet sie aber etwas weniger als die Rotbuche.

Sie ist weiterhin in *Südosteuropa* verbreitet, die ganze südosteuropäische

---

[1] H i l f R. B., Die Eibenholz-Monopole des 16. Jahrhunderts, Vierteljahresschr. f. Sozial- u. Wirtschaftsgesch., 18. Bd., 1. u. 2. Heft.

[2] R u b n e r, Verbreitung und Rassen der Hainbuche, Forstw. Centralbl. 1938, S. 255—264.

Halbinsel einschließlich Griechenlands und der europäischen Türkei gehört zu ihrem Verbreitungsgebiet sowie der Norden und Nordwesten Kleinasiens einschließlich der Krim und des Kaukasus, Nordpersiens. Auch in der Umgebung von Istanbul, im Lehrforst der dortigen Forstfakultät („Belgrader Wald") kommt sie vor. Sie liebt bessere, lehmige Böden und bevorzugt feuchte Standorte, kann aber auch auf trockenen noch gedeihen.

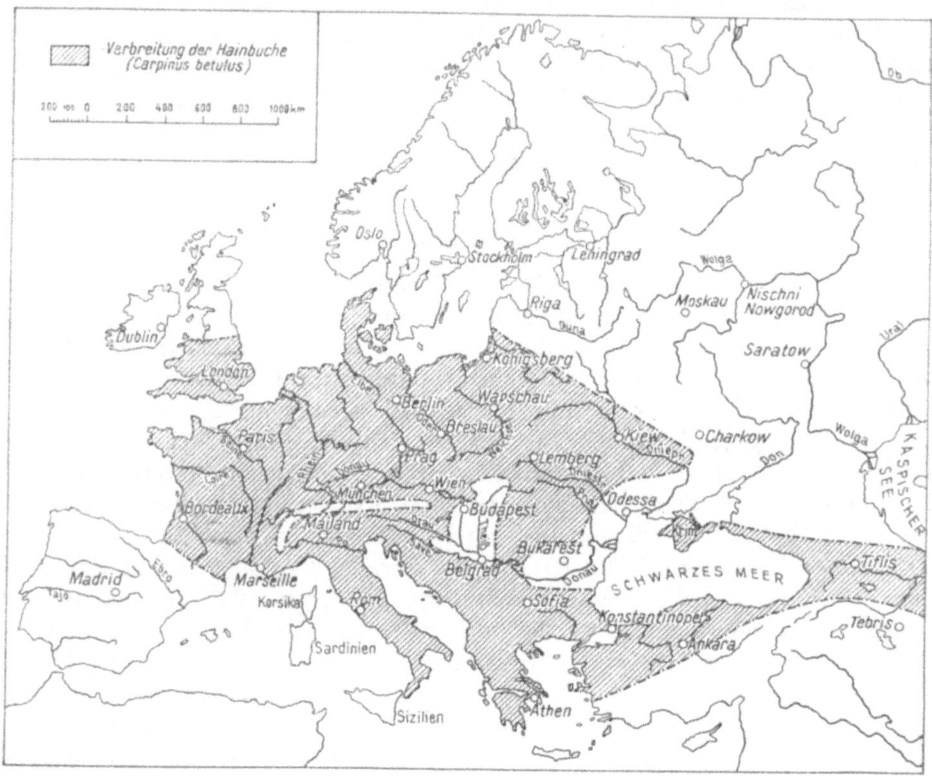

Abb. 57. Natürliches Verbreitungsgebiet der Weißbuche (Hainbuche) (*Carpinus Betulus L.*).

Auch in Ostbulgarien, in der Nähe des Schwarzen Meeres, in den letzten, niedrigen Ausläufern des Balkangebirges, ist die Hainbuche stark verbreitet, zeigt dort hervorragende Wuchsleistung, baut besonders auf schattigen, feuchteren Hanglagen schöne Stämme von 20 bis 28 m Höhe und „70 bis 80 cm, ja bis 1 m Brusthöhendurchmesser"[1].

Die Esche, *Fraxinus excelsior L.*

Ganz Mittel- und Westeuropa und der größte Teil von Südeuropa (mit Ausnahme der südlichsten und südwestlichsten Teile, wie Südspanien) liegt innerhalb des natürlichen Verbreitungsgebietes der Esche. Sie geht nach Norden nur bis ungefähr zum 62.° n. Br., im südrussischen

---

[1] M ü l l e r K. M., Wälder und Waldwirtschaft in Bulgarien, Forstw. Centralbl. 50, 1928, S. 159.

Waldsteppengebiet geht sie nicht so weit nach Osten wie etwa die Stieleiche, Ulme, Schwarzerle, Aspe und Birke (K r u e d e n e r, Waldtypen,
Klassifikation und ihre volkswirtschaftliche Bedeutung, 1927, S. 42), sie
meidet also die Steppe, entsprechend ihren Ansprüchen an Bodenfeuchtigkeit. — Sie fehlt in ganz Nordostrußland. Ihre Ostgrenze geht von Petersburg über Moskau nach der Krim. Wichtige waldbildende Laubbäume, die
im europäischen Rußland, einzelne
schon in Polen, ihre östliche Verbreitungsgrenze finden, sind Buche,
Traubeneiche, Hainbuche, Esche, Stieleiche. Die Esche stellt in der Regel
hohe Anforderungen an die Bodenfeuchtigkeit und Luftfeuchtigkeit. Die
beste Entwicklung zeigt sie auf nährstoffreichem, lehmigem Untergrund
(Abb. 58). Auf feuchten, tiefgründigen,
fruchtbaren Böden der Auen bildet
sie auch reine Bestände von geringer
Ausdehnung (auch in den Donauauen
in Niederösterreich; besonders in den
Donauniederungen Ungarns und Rumäniens auf etwa meterdicker Schlickdecke).

Auf lehmigen Niederungsböden,
zum Beispiel in Ostpreußen, zeigt sie
vorzüglichen Wuchs. Da sie in der
Jugend sehr frostgefährdet ist, meidet
sie Spätfrostgebiete. Im baltischen Gebiet soll sie auch gegen Fröste strenger
Winter empfindlich sein. Im Gebirge
steigt sie nur bis zu mittleren Höhen

Abb. 58. Eschenversuchsfläche, Bodenseegegend, im württembergischen Forstamt Tettnang (Aufn. G a s t p a r).

empor, nach S c h o e n i c h e n (Deutsche Waldbäume und Waldtypen,
1933) geht sie im deutschen Mittelgebirge im allgemeinen bis zu 700 m,
im Bayerischen Wald bis zu 890 m, in den Bayerischen Alpen bis zu 1365 m.
Verfasser sah sie in Vorarlberg, oberhalb Langen auf dem Arlberg, Sonnseite, noch bei 1340 m mit Buche, Bergahorn, Ulme. Sie findet sich auch
auf trockenen Böden, vielleicht dank ihrem tief in den Boden eingreifenden
Wurzelwerk. Die Esche der Auen sowie die Garten- und Parkesche mit
breiten Jahrringen geben hochwertiges Eschenholz (ein wertvolleres als die
im Bestandesschluß erwachsenen Gebirgseschen, deren Holz weniger zäh
ist). In der Bergregion ist sie eine Mischholzart, besonders im Buchengürtel und im Buchen-Tannen-Wald. In den Auen ist sie häufig mit
Ahornen vergesellschaftet, in Lehmbrüchen des nordöstlichen Deutschland
mit Eichen und Erlen, im ostpreußischen Flachland mit Hainbuche, Linde,
Fichte, Stieleiche, Birke. Im bosnischen Urwald traf Verfasser Eschen, Bergahorne und Ulmen im Buchenwald eingesprengt.

Als Beispiel für beste Wuchsleistungen der Esche in den Auen sei angeführt: In den Rheinauen im Stadtwald von Karlsruhe, Baden, sah Verfasser einen 50jährigen Eschenbestand von 35 m Bestandeshöhe, die Eschen mit freien Kronen, darunter als dienende Holzart die Hainbuche, breitkronig, dem Zweck als dienende Holzart entsprechend. Die Esche erreicht dort in einem Umtrieb von 70 bis 80 Jahren die für die Nutzbarkeit gewünschten Dimensionen.

In der Türkei kommt eine Verwandte, die *Spitzfrüchtige Esche, Fraxinus oxycarpa*, vor, die als Baum zweiter Größe auf der Krim, in den Kaukasusländern, Kleinasien, Persien, Syrien verbreitet ist. Bernhard sah einen sehr schönen Eschenurwaldbestand von *Fraxinus oxycarpa* bei Adapazar (nahe der Mündung des Mudurlu Su in den Sakaria); im Überschwemungsgebiet beider Flüsse stockten reine, hochalterige, völlig geschlossene wertvolle Eschenbestände[1].

Der Bergahorn, *Acer Pseudoplatanus L.*

Der Bergahorn ist in den Gebirgen Mittel- und Südeuropas zu Hause, südwärts geht er noch in die Gebirge von Jugoslawien, Thessalien, Kleinasien (Apennin, Sizilien, Nordspanien)[2]. Die Nordgrenze geht von Mittelfrankreich durch Nordwestdeutschland einschließlich des Harzes in das schlesische Berg- und Hügelland und nach dem südlichen Polen. In den Gebirgen steigt er hoch empor (zum Beispiel im Semmeringgebiet, auf dem Sonnwendstein, bis nahezu 1600 m, in den Westalpen in Gebieten großer Massenerhebung noch höher). In der nördlichen Außenzone der österreichischen Alpen hat er ein Optimum, desgleichen in den Karpaten und in der Bergregion der bosnischen Gebirge. Auch im Waldviertel von Niederösterreich und im Mühlviertel (Oberösterreich) kommt er vor. Er gehört zu den Edellaubhölzern, die, anspruchsvoller in ihren Bodenansprüchen, auch im Urwald nur an einzelnen zusagenden Stellen, meist im Buchenwald eingesprengt, vorkommen. Er findet sich in den Alpen auch auf Matten als freistehender Einzelbaum mit mächtiger Krone, ist bei den Bauern wegen seines Streu liefernden Laubes beliebt und stellt mit der reichlichen Belaubung insbesondere im Herbst nach deren Verfärbung einen herrlichen Schmuck der Bergwälder dar. Bekannt sind der „Große und der Kleine Ahornboden" im Karwendelgebirge, Tirol, mit starken Bergahornen. Im bosnischen Urwald sah Verfasser im Buchenbestand herrliche Bergahorne mit langen astreinen Schäften von mehr als 1,5 m Brusthöhendurchmesser. Einzelne (aber meist nicht sehr gut geformte) Bergahorne sind auch in den Innenalpen zu finden und steigen dort ziemlich hoch empor. Nach Norden

---

[1] In Rumänien wurde im Jahre 1915 von M. Pallis bei der Untersuchung der Pflanzenformationen des Donaudeltas eine *Eschenart mit flaumigen Blättern und Jahrestrieben* gefunden, die Wilmott als eine neue Art unter dem Namen *Fraxinus Pallisae* beschrieb, später fand man diese Art auch in anderen Teilen Rumäniens und bezeichnete sie als *Fraxinus holotricha Koehne*. Die Identität dieser mit der erstgenannten wurde in den letzten Jahren festgestellt (Petcut und Radulescu, Neue Varietäten und Formen der *Fraxinus Pallisae Wilmott*, Jahrb. der Forstl. Versuchsanstalt in Bukarest, Bd. VI, 1941, S. 109—121, mit dtsch. Zusammenfassung).

[2] Hegi, Illustr. Flora von Mitteleuropa, Bd. V, Teil I.

und Osten geht er nicht so weit wie der Spitzahorn, die Begrenzung seines Areals nach Norden und Osten hängt wohl mit seiner Frostempfindlichkeit zusammen.

Der Spitzahorn, *Acer platanoides L.*, und der Feldahorn, *Acer campestre L.*

Im Gegensatz zum Bergahorn ist der Spitzahorn ein Bewohner auch des nördlichen und östlichen Europa, kommt auch auf der Balkanhalbinsel und in den Karpaten vor, sein Optimum erreicht er im gemäßigten Landklima, auch im Urwald von Bialowies ist er häufig. Ins Gebirge steigt er weniger hoch empor als der Bergahorn. Er gilt als spätfrosthart und kann deshalb weit nach Norden und Nordosten gehen. In den Alpen ist er viel seltener als der Bergahorn.

Der *Feldahorn* ist nur ein Baum zweiter bis dritter Größe, fehlt nur im nördlichsten Europa und findet sich als Zwischen- und Unterwuchs in Laubmischwäldern der Täler und Vorberge. Ins Gebirge steigt er noch weniger auf als der vorige.

Die Winterlinde und die Sommerlinde, *Tilia parvifolia Ehrh.* (Synonym *cordata Mill.*) und *Tilia grandifolia Ehrh.* (Synonym *platyphyllos Scop.*).

Die Kleinblättrige Linde oder *Winterlinde, Tilia parvifolia,* kommt in Mittel- und Nordeuropa vor, nach Süden geht sie nur bis ins nördliche Jugoslawien und bis Saloniki sowie zur Halbinsel Chalkidike, so daß noch Bulgarien, Rumänien und Ungarn zu ihrem Areal gehören. Nach Norden und Osten geht sie weiter als ihre Verwandte, bis ins mittlere Schweden, nach Finnland und Rußland. In Rußland bildet sie auch reine oder nur wenig gemischte Bestände. Im Urwald von Bialowies traf sie Verfasser mit beträchtlichem Bestockungsanteil im gemischten Laubholzurwald, mit auffallend langen Schäften. Auch in Ostpreußen erreicht sie auf Lehmboden bedeutende Wuchsleistungen.

Die *Sommerlinde, Tilia grandifolia,* geht ähnlich wie der Bergahorn nicht weit nach Norden, die Nordgrenze geht über Berlin und Breslau, sie ist also im mittleren und südlichen Europa beheimatet und fehlt (soweit bis jetzt festgestellt ist) schon in der nordostdeutschen Tiefebene. Sie ist auch in Griechenland, Albanien, im südwestlichen Jugoslawien, im größten Teil von Italien verbreitet, wo die Winterlinde fehlt. In Mitteleuropa und Südosteuropa sind die Linden meist nur Mischhölzer im Laubwald. In Buchenmischbeständen kann man des öfteren gut geformte, langschaftige, astreine Linden sehen (zum Beispiel im Horner Wald, östliches Waldviertel)[1]. Was ihre Bodenansprüche anbelangt, so bedarf sie zu ansehnlicheren Wuchsleistungen lehmiger oder wenigstens anlehmiger Böden.

Die Bergulme, die Feld- und die Flatterulme, *Ulmus montana Withering* (Syn. *scabra Mill.*), *Ulmus campestris L.* und *effusa Willd.* (Syn. *laevis Pallas*).

Alle drei Arten pflegen nicht in reinen Beständen, sondern meist nur als Mischhölzer oder eingesprengt vorzukommen. Die *Bergulme* ist auch in

---

[1] T s c h e r m a k L., Die Verbreitung der Rotbuche in Österreich, Wien 1929, S. 52.

der nördlichen Hälfte Europas verbreitet, ebenso in den Alpen und Karpaten und in südeuropäischen Gebirgen. In den Alpen beobachtete Verfasser sie bis ungefähr 1300 m. Im Bayerischen Wald steigt sie bis etwa 1000 m. In der Bergregion des Gebirges bilden eingesprengte Bergulmen oft stattliche Stämme. Auch im bosnischen Urwald, im Buchenbestand, traf Verfasser sie an. Die *Feldulme* ist mehr im mittleren und südlichen Europa, auch in Kleinasien. Sie verträgt kontinentales Klima, findet sich zum Beispiel in den Eichenhainen der russischen Waldsteppe, auch in den Waldsteppen Rumäniens und Ungarns. (Die Freistadt Rust am Neusiedler See im Burgenland hat von der Rüster oder Ulme den Namen, die Feldulme ist in der dortigen Umgebung nicht selten. Auch ein uralter, heute noch üblicher Weinriednamen „in rustern" kommt dort vor. Der ungarische Stadtname Szil ist von der ungarischen Bezeichnung für die Rüster abgeleitet [1].) In Auwaldungen ist die Feldulme häufig. Im Oberinntal Tirols, wo infolge des Klimas der Innenlage die Buche bereits fehlt, ist die Ulme im Bereich der Talsohle verbreitet. In den Niederungen Norddeutschlands, zum Beispiel den Auwaldungen an der Elbe, ist sie gleichfalls zu Hause. In Südosteuropa ist sie auch beheimatet, so in den unteren Lagen der kleinasiatischen Randgebirge sowie im Lehrforst der türkischen Forstfakultät bei Konstantinopel. Das verwendbarste Ulmenholz ist das der Feldulme, während das der Flatterulme am wenigsten geschätzt ist.

Die *Flatterulme* fehlt im Norden, geht aber weit nach Mittel- und Südrußland und soll es (nach R u b n e r) in den baltischen Ländern zu bedeutenden Ausmaßen bringen. Dagegen ist die Bergulme in den baltischen Ländern seltener als die Flatterulme.

<h3 align="center">Die Pappeln.</h3>

Vier Arten kommen natürlich vor, die *Aspe* oder *Zitterpappel, Populus tremula L.,* die *Silberpappel, Populus alba L.,* die *Schwarzpappel, Populus nigra L.,* und ihre Unterart, die *Pyramidenpappel, Populus pyramidalis Rozier.*

Die *Zitterpappel* geht innerhalb Europas und Asiens weit nach Norden (über den 70. Grad) und auch nach Osten: Mittel- und Nordasien, Sibirien, Türkei, Kaukasus. Auch im Gebirge steigt sie ziemlich hoch empor. Nur im äußersten Südwesten Europas fehlt sie. Sie ist anspruchslos und infolgedessen als Pionierholz allgegenwärtig. Infolge des leichten, flugfähigen Samens und der geringen Ansprüche stellt sie sich ähnlich wie Birke und Salweide auf Lücken und Kahlschlägen oft in unerwünschtem Maße ein und wird so zum „forstlichen Unkraut", das bei den Läuterungshieben ausgehauen wird. Wenn sie auch in sehr verschiedenen Klimagebieten vorkommt, so erreicht sie doch die beste Entwicklung im Nordosten, in Ostpreußen, Estland, Lettland, Litauen, Polen. Dort hat sie auch wirtschaftliche Bedeutung, bildet 30 bis 35 m hohe, starke Stämme mit astreinen Schäften, die als Ausfuhrware einen beachtenswerten Handelsartikel dar-

---

[1] A u l O., Die Freistadt Rust am Neusiedler See, Burgenländ. Landesmuseum Eisenstadt, 1933, zit. laut Auskunft des Magistrats der Freistadt Rust vom 3. Juni 1947.

stellen. Bei uns erreicht sie weder solche Ausmaße noch das hiezu erforderliche Lebensalter. Die Eigenschaft als Pionierholzart hat sie auch im Osten. In der Waldsteppe des südlichen Voruralgebietes sollen an Stelle der gefällten Eichen- und Lindenwälder häufig Wälder von Zitterpappeln und Birken vorübergehende Assoziationen bilden (S c h i m p e r - v. F a b e r, Pflanzengeographie, S. 928). In der Türkei findet sie sich in Gebüschen,

Abb. 59. Pyramidenpappeln, an einem Wasserlauf in der Steppe in Kleinasien angebaut (Aufn. O. P f e r s c h e r).

Auen und an Ufern zerstreut, vom Meer bis zu 1400 m ü. d. Meere (K r a u s e). Auch im Lehrforst der türkischen Forstfakultät kommt sie vor, B e r n h a r d zählt sie unter den Hauptholzarten der Türkei auf.

Aus dem äußersten Südosten Bulgariens, dem Strandscha Dag (Gebirge 50 bis 60 km südlich von der Hafenstadt Burgas) wird berichtet, daß hie und da die Aspe auf besonders quelligen Orten truppweise eingesprengt vorkomme und daß sie, im Gegensatz zu der in dem trockenen Gebiet recht mattwüchsigen Eiche, infolge des feuchteren Standorts Durchmesser bis 60 cm und Höhen bis 25 m aufweist[1].

Die *Silberpappel, Populus alba,* ist im südlichen Teil von Mitteleuropa sowie in den Mittelmeerländern verbreitet, in Österreich und Süddeutschland insbesondere in den Donau- und Rheinauen. Außerdem kommt sie auch in Südosteuropa vor, so in Ungarn (besonders zwischen Donau und

---

[1] M ü l l e r K. M., Wälder und Waldwirtschaft in Bulgarien, Forstw. Centralbl. **50,** 1928, S. 186.

Theiß) und auf der Balkanhalbinsel sowie in der Türkei (Umgebung von Konstantinopel, nördliches, nordwestliches und südliches Anatolien). Sie vermag gewaltige Ausmaße zu erreichen. In den Rheinauen Badens ist ihr Holz als Nutzholz nahezu unverwertbar[1] wegen Ringschäle, geringer Druckfestigkeit, sie wird aber dort trotzdem aus Gründen der Waldschönheitspflege in den Auwaldungen in mäßigem Umfang nachgezogen. Auch in den Donauauen Österreichs kommt sie vor, die Verwertbarkeit des Holzes ist hier in manchen Gegenden, zum Beispiel im Auwald von Petronell, Niederösterreich, weniger ungünstig. Die Standortsansprüche sind höher als bei der Aspe. Am meisten sagt ihr der Boden der Auen zu. Auf mageren und trockenen Böden verkrüppelt sie.

Populus nigra findet sich bei uns in den Niederungen der Ströme und hat ein nicht geringes Wärmebedürfnis. Der Schwerpunkt ihrer ursprünglichen Verbreitung soll nach D r u d e das nördliche Mittelmeergebiet sein. Auch in der Türkei (zum Beispiel Umgebung von Istanbul) ist sie zu Hause. Sie ist verhältnismäßig genügsam in den Bodenansprüchen. Ihre Abart ist die *Pyramidenpappel* oder Italienische Pappel, die auch in Mitteleuropa angebaut wurde und die dem Landschaftsbild ein bestimmtes Gepräge verleiht. Sie ist unter anderem auch an den Wasserläufen in den Steppen Kleinasiens als ein dort sehr wertvoller Baum angebaut (Abb. 59).

Die Birken.

Wir unterscheiden die *Weißbirke oder Rauhbirke, Betula verrucosa Ehrh.*, mit einer durch Wachswärzchen rauhen Oberfläche der jungen Zweige und Blätter, und die *Haarbirke oder Moorbirke, Betula pubescens Ehrh.*, mit feiner Behaarung der Triebe und Blätter. Die Birken sind in wärmeren Klimaten, auch in Mitteleuropa, kurzlebige Bäume, darauf wies schon H. M a y r mit Recht hin, sie werden bei uns selten über 80 Jahre alt. Im kühleren Klima dagegen sind sie zählebig. Dies kann man schon in Ostpreußen beobachten, ebenso in den baltischen Ländern und in Rußland. Birke, Aspe, Schwarzerle, Winterlinde gedeihen im Klima Ostpreußens ausgezeichnet. In Ostpreußen fielen dem Verfasser die bedeutenden Scheitelhöhen an Birken auf, die bis 36 m erreichten, ferner die geraden, walzenförmigen, astreinen Schäfte, die besonderen Stammstärken, die höheren Umtriebszeiten. In Österreich ist die Birke, ähnlich wie es C h r i s t[2] von ihrem Vorkommen in der Schweiz angab, „unstet, versprengt und nirgends fehlend".

Die Weiß- oder Rauhbirke, *Betula verrucosa*, geht nicht so weit nach Norden wie die Moorbirke, auch im Gebirge bleibt sie etwas gegen die Moorbirke zurück. Ihr Anspruch an Bodenfeuchtigkeit ist bescheiden, sie vermag auch auf trockenen und sandigen Böden zu gedeihen[3] und auch

---

[1] Forstabteilung des Badischen Finanzministeriums, Die Nachzucht von Pappel und Baumweide in den Badischen Auewaldungen. Selbstverlag 1936.

[2] Zit. nach A u b e r t S., Die Birke (Le bouleau), Journal forest. suisse **86**, S. 105 bis 109, 1935.

[3] E r t e l d, Die Birkenwurzel auf armem Sandboden, Zeitschr. f. Forst- u. Jagdw. **74**, 1942, S. 193—225.

in die russische Waldsteppe einzudringen. Besonders gut wächst sie aber auf Lehmboden in Ostpreußen.

Die *Haarbirke oder Moorbirke, Betula pubescens* [1], geht bis zur polaren Baumgrenze, nach Osten geht sie durch Rußland und Sibirien bis nach Kamtschatka. Auch in unseren Gebirgen steigt sie hoch an, bis nahe an die obere Baumgrenze, sie kommt hiebei auch auf Moorboden vor, auch auf Hochmooren des Bayerischen und Böhmerwaldes. Sie ist dichter belaubt (weniger lichtbedürftig) als die Weißbirke, eignet sich aber nicht wie diese für trockene Sandböden.

Auf Hochmooren, zum Beispiel im Erzgebirge und in den Alpen, findet man ab und zu die *Zwergbirke, Betula nana L.*, die auf Hochmooren Nordeuropas häufig ist und deren spärliche Standorte in Mitteleuropa für „Rückzugsposten" (Relikte) von ihrer größeren eiszeitlichen Verbreitung angesehen werden.

Die Erlen.

Die *Schwarzerle, Alnus glutinosa Gärtn.*, hat innerhalb ganz Europas (mit Ausnahme der russischen Steppe und Südspaniens) eine große Verbreitung, geht aber nicht so weit nach Norden wie die Weißerle, *Alnus incana Willd.*, die auch im Gebirge höher ansteigt. In Südosteuropa ist die Schwarzerle auch verbreitet; sie findet sich auch in der europäischen Türkei, dann im nördlichen, nordwestlichen und westlichen Anatolien. Ähnlich wie die Aspe und Birke zeigt sie bedeutende Wuchsleistungen im Nordosten: In Ostpreußen, Litauen. Sie ist auf feuchte Böden angewiesen, wir finden sie an Fluß- und Bachufern, auf feuchten Senken im Walde, außerdem in Norddeutschland im „Erlenbruchwald", der dort aus der Verlandung der Flachmoore hervorgeht. Im Gebirge erreicht sie meist nur mäßige Seehöhen, nur in den Innenalpen, so im Lungau, wurde sie vereinzelt bis etwa 1450 m Höhe beobachtet [2]. Wiewohl sie auch im Seeklima gedeiht, so spricht ihr Optimum in Ostpreußen, ihr Vorkommen bis zum Ural und ihr höheres Ansteigen in den Innenalpen doch für eine Eignung für kontinentales Klima. Im Memeldelta, Forstämter Tawellninken und Ibenhorst, gibt es etwa 20.000 ha Schwarzerlenniederwälder mit 50jährigem Umtrieb.

Die *Weißerle, Alnus incana Willd.*, geht nach Norden bis zum 70. Grade, nach Süden reicht ihr Vorkommen nicht so weit wie das der Schwarzerle. In den Alpen und Karpaten kommt sie vor. Im größten Teil der Balkanhalbinsel und Italiens sowie in ganz Spanien fehlt sie. Im Gebirge steigt sie bedeutend höher hinauf. Wir finden sie auf Auböden im Gebirge, aber auch auf armen Schotterböden und trockenem, flachgründigem Steingeröll. Doch kann sie auch in der Niederung, und zwar ursprünglich, vorkommen, denn schon in einem Buche vom Jahre 1601 führte der Botaniker C l u s i u s an, daß die von den Bauern als „Weißerln" bezeichnete Art nicht

---

[1] Mit der Verbreitung der Birken *(Betula pubescens Ehrh., B. nana L. u. B. humilis Schr.)* in Rumänien befaßt sich: G e o r g e s c u C., Dendrologische Bemerkungen II. Revista Pădurilor **46**, S. 878—888, 1934.

[2] G r o ß m a n n und M e l z e r, Die Schwarzerle im Lungau, Centralbl. f. d. ges. Forstw. 1933.

nur in Berggegenden Österreichs und Steiermarks vorkomme, sondern auch auf den Donauinseln nächst Wien in Mischung mit der Schwarzerle. Auch auf Rheininseln zwischen Basel und Worms soll sie in der Erlenau vertreten sein. Nach D r u d e soll sie auch im Bayerischen Wald, Fichtelgebirge, Erzgebirge und Vogtland ursprünglich sein (D r u d e, der Hercynische Florenbezirk, 1902). Da die Weißerle im Westen und Süden fehlt und im Nordosten vorkommt, so muß sie als eine das kontinentale Klima bevorzugende Holzart angesprochen werden. Wegen ihrer Anspruchslosigkeit wird sie auf ungünstigen Böden, auf Schutthalden und zähem Ton, für den Vorbau zur Bodenverbesserung verwendet. Auch in der Wildbachverbauung spielt sie eine Rolle bei der Bindung des Erdreiches in Runsen, und zwar auch auf trockenen steinigen Böden, um sie für die spätere Aufforstung mit einer anderen Holzart vorzubereiten. Auch in den Innenalpen kommt sie vor.

Die dritte Art, die *Grünerle, Alnus viridis DC*, ist ein Strauch, der in den Alpen und Karpaten vorkommt, in den Alpen steigt sie bis über 2000 m empor, in den Karpaten meist nur bis etwa 1800 m. Sie findet sich in Gesellschaft mit Alpenrosen auf schattigen Nordhängen oder auf feuchten Böden auch über der Waldgrenze, in denselben Höhenstufen der Gebirge bevorzugt die Krummholzkiefer die trockeneren Böden. Die Grünerle gilt, weil sie bindige, feuchte Böden besiedelt, mehr für eine Holzart des Schiefers und Urgebirges; die Krummholzkiefer, weil sie auf trockeneren Böden vorkommt, für eine Holzart des Kalkes. Bei rasch wechselnden Feuchtigkeitsverhältnissen kann man auch beide nebeneinander auf gleichem Grundgestein finden.

Die Weiden, Salixarten.

Die einheimischen baumförmigen Weiden sind *Salix alba L., Weißweide*, und *Salix fragilis L., Bruchweide. Salix alba* und ihre Abart, die Dotterweide, *Salix alba vittelina*, wird in den Rheinauen bei der Nutzung höher bewertet als die Bruchweide; die Baumweiden sind nämlich forstlich nicht unwichtig, da ihr Holz ähnlich wie das der Pappeln in der Sperrholzindustrie einen Ersatz für das leichte, astreine Gabun darstellt. Sie kommen in Europa in den Auwäldern und auch sonst an Ufern von Flüssen, Bächen und Seen vor. Sie sind auch im Südosten verbreitet, auch in der Türkei sind die baumförmigen Weiden an Flußufern, Bächen und sonstigen feuchten Stellen häufig zu finden. *Salix alba* ist genügsam, bevorzugt aber zu guter Schaftausbildung einen nährstoffreichen, frischen Schlickboden. Sie gehört insbesondere auf die der Pappel nicht mehr zusagenden feuchteren Standorte im Bereich des strömenden Hochwassers[1].

Eine Anzahl von Weidenarten, die als Großsträucher oder kleine Bäume vorkommen (*Salix purpurea, Salix viminalis, Salix amygdalina* und andere) werden zur Korbweidenzucht im Niederwaldbetrieb bewirtschaftet. Ferner kommt als häufig anfliegendes „forstliches Unkraut" die Salweide, *Salix caprea*, im Walde vor.

---

[1] Forstabteilung des Badischen Finanzministeriums, Die Nachzucht von Pappel und Baumweide in den Badischen Auewaldungen, Selbstverlag 1936.

Der Vogelbeerbaum (die Eberesche), *Sorbus aucuparia L.*

Der Vogelbeerbaum bewohnt fast ganz Europa. Er ist für einen Laubbaum auffallend anspruchslos an das Klima und auch an den Boden. Sein Vorkommen reicht im Gebirge oft bis an die obere Baumgrenze, er geht auch weit nach Norden. In hohen Gebirgslagen ist er häufig die einzige Laubholzart. Auf Kahlflächen der Hochlagen vermag er immerhin zur Bodenverbesserung beizutragen, wenn er auch eine Lichtholzart ist, und als Bestandesschutzholz zu dienen. Er kommt sowohl auf trockenen als auch auf feuchten Böden fort, gedeiht aber am besten im Gebirge auf lockeren und frischen Böden. In den Alpen und Karpaten, in den Mittelgebirgen Böhmen-Mährens und Deutschlands findet er sich. Meist tritt er eingesprengt, seltener horstweise auf. Häufig wird er, zum Beispiel im Erzgebirge, als Alleebaum an Straßen gepflanzt.

Die aus dem nördlichen Mähren stammende süßfrüchtige Abart, *var. dulcis Kraetzl,* hat größere und mehr eiförmige, auch etwas dunkler rote Früchte, die, als Kompott zubereitet, auch für den menschlichen Genuß geeignet sind (sie wäre zum Anbau in Hochlagen, denen andere Obstarten fehlen, geeignet).

Der Elsbeerbaum, *Sorbus torminalis Crantz.,* und Mehlbeerbaum, *Sorbus Aria Crantz.*

Die *Elsbeere* ist vornehmlich in Süd- und Mitteleuropa zu Hause, weiter nordwärts wird sie immer seltener, schon in Mitteldeutschland hat sie ihre nördliche Verbreitungsgrenze, im größten Teil Rußlands fehlt sie ganz. Sie ist verhältnismäßig wärmebedürftig, ihr Holz ist als Drechslerholz wertvoll. In ihrem Verbreitungsgebiet findet sie sich in der unteren Stufe des sommergrünen Laubwaldes. Sie kommt unter anderem im pannonischen Gebiet Niederösterreichs vor. Auch bei Konstantinopel sah sie der Verfasser (so im Lehrforst der türkischen Forstfakultät).

Der *Mehlbeerbaum, Sorbus Aria Crantz.,* ist in fast ganz Europa verbreitet, insbesondere in den Alpen, Karpaten, in den Sudetenländern, in Mitteldeutschland. Er bevorzugt trockene, gut erwärmbare Böden, daher auch die Kalkböden. Auch am Alpenostrand südlich von Wien und im Semmeringgebiet ist er häufig. Sein zähes, festes Holz wird ähnlich wie das des Elsbeerbaumes von Drechslern, Schnitzern und Instrumentenbauern geschätzt.

7. Die natürliche Verbreitung einiger südosteuropäischer Holzarten.

Die in Mitteleuropa vorkommenden Holzarten sind mit wenigen Ausnahmen auch in Südosteuropa verbreitet, in den Abschnitten über die einzelnen Arten sind die entsprechenden Angaben enthalten. Eichen und Buchen, Tannen und Fichten machen auch im Südosten Europas den Hauptteil der Bestockung aus. Örtlich spielen auch Weißkiefern und Schwarzkiefern eine beträchtliche Rolle. Zu den Arten, die im Südosten fehlen, gehören Lärche, Zirbe, Spirke. Die Winterlinde fehlt in Griechenland, Albanien und im südwestlichen Jugoslawien. Andererseits gibt es eine größere Anzahl von Arten, die im Südosten Europas vorkommen, in Mitteleuropa aber fehlen. Die wichtigeren dieser Arten sollen im folgenden besprochen werden, zuerst solche, die auch noch in dem vom pannonischen Klima beeinflußten östlichen Teil Niederösterreichs und sonst in Mitteleuropa (wenn auch selten) zu finden sind, wie die Flaumhaareiche und die Zerreiche oder die auch im südöstlichen Steiermark natürlich vorkommende Edelkastanie.

Im allgemeinen wird nach Süden zu und auch im Südosten die Zahl der Arten größer. In trockeneren Gebieten des Südens und Südostens aber, zum Beispiel in Griechenland und der Türkei, wird trotz der großen Artenzahl der Flächenanteil des Waldes wesentlich kleiner. Auch innerhalb Mitteleuropas nimmt die Zahl der Holzarten von Norden nach Süden zu: So fehlen von den in Österreich und Süddeutschland vorkommenden Holzarten in Norddeutschland von Natur aus: Tanne, Lärche, Schwarzkiefer, Zirbelkiefer, Bergkiefer, Zerreiche, Bergahorn, Blumenesche *(Fraxinus Ornus)*, Hopfenbuche (*Ostrya carpinifolia*), Elsbeerbaum, Edelkastanie, in einem Teil Norddeutschlands auch die Sommerlinde. Andererseits sind aber im Nordosten manche Arten vollkommener als im Süden, und zwar die Aspe, Birke, Schwarzerle, wohl auch die Winterlinde, auch *Pinus silvestris* hat in Teilen von Ostpreußen besonders vollkommene Entwicklung. Manche von den im folgenden zu besprechenden Holzarten sind *nur* in bestimmten Teilen Südosteuropas natürlich verbreitet, zum Beispiel *Picea Omorica, Pinus Peuce, Pinus leucodermis, Abies cephalonica* und einige andere Tannenarten, *Quercus hungarica*. Andere kommen in größeren Gebieten des Südens, zum Beispiel im Mittelmeergebiet oder in Südeuropa, vor und finden sich auch in Südosteuropa von Natur aus, zum Beispiel die Pinie, *Pinus Pinea L.*, oder die Immergrüne Eiche, *Quercus Ilex L.* Bei der großen Artenzahl kann nicht auf alle, sondern nur auf die forstwirtschaftlich wichtigeren Arten eingegangen werden. Doch kann auch manche für weniger wichtig angesehene Art immerhin eine gewisse wirtschaftliche Bedeutung erlangen (so wird zum Beispiel in Rumänien der Sanddorn als Befestigungsholzart für Flugsandböden verwendet[1]. *Cotinus Coggygria Scop.* könnte als gerbstofführende Pflanze Beachtung finden [2]).

Die Flaumhaareiche, *Quercus pubescens Willdenow,* Synonym *lanuginosa Lamarck.*

Sie sieht wie eine kleinere Traubeneiche aus, ist jedoch in Anpassung an ihr wärmeres, trockeneres Verbreitungsgebiet mit Verdunstungsschutz ausgestattet durch filzigen Flaum der Blätter und der einjährigen Zweige, die Blattunterseite ist meist bleibend flaumig bis filzig. Sie ist in ganz Südeuropa und im Orient heimisch. Im dalmatinischen Küstenlande und in Istrien ist sie die häufigste sommergrüne Eiche. Im ehemaligen Süd-

---

[1] **H a r a l a m b A t.** und **C r e t z o i u P.**, Sanddorn im rumänischen Strandgebiet des Schwarzen Meeres, Revista Padurilor 49, 1937, S. 293—300.

[2] **P e n e f f N.**, Das Problem der gerbstofführenden Waldholzpflanzen in Bulgarien, Lessowodska missal 5, S. 185—199, 1936, mit dtsch. Zusammenfg.

ungarn, jetzt in Kroatien und Slawonien[1], bildet sie als ziemlich ansehnlicher Baum teils reine Bestände, teils ist sie mit anderen Holzarten gemischt und nimmt erheblich an der Waldbildung Anteil. Auch in der Südschweiz, vom Jura bis zum Tessin, kommt sie vor, überhaupt ist die Hügelzone der Südalpen weithin besiedelt von Laubgehölzen aus Flaumeichen gemischt mit Blumeneschen (*Fraxinus Ornus L.*) und Hopfenbuchen (*Ostrya carpinifolia*)[2]. An der Adriaküste geht der Eichengürtel mit Flaumeichen und immergrünen Sträuchern der Mittelmeerflora südwärts bis nach Albanien. In Italien entfallen nach P a v a r i von der Fläche der Eichenhochwaldungen beinahe vier Zehntel auf die Flaumeiche[3]. Auch in den östlichen Balkanländern ist der Flaumeichenwald mit Blumeneschen in der Hügellandschaft und an trockenen Stellen der Tieflandstufe verbreitet und steigt im allgemeinen dort bis etwa 800 m auf, auf den Nordhängen des Rhodopegebirges beobachtete ihn A d a m o v i ć bis zu 1000 m Höhe[4]. In Ostserbien untersuchte R. K n a p p die Pflanzengesellschaften der Flaumeichenwälder des Timokgebietes, so zum Beispiel den „Flaumeichen-Orienthainbuchen-Mischwald des Timokgebietes" mit Flaumeichen, Zerreichen, Blumeneschen, Orienthainbuchen, Fliederbüschen (*Syringa vulgaris*), *Pirus communis*, *Acer monspessulanum* und anderen[5]. Der Schwerpunkt der Verbreitung der Flaumeiche liegt nach M. R i k l i auf der Balkanhalbinsel. In Kleinasien dringt *Quercus pubescens* am weitesten gegen das Innere der Steppe vor. Im Waldsteppengebiet der Walachei Rumäniens wagt sich *Qu. pubescens* gleichfalls weit in die Steppe hinein, wie R u b n e r, Waldbild Europas, Z. f. Weltforstw. 2, 1934/35, S. 121, angibt. Andererseits kommt *Qu. pubescens* auch in Österreich vor, und zwar bei Wien und südlich von Wien auf dem Alpenostrand mit pannonischem Klima. Dieses Klima und das Flaumeichenvorkommen setzt sich auch noch in Südmähren in der Gegend von Znaim und der Pollauer Berge bei Nikolsburg fort, dann reicht es am Alpenostrand auch weiter nach Süden, so sah der Verfasser auch in der Nähe der Ruine Gösting bei Graz auf einem Standort milden Klimas im Mischbestande auch die Flaumhaareiche. Auch in Böhmen und in Mittel- und Nordostdeutschland gibt es auf warmen Standorten einige seltene Vorkommen, so bei Karlstein und Prag, dann im Saaletal bei Jena, im Odertal bei Bellinchen, im Lande Baden im Kaiserstuhl mit seinen heißen, trockenen Lagen; diese seltenen Vorkommen sind als Rückzugsposten, als Vertreter der in der postglazialen Wärmezeit wohl weiter verbreitet gewesenen xerothermen, also Trockenheit ertragenden und Wärme liebenden Vegetation zu deuten. (Daß diese Zeit wärmer als die

---

[1] F e k e t e und B l a t t n y, Verbr. d. forstlich wichtigen Bäume und Sträucher im Königreich Ungarn, Schemnitz 1914, Karte V.

[2] S c h a r f e t t e r R., Pflanzenleben der Ostalpen, Wien 1938, Karte S. 59.

[3] P a v a r i A., Die waldbaulichen Verhältnisse Italiens, Z. f. Weltforstw. 8, 1940/41, S. 175 ff.

[4] A d a m o v i ć, Die Vegetationsverhältnisse der Balkanländer Serbien, Altserbien, Bulgarien ... Leipzig 1909.

[5] K n a p p R., Vegetationsstudien in Serbien, Halle (Saale) 1944. — R i k l i M., Das Pflanzenkleid der Mittelmeerländer, Bern 1942, S. 204.

gegenwärtige war, dafür sprechen Ergebnisse der Pollenanalyse.) Über das Vorkommen bei Wien schrieb vor mehr als 80 Jahren Jos. Wessely in der „Österr. Vierteljahresschr. f. Forstwesen" 1863, S. 103: „Selbst in Niederösterreich treffen wir sie in der Gegend von Wien, wenn auch meist nur als Strauch und bereits so degeneriert, daß sie der istrischen Eiche nur wenig mehr ähnlich sieht." Im Nordwesten Anatoliens, südlich vom Marmarameer, und im ganzen mittleren Westanatolien folgt von der Westküste her landeinwärts auf das Gebiet des Hartlaubbusches ein großes Flaumeichen-Kiefern-Gebiet. Auch sonst spielt in den „Trockenwäldern" Kleinasiens *Quercus pubescens* in Mischung mit *Quercus Cerris* und *sessiliflora* eine wichtige Rolle. Auch in Griechenland ist der Flaumeichenwald weit verbreitet, und zwar schon im oberen Hartlaubgebiet und ebenso im Edelkastaniengebiet. Die Flaumeiche vermag sich in ihrer Heimat mit seichten, trockenen, steinigen Böden, auch solchen des Kalkgebirges, zu begnügen.

Die Zerreiche, *Quercus Cerris L.*

Eine stattliche, jedoch hinsichtlich ihres Holzes weniger wertvolle Eichenart, die zum Unterschied von der Flaumhaareiche zu einem Baum erster Größe werden kann und die im ganzen Südostraum in tieferen Lagen verbreitet ist, ist die Zerreiche. Sie ist gekennzeichnet durch ihre Blätter mit in der Regel spitzen Lappen, in ausgewachsenem Zustand sind die Blätter oben dunkelgrün und rauh anzufühlen, von eigentümlich fettartigem Glanz. Die Knospen sind mit pfriemlichen, fadenartigen Blättchen umgeben, die sich über dem Knospenscheitel schopfartig zusammenschließen. Die Borke stärkerer Stämme hat tiefe, im Inneren rote Längsfurchen. Die Hauptverbreitung ist in Süd- und Südosteuropa, nordwärts reicht sie bis in den Wienerwald, sie ist besonders im „vorderen Wienerwald" in Mischung mit Hainbuchen, Traubeneichen, Buchen recht häufig, geht auch noch nach Südmähren und ins oststeirische Hügelland. Im Süden ist sie von Spanien bis in die Türkei verbreitet. M. Rikli gibt von ihr an: Wenn sie auch im westlichen Mittelmeergebiet nicht ganz fehlt, mit ihren letzten nördlichen Ausstrahlungen bis nach Westfrankreich, im Jura bis Besançon geht, ins südliche Tessin und nach Südtirol sowie in den Donauraum vorstößt, so liegt doch der Schwerpunkt dieser Art in den östlichen Mittelmeerländern, neben Italien besonders auf der Balkanhalbinsel und in den Randlandschaften Kleinasiens. In diesen Gebieten ist sie ziemlich allgemein verbreitet[1].

Sie findet sich in Ungarn, in Rumänien, zum Beispiel im Bihargebirge in den Hügelzügen und Vorbergen bis an die Ebene (nach oben hin reicht sie dort nach Fekete-Blattny bis 774 m) sowie im Gebiet der unteren Donau[2], in Istrien, Kroatien (auf dem Velebit geht sie bis etwa 1000 m), in Dalmatien, Bosnien, Serbien[3], Bulgarien. Auch im bulgarischen Buschwald ist sie vertreten, ferner in der europäischen Türkei und in Kleinasien. Sie ist

---

[1] Rikli M., Das Pflanzenkleid der Mittelmeerländer, Bern 1942.

[2] Georgescu C., Beob. über d. Verbr. d. Zerreiche und die Fröste in den Zerreichenwäldern, Revista Padurilor **53**, 1941, S. 197—204.

[3] Beck v. Mannagetta, Die Vegetation der illyr. Länder, 1901, S. 199, 421 ff.

im „Karstwald" B e c k v o n M a n n a g e t t a s in Begleitung von Edel-
kastanien, Flaumhaareichen, Traubeneichen, Hopfenbuchen, Hainbuchen,
Blumeneschen, Zürgelbaum, Mehlbeerbaum und anderen anzutreffen. Auch
in Italien ist die Zerreiche sehr verbreitet, nach P a v a r i ist nördlich von
Latium das Holz der Zerreiche weniger wert, im Süden dagegen sei es
Nutzholz und ein sehr marktgängiger Ausfuhrartikel (P a v a r i in
„Zeitschr. f. Weltforstw." *8*, 1940/41, S. 207). In Latium und südlich von
Latium ist das Zerreichenholz frei von Frostrissen, in nördlicheren Lagen
sind dagegen Frostrisse an Zerreichen sehr häufig. Bei Konstantinopel findet
sich die Zerreiche unter anderem im Lehrforst „Belgrader Wald" und auf
der kleinasiatischen Seite (Alemdag). K r a u s e fand sie auch in der Nähe
von Ankara[1], wo im Steppengebiet nur an besonders geeigneten Standorten kleine Gehölze vorkommen, darunter *Quercus Cerris, Qu. pedunculata*
sowie *Pinus silvestris* und *nigra*. In tieferen Lagen des Taurusgebirges (nördlich von Adana und nahe der syrischen Grenze) traf Verfasser sie an. Am
Alpenostrand südlich von Wien ist sie mit Flaumhaareichen, Traubeneichen,
Schwarzkiefern zu finden. Auch im oststeirischen Hügelland, im Burgenland und in Südmähren (Pollauer Berge bei Nikolsburg und Gegend von
Znaim) ist sie mit anderen, vom pannonischen Klima abhängigen Pflanzen
noch anzutreffen.

Die ungarische Eiche, *Quercus hungarica Hubeny*, Synonym *conferta Kit.*

Auf der Balkanhalbinsel und auch in der Türkei einschließlich Kleinasiens hat diese Eiche ein großes Verbreitungsgebiet. Ihr natürliches Vorkommen im ehemaligen Ungarn brachte ihr den Namen „Ungarische Eiche"
ein, nach dem ersten Weltkrieg ging ihr ungarisches Verbreitungsgebiet
(das in der Karte V von F e k e t e - B l a t t n y, Bd. II, 1914, dargestellt
ist) hauptsächlich an Rumänien, teilweise auch an Jugoslawien über. B e c k
v. M a n n a g e t t a schreibt über sie mit Recht: „Der schöne Wuchs dieser
Eiche, ihr großes, nach vorne stark verbreitertes, vielgebuchtetes Blatt, das
die Äste mit prächtigen Laubrosetten schmückt, läßt sie als die schönste
der blattabwerfenden Eichen des Gebietes ansprechen[2]." Auch im türkischen Lehrforst Belgrader Wald, wo sie stark vertreten ist, empfing man
den Eindruck von ihrer schönen Belaubung. Sie hat große, kurz gestielte,
oft fast sitzende Blätter, die am Grunde herzförmig ausgeschnitten sind;
jede Blatthälfte zeigt eine größere Anzahl (7 bis 11) parallelrandige Lappen
zwischen rundlichen schmalen Buchten. Verschiedene Tiefe der Buchten
bedingt etwas ungleiche Blattformen. Die Blätter sind an der Unterseite
sowie am Stiele mehr minder weichfilzig[3]. Die Belaubung ist an den Trieb-
enden büschelig zusammengedrängt, auch die Knospen sind am Ende der
Triebe gehäuft. Sie sind heller gefärbt und größer als bei den anderen
unter unseren Eichen. Auch die Früchte stehen „gehäuft", man kann also
diese Eiche „gedrängtfrüchtig", aber auch „gedrängtblättrig" nennen (daher

---

[1] K r a u s e, Zur Flora von Ankara, 1934.
[2] B e c k v. M a n n a g e t t a, Die Vegetation der illyr. Länder, S. 210.
[3] H e m p e l - W i l h e l m, Die Bäume und Sträucher des Waldes . . . II. Bd.,
Tafel 24.

wohl der Name „*conferta*"). Das dauerhafte Holz ist (auch in Italien) gesucht, in Süditalien gilt auch die Eichelmast von dieser Eiche für ausgiebig und hochwertig.

Sie ist in Süditalien und im südöstlichen Europa, auch in Kleinasien verbreitet, ihr Hauptverbreitungsgebiet liegt in Serbien, Slawonien, im Banat Rumäniens und Jugoslawiens, in Teilen von Bosnien und der Herzegowina, Montenegro, in Siebenbürgen, in der Walachei und in Bulgarien[1], in Mazedonien, in der europäischen Türkei und in Kleinasien. In Ostserbien steigt sie bis etwa 980 m empor. Auf der kleinasiatischen Seite des Bosporus sah Verfasser im Höhenzug des Alemdag einen 120- bis 150jährigen *Quercus-hungarica*-Bestand mit einer mittleren Bestandeshöhe von ungefähr 20 m, bestehend aus 0,9 *Qu. hungarica,* 0,1 *Quercus Cerris,* eingesprengt *Sorbus torminalis,* auf Lehmboden, Bestockung 0,9, zum Teil war natürliche Verjüngung von Eichen vorhanden. An einer Stelle mit quelligem Boden, Waldort Taşdelen, war ein Trupp sehr schönen *hungarica*-Altholzes, mit Scheitelhöhen bis 30 m, astreinen Schäften und bedeutenden Stärken (trotz dem sommertrockenen mediterranen Klima). Auf Hügelzügen gegen die Temes, Maros und Bega kommen wertvolle Bestände der *hungarica* auf schweren Lehm- und Mergelböden des Diluviums vor (F e k e t e - B l a t t n y, S. 537). Sie gilt auch in Italien für sehr anspruchsvoll in bezug auf den Standort (P a v a r i, Zeitschr. f. Weltforstw. 8, 1941/42, S. 208).

Was ihre vertikale Verbreitung anbelangt, so sind zum Beispiel in ostserbischen Gebirgen bis zu etwa 600 m Seehöhe meist landwirtschaftliche Kulturen und Weinbau zu finden, dann von 600 bis 1000 m Eichenbestände mit *Quercus petraea,* auch *hungarica* und *Cerris,* weiter mit Blumenesche, Walnuß, Silberlinde usw.; nach obenhin folgt dann auf die Eichenregion die Stufe des Buchenwaldes in 1100 bis 1600 m, aber schon von etwa 1300 m sind dem Buchenwald auch Nadelhölzer beigemischt, mit zunehmender Meereshöhe nimmt der Anteil der Tannen und Fichten zu. Mehr als die mitteleuropäischen Eichen bevorzugen *Quercus conferta* und auch *Cerris* wärmere südliche Lagen.

Die Immergrüneiche oder Steineiche, Quercus Ilex L.

Ihre deutsche Bezeichnung Immergrüneiche trägt sie, obwohl es auch noch andere immergrüne Eichenarten im selben Gebiete gibt. Das wintermilde Klima des Mittelmeergebietes ist eine Voraussetzung der immergrünen Belaubung. Das lederartige Blatt und der grauweiße bis rostbraune Filz an der Blattunterseite stellen Anpassungserscheinungen an die Sommertrockenheit des mediterranen Gebietes als ihres Verbreitungsgebietes dar. Die Blätter sind eiförmig bis lanzettlich, am Rande entweder ganzrandig oder dornig gezähnt, stets aber sind sie unterseits grauweiß bis rostbraun filzig. Die grauweiße Unterseite der Blätter ist ein Unterscheidungsmerkmal gegenüber der gleichfalls immergrünen *Quercus coccifera,* die Näpfchen der Früchte haben *dicht anschließende* filzige Schuppen (dagegen die Fruchtbecher

---

[1] B e c k v. M a n n a g e t t a, a. a. O., S. 210. A d a m o v i ć, Vegetationsverhältnisse der Balkanländer, 1909, S. 251.

der gleichfalls zu besprechenden *Quercus coccifera* „*starr abstehende*"
Schuppen). — Was die Wuchsform anbelangt, so kann sie zu ansehnlichen,
über 20 m hohen und über 1 m starken Bäumen erwachsen. Da aber im
sommertrockenen Gebiet an vielen Orten Beweidung der Gehölze stattzufinden pflegt, so tritt sie auch öfter verkrüppelt und strauchförmig auf;
das Ausschlagvermögen ist ein gutes. Wie schon H. M a y r hervorhob, sind
die immergrünen Mittelmeereichen schattenertragende Holzarten und
neigen deshalb auch zur Bildung reiner Bestände. Nach der Mayrschen Einteilung gehören sie zum *Lauretum* und können im wintermilden Küstengebiet auch noch im *Castanetum* gedeihen. Das Holz ist hart und schwer
und wirft sich leicht, wird daher meist auf Holzkohle verarbeitet[1]. Verbreitet ist sie im Mittelmeergebiet, nordwärts geht sie bis Riva am Garda-
see. Das Maximum ihrer Verbreitung ist nach R i k l i auf der Iberischen
Halbinsel und in Marokko, im Süden der Iberischen Halbinsel bildet sie
große Wälder[2]. Ferner finden wir sie im jugoslawischen Hartlaubgebiet,
das einen meist schmalen Streifen an der Küste bildet und bis etwa 200 bis
350 m aufwärts reicht, sie ist dort mit anderen Gehölzen der Macchie vergesellschaftet; dann im griechisch-albanischen Hartlaubgebiet, das entsprechend der südlicheren geographischen Breite höher hinaufreicht. Auch
in den kleinasiatischen Hartlaubgebieten kommt sie vor. Ein schmales klein-
asiatisches Hartlaubgebiet ist am Schwarzen Meer (und fehlt im humiden
Gebiet am Fuße des östlichen Teiles des Pontusgebirges), ein breiteres ist an
der westlichen und südlichen Mittelmeerküste.

Die Kermeseiche, *Quercus coccifera* L.

Sie heißt Kermeseiche oder *coccifera*, weil die Kermesschildlaus an ihr
Gallen veranlaßt. Sie kommt ebenfalls im Mittelmeergebiet vor. Ihre gleichfalls immergrünen, derben, fast immer dornspitzig gezähnten Blätter sind
zum Unterschied von *Quercus Ilex* auf der *Unterseite kahl*, meist sind die
Blätter auch kleiner. Die Fruchtbecher der erst im zweiten Jahr reifen
Früchte haben *starr abstehende Schuppen*. An Stellen, wo sie genügend
geschützt ist, etwa hinter Mauern, tritt sie auch als Baum, meist von
etwa 6 bis 8 m Höhe, mit stattlicher Krone, auf. Viel häufiger ist sie aber
infolge ständiger Beweidung nur als niedriger, dicht verzweigter Strauch
vorhanden. Sie ist nach K r a u s e[3] und auch nach den eigenen Wahrnehmungen des Verfassers der wichtigste Bestandteil der typischen kleinasiatischen *Macchie*. Die Florengemeinschaft des westlichen Kleinasien mit
dem gegenüberliegenden Griechenland hält K r a u s e für eine weitgehende,
so daß man „oft kaum von einem Unterschied reden" könne. — In den
bereits aufgezählten Hartlaubgebieten ist sie in Mischung mit anderen
Arten ebenfalls verbreitet, auch an der Südküste Kleinasiens, Verfasser traf
sie zum Beispiel auch bei Payas an der Grenze zwischen der Türkei und
Syrien in einem Gebiet, in dem Orangen, Zitronen und Granatapfelbäume

---

[1] P a v a r i A., Zeitschr. f. Weltforstw. 8, 1940/41, S. 209.
[2] R i k l i M., Das Pflanzenkleid der Mittelmeerländer, Bern 1942. S. 175, 176.
[3] K r a u s e K., Über die Vegetationsverhältnisse des westlichen und mittleren Kleinasien, A. E n g l e r s Botan. Jahrbücher, 1915, S. 284, 313.

gebaut werden. Sie war dort im Hartlaubbusch in Mischung mit *Myrthus, Phillyrea, Paliurus aculeatus, Styrax officinalis, Pistacia Terebinthus* und anderen. Krause führt als Mischgehölze in der Macchie des westlichen Kleinasien neben dem Hauptbestandteil *Quercus coccifera* an: *Quercus Ilex, Juniperus Oxycedrus, Phillyrea media* und *latifolia, Pistacia Lentiscus, P. Terebinthus, Arbutus, Erica arborea, Laurus nobilis, Cistus laurifolius* und andere Cistusarten, dazu Stauden und Kräuter.

W. Siehe schreibt über *Quercus coccifera,* nachdem er 16 Jahre lang von Mersin aus Kleinasien „nach allen Richtungen bereist" hatte[1]: „Der schöne immergrüne Baum, der eines der ... schwersten, leider bei uns unbekannten Nutzhölzer liefert, kann 15 m hoch und 1 m stark werden. Die Ziegenherden haben einen elenden niederen Strauch aus ihm gemacht, er ist überall verbissen, denn er liefert den gefräßigen Ziegen Herbst- und Winternahrung. Nur in fast unzugänglichen Schluchten an steilen Klippen findet man Prachtexemplare des herrlichen Baumes, dessen schweres Kernholz eine tief dunkelbraune Farbe besitzt." (Auch Hempel und Wilhelm, Die Bäume und Sträucher des Waldes, erwähnen ihr zu verschiedenen Zwecken brauchbares, sehr hartes und dichtes Holz, ferner Gerbrinde.)

Die Walloneneiche oder Ziegenbarteiche, *Quercus Aegilops L.*

Sie gehört wie die Zerreiche zur Gruppe der Roteichen, ein Unterscheidungsmerkmal sind die Blätter mit stachelspitzigen Lappen; sie sind anfangs beiderseits filzig behaart, später an der Unterseite grauweiß und auf den gelblichen Nerven etwas dichter behaart. Wirtschaftliche Bedeutung hat sie wegen der großen, 3,5 bis 4 cm Durchmesser aufweisenden, stark beschuppten, durch besonderen Reichtum an Gerbstoffen ausgezeichneten Fruchtbecher, der „Wallonen", welche die ovale, oben etwas eingedrückte Eichel bis über die Hälfte bedecken. Kurz vor der völligen Reife der Eicheln enthalten die Fruchtbecher besonders viel Gerbsäure. Die Walloneneiche bildet einen Übergang von den winterkahlen zu den immergrünen Eichen (ähnlich wie *Quercus infectoria*), denn sie verliert ihre Blätter erst im Januar.

Diese Eiche ist in Südosteuropa und Kleinasien verbreitet, vor allem in griechischen Küstengebieten und auf den Inseln Griechenlands sowie im mittleren Gebiet der Westküste Kleinasiens. Auch in Albanien kommt sie vor. In Italien ist von *Quercus Aegilops* nur im Süden, im „Stiefelabsatz", nämlich in Apulien, in der Landschaft Japygia, ein beschränktes Vorkommen festgestellt. Der Schwerpunkt innerhalb der Balkanhalbinsel ist in Mittelgriechenland und im Peloponnes, und zwar im Westen (der größere Niederschläge empfängt als das östliche Griechenland). Für Akarnanien ist *Quercus Aegilops,* „was im Altertum der Ölbaum für Athen war". Die größten Wallonendistrikte aber sind im westlichen Kleinasien, im Hinterland von Smyrna[2]. Ein Hauptgebiet der *Quercus Aegilops* in diesem Gebiet

---

[1] Siehe W., Mitt. d. Dtsch. Dendrolog. Ges. 1911, S. 299.

[2] Burk K., Die Walloneneichen in ihrer pflanzen- und wirtschaftsgeographischen Bedeutung, Marburg a. L. 1913 (Dissertation).

beschrieb auch A. Philippson[1]. In Griechenland wird sie kultiviert, auf Kreta sah Verfasser in der Gegend von Rethymnon ausgedehnte Walloneneichenkulturen. Der Hauptzweck bei der Anzucht ist nicht Holzerzeugung, sondern jene von Früchten, beziehungsweise Fruchtbechern. Daher ist es verständlich, daß sie in lockerem Stand, als Bäume mit mächtigen breiten Kronen und kurzen Schäften, angetroffen werden. Das Vorkommen bei Rethymnon erstreckt sich auf die Umgebung der Dörfer Gelu, Prines, Atsipopulos und Armenos, ihr dortiger Bestand wird auf etwa 100.000 Bäume geschätzt. Die Wallonenausfuhr aus Kreta beträgt in manchen Jahren gegen 1400 Tonnen, jene aus Kleinasien und Griechenland Tausende von Tonnen. In der mitteleuropäischen Gerbindustrie wurden Wallonen bekanntlich seit mehr als einem Jahrhundert allgemein verwendet, die Einfuhr nach Europa erfolgte vor dem Kriege auf dem Seeweg von den Ausfuhrhäfen Smyrna, Patras und dem Piräus aus. Über das Vorkommen im mittleren Gebiet der Westküste Kleinasiens berichtete auch Bernhard[2]. Bei Balat beobachtete Bernhard etwa 20.000 ha Walloneneichenbestände gleichfalls in lichtem Stand, etwa 40 Eichen auf 1 ha, kurzschaftige Bäume mit runden Kronen, meist auf trockenen Südhängen, die als Viehweide dienen, auf kristallinem Kalk in 700 bis 800 m Meereshöhe. Im Unterwuchs war stellenweise *Paliurus aculeatus*, der gemeine Stechdorn. Im übrigen war der Boden mit Gräsern und Kräutern bedeckt, die im Hochsommer und Herbst fast vollkommen vertrocknet und verbrannt waren.

Die Galleiche, *Quercus infectoria Oliv.*

Auch die Galleiche, *Quercus infectoria*, mit lederartigen Blättern bildet einen Übergang zu den immergrünen Eichen, da sie ihre Blätter erst im Frühjahr des der Entwicklung folgenden Jahres verliert. Die Blätter sind kleiner als die der Ziegenbarteiche, nur 4 bis 6 cm lang, eilänglich, buchtig gezähnt, mit jederseits fünf bis sieben in eine Stachelspitze endigenden Zähnen, jung behaart, später oben kahl, glänzend, dunkelgrün. Sie kommt in Kleinasien auf Standorten vor, die auch klimatisch den Übergang von der wintermilden mediterranen Stufe zur winterkalten des sommergrünen Laubwaldes darstellen. Wir finden (zum Beispiel in Westanatolien) zuunterst immergrünen Hartlaubbusch, dann schon in 200 bis 300 m (etwa Gegend von Smyrna) von Natur aus vorkommenden Bestand von *Pinus brutia*, die ähnlich wie die Macchie an die Meeresnähe gebunden ist und in etwa 500 m Höhe größere Flächen einnimmt. Sträucher der Macchie bilden im *Pinus-brutia*-Wald das Unterholz. In Höhen von etwa 500 bis 700 m (Hinterland von Smyrna) tritt als Hauptbestand *Quercus infectoria*, Galleiche, in mannshohen Büschen auf, wogegen die Steinlinde, *Phillyrea*, nur mehr als Unterholz vorkommt. Hier handelt es sich also um eine Übergangsstufe zwischen immergrüner und sommergrüner Vegetation; denn *Quercus infectoria* „behält ihre Blätter, zwar etwas vergilbt, so doch noch

---

[1] Philippson A., Die Vegetation des westlichen Kleinasien, „Petermanns Mitteilungen" 1919, S. 171, und eingehende Vegetationskarte.

[2] Bernhard, Nebennutzungen in türkischen Wäldern, Thar. Forstl. Jahrb. 1929, S. 97 ff.

durchaus assimilationstüchtig, bis in den Frühling und wirft sie erst beim Austreiben der neuen ab ... Einen schöneren Ausdruck für diese Klimaübergangsstufe kann man sich kaum wünschen, als es diese Eiche ist. Es ist nicht verwunderlich, wenn sie die immer mehr zurücktretende Kermeseiche gerade in der Zone ersetzt, wo die Wintertage im allgemeinen ziemlich warm sind dank der kräftigen Insolation, aber die Nächte häufige und scharfe Fröste bringen. Ganz ohne Schaden übersteht ihr Laub diese Fröste nicht, und gegen Ende des Winters ist ein Teil des Blattwerks doch erfroren. Aber es wird jährlich vollkommen erneuert, und der gelegentlich in manchen Wintern eintretende vollkommene Verlust ist darum schnell auszugleichen. *Quercus coccifera* würde in diesem Falle Jahre brauchen, ihn zu ersetzen[1]." Sie ist in Teilen Kleinasiens und außerdem in kleineren küstennahen Gebieten Syriens und Palästinas verbreitet (S c h m u c k e r)[2].

Die mazedonische Eiche, *Quercus macedonica D. C.*

Diese Eiche mit fast immergrünen, schmal eiförmigen, zierlichen, spitzen, kurz gestielten Blättern, die am Rande mit zahlreichen, scharf zugespitzten Sägezähnen versehen sind, ist in den südlichen Adrialändern Mazedonien, Albanien, Montenegro, Herzegowina, Süddalmatien, im südlichen Jugoslawien, Bulgarien und Rumelien sowie in Pulien, also im südöstlichsten Teil Italiens (im „Stiefelabsatz"), verbreitet[3]. M a s e l l i führt als nördliche Grenze ihres Verbreitungsgebietes den 44. Breitengrad von Zara bis Konstantza, als Südgrenze den 40. Breitengrad vom Golf von Tarent bis zu den Dardanellen an. Ein großes Verbreitungsgebiet hat sie in Albanien. Nach B e c k v o n M a n n a g e t t a ist sie zum Beispiel auf den seeseitigen Gehängen der zwischen dem Meer und dem Skutarisee auftauchenden Gebirgsketten (gegen Antivari) sowie auf allen Lehnen des den Skutarisee umgebenden Berglandes. Auch in der Landschaft zwischen Prizren und Skutari wurde sie (in Meereshöhen von 260 bis 585 m) angetroffen. Sie soll dabei stets in der untersten Stufe des sommergrünen Eichenwaldes einen Saum um die mediterrane Vegetation bilden, und zwar entweder in Reinbeständen oder in Mischung mit *Quercus hungarica, Quercus Cerris, Carpinus duinensis* und *Ostrya carpinifolia*. Viele Gewächse der mediterranen Hartlaubflora treten als Unterwuchs in den Bestand der mazedonischen Eiche ein. Sie erreicht im Hochwald Baumhöhen von 14 bis 15 m mit astreinen Schäften von 4 bis 5 m Länge von guter Holzbeschaffenheit.

Die Edelkastanie, *Castanea sativa Mill.* (Synonym *vesca Gaertn.*).

Für den Süden Europas und somit auch für Südosteuropa ist sie ein wichtiger Waldbaum. Wir finden sie natürlich verbreitet in der südöstlichen Steiermark, im südlichen Burgenland, in Südtirol und im südlichen Teil

---

[1] S c h w a r z O., Die Vegetationsverhältnisse Westanatoliens, Botan. Jahrb. 67, 1935/36, Heft 3/4.

[2] S c h m u c k e r Th., Die Baumarten der nördlich-gemäßigten Zone und ihre Verbreitung, Silvae orbis Nr. 4, 1942, Kärtchen 94.

[3] M a s e l l i V. O., *Quercus macedonica*, La Rivista forestale 2, 1940, Nr. 6 (mit Schrifttumsverzeichnis.) — G. B e c k - M a n n a g e t t a, Die Vegetationsverhältnisse der illyr. Länder, Leipzig 1901, S. 211—212.

der Schweiz, in Teilen Jugoslawiens, Bulgariens, in Griechenland, Albanien, der Türkei und den Kaukasusländern, in Italien nordwärts bis zum Südabfall der Alpen, in Spanien[1]. In Italien reicht das Edelkastaniengebiet auch auf den beiderseitigen Abhängen des Apennin, je weiter nach Süden, desto höher hinauf, und zwar sowohl mit der unteren als auch der oberen Grenze. Nördlich von ihrem natürlichen Verbreitungsgebiet ist 'sie an vielen Orten mit Erfolg künstlich angebaut, so in Niederösterreich (ein Hain bei Vöslau, sonst hie und da einzeln oder truppweise eingesprengt[2]), in Böhmen (ein kleiner Bestand bei Komotau), in Südwestdeutschland, besonders im Lande Baden, wo sie in Weingegenden schon von den Römern eingebürgert wurde, in Frankreich, in Holland, Belgien, England usw. — Das griechische Edelkastaniengebiet[3] reicht im Norden Griechenlands bis etwa 800 m Höhe hinauf, im Süden noch höher. Die Edelkastanie in Griechenland ist oft mit verschiedenen Eichen, so mit der ungarischen Eiche, der Flaumhaareiche, der Zerreiche und anderen, gemischt. Außerdem finden sich im Flaumhaareichen-Edelkastanien-Gebiet häufig *Ostrya carpinifolia*, *Carpinus duinensis*, *Fraxinus Ornus*, *Carpinus Betulus*, in der oberen Stufe in Griechenland auch *Aesculus Hippocastanum* und *Juglans regia*. Oberhalb der immergrünen Stufe der Macchien (mit Oliven, Steineichen, Lorbeer, Zypresse, Myrten usw.) findet sich der Edelkastaniengürtel als wärmerer Teil der Stufe der sommergrünen Laubhölzer. In noch größerer Höhe folgt dann die Rotbuche.

Das kleinasiatische Edelkastaniengebiet bildet zwei Teilgebiete: einen schmalen Streifen entlang der Küste des Schwarzen Meeres im Osten, etwa zwischen Batum und Trabzon, und ein zweites Teilgebiet von Konstantinopel an, das die Landschaft Bithynien umfaßt. Dort sind auch Eichenarten und die Wilde Zypresse *(var. horizontalis)* verbreitet. Das Vorkommen setzt sich westwärts in die europäische Türkei (Thrazien) fort und hängt mit dem griechischen Kastaniengebiet zusammen. In Westbosnien, in Kroatien, in der Herzegowina (im Narentatal, auch um Konjica, wo Verfasser sie sah) und an den Küsten des Quarnero, in einer Höhenstufe oberhalb der mediterranen Flora, zusammen mit sommergrünen Eichen, kommt die Edelkastanie ebenfalls vor, wie schon B e c k v. M a n n a g e t t a (a. a. O., S. 220) angab, desgleichen auf einzelnen Standorten am unteren Drinalauf, dann am Nordfuß der Stara planina und in Altserbien (A d a m o v i ć, a. a. O., S. 256)[4], ebenso in der Oltenia Rumäniens[5].

---

[1] S c h m u c k e r T h., a. a. O., Kärtchen 118.

[2] B ö h m e r l e E., Die Edelkastanie in Niederösterreich, Centralbl. f. d. ges. Forstwesen 1906, S. 289—306, 355—367.

[3] R u b n e r K., Das natürliche Waldbild Europas, Zeitschr. f. Weltforstw. 2, S. 144.

[4] Vgl. auch B a l e n J o s., 3. Beitrag zur Kenntnis der mediterranen Waldungen Jugoslawiens, Šumarski list 63, S. 673—691, 1939, französ. Zus.; dieser Beitrag ist der Edelkastanie gewidmet. — A n i ć M., Die Edelkastanie im Gebirge Zagrebačka Gora, Glasnik za šumske pokuse 7, S. 103—312, 1940, 1 Karte, 68 Abb., dtsch. Zus.

[5] C h i r i t a C. D. mit B a l a n i c a T. P. und M u n t e a n u R. D., Beiträge zur Kenntnis der Edelkastanie in Rumänien, ihres Verbreitungsgebietes und ihrer standörtlichen Ansprüche. Unters. in d. Oltenia, bei Tismana und Polovraci, Analele Inst. de

Die Wärmeverhältnisse des Kastaniengürtels sind gekennzeichnet durch eine mittlere Jahrestemperatur von 10 bis 15⁰ C, die mittlere Temperatur des kältesten Monats (meist Januar) schwankt zwischen 3 und — 1⁰ C, die niedrigsten Temperaturen im Winter gehen meist nicht unter — 15⁰ C (P a v a r i, L'Alpe, 1931). Die jährlichen Niederschlagsmengen zum Beispiel im italienischen Edelkastaniengebiet betragen zwischen 700 und 1700 mm.

Betreffs der Bodenansprüche wird im Schrifttum hauptsächlich auf Grund französischer Angaben der Schluß gezogen, daß die Edelkastanie einen hohen Kalkgehalt des Bodens (mehr als 3 Prozent) nicht vertrage, sondern kalireiche Böden bevorzuge. Doch hindert das nicht, daß sie in Böden, die durch Verwitterung von Kalkgestein entstanden sind und die auf Kalk auflagern, wurzelt, man kann sie öfter auf Böden aus Kalkgrundgestein sehen. Ihre Ansprüche an den Nährstoffgehalt des Bodens sind mäßige. Ein mittlerer, die nötige Lockerheit nicht verhindernder Lehmgehalt des Bodens mit nicht zu geringem Kaligehalt entspricht ihr am besten. Sie holt ihre mineralische Nahrung aus tieferen Bodenschichten herauf und ist daher verhältnismäßig weniger auf eine gute Beschaffenheit der oberen Bodenkrume angewiesen, was ihr gedeihliches Vorkommen auf oberflächlich armen Standorten erklärt. Flachgründige Kalkböden sagen ihr nicht zu.

Ihr Lichtbedürfnis ist mäßig, wie aus der Dichte ihrer Krone und aus ihrer Fähigkeit, sich im Seiten- und Schirmdruck von Lichthölzern zu erhalten, geschlossen werden kann. Unter Schirm der gemeinen Kiefer zum Beispiel kann sie bestehen. Ihre Zuwachsverhältnisse sind günstig. Ihr Höhenwuchs erschöpft sich in verhältnismäßig kurzer Zeit, unter günstigen Standortsverhältnissen schon in 40 bis 50 Jahren, sie vermag dann im Hochwald 20 bis 25 m hohe Bäume zu bilden. Ihr Stärkenzuwachs dagegen hält lange an. Die Massenleistung ist beträchtlich. Noch günstiger gestaltet sie sich im Niederwald der Edelkastanie. Im selteneren Hochwaldbetrieb werden wegen der rascheren Erschöpfung des Höhenzuwachses kurze, in der Regel 50- bis 70jährige Umtriebe, ausnahmsweise besonders wegen der Nutzung der Früchte auch höhere, 80- und mehrjährige, gewählt. Doch treten bei älteren Kastanien meist Ringschäle, Frostrisse, Wurzelfäule ein. Die Edelkastanien bilden (zum Beispiel in Italien) heute noch eine hochwertige Nahrungsmittelquelle. Auch die Holzproduktion ist, und zwar auch mengenmäßig, nicht zu unterschätzen. In der Kastanienausfuhr steht Italien nach P a v a r i¹ an erster Stelle Europas. Kastanienniederwälder stehen wegen ihres großen Zuwachses an Holz, wegen des Wertes der Produkte und deren Verschiedenartigkeit wohl an erster Stelle im italienischen Waldbau, sie liefern mehr Nutzholz als Brennholz, ihre Fläche macht rund 340.000 ha aus. Sie ergeben Kleinsortimente für landwirtschaftliche Zwecke,

Cercet. Exp. for. (Jahrb. d. rumän. forstl. Versuchsanst.) 1, S. 9—69, 1934, französ. Zus. — C o n e a J., Pflanzengeographische Studie über die Edelkastanie in der Oltenia, Buletinul Soc. regale romåne de Geographie **50**, S. 114—139, 1932, Bukarest. Mit französ. Zus.

¹ P a v a r i A., Zeitschr. f. Weltforstw. **8**, 1940/41, S. 209—210.

Rebstützen, Stöcke für Tomaten und Tabakpflanzen, stärkere Ausschläge werden als Pfähle oder gespalten als Faßdauben verwendet. Die größeren Stämme des Oberholzes finden Verwendung als Balken, für Faßdaubenerzeugung oder zu Schnitzholz, für Möbel, Täfelungen usw.

In Süditalien (Kalabrien) ergab die Ertragsermittlung im Kastanienniederwald bei 18jährigem Umtrieb eine Gesamtwuchsleistung einschließlich der Vorerträge je Jahr und Hektar von 14 fm (Gesamterzeugung in 18 Jahren somit rund 250 fm), in günstigerem Klima sogar 20 fm je Jahr und Hektar, daher in 12 Jahren 240 fm. Auch im Lande Baden, wo sie künstlich angebaut und längst eingebürgert ist, sind im Ausschlagwald hohe Massenerträge zu verzeichnen, das Höchstmaß ihres Massenertrages beträgt dort nach Hausrath[1] im Weinbaugebiet bis zu 16 fm Durchschnittszuwachs je Jahr und Hektar. Auch dort hat man festgestellt, daß sie auf geringen, trockenen oder stark verlichteten Standorten als Vorbau und Unterbau verwendet werden kann, und zwar auch auf Böden, die für die Ansprüche der Buche nicht mehr entsprechen. Dabei verbessert sie mit ihrer reichen Laubstreu den Boden.

Die orientalische Weißbuche oder Duiner Hainbuche, *Carpinus duinensis Scop.* (Synonym *Carpinus orientalis Mill.*).

Die südländische Verwandte der Hainbuche oder Weißbuche ist die Duiner Hainbuche oder orientalische Weißbuche, die schon in Kroatien und Slawonien als Strauch oder kleiner Baum vorkommt. Sie ist der gemeinen Weißbuche sehr ähnlich, von ihr unterschieden durch die kleineren Blätter, dann die nicht dreilappigen, sondern ungeteilten, unsymmetrischen, spitz-eiförmigen, am Rande sägezähnigen Fruchthüllen sowie durch die kleinen, mehr rundlichen, am Scheitel behaarten, schon im Sommer reifen Nüßchen. Sie ist eine Holzart Südosteuropas und Vorderasiens und kommt meist zerstreut auf trockenen, sonnigen Hügeln und in Gebüschen und Buschwäldern tieferer Lagen vor. Felsige, gut erwärmbare Standorte werden bevorzugt. Sie ist von Italien (mit Ausnahme des nordwestlichsten Teils) ostwärts bis nach Kleinasien und Nordpersien verbreitet (Schmucker, a. a. O., Kärtchen 80). Sie erreicht im Orient bei einem Höchstalter von etwa 100 Jahren Baumhöhen von höchstens 17 m. Oft ist sie nur ein 3 bis 4 m hoher Strauch. Ihr Wuchs ist langsam, die Erträge sind bescheiden. Sie kommt auch im *Fraxinus-Ornus*-Mischlaubwald vor, der in der Hügel- und unteren Bergstufe der Balkanhalbinsel verbreitet und durch besondere Mannigfaltigkeit ausgezeichnet ist. Dem *Ornus*-Mischwald gehören besonders *Quercus pubescens* und andere sommergrüne Eichen, wie *Quercus Cerris, hungarica* an, dann *Fraxinus Ornus, Carpinus duinensis, Ostrya carpinifolia, Celtis australis, Tilia argentea, Acer tataricum, Acer campestre* und *obtusatum, Juglans regia, Prunus*-Arten, besonders *Prunus Mahaleb* und andere[2]. Nach Adamovič ist *Carpinus duinensis* durch die

---

[1] Hausrath, Erfahrungen mit dem Anbau fremder Holzarten, Dtsch. Dendrolog. Ges. 1921, 1923.

[2] Adamovič L., Die Vegetationsverhältnisse der Balkanländer... Leipzig 1909, S. 124 ff.

ganze Balkanhalbinsel verbreitet, und zwar in der Hügel- und in der submontanen Stufe. In der Mannaeschenformation bildet sie nicht selten ziemlich reine, jedoch nicht ausgedehnte Bestände. Sie tritt oft als Baum auf, beteiligt sich aber auch am Aufbau des Unterholzes, und zwar sowohl durch ihren Nachwuchs als auch durch verkrüppelte Exemplare. Im illyrischen Karstgebiet (von Südkrain bis in die Herzegowina) spielt Eichenbuschgehölz, gleichfalls zum *Ornus*-Mischwald gehörig, das auch die Duiner Hainbuche enthält, eine Rolle. Das Eichengestrüpp ist in der Regel, ähnlich wie der Hartlaubbusch, durch Beweidung und Brennholzgewinnung verwüstet. Der *Fraxinus-Ornus*-Mischlaubwald ist nach A d a m o v i ć eine „sekundäre Formation, welche durch Zutun des Menschen entstanden ist". Er nimmt an, daß nach der Fällung des Eichenwaldes die übrigen Arten, die ursprünglich nur eine untergeordnete Rolle gespielt hatten, einen Vorsprung gewannen. Der *Ornus*-Mischwald kommt auf der südosteuropäischen Halbinsel vorzüglich in mediterranen Gegenden vor. Er ist aber imstande, auch außerhalb des mediterranen Gebietes in entlegeneren Partien mit binnenländischen Verhältnissen auch fortzukommen, wenn auch ohne die empfindlicheren Elemente. In mediterranen Gegenden können ihm auch immergrüne Gehölze beigemischt sein, so *Quercus coccifera*, *Quercus Ilex* und *Laurus nobilis*.

In der Türkei ist die Verbreitung von *Carpinus duinensis* ähnlich jener von *Carpinus Betulus*, doch mit dem Unterschiede, daß *duinensis* sich auch im südlichen und südöstlichen Kleinasien findet, u. zw. in der unteren Abteilung des Bergwaldes, zusammen mit sommergrünen Eichen und Edelkastanien.

Die Duiner Hainbuche gehört jedenfalls zur untersten, wärmebedürftigsten Stufe des winterharten Laubwaldes, zu den mäßig winterharten Wäldern, die auch die Edelkastanie und den Walnußbaum enthalten. Nach oben geht *Carpinus duinensis* nach Messungen von A d a m o v i ć auf dem Balkan und auf der Stara Planina bis 1000 m, auf dem Kapaonikgebirge bis 1100 m, auf der Rhodope bis 1200 m; weiter im Norden, so im Velebitgebirge (nach B e c k), nur bis 700 m.

Die Blumenesche oder Mannaesche, Fraxinus Ornus L.

Die Blumeneschen sind von den echten Eschen unterschieden durch die doppelt behüllten, nach Laubausbruch erscheinenden Blüten und durch das zerstreutporige Holz. Die Blätter der Blumenesche haben meist nur sieben bis neun Fiederblättchen, diese sind gestielt, die Stielchen und die Unterseite der Mittelrippe sind rostgelb behaart. Die Knospen sind bräunlichgrau und kurzflaumig. Die Blüten mit kurzem Kelch und mit weißer, bis zum Grund in vier schmale Blättchen geteilter Krone sind wohlriechend, sie erscheinen im Mai nach dem Laubausbruch in endständigen, reich verzweigten Rispen. Die Früchte sind kleiner als die der gemeinen Esche. Die Blumenesche erwächst zu kleinen Bäumen. Sie kommt auch im südlichen Kärnten (zusammen mit der Hopfenbuche, als Relikt) vor, dann in Südtirol, in der südlichen Schweiz, in Krain und in Südsteiermark, ist in der Hügelzone am Südrand der Alpen verbreitet, ihr Areal umschließt die Ostküste Spaniens, die Südküste Frankreichs, Italien, besonders den Süden samt Sizilien, dann Sardinien und Korsika, die Balkanhalbinsel, die West-

und Südküste Kleinasiens, küstennahe Teile von Syrien[1]. Auf den *Fraxinus-Ornus*-Mischlaubwald haben wir bereits im Abschnitt über die Duiner Hainbuche hingewiesen, desgleichen auf die mit der Mannaesche vergesellschaftet vorkommenden wärmeliebenden Arten, von denen nur die wichtigeren hinsichtlich ihrer Verbreitung einzeln besprochen werden können. R. K n a p p beobachtete in Ostserbien die Blumenesche als beigemischte Art auch in natürlich vorkommenden Gebüschen von Gemeinem Flieder (*Syringa vulgaris*)[2]. In dem nach ihr benannten Mischlaubwald pflegt die Blumenesche gewöhnlich stark vertreten zu sein. Sie kann auch reine Bestände bilden oder ist wenigstens nicht selten vorherrschend. Man trifft sie durch die ganze Balkanhalbinsel in dieser Pflanzengesellschaft, sei es als Oberholz oder als Unterholz, in der Hügelzone und im unteren Teil der Bergregion. Nach A d a m o v i ć tritt sie bedeutend seltener in der Tieflandstufe auf, und zwar nur an trockenen Stellen. Ihr oberstes Vorkommen fand der genannte Verfasser an den Südhängen der Rhodope in Thrakien[3] bei 1200 m, gewöhnlich liegt die obere Grenze weniger hoch.

Die Hopfenbuche, *Ostrya carpinifolia Scop.* (Synonym *Ostrya vulg. Willd.*).

Die Blätter der Hopfenbuche sind denen der Weißbuche ähnlich, aber aus ihrer Mitte nach der Spitze hin mehr verschmälert, reicher an Seitennerven, im ausgewachsenen Zustand oben dunkelgrün, unten hellgrün. Die Blüten sind je von einer sackartigen Hülle umgeben, diese Hüllen vergrößern sich bei der Fruchtreife. Der entstehende Fruchtstand hat das Aussehen einer Hopfendolde. Die Hüllen umschließen ein kleines, spitzeiförmiges Nüßchen, dessen Scheitel einen kurzen Haarschopf trägt. Die Hopfenbuche erwächst nur zu einem Baum zweiter Größe. Auch sie pflegt im *Fraxinus-Ornus*-Mischlaubwald vorzukommen. Ihr Verbreitungsgebiet umfaßt Italien samt Sizilien, Sardinien und Korsika, die Balkanhalbinsel, Kleinasien und küstennahe Teile von Syrien (S c h m u c k e r Th., a. a. O., Kärtchen 81). Nordwärts reicht sie noch nach Südtirol, Krain, Kärnten, Südsteiermark, Kroatien und nach der südlichen Schweiz. In Föhnlagen bei Innsbruck und Hall kommt sie als Relikt vor (bei Mühlau im Weitentale) sowie in Steiermark in der Weizklamm. Um Meran, Bozen und Brixen ist die Hopfenbuche als Bestandteil von Buschgehölzen häufig. In Krain sah Verfasser sie in der Forstverwaltung Veldes. Nach R. S c h a r f e t t e r kann sie als eine Leitpflanze der illyrischen Flora bezeichnet werden[4]. Was die vertikale Verbreitung anbelangt, so begegnet man ihr am häufigsten in der Hügelregion und im unteren Teil der Bergstufe. Ähnlich wie die Hainbuche kommt auch sie häufig im Nieder- und Mittelwald vor. Dank ihrem dichten Baumschlag und reichen Streuabfall wirkt sie günstig auf den Boden

---

[1] S c h m u c k e r Th., Die Baumarten der nördlich-gemäßigten Zone und ihre Verbreitung, *Silvae orbis*, C. I. S., 1942, Kärtchen 221.

[2] K n a p p R., Vegetationsstudien in Serbien, Halle (Saale) 1944.

[3] A d a m o v i ć L., Die Vegetationsverhältnisse der Balkanländer Serbien, Altserbien, Bulgarien, Ostrumelien und Nordmazedonien, Leipzig 1909, S. 128.

[4] S c h a r f e t t e r R., Die Hopfenbuche in den Ostalpen, Mitt. d. Dtsch. Dendrolog. Ges. 1928, S. 11—19.

ein. Ihre Verbreitung am Südrande der Ostalpen ist in der soeben zitierten Abhandlung S c h a r f e t t e r s auf einer Karte dargestellt, desgleichen in seinem Buche „Pflanzenleben der Ostalpen", Wien 1938, S. 59.

Die Silberlinde, *Tilia tomentosa Moench* (Synonym *Tilia argentea Desf.*).

Die Silberlinde ist an ihren unterseits dicht weißfilzigen, am Grunde häufig etwas unsymmetrischen, immer herzförmigen Blättern leicht zu erkennen, auch ihre Knospen und jungen Triebe sind filzig. Sie bildet stattliche, dichtbelaubte Bäume und kommt im europäischen Südosten: Südungarn, Rumänien, Jugoslawien, in den übrigen Balkanländern und in Kleinasien vor. Ihre Nordwestgrenze verläuft von Debrezin durch das Alföld zum Plattensee. Auch im Lehrforst der türkischen Forstfakultät bei Konstantinopel-Büyükdere, im „Belgrader Wald", kommt sie natürlich vor. Sie ist im Südosten ein Bestandteil des submontanen *Fraxinus-Ornus*-Mischlaubwaldes. Sie steigt im Kapaonikgebirge bis 1200 m, im Balkangebirge bis 1250 m, auf der Rhodope bis 1300 m empor (A d a m o v i č, a. a. O., S. 440).

Die Roßkastanie, *Aesculus Hippocastani L.*

Die Roßkastanie kommt in kleinen Verbreitungsbezirken, wahrscheinlich als Relikt, in Thessalien und Epirus, dann am Nordfuß des Balkangebirges in Bulgarien von Natur aus vor. Bei Preslav, am Nordfuß des östlichen Balkanzuges (Dervenbalkan), trifft man schon bei 300 m die untersten Roßkastanienstandorte, bei 380 m ist die Roßkastanie dort vorherrschend, sie bildet dort auf frischem bis feuchtem Standort einen dichten Bergwald mit Bestandesgliedern von 10 bis 12 m Höhe und bis 1 m Durchmesser (A d a m o v i č, a. a. O., S. 139). Walnußbäume, Silberlinden, Weißbuchen, Ulmen, Eschen sind beigemischt. B e c k v. M a n n a g e t t a (a. a. O., S. 63) gibt sie von manchen Stellen der Kalkgebirge in Albanien an (Čika, Pindos). Über ihr bulgarisches Vorkommen bemerkt S t o j a n o w, sie wachse in diesem Lande nur an vereinzelten Standorten mit relativ günstigeren Feuchtigkeitsbedingungen, in feuchten Schluchten nördlicher Vorgebirge der Balkankette, ihre Verbreitungskraft in dem trockenen Lande sei schwach, bei künstlicher Kultur leide sie oft unter Sommerdürre[1].

Als Zierbaum in Mitteleuropa zum erstenmal angebaut wurde die Roßkastanie in Wien, und zwar von dem bekannten, von Kaiser Maximilian II. im Jahre 1573 nach Wien berufenen Botaniker C l u s i u s (Charles de l'Ecluse aus Arras in Flandern). Clusius erhielt 1576 vom kaiserlichen Gesandten in der Türkei, David von Ungnad, einige seltenere Früchte, darunter Roßkastanien, baute sie an, die Roßkastanie wuchs ihm sehr gut heran und er fügte seinem im Jahre 1583 herausgegebenen Buche[2]

---

[1] S t o j a n o w N., Die Verbreitung der mediterranen Vegetation in Südbulgarien, Botanische Jahrbücher, Bd. 60, S. 375—407, Leipzig 1926.

[2] C a r o l i C l u s i i, Atrebatis rariorum aliquot stirpium per Pannoniam, Austriam et vicinas quasdam provincias observatarum historia, Antverpiae 1583. — T s c h e r m a k L., Die ältesten Anbauversuche mit fremdländischen Holzarten in Österreich, Wiener Allg. Forst- u. Jagd-Ztg. 49, 1931, S. 165.

über die selteneren, in Ungarn, Österreich und benachbarten Provinzen beobachteten Pflanzen die Naturgeschichte der Roßkastanie bei, zugleich mit einer Abbildung belaubter Zweige. Die Blüte oder eine frische Frucht konnte er, wie er mitteilt, nicht abbilden lassen, weil er sie selbst noch nie gesehen hatte. 40 Jahre später wurden Roßkastanien aus Konstantinopel auch nach Paris geschickt, von diesen beiden Städten aus wurde sie rasch als Zierbaum über Europa verbreitet. Im Jahre 1937 betrug der Gesamtbestand an Roßkastanien in Deutschland 2,7 Millionen fruchttragender Bäume, angebaut wird sie hauptsächlich als schattenspendender Schmuckbaum an Verkehrswegen oder in der Nähe menschlicher Wohnungen [1].

Die Baumhasel, *Corylus Colurna L.*

Diese Art unterscheidet sich von der gemeinen Hasel durch den baumartigen Wuchs, dann durch die Blätter, die aus ihrer Mitte nach der Spitze hin mehr allmählich verschmälert sind, die Blätter sind auch weniger auffallend behaart. Die Nüsse (mit hoch hinaufreichender, stark gewölbter Grundfläche) stecken jede in einer borstig-drüsigen Hülle, die in zahlreiche schmale, hin und her gebogene, spitze Zipfel zerschlitzt ist. Die Baumhasel ist vom südlichen Ungarn und von Rumänien (Banat) [2] durch die Balkanhalbinsel bis nach Kleinasien verbreitet. Sie ist ein Bergwaldbewohner, nach A d a m o v i č tritt sie auch im *Ornus*-Mischlaubwald, jedoch sehr selten, auf. Künstlich angebaut gedeiht sie auch in nördlicheren Gegenden gut, zum Beispiel in Gärten und Parkanlagen von Wien, im Park von Schloß Säusenstein, Niederösterreich, im Wienerwald bei Alland [3]; in manchen Großstädten Deutschlands wird sie als Straßen- und Wegebaum in steigendem Maße verwendet (Intersylva 1941, S. 449), so in Frankfurt a. M. und in Berlin. Die aus Baumhasel bestehende „Schöne Allee" in Gotha ist bekannt. Die Baumhasel ist in Mitteleuropa winterhart. Ihr Holz ist als feines Möbel- und Schnitzholz begehrt. Über die Baumhasel in Bosnien berichtet K. M a l y (Mitt. Dt. Dendorolog. Ges. 1930, S. 133): Sie komme einzeln oder horstartig im Mischwald eingesprengt bis zirka 1200 m Seehöhe vor. „Alte Bäume von zirka 20 m Höhe und zirka 4 m Stammumfang stehen bei Brankovići im Bezirk Rogatica und Sočani bei Hotovlje im Bezirk Foča, beide in Südbosnien."

Der Walnußbaum, *Juglans regia L.*

Das natürliche Verbreitungsgebiet des gemeinen Walnußbaumes reicht vom südöstlichen Europa in die Türkei einschließlich Kleinasiens und in die Kaukasusländer sowie noch weiter nach Osten. Auf der südosteuropä-

---

[1] K r ü g e r M., Die Roßkastanie und ihre Verwendung, Die dtsch. Heilpflanze, 1943, H. 9, S. 82—86.

[2] J o n e s c u V. A., Die Baumhasel, *Corylus Colurna L.*, Vegetation und Verbreitung im Banat und in der Oltenia, Rev. Padurilor 47, 1935, S. 433—441 (rumän. m. dtsch. u. französ. Zus.).

[3] In der Nähe des „Forsthofes" von Alland, Wienerwald, steht eine angeblich über 260jährige Baumhasel, ihre Höhe beträgt 13,5 m, der Brusthöhendurchmesser im Mittel 90 cm, die Länge des geraden, astreinen Schaftes 10 m, der Kronendurchmesser 12 m, bemerkenswert ist auch die regelmäßige halbkugelige Kronenform.

ischen Halbinsel kommt er, meist nur zerstreut auftretend, manchmal auch truppweise oder in kleinen Beständen, in Bosnien, der Herzegowina, Albanien, Serbien, Mazedonien, Bulgarien (besonders an den Hängen des Rhodopegebirges), in Griechenland, Thrazien, vor. Seine Höhenstufe ist die Hügelregion und untere Stufe der Bergregion, er kommt nach A d a m o - v i č im *Fraxinus-Ornus*-Mischwald vor, aber auch an Bachrändern zusammen mit der feuchtigkeitsliebenden Platane, mit Erlen, mit *Salix alba, fragilis, purpurea;* auch im Roßkastanienwald des Balkangebirges ist er vertreten, weiters in den durch Kleinviehweide und ungeregelte Holznutzung beeinflußten Buschwäldern der tieferen Lagen der Balkanländer. Im Buchenwald der Bergstufe fand A d a m o v i č gleichfalls *Juglans regia* unter den eingesprengt vorkommenden Laubholzarten, ebenso *Corylus Colurna, Acer platanoides* und andere (A d a m o v i ć, a. a. O., S. 272). Je nach der geographischen Breite sind die oberen Grenzen des Walnußbaumvorkommens in Südserbien, Bosnien, Herzegowina etwa 400 bis 715 m (B e c k v o n M a n n a g e t t a a. a. O., S. 219). Im bosnischen Eichenwald von Trauben- und Zerreichen (Eichenregion des Binnenlandes, im trockenen Hügel- und Bergland) gibt es nach diesem Verfasser auf den quellenreichen Nordseiten der Gehänge oft kleine Bestände des Walnußbaumes. In Kleinasien, und zwar im Pontusgebirge Nordanatoliens sowie im Taurusgebirge Südanatoliens, kommen in der unteren Stufe des sommergrünen Laubwaldes, in den „mäßig winterharten Wäldern" innerhalb artenreicher Laubholzmischbestände ebenfalls Walnußbäume vor (mit Hainbuchen, Edelkastanien und anderen) in Höhen unter 1200 m, und zwar sowohl im Bereich der „Feuchtwälder" (Pontusgebirge) als auch in jenem der „Trockenwälder" (Osttaurus)[1].

Der Walnußbaum braucht mildes Klima, frostfreie Lage, tiefgründigen, frischen, guten, mineralisch kräftigen Boden. Er ist raschwüchsig, gehört zu den Lichtholzarten und hat eine tiefe Pfahlwurzel. Er wirkt günstig auf den Boden ein infolge seines dichten Baumschlages und seines reichen Streuabfalles. Wegen seiner Früchte wird er auch außerhalb seines natürlichen Verbreitungsgebietes, auch in Mitteleuropa, häufig angebaut. Forstliche Bedeutung hat er in Gebieten mit atlantisch beeinflußten milden Wintern in Südwestdeutschland, in Frankreich und in der Schweiz. In einigen Gebieten der Schweiz ist er auch als Obstbaum besonders häufig kultiviert. Beim Anbau ausländischer Holzarten in Mitteleuropa zieht man als Waldbaum im allgemeinen die Schwarznuß, *Juglans nigra*, die aus Ostamerika stammt, dem gemeinen Walnußbaum, *Juglans regia*, vor; die Vorzüge der *Juglans nigra* in waldbaulicher Beziehung bestehen darin, daß sie einen längeren astreinen Schaft ausbildet, daß ihr Holz noch etwas begehrter ist als das gleichfalls sehr geschätzte des gemeinen Walnußbaums; auch glaubt man, daß *Juglans nigra* immerhin etwas weniger durch Frost gefährdet ist als *Juglans regia;* der gemeine Walnußbaum leidet durch Spät- und Frühfröste sowie durch Winterfröste. Im strengen Winter 1928/29 gingen in

---

[1] L o u i s H., Das natürliche Pflanzenkleid Anatoliens, geographisch gesehen, Stuttgart 1939, S. 92, 114, 122.

Mitteleuropa, besonders in östlichen Ländern, viele Walnußbäume infolge der tiefen Wintertemperaturen zugrunde.

Die orientalische Platane, *Platanus orientalis L.*

Die orientalische Platane, die sich von der amerikanischen, *Platanus occidentalis*, durch die tiefer, bis weit über die Mitte, gelappten Blätter und den herz- oder keilförmigen Blattgrund unterscheidet, ist in Griechenland, Albanien, Thrakien, Ostrumelien (im Rhodopegebirge), in der Türkei einschließlich Kleinasiens natürlich verbreitet. In Kleinasien (zum Beispiel in der Zilizischen Ebene) und in Griechenland, auch auf Kreta, sah Verfasser in der nächsten Nähe der Wasserläufe im Grundwasserbereich Platanen und Oleander. Für das östliche Mittelmeergebiet ist die orientalische Platane der wichtigste Vertreter des Auwaldes (R i k l i)[1]. Auch in der Hügelregion und im unteren Teil der Bergregion Thrakiens und der Rhodope ist *Platanus orientalis* im nächsten Bereich der Bäche die wichtigste Charakterpflanze (A d a m o v i ć, a. a. O., S. 138). Sie kommt teils in mächtigen Stämmen im Oberholz vor, teils strauchartig in dichtstehenden Ausschlägen als wichtigster Bestandteil des Unterholzes. Gelegentlich tritt sie auch in kleinen Reinbeständen oder in Gruppen auf. Im Mischbestande gesellt sich der Platane am häufigsten der Walnußbaum zu, weniger oft Erlen und Silberlinden. Auch in Anatolien kann man in Gebieten, deren Klima Waldwuchs zuläßt, im unteren Teil der Region der Bergwälder mächtige Platanen sehen, besonders auf feuchten Talböden, sie erreichen oft außerordentliche Dimensionen. Stämme von mehreren Metern Umfang sind keine Seltenheit. Meist stehen einige Exemplare auf Viehweiden wegen der schattenspendenden Kronen[2]. Sie wird auch als Zierbaum in Gärten und als Alleebaum verwendet. Auch in Istanbul ist dies vielfach der Fall. Im äußeren Hof der im Jahre 1458 erbauten Moschee Ejub sah Verfasser im Jahre 1937 eine mehrere Jahrhunderte alte Platane mit außerordentlich starkem, aber innen hohlem Stamm. Bekannt ist in Konstantinopel auch die nur mehr als Baumruine vorhandene „Janitscharenplatane“ im ersten Hof des Serails[3].

Der morgenländische Weihrauchbaum oder Ambrabaum, *Liquidambar orientalis Mill.*

Außer dem amerikanischen Weihrauch- oder Ambrabaum gibt es auch den orientalischen in einem kleinen Verbreitungsgebiet im Südosten. Verfasser traf ihn als eine auffallende Erscheinung bei Fethiye an der Südwestküste Kleinasiens gegenüber von Rhodos, auch auf Rhodos kommt er nach A. H o f - m a n n[4] vor (Abb. 60). Er ist ein balsamreicher, zu den Hamamelidaceen

---

[1] R i k l i M., Das Pflanzenkleid der Mittelmeerländer, Bern 1942, S. 185.

[2] K r a u s e K., Über die Vegetationsverhältnisse des westlichen und mittleren Kleinasien, A. Engler, Botan. Jahrbücher 1915, S. 284—313.

[3] T s c h e r m a k L., Baum, Busch und Wald in und um Konstantinopel, Wiener Allg. Forst. und Jagdztg. **56**, 1938, S. 223.

[4] H o f m a n n A., Die Wälder der italienischen Inseln im Ägäischen Meer, Rivista forestale italiana 1941.

gehöriger Baum, dessen Blätter und Früchte denen der Platane ähnlich sehen, die Blätter sind aber länger gestielt (3 bis 6 cm lange Stiele); sie sind handförmig geteilt, meist fünf-, seltener drei- oder siebenlappig, oben lebhaft grün, unten hellgrün. Die weiblichen Blüten finden sich in langgestielten hängenden Köpfchen. Der orientalische Weihrauchbaum ist an der Süd- und Südwestküste Kleinasiens sowie auf Rhodos heimisch, und zwar in Tieflagen unweit des Meeres, in Mulden mit schwerem, feuchtem Boden im Bereich der Macchie. Er tritt in kleinen Beständen und als Einzelbaum auf. Bei Fethiye fiel das frische Grün des Kronendaches des kleinen, auf feuchtem Boden stockenden Bestandes auf. Nach B e r n h a r d findet er sich in der Türkei bei Fece, Köiciges, Mughla und Mermeris und im Mündungsgebiet des Köprü-Su östlich von Adalia[1]. B e r n h a r d berichtet über die Gewinnung des dickflüssigen, wie Honig aussehenden Harzes, des Weihrauchs, mit Hilfe 2 bis 3 cm breiter Lachten am Stamme, von denen das Harz mit Messern abgekratzt und gesammelt wird. Auch in dem Bestand bei Fethiye waren die etwa 14 bis 15 m hohen Bäume, deren Brusthöhendurchmesser bis 25 cm betrugen, mit Lachten versehen, die von der Reichhöhe bis zum Wurzelanlauf reichten.

Die orientalische Buche, *Fagus orientalis Lipsky*.

Sie ist von der Rotbuche nur durch wenig auffallende morphologische Merkmale unterschieden. Die Blätter der orientalischen Buche sind etwas größer und breiter, die Blattnerven sind zahlreicher, die Seitennerven meist unmittelbar vor dem Blattrand deutlich umbiegend. Die unteren Zipfel der Cupula sind gegen die Spitze etwas verbreitet. Im Jahre 1895 beschrieb L i p s k y die Buche des nahen Ostens unter dem Namen *Fagus orientalis Lipsky*. 1932 erschien eine Abhandlung über die Verbreitung der *Fagus orientalis Lipsky* mit einer Verbreitungskarte von Hanna C z e c z o t t,

Abb. 60. *Liquidambar orientalis* (acht Jahre alt) auf Rhodos, Campochiaro, 300 m Seehöhe (Aufnahme Amerigo H o f m a n n).

---

[1] B e r n h a r d, Nebenbenutzungen in den türkischen Wäldern, Thar. Forstl. Jahrb. 1929, S. 97 ff.

Krakau, in den „Veröffentlichungen des Geobotanischen Instituts Rübel, Zürich"[1]. Die neueren Untersuchungen von S t o j a n o w[2] und anderen zeigten, daß die orientalische Buche auch auf der Balkanhalbinsel (im östlichen Teil des Rumpfes) viel weiter verbreitet ist, als man früher annahm. Sie findet sich im Ostbalkangebirge Bulgariens in der Hügelregion[3], weiter auf den südlichen Hängen des zentralen Teiles des Balkangebirges in geschützter Lage, dann im Piringebirge und im östlichen Rhodopegebirge, in Mazedonien nördlich von Prilep (im Golešnicagebirge), weiter in der europäischen Türkei in deren nördlichem und südlichem Randgebirge, dem Istranca-Dag und Tekir-Dag, auch in der Umgebung von Konstantinopel im Belgrader Wald (eingesprengt). In der Dobrudscha kommen im Süden, im Batovatale, nördlich von Varna, teils im Eichenmischwald eingesprengt, teils als Buchenhochwald noch „ansehnliche Bestände"[4] von *Fagus orientalis* vor. Kleinere inselartige Vorkommen sollen auch in der nordwestlichen gebirgigen Ecke der Dobrudscha vorhanden sein. Die vertikale Verbreitung der orientalischen Buche auf der Balkanhalbinsel ist nach S t o j a n o w zwischen 10 bis 800 m, doch sah C z e c z o t t Belege auch aus 1100 und 1400 m. Die genannte Verfasserin hebt hervor, daß *Fagus orientalis* in dem Gebiete, wo beide Arten gefunden werden, in niedrigeren Höhengürteln vorkommt, mit dem Meeresniveau beginnend, während dort *Fagus silvatica* die höheren Lagen einnehme. *Fagus silvatica* sei auf der Balkanhalbinsel in Höhen von 700 bis 2060 m verbreitet. Da bis 1400 m (Karlik Dag) auch *orientalis* ansteigen könne, so gebe es einen breiten Höhengürtel, in welchem das Gedeihen beider Arten möglich sei. Tatsächlich habe man beide Arten zusammen in der Höhe von 700 bis 800 m im zentralen Rhodopegebirge gefunden. Nach M a t t f e l d ist *Fagus orientalis* auf der Balkanhalbinsel ein Schluchtwaldelement, während *Fagus silvatica* die Hänge und Kuppen darüber besetze; auch sollen die zerstreuten und ziemlich weit voneinander entfernten Fundorte der *F. orientalis* auf der Balkanhalbinsel sie als Relikte einer ehemals weiteren Verbreitung erkennen lassen[5].

Weiter bildet die orientalische Buche reine und gemischte Bestände in ausgedehnten Waldungen im nördlichen und nordwestlichen Teil von Anatolien, auf der Außenabdachung des nördlichen Randgebirges Kleinasiens (Pontusgebirge). Dieses Waldgebiet ist auf einen verhältnismäßig schmalen Streifen beschränkt, der ungefähr 80 bis 100 km breit ist und sich entlang der Südküste des Schwarzen Meeres und durch die mysischen und westbithynischen Berge erstreckt. Die vertikale Verbreitung in den

---

[1] C z e c z o t t H., Distribution of Fagus orientalis Lipsky, Veröff. d. Geobot. Inst. Rübel, Zürich, 8. Heft, Bern u. Berlin 1932, S. 362—387.

[2] S t o j a n o w N., Über die Verbreitung der orientalischen Buche auf der Balkanhalbinsel, Mag.-Bot.-Lap.-Degen-Festband, XXV, 1927, S. 131—136, zit. nach C z e c z o t t.

[3] R u s k o f f M., Zusammensetzung, Wuchs und Verjüngung der Eichen- und Buchenwälder im Ostbalkangebirge, Sofia 1930.

[4] B o r z a A., Der Buchenwald in Rumänien, Veröffentl. d. Geobotan. Instituts Rübel, Zürich, 8. Heft, Bern u. Berlin 1932, S. 219.

[5] M a t t f e l d J., Die Buchen der Chalkidike, Iswestija na Bâlg. bot. druschestwo = Mitt. d. bulgar. botan. Ges. 7, S. 63—73, 1936, dtsch.

Küstengebirgen reicht nach C z e c z o t t von 250 oder 300 m bis 1800 oder 1900 m. In den niedrigeren Gebirgsteilen findet sie sich im Eichenbuschwald, in höheren Lagen ist sie im östlichen Teil des Pontusgebirges mit *Abies Nordmanniana* und *Picea orientalis* vergesellschaftet, im westlichen Teil mit *Abies Bornmülleriana, Pinus silvestris, Pinus nigra Pallasiana* und Eiche. Die „Feuchtwälder" von Buchen und Tannen stocken auf der dem Meer zugewandten Seite des Gebirges. Die vom Meer abgewandte Seite hingegen bedecken „Trockenwälder" von Eichen, Schwarz- und Weißkiefern. In Nordwestanatolien liegt auf der Nordseite des Murat-Dag (in Phrygien) nach den Beobachtungen von P h i l i p p s o n (zit. nach L o u i s, S. 102) die untere Grenze der orientalischen Buche bei 1600 bis 1700 m, weil dort infolge der größeren Entfernung vom Meer erst in so großer Meereshöhe die Humidität für das Buchenvorkommen ausreicht. Weiter im Norden, auf dem Alacam Daglari (näher an das Marmarameer), liegt die untere Buchengrenze schon bei 1200 m, auf dem Ulu-Dag oder Bithynischen Olymp bei Bursa bei etwa 1100 m.

Außerdem finden wir *Fagus orientalis* noch, nach einer Unterbrechung von vielen Hunderten von Kilometern, im Amanusgebirge im nördlichen Syrien, C z e c z o t t sah von diesem Gebirge alle Buchenbelege, die zur Zeit in Herbarien zur Verfügung stehen. Dieses Vorkommen setzt sich nach dem südöstlichen Kleinasien fort, so findet sich *Fagus orientalis* im Pozwalde im Taurusgebirge südöstlich der Station Pozanti der Bagdadbahn, wo das Haupttal sich zum Mittelländischen Meer senkt und die Hänge den Seewinden offen stehen. B e r n h a r d wies nach (Mitt. d. Dtsch. Dendrolog. Ges. 1938), daß auch die orientalische Buche in der Türkei die Außenlandschaft besiedelt, die Innenlandschaft dagegen meidet, und er zog zur Deutung die Ergebnisse der Untersuchungen des Verfassers über die Lebensbedingungen der Rotbuche in den Ostalpen heran. Nach B e r n h a r d s Beobachtungen handelt es sich um das Vorkommen der *Fagus orientalis* in einem Gebietsstreifen, der etwa von der russischen Grenze im Osten Kleinasiens bis zum Ägäischen Meer im Westen der Halbinsel parallel zur Küste des Schwarzen Meeres und des Marmarameeres verläuft. Der Streifen des Gebietes, in dem die Buche auftritt, wird einerseits von der Meeresküste, andererseits vom Kamm der Küstengebirge begrenzt. Die Buche reicht zwar vielfach bis zum Kamm des Randgebirges hinauf, jedoch nie bis zur Küste des Meeres hinab. Die Breite des Gebietsstreifens, in dem die Buche auftritt, ist sehr verschieden. Sie hängt von der Entfernung des Kammes des Randgebirges von der Meeresküste ab, die je nach der Art des Aufstieges dieses Gebirges wechselt. Rascher, steiler Aufstieg fordert bei gleicher Höhe des Gebirgskammes weniger Gelände, bedingt einen schmäleren Geländestreifen für den Aufstieg als langsames, allmähliches Ansteigen der Berge zu Kämmen [1]. Außer Mischbeständen kommen in den Pontischen Bergen Nordanatoliens auch größere Reinbestände der orientalischen Buche vor. Ähnlich wie *Fagus silvatica* ist auch *Fagus orientalis* in

---

[1] T s c h e r m a k L., Ozeanität und Waldkleid in Gebirgen, Zeitschr. f. d. ges. Forstwesen, 1944, S. 12—28.

ihrem Verbreitungsgebiet meist eine der Hauptholzarten, die Bestände bilden. Ihr Anteil an der Gesamtwaldfläche der Türkei wird von E n d r e s, Handbuch der Forstpolitik, 1922, auf 11,19 v. H. geschätzt, nach einer Arbeit von A l i K e m a l auf 8 v. H. Im Belgrader Wald bei Konstantinopel sah Verfasser *Fagus orientalis* schon in geringen Meereshöhen (gegen 200 m), mit geringerem Bestockungsanteil vorkommend, im Bestande von ungarischen Eichen, Flaumhaareichen, Zerreichen und mehreren anderen Eichenarten, Hainbuchen, Edelkastanien, Silberlinden und anderen.

Im Norden umchließt das Verbreitungsgebiet der *Fagus orientalis* auch die Krim und den Kaukasus. Sie bedeckt die nördlichen und südlichen Abhänge des Kaukasus, dann die nördlichen Hänge des Kleinen Kaukasus. Die orientalische Buche bildet im Kaukasus einen der wichtigsten Bäume, mehr als 30 v. H. der Waldfläche bedecken Buchenwälder (nur im nordwestlichsten Teil ist vielleicht *Fagus silvatica*). Im westlichen Transkaukasus ist sie „vom Meeresspiegel bis etwa 2000 m", im östlichen Transkaukasus ist die niedrigere Region zu trocken für die Buche, dagegen findet man sie in einer Höhe von 1400 bis 2300 m meist auf Nordhängen (C z e c z o t t). Nach S c h i m p e r - v. F a b e r (Pflanzengeographie) sind auf der südlichen Abdachung des westlichen Kaukasus in der Bergregion von etwa 700 bis 1500 m Laubmischwälder, in denen *Fagus orientalis* vorherrscht.

Ähnlich wie *Fagus silvatica* bei zusagendem Klima nicht an ein bestimmtes Grundgestein gebunden ist, so ergeben Beobachtungen in Kleinasien, daß auch die orientalische Buche sowohl auf Sandstein als auch auf Granit, Phyllit, Diabas wie auf Kalkstein wächst.

Der dreilappige Ahorn oder französische Ahorn, *Acer monspessulanum L.*

Der als kleiner Baum, ähnlich wie der Feldahorn, oder als Großstrauch auftretende dreilappige Ahorn ist gekennzeichnet durch die kleinen, oben kahlen, unten oft flaumigen, dreinervigen Blätter mit drei stumpfen bis spitzen, am Rande meist ungeteilten bis welligen, seltener gezähnten Lappen. Die kahlen Früchte haben rötliche, mit den Rändern oft übereinandergreifende Flügel. Er ist fast durch die ganze Balkanhalbinsel in der Hügelregion und im unteren Teil der Bergregion, aber auch im Tieflande verbreitet, findet sich dort insbesondere auch als Bestandteil des Mannaeschenmischwaldes. Auch in den Waldgebieten Kleinasiens ist er zu finden, sein Verbreitungsgebiet ist größer, es umfaßt mediterrane Gebiete Nordafrikas, Spanien, das südliche und mittlere Frankreich, Italien, die Balkanhalbinsel, Teile von Kleinasien, Kaukasus, außerdem das südliche Ungarn, Krain, Südtirol, die südliche Schweiz und Teile Westdeutschlands, wie die Täler des Mittelrheins, der Mosel und der Nahe[1]. Ein besonders schöner Bestand von *Acer monspessulanum* ist nach L a u t e r b o r n „auf dem Felsenrücken des Spendels am Donnersberg in der Rheinpfalz"[2].

---

[1] S c h m u c k e r Th., Die Baumarten der nördlich-gemäßigten Zone und ihre Verbreitung, *Silvae orbis* Nr. 4, C. I. S., 1942, Kärtchen 198. H e m p e l u. W i l h e l m, Die Bäume und Sträucher des Waldes, Wien u. Olmütz.

[2] L a u t e r b o r n, Allg. Forst. u. Jagd-Ztg. 110, 1934, S. 245.

Im Nordwesten Anatoliens, wo die Laubwälder auch der unteren Bergregion größere Feuchtigkeit vom Marmarameer und vom Schwarzen Meer empfangen, beobachtete K r a u s e [1] bei 500 m schönere Mischwälder von Laubhölzern, darin auch den dreilappigen Ahorn im Hochwald von *Quercus sessiliflora, pedunculata, Cerris* mit *Acer campestre, tataricum* und anderen. Der dreilappige Ahorn kommt mit Vorliebe auf sonnigen, steinigen Standorten vor.

Der stumpfblättrige Ahorn, Acer obtusatum Waldstein et Kit.,
und der tatarische Ahorn, Acer tataricum L.

Der stumpfblättrige Ahorn hat oberseits kahle, unterseits (in der Jugend) graufilzige Blätter, deren drei bis fünf stumpfe, verhältnismäßig kurze Lappen die größere Hälfte des Blattes ungeteilt lassen. Die Blüten bilden schlaffe, hängende Doldentrauben. Der stumpfblättrige Ahorn ist in den westlichen Balkanländern, den dinarischen Ländern, stärker verbreitet als in Serbien, noch weiter im Osten fehlt er, so in der europäischen Türkei und in Kleinasien. Hingegen ist er häufig in Bosnien, der Herzegowina, Montenegro, Dalmatien, Istrien, Kroatien, auch im südlichen Ungarn, im größten Teil von Italien. In den dinarischen Ländern gehört er nach A d a m o v i ć (a. a. O., S. 129) zu den mit stärkerem Mischungsanteil auftretenden Hauptbestandteilen des Ornus-Mischwaldes. Er liebt frische bis feuchte Böden und erreicht als Baum zweiter Größe eine Höhe von 15 bis 20 m.

Der *tatarische Ahorn* hat kleine, eiförmige, etwas zugespitzte, zum Unterschied von den anderen Ahornarten ungeteilte oder doch nur seicht gelappte Blätter, die weißen Blüten bilden zierliche aufrechte Rispen; die kahlen Früchte sind mit anfangs schön purpurrot gefärbten, meist gekrümmten Flügeln ausgestattet. Er bildet meist nur Büsche oder bis 6 m hohe Bäume, kommt in den Ebenen und Hügellandschaften der Balkanhalbinsel (mit Ausnahme Thraziens und Griechenlands) vor, spielt häufig im Unterholz des Ornus-Mischwaldes und in den beweideten Buschwäldern der tieferen Lagen eine besondere Rolle und ist von Krain über die Balkanhalbinsel, Ungarn, Siebenbürgen bis nach Südrußland und nach dem Kaukasus verbreitet.

Der gemeine Zürgelbaum, Celtis australis L.

Dieser zu den ulmenartigen Laubhölzern gehörige Baum mit unsymmetrischen, in eine lange Spitze ausgezogenen Blättern mit keilförmigem Blattgrund ist in den Mittelmeerländern heimisch und reicht nach Norden bis an den Südfuß der Ostalpen (Südtirol, südliche Schweiz) sowie nach Istrien, Kroatien und Südungarn. Sonst findet er sich in Südspanien, Südfrankreich, Italien, auf der Balkanhalbinsel, in Kleinasien, in den Kaukasusländern, Persien und im westlichen Teil des Mittelmeergebietes auch in Nordafrika[2]. Er gehört im mediterranen Gebiet zu den Gehölzen des

---

[1] K r a u s e K., Über die Vegetationsverhältnisse des westlichen und mittleren Kleinasien, Englers Botan. Jahrbücher, 1915, S. 284—313.

[2] S c h m u c k e r Th., Die Baumarten der nördlich-gemäßigten Zone und ihre Verbreitung, *Silvae orbis* Nr. 4, C. I. S., 1942, Kärtchen 159.

unteren, wärmeren Teiles des sommergrünen Laubwaldes, tritt zum Beispiel in Thrazien, Ostrumelien, Serbien nur in der Hügelzone bis zu Höhen von 400 bis 500 m auf (Adamović, a. a. O., S. 131), ist also an mildes Klima in sonniger Lage gebunden, kommt auf lockeren, mineralkräftigen Böden vor, vermag aber auch auf trockenen, steinigen Standorten noch zu gedeihen. Schöne Zürgelbäume mit starken, glatten Schäften sah Verfasser in Konstantinopel auf der Serailspitze in den dortigen Anlagen. Nach G. Roth hat der Zürgelbaum Bedeutung für die Aufforstung der Sandböden in der ungarischen Tiefebene, er soll in den dortigen Kulturen eine ansehnliche Rolle spielen[1]. Das dauerhafte Holz ist als Werkholz wertvoll, schon 10- bis 20jährige Stämmchen liefern in gespaltenem Zustand vorzügliche Peitschenstiele.

Die Omorikafichte, *Picea Omorica Pančić.*

Von der Gattung *Picea* kommt in kleinen Teilen von Bosnien und Serbien die im Jahre 1875 von dem serbischen Botaniker J. Pančić entdeckte, in der europäischen Flora ohne nähere Verwandte, also ganz isoliert dastehende Omorikafichte in kleinen Beständen vor. Sie ist als ein Relikt der tertiären europäischen Flora anzusehen. Im Tertiär waren Bäume der Sektion Omorika weit verbreitet, wie fossile Funde ergeben. Sie ist eine Fichte mit zweiflächigen Nadeln, die denen der Tanne ähnlich sehen, Nadeln mit zwei weißen Spaltöffnungsstreifen auf der Unterseite (morphologischen Oberseite), mit kleinen, eiförmigen, vor der Reife violetten Zapfen, die im Reifezustand zimtbraun werden. Die Krone ist im oberen Teil schmal kegelförmig. (Ihre Verwandten sind die *Picea ajanensis* im fernen Amurland und auf der Insel Sachalin, eine gleichfalls flachnadelige Fichte, und die *Picea sitchensis* im nordwestlichen Nordamerika.)

Pančić, der 1846 als junger Arzt nach Serbien kam und der dann die Flora des Landes auf Reisen durchforschte, hat 1876 die aufsehenerregende Entdeckung der *Picea Omorica* veröffentlicht[2]. Die Omorika findet sich heute in den Bergen des mittleren und obersten Drinalaufes in Westserbien und Ostbosnien, auf Abhängen und steilen Kalkwänden (Adamović, a. a. O., S. 266). Ein anderer, westlichster Standort ist im Grenzgebiet von Bosnien-Herzegowina und Montenegro, am Nordostabhang der Lelje-Planina und in Montenegro. In Ostbosnien, bei Višegrad, liegt ein ziemlich zusammenhängendes, etwa 25 km langes Bestockungsgebiet (Beck-Mannagetta, a. a. O., S. 361). Sie bildet teils Horste und kleine Bestände, teils ist sie mit *Pinus nigra, Picea excelsa und Pinus silvestris* gemischt, seltener mit *Fagus silvatica*. Sie soll Nordhänge, wo ihr langdauernde Winterfeuchtigkeit zur Verfügung steht, und feuchte Schluchten bevorzugen, in Seehöhen von 800 bis 1500 und 1600 m. Die Angaben, daß sie auch in Bulgarien (Rhodope) gefunden worden sei, scheinen auf Irrtum zu beruhen.

Für Mitteleuropa hat sie wegen ihrer schönen, zierlichen Krone als

---

[1] Roth G., Waldbau (ungarisch), I. Bd., Sopron 1935.
[2] Novák Fr., Zur 50jährigen Entdeckung der *Picea Omorica*, Mitt. d. Dt. Dendrolog. Ges. 1927, S. 47—56.

Zierbaum Bedeutung. Ob sie, wie in einer Arbeit von K a r o l y i[1] angegeben wurde, wegen stärkerer und tiefergreifender Bewurzelung wirklich widerstandsfähiger gegen Wurf ist als die gewöhnliche Fichte, wäre noch zu prüfen, desgleichen, ob ihre Massenleistung wesentlich geringer ist, wie der gleiche Autor angibt, ob die starke Ästigkeit nicht durch Erziehung im Schluß verhindert werden kann und ob sie, auf Grund ihrer Verbreitung, wärmeres Klima eines Anbaugebietes[2] besser aushält als die gewöhnliche Fichte[3].

Die morgenländische Fichte, *Picea orientalis Carr.*

Sie ist die Fichte mit den kleinsten, kürzesten Nadeln, diese sind dicklich, rundlich, vierkantig, stehen recht dicht. Sie kommt im Kaukasus und in der Türkei vor, in Kleinasien *nur* im perhumiden Nordosten, in Kaukasusnähe, im Küstengebirge etwa zwischen Batum und Giresun, östlich der Linie Sebin—Karahissar, hauptsächlich oberhalb des Kastanien- und unteren Buchengürtels in höheren Lagen, etwa von 1000 m aufwärts, gelegentlich auch tiefer, und soll zwischen 1800 und 2000 m die obere Waldgrenze bilden. Man findet sie dort meist in Mischung mit Nordmannstanne und Orientbuche, gelegentlich auch in kleinen Reinbeständen. Sie kommt dort hauptsächlich in dem genügend niederschlagsreichen Gebiet der Luvseite vor, in „Feuchtwäldern", in einer Höhenstufe mit echten Wintern. Aber im Vergleich zum Verbreitungsgebiet unserer Fichte sind die Winter doch viel milder. Die morgenländische Fichte ist bei uns als Zierbaum und in Versuchsflächen angebaut, doch wird sie in Mitteleuropa in strengen Wintern, zum Beispiel jenem von 1939/40, durch den Winterfrost geschädigt, während ihm *Picea excelsa* ohne weiteres zu trotzen vermag. L o u i s (Das natürliche Pflanzenkleid Anatoliens, geographisch gesehen, Stuttgart 1939) beobachtete, daß die orientalische Fichte zwar in der Höhenstufe des winterharten Feuchtwaldes sehr verbreitet sei, daß sie aber über diese hinaus abwärts steige. Bei Giresun und Trabzon könne man sie massenhaft bis in die Nähe der Küste herabkommen sehen. Auf der Binnenabdachung des Gebirges geht sie zum Beispiel am Ziganapaß und im Gebiet von Ardanuc bis weit in die Trockenwaldregion hinab. Sie ist also ein Baum mit größerem Lebensspielraum als unsere einheimische Fichte (und unterscheidet sich auch in den Wärmeansprüchen von unserer und den amerikanischen Fichtenarten). Die Angabe in dem Werke von S c h m u c k e r (Die Baumarten der nördlich-gemäßigten Zone und ihre Verbreitung, *Silvae orbis* Nr. 4, C. I. S. 1942, Kärtchen 26), daß ganz Kleinasien, somit auch das Taurusgebirge zu ihrem natürlichen Verbreitungsgebiet gehöre, ist irrig.

---

[1] Referat von A. C i e s l a r im Centralbl. f. d. ges. Forstw. 1923, S. 81—85.

[2] M e r e n d i, L'Alpe, 1934, S. 317—320 (italien.).

[3] P l a v š i č S v., Standorte der Omorikafichte an dem Drinafluß, Glasnik zemaljskoga muzeja u Bosni i Hercegovini, 1936 (mit engl. Zus.), Übersicht mit Karte betr. geogr. Verbr. in Jugoslawien. — F u k a r e k P., *Picea Omorica* Panč, Šumarski list **59**, S. 493—506, 1935.

Die weißrindige Kiefer oder Panzerföhre, Schlangenhautkiefer, *Pinus leucodermis Antoine* (Synonym *Pinus Heldreichii Christ.*).

Die weißrindige Kiefer ist der Schwarzkiefer sehr ähnlich und irrigerweise manchmal mit ihr verwechselt oder nur als Form dieser betrachtet worden, weicht aber von ihr mehrfach ab, so daß sie als eine besondere Art anzusehen ist. Wie schon ihr Name andeutet, besitzt der Baum eine helle, weißgraue Rinde, diese bleibt aber länger geschlossen und geht später in eine Borke über, welche durch Längs- und Querrisse in etwa handgroße und kleinere Felder geteilt ist (daher der Name „Panzerföhre"). Ihre Nadeln gleichen denen der österreichischen Schwarzkiefer, sind aber durchschnittlich kürzer und sind an den Zweigenden meist büschelig gehäuft, die Zapfen haben lederbraune Färbung, die sich auch über die innere Seite der Schuppen erstreckt. Es ist also auch der von der nächst unteren Schuppe bedeckte Teil der Zapfenschuppen mit den Apophysen gleichfarbig und nicht, wie bei der Schwarzkiefer, schwarzbraun. Die Schuppenschilder der unteren Zapfenschuppen sind pyramidenförmig erhöht und mit einem spitzen Nabel versehen, so daß die Zapfen am Grunde stechend sind. Sie wurde erst im Jahre 1864 zum erstenmal beschrieben (von F. A n t o i n e, Hofgartendirektor in Wien), nachdem Material von ihr auf Bergen der dalmatinisch-montenegrinischen Grenze gesammelt worden war [1]. Dann blieb sie halb verschollen, bis B e c k v. M a n n a g e t t a sie auf mehreren Bergen der Herzegowina entdeckte und 1887 in den Annalen des Naturhistorischen Museums genau beschrieb.

Sie kommt nur im Gebirge in beträchtlicher Höhe, etwa zwischen 1000 (840) m und 1700 bis 1800 m, vor und bildet häufig den obersten Waldgürtel. Verfasser sah sie auf der Prenj planina in der Herzegowina im Idbartale (Seitental der Narenta), wo sie bis etwa 1000 m herabsteigt, mit Fichte, Tanne, Schwarzkiefer, Eibe, Buche und eingesprengten anderen Laubhölzern. Sie kommt dort auf felsigen Standorten der Triaskalke bis zu Höhen von etwa 1650 m vor. Sonst findet sie sich teils in reinen Beständen, teils in Mischung mit Buchen, Tannen, Schwarzkiefern und anderen Holzarten. Ihr Hauptverbreitungsgebiet erstreckt sich vom südlichen Bosnien (von einem Teil der südwestlich von Sarajewo befindlichen Bjelašnica planina) durch die Herzegowina, wo sie eine ziemlich weite Verbreitung hat, Montenegro und bis nach Albanien (B e c k - M a n n a g e t t a, a. a. O., S. 353) [2]. Nach H a y e k kommt auch auf dem thessalischen Olymp in Griechenland die Panzerföhre neben der Schwarzföhre vor, und zwar Schwarzföhre, *Pinus nigra Arn.*, auf der Nordostseite von 400 bis

---

[1] Beschreibung in der Österr. Botan. Zeitschr., zit. nach H a y e k, Die Panzerföhre und ihr Vorkommen auf dem thessalischen Olymp, Centralbl. f. d. ge. Forstw. 1926, S. 147. — F u k a r e k P., Beitrag zur Kenntnis der Panzerkiefer, Hrvatski Šumarski List 65, S. 348—386, 1941.

[2] M a l y K. (Mitt. d. Dt. Dendrolog. Ges., 1930, S. 134) gibt von ihr an, sie finde sich in Bosnien nur an vorgeschobenen Posten, so auf der Hranisava, am Vran und auf der Muharnica, sonst wachse sie noch in Albanien, im westlichen Teil der Balkanhalbinsel und auf dem Pirin, südwärts bis zum Thessalischen Olymp und Pindus (bei Kastania), dann in Süditalien (Kalabrien, Basilicata) auf Kalk- und Dolomitboden.

1200 m bestandbildend, dagegen *leucodermis* an der oberen Waldgrenze, bis 2500 m. Nach H a y e k gibt es prachtvolle Exemplare, auch solche von fast 2 m Stammdurchmesser. — Auf felsigen Standorten wächst sie meist langsam und kann dort, wie Untersuchungen ergaben, zum Beispiel mit 300 Jahren 30 m Höhe und 65 cm Stärke erreichen. Bei günstigerer Standortsbeschaffenheit ist der Zuwachs ein beträchtlich besserer. Das Holz ist durch schönen rotbraunen Kern ausgezeichnet. Ein weiterer Vorzug sind ihre sehr bescheidenen Ansprüche an den Standort. Im Piringebirge Bulgariens hat *Pinus leucodermis* beschränkte Verbreitung, auch in reinen und in Mischbeständen [1].

Die rumelische Weymouthskiefer, Pinus Peuce Grisebach.

Diese fünfnadelige Kiefer ist nahe verwandt mit der Weymouthskiefer des Himalaja, der Tränenkiefer, *Pinus excelsa*, ihre 7 bis 10 cm langen Nadeln sind aber steifer, nicht hängend. Die Zapfen sind kürzer gestielt, 8 bis 15 cm lang. Sie bewohnt beschränkte Gebiete der Balkanländer in Erhebungen von 800 bis 2000 m, ihr bulgarischer Name ist „Mura". Im Jahre 1839 wurde sie von A. G r i s e b a c h auf dem Peristerigebirge nahe von Bitolj in Mazedonien entdeckt und später auch in Gebirgen Bulgariens sowie in Montenegro und Nordalbanien gefunden (A d a m o v i ć, a. a. O., S. 360). Das räumlich größte Verbreitungsgebiet ist das bulgarische mit Peucevorkommen auf der Rila planina („fast auf allen Kämmen"), dann im westlichen Rhodopegebirge, auf dem Balkan und auf der Pirin planina. Das Maximum und Optimum ihrer Verbreitung hat sie in der oberen Waldstufe, vereinzelt kommt sie dort auch in tiefer gelegenen Bergwäldern vor. Sie findet sich sowohl in fast reinen oder reinen als auch in Mischbeständen. In Mischung tritt sie besonders mit der Fichte, der gemeinen Kiefer und der Buche auf. Aus dem Piringebirge berichtet K. M. M ü l l e r [2] über reine Bestände der Peuce in Höhen von 1700 bis 1900 m. Im Rilagebirge hat sie auf schattseitigen Hängen ihre besten Wuchsleistungen. Als ein Baum höherer Lagen ist sie nicht so schnellwüchsig. wie die Weymouthskiefer. Nach D i m i t r o f f bleibt sie im allgemeinen in ihren Stammdimensionen hinter Fichte, Tanne und Weißkiefer zurück, ausnahmsweise erreichen aber einzelne Exemplare auf schattseitigen Hängen im Rilagebirge 40, ja auch 50 m Höhe und Brusthöhendurchmesser [3] von 1 bis 1,20 m. Da aber sonnseitige Standorte überwiegen, so beträgt der Durchmesser selten mehr als 30 bis 35 cm. So raschwüchsig wie die Weymouthskiefer, *Pinus Strobus*, ist sie jedenfalls nicht. Das ist von Belang, weil im Jahre 1927 von T u b e u f wegen der Anfälligkeit der *Pinus Strobus* gegen *Peridermium Strobi* und *Agaricus melleus* der Ersatz der Strobe durch ihre

---

[1] G e o r g i e f f, Die Wälder im Piringebirge, Bibl. Lessowodska missal Nr. 5, 1939.

[2] M ü l l e r K. M., Aufbau, Wuchs und Verjüngung der südosteuropäischen Urwälder, Hannover 1929, S. 142, 216.

[3] D i m i t r o f f, Monographie „Bialata Mura" (Pinus Peuce), Sofia 1918, zit. nach M ü l l e r, a. a. O., S. 216, und nach M. S c h r e i b e r, Referat, Centralbl. f. d. ges. Forstw. 1928, S. 145. — J o r d a n o f f L., Ein bedeutendes Vorkommen von *Pinus Peuce* Griseb. im Piringebirge (bulgar. mit dtsch. Zus.), Lessowodska missal 7, 1938, S. 232—235.

rumelische Verwandte empfohlen wurde (Jahresbericht d. Dtsch. Forstvereins
1927). In den höchsten Gebirgslagen, wo *Pinus Peuce* auch in der Kampfzone zusammen mit der Latsche vorkommt, bleibt sie kleinwüchsig und sehr
starkastig. In Bulgarien erreicht sie im Mittel ein Alter von 200 Jahren,
einzelne Stämme ein solches von 300 Jahren und mehr.

Die Pinie, *Pinus Pinea L.*

Sie ist im ganzen Mittelmeergebiet in Küstengegenden mit mediterranem
Klima (Lauretum) verbreitet, so in Spanien, Portugal, Italien, Griechenland,
in Küstengebieten Kleinasiens, in Albanien. An der jugoslawischen Küste
der Adria dient die Pinie bei künstlicher Anpflanzung als Zierbaum
(Beck-Mannagetta, a. a. O., S. 185), und es ist fraglich, ob ihr
seltenes dortiges Vorkom-
men ein ursprüngliches ist.
Zu erkennen ist sie an den
zurückgerollten, weißge-
fransten Knospenschuppen,
den steifen, langen, hell-
grünen, etwas gedrehten
Nadeln, den großen, rund-
lich-eiförmigen Zapfen, die
erst im dritten Jahre vollständig reif werden, und an
der schirmförmigen Krone
älterer Bäume. Ihr Anteil
an der Gesamtwaldfläche
ist in Griechenland und
der Türkei nicht groß, in
Italien und Spanien ist er
größer als in der Türkei.

Abb. 61. Pinien in lockerem Stand mit großen
Kronen zwecks Förderung des Samenertrages,
Migliarino bei Pisa (Aufn. A. Glathe).

Die Ausdehnung einzelner „Bestände" in der Türkei beträgt nach
Erhebungen Bernhards[1] immerhin zwischen 6000 bis 25.000 ha.
Für das ganze Gebiet der Türkei wird ihre reduzierte Fläche mit rund
50.000 ha angegeben. Bernhard wies nach, daß dieselben Begleitpflanzen der Pinie, wie sie Rikli für andere Mittelmeerländer fest-
stellte, auch in den Pinienbeständen der Türkei vorkommen, dies
und die immerhin große Ausdehnung der türkischen Bestände spricht
für die Ursprünglichkeit des türkischen Vorkommens. Als Begleitpflanzen
wurden gefunden *Pinus brutia, Paliurus aculeatus, Arbutus Unedo, Pistacia*
usw. Bernhard fand die Holzart unter anderem am Kozak Çai bei
Aivalik (auf Granit, 10.000 bis 20.000 ha) und besonders auch im südwestlichen Kleinasien (Koca Orman und andere) auf etwa 25.000 ha. In Spanien
soll die Pinie eine reduzierte Fläche von etwa 200.000 ha einnehmen, diese
Fläche ist also etwa viermal so groß als das Flächenausmaß, das sie in

---

[1] Bernhard, Das Vorkommen der Pinie in Kleinasien, Mitt. d. Dtsch. Dendrolog.
Ges. 1929, S. 24, 1930, S. 63

Anatolien besiedelt. Sie kommt dabei auf Böden ganz verschiedener Abstammung vor. Ein *mildes Klima* im Wirkungsgebiet des Meeres gehört zu den Standortsbedingungen ihres Vorkommens, frischer Sandboden ist ihrer Entwicklung günstig. Einen besonders schönen Pinienwald sah Verfasser auf tiefgründigem Sand, der durch vorhandenes Grundwasser genügend Feuchtigkeit erhielt, in Küstennähe bei Migliarino (Viareggio) unweit Pisa (gemischt mit zwischenständigen Immergrüneichen, *Quercus Ilex*, im Unterwuchs Macchiengehölze, im Besitz des Herzogs von Salviati). Die Kronen der Pinien waren im Wege der Durchforstung und Ästung, auch Grünästung, zur Förderung des Fruchtertrages gepflegt. Erhebliche Mengen von Nüssen der Pinie werden aus der Türkei ausgeführt, die über Smyrna gehende Ausfuhr betrug in manchen Jahren etwa 500.000 kg, in Italien wird jährlich eine fünf- bis sechsmal so große Menge geerntet.

Auch nach italienischen Erfahrungen (M e r e n d i, L'Alpe 1931) wächst die Pinie in der Zone des Lauretums, man baut sie auch als Windschutz gegen die vom Meer her kommenden Stürme, damit der leichte Salzstaub nicht die Ackerpflanzen vernichtet. Der Fruchtertrag der Pinie kann höheren Wert haben als der Ertrag eines Ackers von gleichem Ausmaß. Die Pinienzapfen sind im zweiten Jahr noch klein und wachsen erst im dritten Jahr zu voller Größe aus. Wegen ihrer Pfahlwurzel braucht die Pinie *lockeren, genügend tiefen, wenn auch sandigen Boden*. Wenn zwischen Felsen Klüfte vorhanden sind, so vermag sie auch bei felsiger, trockener Beschaffenheit des Bodens ihr Fortkommen zu finden. Aber tiefgründiger, wenn auch sandiger Boden mit Feuchtigkeit im Untergrund sagt ihr am besten zu. Dagegen ist sehr strenger, zäher, wasserundurchlässiger Boden für sie nicht geeignet. Ihr Lichtbedürfnis ist sehr groß. Trotzdem läßt man, um astreine Schäfte von etwa 8 m Höhe zu erzielen, die Bestände in den ersten 15 Jahren dicht. Aber im Alter von 40 Jahren soll die Pinie etwa 10 m Abstand von Baum zu Baum haben, also 100 m² Standraum je Baum oder nur 100 Stämme je Hektar, gleichmäßig verteilt, das entspricht sowohl dem hohen Lichtbedürfnis als auch den Verhältnissen des „Trockenwaldes" als auch der Absicht, den Zapfenertrag zu fördern. Nur bei schlechtem Zuwachs auf unfruchtbaren Hügeln kann der Verband ein dichterer sein. Die schirmförmige Gestalt der Pinienkrone ist eine Folge des großen Lichtbedürfnisses dieses Baumes. Stark beschattete Triebe sterben ab und werden abgestoßen, die übrigen Teile streben dem Lichte zu, „dadurch wird die Krone abgeflacht" [1].

Die italienische Kiefer, *Pinus brutia Tenore*.

Sie hat ihren Namen nach ihrem vermeintlichen Vorkommen in Süditalien. Im Jahre 1811 wurde sie von T e n o r e beschrieben auf Grund von Material, das angeblich in Kalabrien, dem alten Brutius Ager, bezogen worden war. Nachträglich stellte sich aber heraus, daß sie dort nicht vorkommt. Auch A. H o f m a n n hat sie in Kalabrien nirgends angetroffen.

Während in den westlichen Mittelmeerländern in tieferen Lagen nahe

---

[1] R i k l i M., Das Pflanzenkleid der Mittelmeerländer, Bern 1942, S. 211.

der Küste im Bereich der Hartlaubgehölze häufig *Pinus halepensis* vorkommt, tritt im Osten des Mittelmeeres, speziell vom östlichen Griechenland an, an ihre Stelle ihre Verwandte *Pinus brutia*. Sie ist der Aleppokiefer sehr ähnlich, hat wie diese feinere Nadeln als die Pinie, zum Unterschied von der Aleppokiefer sind aber ihre Zapfen nicht gestielt, sondern sitzen zu zweien oder vieren, seltener mehr, im mittleren Teil des Triebes auf und stehen waagrecht ab. Sie ist verbreitet im östlichen Griechenland, auf einigen ägäischen Inseln, auch auf Rhodos, Kreta, Zypern, auf den Prinzeninseln im Marmarameer und in küstennahen Teilen von Kleinasien. Im westlichen Anatolien, besonders im Nordwesten, steigt sie mit Rücksicht auf ihre Wärmeansprüche nur bis zu 600 m, und zwar mehr oder weniger in Meeresnähe, bei Smyrna am Yamanlar-Dag ist sie nach K r a u s e noch bei 900 m zu finden. Weiter im Süden, im Taurusgebirge, vermag sie, wie Verfasser sah, selbst bis zu Höhen von etwa 1300 m aufzusteigen. Die Wuchsformen auf den Inseln des Marmarameeres sind meist schlecht infolge Einwirkung der Seewinde sowie infolge Schädigung durch den Pinienprozessionsspinner und durch Menschen und Weidevieh. Gegen Wind ist sie überhaupt wenig widerstandsfähig, in ihrer Jugend werden durch ihn Krümmungen, später Windbruch verursacht. Auf Standorten im Taurus, die nicht dem Seewind ausgesetzt sind, kann man recht gute Wuchsformen sehen. Das Klima ihres Verbreitungsgebietes ist wintermild und sommertrocken, sie gehört wie die Pinie zu jenen Kiefernarten, die auf das wintermilde Klima küstennaher Mediterrangebiete angewiesen sind. Auf Rhodos bildet sie ausgedehnte Wälder, dort ist das Monatsmittel des kältesten Monats (Februar) 12,6⁰ C. Ihre Bodenansprüche sind bescheiden. Auf den Inseln, zum Beispiel auf Rhodos oder auf Büjük Ada, der größten der Prinzeninseln im Marmarameer, stellt der Wind eine ausschlaggebende Standortsbedingung dar. Von den völlig windgeschützten Lagen zu den Windlagen nimmt die Bestandeshöhe um etwa ein Drittel ihres Betrages ab. Als Rohbodenkeimer fliegt sie besonders auf nacktem Boden an. Für die Türkei (Küstengebiete), für einige ägäische Inseln und für das östliche Griechenland ist sie wichtig, ähnlich wie *halepensis* für den übrigen Teil Griechenlands und für die westlichen Mittelmeerländer. Die beiden Arten sowie Zypressen und Pinien sind dort die wichtigsten Bäume im Gebiete des Hartlaubbusches. Auf Rhodos genügte nach A. H o f m a n n [1] der nachhaltig beziehbare Ertrag der hauptsächlich aus *Pinus brutia* bestehenden Waldungen, um auch einen vermehrten Bedarf an Bau- und Brennholz der ganzen ägäischen Inselgruppe, soweit sie damals (1939) zu Italien gehörte, vollauf zu decken.

Die Aleppokiefer, *Pinus halepensis Mill.*

Ähnlich wie im östlichen Mittelmeergebiet *Pinus brutia*, kommt im westlichen ihre nahe Verwandte, *Pinus halepensis*, vor. Diese zweinadelige Kiefer hat lichtgrüne, dünne, geradegestreckte Nadeln, über 2 cm lange, niemals harzige Knospen mit zahlreichen pfriemenförmigen, rötlichbraunen Schuppen

---

[1] H o f m a n n A., Beiträge zur Kenntnis der Hartkiefer, Zeitschr. f. Weltforstw. 7, 1939.

mit farblosen Randsäumen, die Zapfen stehen zu zwei bis drei in Quirlen, sind kurz gestielt, hängend (zum Unterschied von *brutia*). Bezeichnend für *halepensis* und *brutia* ist der meist besonders reiche Zapfenbehang, verstärkt durch das gleichzeitige Auftreten leerer und mit Samen gefüllter reifer sowie reifender Zapfen, dann bei alten Bäumen die sanft abgerundete, laubholzartig geformte Krone mit durchlichtetem Astwerk sowie die aschgraue Rinde der Stämme. Auch *Pinus halepensis* ist eine Holzart des *wintermilden Klimas* der mediterranen Küstengebiete. Sie kommt auf den Inseln des Mittelländischen Meeres und rings um dieses in Küstengebieten Südeuropas und Nordafrikas vor, insbesondere im südlichen Teil Dalmatiens, auf den zugehörigen Inseln, an der Küste zwischen Spalato und Ragusa (B e c k - M a n n a g e t t a, a. a. O., S. 426), dann in Albanien und Griechenland. Ihre Bodenansprüche sind bescheiden, sie wächst auch auf trockenen, steinigen Böden, häufig kommt sie auf Kalk vor. Die wichtigsten und wertvollsten Hochwaldbestände in der küstennahen Stufe der mediterranen Flora baut *Pinus halepensis* (im Osten *brutia*) auf. Bei Athen ist zum Beispiel im königlichen Forst Tatoi *Pinus halepensis* die wichtigste Holzart, sie hat dort den größten Anteil an der Waldfläche und geht so hoch wie die Hartlaubgehölze, bis etwa 700 m. Sie erreicht dort Baumhöhen von höchstens 20 m (im allgemeinen sind verhältnismäßig geringere Bestandeshöhe und weniger dichter Bestandesschluß Kennzeichen des Waldes der sommertrockenen und, zum Beispiel im östlichen Griechenland, auch im ganzen weniger feuchten Gebiete). Der Anteil der *Pinus halepensis* an der Waldfläche Griechenlands ist beträchtlich (zusammen mit ihrer Verwandten *Pinus brutia* 21,9 Prozent, nach Auskunft des Landwirtschaftsministeriums, Stand 1940). Den Nachweis, daß im östlichen Mittelmeergebiet *Pinus brutia*, nicht *halepensis* vorkommt, hat B e r n h a r d [1] erbracht. S c h m u c k e r (Die Baumarten der nördlich-gemäßigten Zone, Kärtchen 8) gibt irrtümlicherweise die Verbreitung der Aleppokiefer auch in Kleinasien an. Durch reichen Nadelabfall verbessert sie ihren Standort. Sie wächst in der Jugend rasch, doch läßt das Wachstum bald nach. M. R i k l i erwähnt die mächtigen Stämme der Aleppokiefer in den ausgedehnten urwaldartigen Staatsforsten auf Meleda (Mljet)[2]. K o s s e n a k i s berichtet von ihr wohl mit Recht, daß sie der wirtschaftlich wichtigste Baum in der Höhenstufe der Immergrüneichen und Lorbeerbäume ist, die waldbildende Holzart, die selbst auf den ärmsten Fels- und Sandböden noch gedeiht[3]. Ihr Optimum befinde sich im westlichen Peloponnes und im nordöstlichen Euböa, wo sie schöne Waldungen von geradschaftigen Stämmen bilde, die zum großen Teil Schiffsbau- und Bauholz liefern, während sie in den übrigen Wuchsgebieten bei geringerer Meereshöhe nur krumme und niedrigere, 6 bis 8 m hohe Stämme hervorbringe, die zur Harzgewinnung und als Brennholz verwendet werden. Ihre Rinde wird als Gerbrinde gewonnen. In den

---

[1] B e r n h a r d, Die Kiefern Kleinasiens, Mitt. d. Dtsch. Dendrolog. Ges. 1931, S. 29.
[3] K o s s e n a k i s G., Skizze des griechischen Waldes, Forstw. Centralbl. **53**, 1931,
[2] R i k l i M., Das Pflanzenkleid der Mittelmeerländer, Bern 1942, S. 213.
S. 31—39.

trockenen unteren Lagen, etwa unter 500 m, kommt es leider häufig zu Waldbränden, die meist in der Nadelstreu entstehen, dann die Baumheide ergreifen und, auf die Kiefern überspringend, zum Kronenfeuer werden.

Abb. 62. Natürliche Verjüngung von *Abies Bornmülleriana* im Pontusgebirge (Feuchtwald), Revier Inalti bei Ayancik in 1600 m ü. d. M. (Aufn. R. Cieslar).

Die griechische Tanne, *Abies cephalonica Link.*

Die griechische Tanne ist durch Nadeln mit einer scharfen, stechenden Spitze und durch eiförmige, stark verharzte Knospen sowie durch kahle, bräunlich-rote einjährige Zweige gekennzeichnet. Einen Übergang zwischen *Abies pectinata* und *cephalonica* bildet (nach Aussehen und Verbreitung) *Abies Borisii regis* in Südbulgarien. In Griechenland folgt auf die Höhenstufe der Hartlaubbüsche und Aleppokiefern nach oben zuerst jene der sommergrünen Eichen und Edelkastanien, dann erst die der Buchen und Tannen. Infolge der mit der Meereshöhe zunehmenden Humidität sind die Standortsbedingungen der Gebirgswälder (in der Höhenstufe der Tanne) günstiger als jene der tieferen Lagen. In Griechenland sind daher im allgemeinen mittlere Höhenlagen, etwa zwischen 700 bis 1600 m, für das Höhenwachstum und die Waldvegetation überhaupt günstiger als die nicht genügend feuchten tieferen Lagen. Im Peloponnes befindet sich die subalpine Nadelwaldstufe in Höhen von 800 bis 1800 oder 2000 m (R o t h m a l e r, Waldverhältnisse im Peloponnes, Intersylva 3, 1943, S. 329 ff.). In Italien hat bei Anbauversuchen *Abies cephalonica* sehr gute Ergebnisse gebracht, und zwar auch auf warmen Kalkböden im Apennin und in der Edelkastanienzone[1]. Gegenwärtig ist man dort bestrebt, auf dem Karst an Stelle der Schwarzkiefer durch Plätzesaat die griechische Tanne einzubringen.

Die Nordmannstanne, *Abies Nordmanniana Spach.*, sowie *Abies Bornmülleriana Mattf.*

Im Kaukasus und im angrenzenden Küstengebirge (Pontus) im Nordosten Kleinasiens nahe der Schwarzen-Meer-Küste kommt in der entsprechenden Höhenstufe *Abies Nordmanniana* vor, die ausgezeichnet ist durch eine sehr üppige, dichte Benadelung, längere und breitere Nadeln (im Vergleich zu unserer einheimischen Tanne), harzlose Knospen wie bei *pectinata*, aber dichtere Verzweigung: meist vier Endknospen der Zweigspitzen (dagegen *pectinata* meist nur drei). *Abies Nordmanniana* bildet im östlichen Pontus und im Kaukasus zusammen mit *Picea orientalis* und *Fagus orientalis* ausgedehnte Bestände. Einen Übergang zwischen *Nordmanniana* und *cephalonica* stellt *Abies Bornmülleriana* dar, die auch schon verharzte Knospen hat wie die griechische und die im westlichen Teil des Pontusgebirges verbreitet ist (Abb. 62). Im zilizischen Taurus und im Libanon kommt *Abies cilicica* vor, die durch längere und schmälere Nadeln (nach B e i ß n e r das „beste Unterscheidungsmerkmal") und immer etwas, wenn auch schwach verharzte Knospen gekennzeichnet ist[2].

Die Libanonzeder, *Cedrus libanotica Link.*

Schon H. M a y r hat mit Recht bemerkt, daß nur die Alte Welt wirklich Zedern besitzt, welche eine immergrüne Benadelung mit Kurztrieb- und Langtriebbildung kennzeichnet. Die Nadeln sind dreikantig, steif, spitz. Wir kennen vier Arten: *Cedrus Deodara Laws.* aus dem Himalaja; *Cedrus libanotica Link.* im Taurus, Antitaurus und Libanon; *Cedrus brevifolia Henry* auf Cypern und *Cedrus atlantica Manetti* in Nordafrika im Atlasgebirge. S c h i m p e r - v. F a b e r, Pflanzengeographie, hält sie für eine bloße

---

[1] P a v a r i A., e D e P h i l i p p i s A., La sperimentazione di specie forestali esotiche in Italia, Firenze 1941, 647 Seiten, bespr. im Forstw. Centralbl. 1941, S. 284—286, sowie im Centralbl. f. d. ges. Forstw. 1942, S. 172—178. (Der versuchsweise Anbau ausländischer Forstgehölze in Italien, Ergebnisse der ersten zwei Jahrzehnte, italien.)

[2] B e i ß n e r - F i t s c h e n, Handbuch der Nadelholzkunde, S. 110, 112.

Varietät der Libanonzeder. *Cedrus libanotica*[1] kommt in den bereits genannten Gebirgen in Höhen zwischen 1000 (oder 1200) m und 2000 m ü. d. M. vor, entweder in reinen Beständen oder zusammen mit *Abies cilicica* und *Juniperus excelsa, Juniperus Oxycedrus* und *drupacea*. Das Klima in diesen Höhenlagen hat bereits Winter mit Schnee aufzuweisen, die Temperaturextreme sind aber auf der Außenabdachung des Gebirges gemildert, Randgebirgsklima mit abgeschwächten winterlichen Extremen ist den Zedern besonders förderlich. Die Zeder ist nicht so klimahart wie der Baumwacholder, sie dringt auch nicht ganz zur oberen Waldgrenze vor. Ihr Verbreitungsgebiet im Taurus gehört zu den sommertrockenen Gebieten, man kann daher die Zeder, wie es L o u i s tut, zu den Bestandteilen des „winterharten Trockenwaldes" rechnen.

Auch *Cedrus atlantica* im algerischen Atlas kommt in der Bergregion in der Höhenstufe der Edelkastanie vor, und zwar im oberen Gürtel der montanen Region in ungefähr 1000 bis 2000 m (S c h i m p e r - v. F a b e r). Im gleichen Gürtel sind auch laubabwerfende und immergrüne Eichen und Edelkastanien.

Die Zedern verlangen, worauf schon M a y r hinwies, einen guten Boden und vollen Lichtgenuß. Dabei sind sie raschwüchsig und erzeugen ein wertvolles und sehr geschätztes Holz. Dem Zedernholz im Taurus wird

Abb. 63. Gegen 200jähr. Libanonzeder (120 cm Durchm. in Brusthöhe, über 30 m Höhe) neben *Abies cilicica*, Taurusgebirge, Waldort Karakoyak deresi, etwa 1350 m (Aufn. K. F r i t z s c h e).

sehr nachgestellt, die Holzart bedarf daher dringend der Schonung, damit sie nicht auch aus dem Taurus ebenso verschwinde, wie sie schon aus dem Libanon verschwunden sein soll. Vom Libanon berichtet F r a n c k in den „Mitteilungen der Dt. Dendrolog. Gesellschaft 1930", daß dort inmitten kahlen Wüstengebirges ein mit einer Schichtsteinmauer umschlossener Hügel noch etwa 250 Zedernbäume aufweise, darunter sieben älteste

---

[1] *Cedrus Deodara* hat 25—50 mm lange Nadeln, Zweige hängend, Zapfen an der Spitze abgerundet, also nicht eingedrückt; *Cedrus brevifolia* dagegen nur 5—8 mm lange Nadeln, Zapfen zylindrisch oval, am oberen Rande eingedrückt, mit einer stumpfen Spitze in der Vertiefung; *Cedrus libanotica* Nadeln im Mittel. 25—30 mm lang, steif, dunkelgrün, die Zweige sollen dichte, tafelähnliche Platten bilden, Zapfen an der Spitze leicht eingedrückt; *Cedrus atlantica* Nadeln meist unter 25 mm lang, oft blaugrün oder silbergrau, Zapfen kleiner als bei *libanotica,* mehr lockere Verzweigung, die nicht plattenähnliche Flächen bildet.

„heilige Zedern"; eine der ältesten Zedern hatte 14,6 m Stammumfang und wurde von F r a n c k auf etwa 3000 Jahre geschätzt. Im Taurus stümmeln die Hirten die Zedern zu Futterzwecken, junge Stämme finden für Telegraphenstangen Verwendung, alte Bäume arbeitet man als Eisenbahnschwellen auf, die in beträchtlicher Menge nach Ägypten ausgeführt wurden. Im Altertum war das Holz der Zedern des Libanon sehr geschätzt, es wurde zu Bauzwecken, auch zu Schiffsbauten verwendet. In den folgenden Jahrhunderten wurden die Wälder im Libanon ohne Sorge für Nachwuchs besonders durch die Viehweide ausgerottet. S i e h e (Mitt. d. Dt. Dendrolog. Ges. 1911, S. 304) rühmt dem Zedernholz nach: Es wird von Bohrwürmern niemals angegriffen, es ist der Verwitterung wenig ausgesetzt, wird auch im Boden lange nicht morsch. Es ist zu den feinsten Tischlerarbeiten geeignet. (S i e h e hielt zuviel von ihrer Frosthärte und empfahl sie auch zum Anbau in Mitteleuropa.)

Der hohe Wacholder, *Juniperus excelsa Bieb.*, und der Stinkwacholder, *Juniperus foetidissima Willd.*

Beide können zu stattlichen Bäumen erwachsen. Beide haben meist Schuppenblätter, *Juniperus excelsa* hat je Beerenzapfen drei bis vier, manchmal fünf bis sechs Samen, hingegen *foetidissima* ein- bis zweisamige, selten dreisamige Beerenzapfen. *Juniperus excelsa* und auch *foetidissima* sah Verfasser im Taurus Anatoliens als ziemlich hohe Bäume, *excelsa* bis zu 18 m. Der hohe Wacholder ist verbreitet in Anatolien, außerdem im östlichen Teil der Balkanhalbinsel[1], Thrazien, Mazedonien, auf den Abhängen des Rhodopegebirges; im nördlichen Persien, in Teilen von Syrien. In Thrazien ist er nach A d a m o v i ć von der immergrünen Stufe bis zur Stufe des Bergwaldes zu finden, auf der Balkanhalbinsel soll er größtenteils strauchartig entwickelt sein. In Anatolien gehört der hohe Wacholder nach B e r n h a r d zu jenen Arten, die am weitesten gegen das Innere der Steppe vordringen. Auch nach L o u i s (S. 94) gehen *Juniperus excelsa* und *foetidissima* auf der Innenseite des Gebirges bis an die Steppengrenze heran, erklimmen die höchsten Lagen der oberen Waldgrenze und steigen auf den dem Mittelmeer zugekehrten Abhängen bis an die Grenze der „mediterranen Formationen", also der küstennahen Tiefenstufen mit milden Wintern, hinab. Im Inneren Anatoliens findet sich Baumwacholder (nach K r a u s e) zum Beispiel auf dem Elma Dag bei Ankara (einzelne Berge, die erst in größerer Höhe etwas Baumwuchs aufweisen) sowie auf sonstigen Standorten in der Nähe von Ankara, dann bei Sivas, weiter auf der Innenseite des Gebirges bei Amasya usw. Er wächst auch auf trockenen, steinigen Hängen, meist in gebirgigen Lagen. In Südwestanatolien und im westlichen Taurus bildet er ausgedehnte Wälder, die fast rein aus mächtigen Baumwacholdern zusammengesetzt sind. Im zentralen Osttaurus beobachtete ihn L o u i s an der oberen Waldgrenze in 2400 m Höhe.

---

[1] J o r d a n o f f L., *Juniperus excelsa*, eine in Bulgarien seltene Pflanze, Sammelbuch des bulgar. Naturschutzbundes 2, S. 126—130, 1939, mit französ. Zus. (Fundort im Strumatal).

Juniperus foetidissima, der stinkende Wacholder, erreicht bis 17 m Höhe und 1 m Durchmeser, kann 300 Jahre und mehr alt werden. Auch er vermag weit gegen das Innere Anatoliens vorzudringen. Er ist in Griechenland, Mazedonien, Kleinasien, Nordpersien, Transkaukasien verbreitet (S c h m u c k e r). Er findet sich vereinzelt oder in kleinen Beständen an trockenen, felsigen Hängen im Gebirge („Trockenwäldern" im Sinne von L o u i s). Manchmal bildet er oberhalb der Baumgrenze niedrige Gebüsche. In Kleinasien kommt er im Taurus vor (mit *Juniperus excelsa* und *Cedrus libanotica*), auf Bergen Mittelanatoliens (Yozgat, Akdag, Elma Dag), in Nordanatolien, dann in Nordwestanatolien (Uludag). Von den Kalkgebirgen von Epirus an der albanisch-griechischen Grenze (Nordgriechenland) berichtet B e c k - M a n n a g e t t a (a. a. O., S. 63), sie erheben sich gewissermaßen als Inseln aus dem mit mediterranen Sträuchern besetzten Tief- und Hügelland, die Gebirge kleiden ihre Flanken mit Gehölzen, wie Mannaeschen, Eichen, Hopfenbuchen, Duiner Hainbuche; Nadelhölzer, wie Fichte und Tanne und *Juniperus foetidissima* sowie Buchen und Edelkastanien und an manchen Stellen auch die Roßkastanie finden sich erst in den Wäldern der höheren Stufen des Gebirges.

Der spitzblättrige oder Zederwacholder, *Juniperus Oxycedrus L.*

Zum Unterschied von *Juniperus communis* sind seine Nadeln mit *zwei* Spaltöffnungsstreifen versehen, die durch eine grüne Mittelrippe getrennt sind. Die Beerenzapfen sind in reifem Zustand heller oder dunkler rot gefärbt und glänzend, unreif sind sie gelblich. Er ist ein im ganzen Mittelmeergebiet verbreiteter kleiner Baum oder Strauch, bildet oft Bäumchen von 4 bis 6 m Höhe und 30 cm und mehr Durchmesser. Zum Unterschied von den vorhin genannten tritt er auch in der Macchie auf. Er ist aber nicht an das wintermilde Klima der Macchie streng gebunden, sondern findet sich auch im Hinterland der Macchie und in größerer Meereshöhe, ist also weniger frostempfindlich als die Macchiengehölze. Wirtschaftliche Bedeutung hat er in Anbetracht der erreichbaren geringen Höhe nur insofern, als er auf herabgekommenen heißen Kalkböden den Boden schützt und in wald- und holzarmen Gebieten ein gutes Brennholz und etwa auch noch dauerhaftes Nutzholz für Rebpfähle u. dgl. liefert (Griechen und Römer verwendeten es als Schnitzholz für kleine Statuen[1]). Man findet ihn in Spanien, Italien, Istrien, Dalmatien, auf den zugehörigen Inseln, in der Herzegowina, in Albanien, Griechenland, Montenegro, Serbien, Bulgarien, in Thrazien und Kleinasien, Nordpersien. In Hartlaubbüschen am Bosporus bei Konstantinopel traf ihn Verfasser gleichfalls an. Im Süden, etwa in Albanien, steigt er über 1600 m empor. Auch in Kleinasien findet man ihn nicht nur in Küstennähe, sondern auch im Landesinneren und in Höhenlagen, zum Beispiel auf dem Erciyas Dag bei Kayseri oder auf dem Nordhang bei Ulukişla, wo er noch bei 1500 m auftritt (K r a u s e). Wenn es in Schluchten und Tälern der anatolischen Hochebene hie und da zur Entwicklung kleiner Gehölze kommt, so ist neben

---

[1] F i o r i, Juniperus Oxycedrus, L'Alpe 1931.

Juniperus excelsa häufig auch *Juniperus Oxycedrus* darin zu finden (S c h i m p e r - v. F a b e r, Pflanzengeographie, S. 1370).

Der pflaumfrüchtige Wacholder, *Arcenthos drupacea Ant. et Kotschy.*
(Synonym *Juniperus drupacea Labill.*).

Auch er gehört zu den baumförmigen Wacholdern, die im südlichen Kleinasien vorkommen. Er erreicht meist 10 bis 12 m Höhe, manchmal auch mehr. Nach B e r n h a r d, der *Arcenthos drupacea* im Taurus beobachtete, kommt diese Art mehr vereinzelt vor. Verfasser sah sie im Taurus auch in Mischung mit *Juniperus excelsa. Arcenthos drupacea* hat 3 bis 4 mm breite, nadelförmige Blattorgane, die in Dreierwirteln stehen, am Grunde bis zum nächsten unteren Quirl herablaufen. Diese Nadeln sind steif, scharfspitzig, lanzettlich, 15 bis 25 mm lang, mit zwei weißen Streifen und grünen Mittelrippen. Die Art ist weiter durch die großen, steinfruchtartigen Beerenzapfen ausgezeichnet. In der Nähe der Dörfer des Taurus findet man öfter *Arcenthos drupacea* (Abb. 64), und zwar weibliche Exemplare, als Baum ausgebildet, sie werden verschont, weil ihre großen, runden, blauen Früchte von den Einwohnern gegessen werden. Auch von den im Taurus häufigen Bären werden, wie K r a u s e berichtet, die Früchte gerne gefressen. B e r n h a r d fand in 1300 m Höhe bei einem Dorfe einen solchen

Abb. 64. *Arcenthos drupacea* (Pflaumenfrüchtiger Wacholder) oberhalb Namrun, Taurusgebirge. 1200 m ü. d. M., Baumhöhe 9 m (Aufn. K. F r i t z s c h e).

Baum von 100 cm Brusthöhendurchmesser und ungefähr 18 m Höhe. Verbreitet ist *Arcenthos drupacea* in den Gebirgen Vorderasiens: südliches Anatolien, Syrien, Libanon, Antilibanon, von 600 bis etwa 1500 m Höhe, entweder Bestände bildend oder in Mischung mit Kiefern und Eichen.

Der rotfrüchtige Wacholder, *Juniperus phoenicea L.*

Die Beerenzapfen sind rot, glänzend, die Nadeln nur bei jungen Pflanzen mit pfriemenförmigen Enden vom Trieb abstehend, bei älteren angedrückt, aber stumpfer und kürzer als beim gemeinen Sadebaum. Er bildet aufrechte Büsche oder kleine Bäumchen und ist in der ganzen

Mittelmeerzone (mit Ausnahme Kleinasiens [1]) verbreitet: in Spanien, Italien, an der Adriaküste und auf den Inseln Dalmatiens, in Griechenland, Syrien, Nordafrika, meist auf felsigen, trockenen Standorten auf Hügeln und bis in die Stufe des oberen Bergwaldes aufsteigend. Verfasser sah ihn unter anderem beim Kap Sunion in Griechenland. Seine forstwirtschaftliche Bedeutung ist ähnlich bescheiden wie jene des Zederwacholders *Juniperus Oxycedrus*.

Von sonstigen, an der Zusammensetzung der Wälder der Balkanhalbinsel und der Türkei teilnehmenden Wacholdern sind zu nennen:

Der gemeine Sadebaum, *Juniperus Sabina L.*

Schuppen anliegend, kreuzweise gegenständig, unangenehm riechend, Stamm kriechend, Äste aufrecht, in Teilen von Spanien, Italien einschließlich Oberitalien und Südalpen, vereinzelt auf Reliktstandorten in den Nordalpen, so im Ötztal, Nordtirol; weiter in Dalmatien und dem südlichen Jugoslawien.

Der Zwergwacholder, *Juniperus nana Willd.*

mit abstehenden Nadeln, sehr gedrängt stehenden Nadelquirlen, niedrige Büsche, auch an der Baumgrenze vorkommend.

Die gemeine Zypresse, *Cupressus sempervirens L.*

Diese Holzart kann wie die Pinie als ein Charakterbaum der Mittelmeerländer gelten, wobei es sich keineswegs immer um natürliches Vorkommen handelt, denn sie wird vielfach im wintermilden Küstengebiet als Zierbaum und als Friedhofsbaum angebaut und ist auch nicht selten verwildert zu finden. Die Benadelung erinnert durchaus an jene der Sadebäume, die Blätter sind schuppenförmig, kreuzweise gegenständig, dicht angedrückt, dunkelgrün, die eiförmigen, etwa walnußgroßen Zapfen hängen an kurzen Zweigen und reifen im zweiten Herbst. Sie zeigen 6 bis 8 paarweise gekreuzte, schildförmige Zapfenschuppen mit runzeliger Außenseite. Hinsichtlich der Baumform sind zwei Abarten zu unterscheiden: die *varietas pyramidalis* mit schlanken, spitzkegelförmigen Kronen und die *var. horizontalis* mit abstehenden Ästen, die im Habitus an eine Fichte erinnert. Die *horizontalis* ist die wilde Form. In entlegenen Gebirgen findet man nicht die Gartenform der *pyramidalis*, sondern die *horizontalis*. Forstwirtschaftlich ist die wilde Form, *horizontalis*, vorzuziehen, weil sich ihr Schaft besser von Ästen reinigt, nach Pavari soll sie auch ein rascheres Wachstum aufweisen [2]. *Var. pyramidalis* ist entweder unmittelbar in Gärten, Alleen, Friedhöfen usw. kultiviert oder ihr Auftreten mittelbar auf den Anbau zurückzuführen, nämlich infolge Entstehung der Jungwüchse durch natürliche Verjüngung aus Samen von kultivierten Mutterbäumen.

---

[1] Schmucker Th., Die Baumarten der nördlich-gemäßigten Zone und ihre Verbreitung, *Silvae orbis* Nr. 4, C. I. S., 1942, Kärtchen 60.

[2] Pavari A., Il Cipresso, L'Alpe 1931. Derselbe, Monographie der Zypresse (italien.), 1934.

Ihre *natürliche* Verbreitung hat sie in Persien, Syrien, Teilgebieten von Kleinasien, auf Cypern, Rhodos, Kreta und in der Cyrenaika. In den Weißen Bergen auf Kreta sah Verfasser in etwa 1100 bis 1200 m Seehöhe auf Berghängen Horizontalzypressen in sehr schütterer Stellung und von niedrigem Wuchs. Auch auf Rhodos soll, wie A. Hofmann berichtet, in den Waldungen die Horizontalzypresse vorkommen und sich gut natürlich verjüngen.

Im westlichen Mittelmeergebiet ist die Zypresse ursprünglich nicht heimisch, so in Italien und Spanien, ebenso im dalmatinischen Küstengebiet, doch wurde sie in diesen Gegenden seit langem und mit Erfolg kultiviert. Für Jugoslawien berichtet Balen[1], daß sie im Lauretum in der Zone der Macchie sich so wohl fühlt wie eine ursprünglich vorkommende Holzart und daß sie sich auch leicht auf natürlichem Wege verjüngt. Für Italien gibt Pavari an, daß sie in der Toskana naturalisiert sei und daß sie sich teils in Reinbeständen, teils in Mischbeständen mit Steineichen, Kiefern, Flaum- und Zerreichen finde. Ihre Bodenansprüche sind immerhin höher als die der *Pinus brutia* oder der *halepensis*. Sie leistet gute Dienste bei der Bildung von Windmänteln und liefert ein gutes Nutzholz. Ihr Wuchs ist in der ersten Jugend rasch, dann langsam, aber ausdauernd. Im Alter kann sie unter besonders günstigen Verhältnissen immerhin Höhen bis 30 m erreichen. Die Widerstandsfähigkeit gegen Wind konnte vom Verfasser auch in der Nähe von Konstantinopel beobachtet werden: eine bei der Landwirtschaftlichen Schule in Halkali vorhandene etwa 35jährige Aufforstung bestand aus Reihen von *Pinus halepensis* und *Cupressus sempervirens*, die *halpensis*-Reihen waren durch den Wind schräggestellt, die *Cupressus*-Reihen dazwischen standen vollkommen gerade. In südlicheren Gegenden Italiens ist nach Pavari die Zypresse nur selten in Gärten und außerhalb der Städte anzutreffen, weil sie „auf Grund griechischrömischen Herkommens ausschließlich auf Friedhöfen und sonstigen Weihestätten gepflanzt wird". Auch in der Türkei ist sie, besonders die *var. pyramidalis*, vor allem auf Friedhöfen zu finden, außerdem auch in Gärten.

8. Die Waldgebiete Österreichs.

Wiewohl Österreich ein waldreiches Gebirgsland mit hohem Nadelholzanteil ist[2], gibt es doch im Osten von Österreich, in der Nähe von Wien, in warmen Tieflagen Gebiete mit geringem Waldanteil und mit vorherrschendem Laubholz; dieses Waldgebiet soll zuerst besprochen werden:

Die warmen Niederungen im Osten von Österreich.

a) Das Weinviertel oder Viertel unter dem Manhartsberg in Niederösterreich. Das Klima dieses im Nordosten von Niederösterreich, nördlich

---

[1] Balen J., Zweiter Beitrag zur Kenntnis der mediterranen Waldungen Jugoslawiens (serbisch), Šumarski List 1937.

[2] 84,3 Prozent der Waldfläche Österreichs entfallen auf Nadelholz, laut „Forst- und Jagdstatistik für Österreich nach dem Stande vom Jahre 1935, Wien 1938", S. 31.

der Donau gelegenen, gegen Ungarn offenen Hügellandes ist pannonisch beeinflußt, die Jahresschwankungen der Temperatur sind beträchtlich, nähern sich 22⁰ oder übersteigen diesen Wert, die Niederschläge sind gering, im Norden und Nordosten durchschnittlich bloß 500 und 450 mm im Jahre, die geringsten von Österreich. In den südlicheren Teilen des Weinviertels betragen sie 500 bis 600 mm (nur um die Leiser Berge herum etwas mehr). Östliche Winde, längere Trockenperioden im Sommer, dazu häufig durchlässige Sand- und Lößböden verschärfen noch die Trockenheit. Grundgesteine sind hauptsächlich jungtertiäre Sande und Tone und lößbedeckte Schotter, auf dem Bisamberg und Waschberg Flysch; weiters Juraklippen der vereinzelt aus der tertiären Decke zu mäßiger Höhe aufragenden Inselberge (Leiser Berge, Staatzer, Pollauer Berge).

Das Weinviertel ist ein Hügelland, im Osten durchschnittlich bis 300 m erreichend, im Westen bis 400 m. Nur die Inselberge sind etwas höher. Die tertiären Schotter, Sande und Tone sind auf beträchtlichen Teilflächen von Löß überlagert, seine Hohlwege und seine standfesten senkrechten Wände kennzeichnen in diesem Teilgebiet die Landschaft. (Häufig sind in solche Lößwände ganze Reihen von Weinkellern eingebaut.)

Die Bestockung besteht aus *Eichen-Hainbuchen-Wäldern.* Das Weinviertel besitzt rund 30.000 ha Eichen-Mittel- und Niederwälder und nur auf ganz kleinen Flächenanteilen auch Hochwald. Diese Waldfläche macht 13,5 v. H. der Bodenfläche des Weinviertels aus. Die Holzarten der Eichenwälder des Weinviertels sind außer Traubeneiche, Hainbuche noch Zerreiche, Birke, Esche, Ahorn, Ulme und (künstlich eingebracht) Lärche und Kiefer; im Unterholz auch Linde, Hasel und sonstige Sträucher. In mehreren Bezirken entfallen auf die Eiche 40 bis 68 v. H. der Waldfläche. Meist handelt es sich um Mittelwälder mit etwa 25jährigem Umtrieb des Unterholzes und 125jährigem oder noch höherem des Oberholzes. Die Oberholzeichen in den Mittelwäldern des Weinviertels pflegen astreine Schaftabschnitte von 6 bis 8 m Länge zu ergeben, Brusthöhendurchmesser von 100 bis 120 cm kommen vor, die Hauptverwendung ist die zur Erzeugung von Fässern und Gefäßen aller Art sowie zu Kellereieinrichtungen. Auf frischeren Standorten fand ein Übergang zu oberholzreichem Mittelwald und selbst zu Hochwald statt. In den trockensten Gebieten sind Robinienpflanzungen und Vertreter der Steppenheide. Wo es die Feuchtigkeitsverhältnisse gestatten, wäre weitere Überführung in Hochwald oder oberholzreichen Mittelwald am Platze, unter Beibehaltung des Laubholzes, da in den Waldungen Österreichs der Flächenanteil der Eiche und der Edellaubhölzer ohnehin gering ist[1].

b) Das Wiener Becken und das Tiefland des nördlichen Burgenlandes. Das Wiener Becken samt dem Marchfeld, Wiener-Neustädter Steinfeld, Leithagebirge und das Tiefland des nördlichen Burgenlandes haben ein sommerwarmes, trockenes, durch warme trockene Winde aus dem ungarischen Tiefland beeinflußtes, also „pannonisches" Klima. Am aus-

---

[1] T s c h e r m a k L., Gliederung des Waldes der Reichsgaue Wien und Niederdonau in natürliche Wuchsbezirke, Centralbl. f. d. ges. Forstw. **66**, 1940, S. 25—35.

geprägtesten ist dieser Klimacharakter im Tiefland des nördlichen Burgenlandes, in der Nähe des Neusiedler Sees. Hier zeigen „Salzseen, Soda- und Sandböden vom Charakter der ungarischen Pußta und die Robinien an den Straßen der großen Dörfer... sowie Steppenheiden und Weinkulturen am Rande der Inselberge[1]" die pannonische Klimaprovinz an. Auch in der Ebene des Wiener Beckens sind die Julitemperaturen hoch und die Jahresschwankungen beträchtlich, längere Trockenzeiten im Frühjahr und Sommer kommen vor. Im Marchfeld ist ein Dünengebiet von 45 qkm Ausmaß, mit Flugsanden, die zum Teil durch Aufforstung mit Schwarzkiefer gebunden wurden. Es herrschen Ebenen und Flachlandschaften in Meereshöhen von 120 m (im Burgenland) bis 280 m (im Wiener Becken nördlich von Wiener Neustadt) und 360 m im Steinfeld (südlich von Wiener Neustadt, gegen Neunkirchen). Das Leithagebirge mit 480 m Höhe scheidet das „Wiener Becken" und das Tiefland um den Neusiedler See. Im nördlichen Burgenland bedeckt der *Wald kaum 3 v. H. der Fläche.* Ackerland sowie Wiesen und Weiden herrschen vor. Auch im Wiener Becken überwiegt der Ackerbau. Am Westrand des Wiener Beckens, am Alpenostrand, kommen südosteuropäische Holzarten vor, wie Schwarzkiefer, Zerreiche, Flaumhaareiche und andere. Am Westrand ist auch, im Windschatten des Gebirges, der Anteil der Wein- und Gartenkulturen groß. Holzarten sind: Eiche, Hainbuche, Schwarzkiefer, gemeine Kiefer, Robinie (angebaut); an den Flußläufen Pappeln, Weiden, Erlen, Eschen, Ahorne, Ulmen. Für die Aufforstung des Steinfeldes wurde die am nahen Alpenostrand heimische Schwarzkiefer seit mehr als $1^1/_2$ Jahrhunderten mit Erfolg verwendet.

c) Das Hügelland in der östlichen Steiermark und im südlichen Burgenland. Es herrscht gemäßigtes Kontinentalklima. An den Bergrändern staut sich feuchte warme Luft, es gibt häufig Gewitter, Platzregen, auch Hagelfälle. Die Feuchtigkeitsverhältnisse sind günstiger als im nördlichen Burgenland und im Wiener Becken. Die Sommer haben eine verhältnismäßig große Zahl heiterer Tage. Das Grundgestein im Hügelland bilden jungtertiäre Lehme, Schotter und Sande. Nur an wenigen Stellen ragen als Inselberge Teile des abgesunkenen Grundgebirges auf. *Holzarten* sind: in tieferen Lagen *Eiche, Weißbuche,* ferner *Edelkastanie,* deren Vorkommen hier mit dem großen natürlichen Verbreitungsgebiet in Jugoslawien unmittelbar zusammenhängt, was für die Ursprünglichkeit spricht. Sonst herrschen *Kiefern-, Tannen-, Buchenwälder,* stellenweise überschreiten auch Fichte und Lärche als natürlich vorkommende (eingesprengte) Holzarten die Grenze zwischen Randgebirge und Hügelland. Durch die Wirtschaft wurde der Flächenanteil der Kiefer und der Fichte vergrößert.

Das Waldviertel in Niederösterreich und Mühlviertel in Oberösterreich.

Beide liegen nördlich der Donau, hängen unmittelbar miteinander zusammen und sind Teile des alten Urgebirgsmassivs der Boiischen oder Böhmischen Masse. Im Mühlviertel liegt das meiste Land in Höhen zwischen

---

[1] K r e b s N., Die Ostalpen und das heutige Österreich, Stuttgart 1928.

500 und 800 m, in dem nach Osten anschließenden Waldviertel zwischen
400 und 700 m. Die höchsten Teile dieses Gebietes sind Ausläufer des
Böhmerwaldes im Nordwesten des Mühlviertels, so der Plöckenstein
(1378 m); auch innerhalb des Waldviertels ist der höchste Teil der westliche (Tischberg, 1073 m). Die Jahresmenge des Niederschlages nimmt von
Westen nach Osten ab. So hat das im Westen gelegene Schlägl,
530 m ü. d. M., 944 mm mittleren Jahresniederschlag, dagegen Horn, 309 m
Seehöhe, am Ostrand des Waldviertels, bloß 524 mm. Grundgesteine sind
besonders Granit und Gneis (dieser hauptsächlich im Osten), Glimmerschiefer, Phyllit. Im Granitgebiet kommen Kuppenformen vor, sonst ist
das Land eine weite wellige Rumpffläche, sanft gegen die Donau abgedacht.
Das Waldviertel trägt auch die Bezeichnung „Viertel ober dem Manhartsberg", es breitet sich westlich vom Manhartsberg (536 m) bis zur Grenze
des Mühlviertels und der Tschechoslowakischen Republik aus. Die wellige
Hochfläche des Waldviertels wurde mit einem „faltigen Reitermantel" verglichen. Im Süden wird durch den Donaudurchbruch in der Wachau, zwischen Melk und Krems, noch ein Stück des Massivs losgelöst, das als „Dunkelsteiner Wald" bezeichnet wird.

Die *Holzarten* des Mühlviertels und Waldviertels sind hauptsächlich
Fichte, Tanne, Kiefer, Buche; im Mühlviertel ist im westlichen niederschlagsreicheren Teil der Anteil der Kiefer kleiner, im östlichen Teil größer. Der
Ost- und Südabfall des Waldviertels hat milderes Klima und reichlicheres
Buchenvorkommen von guter Beschaffenheit. Im Horner Wald zum Beispiel, nahe der Grenze gegen das Weinviertel, beträgt der Buchenanteil
60 v. H. der Waldfläche, im Bereich des Forstamtes Gföhl 30 v. H.
In den höheren Teilen des Waldviertels herrschen dagegen große Nadelholzzusammenhänge mit weniger Buche. Dort findet sich die Buche mehr
auf den konvexen Teilen des Gebirges, während sie feuchte, kalte, anmoorige Senken der Fichte überläßt. Stellenweise ist im Waldviertel die
Lärche künstlich eingebracht[1]. Im wärmsten Teil des Gebietes (Donau-,
Krems-, Kamptal in Niederösterreich) kommen Stieleichen, Hainbuchen,
Feldahorne, wärmeliebende Laubhölzer, unter ihnen in der untersten Stufe
auch die Flaumhaareiche, vor, auf trockenen Standorten auch die Kiefer.
Im Nordwesten des Waldviertels (Gegend von Litschau, Neubistritz, Neu-
haus) sind Kiefern besonders guter Wuchsform (wahrscheinlich „Höhen-
kiefern") in Mischbeständen heimisch. Auf frischen tiefgründigen Böden
des Waldviertels und Mühlviertels, etwa auf Verwitterungsböden von feld-
spatreichem, grobkörnigem Granit, stocken *massenreiche Fichten- und Tannenbestände mit langschaftigem Holze,* denen meist auch *Berg- und Spitzahorne,
Linden, Birken, Buchen, Ulmen, Vogelbeerbäume, Aspen* und andere beigemischt sind. An Waldrändern, Feldwegen, in Vorgehölzen usw. findet
sich häufig die Grünerle, *Alnus viridis,* auch bei verhältnismäßig geringer
Meereshöhe, wohl als Relikt aus der Eiszeit. Auf den Hochmooren stocken
aufrechte Bergföhren.

---

[1] T s c h e r m a k L., Die natürliche Holzartenverbreitung und die ökologischen
Bedingungen im Waldviertel und Dunkelsteiner Wald, Centralbl. f. d. ges. Forstw. 1932,
S. 73—106.

Das Alpenvorland von Oberösterreich, Salzburg[1] und Niederösterreich.

Als „Alpenvorland" wird das Gebiet zwischen dem Nordrand der Alpen (Linie Gmunden—Steyr—Wilhelmsburg—Neulengbach—Greifenstein) und dem Südrand des böhmischen Massivs bezeichnet, das an einzelnen Stellen über die Donau hinübergreift. Das Alpenvorland ist in Oberösterreich im Mittel etwa 300 bis 500 m hoch, in Niederösterreich meist nur 200 bis 300 m. Dieses Gebiet ist der Westluft gut zugänglich, hat daher ein ausgeglichenes, mildes Klima; die Sommer sind selbst im Tullner Feld noch kühler als in dem pannonisch beeinflußten Wiener Becken. Die Niederschläge sind in der Nähe des Alpensaums größer als gegen die böhmische Masse zu (im Regenschatten dieser!), im westlichen Teil (Oberösterreich) sind sie größer als im östlichen (Niederösterreich). Sie betragen in Oberösterreich in der Nähe des Alpensaums 1000 bis 1200 mm (zum Beispiel Kirchdorf, 450 m ü. d. M., 1255 mm), in Niederösterreich am Alpensaum 700 bis 800 mm, in der Lee der böhmischen Masse (Krems, Melk) 550 bis 650 mm. Das Jahresmittel der Temperatur beträgt etwa 8⁰ C. Das Alpenvorland ist zumeist ein freundliches, weitaus überwiegend in landwirtschaftliche Kultur genommenes Hügelland. Besonders die guten Böden (auf Schlier und Löß, auf diluvialem und alluvialem Lehm) sind landwirtschaftlich genutzt. Große Teile des Alpenvorlandes haben nur 12 bis 15 v. H. Wald, die Moränenlandschaft nach N. K r e b s über 20 v. H. der Bodenfläche, der Hausruck (pontische Quarzschotter) über 50 v. H. Die höchsten Erhebungen des österreichischen Alpenvorlandes werden im Hausruck und im Kobernauser Wald erreicht (Göbelsberg 800 m, Steiglberg 764 m). Auch der Kobernauser Wald ist ein ausgedehntes Gebiet zusammenhängenden Waldes. Die *Holzarten im Kobernauser Wald* (wobei die geschichtlichen Nachweise der Ursprünglichkeit des Vorkommens bis zum Jahre 1363 zurückreichen) sind: *Tanne, Fichte, Buche,* stellenweise *Kiefer, Eiche, Weißbuche, Berg- und Spitzahorn, Birke.* Auch im Hausruck sind Fichte, Tanne, Buche. Die *tieferen* Teile des *Alpenvorlandes* enthalten in ihren meist kleineren Waldteilen *Tannen, Buchen, Eichen, Weißbuchen, Ahorne, Ulmen, Aspen, Salweiden,* heute auch Fichten, Lärchen und Kiefern. Wieweit dieser Nadelholzanteil der Tieflagen auch ursprünglich vertreten war und wieweit er durch künstliche Einbringung vermehrt wurde, ist für das Alpenvorland im allgemeinen noch nicht ausreichend festgestellt (im Weilhart stocken auf Quarzschottern Kiefern mit angebauten zwischenständigen Fichten auf ehemaligem Laubholzboden).

Im Tullner Feld findet sich ein größeres *Auengebiet der Donau,* andere Auengebiete sind bei Wallsee in Niederösterreich, Eferding in Oberösterreich; auf alluvialen Schotter-, Sand- und Schlammablagerungen der Donau stocken Auwaldbestände von Weiden, Pappeln, Erlen, Eschen, Linden, Ulmen, Eichen. Ähnlich ist die Waldzusammensetzung in Auen des Traunflusses.

---

[1] T s c h e r m a k, Gliederung des Waldes der Reichsgaue Salzburg und Oberdonau in natürliche Wuchsbezirke, Centralbl. f. d. ges. Forstw. **66,** 1940, S. 73—87.

Der nordwestliche Alpenrand (Fichten-Tannen-Buchen-Wälder ohne Lärche).

Das Waldgebiet des nordwestlichen Alpenrandes beginnt etwa bei Steyr in Oberösterreich und reicht nach Westen bis zum Bodensee und zur Westgrenze Vorarlbergs. Es ist bei Steyr schmal und verbreitert sich allmählich nach Westen. Hinsichtlich seiner (hauptsächlich klimabedingten) Bestockung ist es von den übrigen Wäldern der Ostalpen besonders dadurch unterschieden, daß die Lärche, bis auf wenige inselförmige Kleinstvorkommen, fehlt, dagegen Buche und Tanne ein Maximum und Optimum ihrer Verbreitung erreichen, während der Fichtenanteil je nach der Meereshöhe, Hangrichtung, gegenwärtig auch je nach den wirtschaftlichen Eingriffen (künstliche Einbringung), wechselt. Der nordwestliche Alpenrand umfaßt Vorarlberg und das Allgäu, den nördlichsten Teil des Westtiroler Gebietes bei Reutte, die Bayerischen Alpen westlich vom Isarwinkel, dann von den Bayerischen Alpen östlich vom Isarwinkel jenen Teil, der nördlich der Grenzlinie der Lärchenverbreitung liegt: Achenpaß, Kreuth, Wendelstein, Ruhpolding. In Salzburg und Oberösterreich geht die Südgrenze des lärchenfreien Alpenrandes über den Nordfuß des Untersberges, dann nördlich vom Schwarzenberg (aber noch südlich vom Gaisberg), Südufer des Mondsees, des Attersees, Traunsees, dann über den Traunstein, Grünau, Kirchdorf und Steyr.

Das Klima ist durch kühle, feuchte Sommer und milde, aber schneereiche Winter gekennzeichnet. Auch F i c k e r (Klimatographie von Tirol und Vorarlberg, Wien 1909) hob mit Recht hervor, daß Vorarlberg in seinen Temperaturverhältnissen eine mehr ozeanische, Nordtirol dagegen eine mehr kontinentale Abart des mitteleuropäischen Klimas darstelle. Ähnliches wie für Vorarlberg gilt für den nordwestlichen Alpenrand überhaupt im Vergleich zu den Innenalpen. Die Täler in Vorarlberg sind nach Nordwesten und Westen geöffnet, auch mit dieser Tatsache hängt das atlantisch beeinflußte Randgebirgsklima Vorarlbergs zusammen. In Salzburg drückt sich die Ähnlichkeit des Randgebirgsklimas mit dem ozeanischen unter anderem auch in den hohen Niederschlägen aus.

Unter den angedeuteten Standortsverhältnissen ist der *Anteil der Tanne und Buche* von Natur aus *groß*, im Bezirk Bregenz zum Beispiel beträgt er für beide Arten zusammen *jetzt noch 53 v. H.*[1]; für Vorarlberg 35 v. H., für den Bezirk Salzburg-Land 52 v. H. In einem nahe an Bregenz gelegenen, stark atlantisch beinflußten Teil des Bregenzer Waldes und Rheintales ist die — an ausgeglichene Wärmeverhältnisse gebundene — Stechpalme *Ilex aquifolium* ein „forstliches Unkraut", dessen Übermaß hier mit Zustimmung der Vertreter des Naturschutzes bekämpft werden darf, und auch Eibe, Efeu, Immergrün sind neben Tanne und Buche häufig. In Gartenanlagen gedeiht in diesem Randgebirgsklima eine große Anzahl von ausländischen Nadelhölzern und sonstigen fremden Baumarten. Die mehr „kontinental gestimmten" Holzarten Lärche, Zirbe, Kiefer sind in Vor-

---

[1] Forst- und Jagdstatistik für Österreich nach dem Stande vom Jahre 1935, Wien 1938.

arlberg sehr schwach vertreten[1]. Zum Beispiel wurde die Zirbenbestockung in Vorarlberg (1935) auf „400 Stück mannbare Zirben im Lande" geschätzt, während in Nordtirol die Zirbe über 11.000 ha reduzierte Fläche einnimmt! Der Anteil der gemeinen Kiefer in Vorarlberg beträgt samt dem künstlichen Anbau rund 2 v. H., in Tirol dagegen ist zum Beispiel im Landkreis Imst ihr Anteil 26 v. H. In den bayerischen Forstämtern Jachenau, Partenkirchen, Mittenwald vermögen auch künstlich eingebrachte Lärchen in der Regel nicht, nachhaltig gut zu gedeihen. Dagegen ist die Stechpalme (Standortsweiser für atlantisches Klima) zum Beispiel im Gebiete Tegernsee noch ziemlich häufig.

Die Stufenfolge von unten nach oben in Vorarlberg ist: Am untersten Saum der Hänge im Rheintal und längs der Bregenzer Ache sind geringe Reste von Eichenmischwäldern (Eiche, Ahorn, Linde, Ulme, Esche); es folgt dann eine Stufe mit großem Buchen- und Tannenanteil; die Fichte pflegt aber in dieser Stufe, mit Ausnahme der tiefsten Lagen, schon reichlich beigemischt zu sein, auch der Bergahorn ist vertreten. Die darauffolgende Stufe der Fichtenwälder enthält noch immer eingesprengt Tanne und Buche. Das höchste Buchenvorkommen in Strauchform auf der Sonnseite fand Verfasser bei 1690 m (Gapfahler Falben), die Tanne geht noch höher. Reine Fichtenbestände bleiben daher dort auf einen schmalen obersten Gürtel beschränkt.

In der Stufe mit großem Buchen- und Tannenanteil in Vorarlberg kommen auch Ortsnamen vor, wie Andelsbuch, Bersbuch, Buchboden, und andere: Tannberg, Tannabach, Tännele usw. — Ähnlich in den Salzburger Flyschvorbergen der „Tannberg". Auch bei Salzburg erreichen Buche und Tanne auf den Flyschbergen und auf Kalkbergen des Randes (Gaisberg, Kapuzinerberg) ein Optimum. Die Buche kommt dort auch in reinen Beständen vor sowie in Tannen-Buchen-Mischbeständen und mit einer von Natur aus geringen Fichtenbeimischung. Durch Anbau in den letzten sechs Jahrzehnten wurde der Fichtenanteil am Alpenrande von Salzburg und Oberösterreich vermehrt. In Meereshöhen, in denen im Alpeninneren längst Nadelholz herrscht, ist die Buche am Außenrande noch vorherrschend, zum Beispiel sind zwischen Traun- und Attersee (Umgebung des Richtbergs) noch bei 900 bis 950 m Meereshöhe reine Buchenbestände sehr guter Standortsklasse vorherrschend. Die Lärche ist vereinzelt künstlich eingebracht, meist mit recht mäßigem Erfolg, während sie weiter im Osten, von Steyr ostwärts, auch auf Flysch natürlich vorkommt. Auch auf den gleichen Kalken, wie sie den — von Natur aus lärchenfreien — Gaisberg aufbauen, ist die Lärche in anderen Klimalagen weitverbreitet.

In Vorarlberg und im Allgäu sowie in anderen Teilen des nordwestlichen Alpenrandes fehlt die Lärche trotz des Hochgebirgscharakters dieser Gebiete (im Bregenzer Wald erhebt sich der Hohe Ifen bis 2232 m, im Kalkgebirge des Rhätikon ist die Scesaplana 2967 m hoch, im Urgestein des Silvrettastockes der Piz Buin 3312 m). Im Allgäu erreichen die Gipfel und Grate Höhen von etwa 2600 m.

---

[1] Näheres: Tschermak, Gliederung des Waldes Tirols, Vorarlbergs und der Alpen Bayerns in natürliche Wuchsbezirke, Centralbl. f. d. ges. Forstw. **66**, 1940, S. 117.

Der nordöstliche Alpenrand (die Kalkvoralpen und die Flyschzone von Niederösterreich und die Bucklige Welt).

Die östliche Lage wirkt sich, wie Klimazahlen ergeben, in etwas geringerer Ozeanität auch des Alpenrandes aus. In der Bestockung äußert sich dies insofern, als *im Osten auch am Gebirgsrande,* wiewohl dort Tanne und Buche noch ein Optimum aufweisen, *auch die Lärche von Natur aus* vorkommt. Überdies weist der nordöstliche Teil in der Bestockung (und im Klima) Besonderheiten auf: der „*Vordere Wienerwald*", nächst Wien, östlich der Linie Rekawinkel—Klausen-Leopoldsdorf, mit Lagen in 200 bis 550 m ist ein *Laubholzgebiet* mit Rotbuche in Mischung mit Traubeneichen, Zerreichen, Weißbuchen, eingesprengten Eschen, Ulmen, Berg- und Feldahornen, Elsbeerbaum, Zitterpappel, Birke, Salweide, Kirschbaum, Wildbirne, Vogelbeerbaum. Ein *zweites Teilgebiet* des Wienerwaldes im niederschlagsreicheren westlichen Teil hat *Mischbestände von Buche und Tanne,* zum Teil mit *ursprünglich vorkommenden Lärchen* (auch bei geringen Meereshöhen) und Kiefern, aufzuweisen. So kommen auf dem Nordhang des Schöpfl und von dort gegen Neulengbach von Natur aus Mischbestände von Buche, Tanne und Lärche vor, die Fichte fehlt dort. Der *Ostabfall der Kalkalpen südlich von Wien* (zwischen Kalksburg, Mödling und Neunkirchen) ist gegen die Ebenen Ungarns geöffnet und liegt in der Lee der vorherrschenden Westwinde, ist deshalb trockener und im Sommer wärmer; in diesem Gebiet kommt die *Schwarzkiefer* von Natur aus mit anderen wärmeliebenden Arten vor. Auf bindigen, frischeren Böden und auf Schattenseiten stocken meist *Tannen, Fichten, Lärchen und Buchen;* auf warmen, trockenen Dolomit- und Kalkböden und auf Sonnseiten *Schwarzkiefer, Flaumhaareiche, Traubeneiche, Zerreiche, Elsbeer- und Mehlbeerbaum, Weißbuche, Linde, Felsenbirne, Zwergmispel (Cotoneaster vulgaris und tomentosa),* selbst der sehr wärmeliebende *Perückenstrauch (Cotinus Coggygria)* kommt natürlich vor[1].

Das weitaus größere *übrige Voralpengebiet* von Niederösterreich einschließlich der Buckligen Welt weist in der Regel Mischbestände von *Fichte, Buche, Tanne, Lärche und Kiefer* auf. Die Lärchen der tieferen Lagen des natürlichen Verbreitungsgebietes zeichnen sich durch gute Wuchsformen, guten Gesundheitszustand, lange Lebensdauer und vorzügliche Holzbeschaffenheit, Eignung zur Saatgutgewinnung für den Anbau in Lagen geringerer Meereshöhe aus.

In dem näher an Wien gelegenen „Vorderen Wienerwald" blieb auch in der Flyschzone der Umfang der Rodungen wegen des staatlichen Forstbesitzes und der Jagd sehr beschränkt[2], große Waldzusammenhänge blieben erhalten, die heute zum „Wald- und Wiesengürtel" der Großstadt Wien gehören.

---

[1] **Tschermak L.,** Die natürlich vorkommenden Holzarten am Ostrand der Alpen in Niederösterreich, Österr. Vierteljahresschr. f. Forstw. 1931, S. 57—81.

[2] **Krebs N.,** Die Ostalpen und das heutige Österreich, Stuttgart 1928, II. Bd., S. 338—339.

Die Alpenzwischenzone (mit Einschluß des steirischen Randgebirges).

Während die Buche das Maximum und Optimum ihrer Verbreitung am Gebirgsrande besitzt, die Lärche dagegen ebenso offenkundig ihr Höchstmaß und Bestmaß in den Innenalpen erreicht, gibt es außerdem noch eine Zwischenzone zwischen dem Rand und dem Inneren, in der ein Übergreifen der Verbreitungsgebiete der Buche und Lärche stattfindet[1]. In diesem Wuchsbezirk finden sich als Hauptholzarten: Fichte, Tanne, Buche, Lärche, seltener die gemeine Kiefer, dann eingesprengt Bergahorn, Esche, Ulme, Eibe, Mehlbeer- und Vogelbeerbaum, Birke, Haselnuß, Sommerlinde. Den geschichtlichen Nachweis, daß dort die Mischung von Fichten, Tannen, Buchen, Lärchen, Föhren, Eschen, Ahornen usw. die ursprüngliche ist, enthält die Veröffentlichung des Verfassers „Die natürliche Verbreitung der Lärche in den Ostalpen, Wien 1935".

Zu dem Gebiet dieser Mischwälder gehören die Kalkhochalpen von Niederösterreich und der Wechsel, dann in Nordsteiermark[2] der Ennsgau nördlich vom Längstal der Enns, das Gebiet des Hochschwab und Teile der Eisenerzer Alpen, beziehungsweise das Mürztalgebiet. Der Alpenostrand in Steiermark (Ostabfall der Koralpe, Packalpe, Stub- und Gleinalpe und der Fischbacher Alpen) ist seiner Holzartenzusammensetzung nach ebenfalls hieher zu rechnen, dieser östliche Rand hat zwar unter dem Einfluß südlicher (und östlicher) Winde Randgebirgsklima und einen immerhin noch ansehnlichen Anteil von Buchen und Tannen, aber infolge der östlichen Lage ist die Ozeanität geringer und die Lärche geht dort bis an den Rand des Gebirges. Wenn also die Holzartenverbreitung als Weiser benützt wird, so ist das steirische Randgebirge der Einfachheit halber in die „Zwischenzone" mit einzubeziehen. Die aus dem Klagenfurter Becken aufragenden Erhebungen tragen gleichfalls in der Regel Bestände von Fichten, Tannen, Lärchen und Buchen (in bescheidenem Anteil), während in den Tieflagen des Beckens (mit kontinentalem Muldenklima) die Buche noch mehr zurücktritt. Mischbestände von Fichten, Tannen, Buchen, Lärchen finden wir auch im äußeren Teil der Salzburger Schieferalpen und in den Kalkalpen von Salzburg und Oberösterreich, dabei ist das Lärchenvorkommen gegen die Nordgrenze ihres Verbreitungsgebietes ausklingend, es beträgt zum Beispiel in den Forstämtern Hallein und Hintersee nur etwa 1 v. H. der Fläche. In Tirol hat der östliche Teil der Zwischenzone, etwa zwischen Achensee und Kufstein, milderes Klima als der westliche, er liegt näher dem Gebirgsrand und ist durch das Inntal nach außen geöffnet, der Anteil der Buche und Tanne ist im milden östlichen Teil größer als sonst in Tirol (im Bezirk Kufstein beträgt der Anteil der Buche und Tanne zusammen 23 v. H.). Der Mischwald besteht auch dort aus Fichte, Tanne, Buche, Lärche, der Anteil der Lärche ist im östlichen Teil der Zwischenzone in Tirol bescheiden. Der westliche Teil der Tiroler Zwischenzone (westlich der Linie

---

[1] Vgl. die Karte: Die Mischung Lärche-Buche in den Ostalpen, Abb. 38.

[2] T s c h e r m a k, Gliederung des Waldes der Reichsgaue Kärnten und Steiermark in natürliche Wuchsbezirke, Centralbl. f. d. ges. Forstw. 66, 1940, S. 59—66.

Achenpaß—Achensee—Jenbach) hat trotz des Grundgesteins von Dolomiten, Kalken und Mergeln der Trias und des Jura sowie Kalkschottern des Diluviums infolge des rauheren Klimas (Leeseite jener Gebirge, deren Kamm die Grenze zwischen Tirol und Bayern bildet) nur geringen Buchenanteil, zum Beispiel im Bezirk Reutte nur 3,9 v. H., im Bezirk Innsbruck (zu dem aber auch Teile der buchenfreien Innenalpen gehören) 1,2 v. H., im Bezirk Imst ist der Buchenanteil so geringfügig, daß er kaum in Bruchteilen von Promillen ausgedrückt werden kann. In diesem Gebiet sind die Nadelhölzer der Buche im Wuchs weit überlegen, die Buche ist meist nur zwischenständig oder unterständig und weist häufig ungünstige Formen auf. (Vgl. die Karte „Die wichtigsten natürlichen Waldformen", Abb. 65).

Im ganzen erstrecken sich die Mischwälder von Fichte, Tanne, Buche, Lärche in den Ostalpen vom Rheintal bei Chur in Graubünden an über Nordtirol, den nördlichen Teil des Landes Salzburg, das Berchtesgadner Land, die Kalkalpen Steiermarks, Ober- und Niederösterreichs bis in den äußersten Osten der Alpen in Niederösterreich und Steiermark, ähnlich verhält es sich im Süden in den Karawanken und Karnischen Alpen, in den Alpen Jugoslawiens und in den Außenzonen der italienischen Ostalpen. Die Stufe des bloßen Fichten-Lärchen-Waldes oberhalb der Mischwälder von Fichten, Buchen, Lärchen und Tannen ist in den Außenzonen der Alpen sehr schmal; reicht doch die Buche in den westlichen Alpenländern (Vorarlberg und Tirol) bis über 1600 m, wenn auch mit recht bescheidenem Anteil in den höheren Lagen, in den östlichen bis rund 1500 m am nördlichen Gebirgsrand, bis etwa 1600 und 1700 m am südlichen. Die Tanne aber steigt noch höher empor als die Buche.

Die Innenalpen in Tirol, Salzburg, Steiermark und Kärnten (mit Fichten-Lärchen-Wäldern, in Hochlagen Zirben).

In den Innenalpen hält der Mischwald von Fichten-Lärchen als die dort herrschende Waldgesellschaft große zusammenhängende Flächen ohne Rücksicht auf das Grundgestein, also auch auf Kalkunterlage, besetzt. Holzarten, die nur in einem Klima mit ausgeglicheneren Wärmeverhältnissen bestehen können, bleiben diesen Gebieten fern, so fehlt die Buche, die Stechpalme; die Tanne tritt weitgehend zurück, ebenso ist die gegen starke Fröste empfindliche Eibe sehr selten. Hingegen erreicht die Lärche ein Maximum ihrer natürlichen Verbreitung, und in Hochlagen tritt häufig die Zirbe auf. In der Nähe der niederschlagsarmen Talsohle (zum Beispiel Oberinntal) und auf trockenen Kalk- und Dolomitsonnseiten findet sich die gemeine Kiefer. Buche und Tanne fehlen in den Innenalpen aber nicht etwa wegen Trockenheit der Standorte, denn sie fehlen auf Berglehnen, die den in bezug auf Feuchtigkeit keineswegs anspruchslosen Beständen von Fichten und Lärchen sehr gut zusagen. So wie die Nadelhölzer im kontinentalen Osten Europas vorherrschen, so auch im „Landklima" der Innenalpen. So hat zum Beispiel der Verwaltungsbezirk Landeck (Oberinntal) mit einer Waldfläche von rund 42.000 ha nur 0,1 v. H.

Laubholz, hingegen 99,9 v. H. Nadelholz. Der Hauptteil davon entfällt auf Fichte und Lärche. Archivstudien ergeben eine ähnliche Holzartenverbreitung auch in früheren Jahrhunderten. Im Oberinntal Nordtirols und dem angrenzenden Engadin des Kantons Graubünden findet sich diese Waldform von Imst bis zum Malojapaß, hier herrscht auf den Hängen innerhalb einer Talstrecke von 140 km Länge aus klimatischen Gründen das Nadelholz ohne Buche, dabei beträgt die Meereshöhe von Imst nur 716 m. Auch sind in diesem buchenfreien Gebiet Kalk- und Dolomitgesteine weit verbreitet. Weiter findet sich diese Waldform im oberen Etschtal (Vintschgau), im Pustertal mit dem Ahrntal und in Osttirol, politischer Bezirk Lienz, hier ist die Buche (meist nur in Renk- und Strauchform) nur im Randgebiet des Südostens, hauptsächlich zwischen Lienz und der Kärntner Grenze, mit sehr bescheidenem Anteil vertreten, die Meereshöhe von Lienz beträgt nur 675 m, die Buche fehlt in Osttirol von den Talsohlen, etwas über 700 m, an. Weiter ist der Fichten-Lärchen-Wald in den Tauern Kärntens zu Hause, also im Mölltal und auf der Kärntner Seite der Ankogelgruppe, die von der Lieser entwässert wird, dann in den benachbarten Gurktaler Alpen und im nördlichen Teil der Lavanttaler Alpen; desgleichen im Lungau des Landes Salzburg und im benachbarten obersteirischen Murgau; dann im südlichen Teil des Ennsgaues (südlich vom Längstal der Enns). Die buchenfreie Talstrecke von Moritzen im Mururprungsgebiet, Lungau, bis in die Nähe von Leoben ist ebenfalls etwa 140 km lang (Abb. 65). Der Lungau ist gegen Norden, Westen und Süden durch hohe Gebirge abgeschlossen, nur gegen Osten offen, er ist daher kontinentalen Klimaeinflüssen, Winterkälte und Sommerwärme, besonders zugänglich. V i e r h a p p e r bezeichnet die Waldstufe des Lungaus klimatisch als dem „subarktischen Sibirien" ähnlich (mit dem Zusatz: „mehr als irgendein anderes Gebiet in der Alpenkette")[1]. Nur im Engadin Graubündens mit ähnlich abgeschlossener Lage und großer Massenerhebung herrscht ähnliches Klima und ähnliche Waldvegetation. Auch die Innenalpen des Pinzgaues gehören als buchenfreies Gebiet hieher, umfassend die Hohen Tauern südlich des Salzachlängstales, nordwärts reicht das Gebiet bis zum Kamm der Kitzbüheler Schieferalpen. Die Innenalpen des Pinzgaues enthalten nur unbedeutende inselförmige Kleinstvorkommen stark frostgeschädigter Buchen, so im „Buchwald" bei Neukirchen und an zwei anderen Stellen[2]. Der Lärchenanteil ist im Pinzgau wesentlich kleiner als im Lungau (der Klimacharakter und die Besonderheiten des Waldkleides sind hier keineswegs so ausgeprägt wie im Lungau und Engadin).

Holzarten, die in den Fichten-Lärchen-Wäldern der Innenalpen eingesprengt vorkommen können, sind (außer der Weißföhre und Zirbe): Vogelbeerbaum, Bergulme, Zitterpappel, Moorbirke, Weiß- und Grünerlen, Traubenkirschen, Salweiden; in mäßigen Höhen, zum Beispiel des Oberinntals Nordtirols, auch Winterlinden, Bergahorne und Stieleichen.

---

[1] V i e r h a p p e r, Klima, Vegetation und Volkswirtschaft im Lungau, Dtsch. Rundschau für Geographie 36, 1913/14.

[2] T s c h e r m a k, Verbreitung der Rotbuche in Österreich, Wien 1929, S. 62.

Additional information of this book

(Waldbau; 978-3-662-22787-9; 978-3-662-22787-9_OSFO2)

is provided:

http://Extras.Springer.com

In solchen abgeschlossenen Längstälern, wie Lungau, Engadin, sind die zuerst genannten Laubhölzer nur spärlich vertreten, so daß sie das vom Nadelholz beherrschte Gesamtbild kaum beeinflussen.

In den höheren Lagen der Innenlandschaft ist die Waldform der Zirben-Lärchen-Fichten (mit Zwergwacholder, Sumpfheidelbeere, rostfarbener Alpenrose, Heide) häufig vertreten. Nach obenhin folgt dann aufgelöster Bestand der gleichen Holzarten. Die Waldform der Zirbenbestände und Mischbestände der Zirbe mit Lärchen und Fichten findet sich im Engadin Graubündens, in den Ötztaler, Stubaier, Zillertaler und Tuxer Alpen Nordtirols, im Vintschgau Südtirols, in den Hohen und Niederen Tauern, in Teilen der Gurktaler und Seetaler Alpen (mit noch sehr ansehnlichen Zirbenwäldern auf dem Zirbitzkogel), in den Dolomiten östlich des Eisacktales (Grödener Tal, Fassatal); kleinere Zirbenvorkommen sind auf den hochgehobenen Plateaus des Dachsteins und Warschenecks, des Steinernen Meeres und Hagengebirges.

9. Die Waldgebiete in Deutschland.

Im Westen überwiegt stark das Laubholz, im Osten das Nadelholz. Nach der von B o r g g r e v e zuerst entworfenen, später von D e n g l e r in einigem abgeänderten und verbesserten Einteilung können wir nach Abb. 66 unterscheiden[1]:

1. Das nordostdeutsche Kieferngebiet; Tiefland östlich der Elbe und nördlich des den sächsisch-schlesischen Gebirgen vorgelagerten Berg- und Hügellandes, mit Einschluß der Altmark westlich der Elbe. Hauptholzart dieses Gebietes ist die Kiefer, eingesprengt kommen auf mittleren Sandböden Traubeneichen, Hainbuchen, auf frischeren Sandböden Buchen vor; auf Lehmböden, besonders im Ostseeküstengebiet, Buchen- und Eichenbestände. Das Küstengebiet ist daher als Unterabteilung 1 a (reicher an Buche) auszuscheiden. D e n g l e r s Entwurf, der ja lange vor Kriegsende abgefaßt wurde, schied noch ein zweites Teilgebiet, von Danzig bis zur östlichen Grenze Ostpreußens, als Gebiet 1 b aus (reicher an Fichte). In Lehmrevieren Ostpreußens sind schöne Mischwälder (jedoch im Osten ohne Rotbuche) von Eichen, Fichten, Hainbuchen, Eschen, Birken, Winterlinden; im Teilgebiet 1 c (Oberschlesien) tritt zur Kiefer und Fichte die Weißtanne hinzu.

2. Das nordwestdeutsche Heidegebiet, Kiefern-Eichen-Gebiet, Westhälfte der schleswig-holsteinschen Halbinsel und Tiefland an der unteren Weser, westlich der Elbe; durch das atlantische Klima mit viel Luftfeuchtigkeit, Nebel, daher geringer Transpiration, ist die Heide begünstigt (mit *Calluna,* Wacholder, *Erica tetralix* usw.). Stechpalme, *Ilex aquifolium,* kommt vor. Wald und Heide kamen ursprünglich in dem Gebiet neben-

---

[1] Da die Karte in der 3., 1944 erschienenen Auflage die Waldgebiete auch in den seit 1938 angeschlossenen Ländern mit enthält, wird hier das Kärtchen aus der 2. Auflage wiedergegeben.

einander vor, und zwar Laubwald (Buche und Eiche), bis auf kleine Inseln von Kiefer und Fichte, deren Anteil aber durch die Heideaufforstung vergrößert wurde. Das sommerkühle Seeklima begünstigt die Rohhumusbildung. H a u s r a t h hat untersucht, ob in dem Heidegebiet ursprünglich Wald oder Heide verbreitet gewesen ist, und kam zu folgendem Schluß: Gewiß sei die Heide in einem großen Teil von Nordwestdeutschland von Urzeiten einheimisch, ihre Ausbreitung sei durch die klimatischen Verhältnisse der jüngeren Steinzeit und der Bronzezeit begünstigt worden.

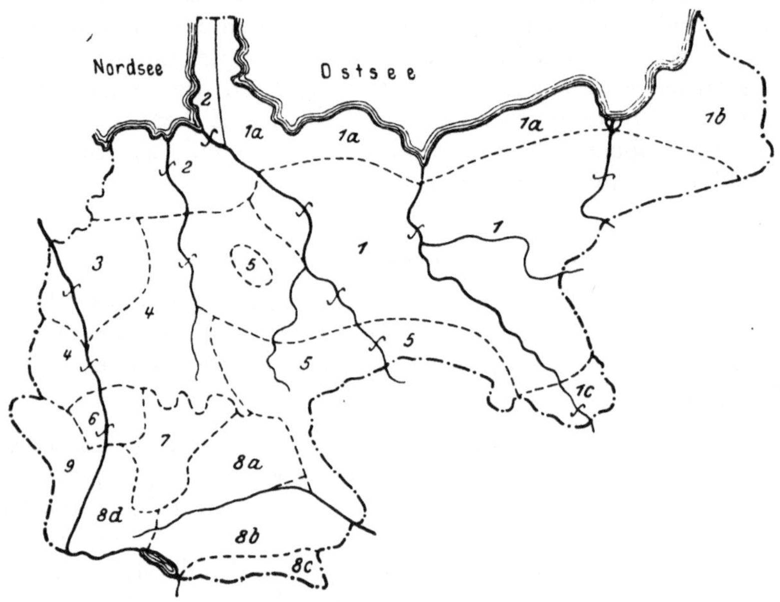

Abb. 66. Übersichtskarte der deutschen Waldgebiete (nach A. D e n g l e r, Waldbau, 2. Aufl.).

Doch habe der Wald bedeutende Flächen eingenommen, er sei am Ausgang des Mittelalters und bis ins 18. Jahrhundert hinein viel ausgedehnter gewesen als zu Beginn der planmäßigen Aufforstungen. An seiner Vernichtung trage der Mensch die Hauptschuld[1].

3. Das niederrheinisch-westfälische Eichengebiet, Tieflagen des Niederrheins, ursprünglich Eiche, zum Teil mit Hainbuche, Birke und anderen Laubhölzern, mit künstlicher Einbringung von Nadelholz (Kiefer im Nordteil, Fichte im bergigen Südteil).

4. Das westdeutsche Buchengebiet, hauptsächlich das Berg- und Hügelland der Provinz Hessen-Nassau und Oberhessen, dann Teile von Hannover, Braunschweig, Westfalen, Rheinprovinz, mit Buche, eingesprengt Eiche. Auch gegenwärtig ist der Anteil der Buche noch sehr bedeutend, sie kommt auch in reinen Beständen oder als vorherrschende

---

[1] H a u s r a t h, Heide und Wald, Allg. Forst. u. Jagdztg. 1942.

Holzart in größeren Waldungen vor. Als Mischholzarten oder eingesprengt treten Traubeneichen auf, ferner Bergahorne, Bergulmen, Eschen. Auf Räumen und Lücken im Buchenwald und auf sogenannten buchenmüden Standorten sind in großem Umfang Kiefern und Fichten im Buchengebiet künstlich eingebracht worden.

5. Das deutsche Mittelgebirgs-Waldgebiet aus Fichte, Tanne und Buche. Es findet sich in den Gebirgen Sachsens und Thüringens, der Sudeten, im Fichtelgebirge, im Bayerischen Wald und im Harz, in diesem jedoch ohne Tanne. Die Fichte ist hier heute die Hauptholzart. Von Natur aus ist (mit Ausnahme des Harzes) die Tanne beigemischt, ihr Anteil ist oft recht gering, im Bayerischen Wald ist er beträchtlich. Die Rotbuche ist teils einzeln als Mischholz, teils auch bestandesweise (im unteren Teil) beigemischt.

6. Das rheinhessisch-pfälzische Kiefern-Laubholz-Gebiet, es umfaßt die Rhein-Main-Ebene, die bayerische Rheinpfalz, den Odenwald und den Spessart. Ursprünglich war es ein Eichen-Buchen-Gebiet, die Mischbestände von hochwertigen Eichen mit Buchen im Spessart sind berühmt. Die Kiefer kam nur zum kleinsten Teil natürlich vor und wurde insbesondere an Stelle von Niederwäldern durch Aufforstung künstlich eingebracht, ihr Anteil an der Waldfläche ist heute beträchtlich.

7. Das süddeutsche Laubholzgebiet, südlich der Mainlinie, südwärts bis zur Schwäbischen Alb reichend, vom Odenwald im Westen bis zum Steigerwald im Osten, mit Buche und Eiche, von Natur aus sehr wenig Nadelholz, dessen Anteil durch Forstkultur vermehrt wurde. Es kann als Fortsetzung des westdeutschen Buchengebietes nach Süden über den Main aufgefaßt werden (wurde daher in der dritten Auflage von D e n g l e r s Waldbau, 1944, mit dem westdeutschen Buchengebiet zusammengezogen). Im nördlichen Baden („badischen Bauland"), das zu diesem Gebiet gehört, wird mit guten Erfolgen Eichenstarkholzzucht in Hochwäldern betrieben, die in vielen Fällen durch Überführung aus Mittelwald entstanden sind (Verfasser hatte Gelegenheit, sich von der sorgfältigen Pflege so begründeter hochwertiger Eichenhochwälder mit hoher Umtriebszeit an Ort und Stelle zu überzeugen).

8 a. Das fränkisch-oberpfälzische Kiefern-Fichten- (Tannen-) Mischgebiet findet sich in Bayern nördlich der Donau, zwischen Frankenhöhe im Westen und Böhmerwald im Osten, vom oberen Main im Norden bis zur Donau im Süden. Es hat viele Höhenzüge und kleine Gebirge aufzuweisen, die Kiefer stockt besonders auf trockeneren Böden, zum Beispiel Keupersanden um Nürnberg, die Fichte und Tanne auf frischeren Böden, so im fränkischen Jura. Es gibt auch Mischbestände aller drei Nadelhölzer und der Buche. Sonst herrscht je nach den Standortsverhältnissen bald die eine, bald die andere der genannten Holzarten vor.

8 b. Das schwäbisch-bayerische Fichtengebiet reicht südlich der Donau bis zum Alpenrand, die schwäbisch-bayerische Hochebene gehört zum Alpenvorland, Grundgesteine sind Schotter und Moränen eiszeitlicher

Alpengletscher sowie tertiäre Ablagerungen. Das Klima ist rauher, die Fichte hat heute den größten Anteil an der Waldfläche. Die Laubhölzer, insbesondere Buche, wurden durch die Forstkultur zurückgedrängt, das rauhere Klima der Hochebene begünstigte die Verdrängung. Die Meereshöhen betragen häufig etwa 500 m (zum Beispiel München 519 m, ähnlich Augsburg, Ulm).

8 c. Das Fichten-Tannen-Buchen-Gebiet des nordwestlichen Randes der Ostalpen in Deutschland reicht vom Bodensee bis zur Salzburger Grenze; in seinem reichsdeutschen Anteil (Allgäu und sonstige bayerische Alpen) sind die Bestockungsverhältnisse ähnlich wie in dem entsprechenden österreichischen Anteil: Vorarlberg und nördlichster Teil des Westtiroler Gebietes bei Reutte. Westlich der Loisach ist das bayerische Alpengebiet frei von Lärchen (bis auf wenige inselförmige Kleinstvorkommen), hingegen enthält der östlich der Loisach befindliche Teil auch die Lärche. Der Anteil der Tanne und Buche ist von Natur aus groß. Die Fichte wurde künstlich begünstigt[1].

8 d. Das badisch-württembergische Tannen-Buchen-Fichten-Gebiet liegt nordwestlich vom Bodensee und reicht von den Ausläufern des Schwarzwaldes im Norden bis zum Rheinknie und Bodensee im Süden. In den tieferen Schwarzwaldlagen nimmt die Traubeneiche an der Bestockung teil, beim Aufstieg aus der Rheinebene wirkt sich an den West- und Südwesthängen das — dem Seeklima ähnliche — Klima der Luvseite aus, die Tanne findet in einem breiten Gürtel zusagende Verhältnisse. Die Buche kommt bis zu Höhen von etwa 1250 m vor und beteiligt sich sowohl an dem Aufbau schöner Mischbestände als auch bildet sie reine Bestände. Das Verbreitungsgebiet der Fichte wurde hier durch die Wirtschaft stark vergrößert. Reicheres natürliches Fichtenvorkommen (Fichte mit etwas Tanne und Föhre) findet sich dort östlich vom Gebirgskamm (Habsberg bei Blasiwald-Feldsberg-Weißtannenhöhe-Brend) auf der Leeseite, dort herrscht fast reines Nadelholz (mit nur 1 bis 3 v. H. Buche und sonstigem Laubholz in den Forstbezirken Donaueschingen, Villingen-Staat, Villingen-Stadt, Neustadt, Bonndorf, Ühlingen) infolge der klimatischen Verhältnisse der Kälteinsel auf der Leeseite des Gebirges[2].

---

[1] D e n g l e r (Waldbau, 3. Aufl., 1944, S. 91) zählt in zu weitgehendem Vereinfachungsbestreben das ganze österreichische und bayerische Alpengebiet, vom Bodensee bis Wien und vom Alpennordrand bis zur österreichischen Südgrenze (laut Kärtchen) zum „alpinen Fichten-Tannen-Buchen-Gebiet". Damit ist dem Vorkommen der Lärche fast in den ganzen Ostalpen ebensowenig Rechnung getragen wie dem Fehlen der Buche und Tanne in den Innenalpen und dem Vorkommen des Maximums und Optimums der Lärche und Zirbe in diesen.

[2] A l b r e c h t, Die Rotbuche am Ostabfall des südlichen und mittleren Schwarzwaldes und in der Baar in Gegenwart und Vergangenheit. Freiburg i. Br., Universitäts-Forstabteilung, 1942.

10. Die wichtigeren Waldgebiete der Balkanhalbinsel.

Im folgenden sollen die wichtigeren Waldgebiete zuerst des Rumpfes der Halbinsel, der südlich von der Donau-Save-Linie zwischen dem Adriatischen und dem Schwarzen Meer gelagert ist, und dann jene der griechischen Halbinsel besprochen werden. Im ganzen überwiegt weitaus das Laubholz (in Jugoslawien und Bulgarien mehr als 80 v. H. der Waldfläche). Die Gebirge in der westlichen Hälfte des Rumpfes der Halbinsel haben im Vergleich zur östlichen Hälfte die reichere und üppigere Bewaldung, weil sie klimatisch begünstigt sind; der gebirgige Westen empfängt reichliche Niederschläge, während die Ostseite verhältnismäßig trocken ist. Auch die Gebirge in Bulgarien sind in geringerem Maße von ozeanischen Luftströmungen beeinflußt als der größte Teil der Dinarischen Alpen, das offenbart sich auch im Waldkleid. Eines der größten und wirtschaftlich wichtigsten Waldgebiete der Balkanhalbinsel ist:

Das Gebiet der Buchen-Tannen-Fichten-Wälder in den Gebirgen Bosniens und der Herzegowina, Montenegros und Serbiens (Dinarische Alpen, Velebitgebirge).

Bis zu einer mittleren Höhe von etwa 800 m (auf Südhängen etwa 1000 m) steigt noch die Traubeneiche, vermischt mit der Buche, empor, ungefähr von dieser Höhe an sind in der Bergregion riesige Flächen von Buchenwäldern bedeckt. Die Buche bildet auf großen zusammenhängenden Flächen reine Bestände, in denen andere Laubhölzer nur eingesprengt vorkommen. Je nach Meereshöhe, Neigung, Hangrichtung, Grundgestein wechseln die eingesprengten Arten. Auf wärmeren Standorten sind vertreten: *Quercus sessiliflora, Qu. Cerris, Carpinus Betulus, Castanea vesca, Ostrya carpinifolia, Tilia argentea, Sorbus torminalis, Fraxinus Ornus;* sonst im Buchengürtel: *Acer Pseudoplatanus, Ulmus montana, Fraxinus excelsior, Acer obtusatum.* Von Nadelhölzern begegnet man im Buchengürtel zuerst der Tanne, erst höher oben auch der Fichte, von ungefähr 1000 bis 1300 m Seehöhe an können die Nadelhölzer Tanne und Fichte vorherrschend werden. Die Fichte reicht aufwärts bis zur oberen Baumgrenze. Nach B e c k erreicht die Fichte die höchsten Standorte auf den Gebirgen Montenegros und des angrenzenden Bosnien. Er fand sie noch bei 1979 m[1]. Die Gürtelbreite des Fichten-Tannen-Waldes gibt er im Mittel mit 517 m an, jene des Rotbuchenwaldes (in Mittelbosnien) mit 526 m. Auch die Eibe, *Taxus baccata,* findet sich hie und da eingesprengt als unterständige Holzart in diesem Gebirgswald. In Westbosnien kann man an den parallelen Ketten der von Nordwesten nach Südosten ziehenden Dinarischen Alpen ebenso viele Züge von reinem Nadelwald erkennen. Vor wenigen Jahrzehnten, gegen Ende des 19. Jahrhunderts, waren die Gebirgswälder Bosniens und

---

[1] B e c k v. M a n n a g e t t a G., Die Vegetationsverhältnisse der illyrischen Länder, Leipzig 1901. — P e t r a s c h e k K., Skizze der natürlichen und forstwirtschaftlichen Verhältnisse Bosniens und der Herzegowina, Österr. Vierteljahresschr. f. Forstw. **45**, 1895, S. 212—226.

der Herzegowina mit Buchen, Tannen, Fichten noch unberührte Urwälder auf Flächen von gewaltigem Ausmaß. Auch gegenwärtig sind noch ansehnliche Reste des Urwaldes übrig. Da die gegebenen Standortsbedingungen günstig für Waldwuchs sind und den vorkommenden Holzarten durchaus zusagen, so erreichen in diesen Urwäldern Buchen, Tannen und Fichten, Bergahorne und andere ein hohes Alter und gewaltige Dimensionen. 300- bis 400jährige Stämme von 1 bis 2 m Brusthöhendurchmesser und bedeutenden Baumhöhen sind keine Seltenheit.

Auf warmen, trockenen Standorten des gleichen Gebietes, so auf Serpentinunterlage oder auf Kalkgrundgestein, tritt die Schwarzkiefer, *Pinus nigra var. austriaca*, bestandesweise oder als Mischholz bis zu Höhen von etwa 1300 m auf. Auch das (kleinere) Verbreitungsgebiet der *Pinus leucodermis* (im südlichen Bosnien, in der Herzegowina, in Montenegro, Albanien) liegt innerhalb unseres Waldgebietes; desgleichen jenes der *Picea Omorica* (in Westserbien und Ostbosnien, in den Bergen des mittleren und obersten Drinalaufes sowie an der montenegrinischen Grenze). Im Süden unseres Waldgebietes ist auch *Pinus Peuce* mit einem kleineren Teil ihres Verbreitungsgebietes vertreten.

Der slawonische Eichenwald.

In den Tälern und Ebenen der Drau und Save und längs einiger Nebenflüsse, meistens in Meereshöhen von 80 bis 100 m, befinden sich die berühmten slawonischen Eichenwälder, ihr Gebiet reicht nach Südosten bis zum Zusammenfluß von Donau und Save. Die wichtigste Holzart dieses Gebietes ist die Stieleiche, doch kommen auch Trauben- und Zerreichen, Ulmen, Eschen, Hainbuchen und andere vor. Der Boden ist alluvial, tiefgründig, frisch, lehmig-sandig, mit oberflächlichen Wasseradern, wird jährlich überschwemmt und mit Schlick gedüngt. Im Unterholz finden sich außer Hainbuche: Silberlinde, Feldahorn, Pappeln, Erlen, *Acer tataricum*, dann Sträucher, wie *Crataegus, Prunus spinosa, Viburnum Opulus, Ligustrum* und andere. Die Altholzeichen stehen nicht geschlossen, sondern einzeln oder in Gruppen in größeren Abständen, der Boden ist durch zwischenständige andere Holzarten und das Unterholz gedeckt. Die slawonische Stieleiche hat schlanke, gerade Stämme, mitunter bis 20 m Höhe astrein; Brusthöhendurchmesser von 1 m und mehr kommen vor. Bis über die Mitte des vorigen Jahrhunderts wurde das Holz wenig verwertet, dann wurde die Nutzung allmählich gesteigert, so daß im Jahre 1920 die Fläche der über 140jährigen Bestände nur mehr 6 v. H. der Waldfläche ausgemacht haben soll[1]. Zur natürlichen Verjüngung sind die Altholzbestände geeignet, die Stieleiche hat dort, im Alter von 60 bis 70 Jahren, alle drei bis vier Jahre Samenjahre. Die jungen Pflanzen kommen trotz Konkurrenz durch Weißdorn, Linde usw. gut vorwärts. An feuchten Stellen wachsen Eschen und Ulmen. Etwa acht Jahre lang fortgesetzte Unterbin-

---

[1] Nach Manojlović, zit. nach A. de Philippis, Die Eichen von Slawonien, Rivista forestale Italiana, 1941. Smilaj J., Erziehung und Benützung der slawonischen Eichenwaldungen, Šumarski list 63, S. 25—36, 1939. — Fröhlich J., Die Eiche in Südosteuropa, Intern. Holzmarkt (Wien) 1941, Heft 11/12, S. 21—23.

dung des Weideganges soll gewöhnlich ausreichen, um eine neue Generation zu sichern. Durch künstliche Verjüngung werden die Anwüchse ergänzt. Der slawonische Eichenwald soll eine Fläche von 200.000 ha bedecken, davon 130.000 ha in Slawonien (A. d e P h i l i p p i s).

Der Trauben- und Zerreichenwald im trockeneren
Hügel- und Bergland Jugoslawiens.

Im trockeneren Hügel- und Bergwald tritt die Stieleiche zurück und
ein Eichenwald aus Trauben- und Zerreichen wird vorherrschend, auch
Flaumhaareichen und andere Mischholzarten sind vertreten, so *Carpinus
Betulus, Tilia argentea, Castanea sativa, Fraxinus excelsior, Sorbus torminalis, Pirus communis, Juglans regia, Prunus avium.* So gibt es zum Beispiel
bei Agram im Park Maksimir mächtige Zerreichen mit schlanken, astreinen Stämmen, die aber zahlreiche Frostrisse aufweisen[1]. Auch südlich
der Donau bei Neusatz, im niedrigen Bergland der Fruška gora (Höhe
539 m), um ein anderes Beispiel zu nennen, wurden Mischbestände von
Zerreichen, Hainbuchen, Silberlinden, Flaumhaareichen, Kirschen beobachtet; die Zerreichen gedeihen dort gut, weisen aber auch da viele starke
Frostrisse auf und sind daher nur als Brennholz verwendbar. (Das Klima
Syrmiens und des Banats ist von den benachbarten ungarischen Tiefebenen her pannonisch beeinflußt.) Auch in Bosnien und Serbien[2] besitzt
der Trauben- und Zerreichenwald weite Verbreitung, B e c k beschreibt
ihn als „Formation des bosnischen Eichenwaldes". In der Nähe der Ortschaften und Kommunikationen in Bosnien ist der Eichenwald in der
Regel in Buschwald umgewandelt, den die Bosnier als „šikara" bezeichnen.
Durch Holznutzung und Beweidung des Waldes (Ziegen- und Schafweide)
wird er niedrig gehalten.

Auf den trockeneren Hügelseiten des Trauben- und Zerreichenwaldes,
zum Beispiel in Bosnien, finden sich auch *Pinus nigra var. austriaca* und
Pinus silvestris, und zwar bald als Begleiter der Eichen, bald selber herrschend, besonders auf trockenem, warmem Serpentingrundgestein. Gegen
das höher ansteigende Bergland tritt dann an ihre Stelle die mächtige Zone
der Rotbuche.

Das jugoslawische Eichen-Buchen-Gebiet
ist zwischen dem Eichengebiet und dem Buchen-Tannen-Gebiet besonders
im nördlichen und östlichen Jugoslawien verbreitet. Die Fläche der Laubmischwälder von Buchen, Eichen, Bergulmen, Silberlinden, Hainbuchen
und anderen ist in Jugoslawien sehr groß. In den unteren Lagen tritt
Fraxinus Ornus, Quercus Cerris, Ostrya carpinifolia hinzu, weiter oben
Acer Pseudoplatanus, Acer obtusatum. Der Eichen-Buchen-Mischwald reicht
nach oben bis etwa 800 oder 900 m (vereinzeltes Eichenvorkommen gibt
es in noch höheren Lagen, nach v. B e c k in Mittelbosnien bis 974 m,
in Südbosnien bis 1100 m, in der Herzegowina bis 1293 m Seehöhe[3]). Auf

---

[1] A. d e P h i l i p p i s, Jugoslavia forestale, Rivista forestale Italiana, 1940.

[2] K n a p p R., Vegetationsstudien in Serbien, Halle (Saale) 1944.

[3] Zit. nach D i m i t z, Die forstlichen Verhältnisse und Einrichtungen Bosniens und
der Herzegowina, Wien 1904, S. 18.

Hügeln und in unteren Berglagen tritt zu der angegebenen Mischung häufig die Edelkastanie hinzu. Die Schwarzkiefer ist auch in dieser Höhenstufe verbreitet.

Das jugoslawische Karstwaldgebiet mit Flaumhaareichen und Mannaeschen.

Vom jugoslawischen Buchen-Tannen-Fichten-Gebiet kommt man in der Richtung gegen die adriatische Küste in ein Flaumhaareichengebiet, das sich als Streifen von mäßiger Breite zwischen dem die Küste begleitenden Bereich immergrüner Gehölze der Mediterranflora einerseits und dem Buchen-Tannen-Fichten-Gebiet andererseits erstreckt. Der Flaumhaareiche sind hier zahlreiche Holzarten beigemischt, so *Fraxinus Ornus, Ostrya carpinifolia, Quercus sessiliflora* (Syn. *petraea), Quercus Cerris, Carpinus duinensis, Acer monspessulanum, Acer campestre, obtusatum, Sorbus torminalis, Celtis australis, Prunus Mahaleb.* Die Edelkastanie tritt hier gelegentlich gleichfalls auf. In den unteren Lagen sind noch immergrüne Mediterrangehölze, wie *Quercus Ilex* und *coccifera, Laurus nobilis* und andere beigemischt. Schwarzkiefernbestände gibt es auch in diesem Gebiet. Die untere Grenze des Flaumhaareichenwaldes liegt bei etwa 300 m, die obere bei etwa 1100 m. An der kroatischen Küste fehlen wegen rauheren Klimas die immergrünen Gehölze und der Flaumhaareichenwald steigt dort bis zur Küste herab.

Unter dem Einfluß ständigen Weideganges ist der Karstwald, besonders in der Nähe der Ortschaften, oft zu einem Gestrüpp geworden, „oft sind es nur rankenartig den Boden bedeckende Laubkissen, die das Vorhandensein der Holzvegetation markieren"[1].

Das jugoslawische Macchiengebiet.

Das jugoslawische Gebiet der mediterranen immergrünen Holzarten zieht sich entlang der Küste neben dem Flaumhaareichengebiet, das landeinwärts folgt, von Istrien bis zum Skutarisee. In diesem Gebiet treten auf: die Immergrüneichen *Quercus Ilex* und *Quercus coccifera,* die Baumheide, *Erica arborea,* die Steinlinden *Phillyrea latifolia* und *media,* der Erdbeerbaum, *Arbutus Unedo,* der Lorbeer, *Laurus nobilis,* der immergrüne Wegdorn, *Rhamnus Alaternus, Pistacia Lentiscus, Pistacia Terebinthus,* der Stechdorn, *Paliurus aculeatus,* der immergrüne Schneeball, *Viburnum Tinus, Spartium junceum, Ruscus aculeatus* und *Hypoglossum, Juniperus Oxycedrus* und *phoenicea.* Als angebauter Fruchtbaum und verwildert findet sich auch der seit alters her eingebürgerte, aus Vorderasien stammende Ölbaum, *Olea europaea*[2].

Als forstlich wichtiger Waldbaum kommt in diesem wintermilden Gebiet die Aleppokiefer, *Pinus halepensis,* vor, so besonders im südlichen Dal-

---

[1] D i m i t z L., Die forstlichen Verhältnisse und Einrichtungen Bosniens und der Herzegowina, Wien 1904, S. 15.

[2] Die meisten Ölbäume soll Griechenland haben, angeblich „ungefähr 80 Millionen veredelte und 100 Millionen wilde. An den Bergabhängen bilden sie ganze Wälder. Über die Ebenen sind sie in großer Zahl verstreut" (H e r l t, Der Ölbaum in der Levante, Wr. Allg. Forst- u. Jagd-Ztg. 1930, S. 310).

matien und auf den zugehörigen Inseln sowie an der Küste zwischen Spalato und Ragusa (v. B e c k, a. a. O., S. 426). Die wertvollsten Waldbestände in diesem Gebiet werden von der Aleppokiefer aufgebaut. Gelegentlich findet sich auch *Pinus nigra*. Die im mediterranen Klima gedeihende Pinie ist an den jugoslawischen Adriaküsten als Zierbaum künstlich angepflanzt[1].

Das Waldsteppengebiet in der bulgarisch-rumänischen Donautiefebene.

Die Niederungen in der östlichen Hälfte des Rumpfes der südosteuropäischen Halbinsel haben verhältnismäßig geringe Niederschläge (500 bis 600 mm und selbst unter 500 mm), dabei entsprechend der geographischen Breite und geringeren Meereshöhe hohe Sommertemperaturen (also hohe Verdunstung), zum Beispiel hat Pleven in Nordbulgarien eine mittlere Julitemperatur von $22,8^0$ C[2] (Jahresschwankung 24^0, Jahresmittel der Temperatur $11,1^0$ C). Dieses Klima ist dem Baumwuchs selbstverständlich wesentlich weniger günstig als etwa das der bosnischen Berge. Demgemäß findet sich in diesen Niederungen ein Waldsteppengebiet. Etwas Baumwuchs gibt es noch; so sind die in großer Zahl vorhandenen, etwa zur Hälfte zu Bulgarien gehörigen Donauinseln mit Weiden und Pappeln bestanden. Längs der Flußläufe dringt Eichenbestockung weit gegen die Donau vor. Ähnlich wie in Kleinasien vermag auch hier die Flaumhaareiche noch weit ins Innere der Steppe einzudringen. In der rumänischen Vorsteppe kommen vor: außer *Quercus pubescens* auch *Qu. Cerris*, die im ganzen etwa 175.000 ha, meist als Buschwald von geringem Schlußgrad, bedeckt (P. J o a n), dann *Carpinus duinensis, Qu. pedunculata* und *sessiliflora, Fraxinus Ornus, Acer campestre, Pirus communis, Ulmus effusa, Tilia, Cotinus Coggygria, Acer tataricum, Cornus, Crataegus, Viburnum* und andere[3]. Im Nordosten Bulgariens, in der Landschaft „Deli Orman" (deren türkischer Name „dichter Forst" bedeutet), ist das wellige Hügelland infolge der Ungunst des Standortes nur von einem lichten Buschwald bedeckt[4]. Noch steppenhafter ist die Dobrudscha. Die Süddobrudscha zum Beispiel hat nach S t o j a n o f f ausschließlich Niederwald (S t o j a n o f f I., Die Gebirgsforstwirtschaft Bulgariens, Der Gebirgsforst, Wien 1943, S. 39 ff.).

---

[1] B a l e n J., Beitrag zur Kenntnis der jugoslawischen Mittelmeerwaldungen, Šumarski list **59**, 1935. Mit franz. Zus.

[2] Ergebnisse 30jähriger meteorologischer Beobachtungen 1896—1925, Jahrb. der meteorolog. Direktion in Sofia, 1931, zit. nach I w a n o w, Die staatliche Aufsicht über die Privatwälder in Bulgarien, Dissertation zur Erlangung des Doktorgrades a. d. Hochschule f. Bodenkultur Wien.

[3] G e o r g e s c u C., Eine Anpassung der Holzgewächse der Vorsteppe an die Trockenheit, Revista pädurilor **40**, Nr. 2, S. 107, 1928. — J o a n P., Die Zerreiche, ebenda **40**, Nr. 5, S. 328, 1928. — G e o r g e s c u C., Laubheuschreckenangriff in den Wäldern der Süddobrudscha, Revista pädurilor **42**, S. 799—809. 1930.

[4] M a u l l O., Länderkunde von Südeuropa, Leipzig und Wien 1929, S. 467.

Das Buchen-Tanne-Fichten-Gebiet des Balkangebirges und dessen Eichen-Buchen-Wälder.

Der Balkan, bulgarisch Stara planina (das heißt „Altes Gebirge"), erstreckt sich als schmales Gebirge von durchschnittlich 30 bis 40 km Breite über eine beträchtliche Länge von etwa 600 km in ostwestlicher Richtung. Nur der westliche Teil, ostwärts bis zum Schipkapaß[1], trägt Buchen-Tannen-Fichten-Wälder, wobei Tanne und Fichte nur stellenweise als Mischholz vorhanden sind. Östlich vom Schipkapaß dehnen sich Buchenwälder und Eichen-Buchen-Wälder aus. Auch ausgedehnte Flächen von Buchenurwald findet man dort noch. Der größte Teil der Buchenwälder des bulgarischen Staats- und Gemeindewaldbesitzes befindet sich nach R u s k o f f im Balkangebirge[2]. Dieser Autor unterscheidet im Ostbalkangebirge: Buchenbestände, reine Eichenbestände, gemischte Eichenbestände, gemischte Bestände mit Vorherrschaft von *Carpinus duinensis*, Uferwälder und strauchartige Wälder mit *Syringa vulgaris* usw. Als Mischholzarten im Buchen-Tannen-Fichten-Gebiet des Balkangebirges kommen *Pinus silvestris*, *Pinus nigra*, dann Bergulme, Berg- und Spitzahorn, Hainbuche und andere vor. Im Staatswald „Tschukowa" zwischen 1000 bis 1500 m untersuchte R u s k o f f einen Urwald aus reinen Buchenbeständen.

Das Buchen-Tannen-Fichten-Gebiet des Rila-, Pirin- und des westlichen und mittleren Rhodopegebirges.

Entsprechend der südlicheren geographischen Breite fängt erst in mehr als 1000 m Höhe der Buchengürtel an, oberhalb der Stufe der Zerreichen und Traubeneichen, beziehungsweise Schwarzkiefern und verschiedenen Mischholzarten. Dem Buchenbestande gesellen sich in Höhen von etwa 1500 m im *Rilagebirge* Fichten und Weißtannen hinzu, die bis etwa 1800 m und höher reichen. Die gemeine Kiefer ist, wie K. M. M ü l l e r berichtet, in diesem Gebirge in 1600 bis 1700 m Höhe verbreitet, und zwar auf Südhängen in reinen Beständen, auf Standorten anderer Hangrichtung beigemischt[3]. Im *Piringebirge*, wo die Buche nur im nordwestlichsten Teil stärker vertreten ist und sonst aus klimatischen Gründen gegenüber dem Nadelholz mehr zurücktritt, ist der Fichtengürtel schon in 1200 bis 1500 m zu treffen; die ausgedehntesten und besterhaltenen Fichtenwälder des östlichen Teiles der Balkanhalbinsel sind (auch nach A d a m o v i ć) hier (und im Rilagebirge)

---

[1] R u b n e r K., Das natürliche Waldbild Europas, Zeitschr. f. Weltforstw. 2, 1934/35. S. 125; die vorliegende Abgrenzung der Waldgebiete erfolgte zumeist in Übereinstimmung mit der Rubnerschen Einteilung.

R u s k o f f M., Beitrag zum Studium des Aufbaues und der Verjüngung der Buchenwälder im Balkangebirge, Sofia 1934. D e r s e l b e, Zusammensetzung, Wuchs und Verjüngung der Eichen- und Buchenwälder im Ostbalkangebirge, 1930.

[3] M ü l l e r K. M., Aufbau, Wuchs und Verjüngung der südosteuropäischen Urwälder, Hannover 1929. (Die größte Erhebung des Rilagebirges, Muss Allah, ist 2923 m hoch. zwölf weitere Gipfel ragen über 2700 m hinaus. Das Piringebirge erhebt sich in seinem höchsten Teil bis 2916 m, das Rhodopegebirge im westlichen Teil bis 2646 m, seine durchschnittliche Höhe beträgt 1500 m.)

zu finden. Nach K. M. M ü l l e r soll die Fichte des Pirin wegen ihrer Wuchsleistungen zu den besten Bulgariens gehören, in einem Hochtal soll sie Scheitelhöhen von 35 bis 40 m erreichen (in bosnischen Urwäldern wird diese Leistung bedeutend übertroffen). Im Piringebirge ist auch *Pinus Peuce* (auch in reinen Beständen auf großen Flächen) und *Pinus leucodermis* verbreitet.

Das östlichste der drei Gebirge ist das *Rhodopegebirge*. Sein östlicher Teil ist „so gut wie waldfrei und verkahlt". Im bewaldeten westlichen und mittleren Teil findet sich der Rotbuchenwald in 1200 bis 1500 m Höhe oberhalb der Region der Zerreichen, Traubeneichen und Flaumhaareichen, die durch ständige Viehweide und Brennholznutzung zu bloßem Buschwald geworden sind, und zum Teil auch oberhalb der Stufe der *Pinus nigra var. austriaca*. Die Buche besiedelt hier aber nur den Gebirgsrand und „fehlt fast vollkommen in allen tieferen Gebirgstälern, die ihrer vertikalen Verbreitungszone entsprechen würden", ihr Gedeihen ist durch das trockene und heiße Klima beeinträchtigt (M ü l l e r). Es dürfte wohl mit dem *kontinentalen Klima* des Gebietes zusammenhängen, daß die *Buche nur den Gebirgsrand* mit seinem verhältnismäßig noch am wenigsten kontinentalen Klima besiedelt, während sie das *Innere meidet*. Damit stimmt überein, daß, wie K. M. M ü l l e r berichtet, der Charakter dieser Buchenbestände von dem der reinen und ausgeprägten Buchenhochwaldgürtel Bosniens und der Karpaten weit entfernt ist. An die Stelle der Buche tritt im Inneren der Taleinschnitte die mehr kontinental gestimmte gemeine Kiefer, für sie besteht „im inneren Gebirge keine untere Verbreitungsgrenze mehr", sie bedeckt als Hauptholzart das ganze tiefere Rhodopegebirge in reinen und mit Fichte gemischten Beständen und findet sich auch noch in jenen Höhenlagen, in denen die Fichte auftritt. Hier scheint ein *weiteres Beispiel* zum *Thema „Ozeanität und Waldkleid in Gebirgen"* vorzuliegen [1].

Das bulgarisch-rumänische Eichengebiet.

Es schließt an das Waldsteppengebiet in der bulgarisch-rumänischen Donautiefebene beiderseits an und reicht nach Süden (die Gebirge Bulgariens umgehend) bis in die europäische Türkei, nach Norden bis über den Sereth. Die vorhandenen Holzarten sind: Zerreiche, Traubeneiche, ungarische Eiche, in den Auen Stieleiche, sonst noch Hainbuche, Walnuß, Platane, in der Hügelregion des östlichen Bulgarien *Fagus orientalis, Carpinus duinensis* und andere. In Bulgarien reicht diese Waldstufe bis zu einer Höhe von etwa 1100 m (zum Beispiel im Rilagebirge). Durch Ziegenweide und Brennholznutzung ist der Eichenwald häufig verwüstet und in bloßen Eichenbuschwald umgewandelt. Nach oben hin geht der Buschwald in entlegeneren Gebirgsteilen allmählich in Hochwald über. *Quercus conferta* verträgt das trockene Klima besser als die Traubeneiche, auf trockenen Südhängen und ärmeren Böden ist daher (zum Beispiel im Ostbalkangebirge, nach R u s k o f f [2]) fast nur *conferta*. Die Stammzahl je Hektar ist, wegen der

---

[1] T s c h e r m a k L., Ozeanität und Waldkleid in Gebirgen, Zeitschr. f. d. ges. Forstwesen 1944, S. 12—28.

[2] R u s k o f f M., Zusammensetzung, Wuchs und Verjüngung der Eichen- und Buchenwälder im Ostbalkangebirge, 1930.

geringeren Dimensionen der Bestandesglieder infolge des trockeneren Klimas, größer als in Mitteleuropa. Die Durchschnittshöhe der Eichenbestände ist bedeutend kleiner als in Mitteleuropa, auch dies hängt mit dem trockeneren Klima zusammen. Diesen Klimaeinfluß auf den Zuwachs der Eichen beobachtete Verfasser in der europäischen Türkei, Gleiches fand unabhängig davon R u s k o f f in Bulgarien.

In Südbulgarien, am Südfuß des Balkangebirges, sind die Winter milder infolge der gegen kalte Nordwinde geschützten Lage; im südlichsten Teil Bulgariens, nämlich im Südteil der bulgarischen Schwarzen-Meer-Küste und in einem Teil der Rhodopen, kann das Klima als ein modifiziertes mediterranes betrachtet werden. Deshalb weist Südbulgarien, obwohl es außerhalb des Gebietes echter mediterraner Vegetation liegt, dennoch ein bedeutendes Vorkommen mediterraner Arten in seiner Vegetation auf, so bildet im südlichsten Teil der bulgarischen Schwarzen-Meer-Küste noch *Phillyrea media* bedeutende Bestände, außerdem findet sich in Südbulgarien noch *Paliurus aculeatus* sowie *Juniperus oxycedrus*, auch *Platanus orientalis* kommt stellenweise vor [1].

Das griechische Tannen-Buchen-Gebiet.

Griechenland ist waldarm, weil in dem warmen, sommertrockenen Klima die Erneuerung vernichteten Waldes schwierig ist. Die mittleren Höhenlagen, etwa zwischen 700 und 1600 m über dem Meere, die weniger warm und daher weniger trocken sind, sind in Griechenland für die Waldvegetation immerhin günstiger. In dieser begünstigten Höhenstufe (und der nächsthöheren bis 1800 m) kommt die griechische Tanne (hauptsächlich *Abies cephalonica*, in Teilgebieten *Abies Borisii regis*) zusammen mit der Buche vor, auch *Pinus nigra, Pinus leucodermis* sowie *Pinus silvestris* sind in der Stufe der Tannen-Buchen-Wälder verbreitet. Die Tanne ist in Griechenland der forstwirtschaftlich wichtigste Waldbaum (neben der Aleppokiefer, die in der Stufe der Hartlaubbüsche forstwirtschaftlich Bedeutung besitzt). Ausgedehnte Tannenbestände sind auf dem Pindosgebirge und auf dem Parnaß sowie auf den Gebirgen des Peloponnes. (Hingegen *fehlen* in Griechenland aus klimatischen Gründen, vor allem wegen des zu kurzen und zu milden Winters, vollständig: Fichten, Lärchen, Birken, Krummholzkiefern.)

Das griechisch-albanische Buchengebiet.

Im Peliongebirge, auf dem Olympos, Pindos, Parnaß, insbesondere aber in den griechischen Grenzbergen Mazedoniens an der jugoslawischen und bulgarischen Grenze und im Grenzzug gegen Albanien sowie auf den Bergen dieses Landes selbst kommt in Höhen von etwa 900 bis 1500 m, zum Teil auch in höheren Lagen, die Buche vor. Manche ihrer Areale in Griechenland sind durch Entwaldung teilweise in Felsenheiden umgewandelt, so daß „die Waldareale meist scharf zurückgeschnittene Waldinseln sind" (M a u l l, a. a. O., S. 356). Im Buchengebiet finden sich auch Schwarz-

---

[1] S t o j a n o w N., Die Verbreitung der mediterranen Vegetation in Südbulgarien. Leipzig 1926, Botan. Jahrbücher. Bd. 60, S. 375—407.

kiefern, Tannen, Eichen und Edelkastanien. Oberhalb des Buchengürtels kommt noch *Pinus leucodermis* und (in Ostalbanien, Mazedonien) *Pinus Peuce* vor. M a r k g r a f, der die Wälder Albaniens als Pflanzengeograph untersucht hat, berichtet, daß die höheren Gebirge, die aus den sommertrockenen tieferen Lagen bis über die untere Grenze der „Wolkenwaldstufe" emporragen, Rotbuchenwälder tragen[1]. Die untere Grenze dieser Wolkenwaldstufe liege im Norden bei 900, im Süden bei 1300 m. Die Buche bildet reine Bestände, die nur wenig andere Baumarten neben sich dulden. In den oberen Teilen des albanischen Buchengürtels kommt *Abies pectinata* vor, im unteren Teil ist *Acer obtusatum* als hochstämmiger Baum von der Tracht des Bergahorns häufig eingesprengt, seltener *Carpinus Betulus*.

Das griechisch-albanische Macchiengebiet.

Die Region der immergrünen Hartlaubgehölze bildet auch in Griechenland und Albanien die unterste Stufe von Gehölzen in Küstennähe, bei Athen zum Beispiel reicht sie bis etwa 700 m empor, in Albanien vom Meeresspiegel durchschnittlich bis zu 600 m, örtlich bis zu 800 m[1]. In der gleichen Stufe kommt als forstlich wichtiger Baum die an milde Winter gebundene Aleppokiefer vor, auf Thasos, Nordeuboea und einigen anderen Inseln sowie in geringem Maße bei Athen ihre nahe Verwandte *Pinus brutia*, im übrigen ist besonders in Attika *Pinus halepensis* sehr verbreitet; andere Bäume dieser Stufe sind *Cupressus sempervirens* und *Platanus orientalis*. In den Hartlaubbüschen, auch in Griechenland und Albanien, finden sich *Quercus Ilex* und *coccifera, Pistacia Lentiscus, Laurus nobilis, Olea europaea, Arbutus Unedo* und *Andrachne, Phillyrea latifolia, Erica arborea,* Cistrosen, der Johannisbrotbaum, *Ceratonia Siliqua,* der rotfrüchtige Wacholder, *Juniperus phoenicea,* und andere. Stellenweise besitzen Bestände von Aleppokiefern in dieser Höhenstufe den größten Anteil an der Waldfläche, er kommt dieser Holzart dort teils von Natur aus zu, zum Teil auch infolge der Begünstigung durch die Wirtschaft. Die im gleichen Klima gedeihenden Pinien und Zypressen stellen höhere Ansprüche an den Boden. Wo die Steineiche, *Quercus Ilex,* geschont wird, vermag sie recht stattliche Bäume von etwa 10 m Höhe zu bilden. Auch die Kermeseiche, *Quercus coccifera,* kommt nicht nur als Busch, sondern bei entsprechendem Schutz auch als 6 bis 8 m hoher Baum vor. In Küstengebieten und auf den Inseln Griechenlands spielt auch die Kultur von Walloneneichenbäumen *(Quercus Aegilops,* Ziegenbarteiche) eine Rolle, die um der großen, durch besonderen Reichtum an Gerbstoffen ausgezeichneten Fruchtbecher willen wirtschaftliche Bedeutung besitzen.

Das griechisch-albanische Gebiet von Flaumhaareichen-Mischwäldern und das griechische Edelkastaniengebiet.

Oberhalb des Hartlaubbusches und unterhalb der Stufe der Buchen- und Tannenwälder treten in Griechenland und Albanien Flaumhaareichen und

---

[1] M a r k g r a f, Aus den südosteuropäischen Urwäldern, I. Die Wälder Albaniens, Zeitschr. f. Forst- u. Jagdw. 63, 1931, S. 1 ff.

andere sommergrüne Eichen auf. Solche Eichenwälder finden sich auch in kontinentalen Landesteilen, „deren trockenkalte Winterwinde für immergrünes Laubwerk tödlich sind" (M a r k g r a f, a. a. O.). Der Anteil dieser Eichen an der Gesamtwaldfläche Griechenlands ist beträchtlich, auch in Albanien ist diese Stufe sehr ausgedehnt, denn die durchschnittliche Höhenlage von 600 bis 1000 m fällt ihr zu (im Süden 900 bis 1300 m, nach Markgraf). Etwa in der gleichen Höhenlage finden sich in Griechenland auch Edelkastanien, hauptsächlich im Pindos- und Peliongebirge sowie auf der Halbinsel Chalkidike, aber auch an anderen Orten[1] (im ganzen mit geringerem Flächenanteil). In den Flaumhaareichenwäldern kommen außer *Quercus pubescens* vor: *Quercus Cerris* und *Qu. conferta* (Syn. *hungarica*), *Quercus petraea* (Syn. *sessiliflora*), *Macedonica*, *Fraxinus Ornus*, *Tilia argentea*, *Acer campestre*, *tataricum*, *monspessulanum*, *Sorbus torminalis*, *Ostrya carpinifolia*, nahe der oberen Grenze *Acer obtusatum* und *Carpinus Betulus*. Auf Serpentinböden tritt schon in dieser Stufe die Schwarzkiefer auf.

11. Die wichtigeren Waldgebiete der Türkei.

Im Inneren Anatoliens und im Ergenebecken Thrakiens in der europäischen Türkei herrschen von Natur aus waldlose Steppen, der Jahresniederschlag beträgt in besonders trockenen Teilgebieten selbst unter 300 mm, dazu kommt die große Ungleichheit von Jahr zu Jahr (es gibt auch Jahressummen, die wesentlich unter 200 mm bleiben). Immerhin kommen auch dort an den Rändern der Flüsse und Bäche und in der Talsohle von nur vorübergehend oberflächlich abfließenden Rinnsalen im Bereich von süßem Grundwasser Bäume vor: Weiden, Pappeln, Platanen, Tamarisken; in der Nachbarschaft der Dörfer werden besonders Pyramidenpappeln häufig angepflanzt. Das Konya-Tuz-Göl-Becken ist von Natur aus ein zusammenhängendes großes Steppengebiet, im Westen ist das Becken von Akschehir-Afyon Karahissar als ein langgestreckter Vorsprung dem eigentlichen Konya-Tuz-Göl-Becken randlich angefügt. Außerdem gibt es mehrere große Steppeninseln. Außer diesem trockenen Inneren Kleinasiens (Abb. 67) gibt es, und zwar an der Westküste und Südküste der Halbinsel, sommertrockene Landstriche, deren Jahresniederschlag zwar so hoch ist, daß er dem Walde das Dasein gestattet; aber die Sommertrockenheit bewirkt, daß die Erhaltung des Waldes in Verbindung mit seiner Benützung schwieriger wird als in feuchteren und kühleren Ländergebieten. Die Geographen bezeichnen die Wälder der sommertrockenen Gebiete als „Trockenwälder"[2]. Endlich gibt es im Norden und besonders im Nordosten Kleinasiens, im Pontusgebirge, an der dem Schwarzen Meer zugekehrten Seite Gebiete, die das ganze Jahr hindurch gleichmäßig feucht und gut bewaldet sind: „Feuchtwälder". Diese sollen zuerst besprochen werden.

---

[1] R u b n e r K., Das natürliche Waldbild Europas, Zeitschr. f. Weltforstwirtschaft 2, 1934/35, S. 68—155.

   L o u i s H., Das natürliche Pflanzenkleid Anatoliens, geographisch gesehen, Stuttgart 1939.

Das kleinasiatische Buchen-Tannen-Fichten-Gebiet *(Fagus orientalis, Abies Nordmanniana, Picea orientalis)* im nordostanatolischen Küstenhochgebirge.

Der östliche Teil des Küstenstreifens am Schwarzen Meer, etwa von Batum bis Giresun einschließlich der Nordabdachung des Gebirges, hat die größten Niederschläge innerhalb der ganzen Türkei, mit gleichmäßiger Verteilung über das ganze Jahr hin. In der Station Rize beträgt die durchschnittliche jährliche Niederschlagsmenge 2769 mm, Rize hat 176 Regentage im Jahr. Es handelt sich um einen 80 bis 100 km breiten Küstenstreifen mit dem Klima der „Feuchtwälder". Auch die Wärmeverhältnisse in diesem Küstengebiet sind verhältnismäßig ausgeglichen. Die Temperatur des

Abb. 67. Steppe im Inneren Anatoliens (zwischen Eregli und Ulukisla)
(Aufn. Asaf Irmak).

Winters liegt zum Beispiel in Trabzon im langjährigen Mittel um 1,6° höher als in Istanbul [1]. Dies ist bedingt durch den von den hohen Randgebirgen und dem Kaukasus bewirkten Schutz gegen östliche kontinentale Winde. In dieser Gegend finden wir entlang der Küste Laubholzbuschwald und ein Edelkastaniengebiet (gemischt mit anderen wärmebedürftigen Laubhölzern), dann *über* diesen, in einer Höhenlage von 1000 bis 2000 m, das Gebiet der Mischwälder von *Fagus orientalis, Abies Nordmanniana, Picea orientalis.* Das Klima mit ausreichenden Niederschlägen zu allen Jahreszeiten gestattet gut geschlossenen, massenreichen Wäldern das Dasein. Auch Urwaldreste sind noch vorhanden. B e r n h a r d berichtet, daß die Derbholzmassen im Falle des Vorherrschens der Tanne und Fichte (200jährig) bis über 1800 Festmeter je Hektar betragen können [2]. L o u i s bezeichnet diesen Wald als „winterharten Feuchtwald".

Die orientalische Fichte ist zwar in der Stufe des winterharten Feucht-

---

[1] C h r i s t i a n s e n - W e n i g e r, Die Grundlagen des türkischen Ackerbaus, Leipzig 1934, S 68.
[2] B e r n h a r d, Waldverhältnisse der Türkei, Thar. Forstl. Jahrb. 1931, S. 104.

waldes verbreitet, sie geht aber über diese Stufe hinaus, sowohl nach abwärts als auch binnenwärts, in die „Trockenwaldregion"[1]. Was ihr Vorkommen in tieferen Lagen anbelangt, so soll man sie bei Giresun und Trabzon massenhaft bis in die Nähe der Küste herabkommen sehen. In 1100 bis 1200 m Höhe, stellenweise erst in 1300 bis 1400 m, beginnt die Vorherrschaft der Buche, und mit zunehmender Höhe, besonders über 1500 m und gegen die Scheitellinie des Gebirges, wird die Beimischung an Fichten und Tannen und auch an *Pinus silvestris* immer stärker, so daß die Nadelhölzer schließlich fast alleinherrschend werden. L o u i s beobachtete bei der Überquerung des Gebirges an zwei Stellen, daß der winterharte Feuchtwald nur wenig über die Wasserscheide auf die Binnenabdachung hinübergeht. Auf dieser stellt sich dann bald der Trockenwald (Kiefern, Eichen, Baumwacholder) ein.

Unter der Region der Buchen-Tannen-Fichten befindet sich auf der dem Meer zugekehrten Seite als unterste Stufe bis zu Höhen von 400 bis 600 m Buschwald *(Carpinus Betulus, Ulmus campestris, Populus tremula, Corylus maxima, Rhododendron ponticum* und *flavum, Prunus Laurocerasus, Quercus Cerris* und viele andere); dann folgt nach oben hin reiner Laubmischwald[2] aus *Carpinus Betulus, Fagus orientalis, Castanea sativa*, Erlen, Eichen, Ulmen, Ahornen, Linden, mit *Rhododendron ponticum* und *flavum* und anderen als Unterholz („mäßig winterharter Feuchtwald" nach L o u i s) und geht schließlich in den angegebenen Buchen-Nadelholz-Mischwald über. Die Früchte von *Corylus maxima* sind ein wichtiges Ausfuhrerzeugnis der Türkei. Im pontischen Gebiet ist sie eine Charakterpflanze bis zu Höhen von etwa 1300 m, außerdem erfolgt ihre Anzucht gartenmäßig.

D a s   T a n n e n - B u c h e n - K i e f e r n - G e b i e t   (o h n e   F i c h t e)   i m   w e s t l i c h e n   T e i l   d e r   n o r d a n a t o l i s c h e n   K ü s t e n g e b i r g e.

Der westliche Teil der nordanatolischen Küstengebirge, westlich von Giresun, liegt schon außerhalb des Verbreitungsgebietes der Orientfichte; dieser Teil hat etwas kleinere Niederschläge, aber immer noch humides Klima. Auf der dem Meer zugekehrten Abdachung des Gebirges herrschen Feuchtwälder, und zwar in Höhen über 1000 m winterharte Feuchtwälder, zusammengesetzt aus *Fagus orientalis, Abies Bornmülleriana* und *Pinus silvestris.* (Hingegen finden sich auf der dem Inneren zugekehrten Abdachung südlich vom Hauptkamm des Gebirges wiederum Trockenwälder, und zwar von unten nach oben: Eichen, *Pinus nigra Pallasiana, Pinus silvestris.)* Die Buche ist dabei nur in der Außenlandschaft verbreitet und meidet die Innenlandschaft. Der Gebietsstreifen, in dem die Buche auftritt, wird einerseits von der Meeresküste, andererseits vom Kamm der Küstengebirge begrenzt[3], die Buche reicht vielfach bis zum Kamm des Randgebirges hinauf, jedoch nie bis zur Küste des Meeres hinab. Die Tannen vermögen (ähnlich

---

L o u i s H., Das natürliche Pflanzenkleid Anatoliens, Stuttgart 1939, S. 108.

[2] S c h i m p e r - v. F a b e r, Pflanzengeographie auf physiologischer Grundlage, Jena 1935.

B e r n h a r d, Mitt. d. Dtsch. Dendrolog. Ges. 1938.

wie in den Alpen) auch in Anatolien etwas weiter ins Gebirgsinnere hineinzugehen als die Buche, so daß L o u i s (a. a. O., S. 122) mit Recht sagen kann: „Der winterharte Feuchtwald zeigt einen mehr kontinentalen und einen ozeanischen Typ. Beide werden besonders durch Nordmanns-, beziehungsweise Bornmüller-Tannen im Verein mit Rotkiefern *(Pinus silvestris)* ... charakterisiert. Während aber im kontinentalen Typ die Buche fehlt, ist sie im ozeanischen ein wichtiger, oftmals vorherrschender Bestandteil." Für den weiter nach innen hin anschließenden „winterharten Trockenwald" nennt dann L o u i s auch die Tanne nicht mehr, sondern Schwarzkiefern, Baumwacholder und sommergrüne Eichen, manchmal auch *Pinus silvestris.* Auch die Tannen sind hier, ähnlich wie die Buche (nur in etwas geringerem Maße), an das ausgeglichene, genügend niederschlagsreiche Klima der Außenlandschaft des Gebirges gebunden.

Die Gürtelbreite des winterharten Feuchtwaldes im Norden (an der Nordküste) beträgt ungefähr 1000 m (nämlich von etwa 1000 m ü. d. M. bis 2000 m, bis zur oberen Waldgrenze). Binnenwärts (also südwärts) wird die Gürtelbreite dieses Waldes geringer, weil dann nur höhere Lagen für ihn genügend feucht und ausgeglichen sind, in tieferen Lagen herrscht der Trockenwald. Südlich des 40. Breitengrades (in Westanatolien südlich des 39.) verschwindet der winterharte Feuchtwald ganz (L o u i s, a. a. O.). Westanatolien ist begünstigt, weil die von der Ägäis her tief nach Osten ins Land eindringenden Täler ozeanische Luftströmungen ziemlich weit ins Innere hineinlassen.

D a s   W a l d g e b i e t   v o n   *P i n u s   n i g r a, P i n u s   s i l v e s t r i s* u n d   s o m m e r g r ü n e n   E i c h e n   a m   B i n n e n s a u m   d e s   n o r d-
a n a t o l i s c h e n   W a l d g ü r t e l s.

Von der Binnenabdachung des Ulu Dag (oder mysischen Olymp, bei Bursa, südlich vom Marmarameer) und des nahen Domaniç Dag (deren höchste Lagen in die Stufe der winterharten Feuchtwälder aufragen) zieht sich der Bereich von winterharten Trockenwäldern aus Schwarzkiefern, gemeinen Kiefern, sommergrünen Eichen, Baumwacholdern, Wildobstbäumen in weiter Erstreckung nach Osten. Ihm gehören die Gebiete südlich und nördlich des mittleren Sakarya zu, ferner die Binnenabdachung der westöstlich streichenden Gebirge von hier ostwärts. Im oberen Euphratgebiet vereinigt sich der winterharte Trockenwald Nordanatoliens mit demjenigen des Südostens (L o u i s, a. a. O.). Unter günstigeren Standortsverhältnissen gibt es auch im Kieferngebiet geschlossene Bestände, im Agy Dag (Troas) zum Beispiel beobachtete B e r n h a r d herrliche, etwa 200 Jahre alte und über 30 m hohe *Pinus nigra* mit 100 cm Brusthöhendurchmesser und etwa 6 Festmeter Inhalt je Stamm im Grundbestand von Eichen, diese weitaus überragend, bis zu Höhen von 1500 m.

Je größer die Sommertrockenheit eines Gebietes ist, desto mehr ist der Trockenwald gekennzeichnet durch lichte Bestände, geringere Baumhöhen, Mangel einer Humusdecke, geringere Regenerationskraft des Waldes. Binnenwärts, also südwärts, rücken die Trockenwälder in größere Höhen hinauf; südlich des 40. Breitengrades (im Westen des 39.) bilden sie selbst die obere Waldgrenze, weil in diesem Bereich das obere Stockwerk von Tannen-Buchen-Wäldern bereits fehlt. Auch die untere Grenze des Trockenwaldes erfährt, je mehr man landeinwärts geht, eine Hebung; denn wenn der Wald in tieferem Gelände wegen zu großer Trockenheit nicht mehr bestehen kann, so gedeiht er doch noch von einer bestimmten Höhe an auf den Bergen. Landeinwärts werden die Niederschläge geringer, und der mehr und mehr kontinental werdende Temperaturgang begünstigt die Verdunstung. Daher ergibt sich „ein binnenwärtiges Ansteigen der als Höhengrenze aufgefaßten unteren Waldgrenze" (L o u i s). Die am weitesten landeinwärts vorgeschobenen natürlichen Vorposten des Waldes sind nur mehr buschartige Kümmerformen von Baumbeständen oberhalb der unteren Grenze des Waldes, im Unterwuchs sind Steppenvertreter. Die Eichen (*Quercus Cerris, Quercus pubescens*) dringen noch etwas weiter gegen die Steppe vor als die Schwarzkiefer, häufig sind sie dabei mit Baumwacholdern (meist *Juniperus excelsa*, auch *foetidissima*) vergesellschaftet.

Das Waldgebiet von Libanonzedern, Schwarzkiefern, Baumwacholdern, zilizischen Tannen im Taurusgebirge Süd- und Südwestanatoliens.

Im Süden und Südwesten Kleinasiens, entlang der Küsten des Mittelländischen und des Ägäischen Meeres, sind die Jahressummen der Niederschläge zwar noch hoch genug für Waldwuchs, aber sie verteilen sich nicht über das ganze Jahr, sondern die Hauptmenge fällt im Winter. Die Sommer sind heiß und trocken, die Winter feucht und besonders in den tieferen Lagen mild. In drei Sommermonaten herrscht arge Dürre, es fallen durchschnittlich nur bis je 20 mm Niederschlag. Die Breite des südlichen Waldgebietes (einschließlich des Hartlaubbusches) in Kleinasien beträgt etwa 60 bis 100 km. An der Westküste der Halbinsel, am Ägäischen Meer, ist der für Trockenwälder geeignete Küstenstreifen beträchtlich breiter infolge günstigerer Richtung der Gebirgszüge. Er reicht bis zu 300 bis 320 km von der Küste.

Im südlichen Küstengebirge, so im zilizischen Taurus, findet man von unten nach oben ansteigend: zuunterst Macchie, dann *Pinus brutia*, die bis zu etwa 1000 m Höhe bestandbildend auftritt. Dann folgen nach oben *Pinus nigra var. Pallasiana*, weiter die Libanonzedern (Abb. 68) und *Abies cilicica*, ihnen sind Baumwacholder beigemischt, die aber in allen Höhenlagen zu finden sind (*Juniperus excelsa, foetidissima, drupacea*). Das Vorkommen der Baumwacholder kann man auch auf der Innenseite des Gebirges bis an die Steppengrenze feststellen. Dies ist bei der Libanonzeder nicht der Fall. Nach oben reicht der Wald bis etwa 2100 m. Die zilizische Tanne tritt auf beiden Hauptabdachungen des Gebirges auf.

In dieser Höhenstufe sind die Winter im Taurus schneereich, die Zeit reichlicher Niederschläge dauert vom Herbst über den Winter bis ins Frühjahr. Aber die Sommertrockenheit ist nur wenig gemildert durch gelegentliche Gewitterregen. Die Wälder sind licht (Abb. 69), der Boden trägt keine Humusdecke und kann leicht abgespült werden.

In einem Teilgebiet des Taurus, wo die Hänge den Seewinden offenstehen, nämlich im Pozwald (nordöstlich der Station Pozanti der Bagdadbahn), kommt auch die Buche, *Fagus orientalis*, vor[1] (also „winterharter Feuchtwald" im Gebiete der Trockenwälder infolge des örtlichen Klimas).

An der Küste und in der untersten Stufe des Gebirges auf der dem Meere zugekehrten Seite besteht der Hartlaubbusch aus Myrten *(Myrtus communis)*, Pistazien, Kermeseichen *(Quercus coccifera)*, *Arbutus Unedo* und *Andrachne, Phillyrea latifolia, Erica arborea*, Lorbeer, Wildoliven, Cistusarten, *Cotinus Coggygria*. Nach der gemeinen Myrte, *Myrtus communis*, türkisch „Mersin", soll die Hafenstadt Mersin ihren Namen erhalten haben. Oleandergebüsche begleiten die Wasserläufe (zum Beispiel in der Zilizischen Ebene). Der Johannisbrotbaum, *Ceratonia siliqua*, kommt an der Südküste in stattlichen Bäumen vor. In der gleichen Höhenstufe wie die Macchie ist *Pinus brutia* verbreitet (ähnlich wie im westlichen Mittelmeergebiet *Pinus halepensis)*, sie bildet auch ausgedehnte reine Waldbestände, gelegentlich mit Hartlaubbüschen als Unterholz. Manchmal traf Verfasser sie auch in Mischung mit Zerreiche, *Quercus Cerris*. In der Macchienstufe sah er auch (auf den Hügeln nördlich von Fethiye) in Mulden und längs der Wasserläufe kleine Waldbestände von *Liquidambar orientalis*, dem Ambrabaum oder Weihrauchbaum.

Abb. 68. Junge Zeder im zilizischen Taurus, Karakoyak deresi, zirka 1250 m ü. d. M.

(Aufn. K. F r i t z s c h e).

Gebüsche aus *Quercus coccifera* und vereinzelte *Pinus brutia* steigen im zilizischen Taurus bis etwa 1300 m empor, also höher, als sonst dort der Stufe der mediterranen Gehölze entspricht. Sie sind also immerhin etwas weniger kälteempfindlich als die Mehrzahl der Gehölze der Macchienstufe.

---

[1] B e r n h a r d, *Fagus orientalis Lipsky* im Taurus, Mitt. d. Dtsch. Dendrolog. Ges. 1938, S. 16.

Das westanatolische Flaumeichen-Kiefern-Gebiet und sonstige Waldgebiete an der Westküste Kleinasiens am Ägäischen Meer.

An der Westküste am Ägäischen Meer ermöglichen tief ins Land eindringende Täler, daß die ozeanische Luft ziemlich weit ins Innere einströmen kann. Es folgen aufeinander: winterlose Gebiete des mediterranen Klimas mit Macchien, *Pinus brutia* und *Pinus Pinea*, dann breite Übergangsgebiete mit wärmebedürftigen Eichen und Edelkastanien, *Castanea sativa*, *Quercus pubescens*, *Quercus Cerris* und *conferta*, endlich winterkalte Regionen der Gebirge und Binnenlandschaften mit Schwarzkiefern, Baumwacholdern und Eichen.

Im mittleren Teil des westlichen Anatolien nimmt das kleinasiatische Flaumeichen-Kiefern-Gebiet großen Raum ein. *Quercus pubescens*, ferner die

Abb. 69. Lichte Wälder, Dürftigkeit der Vegetation in Teilen des sommertrockenen Gebietes. Taurusgebirge, Cehenemdere (Aufn. K. Fritzsche).

wirtschaftlich wichtige *Quercus Aegilops*[1], dann Kiefern, kommen vor, im Norden und Nordosten hauptsächlich *Pinus silvestris*, dann auch *Pinus nigra var. Pallasiana*.

An verhältnismäßig wenigen Stellen der Westküste Kleinasiens kommt in 400 bis 600 m Höhe in mildem Klima, im Wirkungsgebiet des Meeres, die *Pinie* vor, frischer Sandboden ist ihrer Entwicklung besonders günstig. Am Kozak Cai bei Aivalik (nordwestlich von Pergamon) bedecken Pinienwälder Flächen von 10.000 bis 20.000 ha. Über dieses und ein zweites größeres natürliches Vorkommen an der Westküste Kleinasiens berichtet Bernhard[2]. *Pinus brutia* steigt an der Westküste Kleinasiens, besonders in deren nördlichem Teil, selbstverständlich weniger hoch empor als im Taurusgebirge (im Norden des Westteiles bis zu etwa 600 m).

---

[1] Philippson A., Die Vegetation des westlichen Kleinasien, „Petermanns Mitt." 1919, 65. Jahrg., S. 171, und eingehende Vegetationskarte.

[2] Bernhard, Vorkommen der Pinie in Kleinasien, Mitt. d. Dtsch. Dendrolog. Ges. 1929, S. 24 ff., 1930, S. 63 ff.

Der Eichen-Baumwacholder-Wald in Südostanatolien.

Südlich vom Vansee kommen in den Gebirgen *Juniperus excelsa* und sommergrüne Eichen, besonders *Quercus pubescens*, dann Ulmen, Ahorne, Weißdorn, Wildobstarten und andere meist in Buschwäldern vor, die durch Waldweide und Brennholznutzung niedrig gehalten sind. Die Winter sind schneereich, Niederschläge gibt es hauptsächlich vom Herbst bis zum Frühjahr; aber die Sommer sind trocken, der Wald ist „winterharter Trockenwald" (L o u i s). Oft bilden die Eichen, gelegentlich auch die Baumwacholder, reine Bestände. L o u i s beobachtete den Eichen-Baumwacholder-Mischwald dort bis zur oberen Baumgrenze bei etwa 2500 m, nur 800 m über dem Vansee.

Kümmerformen von Baumbeständen auf den aus der Steppe aufragenden Bergen, die dortige „untere Waldgrenze".

Wo der Wald auf der Hochfläche Inneranatoliens wegen des Steppenklimas nicht mehr gedeihen kann, dort ist auf den aus der Steppe aufragenden Bergen (mit geringeren Temperaturen, daher günstigeren Verdunstungsverhältnissen, kürzerer Zeit der Sommerdürre, etwas höheren Niederschlägen) in bestimmten Höhen wenigstens die Existenz von schütterem, niedrigem, verkümmertem Baumbestand möglich. L o u i s hat sorgfältige Untersuchungen zur Bestimmung der natürlichen unteren Waldgrenze auf solchen Bergen durchgeführt. Sie ergaben, daß zum Beispiel in der Gegend von Ankara die natürliche untere Waldgrenze bei annähernd 1200 m ü. d. M. liegt; am Fuße der Südumwallung des inneranatolischen Hochlandes, in der Gegend von Konya, Ulukişla, erreicht die untere Grenze etwa 1400 m. Es gibt Gebiete mit noch höheren Werten. *Unter* diesen Höhen ist Baumwuchs, außer im Grundwasserbereich und bei künstlicher Bewässerung, unmöglich. Die Parkanlagen von Ankara und die Bäume in den Gärten der dortigen Villen werden künstlich bewässert. Sommer und Herbst in Zentralanatolien sind besonders niederschlagsarm. Im trockenen Sommer 1928 zum Beispiel fielen in Ankara im Juni 4,0 mm, im Juli 0,0, im August 0,0, somit von Juni bis August 4,0 mm Niederschlag. Die Sommerniederschläge haben daher in Inneranatolien „infolge ihrer Seltenheit keine besondere Bedeutung"[1]. Die Bäume werden selbst in höheren Berglagen bis 1500 m durch die immer wiederkehrenden Trockenjahre so ungünstig beeinflußt, daß es in diesen Jahren kaum noch zu einer nennenswerten Jahresringbildung und auch zu einer nur ganz unbedeutenden Triebbildung kommt. Die Kümmerformen von Baumbeständen weisen daher in der Regel nur geringe Baumhöhen älterer Bäume (zum Beispiel 5 m) und lichte, lockere Stellung auf. Manchmal sind die Büsche auch nur meterhoch oder rasenartig kurz. Dazu kommt noch, daß dort, wo ohnehin von Natur aus

---

[1] G a ß n e r und C h r i s t i a n s e n - W e n i g e r, Dendroklimatolog. Untersuchungen über die Jahresringentwicklung der Kiefern in Anatolien, Nova Acta Leopoldina, Abh. d. Dtsch. Akad. d. Naturforscher, Halle (Saale), 1942.

nur kleinste Inseln von dürftigen Gehölzen vorhanden waren, die Holznot und die Eingriffe des Menschen eher zu empfindlichster Schädigung und vollständiger Vernichtung geführt haben als in einem größeren Waldgebiet mit reicherer Holzerzeugung.

12. Die Rassen der Holzarten.

Erblichkeit und Veränderlichkeit.

Wenn in der Botanik von *Arten* gesprochen wird, so gehört zur Umgrenzung des Begriffes der Art, also auch einer Holzart, daß sie sich durch konstante erbliche Merkmale von anderen Arten unterscheide. Für den Artbegriff ist also die Erblichkeit wichtig, für die der Mensch selbst ein Beispiel bietet, der unter anderem die feinen morphologischen Eigenschaften, die sich in den Gesichtszügen seiner Familie ausprägen, von den Eltern erbt. Die Nachkommen eines Elternpaares lassen aber nicht nur das Gesetz der Erblichkeit, sondern auch dasjenige der Veränderlichkeit oder Variabilität erkennen, denn die Nachkommen variieren, sie können sowohl unter sich als auch von den Eltern verschieden sein.

Diese Veränderungen, die man an den Nachkommen bemerkt, sind entweder nur durch äußere Einflüsse hervorgerufen und nicht erblich, sie heißen dann *Modifikationen,* zum Beispiel Ernährungsmodifikationen oder, da sie häufig durch den natürlichen Standort gegeben sind, *Standortsmodifikationen.* Oder aber, die neuen Formen beruhen auf einer *erblichen* Verschiedenheit einzelner Nachkommen von der Stammart, Verschiedenheiten, die sich im Laufe der Zeit erfahrungsgemäß aus unbekannten Ursachen an einzelnen Nachkommen einstellen; eine solche Veränderlichkeit in erblichen Eigenschaften bezeichnet man (zum Unterschied von der bloßen Modifikation) als eine *Mutation.* Zum Beispiel: Unter Nachkommen normaler Fichten tritt plötzlich eine „Schlangenfichte" auf, ausgezeichnet durch Knospenarmut und geringe Verzweigung, diese Eigenschaften erweisen sich wenigstens an einem Teil der Nachkommen der Schlangenfichten als erblich, wie Verfasser sich durch Anbauversuche überzeugt hat.

In **Erwin Baurs** „Grundlagen der Pflanzenzüchtung" wird folgendes Beispiel einer Ernährungsmodifikation, die also nicht erblich ist, mitgeteilt: Wenn wir einen Löwenzahnstock im Tiefland ausgraben, in zwei Stücke schneiden und die eine Hälfte wieder im Tieflande, die andere auf einem Berggipfel auspflanzen, so bekommen wir zwei sehr verschieden aussehende Pflanzen, die Unterschiede sind aber *nicht* erblich, sie stellen nur Modifikationen durch äußere Einflüsse, durch den Standort (die Ernährung, Lichtverhältnisse der Hoch- und Tieflagen und dergleichen) dar. Zahlreiche Versuche der neueren Erblichkeitslehre, die in größtem Umfang angestellt wurden, haben bewiesen, daß Pflanzen, die nur durch besonders günstige Ernährungsbedingungen und sonstige Standortseinflüsse besonders gut und kräftig geworden sind, zum Beispiel die Randbäume eines Waldbestandes, die Randpflanzen eines Beetes usw., diese ihre individuellen Vorzüge nicht weitervererben.

Auch wenn ein sehr magerer Standort, eine schlechte Ernährung schlechtgeformte Pflanzen gibt, so ist auch diese Standortsmodifikation nicht erblich. Wenn zum Beispiel von sehr gut geformten, lang- und geradschaftigen Mutterbäumen der Kiefer die Nachkommen im Freistand auf schlechtem Boden erwachsen, so nehmen sie astige Krüppelformen an; deshalb braucht aber ihr Erbgut nicht angezweifelt zu werden. Nach den Grundsätzen, die der ehemalige „Hauptausschuß für forstliche Saatgutanerkennung" in Deutschland aufgestellt hatte, brauchen solche astige Anflugkiefern bei der Gewinnung des Saatgutes *dann* nicht ausgeschlossen zu werden, wenn ihre einwandfreie Abstammung sichersteht. (Anerkennungsregeln des Hauptausschusses für forstliche Saatgutanerkennung, Potsdam 1934, S. 9.)

Wenn Stämme in einem Waldbestand durch ihre Schaft- und Kronenform, Wuchs und Gesundheit durchaus befriedigen, und wenn daneben andere stehen, die zu wünschen übriglassen, so können wir nicht ohne weiteres angeben, was von dieser Erscheinung erblich ist und was bloß auf äußeren Einflüssen, Ernährung, Standort usw. beruht. Es könnte zum Beispiel der Fall sein, daß ein erblich bestveranlagter Bestand durch schlechte wirtschaftliche Behandlung, Schälung durch Hochwild, Wildverbiß usw. ein ungünstigeres Bild bietet als ein anderer, erblich minder gut veranlagter, der aber, von solcher Schädigung verschont, sorgfältig durchforstet wurde und dergleichen. In der neueren Erblichkeitslehre wird unterschieden zwischen dem nur durch erbliche innere Veranlagung bedingten „*Genotyp*" oder „*Erbanlagenbild*" einerseits und dem nicht nur durch innere Veranlagung, sondern auch durch äußere Einflüsse (Ernährung, Temperatur, Wasserversorgung usw.) bedingten „*Phänotyp*" (*Erscheinungsbild, Scheintyp*). Zum Begriff der Arten gehört dann, daß sie „*genotypisch*" voneinander verschieden sind, sich also durch konstante erbliche Merkmale oder wenigstens durch ein solches Merkmal unterscheiden. Die Arten sind aber in diesem Sinne noch nicht die untersten Einheiten, sondern viele von ihnen lassen sich noch in eine Anzahl von Unterarten, „kleinen Arten", geographischen oder *klimatischen Rassen* auflösen. Auf die letzten Einheiten mit ganz gleichen Erbanlagen wendet man gegenwärtig nach J o h a n n s e n die Bezeichnung „reine Linie" an[1]. Es sind dies Nachkommenschaften eines einzigen, sich durch Selbstbestäubung vermehrenden Individuums. Zum Beispiel pflanzt sich die Gemüsebohne vorwiegend durch Selbstbestäubung fort. Die von einer Pflanze geernteten Samen enthalten deshalb dieselben Erbanlagen, sie stellen reine Linien dar. Auch solche reine Linien, beziehungsweise ihre Nachkommenschaften, ergeben nicht lauter gleiche Pflanzen, ihre Unterschiede beruhen aber nur auf nicht erblichen Modifikationen. Innerhalb der reinen Linie führt die Auslese oder Selektion zu keinem Ergebnis, weil ja die Unterschiede ausschließlich auf nichterblichen Modifikationen beruhen, die Anlagen sind gleich. Auch wenn man in einer reinen Linie von Bohnen immer nur die größten Bohnen zur Weiterzucht verwendet, wird dadurch die Bohnenlinie nicht großfrüchtiger.

---

[1] J o h a n n s e n, Elemente der exakten Erblichkeitslehre, Jena 1912.

Dagegen handelt es sich bei Pflanzenbeständen mit großer Individuenzahl, die aus *Fremdbestäubung* hervorzugehen pflegen, in der Regel um ein Gemisch von Linien, um eine sogenannte „*Population*" im Sinne J o h a n n s e n s (populus = Volk). Man nimmt an, daß auch die Waldbestände bunte Mischungen von mehr oder minder reinen Linien mit Bastarden (also Kreuzungen der Linien untereinander) darstellen. Diese Feststellung hat für uns auch eine praktische Bedeutung, denn wir können aus ihr folgendes schließen: Wenn wir Unterschiede innerhalb einer Holzart je nach der Herkunft (Provenienz) festzustellen suchen, und zwar durch vergleichende Anbauversuche mit verschiedenen Herkünften am gleichen Standort, dann dürfen wir die Erbanlagen der Bäume einer Klima- oder Standortsrasse (Herkunft) nicht nach den Nachkommen eines *einzigen* Mutterbaumes beurteilen; denn jeder Bestand dieses Gebietes ist wohl aus Bäumen verschiedener Typen zusammengesetzt. Wir dürfen also das Gemisch zahlloser Typen nicht bloß nach einem einzigen zufällig gewählten Typ beurteilen. Diese Gesichtspunkte waren bei Anlage mancher älterer Versuche noch nicht bekannt und wurden daher vielfach damals noch nicht berücksichtigt. Dies geschah dann bei den späteren Versuchen.

Aus diesen Ausführungen können wir ersehen: Aus der bloßen äußeren Erscheinung, ohne Nachweis der Erblichkeit, können wir eigentlich nicht schließen, was davon erblich ist und was nur auf äußere Umstände zurückzuführen bleibt. Streng genommen könnten also zur Nachzucht geeignete Bestände oder Mutterbäume nur durch Vergleich der gesondert angebauten Nachkommenschaften geprüft und ausgewählt werden. Dabei ergibt sich aber die Schwierigkeit, daß wir die Veranlagung der die Bestäubung liefernden Bäume nicht kennen. Züchtung durch Auslese mit Beurteilung der Nachkommenschaften ist also bei den Waldbäumen mit besonderen Schwierigkeiten verbunden. Immerhin wird auch sie angewendet, man sucht in wissenschaftlichen Anstalten die Schwiergkeiten zu überwinden. Auch Selbstbestäubungsversuche mit Waldbäumen wurden durchgeführt, so von dem Schweden N i l s S y l v é n und von D e n g l e r in Eberswalde[1].

Immerhin kann man, wenn man Bestände auf ihre Eignung zur Saatgutgewinnung zu prüfen hat, trotz der Unsicherheit darüber, was zum Scheinbild und was zum Erbanlagenbild gehöre, annehmen: Jene Merkmale, die sich sehr häufig und unter verschiedenen Umständen, nicht nur unter gewissen äußeren Einwirkungen wiederfinden, beruhen höchstwahrscheinlich auf Erbanlagen. Wenn also zum Beispiel in einem Teil des Verbreitungsgebietes der Lärche oder der Kiefer lauter Bestände mit gut geformten Bestandesgliedern unter verschiedenen Standortsverhältnissen vorkommen, so beruht dies wahrscheinlich auf Erbanlagen. Von diesem Gesichtspunkt kann man bei der Auswahl der zur Samengewinnung geeigneten Bestände ausgehen. Ein naheliegender Weg zur züchterischen Verbesserung des Bestandesmaterials besteht in der zielbewußten Bestandespflege, in der ständigen Wegnahme des Schlechtesten und Pflege des Besten, Vererbungswürdigsten.

---

[1] N i l s S y l v é n, Selbstbestäubungsversuche mit Kiefern und Fichten, Mitt. d. Schwed. Forstl. Versuchsanst., 1910. — D e n g l e r, Künstliche Bestäubungsversuche an Kiefern, Zeitschr. f. Forst- u. Jagdwesen, 1932.

Klimatische oder geographische Rassen.

Es wurde bereits erwähnt, daß die Arten noch nicht die untersten Einheiten sind, sondern daß manche von ihnen sich noch in geographische oder klimatische Rassen auflösen lassen. Bei Holzarten mit großem Verbreitungsgebiet, das verschiedene Klimabezirke umfaßt, haben sich verschiedene physiologische Rassen oder „Klimarassen" ausgebildet. Zahlreiche Anbauversuche mit Saatgut aus verschiedenen Klimagebieten haben ergeben, daß auf dem gleichen Anbauort die dort fremden Herkünfte in der Regel ein anderes und fast immer ein weniger günstiges Verhalten gezeigt haben als die unmittelbar daneben angebauten einheimischen Herkünfte. Im Anbauversuch auf dem gleichen Boden unterscheiden sich die Nachkommen verschiedener Herkünfte durch den Zeitpunkt des Beginnes und des Abschlusses der Vegetationsperiode, dann durch die Größe des Zuwachses, durch die Reaktion auf die klimatischen Verhältnisse des Standortes, manchmal auch durch die Empfänglichkeit gegen Pilzerkrankungen (Schütte bei Kiefer), schließlich durch feinere Unterschiede in bezug auf die Gestalt der Organe.

Bekannt ist die der *baltischen Kiefer* oder *Rigakiefer* nachgerühmte Geradschaftigkeit. Sie hat schon vor mehr als 100 Jahren Anlaß zu Anbauversuchen des französischen Dendrologen V i l m o r i n in Les Barres gegeben. Hingegen haben die aus südwestdeutschem Kiefernsamen in Livland erzogenen Föhren dort durch ihren Wuchs und die Form wenig befriedigt, ebenso wie die aus holländischem Samen erzogenen. Ähnliche Erfahrungen wurden auch in Schweden gemacht. Als man in Schweden um die Mitte des 19. Jahrhunderts in den südlichen Landesteilen größere Kiefernkulturen anzulegen begann, bezog man die Sämereien häufig aus Deutschland, und zwar aus Darmstadt. Diese sogenannten „Deutschkiefern" mit ihrer Anpassung an eine längere Vegetationsperiode bewährten sich in Schweden keineswegs, sie zeigten krummen Wuchs und Anfälligkeit gegen verschiedene Erkrankungen und starben im allgemeinen im 20. bis 30. Lebensjahr (L a n g l e t, in den Verh. des Internationalen Kongresses forstl. Versuchsanstalten, Stockholm, 1929). Ähnlich verhalten sich südschwedische Kiefern beim Anbau in Nordschweden (Norrland); dann Fichtenherkünfte aus tieferen Lagen beim Anbau in hochgelegenen Kulturorten der Alpen. Umgekehrt blieben nordische gemeine Kiefern nach Versuchen C i e s l a r s[1] beim Anbau in Österreich im Wuchs in jeglicher Richtung hinter den mitteleuropäischen zurück, auch für die Hochgebirgslagen erwies sich dabei die nordische gemeine Kiefer als ungeeignet. Auch in Eberswalde ergab ein vergleichender Versuch, daß russische gemeine Kiefern aus der Gegend von Petersburg den Wettkampf mit besser angepaßten einheimischen nicht aushielten. D e n g l e r untersuchte diesen Anbauversuch zuerst im Jahre 1908, als die Kiefern 21jährig waren; die Fläche enthielt neben einheimischen auch russische, südfinnische und norwegische Föhren; alle drei fremdländischen Herkünfte blieben mit der Stammhöhe um etwa 2 m

---

[1] C i e s l a r A., Die Bedeutung klimatischer Varietäten unserer Holzarten für den Waldbau, Centralbl. f. d. ges. Forstw. 1907.

hinter den einheimischen zurück. Der Unterschied im Wachstum vergrößerte sich mit zunehmendem Alter[1], und 1928 waren die russischen Kiefern (41jährig) zwischen den einheimischen überwachsen und durch zahlreiche Eingänge so gut wie vernichtet.

Bei der Kiefer ergeben sich aber schlechtere Wuchsformen nicht nur nach Anbau einer Rasse auf fremdem, nicht zusagendem Standort, sondern die Beobachtung lehrt, daß die Kiefer mancher Gegenden, und zwar besonders die Gebirgskiefer[2], die nordische und die baltisch-ostpreußische Kiefer, den durchlaufenden Schaft bis in ein hohes Alter beibehält, desgleichen die schlanke Krone und schwächere Beastung, während in anderen Gegenden (Pfalz, Mainebene) die dort vorkommenden Kiefern bei rascherem Wuchs zur Auflösung des Schaftes in Seitenäste, Breitkronigkeit und Krummschaftigkeit neigen. Die Annahme, daß es sich um eine erbliche Veranlagung handle, wird auch gestützt durch die Ergebnisse eines großen vergleichenden Anbauversuches, der im Jahre 1907 begründet wurde. Auf Veranlassung des Internationalen Verbandes Forstlicher Versuchsanstalten hat nämlich S c h w a p p a c h an der Forstlichen Versuchsanstalt in Eberswalde im Winter 1906/07 Zapfen der gemeinen Kiefer aus acht verschiedenen geographischen Gebieten beschafft, getrennt ausgeklengt und im Frühjahr 1907 an die Versuchsanstalten des Internationalen Verbandes verteilt. Dieser Anbauversuch war deshalb besonders wertvoll, weil das gleiche Saatgut der verschiedenen Herkünfte: Schottland, Frankreich, Belgien, Pfalz, Brandenburg, Ostpreußen, Kurland, Ural an verschiedenen Orten Europas angebaut wurde. Über die bisherigen Ergebnisse dieses Versuches haben die Forstlichen Versuchsanstalten von Preußen, Sachsen, Hessen, Belgien und Schweden berichtet. Durch *geraden Wuchs* fielen bei diesem Versuch (auf den preußischen und sächsischen Versuchsflächen) die Kurländer und die ostpreußischen Kiefern auf, während die Kiefern aus der Pfalz sehr krumme Schäfte aufzuweisen hatten. Die Beobachtungen über die Schaftformen dieser Herkünfte wurden also auch beim Anbauversuch an den Nachkommenschaften bestätigt.

Wenn man die acht verschiedenen Herkünfte nach dem Ergebnis der Höhenmessung reiht, so zeigt sich, daß eine und dieselbe Herkunft keineswegs auf allen Anbauorten den gleichen Rang in bezug auf ihr Höhenwachstum einnimmt. Vielmehr stehen in Chorin (Brandenburg) die Ostpreußen und Brandenburger an der Spitze, in Hessen die Pfälzer und Belgier, in Mittelschweden unter den genannten Herkünften die Ostpreußen und Kurländer usw.[3]. Zugleich wurde beobachtet, daß die Herkünfte aus dem Norden und Osten im Winter eine starke Verfärbung zeigten.

---

[1] D e n g l e r A., Das Wachstum von Kiefern aus einheimischem und nordischem Saatgut in der Oberförsterei Eberswalde, Zeitschr. f. Forst- u. Jagdw. 1908, S. 137, 206.

[2] Auch die Weißkiefern im Pontusgebirge Kleinasiens weisen in der Regel die Form der schlanken Gebirgskiefer mit spitzer Krone und langem glattem Schaft auf. Sie gleichen in ihrer Gestalt von weitem der Fichte und erwachsen meist dicht geschlossen (B e r n h a r d, a. a. O.).

[3] W i e d e m a n n, Die Versuche über den Einfluß der Herkunft des Kiefernsamens, Zeitschr. f. Forst- u. Jagdw. 1930.

Die Kiefer mit ihrem großen Verbreitungsgebiet gab in Deutschland zu allererst Anlaß zu solchen Untersuchungen. Schon 1904 hatte S c h o t t [1] über Anbauversuche in der Pfalz berichtet, bei denen der Höhenwuchs der Pfälzer und der belgischen Kiefer befriedigend war, während jener der westungarischen (jetzt „burgenländischen") und der südfranzösischen Herkünfte nur 50 bis 60 v. H. der erstgenannten betrug,

Abb. 70. Späteres Austreiben der Karpatenfichten im Mariabrunner Versuchsgarten im Vergleich zu den Fichten aus niederösterreichischem Handelssamen (Aufn. H. M e l z e r).

jener der finnischen Herkünfte gar nur 30 bis 31 v. H. (Die burgenländischen Kiefern leisten im Burgenlande selbst durchaus Befriedigendes, vgl. Österr. Vierteljahresschr. f. Forstwesen, 1931, S. 238.)

Auch E n g l e r in Zürich hat 1913 ein reiches Zahlenmaterial über Versuche mit Kiefernsaatgut aus verschiedenen Gebieten Europas vorgelegt, Herkünfte aus den Alpen und Südfrankreich bis Schweden und Norwegen, Rußland; es zeigte sich, daß die Wuchsleistungen auf dem gleichen Anbauort bei den siebenjährigen Pflanzen, von einigen Ausnahmen abgesehen, mit der Meereshöhe und mit der geographischen Breite des *Ernteortes* abnehmen. Auf hochalpinen Anbauorten zeigten die Nachkommen von Tieflandsmutterbäumen zwar teilweise rascheren Wuchs, doch erwiesen sie sich gegen Schnee, Gipfeldürre usw. wenig widerstandsfähig und nahmen schlechte Wuchsformen an. Der Versuch wurde von B u r g e r

---

[1] S c h o t t, Forstw. Centralbl. 1904, 123 ff., 1907, 199 ff.

fortgeführt und über ihn 1931 berichtet[1]. Im Oberengadin wurden im Jahre 1860 mit Samen aus Süddeutschland Föhrenkulturen begründet. Das wenige, das davon erhalten blieb, stand in auffallendem Gegensatz zu den schönen einheimischen Föhren.

Über Anbauversuche-mit verschiedenen Herkünften der *Fichte* wurden Ergebnisse aus Österreich und aus der Schweiz veröffentlicht. Die Hochgebirgsfichten aus den höchsten Lagen, 1500 bis 1800 m, ergaben Nachkommen, die auch in tieferen Lagen zum mindesten Jahre hindurch ein geringeres Wachstumsvermögen als die auf gleichem Standort angebauten Tieflandsfichten aufwiesen[2]. An der oberen Waldgrenze dagegen bildet nach wenigen Jahren die dort einheimische Fichte längere Höhentriebe als die am gleichen Ort gepflanzte Tieflandsfichte (B u r g e r , Größe und Dauer des jährlichen Höhenwachstums, Mitt. d. Schweizer. Forstl. Versuchsanstalt, Bd. 14, 1, Zürich 1926, S. 87). Im 40jährigen Alter war an einem von C i e s l a r begründeten Fichtenherkunftsversuch im Wienerwald zum Teil ein Ausgleich der in den ersten Jahren sehr großen Unterschiede des Höhenwuchses erfolgt, immerhin waren aber die mittleren Bestandeshöhen noch recht verschieden[3]. So betrug die mittlere Bestandeshöhe der Herkunft Hubertuskirche 14,96 m, dagegen jene der unmittelbar daneben angebauten Herkunft Höllengebirge, 1380 m, nur 9,04 m. Die großen Unterschiede im Höhenwachstum der Tieflandsfichten und Hochgebirgsfichten in den ersten Jahren haben auch praktische Bedeutung, denn in der Jugend langsamwüchsige Kulturen sind in tieferen und mittleren Lagen durch den Konkurrenzkampf mit dem Graswuchs mehr gefährdet als rasch wachsende. Für Tieflagen sind also Fichtensamen aus den Hochlagen oder aus dem Norden nicht zu empfehlen, und umgekehrt haben sich in Hochlagen die Nachkommen der Tieflandsfichten nicht bewährt, sie zeigten größere Eingänge. Bei einem vergleichenden Anbauversuch im Versuchsgarten Mariabrunn konnte Verfasser unter anderem beobachten, daß Karpatenfichten (Mutterbaum aus dem Kelemengebirge, 1300 m) alljährlich im Frühjahr durchschnittlich um 14 Tage später austrieben als die unmittelbar daneben angebauten Fichten aus niederösterreichischen Handelssamen (Abb. 70).

Betreffs der *Lärche* hat A. C i e s l a r im Jahre 1888 vergleichende Anbauversuche mit Sudetenlärchen und Nachkommen einer Alpenlärche aus dem Forstamt Telfs in Tirol eingeleitet (Abb. 71). In der Folgezeit konnte er aus dem Ergebnis der Versuche schließen[4], daß die schlesische Lärche in der Jugend eine schlankere Krone mit aufwärtsgerichteten dünnen

---

[1] E n g l e r A., Mitt. d. Schweiz. Centralanst. f. d. forstl. Versuchswesen, Bd. 10, 1913, S. 349. B u r g e r H., ebenda, 1931, Bd. 16.

[2] C i e s l a r A., Die Bedeutung klimatischer Varietäten unserer Holzarten für den Waldbau, Centralbl. f. d. ges. Forstw. 1907. — E n g l e r A., Einfluß der Provenienz des Samens auf die Eigenschaften der forstl. Holzgewächse, Mitt. d. Schweizer. Forstl. Versuchsanst., Bd. 8, Zürich 1905, S. 81 ff.

[3] M e l z e r H., Der Fichtenherkunftsversuch in Loimannshagen, Centralbl. f. d. ges. Forstw. 1937, S. 255 ff.

[4] C i e s l a r A., Über die Erblichkeit des Zuwachsvermögens bei den Waldbäumen. Centralbl. f. d. ges. Forstw. 1895, S. 7—29.

Ästen baut, die Nachkommen der Alpenlärche aus Telfs dagegen breiter aus-
gelegte Kronen; weiter fand er den Schaft der Sudetenlärche schlanker und
vollholziger als den der Tiroler Lärche, den Jugendwuchs der Sudetenlärche rascher als den der Tiroler. Die Alpenlärche wird im Frühjahr früher grün und läßt die Nadeln im Herbst etwas später abfallen als die
Sudetenlärche, sie hat also auf Anbauorten milden Klimas eine etwas längere Vegetationsperiode; oder mit anderen Worten, sie reagiert auf eine
geringere Wärme schon mit Lebenserscheinungen, das kann bei Tempera-
turrückschlägen im künstlichen Anbaugebiet von Nachteil sein.

Abb. 71. 45jähriger Lärchen-Herkunftsversuch im Wienerwald, begründet von A. C i e s l a r;
links vom Grenzstein Sudetenlärchen, rechts Nachkommen eines Mutterbaums aus Telfs,
Nordtirol, 1940 aufgenommen (Aufn. R o h m e d e r).

In einer Veröffentlichung vom Jahre 1914 betonte C i e s l a r[1], daß
mit Rücksicht auf das sehr weit gedehnte und mit außerordentlich ab-
weichenden klimatischen Verhältnissen ausgestattete Verbreitungsgebiet der
Alpenlärche seine Schlüsse nur für die im Anbauort verwendeten Lärchen-
herkünfte gelten, nicht für alle Alpenlärchen. Trotzdem wurden seine
Schlüsse zu weitgehend verallgemeinert; zum Beispiel schrieb D o m i n[2],
Prag, in Mitteleuropa seien die Aufforstungen der tieferen Lagen durch die
Kultur der Alpenlärche „verpestet". Auch andere Autoren waren in der
Verallgemeinerung ihres abfälligen Urteiles über die Alpenlärche nicht
gerade zurückhaltend. Dagegen hat Verfasser im Jahre 1930 zum ersten-

---

[1] C i e s l a r A., Studien über die Alpen- und Sudetenlärche, Centralbl. f. d. ges.
Forstw. 1914.

[2] D o m i n K., Studien über die Variabilität der Lärche in Europa, tschechisch mit
englischer und deutscher Zusammenfassung, Prag 1930.

mal auf die tiefergelegenen Teile des natürlichen Verbreitungsgebietes auch der Alpenlärche, zum Beispiel im westlichen Wienerwald, und auf die günstigen Wuchsformen und sonstigen Vorzüge der Wienerwaldlärche und sonstiger Lärchen aus tieferen Lagen in den Ostalpen hingewiesen [1]. Seither angelegte vergleichende Anbauversuche [2] hatten zur Folge, daß heute das Urteil über die Eignung der Wienerwaldlärche für den Anbau in tieferen Lagen günstiger ist als jenes über die Eignung von Lärchen alpiner Hochlagen für diesen Anbau. Ein vom Verfasser im Jahre 1932 in Mariabrunn eingeleiteter Versuch ergab, daß bei gleichem Alter und gleichem Boden dreijährige Nachkommen von vier verschiedenen Herkünften (in Mariabrunn nebeneinander angebaut) 1935 folgende Mittelhöhen aufwiesen:

Ullersdorf bei Liebau (damals Preußisch-Schlesien),
Distrikt 180 a, hervorragender Mutterbestand   61 cm
Jägerndorf (Sudeten)   53 cm
Blühnbachtal (Salzburg), tiefere Lagen, 600 bis 800 m   56 cm
Turrach (Steiermark), Meereshöhe 1350 m   40 cm

Im Jahre 1940 ergab eine abermalige Aufnahme von H. Melzer folgende Mittelhöhen:

Ullersdorf	513 cm
Jägerndorf	514 cm
Blühnbach	457 cm
Turrach	301 cm

Während also die Herkunft „Turrach" im Höhenwuchs im Vergleich zur „Mittelgebirgsrasse" aus Schlesien stark zurückbleibt (Abb. 72), kommt die Herkunft aus tieferen Lagen des Blühnbachtales (Land Salzburg) den Sudetenlärchen ziemlich nahe.

Auch in den folgenden Jahren bis zur Gegenwart war der Unterschied der „Turracher" im Höhenwuchs beträchtlich. Zum Anbau in Tieflagen sind also Nachkommen von Mutterbäumen aus tiefgelegenen Teilen des natürlichen Verbreitungsgebietes geeigneter als hochalpine Herkünfte.

Ergebnisse über belangreiche Unterschiede der einzelnen Herkünfte beim vergleichenden Anbauversuch liegen noch vor betreffs der *Stieleiche* mit ihrem großen Verbreitungsgebiet, weiter betreffs verschiedener Herkünfte aus dem großen nordamerikanischen Wohngebiet der *Douglasie*. Auch hinsichtlich der *Schwarzerle* wurde beim Anbau im Memelgebiet beobachtet, daß bei Verwendung von Erlensamen aus zu warmen Gebieten schlechter Wuchs und ein durch einen Pilz hervorgerufenes Erlensterben sich einstellt [3].

---

[1] Tschermak L., Die autochthone Lärche der tieferen Lagen in den Ostalpen, Wiener Allg. Forst- und Jagd-Ztg. 1930, S. 228.

[2] Rubner K., Die Ergebnisse zehnjähriger Lärchenherkunftsversuche im Erzgebirge, Tharandter F. Jahrb., Bd. 92, 1941. S. 15. Auf Tiroler, schlesische und polnische Herkünfte bezieht sich die Arbeit: Schreiber M., Beitrag zur Kenntnis der forstlichen und biologischen Eigenschaften einiger Klimarassen der europäischen Lärche, Centralbl. f. d. ges. Forstw. 66, 1940, S. 149, 180, 206 und 221.

[3] Münch E., Über Standortsrassen der Waldbäume, Botan. Centralbl. 1932, Drude-Festschrift. — Bansi, Zur Provenienzfrage der Roterle. Zeitschr. f. Forst- u. Jagdw. 1924.

Bei den von A. C i e s l a r begründeten *Eichenherkunftsversuchen* wurden 21 Proben von Stieleichen (von Südfrankreich im Westen bis zur Bukowina im Osten, von Istrien im Süden bis Mittelschweden im Norden) herangezogen und nebeneinander im Wienerwald (Steinbachtal) angebaut [1]. Wenn auch C i e s l a r die Eicheln für die Versuche nicht von ganzen Beständen, sondern nur von einzelnen oder je zwei bis drei nahe beieinanderstehenden Mutterbäumen sammeln ließ, so war aus den Versuchen doch die Vererbung klimabedingter Anlagen erkennbar. Am besten gediehen im Wienerwald die Nachkommenschaften von gut geformten Mutter-

Abb. 72. Lärchen-Herkunftsversuch im Mariabrunner Versuchsgarten, begründet von L. T s c h e r m a k; links Nachkommen von Turracher Lärchen (1350 m Seehöhe), rechts von Sudetenlärchen aus Ullersdorf, Schlesien (Aufn. R o h m e d e r).

bäumen *westdeutscher* und *südböhmischer* Herkunft, sodann solche aus dem ehemaligen Galizien und aus der Bukowina, ferner aus dem ehemaligen Nordungarn (Slowakei), aus dem Stromgebiet der Save und unteren Donau. Dagegen haben sich die Eichen aus sehr milden Klimaten südlicher Wuchsgebiete (Südfrankreich) als völlig ungeeignet für das wesentlich rauhere Niederösterreich erwiesen. Die Rassen aus südlichen Wuchsgebieten zeigten auch große Neigung zur Bildung von Johannistrieben, damit hing dann auch die Empfindlichkeit gegen Frostbeschädigungen zusammen.

In Dänemark kommen knorrige Formen der *Rotbuche* vor, die O p p e r m a n n „Renkbuchen" genannt hat. Auch in den Alpen findet man Renkformen der Buche als Standortsmodifikationen (durch Frost, Wind usw.) nicht selten; bei den dänischen Renkbuchen aber schloß man sowohl aus

---

[1] C i e s l a r A., Untersuchungen über die wirtschaftliche Bedeutung der Herkunft des Saatgutes der Stieleiche, Centralbl. f. d. ges. Forstw. 1923.

dänischen als auch aus in der Schweiz durchgeführten Anbauversuchen, daß auch eine erbliche Veranlagung vorliege[1].

Außer den verschiedenen Herkünften oder Klimarassen, die räumlich getrennt sind, unterscheidet man gelegentlich auch noch „Typen" einer Holzart, zum Beispiel „Fichtentypen", im gleichen Gebiete, also auch innerhalb der gleichen Herkunft oder Klimarasse vorkommend. Auf Fichtentypen wies zuerst der Schwede N i l s S y l v é n, 1909, hin, dann K. R u b n e r, 1943[2]. So wurden unterschieden: „Kammfichten" mit vorhangähnlich herabhängenden Ästen zweiter Ordnung, „Plattenfichten" mit starren, mehr oder weniger horizontal ausgebreiteten Ästen erster und zweiter Ordnung, außerdem Übergänge: „Bürstentypen" mit halbsteifen, bürstenähnlichen Ästen zweiter Ordnung. Kammfichten sollen in der Regel großnadelig sein und größeren Zuwachs aufweisen.

Entstehung der Baumrassen (oder klimatischen Rassen).

Unser praktisches Handeln wird in der Regel von der Erklärung stark beeinflußt, die wir einer Erscheinung geben. Die Erklärungsversuche, wie die verschiedenen Baumrassen entstanden sein mögen, sind daher für uns von Belang. C i e s l a r und mit ihm E n g l e r schlossen, es handle sich um Anpassung der Holzart an die klimatischen Verhältnisse des Standortes, somit um ein Erblichwerden erworbener Eigenschaften nach langer, viele Generationen hindurch während der Einwirkung. Man nahm also früher an, daß die durch äußere Einflüsse der Umwelt entstandenen, für die betreffende Art nützlichen Modifikationen erblich geworden seien. Heute lehnt dagegen die Mehrzahl der Forscher und Vertreter der Vererbungslehre die Erblichkeit erworbener Eigenschaften ab und gibt auf Grund neuer Forschungen den gleichen Tatsachen eine andere wissenschaftliche Deutung. So sagt zum Beispiel M ü n c h mit Bezug auf die Entstehung der Baumrassen: Auch C i e s l a r und E n g l e r hätten sich hinsichtlich dieser Entstehung auf den Standpunkt des Erblichwerdens erworbener Eigenschaften gestellt. Allein in der allgemeinen Abstammungs- und Vererbungslehre habe man unter dem Zwang der nunmehr hundertfältig festgestellten Tatsache, daß sich die Modifikationen nicht vererben, von dieser so bequemen und einleuchtenden Lehre Abschied nehmen müssen[3]. Die heute herrschende Erklärung ist nun die folgende: Unabhängig von äußeren Einwirkungen, aus noch unbekannten anderen Gründen, entstehen neuartige Formen durch sogenannte Mutation, sprunghafte Veränderung; während die Ergebnisse der „Modifikation" nicht erblich sind, sind die der Mutation erblich. Die Holzarten wanderten in ihre Wohngebiete als ein Gemisch von (durch Mutation entstandenen) Formen ein. Aus den vor-

---

[1] B u r g e r H., Dänische und schweizerische Buchen, Schweiz. Zeitschr. f. Forstw. 1933. — O p p e r m a n n, Vrange Boge, Mitt. dän. forstl. Versuchsw. 1908.

[2] R u b n e r K., Die praktische Bedeutung unserer Fichtentypen, Forstw. Centralbl. und Thar. Forstl. Jahrb., KGA, 1943, S. 233—246.

[3] M ü n c h E., Beiträge zur Kenntnis der Kiefernrassen Deutschlands, Allg. Forst- u. Jagd-Ztg. 1925, S. 151.

handenen Typen, die sich noch durch weitere Mutation vermehren, hat der Standort durch verschiedene Einwirkungen die eine Form begünstigt, die andere ausgemerzt, so daß schließlich an jedem Standort *die* Form übrigblieb, die ihm zufällig am besten angepaßt war. In dieser Weise seien die verschiedenen Typen „räumlich getrennt und nach Standorten sortiert" worden, sie bilden jetzt Standorts- oder Klimarassen. Also durch verschiedene Aussortierung aus dem vorhandenen Gemisch unter dem Einfluß der Standortsbedingungen seien die Baumrassen entstanden, dies ist der gegenwärtig am meisten Anklang findende Erklärungsversuch.

Praktische Maßnahmen zur Sicherung geeigneter Herkünfte.

Wo noch die ursprünglich heimischen Rassen vorhanden sind, dort kann durch Anwendung der natürlichen Verjüngung, durch Ausnützung des Samenabfalles von Mutterbäumen guter Beschaffenheit, für die Erhaltung der bodenständigen Rasse gesorgt werden. In jenen Tannen-Buchen-Mischbeständen zum Beispiel, die aus ständig fortgesetzter natürlicher Verjüngung hervorgegangen sind, ist die obige Voraussetzung (Vorhandensein der ursprünglichen Rassen) sicher gegeben und die Erhaltung dieser Rassen ohne weiteres durchführbar.

In mehreren Staaten bestehen zum Schutze des heimischen Waldes gegen Schädigung durch Anbau ungeeigneter Herkünfte Beschränkungen der Sameneinfuhr. In Schweden wurde schon seit dem Jahre 1880 die Einfuhr von Waldsamen durch strenge Gesetze sehr erschwert. In Deutschland wurde im Jahre 1934 das sogenannte „Forstliche Artgesetz" erlassen, das den Waldbesitzer oder Nutzungsberechtigten verpflichtete, genotypisch minderwertige Bestände und Einzelstämme auszumerzen und zur Nachzucht bestimmter Holzarten nur anerkanntes Saatgut zu verwenden. Dieser Verfügung war eine mehrjährige Entwicklung vorausgegangen. Zunächst war 1911 die „Kontrollvereinigung deutscher Samenklengen und Forstbaumschulen" begründet worden, deren Aufgabe es war, dafür zu sorgen, daß Kiefernsamen deutscher Herkunft verwendet und die Einfuhr des ungeeigneten ausländischen Samens unterbunden werde. Später erkannte man diese Maßregel als unzureichend, hauptsächlich aus zwei Gründen: erstens weil dabei auch Samen von zwar in Deutschland erwachsenen Beständen zur Anwendung gelangen konnte, die aber nicht bodenständig, sondern aus ungeeignetem Saatgut herangezogen worden waren; und zweitens weil innerhalb Deutschlands selbst, zum Beispiel zwischen den Kiefernrassen, noch beträchtliche Unterschiede bestehen. 1924 wurde daher in Deutschland eine „Satzung für die forstliche Saatgutanerkennung" vom damaligen Reichsforstwirtschaftsrat beschlossen und ein „Hauptausschuß für forstliche Saatgutanerkennung" eingesetzt, dem überall Ortsausschüsse unterstanden, welche die Reviere besichtigten und für Saatgutgewinnung geeignete Reviere oder Revierteile (Bestände) anerkannten. Der Hauptausschuß schied dann sieben „Kiefernrassengebiete" in Deutschland aus und schuf für die übrigen Holzarten allgemeine „Anerkennungsgebiete", die so begrenzt waren, daß es, wie die „Anerkennungsregeln" besagten, „nach menschlichem Ermessen unbedenklich ist, den Samen innerhalb des gleichen Anerkennungsgebietes und des gleichen Höhengürtels beliebig zu verschieben". Über die Gliederung der Rassenbezirke sagte D e n g l e r mit Recht, daß einer solchen Einteilung, soweit noch vergleichende Anbauversuche fehlen, immer etwas Unsicheres anhafte. Die Aufgabe der Ortsausschüsse war hauptsächlich die Entscheidung darüber, welche Reviere oder Revierteile den Anforderungen entsprechen, um als „Reviere für einwandfreies Saatgut" für eine bestimmte Holzart anerkannt zu werden.

Um auch ein Beispiel aus dem *europäischen Südosten* anzuführen, möchte Verfasser hier wiedergeben, welche Maßnahmen zur Sicherung geeigneter Herkünfte er in der in Konstantinopel-Büjükdere gehaltenen Waldbauvorlesung (im Jahre 1937) für die Türkei empfahl: „Die natürliche Verjüngung wäre soweit als möglich anzuwenden. Außerdem hätte für künstliche Aufforstungen die Samengewinnung in eigener Regie der Forstverwaltung zu erfolgen. Die Beurteilung der Eignung der Bestände hinsichtlich Wuchsform, Gesundheit usw. würde den Forstbeamten obliegen. Auch die Klengung der Zapfen in Sonnendarren oder einfachen Stubendarren könnte bei den Forstverwaltungen stattfinden. Für besondere Zwecke, größere Ödlandaufforstungen und dergleichen, wäre diese Samengewinnung in Regie der Forstverwaltung noch zu ergänzen durch Errichtung einer Kleindarre an einer zentralen forstlichen Stelle, zum Beispiel am Sitze der türkischen Forstfakultät. Bei dieser Stelle wären auch Versuche mit vergleichendem Anbau verschiedener Herkünfte anzulegen, zum Beispiel von *Pinus nigra var. Pallasiana, Pinus silvestris* und anderen, um die Rassenunterschiede auch hier beurteilen zu können. Die zu berücksichtigenden Herkünfte wären aus verschiedenen Teilen Anatoliens, dann zum Vergleich auch aus anderen Ländern zu wählen. Die Einfuhr von Samen wäre nur bedingt zuzulassen, und zwar fallweise nach Bewilligung durch das Landwirtschaftsministerium und nur aus klimaähnlichen Gebieten." Das Zusammenspiel der wirtschaftlichen Bedingungen der Forstwirtschaft in den Südostländern hat eine mehr extensive Forstwirtschaft zur Folge, diesem Umstande muß bei der Sicherung geeigneter Herkünfte durch die Wahl möglichst einfacher praktischer Maßnahmen Rechnung getragen werden[1].

In der Landwirtschaft wendet man Auswahl bester Mutterpflanzen, Prüfung ihrer genotypischen Anlagen durch Beurteilung der Nachkommenschaften, Ausmerzung aller weniger geeigneten Pflanzen, Auslese der besten an. Diese Individualauslese mit Beurteilung der Nachkommenschaften als Mittel der Pflanzenzüchtung ist in der Forstwirtschaft mit der späten Mannbarkeit der Waldbäume mit besonderen Schwierigkeiten verbunden, trotzdem befassen sich einzelne wissenschaftliche Institute mit der Anwendung dieses Verfahrens und zugleich mit der Kombinationszüchtung bei Waldbäumen.

---

[1] Vorschläge über zwischenstaatliche Regelungen: L a n g n e r, Die Frage der Baumrassen im europäischen Wald, Intersylva 1942, S. 463—472.

Forstwirtschaftliche Pflanzenzüchtung oder Waldbaumveredlung.

In wissenschaftlichen Anstalten arbeitet man seit den letzten Jahren an der Waldbaumveredlung, an forstwirtschaftlicher Pflanzenzüchtung, ähnlich wie sie seit Jahrzehnten in der Landwirtschaft durchgeführt wurde. In Schweden wurde 1936 ein „Verein für Pflanzenzüchtung" gegründet, der für Verbesserung und Züchtung der Waldbäume und für Nutzbarmachung dieser Pflanzenzüchtung im Lande wirken will. Der Verein erhielt ansehnliche Mittel und nahm im Frühling 1938 seine Tätigkeit voll auf. Mit dem bekannten Funde der Riesenaspe durch E h l e wurde die früher laue Anteilnahme schlagartig in ein reges Interesse verwandelt. In Deutschland bestand im Kaiser-Wilhelm-Institut für Züchtungsforschung in Müncheberg eine Abteilung für Züchtung von Waldbäumen. Man betreibt in solchen Anstalten etwa:

a) *Die vergleichende Beurteilung der Nachkommenschaften ausgewählter Bäume*, um durch Prüfung der Nachkommenschaft zu erkennen und festzustellen, ob die ausgewählten wirklich auch die besten sind. In Schweden sucht man durch genaue Durchforschung der Wälder des Landes die vorkommenden Formen der wichtigsten Waldbaumarten: Fichte und Kiefer, festzustellen. Man glaubt zum Beispiel, daß Bäume eines bestimmten Verzweigungstyps, die sogenannten Kammfichten, mit ihren von den Ästen senkrecht herabhängenden Zweigen den Assimilationsorganen die günstigste Stellung darbieten und deshalb einen auffallenden Zuwachs aufweisen. Betreffs der schwedischen Kiefernrassen glaubt man, daß die „schmalkronige Kiefer" im ganzen Lande in Populationen gemischt vorkomme und daß man aus der schmalkronigen erheblich mehr Bauholz gewinnen könne, daß sie auch mehr Zellstoff liefere. Man ist dort überzeugt, daß die Rassenveredlung der Kiefer in bezug auf die Astbildung beträchtliche wirtschaftliche Vorteile bringen kann[1].

b) *Kombinationsveredlung*, auf Kreuzungen beruhend, zwei verschiedene erwünschte Eigenschaften werden durch Bastardierung verbunden, es ist möglich, mit Hilfe solcher Kreuzungen auf beliebige gewünschte Kombinationen von Eigenschaften hinzuarbeiten, sogenannte „Neuheiten" herzustellen. Auch bei der Züchtung neuer raschwüchsiger Pappelbastarde wurde Kombination oder Kreuzung versucht. Nach der ersten Generation erfolgt dann die Vermehrung durch Stecklinge, um ein Aufspalten zu verhindern. Bei der Entstehung neuer Abarten im Wege der Kreuzung gelten die von G r e g o r   M e n d e l. (Brünn) in den sechziger Jahren des vorigen Jahrhunderts gefundenen Gesetze, die zuerst wenig beachtet wurden und erst im Jahre 1900 von H u g o   d e   V r i e s, K. E.   C o r r e n s und E r i c h   T s c h e r m a k gleichzeitig, aber unabhängig voneinander wieder entdeckt wurden.

---

[1] N i l s   S y l v é n, Waldbaumzüchtung in Schweden. Intersylva 1942, S. 455. — L i n d q u i s t, Die Rolle der Kiefer... Forstarchiv 1942, S. 293—302. — W e t t s t e i n, W. von, Über den gegenwärtigen Stand der forstlichen Pflanzenzüchtung. Ein Rückblick und Ausblick, Allg. Forst. u. Jagd-Ztg. **118**, 1942, S. 128—131.

c) *Transgressionsveredlung,* auch sie beruht auf Kreuzungen, doch kommt es bei ihr darauf an, den Grad ein und derselben Eigenschaft zu steigern; so haben insbesondere deutsche und dänische Versuche gezeigt, daß sich durch Kreuzungen verschiedener Arten in der ersten Kreuzungsgeneration wertvolle Zuwachssteigerungen erzielen lassen (Zeitschr. f. Weltforstw. 6, S. 180). So hat W. v. W e t t s t e i n teils durch Kreuzungen, teils durch Sortenwahl (verbunden mit geeigneter Kulturmethode) auf eine wesentliche Ertragssteigerung bei Pappeln zur Gewinnung von Zelluloseholz hingearbeitet. Seine Neuzüchtung *Populus angulata* $\times$ *serotina N 8/33* gab im vierjährigen Alter (Dezember 1944) einen auffallend hohen Durchschnittszuwachs, Grundlage der Ertragssteigerung war nach seiner Angabe die luxurierende Wirkung von Artbastarden, „Züchtung, beziehungsweise Sortenwahl, verbunden mit geeigneter Kulturmethode", er hält einen 10- bis 15jährigen Umtrieb und eine kräftige Durchforstung schon im drei- bis vierjährigen Alter bei der Kultur solcher „Zellulosepappeln" für angemessen. Sein Zuchtziel ist in diesem Falle außer hohem Massenertrag auch ein hoher Zellulosegehalt [1].

d) Die vierte Möglichkeit der Veredlung der Waldbäume ist die *Züchtung von Pflanzen mit erhöhter Chromosomenzahl* und damit eventuell in Zusammenhang stehender gesteigerter Wuchskraft. Man kennt den Zusammenhang zwischen Polyploidie und Wuchsleistung noch nicht genau, doch gibt es immerhin Fälle, in denen man beobachtet hat, daß höhere Chromosomenzahl und gesteigerter Wuchs parallel gehen. Polyploide Pflanzen zeigen in vielen Fällen Riesenwuchs. Im Jahre 1937 fanden zwei amerikanische Forscher, A. F. B l a k e s l e e und B. T. A v e r y, daß man mit Hilfe eines Giftes, des Colchicin, gewonnen aus der Herbstzeitlose, *Colchicum autumnale,* die Entstehung von Pflanzen mit vermehrter, und zwar zunächst gegenüber den Ausgangsformen doppelter Chromosomenzahl künstlich bewirken kann, indem man auf die Vegetationsscheitel, Sämlinge oder Samen die Colchicinlösung einwirken läßt (am besten in wässeriger Lösung) [2]. Ein glücklicher Treffer bei solchen Versuchen könnte besondere Bedeutung haben. Auch durch Strahlungseinwirkung, durch wechselnde tiefe und hohe Temperaturen, durch chemische Beeinflussung mit anderen Mitteln als Colchicin, können polyploide Rassen oder andere Mutanten hervorgerufen werden [3].

---

[1] W e t t s t e i n, W. v., Die „Zellulosepappel", ihre Kultur und Züchtung. Der Züchter, Zeitschrift für theoretische und angewandte Genetik, 17./18. Jg. 1946, S. 13—19. Daselbst weitere Literaturangaben.

[2] B l a k e s l e e A. F. und A v e r y B. T., 1937, Methods of inducing doubling of chromosomes in plants by treatment with colchicine, Journ. of Heredity **29**, p. 393.

[3] S c h u m a c h e r W. im „Lehrbuch der Botanik", begr. von S t r a s b u r g e r, 22. Aufl., Fischer, Jena 1944.

III. Waldbaulich wichtige Lebenserscheinungen des Bestandesmaterials.

1. Die Verjüngungsfähigkeit.

Entweder handelt es sich um Verjüngung durch *Samen* nach Eintritt der Mannbarkeit oder um Verjüngung durch *Ausschläge*. Hinsichtlich der Verjüngung durch Samen ist für uns von Belang, die Bedingungen der Samenerzeugung und das Maß ihrer Ergiebigkeit kennenzulernen, weiter die Verbreitungsfähigkeit der Samen und die Voraussetzungen, unter denen die Erzeugung und Verbreitung der Samen durch forstwirtschaftliche Eingriffe beeinflußt werden kann. Die Fähigkeit der Waldbäume, zu blühen und Samen zu tragen, beginnt erst in einem gewissen Alter. Dieses sogenannte

Mannbarkeitsalter

ist je nach Holzarten verschieden und scheint im allgemeinen um so niedriger zu liegen, je leichter die Früchte der einzelnen Holzart sind, zum Beispiel tritt es bei den leichtsamigen Pappeln und Weiden, Birken, Erlen frühzeitig ein. Dies gilt nicht ohne Ausnahme, die Schwarzkiefer im Freistande zum Beispiel wird auch frühzeitig mannbar, obwohl sie etwas größere Samen besitzt. Ferner tritt bei den Lichtholzarten: Birke, Lärche, Weißkiefer die Mannbarkeit oder Blühbarkeit früher ein als bei den Schattholzarten, weiter bei Bäumen in lichtem Schluß früher als bei solchen in geschlossenem Bestand. Durch Lichtstellung der Bestandesglieder kann man also die Samenerzeugung beschleunigen und vermehren. Zu den Holzarten, welche am frühesten mit dem Blühen und Samentragen beginnen, gehören Birken, Lärchen, Erlen, Kiefern, Schwarzkiefern, Pappeln, Weiden; im Südosten Zypressen, Aleppokiefern, brutische Kiefern; im Freistand tritt bei diesen Arten die Mannbarkeit etwa schon im 15. bis 20. Jahre (oder früher) ein; im Bestandesschluß dagegen etwas später (ungefähr im 20. bis 30. Jahre). Es ist dies auf das „Bestandesklima", geringere Einwirkung des Lichtes und der Wärme, sowie jedenfalls auch auf die Kronen- und Wurzelkonkurrenz zurückzuführen. Danach folgen Hainbuchen, Linden, Ahorne mit 20 bis 30 Jahren; weiter Eichen und Fichten, die mit etwa 40 Jahren Samen zu tragen beginnen, sodann Rotbuchen, Zirben mit 40 bis 50 Jahren, die Schattholzart Tanne mit 50 bis 60 Jahren. An Süd- und Westhängen pflegen die Bäume schon in jugendlicherem Alter Früchte zu tragen als an den Nord- und Osthängen. Auf armen, trockenen Böden tritt in der Regel die Samenbildung früher ein als sonst. Im einzelnen können beträchtliche Abweichungen vorkommen. In der Schweiz wurde beobachtet, daß bei den Kernwüchsen oder Samenpflanzen der Eichen freistehende oder herrschende Bäume des Bestandes schon vom 40. Jahre an vereinzelt keimfähige Früchte tragen können, dagegen gebe es im geschlossenen Bestand erst vom Alter von 80 bis 90 Jahren an reichlich gesunde Eicheln. Stockausschläge aber können schon als Fünfjährige Samen tragen[1].

---

[1] B u r g e r H., Über die künstliche Begründung von Eichenbeständen, Mitt. d. Schweiz. Forstl. Versuchsanstalt 23, Zürich 1944, S. 293, 363.

In höherem Alter erlischt die Samenerzeugung der Bäume nicht, sondern dauert meist bis zu ihrem Tode. Im bosnischen Urwald sah Verfasser Tannen und Fichten von 300- bis 350jährigem Alter reichlich fruchten. Im Spessart liefern nach V a n s e l o w vielhundertjährige Buchen und Eichen noch reichlich keimfähige Samen. Auch die Keimfähigkeit der Samen von solchen alten Bäumen nimmt nicht ab. In der Versuchsanstalt Mariabrunn bei Wien wurde vom Verfasser seit dem Frühjahr 1924 bis zum Jahre 1938 eine Nachkommenschaft von hochalterigen Urwaldfichten aus den Karpaten Siebenbürgens gezogen, die durchaus normal ausgefallen ist. Auch F a b r i c i u s schloß aus Versuchen mit Samen alter Tannen, daß mit zunehmendem Alter des Mutterbaumes die Keimkraft nicht sinkt[1].

Bedingungen des Blühens.

Wenn auch Gehölze erst nach Jahren mannbar werden, so tritt auch dann noch das Blühen und Fruchten bei ihnen in verschiedenen Jahren sehr verschieden reichlich ein. Auch bei Obstbäumen wechselt von Jahr zu Jahr der Ansatz stark, ohne daß dies stets die Folge einer durch ungünstiges Frühjahrswetter gestörten Bestäubung wäre. Ebenso treten bei den Waldbäumen gute Samenjahre meist in mehrjährigen Pausen auf. Für die Praxis ist es wertvoll, die Ursachen für den wechselnden Fruchtansatz kennenzulernen und womöglich Mittel zu erfahren, um ihn künstlich zu steigern.

Die Erfahrung lehrt, daß spät mannbare Bäume auf armen Böden und auf sonnigen Standorten früher zur ersten Blüte gelangen und daß die Wiederkehr der Samenjahre durch trockene warme Sommer gefördert wird. Licht fördert also die Blühreife, denn es wirkt auf eine Vermehrung der Assimilate, der Kohlehydrate hin, von denen in einem „Mastjahre" eine große Menge verbraucht wird. L. J o s t führt an, daß in einem reichen Samenjahr die Reservestoffe in ganz anderem Maße in Anspruch genommen werden als bei rein vegetativem Wachstum; eine 100jährige blühreife Buche zum Beispiel enthalte etwa 114 kg Kohlehydrate, von denen rund 20 v. H. für den Laubausbruch, das Höhen- und Dickenwachstum dienen, 45 v. H. aber bei der Bildung von Blüten und Früchten verbraucht werden. (Der Rest von 35 v. H. genüge, um im nächsten Jahr alle vegetativen Wachstumsprozesse zu gewährleisten[2].) Daß eine Erhöhung der Menge der Assimilate die Blütenbildung begünstigt, dafür spricht auch die Erfahrung, daß eine durch künstliche Eingriffe herbeigeführte Stauung der Assimilate in den Zweigen im gleichen Sinne wirkt, so der Rindenringelschnitt, leicht abschnürende Binden und dergleichen. Auch Hemmung der Salzaufnahme aus dem Boden durch Kappung der Wurzeln vermag die Blütenbildung zu begünstigen. Aus diesen Erfahrungen schloß K l e b s auf folgende *Regel: Alles, was die Menge der Assimilate erhöht* (Licht, gedrosselte Weiterleitung) *oder was die Zufuhr von Wasser und Mineralstoffen hemmt* (magerer, trockener Boden, Wurzelkappung) *und damit das Verhältnis der Assimilate zu den Nährsalzen zugunsten der ersteren verschiebt, be-*

---

[1] F a b r i c i u s L., Forstliche Versuche, Forstw. Centralbl. **50**, 1928, S. 694 ff.
[2] J o s t L., Baum und Wald, Berlin 1936, S. 100.

günstigt die Fortpflanzung, die entgegengesetzten Maßnahmen fördern rein vegetatives Wachstum [1]. Diese Regel erfuhr durch Düngungsversuche die wichtige Einschränkung, daß *nicht alle Nährsalze* das vegetative Wachstum begünstigen, sondern daß dies in erster Linie für den *Stickstoff* gilt, während *Phosphor,* aber auch *Kalium,* genau wie die Assimilate die Blütenbildung fördern. Die Assimilatanhäufung führt nicht etwa zwangsläufig zur Blütenbildung, sondern die beiden Erscheinungen gehen nur erfahrungsgemäß in den meisten Fällen Hand in Hand. Dies kann aber für den Praktiker genügen, um nach der K l e b s schen Regel seine Maßnahmen zu treffen.

Zu den Bedingungen der Blütenbildung gehört noch die Wanderung *blütenbildender Stoffe* und der Einfluß der Länge der täglichen Lichtperiode; „Langtagpflanzen" kommen im Lauf der Vegetationszeit nur zur Blütenbildung, wenn sie täglich (während einer Phase besonderer Empfindlichkeit) mehr als 12 Stunden Licht empfangen. Außerdem gibt es Kurztagpflanzen und Tagneutrale. Was blütenbildende Stoffe anbelangt, so gelingt es zum Beispiel, die Vegetationspunkte zweijähriger Pflanzen von *Hyoscyamus niger,* die erst im zweiten Entwicklungsjahr Blüten hervorbringen und im ersten Jahr ausschließlich vegetativ wachsen, schon im ersten Jahr umzustimmen und zur Ausdifferenzierung von Blüten zu veranlassen, wenn man in ihre unmittelbare Nähe das Reis einer blühenden Pflanze, unter Umständen selbst von einer ganz anderen Pflanzenart (zum Beispiel Tabak) einpfropft. „Offenbar treten aus der blühenden Pflanze in das bisher vegetativ wachsende embryonale Gewebe irgendwelche Substanzen über, die bereits in geringsten Mengen diese Vegetationspunkte dazu veranlassen, Blüten und keine Laubblätter mehr zu bilden [2]."

Die Grundzüge dieser Gestaltung sind, wie im pflanzenphysiologischen Schrifttum mit Recht hervorgehoben wird, art- und rassengebunden, wenn auch äußere Einflüsse (im Sinne der Regel von K l e b s sowie der photoperiodischen Einwirkung auf Lang- und Kurztagpflanzen usw.) mitwirken. Damit die Blüten zu Früchten werden, darf die Befruchtung nicht durch regnerisches Wetter zu sehr gehemmt werden, außerdem muß während der Ausbildung der Früchte genügend Feuchtigkeit und Wärme zur Verfügung stehen.

D i e   H ä u f i g k e i t   d e r   S a m e n j a h r e.

und der Grad ihrer Ergiebigkeit hinsichtlich der Samenmenge ist je nach Holzart und Klima verschieden. Auch bei befriedigender Blüte kann die Fruchtbildung durch Frostschäden oder durch sonstige Witterungsverhältnisse gestört werden. Daher pflegen gute Samenjahre nur nach mehrjährigen Zwischenpausen wiederzukehren. Man beobachtete Samenjahre:

bei Birke, Erle, Hainbuche, Linde (im Südosten
Duiner Hainbuche, *Pinus brutia, Cupressus
sempervirens)*   nahezu alle Jahre,

---

[1] H u b e r Br., Pflanzenphysiologie, Leipzig 1941, S. 94. — K l e b s, Probleme der Entwicklung, I—III, Biol. Zentralbl., Bd. 24, 1904, und spätere Arbeiten. Zit. nach B ü s g e n - M ü n c h, Bau und Leben unserer Waldbäume, Jena 1927, S. 361.

[2] S c h u m a c h e r W., Physiologie, im „Lehrbuch der Botanik" von F i t t i n g, S c h u m a c h e r, H a r d e r, F i r b a s, 22. Aufl., Fischer, Jena 1944, S. 224.

bei Ulme, Berg- und Spitzahorn, Esche	alle 2 Jahre,
bei Weißkiefer	alle 3 Jahre,
bei Tanne in milden Lagen	alle 2—3 Jahre,
bei Tanne in rauheren Gebirgslagen	alle 4—8 Jahre,
bei Fichte in günstigeren Lagen	alle 3—5 Jahre,
bei Fichte in größeren Meereshöhen	alle 6—8 Jahre,
bei Fichte in noch höheren Lagen	alle 9—11 Jahre.

An der polaren Waldgrenze in Finnland fruchtet die Fichte und die Weißkiefer nur in Abständen von mehreren Jahrzehnten (60—90 Jahre nach A. R e n v a l l s Untersuchungen).

Die schwersamigen haben seltenere Vollernten,

Eiche	alle 6—7 Jahre,
Buche[1]	alle 6—7 Jahre,

Selbst für das klimatisch begünstigte französische Eichengebiet werden Vollmasten der Eiche nur in Zeitabständen von 6 bis 7 Jahren angegeben, doch kommen dazwischen noch Sprengmasten vor, die in begünstigten Eichengebieten reichlicher, in ungünstigen Wuchsgebieten magerer ausfallen[2].

Ein Beispiel dafür, daß wärmeres Klima die Häufigkeit der Samenjahre begünstigt, bietet die Buche im Bodenseegebiet (südliches Baden, südliches Württemberg): Dort können Buchenbestände im Saumschlag verjüngt werden, weil Samenjahre häufig genug auftreten, so daß der geringe Hiebsfortschritt des Saumes ausreichend wettgemacht wird durch die kurzen Zeitabstände, innerhalb deren die Säume (in Samenjahren) aneinandergereiht werden können. Auch im vorderen Wienerwald hat die Buche häufig Samenjahre, desgleichen am Alpenrande südlich von Steyr in Oberösterreich.

Die obigen Erfahrungszahlen gelten nur im Durchschnitt. In Preußen wurden über die Größe des Samenertrages und die Ruhepausen zwischen den Samenjahren durch 20 Jahre Beobachtungen durchgeführt, die Ergebnisse hat im Jahre 1895 S c h w a p p a c h veröffentlicht, sie bestätigten die alten Erfahrungszahlen. Auch aus Baden liegen ähnliche Untersuchungen (S e e g e r, 1913) vor. Bei jeder Holzart treten in jenen Gebieten, die zum Optimum der Verbreitung der betreffenden Art gehören (das können auch weit getrennte Gebiete sein), Samenjahre häufiger ein als an den Grenzen der Verbreitung. Im Gebiete des Optimums der Verbreitung einer Art pflegen sich auch reichlich Anflüge der betreffenden Holzart einzufinden, selbst wenn im Altholz infolge der Einwirkung der Wirtschaft andere

---

[1] Im Wienerwald weist die Buche „alle sechs Jahre eine Vollmast und alle zwei bis drei Jahre eine Sprengmast auf“ (G l ü c k, Wälderschau 1929, Österr. Vierteljahresschr. f. Forstw. 80, 1930, S. 15). S e e g e r M., Naturwiss. Z. f. Forst- u. Landw. 1913, S. 529.

[2] B u r g e r H., Über die künstliche Begründung von Eichenbeständen, Mitt. der Schweizer. Forstl. Versuchsanstalt, Zürich 1944, S. 293. In der Rheinebene Badens, im Norden der Freiburger Bucht, treten Vollmastjahre der Eiche alle sieben bis acht Jahre ein. S e e g e r M., Allg. Forst. u. Jagd-Ztg. 106, 1930, S. 207.

Holzarten stärker vertreten sind. (Zum Beispiel: Auf dem Eschenberg bei Winterthur, schweizerisches Mittelland, gab es, wie bei einer Lehrreise des Österr. Reichsforstvereines 1929 wahrgenommen wurde, in einem künstlich geschaffenen Fichtenaltholzbestand mit kleinerem Tannenanteil dennoch vorwiegend Tannenjungwuchs, das Gebiet gehört zum Optimum der Tanne.)

In den zwischen den Vollernten liegenden Jahren werden zum Beispiel an Randbäumen, an Überhältern mit großen Kronen und dergleichen ebenfalls Samen erzeugt, aber in geringeren Mengen. Bei Eiche und Buche, deren Samenabfall vor Einführung der Kartoffel zur Schweinemast verwendet wurde, pflegt man die Hauptsamenjahre als „Vollmastjahre" zu bezeichnen, die übrigen als Dreiviertelmast, Halbmast, Sprengmast, je nach dem Grade der Ergiebigkeit. Auch Ausdrücke, wie „Vollernte", „Teilernte", „Halbernte", „Zwischensamenjahre" sind insbesondere hinsichtlich der Nadelhölzer üblich.

Windbestäuber und Insektenblütler.

Die Nadelhölzer und die meisten unserer Laubbäume sind Windbestäuber. Dagegen sind reine Insektenblütler solche mit auffallenden Blüten: Pirus-, Sorbus- und Prunusarten, Linden, Ahorne, Robinien. Bei den windblütigen Nadelhölzern werden zur Blütezeit oft große Mengen von Pollen durch den Wind befördert, dies wurde zum Beispiel bei der Weißkiefer als sogenannter „Schwefelregen" bezeichnet. In Jahren reicher Fichtenblüte kann man in Wäldern der Alpen gegen Ende Mai bei Windstößen ganze Wolken Pollenstaub aus Fichtenbeständen aufsteigen sehen, alle Pfützen sind dann mit gelben Rändern eingefaßt, das Schuhwerk wird bei der Begehung gelb von Pollen. Bei den windblütigen Laubhölzern haben die männlichen Blütenstände oft die Form mehr oder weniger lang herabhängender Kätzchen, so daß der Wind nach Öffnung der Sporangien alle Sporen ausschütteln kann, demgemäß sind unter den Laubhölzern Windbestäuber (mit Kätzchen als männlichen Blüten): die Eichen, Buchen, Erlen, Hasel, Walnuß, Birke, Hainbuche, Aspe. Dagegen soll die Edelkastanie, deren Blütenstände unten meist weiblich, oben männlich sind und deren Blüten neben einem starken Duft gelegentlich auch Nektartröpfchen aufweisen, teils wind-, teils insektenblütig sein. Die Weiden dagegen werden vorwiegend durch Insekten bestäubt und besitzen auch Nektarausscheidung.

Die Reifezeit

tritt ein: bei Weiden, Pappeln und Ulmen schon im Mai, der Same behält die Keimfähigkeit nur kurze Zeit; Birke reift vom Juni bis Juli an, *Prunus avium* und *Prunus Padus* im Juni bis Juli. Bei den übrigen Holzarten tritt die Reife im Herbst ein, bei den Kiefern, der Zerreiche und der amerikanischen Roteiche erst im Herbst des zweiten Jahres. (Auch Zedernzapfen reifen erst im zweiten oder dritten Jahre, die Zypressenzapfen im Herbst des zweiten Jahres, die Pinienzapfen im dritten Jahre.) Die Tannenzapfen zerfallen gleich nach der Reife im Oktober und geben die Samen frei. Bei der Fichte fliegt ein Teil des Samens im Falle trockenen warmen

Herbstwetters etwa schon im November aus (daher erfolgt das Sammeln bei der Fichte schon vorher), bei *Pinus silvestris* bleibt er noch länger im Zapfen (daher spätere Ernte, Dezember, wegen besserer Klengbarkeit später geernteter Kiefernzapfen). Von Esche, Bergahorn, Winterlinde, falscher Akazie fallen die Samen den Winter über allmählich ab.

Junge Pflanzen, die aus leichten, flugfähigen Samen durch den Samenabfall von Mutterbäumen entstehen, bezeichnet man als „*Anflug*"; die aus schwerem Samen entstehenden (Eiche, Buche, Edelkastanie, Roßkastanie, Walnuß, Sorbusarten) werden „*Aufschlag*" genannt.

Die Menge der erzeugten Samen

ist in Samenjahren eine für die Besamung der Flächen weitaus genügende. In Buchenmastjahren wurden je Quadratmeter 150 bis 250 Bucheln gezählt (das entspricht je Hektar 1,5 bis 2,5 Millionen), in Eichelmastjahren in 320jährigen Beständen des Spessarts je Quadratmeter bis 100 Eicheln (V a n s e l o w). Nach Berechnungen von E r n s t (Forstw. Centralbl. 1930) lieferte ein 100- bis 110jähriger Fichtenbestand in Grafrath bei München im Samenjahre je Hektar ungefähr 10,000.000 Samenkörner, von denen wenigstens 6 Millionen keimfähig waren. Also eine für die Verjüngung mehr als ausreichende Menge!

Interessante Angaben über die Menge der erzeugten Samen enthält eine Anleitung für die Schätzung der Ernteaussichten für das Erntegebiet der Darre Wolfgang (unweit Frankfurt a. M.) von Forstmeister H. M e s s e r, Darrverwalter in Wolfgang[1]. Danach tragen in geschlossenen, aber gut gepflegten Beständen mittlerer bis guter Standortsklasse die herrschenden Stämme mit gut entwickelter Krone bei einer Vollmast im Durchschnitt je Stamm an Zapfen:

Kiefer 12,5 kg, 1 kg enthält 160 Stück,
Fichte 25,0 kg, 1 kg enthält 30 Stück,
Lärche 15,0 kg, 1 kg enthält 400 Stück in Ostdeutschland,
                 200 Stück in West- und Süddeutschland.

Um eine „Vollmast" vorherzusagen, müssen demnach an den herrschenden Stämmen gezählt werden:

    bei Kiefer   2000 Stück Zapfen,
    bei Fichte   750 Stück Zapfen,
    bei Lärche (Ostdeutschland)   6000 Stück Zapfen,
    bei Lärche (West- und Süddeutschland) 3000 Stück Zapfen.

Die Zahlen geben einen Durchschnitt. In der Natur gibt es große Schwankungen, Lärchenüberhälter können beispielsweise bis zu 50 kg und mehr Zapfen tragen (das entspricht in West- und Süddeutschland 10.000 Stück Zapfen, Ostdeutschland gar 20.000 Stück). Nach russischen Untersuchungen über die Ergiebigkeit der Kiefernsamenernten, über die M o r o s o w berichtet, ist der Samenertrag der Überhälter vier- bis sechs-

---

[1] M e s s e r H. in Dtsch. Forstwirt 1943, S. 377—379, S. 385—386.

mal größer als der von Bäumen im Bestand[1]. Bei einer „guten" Mast tragen alle mannbaren Stämme, auch die des Nebenbestandes, reichlich Zapfenbehang. Bei einer mittleren Mast (Halbmast, 40 bis 60 v. H.) tragen die Bestandesränder noch reichlich Zapfen, im Bestandesinneren beschränkt sich der Zapfenbehang auf die herrschenden und vorherrschenden Stämme. Bei einer geringen Mast (Sprengmast, 10 bis 30 v. H.) zeigen die Bestandesränder unterbrochenen, meist geringen und ungleichmäßigen Zapfenbehang. Im Bestandesinneren tragen nur wenige, meist vorherrschende Stämme einige Zapfen.

Die Samenverbreitung.

Unsere Waldbäume gehören nicht zu jenen Pflanzen, die ihre Samen durch eigene Kraft mit Hilfe besonderer Mechanismen ausstreuen, wie etwa *Impatiens noli tangere* oder *Oxalis acetosella*. Vielmehr werden ihre Samen durch Wind oder durch Tiere verfrachtet. Die *Windwanderer* unter den Holzarten, und zwar die mit leichtsamigen und geflügelten Früchten, besitzen die größte Verbreitungsfähigkeit der Samen. Die Ausstattung mit Fallschirmen und Flügeln ermöglicht, daß das Korn lange Zeit vom Winde schwebend erhalten und auf größere Entfernungen getragen wird. Je geringer die Sinkgeschwindigkeit ist, um so größer ist die Flugweite. Die Nadelhölzer mit Ausnahme von Pinien, Zirben, Wacholderarten, Eiben haben geflügelte Samen. Flugorgane besitzen auch die Früchte von Birken, Ulmen, Ahornen, Eschen. Bei der Weißbuche dient die dreilappige „Hülle", bei der Linde ein Flugblatt als Flugausrüstung. Die Samen der Weiden und Pappeln haben einen Haarkranz als Flugorgan, ihre Samen sind die leichtesten und flugfähigsten Sämereien, die überall auf Kahlflächen anfliegen können. Die Erlenfrüchte sind mit einer Art von Schwimmkissen in der Fruchtwand ausgestattet und können mit dem Wasser treiben.

Schwere Sämereien ohne Fallschirmvorrichtung, wie Eicheln, Bucheckern, Haselnüsse, Piniensamen, Zirbelnüsse, sind der *Verbreitung durch Tiere* angepaßt, desgleichen saftige Früchte, Beeren und Steinfrüchte, indem insbesondere Vögel die Früchte verzehren, die saftigen Gewebe werden verdaut, die hartschaligen Samen oder Steinkerne aber gehen nach einiger Zeit unbeschädigt und meist an einem anderen Orte wieder ab. Im Forstamt Neusohl (Banská Bystrica) in der Slowakei, wo viele Eiben vorkommen, tragen die dort noch vorhandenen Bären zur Verbreitung der Eibensamen bei. Der den Samen umhüllende rote, süßschmeckende Becher ist als einziger Teil der Pflanze frei von dem giftigen Alkaloid Taxin und dient der Samenverbreitung durch Vögel und andere Tiere. Vor den Eingängen der Bärenwinterquartiere sind immer die dichtesten Eibenunterwüchse. Ähnlich stellen im Taurusgebirge in Kleinasien Bären den Früchten des pflaumfrüchtigen Wacholders, *Arcenthos drupacea*, nach. Eicheln, Bucheckern, Haselnüsse, Zirbelnüsse werden von Tieren als Nahrungsvorrat eingetragen und zum großen Teil auch verzehrt, zum Teil aber auch verloren und vergessen. Die Wanderung dieser Arten ist eine wesentlich langsamere als die der Windwanderer.

---

[1] M o r o s o w G. F., Die Lehre vom Walde (Übersetzung von R u o f f), Neumann, Neudamm 1928, S. 221.

Die auf den Boden gelangenden Früchte, besonders die im Herbst und Winter abfallenden, werden allmählich durch das zu Boden sinkende Laub zugedeckt, durch den Regen in den Boden eingewaschen; auch durch die Wühlarbeit von Tieren, den Tritt von Weidevieh, durch Bodenverwundung bei der Holzfällung und -bringung wird zu der Bedeckung des Samens beigetragen.

Vegetative Vermehrung.

Außer der geschlechtlichen Vermehrung kommt auch die vegetative vor, bei ihr entsteht die Nachkommenschaft im Wege des gewöhnlichen vegetativen Wachstums, wenn zum Beispiel aus dem Stock eines gefällten Baumes dank der verfügbar werdenden Reservestoffe zahlreiche Triebe ausschlagen. Zum Unterschied von den aus Samen entstandenen Jungwüchsen, den sogenannten „Kernwüchsen“, heißen die aus vegetativer Vermehrung entstehenden *„Ausschläge“*. Alle dikotyledonen Laubbäume haben die Fähigkeit, an oberirdischen sowie auch an unterirdischen Pflanzenteilen beblätterte Triebe entwickeln zu können. Es bedarf hiezu einer Verletzung oder Stümmelung oder Erkrankung des betreffenden Pflanzenteiles. Ausschläge, welche nach der Fällung des Schaftes an dem im Boden verbleibenden Baumteil, dem „Stock“, hervorbrechen, werden *„Stockausschläge“* genannt. Triebe dagegen, welche einer Verletzung der Wurzel ihr Dasein verdanken, heißen *„Wurzelbrut“*. Beim Kopfholzbetrieb mit Stümmelung an dem Stamm entstehen Ausschläge in einiger Höhe über dem Boden, also *„Stammausschläge“*. Die naturwissenschaftliche Erklärung ist die: die Stauung von Wasser und Bildungsstoffen bringt vorhandene schlafende Augen und Adventivknospen zur Entfaltung und leitet die Überwallung der Wunde ein, wobei neue Knospen entstehen.

Mehr oder minder alle Laubhölzer sind *ausschlagfähig*. Von den Nadelhölzern besitzt die Eibe Ausschlagvermögen (dann einige ausländische, wie *Chamaecyparis, Thuja, Pinus rigida, Sequoia)*. Wurzelbrut entwickeln nur wenige Holzarten, und zwar Pappeln (Schwarzpappel, Silberpappel, Pyramidenpappel, Aspe), Robinien, der Götterbaum *Ailanthus*, Ulme, Feldahorn, Wildobstbäume, manche Sträucher. An den Silberpappeln in den Donauauen kann man leicht beobachten, daß gelegentlich Wurzelbrut vorkommt, man kann häufig eine junge Ausschlagpflanze samt einem Stück der (die Verbindung zur Mutterpflanze herstellenden) Wurzel aus dem lockeren Sandboden heben. *Reichliche Stock- und Stammausschläge* liefern: Weißbuche, Edelkastanie, Erle, Eiche, Akazie, Ulme, Linde, Pappel, Esche, Ahorn (im tropischen und subtropischen Klima auch *Eucalyptus)*. Schlechter ausschlagende Arten sind Rotbuche und Birke, bei ihnen läßt etwa vom 40. Jahre an die Ausschlagfähigkeit sehr nach.

Auf dem Ausschlagvermögen beruhen der Mittelwald- und Niederwaldbetrieb sowie der Kopfholz- und Schneitelbetrieb. Die Ausschlagfähigkeit wird im allgemeinen gefördert durch jugendliches Alter der Pflanzen und durch frischen, kräftigen Boden. Zur Verjüngung auf vegetativem Wege gehört auch die Anwendung von *Stecklingen* und *Setzstangen*.

Stecklinge sind frische Triebe, gewöhnlich von Weiden und Pappeln, die mit dem unteren Ende in den Boden gesteckt werden und hier aus

Adventivknospen der unverletzten Rinde sowie aus dem Wundegewebe am Fuße des Triebes die Bewurzelung, aus dem oberen, mit Knospen besetzten Teile aber die Krone bilden. Stecklinge sind schwächere solche Triebe, Setzstangen stärkere und längere (1 bis 4 m lang, zum Beispiel 2,50 m lange, ungefähr 4 cm starke, gerade, entgipfelte Äste, die in den Boden gestoßen werden). Bei entsprechender Anordnung im Glashause mit Wärme, Feuchtigkeit lassen sich alle Holzarten durch Stecklinge vermehren, so daß Wurzelbildung auftritt, ehe das Zweigstück zu vertrocknen oder zu verfaulen beginnt, zum Beispiel lassen sich, wie Verfasser sich durch Glashausversuche überzeugte, auch Fichten, Eiben und andere Nadelhölzer mit grünen Stecklingen vermehren; über ähnliche Ergebnisse berichtete auch H u m m e l, Vermehrung der Waldbäume durch Stecklinge (Zeitschr. f. Forst- u. Jagdw. 1930, S. 38). Doch nur bei jenen Holzarten, die sich auch in der freien Natur rasch genug bewurzeln, ist die Stecklingspflanzung eine forstlich brauchbare Kulturmaßnahme: *Salix*, *Populus* (ein- bis zweijährige Ruten von etwa Bleistiftstärke werden von Wipfeltrieben, Leittrieben, im Winter, spätestens Februar, jedenfalls vor Anschwellen der Knospen, geschnitten und zum Schutz gegen Kälte eingeschlagen; im Frühjahr werden aus diesen Ruten die Stecklinge geschnitten, und zwar 20 bis 25 cm lang, mit 4 bis 6 Augen, das Schneiden erfolgt mit einem scharfen Messer knapp über einem Auge). Das Stecken in der Pflanzschule findet zeitig im Frühjahr statt (Mitte März, anfangs April). Feuchtigkeit und Wärme begünstigen die Bewurzelung.

Der Wundreiz spielt auch bei der Stecklingsvermehrung eine wichtige Rolle; an der in den Boden gesteckten Schnittfläche kommt es zu Zellteilungen, es bildet sich ein „Kallus" (Wundgewebe), bei manchen Holzarten, wie Pappeln und Weiden, entstehen aber auch bald Wurzeln.

Beim Einstoßen der *Setzstangen* wird vorher mit einem Stoßeisen (Vorstecheisen) ein Pflanzloch vorgestochen, die Setzstangen werden dann vorsichtig, ohne Rindenbeschädigung, auf 60 bis 90 cm Tiefe eingestoßen, mit guter Erde umhüllt, schließlich wird das Pflanzloch an der Oberfläche durch Antreten geschlossen. Ist die mit Setzstangen zu bepflanzende Fläche so naß, daß sie nur bei Frost begangen werden kann, so bringt man die Setzstangen im Winter ein, die Eisdecke wird mit einem Pfahleisen in dem gewählten Verbande durchstoßen, die Setzstangen werden dann vorsichtig durch das Eis hindurch in den Schlammboden gebracht. Wo die Stange von der Erde nicht berührt wird, kann das Kambium absterben und die unterhalb solcher Stellen entstandenen Wurzeln gehen zugrunde. Es empfiehlt sich deshalb, die Setzstangen einzupflanzen, statt einzustoßen. Dies geschieht nach Herstellung eines ungefähr 50 cm tiefen Pflanzloches durch 10 cm tiefes Einstoßen der Setzstange in den Boden dieses Loches. Beim nachfolgenden Ausfüllen des letzteren wird die Erde wiederholt fest angetreten; solche Setzstangen bewurzeln sich dann gleichmäßig auf der ganzen Länge. Zur Anzucht von Kopfholz- und Schneitelholzstämmen der Weiden finden Setzstangen Verwendung. Aus Setzstangen oder „Stoßstangen" der Baumweiden können aber auch Weidenbestände mit guten Schaftformen gezogen werden, denn der Stamm der Stoßweide gießt sich, worauf R. H o f f m a n n hingewiesen hat[1], etwa zwischen dem 10. und 20. Jahr regelmäßig aus. Durch Verfolgung des Faserverlaufes an einer gespaltenen älteren Weide kann man sich hievon überzeugen.

Von den Ästen der Setzstange soll der Leittrieb die Stammbildung übernehmen. Die überzähligen Triebe werden in der Regel im zweiten Jahr entfernt. Die Rinde der Setzstange darf dabei nicht verletzt werden, deshalb wurde empfohlen, kleine, ungefähr 3 mm hohe Aststummel stehenzulassen. Gute Bewurzelung der Setzstange hängt aber von reicher Beastung und Belaubung ab, deshalb sollte die Entnahme der überzähligen Äste nicht zu früh, allenfalls erst im dritten oder vierten Jahre, erfolgen. Wenn die obere Wunde schlecht verheilt, schneidet man die Setzstange bis auf den nächsten Trieb aus einer Hauptknospe zurück. Trotzdem entsteht am oberen Ende der Setzstange in der Regel eine Faulstelle. Zur Begründung von Nutzholzbeständen sind also in der Regel die aus Sämlingen oder aus Stecklingen erzogenen Heister geeigneter. Wo aber solche aus Heistern erwachsenen Weiden auf ständig durchweichten Böden der Verlandungszonen durch Winddruck gelegentlich von Gewitterstürmen gefährdet sind, dort werden sturmsichere Bestände doch durch 60 bis 80 cm tief eingegrabene Setzstangen begründet.

Am oberen Ende der *Weidenstecklinge* (15 bis 20 cm lang, 10 bis 15 mm dick, einjährig) sollen, wie R. H o f f m a n n empfiehlt, die Knospen weitständig angeordnet sein, damit nicht mehrere Augen gleichzeitig austreiben; die Weidensteckhölzer wären daher aus dem Mittelstück einjähriger Zweige zu schneiden (denn am Fuße und an der Spitze eines Zweiges stehen die Knospen nahe beieinander, in der Zweigmitte ist der Knospenabstand am größten). Weiter soll der Schnitt, da eine kleine Wundfläche rascher überwallt wird, ungefähr senkrecht zur Achse in der Höhe der Knospenspitze geführt werden. Das Austreiben der erwünschten „*Wundwurzeln*“, die mehr in die Tiefe streben als die „*Rindenwurzeln*“, kann gefördert werden durch Verwendung kurzer Steckhölzer. Auf frischen Böden soll eine Länge von 12 cm genügen (R. H o f f m a n n). Wenn der Schnitt durch das Knospenkissen eines oder mehrerer, auf ungefähr gleicher Höhe stehender Augen geführt wird, so wird dadurch die Bildung von Wundgewebe und damit von Wundwurzeln angeregt. Wenn die Wundfläche vertrocknet oder die Rinde sich beim Stecken vom Holze löst, so unterbleibt bei Pappeln und Weiden die Bildung von Wundgewebe.

Zu erwähnen sind noch *Absenker:* Manche Holzarten sind besonders befähigt, an Zweigen, die herabgebogen und längere Zeit mit feuchter Erde bedeckt werden, Wurzeln zu bilden; ist die Bewurzelung erfolgt, so kann die neue Pflanze von der Mutterpflanze getrennt werden. Im allgemeinen eignen sich als Absenker, die zur Verdichtung der Niederwälder angewandt werden, besonders Ulme, Weißbuche, Hasel, in geringerem Maße auch Eiche und Buche. In den Donauauen von Erla, Niederösterreich, sah Verfasser wiederholt natürliche Absenkerbildung (als Folge von Schneedruck)

---

[1] H o f f m a n n R., Die Vermehrung der Baumweide (*Salix alba*), Forstw. Centralbl. **60**, 1938, S. 41—52, 86—101. — D e r s e l b e, Die Vermehrung der Pappeln durch Stecklinge, Forstw. Centralbl. **58**, 1936, S. 137—152.

an der Traubenkirsche *(Prunus Padus)*. Auch an freistehenden Fichten kann man (zum Beispiel im Park von Seebenstein, Niederösterreich) beobachten, daß die untersten Äste, die den Boden berührten, sich bewurzelt und aufrechte Tochterstämme gebildet haben, die in einem Umkreis den Mutterbaum umgeben. Ähnliche Erscheinungen sind auch an schütter stehenden Fichten an den Kältegrenzen des Waldes beobachtet worden (A. O. K i h l - m a n n), ferner auf bewaldeten Weiden (Wytweiden) im Schweizer Jura[1]. Ein von B ü h l e r zitierter Autor beobachtete auf einer bewaldeten Weidefläche (Wytweide) eine Fichte von 12 m Höhe mit dreißig Tochterbäumchen. Um eine andere Fichte hatten sich von vierzig Ästen Absenker gebildet, die aufgerichtet und selbständig geworden waren.

In bulgarischen Hochgebirgen untersuchte N. P e n e f f die Absenkervermehrung an *Pinus montana mughus, Juniperus nana* und *Picea excelsa*. Er stellte fest, daß diese Art der Vermehrung bei den angeführten Holzarten im Hochgebirge eine reichliche ist, als solche eine gute Anpassung an die rauhen Klimaverhältnisse mit selteneren Samenjahren darstellt und daß sie auch bei künstlichen Aufforstungen auf Hochgebirgsstandorten größere Beachtung verdienen würde[2].

2. Die Keimung.

Wenn das Leben eines neuen Individuums nicht von Ausschlägen oder anderen Arten der vegetativen Vermehrung seinen Ausgang nimmt, sondern von Samen, so bezeichnet man die allererste Jugendentwicklung als Keimung, die entstehenden Pflänzchen als Keimlinge.

I n n e r e u n d ä u ß e r e B e d i n g u n g e n d e r K e i m u n g.

Nachreife: Manche Samen bedürfen nach der Ernte noch einer Nachreife. Dies ist nicht der Fall bei den Weiden, Pappeln, Ulmen, bei denen die Keimung auf geeigneter Unterlage gleich nach der Reife eintritt. Ihre Keimfähigkeit erhält sich nur kurze Zeit. Man bringt Pappel- und Weidensamen gleich nach der Reife auf hergerichtete Beete, bedeckt sie nicht mit Erde, sondern bindet sie durch wiederholtes Begießen an das Keimbett. Es erfolgt dann bei den Weiden die Keimung nach wenigen Stunden, bei den Pappelarten in zwei bis vier Tagen[3]. Diese Art der Pflanzenerziehung ist bei Pappeln und Weiden weniger üblich als jene aus Stecklingen. Manche Samen keimen, wenn sie im Herbst aufbewahrt und erst im Frühjahr ausgesät werden, nicht im gleichen Frühjahr, sondern erst ein Jahr später; man sagt, sie „überliegen". Es sind dies die Samen von Weißbuche, Esche, Linde, Eibe, Zirbe, in geringerem Grade auch die Ahornarten, ferner *Juniperus, Crataegus, Ilex, Pirus, Sorbus;* von Sträuchern *Ligustrum, Viburnum* (v. T u b e u f, Samen, Früchte und Keimlinge der forstl. ... Kulturpflanzen,

---

[1] B ü h l e r A., Waldbau, I. Bd., 1918, S. 469 (Beispiele von Fichtenabsenkern).

[2] P e n e f f N., Über die Biologie einiger unserer Hochgebirgsnadelhölzarten, Lessowodska missal 5, S. 17—44, 1936. Mit dtsch. Zus.

[2] W e t t s t e i n, W. v., Die Vermehrung und Kultur der Pappel, Frankfurt a. M. 1937, S. 20 (mit Hinweis auf ein Merkblatt des Reichsforstamtes über Aufzucht der Aspen aus Samen).

Berlin 1891, S. 141). Auch die Samen der Wildrosen liegen meist über. Werden dagegen manche dieser „Überliegenden", zum Beispiel Eschen, Eiben, Hainbuchen, gleich nach der Samenreife im Herbst gesät oder mit Sand untermischt in Gräbchen oder offenen Behältern eingeschlagen und den Winter über im Freien belassen („stratifiziert"), so keimen sie schon im ersten Frühjahr. Bei Esche ergaben Versuche von C i e s l a r (Centralbl. f. d. ges. Forstw., 1920, S. 100 ff.), daß man, wenn die Früchte schon im Frühjahr keimen sollen, die Eschenfrucht sehr zeitig im Herbst, etwa September, ernten und sofort nach der Ernte im feuchten Sand einschlagen oder anbauen muß. Will man erst im zweiten Frühjahr Sämlinge, dann muß man später ernten und im Frühjahr anbauen oder in feuchtem Sand lagern. Auch einschlägige Untersuchungen der rumänischen Forstlichen Versuchsanstalt liegen vor[1]. Manche Samen machen eine freiwillige Keimruhe durch. So wird zum Beispiel die Buchel erst einige Wochen nach der Ernte keimfähig[2]. Die Erscheinung des Keimverzuges beruht auf inneren Eigenschaften des Samens.

Die Keimhemmungen beim Samen der Zirbelkiefer haben E. R o h m e d e r und M. L o e b e l untersucht[3]. Sie fanden, daß die größte Ausbeute an Sämlingen und der rascheste Keimerfolg erzielt wird, „wenn man die Zirbelnüsse nach der Ernte in feuchten Torfmull oder Sand einschichtet und bei kühler Temperatur von $+ 2$ bis $+ 4^0$ C (etwa in einem Kühlraum) bis zur Aussaat im nächsten Frühjahr aufbewahrt". Bei ihren Untersuchungen ergab sich auch ein wichtiger Fingerzeig, woran die starke Keimhemmung bei den Zirbelnüssen liegen kann. Von den in den Zirbensamen unmittelbar nach der Ernte enthaltenen Embryonen war nämlich ein erheblicher Teil sehr klein ausgebildet, hatte manchmal nur ein Fünftel bis ein Drittel der regelmäßigen Größe; in den durch sechs bis acht Monate in feuchtem Torfmull eingeschichteten und bei $+ 2^0$ C im Kühlschrank aufbewahrten Zirbelnüssen hingegen waren die Embryonen während dieses Zeitraumes in die Länge und Breite gewachsen (von durchschnittlich 3,7 mm Länge auf durchschnittlich 5,6 mm). Der Vorgang der Vorkeimung scheint also darin zu bestehen, daß die Embryonen zu einer bestimmten Größe heranwachsen müssen, ehe sie die Samenschale durchbrechen und damit äußerlich sichtbar keimen können. Ähnlich verhält es sich bei der Esche, worauf schon L a k o n hingewiesen hat (L a k o n, Zur Anatomie und Keimungsphysiologie der Eschensamen, Naturwiss. Zeitschrift für Land- und Forstwirtschaft, 1911, S. 285).

Die wichtigsten *Außenbedingungen* der Keimung sind Feuchtigkeit und Wärme, außerdem Einwirkung von Sauerstoff. Ferner bedürfen manche Samen zur Keimung eines Lichtreizes („Lichtkeimer" und „Dunkelkeimer"), andere müssen einige Zeit durchfrieren („Frostkeimer"). Wasser wird von

---

[1] P e t c u t M., Versuche über die Keimung überliegender Waldbaumsamen, Anal. Institut de Cerc. și Exper. for. (Jahrb. der Rumän. forstl. Versuchsanstalt.) 1, S. 135—195, 1934.

[2] B ü s g e n - M ü n c h, Bau und Leben unserer Waldbäume, Jena 1927, S. 384.

[3] R o h m e d e r E. und L o e b e l M., Keimversuche mit Zirbelkiefer (*Pinus Cembra*), Forstw. Centralbl. 62, 1940, S. 25—36.

den quellenden Samen anfangs rasch, dann langsamer aufgenommen. Zum Keimversuch ist gleichmäßige Zufuhr von genügend, aber auch nicht zuviel Wasser erforderlich; zuviel Wasser bedeutet Sauerstoffmangel, die Samen würden dann ersticken. Bei der Prüfung der Keimfähigkeit findet die beste und gleichmäßigste Art der Befeuchtung dann statt, wenn die Keimunterlage (zum Beispiel Fließpapier) sich selbsttätig aus einem tiefergelegenen Gefäß mit kapillar aufsteigendem Wasser durchtränkt. Bei Versuchen[1] mit gleichbleibender Wärme mit Samen einheitlicher Herkunft erwies sich eine Temperatur bei Kiefer von 25 bis 29⁰ C, bei Fichte von 23⁰ C als die günstigste. Das Minimum der Keimungstemperatur liegt bei Kiefer nahe an 5 bis 6⁰ C, doch beginnt in niedrigen Temperaturen die Keimung erheblich später und verläuft langsamer. Das zulässige Maximum ist bei Fichte schon bei 33⁰ C überschritten, da bei dieser Temperatur keine Keimung mehr erfolgte (bei Kiefer noch bei 37,5⁰ C). Gesunde Samen ertragen die dem Maximum sich nähernden Wärmegrade verhältnismäßig besser als keimschwache Samen. Temperaturwechsel (ähnlich wie in der Natur) schien bei Kiefer eine Reizwirkung und Erhöhung der Keimung hervorzurufen. Der Temperaturwechsel bei der Kiefer wirkt nach H a a c k ähnlich, aber nicht so kräftig wie eine Belichtung des Kiefernsamens, die deshalb durch Vornahme eines Temperaturwechsels nicht ersetzt werden könne. Kiefern, Lärchen, Weymouthskiefern keimen im Licht besser; den Fichtensamen beeinflußt das Licht viel weniger. Kiefernsamen antwortet schon auf schwache Lichtmengen, „zur vollen Wirkung aber muß das Licht zum mindesten die Stärke besitzen, die wir zum bequemen Lesen nötig haben" (H a a c k). Das Licht wirkt nur als Reiz, täglich acht bis zehn Stunden Belichtung genügt für den Kiefernsamen. Weymouthskiefernsamen, der von Natur aus an Winterbodenlagerung angepaßt ist („Frostkeimer"), kann durch kaltnasses Lagern knapp über dem Gefrierpunkt, etwa durch einen Monat fortgesetzt, zum Nachreifen gebracht werden.

Die Samenschale ist hygroskopisch. Nach der Wasseraufnahme tritt Sprengung der Samenschale durch Quellung des Keimlings und seines Nährgewebes ein. Es tritt dann das Würzelchen hervor und krümmt sich nach unten. In diesem Zustand spricht man bei der Samenprüfung den Samen als gekeimt an. Zuerst erfolgt das Wachstum des Würzelchens, und erst wenn dieses eine gewisse Länge besitzt, fängt auch das epikotyle Glied an, emporzuwachsen.

L e b e n s d a u e r   d e r   S a m e n.

Manche Samen bewahren die Keimkraft nur kurze Zeit, so jene von Pappeln und Weiden, zum Teil auch die der Ulmen und Birken. Die Keimfähigkeit solcher Samen erhält sich nur einige Tage oder Wochen, bei der Ulme und Birke nur bis zur Keimung im nächsten Frühjahr. Bis zum Frühling nach der Reife erhält sich auch die Keimfähigkeit der im Herbst reifenden Samen von *Corylus, Quercus, Fagus, Castanea, Juglans* und *Abies*. Ein bis zwei und selbst drei Jahre hält die Keimfähigkeit aus bei Hainbuche,

---

[1] H a a c k, Die Prüfung des Kiefernsamens, Zeitschr. f. Forst. u. Jagdw. 1912, S. 193 ff., 273 ff.

Linde, Erle, Ahorn, Eberesche, zwei bis drei Jahre bei Lärche und Weymouthskiefer, drei bis vier Jahre bei Robinie, Esche und der gemeinen Kiefer, vier bis fünf Jahre bei der Fichte[1]. Bei Aufbewahrung der Samen von Fichten, Kiefern, Schwarzkiefern und Lärchen in kühlen Räumen und unter luftdichtem Verschluß bleibt die Keimfähigkeit länger, mehrere Jahre hindurch, erhalten. Keimreize, wie Feuchtigkeit und Wärme, werden durch die Aufbewahrung unter luftdichtem Verschluß und in kühlen Räumen ferngehalten. C i e s l a r hat durch Versuche die Verlängerung der Lebensdauer der Samen durch Aufbewahrung unter luftdichtem Verschluß nachgewiesen[2], H a a c k hat dieses Ergebnis bestätigt und dahin ergänzt, daß die luftdicht verschlossenen Flaschen kühl zu lagern und daß die Samen vor der Füllung in die Flaschen abzutrocknen sind[3]. (Atmung und Transpiration der Samen sind bei niedriger Temperatur und bei Aufhebung des Luftwechsels und dadurch behinderter, zuweitgehender Austrocknung gehemmt oder sehr vermindert. Die Atmung ist ein die organische Substanz abbauender Stoffwechsel, die hauptsächlich von der Temperatur beeinflußt wird.) Die Erfolge kühler Lagerung unter luftdichtem Verschluß waren so gute, daß die Keimkraft von Fichten- und Kiefernsamen Jahre hindurch, zum Beispiel zwei bis drei Jahre, sich nahezu unverändert auf gleicher Höhe erhielt.

Gegen Keimreize während der Samenlagerung, die es zu einer Vorkeimung kommen lassen, welche dann wieder abgebrochen wird, sind manche Samenarten sehr empfindlich, zum Beispiel die Kiefer (W. S c h m i d t, Unsere Kenntnis vom Forstsaatgut, Berlin 1930, S. 139). Andere Holzarten sind weniger empfindlich, so die Traubeneicheln, die schon im Herbst bei feuchtem, warmem Wetter zum Vorkeimen neigen, dann aber durch eintretende Wintertemperaturen wieder zur Ruhe kommen; diejenigen Eicheln, die schon im Herbst vorkeimten, keimen dann auch im Frühjahr frühzeitig wieder[4].

Zum Vergleich sind einige Angaben darüber, wie lange manche anderen, nichtforstlichen Sämereien ihre Keimfähigkeit bewahren, von Interesse. Die Angaben über die Keimfähigkeit der ägyptischen „Mumienweizen" bezeichnet B. H u b e r als „billigen Betrug"[5]. Hingegen hebt er hervor, daß sich auf zahlreiche Leguminosen die weitaus meisten verläßlichen Angaben über langlebige Samen beziehen. Aus alten Herbarien keimten nach 80 bis 160 Jahren unter anderem noch Besenginster, Akazien und andere Leguminosen. Ein hessisches Forstamt habe gemeldet, daß ein seit Menschengedenken waldbestockter Revierteil mit dem auffallenden Namen „Ginsterplatz" nach Kahlschlag sich mit Besenginster (*Sarothamnus scoparius*) begrünt habe; dies sei wohl ohne weiteres glaubhaft und sei auf

---

[1] B ü s g e n - M ü n c h, a. a. O. S. 383.

[2] C i e s l a r, Versuche über die Aufbewahrung von Nadelholzsamen unter luftdichtem Verschluß, Centralbl. f. d. ges. Forstw. 1897.

[3] H a a c k, Zeitschr. f. Forst- u. Jagdw. 1909.

[4] Diese Beobachtung wurde auch bestätigt durch Versuche von: M a g y a r P., Eichelsaatversuche, Erdészeti Kissérlatok 33, S. 82—92, 1931.

[5] H u b e r Br., Pflanzenphysiologie, Leipzig 1941, S. 87.

Überliegen keimfähiger Samen zurückzuführen. B e c q u e r e l fand, daß Leguminosensamen aus dem Jahre 1819, Labiaten von 1829, Malvaceen von 1842 im Jahre 1906 noch keimfähig waren[1].

Bei der Aufbewahrung von Eicheln und Bucheln ist darauf Bedacht zu nehmen, daß ein gewisser Feuchtigkeitsgrad erhalten bleibt. Nach Untersuchungen der Waldsamenprüfungsanstalt Eberswalde ist bei den genannten Samen zu geringer Wassergehalt im Frühjahr infolge Überwinterung, zum Beispiel in Trockenschuppen, die Ursache für zu geringe Keimfähigkeit (dabei kann die Schnittprobe über die Keimkraft täuschen, denn erst sehr starke Austrocknung ist bei ihr zu merken). Die Überwinterung in „Bodenmieten" sichert die Bewahrung günstigen Wassergehaltes. Außer Buche und Eiche werden auch andere im Herbst abfallende Laubholzsämereien, so Linde, Hainbuche, Esche, Ahorn, die an „Winterbodenlagerung" gewöhnt sind, am besten in Bodenmieten aufbewahrt. Die Bodenmieten müssen vor stauender Nässe geschützt sein. Überwinterung in Bodenmieten im Freien im trockenen Sandboden lieferte befriedigende Ergebnisse und erwies sich im Vergleich zu anderen Lagerungsverfahren als sicher.

Anforderungen an die Güte des Samens.

Mit Rücksicht auf die Wichtigkeit, die einem einwandfreien Saatgut in der Landwirtschaft, Forstwirtschaft und Gärtnerei zukommt, bestehen in den meisten Staaten Samenprüfungsanstalten, die über die Güte des Saatgutes Zeugnisse ausstellen. Die Prüfung erstreckt sich insbesondere auf Echtheit und Reinheit der Probe, wobei Steinchen, Erde, Teile von Zapfenschuppen, Harz, Rindenstückchen und dergleichen ausgeschieden werden. Hauptsächlich wird das Keimprozent und die Keimschnelligkeit (Keimenergie) geprüft. Saatgut mit hoher *Keimkraft* und *Keimschnelligkeit* bietet den Vorteil, daß bei schnellem und gleichmäßigem Auflaufen die Gefahren im ersten Frühjahr durch Trockenheit, Vogelfraß und dergleichen eher überwunden werden. Saatgut, das nicht künstlich durch Ausblasen und Aussieben von Hohlkörnern und Kleinkörnern gereinigt ist, hat häufig zu geringe Keimkraft; durch die künstliche Reinigung wird das Vollkorn (bei Kiefer und Fichte) *über* seinen natürlichen Anteil angereichert und das Saatgut verbessert. Bei der Lärche ist die Trennung des Hohlkorns schwieriger wegen des geringeren Gewichtsunterschiedes zwischen Hohlkorn und Vollkorn. Die in älteren Waldbaulehrbüchern, zum Beispiel von Karl G a y e r , angegebenen zu fordernden Keimprozente eines guten Samens sind heute überholt infolge besserer Technik des Kleng- und Reinigungsbetriebes. So gab zum Beispiel G a y e r für Weißkiefer 70 v. H. an, heute verlangt man aus guten Gründen mehr, denn nach Untersuchungen von H a a c k (Z. f. Forst- u. Jagdw., 1906, S. 465) hat der 95prozentige Weißkiefernsamen neunzehnmal soviel an einjährigen Pflanzen ergeben als der 60prozentige. Schon seit 1910 war im norddeutschen Kieferngebiet in den staatlichen Klenganstalten die Gewinnung eines Saatgutes von mindestens 85 v. H. Keimkraft vorgeschrieben.

---

[1] Compt. rend., Paris 1906, zit. nach B ü s g e n - M ü n c h a. a. O., S. 384.

Der Hundertsatz an rasch gekeimten Körnern wird als „*Keimenergie*" oder „Keimschnelligkeit" bezeichnet, sie ist nicht weniger wichtig als das Keimprozent. Man gibt daher die Keimzahlen für Kiefer und Fichte für den 4. (7.) und 21. Tag an, das Ergebnis vom 21. Tag ist das Keimprozent, das vom 4. (7.) Tag die Keimenergie. Für Fichte genügt übrigens nach den Erfahrungen bei der Keimprüfung eine 14tägige Keimprüfungsdauer, für Weißkiefer mindestens 21 Tage, allenfalls 28, für Weymouthskiefer sogar 42 Tage. Bei Zirbelkiefer gelingt es großenteils überhaupt nicht, die Samen im Keimapparat zur Keimung zu bringen.

Nach Untersuchungen von H a a c k sind die Pflanzen, die aus rasch keimenden Körnern hervorgehen, kräftiger und gesünder als die langsam und spät keimenden. Es kommt auch auf das „*Pflanzenprozent*", nicht bloß auf das Keimprozent an. Unter Pflanzenprozent ist der Hundertsatz der Samenkörner verstanden, der sich bei Aussaat im Freien unter normalen Verhältnissen als lebensfähig erweist. Ein höherer Hundertsatz an mattkeimenden deutet auf schlecht behandelten, zum Beispiel bei der Klengung zu stark erhitzten, weniger brauchbaren Samen hin. Ein Samen mit 50 v. H. Keimfähigkeit ist dann durchaus nicht halb soviel wert als ein 100prozentiger. Wenn die Keimprozente 50, 75, 95 betrugen, war das

Pflanzenprozent   5, 22, 44 v. H.!

H a a c k führte seine Versuche nicht nur mit Kiefern-, sondern auch mit Fichtensamen durch und fand, daß sich auch bei ihr deutlich die ungemein starke Überlegenheit des besser keimenden Samens zeige.

Die Keimung im Freien, bei Saaten oder natürlichen Verjüngungen, erfolgt nicht so rasch wie jene bei der Keimprobe, bei der wir künstlich besonders günstige Außenbedingungen schaffen. Die Nadelholzsaaten erscheinen gewöhnlich nach etwa 3 bis 4 Wochen, manchmal auch noch später. Auf Sandboden pflegen die Saaten früher zu erscheinen als auf Lehmboden, bei genügender Wärme und Feuchtigkeit früher als im entgegengesetzten Falle, bei leichter Bedeckung früher als bei zu tiefer. Ein rasches Auflaufen der Saaten ist erwünscht. Zuerst wächst das Würzelchen, das sich unter dem Einfluß des Geotropismus dem Boden zuwendet, in die Tiefe, es soll rasch einen Boden von entsprechenden Feuchtigkeits- und Ernährungsverhältnissen erreichen und nicht bloß zum Beispiel lose auflagernde Laubschichten. Die Kotyledonen bleiben bei Eiche, Edelkastanie, Nüssen, Haselnüssen unter der Erde, sie ernähren den Keimling mit ihren Reservestoffen, ohne sich selbst an der Assimilation zu beteiligen. Die anderen Arten erheben ihre Keimblätter über den Boden, keimen also oberirdisch. Sie haben die Aufgabe, ihre Keimblätter aus der Samenschale herauszuziehen, um sie dann im Lichte ergrünen und an der Ernährungsarbeit teilnehmen zu lassen. Je bindiger der Boden ist, desto weniger mächtig darf bei den oberirdisch keimenden die Bedeckung sein. Zu starke Bedeckung, besonders bei bindigem Boden, würde die Keimung erschweren, das haben auch Versuche von D e n g l e r (für Kiefer, Zeitschr. f. Forst- u. Jagdw., 1925, S. 385) sowie von R u b n e r (für Fichte, Forstw. Centralbl., 1927) bestätigt (0,5 bis 1 cm für Kiefer und Fichte).

Bei natürlichen Verjüngungen unter dem Kronendach eines Bestandes sind die Temperaturen ausgeglichener als auf der Freifläche, diese ausgeglicheneren Wärmeverhältnisse und die gleichmäßigere Luftfeuchtigkeit begünstigen die Keimung. Der Altholzschirm darf aber nicht zu dunkel sein, da ja auch Licht und Wärme die Keimung fördern.

Gefährdung der Keimlinge.

Frühjahrsfröste und Dürre können Keimlinge, besonders unbeschirmte, vernichten. Bei natürlicher Verjüngung gewährt der Kronenschirm der Mutterbäume einen gewissen Schutz. Nach Untersuchungen von Geiger war unter dem Kronenschirm eines Fichten-Birken-Bestandes das nächtliche Temperaturminimum im Durchschnitt von neun Nächten mit Frühjahrsfrost um mehrere Grade (bis 3,8° C) höher als auf der unmittelbar benachbarten unbeschirmten Frostfläche mit Gras und Kümmerfichten[1].

Auf Saatbeeten in Forstgärten wird deshalb Schutz durch künstliche Beschirmung angewandt. Eine häufige Gefährdung der Keimlinge ist die Konkurrenz des Unkrautes. Auch das Wild (besonders Rehwild) kann junge, zarte Pflanzen, zum Beispiel von Tanne und Buche, durch den Verbiß zum Absterben bringen und wird besonders dort, wo solche von ihm bevorzugte Holzarten selten sind, für sie recht gefährlich. Auf einem der Flyschvorberge nördlich von Salzburg (Waldparzelle Grafenholz, Forstdirektion Parsch bei Salzburg) war vor wenigen Jahren gelegentlich eines Lehrausfluges folgendes zu sehen: Die natürliche Verjüngung von Tanne, Fichte, etwas Lärche, Buche, Eiche war trotz reichlichen Anfluges infolge des vorhandenen Rehwildstandes mißlungen; auf einer Teilfläche aber, die acht Jahre vorher eingezäunt und somit gegen das Wild geschützt worden war, war der Erfolg eindeutig überzeugend.

Besondere Keimlingskrankheiten sind bei Buche *Phytophtora omnivora*, dessen Angriffen auch Ahornkeimlinge und solche aller Nadelhölzer unterworfen sind, bei Kiefer der Schüttepilz *Lophodermium Pinastri*. Nadelholzsämlinge sind, besonders solange sie noch die Samenschale tragen, durch Vögel bedroht. Auch Rüsselkäfer können sehr schaden. Erst wenn die jungen Pflanzen höher sind als das mit ihnen im Wettkampf befindliche Unkraut, sind sie weniger gefährdet.

3. Die Entwicklung der Jungwüchse und Dickungen.

Höhenwachstum in der Jugend.

Die Höhenentwicklung der einzelnen Arten in der Jugend ist von Belang wegen der rascheren oder weniger raschen Überwindung der den kleinen, zarten Pflanzen drohenden Gefahren durch Frost, Unkräuter, Tiere usw.; die Kenntnis des Jugendwachstums besitzt weiter praktische Bedeutung für die Begründung und Erziehung von Mischbeständen, Wahl von Schutzholzarten, Beurteilung des Zeitpunktes für die ersten Pflegehiebe und dergleichen. Die Unterschiede der Längenentwicklung im jugend-

---

[1] Geiger, Spätfröste auf Frostflächen bei München, Forstw. Centralbl. 1926.

lichen Alter sind auch scharf ausgeprägt und auffallend. Die Lichtholzarten haben im allgemeinen eine raschere Jugendentwicklung als die Schattholzarten, es ist dies notwendig in Anbetracht ihres größeren Lichtbedarfs. Bei einem Versuche der Schweizerischen Forstlichen Versuchsanstalt im Versuchsgarten auf dem Adlisberg (676 m ü. d. M.)[1] betrug die Höhe der fünfjährigen Pflanzen (Klasse „mittelgroß" aus einer größeren Anzahl):

Zirbe	7 cm	Laubholz (gleichfalls fünfjährig):	
Bergkiefer	10 „	Rotbuche	38 cm
Tanne	15 „	Eiche	77 „
Fichte	34 „	Hainbuche	82 „
Schwarzkiefer	35 „	Esche	102 „
Weißkiefer	54 „	Bergahorn	107 „
Lärche	80 „	Spitzahorn	169 „

Für die in der Jugend besonders raschwüchsigen Schwarzerlen und Birken enthält F l u r y s Tabelle nur die Höhen der vierjährigen (mittelgroßen) Pflanzen: Schwarzerle 340 cm, Birke 209 cm. Der Versuch zeigte auch, daß sich von Fall zu Fall je nach dem Standort, der Witterung usw. Verschiedenheiten ergeben können. Auch die Bodenbeschaffenheit vermag Änderungen in der Reihenfolge hervorzurufen. *In der Jugend raschwüchsig* sind jedenfalls, auch nach sonstigen Erfahrungen, mit den raschwüchsigsten beginnend: Erlen, Birken[2], falsche Akazien, Lärchen, Spitzahorn, Bergahorn, Esche, Eiche, Linde; Weißkiefer, Schwarzkiefer, Weymouthskiefer; in der *Jugend langsamwüchsig* sind: Zirbe, Eibe, Tanne, Bergkiefer, Rotbuche. Die Fichte nimmt eine mittlere Stellung ein, in den ersten Jahren ist sie langsamer wüchsig als die Buche, später, ungefähr vom zehnten Jahre an, holt sie dies ein. An Orten, wo die Buche im Optimum ist, kann die Fichte vorher von der Buche unterdrückt werden. (Allgemein ist das gegenseitige Verhalten der Holzarten untereinander auch davon abhängig, welche sich in ihrem Optimum und welche sich in Optimumferne befinden.) In rauhen Hochlagen ist das Wachstum verlangsamt, im warmen Süden ist es beschleunigt.

Im Garten der Forstfakultät Istanbul-Büjükdere beobachtete Verfasser als Durchschnittshöhen dreijähriger Pflanzen:

Cupressus sempervirens	150 cm	*Abies pinsapo*	9 cm
Cedrus libanotica	48 „	*Gleditschia triacanthos*	195 „
Pinus brutia	45 „	*Platanus orientalis*	180 „
Pinus nigra	38 „	*Tilia grandifolia*	152 „

A. v. G u t t e n b e r g untersuchte den Wachstumsgang der Buche, Fichte, Tanne und Kiefer in gemischten Beständen des Ofenbacher Staatsforstes (bei Wiener Neustadt)[3] mit Hilfe von Stammanalysen von Modell-

---

[1] F l u r y, Untersuchungen über die Entwicklung der Pflanzen in der frühesten Jugendperiode, Mitt. d. Schweiz. Forstl. Vers.-Anst. 1895, S. 189 f.

[2] Birke im ersten Jahr klein, vom zweiten Jahr an raschwüchsig.

[3] G u t t e n b e r g, A. v., Vergleichung des Wachsthumsganges der Buche, Fichte, Tanne und Kiefer in gemischten Beständen des k. k. Ofenbacher Staatsforstes, Österr. Vierteljahresschr. f. Forstwesen, 1885.

stämmen; im Alter von zehn Jahren betrug die Höhe in Metern im Mittel bei Tanne 1,4, Buche 1,7, Fichte 1,7, Kiefer 3,7. Auch hier erwies sich somit die Tanne als in der Jugend langsamwüchsig, die Kiefer als raschwüchsig. Da die Fichte der Regel nach im Alter von zehn Jahren die Buche im Höhenwuchs einholt („durch das Kronendach der Buchen durchsticht"), so ist es nicht auffallend, daß für das Alter von zehn Jahren die Mittelhöhen beider gleich befunden wurden.

Wie aus der obigen Reihung ersichtlich ist, ist die *Eiche* im Jugendwuchs (wenn sie nicht durch Wildverbiß gehindert wird) der Buche meist überlegen, besonders auf warmen Standorten. Zehn- bis elfjährige Eichen können bereits gegen 3 m hoch sein (B ü h l e r). Ferner ist die erste Jugendentwicklung der *Buche* rascher als die der *Tanne*, wiewohl ja auch die Buche zu den in der Jugend langsamwüchsigen Holzarten zählt. Der Höhenunterschied zwischen sehr raschwüchsigen und langsam sich entwickelnden Holzarten kann in den ersten Lebensjahren sehr erheblich sein. K. G a y e r (Waldbau, 1898, S. 41) führt an: Finden sich zum Beispiel Lärche, Buche und Tanne auf einem für diese Holzarten nahezu gleich geeigneten Standorte zusammen, so kann bei einem gemeinsamen Alter von etwa fünf bis sechs Jahren die Lärche eine Höhe von 3 m erreicht haben, während die Buche erst zu halber Mannshöhe und die Tanne sich kaum über den Boden erhoben hat. Übrigens kann der Höhenwuchs in der Jugend auch noch nach den *Rassen* der Holzarten verschieden sein; Nachkommen von Hochgebirgsfichten weisen in der Jugend auf gleichem Standort geringeren Höhenwuchs auf als die Nachkommen von Tieflandsfichten. Ähnliches gilt für die *Lärche*. Jugendliche Sudetenlärchen (und Alpenlärchen, stammend aus tiefer gelegenen Teilen des natürlichen Verbreitungsgebietes, zum Beispiel Wienerwaldlärchen) bilden Durchschnittshöhentriebe von 80 bis 100 cm, maximale bis 1,50 m; die Jahrestriebe von gleich alten Alpenlärchen (stammend von Mutterbäumen aus höheren Lagen) kommen selten über 50 bis 60 cm, maximal nicht über 1 m hinaus[1]. Der Höhenwuchs der *Zirbe* ist ein langsamer, im Alter von zehn Jahren ist sie oft erst 0,5 m oder weniger hoch. Dagegen weist die raschwüchsige *Robinie* in dem ihr zusagenden südlichen Kontinentalklima Rumäniens im Niederwald im Alter von zehn Jahren auf besten Sandböden Mittelhöhen von 14,5 m auf[2], ausnahmsweise können einjährige Robinienausschläge dort sogar eine Höhe von 6 m erreichen.

Viele von den Holzarten, die in der Jugend langsamwüchsig sind, ändern später ihr diesbezügliches Verhalten. So zeigen zum Beispiel Buchen, Tannen, Fichten kurz vor dem Eintritt ins Stangenholzalter einen auffallend starken Höhenwuchs. Trotz langsamen Jugendwachstums werden auch sie im Haubarkeitsalter zu Bäumen erster Größe. Über das Alter, in welchem das *Höhenwachstum unserer wichtigsten Holzarten sein Höchstmaß* erreicht, sagt G u t t e n b e r g[3]: Bei den rasch wachsenden Holzarten Lärche und

---

[1] R u b n e r K., Das Areal der Sudetenlärche, Thar. Forstl. Jahrb. 94, 1943, S. 1—99.

[2] D r a c e a M., Beiträge zur Kenntnis der Robinie in Rumänien, Diss. 1928.

[3] G u t t e n b e r g, A. v., Forstbetriebseinrichtung, 1903, S. 33.

Kiefer und auf guten Standorten erreicht es schon im *10. bis 15.* Jahr, bei der Fichte zumeist im *20. bis 25.* Jahr, bei Tanne und Buche etwas *später* seinen höchsten Betrag von etwa 0,5 m jährlich bei bestem und 0,2 m bei geringem Standort, um dann ziemlich rasch auf einen Betrag von etwa 0,1 m zu sinken, auf welchem Betrag sich der Höhenzuwachs, sofern nicht Abwölbung der Krone eintritt, bis in hohes Alter erhält, so daß selbst auf geringen Standorten die Stämme in höherem Alter eine bedeutende Höhe erreichen können.

Die Dauer des Höhenwachstums junger Pflanzen während der Vegetationszeit.

Schon B ü h l e r berichtete (im Waldbau, I. Bd., 1918) über das Ergebnis von Untersuchungen, betreffend den Verlauf des Höhenwachstums junger Pflanzen während der Vegetationsperiode. Eingehende Untersuchungen zur gleichen Frage veröffentlichte 1926 H. B u r g e r[1]. Nach ihm lassen sich die wichtigsten *Laubhölzer* in zwei Gruppen zusammenfassen, in solche mit *schubweisem* Höhenzuwachs, wie bei Eiche, Buche, Ahorn, und in solche mit *ununterbrochener Höhenzuwachsperiode*, wie Hainbuche, Erle, Birke und Pappeln. Die *Buche* beginnt (im Versuchsgarten Adlisberg) das Höhenwachstum durchschnittlich am 11. Mai und bildet schon nach 20 bis 30 Tagen eine vollständige Dauerendknospe bei abgeschlossenem Höhenwachstum. Nach einer Ruheperiode, im Mittel von drei bis vier Wochen, erfolgt bei vielen Buchenpflanzen ein zweiter Schub des Höhenwachstums (Johannistrieb), die Dauer dieses Wachstums beträgt im Mittel etwa 20 Tage. Doch sind bei der Buche die Dauer des Frühjahrstriebwachstums und der Ruheperiode von Jahr zu Jahr starken Schwankungen unterworfen. Die *Eiche* verhält sich ähnlich wie die Buche, der Frühjahrstrieb beginnt etwa Mitte Mai mit dem Wachstum, das meist schon nach 10 bis 20 Tagen abgeschlossen ist. Nach einer je nach Rasse und Alter verschiedenen Ruhepause von 21 bis 61 Tagen folgt der Johannistrieb. Zum Unterschied von der Buche ist bei der Eiche die längere Ruhepause vor dem Johannistrieb scharf ausgeprägt. Unter besonderen Verhältnissen kommen bei Eiche und Buche noch dritte Triebe vor. Andererseits bildete bei beiden Arten nur ein Teil der beobachteten Pflanzen Johannistriebe. Die Hainbuche setzt (im Versuchsgarten Adlisberg) schon in den ersten Tagen des Mai mit dem Höhenwachstum ein, wächst bis Ende Juli durch und erreicht damit eine Höhenzuwachsperiode von im Mittel rund 80 Tagen. Unterbrechungen des Höhenwachstums können vorkommen, die Dauer der Zuwachsperiode der Hainbuche schwankt zwischen 59 und 109 Tagen. Ähnlich verhalten sich Birken, Erlen und Pappeln.

Die meisten der einheimischen *Nadelhölzer* schließen das Höhenwachstum (im Adlisberg) schon zu einer Zeit ab, zu der sie der äußeren Standortsverhältnisse wegen noch reichlich ein bis drei Monate hätten wachsen können. Die *Föhre* beginnt mit dem Höhenwachstum sehr früh,

---

[1] B u r g e r H., Untersuchungen über das Höhenwachstum verschiedener Holzarten, Mitt. d. Schweiz. Versuchsanstalt, XIV. Bd., Zürich 1926.

der Abschluß ihres Höhenwachstums ist je nach Rasse verschieden (meist schon im Juni). Die Hauptperiode des Höhenwachstums dauert bei den verschiedenen Rassen meist nur drei bis fünf Wochen und liegt zwischen Anfang Mai bis Juni. B u r g e r nimmt an, die ursprüngliche Heimat der Föhre müsse, nach ihrer Periodizität zu schließen, ein kontinentaler Standort mit großer Sommertrockenheit sein, wo es notwendig ist, im Frühjahr möglichst frühzeitig mit dem Höhenwachstum zu beginnen und es vor dem Einsetzen der größten Trockenheit abzuschließen. Die Rassen der *europäischen Lärche* beginnen (Adlisberg) Mitte Mai, vorher werden sehr frühzeitig die Kurztriebe benadelt, der Abschluß erfolgt bei Lärchen aus Hochlagen schon in der ersten Hälfte Juli, bei solchen aus Tieflagen erst anfangs bis Mitte August. Kräftigere Pflanzen von solchen Lärchenrassen, die in der Jugend besonders raschwüchsig sind, bilden Johannistriebe[1]. Das Höhenwachstum der *Tanne* dauert etwa von Mitte Mai bis Mitte Juli, sie hat also eine etwas längere Zuwachsperiode. Die *Fichte* beginnt spät mit der Bildung des Höhentriebes, die Seitenknospen öffnen sich zwar schon Anfang bis Mitte Mai, das Wachstum des Gipfeltriebes beginnt aber erst ein bis zwei Wochen später. Die Gipfeltriebe sind dadurch den Spätfrösten weniger ausgesetzt als die Seitenknospen. Der Höhentrieb ist bei der Hochgebirgsfichte schon Ende Juni bis Anfang Juli vollendet, bei Tieflandsfichten 14 Tage später. Die Urheimat der Fichte müssen nordische oder gebirgige Gebiete mit kurzer Vegetationszeit sein.

Die *Größe* des Höhentriebes ist vorwiegend bedingt durch die Menge der im Vorjahr angesammelten Reservestoffe. Auf ausgesprochen trockenen Standorten wirkt ein niederschlagsreiches Vorjahr allgemein günstig nach; auf kalten, feuchten Standorten aber ein warmes, trockenes Vorjahr. Die Größe des Jahrestriebes und die Dauer der Höhenzuwachsperiode verändern sich mit dem Alter der Pflanzen. Beide Größen nehmen vom ersten Altersjahr bis zu einem gewissen Alter zu und nachher wieder ab. Die Herkunft des Samens übt einen großen Einfluß auch auf die Dauer der Zuwachsperiode der Holzarten aus.

S c h u t z b e d ü r f n i s   i n   d e r   e r s t e n   J u g e n d.

Die *Tanne* ist in der ersten Jugend empfindlich gegen Frühjahrsfröste und gegen Hitze, außerdem ist sie langsamwüchsig, erhebt sich daher Jahre hindurch nicht aus der Zone der bodennahen Luftschichte mit ihren auf der freien Fläche größeren Temperaturschwankungen; sie ist daher schutzbedürftig. Da sie fähig ist, Schatten zu ertragen, so kann ihr der erforderliche Schutz durch natürliche Verjüngung unter Schirm von Mutterbäumen zuteil werden, unter einem solchen Schirm sind die Temperaturschwankungen abgestumpft. Zum Kahlschlagbetrieb mit künstlicher Aufforstung auf freier Fläche ist dagegen die Tanne aus dem angegebenen Grunde weniger geeignet. Ähnlich verhält es sich mit der *Buche*. Dagegen hat die *Fichte* ein etwas geringeres Schutzbedürfnis in der Jugend als Tanne und Buche, wegen etwas

---

[1] B u r g e r H., Johannistriebe der Lärche, Zeitschr. f. das ges. Forstw. 1944, S. 10—12.

geringerer Gefährdung durch Spätfröste und durch Hitze, ihre Schatten-festigkeit ist auch geringer, ihr Jugendwuchs etwas rascher, sie ist also im-merhin geeigneter zum Anbau auf (nicht zu großer) kahler Fläche. Wenn Kahlflächen dennoch mit schutzbedürftigen Holzarten aufgeforstet werden müssen, kommt mitunter die Anwendung eines „Schutzholzes" aus vorwüch-sigen Birken oder Weißerlen in Frage. Die *Kiefer*, die durch ziemliche Frosthärte, geringere Empfindlichkeit gegen Hitze und Trockenheit ausge-zeichnet ist, die auch durch ein rascheres Jugendwachstum befähigt ist, die Jugendgefahren, wie Konkurrenz der Unkräuter usw., rascher zu über-winden, gehört gleichfalls zu den Holzarten, die ein Schutzbedürfnis in der Jugend in geringerem Maße als Tanne und Buche aufweisen. Die *Lärche* als ausgesprochen lichtbedürftige Holzart ist für einen durch Überschirmung gewährten Schutz am wenigsten geeignet.

Ähnlich wie die Weißkiefer verhält sich die *Schwarzkiefer* (wo sie von Wildkaninchen gefährdet ist, wie in den Flugsandaufforstungen des March-feldes in Niederösterreich, dort bedarf sie des Schutzes durch Einzäunung mit kaninchendichten Drahtgittern). Die *Zirbelkiefer* bedarf im Falle künst-licher Aufforstung in ihrem natürlichen Verbreitungsgebiet in der Regel eines Schutzes gegen Wild und Weidevieh durch Einzäunung. Auch für eine Reihe anderer Holzarten ist in der Jugend unter Umständen Schutz gegen Wild (zum Beispiel für Tanne, Eiche), beziehungsweise gegen Weidevieh erfolgreich.

Bezeichnung der Waldbestände je nach ihrer durch das Alter bedingten Entwicklung.

Von der Bestandesgründung durch natürliche Verjüngung oder durch künstliche Aufforstung angefangen bis zu dem Zeitpunkte, in welchem gegenseitige innigere Berührung der Bestandesglieder, also der „Bestandes-schluß", und somit auch gegenseitiger Kampf um Standraum, Nahrung und Licht eintritt, bezeichnet man den Bestand als „*Jungwuchs*", „Verjüngung"; bei künstlicher Begründung als „*Kultur*", „Schonung". Bei Fichtenkulturen zum Beispiel pflegt infolge des etwas langsameren Jugendwachstums und mit Rücksicht auf die übliche Pflanzweite der Bestandesschluß erst im Alter von etwa 15 bis 20 Jahren einzutreten. Vom Beginn des Bestandesschlusses bis zum Eintritt stärkerer Astreinigung wird dann der Bestand als „*Dickung*" (Jungmais, Mais) benannt. Sobald die Astreinigung begonnen hat und untere Teile der Schäfte durch Beschattung und Absterben der Äste, deren Morschwerden und Abfallen „astrein" geworden sind, spricht man von *Stangenhölzern* bis zur Erreichung von Brusthöhendurchmessern von durch-schnittlich 20 cm; und zwar unterscheidet man schwache Stangenhölzer bis zu 10 cm Stammstärke, starke Stangenhölzer von 10 bis 20 cm Stärke. Be-stände von mehr als 20 cm Stammstärke heißen *Baumholz*, wieder mit der Unterscheidung: geringes Baumholz bis etwa 35 cm Stärke, mittleres bis 50, starkes über 50 cm Stärke in Brusthöhe.

4. Die Entwicklung vom Stangenholz- bis zum Abtriebsalter.

Höhenwuchs; Hinweis auf die Zuwachs- und Ertragslehre.

Es wurde schon erwähnt, daß viele von den Holzarten, die in der Jugend langsamwüchsig sind, später ihr diesbezügliches Verhalten ändern; daß zum Beispiel Buche, Tanne, Fichte kurz vor dem Eintritt ins Stangenholz-alter einen auffallend starken Höhenzuwachs aufweisen und dann trotz des langsamen Jugendwachstums doch im Haubarkeitsalter zu „Bäumen erster Größe" werden. Andererseits bleiben Zirbe, Eibe, Bergkiefer auch später langsamwüchsige Arten. Die Lärche ist auch später noch eine raschwüchsige Holzart, wenn auch in geringerem Maße als in der Jugend. Viele raschwüch-sige Lichthölzer, zum Beispiel Esche, Ahorn, setzen die lebhafte Längenent-wicklung im Stangenholzalter wohl noch fort, aber nicht mehr in dem Maße wie in der ersten Jugend. Der Höhenzuwachs (sowie auch der Stärken-, Kreisflächen- und Massenzuwachs) bleibt nicht während des ganzen Lebens eines Baumes gleich, sondern ändert sich mit dem Alter für jede Holzart nach einer bestimmten Gesetzmäßigkeit, außerdem ist die Größe des Zu-wachses von der Güte des Standorts abhängig.

Innerhalb der natürlichen Verbreitungsgebiete auf besten Standorten Mitteleuropas können als größte durchschnittliche Höhen angenommen werden: für Tanne, Fichte und Lärche 40 bis 50 m; für Tanne und Fichte bei höherem Alter und in Ausnahmsfällen noch mehr, etwa 50 bis 55, ja selbst gegen 60 m, zum Beispiel kann man in Urwaldresten der Alpen gelegentlich solche Baumhöhen feststellen. Zu den Bäumen erster Größe unter den *Nadelhölzern*, die auf bestem Standort in 100- bis 120jährigem Umtrieb Höhen von etwa 35 bis 40 m erreichen, gehören Fichte, Tanne, gemeine Kiefer, Schwarzkiefer, Weymouthskiefer, Lärche, Douglasie, einige ausländische Koniferen. (Im amerikanischen Urwald erreicht die Douglasie im pazifischen Nordamerika Höhen von 70 bis 90 m, Durchmesser von 2 bis 3 m; die Riesensequoie, *Sequoia gigantea*, Höhen bis 84 m, Durchmesser bis 12 m, Alter von 2000 bis 3000 Jahren.) Von den *Laubhölzern* rechnet man zu den Bäumen erster Größer schon jene, welche eine Höhe von 30 bis 35 m, wohl auch noch 40 m erreichen können, das sind Buche, Stiel- und Traubeneiche, Ulme, Esche, Linde, Berg- und Spitzahorn, Schwarzerle, Pappel, Walnuß; während Birke und Aspe in Ostpreußen, in den baltischen Ländern, in Rußland und Polen auch noch zu Bäumen erster Größe werden können, zählen in Mitteleuropa die beiden Arten ebenso wie die Hainbuche und Zirbelkiefer zu den Bäumen zweiter Größe, die nur 20 bis 25 m, selten 30 m erreichen. Bäume dritter Größe (8 bis 15 m) Halbbäume oder Groß-sträucher sind *Juniperus communis, Ilex aquifolium, Evonymus, Viburnum* usw.

In den *mediterranen Gebieten Süd- und Südosteuropas* ist die erreich-bare Baumhöhe in der Regel *geringer* wegen des ungünstigen Verhältnisses zwischen Niederschlag und Verdunstung in den sommertrockenen Gebieten. Je weiter man sich innerhalb des mediterranen Gebietes nach Süden wendet, desto ungünstiger wird dieses Verhältnis. Als Beispiel sei eine Lokalertragstafel für *Pinus brutia Ten.* angeführt, die A. H o f m a n n für die Waldungen auf Rhodos mit Unterscheidung von drei Güteklassen (gut, mittel, gering) aufgestellt hat, nach dieser beträgt die Mittelhöhe im Alter von 100 Jahren für die erste Güteklasse 21 m, zweite Klasse 17 m, dritte Klasse 12,5 m.

Über das Höhenwachstum verschiedener Holzarten auf gleichem Standort und ihr gegenseitiges Verhältnis hat G u t t e n b e r g Untersuchungen (Stammanalysen) an Buche, Fichte, Tanne und Kiefer im Ofenbacher Staatsforst in Niederösterreich durchgeführt. Der Höhenzuwachs erreichte sein Maximum bei Kiefer schon im 10. bis 16. Jahre mit 49 cm, bei der Fichte zwischen 15 und 25 Jahren mit 57 cm, bei der Buche zwischen 20 und 30 Jahren mit 41 cm, bei der Tanne zwischen 25 und 35 Jahren mit 40 cm[1]. V a n s e l o w gibt in der „Zuwachs- und Ertragslehre" an, daß allgemein die raschwüchsigen Holzarten, besonders die Lichtholzarten Kiefer, Birke, Eiche, Erle, meist zwischen 10 und 20 Jahren, die Halbschatt- und Schatthölzer Esche, Fichte, Ahorn, Buche zwischen 30 und 40 und die Tanne erst nach 35 Jahren das Höchstmaß ihres Höhenzuwachses erreichen[2]. Je besser der Standort ist, desto größere Baumhöhen werden erreicht. Die Baumhöhe gilt daher auch als „Weiser" und Kennzeichen der Standortsgüte. Die üblichen Güteklassen der Ertragstafeln sind „Höhenbonitäten". Aus den Angaben der Ertragstafeln mehrerer deutscher Länder und der Schweiz, also aus großen Durchschnitten, schloß B ü h l e r (Waldbau, I. Bd., S. 535), daß sich die mittleren Bestandeshöhen auf bester (erster) Bonität im hundertsten Jahre wie folgt abstufen:

Fichte	33 m	Buche	32 m	Eiche	29 m
Tanne	32 „	Kiefer	29 „		

Der Zuwachsgang im Jugendstadium muß bei waldbaulichen Maßnahmen berücksichtigt werden und besitzt deshalb waldbauliche Bedeutung. Mit dem sonstigen Entwicklungsgang und Zuwachs des Einzelbaumes und des Bestandes befaßt sich die Zuwachs- und Ertragslehre[2].

F o r m v e r h ä l t n i s s e d e r H o l z a r t e n.

Schon K. G a y e r (Waldbau) unterschied jene Arten, die auch im Freistand infolge der kräftigen Entwicklung der Gipfelknospe gegenüber den Seitenknospen den Schaft ungeteilt bis zur Spitze durchführen, und jene, bei denen sich im Freistand die Triebe aus Seitenknospen teilweise ebenso kräftig entwickeln wie die Gipfelknospe und die Schäfte sich daher bald in mehr oder weniger gleichwertige Äste auflösen. Zu den ersteren (mit bis zur Spitze durchgeführtem Schafte) gehören: Fichte, Tanne, Lärche, Weymouthskiefer; in zweiter Linie Weißkiefer (je nach Rasse verschieden), Schwarzerle, Traubeneiche, Pyramidenpappel, Zirbe und (besonders im Nordosten) Birke.

---

[1] G u t t e n b e r g, A. v., Vergleichung des Wachsthumsganges ..., Österr. Vierteljahresschr. f. Forstwesen 1885, bes. S. 234.

[2] V a n s e l o w K., Einführung in die forstliche Zuwachs- und Ertragslehre, Frankfurt a. M. 1941, S. 9.

Jene Arten, die im Freistande zu baldiger Auflösung des Schaftes in eine ästige Krone neigen, sind: Stieleiche, Linde, Edelkastanie, Weißbuche, Rotbuche. Insbesondere Buchen und Stieleichen neigen im Freistande zu baldiger Kronenabwölbung und Kronenausbreitung und damit zur Kurzschaftigkeit hin. In geschlossenen Beständen weisen aber auch Buchen, Stieleichen, Linden usw. gute Schaftformen auf. Durch Erziehung in engem Verband während der Jugend und während des Stangenholzalters sucht man solche Arten zu zwingen, dem nur von oben gebotenen Lichte (bei seitlicher Beschattung durch Nachbarbäume) entgegenzuwachsen und infolgedessen bessere Schäfte auszubilden. Die Bestandeserziehung vermag besonders in Beständen solcher Holzarten, bei denen nicht fast alle Bestandesglieder gute Schaftformen aufzuweisen pflegen, durch Entnahme der Schlechtgeformten (auch im „herrschenden Bestand“, „Durchforstung im Herrschenden“, „Hochdurchforstung“) auf die Verbesserung der Formverhältnisse, den wirtschaftlichen Zwecken entsprechend, wirksam hinzuarbeiten, das ist vor allem bei Kiefer, Eiche, Buche und sonstigen Laubhölzern der Fall. Ebenfalls schon von K. Gayer stammt der Hinweis, daß auf frischen Lehmböden mehr Neigung zur Entwicklung starker Schäfte zu erkennen ist, dagegen wachsen auf flachgründigen und Felsböden nur kurzschaftige Bäume mit Neigung zur Zerteilung des Schaftes.

Unterschied in den Formen der Bäume im Waldbestand und am Freistand.

Die Form der Bäume im Waldbestand weist wesentliche Unterschiede gegenüber jener der Bäume im Freistand auf. Der Freistandsbaum hat einen uneingeschränkten Lichtgenuß und ebensolchen Ernährungsraum im Boden zur Verfügung. Die Krone reicht tief herab, ja sie ist in den unteren Teilen des Stammes stärker und mächtiger entwickelt als oben. Handelt es sich um Arten, die auch im Freistand den Schaft ungeteilt durchführen, zum Beispiel um die Nadelhölzer (Fichte, Tanne, Lärche, Weymouthskiefer, Douglasie)[1], so ist dennoch der untere Teil des Schaftes im Freistand nicht nur dicht beastet und grobastig, sondern auch wesentlich stärker als der obere. Man nennt solche — Kegelform aufweisende — Baumschäfte „abholzig“. Anders die Baumform im Waldbestand: Lange bevor die unteren Äste so bedeutende Stärken wie im Freistand erreichen, bewirkt der Bestandesschluß ein Absterben der unteren Äste infolge mangelhaften Lichtzutrittes zu diesen, sie werden allmählich dürr und fallen ab, die Schäfte werden astrein, außerdem fehlt den Schäften die auffallende Stärkenzunahme nach unten, sie sind mehr walzenförmig, man bezeichnet dies als „vollholzig“. Der Forstwirt drückt solche Unterschiede auch mathematisch durch die sogenannte „Formzahl“ aus, die das Verhältnis des Kubikinhaltes eines Baumschaftes zu dem einer Idealwalze mit dem Durchmesser des Baumes in Brusthöhe zum Ausdruck bringt, wobei die Länge der Walze (oder die Höhe des Zylinders) der Baumhöhe entspricht.

---

[1] Bei der Kiefer wird durch den Freistand die Höhenentwicklung des Baumes gegenüber dem Schlußstand stark gehemmt. Vanselow und Heger, Einfluß des Überhalts ... auf Form und Masse der Kiefer, Allg. Forst- u. Jagd-Ztg. 109, 1933, S. 69 ff.

Handelt es sich nicht um Holzarten, die den Schaft auch im Freistand ungeteilt durchführen, sondern um *Laubbäume*, wie Stieleiche, Linde, Buche, Hainbuche usw., so ist die Krone im Freistand nicht nur größer und tiefer reichend, sondern meist ist auch der Schaft viel kürzer als beim Baum derselben Art im geschlossenen Bestand, weil sich der Schaft schon in geringer Höhe über dem Boden teilt; die Kronen solcher Freistandsbäume sind oft mächtig, breit, kugelförmig; die breitkronige Dorflinde ist in ihrer Baumform sehr wesentlich verschieden von der langschaftigen Linde im gut geschlossenen Waldbestand, etwa im Buchenbestand (Abb. 73). Es zeigt sich also bei solchen Laubhölzern im Freistand ein Übermächtigwerden der Beastung auf Kosten der Schaftausbildung und auf Kosten des Gesamtlängenwuchses. Form und Ausmaße der Krone, Form, Stärke und Höhe des Schaftes sowie auch der Grad seiner Astreinheit stehen in gesetzmäßigem und klarem Zusammenhang mit dem Grad des Bestandesschlusses, dem Grad der Standdichte der Bäume im Wald. Bei gleichem Boden und Klima ergeben sich diese Unterschiede der Baumformen im Freistand und im Bestand, und es ist klar, daß sie nur dadurch hervorgerufen werden, daß in dem einen Fall die enge gegenseitige Nachbarschaft der Bäume im Wald andere Wachstums- und Lebensbedingungen schafft durch gegenseitige Beschattung, durch den Zwang, in die Höhe zu wachsen, durch den Zusammenschluß zu einem gemeinsamen Kronendach, Absterben beschatteter Äste usw., als im anderen Fall bei den freistehenden Bäumen, wo die natürliche Reinigung des Stammes von den Ästen fehlt.

Die Holzmasse des Einzelstammes im Freistand ist unter sonst gleichen Umständen (also bei gleichem Boden, gleichem Alter usw.) zwar größer als die Holzmasse des Einzelstammes im Waldbestand, dies hindert aber nicht, daß die gesamte Holzerzeugung auf einer mit Bäumen in vereinzelter Stellung bestockten Fläche doch geringer ist als auf einer Fläche (locker) geschlossenen Waldbestandes. Auch wären selbst bei gleicher Masse ästige, abholzige, kurzschaftige Stämme bedeutend weniger wertvoll. Durch die größere Zahl der Bestandesglieder wird der Abgang an Masse beim Einzelstamm mehr als ausgeglichen.

S t a m m a u s s c h e i d u n g.

Waldneuanlagen, und zwar sowohl künstliche (also Pflanzungen, Saaten) als auch natürliche Verjüngungen, werden in ziemlich engem Stand, also mit einer verhältnismäßig großen Zahl von Pflanzen je Flächeneinheit (Hektar), begründet; die Pflanzen sollen ja nicht die ungünstigen Wuchsformen des Freistandes erlangen, es soll vielmehr möglichst bald der Fall eintreten, daß die Zweige benachbarter Bestandesglieder sich berühren, ineinandergreifen, untere Äste durch Lichtentzug zum Absterben bringen. Es findet dann alsbald auch ein Kampf der sich gegenseitig bedrängenden Bäumchen untereinander statt, eine Anzahl der ursprünglich vorhandenen Bestandesglieder erliegt allmählich im Kampfe ums Dasein, stirbt ab und räumt den Platz für vorwachsende Nachbarn. In einer durch natürlichen Samenabfall von Mutterbäumen entstandenen Buchenverjüngung sind im ersten Lebensjahr nicht selten rund 1 Million Pflänzchen je Hektar vor-

handen, im 100- bis 150jährigen Buchenbestand stehen davon aber nur
etwa 450 bis 900 oder noch weniger. Alle übrigen haben im Verlaufe der
natürlichen Entwicklung den Platz zugunsten der bleibenden geräumt. In
natürlichen Verjüngungen der Tanne wurden je Hektar etwa 75.000 Jungpflanzen gezählt, davon waren im Alter von 20 Jahren noch 10.000 bis
15.000 vorhanden. Die einen sind höher und stärker als die anderen und

Abb. 73. Baum im Freistand: Riesenlinde im Stiftshof von Millstatt am See, Kärnten
(Aufn. Österr. Lichtbildstelle).

haben größere Kronen, von anderen kann man wahrnehmen, daß sich ihre
Kronen in Zwischenräumen zwischen den Kronen der herrschenden befinden, seitlich zusammengedrückt oder aber unterständig sind. Sie sind
von mächtigeren Nachbarn beschattet, durch Wurzelkonkurrenz geschädigt.
Wieder andere sind ganz unterdrückt und entweder absterbend oder schon
abgestorben. Die rasche und fortlaufende Stammausscheidung ist für die
Entwicklung des Bestandes nützlich, weil bei zu dichtem Stand der Wuchs
stocken würde. Im jüngeren Alter bei lebhaftem Wachstum der einzelnen
Bäume erfolgt die Ausscheidung energischer, im höheren Bestandesalter ist
sie zwar auch noch vorhanden, läßt aber nach. Jederzeit kann man in

einem Bestand neben den noch freudig fortwachsenden Bestandesgliedern, deren Gesamtheit als „Hauptbestand" bezeichnet wird, jene erkennen, die bald zur Ausscheidung kommen („Nebenbestand"); aus dem Hauptbestand von heute werden später mehrere Glieder zum Nebenbestand gehören.

Das Alter, bis zu dem die Stammzahlverminderung rasch vor sich geht, beträgt unter mittleren Verhältnissen etwa 50 oder 60 Jahre, von da ab wird sie langsamer, weil das Höhenwachstum etwa vom 50. Jahre ab nachläßt. Je geringer das Lichtbedürfnis einer Holzart, desto größer die Stammzahl. Das Absterben der Unterdrückten vollzieht sich bei den Lichtholzarten rascher als bei den Schattholzarten, deren unterdrückte Bäume bei Lichtmangel noch lange vegetieren können. Am höchsten sind also die Stammzahlen bei den Schattholzarten, besonders in der Jugend. Zum Beispiel betragen die Stammzahlen je Hektar für die Tanne erster Güteklasse in Baden (Ertragstafel von 1912):

Im Alter von:	Hauptbestand:	+ ausscheidender Nebenbestand:
30 Jahren	8600	
40 „	3200	+ 1600
60 „	1140	+ 280
80 „	645	+ 80
100 „	485	+ 30
120 „	400	+ 15

Während für Tanne erster Güteklasse, 40jährig, die Ertragstafel 3200 Stämme je Hektar angibt, enthält sie für Eiche erster Güteklasse (Hessen) bei gleichem Alter nur 1250 Stämme (also geringere Stammzahl der Lichtholzart). Auf geringeren Güteklassen sind die Stämme bei gleichem Alter schwächer, die Kronen kleiner, jedoch im Zusammenhang damit die Stammzahlen größer. Je geringer also die Güteklasse, um so größer die Stammzahl. Je besser die Standortsverhältnisse, je günstiger das Klima und der Boden, desto früher und schneller vollzieht sich der Kampf ums Dasein, desto geringer die Stammzahl im gegebenen Alter und umgekehrt. So hatte G u t t e n b e r g beim Vergleich des Ertrages der Fichte im Hochgebirge mit jenem im Mittelgebirge (Waldviertel, Weitra) gefunden, daß im Mittelgebirge die Bestände gleicher Standortsklasse (bei gleichem Ertrag) höher, an Stammzahl und Stammgrundfläche aber etwas geringer sind als in den Hochgebirgsforsten. Ursachen sind die im Hochgebirge kürzere Vegetationszeit, lang anhaltende Schneelage, doch ergibt sich ein Ausgleich durch die höhere Stammzahl und Stammgrundfläche (G u t t e n b e r g A., Wachstum und Ertrag der Fichte im Hochgebirge, Wien und Leipzig 1915). Auch nach der Ertragstafel von F l u r y für die Fichte in der Schweiz wird zwischen Fichte im Hügelland und Fichte im Gebirge geschieden; in allen fünf Güteklassen sind die Stammzahlen der Gebirgsfichte höher als die der Hügellandsfichte; die langsamere Höhenentwicklung *in den höheren Lagen* bedingt naturgemäß eine höhere Stammzahl infolge *langsamerer Bestandesausscheidung.* Zu dem gleichen Ergebnis kam S c h u b e r g betreffs der Buche im Land Baden. Die Stammzahlen in Buchenbeständen in tieferen, mittleren und höheren Lagen des badischen Schwarzwaldes verhalten sich nach ihm wie 100 : 126 : 244 (zit. nach M o r o s o w, Die Lehre vom Walde, 1928, S. 215).

Den Vorgang der Stammausscheidung sucht die Wirtschaft im Wege der Durchforstung dahin zu lenken, daß die *wirtschaftlich wertvollsten* Stämme im Kampf ums Dasein zu Siegern werden und nicht etwa bloß die wuchskräftigsten ohne Rücksicht auf Schaftform, Holzart und wirtschaftlichen Wert!

E r r e i c h b a r e s   L e b e n s a l t e r.

Unter zusagenden Standortsverhältnissen, im Klima ihres Heimatgebietes (Optimumnähe), gehören viele unserer Waldbäume zu den besonders langlebigen Gewächsen. Selbst der von der Wirtschaft gewählte Umtrieb ist häufig im Gebiete des besten Gedeihens höher als in Grenzgebieten, zum Beispiel bei der Kiefer in Ostpreußen höher (120 Jahre und mehr) als bei derselben Holzart im Westen (80 Jahre), oder bei der Eiche im Spessart besonders hoch (300 Jahre und mehr). Unter unpassenden Klima- und Bodenverhältnissen dagegen wird die Lebensdauer verkürzt; zum Beispiel ist beim künstlichen Anbau der Fichte in warmen Laubholzgebieten Dänemarks wegen Gefährdung durch Rotfäule nur ein kurzer Umtrieb (Erzeugung von Stangenhölzern in Kleinbeständen) üblich. In Hochlagen des Gebirges ist zwar der Wachstumsgang verlangsamt, das erreichbare Lebensalter aber häufig ein bedeutendes. Im folgenden sollen einige beobachtete Beispiele hochalteriger Bäume wichtigerer Holzarten mitgeteilt werden.

Bei Untersuchungen über die *Lärche* in den Ostalpen konnte Verfasser feststellen, daß der älteste von ihm beobachtete Lärchenbaum (in Nordtirol, Rofangebirge, Standort in 1500 m Meereshöhe) 672 Jahrringe bei völlig gesundem Holze aufwies; der Durchmesser in Stockhöhe betrug 124 cm. Auch im bayerischen Forstamt Berchtesgaden stocken in Hochlagen außerhalb des Wirtschaftswaldes bis 600jährige Lärchenbäume[1].

An einer *Fichte* in Bosnien, Bezirk Travnik, Waldort Šatov, wurden in 1768 m Meereshöhe 795 Jahrringe gezählt, die Scheitelhöhe betrug 42 m, der Mittendurchmesser 0,8 m, der Kubikinhalt 21,1 fm[2]. Fichten von so hohem Alter sind auch im Urwald keineswegs häufig, hingegen konnte Verfasser etwa 300jährige Fichten in bosnischen Urwäldern häufig beobachten. An zwei Stämmen der *Pinus nigra var. austriaca* aus Niederösterreich wurde von der Staatlichen Forstlichen Versuchsanstalt in Mariabrunn durch Stammanalysen das Alter und der Wachstumsgang ermittelt, die eine von ihnen war 584 Jahre alt, die andere 434 Jahre. Die ältere war noch vollkommen gesund, stand also bei der Fällung noch nicht an der natürlichen Grenze ihres Daseins.

Die Stammscheibe einer gesunden *Tanne, Abies pectinata,* die in einer Forstamtskanzlei zu Wsetin, Mähren, aufbewahrt wurde, wies 522 Jahr-

---

[1] T s c h e r m a k L., Die Verbreitung der Lärche in den Ostalpen, Wien 1935, S. 305—308.

[2] B ö h m e r l e K., Über das Alter der deutschen Waldbäume, Centralbl. f. d. ges. Forstw. 1886.

ringe auf. An einer Tanne in Bosnien wurden 512 Jahrringe gezählt. Auch in den österreichischen Alpen kann man auf entlegeneren Standorten oft sehr starke und hochalterige Tannen beobachten. J. F r ö h l i c h zählte an Stöcken hochalteriger Tannen in den Ostkarpaten sehr oft 350 bis 400 Jahrringe, eine Riesentanne aus Nordsiebenbürgen hatte 195 cm Brusthöhendurchmesser und 56 m Höhe[1].

Über hochalterige *Eiben* in Bosnien berichtete K. M a l y[2]: „Mehrere alte Bäume dieser Art finden sich noch in Mittelbosnien. Ein männlicher Baum von 14 m Höhe steht im Bukov Do (Buchental) bei Solun im Krivajagegebiet. Der nierenförmige Stammdurchmesser betrug im Jahre 1911 in Brusthöhe 100 $\times$ 80 cm, die Krone ist regelmäßig gebaut, 10 m hoch und mißt 17 m im Durchmesser." Weitere zwei alte mächtige Eiben „im mohammedanischen Dorfe Pepeljari bei Han Begov in 606 m Seehöhe" und eine dritte nicht weit davon in einem Garten, Umfang des Stammes in Brusthöhe 2,8 m, gab M a l y an.

Bei sehr alten Bäumen der *Eichenarten* ist man wegen der Kernfäule meist nicht in der Lage, die Jahrringe zu zählen, man ist daher auf Schätzung angewiesen. Aus England wird über eine Eiche von 16,8 m Stammumfang berichtet, die auf ein Alter von 1500 Jahren geschätzt wird. Nach K a n n g i e ß e r ist nach sorgfältigen Erhebungen über den Zuwachsgang und darauf gegründeter Schätzung an der „Tausendjährigkeit" mancher dieser Naturdenkmäler nicht zu zweifeln[3]. Ausgedehnte Bestände alter Traubeneichen, die berühmtesten Deutschlands, befinden sich im Spessart, die Waldorte „Metzger" und „Denkstein" weisen dort ganze Bestände über 400jähriger Eichen auf, mit Scheitelhöhen bis 42 m.

Aus dem illyrischen Gebiet berichtete K. M a l y, Sarajewo[2]: Eine uralte prächtige Flaumeiche *(Querum lanuginosa [Lam.] Thuill.)* steht auf dem Friedhof des serbischen Klosters Žitomisljići an der Narenta. Der Umfang des Stammes betrug im Jahre 1927 am Grunde 16,14 m, in Brusthöhe 9,30 m, die Höhe fast 25 m, der Umfang der Krone 80 m. Sie soll etwa 600 Jahre alt sein.

Während einzelne Lärchen, Zirben, Schwarzkiefern usw. ein Alter bis zu etwa 700 Jahren in *gesundem* Zustand erreichen können, sind dagegen die hochalterigen Eichen in der Regel im Kern des Stammes durch Fäulnis zerstört. Auch *Taxus baccata* gehört zu den Baumarten, die ein sehr hohes Alter erreichen können, ebenso *Pinus Cembra.* Von *Pinus silvestris* sollen in der Johannisburger Heide in Ostpreußen bis 400 Jahre alte einzelne Bäume zu finden sein.

In den Mittelmeerländern gehört zu den Holzarten, die ein hohes Alter von mehreren Jahrhunderten erreichen können, *Cupressus sempervirens.* Auch von der *Libanonzeder,* die in Kleinasien im Taurus, Amanus und Anti-

[3] F r ö h l i c h J., Die Tanne in Südosteuropa, Centralbl. f. d. ges. Forstw. **68**, 1942, S. 81 ff.

[2] M a l y K., Sarajewo, Dendrologisches aus Illyrien, Mitt. d. Dt. Dendrolog. Ges. Nr. 42 (Jb.), 1930, S. 133.

[3] K a n n g i e ß e r, Über Lebensdauer und Dickenwachstum der Waldbäume, Allg. Forst- u. Jagd-Ztg. 1906.

taurus verbreitet ist, erreichen ohne Zweifel einzelne Stämme ein hohes Alter. Verfasser sah selbst im Taurus hochalterige Bäume. Im Libanon, von dem die Art ihren Namen hat, ist sie bis auf spärliche Reste ausgerottet. F r a n c k beschrieb von dort (in den Mitt. d. Deutschen Dendrolog. Gesellschaft, 1930) einen im Libanon-Wüstengebirge beobachteten geschützten Rest: Mit einer Trockenmauer ist dort ein Zedernwald umgeben, der 250 Bäume enthält, darunter sieben älteste, eine dieser ältesten hatte 14,6 m Stammumfang und wurde von F r a n c k auf etwa 3000 Jahre geschätzt.

Zu den höchsten, stärksten und ältesten Bäumen, die es überhaupt auf der Erde gibt, zählen Exemplare ausländischer Arten, so in Nordamerika. Von den *Mammutbäumen, Sequoia gigantea,* in Kalifornien dürften die stärksten 2000 bis 3000 Jahre alt sein. (H. M a y r zählte an gefällten 1350 Jahrringe und schätzte auf Grund dessen stehende auf 4250 Jahre.)

Die Lebensdauer im Bestand hängt ab von der sozialen Stellung des Baumes im Bestand, der Ausbildung der Krone und dem Lichtgenuß. Das besonders hohe Alter der angegebenen Beispiele wird natürlich nur von einzelnen Exemplaren erreicht. Die Forstwirtschaft kann selbstverständlich nicht das erreichbare physische Alter abwarten, sondern sie nutzt bei jenem Alter, in welchem der volkswirtschaftliche Nutzen ein befriedigender ist. Dabei ist auch die Frage von Einfluß, in welchem Alter die für die Holzverwendung günstigste Stammstärke erreicht wird. Besonders bei Holzarten, welche Kernholz ausbilden, wie Kiefer, Eiche, Lärche, ist Starkholz wertvoller und begehrter als schwache Stämme. Vom Naturschutz aber werden alte, schöne Bäume geschützt, solche läßt man selbstverständlich ohne Rücksicht auf wirtschaftliche Erwägungen bis zu der physisch möglichen Altersgrenze stehen.

A n h a n g.

Einfluß der wirtschaftlichen Grundlagen auf den Waldbau.

Bisher wurde die Abhängigkeit der Lebensform „Wald" und somit auch die Abhängigkeit unserer waldbaulichen Tätigkeit von naturgesetzlichen, ökologischen Grundlagen dargestellt. Der Waldbau ist aber in hohem Maße auch wirtschaftlich bedingt. Er ist nicht nur infolge der naturgesetzlichen Grundlagen von Ort zu Ort verschieden, sondern in ähnlicher Weise auch von örtlich wechselnden wirtschaftlichen Grundlagen beeinflußt. Beispielsweise sei darauf hingewiesen, daß es heute noch in Kanada und in Sibirien große Waldgebiete gibt, deren wirtschaftliche Bedingungen so ungünstig sind, daß der Nutzwert ausschließlich in der Jagd besteht[1]. „Es sind jene Gebiete, aus denen die Versorgung der ganzen Welt mit Fellen von Polarfuchs, Faultier, Bär, Luchs, Zobel usw. erfolgt... in den ungemein dünn besiedelten Gebieten ist der Bedarf an Holz gering, im allgemeinen ist der Jäger nicht waldfeindlich eingestellt." Es gibt also dort nur eine äußerst extensive Wirtschaft.

Für die Tatsache, daß der Waldbau verschieden ist und verschieden sein muß, nicht nur nach den wechselnden naturgesetzlichen Bedingungen,

---

[1] K ö s t l e r, Wirtschaftslehre des Forstwesens, 1943, S. 26.

sondern auch nach den wirtschaftlichen, möchte Verfasser folgendes Beispiel anführen: Im Jahre 1930 berichtete er in der „Wiener Allg. Forst- und Jagd-Zeitung"[1] über Beobachtungen gelegentlich einer Lehrreise des Österreichischen Reichsforstvereines in die Schweizer Kantone St. Gallen und Zürich unter anderem folgendes: „Die wahrgenommenen Waldbilder waren... außerordentlich befriedigend. Die Mischung zum Beispiel von Fichte, Tanne, Kiefer und Laubholz, die bedeutenden Scheitelhöhen, die großen Massen je Hektar, diese vorläufig aufgezählten Vorzüge sind den sehr günstigen Klima- und Bodenverhältnissen zuzuschreiben. Das vorläufig Hervorgehobene könnten wir auch in weniger intensiven Wirtschaften auf sehr guten Standorten finden. In Österreich zum Beispiel hätten wir sehr häufig unter so günstigen Bonitätsverhältnissen zwar große Massen und viel gutgeformte Stämme, zwischen ihnen aber auch viel schlechtergeformte, kranke, krebsige, Zwiesel usw. Von solchen war nun in den schweizerischen Beständen nichts zu sehen. Daß alle im Bestand vorhandenen Altholzstämme gesund, zuwachsfähig und sehr gut geformt waren, das ist nicht mehr bloß der Gunst des Standortes zuzuschreiben, daran erkannte man vielmehr die Hand des Wirtschafters, die sorgfältige Vorrats- und Zuwachspflege der Baumwirtschaft. Wo früher alte, schlechtgeformte Stämme standen, dort ist jetzt Verjüngung. Die gesunden, zuwachsfähigen, gutgeformten Stämme des vorhandenen Altholzbestandes aber stehen noch! Durch planmäßige intensive Auslesetätigkeit bei den Erziehungs- und Nutzungshieben wird die sehr gute Standortsbonität erst richtig zur Konzentrierung des Zuwachses auf die wertvollsten Zuwachsträger ausgenützt."

Verfasser hob dann hervor, daß diese Wirtschaftsintensität ermöglicht ist durch gewisse wirtschaftliche Bedingungen, wie dichte Besiedlung, daher günstige Absatzlage der Waldungen, hohe Holzpreise (wertvolle Waldbestände mit langschaftigem Nadelholz), sehr gute Aufschließung durch ein dichtes Waldwegenetz. „Österreich als Holzausfuhrland mit niedrigeren Holzpreisen, häufig auch mit schwierigerer Bringung, besitzt keineswegs die gleichen Vorbedingungen für intensiven Betrieb[2]. Aber in den günstigsten Lagen, in Waldungen mit bester Absatzlage und sehr guter Bonität wäre doch auch hier eine intensivere Forstwirtschaft, als sie oft vorhanden ist, am Platze. Sie wäre auch rentabel, wenn ihrer Einführung auch wirtschaftspolitische Erfolge in bezug auf eine Milderung der Belastung mit Steuern und Abgaben vorausgehen würden. Ein praktischer Vorschlag wäre: Wählen wir einige Waldobjekte aus, die durch günstige Absatzlage, durch die besten Standortsverhältnisse usw. einen intensiven Betrieb zweckmäßig erscheinen lassen, gewähren wir aus Staatsmitteln Zuschüsse an einzelne Waldbauvereine, welche solche Betriebe zusammenfassen, schaffen wir mit Hilfe etwa der Forsttechniker der politischen Verwaltung und der Zuschüsse einige Musterbeispiele eines intensiven Betriebes mit dichtem Wegnetz, Femelschlagbetrieb usw.... an Stellen, wo sie gemäß den wirtschaftlichen Be-

---

[1] 48. Jahrg., 1930, S. 122.

[2] Wiener Allg. Forst- u. Jagd-Ztg. 1930, S. 128.

dingungen am ehesten hingehören! Und geben wir nach etwa zehn Jahren, bis sich die Erfolge zeigen ... Fachvereinen Gelegenheit, diese Wirtschaften kennenzulernen und nach deren Beispiel ihre eigenen zu verbessern." Eine Verwirklichung dieser Absichten war damals nicht möglich.

Die wirtschaftlichen Verhältnisse, das Verhältnis zwischen dem Bedarf an Forstprodukten und der Erzeugung, die Bringungskosten, die ganze wirtschaftliche Entwicklung des betreffenden Landes[1], wirken sehr auf die Intensität der waldbaulichen Arbeit ein. Gebiete mit großem Bedarf an Holz und verhältnismäßig geringer Erzeugung, mit günstigen Bewaldungsverhältnissen, hochentwickelter Wirtschaft, hohen Holzpreisen können sorgfältigere, zugleich kostspieligere Verfahren des Waldbaus anwenden als holzreiche, dünn besiedelte Gebiete mit einem im Verhältnis zur Erzeugung nur geringen Bedarf, kostspieliger Bringung und demgemäß geringeren Holzpreisen. Es wäre nicht durchführbar, überall die gleiche Intensität der waldbaulichen Arbeit anwenden zu wollen, ohne Rücksicht auf die wirtschaftlichen Bedingungen.

In der Schweiz beträgt der Anteil des Waldes an der gesamten Landesfläche nur 23,6 v. H.[2], der Waldanteil an der produktiven Fläche 30,4 v. H. (in Österreich vor 1938: 42 v. H. der produktiven Fläche), auf den Kopf der Bevölkerung entfällt in der Schweiz 0,25 ha Wald, in Österreich (vor 1938) 0,5 ha. Die Schweiz ist ein Holzeinfuhrland mit höheren Holzpreisen. Der größere Bedarf macht größere Aufwendungen notwendig, die höheren Holzpreise ermöglichen es, auch im Waldbau größere Aufwendungen zu machen, um eine Steigerung der Erzeugung herbeizuführen. Deshalb ist in der Schweiz zum Beispiel die sehr arbeitsintensive Form des Plenterbetriebes durchführbar, ein Betrieb, bei dem nicht großflächenweise, ja nicht einmal kleinflächenweise gewirtschaftet wird, sondern das einzelne Baumindividuum Gegenstand des Waldbaues ist. Besonders im schweizerischen Mittelland, dem Hügelland zwischen Alpen und Jura, sind die Bedingungen für einen solchen sehr intensiven Betrieb günstig. Er erfordert kleine Wirtschaftsbezirke, mehr Personal, zugleich besser geschultes Personal, gute Aufschließung durch Wege, somit einen größeren Kostenaufwand für Herstellung und Unterhalt eines dichten Wegnetzes[3]. Die Bestandespflege steht in der Schweiz auf einer hohen Stufe, der Kahlschlagbetrieb gilt für überwunden. Einigermaßen ähnliche Verhältnisse (in bezug auf intensive Wirtschaft, gute Aufschließung, natürliche Verjüngung, Bestandespflege,

---

[1] Ein Beispiel für besonders ungünstige Bedingungen: In Südserbien mit schätzungsweise 2,5 Millionen ha Waldfläche, vorwiegend Buschwald sowie Nieder- und Mittelwald, Almen und Ödland, nur etwa 250.000 ha Hochwald (Buchen- und Nadelholz), bestanden im Jahre 1928 14 Forstverwaltungen mit Waldflächen von je 100.000 bis 150.000 ha! K r s t i ć O., Übersicht über die Forstwirtschaft in Südserbien, Šumarski list 52, S. 11—23, 1928.

[2] F l u r y, Die forstlichen Verhältnisse der Schweiz, Zürich 1925, S. 37.

[3] S c h l a t t e r A. J., Einige Gedanken über die Bewirtschaftung der Hochgebirgswaldungen, Schweiz. Zeitschr. f. Forstw. 89, S. 305—322, 1938. „Das Wichtigste ist die rationelle Wegerschließung. Dadurch werden die schädlichen Einflüsse des Holzrückens behoben."

nicht in bezug auf Vorherrschen des Plenterbetriebes) liegen vor im badischen Schwarzwald.

Im Alpenstaat Österreich mit seinem großen Anteil des Waldes an der Landesfläche war in Jahren schlechter Konjunktur große Mühe erforderlich, um die Holzerzeugnisse zu kaum halbwegs angemessenen Preisen an die Nachbarländer abzusetzen[1]. Holzreiche und verhältnismäßig dünnbesiedelte Hochgebirgsgegenden mit einem kleineren örtlichen Holzbedarf, einer kostspieligen weiten Bringung, daher geringeren (ernte- und bringungskostenfreien) Holzpreisen, können selbstverständlich nicht die gleichen Aufwendungen für Waldpflege, nicht den gleichen Einsatz der waldbaulichen Arbeit anwenden wie Gegenden oder Länder mit großem Holzbedarf, mit hohen Holzpreisen. Auch vor dem ersten Weltkrieg, innerhalb der österreichischen Monarchie, war wegen dieser zwingenden wirtschaftlichen Verhältnisse die Arbeitsintensität des Waldbaues in den Alpenländern wesentlich kleiner als in den Sudetenländern. Dies kam deutlich zum Ausdruck, als in den 1850er Jahren vom damaligen Staatsoberhaupt, Franz Joseph I., Preise für gelungene Aufforstungen in Hochlagen gestiftet und dann von einem vom Österreichischen Reichsforstverein eingesetzten Ausschuß von Preisrichtern verteilt wurden. Die Sorgfalt der Aufforstungstätigkeit war in den damaligen österreichischen Sudetenländern unvergleichlich höher als in den österreichischen Alpenländern, und dies infolge der ganz verschiedenen wirtschaftlichen Bedingungen. Es ist unmöglich, dort, wo in waldreicher Gegend der Holzanfall überaus groß, der Bedarf infolge dünner Besiedlung klein, der Holzpreis niedrig ist, in der an Einnahmen armen Wirtschaft dennoch die gleiche Sorgfalt für die Pflege anzuwenden wie unter entgegengesetzten Verhältnissen. Die erntekostenfreien Erlöse sind im Hochgebirge kleiner, weil die Ausgaben für die Aufbereitung größer sind. Zum Beispiel wurden in der Bayerischen Landesforstverwaltung 1937 im Durchschnitt *erntekostenfreie Erlöse* von 11.50 RM je Festmeter Derbholz erzielt, dabei lag das *Hochgebirge mit 6.20 RM am niedrigsten*, die Fränkische Platte mit 19.70 RM am höchsten[2]. Nach den Wirtschaftsergebnissen der Forstämter für das Jahr 1935 betrug der Anteil der Gewinnungskosten am Erlös in Lohr-West (Spessart) 9 v. H., dagegen in Berchtesgaden als Hochgebirgsforstamt 56 v. H.! Der erntekostenfreie Erlös zusammen mit dem Hiebssatz stellt aber gewissermaßen „die Ausgangslage für die gesamte weitere Ausgabengestaltung" dar. Nach den statistischen Jahresberichten der Staatsforstverwaltungen waren auch in anderen Jahren die Holzwerbungsausgaben im Hochgebirge wesentlich höher als in anderen Forsten. Zu intensiver Wirtschaft gehört auch Bestandespflege, also Durchforstung. Die Fällungsausgaben sind aber je Festmeter für schwache Hölzer wesentlich größer als für Starkholz. Zugleich sind die Erlöse für das schwache Holz kleiner. Im Hochgebirge sind an sich geringe erntekostenfreie Erlöse, für schwaches Holz sind die Erlöse wesentlich kleiner und da-

---

[1] S c h ö n w i e s e H., Wirtschaftsnot und Forstbetrieb, Österr. Vierteljahresschr. f. Forstw. **82**, 1932, S. 33—39.

[2] K ö s t l e r, Wirtschaftslehre des Forstwesens, Berlin 1943, S. 115.

zu die Erntekosten bedeutend höher. Auf vielen Hochgebirgsstandorten ist dadurch die Bestandespflege beinahe in Frage gestellt, mindestens kann dem Grundsatz, früh zu beginnen, nicht entsprochen werden.

Innerhalb eines und desselben Landes können sich in ähnlichem Sinne Unterschiede zwischen *Ebenen und Hügelländern* (einschließlich der Mittelgebirge) einerseits und *Hochgebirgen andererseits* ergeben. Die Ebenen und Hügelländer sind in der Regel dichter besiedelt als das Hochgebirge. Der Wald ist in den Ebenen und Hügelländern meist zugunsten der volkswirtschaftlich wertvolleren Kulturgattungen, der Äcker usw., in höherem Maße zurückgedrängt als in den Gebirgen, besonders im Hochgebirge. Der Bedarf an Erzeugnissen des Waldes ist infolge der dichteren Besiedlung in der Ebene größer, die Erzeugung infolge des geringeren Flächenanteils des Waldes kleiner, die Absatzverhältnisse daher günstigere. Da auch die Möglichkeit der Bringung des Holzes in der Ebene und im Hügellande eine bessere ist als im Hochgebirge, so könnten, soweit in der Ebene und im Hügelland Wald vorhanden ist, die wirtschaftlichen Bedingungen für seine Behandlung meist sehr günstige sein. Im Hügelland des niederösterreichischen Weinviertels zum Beispiel sind die wirtschaftlichen Bedingungen des Waldbaus wesentlich günstigere als im Hochgebirge.

Die Wirtschaftsbezirke sind in Österreich im Hochgebirge größer, das Wegenetz im Walde ist dort, wo die Preise niedrig sind, weniger dicht, die Verfahren der Rückung des Holzes vom Schlag zu den Bringungsanstalten sind wohlfeiler und weniger pfleglich, die Aufwendungen für Bestandesgründung halten sich in bescheidenen Grenzen.

Auch B ü h l e r [1] weist darauf hin, daß alle Arbeiten in den Höhen großen Aufwand an Zeit und Kraft erfordern. Für manche Arbeiten brauche der Arbeiter bloß für den Aufstieg zum Arbeitsplatz und für den Abstieg nach der Arbeit täglich mehrere Stunden (fünf bis sechs!), das verteuere die Arbeit im Gebirge und befördere das Streben nach Verringerung der Arbeit im Wald. Auch die Arbeit selbst ist häufig durch Steilheit und Zerrissenheit der Hänge erschwert und zeitraubend. Selbst in der Schweiz ist im Hochgebirge, zum Beispiel des Kantons Graubünden, schwächeres Material nicht absetzbar, wie in der Schweizerischen Zeitschrift für Forstwesen 1938 berichtet wurde, Durchforstungen müssen unter Umständen unterbleiben [2].

Nicht selten konnte Verfasser beobachten, daß ein und derselbe Forstwirt, der zuerst in Waldgebieten des Hügellandes oder Mittelgebirges die Verfahren einer intensiven Waldwirtschaft angewandt hat, nach dem Wechsel des Dienstortes, der Versetzung ins Hochgebirge, die früheren Erfahrungen keineswegs auf das neue Wirtschaftsobjekt übertragen konnte. So traf Verfasser in einem steiermärkischen Hochgebirgsrevier (Paal bei Murau) einen Forstverwalter, der früher im Böhmerwald intensive Pflegehiebe angewandt hatte. An der neuen Wirkungsstätte konnte er nicht ebenso vorgehen, denn erstens tritt der Bestandesschluß im Hochgebirge

---

[1] B ü h l e r, Waldbau, I. Bd., 1918, S. 231.
[2] Schweiz. Zeitschr. f. Forstw., 1938, S. 379—384, Bericht: Forstarchiv 1939, S. 39.

(das Revier ist in 950 bis 2000 m Höhe) später ein, zweitens: die Erzeugungs- und Lieferungskosten und jene der eigentlichen Bringung sind zu hoch, drittens bekäme man dort für die Erzeugung solchen Materials infolge der dünnen Besiedlung auch nicht die erforderlichen Arbeitskräfte.

Die Bindung an wirtschaftliche Bedingungen ist nicht etwa nur eine Besonderheit des Hochgebirges. Sie ist vielmehr überall vorhanden, wenn sie auch nicht überall in gleichem Maße auffällt. Im industriereichen, dichtbesiedelten Sachsen zum Beispiel gestatteten die wirtschaftlichen Verhältnisse in der Regel einen größeren Aufwand der waldbaulichen Arbeit als etwa in Ostpreußen als einem weniger dichtbesiedelten Lande. Auch B ü h l e r schrieb im Waldbau (I. Band, S. 15), im Inneren großer Waldgebiete sei das geringe Material aus Durchforstungen, das Reisig, schwer, oft gar nicht abzusetzen, in einem großen Teil des Schwarzwaldes werde es verbrannt.

Besonders lehrreich sind die Verhältnisse in Ländern, in denen die Forstwirtschaft Urwälder oder Urwaldreste zu übernehmen hat. Dieser Fall liegt in Südosteuropa nicht selten vor: Ausgedehnte Urwälder waren im ehemaligen Okkupationsgebiet Bosnien und Herzegowina zu bewirtschaften, das gleiche ist in den Karpaten Siebenbürgens der Fall. Auch die Buchenwälder in Bulgarien sind meist in schwer zugänglichem Gelände, es fehlt an Wegen, der gegenwärtige Zustand entspricht dem von Naturwäldern[1]. Urwaldreste gibt es auch noch in Kleinasien. Wirtschaftlich kennzeichnend ist fast stets: die Entlegenheit, die mangelnde oder geringe Aufschließung durch Verkehrswege und Bringungsanlagen, die niedrigen Holzpreise, wenigstens im Walde selbst, im Hinblick auf die hohen Bringungskosten aus dem weglosen Gebirge. Durch den geringen Holzwert, der durch die sehr weite, kostspielige Bringung, das mangelnde Wegenetz, bedingt ist, wurde häufig eine Entwicklungsstufe des Raubbaues, beziehungsweise der „Exploitation" bedingt. Das Kennzeichen dieser ist der betriebsmäßig organisierte Abbau von Holzvorräten ohne Rücksicht auf die künftige nachhaltige Holzerzeugung. Die Nutzbarmachung des Holzes durch Unternehmer im Urwald kommt in der Regel nur dann zustande, wenn diesen als Gegenleistung für ihren großen Aufwand für Errichtung von Bringungsanlagen, Sägewerken usw. gestattet wird, zur raschen Amortisation dieser ansehnlichen Aufwendungen große Holzmassen in kurzen Zeiträumen zum Einschlag zu bringen, andererseits aber sich mit verhältnismäßig geringeren wirtschaftlichen Opfern für Wiederbegründung und Pflege des Waldes zu begnügen. Beispiele einer solchen Entwicklungsstufe des Raubbaues im Urwald lassen sich in allen Erdteilen, in denen es Urwälder gibt, nachweisen. In den Urwäldern ist häufig nicht eine (den Zielen des Waldbaues unterstellte) Nutzung auf Rechnung und Geheiß der Forstverwaltung üblich, sondern eine Abgabe des Holzes auf dem Stocke an Großunternehmer in Form langfristiger Abstockungsverträge. Aber auch dort, wo solche nicht vorliegen, führen oft die wirtschaftlichen Ver-

---

[1] S t o j a n o f f W., Die Buchenfrage anderwärts und bei uns (Bukowijat wâpros drugade i u nas.), Lessowodska missâl 5, S. 81—93, 1936. Mit dtsch. Zus.

hältnisse im Urwald zu einer fast rein okkupatorischen, ziemlich rücksichtslosen Nutzung. Zu den nachteiligen Folgen dieser gehören unter anderem auch große Aufforstungsrückstände[1].

Die Forstwirtschaftspolitik, die ein Staat einleiten kann, um die Entwicklungsstufe des Raubbaues im Urwald zu verhindern und einen Nachhaltsbetrieb einzuleiten, könnte zunächst in Maßnahmen bestehen, um den Holzpreis in angemessener Höhe zu halten. Das wäre am ehesten in solchen Ländern möglich, die trotz vorhandener Urwaldreste im ganzen dennoch keinen Holzüberfluß aufweisen, zum Beispiel in der Türkei: Schutzzölle für Holz, Einfuhrkontingentierung, also Holzpreiserhöhung. Weiter sind hier und in anderen Fällen anwendbar: Anschluß des Urwaldgebietes an ein modernes Verkehrsnetz, dadurch wirtschaftliche Ermöglichung eines Nachhaltsbetriebes. Ein Beispiel für die Aufschließung eines Urwaldgebietes durch Bringungsanlagen bot die Österreichische Staatsforstverwaltung in den Religionsfondsforsten der Bukowina (vor dem ersten Weltkrieg), darüber berichtet das Werk: O p l e t a l, Das forstliche Transportwesen im Dienstbereich der Güter des Bukowinaer Religionsfonds, Wien, Frick, 1913 (mit einem Abschnitt über den Gesamterfolg der Aufschließung und über die Rückwirkungen auf die Wirtschaft in dem in Wirtschaftswald übergeführten Urwald)[2].

In tropischen Urwäldern der Kolonien war bisher in der Regel ein Raubbau auch dadurch bedingt, daß in dem überaus artenreichen tropischen Regenwald viele Holzarten vorkommen, für die die Verwendbarkeit des Holzes noch nicht bekannt und noch nicht erforscht ist. Um einige wenige nutzbare Stämme der gewünschten Arten zu gewinnen, werden durch den Bestand der anderen noch nicht nutzbaren Arten Gassen gehauen, das Holzmaterial bleibt liegen, das Nutzungsverfahren ist also ein verschwenderisches. Abhilfe kann hier angebahnt werden durch Forschungen über die Verwendbarkeit der bisher noch nicht beachteten Hölzer. Die in mehreren Staaten vorhandenen kolonialen Holzforschungsinstitute stellen sich diese Aufgabe.

---

[1] J. F r ö h l i c h schätzt das Ausmaß der mangelhaft wieder in Bestand gebrachten und daher ergänzungsbedürftigen ehemaligen Schlagflächen in früheren Urwäldern Südosteuropas auf rund 1 Million ha. Intern. Holzmarkt 1942, Nr. 24/25, S. 23—29.

[2] Vgl. auch B ö h m A., Die Betriebseinrichtung in ausgedehnten Urwaldkomplexen ... und O p l e t a l, Das forstliche Bringungswesen in der Bukowina, beides: Österr. Vierteljahresschr. f. Forstw. 47, 1897, S. 289 ff., 301 ff. (Referate anläßlich der Lehrreise des Österr. Reichsforstvereins in die Bukowina).

Technik des Waldbaus.

IV. Von den Waldbeständen.

1. Begriffe: Bestand, Bestandesschluß, Bestockung.

Im Walde treten die Bäume und Sträucher nicht einzeln auf, sondern sie sind vergesellschaftet, zu „Holzbeständen" oder „Beständen" vereinigt. Man versteht unter der Sammelbezeichnung „Bestand" eine Vielheit von Waldbäumen, einen Waldteil, der sich entweder durch die Holzart oder durch das Alter oder das Wachstum (Bonität) oder betreffs aller oder mehrerer dieser Gesichtspunkte von seiner Umgebung unterscheidet und dabei infolge entsprechender Flächengröße zu selbständiger wirtschaftlicher Behandlung geeignet ist. Überall, wo sich Waldteile von genügender Größe durch irgendwelche der genannten Umstände voneinander abheben oder wo sie von ihrer Umgebung durch die Waldeinteilung getrennt sind, spricht man von Waldbeständen. Die Glieder eines Bestandes stellen zusammen eine Lebensgemeinschaft oder Biozönose dar. Im Sinne des Waldbaues und der Forsteinrichtung ist der Bestand die unterste Einheit des Betriebes. Von der Wirtschaftsintensität und den Bedingungen der Wirtschaft hängt es ab, bis zu welcher Flächengröße man bei der praktischen Unterscheidung der Bestände herabgehen kann (bei intensiven Wirtschaften in Mitteleuropa bis 1 ha, ja auch bis 0,5 oder unter besonderen Umständen selbst 0,1 ha). Die Forsteinrichtung scheidet die untersten Einheiten, die „Bestände", in Österreich als „Unterabteilungen" aus (ähnlich in Süddeutschland, während in Norddeutschland die untersten Einheiten als „Abteilungen" bezeichnet werden). Teile eines Bestandes, die also kleiner als ein Bestand sind, sind der Horst, die Gruppe, der Trupp, wobei die Reihenfolge einer abnehmenden Flächengröße entspricht. Der Horst kann in Mitteleuropa etwa 0,3 bis 0,5 ha groß sein. Sinkt die Größe auf etwa 0,1 ha oder noch etwas weniger, so spricht man von einer Gruppe. Bei noch geringerer Größe, so daß es sich nur um einige Bäume, um 50 bis 100 m² Fläche handelt, wird die Bezeichnung „Trupp" angewandt. Gegenstand des waldbaulichen Handelns ist in der Regel der Bestand, vorübergehend oder bei sehr intensiven Betrieben auch der Horst, die Gruppe, der Trupp, ja auch das einzelne Bestandesglied, man spricht dann von der „Baumwirtschaft", zum Beispiel des arbeitsintensiven Plenterbetriebes in der Schweiz.

Was die Grenzen der Bestände im Walde anbelangt, so sind diese wohl

dort, wo der Wald schon seit langen Zeiträumen einer geordneten forstwirtschaftlichen Behandlung unterstellt war, deutlich erkennbar geschieden.
In anderen Fällen, wo sich die Bestandesunterschiede mehr aus den natürlichen Unterschieden mit geringerem Einfluß der menschlichen Wirtschaft
ergeben, so aus den Unterschieden der Himmelsrichtung und Neigung, des
Bodens usw., dort können die Grenzen oft auch unbestimmt, infolge vorhandener Übergänge, und verwischt sein.

Ein anderer praktisch wichtiger Begriff ist der des *Bestandesschlusses*.
In den Waldbeständen beeinflussen sich die einzelnen Bestandesglieder
gegenseitig in hohem Maße, zunächst, indem die Kronen der Nachbarbäume
aneinanderschließen. Hiedurch werden untere Äste infolge der Beschattung
zum Absterben gebracht, das Ausmaß der Kronen, die dann bei engem
Schluß hoch angesetzt sind, wird vermindert, die Schäfte werden astreiner
und vollholziger (Abb. 74), das heißt sie nehmen nach oben hin nur allmählich
an Stärke ab, und auch die Stärken und Höhen der Stämme selbst werden
gesetzmäßig und in klarem Zusammenhang mit dem Grade der Bestandesdichte beeinflußt. Wir bezeichnen die Tatsache des Zusammenschlusses der
Kronen und der Überschirmung des Bodens durch den darauf befindlichen
Holzbestand als „Bestandesschluß" und unterscheiden verschiedene Grade
des Bestandesschlusses, die das Maß der Überschirmung (und des Zusammenschlusses) ausdrücken. Der Bestandesschluß wirkt sich in mehrfacher Hinsicht aus: Hinsichtlich der Bestandeserziehung und der Bodenpflege,
hinsichtlich der vorkommenden Standortsgewächse, der Verunkrautung, dann der natürlichen „Anflüge" oder „Aufschläge", schließlich auch
hinsichtlich des (schon im ersten Teil des Waldbaus behandelten) Bestandesklimas.

Das *Maß des Bestandesschlusses* kann sehr verschieden sein, die Ursachen
dieses Wechsels liegen hauptsächlich a) in der Beschaffenheit des Standorts,
b) in der Holzart, c) dem Alter des Bestandes, d) den wirtschaftlichen Eingriffen. Auf einem *Standort* höherer Güteklasse, mit höherer Erzeugungsfähigkeit, ist die Kronenbildung der wuchskräftigen Bäume eine vollere,
die Flächen pflegen lückenlos von Bäumen besiedelt zu sein, der Bestandesschluß ist daher ein dichter, so in niederschlagsreichem Klima, auf tiefgründigem Boden mit genügendem Feinerdegehalt, daher gutem Wasserspeicherungsvermögen, günstigen Wärmeverhältnissen usw. Auf mageren,
schlechten, steinigen oder grobsandigen Standorten dagegen ist der Schluß
oft lückig, ebenso bei ungünstigen Klimaverhältnissen, zum Beispiel in der
Kampfzone oberhalb der Waldgrenze oder aber im sommertrockenen
Klima der Mittelmeerländer („Trockenwälder"), wenn nicht Grundwasser
einen Ausgleich schafft.

Von maßgebendem Einfluß ist ferner die *Holzart*, insofern als dichtbelaubte schattenertragende (schattenfeste) Holzarten fähig sind, sich in
dichterem Bestandesschluß zu halten als dünn belaubte, sogenannte „Lichthölzer". Zum Beispiel können die Robinie, die Birke oder die Eiche als
Lichthölzer keinen so dichten Bestandesschluß ergeben wie die Buche; die
Lärche nicht einen so dichten Schluß wie die Tanne. Auch die Fichte weist
einen viel dichteren Schluß auf als die Lärche, die in ihrer lichten Krone nur

einen Jahrgang Nadeln trägt (die Tanne dagegen acht oder mehr benadelte Jahrestriebe und dichte Kronen). Der Einfluß der Holzart ist also von besonderer Wichtigkeit.

Auch das *Alter* spielt hinsichtlich des Schlusses eine Rolle: Jüngere Bestände mancher in späterem Alter lichtbedürftigen Holzarten vermögen sich in dichterem Schluß zu erhalten als ältere, zum Beispiel bei *Pinus sil-*

vestris, Pinus nigra, sommergrünen Quercusarten, *Fraxinus.* Was die *wirtschaftlichen Eingriffe* anbelangt, so ist natürlich nach einer Durchforstung der Bestandesschluß geringer als vor dieser.

Der Bestandesschluß hängt nicht bloß von der „Bestockung", also von dem Vorhandensein der das normale Wachstum sichernden Anzahl von Bäumen ab, sondern insbesondere auch von der Entwicklung der Baumkronen, die den Boden überschirmen. Die verschiedenen Grade des Bestandesschlusses bedeuten das Verhältnis der Baumkronenfläche zur ganzen Bestandesfläche. Bei der Beurteilung des Bestandesschlusses pflegt man sich mit der gutachtlichen Anschätzung zu begnügen, ohne ein unbedingtes Maß der Be-

Abb. 74. Astreine Schäfte von in geschlossenem Bestand erwachsenen Bäumen, Revier Altlengbach, Soosberg, Lärche und Kiefer (Aufn. H. M e l z e r).

schirmungsdichte anzuwenden, wie es etwa die Messung der Lichtintensität ist. Die übliche *Bezeichnung der Schlußgrade* ist: Dichtschluß, mittlerer Schluß, Lichtschluß, räumig, lückig. Oder: Vollkommener Schluß und unterbrochener oder unvollkommener Schluß. Man spricht vom vollkommenen Schluß, wenn sich die Kronen bedrängen: „dicht geschlossen, gedrängt"; oder wenn die wohlausgebildeten Kronen gerade den Kronenraum ausfüllen: „gut geschlossen, normaler Schluß". Beim unterbrochenem Schluß kann man unterscheiden den „locker geschlossenen Bestand", wenn die Kronen schon kleine Zwischenräume zwischen sich aufweisen, dann weiterhin bei Abnahme des Schlußgrades den „verlichteten" oder „lichten"

Bestand und endlich den „räumigen", wenn Blößen, Lücken im Bestande vorhanden sind.

Der gleiche Grad des Bestandesschlusses beinhaltet dennoch bei schattenertragenden Holzarten eine dichtere Überschirmung als bei schütter belaubten, sogenannten „Lichthölzern". Die Ausdrücke zur Bezeichnung des Bestandesschlusses gewinnen daher an Bestimmtheit und Deutlichkeit, wenn man auch die betreffende Holzart anführt. Ein geschlossener Buchen- oder Tannenbestand beschattet den Boden vollkommen, hingegen kann ein ebenso alter, zum Beispiel 50jähriger Eichenbestand schon infolge der zwischen der schütteren Belaubung selbst durchdringenden Sonnenstrahlen den Boden nicht mehr völlig beschatten. Für die Beurteilung des Einflusses der Holzarten auf die Bodenpflege ist dieser Umstand von Belang.

Einfluß auf den Boden: Die ununterbrochene Überschirmung des Bodens durch den Bestand ist von Vorteil für die Erhaltung eines günstigen Bodenzustandes. Fehlt der Bestandesschluß, so erleidet vor allem die Feuchtigkeit der obersten Bodenschicht eine Einbuße, Streu und Humus trocknen aus oder erfahren eine rasche Zersetzung, auch vom Wind können sie entführt werden. Zwar fangen die Kronen nach Durchbrechung des Bestandesschlusses weniger Niederschläge als im geschlossenen Bestande ab, es gelangt mehr vom Niederschlag zum Boden, aber die anderen Wirkungen sind doch die wichtigeren. Die organischen Stoffe des Humus unterliegen rascher Zersetzung, wenn sie den atmosphärischen Einflüssen frei ausgesetzt sind. Der Boden verarmt dann an Stickstoff. Außerdem wird er in physikalischer Hinsicht verschlechtert, denn die für den überschirmten Waldboden bezeichnende Lockerheit, bedingt durch den Humus, verwesende Wurzeln usw., geht in den oberen Schichten infolge der Humuszersetzung zum Teil verloren. In gut geschlossenen Beständen dicht belaubter Holzarten, zum Beispiel der Buche, kann der Boden nicht verunkrauten. Fehlt dagegen der Bestandesschluß, so breiten sich Forstunkräuter aus, überziehen den Boden häufig mit einem dichten Wurzelfilz und können so die Wiederverjüngung des Waldes erschweren.

Wenn man also als „Bestandesschluß" das Maß der Überschirmung des Bodens durch die Baumkronen bezeichnet, so versteht man dagegen unter „*Bestockung*" das Vorhandensein der das normale Wachstum sichernden Anzahl von Bäumen. Man nennt einen Bestand „voll bestockt", wenn die Fläche durch die vorhandenen Bäume voll ausgenützt ist, in jedem anderen Falle ist die Fläche des Bestandes „unvollkommen bestockt". Den Grad der Bestockung pflegt man in der Weise auszudrücken, daß den vollkommen bestockten Flächen die Bestockung 1 entspricht, den unvollkommen bestockten aber zum Beispiel 0,9, 0,8, 0,7 Bestockung usw. Die Bedeutung dieser ziffernmäßigen Angabe ist: Die „Ertragstafeln" enthalten für die verschiedenen Holzarten, Güteklassen und Altersstufen Angaben über die Massen je Hektar für voll bestockte Bestände, dann über ihre Stammgrundflächensummen, das sind die Summen der an den Stämmen in Brusthöhe ermittelten Kreisflächen. Ein Bestockungsgrad von 0,7 bedeutet nun, daß die Kreisflächensumme je Hektar infolge mangelhafter Bestockung nur 0,7 von der in der Ertragstafel (unter sonst gleichen Umständen hinsichtlich Holzart, Alter, Güteklasse) angegebenen beträgt. Man kann den Bestockungsgrad statt auf die Kreisflächensumme auch unmittelbar auf die Masse je Hektar beziehen.

2. Groß-, Mittel- und Kleinbestände; einschichtiger und mehrschichtiger Bestandesaufbau; reine und gemischte Bestände.

Bei den bisher besprochenen Beständen kann es sich um Großflächen, Mittelflächen und Kleinflächen handeln. Eine *„Kleinfläche"* liegt dann vor, wenn die Einflüsse vom Nachbarbestand noch überwiegen, wenn also eine wesentliche Einwirkung vom Nachbarbestand noch stattfindet. Dieser Einfluß kann bestehen: In der Schattenwirkung, Laubeinwehung, daher auch im Zustande der Bodenstreu, Bodenflora, im Samenanflug usw. Ein solches Überwiegen der Seitenwirkung des Nachbarbestandes ist dann möglich, wenn der Durchmesser der Fläche oder bei Streifenform die Breite des Streifens höchstens der Höhe des Altbestandes gleichkommt. Bei der *Mittelfläche* überwiegt der selbständige biologische Charakter, sie ist also weniger von ihrer Umgebung beeinflußt, dabei kann es sich auch wieder entweder um Horstflächen oder um Streifen handeln (ähnlich wie bei der Kleinfläche). Der Durchmesser der Horstfläche oder die Breite der Streifen geht bei der Mittelfläche bis zur ungefähr doppelten Höhe des Altbestandes. Beim „Streifen" können für einen sehr langen, aber schmalen Bestand noch die Kennzeichen der „Kleinfläche" oder der „Mittelfläche" vorliegen. Bei den *Großflächen* sind die Durchmesser oder im Falle der Streifenform deren Breiten noch größer als das Doppelte der Bestandeshöhe des Altbestandes, die Seitenwirkung ist nicht mehr wesentlich.

Der *Bestandesaufbau* kann entweder ein einschichtiger sein, wenn die Baumkronen in einer einzigen waagrechten Kronenschicht liegen, unter der der Raum der Stämme verhältnismäßig leer von Belaubung ist. Man hat diesen „einschichtigen Aufbau" auch als „Horizontalschluß" bezeichnet (zum Beispiel in D e n g l e r s Waldbau). Eine andere Möglichkeit des Bestandesaufbaus ist der mehrschichtige, bei dem verschieden hohe Kronenschichten sich entweder untereinander oder nebeneinander befinden. Für zwei Schichten untereinander kann man auch vom „Vertikalschluß" sprechen; für mehrere Schichten, also dort, wo Starkholz, mittlere und jüngere Bestandesglieder nebeneinander wechseln und das Kronendach auf und ab geht, vom „Stufenschluß" oder „Treppenschluß".

Hieher gehört auch die Unterscheidung der *reinen* und der *gemischten* Bestände, je nachdem, ob in den Waldbeständen nur Bäume einer einzigen Holzart oder aber von mehreren Holzarten vergesellschaftet sind. Man kann bei den Mischbeständen unterscheiden: Die *gleichmäßige* Mischung, wenn die Mischhölzer mit annähernd gleichen Anteilen an der Stammgrundfläche oder Masse im Bestand vertreten sind, zum Beispiel zur Hälfte der Stammgrundfläche Fichte, zur anderen Hälfte Tanne; dann die *ungleichmäßige*. Dabei wird die überwiegend vertretene Holzart als die herrschende oder als der Grundbestand bezeichnet. Von den übrigen Holzarten nennt man jene, die reichlich vorkommen, „beigemischt", dagegen die nur vereinzelt vorkommenden „eingesprengt". Die Mischung wird auch nach Zehnteln angegeben, zum Beispiel „0,5 Fichte, 0,3 Tanne, 0,2 Buche".

Je nach der räumlichen Verteilung der Mischhölzer unterscheidet man ferner: Reihen- und Streifenmischung, Horstmischung, Gruppenmischung, Truppmischung, Einzelmischung. (Schließlich könnte der „Mischwald" auch aus kleinen Reinbeständen verschiedener Holzarten zusammengesetzt sein, es würde sich dann nicht um *Mischbestände* handeln.) Die Wertung dieser verschiedenen Bestandesformen folgt im nächsten Abschnitt, doch sei hier schon erwähnt, daß die *Reihen-* (und *Streifen-*) Mischung erfahrungsgemäß ungünstig ist, denn dort, wo verschiedene Mischhölzer aneinander grenzen, tritt infolge ungleichen Wachstumsganges die Gefährdung der einen Holzart durch die andere ein, bei Reihenmischung aber wird die Linie, an der dieser Kampf stattfindet, außerordentlich in die Länge gezogen, häufig ist der Verlust des Mischwuchses durch Ausfallen ganzer Reihen die Folge. Die *Einzelmischung* erfordert bei Holzarten, die keinen Vorsprung vor dem Grundbestand besitzen, zur Zeit der stärksten Konkurrenz fortwährende Mischwuchspflege, daher hohe Kosten (auch bei ihr ist die Linie des Kampfes sehr auseinandergezogen). Daher forderte schon K. G a y e r die horst- und gruppenweise Mischung, damit sich der Wald selbst durch seine innere Verfassung soviel als möglich gegen Verlust des Mischwuchses schützen könne. Mit Recht sagt H a u s r a t h in bezug auf die Einzelmischung, daß wir kein Recht haben, den Waldbesitzer und damit die Volkswirtschaft mit Kosten zu belasten, die ohne Nachteil vermieden werden können[1]. Deshalb müsse man die Jungbestände auch durch zweckmäßige räumliche Verteilung der Mischhölzer selbständig machen (horstweise Mischung); bleibt aber eine Holzart gegenüber dem Grundbestand ohnehin dauernd vorwüchsig, so kann auch Einzelmischung angebracht sein. So ist zum Beispiel in Baden in Buchenverjüngungen zwecks Erhöhung der Werterzeugung Einzelpflanzenmischung durch weitständiges Überpflanzen des Schattholzes mit der Lärche (7-m-Verband, ja selbst 10- bis 15-m-Verband, vorwüchsige Lärche mit Altersvorsprung) üblich.

Von *Horstmischung* spricht man, wenn die der einen Holzart zugewiesene Horstfläche etwa 400 bis 3000 m² umfaßt (B a a d e r[2]), von Gruppenmischung bei kleineren Flächen (bis zu 400 m²), Truppmischung bis zu 100 m².

Je nachdem, ob die Mischholzart am Kronenschluß teilnimmt oder in den zwischen- und unterständigen Nebenbestand gedrängt ist, unterscheidet man die *gleichwüchsige* und die *ungleichwüchsige* Mischung, man kann sie auch als ein- und mehrstufige Mischung bezeichnen. Beispiele einer ungleichwüchsigen Mischung sind: Eiche als Hauptholzart mit Buche oder Hainbuche als dienender Holzart (die Bestandeserziehung sorgt dafür, daß Buche, beziehungsweise Hainbuche dienende Holzart bleibt, und zwar

---

[1] H a u s r a t h H., G a y e r s ... gmischter Wald und die heutige Forstwirtschaft, Silva 1937, S. 81—83.

[2] B a a d e r, Dtsch. Forstwirt 1938, S. 702.

durch Aushieb oder Köpfung solcher Buchen oder Hainbuchen, die in den Hauptbestand hineinzuwachsen beginnen). Ungleichwüchsig ist auch die Mischung Buche-Tanne-Eibe. In Fichten-Tannen-Buchen-Kiefern-Mischbeständen kann man häufig beobachten, daß die Mischung ungleichwüchsig wird, da nicht selten im Altholz die Fichten und Tannen (in manchen Standortsgebieten) die übrigen Holzarten überragen, zum Beispiel gibt B ü h l e r (Waldbau, I. Bd., S. 567) über einen solchen Mischbestand in Süddeutschland an:

115jährige Fichte, durchschnittliche Höhe 36 m   (bis 40,1 m),
Tanne: 34 m   (bis 38,8 m),
Kiefer: 31,8 m   (bis 33,1 m),
Buche: 32,7 m   (bis 36,2 m).

Je nachdem, ob die Mischholzart im Bestand verbleiben soll oder nur vorübergehend als „Schutz- und Treibholz" dient, spricht man von *Dauermischungen* und *vorübergehenden Mischungen*. Als „Schutzholz" kann zum Beispiel in Frostlöchern ein lockerer Schirm von frostharten Lichtholzarten verwendet und nach Erfüllung des Zweckes entfernt werden (Birke, Akazie, Kiefer, Weißerle). Als „Bestandesschutzholz", „Vorwald", bezeichnet man einen künstlich begründeten vorläufigen Bestand, meist auf kahler Fläche, zu dem Zwecke, unter seinem Schutz die eigentliche Wirtschaftsholzart einzubringen. Das Bestandesschutzholz soll das Bestandesklima zugunsten der Wirtschaftsholzart abändern, die Frostgefahr vermindern durch Verhinderung der Ausstrahlung, soll Gras- und Unkrautwuchs unterdrücken. Die nachzuziehenden Holzarten sind in der Regel die schutzbedürftigen Tannen, Fichten, Ausländer. Als „Treibholz" („Füllholz") benützt man in Bestandeslücken eine raschwüchsige (und frostharte) Holzart, durch die die Lücken im Bestande gefüllt, der Bestandesschluß hergestellt, die Seitenausladung der Äste zugunsten des Höhenwuchses beschränkt wird. Wenn also natürliche Verjüngungen oder künstliche Aufforstungen aus irgendwelchen Ursachen lückig geworden sind und die Ergänzung durch Nachbesserung Schwierigkeiten bereitet, so kann man zur vorübergehenden Beipflanzung genügsamer, raschwüchsiger und frostharter Holzarten als „Füll- und Treibholz" greifen; das Füll- und Treibholz ist nur Mittel zum Zweck des besseren Gedeihens der eigentlichen Hauptholzart und wird nach Erfüllung seiner Aufgabe allmählich wieder aus dem Bestand entfernt. Als Füll- und Treibholz kann zum Beispiel die Weißerle in Betracht kommen, weil sie in der Jugend rasch wächst, reich belaubt ist, den Boden gut deckt und ihn an Stickstoff bereichert dank der Knöllchenbildung an den Wurzeln (die Holzerzeugung tritt bei ihr zurück, da sie im Wuchs bald nachläßt). Auch die Weymoutskiefer als Halbschattholzart ist eine raschwüchsige, den Boden rasch deckende Art und ein gutes Füll- und Treibholz. Wo die Birke in Verjüngungen von selbst anfliegt, wird zwar ihr Übermaß ausgehauen, sie ist ja bei uns nicht langlebig, aber eine Zeitlang kann auch sie unter Umständen als Füll- und Treibholz ausgenützt werden (sofern sie nicht „peitscht"). Neben Weißerle, Weymoutskiefer und Birke kommt auch die Weißkiefer als Füll- und Treibholz in Betracht. Wenn

man Buchen in Kiefern- oder Eichenbeständen als Füllmaterial verwendet,
so stellt dies in der Regel keine vorübergehende Mischung dar, sondern
eine dauernde Einbringung, jedoch als *„Unterbau"*, also als „dienende
Holzart".

3. Bewertung der Groß-, Mittel- und Kleinbestände sowie des einschichtigen und mehrschichtigen Bestandesaufbaues.

Wenn der Wald aus Beständen auf Großflächen zusammengesetzt ist,
so ist die Wirtschaft meist genötigt, im Falle der Hiebsreife solcher Bestände auch die Maßnahmen der Nutzung und Verjüngung auf Großflächen
durchzuführen. Anderen Falles, bei Aufteilung der Großflächen, um für
die Zukunft eine günstigere räumliche Verteilung der Altersstufen herbeizuführen, wären wirtschaftliche Opfer nötig, zum Beispiel Aufschub des
Hiebes auf Teilflächen der bereits hiebsreifen Bestände, daher Zuwachsverlust, Überständigkeit auf der einen Seite und zur Deckung des Ausfalles vielleicht an anderen Hiebsorten Nutzung noch nicht hiebsreifer
Bestände! Das Vorhandensein der Großflächen zwingt also entweder zu
wirtschaftlichen Opfern oder zur Beibehaltung dieses unerwünschten Zustandes. Die Zusammenfassung des Hiebes auf Großflächen erhöht zwar
die Übersichtlichkeit und erleichtert die Bringung, weil diese dann nicht
auf allzu viele Anhiebsorte im Walde zersplittert ist; andererseits sind aber
auch alle Gefahren auf den Großflächen erhöht. Zum Beispiel entsteht bei
Kahlhieb auf Großflächen Gefahr für den Boden durch Verunkrautung,
Einwirkung von Sonne und Wind, Austrocknung, dann Gefahren für die
Kulturpflanzen durch Rüsselkäfer, beim Schirmschlag Gefahren durch
Sturm für die lichtgestellten Mutterbäume. In Großbeständen können
durch Feuer, Insekten, Sturm usw. Schäden bedeutenden Umfangs hervorgerufen werden.

Auch von der Balkanhalbinsel liegen ungünstige Erfahrungen, insbesondere mit Kahlschlägen auf Großflächen vor. So wird beispielsweise im
Schrifttum aus Rumänien berichtet, daß große Waldkomplexe im höheren
Jalomita-Sammelgebiet im Kahlschlagbetrieb auf sehr großen Flächen
exploitiert wurden; für die Wiederaufforstung der stark vergrasten Großschläge ergaben sich dann bedeutende Schwierigkeiten[1].

In den österreichischen Alpen hatte die Wirtschaft vor der Mitte des
19. Jahrhunderts und zu Anfang der 1850er Jahre große Kahlschlagflächen hinterlassen, auf deren natürliche Wiederbewaldung man, besonders
wenn es sich um höhere Lagen handelte, oft lange vergeblich warten mußte
(W e s s e l y J., Die österr. Alpenländer und ihre Forste, Wien 1853,
S. 329, 339 ff.). Man ging dann zur künstlichen Bestandesgründung über,
das Ergebnis waren manche heute noch vorhandenen Bestände auf Großflächen.

Die Wirtschaft auf Mittel- und Kleinflächen ist eine pfleglichere. Doch
ist sie in der Regel nur bei entsprechender Aufschließung durch ein Wege-

---

[1] **D u m i t r u G h.**, Bestandesbegründungen im höheren Jalomita-Sammelgebiet,
Viaţa Forestieră 6, S. 127—129, 1938.

netz und unter sonstigen günstigen wirtschaftlichen Bedingungen durchführbar. Je entlegener und ärmer an Wegen und sonstigen Bringungsanlagen ein Gebiet ist, desto größere Bestandesflächen pflegt die Wirtschaft auf einmal in Angriff zu nehmen. Aufschließung durch ein dichtes Netz von Bringungsanlagen ist also eine sehr wesentliche Voraussetzung für die Verfeinerung der Wirtschaft, Übergang von der Großflächen- zur Mittelflächen- und Kleinflächenwirtschaft! Auch sind die Nachteile der Großflächenwirtschaft hauptsächlich bei Vorhandensein reiner, gleichaltriger Bestände mit Anwendung des Kahlschlagbetriebes sehr beträchtlich. Handelt es sich dagegen um Großflächen im Mischwald, etwa von Tanne, Buche, Fichte mit Verjüngung im Femelschlagverfahren, so entstehen weder große Kahlflächen noch besonders gefährliche Bodenverunkrautung, auch ist der Wald dann nicht aus unschönen gleichförmigen Beständen auf großen Flächen aufgebaut, sondern innerhalb der Großfläche noch abwechslungsreich genug, es können also in diesem Falle trotz der Großflächenwirtschaft die meisten Nachteile doch vermieden werden. Beispiele bietet die Verjüngung im badischen Femelschlag auf Großflächen im Schwarzwald.

Im Gebirge ist besonders auf südlichen und südwestlichen Abdachungen (Sonnseiten) Vorsicht mit Hiebsmaßnahmen auf Großflächen erforderlich. Schon R u c k e n s t e i n e r (Österr. Vierteljahresschr. f. Forstw. 1915) empfahl für südlich und südwestlich abfallende Hänge das Festhalten an dem Grundsatz, „jedwede Hiebsform nur auf einer möglichst kleinen Fläche auszuführen und sie der betreffenden Holzart, der in Aussicht genommenen Verjüngungsart und den Bestandes- und Bringungsverhältnissen so gut als möglich anzupassen"[1].

Weiter handelt es sich uns um die Wertung des *mehrschichtigen* und des *einschichtigen* Bestandesaufbaues. Der mehrschichtige besteht in der Über- und Nebeneinanderstellung von zwei und mehreren Baumschichten. Wenn schattentragende Holzarten im Bestande vorhanden sind, so ergibt sich der mehrschichtige Bestandesaufbau ganz naturgemäß, gleichsam von selbst. Das Auge empfindet den mehrschichtigen Bestandesaufbau als schön, denn das Bild eines Bestandes gilt für um so anziehender, je mehr der ganze Raum zwischen Boden und Baumkronen mit Blattgrün erfüllt ist, je mehr Abwechslung geboten wird. In unserer Forstwirtschaft wird auch der immaterielle Nutzen des Waldes gewertet, er soll den Heimatgenossen, die ihn besuchen, die schöne heimatliche Landschaft sein, in der sie wurzeln. Auch der Waldbesitzer ist sich nicht nur des materiellen, sondern häufig auch des ideellen Genußwertes seines Waldes bewußt (denn der Verkehrswert von Waldgütern ist meist etwas höher als der aus dem Holzertrag zum landesüblichen Zinsfuß sich ergebende Ertragswert). L. H u f n a g l [2] forderte deshalb, die Waldbautechnik solle zur Waldbaukunst werden, indem sie schöpferisch dem Schönen diene; der Forstmann als Schöpfer und Pfleger der Waldschönheit solle das Bild des schönen Waldes vor sich

---

[1] R u c k e n s t e i n e r, Über den Einfluß der Bodenlage in der Forstwirtschaft, Österr. Vierteljahresschr. f. Forstw. 65, 1915, S. 18.

[2] H u f n a g l L., Von der Waldbautechnik zur Waldbaukunst, Centralbl. f. d. ges. Forstw. 1940.

sehen, dazu bedürfe er schöpferischer Phantasie, er werde gleichsam zum Künstler, der den schönen Wald aufbaue.

Die auch in Österreich verbreiteten Mischwälder von Fichte, Tanne, Buche (in weiten Teilen der Alpen: Fichte, Tanne, Buche, Lärche) sind für einen mehrschichtigen Bestandesaufbau sehr geeignet, ebenso die Buchen-Tannen-Fichten-Wälder in den Gebirgen des europäischen Südostens. Verjüngungsverfahren, die zu einem solchen Aufbau führen, sind vor allem das Femelschlagverfahren sowie auch die Verjüngung im Plenterwald. Bei der Bestandespflege müssen lebensfähige Glieder des „Nebenbestandes" erhalten bleiben, wenn der mehrschichtige Bestandesaufbau nicht zerstört werden soll, die Durchforstung muß also im Herrschenden erfolgen.

Wo die Bestände aus lichtbedürftigen Holzarten, zum Beispiel Kiefer, Eiche, gebildet sind, dort ist der mehrschichtige Aufbau vor allem dann möglich, wenn sich schattenertragende Holzarten, wie Buche oder Hainbuche, unter dem Kronendach der Lichthölzer einfinden oder wenn sie durch Unterbau künstlich eingebracht werden. Die Lichtholzarten selbst und für sich allein eignen sich für den mehrschichtigen Bestandesaufbau nur während einer nicht zu langen Verjüngungsdauer, also bei natürlicher Verjüngung unter einem lockeren Schirm von Mutterbäumen. Man kann den Jungwuchs der Lichtholzarten nicht allzu lang unter einem Schirm von Althölzern belassen, weil ihre Entwicklung infolge ihres Lichtbedürfnisses dadurch gehemmt würde.

In Mischbeständen von schattenertragenden Holzarten erhöht ein Bestandesaufbau aus Stufen ungleicher Höhe auch die Widerstandsfähigkeit gegen Gefahren. Im Baumholzalter sind dann die Bestandesglieder gegen Sturm widerstandsfähiger, die Jungwüchse sind gegen Frost und Hitze geschützt. Für die Astreinheit und Vollholzigkeit der Glieder des Hauptbestandes ist ein mehrschichtiger Bestandesaufbau, wie er sich etwa aus der Verjüngung im Femelschlagverfahren ergibt, noch nicht nachteilig. Im Plenterwald dagegen sind die günstigsten Grade der Astreinheit und Vollholzigkeit in der Regel kaum erreichbar.

Am ungünstigsten ist es, wenn einschichtiger Bestandesaufbau und Reinbestand auf der Großfläche zusammentreffen. Bei Vorliegen von Mischwald aus Laub- und Nadelholz sind die Nachteile des einschichtigen Bestandesaufbaues und der Großfläche vermindert. Manche erhoffen sich vom mehrschichtigen Bestandesaufbau einen größeren Zuwachs, und zwar infolge besserer Ausnützung des Lichtes dadurch, daß fast der ganze Raum zwischen Kronendach und Boden von Assimilationsorganen erfüllt sei. Durch genaue Zuwachsmessungen im mehrschichtigen Plenterwald einerseits und im einschichtigen (gleichalterigen) Bestande gleicher Güteklasse andererseits sucht man festzustellen, ob diese Annahme zutrifft. Bisher fehlen sichere Feststellungen.

4. Beurteilung der reinen und gemischten Bestände.

Wo die Holzartenzusammensetzung des Waldes der ursprünglichen noch ähnlich ist, dort pflegen gemischte Bestände häufiger vorzukommen als reine. Es wäre nun in der Regel ein schwerer Fehler, wenn man nach

Abtrieb der natürlich vorkommenden gemischten Bestände etwa darangehen wollte, reine Bestände in großem Flächenzusammenhang an ihre Stelle zu setzen. Wir finden zum Beispiel in ausgedehnten Gebieten Österreichs und in Gebirgen Südosteuropas, desgleichen in Süd- und Mitteldeutschland häufig die Mischung Fichte-Tanne-Buche[1]. Es ist dies eine sehr günstige Mischung, die Nadelhölzer geben wertvolles Nutzholz, die Buchenbeimischung ist mit Rücksicht auf die Bodenpflege und aus sonstigen waldbaulichen Gründen von Vorteil. Willkommen an dieser Mischung ist auch, daß die schattenertragenden Holzarten Tanne und Buche, in etwas geringerem Maße auch die Fichte, sich zur natürlichen Verjüngung unter Schirm gut eignen. Im größten Teil der Ostalpen tritt zu dieser Mischung noch die Lärche hinzu, auf manchen Standorten auch die Kiefer, die in Mischung mit den Schattholzarten, besonders mit der Buche, an Astreinheit, Geradheit und Vollholzigkeit des Schaftes gewinnt.

In den Ostalpen führt leider die Ungunst der wirtschaftlichen Bedingungen sowie die Einfachheit des Kahlschlagbetriebes nicht selten auch in solchen Mischwaldgebieten zur Anwendung des Kahlschlages mit künstlicher Aufforstung; dabei kann es vorkommen, daß auch schon früher entstandene Jungwüchse der Schattholzarten durch die unpflegliche Art der Rückung vernichtet werden. Wo das Altholz Mischbestände von Fichte, Tanne, Buche, Lärche aufwies, finden sich dann in den Dickungen reine Fichtenbestände, allenfalls Mischbestände von Fichte und Lärche. Daneben gibt es in etwas günstigeren Bringungslagen, wo eine pfleglichere Wirtschaft möglich ist, sehr schöne natürliche Verjüngungen von Tanne und Buche und es werden in solchen Lagen auch die künftigen Bestände die gleiche Zusammensetzung wie die Mutterbestände aufweisen. Aufgabe der Gebirgsforstwirtschaft wäre es, durch Ausbau ständiger Bringungsanlagen ein *immer größeres Gebiet für eine pflegliche* Bewirtschaftung und für *Erhaltung vorhandener Mischwälder* geeignet zu machen.

Ein anderes Beispiel von Mischbeständen, die nicht durch die Wirtschaft verdrängt werden sollen, bieten im nordostdeutschen Kieferngebiet auf frischeren Sanden Bestände von Kiefer, Traubeneiche, Weißbuche, gelegentlich auch Buche; und zwar Kiefernwald als Oberschicht, Buche, Traubeneiche, Hainbuche als Unterschicht. Auch dort hat die neuzeitliche Forstwirtschaft den Wert der Mischung erkannt und arbeitet auf ihre Erhaltung hin. Aus alten Grenzbeschreibungen mit Aufzählung von Grenzbäumen, aus Waldbeschreibungen, Holzverkaufsregistern und sonstigen Urkunden wurde festgestellt, daß auch in diesen Kiefernwaldungen die Laubbäume, besonders die Eiche, als Mischhölzer auf allen frischeren und etwas lehmigen Böden früher häufiger vorkamen als gegenwärtig. Auf ärmeren trockenen Sanden gab es dort allerdings auch schon früher große, fast reine Kiefernwälder. In der Mark Brandenburg betrug der Anteil reiner Nadelholzbestände (Kiefer) nach einer Statistik von 1809[2] nur 58 v. H. (der Rest entfiel auf die Laubhölzer: Eiche, Buche, Erle, Birke und ge-

---

[1] Die Mischung im östlichen Pontusgebirge Kleinasiens mit *Abies Nordmanniana, Fagus orientalis* und *Picea orientalis* ergibt ähnliche Wälder.

[2] D e n g l e r A., Waldbau, 1944, S. 84 (Hinweis auf P f e i l).

mischte Laub- und Nadelholzbestände); bis zum Jahre 1900 dagegen hatte sich der Anteil des Nadelholzes auf 94 v. H. erhöht.

Beispiele aus österreichischen Waldgebieten von Verdrängung der Buche durch die Wirtschaft konnte Verfasser in seiner Veröffentlichung über „Die Verbreitung der Rotbuche in Österreich" zahlreich nachweisen, und zwar aus jedem einzelnen Bundesland. So konnte er unter anderem aus dem niederösterreichischen Waldviertel Reviere anführen, in denen das Altholz einen höheren Prozentsatz Buche aufwies (in einem Falle 40, im anderen 70 v.H.), während die zweite Altersklasse zumeist aus Fichtendickungen auf Böden bestand, die in der vorigen Generation noch Buchenbestände getragen hatten[1]. In den lezten Jahrzehnten des vorigen Jahrhunderts war die Umwandlung in Nadelholz hauptsächlich auf das Streben zurückzuführen, möglichst viel wertvolles Nutzholz zu erzeugen. Dann erkannte man aber die Nachteile dieser Einseitigkeit, Zuwachsrückgang und Wuchsstockungen, Lückigwerden der Bestände (wie dies W i e d e m a n n für die tieferen Lagen im industriereichen Sachsen mit seiner Begünstigung reiner Fichtenbestände nachwies). Heute sucht man auch dort die Irrtümer wieder gutzumachen.

Schon viel früher, nämlich von 1750 an, waren die Forstleute eine Zeitlang für Beseitigung der Mischung, selbst Georg Ludwig H a r t i g war der Meinung, daß „Laub- und Nadelholz niemals mit Fleiß in Vermischung gebracht werden müsse"[2]. Erst C o t t a wandte sich (1828) gegen die Erziehung gleichförmiger Bestände.

Aus solchen Erfahrungen ist der Schluß zu ziehen, daß dort, wo von Natur aus Mischwälder vorhanden waren, diese grundsätzlich erhalten bleiben sollen, *dabei sollen die wirtschaftlich wertvollsten Holzarten begünstigt* und ihr Mischungsanteil vergrößert werden. Dies wäre bei strenger Durchführung des Kahlschlagbetriebes mit künstlicher Aufforstung nicht erreichbar, denn durch Pflanzung auf kahler Fläche können Mischwälder, besonders solche der Schattholzarten, in der Regel nicht in nennenswertem Ausmaß erfolgreich begründet werden. Manche Holzarten, zum Beispiel Tanne und Buche, sind zur künstlichen Anpflanzung auf kahler Fläche wenig geeignet, weil sie in der Jugend des Schutzes gegen Frost und Hitze durch das Kronendach der Mutterbäume bedürfen. Somit können natürlich vorkommende Mischbestände der Schattholzarten im großen und ganzen nur durch natürliche Verjüngung oder durch Verbindung von natürlicher Verjüngung mit künstlicher Aufforstung erhalten bleiben.

Als stichhaltige *wichtigste Vorteile der gemischten Bestände* sieht Verfasser an: Die ursprünglichen Mischbestände mit vielerlei oder wenigstens mehreren Arten stellen eine Lebensgemeinschaft dar; der Wald, in welchem diese Lebensgemeinschaft noch erhalten ist, erhält sich besser gesund und ist schöner als sogenannte „Monokulturen", also künstliche große Reinbestände. Eine Übervermehrung des Nonnenfalters zum Beispiel und der Kahlfraß durch dessen Raupen ist für Mischbestände in der Regel weniger

---

[1] T s c h e r m a k L., Die Verbreitung der Rotbuche in Österreich, Wien 1929, S. 51.

[2] H a u s r a t h H., G a y e r s gemischter Wald und die heutige Forstwirtschaft, Silva 1937, (25), S. 81—83.

gefährlich als für reine Fichtenbestände tieferer Lagen, denn für solche ist der Nonnenkahlfraß tödlich (für beigemischte andere Arten in der Regel nicht). Nur wenn es sich um kleinere Reinbestände handeln würde, wenn im großen dennoch ein aus Reinbeständen verschiedener Holzarten zusammengesetzter Mischwald vorliegen würde, dann wäre die Störung der Lebensgemeinschaft gemildert. Im allgemeinen will man auch gegenwärtig und für die Zukunft die Begünstigung der wirtschaftlich wertvollen Holzarten zwar beibehalten, aber doch für Beimischung der ursprünglich vorkommenden sorgen. (Auch die Landwirtschaft baut Pflanzen in Reinbeständen, aber meist mit nur einjährigem Umtrieb; bei dem meist 100- bis 120jährigen Umtrieb in der Forstwirtschaft ist die Gefährdung eine größere. Auch soll ja der Wald mehr als die Ackerfluren eine Zufluchtsstätte der Naturschönheit sein!)

Ein weiterer Vorzug gemischter Bestände besteht in der *besseren Bodenpflege.* Künstlich geschaffene Fichtenreinbestände außerhalb des natürlichen Verbreitungsgebietes der Fichte haben häufig Rohhumusbildung zur Folge. Für den Abbau der Streu durch die Kleinlebewesen ist gemischte Streu günstiger als Lagen aus Nadeln einer einzigen Holzart. Die Erhaltung vorhandener gemischter Bestände ist also vorteilhaft für die normale Zersetzung der den Boden bedeckenden organischen Abfälle. Die Mischungen aus schattenertragenden und lichtbedürftigen Holzarten gewähren dort, wo sie naturgemäß sind, einen besseren Bodenschutz als reine Bestände der Lichtholzarten, die sich, wie zum Beispiel Kiefer, Birke, Eiche usw., bekanntlich im Alter bald licht stellen. Sie vermögen dann den Boden nicht mehr genügend gegen Verunkrautung, Austrocknung usw. zu schützen. Sind ihnen aber schattenertagende beigemischt, so ist der Schutz des Bodens gegen Verunkrautung, Aushagerung und Austrocknung ein besserer. So bewährt sich die Mischung der Lichtholzart Eiche mit der schattenertragenden Buche sehr gut, wenn die lichtbedürftige Eiche einen Altersvorsprung hat (gilt von den sommergrünen Eichen; die immergrünen, zum Beispiel *Quercus Ilex,* sind schattenertragend).

Im mediterranen Gebiet hält man für erforderlich, dem Zypressenbestand bei größeren Aufforstungen andere Holzarten beizumischen, weil die Zypresse für sich allein den Boden zuwenig verbessert und ihn nicht an Humus bereichert (P a v a r i, Monographie der Zypresse, Florenz 1934).

Auch gegen Sturm, Feuer, Pilze usw. pflegen gemischte Bestände besser gesichert zu sein als künstlich an ihre Stelle gesetzte reine Bestände. Zum Beispiel vermindert Buchenstreu im Kiefernbestand die Gefahr einer Entstehung und Ausbreitung der Bodenfeuer, Waldbrände beginnen aber in der Regel mit einem Bodenfeuer.

Zu den Vorzügen der gemischten Bestände müssen wir auch noch rechnen, daß nur sie die Erhaltung solcher Holzarten ermöglichen, die in reinen Beständen überhaupt nicht vorzukommen pflegen und somit bei weitgehender Bevorzugung reiner Bestände von der Ausrottung bedroht wären, wie zum Beispiel Ahorn- und Ulmenarten, die Elsbeere, *Sorbus torminalis,* die Linde, die Eibe usw. Die Verdrängung der Linde aus unseren Buchenmischwäldern zum Beispiel ist sowohl vom Standpunkt der Waldschönheitspflege als auch wegen des brauchbaren Nutzholzes bedauerlich. Die Linde liefert ein Schnitzholz ersten Ranges, das auch in der Wagnerei, Drechslerei usw. begehrt ist. Das Elsbeerholz ist als Werkholz in der Drechslerei, Tischlerei und zu Schnitzwaren sehr geschätzt. Auch um die Eibe wäre es schade, wenn sie aus den Wäldern verschwinden würde; auch sie pflegt nur als beigemischte oder eingesprengte Holzart vorzukommen und nicht etwa in Reinbeständen.

Unter Umständen vermag zweckmäßige Bestandesmischung auch die Erzeugung an Holzmassen und den Wert der Erzeugnisse im Walde zu steigern. So gewinnen die Kiefern und manche Edellaubhölzer im „Buchengrundbestand“ an Astreinheit, an Höhenzuwachs und an Ausdauer des Wuchses. Manchmal hat man auch angenommen, daß der gemischte Bestand „eine vollständigere Ausnutzung des Kronenraumes und Bodens und daher mehr Masse“ ergebe, dies erwies sich aber in vielen Fällen laut Ertragsuntersuchung als nicht zutreffend. Zum Beispiel kann der Fichtenbestand durch Beimischung anderer Arten in der Regel nicht massenreicher werden, wohl aber kann durch die Mischung unter Umständen seine Widerstandsfähigkeit (gegen Rotfäule, Wind, Schneedruck usw.) und seine Gesundheit verbessert werden.

In vielen Fällen kann durch zweckmäßige Mischungen der Wert des erzeugten Holzes gesteigert werden, weil die Lichtholzarten durch Mischung mit schattenertragenden in bezug auf die Astreinheit, Vollholzigkeit, den Längenwuchs und die Holzeigenschaften günstig beeinflußt werden. (So gibt es schöne Kiefern, Eichen, Lärchen in Mischung mit Buchen.)

Mitunter ist man in der Kritik der durch die Forstwirtschaft begründeten reinen Bestände zu weit gegangen, indem man alle Reinbestände als naturwidrig bezeichnete. Aber auch im Urwald entstehen gemischte Bestände nur dort, wo Klima und Boden vielen Arten zusagen. Unter manchen Standortsverhältnissen weist auch der Urwald reine Bestände auf, so in rauhem Klima oder auf Böden extremer Beschaffenheit. Im Norden Europas finden sich Kiefer oder Fichte auch in reinen Beständen auf großen Flächen. In höheren Gebirgslagen können ebenfalls zum Beispiel reine Fichtenbestände von Natur aus vorkommen, auch in Urwäldern Bosniens. Auch dann, wenn die äußeren Bedingungen eine Holzart so sehr begünstigen, daß andere mit ihr nicht wetteifern können, kommen auch im Urwald reine Bestände der betreffenden Holzart vor, zum Beispiel gibt es auf der Balkanhalbinsel gebietsweise noch fast reine Buchenurwälder, weil das Klima in bestimmten Höhenstufen dort der Buche so sehr zusagt, daß andere Arten mit dieser schattenfesten und daher unduldsamen Art kaum konkurrieren können. Dies ist in Bosnien, in den Karpaten, in Gebirgen Bulgariens, Albaniens gelegentlich der Fall. Auch die hauptsächlich in bulgarischen Gebirgen vorkommende Rumelische Weymouthskiefer, *Pinus Peuce*, kommt nicht nur in gemischten, sondern auch in reinen Beständen vor. In den Innenalpen Österreichs ist auf großen Strecken Fichte von Natur aus die Hauptholzart, fast nur mit Lärche gemischt, das Laubholz tritt weitgehend zurück. Im großen und ganzen ist aber unter natürlichen Verhältnissen, zum Beispiel im Urwald, das Vorkommen gemischter Bestände doch viel häufiger als das der reinen. Auch in den Ostalpen ist, im großen betrachtet, von der ursprünglichen Mischung noch viel erhalten geblieben; die Beeinflussung der Holzartenzusammensetzung durch die Hand des Wirtschafters konnte in den Alpen nicht so nachhaltig und ausgiebig sein wie in tieferen Lagen, weil wegen der Entlegenheit und schwierigeren Bringbarkeit ein großer Aufwand für diese Beeinflussung nicht wirtschaftlich tragbar gewesen wäre. Der Nachteil des Zwanges zu geringerer Wirtschaftsintensität erweist sich hier also als Vorteil. Auch ist unter den natürlich vorkommenden Holzarten der Alpen der Anteil der wirtschaftlich begehrten und wertvollen Nadelhölzer ohnehin groß, so daß weniger Ansporn zur Änderung der Holzartenzusammensetzung bestand als in tieferen Lagen Mitteleuropas. Eine Verdrängung von Holzarten, besonders der Buche und Tanne, fand gelegentlich trotzdem statt.

5. Bestandesaufbau im europäischen Urwald.

Hie und da werden mit dem Begriff „Urwald" Vorstellungen verbunden und verallgemeinert, die nur für Urwälder im tropischen Regenwald zutreffen. Wir wollen uns hier mit dem europäischen Urwald von Nadelhölzern und sommergrünen Laubhölzern befassen. Früher glaubte man, daß der Urwald in jeder Hinsicht das Vorbild des Plenterwaldes sei. Der Plenterwald stellt bekanntlich eine bunte Mischung aller Altersstufen, beziehungsweise Stärkestufen auf der gleichen Waldfläche dar, er hat daher einen „mehrschichtigen Bestandesaufbau", sogenannten Treppenschluß. Man glaubte also, daß auch der europäische Urwald immer so wie der Plenterwald infolge der Ungleichalterigkeit ein stufiges, zackiges Kronendach aufweisen müsse. In bosnischen Urwäldern der Schattholzarten Buche und Tanne (mit Fichte) hat Verfasser (1905 bis 1907) beobachtet, daß dies häufig nicht zutreffe, daß vielmehr das Kronendach in diesem Urwald, wenigstens von außen (also von oben) gesehen, oft mehr einschichtig und horizontal erscheine. In einer Veröffentlichung im Centralblatt für das ges. Forstwesen, 1910, hat er auf diesen Sachverhalt aufmerksam gemacht sowie auch auf die hauptsächlichen Ursachen des Unterschiedes gegenüber dem Plenterwald. Später haben auch andere Autoren die gleiche Beobachtung bestätigt. R u b n e r [1] hat darüber in den „Pflanzengeographisch-ökologischen Grundlagen des Waldbaues" berichtet; auch D e n g l e r [2] beobachtete in Rumänien und Bosnien, daß das Kronendach des Urwaldes, von außen und oben gesehen, fast niemals treppenstufig sei, sondern meist „in lockerem Horizontalschluß stehe". B e r n h a r d berichtete auch vom türkischen Urwald, daß das stufige Dach des Plenterwaldes fehlt [3]. Der Begriff „Plenterwald" deckt sich also nicht ohne weiteres mit dem Begriff

---

[1] R u b n e r K., Die pflanzengeogr. Grundlagen des Waldbaues, Neudamm 1934, S. 494 ff.

[2] D e n g l e r A. gem. mit M a r k g r a f F., Aus den südosteuropäischen Urwäldern, Zeitschr. f. Forst- u. Jagdw. 1931, S. 1 ff.

[3] B e r n h a r d, Grundlagen, Geschichte und Aufgaben der Forstwirtschaft in der Türkei (türkisch und deutsch), Ankara 1935.

„Urwald". *Unter* dem Kronendach allerdings ist im Urwald starke Schichtung, weil unterdrückte Bäume, zum Beispiel der Schattholzarten Tanne und Buche, sich länger am Leben erhalten. Manche Verfasser legten das Schwergewicht auf diesen Umstand und betonten dann die wenigstens in dieser Hinsicht doch vorhandene Ähnlichkeit mit dem Plenterwald, so J u l i u s F r ö h l i c h unter Hinweis auf die Ergebnisse der Kluppung von Probeflächen in Urwäldern Bosniens und der Karpaten.

Die Bäume erreichen im Urwaldbestand ein höheres Alter als im Wirtschaftswald, weil menschliche Eingriffe fehlen. Wo es sich um ein für den Wald günstiges Klima handelt, ist auch der Zustand des Bodens im (europäischen) Urwald infolge Düngung durch vermoderndes Holz, durch den Nadel- (Laub-) Abfall usw., Fehlens menschlicher Eingriffe, in der Regel ein vorzüglicher. Hochnordische Wälder, gegen die polare Grenze zu, können natürlich auch als Urwälder nicht sehr üppig sein. Gegen die Tundra und gegen die Steppe zu begrenzt die Ungunst des Klimas das Maß des Waldgedeihens auch im Urzustande. Auch im sommertrockenen Gebiet, zum Beispiel im Taurusgebirge Kleinasiens, sind auch solche Wälder, die noch einigermaßen im Urzustand verblieben sind, in bezug auf Höhen- und Stärkenwachstum bosnischen Urwäldern nicht etwa ebenbürtig.

Junge Altersklassen treten in bosnischen und anderen Urwäldern im Vergleich zu den Waldbildern, an die wir aus Wirtschaftsforsten gewöhnt sind, meist weitgehend zurück. Dies wird verständlich, wenn man sich folgendes gegenwärtig hält: im Wirtschaftswald wendet man häufig 80- oder 100jährigen Umtrieb an. Bei 80jährigem Umtrieb entfällt normal auf die vier Altersklassen 1 bis 20 Jahre, 21 bis 40 Jahre, 41 bis 60 Jahre, 61 bis 80 Jahre je ein Viertel der Fläche. Im europäischen Urwald von Fichte und Tanne dagegen werden die Bäume bei zusagenden Standortsverhältnissen ungefähr 300- bis 350jährig. Es sind also viel mehr Altersstufen vorhanden als im Wirtschaftsforst. Wenn sich aber zum Beispiel etwa 350 Altersstufen in den Raum teilen, so entfällt auf die 20 jüngsten weniger Fläche, als wenn im ganzen nur 80 Altersstufen beteiligt sind. Wenn auch für den Urwald, dessen Altersklassenverhältnis nicht näher erforscht ist, zunächst ein ungefähr „normales" angenommen würde, so würde auf das Alter 1 bis 20 Jahre nicht mehr ein Viertel der Fläche, sondern vielleicht bloß ein Fünfzehntel oder ein Achtzehntel entfallen.

Das nach außen oder oben häufig ziemlich gleichmäßig erscheinende Kronendach in Teilen europäischer Urwälder ist auf folgende Ursachen zurückzuführen: Der Höhenzuwachs der Bäume ist in höherem Alter, etwa nach dem 120. Jahre, schon gering, es nehmen also zahlreiche Altersstufen des höheren Alters an einem gemeinsamen Kronendach teil. (Im Alter von 1 bis 100 Jahren betragen die Höhen bei bester Güteklasse etwa 0,1 bis 40 m, die Höhenunterschiede sind also groß; im Alter von 100 bis 350 Jahren liegen die Höhen der Fichten und Tannen (bester Bonität) meist zwischen 40 bis 50 m, die Höhenunterschiede sind also bedeutend kleiner). Auch wenn man einen von der Wirtschaft geschaffenen Plenterwald sich selbst überlassen würde, möchten sich mit der Zeit die Höhenunterschiede nach oben hin ausgleichen.

Auch in den Alpen Österreichs gibt es Urwaldreste, ebenso im Böhmerwald (Kubany-Urwald). Ein schöner Urwaldrest in den Alpen ist der „Rotwald" in Niederösterreich am Südostabhang des Dürrenstein. Der dortige „Große Urwald" hat ein Ausmaß von über 200 ha, es gibt dort auch noch den „Kleinen Urwald" von etwa 42 ha. Der Urwald „Rotwald" ist bisher von jeder Nutzung verschont geblieben, er zeigt infolge günstiger Klima- und Bodenverhältnisse (Mergeleinschaltungen des Kalkgrundgesteins) großartige Bilder mächtiger, kraftstrotzender Urwaldriesen, auch besitzt er mehr ungleichaltrigen und ungleich hohen Aufbau. Unter den hohen Fichten, Tannen und Buchen sah Verfasser in den unteren Lagen reichlich Buchenaufschlag, etwa 1 bis 1,5 m hoch, und Baumleichen, auf dem Boden liegend und voll von Fichtenanflug. (Man weiß aus solchen Beobachtungen, daß die Fichte auf dem Holzmoder ein für sie günstiges Keimbett findet). Eine Probefläche im „Rotwald"-Urwald ergab je Hektar 1005 fm Holzmasse. Tannen bis zu 156 cm Brusthöhendurchmesser mit Scheitelhöhen von über 50 m kommen vor, dazwischen aber auch viele schwächere Bäume. Als Bodenpflanzen beobachtete Verfasser an einer solchen günstigen Stelle *Impatiens noli tangere, Asperula odorata, Oxalis acetosella* und andere Anzeiger eines guten Standortes.

Ein anderer Urwaldrest in Niederösterreich befindet sich im Revier Neuwald der Forstverwaltung Kernhof. Dieser Rest umfaßt eine Fläche von rund 100 ha (davon 21 ha auf günstigem Boden, die übrige Fläche auf felsigen, steilen Standorten). Eine umgestürzte Tanne wies dort eine Länge von 52 m auf, einen Brusthöhendurchmesser von 164 cm, die Stammholzmasse betrug 35,07 fm. Bei einer Besichtigung durch den Niederösterreichischen Forstverein im Jahre 1936 wurde beobachtet, daß das Bild dieses Urwaldes dem eines Plenterwaldes nicht ähnlich sei (Österr. Vierteljahresschr. f. Forstw. 86, 1936, S. 155). So traten dort die Jungwüchse im Vergleich zum Plenterwald stark zurück, dies konnte teils auf die schon oben angeführten Ursachen zurückgeführt werden, teils allerdings auch darauf, daß dort auch der hohe Hochwildstand die Verjüngung nicht aufkommen ließ („Lehrwanderung in ein Revier mit Urwald", Österr. Vierteljahresschr. f. Forstw. 86, 1936, S. 148 ff.).

Bei der Ausnutzung von Urwäldern (in Ländern, in denen sie noch namhafte Flächen bedecken) sollte die hohe Ertragsfähigkeit des Urwaldbodens, wo sie vorhanden ist, geschont werden und bei der Überführung in Wirtschaftswald möglichst erhalten bleiben. Wir haben aber im Abschnitt über den „Einfluß der wirtschaftlichen Grundlagen" festgehalten, daß die Entlegenheit der Urwälder, die geringere Aufschließung, die Kosten der Bringung und somit die wirtschaftlichen Bedingungen in der Regel zu einer Etappe des Raubbaues führen. Erst wenn die Fruchtbarkeit zerstört ist, gibt vielleicht die dann entstehende Holznot den Anstoß zu sorgfältiger Bewirtschaftung der Reste. Die Nachhaltswirtschaft Mitteleuropas in ihren Grundgedanken auch auf die Urwälder anzuwenden und Mittel und Wege dazu zu finden, ist eine noch zu lösende Aufgabe.

Undurchdringlich wie der tropische Regenwald ist der Urwald von Nadelhölzern und sommergrünen Laubhölzern nicht. Der tropische Regenwald, von dem die Vorstellung von der Undurchdringlichkeit des Urwaldes herrührt, hat ja ganz andere Vegetationsbedingungen als der europäische Urwald, überhaupt der Urwald der Nadelwälder und sommergrünen Laubwälder. Nur sogenanntes „Lagerholz" von zusammengestürzten Baumriesen kann gelegentlich die Begehung erschweren. Ausnahmsweise findet sich undurchdringliche Wildnis auch in sommergrünen Lauburwäldern, nämlich auf kleinen Flächen in feuchten Flußniederungen. Die Feuchtigkeit und Wärme ermöglichen ein dichtes Unterholz, und Schlinggewächse, wie *Clematis, Humulus Lupulus, Convolvolus, Vitis vinifera, var. silvestris,* erchweren die Begehung.

Wenn im Urwald Holzarten mit verschiedenem biologischem Verhalten gemischt sind, so kann sich auch stockwerkartiger Aufbau ergeben, zum Beispiel beobachtete Verfasser im Jahre 1923 in einem Teil des Urwaldes von Bialowies einen Grundbetand von *Carpinus Betulus* mit geringerer, etwa 26 bis 27 m betragender Höhe und darüber ein um etwa 10 m höheres lockeres Kronendach der übrigen Laubhölzer, wie *Tilia parvifolia, Acer platanoides* und andere.

Auch auf die Frage, ob nur Mischbestände oder auch reine Bestände naturgemäß sind, geben uns, wie bereits erwähnt, die Reste von europäischen Urwäldern Antwort, besonders jene von größerer Ausdehnung in Bosnien, in den Karpaten usw. Von Natur aus herrschen zwar gemischte Bestände vor, doch können auch reine vorkommen. Aus Bulgarien berichtet R u s k o f f über den Urwald Parangalitza im Rilagebirge, zwischen 1450 und 2050 m, er bestehe hauptsächlich aus reinen Fichtenbeständen. Diese sind klimatisch bedingt, außerdem gibt es dort Mischbestände von Buche, Tanne, Fichte sowie solche von Fichte und Weißkiefer.

6. Grundsätze für die Anlage gemischter Bestände.

Bei der Auswahl der passenden Holzarten ist zu beachten, welche Holzarten an Ort und Stelle von Natur aus vorkommen und somit dort standortsgemäß sind. Es empfiehlt sich die Schaffung von Mischbeständen aus den an Ort und Stelle standortsgemäßen Holzarten, jedoch nicht in beliebigem, zufällig bedingtem, sondern *in abgewogenem Verhältnis* und mit *besonderer Berücksichtigung der wirtschaftlich wertvollen Holzarten.* Die Anpassung an den Standort wäre am vollkommensten dann gegeben, wenn man sich überwiegend an das Naturgegebene halten würde, wenn also die *von Natur aus herrschenden* Holzarten in der Mischung am stärksten vertreten wären. Andererseits muß aus Gründen der Wirtschaftlichkeit danach gestrebt werden, den Mischungsanteil der besonders *wertschaffenden* Holzarten womöglich zu erhöhen. Jene wirtschaftlich wertvollen Holzarten sind dabei zu wählen, die unter den gegebenen Standortsverhältnissen am besten gedeihen können. Zum Beispiel ist im fast reinen Bestand von Buche bekanntlich die Werterzeugung nicht voll befriedigend. Wenn es sich um warme Tieflagen handelt, die für die Fichte zu warm und in extremen Jahren zu trocken sind, so sucht man Eichen und Edellaubhölzer (Eschen, Ahorne, Ulmen, Linden, Elsbeeren usw.) in den Buchengrundbestand einzubringen, um die Werterzeugung durch diese wirtschaftlich begehrten und zugleich dort standortsgemäßen Holzarten zu verbessern. Der „vordere Wienerwald" (das ist der östliche, wärmere, den pannonischen Einflüssen besser zugängliche Teil des Wienerwaldes) bietet ein Beispiel für dieses Vorgehen. In anderen, höheren, etwas kühleren Lagen des Buchengürtels ist die Mischung von Tanne und Fichte mit der Buche möglich. Die Ansprüche der Mischholzarten sollen einander nahestehen, damit es möglich sei, die Mischung ohne allzu große Kosten für die Mischwuchspflege zu erhalten.

Auch das *erreichbare Lebensalter und das Alter der Hiebsreife* der zu mischenden Arten dürfen nicht zu weit auseinander liegen. Denn wenn eine Art kürzere Lebensdauer hat und früher hiebsreif wird, so entstehen mit der Zeit Lücken im Bestande, außer sie war nur gering beigemischt. Zum Beispiel sind Weißbuchen und in Mitteleuropa Birken von kürzerer Lebensdauer als andere Holzarten des Hochwaldbetriebes. Ein anderes Beispiel: Eichennutzholz von hohem Wert kann nur in höherem Umtrieb, etwa 160 Jahre und mehr, erzogen werden. Für Buche genügt dagegen ein 120jähriger Umtrieb. Für die Staatsforste des vorderen Wienerwaldes wurde deshalb die Absicht festgelegt, die Eiche nicht in gleichwüchsiger Mischung mit der Buche zu ziehen, sondern in einer besonderen „Eichenbetriebsklasse", unter Umständen mit Buche als dienender Holzart, die dann etwa erst später durch Unterbau eingebracht werden kann. Die Eichenbetriebsklasse des Wienerwaldes soll in 160jährigem Umtrieb bewirtschaftet werden, einige ältere Eichenbestände und Eichenmittelhölzer in den Forstverwaltungen Breitenfurt und Hinterbrühl wurde in diese Betriebsklasse eingeteilt.

Wenn möglich, soll die vorherrschende Holzart bei einer Mischung eine *bodenbessernde*, also eine schattenertragende sein. Diese Forderung ist aber keineswegs überall erfüllbar, in manchen Gebieten herrschen wegen der Beschaffenheit von Klima und Boden lichtbedürftige Holzarten vor, zum Beispiel die Kiefer in Nordostdeutschland. In solchen Fällen kann eine schattenertragende Holzart oft nur als Bodenschutz beigemischt werden. Andererseits gibt es auch Fälle, in denen man sich eine Beimischung von Lichtholzarten aus waldbaulichen Gründen wünscht: zum Beispiel für die Fichtenbestände des sächsischen Erzgebirges (wo der Fichtenrohhumus schlecht verwest) die Beimischung der Lärche, damit diese lichtkronige, winterkahle Holzart eine Durchbrechung des sonst geschlossenen Kronendaches der Fichtenbestände, daher den Zutritt der Atmosphärilien zum Boden und infolgedessen eine bessere Verwesung der Streu ergebe.

Endlich ist bei der Holzartenwahl für die Bestandesmischung auch noch die Rücksichtnahme auf die *Konkurrenzfähigkeit der zu mischenden Arten in der Jugend* erforderlich: durch die verschiedene Raschwüchsigkeit in der Jugend wird hauptsächlich die gegenseitige Konkurrenzfähigkeit bedingt. Schattenertragende Holzarten lassen sich miteinander mischen, wenn sie gleichen Wachstumsgang besitzen oder wenn die langsamerwüchsige einen Altersvorsprung erhalten kann oder wenn durch wirtschaftliche Eingriffe rechtzeitig für ihren Freihieb gesorgt werden kann. Zum Beispiel ist die Tanne in der Jugend langsamwüchsig und bedarf entweder der Pflege durch Freihieb oder eines Altersvorsprungs; diesen kann sie unschwer erhalten, indem man die Mischbestände von Tanne, Fichte, Buche durch mäßige durchforstungsähnliche Hiebe zuerst nur auf Tanne verjüngt, der Tannenanflug im Inneren des sonst noch zu verjüngenden Altholzes hat dann schon einen Altersvorsprung. Schattenertragende Holzarten können mit lichtbedürftigen dann gemischt werden, wenn die lichtbedürftigen entweder schnellwüchsiger sind oder einen Alters-, beziehungsweise Höhenvorsprung besitzen. So bewährt sich zum Beispiel im niederschlagsreicheren westlichen Teil des Wienerwaldes (zwischen Neulengbach und dem Schöpfl) die Mischung der schattenertragenden Buche und Tanne mit der dort natürlich vorkommenden Lichtholzart Lärche, die dort dauernd schnellwüchsiger bleibt. Wäre sie dies nicht, so würde sie sich zur angegebenen Mischung (ohne Altersvorsprung) nicht eignen, denn als ausgesprochene Lichtholzart stirbt sie ab, sobald sie von Schatthoizarten überschirmt wird. (Im Buchengürtel des badischen Schwarzwaldes gibt man ihr bei künstlicher Einbringung einen Alters- und Höhenvorsprung.) Als weiteres Beispiel für den erforderlichen Altersvorsprung sei angeführt: Wenn man Eichen-Buchen-Mischwälder verjüngen will (auf Standorten, auf denen die Eiche der Buche nicht ohnehin dauernd vorwüchsig ist), muß man zuerst den Bestand streng geschlossen halten bis zu einem Samenjahr der Eiche und muß diese zuerst verjüngen, zur Erzielung eines Altersvorsprunges. (Nach Erfahrungen aus Baden ist die Eiche nur selten, und zwar auf trockeneren, wärmeren Standorten, auch bei gleichem Alter vorwüchsig, die Buche kann dann leicht auch bei Gleichaltrigkeit durch Pflegehiebe zurückgehalten werden.) Bis zu einem gewissen Grade kann also durch die Standortsverhältnisse das gegenseitige Verhalten der Holzarten etwas abgeändert werden. So verhält sich die Buche zum Beispiel in ihrem Optimum unduldsamer gegen Mischholzarten als an den Grenzen ihrer Verbreitung, wo ihre Lebenskraft („Vitalität") geringer ist. Ähnliches gilt auch für andere Holzarten.

Lichtbedürftige Holzarten für sich *allein* zu dauernder Mischung zu verbinden, hat man zwar des öfteren im Schrifttum mit Rücksicht auf den Bodenschutz für nicht zweckmäßig erklärt. Doch ist zum Beispiel auf besseren Sandböden in der Mark Brandenburg, in Pommern usw. die Mischung Kiefer + Eiche (meist Traubeneiche) eine naturgemäße und wertvolle, also zwei Lichtholzarten. (Ähnlich ist die im mediterranen Gebiet vorkommende Mischung der Aleppokiefer mit der Flaumhaareiche eine solche von Lichtholzarten. Die gleichfalls zur Mischung mit der Aleppokiefer geeignete Immergrüneiche, *Quercus Ilex*, ist dagegen schattenertragend.) In Mitteleuropa können in Kiefern-Eichen-Beständen für den Bodenschutz Hainbuche oder Buche in Betracht kommen. Auf trockenen armen Sandböden gedeihen häufig nur die Lichtholzarten Kiefer und Birke (oder falsche Akazie, Schwarzkiefer), in solchen Fällen bleibt der Wirtschaft keine Wahl, die Schwarzkiefer wirkt übrigens durch reicheren Nadelabfall bodenverbessernd.

Für den Erfolg der Mischung von Belang ist die räumliche Verteilung der Mischhölzer. Eine sehr innige und somit waldbaulich vorteilhafte Mischung wäre die Einzelmischung, doch ist bei ihr, wie schon erwähnt, die Mischwuchspflege kostspielig und schwierig. Durch gruppen- oder horstweise Mischung (und einen Altersvorsprung für die minder wuchskräftige Holzart) werden die Kosten vermindert.

7. Bestandestypen (sogenannte „Waldtypen") und Pflanzengesellschaften im Walde, Hinweis auf die Pflanzensoziologie.

Noch vor wenigen Jahrzehnten nahmen manche Waldbaulehrbücher nur sehr wenig auf die Holzartenverbreitung, auf die pflanzengeographischen Grundlagen des Waldbaues überhaupt, Bezug. Ja manche Schriften konnten fast den Eindruck erwecken, als ob die waldbauliche Tätigkeit mit der Urbarmachung des Bodens für die Aufforstung zu beginnen hätte, als hätten die Forstwirte also in der Regel vom Ödland oder vom kahlen Gelände auszugehen, um dort eine künstliche Kultur zu schaffen, während doch in Wirklichkeit in der Regel ein vorhandener Wald ihren Händen anvertraut ist, dessen Naturgesetze zu beachten sind, um den Wald zu erhalten trotz gleichzeitiger Nutzung. Der neuzeitliche Waldbau berücksichtigt ökologische, pflanzengeographische Grundlagen. Es ist daher naheliegend, daß verschiedene Verfasser den Versuch unternommen haben, die Einteilung der Bestände, die Unterscheidung ihrer Güteklassen nicht bloß mit Hilfe der Ertragstafel, sondern mittels der Feststellung natürlicher Pflanzengesellschaften, beziehungsweise vorhandener Waldtypen vorzunehmen. Die Unterschiede im Klima und Boden drücken sich nicht nur in den vorkommenden Holzarten, sondern auch in der begleitenden Flora von Sträuchern, Kräutern und Moosen aus. Gewisse gleichartige Typen wiederholen sich also in einem Klimagebiet immer wieder. Man nimmt an, daß ein bestimmter Waldtyp mit seiner Holzartenzusammensetzung und Bodenflora auch immer bestimmten Standortsverhältnissen entspricht.

Zunächst sei auf die Waldtypen des bekannten finnischen Forschers A. C. Cajander hingewiesen. Cajander verwendet für die Aufstellung der Waldtypen, für ihre Unterscheidung, in der Hauptsache nur die lebende Bodendecke, also die Bodenpflanzen des Unterwuchsvereines, insbesondere gewisse Charakter- und Leitpflanzen, und nicht die Waldbäume selbst. Er rechnet zu einem und demselben Waldtyp jene Waldbestände, deren *Boden*vegetation sich durch eine gemeinsame Zusammensetzung aus bestimmten Arten auszeichnet. Und weil in jüngerem Bestandesalter wegen des dichteren Bestandesschlusses die Bodenflora nicht charakteristisch entwickelt sein kann, so verlangt er die Bestimmung des Waldtyps nach der im angehenden Haubarkeitsalter vorhandenen Bodenflora. Er versteht also unter einem Waldtyp jene Waldbestände, deren Bodenvegetation sich im angehenden Haubarkeitsalter und bei annähernd normalem Geschlossenheitsgrade des Baumbestandes durch eine im wesentlichen gemeinsame Zusammensetzung aus bestimmten Arten und durch denselben ökologisch-biologischen Charakter auszeichnet. Auch solche Waldbestände, die sich von einem bestimmten Waldtyp nur vorübergehend (zum Beispiel, infolge von Durchforstungen, Einführung einer fremden Holzart) und zufällig unterscheiden, sind nach C a j a n d e r noch zu dem betreffenden Waldtyp zu rechnen[1]. Die Waldtypen sind das Ergebnis der Gesamtwirkung aller Einflüsse des Standorts, also des Klimas und Bodens, auf die lebende Bodendecke. Nach C a j a n d e r können wir als Hauptwaldtypen etwa unterscheiden: 1. Den *Sanicula*-Typ mit *Sanicula europaea, Majanthemum, Convallaria majalis, Paris quadrifolia, Geranium silvaticum, Luzula pilosa* usw. Diesem Typ gehören bestwüchsige Waldbestände mit günstiger natürlicher Verjüngung an. Die Humusform ist Mull. 2. Sehr gute Standorte umschließt noch der Oxalistyp mit einer meist ununterbrochenen Decke von Waldkräutern, mit *Oxalis acetosella, Galium rotundifolium, Impatiens noli tangere, Mercurialis perennis, Lactuca muralis* und anderen. Da mit der Güte des Bodens in chemischer und physikalischer Hinsicht die Anzahl der Arten von Bodenpflanzen steigt, so pflegen „die artenreichsten Waldtypen die ertragreichsten" zu sein. 3. Im dritten Hauptwaldtyp, *Myrtillus*-Typ (Heidelbeergelände), ist der Zuwachs gegenüber den ersten beiden Haupttypen schon stark herabgesetzt. Es folgt 4. der Preiselbeertyp, *Vaccinium-Vitis-idaea*-Typ, und 5. der *Calluna*-Typ, der magere, trockene Sand- und Grusböden bedeckt, es kommt zur Ablagerung von Rohhumus. Als 6. folgt der *Cladonia*- oder Renntierflechtentyp.

Die Hauptwaldtypen werden noch unterteilt in Typen. Die Holzart selbst, die den Bestand bildet, wird von C a j a n d e r nicht berücksichtigt, weil sich bei den langlebigen Holzarten eine Störung des natürlichen Gleichgewichtes unter Umständen erst nach Jahrhunderten ausgleicht. Im Sinne einer an Standortsgüte abnehmenden Reihe kann man nach C a j a n d e r innerhalb des durch *Oxalis gekennzeichneten Haupttyps* folgende Typen unterscheiden:

     a) *Impatiens-Asperula-odorata*-Typ;
     b) *Asperula-odorata*-Typ (während *Impatiens* bereits zurücktritt);
     c) *Oxalis-acetosella*-Typ;
     d) *Oxalis-Vaccinium-Myutillus*-Typ; hier treten schon häufig Astmoose neben den Kräutern auf.

Der dritte *Hauptwaldtyp, Myrtillus*-Typ, hat als Bodenpflanzen *Vaccinium Myrtillus, Aira flexuosa, Rubus idaeus, Rubus fruticosus,* von Waldmoosen *Hylocomium, Dicranum, Polytrichum.* Das Gelände des *Myrtillus*-Typs trägt häufig sauren Rohhumus. Zu diesem Hauptwaldtyp gehören:

     a) der *Rubus-idaeus*-Typ,
     b) der *Aira-flexuosa*-Typ,
     c) *Myrtillus*-Typ, neben Heidelbeere auch *Leucobryum glaucum* und Waldtorfmoose,
     d) *Calamagrostis-Halleriana*-Typ.

Der vierte Hauptwaldtyp ist der *Preiselbeertyp,* der fünfte der *Calluna*-Typ. *Calluna* ist dank ihrer Anspruchslosigkeit imstande, fast alle

---

[1] C a j a n d e r A. C., Wesen und Bedeutung der Waldtypen, Silva fennica 15, 1930, S. 33 (in dtsch. Sprache). — L e i n i n g e n W., Die Waldtypen, Wiener Allg. Forstu. Jagd-Ztg. 1929, S. 103. — R u b n e r K., Waldtypen und Forstwirtschaft, Jahresber. d. Dtsch. Forstvereins 1929.

anderen Pflanzen zu verdrängen, nur Astmoose und Flechten duldet sie vereinzelt neben sich. Die Heide verursacht einen sehr ungünstigen, schwer zersetzlichen Humus. Der sechste ist der *Cladonia*-Typ mit Renntierflechte,
Cladonia rangiferina.

In Finnland kommen bestandesweise nur Fichte, Kiefer, Birke und
Erle vor. Alle diese verschiedenen Bestände gehören im Sinne C a j a n -
d e r s, wenn sie gleiche Bodenvegetation aufweisen, zum gleichen Waldtyp. Im Norden herrschen gleichförmige Verhältnisse, die Böden sind
weniger tiefgründig, ihre Beurteilung bloß nach der Bodenflora ist also
dort eher berechtigt als in Mitteleuropa. Untersuchungen, zum Beispiel von
F. K. H a r t m a n n[1] in Hann.-Münden, ergaben, daß innerhalb des
gleichen C a j a n d e r schen Waldtyps die Bestandesgüteklassen beträchtlich
schwanken können. Eine andere Arbeit von H a r t m a n n[2] ließ erkennen, daß der Zusammenhang zwischen Bodenvegetation und Bestandeswachstum aufhörte, „wenn Untergrundschichten festzustellen waren, die
zwar von den Kiefernwurzeln noch erreicht wurden und sich daher noch
auf das Kiefernwachstum auswirkten, für die nicht so tief wurzelnde
Bodenvegetation aber ohne Bedeutung blieben“. Ähnlich können nach
R e b e l, München[3], floristisch gleiche Bestände in der Fichtenbonität je
nach dem Klima große Unterschiede aufweisen. Im südlichen Böhmerwald
wurden Untersuchungen über Waldtypen von F r. T h e n durchgeführt,
wie L e i n i n g e n (Wr. Allg. Forst- u. Jagd-Ztg. 1929) berichtet. Es ergab
sich, daß die Wuchsleistungen der Bestände je Hektar im *Oxalis*-Typ viel
günstiger waren als im *Myrtillus*-Typ. Verfasser selbst fand zum Beispiel im
Blühnbachtal bei Werfen (Salzburg), daß auf einem Standort mit *Impatiens
noli tangere, Asperula odorata, Sanicula europaea, Actaea spicata, Galeobdolon luteum* usw. der 120jährige Bestand Scheitelhöhen von 35 bis 40 m
aufwies, hingegen der in der gleichen Gegend vorkommende *Myrtillus*-Typ
(100jährig) für Nadelhölzer nur 20 bis 24 m Scheitelhöhen[4]. Im Erz- und
Riesengebirge wurden auf Veranlassung W i e d e m a n n s umfassende
Untersuchungen durch K ö t z (Allg. Forst- u. Jagd-Ztg. 1929) und M e r z
(Th. F. Jb. 1932) durchgeführt[5]. Die Unterscheidung der Waldtypen nach
der Bodenvegetation gibt bis zu einem gewissen Grade zutreffende Anhaltspunkte für die Beurteilung der Standortsgüte, aber doch nicht in allen
Fällen und nicht genau.

Eine andere Waldtypenlehre ist die russische von M o r o s o w[6]. Auch
er bezeichnet die künstliche Einteilung bloß nach Betriebsarten, Güteklassen usw. als nicht ausreichend und sucht nach einer natürlichen Unter

---

[1] H a r t m a n n F. K., Kiefernbestandstypen des nordostdeutschen Diluviums, Neudamm 1928.

[2] H a r t m a n n F. K., Allg. Forst- u. Jagd-Ztg. 1930, S. 11.

[3] R e b e l, Allgem. Forst- u. Jagd-Ztg. 1930, S. 75.

[4] T s c h e r m a k L., Die natürliche Verbreitung der Lärche in den Ostalpen, Wien
1935, S. 25, 40/41, 61, 79 usw.

[5] Zit. nach R u b n e r, Pflanzengeogr. Grundlagen d. Waldbaues, 1934, S. 555.

[6] M o r o s o w, Die Lehre vom Wald, dtsch. Übersetzung, Neudamm 1928,
S. 329, 333.

scheidung der Bestände. Er nennt seine Waldtypen mit kurzen Schlagworten, welche eine Zusammenfassung sowohl der Merkmale des Bestandes als auch des Standortes darstellen. Er will also den Waldtyp *durch das Klimagebiet, den Bestand, den Boden und Untergrund* kennzeichnen. Er weist (S. 329) mit Recht darauf hin, daß „in allen Zweigen der Landwirtschaft sich das Prinzip der Wirtschaft nach *Gebieten* einbürgert und daß auch der Waldbau selbstverständlich diesem Vorbild folgen müsse". M o r o s o w benennt also die Waldtypen nicht bloß nach den Bodenpflanzen, sondern nach Klimagebiet, Bestand und Boden. Das pflanzengeographische Element sei im Waldbau immer enthalten gewesen, und zwar in den wissenschaftlichen Grundlagen. Morosow verwendet für seine russischen Waldtypen Volksausdrücke, die im russischen Volk eingebürgert sind und die infolge sorgfältiger Beobachtung im dortigen Naturwald vom Volke aus entstanden sind. Das Volk nennt zum Beispiel den Kiefernwald mit Renntierflechte, *Cladonia,* „Weißheide" und unterscheidet sie von der *Calluna-*Heide. Ein Beispiel eines Waldtyps nach M o r o s o w ist „im Klimagebiet der südrussischen Waldsteppe der Kiefern-Eichen-Bestand auf degradierter Schwarzerde über Lehminseln" („degradiert" in der Bedeutung: verschlechtert, heruntergekommen).

Ein Schüler M o r o s o w s, A. v o n K r u e d e n e r, der ehemals als Vorstand der kaiserlichen Forstverwaltung in Rußland einen Überblick über die russischen Wälder gewann, hat gleichfalls eine Waldtypenlehre entworfen und in seinem Buche „Waldtypen, Klassifikation und ihre volkswirtschaftliche Bedeutung, Neudamm 1927" veröffentlicht. Das Buch enthält eine Einteilung der russischen Wälder in Waldgebiete. Auch für ihn richtet sich der Waldtyp (ähnlich wie bei M o r o s o w) nach dem Klima, der Pflanzengemeinschaft und den Bodenverhältnissen, er trachtet, auch noch weitergehend die physikalischen Bodenverhältnisse bei seiner Einteilung zu berücksichtigen. Auch unterscheidet er „ständige" oder „Urtypen" und „vorübergehende", zum Beispiel durch Waldbeschädigungen entstandene. Es ist jedenfalls kein Zufall, daß zuerst in einem so ausgedehnten Ländergebiet mit bedeutenden Unterschieden auch hinsichtlich der Bewaldung, wie dies Rußland aufweist, die Waldtypenlehre Fuß fassen konnte.

Sicher ist, daß bei Bestandesbeschreibungen die Angabe der Güteklasse zu wenig besagt, daß auch noch eine Kennzeichnung des Waldtyps nützlich wäre. Es ist nicht gleichgültig, ob man zur Kennzeichnung zum Beispiel bloß anführt: „Kiefer, Bonität V", oder ob man etwa auch noch hinzufügt: „Lockerer, dürrer Sand" oder „nasser Torf auf x m Tiefe". Auch die waldbauliche Behandlung wird bei gleicher Güteklasse, aber verschiedenem Typ eine ungleiche sein. Einheitliche Wirtschaftsmaßnahmen können vielleicht für ein und denselben Waldtyp, aber sicher nicht wahllos für eine bestimmte Bonität der Ertragstafel vorgeschrieben werden[1].

---

[1] Kenntnis der Standortsanzeiger vermitteln u. a.: H e s m e r H. und M e y e r J., Waldgräser, Hannover 1940; G a i s b e r g E. und M a y e r A., Waldmoose, 3. Aufl., Selbstverlag d. Württ. Forstl. Vers.-Anstalt in Stuttgart 1940; F e u c h t O., Die Bodenpflanzen unserer Wälder, 3. Aufl., Stuttgart 1948; K r u e d e n e r A. und B e c k e r A., Atlas standortkennzeichnender Pflanzen, Berlin.

Zum Unterschied von der Waldtypenlehre, die nur für forstliche Zwecke angewendet wird, kann dagegen die Pflanzensoziologie oder Pflanzengesellschaftslehre als eine umfassende, allgemein gültige Methode auf *alle* Pflanzengesellschaften Anwendung finden. Die Pflanzensoziologie sucht zunächst die Gesellschaftsorganisation festzustellen, die floristische Zusammensetzung der Pflanzengesellschaften, und zwar in der Baumschicht, Strauch-, Kraut- und Moosschicht. Weiter sucht sie die Vegetations- oder Gesellschaftsentwicklung zu verfolgen, von den Pioniergesellschaften (Erstansiedlern) auf Neuland, zum Beispiel auf Erdrutschungen, Bergstürzen, Anschwemmungen usw., angefangen, über die „Sukzessionen" (allmählichen Änderungen der Vegetation) bis zum Endstadium, „Klimax", Schlußgesellschaft, das ist jener Zustand, den die Pflanzengesellschaft bei Andauern gleichmäßiger Klimaverhältnisse erreichen kann. Außerdem sind Gegenstände der Pflanzensoziologie der Gesellschaftshaushalt (dieser Abschnitt erfordert die Untersuchung der Standortsverhältnisse) und die Gesellschaftsverbreitung sowie die Gesellschaftssystematik. Eine sehr gut durchgearbeitete und in Mitteleuropa sehr verbreitete pflanzensoziologische Methode ist die nach B r a u n - B l a n q u e t [1]. Dieser geht von einheitlichen natürlichen Pflanzengesellschaften aus, den *„Assoziationen"*. Nach der Definition von F l a h a u l t und S c h r ö t e r (Internationaler Botanikerkongreß, Brüssel 1910) ist die Assoziation „eine Pflanzengesellschaft von bestimmter floristischer Zusammensetzung, einheitlichen Standortsbedingungen und einheitlicher Physiognomie". B r a u n - B l a n q u e t erweitert diese Definition wie folgt: „Die Assoziaton ist eine durch bestimmte floristische oder soziologische (organisatorische) Merkmale gekennzeichnete Pflanzengesellschaft, die durch Vorhandensein von Charakterarten oder zahlreichen Differentialarten eine gewisse Selbständigkeit verrät." Der Begriff der Assoziation ist ein abstrakter. Die wirkliche Pflanzengesellschaft, der Einzelbestand, ist ein „Assoziationsindividuum". Bei der floristischen Aufnahme wird eine Artenliste des Assoziationsindividuums hergestellt. Dabei wird auch die *Häufigkeit oder Abundanz* (Zahl der Individuen eines Einzelbestandes, ob spärlich, reichlich oder sehr zahlreich usw.) und der *Deckungsgrad oder die Dominanz* (das Arealprozent, die von den Individuen bedeckte Oberfläche) angegeben, ferner die *Frequenz*, die durch eine Anzahl kleiner, über das Assoziationsindividuum verteilter Probeflächen erhoben wird; sie wird ausgedrückt durch die Zahl jener Probeflächen innerhalb des Einzelbestandes, in denen die betreffende Art auftritt, zur Gesamtzahl der Probeflächen. Die *Geselligkeit* oder *Soziabilität* wird nach fünf Graden (von „einzeln auftretend" bis „herdenweise") unterschieden.

Als *„Charakterarten"* unterscheidet B r a u n - B l a n q u e t „treue Arten", die ausschließlich oder nahezu ausschließlich an eine bestimmte Gesellschaft gebunden sind, dann „feste Arten", die eine bestimmte Gesellschaft ausgesprochen bevorzugen, daneben auch, wenn auch spärlich, in verwandten Gesellschaften vorkommen; endlich „holde Arten", die in

---

[1] B r a u n - B l a n q u e t J., Pflanzensoziologie, 1928.

mehreren Gesellschaften mehr oder weniger reichlich vertreten sind, jedoch eine bestimmte bevorzugen.

Treten keine oder nur wenige Charakterarten auf, so bedient man sich unter Umständen der „*Differentialarten*", die, ohne als Charakterarten gelten zu können, nur in einer von zwei oder mehreren verwandten Assoziationen und besonders auch ihren Untereinheiten normal entwickelt vorkommen. Die Gesamtheit der Charakter- und Differentialarten und die Begleiter höheren Stetigkeitsgrades bilden die vollständige „charakteristische Artenkombination" einer Assoziation. Als Beispiele von Waldgesellschaften seien angeführt: die in den *Fichtenwäldern der Ostalpen* zu unterscheidenden zwei Subassoziationen des *Piceetum normale* oder *sauerkleereichen Fichtenwaldes*, das unter den Waldtypen Cajanders, wie S c h a r f e t t e r[1] angibt, im wesentlichen dem *Oxalis-Majanthemum*-Typ entspricht, und das *Piceetum myrtilletosum*[2] oder der *heidelbeerreiche Fichtenwald*, entsprechend dem *Oxalis-Myrtillus*-Typ Cajanders. Das *Piceetum normale* findet sich meist auf Kalk- und Dolomitboden und weist größeren Artenreichtum auf, außer *Oxalis* auch *Prenanthes purpurea*, *Polygonatum verticillatum*, *Homogyne alpina*, *Paris quadrifolia*, *Galium rotundifolium* und andere. Charakterarten des Fichtenwaldes der Ostalpen überhaupt (auch für *Piceetum myrtilletosum*) sind *Listera cordata*, *Pirola uniflora*, *Luzula luzulina*, *Lycopodium annotinum*. Der *heidelbeerreiche Fichtenwald*, *Piceetum myrtilletosum*, bildet den Klimaxwald höherer Lagen, diese Waldgesellschaft ist artenärmer. Es finden sich *Vaccinium Myrtillus*, *Vaccinium vitis idaea*, *Homogyne alpina*, *Aira flexuosa* und *Hypnum*-Arten[3].

8. Zur Frage des Holzartenwechsels.

Im fachlichen Schrifttum wurde die Frage aufgeworfen, ob nicht nach dem Beispiel des Fruchtwechsels in der Landwirtschaft auch im Waldbau zur Vermeidung eines Ertragsrückganges ein ähnlicher „Holzartenwechsel" erforderlich sei. In der Landwirtschaft, die sich im Ackerbau ja mehr vom Naturgegebenen entfernen muß, als es im Waldbau zweckmäßig wäre, findet allgemein ein Wechsel in der anzubauenden Pflanzenart in gewissen zeitlichen Zwischenräumen statt. Dies geschieht aber nicht nur zur Vermeidung von Ertragsrückgängen, um mit den Pflanzennährstoffen hauszuhalten, sondern auch zur Unkraut- und Schädlingsbekämpfung, zur Verbesserung der physikalischen Bodeneigenschaften und aus betriebstechnischen Rücksichten.

In der Forstwirtschaft liegen andere Verhältnisse vor. Im Waldbau wird bekanntlich bei ausschließlicher Holznutzung, bei Zurücklassung des Reisigs und der Streu im Walde, viel weniger an wertvollen Bodennähr-

---

[1] S c h a r f e t t e r R., Pflanzenleben der Ostalpen, Wien 1938, S. 101.

[2] Die Bezeichnung der Assoziation wird nach dem Namen der Leitpflanze gebildet (Wortstamm, zum Beispiel *Pice-*, Anhängen der Endung *-etum*, daher „*Piceetum*", unter Beifügung eines Hinweises auf wichtige Begleitpflanzen).

[3] Näheres in R u b n e r s „Pflanzengeographischen Grundlagen des Waldbaues", 1934, S. 522—581 (Abschnitt: „Die Lehre von den Waldgesellschaften"), sowie in dem angeführten Werk von B r a u n - B l a n q u e t.

stoffen ausgeführt als in der Landwirtschaft. Für das wenige, für den
geringen Entzug, leisten die natürlichen Quellen, die Verwitterung der Gesteine und Mineralien, die Verwesung der organischen Abfälle usw. genügenden Ersatz[1]. Daher bedeutet auch im Waldbau eine Unterlassung der
Düngung nicht etwa an sich schon einen Raubbau.

In Europa ist wohl seit den Eiszeiten ein Wechsel der Holzarten ein-
getreten, der aber mit dem „Fruchtwechsel" nichts zu tun hat. Während
der Eiszeiten selbst war der Wald durch die Ungunst des Klimas weitgehend zurückgedrängt. Hinsichtlich Mitteleuropas nimmt man auf Grund
der fossilen Funde an, daß der Wald, bis auf einige besonders geschützte
Gebiete des eisfreien Gürtels, ganz verschwunden war. Zum Beispiel ging
nach B e r t s c h, Der deutsche Wald im Wechsel der Zeiten, 1935 (S. 16),
in der Westpfalz in einer Meereshöhe von 220 bis 250 m der nacheiszeitlichen Bewaldung eine waldlose Zeit voraus, mit vorherrschenden Weiden-
und Zwergbirkenbeständen, Moos- und Seggensümpfen. „Die verhältnismäßig günstigsten Bedingungen für den Wald mußten in Mitteleuropa
während der Eiszeit noch in den tiefsten Teilen des böhmischen Elbe-
beckens, den Niederungen Mährens, am Fuße der Ostalpen, Karpaten,
Sudeten, des Schwarzwaldes, am Ostrand der Schwäbischen Alb sowie in
der oberrheinischen Grabenlandschaft geherrscht haben" (H i l f, Der Wald
in Geschichte und Gegenwart, 1938, S. 48). Seit der nacheiszeitlichen
Wiedereinwanderung der Holzarten änderte sich allmählich das Klima und
mit ihm auch die Holzartenzusammensetzung. In Torfmooren und Seeablagerungen unter Wasser hat sich der Baumblütenstaub vieler Holzarten, wenn auch nicht aller, Jahrtausende hindurch sehr gut erhalten. Eine
erst seit dem Jahre 1916 ausgebaute, als „Pollenanalyse" bezeichnete
Forschungsmethode ermöglicht das Erkennen des Baumblütenstaubes unter
dem Mikroskop und gestattet so die Aufhellung der Einwanderungs-
geschichte der Holzarten nach der Eiszeit. (Selten gefunden wird in Mooren
der Baumblütenstaub von Lärchen, Pappeln, Ahornen und Eschen, nicht
gefunden jener von Eiben und Wacholdern.) Man hat an Proben aus
pollenführenden Schichten verschiedener Tiefe und somit verschiedenen
Alters festgestellt, wieviel vom Hundert sämtlicher vorhandenen Baumpollen
auf die einzelnen Holzarten oder Gattungen entfallen („Pollendiagramme"
heißen die graphischen Darstellungen dieser Ergebnisse), und hat so angeben können, in welcher Reihenfolge die Holzarten einwanderten. Auch
auf das Klima konnte man schließen. Allerdings ist die Blütenstaub-
erzeugung der einzelnen Baumarten ungleich, zum Beispiel erzeugt die
Kiefer wesentlich mehr Pollen als die Buche. Untersuchungen von
H e s m e r im Oberharz zeigten, daß selbst bei einem Kiefernpollenprozent
von 20 und darüber die nächsten Kiefern erst in 10 km Entfernung gesucht
zu werden brauchen[2]. Doch ergibt die Prüfung der Methode (durch Vergleich des Pollenspektrums rezenter Schichten mit dem gegenwärtigen

---

[1] F a b r i c i u s, Holzartenwechsel, Allg. Forst- u. Jagd-Ztg. 1924. — R u b n e r K.,
Holzartenwechsel, Forstarchiv 1932.

[2] Zit. nach H i l f R. B., Der Wald in Geschichte und Gegenwart, Potsdam 1938,
S. 44.

Waldbild der Landschaft), daß das Verfahren bei vorsichtiger Anwendung sehr brauchbar ist. Man unterscheidet danach (mit örtlichen Abweichungen) in Mitteleuropa nach der noch waldlosen Tundrenzeit mit *Dryas octopetala* als Leitpflanze:

Eine *Kiefern-Birken-Phase*, „präboreale Zeit", kalt und trocken, erstes Wiederauftreten des Waldes nach der Eiszeit, mit Kiefern, Birken, Weiden, Aspen, in der Älteren Steinzeit, etwa 8000 bis 20.000 v. Chr. Zum Unterschied von der allgemeinen mitteleuropäischen Waldentwicklung ist in den *Ostalpen* (sowie im östlichen Europa) schon in der Kiefernzeit der Pollen der *Fichte* bemerkenswert vertreten (zum Beispiel im Untersee bei Lunz nach H. G a m s bis 15 v. H.).

Ein *Haselmaximum*, „boreal", die Klimaentwicklung zeigt nach G a m s und N o r d h a g e n [1] Zunahme der Wärme, Trockenheit (zunehmende Wärmezeit); die Hasel ging weiter nach Norden als gegenwärtig und stieg auch in den Gebirgen höher. Die Eiche beginnt einzuwandern. Die Haselzeit fällt in die Mittlere Steinzeit (Mesolithikum), etwa 5000 bis 8000 v. Chr. In den Ostalpen (zum Beispiel bei Lunz, Niederösterreich, und im Leopoldskroner Moor bei Salzburg) ist zur Zeit des Corylus-Maximus (20 v. H.) bereits der Fichtenpollen vorherrschend, während im nördlichen Alpen-Vorland die Hasel zur Herrschaft gelangt.

Eichenmischwald, Eiche, Linde, Ulme, Hasel, „Atlantische Zeit", kulminierende nacheiszeitliche Wärmezeit, der Eichenmischwald geht weiter nach Norden und höher in die Gebirge als gegenwärtig. Ausbreitung der Tanne und anderer atlantischer Pflanzen neben den schon genannten früher eingewanderten. Im Osten sowie im östlichen Teil der mitteleuropäischen Gebirge tritt auch die Fichte auf. Jüngere Steinzeit (Neolithikum), zum Teil Mesolithikum, etwa 3000 bis 5000 v. Chr. Höhere Berglagen der Alpen waren schon im Höhepunkt der Eichenmischwaldzeit mit Fichtenwäldern bedeckt. In Tirol wurde (nach R. v. S a r n t h e i n, 1947) in Schichten dieser Zeit in 2450 m Höhe Fichtenholz gefunden und in Lagen von 2000 bis 2260 m Ahornholz. In westlicheren Gebirgen, so im nördlichen Vorarlberg, im Schweizer Jura, Schwarzwald, den Vogesen usw. übernahm während des sogenannten „Atlantikums" die Tanne die Rolle, die weiter im Osten der Fichte zufiel.

Buchenphase, Wärmerückgang (abnehmende nacheiszeitliche Wärmezeit), Klima trockener als in der atlantischen Zeit, „subboreal", Einwanderung der Buche auf Kosten des Anteils der früher genannten Holzarten; in Nordeuropa wird langsame Einwanderung der Fichte von Norden her festgestellt. Spätneolithikum und Bronzezeit, 500 bis 3000 v. Chr. In manchen Teilen der Innenalpen kam selbst in der „Buchenzeit" die Buche nicht oder nur mit geringstem Anteil vor.

Zweiter Teil der Buchenphase, Zunahme der Feuchtigkeit, „Subatlantische Zeit", ab etwa 500 v. Chr. Rodung des Laubholzes auf besseren Böden,

---

[1] G a m s H. und N o r d h a g e n R., Postglaziale Klimaänderungen und Erdkrustenbewegungen in Mitteleuropa, Mitt. Geogr. Ges., München 1923. — R u d o l p h K., Grundzüge der nacheiszeitlichen Waldgeschichte, Beihefte zum Botan. Zentralbl. 1930.

daher relative (scheinbare) Zunahme der Nadelhölzer, Vordringen der Fichte nach dem Ende der „Wärmezeit".

Pollenanalytische Forschungen als *Beiträge zur nacheiszeitlichen Waldgeschichte Österreichs* liegen vor von H. G a m s, K. R u d o l p h, F. F i r b a s, G. E. K i e l h a u s e r, R. G r a f v o n S a r n t h e i n, P a n k r a t i a F e u r s t e i n und anderen[1]. Auch in den Südostländern wurde an der Aufhellung der Waldgeschichte gearbeitet, so in Rumänien von E. P o p[2], in Bulgarien von N. S t o j a n o v und G. T h o m a[3], in Jugoslawien von P. Č e r n j a v s k i[4] und anderen.

Diese erdgeschichtlichen Verhältnisse sind natürlich unter dem Schlagwort des Holzartenwechsels oder Fruchtwechsels nicht gemeint, mit ihnen kann die heutige Wirtschaft nicht mehr rechnen. Etwa seit dem Ende der Bronzezeit ist die Holzartenverbreitung ähnlich der heutigen. Jedenfalls steht fest, daß seit der nacheiszeitlichen Wiedereinwanderung in manchen Standortsgebieten die gleichen Holzarten seit vielen Jahrhunderten, meist seit Jahrtausenden wachsen und daß trotzdem gute und sehr gute Bestandes- und Standortsgüteklassen vorkommen. Zum Beispiel herrscht in den Innenalpen auf ausgedehnten Flächen fast nur Fichte mit Lärchenbeimischung. Im Optimum der Buchenverbreitung gibt es seit vielen Jahrhunderten, zum Teil wahrscheinlich seit dem Spätneolithikum und der Bronzezeit, ausgedehnte, fast reine Buchenbestände. Der Buchenwald ist dort herrschend, weil die schattenfeste Buche in dem ihr zusagenden Klima andere Holzarten nicht entsprechend aufkommen läßt. In Norddeutschland herrscht auf ausgedehnten Flächen sandigen Bodens die Kiefer. In Südosteuropa haben wir in der Omorikafichte, der Roßkastanie und einigen anderen Holzarten eine gerettete Tertiärflora vor uns, die somit auf manchen ihrer natürlichen Standorte wahrscheinlich seit noch viel längeren Zeiträumen als andere Holzarten siedelt. In den Innenalpen stellt der Fichtenwald mit Lärchenbeimischung, an Waldrändern einzelnen Exemplaren von *Prunus Padus, Sorbus aucuparia, Populus tremula, Viburnum Lantana, Betula, Corylus Avellana*, die von Natur aus vorhandene Klimaxgesellschaft dar. Ähnliches gilt vom Kiefernbestand mit etwas Birkenbeimischung auf manchen armen Sandböden in Nordostdeutschland, das

---

[1] Neuestes Schrifttum in: G a m s H., Die Fortschritte der alpinen Moorforschung von 1932 bis 1946, Österr. Bot. Z., Bd. 94, 1947, S. 235—261. — Früheres Schrifttum, auch über Österreich, in: R u d o l p h K., Grundzüge der nacheiszeitlichen Waldgeschichte Mitteleuropas, Beih. Bot. Centralbl. 47, 1930. — D e r s e l b e, Paläofloristische Untersuchung des Torflagers auf der „Dammwiese" bei Hallstatt, Sitzungsber. Akad. d. Wiss. Wien, Math. nat. Kl. Abt. I, 140. Bd., 1931.

[2] P o p E., Die Pollenanalysen und ihre phytogeographische Bedeutung, Buletinul Soc. regale române de geographie 52, S. 90—147, 1934, mit dtsch. Zus.

[3] S t o j a n o v N. und T h o m a G., Pollenanalytische Untersuchungen auf dem Vitošagebirge, Sofia 1934 (Sp. Akad. nauk., Bd. 47, S. 73—104, dtsch. Zus.).

[4] Č e r n j a v s k i P., Pollenanalytische Untersuchungen in Balkangewässern, Verh. Intern. Ver. Limnol. 7, S. 142—153, 1935. — D e r s e l b e, Pollenanalytische Untersuchungen der Gebirgsseen in Jugoslawien, ebenda S. 154—164, 1935; Pollenanalytische Untersuchungen der Sedimente des Vlasina-Moores in Serbien, Beih. Bot. Centralbl. 56, S. 229—326, 1937; Beitrag zur postglazialen Geschichte des Blacesees in Serbien, Bull. Inst. Bot. Univ. Beograd 2, S. 80—90, 1932.

haben dort geschichtliche Untersuchungen von D e n g l e r und pollen-analytische von H e s m e r bewiesen. Mit Recht hob schon F a b r i c i u s, München, hervor, daß unsere wichtigsten Nutzholzarten, Fichte, Kiefer, Tanne, im großen ihre Anbaugebiete nicht vertauschen können.

Hinsichtlich der natürlichen Mischwaldgesellschaften, zum Beispiel von Fichte, Tanne, Buche, wurde häufig die Beobachtung hervorgehoben, daß sich bei natürlichen Verjüngungen Anflüge oder Aufschläge der einen Art gerade unter den Mutterbäumen der anderen Art einstellen, zum Beispiel Tanne unter Fichten und dergleichen. Auch darin wollte man einen von selbst sich vollziehenden Fruchtwechsel erblicken. Darauf ist zu erwidern: Für die sich ansamende Art ist nicht das an der betreffenden Stelle vorhandene Altholz entscheidend, sondern entweder die Lichtmenge, die dort zu Boden gelangt, oder aber die Feuchtigkeitsverhältnisse des Bodens, der Zustand des Humus, der der einen Art mehr zusagt als der anderen, oder der Eintritt der Samenjahre einer bestimmten Art aus der vorhandenen Mischung. Handelt es sich aber um nicht standortsgemäßen Kulturwald, dann ist der bei der Verjüngung sich ergebende Wechsel nur eine Wieder-herstellung des ursprünglichen Zustandes.

Hiefür ein Beispiel aus einem sehr bekannten, von vielen Fachgenossen aufgesuchten Waldgebiet: Im Kanton Zürich, auf dem Eschenberg der Stadt Winterthur, war (gelegentlich der Lehrreise des Österreichischen Reichs-forstvereines 1929) ein sehr schöner 80- bis 100jähriger Bestand von Fichte, 10 v. H. Tanne, etwas Kiefer und Laubholz zu sehen. Das Vorkommen der Fichte im Altholz (83 v. H.) war dort auf die seinerzeitige künstliche Be-standesgründung zurückzuführen. Die Tanne dagegen kam ursprünglich vor und war zugunsten der Fichte zurückgedrängt worden. Durch Schnee-bruch wurde der Bestand durchbrochen, trotzdem stockten noch 600 fm auf dem Hektar. Der sich einstellende Jungwuchs bestand nun nicht etwa hauptsächlich aus Fichte, sondern fast nur aus Tanne! Fichtenverjüngung hatte sich sehr wenig eingestellt. Also lag scheinbar ein Wechsel, unter Fichtenaltholz Tannenverjüngung, vor. Dies konnte zurückzuführen sein auf die für die Fichte noch etwas zu dunkle Schlagstellung, hauptsächlich aber jedenfalls darauf, daß sich die Tanne, der Klima und Boden als der natür-lich vorkommenden Holzart sehr zusagten, reichlich verjüngte, während die im Altholz viel stärker vertretene Fichte doch nur künstlich eingebracht war und weniger Verjüngung aufwies.

Ähnliches kann man häufig beobachten. So wurde zum Beispiel bei Lambach in Oberösterreich zwischen den Flüssen Traun und Ager im Buchengebiet vor längerer Zeit künstlich Fichte eingebracht, der Fichten-bestand wurde vorzeitig rotfaul und lückig, die sich einstellende Verjüngung zeigte viel Buche, obwohl nur mehr wenig Buchenmutterbäume vorhanden waren.

Auf ursprünglichen Eichenstandorten in wärmeren Tieflagen sind öfter Kiefern angebaut, sie stellen sich oft schon im Stangenholzalter licht, unter ihnen findet sich wieder Eichenaufschlag ein. So berichtet auch V i e t i n g-h o f f - R i e s c h in dem Buche „Forstliche Landschaftsgestaltung“ (S. 54), daß eine im Jahre 1850 mit Kiefer aufgeforstete Teichfläche im Revier Neschwitz sich von selbst auf Linde und Eiche verjüngte.

Ein anderer „Wechsel" aus besonderen Ursachen ergibt sich in folgendem Zusammenhang: Neuland im Wald, das durch Bergsturz, oder Kahlflächen, die durch Brand- oder Sturmkatastrophen, Waldverwüstung entstanden sind, pflegen nicht gleich wieder von der Klimaxgesellschaft besiedelt zu werden, sondern es führt erst allmählich eine Folge von Gesellschaften, die Sukzession, zum Schlußglied (Klimax). Von solchen Entwicklungen auf Neuland abgesehen, fehlt es in der Forstwirtschaft an Gründen oder Beweisen für die Notwendigkeit eines grundsätzlichen Holzartenwechsels im Sinne des landwirtschaftlichen „Fruchtwechsels". Der Versuch eines solchen Wechsels würde unnötige Opfer fordern. Wo die Standortsverhältnisse gemischte Bestände zulassen, dort kann sich von Umtrieb zu Umtrieb innerhalb des Mischbestandes ein stellenweiser Holzartenwechsel im kleinen ergeben.

Nur weitgehende Änderungen der Standortsverhältnisse, zum Beispiel Senkung des Grundwasserspiegels, Schädigung der Vegetation durch Industrieabgase (sogenannte „Rauchschäden") und dergleichen können Anlaß zu einem durch die Wirtschaft bedingten Wechsel der Holzart geben.

9. Waldbau der wichtigsten Bestandesarten.

a) Der Fichtenbestand.

Da für die neuzeitliche Forstwirtschaft in der Regel nicht mehr reine Bestände das Betriebsziel darzustellen pflegen, so sollen sich unsere Ausführungen auch auf den Bestand mit vorherrschender Fichte und nicht bloß auf den reinen Fichtenbestand beziehen. In Österreich ist die Fichte die wichtigste Holzart, sie hat den größten Anteil an der Zusammensetzung des österreichischen Waldes, gewöhnlich sind aber ihrem Bestand noch andere Holzarten beigemischt.

Betriebsart: Die Fichte ist eine Holzart des Hochwaldbetriebes, unter dem wir den Kernwuchsbetrieb (zum Unterschied vom Ausschlagwaldbetrieb) verstehen. Sie wird bisher hauptsächlich, aber nicht ausschließlich, im Kahlschlagbetrieb mit künstlicher Nachverjüngung bewirtschaftet. Dabei erwachsen gleichalterige Bestände, kleine Altersunterschiede ergeben sich nur durch die notwendigen Nachbesserungen. Sie eignet sich aber nicht etwa nur für den Kahlschlagbetrieb, sondern unter bestimmten Voraussetzungen auch für die natürliche Verjüngung unter Schirm. Diese Voraussetzungen sind folgende: Nicht geeignet ist sie für den Schirmschlagbetrieb, besonders die Großflächenschirmstellung mit kürzerer Verjüngungsdauer, weil die Fichte nach Durchbrechung des Kronendaches auf größerer zusammenhängender Fläche infolge ihrer seichten Bewurzelung dem Windwurf unterliegen würde. Dagegen eignet sich die Fichte für jene Arten des Femelschlagbetriebes, welche, unter Vermeidung der Durchbrechung des Kronendaches auf der Großfläche, mehr saumweise (Abb. 75) oder streifenweise vorgehen, und für den Plenterbetrieb. Wenn Buche und Tanne dem Fichtenbestand beigemischt sind, ist die Eignung für eine saum- oder strei-

fenweise vorrückende natürliche Verjüngung oder auch für den Plenterbetrieb um so eher gegeben.

Wie bei allen Holzarten, so sollte auch bei der Fichte die anzuwendende
Betriebsart und besonders das Verjüngungsverfahren dem biologischen Ver-
halten angepaßt sein. Die Fichte unterscheidet sich in ihrem biologischen
Verhalten von der Tanne durch raschere Jugendentwicklung, geringeres
Schutzbedürfnis in der Jugend infolge geringerer Gefährdung durch Spät-

fröste und durch Hitze,
daher immerhin bessere
Eignung zum Anbau
auf kahler Fläche, ge-
ringere Schattenfestig-
keit. Durch Sturm und
Schneedruck ist sie da-
gegen mehr gefährdet
als die Tanne. Da also
lichtgestellte Mutter-
bäume der Fichte eher
windwurfgefährdet
wären, so spricht
auch dieser Umstand
für Ausnützung des
Deckungsschutzes gegen
die bei uns meist vor-
herrschenden West-
winde, also Anhieb von
Osten bei saum- und
streifenweiser natür-
licher Verjüngung oder
auch beim Kahlschlag-
betrieb. Im Mischwald
von Fichte, Tanne,
Buche dagegen ergibt
sich nicht selten in
höheren Lagen, so auch
in denen des badischen
Schwarzwaldes, ein Zu-
rückbleiben der Buche,

Abb. 75. Fichtenverjüngung auf dem Nordsaum. Revier
Sattl bei Steyr, Oberösterreich (Aufn. K. G a i g g).

daher freiere Stellung der Fichtenkronen, infolgedessen bessere Anpassung
an die Beanspruchung durch Wind, größere Widerstandsfähigkeit. In
solchen Fällen ist dann die natürliche Verjüngung auch auf der Großfläche ohne Windwurfgefahr für die Fichte möglich, im Schwarzwald
geschieht dies unter Anwendung des badischen Femelschlagbetriebes, der
einem Großflächenschirmschlag mit verlängertem Verjüngungszeitraum
entspricht.

Der Kahlschlagbetrieb ist vom Standpunkt der Stetigkeit der Lebensgemeinschaft des Waldes gewiß nicht als Ideal zu betrachten, doch läßt

sich nicht leugnen, daß mit diesem Betrieb bei Anwendung schmaler Schläge und nachfolgender künstlicher Bestandesgründung bei Fichte immerhin an vielen Orten gute Erfolge erzielt worden sind. Die Sicherung gegen Sturm ist bei vorsichtiger Hiebsführung beim Kahlschlagbetrieb eine gute. In den Innenalpen (zum Beispiel Forstdirektion Murau, Steiermark) wurde der Übergang zu schmäleren Kahlschlägen, mit Überbehalt von Lärchensamenbäumen, Fichtenaufforstung, durchgeführt. Es handelt sich auch im Gebirgswald nicht immer um reine Bestände, und gemischter Bestand der Fichte mit Buche und Tanne[1] läßt sich am besten durch natürliche Verjüngung oder durch eine Verbindung dieser mit der künstlichen auch für die Zukunft als Mischwald erhalten.

Die *Umtriebszeit der Fichtenbestände* beträgt in tieferen Lagen mit rascherem Zuwachsgang 80, im Gebirge 100 bis 120 Jahre, in höheren Lagen, zum Beispiel der Alpen, noch mehr (120 bis 140 Jahre), weil im Hochgebirge das Wachstum der Fichtenbestände in der Jugend ein langsameres, im Alter ein anhaltenderes ist als nach den für andere Gebiete in Mitteleuropa aufgestellten Ertragstafeln[2]. Bei künstlichem Anbau in warmen Tieflagen muß die Fichte zur Vermeidung von Rotfäule häufig in noch kürzerem als einem 80jährigen Umtrieb bewirtschaftet werden. So wird zum Beispiel in Dänemark, wo von Natur aus fast nur Laubholz vorkommt und wo das wellige Gelände als höchste Erhebung nur 172 m erreicht, die künstlich eingebrachte Fichte oft schon im 40. bis 50. Jahre wegen drohender Rotfäule abgetrieben. Das Ernteergebnis ist dort trotzdem wegen der Verwendbarkeit selbst schwachen Fichtenstangenholzes wirtschaftlich erwünscht und wertvoll. Auch innerhalb Deutschlands wird beim Anbau der Fichte in zu milden, tieferen Lagen wegen früh eintretender Rotfäule „Schnellwuchsbetrieb" empfohlen[3], der durch Niedrighaltung der Stammzahl je Hektar, somit frühzeitige Kronenfreistellung, eine bessere Kronenentwicklung und breite Jahrringe anstrebt, damit trotz kurzen Umtriebes die für günstige Verwertbarkeit gewünschten Dimensionen erreicht werden. In warmen Tieflagen im Gebiet künstlichen Fichtenanbaues ist die Rotfäule an Fichtenbeständen eine nicht seltene Erscheinung. So fand auch F l u r y im milden Klima des schweizerischen Mittellandes, daß dort im Hügelland auf bindigen feuchten Böden 76 v. H. der Fichtenversuchsflächen

---

[1] Wie er unter anderem in der Außenlandschaft der Alpen vorkommt.

[2] G u t t e n b e r g A., Wachstum und Ertrag der Fichte im Hochgebirge, 1915. Einleitung und S. 51. Im Jahre 1936 besichtigte der Österreichische Reichsforstverein hochalterige Fichtenbestände mit Tannenbeimischung im Laternsertal in Vorarlberg, Waldort „Schafböden". In 1200 bis 1600 m Meereshöhe stockten 200- bis 250jährige, gesunde Fichtenbestände mit eingesprengten Tannen auf Flyschböden mit Massen je Hektar von 700 bis 1000 fm. Die bestbestockte Teilfläche in 1150 bis 1200 m Höhe mit 0,6 Fichte, 0,3 Tanne, 0,1 Buche wies eine Masse je Hektar von 1034 fm auf, der stärkste Baum einen Durchmesser von 124 cm, Höhe 46 m, Festgehalt 20,45 fm (Z i e g l e r H., Die hochalterigen Fichten- und Tannenbestände in der Gemeinde Rankweil, Österr. Vierteljahresschr. f. Forstwesen 86, 1936, S. 55).

[3] C r o c o l l, Forsteinrichtung und Waldbau in Baden im Zeichen der Mehrhiebe, Bericht über die 65. Hauptversammlung der Landesgruppe Baden des Dtsch. Forstvereins 1939, S. 16.

Rotfäule aufwiesen (F l u r y, 1907). Nach Umfragen für Bayern, die
R o h m e d e r durchführte, beträgt der Faulholzanteil rund 10 v. H. des
jährlichen Fichtenanfalles[1]. Im Basaltgebiet des Vogelsberges wird, wie
Z e n t g r a f berichtet, die Fichte mit 70 bis 80 Jahren rotfaul[2].

K. G a y e r bezeichnet die *Tieflagen* mit Fichtenanbau und alle „jene
Örtlichkeiten des Hügel- und niederen Gebirgslandes, deren Klima durch
Milde und eine lange Vegetationszeit charakterisiert ist", mit Recht als
„anormale" Standortsgebiete der Fichte. Sie werde in diesem ihr von der
Natur ursprünglich nicht zugewiesenen Gebiet zwar häufig angebaut, „viele
dieser Bestände setzen aber ihre üppige Jugendentwicklung nicht lange fort,
denn oft schon mit 40 und 60 Jahren tritt die Erlahmung des Wachstums
ein". Auch vermehre sich dort die Bedrohung der Fichte durch Schnee,
Insekten, Pilze und Krankheiten, besonders durch Rotfäule. Das überrasche
Jugendwachstum erzeugt lockeres, wenig widerstandsfähiges Holz, das leicht
der Fäulnis und Zerstörung unterliegt. „Dadurch lockert sich der Bestandesschluß oft schon frühzeitig, die Bodentätigkeit leidet Eintrag und die Mehrzahl dieser Bestände muß oft schon mit 40, 50 oder 60 Jahren als hiebsreif
erklärt werden[3]." (Vgl. auch den Schlußabsatz im Abschnitt über die natürliche Verbreitung der Fichte. S. 145 des vorliegenden Buches.)

Bei der *künstlichen Verjüngung* der Fichte kommt sowohl Saat als auch
Pflanzung in Betracht. Im großen ganzen wurde bei dieser Holzart die
Saat von der Pflanzung verdrängt. Wenn dennoch gelegentlich Fichtensaat
angewendet wird, so handelt es sich in der Regel um Riefen- oder Plätzesaat (dagegen wäre Vollsaat zu kostspielig und nicht zweckmäßig). Der
Samenbedarf je Hektar bei Fichte beträgt bei gutem Samen etwa 5 bis
10 kg je nach Bodenzustand und zu erwartendem Abgang. Der Erfolg der
Fichtenbestandesgründung durch Saat ist wegen Gefährdung der Sämlinge
durch Trockenheit, Unkraut usw. unsicher. Bei der Pflanzung der drei-
bis vierjährigen (verschulten oder unverschulten) Fichten ist das übliche
Verfahren die Einzelpflanzung in Löcher, die Pflanzweite beträgt je nach
den Standortsverhältnissen, die dafür entscheidend sind, bei Fichte meist
1,2 bis 1,5 m (zum Unterschied von der Kiefer, bei der ein wesentlich
engerer Verband erforderlich ist wegen der Neigung zur Ästigkeit und
Breitkronigkeit). Es werden also 4000 bis 6000 oder 7000 Fichtenpflanzen
je Hektar gebraucht, und zwar die größere Anzahl auf schlechterem Boden,
damit trotz des langsameren Wachstumsganges auf dem schlechteren Boden
dennoch der Bestandesschluß in absehbarer Zeit erreicht werde. Unter besonderen Verhältnissen, nämlich bei zu nassem Boden, bei Gefahr von
Frösten in Bodennähe oder bei zu starkem Graswuchs, wird die „Obenaufpflanzung" auf Hügel und Rabatten angewandt. Als Fichtenpflanzen-
material versetzt man in der Regel drei- bis vierjährige verschulte Pflänz-
linge (Abb. 76), meist ohne Ballen, unter Benützung der Kulturhacke oder

---

[1] R o h m e d e r, Die Stammfäule der Fichtenbestockung, Mitt. aus d. Landesforstverwaltung Bayerns, H. 23, München 1937, bespr. von D i e t e r i c h, Silva 1937, S. 377.

[2] Z e n t g r a f E., Die Fichte auf Löß-Basalt, Allg. Forst- u. Jagd-Ztg. 112, 1936,
S. 271—276.

[3] G a y e r K., Waldbau, 1898, S. 191.

Haue als Werkzeug, bei der selteneren (weil kostspieligen) Ballenpflanzung auch mit Hilfe des Hohlspatens. In etwas höheren Lagen des Hochgebirges verpflanzt man häufig auch unverschultes Material: die Konkurrenz des Graswuchses ist dort geringer, die Verschulung ist in dem für die Fichte sehr günstigen, niederschlagsreichen Klima nicht unbedingt notwendig[1], sie ist für das Hochgebirge häufig zu teuer. Auch außerhalb der Alpen wurde für weniger unkrautwüchsige Böden die Verwendung dreijähriger und älterer Fichten*sämlinge* und die sehr arbeitsfördernde „Schrägpflanzung nach M ü n c h" empfohlen (über Schrägpflanzung vergleiche Abschnitt V, Seite 573 — 574 vorliegenden Buches). Z e n t g r a f s Untersuchung der ältesten, von M ü n c h begründeten Bestände hat die mit der Schrägpflanzung erzielten durchwegs günstigen Erfahrungen bestätigt (Z e n t g r a f, Freiburg i. Br., Aufforstungen, Schweizer. Zeitschrift f. Forstwesen **99**, 1948, S. 602 ff.). Das Pflanzenmaterial wird in der Regel aus Forstgärten bezogen. Vor zu tiefem Einsetzen des Pflänzlings in den Boden ist gerade bei der Fichte zu warnen. Büschelpflanzung ist in der Regel abzulehnen, weil bei versäumter rechtzeitiger Entnahme der überzähligen Pflanzen zu große Dichte und ein „Sitzenbleiben" die Folge ist. Bei der Fichten-

Abb. 76. Vierjährige verschulte Fichtenpflanzen (Aufnahme Jul. F r ö h l i c h).

pflanzenerziehung werden ein- oder zweijährige Sämlinge verschult und bleiben zwei Jahre im Verschulbeet. Wo kräftige Fichtenpflanzen ohne Verschulung erzogen werden sollen, sind die Sämlinge auf gutem Forstgartenboden im zweiten und zu Beginn des dritten Jahres mit der Schere derart licht zu stellen, daß auf einer Rille von 1 m Länge zu Ende des dritten Jahres nur noch etwa 30 bis 35 Stück stehen, bei einem Rillenabstand von 20 bis 25 cm, die Beete sind dabei möglichst unkrautfrei zu halten. Bei der Pflanzung dreijähriger Fichten im Wienerwald betrug die Leistung in achtstündiger Arbeitsschicht 177 Stück Pflanzen. Dagegen er-

---

[1] Im oberösterreichisch-steiermärkischen Salzkammergut bezeichnete L. D i m i t z das Anschlagen unverschulter Nadelholzpflanzungen „als ganz zufriedenstellend". „Dies ist im allgemeinen auch der heutige Standpunkt in dieser Frage", berichtete 1927 S c h ö n w i e s e (Österr. Vierteljahresschr. f. Forstw. 77, 1927, S. 110).

forderten vierjährige wegen kräftigerer Bewurzelung tiefere Pflanzlöcher
und ergaben daher weniger Leistung.

Natürliche Verjüngung. Besonders wenn es sich nicht um reine Fichtenbestockung, sondern um Fichte als Grundbestand mit Tannen und Buchen
in Gruppen- und Einzelbeimischung handelt, dann ist nicht Kahlschlag und
künstliche reine Fichtenaufforstung zweckmäßig, sondern ein Femelschlagbetrieb mit Schlagführung in Streifen mit einem gegen das Bestandesinnere
abnehmenden Lichtungsgrad[1]. Die schattenertragenden, in der Jugend langsamwüchsigen, schutzbedürftigen Holzarten Tanne und Buche sollen sich,
dem Streifen voraneilend, im Inneren auf Kleinflächen unter gelockertem
Schirm von Mutterbäumen zuerst einstellen. Mit Recht schrieb L. W a p -
p e s, München: „Kultiviere in erster Linie mit der Axt, in zweiter Linie
mit dem Gewehr, in dritter Linie mit der Sichel, erst dann greife zum
Pflanzspaten[2]." Lockerung des Schirms, Wildabschuß, Grasbekämpfung
sind der natürlichen Verjüngung förderlich.

In den österreichischen Alpen führt dort, wo die Vorbedingungen für
die natürliche Verjüngung vorhanden sind, *schon die Nutzung im kleinen,*
zum Beispiel durch stammweise Abgabe an Servitutsberechtigte, zur natürlichen Verjüngung. So berichtete H. S c h ö n w i e s e, daß die Servituts-
holznutzungen auch in gleichalterigen Beständen oft stammweise erfolgen,
zum Beispiel Aushieb der Buchen aus gemischten Beständen, um den
Brennholzbedarf zu decken, dann stammweises Nutzen aus dem zurückbleibenden, schon gelichteten Bestande je nach Bedarf an Bauholz und
Stammabschnitten. Das Ergebnis sei oft der Eintritt der Naturverjüngung
im gelichteten Streifen, Erstarken bei weiterer Lichtung und Vorhandensein einer brauchbaren Jugend nach dem Abtrieb. K u b e l k a habe zum
Beispiel 1899 anläßlich einer Forstvereinsversammlung im Salzkammergut
angegeben, daß die dort vorgezeigten natürlich verjüngten Bestände sich
schon zur Zeit der *Einführung* der natürlichen Verjüngung unter Schirm,
etwa 1878, infolge von Servitutsnutzungen in Dunkelschlagstellung befunden hätten. (S c h ö n w i e s e H., Naturverjüngung in Gebirgsforsten,
Österr. Vierteljahresschr. f. Forstw. 77, 1927, S. 192 ff. — B i t t e r l i c h E.,
Können für die Naturverjüngung in den Gebirgsforsten Wirtschaftsregeln
angegeben werden? Ebenda, S. 199 ff.)

Handelt es sich um Gebiete, in denen mit der Feuchtigkeit besonders
hauszuhalten ist, so kann der Nordsaum im Sinne Chr. W a g n e r s
besonders empfehlenswert sein: Saumförmiger Anhieb von Norden, nach
Süden fortschreitend[3]. Die Hauptverjüngung der Fichte geschieht auf dem
Saum. Die Hiebsführung in Säumen ist wegen der damit verbundenen Zersplitterung des Hiebes nur bei guter Aufschließung durch Waldstraßen oder
sonstige Bringungsanlagen möglich, auch setzt die Verjüngung auf Säumen

---

[1] Entspricht dem „Bayerischen kombinierten Verfahren"; V a n s e l o w, Die natürliche Verjüngung im Wirtschaftswald, 1931, Abb. 97—99.

[2] W a p p e s L., Forstarchiv, 1940, S. 62.

[3] Hiebsschlüssel (Abänderung der Nordrichtung je nach der Hangrichtung): V a n s e -
l o w, Natürliche Verjüngung im Wirtschaftswald, 1931. Abb. 51.

häufige Samenjahre voraus, weil sonst der Hiebsfortschritt zu gering wäre. Auch der Schirmkeilschlag nach E b e r h a r d (oder der Keilschirmschlag nach P h i l i p p) kann in Frage kommen. Beim Schirmkeilschlag erfolgt zuerst die Vorverjüngung der Schattholzarten, besonders der Tanne, unter Schirm in einem 10 bis 15 Jahre umfassenden „Vorbereitungsstadium" auf der Großfläche, durch Entnahme der zwischenständigen Stammklassen, Kräftigung der starken Stämme, des „Knochengerüstes des Waldes". Sodann folgt der zweite Teil des Verfahrens, das „Räumungsstadium", 20 bis 25 Jahre umfassend, mit Verjüngungsstreifen im Abstand von etwa 80 bis 100 m, in der Ebene in der Hauptsturmrichtung. Die Streifen werden allmählich zu einer Keilform verbreitert, mit der Spitze nach Westen, auf dem Hang talabwärts. Verjüngung der Fichte erfolgt an den Rändern der Streifen, die der Lichthölzer im Überhalt auf der Keilfläche, Fallrichtung der Bäume ins Altholz, Abrücken durch dieses, der Streifen oder Verjüngungskeil liegt zwischen zwei Abrückwegen.

In vielen bayerischen Forstämtern wird, um in die reinen Fichtenbestände bei der Verjüngung die künstlich verdrängte Tanne und Buche wieder hineinzubringen, auch künstlicher gruppenweiser Voranbau von Tanne und Buche angewandt. Dabei wird die Buche vornehmlich auf trockenen Kuppen angebaut, von wo aus sich für ihr Laub ein größerer Streuungskegel ergibt, während in frischeren Lagen die Tanne bevorzugt wird[1]. Von der Buche ist dort, wo auch Fichte und Tanne standortsgemäß sind, nur ein Mischungsteil von etwa 0,2 der Bestockung in dem hauptsächlich aus Fichte und anderem Nadelholz gebildeten Bestand erwünscht. Die natürliche Verjüngung muß bei der Fichte in rascherem Tempo durchgeführt werden als bei der Tanne, der junge Aufwuchs verlangt bald stärkeren Lichtgenuß. Bei zu dichten natürlichen Verjüngungen, die sich bei Fichte leicht einstellen können und dann infolge Konkurrenz „sitzenbleiben", ist Durchreiserung und frühzeitige Durchforstung zweckmäßig.

Im *südosteuropäischen Urwald* kommt dann, wenn es sich nicht um reine Fichte, sondern um die Mischung mit Buche und Tanne handelt, gleichfalls die natürliche Verjüngung in entsprechend vereinfachtem Verfahren mit 10- bis 15jähriger Verjüngungsdauer in Betracht; zu weitgehende Vereinfachung kann leicht den Erfolg in Frage stellen. Handelt es sich dagegen um *reine Nadelholzbestände*, also *reine Fichtenbestände* oder *Fichten-Tannen-Bestände*, und ist zugleich ein großer Holzeinschlag aus Gründen der Wirtschaftlichkeit erforderlich, dann kann nicht natürliche Verjüngung angewandt werden wegen Gefährdung durch Sturm; dann wird in der Regel in den Nadelholzurwäldern „der Zweck der Waldwirtschaft, nämlich Nutzung und Wiederverjügung, am zweckmäßigsten durch Kahlschlag und künstliche Wiederverjüngung erreicht. Dabei sollen nach Möglichkeit große Kahlschläge vermieden werden, indem man durch Bildung mehrerer Hiebszüge die Anhiebsmöglichkeiten vermehrt"[2]. Leider werden aber in den Gebirgen des Südostens häufig auch gemischte Bestände (Fichte, Tanne,

---

[1] W i e d e m a n n, Allg. Forst- u. Jagd-Ztg. 1927, S. 436.
[2] F r ö h l i c h J., Die Forstbetriebseinrichtung im Urwald, Centralbl. f. d. ges. Forstw. 1941, S. 80, bes. S. 88.

Buche) im Wege des Großkahlschlags genutzt, nachher wird die Fläche mit
Fichte aufgeforstet. Der genannte Verfasser rechnet wohl mit Recht damit,
daß diese naturwidrigen reinen Fichtenkulturen auf Flächen, wo Fichte von
Natur aus nur in geringem Maße zu finden war, schon im Stangenholzalter durch Schneebrüche und im späteren Alter durch Trametes schwer
zu leiden haben werden.

Einbau der Fichte in Laubholzgebieten. In tieferen Lagen, in denen
das Laubholz, zum Beispiel die Rotbuche, von Natur aus herrscht, will
man oft aus wirtschaftlichen Gründen auch die Fichte einbringen. Man ist
häufig zu weit gegangen und hat dann Mißerfolge erzielt. Oft ist man
schon in den Kulturen mit den Läuterungen zugunsten der Fichte nicht
nachgekommen, so daß an Stelle kostspieliger Fichtenaufforstungen wieder
Buchenverjüngungen entstanden. Die Beachtung folgender Erfahrungs-
grundsätze ist daher zu empfehlen:

Im natürlichen Laubholzgebiet ist der Anbau reiner Fichtenbestände,
überhaupt Nadelholzbestände, im großen Flächenzusammenhang zu vermeiden. Vielmehr ist auf Unterbrechung der Nadelholzzusammenhänge
durch Laubholzbestände hinzuarbeiten. Auch eine gewisse Wechsellagerung
im großen, eine Gemenglage von Laubholzbeständen mit Nadelholz- und
mit Mischbeständen, wäre anzustreben[1]. Die Grenzen der standortsgemäßen
Anbaumöglichkeit der Fichte sind sorgfältig zu beurteilen, vor allem sind
für die Fichte frischere Lagen zu wählen. Die tiefsten, wärmsten Lagen des
Buchengürtels sind mit der Fichte im reinen Bestand überhaupt zu meiden.
In Lagen, wo die Fichte den Umtrieb der übrigen Holzarten wegen Rotfäule nicht aushalten würde, kann man so vorgehen wie etwa im badischen
Bodenseegebiet (Forstamt Überlingen): dort wird gemischter Wald angestrebt, Kiefer und Buche in 120jährigem Umtrieb, hingegen soll die Fichte
schon im Alter von 80 bis 100 Jahren herausgehauen werden können, ohne
daß der Bestand zu licht wird; man bringt sie also in kleinen Gruppen
ein, die als Vornutzung herauskommen, ohne daß Löcher hinterbleiben.

Wo aber Rücksichten auf den Umtrieb des Grundbestandes nicht notwendig sind, dort zieht man reine Bestockung der Fichte auf Kleinflächen
öfter vor, hoffend, daß sie im Bestandesschluß mit ihresgleichen bessere Astreinheit, also höhere Gebrauchswerte liefert. Doch darf in solchen tieferen
Lagen der Fichteneinbau in reiner Bestockung nur in Horsten oder in
Reinbeständen beschränkten Umfanges erfolgen, zur Vermeidung der mit
der künstlichen Einbringung auf Großflächen verbundenen Gefahren.

Das Problem der Nadelholzeinbringung in Laubholzgebieten spielt
begreiflicherweise auch in den Balkanländern eine Rolle. So berichtete
N. Peneff 1938 über die Bedingungen und Technik der Einführung
der Fichte und Tanne in die Buchenwaldungen auf der Nordabdachung des

---

[1] Dtsch. Forstverein, Fortbildungskurs im hessischen Forstamt Konradsdorf, 1927,
Vortrag Dieterich. — Tschermak L., Lehrausflug durch die Wirtschaftsbezirke
Preßbaum und Baden. Österr. Vierteljahresschr. f. Forstw. **82**, 1932, S. 64—70 (bes. S. 67
und 68).

Balkangebirges[1]. Zwei Möglichkeiten wurden in Betracht gezogen: Kahlabtrieb der Buchenbestände mit nachträglichem Anbau der Fichte auf
Kahlflächen (auch hier wäre Einbringung nur in Horsten oder in Reinbeständen beschränkten Umfanges zu empfehlen, die Kleinbestände einge-
bettet in den Buchengrundbestand) oder aber „Gruppenvoranbau der
Fichte und Tanne mit allmählicher Erweiterung der Gruppen und femel-
schlagartiger Abtrieb des Buchenbestandes", auch dieses Verfahren (der
künstlichen Verjüngung im Femelschlag) hätte nur zu einer horst- und

gruppenweisen Einbringung des
Nadelholzes in den Buchengrundbestand zu führen.

Bemerkt sei, daß man im
ausgesprochenen *Picetum*, also in
manchen Gebirgshochlagen und
in den Innenalpen, auf eine
bemerkenswerte Laubholzbeimischung in Fichtenbeständen
aus natürlichen Ursachen verzichten muß. Denn in solchen
Lagen sind große zusammenhängende Flächen von Nadelholz naturgemäß.

*Die Fichtenplenterwälder
(Schutzwälder) am oberen Rande
der Waldvegetation in den Alpen.*
Nahe der oberen Waldgrenze in
den Alpen handelt es sich in der
Regel um Fichtenplenterwälder
(mit Lärche, Zirbe), die als Schutzwälder (Schutz gegen das Vordringen des Ödlandes) wichtig
sind. Sie hemmen in ihrem eigenen
Bereich die Windgeschwindigkeit

Abb. 77. Fichten auf dem Muraner Hochplateau,
Zentralkarpaten der Slowakei, zirka 1250 m
(Aufn. Forstdirektion Bratislava).

und schützen dadurch auch benachbarte Weideflächen. Für den Forstbetrieb
scheiden sie beinahe aus. Der Zuwachs ist an der oberen Waldgrenze gering, Samenjahre sind selten, es sind daher nur sehr schwache, vorsichtige
Plenterungen zulässig. Auch verhindert meist die Entlegenheit und weite
Bringung einen eigentlichen Wirtschaftsbetrieb, weil die Bringungskosten
zu hoch wären; das gilt auch in den bayerischen Alpen. Solche Wälder sind
meist nur mäßig zugunsten der in der Nähe befindlichen Alpen mit Holz-
bezugsrechten belastet, die Nutzungen für die Eingeforsteten müssen hier
in Form schwacher Plenterungen erfolgen. Infolge der geringen Nutzungen
ist der Charakter des Plenterwaldes verwischt, das zackige Kronendach

---

[1] P e n e f f N., Bedingungen und Technik der Einführung der Fichte und Tanne
in die Buchenwaldungen des Balkangebirges, dtsch. Zus., Lessowodska missal 7, S. 421—441,
1938.

des Plenterwaldes verliert sich, die Bestände kommen in Schluß, sie ähneln dann gleichalterigen, sind aber in Wirklichkeit „zusammengewachsene Plenterwälder". Vor 96 Jahren hat J o s. W e s s e l y in dem Buche „Die österreichischen Alpenländer und ihre Forste" diesen Fichtenplenterwald wie folgt richtig beschrieben: „Man darf nicht glauben, er (der Fichtenplenterwald) bestände aus abwechselnd nebeneinander stehenden Flecken von Mais, Jung-, Mittel- und Altholz, nichts weniger als das; der ... Plenterwald (gemeint ist jener der Hochlagen) ist ein nahezu völlig geschlossenes Hochholz, welches sich von den gewöhnlichen gleichalterigen Altbeständen nur dadurch unterscheidet, daß seine Stämme nicht gleich stark sind und daß dazwischen auch einzelne Reidel und Stangen stehen und stellenweise auch spärlicher Jungwuchs anzutreffen ist[1]."

Solche zusammengewachsene Fichtenplenterwälder gibt es auch heute in den Hochlagen nahe der oberen Waldgrenze (zum Beispiel auf dem Patscherkofel bei Innsbruck, 200 m unterhalb der oberen Waldgrenze). Soweit sie genügend tiefer als die obere Waldgrenze liegen, wäre ein sehr allmählicher Übergang (wegen Windgefahr) zu stammweisen Plenterungen, mit vorsichtigen Durchforstungen beginnend, statthaft. Mit dem arbeitsintensiven Ertragsplenterwald, wie er insbesondere in den Voralpen und im Hügelland der Schweiz gehandhabt wird, ist dieser Hochlagenplenterwald nicht zu verwechseln.

Für solche Lagen, in denen die Bestände durch Sturm, Rauhreif, Schneedruck usw. immer wieder besonders in Anspruch genommen werden, wäre ein ungleichwüchsiger Plenterwald mit kräftiger Entwicklung der einzelnen Bestandesglieder besonders geeignet. (Im Erzgebirge bei Komotau, Böhmen, ist man in der am meisten gefährdeten Höhenlage zur Vorbeugung gegen die immer wieder auftretenden Rauhreifbrüche zu einem solchen Betrieb übergegangen.) Hier wird nicht auf Vollholzigkeit und Astreinheit der Bestandesglieder das Schwergewicht gelegt, sondern auf die Widerstandsfähigkeit der freier erwachsenen, kräftig bewurzelten, durch gedrungenen Schaftbau sich auszeichnenden Bäume. Unter solchen Verhältnissen kann die Erhaltung des Waldes wichtiger sein als die Erzeugung astreinen Nutzholzes (Abb. 77). Der Wald erhält dann, wie G a y e r sagte, „eine derbere, widerstandkräftigere Konstitution, als sie die gleichwüchsigen Bestandesformen geben", doch muß dann durch wirtschaftliche Eingriffe stets rechtzeitig dafür gesorgt werden, daß der Plenterwald nicht zu einem „geschlossenen Hochholz" werde. Auch Blößen, die eine künstliche Aufforstung erfordern, sind hier bei der Hiebsführung zu vermeiden, denn künstliche Aufforstungen in solchen Lagen können noch nach Jahrzehnten nicht befriedigen[2].

Jugendgefahren und Jugendentwicklung. Den Fichtenbestand bedrohen in der Jugend: Die Konkurrenz des Graswuchses, ein Gegenmittel besteht entweder im Ausschneiden oder in der Vorbeugung durch Obenaufpflan-

---

[1] W e s s e l y J., Die österreichischen Alpenländer und ihre Forste, 1853, S. 300.
[2] C a b a K., Die Verjüngung im Hochgebirge, Österr. Vierteljahresschr. f. Forstw. **85**, 1935, S. 119—134.

zung (Hügelpflanzung oder Rabattenpflanzung); weiter bedroht ihn die Spätfrostgefahr, ein Vorbeugungsmittel ist die Begründung von Bestandesschutzholz aus lichtkronigen Bäumen oder Hügelpflanzung im Hinblick auf Bodenfröste (Strahlungsfröste, beschränkt auf die bodennahe Luftschichte). Mai-, auch Junifröste können die jungen Triebe töten, die dann gerötet herabhängen. In Frostlöchern, wo wiederholte Fröste die Kulturen vernichten können, sollte Kahlschlag vermieden werden. Der große braune Rüsselkäfer, *Hylobius abietis*, und der schwarze Fichtenrüsselkäfer, *Otiorrhynchus niger*, vollführen an der Rinde junger Fichtenpflanzen einen schädlichen Fraß. Auch Viehverbiß und Viehtritt sowie Wildverbiß, dann Vertritt, Fegen und Schlagen durch Wild, wird den Fichtenkulturen schädlich. Schutz gegen Viehschäden kann unter Umständen in der Trennung von Wald und Weide bestehen, also Hingabe von zur Weide geeignetem offenem Gelände, Einzäunung der gepflegten reinen Weide; sonst verwendet man gegen den Viehtritt: Verpflockung, bei der die Fichtenpflanze von einem oberen (bergseitigen) und zwei unteren Pflöcken geschützt wird, die alle drei nach obenhin eine geringe Neigung besitzen und schräg zusammenlaufen. Wirksam ist die Verpflockung nur auf genügend tiefgründigem Boden und bei Verwendung guten, nicht zu elastischen Pflockmaterials[1]. Hohe Hochwildstände sind nicht nur den Fichtenstangenhölzern (wegen des Schälens), sondern auch schon den Fichtenkulturen (wegen Verbiß) schädlich. In nicht wenigen österreichischen Forstrevieren gibt es sehr beträchtliche Hochwildschäden. So sah Verfasser zum Beispiel im Jahre 1940 im Revier Paal bei Murau (Waldort Stöllerloben) eine 13jährige, durch Wildverbiß zu niedrigen Kollerbüschen gewordene Fichtenaufforstung, der Hochwildstand im Revier betrug im Jahresdurchschnitt ohne den jährlichen Zuwachs 550 Stück, mit diesem 700 Stück, auf einer Revierfläche von rund 2600 ha; auf 1000 ha entfielen also 269 Stück. Nach G. L. H a r t i g können auf 1000 ha zusammenhängenden Nadelwaldes 12 Stück Rotwild, 16 Stück Rehwild und 4 Stück Schwarzwild, zusammen 32 Stück ernährt werden. In einem anderen dortigen Waldort (Wallner Ochsenberg) waren 80 ha Fichtenaufforstung mit etwas Zirbe und Lärche durch einen wohlfeilen Stangenzaun gegen Hochwildschäden mit sehr gutem Erfolg geschützt.

Infolge des etwas langsameren Jugendwachstums tritt der Bestandesschluß bei Fichtenkulturen erst im Alter von 15 bis 20 Jahren ein. In diesem Alter beginnt auch die Zeitspanne des lebhaftesten Höhenwachstums mit Gipfeltrieben von 0,5 bis 1 m, die verhältnismäßig lange anhält. Im Hochgebirge ist das Wachstum der Fichte in der Jugend langsamer, aber später länger anhaltend. Für Mischwuchs ist die Jugendentwicklung von Belang, in Mischung mit Buche pflegt die Fichte in den ersten zehn Lebensjahren gefährdet zu sein, dann „sticht" die Fichte durch das Kronendach der Jungbuchen hindurch, im Alter von 15 bis 20 Jahren wird die Buche meist von der Fichte überwachsen. Im Buchenoptimum, zum Bei-

---

[1] H o f f m a n n Fr., Verpflockungen, Österr. Vierteljahresschr. f. Forstw. **52**, 1902, S. 365—376.

spiel im vorderen Wienerwald, können bei versäumten Läuterungen schon die ersten zehn Jahre ausreichen, um die Fichte endgültig durch die Buche zu unterdrücken.

Gefahren im Stangenholz- und Baumholzalter: Im Stangenholzalter schadet Hochwild den Fichtenbeständen sehr durch Schälschäden. Die geschälten Fichten werden im unteren, sonst wertvollsten Stammteil faul, sie werden an den Faulstellen vom Wind gebrochen oder sie müssen zur Vorbeugung vorzeitig abgetrieben werden. Auch die Gefahr des Schneebruches und Schneedruckes, besonders in Gebieten mit naßfallendem, an den Kronen hängenbleibendem Schnee, sowie die Windwurfgefahr ist in Fichtenstangenhölzern groß. Die Schneebruchgefahr für die Fichte konzentriert sich, wie schon K. G a y e r (a. a. O., S. 55) hervorhob, mehr auf die untere Hälfte ihrer Höhenstufe als auf die obere, mehr auf die in gedrängtem Stand erwachsenen Fichten unserer gleichaltrigen Kulturwälder, „als die aus der Femelform stammenden", mehr auf das Stangenholz als das höhere Alter. In manchen Gebirgslagen (zum Beispiel Erzgebirge in Böhmen) ist auch der Rauhreif eine gefürchtete Erscheinung in Fichtenbeständen. Gegen Sturm ist die flachwurzelnde Fichte wenig widerstandsfähig, besonders auf flachgründigem oder auf durchweichtem Boden. Zur Vorbeugung gegen Windwurf sind richtige Anhiebe wichtig. Wird vom Wind geworfenes oder sonst welkendes Fichtenmaterial nicht rechtzeitig entrindet, beziehungsweise aufgearbeitet, so kann alsbald eine Übervermehrung von Borkenkäfern eintreten, die dann ganze Bestände, ja selbst die Wälder ganzer Talseiten zum Absterben bringen können. Von den Borkenkäfern ist für die Fichte hauptsächlich verderblich der achtzähnige Fichtenborkenkäfer oder Buchdrucker, *Ips typographus,* und für schwächeres Holz, Äste und dergleichen der sechszähnige Fichtenborkenkäfer oder Kupferstecher, *Ips chalcographus.*

Fichtenbestände tieferer Lagen sind ferner durch die Raupe des Nonnenfalters *(Liparis monacha)* im Falle der Übervermehrung dieses Schädlings arg bedroht, wobei durch Kahlfraß die Fichtenwälder ganzer Landstriche zum Absterben gebracht werden können; denn vollkommener oder nahezu vollkommener Kahlfraß der Fichte wirkt tödlich. Die Schäden durch die Nonne kommen sowohl in tieferen Lagen mit künstlichem Fichtenanbau (zum Beispiel Westböhmen) als auch in tieferen Teilen auch des natürlichen Verbreitungsgebietes (zum Beispiel Ostpreußen) vor. Die Gefährdung der Fichte durch die Nonne, dann durch Rotfäule, durch Zuwachsrückgang und Wuchsstockungen nach Dürrejahren, Bodenerkrankungen (Rohhumus und dergleichen) ist vor allem beim künstlichen Reinanbau außerhalb ihres natürlichen Verbreitungsgebietes, in zu warmen Lagen, am größten. (Borkenkäfer-Übervermehrung wurde immerhin auch im natürlichen Verbreitungsgebiet im Gebirge beobachtet, zum Beispiel in den Ennstalforsten bei Reichraming und Weyer.) Wegen der größeren Gefährdung ausgedehnter Reinbestände im Gebiete des künstlichen Anbaues sollte dort auf die Beimischung oder auf Einbau reiner Fichten nur in Kleinbeständen oder Horsten hingearbeitet werden.

Was die *Bestandeserziehung in Fichtenbeständen* anbelangt, so wird in jüngeren solchen der Durchmesserzuwachs durch die starke Durchforstung tatsächlich angeregt, dies geht aus zahlreichen Fichtendurchforstungsversuchen hervor, über deren Ergebnisse W i e d e m a n n berichtet[1]. Während bei der Buche durch starke Umlichtung der Höhenzuwachs der herrschenden Stämme nicht gesteigert wird, wird er bei der Fichte mindestens nicht geschwächt. W i e d e m a n n konnte nachweisen, daß bei Freistellung vor dem 30. Jahre unter Umständen das Höhenwachstum des Einzelstammes erheblich gefördert werden kann. In jungen Fichtenbeständen wird der Massenzuwachs durch die starke Durchforstung erhöht. Später holen die mäßig durchforsteten Bestände infolge ihrer größeren Stammzahl, weil mehr Zuwachsträger vorhanden sind, das Versäumte nach. Die Gesamtmassenleistung der Fichte ist daher bei starker Durchforstung nur bei kurzen Umtrieben überlegen. Wo man in warmen Tieflagen außerhalb des natürlichen Verbreitungsgebietes der Fichte zu kurzen Umtrieben gezwungen ist, dort ist starke Durchforstung bei Fichte zu empfehlen. Bei Umtrieben von 90 bis 100 Jahren dagegen gewinnen die dichteren Bestände einen Vorsprung. W i e d e m a n n hält daher für die beste Erziehungsform für Fichtenbestände: eine „gestaffelte Durchforstung", frühzeitige Kronenfreistellung nur der besten Stämme im Stangenholzalter, später aber Sorge für Erhaltung eines genügenden Vorrates an zuwachsfähigen Stämmen auch noch im höheren Alter. Also hat auf die starke Durchforstung in der Jugend später eine mäßigere zu folgen. Die Durchforstungserträge pflegen in Fichtenbeständen schon im Stangenholzalter beträchtliche zu sein, da auch schwächeres Holz als Papierholz, beziehungsweise Faserholz, Hopfenstangen, Grubenholz und dergleichen gut absetzbar ist. Mit Recht schrieb K. R e b e l[2]: „Das erste Umtriebsdrittel hindurch in dichtem, gleichmäßigem, überspanntem Schluß Fichte eng an Fichte gezwängt und dadurch vorzeitig und zu hoch hinauf schaftrein gemacht — das ist das Krebsübel unserer Fichtenwirtschaft." Hiebei wird nicht nur der Bestand siech, sondern häufig auch der Boden krank und als drittes Übel gesellt sich dazu die Unmöglichkeit natürlicher Verjüngung. „Kronenschwund bei Fichte ist nicht mehr zu reparieren. Engstehende Stangen sind schwach bewurzelt, deshalb gegen Schnee und Wind nicht widerstandsfähig. Die wegen überstarker Konkurrenz schlecht ernährten, schwachen Fichtenwurzeln leisten wenig und neigen zur Rotfäule." Frühzeitig einsetzende Verminderung der Stammzahl vermag abzuhelfen.

1946 hat K. K r e n n Ertragstafeln für Fichte für Süddeutschland und Österreich veröffentlicht, die auf moderne waldbauliche und bestandespflegliche Gesichtspunkte Rücksicht nehmen[3]. Der Umstand, daß in Süd-

---

[1] W i e d e m a n n, Die Fichte 1936, Mitt. aus Forstwirtsch. und Forstwissensch., Hannover 1937.

[2] R e b e l K., Waldbauliches aus Bayern, II. Bd., 1924, Aufsatz „Optimaler Fichtenwuchs", S. 78—79. Vgl. auch die sehr beachtenswerten Ausführungen R e b e l s im Abschnitt „Pflege und Pflanzweite in Fichtenbeständen" im ersten Band des gleichen Werkes, S. 48—58.

[3] K r e n n K., Ertragstafeln für Fichte (1945) für Süddeutschland und Österreich, Badische Forstliche Versuchsanstalt, Freiburg i. Br., 1946.

deutschland sowie auch in der Schweiz und in Österreich Fichtenbestände
bei gleicher Höhenbonität größere Gesamtmassenleistungen aufweisen als
in Norddeutschland, veranlaßte ihn, trotz des Vorhandenseins der sehr
guten, den norddeutschen Verhältnissen entsprechenden W i e d e m a n n-
schen Tafeln („Die Fichte 1936“) durch kritische Zusammenfassung der
Tafeln von A. v. G u t t e n b e r g, dann der auf Grund der Hilfszahlen
der Württembergischen Forstlichen Versuchsanstalt erstellten Ertragstafeln
und der F l u r y schen Tafeln fürs Gebirge (Ertragstafeln für die Fichte
der Schweiz, 1907), desgleichen der von ihm bearbeiteten badischen Versuchsflächen eine neue Tafel zu entwerfen. Auch erschienen aus seiner
Feder Untersuchungen zur Aufdeckung eines „Durchforstungskriteriums
für Fichte“, das jene Eingriffsschwelle abgrenzen soll, über die hinaus mit
einer Zuwachsminderung zu rechnen ist[1]. Das Alter, in welchem bestimmte
Vornutzungsprozente („Wirtschaftsstufen“ P h i l i p p s) erreicht werden,
um eine „gestaffelte Durchforstung“ anzuwenden, ist in seinen Ertragstafeln bezeichnet.

Waldtypen der reinen oder fast reinen Fichtenbestände: Da die geringsten Böden auch von Natur aus in der Regel von anderen Holzarten als
der Fichte besiedelt sind, so pflegen die Güteklassen „gering“ und „sehr
gering“ bei Fichtenbeständen selten zu sein, und zwar meist nur in Hochlagen des Gebirges. So hat zum Beispiel A. v. G u t t e n b e r g[2] in dem
Werke: „Wachstum und Ertrag der Fichte im Hochgebirge“ über Aufstellung von Ertragstafeln der Fichte im Hochgebirge auf Grund von
170 Probeflächen berichtet, davon gehörten nur 3 ausgesprochen der geringsten Güteklasse an. Für die beste Standortsklasse dagegen gab es
46 Flächen, für die zweitbeste 58. Von den 8 geringsten waren 5 in
der Mitte zwischen „gering“ (IV.) und „sehr gering“ (V.). G u t t e n-
b e r g gab daher an, daß ihm für die fünfte, also geringste Güteklasse nur
wenig Material an Probeflächen und Stammanalysen vorlag, dabei waren
vorwiegend die hochgelegenen Standorte im Zuwachs gering. Die Bestände
der Hochlagen, wo geringe Güteklassen aus klimatischen Gründen vorkommen, sind meist ungleichaltrige „zusammengewachsene Plenterwälder“
und deshalb für Ertragsuntersuchungen (mit Ertragsangaben für die einzelnen Altersstufen und Güteklassen) nicht geeignet. Auch S c h w a p p a c h
standen in Preußen für seine Fichtenertragstafel von 1902 gegenüber
40 Probeflächen der ersten Güteklasse nur zwei der fünften zur Verfügung.
Als Beispiel einer geringsten Fichtengüteklasse aus Österreich sei angeführt:
Auf dem 1111 m hohen „Viehberg“ im Mühlviertel in Oberösterreich,
unweit Freistadt, Rumpfgebirge der Böhmischen Masse, sah Verfasser einen
160jährigen Fichtenbestand geringster Güteklasse, eingesprengt Kiefer und
Tanne, von bloß 12 m Bestandeshöhe, auf schlecht verwitterndem, fein-
körnigem, quarzreichem Granit, mit Rohhumus, Vaccinien, die Masse je

---

[1] K r e n n K., Durchforstungskriterium für Fichte, Badische Forstliche Versuchsanstalt, Freiburg i. Br., 1946.
[2] G u t t e n b e r g, A. v., Wachstum und Ertrag der Fichte im Hochgebirge, Wien
und Leipzig 1915, S. 4 und 34.

Hektar des 160jährigen Bestandes betrug nur 185 fm. Auch sonst findet sich die geringste Fichtenklasse in Hochlagen in nahe der oberen Waldgrenze sowie auf Hochmooren, zum Teil auch auf flachgründigen Kuppen und Rücken sowie auf trockenen Sonnseiten auch bei geringer Meereshöhe.

Die *beste Güteklasse* erreichen Bestände des *Piceetum excelsae normale*, also des „kräuterreichen Fichtenwaldes"; Verfasser traf solche Bestände zum Beispiel im Waldort „Hochwald" des Revieres Murau in Steiermark, in 1000 m Meereshöhe, also in den Innenalpen (wo die Buche fehlt), auf alkalischem Boden, mit *Oxalis acetosella, Prenanthes purpurea, Paris quadrifolia, Lactuca muralis, Salvia glutinosa, Phyteuma spicatum, Actaea spicata, Dentaria enneaphyllos* und anderen. In der Außenzone der Alpen fehlt die Buche im *Piceetum normale* in der Regel nicht, so gibt A i c h i n g e r (Vegetationskunde der Karawanken, Jena 1933, S. 295) für die Karawanken Kärntens folgende Zusammensetzung des *Piceetum excelsae normale* an:

Baumschicht: Picea excelsa, Fagus silvatica, Larix europaea, Abies pectinata;

Strauchschicht: Abies pectinata, Daphne mezereum, Picea excelsa, Fagus silvatica, Lonicera coerulea, Lonicera xylosteum, Sorbus aucuparia, Clematis alpina;

Krautschicht: Charakterarten: Listera cordata, Pirola uniflora, Luzula luzulina, Lycopodium annotinum, Coralliorrhiza trifida, Monotropa hypophegea, Goodyera repens, Galium rotundifolium.

Begleiter: Vaccinium Myrtillus, Hieracium murorum, Oxalis acetosella, Melampyrum silvaticum, Cardamine trifolia, Paris quadrifolia, Pirola secunda, Veronica officinalis, Veronica chamaedrys, Viola biflora, Digitalis ambigua, Rubus saxatilis … Majanthemum bifolium, Homogyne alpina, Helleborus niger, Fraggaria vesca, Sanicula europaea, Lactuca muralis, Polygonatum verticillatum … Ajuga reptans, Pteridium aquilinum, Gentiana asclepiadea, Athyrium filx femina, Prenanthes purpurea, Blechnum spicant, Lycopodium selago, Campanula rotundifolia …

Moosschicht: Hylocomium triquetrum, Hylocomium splendens, Dicranum scoparium, Polytrichum juniperinum, Plagiothecium undulatum, Hylocomium loreum, Hypnum Schreberi … Mnium undulatum.

Im „heidelbeerreichen Fichtenwald", *Piceetum myrtilletosum,* mit *Vaccinium Myrtillus, Aira flexuosa, Polytrichum-* und *Hypnum*arten werden im 100jährigen Bestand Höhen von etwa **25 m** erreicht. S c h a r f e t t e r führt folgendes Beispiel eines „*Piceetum myrtilletosum*" von Blekowa, Karawanken, 1530 m, 100jähriger Bestand, an[1]:

Baumschicht: Picea excelsa, Abies pectinata;

Strauchschicht: Picea excelsa, Betula verrucosa;

Krautschicht: Charakterarten: Lycopodium annotinum, Pirola uniflora, Luzula luzulina, Listera cordata.

Begleiter: Vaccinium Myrtillus, Saxifraga cuneifolia, Aposeris foetida, Vaccinium vitis idaea, Homogyne alpina, Oxalis acetosella, Luzula pilosa,

---

[1] S c h a r f e t t e r R., Pflanzenleben der Ostalpen, Wien 1938, S. 102.

*Luzula nemorosa, Calamagrostis villosa, Veronica officinalis, Melampyrum
silvaticum, Majanthemum bifolium, Luzula silvatica.*

*Moosschicht: Hylocomium triquetrum, Hylocomium splendens, Hypnum
Schreberi, Polytrichum formosum, Hypnum crista castrensis, Sphagnum
acutifolium.*

Vorkommen der Fichtenbestände: Der Fichtenreinbestand ist künstlich,
außerhalb des natürlichen Verbreitungsgebietes, sowohl in Mitteleuropa als
auch in Südosteuropa, häufig angebaut worden (im Südosten zum Beispiel
in den Karpaten und in den Gebirgen Bosniens). Natürlich vorkommende
Fichtenreinbestände oder Bestände mit Fichte als vorherrschender Holzart
finden sich in den Innenalpen, dann in den höheren Lagen unserer Gebirge
sowie in Kältebecken (Frostlöchern), wo die Fichte vielfach in tiefere
Stufen, zum Beispiel in den Karawanken in die Stufe des Buchenklimax,
herabsteigt. Im Jahre 1938 betrug die Waldfläche Österreichs 3,138.000 ha,
davon waren 83 v. H. Nadelholz, die Hauptholzart Fichte. Von der Holz-
bodenfläche Deutschlands vor 1938 (12,6 Millionen ha) nahm das Nadelholz 9 Millionen ein, davon entfielen auf die Fichte 3 Millionen, auf die
Kiefer 5½ Millionen. L. H u f n a g l sagte im Hinblick auf die Verhältnisse in Mitteleuropa einigermaßen mit Recht, daß „Fichte und Kiefer der
Forstwirtschaft in Literatur und Praxis das Gepräge geben"[1].

<h3 style="text-align:center">D e r   W e i ß k i e f e r n b e s t a n d.</h3>

Betriebsart: Im Kiefernbestand ist im allgemeinen der Kahlschlagbetrieb
herrschend geworden. Doch eignet sich die Kiefer (dort, wo die Niederschläge nicht allzu gering oder wenigstens die Böden nicht allzu trocken
sind) auch zur natürlichen Verjüngung. Beispiele von natürlicher Verjüngung der Kiefer (unter Schirm) finden wir unter anderen: Am Alpenostrand südlich von Wien, so in der Forstverwaltung Merkenstein, in Fürst
Khevenhüllerschen Forsten im nordöstlichen Waldviertel; Beispiele von
natürlicher Verjüngung durch Seitenbesamung auf schmalen Kahlschlägen:
Im Weilhardt in Oberösterreich, schließlich auch in manchen Kiefernbauern-
wäldern in Niederösterreich (östlicher Teil). Auch außerhalb Österreichs
sind Beispiele anzuführen, so wird aus dem europäischen Südosten, aus dem
Rhodopegebirge Bulgariens, über rasch erzielte großflächenweise Vollver-
jüngung der *Pinus silvestris* auf Kahlflächen (Brandflächen) berichtet[2]. Auch
in Hannover hat man schon seit Anfang des vorigen Jahrhunderts Kiefernbestände im Wege der streifenweisen Kahlstellung durch Seitenbesamung
natürlich verjüngt, ebenso in manchen preußischen Forstämtern in Nordwestdeutschland, so im Bezirk Lüneburg[3].

Die Lebensverhältnisse der Kiefer entsprechen verhältnismäßig gut den
ökologischen Bedingungen des Kahlschlages, so insbesondere ihre Frosthärte, ihre geringe Empfindlichkeit gegen Hitze und Trockenheit, ihr flug-

---

[1] H u f n a g l L., Die Anwendung der Methoden der Forsteinrichtung..., 1930.

[2] M ü l l e r K. M., Aufbau, Wuchs und Verjüngung der südosteuropäischen Urwälder, Hannover 1929, S. 41 ff.

[3] V a n s e l o w K., Die natürliche Verjüngung im Wirtschaftswald, 1931, S. 218.

fähiger Same. Bei der natürlichen Verjüngung auf schmalen Kahlschlägen durch Seitenbesamung ist Voraussetzung, daß der Boden nur mäßig zu Graswuchs neigt, daß er aber trotzdem wenigstens mittlere Wasserkapazität besitzt. (Die ärmsten, trockensten Sandböden mit Flechten und Hungermoos würden sich nicht eignen.)

Außer auf schmalen Kahlschlägen kann die natürliche Verjüngung der Kiefer auch auf Schirmschlägen, besonders in Streifenschirmschlägen, erfolgen. Der Schirmschlag kann von Vorteil sein, wenn auch die Kiefer nicht so sehr des Schutzes gegen Dürre und Hitze, Frost und Unkraut bedarf, doch muß der Schirm nach der Verjüngung rasch geräumt werden wegen des Lichtbedürfnisses der Kiefer[1]. Ein Vorteil ist dabei die Starkholzzucht an den übergehaltenen, licht gestellten Kiefernstämmen.

Die *Umtriebszeit* im Kiefernbestand beträgt besonders in Klimagebieten, die der Kiefer sehr zusagen, zum Beispiel Nordostdeutschland, sowie im Großbetrieb, wo man auf Erzeugung von Sägeholz hinarbeitet, meist 120 Jahre; beim Lichtwuchsbetrieb (Starkholzzucht mit Unterbau) auch 130 bis 150 Jahre, zur Erzielung von Kiefernwertholz; in Westdeutschland, wo das Klima der Kiefer etwas weniger zusagt, sowie im Kleinbetrieb, wo man sich nicht selten mit Grubenholz und geringem Nutzholz begnügt, weniger, meist um 80 Jahre. Waldbestände mit bis 150jährigem Kiefernwertholz und Unterbaubetrieb sah Verfasser unter anderen im nördlichen Niederösterreich, Forstverwaltung Fohnsdorf, in einem privaten Großbetrieb[2].

Verjüngungsverfahren für die Kiefer: Seit dem Jahre 1920 wurde hauptsächlich für die Wälder Nord- und Mitteldeutschlands der „Kieferndauerwald" empfohlen, für den M ö l l e r ein Vorbild im Privatwald des Kammerherrn v o n K a l i t s c h in Bärenthoren festgestellt hatte. M ö l l e r forderte, man möge im Walde einen Organismus erblicken und den Kahlschlag, den er als Verwüstung des Waldwesens bezeichnete, grundsätzlich verwerfen, weiter möge man alle Eingriffe in die Waldsubstanz, also auch die Holzernte, jedesmal möglichst mäßig vornehmen, also die „Stetigkeit" des Waldwesens als das Gegenteil der Plötzlichkeit walten lassen; er schlug vor, im Interesse dieser Stetigkeit die Holzernte alljährlich auf die ganze Fläche des Wirtschaftswaldes zu verteilen. Die Massenleistung sollte durch Vorratspflege, insbesondere durch stammweise Nutzung der schlechten Stämme und Lichtungszuwachs an den stehenbleibenden besten Stämmen, vermehrt werden. Auch Reisigdeckung des Bodens zur Düngung sowie Buchenunterbau zur Bodenverbesserung wurde empfohlen[3].

Gegen M ö l l e r s Vorschläge wandten andere, vor allem D e n g l e r[4], ein, daß der Wald kein Organismus, kein Lebewesen, sei, weil seine Be-

---

[1] Z e n t g r a f, Kiefernnaturverjüngung im hessischen Forstamt Isenburg, Allg. Forst- u. Jagd-Ztg. 1940. — B e n i n d e, Bedingungen für eine natürliche Verjüngung der Kiefer, Zeitschr. f. Forst- u. Jagdw. 1938, S. 162 ff.

[2] T s c h e r m a k L., Vornutzung und Mehreinschlag in Niederdonau und im Gau Wien, Mitt. d. Akademie d. Dtsch. Forstwissenschaft, 1944, S. 162.

[3] M ö l l e r, Kieferndauerwaldwirtschaft, Zeitschr. f. Forst- u. Jagdw. 1920, S. 4.

[4] D e n g l e r A., Die Stetigkeit des Waldwesens, eine kritische Betrachtung zur Ökologie des Waldes und den Zielen der Wirtschaft, Silva 1928, S. 1.

standteile keine Organe im Sinne dieses Wortes sind, daß vielmehr der
Wald nur eine Lebensgemeinschaft oder Biozönose darstelle. Man kann nun
allerdings auch eine Lebensgemeinschaft vergleichsweise, also im übertragenen Sinne, als einen Organismus bezeichnen, M ö l l e r hat, worauf
L e m m e l („Die Organismusidee in M ö l l e r s Dauerwaldgedanken“, Berlin
1939) wohl mit Recht hinwies, den Ausdruck „Organismus“ nicht wörtlich,
sondern im übertragenen Sinne gemeint. Weiter wurde von D e n g l e r
und anderen eingewendet, daß man die an sich gute Forderung der Stetigkeit, auch wenn man kein Freund des Kahlschlages ist, nicht übertreiben
dürfe, denn diese Forderung der Stetigkeit stehe in vielen Fällen im Wider-
streit mit dem Wirtschaftsziel einer zweckmäßigen Ernte: Es ist, mit Rücksicht auf die Bringungsverhältnisse, Zersplitterung des Hiebes und dergleichen, nicht in allen Waldungen wirtschaftlich durchführbar, jährlich auf
der ganzen Fläche baumweise zu ernten. Auch ist die Untersuchung, ob
die Massenleistung des Dauerwaldsystems in Bärenthoren wirklich anderen
Wirtschaftsverfahren überlegen sei, durch genaue Zuwachsermittlungen auf
lange Sicht fortzusetzen[1]. Es werden also bloß die Übertreibungen der
„Dauerwaldbewegung“ abgelehnt, andererseits wird zugegeben, daß unter
Umständen auch im Kiefernwald der Kahlschlag zu entbehren und durch
Besseres, nämlich durch natürliche Verjüngung, zu ersetzen sei. Diese Umstände betreffen Klima und Boden. Wo beides ungünstig, zu trocken ist,
dort ist die natürliche Verjüngung nicht mit befriedigendem Erfolg erreichbar, denn die heutige Nutzholzwirtschaft muß auf Astreinigung Gewicht
legen, und nur eine geschlossene Kiefernverjüngung, sozusagen aus „einem
Guß“, gibt Aussicht auf Erziehung astreinen, wertvollen Kiefernholzes,
hingegen würde eine lückige, unregelmäßige natürliche Verjüngung den
wirtschaftlichen Zielen nicht entsprechen, da sie ästiges Holz geben würde.
In Bärenthoren ist der Boden ein Sand mit verhältnismäßig reichem Feinerdegehalt. In Nordostdeutschland handelt es sich häufig um feinerdearme
Sandböden und noch dazu um sehr geringe Niederschläge. Da würden oft
nur lückige Verjüngungen erzielbar sein. Östlich der Elbe sind mindestens
500.000 ha Kiefernbestände geringer Güteklasse; das Gebiet hat Niederschläge von weniger als 570 mm, meist weniger als 550 mm durchschnittlich
jährlich; die Sommertemperaturen sind meist hoch, die relative Luftfeuchtigkeit gering. Dieses Gebiet schlechter Wälder zieht sich durch die Lausitz,
Nordwestschlesien, südliche Grenzmark und die Tucheler Heide bis an den
Südrand von Ostpreußen[2]. Doch hat das Beispiel von Bärenthoren auf-
rüttelnd auf die norddeutsche Kiefernwirtschaft gewirkt und Anregungen
zum Streben nach einer mehr naturgemäßen Bewirtschaftung der Kiefernwälder und zu einer stärkeren Vorrats- und Bodenpflege gegeben, die Vorratspflege besteht dabei in der Auslese und Pflege der besten Stämme,
rechtzeitigem Aushieb minderwertiger. Für Österreich können wir aus der
Dauerwaldbewegung unter anderem folgendes lernen: Hier ist die Kiefer,

---

[1] K r u t z s c h, Bärenthoren 1924, Neudamm 1926; K r u t z s c h und W e c k,
Bärenthoren 1934, Neudamm 1935.
[2] W i e d e m a n n, Die schlechtesten ostdeutschen Kiefernbestände, 1942.

da bei ihr schlechte Stammformen häufiger vorkommen, noch viel pflege-
bedürftiger als unsere Hauptholzart Fichte. Fichten pflegen ohnehin gerad-
schaftig zu erwachsen, das Holz der Fichtenstämme kann wohl auch entwertet werden, besonders durch Ästigkeit infolge unvollkommenen Bestandesschlusses, durch Schäden infolge von jahrelangem Vieh- und Wildverbiß,
Schälung durch Hochwild im Stangenholzalter und dergleichen; in Kiefernbeständen (auch in Österreich) sind aber schlecht geformte, krumme und
astige Stämme viel häufiger, eine Vorratspflege von Jugend an wäre also
in den Kiefernbeständen (oder Mischbeständen mit Kiefer) noch wichtiger.

Beim *Schirmschlagbetrieb der Kiefer* hat die Überschirmung durch das
Kronendach der Mutterbäume noch den Zweck, starken Unkrautwuchs,
der für die Verjüngung sehr nachteilig ist, hintanzuhalten. Sobald Jungwuchs vorhanden ist, muß rasche Nachlichtung mit Rücksicht auf das Lichtbedürfnis der Kiefer erfolgen. Die Samenbäume zur Ausnützung des Lichtungszuwachses längere Zeit stehenzulassen, empfiehlt sich nur auf besseren Böden und dann in sehr lichter Stellung. Weist die Verjüngung Fehlstellen auf, so ist nicht lange auf vollständigen Anflug zu warten, sondern
lieber durch Saat oder Pflanzung nachzuhelfen. Denn lückige Verjüngungen
sind (wegen Ästigkeit) nicht erwünscht. In Mitteleuropa ist der Schirmschlagbetrieb bei der Kiefer keineswegs häufig, aber doch an einzelnen
Orten in Anwendung, so hat R e b e l über seine erfolgreiche Durchführung
in Waldungen von Niederarnbach, Bayern, berichtet. Unter den klimatischen Verhältnissen der nordischen Reiche, Schweden, Finnland, ist die
natürliche Verjüngung bei der Kiefer und auch der Großschirmschlagbetrieb
weit verbreitet. Auch die Bärenthorener Wirtschaft stellt eine besondere
Art des Großschirmschlages dar[1].

Die *künstliche Verjüngung* bei der Kiefer erfolgt entweder durch Saat
oder durch Pflanzung, letztere wird insbesondere auf gras- und unkrautwüchsigen Böden und auf losen Sanden vorgezogen. Saaten sind in höherem Maße als Pflanzungen von der Witterung abhängig und der Gefahr
des Austrocknens ausgesetzt, selbst Kiefernsaaten sind in trockenen Jahren
und auf trockenen Böden durch Dürre gefährdet, immerhin ist bei der
Kiefer die Saat häufiger als bei der Fichte oder Tanne üblich: dies hängt
mit dem rascheren Jugendwuchs, der rascheren Überwindung der Jugendgefahren zusammen. (In früheren Zeiten war bei der Kiefer „Zapfensaat"
in Anwendung, doch ist sie wegen großen Zapfenbedarfs teuer, die Zapfen
öffnen sich nur bei trockener warmer Witterung, sie fällt leicht ungleichmäßig aus; gegenwärtig sät man unter Anwendung entflügelten Samens.)
Beim Anbau hochprozentig keimenden Samens kann man bei Kiefernsaat
mit einer kleinen Samenmenge je Hektar auskommen; hochprozentiges
Saatgut ist nötig, denn nach H a a c k s Untersuchungen steigt bei hohem
Keimprozent das Pflanzenprozent rascher an. Für den staatlichen Kleng-
betrieb in Norddeutschland ist daher die Ausbringung eines Kiefernsaat-
gutes von mindestens 85 v. H. Keimkraft vorgeschrieben. Von solchem
Samen braucht man bei Streifensaat (Aussaat in der Streifenmitte) 2,5 bis

---

[1] V a n s e l o w, Natürliche Verjüngung im Wirtschaftswald, 1931, S. 195.

3 kg je Hektar, bei einliniger „Drillsaat" (Maschinensaat) in der Streifenmitte unter günstigen Verhältnissen (in manchen preußischen Forstämtern) gar nur 1,5 kg je Hektar (zum Vergleich sei der Samenbedarf für Fichte, etwa 5 kg, und Tanne, 20 bis 30 kg, angeführt). Bei der Streifensaat wird die Verwendung des Eckertschen Waldpfluges zur Entfernung des Bodenüberzuges und zur Lockerung meist dem Behacken der Saatstreifen vorgezogen, und zwar der geringen Kosten wegen. Dieser Pflug stellt eine etwa 40 cm breite und 10 cm tiefe, also flache „Furche" her, die den Streifen für die Kultur bildet. Die flach arbeitenden Pflüge haben doppelseitige Streichbretter, die nach jeder Seite eine Scholle umlegen. Unter schwierigeren Kulturbedingungen, insbesondere bei stärkerem Unkrautwuchs, ist der *Vollumbruch* der billigen Waldpflugkultur überlegen. Die Beseitigung der Bodenvegetation ist nämlich das wichtigste Mittel, um den Wasserhaushalt auf den Sandböden zu verbessern. Denn der Feuchtigkeitsgehalt der Sandböden in den oberen Schichten ist wegen seines starken Sinkens in der Vegetationsperiode der entscheidende Faktor für das Gelingen der Kultur. Die Motorisierung des Vollumbruches ist weniger kostspielig als die Arbeit mit Gespann[1]. Auf gras- und unkrautwüchsigen Böden ist von der Begründung an ein dichter, gleichmäßiger Schluß die Hauptsache. Streifenweise Bodenbearbeitung genügt dazu nicht. Bei geringeren Ertragsklassen mit unkrautfreien Böden dagegen fallen die Unterschiede der Bodenbearbeitung nicht ins Gewicht, dagegen sind dort die Unterschiede zwischen Saat und Pflanzung groß. Kiefernsaaten auf geringen Böden in niederschlagsarmen östlichen Gebieten pflegen sehr unsicher zu sein, wegen der Trockenperioden im Frühjahr. Unter solchen Verhältnissen ist die Kiefer zu pflanzen.

Bei der Kiefernzucht im unteren Rheintal Badens wurden (1936) mitunter noch zur Saat bis 8 kg Kiefernsamen je Hektar verbraucht, dortige zuständige Stellen hoben hervor, daß Preußen unbedingt über die größeren Erfahrungen in der Kiefernnachzucht verfüge und mit sehr guten Erfolgen kaum über 2,5 bis 3 kg Samen je Hektar, „in gewissen Gegenden nur 1 bis 1,5 kg je Hektar", verwende.

Bei ungünstigen Bodenverhältnissen kann außer der Streifensaat auch Plätzesaat in Betracht kommen. Doch sind auf den bearbeiteten Streifen die Pflanzen weniger gedrängt. Gegen Windverwehung können Saaten als Roggen- oder Haferschutzsaaten geschützt werden. Wegen der Neigung der Kiefer zur Breitkronigkeit und Astigkeit müssen die Kiefernsaaten dicht sein, in dem aus der Saat hervorgegangenen Aufwuchs stehen wohl anfangs 50.000 bis 100.000 Kiefernpflanzen auf 1 ha. Zur Ausnützung der Winterfeuchtigkeit soll die Kiefernsaat in den tieferen Lagen Mitteleuropas bis zum 31. März beendet sein.

---

[1] W a g e n k n e c h t, Über den Einfluß verschiedener Bodenbearbeitungsverfahren auf das Wachstum der Kiefernkulturen, Zeitschr. f. Forst- u. Jagdw. 1941, S. 297, 369, 385. — L u b i s c h H., Motorisierung und Organisation des Vollumbruchbetriebes im Oberforstmeisterbezirk Frankfurt-Küstrin, Forstarchiv 1941, S. 1 ff. — K r a h l - U r b a n, Kiefernkulturversuchsflächen aus polnischer Zeit im Forstamt Schönfeld, Forstarchiv 1944, S. 45—54.

Pfanzung: Bei der Pflanzung kann man auch bei der Kiefer das Gelingen durch sorgfältige Kulturausführung besser sichern als bei der Saat. Die Pflanzung der Kiefer erfolgt meist mit unverschulten ein- bis zweijährigen Pflanzen (also anders als bei der Fichte). Nur bei Kulturen auf sehr graswüchsigen Flächen (ohne Vollumbruch) sowie bei Nachbesserungen ist die Verwendung stärkerer Pflanzen angezeigt, für diese Zwecke dienen verschulte Pflanzen. Auf Standorten mit besonders starker Verunkrautung verwendet man (auch in Norddeutschland) dreijähriges, auch vier-, selten fünfjähriges Pflanzenmaterial. In solchen Fällen kann sich auch die

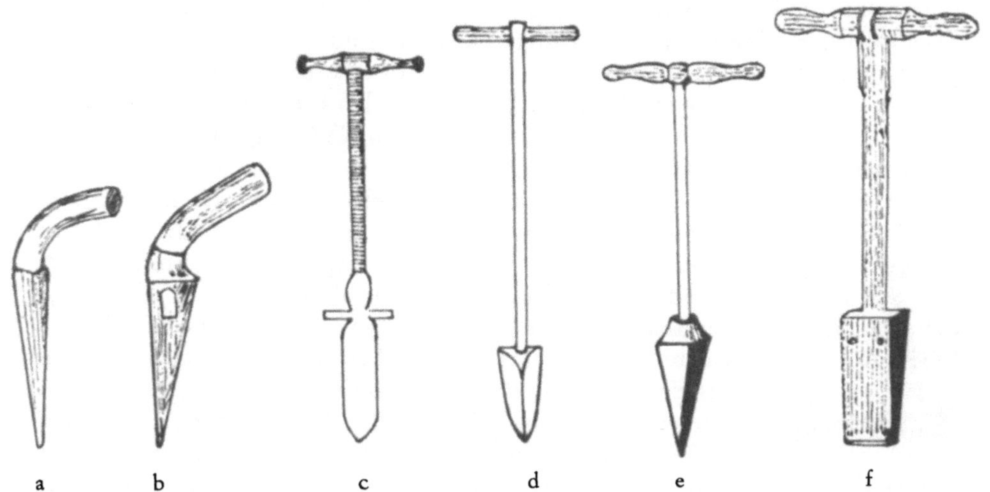

Abb. 78. Geräte zur Klemmpflanzung. a) Setzholz, b) Buttlarsches Pflanzeisen, c) Pflanzlanze (Stiel und Griff aus Holz, Eisenschuh mit Tritt), d) Pflanzeisen (dreiflügelig, mit Eisenstiel und Holzgriff), e) Wartenbergs Stieleisen (Eisenstiel, Holzgriff), f) Keilspaten (Holz mit eisernem Schuh, mit Stahlschneide).

im Erfolg sehr gute, aber meist zu teure Ballenpflanzung empfehlen. Die Kosten dieser werden besser tragbar, wenn die Übertragung der Ballenpflanzen nur auf geringe Entfernung stattzufinden braucht.

Klemmpflanzung: Auf leichten Böden wird als wohlfeiles Verfahren mit ein- bis zweijährigen Kiefernsämlingen die Klemmpflanzung mit folgenden Werkzeugen (Abb. 78) angewandt: Pflanzdolch, Setzholz, Keilspaten, Buttlareisen, Spitzenbergs Pflanzholz, Wartenbergs Stieleisen, Pflanzspaten. Die Klemmpflanzung arbeitet rasch und billig, doch ist nur auf leichten Böden die damit verbundene Mißbildung des Wurzelsystems eine geringere.

Pflanzverband: Man wendet bei der Kiefer meist Pflanzung im Reihenverband an, und zwar in engerem Verband als bei der Fichte, wegen der Neigung der Kiefer zu Breitkronigkeit und Astigkeit bei freiem Stand. Die Pflanzenzahl bei Kiefernpflanzung beträgt daher (wenn sie auch geringer ist als in dem aus Saat hervorgegangenen Aufwuchs) immer noch 10.000 bis 20.000 je Hektar (bei Fichtenpflanzung dagegen nur 4000 bis

7000). Der Reihenabstand ist gewöhnlich etwa 1,3 m bis 1 m, die Pflanzen-
entfernung in den Reihen bei einjährigen Pflanzen 0,35 bis 0,5 m (größere
Jugendgefährdung, mehr Abgang), bei zweijährigen 0,5 bis 0,7 m. Auf
Böden mit starker Grasnarbe ist auch für die Pflanzung die Bodenbearbeitung (in der Ebene am besten motorisierter Vollumbruch) aus den bereits
angegebenen Gründen wichtig. Nach K r a h l - U r b a n genügt streifenweise
Bodenbearbeitung nicht, auch nicht bei mehr als 40 cm Breite der Pflanzstreifen, Vollumbruch bewährte sich wesentlich besser.

Gefahren für Kiefernjungwüchse: Eine „Kinderkrankheit" der Kiefernsaaten und Kulturen wird durch den Schüttepilz, *Lophodermium Pinastri,*
hervorgerufen. Zwei- und dreijährige Kiefern sind durch ihn am meisten
gefährdet, Gegenmittel ist Bespritzen mit Bordelaiser Brühe, was immerhin kostspielig ist, da das Wasser zugeführt werden muß. Außerdem schadet
Dürre, besonders einjährigen Sämlingen in Trockenjahren und auf
trockenen Böden sowie bei Konkurrenz durch Bodenvegetation, ein Vorbeugungsmittel gegen Dürre ist rechtzeitiges Hacken, vor allem während
Trockenperioden (Wasserwirtschaft!) notfalls mehrmals, nicht erst im
Herbst. (Auch die Beseitigung der Bodenvegetation durch Vollumbruch
vor der Bestandesgründung dient dem gleichen Zweck, ebenso die Pflege
der Kulturen zur Freihaltung von Unkraut solange, bis die Kiefer die
Oberhand gewonnen hat.) Das rechtzeitige oberflächliche Bodenbehacken
erspart die Nachbesserung, weil durch Unterbrechung der kapillaren
Wasserleitung an die verdunstende Oberfläche der Wasserhaushalt verbessert wird, in den Kiefernkulturen des badischen Rheintales zählt daher
das Hacken zu den alljährlich vorzunehmenden Kulturpflegearbeiten. Auf
besseren Böden ist auch Graswuchs gefährlich, er wird gleichfalls durch das
Behacken bekämpft, dann schaden Engerlinge, Wildverbiß, Rüsselkäfer.

Bestandesentwicklung und Erziehung: Das Wachstum des Kiefernbestandes ist schon in den ersten Jahren recht energisch, unter günstigen Standortsverhältnissen kann schon im Alter von 5 bis 6 Jahren der Bestandesschluß
erreicht werden. Bei mangelnder Feuchtigkeit oder sonstigen Schäden wird
aber dieser Zeitpunkt etwas hinausgeschoben. Sonst kann im etwa achtjähri-
gen Alter Dichtschluß erreicht werden. Das Höchstmaß des Höhenzuwachses
ist früher als bei der Fichte festzustellen, etwa schon im Alter von 10 bis
20 Jahren. Auf guten Standorten werden dabei Jahrestriebe von 60 cm
und mehr erreicht. Im jüngeren Stangenholzalter weist auch der Kiefernbestand dichten Schluß auf, der Boden ist gut überschirmt, die Einwirkung auf ihn durch Beschattung und reichlichen Nadelabfall ist eine
günstige. Nach Eintritt des Bestandesschlusses ist dichter Horizontalschluß
erwünscht, die Kiefernkultur muß zur Erzielung von Astreinheit „aus
einem Guß" sein. Die in der Dickung einsetzende „Säuberung" im Sinne
S c h ä d e l i n s [1] besteht im Protzenaushieb, um wertvolleren feinastigen
Bestandesgliedern zu helfen (durch Begünstigung der Feinastigen erzieht

---

[1] S c h ä d e l i n, Die Auslesedurchforstung als Erziehungsbetrieb höchster Wertleistung, Bern und Leipzig 1942.

man „Schneideware", also tadellose Abschnitte, Tischlerware), weiter besteht sie im Einstutzen von Vorwüchsen.

Im gedrängten Stand erwachsenes Kiefernstangenholz ist durch Schneebruch sehr gefährdet. Aber auch abgesehen von Schneebruchschäden, tritt im späteren Stangenholzalter eine Lockerung des Kiefernbestandes infolge des großen Lichtbedürfnisses ein. Die herrschenden Bestandesglieder bringen durch Lichtentzug den Nebenbestand zur Ausscheidung. Auch der Wurzellöcherpilz, *Trametes radiciperda*, und der Hallimasch, *Agaricus melleus*, tragen zur Bestandeslockerung bei. Sie tritt auf günstigen Standorten später ein als auf armen, flachgründigen Böden. Die *Bestandeserziehung* beschränkt sich solange auf die Niederdurchforstung, bis der Bestand auf 8 bis 10 m Höhe astrein geworden ist, erst von da ab erfolgt scharfer Kronenfreihieb der Zukunftsstämme. Kiefernaltholzbestände sind meist sehr licht, teils infolge Absterbens unterdrückter Stämme, teils durch die Wirkung von Pilzschäden, wie Kiefernbaumschwamm *(Trametes pini)* und anderer. Nach vollzogener Astreinigung kann dort, wo genügend viele gute Bestandesglieder zur Erzielung von Kiefernwertholz vorhanden sind, noch *Kiefernlichtwuchsbetrieb* in Frage kommen, und zwar immer nur in Verbindung mit einem Unterstand[1]. Die Massenerzeugung von Kiefer und Unterstand zusammen ist dabei höher als die des Kiefernreinbestandes, „der Unterstand fängt das Absinken des Kiefernzuwachses auf". Wenn die Zahl der guten Bestandesglieder groß genug ist, wendet man *Unterbaubetrieb* für ausgesprochene „Schneidholz"-Bestände an. Ist dagegen im Bestande der Anteil an hochwertigen Stämmen geringer, aber die Ertragsklasse noch immer sehr gut (I. oder I./II.), so empfiehlt sich der *Überhaltbetrieb* (mit 25 bis 50 Überhältern je Hektar, die man in den neuen Bestand einwachsen läßt). Er wird in der Regel im Alter von 80 bis 100 Jahren eingeleitet, der Schwerpunkt der Werterzeugung liegt beim Überhaltbetrieb im Unterstand, hingegen beim Unterbaubetrieb bei der Kiefer selbst. Der Lichtungszuwachs ist bei der Kiefer geringer als bei der Buche. Ausschlaggebend ist die Verlagerung des Zuwachses auf die Qualitätsstämme.

Beim *Unterbaubetrieb* beginnt man mit etwa 40 Jahren, dreimal im Jahrzehnt wiederkehrende Durchforstungen entnehmen jeweils 30 bis 50 fm Derbholz je Hektar, eine Bestockung von 0,6 erscheint unter mittleren Verhältnissen als angemessen. Für den Unterbau kommen als Holzarten in Betracht: Buche[2], Hainbuche, Traubeneiche, Linde, Ahorn, Edelkastanie. Bei Gefahr von Ausfällen (durch Hallimasch, Kienzopf, Schwamm) können zum Unterbau, wo es die Standortsverhältnisse erlauben, als wertschaffende Holzarten („Rückversicherung") gewählt werden: Fichte, Douglasie, Strobe, Tanne. Der Kiefernunterbaubetrieb erfordert hohe Umtriebszeiten, 130 bis 150 Jahre (Abb. 79), nur so ist Kiefernwert-

---

[1] A b e t z, Dtsch. Forstwirt 1943.

[2] Z e n t g r a f E., Der Buchenunterbau in Kiefernbeständen, Allg. Forst- u. Jagd-Ztg. 117, 1941, S. 205—213.

holz erzielbar, andererseits kann auch nur so der Unterstand mit seinem Zuwachs zur Geltung kommen.

Beim *Kiefernüberhaltbetrieb* brauchen die Überhälter keine zweite Umtriebszeit auszuhalten; denn ab etwa 8 m Jungwuchshöhe sind die Überhälter, falls sie vor der Fällung geästet werden und Anrücklinien eingelegt sind, gut herausziehbar. Die *Starkholzzucht* durch Unterbaubetrieb oder durch Überhaltbetrieb ist bei Kiefer *auf den besten Güteklassen erwünscht,* denn die Kiefer ist ein Baum mit Kernholz, die Verkernung steigt mit dem Alter. Bekannt ist als solcher Betrieb jener im Bamberger Hauptmoorwald. Auch im Gemeindewald Eberstadt bei Darmstadt wird „seit einigen Jahrhunderten der Kiefernüberhaltbetrieb planmäßig geübt". B a a d e r hat die Wuchsleistungen dieses Betriebes mit denen des einstufigen Hochwaldbetriebes verglichen[1]. Nach ihm darf man den Überhaltbetrieb nicht deshalb verurteilen, weil ein Ertragsausfall im Grundbestand vorliege, denn dieser Ausfall werde unter entsprechenden Standortsverhältnissen (Eberstadt) mehr als wettgemacht durch die Überhälter als die wertvollsten Erzeugnisse der Bestockung. Der Überhaltbetrieb ist also auf besseren Standorten dem einstufigen Hochwald überlegen.

Abb. 79. 153jähriges Kiefernwertholz mit Unterstand von Eichen, Forstamt Hangelsberg a. d. Spree (Aufn. H. M e l z e r).

Gefahren im Stangenholz- und Baumholzalter: Auf die Schneebruchgefahr, besonders im Stangenholzalter, wurde schon hingewiesen. Von Pilzerkrankungen ist besonders der Kienzopf zu nennen. Durch Windwurf ist die Kiefer infolge ihrer tiefreichenden Bewurzelung zumeist nicht gefährdet. In der trockenen Jahreszeit ist im Kiefernbestand mit leicht entzünd-

---

[1] B a a d e r, Der Kiefernüberhaltbetrieb, Schriftenreihe der Akademie d. dtsch. Forstwissenschaft, 1941.

licher Bodendecke die Waldbrandgefahr zu beachten, meist entstehen
Lauffeuer (in älteren Kiefernbeständen haben die Bäume eine dicke Borke).
Unter den Insekten schaden ihr besonders die Raupen des Kiefernspinners
(Dendrolimus pini), gegen ihn ist der Leimring erfolgreich, weiter schaden
der Kiefernspanner *(Bupalus piniarius)* und die Kieferneule *(Panolis piniperda)* sowie die Nonne. Wo unentrindetes Kiefernholz im Walde lagert,
dort vermehrt sich häufig der große Kiefernmarkkäfer oder Waldgärtner
(Myelophilus piniperda), der junge Triebe aushöhlt, die dann abbrechen
und den Boden bedecken, so daß die Kronen wie beschnitten aussehen.

Waldtypen der Kiefernbestände: Die anspruchslose Kiefer besiedelt
auch die schlechtesten und trockensten Böden. Die geringsten Massenerträge
und die schlechtesten Wuchsformen zeigt sie entweder auf groben, durchlässigen Sanden oder auf ähnlichen Schotterböden. So finden sich zum
Beispiel außerordentlich verkrüppelte Kiefern auf Schotterflächen im
Oberinntal und Ötztal Tirols (daneben aber im gleichen Gebiet Bestände
gut geformter Kiefern auf günstigeren Böden). Schlechten Wuchs der
Kiefer kann man auch auf Dünen und auf durchlässigen, feinerdearmen
Sanden finden. A l b e r t[1] (Eberswalde) hat grobkörnige Diluvialsande in
der Niederlausitz im Waldgebiet der Standesherrschaft Lieberose untersucht, die dortigen schlechtesten Böden (vom Volke „Sibirien" genannt)
tragen kümmerliche Kiefern auf wasserdurchlässigem Grobsand (laut
Schlämmanalyse 93 bis 94 v. H. Grobsand der Korngröße 2 bis 0,2 mm).
Bei 10 v. H. Feinerdegehalt dagegen ist bereits Waldwuchs gesichert,
wenn auch mit Renntierflechten *(Cladonia*-Arten) als Standortspflanzen.
Durch lange fortgesetzte starke Streunutzung wurde nicht selten auf
armem Sandboden im Kiefernwalde die Güteklasse weiter herabgedrückt,
in den Alpen auf trockenen, sonnseitigen Kalkböden auch durch Weidebetrieb. Auf solchen Standorten fünfter Klasse (also geringster Güte) sind
dann oft die 100jährigen Kiefernbestände nur etwa 10 bis 12 m hoch, flach-
kronig, flechtenbedeckt, schütter benadelt. Die Standortspflanzen sind
Cladonia- und *Dicranum*-Arten, *Leucobryum,* Preißelbeere, Angergräser,
Calluna vulgaris, auf Kalk *Erica carnea;* Wacholder.

Bei Bodenverschlechterung tritt Kiefer an die Stelle der ursprünglichen Holzarten. So waren im Weilhardt, Oberösterreich, auf quarzreichen Schottern der Moränen des Salzachgletschers in früheren Jahrhunderten Eichen und Buchen häufig, wie Namen von Waldorten beweisen.
Streunutzung und Waldverwüstung durch Kriegsbrände des 13. Jahrhunderts verschlechterten den Boden, heute herrscht Kiefernbestockung mit
Fichte als künstlich eingebrachtem Nebenbestand, die Standortspflanzen
mancher Bestände sind *Spagnum-* und *Cladonia*-Arten, *Calluna vulgaris,*
Vaccinium Myrtillus und *Vitis idaea*[2].

Aus den Karawanken beschrieb A i c h i n g e r (Vegetationskunde der

---

[1] A l b e r t, Zeitschr. f. Forst- u. Jagdw. 1924.
[2] T s c h e r m a k L., Verbreitung der Rotbuche in Österreich, Wien 1929, S. 57.

Karawanken) Föhrenwälder mit *Erica-carnea*-Unterwuchs, also das „*Pinetum silvestris ericetosum*", auf trockenen, schotterigen Anschwemmungen, auf Halden, auf brüchigem Dolomit- und Kalkfelsen. A i c h i n g e r sieht sie als Pionier- und Dauergesellschaft an. (Pioniergesellschaften sind Erstbesiedler, die den Boden allmählich verbessern; Dauergesellschaften nach B r a u n - B l a n q u e t [1] solche, die den Endzustand, den Klimax, noch nicht erreicht haben, aber trotzdem aus irgendeinem Grunde sehr lange unverändert ihre soziologische Individualität beibehalten.)

Weiter unterscheidet A i c h i n g e r in der Hügelstufe auf mageren Silikatböden den heidelbeerreichen Föhrenwald, also das *Pinetum silvestris myrtilletosum* mit der *Calluna-vulgaris*-Subassoziation. Auch der heidelbeerreiche Weißföhrenwald bewohnt ähnlich wie die Callunaheide geringere Waldböden, meist findet er sich auf mageren Silikatböden.

In *mittelguten Typen*, auf Böden mit etwas mehr Feinerde, Feinsand oder mit für die Wurzeln erreichbarem Grundwasser, erreichen die Kie-

Abb. 80. Kiefern im Mischbestand mit Tannen, Buchen, Lärchen im westlichen Wienerwald, Altlengbach, Soosberg (Aufn. H. M e l z e r)

fernbestände mit 100 Jahren schon 20 bis 25 m Scheitelhöhe, Standortspflanzen sind *Hypnum*-Arten, *Aira flexuosa, Vaccinium Myrtillus*. Auf den *besten Standorten* beträgt die Höhe des Kiefernbestandes im 100jährigen Alter 30 m und mehr, im Unterwuchs finden sich Himbeere und Brombeere, süße Gräser, in Lücken reichlich Sträucher, wie Schlehe, Haselnuß, Weißdorn. Die Gesamtmassenleistungen (an Derbholz und Reisig, einschließlich der Vorerträge) betragen im Alter von 100 Jahren je Hektar bei voller Bestockung (nach S c h w a p p a c h) in Norddeutschland für die erste Güteklasse 900 fm, für die mittlere (dritte) rund 600 (laut Ertrags-

---

[1] B r a u n - B l a n q u e t, Pflanzensoziologie, 1928, S. 277.

tafel 624) fm, für die fünfte 350 fm, die Erträge sind also wesentlich kleiner als die der Fichte.

In Mischung mit anderen Holzarten tritt die Weißkiefer auch auf guten lehmigen Böden von Natur aus auf, zum Beispiel im westlichen Wienerwald: Auf lehmigen Flyschverwitterungsböden Tanne, Buche, Weißkiefer, Lärche, Scheitelhöhen in den besten Beständen von mehr als 30 m, Begleitpflanzen jene des Buchen-Tannen-Waldes guter Standortsklasse, Waldmeister, Sauerklee, Sanikel. Die Ursprünglichkeit des Vorkommens der genannten Mischholzarten, auch der Kiefer und Lärche, ist dort geschichtlich erwiesen. Reine Kiefernbestände auf Lehmboden mögen, wie D e n g l e r angibt, Kunstgebilde sein; von der Kiefer als Mischholz gilt dies in gewissen Klimagebieten nicht.

In Bulgarien hat R u s k o f f in Weißkiefernwäldern eines Reviers der West-Rhodopen (in einem Gebiet mit ziemlich kleinen Minimalniederschlägen und verhältnismäßig hohen Temperaturen) die Bestandestypen ertragskundlich und pflanzensoziologisch untersucht, dabei stellte er fest, daß die Bonität in folgender Reihenfolge sinkt: Von den Beständen mit *Vaccinium Myrtillus* als Hauptleitpflanze über solche mit *Vacc. vitis idaea* zu jenen mit *Arctostaphylos uva ursi*[1].

Vorkommen der Kiefernbestände: In Österreich finden sich Kiefernbestände besonders im Osten, im Burgenland und im östlichen Niederösterreich und Steiermark; in den Zentralalpen (Tirol, Kärnten) sind auf ansehnlichen Flächen auf trockenen Schotterböden fast reine Kiefernwälder. In den Kalkalpen ist sie besonders auf trockenen Sonnseiten. Im niederösterreichischen Waldviertel finden wir die Kiefer in der Regel als Mischholzart. In Südosteuropa ist der Weißkiefernwald gleichfalls verbreitet, so bedeckt sie als Hauptholzart das ganze tiefere Rhodopegebirge in Bulgarien in reinen (und mit Fichte gemischten) Beständen.

In Norddeutschland ist der Kiefernbestand die verbreitetste Bestandesart, sein Hauptvorkommen ist dort östlich der Elbe, auch in großen Reinbeständen oder fast reinen Beständen mit eingesprengten Birken und Aspen. Sie findet sich dort hauptsächlich auf ärmeren, trockeneren Diluvialsanden sowie auf anderen Sandböden. Im Westen und Süden Deutschlands dürfte es sich, wo die Kiefer vorkommt, ursprünglich um Mischbestände gehandelt haben (oft sind auch gegenwärtig Mischbestände vorhanden). Wie schon K. G a y e r hervorhob (Waldbau, 1898), hat der Kiefernbestand seit einigen Jahrzehnten eine überaus starke künstliche Verbreitung erfahren. Die Anspruchslosigkeit der Kiefer an den Standort, die reiche Samenerzeugung, der Rückgang vieler Waldböden hinsichtlich ihrer Erzeugungsfähigkeit, die Wohlfeilheit und Einfachheit ihres Anbaues und die große Nachfrage nach Nadelholz sind die hauptsächlichen Ursachen dieser Erscheinung. Dabei hat sie auch manchem Ödland die Bestockung gegeben, das ohne sie Ödland geblieben wäre.

---

[1] R u s k o f f M., Studium der Bestandestypen in den Nadelwäldern Bulgariens. Zweiter Beitrag. Jahrb. d. Univ. Sofia, Land- u. forstw. Fakultät 14, Buch 2. S. 125—168, 1936. Mit dtsch. Zus.

Der Tannenbestand.

Betriebsart: Die Bewirtschaftung der Tanne paßt sich ihren biologischen Eigenschaften an: Wegen ihres Schutzbedürfnisses in der Jugend, ihrer Empfindlichkeit gegen Frühjahrsfröste und gegen Hitze eignet sie sich nicht gut für den Kahlschlagbetrieb, dagegen ist sie durch ihre Fähigkeit, Schatten zu ertragen, für die natürliche Verjüngung unter Schirm, der ihr Schutz gewährt, ganz besonders geeignet. Es kommen also bei ihr Betriebsarten mit natürlicher Verjüngung unter Schirm in Anwendung: Der Femelschlag-, der Schirmschlag- und der Plenterbetrieb, auch der Schirmkeilschlag (meist für Mischbestände anwendbar) und der Wagnersche Blendersaumschlag können in Frage kommen.

Für den Plenterbetrieb und Femelschlag ist die Tanne wegen ihrer Schattenfestigkeit besser als andere Holzarten des mitteleuropäischen und des südosteuropäischen Waldes geeignet. In der Hauptsache fällt auch das Anwendungsgebiet des Plenterbetriebes mit dem Verbreitungsgebiet der Tanne (insbesondere mit den Gebieten des besten Gedeihens der Tanne) zusammen. Wir finden einen sorgfältig durchgebildeten Plenterbetrieb in tannenreichen Wäldern der Alpenaußenzone in der Schweiz (Emmental, Schwarzenecktal, Traverstal mit den berühmten Plenterwäldern von Couvet), auch in Teilen des badischen Schwarzwaldes ist der Plenterbetrieb zu Hause: Forbach, Wolfach, besonders in kleineren Privatwaldungen, dann in tannenreichen Wäldern der Alpenrandgebirge Österreichs, so im Bregenzer Wald Vorarlbergs. Ein im Schrifttum öfter erwähntes Beispiel des Plenterbetriebes aus dem europäischen Südosten ist der Gottscheer Forst in Jugoslawien, mit Tannen-, Buchen-, Fichtenbeständen (dort zwingen weniger günstige wirtschaftliche Bedingungen zu einer verhältnismäßig extensiven Wirtschaft mit höherem Einschlag auf einmal, also längerer Umlaufszeit)[1]. Ein vorzüglicher Kenner des durchgebildeten arbeitsintensiven schweizerischen Plenterbetriebes, B a l s i g e r, sagt mit Recht in einer Schrift über den Plenterwald[2], daß wohl auch Buche und Fichte längere Zeit Schatten ertragen, aber es gehe ihnen die Fähigkeit ab, nachträglich die verkümmerte Schattenform mit einer vollkommeneren zu vertauschen; diese Haupteigenschaft der Plenterholzart besitze einzig die Weißtanne, sie ertrage auch stärkere Beschattungsgrade, allerdings bei sehr langsamer Jugendentwicklung, doch sei sie nach eingetretener Freistellung imstande, dann einer normalen Ausbildung und der höchsten Massenleistung zuzustreben. Nach B a l s i g e r muß man das Verhalten der Weißtanne in ihrem natürlichen Verbreitungsgebiet beobachtet haben, um sich einen richtigen Plenterwald vorstellen zu können. Der schweizerische Plenterbetrieb sorgt dafür, daß der Zuwachs auf den auserlesenen, wertvollen Teil des Bestandes konzentriert wird.

---

[1] H u f n a g l L., Des Plenterwaldes Wirtschaftsziel, Normalbild und Einrichtung, Centralbl. f. d. ges. Forstw. 1939. — D a n n e c k e r K., Vom Naturwald zum Plenterwald, zum Gedenken an L. H u f n a g l s Forscherarbeit, Centralbl. f. d. ges. Forstw. 1942, S. 107—116.

[2] B a l s i g e r, Plenterwald, Bern 1925, S. 12.

Verjüngung: Weiter kommt für die Verjüngung der Tannenbestände das *Femelschlagverfahren* in Anwendung. Der bayerische Femelschlag entstand unter dem Einfluß K a r l G a y e r s, er bezweckt die Wiederbegründung gemischter Bestände in Horst- und Gruppenform und paßt hauptsächlich für Waldungen von Tanne, Buche, Fichte. Die Verjüngung erfolgt zuerst auf einzelnen Teilflächen, so daß alle Entwicklungsstufen der Verjüngung im Bestande nebeneinander vertreten sind, und zwar in Horsten und Gruppen, also auf Kleinflächen, die unregelmäßig durch den Bestand verteilt sind. Der Unterschied zum Plenterbetrieb besteht besonders in der Beschränkung der Verjüngungsdauer auf 21 bis 40 Jahre; jener zum Schirmschlagbetrieb dagegen hauptsächlich in der längeren Verjüngungsdauer. Im Femelschlag kann entweder horstweise oder auch streifenweise (besonders bei Fichte) vorgegangen werden oder es kann auch die streifenweise Verjüngung kombiniert werden mit der ihr vorauseilenden Verjüngung in Horsten im Bestandesinneren.

Im badischen Schwarzwald mit seinem reichen Tannenvorkommen ist der badische Femelschlag in Anwendung, er bedient sich weniger als der bayerische Femelschlag der Gruppenschirmstellung, er ist gleichsam ein unregelmäßiger Schirmschlag mit verlängertem Verjüngungszeitraum, ein Femelschlag auf Großflächen mit 30- bis 40jähriger Verjüngungsdauer. Er schafft ungleichaltrige, dadurch verhältnismäßig sturmfeste Bestände, entnimmt kranke und schlechtgeformte Bäume und nutzt an gesunden Trägern der höchsten Massen- und Wertsleistung möglichst lange den Lichtungszuwachs aus. Er wendet also Starkholzzucht an der Tanne an. Nachdem Verfasser die Bewirtschaftung tannenreicher Mischbestände im badischen Schwarzwald kennengelernt hat, kann er der Meinung zustimmen, die schon K. G a y e r (Waldbau, 1898, S. 197) äußerte: „Es ist ein nicht hoch genug anzuerkennendes Verdienst der badischen Forstwirtschaft, daß sie uns durch eine musterhafte Behandlung der Tannenbestände in der Femelschlag- und der Femelform die tatsächlichen Beweise von dem sonst so vielfach mißkannten Wert dieser Bestandesform im großen geliefert und dem auch hier versuchten modernen Nivellierungsprinzip möglichst Widerstand geleistet hat.“

Als eine Abart des Femelschlages kommt E b e r h a r d s Schirmkeilschlagverfahren in Tannen-Buchen-Fichten-Mischbeständen in Anwendung. Dabei wird zuerst, durch etwa 15 Jahre, auf Verjüngung der Tanne hingearbeitet mit schwachen, durchforstungsartigen, zonenweise vorrückenden Hieben, bis zum gesicherten Fußfassen der Tanne; dann erst folgen Keilhiebe und die Verjüngung der anderen Holzarten. Auch C h r. W a g n e r s Blendersaumschlag eignet sich für die Verjüngung der Tannen-Mischbestände sehr gut; im Revier Gaildorf (Württemberg), wo W a g n e r den Blendersaumschlag zuerst anwandte, stellt sich die Tannenverjüngung in der Regel auf den Innensäumen ein. Schließlich kommt sowohl für reine Tannenbestände als auch für Mischbestände von Buche, Tanne, Fichte auch der Schirmschlagbetrieb in Frage, der heute allerdings nur für die Buche eine große Rolle in Deutschland spielt, zum Beispiel im westdeutschen Buchengebiet, wo sich die natürliche Verjüngung der Buche meist leicht vollzieht. Aber auch für die Tanne wird der Schirmschlag, so etwa im Bayerischen Wald und im Jura, angewandt[1]. In waldbaulicher Hinsicht ist den langsamer und weniger schematisch vorgehenden Verfahren der Vorzug zu geben, also dem Femelschlagbetrieb, dem Schirmkeilschlagverfahren, dem Wagnerschen Blendersaumschlag. Samenjahre treten bei der Tanne vom 50. bis 60. Jahre an in milderen Lagen ziemlich häufig, etwa alle drei bis fünf Jahre, in höheren Lagen seltener ein. Die bei der natürlichen Verjüngung entstehenden Vorwüchse müssen gemustert werden, untaugliche, beschädigte, verkrüppelte und krebsige werden entfernt, um neuer Ansamung Platz zu machen.

In Südosteuropa ist eine wichtige Voraussetzung der natürlichen Verjüngung der Tannen-Buchen-Bestände: die Aufschließung durch dauernde Bringungsanlagen, um eine Dezentralisierung des Hiebes, Verteilung auf eine Anzahl von Anhiebsorten zu ermöglichen, ferner die Beseitigung der Ziegenweide. Dann könnte in einem vereinfachten Schirmschlagbetrieb mit 15- bis 20jähriger Verjüngungsdauer die natürliche Verjüngung der Tannen-Buchen-Bestände zumeist erreicht werden, die Fehlstellen wären durch Aufforstung zu komplettieren.

Die *künstliche Bestandesgründung* bildet bei der Tanne eine Ausnahme, die meist nur dort in Anwendung kommt, wo ein Wechsel der Holzart, zum Beispiel Tanneneinbau oder Wiedereinbringung der Tanne nach vorheriger Verdrängung, erfolgen soll oder wo wegen Blößen, Sturmlücken eine natürliche Verjüngung nicht möglich ist. Dabei kommt auch Saat beim Tanneneinbau unter Schirm gelegentlich in Frage, und zwar als Plätze- oder als Riefensaat. Doch ist sie durch Frost und Dürre, durch das Wild sowie durch Bedeckung mit Erde, Laub usw. gefährdet. Je seltener im Gebiet die Tanne ist, desto mehr stellt ihr das Wild nach. Im Buchenbestand ist zur Vermeidung der Überdeckung mit Buchenlaub vorherige Lichtung des Altholzes nötig. Auf gutes Saatgut ist zu achten[2]. Für die Tannenpflanzung mit kräftigen Pflänzlingen aus dem Forstgarten wird das Pflanzenmaterial in Saat- und Pflanzschulen gezogen, die Tannenpflanzen werden im Alter von zwei bis drei Jahren verschult und vier- bis sechsjährig zur Kultur verwendet. Tannenkulturen pflegt das Wild stark zu verbeißen, sie bedürfen daher überall dort, wo die Tanne nicht massenhaft vorkommt, jedenfalls des Schutzes durch Einzäunung.

Durch Kahlschlagbetrieb und Fichtenaufforstung ist die Tanne häufig verdrängt worden. Dies geschah sowohl in Österreich als auch in südöstlichen Nachbarländern, zum Beispiel in den Ostkarpaten[3] sowie auch in süd- und mitteldeutschen Gebirgen. So hat zum Beispiel auch in den bayerischen Randalpen häufig Verdrängung der Tanne durch Überfüh-

---

[1] Jahresbericht des Dtsch. Forstvereins, 1924, S. 103.

[2] W a p p e s L., Forstarchiv, 1940, S. 63.

[3] F r ö h l i c h J., Die Tanne in Südosteuropa, Centralbl. f. d. ges. Forstw. **68**, 1942, S. 87.

rung in reinen Fichten- oder Fichten-Buchen-Bestand stattgefunden[1].
Andererseits ging mit der Verdrängung im großen, in den Mischwaldgebieten, oft gleichzeitig eine Erweiterung ihres Gebietes durch Anbau im
kleinen einher, da sie ab und zu in Laubholzgebieten künstlich eingebracht
wurde, so in Württemberg, in der Rheinpfalz und im Spessart, auch in
Dänemark versuchte man die Tanne im Laubholzgebiet anzubauen, als die
Fichte sich dort als un-
sicher erwiesen hatte[2].

*Entwicklung und
Gefahren:* Die Zeit des
sehr langsamen Höhen-
wachstums dauert bei der
Tanne länger als bei der
Fichte. Während bei der
Fichte das größte Höhen-
wachstum im Alter von
15 bis 20 Jahren beginnt,
bei der Kiefer schon im
Alter von ungefähr zehn
Jahren, wird dagegen bei
der Tanne das Höchst-
maß des Höhenwachs-
tums erst zwischen 30 bis
40 Jahren erreicht, wenn
die Anwüchse nicht etwa
unter Druck stehen.
Unter voller Beschir-
mung aber können selbst
40- bis 60jährige Tannen-
horste als kaum meter-
hohe Vorwüchse in trä-
gerem Wuchs verharren.
Vom Schirm befreit, er-
holen sie sich und ver-
mögen das Versäumte
noch nachzuholen. Zur
Zeit der Kulmination

Abb. 81. Vom Hochwild verbissener Tannenjungwuchs,
Forstverwaltung Lammerau, westl. Wienerwald (Aufn.
H. M e l z e r).

des Höhenwuchses beträgt die Länge der Höhentriebe der Tanne etwa
0,5 m bei sehr gutem Standort. Die Zeitspanne des raschen Höhenwuchses hält lange an. Die Erholungsfähigkeit der Tanne ist groß.
Auch Anwüchse, die infolge zu starker Beschattung sich nicht entwickeln konnten und eine ganz flache, schirmförmige Krone besaßen,
können noch nach allmählicher Freistellung zu stattlichen Bäumen

---

[1] W i t z g a l l, Dtsch. Forstwirt 1939, S. 717 ff.
[2] T s c h e r m a k L., Die Tannenfrage im Wienerwald, Centralbl. f. d. ges. Forstw.
1941, S. 135 ff., bes. S. 145/146.

werden. Auch das „Ausheilungsvermögen" ist bedeutend, bei Verlust des Gipfels wird bald ein Ersatzgipfel gebildet.

In früher Jugend ist die Tanne durch starken Graswuchs, Frost, Weidevieh und Wild gefährdet. In den Waldungen Südosteuropas schadet die Hausziege durch Verbeißen der Tannenjungwüchse. J. F r ö h l i c h stieß in den Jahren 1925 bis 1930 bei Durchwanderung eines großen Teiles der bosnischen Waldungen immer wieder auf weidende Ziegenherden (wie er im Centralblatt f. d. ges. Forstw., 1942, S. 87, berichtet). Auch der Rehbock richtet durch Fegen an daumen- und armdicken Tannenstämmchen oft beträchtlichen Schaden an. Hohe Hochwildstände schaden der Tanne ebenfalls, besonders durch Verbiß (Abb. 81) und durch Schälen. Von Insekten beeinträchtigen die Tanne: Die Tannenborkenkäfer, *Ips curvidens Germ.* und *Ips spinidens Reitt.*, die ihren Brutfraß an Stämmen anlegen (normalerweise sekundär in kränkelndem Material) sowie *Cryphalus piceae Rtzb.*, der die Kronen, und zwar meist von oben nach unten, befällt. Der Tannentriebwickler, *Cacoecia murinana Hb.*, schadet durch einen auf die Nadeln der Maitriebe beschränkten Fraß, der Befall führt nach mehrjähriger Wiederholung zu einer Lichtung der Tannenkronen, erheblichen Zuwachsverlusten und größerer Empfänglichkeit für den Befall durch sekundäre Schädlinge (*Cryphalus piceae, Ips curvidens* und *spinidens, Pissodes piceae*). Zu den hauptsächlichsten Insektenschädlingen der Tanne gehört auch die Tannentrieblaus *Dreyfusia Nüsslini C. B.* Während der Tannentriebwickler in erster Linie ein Altholzverderber ist, die Borkenkäfer Mittel- und Althölzer zu befallen pflegen, ist die Trieblaus den Jungwüchsen der Tanne gefährlich. In Österreich konnten, wie B r a u n berichtet[1], bis 1941 33 Vorkommen der Tannentrieblaus mit Auftreten auf größerer Fläche und ortsweise empfindlichen Schädigungen festgestellt werden. Von den Pilzen ist der Krebs (*Aecidium elatinum*) ein häufiger Begleiter der Tanne, auch in urwüchsigen Waldbeständen Südosteuropas können oft 5 bis 10 v. H. aller Tannenstämme vom Krebs befallen sein. Man erkennt die Krebsstellen an den kropfigen Anschwellungen und den sogenannten Hexenbesen. Die Krebsstellen bewirken Zuwachsrückgang und setzen den Holzwert herab, weil die Stämme an dieser Stelle zerschnitten werden müssen. Bei den Durchforstungen ist der Aushieb der im Bestand vorhandenen Krebstannen erforderlich. Durch Windwurf und Windbruch ist die Tanne etwas weniger gefährdet als die Fichte, auf seichtgründigen Standorten wird allerdings auch sie geworfen. Gegen Schneedruck ist die Tanne mit ihren elastischen Ästen und der weniger breiten Krone recht widerstandsfähig. Vom Schneebruch wird der gleichalterige Tannenbestand auch nicht verschont. Dagegen ist der ungleichaltrige Tannen-Buchen-Fichten-Mischwald schon wegen seines Aufbaues der Schneebruchgefahr weniger ausgesetzt. Gegen Rauchschäden ist die Tanne sehr empfindlich. — Zum Rückgang der Tannenverbreitung und zum sogenannten „Tannensterben" wurde bereits

---

[1] B r a u n R., Insektenschäden an der Tanne im Wienerwald, Centralbl. f. d. ges. Forstw. 1941, S. 194. — K r a u ß G., Zur Tannenfrage, Mitt. d. Akademie d. dtsch. Forstwissensch. 3, 1943, S. 373—376.

im ersten Teil des vorliegenden Buches, im Abschnitt über die Verbreitung der Weißtanne, Seite 154 ff., Stellung genommen.

An alten Tannen ist nach Beendigung des Höhenwuchses oft eine Abplattung des obersten Kronenteiles, die sogenannte „Storchnestbildung", eine bezeichnende Erscheinung. Sie ist die Folge des Zurückbleibens des Gipfeltriebes im Zuwachs im Vergleich zu den Trieben der obersten Äste. — Die Tanne wird meist im 100- bis 120jährigen Umtrieb bewirtschaftet, bei der Nachzucht von Starkholz kommt für schöne Stämme ein noch höherer Umtrieb in Anwendung. Der Massenzuwachs der Tanne gipfelt später als bei der Fichte, hält sich aber dann länger auf bedeutender Höhe. Auf den drei besten Güteklassen wachsen nach B ü h l e r (Waldbau) vom 60. bis 100. Jahre:

bei der Tanne noch   400 bis 600 fm zu,
bei Fichte und Buche   200 bis 300 fm,
bei Kiefer aber nur   100 bis 150 oder 160 fm.

Nach den Ertragstafeln weisen Tannenreinbestände die höchsten Massenleistungen unserer fünf Hauptholzarten auf[1]. Die waldbaulichen Vorzüge der Tanne, um deretwillen dem Rückgang ihrer Verbreitung entgegenzuwirken wäre, hat der Verfasser gleichfalls bereits im Abschnitt über die Verbreitung (I. Teil dieses Buches) besprochen.

Waldtypen des Tannenwaldes: Auf nährstoffreichen, fruchtbaren Lehm- und lehmigen Sandböden kann man an der Tanne in Gebieten ihrer natürlichen Verbreitung, zum Beispiel in Urwäldern Bosniens, Baumhöhen von mehr als 50 m und Stärken von mehr als 150 cm beobachten. In Mischung mit der Buche erreicht sie auch im südosteuropäischen Urwald ihre höchste Vollkommenheit und kann dort Urwaldbaumriesen von 20 bis 30, ja, wie F r ö h l i c h berichtet, ausnahmsweise bis 50 fm Schaftholzmasse bilden[2]. Tannenreinbestände kommen von Natur aus seltener vor, meist handelt es sich um Mischbestände. Standortspflanzen sind in Beständen bester Güteklasse *Oxalis acetosella, Asperula odorata, Impatiens noli tangere, Sanicula europaea* und andere. Beispiele von Beständen bester Güte sah Verfasser im badischen Schwarzwald, im Bregenzer Wald Vorarlbergs, dann im Rothwald am Südostabhang des Dürrenstein, Niederösterreich. Dort ergab eine Probeflächenaufnahme (Urwald) unter günstigen Klima- und Bodenverhältnissen je Hektar eine stockende Holzmasse von 1005 Festmetern[3] (bei einem auch Jungwüchse und mittlere Altersstufen umfassenden Altersaufbau), Tannen von mehr als 150 cm Durchmesser mit Höhen über 50 m kommen dort vor. Die Bodenflora der Tannen- (Buchen-) Wälder ist jener der Buchenwälder sehr ähnlich. Wie S c h o e n i c h e n bemerkt, werden nur einige wenige anspruchsvollere Arten, so aus der Gattung *Corydalis,* durch die dauernde tiefe Beschattung, das Fehlen einer

---

[1] V a n s e l o w K., Einführung in die forstliche Zuwachs- und Ertragslehre, Frankfurt a. M., 1941, S. 78.

[2] F r ö h l i c h J., Centralbl. f. d. ges. Forstw. 1942, S. 81.

[3] H a n a b e r g e r, Die Domänen Gaming und Waidhofen a. d. Ybbs, Verlag des Niederösterreichischen Forstvereins, 1910.

lichtreichen Phase im Frühling und den Mangel einer genügend tiefen Humuslage zum Verschwinden gebracht. Viele andere Arten kommen unter der Tanne nicht zu so massenhafter Entwicklung wie im Buchenwald[1]. Nach der Ertragstafel von F e i s t m a n t e l - M o c k e r ist in der besten Güteklasse (Hauptklasse I, Standortsklasse 1) im Tannenwald im 140jährigen Alter der Holzmassenvorrat je Hektar 1432 fm. Ähnlich vermag auch die Nordmannstanne, rein oder in Mischung mit Fichte, in ihrer Heimat sehr massenreiche Bestände zu ergeben, so berichtet B e r n h a r d, daß 200jährige Tannen- und Fichtenbestände (Urwald) im Pontusgebirge, am Schwarzen Meer, in Einzelfällen je Hektar 1862 fm und 1777 fm ergaben[2]. Auf mittlerer Güteklasse, im *Myrtillus*-Typ, betragen die mittleren Bestandeshöhen der Tanne (100jährig) etwa 24 m, der mittlere Durchmesser etwa 30 cm, im 140jährigen Bestandesalter 28 m, der Holzmassenvorrat je Hektar (nach F e i s t m a n t e l - M o c k e r) 878 fm. Auf sehr flachgründigen Böden wird auch die Tanne seichtwurzelnd und erreicht dann nur geringe Scheitelhöhen und Güteklassen, zum Beispiel 15 m Höhe im Alter von 115 Jahren in Mischung mit Fichte und Kiefer auf einem Standort mit *Vaccinium Myrtillus* und *Cladonia rangiferina*. In der geringsten Standortsklasse nach Feistmantel-Mocker ist im Alter von 140 Jahren die mittlere Bestandeshöhe 14,5 m, der Holzmassenvorrat je Hektar 263 fm. Auch ungünstiges Klima der Hochlagen setzt die Tannenbonität herab.

Vorkommen der Tannenbestände: Tannenreiche Mischbestände, seltener reine Tannenbestände, finden sich im Optimum der Tannenverbreitung, so im Bregenzer Wald Vorarlbergs, im badischen Schwarzwald, in den Vogesen (in Elsaß-Lothringen soll der Tannenanteil 58 v. H. des Nadelwaldes und 19 v. H. der Gesamtwaldfläche betragen), in Alpenrandgebieten Bayerns und der österreichischen Alpen, zum Beispiel in den Flyschbergen nördlich von Salzburg, dann südlich von Steyr in Oberösterreich oder im westlichen Teil des Wienerwaldes. Frische, lehmige, ja auch schwere, tonige Böden werden in den Alpen von der Tanne bevorzugt. Auch in Südosteuropa bildet die Tanne selten reine Bestände größeren Umfanges. Ein reiner Tannenbestand von 15 bis 20 ha ist nach F r ö h l i c h bereits eine Seltenheit[3]. Er fand reine Bestände von größerer Ausdehnung, und zwar gut geschlossene Tannenbestände von etwa 50 ha Ausmaß, in den Ausläufern der Ostkarpaten (Umgebung der Städtchens Comaneşti). Am häufigsten findet man sie in Mischung mit Buche und Fichte, seltener mit Traubeneiche, Schwarzkiefer und Weißkiefer. In Mischung mit Buche bildet sie auch in Südosteuropa ausgedehnte zusammenhängende Bestände. Auch in den unteren Lagen des mitteldeutschen Fichtengebietes (Thüringen, Sachsen) gibt es Mischbestände oder kleinere Reinbestände.

---

[1] S c h o e n i c h e n W., Deutsche Waldbäume und Waldtypen, Jena 1933, S. 87.

[2] B e r n h a r d, Waldverhältnisse der Türkei, Thar. Forstl. Jb. 1931, S. 104.

[3] F r ö h l i c h J., Die Tanne in Südosteuropa, Centralbl. f. d. ges. Forstw. 68, 1942, S. 82.

Der Lärchenbestand.

Betriebsart, Bestandesgründung und Entwicklung: Die Lärche als lichtbedürftige Holzart eignet sich sehr gut zur natürlichen Verjüngung auf schmalen Kahlschlägen mit einer kleinen Anzahl von Samenbäumen auf der Kahlfläche und mit Seitenbesamung. Im natürlichen Verbreitungsgebiet der Lärche in den Alpen, besonders in den Innenalpen, ist dieses Verjüngungsverfahren sehr in Übung, zum Beispiel im Lungau und im oberen

Abb. 82. Lärchensamenbäume im Revier Klamm, Semmeringgebiet, an der Fürst-Liechtenstein-Straße (Aufn. H. M e l z e r).

Murtal Steiermarks (Forstdirektion Murau). Schon J. W e s s e l y[1] gab (1853) an, daß der Wind den Lärchensamen für gewöhnlich, also ohne Berücksichtigung einer ausnahmsweise weiten Verfrachtung, etwa fünf Stammlängen weit in genügender Menge über die Schläge trage, dagegen den Fichtensamen nur zwei Stammlängen weit; W e s s e l y hat dies durch Abschreiten von durch Randbesamung entstandenen Anwüchsen gefunden. Auch im künstlichen Anbaugebiet der Lärche kann man mitunter ähnliches beobachten. Im natürlichen Verbreitungsgebiet stellt sich die Lärche auf Kahlflächen oft so reichlich ein, daß die jungen Fichten zunächst unter ihr kaum wahrzunehmen sind, später wird meist doch ein Fichtenbestand mit beigemischten Lärchen daraus. Für die natürliche Verjüngung auch im Gebiet künstlichen Anbaus gibt es viele Beispiele. So zeichnen sich die Lärchen in Schlitz bei Fulda (Hessen), wo in einem Großwaldbesitz die reduzierte Lärchenfläche 240 ha ausmacht, unter anderem durch große Ver-

---

[1] W e s s e l y J., Die österreichischen Alpenländer und ihre Forste, Wien 1853, S. 318 (317, 314).

jüngungsfreudigkeit aus. Nach Untersuchungen von I m m e l stammen die dortigen Lärchen aus Samen österreichischer Herkunft (nur von einem kleinen Rest der Samensendungen blieb die Herkunft unbekannt). Die Mannbarkeit der Lärche tritt im Schluß schon im 20. bis 30. Jahre ein. Die Zapfen öffnen sich während des der Reife folgenden Frühjahrs und die Samen fliegen während des Frühjahrs und Sommers allmählich aus, zum Teil auch erst im zweiten Jahre.

Die *künstliche Bestandesgründung* der Lärche kann wohl auch durch Saat erfolgen, und zwar als Riefensaat oder als Plätzesaat. Wegen der größeren Gefährdung der Saaten wendet man aber in der Regel die *Pflanzung* an. Die Keimfähigkeit des Lärchensamens beträgt meist nur 40 bis 50 v. H., das beruht, wie W. S c h m i d t, Eberswalde, nachwies, darauf, daß die Trennung des Hohlkorns vom Vollkorn bei der Lärche unvollkommen erfolgt wegen zu geringen Gewichtsunterschiedes zwischen beiden. Durch Verbesserung der Windsortierung, Anwendung des „Steig-sichterverfahrens", ermöglichte S c h m i d t die Gewinnung hochprozentig keimenden Lärchensamens (über 90 v. H.). Für die Pflanzung wird das Material in Forstgärten erzogen. Zum Aussetzen bei der Bestandesgrün-dung verwendet man: a) im natürlichen Verbreitungsgebiet (und manchmal auch im Gebiet künstlichen Anbaus) zwei- oder dreijährige, meist unver-schulte Pflanzen; b) dort, wo bei künstlicher Einbringung die Lärche als eine gegen Beschattung sehr empfindliche Lichtholzart einen Alters- und Höhenvorsprung nötig hat, zum Beispiel beim weitständigen Durchstellen von Buchenverjüngungen mit Lärchen außerhalb ihres Verbreitungs-gebietes, drei- bis vierjährige verschulte Pflanzen. Bei der Wahl der Stand-orte für den *künstlichen* Anbau ist zu beachten, daß die Lärche frische, ziemlich tiefgründige, lockere Lehm- und sandige Lehmböden bevorzugt (nur bei hohen Niederschlägen sind die Ansprüche an die Tiefgründigkeit geringer). Auch in Schlitz, Hessen, stehen den auf den Nordosthängen des Vogelsberges angebauten Lärchen tiefgründige Böden mit guter Wasser-führung, Buntsandstein mit verschieden mächtiger Lößauflage, zur Ver-fügung. Das Maximum ihrer natürlichen Verbreitung hat sie in Gebieten mit sonnigen Sommern und kalten Wintern. Bei ihrer waldbaulichen Be-handlung ist nicht außer acht zu lassen, daß sie eine Lichtholzart ist und daß ihre Krone nicht nur Oberlicht, sondern auch Seitenlicht braucht. In ihrem natürlichen Verbreitungsgebiet kommt sie auf Flächen großen Aus-maßes auch in Mischbeständen von normalem Schluß dort vor, wo sie dauernd vorwüchsig bleibt, so daß ihre Krone genügend Licht empfängt. Eingeengte Kronen verkrüppeln und sterben bald ab. Um dies zu verhin-dern, wäre besonders beim künstlichen Anbau bald mit Durchforstungen zu beginnen. Gegen jede Einengung der Krone, jede Verminderung der ohnedies nicht reichlichen Assimilationsorgane (wenig dichter Baumschlag!) ist sie sehr empfindlich.

Die Raschwüchsigkeit in der Jugend ist außerordentlich groß. In der Jugend sind die Nachkommen von Mutterbäumen tief gelegener Teile des natürlichen Verbreitungsgebietes raschwüchsiger als die Nachkommen von

Bäumen aus Hochlagen. Besonders im Dickungsalter kommt es auf nicht zusagenden Standorten häufig zu Wuchsstockungen und Eingang. In Mischbeständen im Gebiet künstlicher Einbringung werden die Eingänge oft dadurch verursacht, daß im 20. bis 30. Jahre Fichten und andere Holzarten, denen die Klimaverhältnisse solcher Anbaugebiete besser zusagen, die Lärche im Höhenwuchs einholen, so daß die Lärchenkronen infolge

Abb. 83. Verjüngung der Lärche (im Mischbestand von Kiefer, Tanne, Lärche, Buche) am Saume, Revier Altlengbach, Wienerwald (Aufn. R o h m e d e r).

Lichtentzuges verkümmern und absterben. Besonders bei reihenweiser Mischung (zum Beispiel eine Reihe Lärchen, mehrere Reihen Fichten) ist im Dickungsalter und Stangenholzalter ein Absterben und Verschwinden der Lärchen im Dunkel des Fichtenbestandes geradezu die Regel, wogegen im natürlichen Verbreitungsgebiet die Mischung Fichte-Lärche die weitaus häufigste ist (die Fichte wird im natürlichen Verbreitungsgebiet der Lärche im Höhenwuchs durch das mehr festländische Klima etwas zurückgehalten, die Lärche bleibt vorwüchsig).

Schädlinge der Lärche sind hauptsächlich der Lärchenkrebspilz, *Peziza Willkommii*, der Krebsstellen mit Anschwellungen an den Stämmen hervorruft, hiedurch diese entwertet und schwächere zum Absterben bringt, doch befällt er kränkelndes Material; sein Auftreten ist also eine sekundäre Erscheinung[1]. In den Alpen spielt der Lärchenkrebspilz hinsichtlich des Gesundheitszustandes der Lärchen im großen ganzen eine sehr bescheidene, untergeordnete Rolle. Weiter schadet die Lärchenminiermotte, *Coleophora laricella*, deren Larve die jungen Nadeln aushöhlt, so daß die Lärchenkronen

---

[1] P l a ß m a n n, Untersuchungen über den Lärchenkrebs, Neudamm 1927.

bald nach dem Austreiben eine hellgraue Färbung bekommen. (In den Innenalpen mit rascherem Übergang vom Winter zum Frühjahr, rascherer Entfaltung der Nadeln sind diese vor weitgehender Zerstörung trotz Vorkommens des Insekts geschützt.) — Die jungen Lärchen sind in Gebieten künstlichen Anbaues und somit selteneren Vorkommens durch das Fegen des Rehbocks außerordentlich gefährdet, das zur Entrindung und zum Absterben führt. Zum Schutz wendet man Umwickeln oder Einzäunen an. — In ihrer Heimat ist die Lärche eine frostharte Holzart. Im künstlichen Anbaugebiet kommen nach M ü n c h Frostschäden an nicht genug verholzten Teilen vor. In den Gebieten künstlichen Anbaus beginnen die Lärchen früher zu treiben, der Frühling dauert viel länger, die langsam treibenden zarten Sprosse sind dann länger als im kontinentalen Gebiet mit kurzem Frühling dem Frost, den Insekten usw. ausgesetzt. M ü n c h [1] verweist auf eine Angabe von S o r a u e r, der hervorhob, mit dem Herabsteigen aus ihren heimatlichen Alpenregionen in die Ebene werde die Lärche frostempfindlicher, und zwar dadurch, daß sie ihren Vegetationszyklus nicht normal einhalte. Die Lärche in der Ebene komme vielfach nicht zu der Holzreife, die der beste Schutz gegen Frostwirkungen sei. Die „aufsteigende Zweigdürre" bei Lärchen im Dickungsalter wäre daher nach M ü n c h und nach S o r a u e r als Frostfolge anzusehen.

Waldbauliche Fehler: Fehlerhaft ist die Verwendung der Lärche zur Nachbesserung, also als „Lückenbüßer", wozu die Raschwüchsigkeit in der ersten Jugend verleitet. Ebenso die zu dichte Erziehung im reinen Horst, sie hat schlechte Kronenbildung im undurchforsteten Bestand zur Folge (Lärche mit guter Kronenbildung: Abb. 84). Auf den Fehler der reihenweisen Einmischung in dichte Fichtenbestände wurde schon hingewiesen. — Beim Anbau in tieferen Lagen ist auf die richtige Wahl der Herkunft oder Rasse zu achten. Herkünfte aus Hochlagen der Alpen weisen in den ersten Lebensjahrzehnten langsameren Höhenwuchs auf, dies kann dazu beitragen, daß die Lärche beim künstlichen Anbau gegenüber den anderen Mischholzarten nicht konkurrenzfähig bleibt. Die Berücksichtigung dieses Sachverhaltes beim Anbau in tieferen Lagen schließt nicht aus, daß man auch alpenländische Herkünfte, jedoch aus klimatisch begünstigten tieferen Teilen des Verbreitungsgebietes, verwendet. C i e s l a r s Anbauversuche ergaben rascheren Jugendwuchs der Sudetenlärche, dies wurde auch bei späterer Wiederholung des Versuches bestätigt. Alpenlärchen aus Verbreitungsgebieten geringerer Seehöhe verhielten sich ähnlich wie Sudetenlärchen. Lärchenmutterbäume aus klimatisch begünstigten, tiefer gelegenen Teilen des natürlichen Verbreitungsgebietes ergeben Nachkommenschaften, die beim Anbau in tieferen Lagen in der Jugend durch ein rascheres Höhenwachstum ausgezeichnet sind. Wenn sich auch die Unterschiede später ausgleichen, so ist doch das Verhalten in den ersten Lebensjahrzehnten wichtig wegen des Konkurrenzkampfes mit anderen Arten.

---

[1] M ü n c h E., Forstwissensch. Centralbl. 1936, S. 664.

Waldtypen: Reine Bestände bildet die Lärche selten (meist nur in Hochlagen der Innenalpen), in der Regel ist sie in gemischten vertreten. Nach der zutreffenden Auffassung mancher Pflanzensoziologen bildet die Lärche selbst keine Typen (außer etwa in den Hochlagen), sondern ist nur „akzessorischer Bestandteil" anderer Typen. Die beiden verbreitetsten Haupttypen von Wäldern, denen die Lärche in den Alpen beigemischt ist, sind a) Fichten-Tannen-Lärchen-Buchen-Wälder (mit oder ohne Weißkiefer) in der Zwischenzone zwischen Innenalpen und Randalpen (im Osten, Niederöstereich und Steiermark, auch in den Randalpen), und b) Fichten-Lärchen-Wälder in den Innenalpen (in Hochlagen tritt häufig noch die Zirbe hinzu). In der besten Standortsklasse (im Gebiet der Mischung Fichte, Tanne, Lärche, Buche) kommen im Sauerkleegelände mit *Impatiens noli tangere. Asperula odorata, Sanicula europaea* Lärchen mit Scheitelhöhen von 40 und mehr Metern (vereinzelt bis 47 m) vor. Auch im Gebiet künstlichen Lärchenanbaues in Deutschland, zum Beispiel in Schlitz, weisen auf Probeflächen 112jährige Lärchenbestände mit Buchen-Unter- und -Zwischenbau mittlere Bestandeshöhen von 37 m, Derbholzmassen von 650 fm auf.

Im *Myrtillustyp* (heidelbeerreicher Fichten-Tannen-Lärchen-Buchen-Mischwald) konnte an 100jährigen Beständen beobachtet werden:

Lärchen	100jährig	24 m	hoch
Fichten	„	22 m	„
Tannen	„	20 m	„
Buchen	„	19 m	„

Die Lärche hält sich dort im Mischbestand, weil sie dauernd vorwüchsig bleibt. Auf Böden der geringsten Standortsgüteklasse findet man Lärchen nur im natürlichen Verbreitungsgebiet, zum Beispiel auf seichtgründigem armem Kalkboden mit *Erica carnea, Polygala Chamaebuxus,* die 100jährigen Fichten, Tannen, Lärchen kaum 15 m hoch.

Abb. 84. Lärche mit guter Kronenbildung, bei Altlengbach, Wienerwald (Aufn. H. M e l z e r).

Der Mischungsanteil der einzelnen Holzarten in dieser Zwischenzone kann selbstverständlich örtlich wechseln (je nach der Lage näher zu den Innenalpen oder näher zum Alpenrand).

Die Gebiete des häufigsten Lärchenvorkommens in den Alpen gehören dem Haupttyp der Fichten-Lärchen-Mischwälder in den Innenalpen an. Auch hier gibt es beste Güteklassen im kräuterreichen Fichten-Lärchen-Wald (*Piceetum normale* mit Lärchenbeimischung) und mittlere Güteklassen im heidelbeerreichen Fichten-Lärchen-Wald.

Über die *Lärchenwälder der Hochlagen* gibt W. S c h o e n i c h e n[1] an, der Unterwuchs weise in der Regel eine wohlentwickelte Reiserschicht auf, die im allgemeinen dem *Rhodoreto-Vaccinietum* entspricht. Alle drei Arten der Alpenrose (*Rhododendron hirsutum, Rh. ferrugineum* und *Rhodothamnus Chamaecystus*) können beteiligt sein, außerdem auch (meist auf Kalk) *Erica carnea.* In der Strauchschicht finden sich *Juniperus nana, Alnus viridis, Salix grandifolia, Pinus montana.* Im wesentlichen bilde der Niederwuchs des Lärchenwaldes der Hochlagen eine alpine Zwergstrauchheide, an feuchteren Stellen gebe sie Elementen der Hochstaudenflur Raum, an anderen Stellen zeige sie ein mehr wiesenartiges Aussehen oder Übergang in eine Borstgrasflur.

Vorkommen von Lärchenbeständen: Reine Lärchenbestände sind selbst in Hochlagen der Alpen selten und meist nicht auf ausgedehnten Flächen. Im natürlichen Verbreitungsgebiet werden von der Lärche weder Kalkböden noch die des Urgesteins gemieden oder bevorzugt, auch besiedelt sie im natürlichen Verbreitungsgebiet fast alle Böden, auch die seichtgründigen, doch erreichen auf sehr flachgründigen nur wenige kurzschaftige Bäume von engem Jahrringbau in räumiger Stellung ein höheres Alter. Als Mischholzart ist sie außerhalb des natürlichen Verbreitungsgebietes in Mitteleuropa häufig angebaut, allerdings mit wechselndem Erfolg. Der Anbau findet teils aus waldbaulichen Gründen statt, teils wegen des wertvollen dauerhaften Holzes von vielfacher Verwendungsfähigkeit.

Der Zirbenbestand.

Die Zirbe ist ein Baum solcher Gebiete, welche größere Gegensätze zwischen den Wärmeverhältnissen des Winters und Sommers sowie sonniger Sommertage und kühler Nächte infolge der Wärmeausstrahlung erkennen lassen. Die anderen Holzarten (außer Zirbe und Lärche) werden durch ein solches Klima im Wuchs etwas zurückgehalten, infolgedessen vermag die langsamer wüchsige Zirbe den Wettbewerb mit ihnen aufzunehmen und auszuhalten. Dies trifft zum Beispiel in Tirol in einigen Tälern der Innenalpen in Höhen von etwa 1500 m aufwärts zu. In tieferen Lagen, wo die Fichte rascher wächst, vermag die Zirbe im Höhenwuchs nicht mitzukommen und geht als lichtbedürftige Holzart infolge Verdämmung allmählich ein. In Hochlagen, die sonst wenig Ertrag geben würden, liefert sie ein wertvolles Holz. Die Kronen der Zirben zeigen dort, wo sie sich voll entwickeln können und nicht durch Sturm, Schneebruch und dergleichen beeinflußt sind, eine charakteristische kuppelförmige Abrundung. Die dunklen dichten Kronen mit ihren konvexen Umrißlinien sind dann von weitem deutlich erkennbar.

Bestandesgründung und Entwicklung: In den Hochlagen empfiehlt sich ihre natürliche Verjüngung, denn die Aufbringung künstlicher Kultur ist in den hochgelegenen Standortsgebieten kostspielig und schwierig. Wo sie geschlossene Horste oder selbst Bestände bildet, wären diese zum Zweck

---

[1] S c h o e n i c h e n W., Deutsche Waldbäume und Waldtypen, Jena 1933, S. 95.

der natürlichen Verjüngung allmählich lichter zu stellen. Wenn der Weidegang nur mäßig ist und durch leichte Bodenverwundung vorarbeitet, vollzieht sich die Verjüngung unschwer. Die Samenverbreitung besorgen Tannenheher und Eichhörnchen. Die junge Zirbe ist sehr langsamwüchsig und wird durch Verbiß seitens des Weideviehs und Wildes sehr gefährdet, besonders dort, wo sie selten ist. Auch durch Fegen des Rehbocks und Hochwildes werden junge Zirben geschädigt. Im Gebiete ihres natürlichen Vorkommens sieht man häufig natürliche Verjüngung.

Bei der *künstlichen Bestandesgründung* empfiehlt es sich, den Samen im Herbst einzuschlagen zur Verhinderung des Überliegens. Man stellt in den Alpen (Tirol, Steiermark) 20 bis 25 cm hohe Rahmen von Lärchenholz her, versenkt sie in die Erde des Forstgartens; auf den Boden des Rahmens kommt wegen Mäusegefahr ein engmaschiges Drahtgitter, auf dieses wird etwas Erde gedeckt, dann eine 10 cm hohe Samenschicht aufgeschüttet und mit Erde bedeckt bis zur Höhe des Kastens. Das in manchen Gegenden übliche Vermischen mit Erde oder Sand kann vermieden werden, um sich das schwierige nachträgliche Entmischen zu ersparen. Damit die Samen nicht zu stark ankeimen, kommen sie erst im September in diesen Rahmen. Im Frühjahr wird die Erde entfernt, die angekeimten Samen werden verschult, die übrigen gesät. Die verschulten Pflanzen kommen als vier- bis fünfjährige zur Auspflanzung. Der Boden der Saat- oder Verschulbeete wird womöglich mit humosem Waldboden (Alpenmoder oder Mullerde) vermischt. Die Verschulung und Auspflanzung kann auch im Herbst, das ist im Hochgebirge schon Ende August, anfangs September, erfolgen.

Die Freilandsaat der Zirbe ist wegen Mäusegefahr selten, zum Schutz gegen Mäusegefahr wird in Tirol Hirschhornöl verwendet. Für 10 kg Saatgut braucht man zum Befeuchten etwa 20 dkg Hirschhornöl. Daß der Wachstumsgang der Zirbe, besonders der Höhenwuchs, ein langsamer ist, wurde schon im ersten Teil dieses Buches erwähnt. Auch ihre Bodenansprüche wurden dort schon besprochen.

Umfangreiche Pflanzversuche mit der Zirbe, die man in Österreich seit dem Jahre 1890 ausführte[1], hatten geringen Erfolg, Ursachen der Eingänge waren in erster Linie Beschädigungen durch Weidevieh und Wild. Wo Schäden durch Wild und Weidevieh nicht anders vermieden werden können, ist eine Einzäunung der Zirbenkulturen erforderlich.

Waldtypen: Reine oder nahezu reine Zirbenbestände sind nicht allzu häufig, kommen aber, zum Beispiel in einigen Tälern der Innenalpen Tirols, meist in Höhen von etwa 1800 m aufwärts, vor. In Steiermark, im Revier Paal bei Murau, beginnt der fast reine Zirbenbestand schon bei etwa 1600 m. Häufiger sind gemischte Bestände von Zirbe, Lärche und Fichte. Manchmal ist der Bestandesschluß ein so guter, daß Nadelstreu den Boden deckt und die Bodenflora ziemlich unterdrückt wird. In der Regel

---

[1] S c h ö n w i e s e H., Anpflanzungsversuche mit der Zirbe, Österr. Vierteljahresschr. f. Forstw. 1929, S. 81 ff.

sind aber die Bestände ziemlich locker oder es kommen in den Hochlagen
nur geschlossene Zirben*gruppen* in lockerer Verteilung vor. In den Zwischenräumen zwischen den Gruppen ist die Bodendecke meist ein *Rhodoreto-
Vaccinietum*, in den Innenalpen auf silikatischem Grundgestein mit *Rhododendron ferrugineum, Vaccinium Myrtillus, Vaccinium vitis idaea, Vaccinium uliginosum, Empetrum nigrum, Calluna vulgaris, Loiseleuria procumbens*. Die Pflanzengesellschaften, in denen die Zirbe im mittleren Karwendelgebirge Tirols, also auf Kalk, zu treffen ist, hat V. V a r e s c h i[1]
geschildert. Die Baum- und Strauchschicht besteht dort aus Zirbe und Lärche,
denen ab und zu eine Fichte (häufig von *Chrysomyxa rhododendri* befallen) beigesellt ist. Die Krautschicht stellt ein Mosaik von *Rhododendretum
hirsuti, Rh. ferruginei, Vaccinietum* und *Caricetum ferrugineae* dar[2].

Der Rotbuchenbestand.

In Mitteleuropa und im größten Teil Südosteuropas ist die Rotbuche
die verbreitetste und infolgedessen auch wichtigste Laubholzart des Waldes.

Bestandesgründung und Entwicklung, Gefahren: Die Lebensverhältnisse der Buche, ihre Schattenfestigkeit, ihr Schutzbedürfnis in der Jugend,
ihre Eignung zur naürlichen Verjüngung, bringen es mit sich, daß ihr Bestand fast ausschließlich durch *natürliche Verjüngung* begründet wird. So
darf man zum Beispiel in Österreich und auch in Südosteuropa von jedem
größeren Buchenvorkommen annehmen, daß es durch natürliche Verjüngung
entstanden sei. Im westdeutschen Buchengebiet, wo die Buche von Natur
aus (Klima) die Haupthölzart ist und in reinen Beständen oder als vorherrschende Holzart große Waldungen bildet, herrscht in flachhügeligen Ge-
ländeteilen der *Großschirmschlagbetrieb*, dessen Verfahren sich dort vorzugsweise entwickelt hat. Auch in Buchenwäldern Dänemarks ist dieses Verjüngungsverfahren in Anwendung, und zwar mit kurzem Verjüngungszeitraum, intensiver Bodenbearbeitung und künstlicher Ergänzung der Natur-
saat durch Buchenbeisaat[3].

Neben dem Großschirmschlag sind sonstige Verfahren zur natürlichen
Verjüngung der Buchenbestände noch: Der *bayerische Femelschlag* mit horst-
und gruppenweiser Verjüngung, dann der *Streifenschirmschlag* (also ein
Schirmschlag nicht auf Großflächen, sondern in Streifen vorrückend), der
Wagnersche Blendersaumschlag und der *Schirmkeilschlag* im Sinne E b e r -
h a r d s (Langenbrand).

Die Buchenverjüngungen pflegen sehr dicht zu sein (in lockerem
Stand würde die Buche zu astig erwachsen), in den ersten Jahren kann ein
Buchenanwuchs ein bis zwei Millionen Pflänzchen je Hektar enthalten.
Der Konkurrenzkampf bleibt meist nicht lange unentschieden, so daß
ernstliche Wuchsstockungen als Folge zu großer Bestandesdichte weniger
als etwa bei Fichtenverjüngungen zu fürchten sind. Die erste Jugendentwicklung ist rascher als die der Tanne, ungefähr in den ersten zehn Jahren

---

[1] V a r e s c h i V., Die Gehölztypen des obersten Isartales, Innsbruck 1931.

[2] Zit. nach S c h o e n i c h e n, a. a. O., S. 20.

[3] V a n s e l o w K., Die natürliche Verjüngung im Wirtschaftswald, 1931.

auch rascher als die der Fichte. Verhältnismäßig ist die Jugendentwicklung doch langsam. Die Keimlinge können mitunter durch den Keimlingspilz, *Phytophtora omnivora*, massenhaft vernichtet werden. Auch Rehwild schadet durch Verbeißen der Keimpflanzen. Wo die beabsichtigte Buchenverjüngung auf kleinere Flächen beschränkt ist, dort kann selbst ein mäßiger Rehwildstand das Gelingen vereiteln, solange nicht ein wirksamer Schutz durch Einfriedung angewandt wird.

Gegen Spätfröste ist die Buche in der Jugend empfindlich, die Beschirmung durch Mutterbäume gewährt einigen Schutz, das Bestandesklima (unter dem Kronendach) weist etwas ausgeglichenere Wärmeverhältnisse auf als das Freilandsklima. Wiederholte Spätfrostschäden oder ein stärkerer Frost, bei dem der Leittrieb getötet wird, so daß an seiner Stelle mehrere schwächliche Triebe entstehen, können „Renkformen" hervorrufen[1]. Solche Formen der Buche im Zusammenhang mit Frostschäden wurden sowohl in Dänemark als auch in den österreichischen Alpen beobachtet. Auch Mäusefraß kann bemerkenswerte Schäden verursachen.

Künstliche Bestandesgründung kommt bei der Buche seltener und meist nur in kleinerem Maßstab zur Anwendung, insbesondere zum Unterbau unter Lichtholzarten als Bodenschutz, und zwar unter Kiefer, Eiche, Lärche; künstlicher Buchenanbau auf der Freifläche ist seltener, so wurde aus sächsischen Revieren über einzelne über 70jährige gute Mischbestände berichtet, die durch den reihenweisen Mischanbau von Fichte und Buche auf der Kahlfläche entstanden sind[2]. Zur Aufforstung von *Kahlschlägen in tieferen Lagen* nach Abtrieb künstlich geschaffener Fichtenbestände wird wenigstens auf Teilflächen *Begründung eines Buchengrundbestandes* empfohlen, und zwar mit *drei- bis vierjährigen Wildlingen* aus natürlichen Verjüngungen (dagegen Fichte nur auf wasserzügigen tätigen Böden). Das Versetzen von Schattenpflanzen der Buche auf die Freifläche ist aber nach Versuchen von Z e n t g r a f mit großen Pflanzenverlusten verbunden, wenn die Pflanzen nicht gezwungen werden, schon im Frühjahr nach der Anpflanzung Lichtblätter zu bilden. Dies geschieht durch Anpflanzung der Buchenwildlinge als Stummelpflanzen (Rückschnitt auf 1 bis 2 Ästchen über dem Wurzelhals oder bis auf diesen). Allzu lange und beim Ausheben verletzte Wurzeln werden dabei weggeschnitten. Die Buche verträgt die arbeitsfördernde Verpflanzung mit dem Keilspaten gut. Die Verluste bei der Kultur mit Stummelpflanzen betrugen im Freiburger Stadtwald (1947) nur 2 v. H., bei einer solchen mit unverschnittenen Schattenpflanzen dagegen 35 v. H. (Z e n t g r a f, Freiburg i. Br., Schweizer Zeitschrift f. Forstw. 1948, 602).

Für den Buchenunterbau (also zur Bodenpflege unter lichten Beständen) werden die Buchenpflanzen entweder aus zu dichten Anwüchsen entnommen und an anderer Stelle verwendet oder es findet Pflanzenerzie-

---

[1] H a u c h, Die Wirkung des Spätfrostes in jungen Buchenwaldungen, Forstw. Centralbl. 1909. — T s c h e r m a k L., Die Verbreitung der Rotbuche in Österreich, Wien 1929.

[2] W i e d e m a n n, Über den künstlichen gruppenweisen Voranbau von Tanne und Buche, Allg. Forst- u. Jagd-Ztg. 1927.

hung im Forstgarten statt. In der Regel werden ein- oder zweijährige Buchensämlinge verschult und zwei- bis dreijährig ins Freie versetzt. Nach Erfahrungen in Baden kann beim Buchenunterbau ein Verband mit 2 bis 2,5 m Pflanzenabstand genügen. Es schadet nämlich nicht, wenn die unterbauten Buchen astig und breitkronig werden. Will man aber, daß die Buchen bald in die Höhe wachsen, etwa wegen Umfütterung von Eichenschäften, dann müßte auch der Unterbau enger erfolgen.

Noch im Stangenholzalter sind die Stammzahlen in Buchenbeständen sehr hoch, gegen 8000 je Hektar. Dabei sind die Glieder des Hauptbestandes sowie zwischen- und unterständige des Nebenbestandes schon deutlich zu unterscheiden. Die Laubhölzer überhaupt und besonders auch die Buchenbestände sind weitaus weniger gefährdet als die Nadelholzbestände. Diesem Vorzug steht aber der wesentliche Nachteil gegenüber, daß die Massenleistungen der Buchenbestände auch bei gleicher Güteklasse bedeutend hinter denen der Fichten- und Tannenbestände zurückbleiben. Noch mehr ist dieses Zurückbleiben hinsichtlich der Wertleistung der Fall, wegen des viel kleineren Nutzholzanteiles der Laubhölzer. In guten Buchenbeständen wurden bis vor kurzem etwa 30 v. H. Nutzholz erzielt, während des Krieges etwas mehr, weil auch das „Faserholz" als Nutzholz zählte. In Nadelholzbeständen aber erzielte man je nach den örtlichen Verhältnissen ungefähr 70 bis 80 v. H. Nutzholz.

Was die Schäden und Gefahren im Stangenholz- und Baumholzalter anbelangt, so kommt wohl an glattrindigen Buchenschäften an sonnseitigen Bestandesrändern (also an Süd- und Südwestseiten) der sogenannte „Rindenbrand" vor, ein Aufreißen der Rinde infolge Hitzeeinwirkung, Eindringen von Fäulnis; auch kann die Frostgefährdung, die hauptsächlich im jüngeren Alter größer ist, in strengen Wintern (besonders im Osten des Verbreitungsgebietes) auch für Bäume und am Stammholz der Buche in Wirkung treten (Februar-März 1929; Winter 1939/40, dagegen sind junge Buchen hauptsächlich durch Spätfröste gefährdet). Auch einzelne Windwürfe können vorkommen oder bei naßfallendem Schnee einzelne Schneedruckschäden, *aber wirtschaftlich belangreich sind diese Gefahren in der Regel nicht.* Auch der Blattminenfraß durch den Buchenspringrüsselkäfer und sonstige Insektenschäden im Buchenwald sind nicht von Bedeutung.

Hinsichtlich der Massenleistungen ist den Ertragstafeln zu entnehmen, daß die Masse des im 100jährigen Alter noch stockenden Holzvorrates (also ohne Berücksichtigung des Anfalles bei den Durchforstungen) für die erste Güteklasse je Hektar beträgt:

	Derbholz	Gesamtholzmasse samt Reisig
Buche, Schweiz, Ertragstafel 1907	609 fm	680 fm
Fichte, Schweiz, Ertragstafel 1907	1171 fm	1280 fm
Tanne, Baden, Ertragstafel 1902		1100 fm

Ertragstafel nach F e i s t m a n t e l und P r e ß l e r [1]:
Oberirdische Bestandesmasse

Buche	662 fm	Fichte	1162 fm	Tanne	1196 fm

---

[1] Ertragstafeln in F r o m m e s Forstkalender 1943.

In den letzten Jahren sind in der technischen Verwertbarkeit des Buchenholzes wesentliche Fortschritte erzielt worden, so die Verwendung für Faserholz (für Zellwolle, Kunstseide), dann für Chemieholz, zum Beispiel Zuckererzeugung. Astreines Starkholz der Buche ist für die Sperrholzindustrie als Schälholz begehrt und wertvoll, es kann auf Standorten, die der Buche günstig sind, bei Handhabung eines sorgfältigen Durchforstungsbetriebes erzogen werden. Außerdem sind die waldbaulichen Eigenschaften der Buche wichtig, so ihre Fähigkeit, den Boden zu beschatten und mit ihrem reichen Laubabfall zu verbessern, ihre guten Wurzelleistungen, die der „physiologischen Tiefgründigkeit" förderlich sind. Wegen der bodenbessernden Wirkung ihres Laubes hat man sie auch als die „Nährmutter des Waldes" bezeichnet. Die günstige Wirkung der Buchenstreu ist nicht ganz ohne Ausnahme festzustellen. Im atlantischen Klima der westlichen Hälfte von Schleswig-Holstein und in Dänemark ist nämlich die Zersetzung ihres Laubes verlangsamt, so daß dort auch aus der Buchenlaubstreu Auflagehumus entsteht (dies ist auch ein Anlaß für die in Dänemark übliche Bodenbearbeitung bei der Buchenverjüngung).

Die *Bestandeserziehung* der Buche hat schon in den Buchenverjüngungen zu beginnen. Bei der „Jungwuchspflege" erfolgt auch eine Durchmusterung der Verjüngung, ihr sollen anheimfallen alle durch Fällung, Rückung usw. beschädigten, entrindeten und entwipfelten Jungbuchen. Sobald die Bestockung in Schluß getreten ist und zu einer „Dickung" heranwächst, beginnt die „Säuberung" im Sinne S c h ä d e l i n s ; das heißt, in einer Reihe rasch sich folgender Eingriffe werden alle deutlich erkennbaren minderwertigen Stammformen und Holzarten der herrschenden Schichte aus der Dickung entfernt, in diesem Alter sind die durch Aushieb von Stämmchen der herrschenden Schicht entstehenden Lücken noch klein und schließen sich bald wieder, es ist daher gerade in dieser Altersstufe an der Zeit, alle Schlechtgeformten, Minderwertigen auszuhauen. Es folgen dann von dem Zeitpunkt, in welchem die Astreinigung als Folge des Bestandesschlusses beginnt, die Durchforstungen, Begünstigung von Wertträgern, also positive Auslese. In Abständen von vier bis fünf Jahren kehren die Durchforstungen wieder[1]. Auf frischen Böden, auf besseren Standorten, folgt dann noch in der zweiten Hälfte der Umtriebszeit der Lichtungsbetrieb, durch den Elitestämme mit besten Schaftformen und guter Bekronung durch Eingriffe mit dauernder Schlußunterbrechung zu einem gesteigerten Zuwachs angeregt werden sollen. Selbstverständlich sind nicht auf allen Standorten die Buchen einer so intensiven Pflege wert. Zum Beispiel sind in Hochlagen über 1000 m in der nördlichen Außenzone der Ostalpen die der Fichte beigemischten Buchen in der Regel kurzschaftig und astig.

Bestandesmischungen: Die häufigsten Bestandesmischungen, in denen die Buche vorkommt, sind: Fichte, Tanne, Buche, diese Mischung ist viel-

---

[1] S c h ä d e l i n W., Die Auslesedurchforstung als Erziehungsbetrieb höchster Wertleistung, 3. Aufl., Bern und Leipzig 1942.

fach anzutreffen, zum Beispiel im Waldviertel von Niederösterreich, im oberösterreichischen Mühlviertel, in höheren Lagen des Alpenvorlandes, so im Kobernauser Wald, dann in den Randalpen (nördliches Vorarlberg, Alpen Bayerns). In tieferen Lagen treffen wir Tanne und Buche. Die Mischung Buche-Tanne und Buche-Tanne-Fichte ist auch in den Gebirgen Südosteuropas häufig. In süd- und mitteldeutschen Gebirgen kommt die Mischung Fichte-Tanne-Buche gleichfalls häufig vor. Der Harz liegt schon nördlich von der Tannenverbreitungsgrenze, dort sind Fichte und Buche (ohne Tanne) vergesellschaftet. Im wärmsten Teil des Buchengürtels ist die Buche mit der Traubeneiche und Hainbuche, dann mit eingesprengten Eschen[1], Bergahornen, Feldahornen, Ulmen[1], Linden usw., im Südosten (auch schon bei Wien) auch mit der Zerreiche vergesellschaftet. In der Alpenzwischenzone (zwischen Randalpen und Innenalpen) ist die Mischung Fichte-Tanne-Buche-Lärche häufig, die Reihung je nach der Größe des Anteils kann auch eine andere sein, im allgemeinen wird gegen die Innenalpen zu der Anteil der Lärche größer, hingegen nimmt gegen die Randalpen der Anteil der Buche zu. Auch die Mischungen Buche-Kiefer und Buche-Lärche kommen vor. Aus wirtschaftlichen Gründen besteht häufig das Betriebsziel nicht in der Gründung von Buchenreinbeständen, sondern von Mischbeständen mit einem entsprechenden Buchenanteil. Um solche Mischbestände auch im Buchengebiet bei der Bestandesgründung zu erzielen, werden geeignete Teile der Bestandesfläche schon in der Zeit der Besamungs- und Lichtungshiebe im Buchenbestand ausgewählt und künstlich unter dem lockeren Buchenaltholzschirm aufgeforstet, und zwar entweder mit Nadelhölzern oder (in wärmeren Tieflagen) mit Edellaubhölzern. Außerdem werden Lücken und Fehlstellen in der natürlichen Verjüngung je nach den Bodenverhältnissen entweder mit der anspruchslosen Kiefer oder auf besseren Standorten mit anderen wertschaffenden Holzarten aufgeforstet. Über die Verfahren zur natürlichen Verjüngung der aufgezählten Mischbestände, zum Beispiel der Fichten-Tannen-Buchen-Bestände und der anderen angeführten, wurde teils schon in den Abschnitten über den Fichten-, den Tannenbestand usw. kurz berichtet, teils soll darüber noch in einem besonderen Kapitel über den Waldbau der wichtigsten Mischbestände abgehandelt werden.

Wenn im Optimum der Buchenverbreitung Schlagflächen mit Fichte aufgeforstet werden, so kann man häufig beobachten, daß sich auf den aufgeforsteten Flächen dennoch die Buche durch Aufschlag einstellt und zu einer gefährlichen Konkurrentin der Fichte wird. Bis gegen das etwa 10jährige Alter eilt die Buche der Fichte im Höhenwuchs voraus, während dieser Jugendperiode kann unter Umständen die Fichte von der Buche völlig unterdrückt werden, in anderen Fällen erhebt sich später die Fichte mit rascher wachsenden Höhentrieben über den Schirm der vorangeeilten

---

[1] Über die horstweise Verjüngung der auf frischen Standorten im Buchenbestand vorhandenen Eschen, Ulmen, Ahorne („edlen Laubhölzer") vgl. M i c k l i t z, Über die Anzucht edler Laubhölzer unter Schirmbestand, Österr. Vierteljahresschr. f. Forstw. 62, 1912, S. 301—310.

Buchen. Wo die Fichte im Buchenoptimum schon in den ersten Jahren endgültig unterdrückt wird, weil rechtzeitige Läuterungen im Zuge der Jungwuchspflege unterblieben, dort sieht man dann nur mehr einzelne Fichten mit kurzen Trieben und ebensolchen Abständen von Quirl zu Quirl zwischen den höheren, dichtgeschlossenen Buchen. Man kann dies nicht nur, wie häufig angenommen wurde, auf kalkreichen Böden, sondern auch auf Böden mit mäßigem Kalkgehalt *dort* beobachten, wo das Klima der Buche sehr zusagt. Deshalb empfiehlt sich der Nadelholzeinbau im Buchengebiet lieber auf beschränkten, geeignetsten Flächen mit rechtzeitiger Pflege, statt auf zu großen Flächen, wo dann die Pflege doch nicht nachkommen kann.

Über waldbauliche Probleme bei der Bewirtschaftung der Buchenwälder in Bulgarien berichtete R u s k o f f [1]. Er hob dabei den allzu großen Anteil von Buchenniederwäldern im Lande hervor und empfahl Überführung von Buchenniederwäldern in Hochwald und Anwendung von Pflegehieben. Auch forderte er Rücksicht auf den Zustand der Bestände bei der Wahl des Verjüngungsverfahrens.

Waldtypen: Die beste Güteklasse der Buchenbestände finden wir in einem Waldtyp, den V i e r h a p p e r [2] als „Normaltypus" auf nicht zu steilen Flächen mit mildem Humusboden mittlerer Azidität und Feuchtigkeit bezeichnet. Die Buchen erreichen in diesem Typ 120jährig mittlere Bestandeshöhen von 35 m und mehr, astreine Schäfte bis zu einer Baumhöhe von 12 bis 16 m, Holzmassen bis zu 800 fm je Hektar. In diesem Waldtyp ist die Lichtstärke unter dem Kronendach zur Zeit der Belaubung nur gering. In der *Baum*schicht finden sich außer der Buche noch eingesprengte Bergahorne, Eschen, Ulmen, Linden (im nördlichen Vorarlberg auf tiefgründigen Verwitterungsböden von Kreidemergeln, zum Beispiel bei Hohenems, auch noch Spitzahorne, Eiben, Stechpalmen). In der *Strauch*schicht (zum Beispiel Steirisches Randgebirge, nördlich von Graz): *Daphne laureola* und *mezereum*, Nachwuchs der Rotbuche, Sträucher (je nach der Meereshöhe und sonstigen Standortsverhältnissen wechselnd, infolge Lichtmangels von geringer Vitalität). In der *Kraut*schicht: *Asperula odorata, Viola silvestris, Lamium luteum, Prenanthes purpurea, Mercurialis perennis, Carex silvatica, Sanicula europaea, Lathyrus vernus, Ajuga reptans, Epilobium montanum, Hedera Helix, Anemone hepatica, Oxalis acetosella* und andere.

Bei mittlerer Güteklasse, im *Myrtillus-Typ*, finden wir als Bodenpflanzen Heidelbeere, schmalblättrige Hainsimse (*Luzula nemorosa*), Waldehrenpreis (*Veronica officinalis*), *Polytrichum juniperinum* und andere Moose. Mittlere und geringere Güteklassen gibt es auch auf trockenen Böden steilerer Hänge auf Kalkgrundgestein, V i e r h a p p e r gibt als Pflanzen dieses Buchenwaldtyps an: den Mehlbeerbaum *Sorbus aria*, dann *Chamaebuxus alpestris, Anemone hepatica, Lathyrus vernus, Cyclamen europaeum, Melittis melissophyllum, Lilium martagon* usw. — Die geringsten Klassen auf trocke-

---

[1] R u s k o f f M., Bibl. Lessowodska missal Nr. 4, S. 93—109, 1939 (mit dtsch. Zus.).

[2] V i e r h a p p e r, Die Rotbuchenwälder Österreichs, in R ü b e l, Die Buchenwälder Europas, Veröff. d. Geobot. Inst. Rübel in Zürich, 8. Heft, 1932.

nen steinigen Böden mit Heidelbeere, Moospolstern, *Aira flexuosa* werden im 100jährigen Bestand nur etwa 15 m hoch.

Vorkommen der Buchenbestände: Die Buche besitzt von Natur aus die Fähigkeit, in dem ihr zusagenden Klimagebiet nicht nur reine Bestände, sondern fast reine Buchenwälder von riesiger Ausdehnung zu bilden. Daß dieser Zustand ein naturgemäßer ist, beweisen die Verhältnisse auch in Buchenurwäldern der Balkanhalbinsel. In Österreich sind Buchenwälder hauptsächlich in der unteren Bergregion des Alpenrandgebirges, dann im Bergland des Alpenvorlandes (also nördlich vom Alpenrande), ferner in Teilen des Wald- und Mühlviertels. Das Gebiet der Buchen*wälder* ist selbstverständlich kleiner als das der Buchenverbreitung, einschließlich jener als beigemischt vorkommenden oder eingesprengten Holzart. Auch im west-deutschen Buchengebiet (Hessen-Nassau, Oberhessen, bergige Teile von Hannover und Braunschweig, Westfalen und Rheinprovinz) sind Buchen-wälder verbreitet. — Aus wirtschaftlichen Gründen wurden Buchen-bestände in Mitteleuropa häufig in Nadelholzaufforstungen oder, was ent-schieden vorzuziehen ist, in gemischte Bestände umgewandelt. Auch in Österreich geschah dies häufig.

Der Eichenbestand (Trauben- und Stieleiche).

Bestandesgründung: Sowohl natürliche Verjüngung wie künstliche ist üblich. Für Verjüngung unter Schirm spricht die Frostempfindlichkeit der Eiche, auch wird bei der natürlichen Verjüngung vorhandener Mutter-bestände die Frage nach der passenden Art (ob Stiel- oder Traubeneiche) sowie nach der richtigen Rasse neben anderen Schwierigkeiten von selbst ge-löst, die Seltenheit der Samenjahre (Vollmast etwa alle sechs bis sieben, in un-günstigen Lagen alle acht bis zehn Jahre)[1] spricht für deren Ausnützung im *Großschirmschlagbetrieb.* Auf feuchteren, beziehungsweise frischeren Stand-orten ist es auch mit Hilfe von Sprengmasten möglich, Eichenverjüngungen auf größeren Flächen durchzuführen. Mit Schattholzarten durchsetzte Eichenbestände müssen in Jahren ohne Eichenvollmast grundsätzlich un-berührt bleiben, sonst verjüngen sich die übrigen Holzarten. Alle Vor-bereitungshiebe sind in diesem Falle zur Vermeidung zu früher Schattholz-verjüngung zu unterlassen. Im Eichen-Buchen-Bestand zum Beispiel ist peinlichster Bestandesschluß bis zur Schirmstellung nötig, damit der Eiche der Anteil gesichert bleibt. Im Mastjahr der Eiche erfolgen schärfste Eingriffe zugunsten der Eiche. In Alteichenbeständen mit Hainbuchen, Buchen und anderen Holzarten werden im Herbst nach einer reichen Mast 30 bis 40 v. H. der Eichen des Hauptbestandes und der größte Teil des Unter- und Zwischenbestandes entfernt[2]. Alle Sträucher und Kräuter werden mit den Wurzeln ausgerissen. Falls der Boden durch Weide verhärtet ist oder

---

[1] A. de Philippis berichtet, daß die Stieleiche in Slawonien alle drei bis vier Jahre Samenjahre hat. „Die Eichen in Slawonien" (ital.), Rivista Forestale Italiana 1941.

[2] Burger H., Über die künstliche Begründung von Eichenbeständen, Mitt. der schweizer. Anstalt f. d. forstl. Versuchswesen, XXIII. Bd., 2. Heft, Zürich 1944.

falls Rohhumus vorliegt, ist Bodenlockerung zu empfehlen. Zugunsten der wenigstens plätzeweise erzielten Verjüngung muß nach wenigen Jahren nachgelichtet werden. B u r g e r berichtet, daß dies im günstigen Klima des französischen Eichengebietes erst vier bis sechs Jahre nach der Mast nötig ist, im Spessart und auch in der Schweiz dagegen schon nach zwei bis drei Jahren[1]. Die Nachlichtung wird zuerst da vorgenommen, wo sich bereits eine befriedigende Verjüngung vorfindet, dabei werden zwei bis drei gute Sämlinge auf dem Quadratmeter noch als genügend betrachtet. Rechtzeitige Freistellung der Eichenjungwächse ist mit Rücksicht auf deren ausgesprochenes Lichtbedürfnis nötig. Wenn ihnen trotz der angewandten Vorsicht doch Buchenaufschlag Konkurrenz machen sollte, so müssen behufs Pflege der Eichen die Buchen zurückgeschnitten werden. Das geschieht zum Beispiel im Lande Baden in hohem Ausmaß[2]. Denn die lichtbedürftige Eiche bedarf der Vorwüchsigkeit. Aus demselben Grunde ist nach der erfolgten Verjüngung und rasch (nach zwei bis drei Jahren) folgender Lichtung die baldige Räumung notwendig. Etwa bis zum zehnten Jahre soll die Räumung durchgeführt sein. Im einzelnen beurteilt der Wirtschafter, ob die jungen Eichen noch Schatten ertragen können oder nicht. Infolge der Raschwüchsigkeit der jungen Eiche dauert ihre Schutzbedürftigkeit nicht lange. Deshalb wird auch häufig künstliche Verjüngung angewandt. Zur natürlichen gehört auch die Verjüngung durch Ausschläge im Eichenniederwald und -mittelwald, so auch in den Mittelwäldern des niederösterreichischen Weinviertels, in den Eichenschälwäldern in Südwestdeutschland im Niederwaldbetrieb.

Künstliche Verjüngung: Sowohl Saat als auch Pflanzung kommt in Betracht. Der Vergleich der Frühjahrs- und Herbstsaat ergibt, daß die aus Herbstsaaten entstandenen Pflanzen höher und kräftiger sind[3]. Aber wegen Gefährdung durch Mäuse, Schwarzwild, Eichelhäher, Eichhörnchen usw. müssen oft trotzdem Frühjahrssaaten vorgezogen werden. Die Begründung der Eichenbestände durch *Saat* sichert den Eichenwurzeln eine ungestörte Entwicklung. Auch schafft sie dichtere Jungwüchse, die gerade bei der Eiche erwünscht sind, weil sie mehr Möglichkeit der Auslese durch Aushieb schlechter Stämmchen bieten, dann wegen der besseren Astreinigung und wegen des rascheren Höhenwachstums in der Jugend. Die Saat kann durch das „Einstufen" von Eicheln in schrittweisem Abstand erfolgen als sogenannte „Punktsaat". Diese Saat wird nur bei schwerfrüch-

---

[1] Auch im Klima der Eichenstandorte Rumäniens (mit schwachen und unregelmäßigen Niederschlägen) wird für die dort besonders lichtbedürftige Eiche eine rasche Folge der Hiebe für nötig erachtet: M. P e t c u t, Beiträge zur Kenntnis der Naturverjüngung reiner Stieleichenbestände, Anal. Instit. de Cercet şi Experim. for. 7, 1942, S. 160—177.

[2] S e e g e r, Erfahrungen über Eichenwirtschaft in Baden, Heft 5/6 d. Mitt. aus Forstwirtsch. u. Forstwissensch., 1939, Ref. Dtsch. Forst-Ztg. 1939 (8), S. 523. — F r a n c k, Nachzucht der Eiche im badischen Frankenland, Allg. Forst- u. Jagd-Ztg. 1939, S. 173.

[3] K r a h l - U r b a n, Frühjahrs- oder Herbstsaat der Eiche? Forstarchiv 20, 1944, S. 64—66. — B u r g e r H., Über die künstliche Begründung von Eichenbeständen, Mitt. d. Schweiz. Anst. f. d. forstl. Versuchsw., Zürich 1944, S. 298.

tigen Holzarten angewandt, sie wird durch Arbeiterkolonnen vollzogen, die die Eicheln einzeln oder zu zwei bis drei Stück mit Hacken oder Spaten in den Boden einstufen. Bei schweizerischen Versuchen (B u r g e r) wurden mit Hilfe einer auf 40 cm eingeteilten Pflanzschnur je zwei Eicheln im Verband 0,4 mal 0,4 m unter eine mit einer schmalen Haue gehobene, etwa 3 bis 5 cm dicke Scholle gelegt, worauf die Scholle wieder zugeklappt und leicht angedrückt wurde. Dieses Verfahren erforderte im Mittel je Hektar einen Arbeitsaufwand von 320 Stunden. Noch häufiger wird die Streifensaat angewandt, auf bearbeiteten Bodenstreifen, die Entfernung dieser von Mitte zu Mitte beträgt 1 bis 1,5 m. Die Saat erfolgt dann entweder in der Streifenmitte oder als sogenannte „Leitersaat" mit Rillen von 4 bis 6 cm Tiefe quer zur Längsrichtung des Streifens wie die Sprossen einer Leiter; die Querrillen erhalten in Baden 20 cm Abstand und werden mit je vier bis fünf Eicheln besät. Für die Eiche sind breitere, tief gelockerte Streifen und dichte Saaten zweckmäßig. B u r g e r empfiehlt je laufenden Meter Rillenlänge 30 bis 50 Stück Stieleicheln, beziehungsweise 40 bis 60 Stück Traubeneicheln, wobei bei Stieleiche ein Pflanzenprozent von 50 bis 70, bei Traubeneiche ein solches von 40 bis 60 erwartet wird. So dicht gesät wird zur Erreichung baldigen Bestandesschlusses wegen guter Schaftform. Gelegentlich kommen auch Plätzesaaten in Anwendung, die Bodenbearbeitung beschränkt sich dann auf Plätze von 30 bis 50 cm im Quadrat. Die Saatstreifen müssen in den ersten Jahren behackt werden zum Schutz gegen Unkrautwuchs, die Bodenlockerung ist günstig für das Wurzelwachstum und damit auch für jenes der oberirdischen Teile, es kann dann infolgedessen schon in wenigen Jahren der Schluß eintreten.

Auch *Pflanzung* von Kleinpflanzen kommt in Betracht, sie bietet den Vorteil größerer Sicherheit und der Unabhängigkeit von den Mastjahren. Bei Pflanzungsversuchen in der Schweiz (B u r g e r, a. a. O.) ergaben solche mit unbeschnittenen ein- bis zweijährigen Eichen die besten Erfolge. Dabei erwies sich die Spaltpflanzung auf mittelschweren und lockeren Böden im Vergleich zur Lochpflanzung als vorteilhafter, die richtig in den Spalt gesetzten Eichen zeigten besseres Gedeihen, der Arbeitsaufwand bei der Spaltpflanzung war wesentlich kleiner als bei der Lochpflanzung. Bei größerer Verunkrautung können ältere Pflanzen erwünscht sein, auch Pflanzungen mit drei- bis fünfjährigen Pflanzen gelangen gut, wenn sie sachgemäß ausgeführt wurden. In früherer Zeit wurden auch Heister (2 bis 2,5 m hoch) verwendet, die aber große Kosten verursachen, weniger sicher als Kleinpflanzen anwachsen und in weitem Abstand gesetzt werden müssen, so daß die Nachteile fehlenden Bestandesschlusses zu lange bestehen bleiben. Die Folge ist dann die Neigung der Eiche dazu, astig in die Breite zu wachsen[1]. Nur wo Überschwemmungen oder andere besondere Umstände dazu zwingen, wendet man heute noch Heister an. Schon bei der

---

[1] Beispiel einer „Heister"-Pflanzung aus den 1880er Jahren: F r a n c k, Allg. Forst- u. Jagd-Ztg. 1939, S. 182 (die 80 cm bis 1 m hohen Pflanzen, also eigentlich Loden, wurden in bereits vorhandenen Buchenkernwuchs von 50 cm Höhe nachträglich eingebracht, der Erfolg war, 1939 beurteilt, ein guter). „Höhere Heister als 1 m" ergaben auch dort schlechten Erfolg.

Bestandesgründung ist zu berücksichtigen, daß bei der Eichenwertholzzucht ein höherer Umtrieb als sonst im Hochwald erforderlich ist, daß also für die Eichenbestände eine eigene Betriebsklasse mit Planung auf weite Sicht empfehlenswert ist.

Geschädigt werden Eichenkulturen und natürliche Anwüchse in der Jugend hauptsächlich durch Wildverbiß und durch Spätfröste, außerdem durch den Maikäfer, den Eichenwickler, *Tortrix viridana,* durch Mäuse und durch den Eichenmehltau. Der beste Schutz gegen Wildverbiß ist Einzäunung. Wo Wildschweine gehalten werden, müssen auch Eichensaaten eingegattert werden. Die Johannistriebe sind, weil ungenügend verholzt, durch Herbstfröste („Frühfröste") gefährdet, solche Schädigungen bewirken schlechte Stamm- und Kronenformen. B u r g e r zeigte, daß die Stieleiche reichlicher Johannistriebe bildet als die Traubeneiche und daß erstere deshalb auch mehr vom Mehltau befallen werden. Die erkrankten Johannistriebe reifen dann häufig im Herbst nicht aus und erfrieren im folgenden Winter. — Später Laubabfall vermehrt die Schneebruchgefahr bei frühen Schneefällen. Dichte Dickungen und Stangenhölzer sind bei naßfallendem Schnee vor dem Laubabfall im Herbst gefährdet, eine vorbeugende Maßnahme wäre das Abschütteln des nassen Schnees. Besonders harte Winter können auch Eichen im Baumholzalter durch Frost zum Absterben bringen, das allmähliche Absterben infolge des Winterfrostes kann dann noch mehrere Jahre fortdauern, wie genaue Aufzeichnungen über die Folgen des Winters 1739/40 (Grimnitz, Uckermark) ergeben haben: Es war dies in Mitteleuropa „einer der härtesten des Jahrtausends", Eichen wurden abständig, im Jahre 1741 wurde deshalb mit einem verstärkten Einschlag begonnen, der aber infolge des fortdauernden allmählichen Absterbens fortgesetzt werden mußte, die letzte Mitteilung über Mehreinschlag im Zusammenhang mit dem starken Frost lag aus dem Jahre 1752 vor[1]. — Gegen Windwurf ist die Eiche wegen ihrer tief reichenden Bewurzelung verhältnismäßig sicher. Maikäfer schaden durch Kahlfraß, die Engerlinge schädigen Jungwüchse. Der Schwammspinner (*Lymantria dispar L.*) spielt als polyphager Laubfresser eine große Rolle, tritt auch in Eichenwäldern Jugoslawiens stark auf und ist zum Beispiel für die Zukunft der slawonischen Eichenwälder von großer Bedeutung[2]. Auch der kleine Frostspanner, *Cheimatobia brumata,* schadet der Eiche und den übrigen Laubhölzern. Durch den Eichentriebwickler, *Tortrix viridana,* können empfindliche Zuwachsverluste durch wiederholten Kahlfraß hervorgerufen werden, im großen und ganzen aber ist der Eichenbestand wenig gefährdet.

Bestandsentwicklung und Erziehung: Schon im Jungwuchs haben Pflegehiebe einzusetzen. Das Freilegen von bedrängenden Unkräutern, Gräsern

---

[1] H a u s e n d o r f f, Frostschäden an Eichen, Zeitschr. f. Forst- u. Jagdw. 1940, S. 3—35.

[2] K u r i r A., Einfluß abiotischer Umweltsfaktoren auf den Schwammspinner, Zeitschr. f. d. ges. Forstw. 1943, S. 105 ff. K o v a č e v i ć Ž., Schwammspinner und Eichenwaldungen, Šumarski list 55, S. 312—318, 1931. — G r a d o j e v i ć M., Allgemeine Übersicht über die Entwicklung der forstl. Entomologie in Jugoslawien. Intersylva 1, 1941, S. 26—32.

und Weichhölzern soll nicht im heißesten Sommer erfolgen, damit die
Blätter nicht infolge der plötzlichen vollständigen Freistellung verbrennen.
Mischwuchspflege, Erhaltung des Übergewichtes der Eiche, Zurückschneiden von Buchenvorwüchsen, von Stockausschlägen der Hainbuche, Aushieb
der beschädigten, kranken und schlechtveranlagten Individuen sind zu
handhaben. In Baden wurde in den letzten Jahren (besonders im Forstbezirk Emmendingen bei Freiburg i. Br. sowie im Forstbezirk Boxberg)
der R ü m e l i n sche Schnitt mit Erfolg angewandt, „um die junge Eiche in
einer Wachstumszeit über die Graszone und den Äser des Wildes emporzuheben". Das Wesentliche dieses Schnittes ist Zusammenfassung der ganzen Wuchskraft in *eine* Spitzenknospe, die Folge ist ein kräftiges Emporschießen eines oft meterlangen Triebes aus dieser Knospe. Bei diesem
Schnittverfahren wird im dritten bis fünften (oder selbst im zehnten) Jahre
nach der Pflanzung jede Einzelpflanze auf eine brauchbare Knospe in der
Nähe des Stammes und der Spitze untersucht (der Gipfeltrieb kann, weil
verdorrt oder verkrüppelt, unbrauchbar sein). Eine brauchbare, kräftige
Knospe kann sich allenfalls auch an einem schwachen Seitenzweig finden.
Dann wird das Holz dicht über dieser Knospe abgeschnitten, ebenso alle
Seitenzweige restlos bis auf den Stamm. Je länger die Pflanze seit der
Kultur am Platze stand, um so kräftiger wirkt sich der Schnitt aus. Wenn
der Schnitt an Pflanzen fünf Jahre nach der Pflanzung ausgeführt wurde,
betrug nachher die durchschnittlich jährliche Höhenleistung in einer
Abteilung 75 cm, im Maximum 105 cm, ähnlich in anderen Abteilungen[1].
Die beste Zeit des Schnittes sind die Monate März bis April kurz vor
Laubausbruch, allenfalls noch im Mai und Anfang Juni. Als Gerät für die
vom Forstwart selbst auszuführende Arbeit wurde die Rebschere verwendet. Der Zweck, die Eiche aus Gras- und Verbißzone und über verdämmende Mischhölzer emporzübringen, wurde sehr gut erreicht.

Im Dickungsalter findet die Säuberung im Sinne S c h ä d e l i n s statt,
die gesäuberte Dickung muß dicht bleiben, damit sich die Kronen nicht
einseitig entwickeln. Denn die Eiche gehört (wie Buche, Kiefer) zu den
Holzarten, die bei lockerem Stand zu sperrigem Wuchs neigen. Die Auslese von Stämmchen mit guter Schaftform in der Dickung kann später
noch durchkreuzt werden durch Schneedruck- und Frostschäden. Im
Jugendwuchs ist die Eiche auf zusagenden warmen Standorten, wenn sie
nicht durch Wildverbiß behindert wird, der Buche überlegen, zehn- bis elfjährige Eichen können bereits gegen 3 m hoch sein[2]. Bei fünf- bis zehnjährigen Pflanzen kommen Höhentriebe von 40 bis 70 cm Länge vor.
Außerdem sorgt man noch durch rechtzeitige Köpfung von Buchen oder
Hainbuchen, Linden usw. für das Vorhandensein eines Zwischen- und
Unterbestandes von Schattholzarten, der das Höhenwachstum des Hauptbestandes und seine Astreinigung befördert und der zugleich der späteren
Wasserreiserbildung entgegenwirken soll. Vom Alter der Astreinigung an

---

[1] R ü m e l i n, Eichenschnitt in Kulturen, Allg. Forst- u. Jagd-Ztg. 102, 1926,
S. 359—361.

[2] B ü h l e r, Waldbau, I. Bd., S. 523.

(Stangenholz, 20- bis 30jährig) beginnt die Auslesedurchforstung, die, falls kein Zwischen- und Unterbestand vorhanden ist, sehr vorsichtig zur Verhinderung sperrigen Wuchses und der Wasserreiserbildung erfolgen muß. Ist dagegen eine Stammumfütterung etwa mit Buchen vorhanden, so kann die Durchforstung etwas kräftiger in den Hauptbestand eingreifen. Im ersteren Falle muß bald Unterbau mit einer Schattholzart durchgeführt werden, so mit der Buche; auf geeigneten Standorten mit Tanne; im Eichen-Hainbuchen-Gebiet mit Hainbuche. Zu starke Eingriffe können auch schon im Stangenholzalter bei unzureichendem Zwischenbestand Wasserreiserbildung zur Folge haben. Nach den Untersuchungen von F a b r i c i u s bilden die Wasserreiser einen Ersatz für die außer Betrieb gesetzten Kronenteile und haben das Gleichgewicht zwischen dem unverändert gebliebenen Wurzelvermögen und der schwindenden Kronengröße aufrechtzuerhalten. Licht ist zum Austreiben der schlafenden Augen sehr förderlich, wenn auch nicht gerade nötig[1].

Da bei der Eiche Bäume, die von ihren Nachbarn überwachsen werden, infolge des ausgesprochenen Lichtbedürfnisses rasch absterben und ausscheiden, so sind die Stammzahlen im Eichenbestand kleiner als im Buchenbestand. Im Alter von 30 bis 40 Jahren (auf weniger günstigen Standorten ein bis zwei Jahrzehnte später) tritt das Hauptlängenwachstum ein, da setzt auch der gegenseitige Kampf und die Verlichtung im reinen Eichenbestande ein. Für das 40jährige Alter, I. Güteklasse, gibt zum Beispiel die Hessische Ertragstafel für Eiche 1250 Stämme an, Buche im gleichen Alter, I. Klasse, hat 4700 bis 8000 und mehr. Gutwüchsige Eichenstangen haben eine glatte, glänzende Rinde („Spiegelrinde"). Man kann oft beobachten, daß Eichen, die in den Nebenbestand geraten, zunächst fast nur noch einen Höhenzuwachs, somit äußerst geringen Stärkenzuwachs aufweisen, um sich möglichst lange am Leben zu erhalten, ihr Schlankheitsgrad ist dann oft so groß, daß sie der Stütze durch Nachbarbäume bedürfen. Sobald sich die Eichen lichter zu stellen beginnen, ist auch wegen der Bodenpflege (nicht nur zur besseren Schaftausbildung) der Unterbau erforderlich. Der Unterbau darf nicht zu spät erfolgen, wenn die für Furnierherstellung wichtigen Stammteile bereits durch Wasserreiser entwertet sind, er sollte also schon im Alter von etwa 20 bis 25 Jahren vorgenommen werden. Außerdem empfiehlt es sich, an Zukunftsstämmen die Wasserreiser des unteren Schaftteiles etwa alle drei bis fünf Jahre durch Abstoßen mit scharfen Eisen zu entfernen.

Während für die Durchforstung des reinen Eichenbestandes in der Jugend das Ziel in der Erhaltung dichten Schlusses, aber Aushieb schlechtgeformter herrschender Stämme besteht, findet vom Alter von 40 bis 50 Jahren an auf besseren Böden der Übergang zur Begünstigung von etwa 120 bis 150 Elitestämmen je Hektar durch allmähliche Umlichtung, Unterbau und allmähliche Stammzahlverminderung auf 80 bis 100 statt. Der Eichenbestand zeichnet sich nicht durch sehr große Massenleistung

---

[1] F a b r i c i u s L., Ursachen der Wasserreiserbildung an Eichen, Forstw. Centralbl. 1932, S. 761.

je Hektar, wohl aber (bei Starkholzzucht in genügend hohem Umtrieb)
durch die Erzeugung hoher Werte aus. Was die Massenleistung anbelangt,
so ergibt der Vergleich der Ertragstafeln[1] für die erste Güteklasse,
100jährig, Derbholz:

	Verbleibd. Bestand fm	Summe der Vorerträge Derbholz fm	Gesamtleistung Derbholz fm
Fichte (1936)	754	409	1163
Buche (1931)	389	437	826
Eiche (1920)	301	405	706

Entscheidend ist der außerordentlich hohe Wert des Eichenholzes. Die
Eichenholzvorräte mancher Urwaldgebiete nehmen rasch ab, der Gebrauchswert des Eichenholzes ist ein sehr hoher, deshalb sind geeignete
Standorte der Eiche zu erhalten oder wieder zuzuweisen. Oberholzeichen
im Mittelwald weisen rascheren Stärkenzuwachs auf wegen der freien,
allseits umlichteten Krone, sie ergeben aber kürzere astreine Schäfte und
zu wenig Nutzholz im Vergleich zum Eichenhochwald mit höherer Umtriebszeit. So gibt es im Forstamt Ernstbrunn im niederösterreichischen
Weinviertel 120- bis 130jährige Oberholzeichen mit 60 bis 80 cm Brusthöhendurchmesser, 20 m Scheitelhöhe, 6 m astreinem Schaft (im Eichenhochwald dagegen sind astreine untere Schaftteile von 18 bis 20 m Länge
erreichbar). Hohen wirtschaftlichen Wert erzielt besonders das engringige
Eichenstarkholz, das, wenn es fehlerfrei ist, als Furnierholz Verwendung
findet. Deshalb empfehlen sich im Eichenhochwald höhere Umtriebe als
bei anderen Holzarten, und zwar 160 bis 200 Jahre und mehr. Berühmt
sind die Traubeneichenbestände des Spessart. Man kann dort 300- bis
400jährige Eichenbestände mit Baumhöhen bis 42 m, astreinen Schäften
bis zu 24 m Höhe sehen, der Preis je Festmeter für die besten Sorten ist
höher als der jeder anderen Holzart. Die Waldfläche des Spessart hat ein
Ausmaß von etwa 100.000 ha, die des geschlossenen Staatswaldes allein ein
solches von fast 40.000 ha. Die Eiche ist — auf Grund der nacheiszeitlichen
Waldgeschichte — die geschichtlich älteste der vorkommenden Holzarten
im Spessart. Ursprünglich kommt (nach V a n s e l o w, Die Waldbautechnik im Spessart, Berlin 1926, S. 162) nur die Traubeneiche vor, doch soll
vom Maintal aus die Stieleiche eindringen. Auch im europäischen Südosten
gibt es schöne Eichenbestände. So sah Verfasser zum Beispiel im Waldort
Unterhammer der Forstverwaltung Žarnovica in der Slowakei 180- bis
200jährige Traubeneichenbestände mit Baumhöhen von 28 bis 30 m,
Brusthöhendurchmessern von 50 bis 70 cm, Massen je Hektar von 600 bis
700 fm, manche Stämme hatten 3 bis 4 fm Inhalt, das milde, engringige,
gleichmäßig erwachsene Holz war zum großen Teil für Furnierholz geeignet und sehr gesucht. In Slawonien sind zwischen Drau und Save
(zwischen Agram und Belgrad) die berühmten slawonischen Eichenwälder.
Die Traubeneiche gilt als etwas weniger lichtbedürftig, denn bei der Stieleiche sind die Blätter örtlich gehäuft und bilden nie ein gleichmäßig

---

[1] Ertragstafel der preußischen Versuchsanstalt, Schaper, Hannover, 1938.

gefülltes Blätterdach, die Zwischenräume lassen mehr Licht durch. Die Stieleiche hat in der Jugend ein rascheres Höhenwachstum, bis zum Alter von 20 bis 30 Jahren holt aber die Traubeneiche das Versäumte nach (B u r g e r). Auch glaubt man beobachtet zu haben, daß die Traubeneiche den Schaft besser durchführt, doch gibt es auch sehr gute Schaftformen von Stieleichen (vgl. Abb. 47), auch ergaben die Schweizer Versuche, daß die Stieleichen weniger zu Zwieselbildung neigen und geraderen Wuchs aufweisen als die Traubeneichen. Das Holz der Traubeneiche ist milder, für Furniere leichter bearbeitbar als das der Stieleiche, die sich mehr für Verwendungen eignet, bei denen es auf Dauer und Festigkeit ankommt.

Wo es sich um ausgesprochene Eichenstandorte handelt, wären diese für die Eichenzucht voll auszunützen durch Begründung von reinen Eichenbeständen, die nachträglich mit einer schattenertragenden Holzart unterbaut werden. In allen wärmeren tieferen Lagen des Verbreitungsgebietes der Rotbuche sollte es Wirtschaftsziel sein, auf geeigneten Böden die Eiche zu fördern. Allerdings ist die Eiche erst mit 160 bis 200 Jahren hiebsreif, die Buche schon mit 100 bis 120 Jahren. Im vorderen Wienerwald wurde daher für die Eiche von der Betriebseinrichtung eine besondere Betriebsklasse mit 160jährigem Umtrieb vorgesehen (in den Forstverwaltungen Breitenfurt und Hinterbrühl wurden geeignete Eichenbestände dieser Betriebsklasse zugewiesen). Im Falle einer verhältnismäßig gleichalterigen Mischung soll die Eiche als lichtbedürftige Holzart einen Altersvorsprung von wenigstens fünf bis zehn Jahren erhalten (zum Beispiel durch horstweisen Voranbau der Eiche im Buchenbestand). In anderen Fällen zieht man es vor, reine Bestände der Eiche zu begründen und sie nachträglich mit Buche zu unterbauen [1].

In früherer Zeit (um 1800) wurden häufig ausgelichtete, herabgekommene Eichenwälder durch Aufforstung in Kiefernbestände umgewandelt. In solchen Wäldern ergibt sich die Aufgabe, die Kiefernbestände auf erstklassigem Boden wieder in Eichenbestände zurückzuführen, auf Standorten, wo ursprünglich Eiche war. Über ein Beispiel einer solchen Umwandlung berichtet K r a h l - U r b a n [2]: Wegen Frostgefahr muß dort („Fürstentum Krotoschin“, Wartheland) das vorhandene Altholz als *gelockerter Schirm* für die *Eichenstreifensaat* verwendet werden. Im Frühjahr vor der geplanten Eichenkultur wird der Unterstand aus Eichen und Hainbuchen abgetrieben, dabei bleiben etwa 30 bis 50 geradwüchsige und gut bekronte Hainbuchen über die Fläche verteilt stehen, sie sollen die spätere Hainbuchenbeimischung liefern. Bei dem folgenden Hieb wird die Masse des Kiefernbestandes, 120- bis 140jährig, erster und erster bis zweiter Ertragsklasse, um 40 bis 50 v. H. vermindert. Die Masse ist dann noch immer hoch. Nun wird unter diesem Schirm auf tief gelockerten Hack- und Grabestreifen, deren Abstand nicht größer als 1,3 m ist, die Eichensaat oder Pflanzung ausgeführt. Ihr sind von vornherein Linden und Eschen,

---

[1] V a n s e l o w, Die Waldbautechnik im Spessart, Berlin 1926.

[2] K r a h l - U r b a n, Die Eiche im „Fürstentum Krotoschin“, Zeitschr. f. Forstu. Jagdw. 1941, S. 358 ff.

auch Rotbuchen, stammweise beizumischen. Die weitere Lichtung und Räumung des Kiefernbestandes und des leichten Hainbuchenschirms richtet sich nach dem Gedeihen und dem Schutzbedürfnis des Eichenjungwuchses. Die Räumung der letzten Schirmbäume kann wahrscheinlich nach neun bis zwölf Jahren angemessen sein.

Auch im *Spessart* wurde *Eichensaat unter Schirm* in vorbereiteten Beständen (zum Beispiel Buchen-Eichen-Beständen) im Herbst eines Eichel-

Abb. 85. 20jähriges Eichengertenholz mit gleichzeitiger Buchenbeimischung, Abteilung Planke, Forstamt Lohr-West, Spessart (Aufn. J. K ö s t l e r).

mastjahres gehandhabt[1]. Die Eichenkulturen wurden dort grundsätzlich zum Schutz gegen Schwarzwild und Wildverbiß eingezäunt, daher konnte man Herbstsaaten anwenden. Die Saatart war Leitersaat auf Riefen, die Erfahrung sprach für dichte Eichensaaten (14 bis 18 hl je Hektar). Im zweiten Jahr nach gutem Anlaufen der Saat wurden etwa 40 v. H. des

---

[1] K a u p S., Aus der Praxis der Spessartforstwirtschaft. Forstw. Centralbl. **51**, 1929, S. 393—413, 442—461.

Bestandesmaterials genutzt unter Bevorzugung der stärkeren Stämme und sorgfältiger Erhaltung der Schutzstangen. Nach weiteren zwei Jahren wurde weitergelichtet unter Beachtung einer gleichmäßigen Verteilung der Schutzstellung. Der kräftigen Kronenfreistellung pflegte bald ein Buchensamenjahr zu folgen. Trat *vor* dem dritten oder vierten Lebensjahr der Eichen die Buchenansamung ein, so wurden die Buchensämlinge ausgestochen und verkauft oder im eigenen Betrieb im Walde verwendet. Das Ausstechen hatte auch eine günstige Bodenlockerung zur Folge. Die freistehenden Buchen trugen alle zwei bis drei Jahre Samen, es kam also zu einem zweiten Bucheleinfall kurz vor der Räumung. Nach der Räumung pflegt ein noch kräftigeres Höhenwachstum der Eichen einzusetzen, sie schließen sich und halten die Konkurrenz der später angesamten Buchen zurück, die Mischung ist gesichert (Abb. 85).

Waldtypen: Weit verbreitet ist der *Eichen-Hainbuchen-Wald, Querceto-Carpinetum;* in den Niederungen auf nährstoffreichen, schweren, wenig durchlüfteten Böden der Stieleichen-Hainbuchen-Wald; im Hügellande auf leichteren, trockeneren, besser durchlüfteten Böden der Traubeneichen-Hainbuchen-Wald. Als Beispiel des ersteren seien *slawonische Eichenwälder* genannt. Die Stieleiche dominiert, in der Baumschicht gesellen sich zu ihr, besonders an feuchtesten Stellen, Eschen, sonst Feldulmen und Hainbuchen, diese mehr im Unterholz, wo sie mit Silberlinden, Feldahornen, Pappeln, Erlen zusammentreffen. In der Strauchschicht treffen wir Weißdorn, Schlehdorn, *Acer tataricum, Viburnum Opulus, Ligustrum vulgare;* in der Krautschicht ist Gundelrebe, *Glechoma hederacea,* häufig[1].

Auch in dem durch pannonisches Klima beeinflußten *niederösterreichischen Weinviertel* oder „Viertel unter dem Manhartsberg" ist der Eichen-Hainbuchen-Wald vertreten, nach S c h a r f e t t e r bevorzugt er feuchtere Böden und leitet von den Hartholzauen der Niederungen zum „pannonischen Eichenwald" der trockenen Böden über, es finden sich in ihm: *Carpinus Betulus, Quercus Robur* (Synonym *pedunculata), Acer campestre, Ulmus campestris, Fraxinus excelsior, Quercus sessiliflora* (Synonym *petraea), Quercus Cerris, Sorbus torminalis, Staphylea pinnata, Carex pilosa, Melica uniflora, Viola mirabilis, Lathyrus niger, Stellaria holostea, Hierochloe australis, Corydalis solida*[2]. Der Eichen-Hainbuchen-Wald stockt in unseren günstigsten Klimalagen auf Böden, die sich auch für den Ackerbau sehr gut eignen. Er hat daher im Laufe der Jahrhunderte am meisten von seinem natürlichen Gelände eingebüßt.

In den *Donauauen* kommt als Abschlußstadium im Entwicklungsgang der Alluvialgesellschaften die „*harte Au*" (Hartholzau) vor, in ihr sind vertreten: *Stieleichen,* gemischt mit Eschen, Feldulmen, Feldahorn, Schwarzerle, Traubenkirsche. Die Aufeinanderfolge der Pflanzengesellschaften, die Sukzession, ist etwa folgende: Auf den durch das Hochwasser frisch angeschütteten Böden, Sandbänken, erscheinen als Erstbesiedler neben *Poly-*

---

[1] A. d e P h i l i p p i s, Die Eichen von Slawonien, Rivista Forestale Italiana, 1941. — J a n k a G., Centralbl. f. d. ges. Forstw. 1925, S, 386.
[2] S c h a r f e t t e r R., Das Pflanzenleben der Ostalpen, Wien 1938, S. 76.

gonum-Arten Weiden und Pappeln. Die an die Stelle der *Polygonum*-Arten
tretenden Kräuter und Gräser, vornehmlich mit kriechenden Stengeln, werden durch die heranwachsenden Weiden und Pappeln verdrängt[1]. In der
Weidenau sind Strauchweiden mit noch nicht vollwüchsigen Pappeln,
Baumweiden *(Salix alba, fragilis)* vergesellschaftet, auf offenen
Stellen auch mit *Hippophae rhamnoides* und *Myricaria germanica*. Durch
den Sieg der höherwüchsigen Pappeln über die Weiden kommt es zur Bildung
der Pappelau (Weichholzau) mit *Populus alba, P. nigra, Salix alba, fragilis,*
zum Teil in mächtigen Bäumen. Später folgen Erlen, sobald der Boden
besser und höher geworden ist, so daß das Wasser weniger nahe zur Oberfläche ansteht. Schließlich führt die Entwicklung zur „harten Au" aus Eschen
und Eichen. Im Unterwuchs gibt es zahlreiche Sträucher, häufig mittelwaldartige Bilder: *Cornus sanguinea, Prunus Padus, Lonicera, Evonymus, Viburnum,* Maiglöckchen, Brennessel, Waldrebe, Wilder Hopfen, Efeu usw.

In Teilen der illyrischen Länder sowie auf trockenen Standorten der
tertiären Erhebungen des niederösterreichischen Weinviertels und Wiener
Beckens und auf den dieses nach Osten und Westen begrenzenden Hängen
des Leithagebirges und des Wienerwaldes findet sich als wesentlicher Bestandteil des *pannonischen Eichenwaldes* ein Traubeneichen-Flaumeichen-
Wald, meist als Niederwald bewirtschaftet, als „*Quercetum pubescentis*" auf
Grund der Formationslisten von B e c k - M a n n a g e t t a, Flora von
Niederösterreich, 1893, und V i e r h a p p e r, Die Pflanzendecke Nieder-
österreichs, 1921, von S c h a r f e t t e r[2] beschrieben: In der Baumschicht
und Strauchschicht *Quercus pubescens, Qu. Cerris, pedunculata, sessiliflora,
Castanea sativa, Ulmus campestris, Evonymus verrucosa, Evonymus europaea,
Corylus avellana, Rhamnus cathartica, Staphylea pinnata, Cornus mas,
Cornus sanguinea, Crataegus oxyacantha, Cr. monogyna, Ligustrum vulgare.*
Niederwuchs: *Cytisus nigricans, Cytisus austriacus, C. hirsutus, C. supinus,
Genista tinctoria, G. germanica, Clematis recta, Adonis vernalis, Anemone
silvestris, Arabis glabra, Dictamnus albus, Geranium sanguineum, Hyperi-
cum perforatum, Potentilla recta* usw.

Bei der Ertragstafel von S c h w a p p a c h (1920) für die Eiche wurden, da Eiche auf allerschlechtesten Böden nicht vorkommt, nur drei Güteklassen unterschieden, bei der hessischen Tafel deren vier. Nach der Ertragstafel von F e i s t m a n t e l - M o c k e r beträgt in der besten Güteklasse des Eichenhochwaldes im Alter von 150 Jahren die mittlere Bestandeshöhe 35,5 m; in einer mittleren (der fünften von neun Güteklassen)
30,6 m; in der geringsten (neunten) Unterklasse 16,7 m. Auf den geringsten
Güteklassen wird die Rinde der Stangenhölzer bald rauh, Stämme und
Äste zeigen stärkeren Flechtenbehang, der Unterwuchsverein ist artenarm
und weist zum Beispiel Heidelbeere, Angergräser oder auch *Calluna* auf. Die
besten Eichenstandorte sind reich an Süßgräsern und Kräutern.

Vorkommen des Eichenbestandes: Eichenbestände größerer Ausdehnung
sind in Mitteleuropa nur in bescheidenem Umfang vorhanden, so im

---

[1] S c h a r f e t t e r R., Pflanzenleben der Ostalpen, 1938, S. 204.
[2] Ebenda, S. 76.

Spessart, im Pfälzer Wald, in Westfalen[1], im badischen Frankenland, in den Mittelwäldern des niederösterreichischen Weinviertels. Ein Höchstmaß und Bestmaß beider Eichenarten findet sich in Frankreich in großer Ausdehnung. Ein zweites Maximum und Optimum der Eichenarten ist im europäischen Südosten, in den unteren Donauländern, in Ungarn und Jugoslawien, besonders Kroatien und Slawonien, in der Ebene, im Hügelland und in der unteren Stufe des Gebirges, die Eichen kommen dort auch bestandbildend (rein und vorherrschend) vor. Oft ist (in Jugoslawien, Bulgarien, Griechenland, der Türkei) in der Nähe der Ortschaften und Kommunikationen der Eichenwald, beziehungsweise der Laubmischwald mit vorherrschenden Eichen, durch Holznutzung und Beweidung in Buschwald umgewandelt.

Der Schwarzerlenbestand.

Bestandesgründung, Entwicklung: Die Bestandesgründung erfolgt in der Regel durch Stockausschlag im Niederwaldbetrieb, die Ausschlagfähigkeit ist groß. Man bevorzugt gegenwärtig aus wirtschaftlichen Gründen Niederwaldbetrieb mit verhältnismäßig höherer Umtriebszeit, 40 bis 60 Jahre, weil für die Sperrholzindustrie stärkere Sorten von Erlennutzholz begehrt und von höherem wirtschaftlichen Wert sind. Zur Ergänzung der Niederwälder, zum Ersatz zu alter Stöcke wird auch Pflanzung etwa 1 m hoher Kernpflanzen angewandt, seltener die natürliche Verjüngung durch Samenabfall von Mutterbäumen. Die Neubegründung von Erlenniederwäldern hat öfter mit Schwierigkeiten zu kämpfen, die durch den im Frühjahr zu großen, im Sommer zu geringen Wasserstand bedingt sind, weiter durch die Konkurrenz des Graswuchses sowie Gefährdung bei der Grasnutzung. Die Neubegründung geschieht durch Pflanzung, auf frischen Böden einfach durch Lochpflanzung, auf schweren, nassen Böden Klapppflanzung, auf sehr nassen auch Hügelpflanzung oder Rabattenpflanzung. Zum Zweck der Niederwaldverjüngung wird der Stockhieb auf den im Frühjahr nicht übermäßig nassen Böden hart am Boden geführt; auf Böden, die zur Zeit der Entwicklung der Ausschläge unter Wasser stehen, müssen die Stöcke entsprechend höher gehauen werden. Auf Standorten erster Güteklasse beträgt der durchschnittliche jährliche Baumholzmassenzuwachs 9 bis 10 fm (davon etwa 10 v. H. Reisholz), auf zweiter Standortsklasse 6,5 bis 7,5 fm, auf dritter 4 bis 5 fm[2] (der Reisholzanteil ist bei geringeren Güteklassen größer).

Nach den Untersuchungen über den Wachstumsgang der Schwarzerlenbestände[3] ist der Höhenzuwachs in der Jugend groß, die bis zum Alter von 80 Jahren erreichbare Höhe ist für die I. Standortsklasse beträchtlich:

Alter	20	40	60	80 Jahre
Bestandeshöhe	15,1 m	20,8 m	24,7 m	27,7 m

---

[1] V a n s e l o w, Natürliche Verjüngung im Wirtschaftswald, 1931, S. 197.

[2] Derselbe, Einführung in die Zuwachs- und Ertragslehre, 1941.

[3] S c h w a p p a c h, Neuere Untersuchungen über den Wachstumsgang der Schwarzerlenbestände, Zeitschr. f. Forst- u. Jagdw. 1919, S. 184—190.

Zwischen dem 20. bis 40. Jahre beträgt also der Höhenzuwachs 5,7 m, zwischen dem 60. bis 80. noch 3 m. In Ostpreußen und den baltischen Ländern, wo das Klima der Erle besser zusagt, sollen vereinzelt auch Bestandeshöhen über 30 m vorkommen. Begünstigung der besten Stockausschläge durch regelmäßige Durchforstungen ist erforderlich, wenn das Wirtschaftsziel der Nutzholzerzeugung erreicht werden soll. Die Gesamtwuchsleistung für die I. Güteklasse (Derbholz + Reisig) beträgt nach den „Ertragstafeln der wichtigeren Holzarten" von S c h w a p p a c h, 1919, 80jährig 784 fm, davon Derbholz 719 fm, der Gesamtaltersdurchschnittszuwachs somit 9,8 fm.

Mit Rücksicht auf die Nachfrage nach hochwertigem Erlenfurnierholz wurde für Gebiete guten Erlengedeihens (Osten Deutschlands sowie Auwaldungen des badischen Rheintales) neuestens die Bewirtschaftung *im Hochwaldbetrieb* empfohlen[1]. Die Erlenbestände sollen dann grundsätzlich aus Kernlohden guter Herkunft erzogen werden, das Füllholz kann Stockausschlag sein. Hochdurchforstung mit Schonung des zwischenständigen Füllholzes zur Beschattung der Stämme und Verhinderung der Wasserreiserbildung wird dann angewandt.

In den badischen Rheinauen wurde im Erlentyp nach der Überführung in mehrschichtigen Hochwald ein 50- bis 70jähriger, im Mittel 60jähriger Umtrieb für angemessen erachtet. Auch dort wurde die Erle im zwei- und mehrschichtigen Aufbau hochwaldartig behandelt, mit Erlenstockausschlägen als Unter- und Zwischenstand, Stämme des herrschenden Bestandes (mit Schaftholzausbeuten bis zu 75 v. H.) lieferten ein sehr begehrtes Nutzholz. Der Unter- und Zwischenstand gewährleistet eine wirksame Bodenpflege.

Die Erle zeigt bestes Gedeihen auf tiefgründigem Lehmboden mit der erforderlichen Feuchtigkeit (außerhalb des eigentlichen Überschwemmungsgebietes der Auen). Auf Sandboden ist für gutes Gedeihen entweder eine mächtige Auflage von schwarzem Bruchboden nötig oder jährliche Düngung durch Schlickablagerung bei der Überschwemmung. Andernfalls bleibt die Erle auf Sandboden nach raschem Jugendwachstum bedeutend zurück. Auf Grund älterer Ertragstafeln (1902), für die weniger Untersuchungsmaterial zur Verfügung stand, hatte man angenommen, daß der Höhenzuwachs nach dem Alter von 60 Jahren stark nachlasse, dies wurde durch die Ertragstafel von 1919 richtiggestellt. Wenn der Hauptbestand der Erle aus Kernwüchsen mit einem Umtrieb von 100 bis 120 Jahren bestehen würde, so wäre der Anteil an wertvollem Furnierholz groß, die Werterzeugung wäre jener der Buche erheblich überlegen.

Die besten Erlen*waldtypen* sind dort, wo ein lehmiger Boden oder solcher, der durch fließendes Wasser mit Schlicküberlagerung gedüngt wird, zwar durch Grundwasser durchfeuchtet ist, dieses aber nicht zu oberflächlich ansteht.

---

[1] R a v e, Ein Wort für die Roterle, Dtsch. Forstwirt 1942, S. 369—372. — B a u e r, Die Umstellung der Wirtschaft in den Auewaldungen des badischen Rheintales, Forstw. Centralbl. **53**, 1931, S. 629 ff., 682 ff., 726 ff.

Vorkommen der Schwarzerlenbestände: Der Schwarzerlenbestand findet sich häufig in Flußauen. Auch in den österreichischen Donauauen und einigen sonstigen Flußauen des Landes ist sein Anteil beträchtlich. So beträgt zum Beispiel im Bezirk Tulln, Niederösterreich, der Anteil der Erle fast 5000 ha oder 25 v. H. der Waldfläche[1]. In noch größerem Ausmaße kommt die Erle in Nord- und Ostdeutschland vor. So gibt es im Memeldelta (in den Forstämtern Tawellninken und Ibenhorst) ausgedehnte Erlenniederwälder mit höheren Umtrieben. Ein zweites größeres Gebiet ist im Spreewald in der Niederlausitz (Abb. 86).

Der Eschenbestand.

Die Esche bildet nur auf tiefgründigen, fruchtbaren Böden der Auen, auch in den Donauauen Niederösterreichs, und auf sonstigen feuchten Waldböden kleinere Reinbestände, am besten auf nährstoffreichem, lehmigem Untergrund, zum Beispiel in den Donauniederungen Ungarns und Rumäniens auf etwa meterdicker Schlickdecke[2]. Sonst ist sie eine Mischholzart, die als solche sowohl in den Auen als auch auf Gebirgsböden verschiedener Grundgesteine vorkommt. Bei Versuchen zur Rassenfrage stellten M ü n c h und D i e t e r i c h[3] der Esche feuchten Standortes (von ihnen als „Wasser-

Abb. 86. Erlenhochwald im Spreewald, Forstamt Lübben (Aufn. K o l l e r).

esche" bezeichnet) die „Kalkesche" von Jurakalkböden gegenüber, doch findet sich die Esche auf Böden ohne Grundwasserführung nicht etwa nur auf Kalk, sondern auf allen möglichen, auch silikatischen Grundgesteinen im Gebirge, und zwar als Mischholzart, vielleicht weil sie mit tiefreichenden Wurzeln in den Lehmboden der Klüfte und Spalten hineinreicht. Ihr bestes Gedeihen hat sie in den Auen. Auch in den Donauauen von Niederösterreich kann die Esche als Oberholz im Mittelwald mit 60 Jahren bereits etwa 50 cm Brusthöhendurchmesser und 25 m Höhe erreichen. Nach den in Baden in den Rheinauen unterschiedenen Auwaldtypen[4] (die auch in den Donauauen festzustellen sind) findet sich der

---

[1] Forst- und Jagdstatistik für Österreich nach dem Stande vom Jahre 1935, Wien 1938.

[2] Doch braucht sie Lagen ohne Stauwassergefahr. „Auszug aus dem Betriebswerk für die staatlichen Rheinauwaldungen der Pfalz", München 1939.

[3] M ü n c h und D i e t e r i c h, Kalkesche und Wasseresche, Silva 1925.

[4] B a u e r, Die Umstellung der Wirtschaft in den Auewaldungen des badischen Rheintales, Forstw. Centralbl. **53**, 1931, S. 629 ff., 682 ff., 726 ff.

Eschentyp als *Mischwaldtyp* auf mineralisch kräftigen, tiefgründigen, feuchten Böden außerhalb des Überflutungsgebietes, auf denen auch andere Laubhölzer, wie Eichen, Ulmen, Ahorne, ferner Linden, Birken, Nußbaum, Wildobst, Platanen, Robinien gedeihen können. Aber die für die Esche geeigneten feuchteren Standorte werden dieser und nicht der Eiche zugewiesen, weil die Esche schon in 70- bis 90jährigem, durchschnittlich 80jährigem Umtrieb hochwertiges Nutzholz von entsprechender Stärke ergibt, während dies bei der Eiche auf frischen Böden der Auen erst in einem 120- bis 150jährigem Umtrieb der Fall ist. In wirtschaftlicher Hinsicht ist also der Eschentyp in der Au dem Eichentyp entschieden überlegen. Als bodenschützende Holzarten im Eschentyp werden Ahorne, Linden und Buchen begünstigt, der Mischwald wird angestrebt.

Begründung, Entwicklung: a) *In der Au:* Der Eschentyp als Mischwaldtyp umfaßt zumeist den größten Teil des Auwaldes. Oft kann die Begründung eines aus jungen Eschenkernwüchsen und sonstigen Edellaubhölzern zusammengesetzten Mischbestandes *durch pflegende Eingriffe in jüngeren Unterholzschlägen* erfolgen, es gelingt dann in der Regel, durch Zurückschneiden des Strauchholzes und wertloser Stockausschläge und durch systematisches Herausarbeiten der Edelhölzer wertvolle Jungbestände auf natürlichem Wege mit einem nicht allzu hohen Kostenaufwand zu begründen, wie Verfasser sich im Forstbezirk Karlsruhe wiederholt überzeugen konnte.

Finden sich im Unterholz nicht genug wertvolle Laßreitel vor, dann lohnt es sich nicht, im Unterholz pfleglich zu schneiden, und *künstliche Bestandesgründung* wird notwendig. Damit aber die Nachzucht der Esche auf der Freifläche nicht durch Strahlungsfrost in Frage gestellt und durch üppigen Gras- und Unkrautwuchs erschwert werde, wird die künstliche Bestandesgründung *unter einem Vorholz* bewirkt, bestehend aus einem aus Stockausschlägen geschaffenen lockeren Schirm. Durch ihn wird der Wuchs behindernder Sträucher und Weichhölzer zurückgehalten, die Esche kann nachgezogen werden, sie ist in der Jugend verhältnismäßig schattenertragend. Durch Mitverwendung brauchbarer Kernwüchse kann an Kulturkosten gespart werden.

Außerdem kann in der Au der *Eschentyp (Mischwald) unter Schirm natürlich verjüngt* werden. Das Unterholz wird zuerst nur schwach (durchforstungsartig) gelichtet, durch seinen Schirm wird das Wiederausschlagen der Stöcke zurückgehalten, Schattholzarten, wie Ahorne, Linden, Hainbuchen, Ulmen, Buchen verjüngen sich durch Anflug oder Aufschlag. Um diese natürlichen Ansamungen der Schattholzarten gegen Verdämmung zu schützen, werden im zweiten bis vierten Jahre nach dem Hieb Reinigungshiebe geführt. Dann erfolgt *weitere* Lichtung des Schirmes und *Ansamung auch der Esche*, zu deren Stärkung noch Lichtungshiebe geführt werden. Schließlich wird der Schirm geräumt. Der Verjüngungszeitraum für den Eschenmischbestand (Begründung von Hochwald) in der Au beträgt 8 bis 15, im Mittel 10 Jahre. In der folgenden Jungwuchspflege werden insbesondere zu dichte Jungwüchse verdünnt, Fehlstellen ergänzt, Eschen und andere Edellaubhölzer gegen Verdämmungsgefahr geschützt.

b) Auch *außerhalb der Auen* läßt sich bei Vorhandensein von Eschen-
mutterbäumen infolge des häufigen und reichlichen Samentragens der Esche
unschwer natürliche Verjüngung durch Anflug erzielen, oft stellt sich die
Verjüngung sehr dicht ein. Schon K. G a y e r empfahl zu diesem Zweck
„lichte Besamungs- und Schirmschläge, die langsam nachgehauen werden."
Die leichte Verjüngungsfähigkeit der Esche wurde auch im Wienerwald,
dann in Waldungen der Flyschvorberge südlich von Steyr, Oberösterreich,
sowie an verschiedenen anderen Orten, so auch in Vorarlberg häufig beobachtet, die Anflüge stellen sich oft schon in ungelichteten Nadelholzbeständen in großer Dichte ein, in der Jugend sind nämlich die Ansprüche
der Esche in bezug auf das Licht recht bescheiden. Einfacher Kronenfreihieb zerstreut stehender Eschenmutterbäume liefert im Gebirge in fast allen
Fällen gute Verjüngungserfolge[1]. Doch ist im Gebirgswald die Begründung
reiner Eschenbestände oder größerer solcher Horste (auf Standorten, die
für die Esche weniger geeignet sind) zumeist gar nicht erwünscht, wegen
der erfahrungsgemäß später eintretenden Verlichtung und Bodenverwilderung, so daß sich bei überreichem Anflug sogar eine Bekämpfung der
sonst so wertvollen Holzart als erforderlich erweisen kann. Das Holz der
im Bestandesschluß erwachsenen Gebirgsesche ist weniger zäh und in der
Regel weniger begehrt als das breitringige Eschenholz aus Auen und Mittelwäldern, von Parkeschen usw. (Im städtischen Forstbezirk Freiburg i. Br.
erzielte im Jahre 1938 die Gebirgsesche um 20 bis 25 v. H. niedrigere
Preise als die Auesche.) Für die natürliche Verjüngung der Esche ist auch
die Randstellung des W a g n e r schen Blendersaumschlages, und zwar
die Innenrandfläche, günstig, die Besamung der Esche stellt sich dort ähnlich ein wie die der Fichte und des Ahorns.

Auch *Pflanzung* der Esche findet statt (womöglich unter Schutzholz),
und zwar verwendet man zwei- und dreijährige Pflanzen und häufig auch
Lohden und Halbheister. Die vier- bis fünfjährige Esche hat schon die
Größe von Lohden, etwa 1 m Höhe. Wo Beschädigungen durch Wild:
Fegen durch den Rehbock, Verbiß, zu befürchten sind, werden die Lohden
umwickelt. Auch Bestandesgründung *durch Saat* unter einem lichten
Schirmbestand auf bearbeiteten Bodenstreifen oder auf Plätzen ist möglich.

Zur Erziehung von Starkholz der Esche sowie von breitringigem
zähem Eschenholz ist rechtzeitige Durchforstung und sodann Lichtwuchsbetrieb mit Unterbau (auf besseren Standorten) erforderlich.

Gefahren: Die Esche ist sehr spätfrostgefährdet. Die bei ihr öfter auftretende, für die Nutzholzverwertung ungünstige Zwieselbildung ist entweder auf Spätfrost oder auf Beschädigung der Gipfelknospe durch die
Eschenzwieselmotte, *Prays curtisella*, zurückzuführen. Auf Wildschäden wurde
schon hingewiesen. Auch Überwucherung junger Eschenpflanzen durch die
in den Auen vorkommenden Schlinggewächse (Waldrebe, wilder Hopfen)
kann vorkommen, außerdem ist sie in der Jugend durch Mäuseschäden

---

[1] C a b a K., Die Verjüngung im Hochgebirge, Österr. Vierteljahresschr. f. Forsw. 85,
1935, S. 120. Vgl. auch M i c k l i t z, Über die Anzucht edler Laubhölzer unter Schirmbestand, Österr. Vierteljahresschr. f. Forstw. 62, 1912, S. 301—310.

gefährdet. Nach plötzlicher Freistellung leidet sie durch Rindenbrand. Gegen Hitze und Dürre ist sie empfindlich.

Als Beispiel für einen *besten Waldtyp der Esche* lernte Verfasser im Stadtwald von Karlsruhe, in Auwaldungen längs des Rheinstroms, einen 50jährigen Eschenbestand von 35 m Bestandeshöhe kennen; die Eschen hatten völlig freie Kronen, unter ihnen war die Hainbuche als dienende Holzart vertreten, breitkronig, dem Zweck als dienende Holzart entsprechend. In der Krautschicht kamen Bärlauch (*Allium ursinum*), Brennnessel und Gräser vor. In einem Umtrieb von 70 bis 80 Jahren erreicht dort die Esche die für die Nutzbarkeit gewünschten Dimensionen. Auch in den österreichischen Donauauen (zum Beispiel Waldungen von Erla bei St. Valentin, Niederösterreich) gibt es im Mittelwald Waldtypen mit sehr schönen Eschen als Oberholz, die dort mit 40 bis 60 Jahren schon Stärken bis 60 cm aufweisen, im Unterwuchs *Cornus sanguinea, Prunus Padus, Viburnum Lantana* und *Opulus, Lonicera, Evonymus*, in der Krautschicht *Paris quadrifolia, Vinca minor, Aconitum Napellus, Convallaria majalis* usw. Die Oberholzeschen in den niederösterreichischen Donauauen ergeben in der Regel ein sehr zähes, erstklassiges Nutzholz. Das Eschenholz ist für Wintersportgeräte: Schi, Rodel, dann als Wagnerholz und Möbelholz begehrt. Eschenholz mit breiten Jahrringen ist wegen des größeren Spätholzanteils zäher und daher für Schi, Turngeräte, Wagnerholz wertvoller.

Als Beispiel aus Südosteuropa sei angeführt: Im Osten Bulgariens, südwestlich von Varna am Schwarzen Meer, im Auwald von Longosa, erreicht auf fetten Schlickböden die Esche im Plenterwald Höhen von 25 bis 30 m, Durchmesser von 80 bis 120 cm, die haubaren Eschen sind dort 80- bis 120jährig, bisweilen aber auch bis 200jährig und darüber. Erstrebt wird ein Mischwald von 80 v. H. Esche und 20 v. H. Ulme. Unterholz ist Weißdorngestrüpp, zuweilen findet sich als Bodenpflanze *Sambucus Ebulus*. Auch der Anbau von *Juglans nigra, Carya alba* und anderen wertvollen Laubhölzern könnte in Frage kommen[1].

10. Waldbautechnik wichtiger, im Südosten vorkommender Holzarten.

Die meisten der bis nun besprochenen Bestandesarten haben nicht nur für Mitteleuropa, sondern auch für Südosteuropa Bedeutung, auf ihre dortige waldbauliche Rolle und Behandlung wurde immer wieder hingewiesen. Außerdem werden aber in Südosteuropa dort vorkommende Arten kultiviert, die in Mitteleuropa fehlen (oder nur an einzelnen Standorten zu finden sind, zum Beispiel die Schwarzkiefer am Alpenostrand südlich von Wien, sonst im Südosten). Außer einheimischen Arten spielen in der Waldbautechnik des Südostens auch einige ausländische eine beachtenswerte Rolle, zum Beispiel die Robinie, die Kanadapappel, in der Türkei Eukalyptusarten; auf den Waldbau der Exoten im Südosten wird im Abschnitt über ausländische Holzarten eingegangen werden.

---

[1] M ü l l e r K. M., Wälder und Waldwirtschaft in Bulgarien, Forstw. Centralbl. 50, 1928, S. 149 ff., 177 ff. (bes. S. 154—157).

Der Edelkastanienbestand.

Die Edelkastanie ist zum *Niederwaldbetrieb* besonders geeignet. Dafür spricht der Umstand, daß sich ihr Höhenwachstum in verhältnismäßig kurzer Zeit erschöpft. Auch Kernwüchse erreichen unter zusagenden Standortsverhältnissen zwar bedeutende Durchmesserstärken, aber meist keine sehr bedeutenden Höhen. Der Schaft teilt sich in der Regel schon in mäßiger Höhe in Äste. Die Bewurzelung ist ähnlich jener der Eiche. Das Ausschlagvermögen der Stöcke ist fast unverwüstlich. Die Bestandesgründung kann, wo nicht Verluste durch Tiere zu fürchten sind, durch Einstufen der Kastanienfrüchte erfolgen, in der Regel wird aber die Pflanzung (meist Klemmpflanzung) mit zweijährigen Setzlingen oder zwei- bis dreijährigen gestummelten Pflanzen vorgezogen, auch wegen der höheren Kosten der Unkrautbekämpfung in den Saaten. Im Elsaß wurden die aus Kernpflanzen neubegründeten Bestände behufs Verjüngung durch Ausschläge zum erstenmal im zehnten Jahre abgetrieben (H a m m J., Der Ausschlagwald), später wurde ein 15jähriger Umtrieb eingehalten. Neubegründete junge Mutterstöcke geben weniger Stockausschlag als schon stärkere Stöcke. Die Erträge im Edelkastanienausschlagwald sind sehr hoch. Selbst im Land Baden, wo sie in den Weinbaugebieten zwar nicht natürlich vorkommt, aber seit der Römerzeit in den Vorbergen des Schwarzwaldes und Odenwaldes bis zu Höhen von etwa 400 m eingebürgert ist, ist das Höchstmaß ihres Massenertrages nach H a u s r a t h bis zu 16 fm Durchschnittszuwachs je Jahr und Hektar[1]. Kräftige Stöcke liefern eine große Zahl von Gerten und Stangen mit schlankem Wuchs. Das Höhenwachstum der Ausschläge ist bei günstigem Standort oft sehr groß, Jahrestriebe von 1 bis 1,50 m sind nicht selten, schon K. G a y e r stellte fest, daß mit 16 bis 18 Jahren der Bestand Höhen von 6 bis 11 m und die Ausschlagstangen nahezu Schenkeldicke erreichen, wenn die Zahl derselben vorher auf das richtige Maß reduziert wurde[2]. Holz von solcher Stärke ist zu Weinbergpfählen brauchbar. Eine Umtriebszeit von 15 bis 20 Jahren bildet die Regel, manchmal werden auch 25- bis 30jährige Umtriebe zur Heranziehung stärkerer Ausschläge angewandt. Außer Rebsteckenholz liefert der Edelkastanienniederwald dem Waldbesitzer des Weinbaugebietes noch Gerbholz, Gerbrinde und Brennholz. Im 15jährigen Umtrieb kann eine Holzmasse von etwa 250 fm je Hektar erzielt werden. Auch in Italien stehen die Kastanienniederwälder „wohl an erster Stelle im italienischen Waldbau" (P a v a r i[3]) wegen des großen Zuwachses an Holz, wegen des Wertes der Produkte und deren Verschiedenartigkeit. Sie liefert dort auch im Niederwald mehr Nutzholz als Brennholz, ergibt Kleinsortimente für landwirtschaftliche Zwecke, Rebstützen, Stöcke für Tomaten und Tabakpflanzen, stärkere Ausschläge werden als Pfähle oder gespalten als Faßdauben verwendet. Die größeren Stämme (einzelne Oberholzbäume) finden

---

[1] H a u s r a t h, Erfahrungen mit dem Anbau fremder Holzarten, Mitt. d. Dt. Dendrolog. Ges., 1921.

[2] G a y e r K., Waldbau, Berlin 1898, S. 218.

[3] P a v a r i A., Zeitschr. f. Weltforstwirtschaft **8**, 1940/41, S. 209/210.

Verwendung zur Herstellung von Balken, Faßdauben, für Möbel, Täfelungen usw. Die Umtriebszeiten in Italien wechseln je nach der standörtlichen Beschaffenheit.

Im selteneren *Hochwaldbetrieb* werden wegen der raschen Erschöpfung des Höhenzuwachses kurze, in der Regel 50- bis 70jährige Umtriebe, ausnahmsweise besonders wegen der Nutzung der Früchte auch höhere, 80- und mehrjährige, angewandt. Doch treten bei älteren Kastanien meist Ringschäle, Frostrisse und Wurzelfäule ein. Die wertvollen Kastanienbestände sind von einem Pilz, *Phytophthora cambivora*, bedroht, als „Tintenkrankheit" benannt. Die Versuche zur Bekämpfung mit verschiedenen Gegenmitteln hatten bisher nicht den gewünschten Erfolg.

Wo die *Edelkastanie zur Gewinnung der Früchte* gebaut wird, geschieht dies in lockeren Hainen von Kernwüchsen. Die Pflanzen werden dann in Baumschulen gezogen, alle zwei Jahre verschult und ungefähr im fünften bis sechsten Lebensjahr veredelt, und zwar mit Sorten, deren Früchte genügend süß, feinschalig und mittelgroß sind[1]. In der Regel erfolgt ein Jahr nach der Veredlung die Pflanzung, und zwar in 10 bis 12 m Abstand, auf sehr gutem Boden noch weitständiger. Es kommen also nur ungefähr 100 Edelkastanien auf 1 ha. Zur Ausnützung der Regenzeit wird Herbstpflanzung (in vorher gedüngte Pflanzlöcher) empfohlen. Als Pflegemaßnahmen sind erforderlich: Wiederholte Düngung sowie Ausschneiden der Kronen, letzteres in Zeitabständen von drei bis vier Jahren, gegen Winterende, vor dem Laubausbruch. Der Fruchtertrag beginnt im Alter von 12 bis 15 Jahren und soll in jenem zwischen dem 40. und 50. Lebensjahr sein Höchstmaß erreichen. Von da ab soll die Edelkastanie bis zum 100. Jahr gut tragen, nach dem 100. Jahr nimmt der Fruchtertrag langsam ab. Wenn vor allem auf Holzproduktion und nur nebenbei auf Fruchtertrag hingearbeitet werden soll, kommt auch die Begründung dichterer Kastanienhochwälder, etwa mit 300 bis 800 Bäumen je Hektar, in Frage.

Bestände der südlichen Eichenarten.

Die künstliche Kultur oder die natürliche Verjüngung erfolgt in ähnlicher Weise, wie sie für die Stiel- und Traubeneiche dargestellt wurde. Auf der Fruška gora zum Beispiel (südlich der Donau bei Neusatz, Höhe bis 539 m) wurde beobachtet, daß *Zerreichenbestände* durch künstliche Verjüngung mit landwirtschaftlichem Zwischenbau begründet wurden, die Abstände der mit Eicheln besäten Furchen betrugen 1,50 bis 2 m, die Zwischenräume wurden mit Mais, Hafer, Melonen, Kartoffeln bebaut, dadurch wurde die Unkrautbekämpfung wirtschaftlich besser tragbar[2]. Die Zerreichen (in Beständen mit Hainbuchen, Silberlinden, Kirschen) wiesen auch dort, ähnlich wie im Wienerwald, viele Frostrisse auf und waren nur als Brennholz brauchbar. Hingegen ist in Latium und südlich von Latium das Zerreichenholz frei von Frostrissen und ist dort als Nutzholz gesucht[3]. Es

---

[1] Giacobbe A., Kultur der Edelkastanie (italienisch), L'Alpe 1931, S. 621—632.

[2] A. de Philippis, Jugoslavia forestale, Rivista Forestale italiana 1940, Nr. 1, 2.

[3] Pavari A., Die waldbaulichen Verhältnisse Italiens, Zeitschr. f. Weltforstw. **8**, 1940/41, S. 207/208.

findet dortselbst für Faßdauben, Eisenbahnschwellen und als Ausfuhrartikel Verwendung. Bei Vukowar (an der Donau zwischen Essek und Neusatz) wird die dort vorkommende Zerreiche rein oder mit *Juglans nigra* oder mit Esche gebaut. Die Leistung eines 100jährigen Zerreichenbestandes betrug: Bestockung 0,7, mittlere Höhe 25 m, mittlerer Durchmesser 34 cm, Masse je Hektar 400 fm. Wirtschaftliche Bedeutung hat auch die Zerreichelmast. Sie ist etwas bitterer als die der Flaumeiche und wird deshalb von den Schweinen weniger gern genommen, trotzdem ist sie eine beträchtliche Futtermittelquelle.

Von der *ungarischen Eiche, Quercus conferta,* ist das Holz gesucht, es ist hart, dicht, schwerspaltig und dauerhaft, ist für Schwellen und sonstige Erdbauten sowie für Wasserbauten geeignet, auch die Eichelmast ist ausgiebig und hochwertig. Die ungarische Eiche ist aber standörtlich sehr anspruchsvoll. Gegen die Konkurrenz der Zerreiche ist sie empfindlich. Im Niederwaldbetrieb vermag sie nach P a v a r i einen mittleren jährlichen Zuwachs bis zu 20 fm je Hektar, ähnlich wie die Edelkastanie, zu liefern [1]. Sie liebt warme, südliche Lagen, verträgt die Trockenheit gut und ist nach G. R o t h weniger lichtbedürftig als Stiel- und Traubeneiche, verträgt daher auch ein gewisses Maß von Beschattung, hat eine etwas dichter belaubte Krone und gibt viel Laubstreu, verbessert also den Boden mehr als die anderen sommergrünen Eichen [2].

Die *Flaumhaareiche, Quercus pubescens,* liefert ein hartes und faseriges Holz, das aber nach italienischen Erfahrungen (P a v a r i, Zeitschr. f. Weltforstwirtschaft, 1940/41) für die Möbelindustrie ungeeignet ist und daher gegenwärtig hauptsächlich für Eisenbahnschwellen verwendet wird und bei Schiffs- und Pfahlbauten eine untergeordnete Rolle spielt. Ein Großteil wird auch als Holzkohle und Brennholz gebraucht. „Infolge des geringen Zuwachses und der Holzeigenschaften stellt die Holzproduktion gegenüber der Futtermittelerzeugung in Form von Eichelmast, Waldweide und Futterlaub nur einen untergeordneten Wert dar [3]."

Die Immergrüneichen, wie *Quercus Ilex,* sind schattenertragende Holzarten und neigen deshalb auch zur Bildung reiner Bestände. Das Holz der Steineiche, *Quercus Ilex,* ist schwer und hart und wirft sich leicht nach der Verarbeitung. Nach P a v a r i wird es deshalb meist als Holzkohle verwendet. Dazu kommt der nur sehr mäßige Zuwachs, so daß trotz der wertvollen Eichelmast Hochwaldbestände der Steineiche wirtschaftlich nur wenig vorteilhaft sind. Ertragreicher sind sie nach italienischen Erfahrungen als Mittelwälder, die gleichfalls gute Eichelmast liefern, aber dabei noch im raschwüchsigen Unterholz größere Brennholzmassen erzeugen. (Schöne, dicht schattende *Quercus-Ilex*-Altholzbestände sah Verfasser oberhalb Assisi, am Monte Subasio, beim „Eremo", mit *Juglans regia, Acer Opalus,* auf Kalkgrundgestein mit *Terra rossa*).

---

[1] Referat über: P a v a r i, Gedanken zu einer Waldbaulehre auf vergleichender ökologischer Grundlage, Zeitschr. f. Weltforstw. **5**, 1937/38, S. 187.

[2] R o t h G., Waldbau (Erdömüveléstan), ungarisch, I. Bd., Sopron 1935, S. 136/137.

[3] P a v a r i A., Die waldbaulichen Verhältnisse Italiens, Zeitschr. f. Weltforstw. **8**, 1940/41, S. 207/208.

Der Aleppokiefernbestand. Im östlichen Mittelmeergebiet: der Bestand der *Pinus brutia.*

Im mediterranen Gebiet, in der untersten Stufe, die zum Beispiel bei Athen bis 700 m Höhe reicht, hat die *Aleppokiefer, Pinus halepensis,* die größte Bedeutung, und zwar sowohl wegen ihres Vorkommens in größeren zusammenhängenden Waldungen. als auch wegen der geringen Bodenansprüche und wegen des Nutzwertes ihres Holzes. An ihre Stelle tritt im östlichen mediterranen Gebiet, besonders in der Türkei und im östlichen Teil Griechenlands, ihre nahe Verwandte *Pinus brutia,* die in Westanatolien bis etwa 600 m steigt, bei Smyrna am Yamanlar Dag nach K r a u s e bis 900 m; weiter im Süden, im Taurusgebirge, sah Verfasser sie selbst bis zu Höhen von 1300 m. In der Höhenstufe der *Pinus halepensis,* beziehungsweise *brutia* kommen sonst Hartlaubbüsche, Pinien, Zypressen, Platanen usw. vor.

Pinus halepensis, beziehungsweise *brutia* kommen in ihren Bodenansprüchen der Schwarzkiefer nahe, brauchen aber ein noch wärmeres Klima, jenes des Ölbaumes. Wenn sie auch auf trockenen, warmen Böden mit geringem Zuwachs fortkommen, so entwickeln sie sich doch auf tiefgründigen Böden am besten. Durch reichen Nadelabfall verbessern sie ihren Standort. In der ersten Jugend wachsen sie rasch, doch läßt das Wachstum bald nach. Mit 60 Jahren können sie auf besseren Standorten 15 bis 18 m hoch sein. (Ausnahmsweise können auch höhere Stämme vorkommen, Verfasser sah selbst im zilizischen Taurus hochaltrige *brutia* mit fast 1 m Brusthöhendurchmesser und 28 m Baumhöhe.) Das Holz ist von sehr guter Beschaffenheit, wenn auch die Schäfte oft krumm sind. Als Schiffsbauholz für Küstenfahrzeuge ist es geschätzt, auch krumme Schäfte wurden seit altersher für den Schiffbau verwendet. Nach A. H o f m a n n genügt zum Beispiel auf Rhodos der nachhaltig beziehbare Ertrag der *Pinus-brutia*-Waldungen reichlich, um auch einen vermehrten Bedarf an Bau- und Brennholz für eine ganze Inselgruppe vollauf zu decken[1].

Die Bestandesgründung kann erfolgen durch Plätzesaat oder durch Streifensaat, auch durch Seitenbesamung (Anflug) oder durch Aussetzen von ein- bis zweijährigen Kleinpflanzen. Bei der *Saat* müssen die Plätze oder Streifen sorgfältig von Gras und Unkraut gesäubert werden, im mediterranen, sommertrockenen Klima ist die Entfernung von Unkraut und Graswuchs besonders wichtig, denn dieses verhindert sonst die Einwirkung des Taues auf den Boden und ist auch sonst ein gefährlicher Konkurrent in bezug auf den Wasserverbrauch. Mit Rücksicht auf die Winterregenzeit ist die Herbstsaat vorzuziehen. Die Pflanzen wachsen dann vor der Sommerhitze und Trockenheit gut an.

Bei der *Pflanzung* ein- bis zweijähriger Pflänzchen ist ein Pflanzenabstand von 50 bis 60 cm empfehlenswert, die Pflanzung erfolgt in der Regenzeit, also vom Spätherbst bis in den Jänner und Februar hinein, um im Frühling nach etwaigen Ausfällen sofort nachbessern zu können[2]. Im

---

[1] H o f m a n n A., Beitrag zur Kenntnis der Hartkiefer, Zeitschr. f. Weltforstw. 7, 1939.
[2] F i o r i A., Pinus brutia Tenore, L'Alpe 1931.

Revier Tatoi bei Athen werden zweijährige Aleppokiefernwildlinge mit Ballen mittels Hohlbohrers kultiviert, sie passen sich rasch an, das Verlustprozent ist sehr gering. Die anfänglich sehr dicht begründete Kultur wird, sobald der Konkurrenzkampf begonnen hat, durch Pflegehiebe lichter gestellt. Da sich die Aleppokiefer licht stellt und mit Rücksicht auf die Feuersgefahr reiner Bestände zieht man sie gern in Gesellschaft von Laubholz, indem man auf die sich einstellenden Fehlstellen Laubbäume setzt, und zwar Immergrüneichen, Flaumhaareichen, Zürgelbäume usw. Auf besseren Standorten kann man bei dichter Bestandesgründung gut geschlossene Bestände von geraden, glatten Stämmen erzielen. (Verfasser sah solche von *Pinus brutia* im Taurusgebirge Kleinasiens, von *Pinus halepensis* zum Beispiel im Forst Tatoi bei Athen.) Im Forst Tatoi erreicht die Aleppokiefer Baumhöhen von höchstens 20 m. Unter ungünstigeren Verhältnissen ist der Höhenwuchs noch wesentlich geringer. Bei Ausschluß der Viehweide sind auch gut gelungene *natürliche Verjüngungen* zu erzielen. Für dichte Jungwüchse ist eine rechtzeitige Durchreiserung empfehlenswert. Auf Rhodos beließ man die Jungwüchse in den ersten fünfzehn Jahren dicht geschlossen, dann wurde regelmäßig, etwa alle fünf Jahre, durchforstet. Nach Hofmann ist wegen der Astreinigung der Schäfte schlagweiser Betrieb vorzuziehen, da die Plenterform das große Ausbreitungsvermögen der Krone begünstigen würde. In windausgesetzten Lagen, zum Beispiel auf den Inseln des Marmarameeres, sind die Wuchsformen der *Pinus brutia* meist schlecht infolge Einwirkung der Seewinde, auch durch den Pinienprozessionsspinner und durch Menschen und Weidevieh sind sie häufig geschädigt. Der Umtrieb ist, da der Baum nach dem 60. Jahr im Wachstum stark nachläßt, in der Regel nur 60- bis 70jährig (sowohl bei *halepensis*, zum Beispiel im Forst Tatoi 70jährig, als auch bei *brutia*, so auf Rhodos 60jährig). Auch mit Rücksicht auf die Verwertbarkeit der über 40 cm Brusthöhendurchmesser aufweisenden Stämme ist diese mittlere Umtriebszeit angemessen.

Der Pinienbestand.

Die Pinie wächst in der Zone des Lauretums, sie ist gegen Winterkälte empfindlich. Nach italienischen Erfahrungen baut man sie auch als Windschutz gegen die vom Meere her kommenden Winde, damit der leichte Salzstaub, den diese mitbringen, nicht die empfindlichen landwirtschaftlichen Gewächse schädige, sondern durch den Pinienwald aufgehalten werde[1]. Auch auf die Dünen wird sie gepflanzt. Das wichtigste Erzeugnis des Pinienbestandes ist die Frucht, der Fruchtertrag gepflegter Pinienbestände ist höher als der des Ackerbaues. Der Zapfen reift erst im dritten Jahr (in dem der Blüte folgenden zweiten Jahr kommt es nur zur Entwicklung kleiner Zapfen, im dritten Jahr wachsen sie zu voller Größe aus), vom November bis März können sie geerntet werden. Beim Ernten werden die Baumkronen mit Leitern bestiegen, die Zapfen werden mit langen Stangen mit eisernen Haken heruntergeschlagen. Dabei dürfen aber die

---

[1] Merendi, Die Pinie (italienisch), L'Alpe 1931.

noch unreifen ein- bis zweijährigen Zapfen nicht mit heruntergeholt werden. In der Julihitze bringt man sie auf eine Tenne und setzt sie der Sonne aus, damit sie sich öffnen. In der Türkei werden die Zapfen, wenn man sie im Frühjahr (des vierten Jahres) erntet, zuerst in große Haufen zusammengebracht, mit Reisig abgedeckt, gegen die Angriffe der Wildschweine (welche die Samen als Äsung über alles lieben) durch Abdecken und durch Wachen geschützt, dann im Hochsommer (Juli bis August) in der Sonne breitgeworfen und mit Rechen durchgearbeitet, damit sie sich öffnen und die

Abb. 87. Pinie mit etwa 12 m langem astreinem Schaft und gutgeformter Krone, Migliarino bei Pisa (Aufn. A. G l a t h e).

Samen herausfallen[1]. Das Entkörnen geschieht meist von Hand aus. Durch Siebe werden die Kerne von Schuppen gereinigt, hierauf werden sie in eigenen Maschinen von der harten Samenschale befreit. Sie sind dann geeignet zur Ausfuhr nach Amerika und Europa. Von 1 ha Pinienwald erntet man 60 bis 70 Meterzentner Zapfen, in diesen sind etwa 200 kg Samen enthalten. Außer den Samen liefert die Pinie ein zwar weniger dichtes, hellfarbiges, aber immerhin als Bau- und Werkholz verwendbares Holz, weiter Brennholz und Harz.

Bestandesgründung: Sie braucht lockeren, genügend tiefen, wenn auch sandigen Boden (wenn zwischen Felsen Klüfte vorhanden sind, kann sie immerhin auch bei felsiger, scheinbar trockener Beschaffenheit des Bodens ihr Fortkommen finden). Ihre beste Entwicklung findet sie im gegebenen Klimabereich (Küstennähe) auf tiefgründigem, sandigem, im Untergrund feuchtem Boden. Dagegen sagt ihr ein sehr strenger, zäher, wasserundurchlässiger Boden nicht zu. Die Bestandesgründung (an Küsten, auf Hügeln im mediterranen Gebiet) erfolgt am besten durch *Saat,* die im Herbst oder Frühling bewirkt werden kann. Vorher ist der Boden unter Beseitigung behindernden Gesträuchs zu bearbeiten. Das Gesträuch wird vor der Saat auch wegen des großen Lichtbedarfs der Pinie entfernt. Zum Nachbessern kann man auch ein- bis zweijährige Pflanzen verwenden. Mit Rücksicht auf die schon in diesem jugendlichen Alter ziemlich lange Pfahlwurzel ist die Pflanzung immerhin schwieriger. Wanderdünen, die noch nicht gefestigt

---

[1] B e r n h a r d, Nebennutzungen in den türkischen Wäldern, Tharandter Forstl. Jahrb. 1929, S. 97 ff.

sind, eignen sich nicht für die Pinienaufforstung. Bei kleinen Wanderdünen muß vor der Aufforstung wenigstens ein lebender Zaun aus *Psamma arenaria* und *Tamarix* gegen das Meer zu errichtet werden.

Die *Pflanzung* der Pinie geschieht in Italien häufig in weitem Verband, 3-m-Quadrat-Verband, also nur mit tausend Pflanzen je Hektar, wegen des großen Lichtbedarfs der Pinie. Aus dem gleichen Grunde ist bei Saaten das baldige Verdünnen dieser erforderlich. Auch die Bestandeserziehung erfordert rechtzeitige Durchforstungseingriffe. Einen besonders schönen Pinienwald auf tiefgründigem Sandboden mit Grundwasser, mit zwischenständigen Steineichen, *Quercus Ilex*, Macchienunterwuchs, sah Verfasser bei Migliarino unweit Pisa (Abb. 87). Der Höhenzuwachs betrug in der Jugend bis 80 cm je Jahrestrieb. Die Bestandespflege war sehr sorgfältig und wandte

Durchforstung und Ästung, auch Grünästung zur Kronenpflege, an zum Zwecke der Förderung der Blüten- und Fruchtbildung. In holzarmen Küstengegenden ist das beim Durchforsten (und der Kronenpflege) gewonnene Brennholz sehr erwünscht. In den ersten Lebensjahrzehnten der Bestände wird aber zuerst auf Erzielung astreiner Schäfte bis zu einer Höhe von etwa 8 m hingearbeitet, dann erst setzen stärkere Durchforstungen und die Kronenpflege ein. Man läßt also den Bestand in der Jugend verhältnismäßig dicht bis zur Erreichung genügend langer astreiner Schaftstücke. Die Baumhöhen der Pinien bei Migliarino betrugen im Altholz etwa 18 m, gelegentlich bis 23 m; auf Baumschäften, die bis etwa 8 m Höhe astrein waren, trugen sie wohlausgebildete, breite Kronen. Im Alter von 40 Jahren sollen die Pinien etwa 10 m Abstand von Baum zu Baum besitzen, also 100 m² Standraum je Baum,

Abb. 88. Pinienbestand nach Durchforstung und Grünästung, Migliarino bei Pisa (Aufn. A. Glathe).

es stehen dann nur etwa hundert Pinien je Hektar, gleichmäßig verteilt, das entspricht dem Lichtbedürfnis, zugleich dem „Trockenwald" und insbesondere auch der Absicht, hauptsächlich auf Zapfenertrag, also auf entsprechende Kronenentwicklung hinzuarbeiten. Nur bei schlechtem Zuwachs auf unfruchtbaren Hügeln kann der Verband dichter sein. Gleichmäßige, breite Baumkronen erreicht man nur, wenn die Pinien von allen Seiten Licht empfangen. Auch zur Gesunderhaltung des Bestandes ist die Beschränkung der Bestandesdichte auf etwa hundert Pinien je Hektar notwendig, denn zu dichtstehende Bäume streben vergebens nach dem nötigen Licht und werden von Insekten und Schäden aller Art befallen. *Myelophilus piniperda* und *Thaumatopoea pityocampa* schädigen die Pinien. Letztere bekämpft man im Winter durch Ausschneiden und Verbrennen der Nester.

Der Schwarzkiefernbestand *(Pinus nigra)*.

Die Schwarzkiefer, sowohl *var. austriaca* als auch *Pallasiana*, ist zum Unterschied von den soeben besprochenen Arten ein winterharter Baum.

Bestandesgründung: Die Schwarzkiefer eignet sich auch zur natürlichen Verjüngung, so besonders durch Seitenbesamung auf schmalen Kahlschlägen. Im Großen Föhrenwald bei Wiener Neustadt sind auf schmalen, an das Altholz angrenzenden Flächen geschlossene Jungwüchse, entstanden durch Seitenbesamung, häufig zu beobachten (Abb. 89). Auch zur natürlichen Verjüngung unter lockerem Schirm ist sie geeignet, wenn dieser nachher bald geräumt wird. Die künstliche Bestandesgründung durch *Saat* kann bei ihr ähnlich wie bei der Weißkiefer erfolgen. In felsigem, steinigem Gelände werden Plätzesaaten mit Einbringung von Kulturerde auf die Saatplätze angewandt. Bei der *Pflanzung* sind ähnlich wie bei der Weißkiefer zweijährige Sämlinge für die Lochpflanzung mit der Hacke geeignet. Auf lockerem Sandboden kann auch Klemmpflanzung stattfinden. Dank ihrer tiefreichenden Wurzeln vermag sie sich in niederschlagsarmen Gebieten bald die Feuchtigkeit tieferer Bodenschichten nutzbar zu machen. Man wählt sie deshalb mit Vorliebe für die Aufforstung armer Böden, zum Beispiel von Kalködland, in warmen Lagen. Die Schwarzkiefer gilt für Mitteleuropa als die genügsamste Holzart des Ertragswaldes; im mediterranen Gebiet Süd- und Südosteuropas sind auch andere Arten, zum Beispiel die Aleppokiefer und die *Pinus brutia*, in den Bodenansprüchen ähnlich bescheiden (jedoch hinsichtlich der Wärmeverhältnisse anspruchsvoller). Ihre geringen Bodenansprüche und ihre Fähigkeit, den Boden an Humus zu bereichern, gaben Anlaß, daß sie vielfach zur Aufforstung von Ödland und Dünen verwendet wurde. Im folgenden sei auf einige Beispiele hingewiesen:

In der ehemaligen österreichischen Monarchie wurde sie zur Karstaufforstung in Krain, bei Triest, in Görz-Gradiska und in Istrien Jahrzehnte hindurch mit Erfolg verwendet[1]. C i e s l a r hat eine im Jahre 1859 mit zweijährigen Schwarzföhrensaatpflanzen begründete Aufforstung im Jahre 1914 untersucht. Er empfiehlt als Pflanzenzahl 6000 bis 7000 je Hektar, in annähernd gleichmäßiger Verteilung. Um Mischbestände zu schaffen, soll im Alter von 25 bis 35 Jahren überall dort, wo es die Standortsverhältnisse gestatten, der inzwischen genügend gelockerte reine Schwartkiefernbestand mit Buche und Tanne unterbaut werden. Bei der Begründung des Bestandes im Jahre 1859 wurde bessere Erde mit Schubkarren zu den Pflanzplätzen zugeführt. Die nach und nach begründeten Karstkulturen auf dem felsigen Plateau oberhalb Triest waren nach C i e s l a r weit ausgedehnt. Auch zur Aufforstung von Flugsanden im Marchfeld von Niederösterreich wurde und wird die Schwarzkiefer angewandt. In Holland wurde sie seit etwa 70 Jahren mit gutem Erfolg zur Dünenaufforstung herangezogen, andere Holzarten wurden dort durch den Seewind stark beeinträchtigt, die Schwarzkiefer erwies sich als verhältnis-

---

[1] C i e s l a r A., Die Schwarzföhre am Triester Karst, Centralbl. f. d. ges. Forstwesen 1922.

mäßig widerstandsfähig gegen diesen[1]. Auch in Frankreich ist „unter den ausländischen Holzarten als einzige die österreichische Schwarzkiefer wirklich allgemein verbreitet, sie wird dort häufig auf trockenen Kalkböden angebaut, namentlich auf Flaumeichenstandorten", wie im Forstarchiv 1938 in einer Abhandlung über die Wälder Frankreichs von P e r r i n berichtet wurde[2]. In Bulgarien wird nach B i o l t c h e v *Pinus nigra* weitgehend zur Karstaufforstung herangezogen[3]. In Italien wird von *Pinus nigra austriaca* selbst im kühleren Teil des Lauretums und im Castanetum bei den Auf-

forstungen Gebrauch gemacht, so im Gebirgsbecken des Trasimenischen Sees und bei der Wiederaufforstung der Cornate von Gerfalco, wie in der Zeitschrift „Rivista forestale Italiana" 1940 berichtet wurde.

Die Bestandesentwicklung ist ähnlich jener der Gemeinen Kiefer. Dank ihrem dichteren Baumschlag, ihrem reichen Nadelabfall wirkt sie bodenbessernd. Sie verträgt mehr Schatten als die Gemeine Kiefer. Im Freistand neigt auch sie zur Astigkeit, die Grundsätze für die Bestandeserziehung sind daher ähnlich den bei der Weißkiefer besprochenen. Sie vermag ein Alter von mehreren hundert Jahren als gesunder Baum zu erreichen. Dank der kräftigen Bewurzelung ist sie widerstandsfähig gegen Wind und Schnee, auch von Insekten leidet sie wenig. (Auf dem Steinfeld bei Wiener Neustadt, im Großen Föhrenwald, wo sie seit etwa 160 Jahren auf ehemaligem Heideland durch Auffor-

Abb. 89. Natürliche Verjüngung der Schwarzkiefer durch Seitenbesamung. Großer Föhrenwald bei Wiener Neustadt. Aus der Lichtbildersammlung des Instituts für Waldbau, Hochsch. f. Bodenkultur, Wien.

stung künstlich eingebracht wurde, kommen auf dem seichtgründigen Schotterboden immerhin auch Windwürfe der Schwarzkiefer vor[4].)

Auf zusagendem Standort im natürlichen Verbreitungsgebiet wird sie ein Baum erster Größe. In ihrem niederösterreichischen Verbreitungsgebiet wird sie meist in 80- bis 100jährigem Umtrieb bewirtschaftet und in den letzten 10 bis 20 Jahren vor dem Abtrieb auf Harz genutzt. Die Harzerzeugung

---

[1] M. d e K o n i n g, Die österreichische Schwarzkiefer in der niederländischen Forstwirtschaft, Centralbl. f. d. ges. Forstw. 1928.

[2] P e r r i n, Die Wälder Frankreichs, Forstarchiv 1938, S. 328.

[3] B i o l t c h e v A., Studien über die Wiederaufforstungsbedingungen im verödeten Karst in Bulgarien, Jahrb. d. Universität Sofia 1939 (bulgarisch, mit französ. Zusammenfassung), zit. nach Rivista forestale italiana 1939, Nr. 9.

[4] Über Wurfschäden durch die Sturmkatastrophe vom 23. November 1930 in Schwarzföhrenwaldungen des Steinfeldes bei Wiener Neustadt berichtete K. E n d l i c h e r, Österr. Vierteljahresschrift f. Forstw. 82, 1932, S. 85. Auch im Februar 1946 entstanden durch eine Sturmkatastrophe in den Bezirken Wiener Neustadt und Neunkirchen bedeutende Windwurf- und Windbruchschäden.

ist wichtig mit Rücksicht auf die Versorgung der harzverbrauchenden Gewerbe mit Kolophonium und Terpentin. Der Ertrag der Schwarzkiefernbestände an Holzmasse beträgt nach F e i s t m a n t e l für beste Güteklasse, 100jährig, 565 fm[1] (Haubarkeitsdurchschnittszuwachs somit 5,65 fm), in den Balkanländern ist der Ertrag noch größer. Auf felsigem Standort, zum Beispiel bei Mödling, bildet sie niedrige Bestände mit schirmförmigen Kronen. Auf gutem Boden, zum Beispiel auf dem Berge Asand bei Stixenstein, Niederösterreich, gab es einen Mischbestand mit mehrhundertjährigen, über 1 m bis 1,40 m starken und über 30 m hohen Schwarzkiefern in Mischung mit Buchen und Tannen. Auf den Sonnseiten am Alpenostrand ist sie mit Traubeneichen, Flaumeichen, Zerreichen, Felsenbirnen, *Cotoneaster*, auf den Schattenseiten dagegen mit Buchen und Tannen vergesellschaftet.

Der *Pinus - Peuce* - Bestand.

Diese einzige europäische Angehörige der Sektion *Strobus* ist gleichfalls eine Holzart winterkalter Gebiete, die zum Beispiel im Pirinhochgebirge Bulgariens in der Hauptsache oberhalb des Buchengürtels vorkommt. Die Aufforstung geschieht in Bulgarien, da das Jugendwachstum langsam ist, vorwiegend mit verschulten Pflanzen[2]. Sie bevorzugt frische bis feuchte Standorte. Gute Samenjahre der *Peuce* gibt es alle zwei bis drei Jahre[2]. Die Mannbarkeit tritt im Bestand mit etwa 40 Jahren, im Freistand mit 25 Jahren ein. Der *Peuce*-Samen überliegt beim Anbau im Frühjahr, das Einschlagen (Stratifizieren) des Samens wird daher empfohlen. Der Samen braucht dann immer noch etwa 42 Tage zum Auflaufen. Auch zur natürlichen Verjüngung ist sie geeignet, so beobachtete K. M. M ü l l e r im Piringebirge, daß sowohl Einzelständer als auch Altbestandsreste in den oberen Lagen sich als Samenbäume bewährten. Er beschreibt als Beispiele geschlossene, annähernd gleichaltrige natürliche Verjüngungen von *Peuce*, die er auf Gruppen weniger Samenbäume im oberen Hangteil zurückführt[3]. Das Jugendwachstum der *Peuce* ist langsamer als das der Weißkiefer, die Abstände der Astquirle sind kleiner als bei dieser. Die rumelische Weymouthskiefer ist ein Gebirgsbaum, der im allgemeinen in den Stammdimensionen hinter Fichte, Tanne und Weißkiefer zurückbleibt. Nur ausnahmsweise erreichen einzelne Exemplare 40, ja 50 m Höhe und 1 bis 1,20 m Brusthöhendurchmesser, im Durchschnitt beträgt aber der Durchmesser selten mehr als 30 bis 35 cm. Im Piringebirge sind (nach K. M. M ü l l e r, a. a. O., S. 144) die Höhen der *Peuce* im Durchchnitt 20 bis 25 m, ausnahmsweise bis 30 m, die Durchmesser in Altholzbeständen zwischen 30 und 60 cm.

---

[1] F e i s t m a n t e l - W e i ß, Waldbestandstafeln, 3. Aufl., 1936.

[2] D i m i t r o f f, zit. nach M. S c h r e i b e r, Referat im Centralbl. f. d. ges. Forstw. 1928, S. 145.

[3] M ü l l e r K. M., Aufbau, Wuchs und Verjüngung der südosteuropäischen Urwälder, Hannover 1929, S. 149 ff.

Der Zypressenbestand *(Cupressus sempervirens).*

Hiemit wenden wir uns wieder einer Bestandesart zu, die abweichend von den eben besprochenen in *wintermilden* mediterranen Küstengebieten ihr Gedeihen findet. Das natürliche Wachstum ist das der *horizontalis,* sie ist die „wilde Zypresse".

Anbau: Die Zapfen werden im zweiten Jahre reif, man sammelt sie, wenn sich die Schuppen zu öffnen beginnen, von tadellosen Bäumen in einem Gebiet, dessen ökologische Bedingungen mit denen des Anbaugebietes übereinstimmen. In der Sonnenwärme öffnen sich die Zapfen und lassen den Samen ausfallen. P a v a r i [1] empfiehlt, den Samen in Rillen, die in Abständen von 18 bis 20 cm gezogen werden, im März zu säen, die Bedeckungstiefe (Bedeckung mit leichter, humoser Gartenerde) beträgt etwa 1 cm. 1,2 bis 1,5 kg Samen genügt für ein Ar Saatfläche im Forstgarten. Ein Jahr nach der Aussaat können die Pflanzen in zirka 50 cm Abstand verschult werden. Die Bestandesgründung erfolgt im Herbst oder im Frühling (April) entweder mit einjährigen Sämlingen oder mit Pflanzen, die ein Jahr im Saatbeet und eines im Verschulbeet zugebracht haben. Auch im Revier des Königs von Griechenland (Tatoi bei Athen) werden die Zypressen als zweijährige verschulte Pflanzen kultiviert (die Wurzeln sind dann schon ungefähr 50 cm lang). Während der Kulturarbeit sind die Wurzeln sorgfältig vor Austrocknung zu schützen. In Italien (Toskana) verwendet man die Zypresse auch als Bestandteil des Waldes. Bei größeren Aufforstungen ist aber Mischbestand notwendig, weil die Zypresse für sich allein den Boden zu wenig verbessert und ihn nicht an Humus bereichert. *Quercus Ilex, Quercus pubescens, Quercus Cerris, Pinus brutia,* im westlichen Mittelmeergebiet *halepensis,* sind geeignete Mischholzarten. Auf trockenen, sonnseitigen Lehnen wird zur besseren Pflege der Kulturen und wegen der besseren Wasserführung Terrassierung der Hänge in 5 bis 6 m Abstand angewandt, die Breite der Terrassen beträgt 1 bis 1,20 m mit 30 v. H. Neigung gegen den Berg, und Bodenbearbeitung auf 20 bis 30 cm Tiefe. Zwischen den Terrassen werden noch kleinere „Plätze" kultiviert. Die Pflanzen können in 1,50 m Abstand voneinander gesetzt werden. 1 bis 2 m hohe Pflanzen werden durch einen Baumpfahl gestützt. In den ersten zwei bis drei Jahren muß das Unkraut auf den Terrassen zu Beginn des Sommers gejätet werden. Auch zur *natürlichen Verjüngung* ist die Zypresse geeignet, Humusboden ist dazu nicht notwendig. Der Boden soll aber durch leichtes Auflockern empfänglich gemacht werden. Die Wurzeln der Mutterbäume verlaufen sehr flach, knapp unter der Oberfläche, infolgedessen ist die Wurzelkonkurrenz für die jungen Pflanzen empfindlich. Unmittelbar um die Stämme der Mutterbäume ist weniger Wurzelkonkurrenz, dort findet sich die Mehrzahl der jungen Pflanzen ein, die geringere Lichtintensität behindert sie weniger.

Wachstumsgang: Die Zypresse entwickelt sich in den ersten Jahren sehr rasch; dreijährige Pflanzen im Garten der türkischen Forstfakultät (Büjük-

---

[1] P a v a r i A., Monographie der Zypresse (italienisch), Florenz 1934.

dere) waren bereits 150 cm hoch (nach P a v a r i war in einem Forstgarten bei Florenz die mittlere Länge einjähriger Sämlinge, oberirdischer Teil, 19,8 cm, Wurzellänge 18,8 cm). 15 bis 20 Jahre alte Bäume können eine Höhe von 5 bis 7 m erreichen, 70jährige 17 bis 18 m. In Italien wird der Zypressenbestand in der Regel im Plenterbetrieb bewirtschaftet, der Holzvorrat im Plenterwald erreicht je Hektar meist höchstens 100 bis 150 fm, auf unfruchtbarem Boden 50 bis 60 fm. In gleichaltrigen 65- bis 80jährigen Zypressenwaldungen muß der Vorrat naturgemäß höher sein als im Plenterwald, und zwar beträgt er da bis zu 200 bis 400 fm (auf sehr fruchtbarem Boden im Pesatal sogar bis 500 fm im 65jährigen Bestand). Im Mittel beträgt der Haubarkeitsdurchschnittszuwachs 2 bis 3 fm je Jahr und Hektar. Ungefähr mit 60 Jahren sind die Zypressen hiebreif, wenn sie 22 bis 25 cm Stammstärke in Brusthöhe erlangt haben.

Wenn auch der Zuwachs über 100jähriger Zypressen sehr gering wird, so ist sie doch ein sehr langlebiger Baum. Unter normalen Lebensbedingungen kann sie 400 bis 500 Jahre alt werden. Nach P a v a r i soll es aber noch bedeutend ältere Exemplare geben, und zwar auch 1000jährige.

11. Waldbau der wichtigeren Mischholzarten.

Von den im vorliegenden Abschnitt bisher besprochenen Holzarten vermögen einige ausgedehnte Waldungen und auch Reinbestände zu bilden, so Fichte, Kiefer, Tanne, Lärche (in geringerem Maße), Schwarzkiefer, Zirbe, Buche, Eiche, Schwarzerle, im mediterranen Gebiet *Pinus brutia*, beziehungsweise *Pinus halepensis*, örtlich auch *Pinus Pinea*. In Hochlagen der Alpen, Karpaten und der Hochgebirge der Balkanhalbinsel überziehen auch Krummholzkiefern oder Legföhren bestandesweise als Strauchgürtel große Flächen. Auf frischeren Böden der Hochlagen in den Alpen und Karpaten kommen Grünerlen in Strauchform bestandesweise vor. Von den bisnun dargestellten Arten findet sich die Esche nur in kleineren Reinbeständen. Von den Holzarten des Südens vermag die Edelkastanie gleichfalls Reinbestände zu bilden. *Fagus orientalis, Abies Nordmanniana* und *Picea orientalis* verhalten sich in bezug auf das bestandesweise Auftreten ähnlich wie ihre mitteleuropäischen Verwandten. Von den übrigen Holzarten unseres Gebietes vermögen einzelne unter Umständen bestandesweise vorzukommen, so die Weißbuche, die Grauerle *(Alnus incana)* und die Birken; im Südosten die Duiner Hainbuche, die Mannaesche, der Walnußbaum, an einzelnen Reliktenstandorten die Roßkastanie. Ansonsten sind die meisten der übrigen Holzarten, also Ahorn- und Ulmenarten, Hainbuchen, Birken, Lindenarten, Pappeln und Weiden[1], Ebereschen, Mehlbeerbaum und Elsbeerbaum, Eiben und andere, von Natur aus nur befähigt, als Mischholzarten im Wald aufzutreten. Bei der Eibe wurde schon bei Darstellung der Verbreitung angedeutet, welche biologischen Eigenschaften das Auftreten nur als Mischholz erklärlich erscheinen lassen; ihre Langsamwüchsigkeit

---

[1] Wenn auch der Anteil der Pappeln und Weiden als Mischholzarten, beispielsweise in den Auen von Wien, Niederösterreich, Oberösterreich und Burgenland, ein beträchtlicher ist. Vgl. Forst- und Jagdstatistik für Österreich, Stand 1935, Wien 1938.

befähigt sie nicht, im Wettbewerb mit anderen Holzarten des gleichen Klimagebietes zu siegen, sie bedarf dieses Sieges auch gar nicht, weil sie ohnehin im Schatten der anderen gedeihen kann. Bei anderen Arten läßt sich für die Beschränkung auf das Auftreten als Mischholz weniger sicher die Ursache angeben.

Die *Weißbuche, Carpinus Betulus,* kommt häufig im Eichen-Hainbuchen-Wald vor, dem oft auch noch Rotbuchen, Eschen, Feldahorne und andere Arten beigemischt sind; ihre Lebensdauer ist kürzer als die der Eiche und Buche, ihr Höhenwuchs und ihre Massenleistung sind geringer. Im Hochwald hält sie den Umtrieb der Buche in der Regel nicht aus. Waldbaulich wertvoll ist ihre Schattenfestigkeit und ihre Frosthärte, dann ihr sehr gutes Ausschlagvermögen. Wegen dieser Eigenschaft ist sie für den Niederwald und als Unterholz im Mittelwald sehr geeignet. Gegen Überschwemmungen im Auwald ist sie widerstandsfähig. Ihr Schaft ist durch „Spanrückigkeit" gekennzeichnet. Ihr Streuabfall wirkt günstig auf den Boden. Sie gibt Brennholz und bei guter Schaftform sehr begehrtes Nutzholz, das wegen seiner Festigkeit für manche Spezialzwecke gesucht ist, zum Beispiel für Kammräder im ländlichen Maschinenbau, für Schuhleisten, für Werkzeugstiele usw. Wo im Kiefernwald in tieferen wärmeren Lagen der Unterbau mit Rotbuche nicht möglich ist, pflegt die Weißbuche für diesen Zweck geeignet zu sein. Auf den besten Standorten der Hainbuche kann auch ihre Beimischung im Hochwald in Frage kommen. Sie ist als Zwischen- und Unterstand waldbaulich von Wert (auf Standorten, die für die Rotbuche nicht geeignet sind). Sie fruktifiziert reichlich. Stellenweise ist ihre Verjüngungswilligkeit größer, als wirtschaftlich erwünscht ist. Sie kann dadurch in natürlichen Verjüngungen lästig werden.

Zu den Edellaubhölzern, die, anspruchsvoller in ihren Bodenansprüchen, auch im Urwald nur an einzelnen zusagenden Stellen, meist im Buchenwald eingesprengt, vorkommen, gehört der *Bergahorn, Acer Pseudoplatanus.* Er kann durch natürliche Verjüngung, aber auch durch Pflanzung auf frischen, tiefgründigen Böden eingebracht werden. Die Anwendung der natürlichen Verjüngung vermag die Erhaltung der Mischwälder am ehesten zu sichern. Auch Verjüngung durch Ausschläge im Nieder- und Mittelwaldbetrieb ist möglich. In der frühen Jugend ist der Bergahorn raschwüchsiger als Buche, Fichte und Tanne; im Alter von vier Jahren ist er schon 1 bis 1,5 m hoch. Mit 15 bis 20 Jahren wird er aber von der Fichte in gleichaltriger Mischung im Höhenwuchs eingeholt und bedarf somit im Fichtenbestand rechtzeitiger Pflege. Die Konkurrenz der Buche gefährdet ihn etwas weniger, doch kann ihm auch da der nötige Standraum bei gruppenweiser Einbringung besser gesichert werden als bei Einzelmischung im Buchen- oder Buchen-Tannen-Bestand. Einen wertvollen, geraden, astreinen Schaft bildet er nur im Schluß aus, wobei aber seine Krone nicht eingeengt sein darf. In den deutschen Mittelgebirgen findet er sich hauptsächlich im Buchengürtel. In den Alpen steigt er verhältnismäßig hoch empor, findet sich oft auf Matten als freistehender Einzelbaum mit mächtiger Krone, ist bei den Bauern wegen seines Streu

liefernden Laubes beliebt und stellt mit der reichlichen Belaubung insbesondere im Herbst nach deren Verfärbung einen herrlichen Schmuck der
Bergwälder dar. Gefährdet sind die Ahorne durch Spätfröste, im Winter
können Frostrisse auftreten. Besonnte glatte Stämme leiden an ihren Süd-
und Südwestseiten durch Rindenbrand. Das weiße, glänzende Holz des
Bergahorns ist geschätzt und wird als Furnierholz zu Möbeln, auf dem
Land zur Herstellung weißer Tischplatten, dann als Drechslerholz, Schnitzholz sowie im Automobil- und Flugzeugbau gebraucht. Im bosnischen Urwald sah Verfasser herrliche Bergahorne mit langen astreinen Schäften von
mehr als 1 m Brusthöhendurchmesser. Starke Stammabschnitte wurden als
hochwertiges Nutzholz zu Tal gefördert. Seine Erziehung als Mischholzart im Buchenhochwald (oder im Mischwald von Buche, Tanne, Fichte)
verdient Förderung, desgleichen seine Pflege an Waldrändern, auch für das
Oberholz im Mittelwald ist er geeignet.

Der *Spitzahorn, Acer platanoides*, kommt auch nur eingesprengt, und
zwar mehr in den Laubwaldungen des Tieflandes, häufiger im Norden
und Nordosten, vor; Verfasser sah ihn zum Beispiel auch im Urwald von
Bialowies. Auch er ist in der Jugend sehr raschwüchsig, ist gleichfalls eine
Halbschattholzart, sein Holz ist wertvoll, wenn auch etwas weniger geschätzt als das des Bergahorns. Die Verwendung ist ähnlich (besonders zu
Schnitz- und Wagnerarbeiten, Werkzeugen).

Der *Feldahorn, Acer campestre*, ist ein Baum dritter Größe und kann
im Ausschlagwald eine Rolle spielen, wo er eingesprengt und als Mischholz
vorkommt. Im Hochwald finden wir ihn an Waldrändern und als Unterholz.

Ähnlich wie der Bergahorn tritt im Gebirgswald eingesprengt die *Bergulme, Ulmus montana* (Synonym *scabra*), auf, während die *Feldulme,
Ulmus campestris*, mehr im Tiefland und auch in den Flußauen zu
finden ist, wo sie mit Eichen und Eschen vergesellschaftet ist. Am
seltensten ist im Wald die *Flatterulme, Ulmus effusa* (Synonym
laevis), die wesentlich geringere Massen und Werte als die Feldulme
erzeugt. Die Ulmen sind frosthart (ihr Vorkommen reicht ja auch ins
kontinentale Gebiet), sie sind Halbschattholzarten, in der Jugend raschwüchsig. Bergulmen im Alter von drei Jahren können bereits über 1 m hoch
sein. In Buchenbeständen besserer Güteklasse finden sich öfter eingesprengt
sehr gut geformte, langschaftige, hoch hinauf astreine Bergulmen neben
ebensolchen Eschen, Linden, Berg- und Spitzahornen, Stiel- und Traubeneichen (im unteren Teil des Buchengürtels)[1]. Die natürliche Verjüngung
stellt sich unter den eingesprengten Ulmen seltener ein als unter Eschen
und Ahornen, weil (wie schon M i c k l i t z hervorhob) ihr leichter Samen
vom Wind weit verweht wird und der aufkommende zarte Anflug häufig
der Konkurrenz des Unkrautes und Graswuchses erliegt. Für die Ulme
(und die anderen Edellaubhölzer, besonders Esche und Ahorn) wird nicht
Einzelmischung empfohlen, sondern Einbringung auf frischen gründigen
Stellen in kleinen Horsten, um der Gefahr der Verdämmung durch den

---

[1] T s c h e r m a k L., Verbreitung der Rotbuche in Österreich, Wien 1929, S. 52.

Grundbestand besser zu begegnen; und zwar Erziehung dichter Vorwuchshorste unter einem ungleichmäßig gelichteten Schirmbestand, dadurch wird der Ausbildung schlechter Schaftformen und ästiger Wuchsformen entgegengewirkt. Die Heisterpflanzung auf Kahlflächen ohne Bodenbearbeitung ist zu vermeiden, weil die edlen Laubhölzer in der Jugend gegen Frost und gegen Bodenverrasung empfindlich sind. Wird ausnahmsweise ein solcher Kulturvorgang, zum Beispiel für Waldwiesen, doch angewandt, so ist Vorkultur eines Schutzholzes zu empfehlen [1]. Im Auwald (in der Hartholzau) ist die *Feldulme* eine wertvolle Mischholzart, sie hat ein sehr gutes Ausschlagvermögen, auch Wurzelbrut wird von ihr entwickelt, ihr Holz ist als Tischler- und Wagnerholz begehrt. Sie spielt eine Rolle im Niederwald sowie als Oberholz im Mittelwald und ist, da sie Beschattung verträgt, auch zu Unterholz geeignet. Durch einen Pilz, *Graphium ulmi*, der durch den Ulmensplintkäfer übertragen werden dürfte, sind in den letzten Jahren zahlreiche Eingänge an Ulmen, das sogenannte „Ulmensterben", vorgekommen.

Die *Lindenarten* (Sommer- und Winterlinde, in Südosteuropa auch die Silberlinde) sind schattenertragend und besitzen ein großes Ausschlagvermögen. Hinsichtlich ihrer Wuchsform ist ein gewaltiger Unterschied zwischen der freistehenden Dorflinde mit kurzem Schaft und breiter Krone und andererseits der Linde des geschlossenen Waldbestandes mit walzenförmigem, hoch hinauf astreinem Schaft. Meist trifft man sie im Buchenbestand sowie im Eichen-Hainbuchen-Bestand, auch in den Auen kommt sie vor, im slawonischen Eichenwald zum Beispiel gesellen sich zur Stieleiche außer Eschen, Feldulmen und Hainbuchen auch Silberlinden. Im nordöstlichen Europa, außerhalb des natürlichen Verbreitungsgebietes der Rotbuche, so im Bialowieser Urwald, sah Verfasser die Winterlinde im Weißbuchengrundbestand mit anderen Laubhölzern; die Linden, Spitzahorne, Eichen überragten dort das Kronendach des Weißbuchenbestandes bedeutend. Auf den Boden wirkt der reiche Laubabfall der Linde günstig ein. Mit der Verdrängung der Rotbuche wurde häufig auch die in ihrem Bestand eingesprengt vorkommende Linde mit verdrängt und der Laubholzmischbestand durch Nadelholzaufforstungen ersetzt. Glücklicherweise geschah diese Verdrängung nicht überall. Wo die Linde war, dort sollte sie wieder als Mischholz eingebracht werden, ihr weiches Holz ist als Schnitzholz sehr geeignet, auch als Blindholz ist es verwendbar, Lindenstammabschnitte erzielen gute Preise. Im „Horner Wald" (östliches Waldviertel) sind stellenweise im Buchenbestand schöne Linden, in alten Waldbeschreibungen (Rosenburg bei Horn) sind die Linden wiederholt als „Basten" bezeichnet, wohl wegen der Nutzung des Lindenbastes. Bei der natürlichen Verjüngung der Buche könnte durch stellenweise Aussaat von Linden-

---

[1] M i c k l i t z, Über die Anzucht edler Laubhölzer unter Schirmbestand, Österr. Vierteljahresschr. f. Forstw. 62, 1912, S. 301—310 (behandelt auch die Einbringung in Ausschlagbeständen: g r o ß e selbständige Kernwuchshorste edler Laubhölzer, begründet im Femelschlag durch Unterpflanzung mit ein- bis zweijährigen Eschen-, Ahorn- und Ulmensetzlingen).

samen oder durch Voranbau (truppweise) im Wege der Pflanzung für die Wiedereinbringung gesorgt werden. Die Linde kann als einjähriger Sämling verschult und als dreijährige verschulte Pflanze für die Kultur im Freiland verwendet werden. Samenjahre der Linde sind häufig. Als Oberholz im Mittelwald ist sie wegen der stark verdämmenden Krone wenig geeignet, zum Unterholz taugt sie weit besser, ist aber als solches wegen geringen Brennholzwertes nicht beliebt. Als Schneidel- und Kopfholz zu Viehfutter ist sie sehr geeignet. Sie leidet unter Wildverbiß, wird von *Cossus* heimgesucht. In den Auen vermag sie, wie H a m m bemerkt, Überschwemmung und hohen Grundwasserstand ebenso schlecht zu ertragen wie Dürre, Graswuchs und Frost[1]. Sie bevorzugt in den Auen leichte Böden höherer Lagen mit frischem Untergrund, jedoch ohne hohen Grundwasserstand.

Von den Birken ist die *Haarbirke oder Moorbirke, Betula pubescens,* entweder auf hohe Gebirgslagen oder auf moorige Stellen und auf den Nordosten beschränkt, sonst ist die *Warzenbirke* oder Ruchbirke, *Betula verrucosa,* die häufigere. Durch Anflug stellt sich die Birke in jungen Kulturen, auf Kahlschlägen und Lücken, häufig in einem unerwünschten Übermaß als sogenanntes „forstliches Unkraut", ein. Da durch ihre im Wind bewegten feinen Zweige die Gipfeltriebe von unmittelbar benachbarten Fichten (und Kiefern) „gepeitscht" und dadurch geschädigt werden können und weil auch sonst ein Übermaß nicht erwünscht ist (sie würde den Hochwaldumtrieb bei uns nicht aushalten), so wird sie bei den Läuterungen großenteils ausgehauen, doch empfiehlt es sich, einen Teil stehen zu lassen zur Erzielung vorübergehenden Mischwuchses und um später bei den Durchforstungen Wagnerholz von Birken zu gewinnen. Auf geringen Sandböden Nordostdeutschlands kann zur Vermeidung des reinen Kiefernbestandes die Mischung Kiefer-Birke und die Verwendung von Birkenreihen längs der Wirtschaftsstreifen als Feuerschutz in Frage kommen (allzu reichliches Auftreten von Birken wäre aber auch dort wirtschaftlich nicht erwünscht).

Die Birken sind Lichtholzarten, die Krone der Moorbirke ist wohl etwas dichter, sie gedeiht aber nicht wie die andere auf trockenem Sandboden. Infolge der lichten Krone und des geringen Laubabfalles gewähren die Birken keinen Bodenschutz, der Boden unter ihnen verrast und verwildert. Der sehr flugfähige Samen der Birken fliegt auf große Entfernungen an, beim künstlichen Verpflanzen hingegen ist die Behandlung schwierig, es kommen häufig Eingänge vor. Die Birkenpflanzen sind im ersten Jahr sehr klein (einjährig etwa 2 cm), nachher ist das Jugendwachstum zunächst rasch (dreijährig 1 bis 1,5 m), hält aber im Klima Mitteleuropas nicht lange an. Die Abtriebsnutzung (ohne Vorerträge, samt Reisig) beträgt laut der unter Berücksichtigung neuerer Aufnahmen erstellten Ertragstafeln von S c h w a p p a c h, 3. Aufl. 1929:

---

[1] H a m m J., Der Ausschlagwald, Berlin 1896. — B a y r. L a n d e s f o r s t v e r - w a l t u n g, Auszug aus dem Betriebswerk für die staatlichen Rheinauwaldungen der Pfalz, München 1939.

I. Kl., 60jährig, 228 fm; mit Vorerträgen, mit Reisig 372 fm,
80jährig, 259 fm; mit Vorerträgen, mit Reisig 501 fm.

Der Massenertrag ist also selbst unter günstigsten Verhältnissen im Vergleich zu anderen Holzarten bescheiden. Wertvoll in waldbaulicher Hinsicht ist die Frosthärte der Birke, sie wird deshalb gelegentlich zum Voranbau, als Bestandesschutzholz, verwendet, zum Beispiel wenn Arten, die in der Jugend gegen Frost empfindlich sind, auf kahler Fläche gepflanzt werden sollen; man begründet dann zuerst einen lockeren Birkenschirm, dann erfolgt unter ihm der Anbau der eigentlichen Kulturpflanzen. Auch wenn etwa wegen Kahlfraßes Bestände auf großen zusammenhängenden Flächen kahl abgetrieben werden mußten, kann die Wiederaufforstung durch Voranbau von lockerem Bestandesschutzholz eingeleitet und erleichtert werden. Bemerkenswert ist ihre geringe Ausschlagfähigkeit. Gute Wuchsformen weist sie in Lehmrevieren Ostpreußens auf, dort sagt ihr das Klima besonders zu, sie vermag dort auch wertvolles Holz zu erzeugen[1], auch Furnierholz für Möbel, sonst liefert sie Wagner- und Stellmacherholz sowie Brennholz. Außer ihrer Bedeutung als Vorholz in frostgefährdeten Lagen ist auch der Schönheitswert einzelner Birken, dann ihre waldbauliche Bedeutung wegen Laubholzbeimischung und leichterer Streuzersetzung bemerkenswert. In den Auen ist sie die noch geeignete Holzart für ärmere Sandböden sowie für die durch längere Freilage ausgehagerten und für weniger tiefgründige Standorte.

Von den einheimischen *Pappeln* kommen im Walde vor: die *Zitterpappel* oder *Aspe, Populus tremula,* dann die *Schwarzpappel, Populus nigra,* die *Silberpappel, Populus alba,* und die *Graupappel, Populus canescens,* die ein Bastard von Zitter- und Silberpappel ist. Außerdem werden die ausländischen Arten *Populus canadensis* und *Populus robusta* besonders im Auwald auf guten Böden angebaut.

Die einheimischen Pappeln sind die standortsgemäßen Holzarten in der Weichholzstufe der Auen. Auch in jenen Tieflagen des Auengeländes, die dem Stau- und Druckwasser ausgesetzt sind, können sie vorkommen. Für besonders wassergefährdete Lagen der „Halblandstufe" (vgl. S. 47) sind aber die Weiden geeigneter als die Pappeln. Die Bodenansprüche der einheimischen Pappeln sind bescheidener als die der ausländischen. So begnügt sich die Schwarzpappel in den Auen mit 40 cm mächtigem Obergrund bei Kiesunterlage; bei Sandunterlage gar mit 20 bis 30 cm mächtigem[2]. Für ausländische Arten dagegen muß die Mächtigkeit um etwa 20 bis 30 cm größer sein. Doch gedeihen auch die einheimischen Arten um so besser, je mächtiger der Obergrund ist. Voraussetzung für bestes Gedeihen sind lockere, tiefgründige, auch im Sommer genügend feuchte Böden mit Grundwasser, die aber nicht stagnierendes Wasser aufweisen und nicht bis zur Oberfläche naß sind. Die Massenleistungen sind be-

---

[1] D e l i u s, Untersuchungen über Wertbirken im Forstamt Pfeil (Ostpreußen), Zeitschr. f. Forst- und Jagdw. 1935.

[2] B a y r. L a n d e s f o r s t v e r w a l t u n g, Auszug aus dem Betriebswerk für die staatlichen Rheinauwaldungen der Pfalz, München 1939, S. 132.

deutend. Die Pappeln sind Lichtholzarten, brauchen vollen Lichtgenuß und weisen nur bei genügendem Standraum die großen Wuchsleistungen auf. Gegen wochenlange Überschwemmungen mit bewegtem sauerstoffreichem Wasser erweisen sie sich im allgemeinen, sobald sie angewurzelt sind, als widerstandsfähig. Weniger gut vermögen sie stehendes Wasser (sauerstoffarmes Stau- und Druckwasser, Warmwasser) zu ertragen.

Die *Schwarzpappel, Populus nigra,* ist genügsam in den Bodenansprüchen, kommt in den Auen auch auf weniger tiefgründigem, trockenem Standort vor, auf flachgründigem, mehr sandigem Lehmboden, wenn nur für die Wurzeln die Möglichkeit besteht, das Grundwasser zu erreichen. Sie eignet sich für die Weichholzstufe und für die Übergangsstufe von Weichholz zu Hartholz, die nicht nur dem Einfluß des Winterhochwassers, sondern auch dem des Sommerhochwassers stark ausgesetzt ist. Sie ist gegen Überschotterung widerstandsfähig und erreicht Baumhöhen bis 25 m. Die Bestandesgründung erfolgt durch Pflanzung von Heistern, die aus Stecklingen gezogen wurden, im Verband von etwa 6 : 6 bis 8 : 8 m, außerdem stellt sich Wurzelbrut ein sowie Verjüngung aus Samen durch Anflug. Die Mutterbäume für die Gewinnung der Stecklinge sollen sorgfältig ausgewählt werden, je nach ihrer Wuchsleistung und der geraden, vollholzigen Form des Schaftes. Da das Holz der mit Maserköpfen überdeckten Schäfte (in badischen und bayerischen Rheinauen) als Furnierware höher bewertet wird, so wird bei der Nachzucht auch den Maserpappeln Beachtung geschenkt in der Annahme, daß sich vielleicht die Anlage zum Maserwuchs vererbe. Das Schwarzpappelholz ist als Blind- und Sperrholz gut verwendbar. Unter den Pappelhölzern, die in der Furnier- und Sperrholzindustrie als Ersatz für das leichte, astreine Gabun begehrt sind, ist das Holz der Schwarzpappel im Vergleich zu den ausländischen Pappeln etwas geringer bewertet, und zwar teils wegen der dunkleren Holzfarbe, teils weil sie seltener gut geformte Stämme ausbildet, geringere Stärke und weniger regelmäßige Struktur aufweist als das Holz der ausländischen Pappeln (über die im folgenden Abschnitt abgehandelt wird). Wegen ihrer Fähigkeit, kräftige Stockausschläge zu bilden, eignet sich die Schwarzpappel auch für den Niederwald. Im Mittelwald kann sie sowohl als Oberholz als auch als Unterholz vorkommen. Die Raschwüchsigkeit ist groß, in 80 Jahren ist sie auf entsprechendem Standort meist meterdick.

Die *Silberpappel, Populus alba,* verlangt schon etwas besseren Standort als die Schwarzpappel, am besten sagen ihr frische, tiefgründige, leichte Böden zu. Sie bildet in den Auen des südlichen Mitteleuropa (Donau- und Rheinauen) sowie in den Mittelmeerländern und auf der Balkanhalbinsel schöne Stämme und ist sehr raschwüchsig. Auch aus Gründen der Waldschönheitspflege wird sie nachgezogen. Ihr gelbliches Holz ist bei gesundem Stamm sehr gut verwertbar, weist aber in manchen Gebieten öfter Ringschäle und Frostrisse auf. Sie bildet reichlich Wurzelbrut, wird durch Stecklinge verjüngt, außerdem ist auch Verjüngung durch Samenanflug nicht selten. Sie kommt auch als Oberholz im Mittelwald vor. Im freien Stand wachsen in verhältnismäßig wenigen Jahrzehnten riesige Bäume mit einer mächtigen Krone, deren Belaubung durch die silberweißen Blattunterseiten auffällt.

Die *Zitterpappel, Populus tremula,* kommt auch in den Waldungen Mitteleuropas und auch Südosteuropas als Lichtholzart mit leichtem, flugfähigem Samen vor, fliegt auch, ähnlich wie die Birke, auf Kulturflächen, Schlägen und in Lücken als Pionierholzart, als Erstbesiedlerin auf Neuland, beziehungsweise als forstliches Unkraut an (auch außerhalb der Auen). Auch in den Alpen einschließlich der Innenalpen findet sie sich. Die Pionierholzarten sind außer durch Flugfähigkeit ihres Samens auch noch durch Frosthärte, Lichtbedürfnis und durch geringe Standortsansprüche an den Boden ausgezeichnet. Größere forstliche Bedeutung erreicht die Zitterpappel aber erst im Nordosten Europas; dort vermag sie stattliche Bäume von 30 m Schaftlänge mit wertvollem Schaftholz zu bilden. Sie vermag auch auf geringen Böden, allerdings mehr in strauchartigem Wuchs, vorzukommen, in diesem Sinne ist sie also anspruchslos. Aber ein starker Baum wird sie nur auf besseren Böden (besonders des Nordostens, so in den ostpreußischen Lehmrevieren, in Polen usw.). Gut gewachsene, starke Stämme sind für die Zündholzerzeugung und als Blindholz als sehr wertvoller Rohstoff geschätzt. In unserem Klima ist die Verwertbarkeit meist durch frühzeitiges Eintreten der Kernfäule beeinträchtigt. Die Zitterpappel vermehrt sich außer durch Samen auch durch Wurzelbrut. Da auch kernfaule Bäume Wurzelbrut bilden und dadurch kranke Pflanzen vermehrt werden können, so wurden Versuche unternommen, Pflanzen aus Samen zu ziehen[1]. Die Begründung kann erfolgen: Durch Verwendung von bewurzelten Wurzelbrutpflanzen, nach Prüfung der Gesundheit der Wurzel; oder durch Verwendung von Wurzelstücken oder von bewurzelten Wurzelstecklingen, aus den vorigen erzogen; oder von Kernpflanzen[2]. Zur Gewinnung solcher empfiehlt H o f f m a n n natürliche Nachzucht auf kleinen künstlichen Brandflächen in der Nähe einer kätzchentragenden befruchteten weiblichen Aspe unter vollem Lichtgenuß[3]. Auch in den Rheinauen Badens spielt die Zitterpappel, die dort einzeln und truppweise anzutreffen ist, als Nutzbaum gegenüber der Schwarzpappel eine untergeordnete Rolle (Forstabtg. des Bad. Finanzministeriums, Die Nachzucht von Pappel und Baumweide in den badischen Auewaldungen, 1935).

Die *Graupappel, Populus canescens,* ist ein Bastard von Zitter- und Silberpappel, ihre Bodenansprüche sind ähnlich denen der Silberpappel. Sie ist waldbaulich wertvoll, weil sie raschwüchsig ist und weil ihr Holz ähnlich wie das der Zitterpappel gesucht ist. Nach W. W e t t s t e i n sollen jene Bastarde, deren Mutter die Silberpappel ist, schnellwüchsiger sein als jene, deren Mutter die *P. tremula* ist[1].

---

[1] W e t t s t e i n, W. v., Die Vermehrung und Kultur der Pappel. Frankfurt a. M. 1937. — K o t t m e y e r, Nachzucht von Aspen ..., Dt. Forstwirt 1937, S. 1120,

[2] S c h r e i b e r M., Begründung von Aspenbeständen, Wiener Allg. Forst- u. Jagdztg. 52, S. 79/80, 1934.

[3] Zit. nach dem Auszug aus dem Betriebswerk für die staatlichen Rheinauwaldungen der Pfalz, München, Landesforstverwaltung, 1939.

Nachzucht der Pappeln: Die Saat ist für praktische Verhältnisse immerhin schwierig wegen der Kurzlebigkeit des Samens, der rasch vertrocknet, dann wegen der Bastardierungsgefahr. Wenn auch verhältnismäßig gute Saaterfolge bei Kanadapappel, Silber- und Graupappel erzielt wurden und Versuche bei der Aspe gelungen sind, so ist doch *Stecklingsvermehrung* üblich (jedoch bei Zitterpappel nur mit Wurzelstecklingen, Wurzelbrutpflanzen usw. wie angegeben): Die Stecklingsvermehrung ist einfach zu handhaben, die Pflanzen werden einheitlicher, dieses Verfahren herrscht also im praktischen Betrieb vor. Man gewinnt hiezu die Ruten ein- bis zweijährig, in Bleistiftstärke, spätestens im Februar. Zum Schutz gegen Winterkälte werden sie eingeschlagen und dabei ganz übererdet. Im Frühjahr schneidet man aus diesen längeren Ruten 20 bis 25 cm lange Stecklinge mit je vier bis sechs Augen mit einem scharfen Messer oder mit der Schere. Man unterscheidet Kopfstecklinge vom oberen Ende der Rute, mit der Endknospe, und „Fußstecklinge". Heister aus Fußstecklingen sind nach R. H o f f m a n n (Forstw. Cbl. 1938, S. 361, 410) im Höhenwachstum jenen aus Kopfstecklingen überlegen. Außerdem hängen Wuchsform, Höhenwachstum und die Eingänge stark vom Verzweigungsgrad ab, dem das Steckholz angehört. Man soll deshalb zur Vermehrung der Pappeln (auch der Kanadapappel) nur Stecklinge aus den Haupt- und Leittrieben und deren aufrechten starken Nebenleittrieben verwenden. Das Alter der Ruten soll ein bis zwei Jahre betragen, weil die Übergangszone vom einzum zweijährigen Holz sich gut bewurzelt. Die Bestandesgründung geschieht dann mit kräftigen, aus Stecklingen erzogenen Heisterpflanzen. Als „Pappeltyp" werden in den Auen Gebiete zusammengefaßt, die bei Hochwasser regelmäßig der Überflutung ausgesetzt sind. Der Anbau auf solchen Standorten beschränkt sich in der Hauptsache auf Pappeln und Weiden mit Füllbestand von Schwarzerlen auf den feuchteren Standorten, von Ahornen und Linden auf den höher gelegenen, nur ausnahmsweise überfluteten.

Von den *Weidenarten* sind baumförmig: *Salix alba, die Weißweide,* dann ihre Abart, *Salix alba var. vittelina, die Dotterweide,* endlich die *Bruchweide, Salix fragilis.* Die Baumweiden haben forstliche Bedeutung, da besonders *Salix alba* und *vittelina* im Bestandesschluß der Auwälder starke Schäfte bilden können und da ihr Holz bei guter Schaftausformung in der Sperrholzindustrie und als Blindholz Verwendung findet. *Salix alba* gehört auf die der Pappel nicht mehr zusagenden feuchteren Standorte im Bereich des strömenden Hochwassers. Sie ist von allen Holzarten der Auen am widerstandsfähigsten gegen Überflutung und Stauwasser sowie auch gegen Eisbruch. Stagnierendes Wasser verträgt auch sie nicht, gute Schäfte werden auf nährstoffreicheren, frischen bis feuchten Böden erzielt. Im übrigen sind die Standortsansprüche bescheiden. Die Baumweiden sind lichtbedürftig, raschwüchsig, vermögen im Bestande hohe gerade Schäfte zu bilden. Im Weitstand neigen sie zur Astigkeit, vertragen aber das Aufasten sehr gut. Sie samen sich auf neuen Verlandungen der Auen mit reinem feuchtem Sand leicht an, schwieriger auf vergrasten Verlandungen, wo der leichte

Samen nicht zum Mineralboden gelangen kann. Die Nachzucht kann in den unteren Lagen der Weichholzstufe am besten mit etwa 3 m langen, geraden Setzstangen erfolgen, sie werden 1/2 bis 1 m tief in den Boden eingepflanzt. Um aus ihnen nicht Kopfholz, sondern *Stämme des Hochwaldes* zu erziehen, werden vom folgenden Sommer an überflüssige Ausschläge durch Schnitt oder Abstreifen entfernt („Auszug aus dem Betriebswerk...“). In den oberen Lagen der Weichholzstufe kann die Nachzucht auch mit drei- bis fünfjährigen Samenpflanzen aus natürlichen Anflügen oder drei- bis vierjährigen verschulten Pflanzen (aus Sämlingen oder aus Stecklingen erzogenen Heistern) am besten im Frühjahr erfolgen, wegen der Neigung zur Wasserreiserbildung und zu Sperrwuchs wird ein ziemlich enger Verband (2 bis 3 m) gewählt. Doch sind solche Kulturen von Samenpflanzen stark durch Eis gefährdet. Ein Umtrieb von 30 bis 40 Jahren genügt. Mit 50 bis 60 Jahren wird Starkholz erzeugt.

Zur Erzeugung von Ruten für die Korbflechterei und von stärkerem Material für Faßreifen werden einige (strauchförmige) Weidenarten in sogenannten „Weidenhegern“ im Niederwaldbetrieb mit bloß ein bis zweijährigem Umtrieb bewirtschaftet, und zwar besonders: *Salix viminalis*, die Hanfweide, die verbreitetste Korbweide, die höchste Massenerträge, aber gröberes Material ergibt, sie ist dort besonders zu empfehlen, wo unabgerindete Weidenruten verwendet werden. Überlegene Varietäten sind: *regalis* und *imperialis;* sie zieht den bindigen Boden vor, wächst auch auf sandigem und lehmigem und gedeiht schlecht auf moorigem. Dann *Salix purpurea*, die Purpurweide, von der man feinere Ruten erntet; ihre biegsamen, dünnen, schlanken und gleichmäßigen Ruten sind auch zum Binden sehr geeignet. Entrindet hat sie eine mattgelbe Farbe. Am besten gedeiht sie auf frischem, humusreichem Sandboden; auch auf moorigem kommt sie fort. Ihr Massenertrag bleibt aber gegenüber dem der *viminalis* und *amygdalina* stark zurück. *Salix amygdalina*, die Mandelweide, sehr weiß schälend, das Holz ist stark und dauerhaft, zähe, sie ist zu grobem wie feinem Flechtwerk, abgerindet wie unabgerindet, geeignet, nur haben manche Sorten viele Seitenäste. *Salix acutifolia* oder *caspica*, die kaspische Weide (von der Praxis wegen ihres nur mittelmäßigen Flechtwertes weniger geschätzt), die auch trockenere Böden verträgt; dann auch noch Bastarde zwischen *viminalis* und *purpurea*[1].

Zu erwähnen ist noch die *Eibe, Taxus baccata*, die sich bei einiger Schonung natürlich verjüngt; plötzliche Freistellung ist ihr in frostgefährdeten Lagen nicht zuträglich. Die Vermehrung der Eibe ist auch durch Stecklinge (im Warmhaus im feuchten Sand bis zur Bewurzelung, dann im Beet) möglich und erfolgt rascher als die aus Sämlingen. Dann der *Elsbeer- und Mehlbeerbaum, Sorbus torminalis* und *Sorbus Aria*, mit Holz von guter

---

[1] K r a h e J. A. und K ö n i g F., Lehrbuch der Korbweidenkultur, 6. Aufl., 1913. — J a n s o n A., Korbweidenbau, Berlin 1929. — S t e l l w a a g - C a r i o n F., Korbweidenkultur in Österreich, Centralbl. f. d. ges. Forstw. 59, 1933, S. 7—10. — Für Jugoslawien schlug Förderung der Weidenkultur und der Korbflechterei vor: Š p a n o v i ć T., Erziehung der edlen Weide, Šumaski list 56, 1932, S. 15—24, 78—96.

Verwendungsfähigkeit, meist auf warmen Standorten; im Gebirge, auch in
höheren Lagen, der *Vogelbeerbaum, Sorbus aucuparia*, die Eberesche, auf
deren Abart mit süßen Früchten bereits im ersten Teil dieses Buches verwiesen wurde. Weiter finden wir, zumeist in Laubwäldern, die *Vogelkirsche,
Prunus avium.* Sie ist ein Baum zweiter Größe, kommt einzeln und truppweise eingesprengt in der Ebene und im Hügelland, aber auch in den Vorbergen (Alpen bis über 1000 m) im Laubmischwald vor, sowohl im Hochwald als auch als Oberholz im Mittelwald, auch in der Hartholzstufe der
Auen. Ihre Standortsansprüche sind bescheiden, der Wuchs ist in der Jugend
rasch, der zu einem Brusthöhendurchmesser von mehr als 50 cm heran-
wachsende Schaft erreicht unter dem Einfluß des Bestandesschlusses eine
beträchtliche Länge, die Holzbeschaffenheit und die Größen- und Formverhältnisse sind für die Nutzholzerzeugung günstig. Das Holz ist als wertvolles Möbelholz sowie auch als Drechslerholz begehrt. Sie eignet sich zu
vorübergehender vereinzelter Einsprengung in Hochwaldbestände des
Laubholzes (vorübergehend wegen ihrer kürzeren Umtriebszeit) sowie zur
Erziehung in der Hartholzstufe des Auwaldes (im Ahorntyp sowie an
trockenen Stellen des Eschentyps) und als Oberholz im Mittelwald. Ebenfalls in Laubwäldern eingesprengt treffen wir die übrigen *Wildobstarten*
(Wildapfel, Wildbirne) und auf der Balkanhalbinsel den *Walnußbaum*, die
Baumhasel usw. Wo man im allgemeinen die natürliche Verjüngung anwendet, dort bleiben auch diese in bescheidenem Anteil auftretenden Mischholzarten erhalten.

Die *Grau- oder Weißerle, Alnus incana*, ist in den Alpen sowie auf den
Donauinseln nächst Wien sicher heimisch, desgleichen in Ostpreußen. Ihr
natürliches Vorkommen auf den Donauinseln geht aus einer Angabe von
C l u s i u s hervor, der sie schon vor fast 350 Jahren dort beobachtete.
Sie findet sich in den Auen der Gebirge, aber auch auf trockeneren Standorten auf Berglehnen. Sie ist also weniger auf feuchten Boden angewiesen
als die übrigen Erlen. Sie wird deshalb in den Alpen auch zur Bodenverbesserung, zur Bindung des Bodens auf Lehnen, zu Aufforstungen im Bereich der Wildbachverbauungen verwendet. Auch in der Schweiz ist sie
für diese Zwecke geschätzt. Die Kultur erfolgt mit Stummelpflanzen von
Bleistiftstärke, also bewurzelten Setzlingen, deren oberirdischer Teil weggeschnitten wurde, damit sie dann Ausschläge und Wurzelbrut liefern. Sie
beschattet den Boden, bereichert ihn durch ihren Laubabfall an Humus
und auch an dem aus der Luft aufgenommenen Stickstoff infolge der
Symbiose mit Wurzelknöllchen an ihren Wurzeln. Auf sehr trockenen
Schotterböden der Auen, sogenannten „Heißländen“, erweist sie sich als
verhältnismäßig kurzlebig, sie liefert daher dort nur schwache Holzsorten
von geringem Wert. Sie ist frosthart, sehr ausschlagfähig und außerdem
befähigt, Wurzelbrut zu treiben.

12. Waldbau der ausländischen Holzarten.

Schon H. M a y r forderte mit Recht, daß bei ausländischen Holzarten sowohl die Anbaufähigkeit als auch die Anbauwürdigkeit zu prüfen sei. *„Anbaufähig"* ist eine Holzart dann, wenn das Klima des Anbaugebietes mit dem des Heimatgebietes einigermaßen übereinstimmt. Dies könne sowohl auf Grund der Feststellung der einzelnen Klimadaten beurteilt werden als auch auf Grund der Verbreitung innerhalb der M a y r schen Zonen oder Gürtel: Picetum, Fagetum, Castanetum, Lauretum[1]. 1940 gab S c h e n c k, der längere Zeit hindurch in Nordamerika sowohl in der praktischen Forstwirtschaft als auch zugleich als forstlicher Dozent tätig gewesen war, eine dreibändige Neuauflage des M a y r schen Werkes über „Fremdländische Wald- und Parkbäume für Europa" heraus, in der er die Klimate der Herkunftsgebiete zahlenmäßig zu schildern suchte (dies ist für manche Herkunftsgebiete noch mit besonderen Schwierigkeiten verknüpft, weil für manche Gegenden die Zahl der Klimastationen in großen Ländergebieten sehr klein ist). Eine vollkommene Übereinstimmung der Klimate des Verbreitungs- und des künstlichen Anbaugebietes ist natürlich nie zu erwarten, die ausländischen Arten werden daher auch selbst im bestausgesuchten Anbaugebiet in der Regel nicht das gleiche leisten wie im Optimum ihres natürlichen Verbreitungsgebietes. *„Anbauwürdig"* sind nach M a y r nur jene anbaufähigen Holzarten, die irgendeinen wirtschaftlichen Vorteil, zum Beispiel Schönheitswirkung oder größere Massenleistung oder Erzeugung wertvolleren Holzes, beziehungsweise wichtiger Nebennutzungen, geringere Standortsansprüche oder größere Widerstandsfähigkeit gegen Fröste, gegen Dürre, Insekten, aufweisen. Hinsichtlich der Anbaufähigkeit sind selbstverständlich auch die Klimaunterschiede innerhalb des Landes, in welchem der Anbau erfolgen soll, zu beachten. Bei Arten mit großem natürlichem Verbreitungsgebiet ist die Auswahl der passenden Klimarassen für den Anbau wichtig. Im Jahre 1920 veröffentlichte ein finnischer Forscher, L a u r i   I l v e s s a l o, eine beachtenswerte Arbeit „Über die Anbaumöglichkeit ausländischer Holzarten" (Acta forestalia fennica 1920), in der er die Klimate und die ausländischen Holzarten nach ihrer Zugehörigkeit zu den verschiedenen Klimaten unterschied[2]. Eines seiner Ergebnisse besagt, daß kontinentale Arten viel weiter gegen die maritimen Gebiete hin anbaufähig sind, als umgekehrt die maritimen gegen die kontinentalen Gegenden. (Hierin dürfte wohl eine Hauptursache der Erscheinung liegen, daß die Exotenkulturen am besten im atlantischen Teil Europas gelungen sind, zum Beispiel in Südwestdeutschland: Land Baden, Insel Mainau.)

In botanischen Gärten und Parkanlagen begann man in bescheidenem Maß schon im 16. und 17. Jahrhundert mit dem Anbau ausländischer Holzarten. 1583 berichtete der berühmte Botaniker C l u s i u s[3] in Wien, daß er

---

[1] M a y r H., Fremdländische Wald- und Parkbäume in Europa, 1906. — S c h e n c k C. A., Neuauflage des Mayrschen Buches, in 3 Bänden, 1940.

[2] I l v e s s a l o L., Acta for. fenn., 17, 1920, bespr. Dieterich, Silva 1922, S. 381.

[3] C a r o l i   C l u s i i ... rariorum stirpium per Pannoniam, Austriam et vicinas quasdam provincias observatarum historia, Antverpiae 1583.

vom kaiserlichen Gesandten aus Konstantinopel Roßkastanien erhalten und
angebaut, aber noch nie eine Blüte oder vollständige Frucht gesehen habe,
auch ein Kirschlorbeerbäumchen, *Prunus Laurocerasus*, von Armdicke war
ihm gesandt worden. Erst um die Wende vom 18. zum 19. Jahrhundert
veranlaßte die Furcht vor drohender Holznot auch Vertreter der Forstwissenschaft, den Anbau von ausländischen Holzarten zu versuchen, doch
geschah dies noch planlos. Erst 1880 wurden von den forstlichen Versuchsanstalten (in Mitteleuropa) planmäßige Versuche eingeleitet. Im einzelnen
handelte es sich dabei meist um kleinere Versuche, die aber zum Beispiel in
Norddeutschland im ganzen (in verschiedenen Forstämtern) etwa 400 ha
ergaben. Über die Ergebnisse (Holzmassenerträge, Gesundheit usw.) wurde
seither wiederholt im Schrifttum berichtet. Einzelne ausländische Holzarten, zum Beispiel die Robinie in Gegenden südlichen Kontinentalklimas,
wurden mit ansehnlichen Erfolgen angebaut, auch in südöstlichen Nachbarländern; in vielen anderen Versuchen versagten aber die Ausländer. Als
Gründe für das Versagen der in den 1880er Jahren begonnenen Anbauversuche mit fremdländischen Holzarten führt Z i m m e r l e (Württem-
bergische Forstliche Versuchsanstalt) im Dtsch. Forstwirt 1940 (S. 83) mit
Recht an: Unkenntnis der Klimaansprüche, Sorglosigkeit in der Wahl des
Anbauortes, Unerfahrenheit und Gleichgültigkeit in der Behandlung, auch
in der Vorbehandlung des Saatgutes (Vorkeimung), mangelhaften Schutz
der jungen Pflanzen gegen Frost und Dürre, Vernachlässigung der späteren
Überwachung und Pflege und die Unterlassung wirksamer Vorkehrungen
gegen tierische, pflanzliche und menschliche Schädlinge; zum Beispiel ist das
Holz der *Juglans-* und *Carya-*Arten so wertvoll und begehrt, daß ein erfolgreicher Anbau erwünscht wäre, man hat aber diese Arten mitunter in
gleichwüchsiger, meist reihenweiser Mischung mit Eiche, Buche, Tanne,
auch Douglasie eingebracht, statt dessen hätte man eine durchaus *dienende
Holzart den Nußbäumen am besten in Form des nachträglichen Anbaus von
Hainbuchen, Erlen, Feldahornen* ... beimischen und die weitere Entwicklung
genau beobachten und nach Bedarf rücksichtslos eingreifen müssen. Man
ist auch vielfach mit den Anbauversuchen zu weit gegangen und hat viele
Arten, wie *Abies concolor, Abies grandis, Picea pungens* usw., mit denen
man den Park bereichern kann, auch für den Wald empfohlen.

Eine der ausländischen Arten, die in Teilgebieten Europas in großem
Ausmaße und mit ansehnlichen Erfolgen angebaut wird und die an vielen
Orten geradezu als eingebürgert angesehen werden kann, ist die *Robinie* oder
falsche Akazie, Robinia Pseudacacia. Ihre Heimat ist das südliche Ostamerika
(Südosten der Vereinigten Staaten); sie ist also eine Holzart des südlichen
Kontinentalklimas mit langer Vegetationsdauer. Eine durchschnittliche
Jahrestemperatur von 12 bis 14° C sagt ihr zu, doch erwächst sie auch in
den wärmsten Lagen des Fagetums noch zum Nutzbaum. Auch innerhalb
Europas, wo sie in weitem Umfang künstlich angebaut wurde, gedeiht sie
am besten im südlichen Kontinentalklima (aber nicht in solchem, das wegen
Kontinentalität ausgesprochene Steppe und für Baumwuchs zu trocken ist),
so in den Ebenen Ungarns und Rumäniens, auch in Kleinasien ist sie viel-

fach angebaut. Sie ist eine Lichtholzart und bevorzugt warme, leichte Böden, am besten gedeiht sie auf lehmigen Sand- und Kalkböden. Ihre *Ansprüche* an die Feuchtigkeit, Tiefgründigkeit und den Nährstoffreichtum des Bodens sind bescheiden, doch ist der *Entzug* an Nährstoffen auch auf geringen Böden beträchtlich. Sie wächst noch auf trockenen Hängen, Wegeinschnitten, auf Flugsand, auf Schutthalden. Ihre Eigenschaft, mit Hilfe der Knöllchenbakterien Luftstickstoff zu assimilieren, setzt sie in den Stand, den Boden an Stickstoff zu bereichern. Sie gibt aber dem Boden wenig Humus, das Beschattungsvermögen ihrer lockeren, sperrigen Krone ist gering, der Laubabfall ist bescheiden, die Verwesung des Laubes geht rasch vor sich. In Gegenden mit kühlen, feuchten Sommern oder mit zu kurzer Vegetationsperiode in Mitteleuropa verholzen ihre Triebe bis zum Herbst nicht ganz und es werden dann von Frühfrösten (also Herbstfrösten, die im Verhältnis zur normalen Frostzeit des Winters zu früh auftreten) die Spitzen der Triebe getötet. Wiederholte solche Schädigungen tragen auch zur Ausbildung schlechter Schaftformen bei, im südlichen Kontinentalklima sind die Formen auf zusagenden Böden besser; so sah Verfasser in der Rheinebene Badens (im Mooswald unweit Freiburg, Waldort „Rieselfeld"), in einer Gegend, deren Klima schon von der nahen Kolmarer Trockeninsel beeinflußt ist, Robinien mit guten Wuchsformen und begehrtem Holz im Mischwald (Hochwald) mit Weißbuchen. Sie taugt für leichte, gut durchlüftete, frische, nicht zu arme Sandböden (auch in den Auen), dagegen sagen ihr feste, undurchlässige, tonreiche Böden nicht zu. Der Zuwachs auf humosen, frischen Sandböden im südlichen Kontinentalklima ist groß, D r ă c e a in Bukarest fand sogar ausnahmsweise auf solchen besten Böden, daß einjährige Robinien-Stockausschläge eine Höhe von 6 m erreichten [1]. Über ihre Leistungen im Niederwald auf den besten Sandböden Rumäniens gibt er an, daß sie mit zehn Jahren eine Mittelhöhe von 14,5 m, eine Derbholzmasse von 96 fm je Hektar aufwies; mit 20 Jahren eine Mittelhöhe von 24 m, Derbholzmasse von 300 fm! Das sind sehr ansehnliche Leistungen!

In unseren südöstlichen Nachbarländern gibt es mancherlei Standortsgebiete mit südlichem Kontinentalklima, wo die Robinie in großem Ausmaß mit Erfolg angebaut wurde. P e n e f f berichtet, daß in Ungarn im Jahre 1939 die Anbaufläche der Robinie auf steppenartigen Sandböden 160.000 ha oder 14 v. H. der ungarischen Waldfläche betrug [2], unter anderem wurde sie zur Aufforstung der Deliblater Flugsandböden verwendet; sie trug dort nicht nur zur Bindung der Sande bei, sondern die Robinienwälder warfen auch beträchtliche Erträge ab. Es handelt sich dort, im südöstlichen Winkel des ungarischen Tieflandes, beziehungsweise im Osten Jugoslawiens, im Bereich der ehemaligen „Militärgrenze" der Habs-

---

1 D r ă c e a M., Beiträge zur Kenntnis der Robinie in Rumänien, Diss. 1928. — V a d a s E., Monographie der Robinie, Selmecbanya 1914.

2 P e n e f f, Untersuchungen am Saatgut der Robinie, München 1941. — A j t a y J. v., Akazienpflanzung, Erdészeti Lapok 76, S. 233—244, 1937. — M i h á l y i Z., Eine bemerkenswerte Akazienrasse, Erdészeti Lapok 76, S. 850—860, 1937. — B o k o r R., Beiträge zur Impfung der Robinie mit Knöllchenbakterien, Erdészeti Lapok 77, 1938, S. 623—631, 711—722.

burger Monarchie, um eine diluviale Flugsandablagerung, die auf Veranlassung militärischer Reichsstellen schon seit 1818 aufgeforstet wurde [1]. In *Rumänien* beträgt, gleichfalls nach P e n e f f, die Fläche der Robinienwälder 35.000 ha, auch dort wurde sie zur Aufforstung wandernder Sandmassen verwendet. Nach D r ă c e a (Bukarest) soll die Robinie durch Vermittlung der Türken gegen Ende des 18. Jahrhunderts auf dem Wege über Konstantinopel auf den Balkan und auch nach Rumänien gelangt sein, der türkische Name „Salcâm" für die Robinie ist nach ihm in ganz Alt-Rumänien, in der Bukowina, Bessarabien, in Bulgarien, Mazedonien verbreitet. In Steppengebieten *Südrußlands:* Ukraine, Krim, Kaukasus und in asiatischen Teilen Rußlands spielt sie ebenfalls eine Rolle. In *Bulgarien* steht sie bei Aufforstungsmaßnahmen an erster Stelle, im Jahre 1942 entfiel von der Zahl der Pflanzen in bulgarischen Forstbaumschulen von 160 Millionen beinahe die Hälfte auf die Akazie [2]. Die ansehnliche Fläche von Robinienaufforstungen in Bulgarien ist noch weiter im Zunehmen begriffen. Man baut sie in den niedrigsten Teilen des Landes bis zu 300 m Meereshöhe, so in der Donauebene und in der thrazischen Ebene Südbulgariens, in waldlosen Gebieten mit *Paliurus aculeatus* als Charakterpflanze sowie in hügeligen Vorgebirgslagen bis 1000 m Höhe (Eichenstufe). In *Frankreich*, im Klimagebiet mit Wein und Edelkastanien, war schon 1914 die Fläche der Robinienwälder sehr ansehnlich. In *Deutschland* hält ihre in der Jugend große Raschwüchsigkeit nicht überall lange an. Nur auf besseren Böden im Weinbaugebiet Südwestdeutschlands sowie in einigen Weinbauinseln ist sie anbauwürdig (R u b n e r, Pflanzengeogr. Grundl. d. Waldbaus, 1934, S. 454). In *Österreich* gedeiht sie am besten in Gegenden mit warmen, sonnigen Sommern mit kontinentaler Klimatönung, zum Beispiel im sommerwarmen Osten Österreichs mit „pannonischem" Klima: in Teilen des Burgenlandes, des niederösterreichischen Weinviertels, auch im benachbarten östlichen Südmähren. In Niederösterreich und dem Burgenland beträgt die Fläche der Robinien- und Birkenwälder, mit Beimischung von Ulmen, nach der „Forststatistik für Österreich, Stand 1935" (Wien 1938) fast 10.000 ha, hingegen weist für die übrigen Bundesländer die Statistik kein Robinienvorkommen aus. Ihre Ausschlagfähigkeit aus Stöcken, ebenso ihre Fähigkeit, Wurzelbrut zu treiben, ist beträchtlich. Hasen und Kaninchen schaden durch Schälen junger Robinienpflanzen. Das Holz der Robinie ist wertvoll, sie liefert dauerhafte Rebpfähle, Zaunpfähle, Wagnerholz, wurde zum Beispiel in Freiburg i. Br. in Werkzeugstielfabriken verwendet und auch im Flugzeugbau. Das Kernholz ist dauerhaft. Zur Blütezeit ist sie wertvoll für den Bienenzüchter. Für den Hochwaldbetrieb ist sie im Reinbestand weniger geeignet, weil sich der Bestand bald licht stellt und den Boden wenig beschattet. Im Niederwaldbetrieb findet sie, wiewohl die dornigen

---

[1] Š p a n o v i ć T., Sandböden von Deliblato (Deliblatski pijesak), Šumarski list 60, S. 27—46, 145—176, 274—281, 1936.

[2] „Aufforstungen in Bulgarien", Intersylva 1943, S. 399. — P e n e f f N., Die Bedeutung der Robinie für unsere Volkswirtschaft, bulgar. mit dtsch. Zusammenfassung, Lessowodska missal 6, 1937, S. 56—66.

Äste die Aufarbeitung erschweren, vielfach Verwendung dank ihrer großen Ausschlagfähigkeit und Genügsamkeit. Auch als Oberholz im Mittelwald ist sie brauchbar. An Böschungen der Eisenbahnen, Steilhängen mit Wasserrissen, Wegeinschnitten ist der Robinienniederwald ein guter Bodenschutz und liefert außerdem angemessene Erträge. Da sie zu Sperrwuchs neigt, ist ein enger Verband (1 bis 1,5 m) mit nicht zu großen Pflanzen empfehlenswert.

In *Süosteuropa*[1] wird sie hauptsächlich im Niederwald mit 20- bis 30jährigem Umtrieb bewirtschaftet. Auf besonders guten Böden finden sich auch Akazienhochwälder mit 40- bis 50jährigem Umtrieb, der für die Heranzucht von Stämmen mit 40 bis 50 cm Brusthöhendurchmesser ausreicht. In Südosteuropa dienen etwa armdicke, vier- bis fünfjährige Stockausschläge als *Rebpfähle* (begehrter Ersatz für die dort stark im Abnehmen befindlichen Eichenrebpfähle); 10 bis 20 cm starkes Akazienholz ist als *Grubenholz* gesucht (dauerhaft, aber nur mäßige Warnfähigkeit). Akazienkernholz eignet sich auch für *Eisenbahnschwellen* sowie für *Brunnen- und Wasserleitungsrohre* auf dem Lande, als *Bauholz* für ländliche Bauten. Stärkere Stämme ergeben Bretter und Pfosten. Im Tiefland Rumäniens und Ungarns, in den waldlosen großen Ebenen, deckt der Bauer fast allen seinen Holzbedarf aus dem Akazienwald, er betrachtet diesen Baum mit Recht als „die Eiche des Armen". Auch das Akazien*brennholz* ist für die Bewohner der holzarmen Tiefebenen volkswirtschaftlich wichtig, da die Gebirge mit Buchenwäldern weit entfernt sind[1]. Die Bestandesgründung erfolgt am besten durch Pflanzung ein- bis zweijähriger Robiniensetzlinge, die in Baumschulen erzogen wurden. Im Forstarchiv 1944 wurde berichtet, daß durch das Ritzen der Samen nach dem Verfahren von P e n e f f eine erheblich höhere Pflanzenzahl erzielt und die Wuchsenergie gefördert wurde[2]. (Saat in Rillen, Bedeckung bis 7 cm, die einjährigen Pflanzen sind unter günstigen Verhältnissen etwa 40 cm hoch und im nächsten Frühjahr verwendbar, andernfalls läßt man sie noch ein Jahr im Saatbeet oder verschult sie.)

Eine andere häufig angebaute ausländische Holzart ist die *Weymouthskiefer oder Strobe, Pinus Strobus.* Sie ist im östlichen Nordamerika natürlich verbreitet in dem ausgedehnten Gebiete der nördlichen Seen bis zu den Alleghanys. Es herrscht dort gemäßigtes Kontinentalklima mit Übergängen zum Seeklima, mittlere Jahrestemperaturen von 6 bis 10^0 C, Durchschnittstemperaturen während der vier Monate Mai bis August 15 bis 19^0 C, Niederschläge während dieser Zeit 250 bis 600 mm. Die tiefsten Temperaturen liegen zwischen — 15 und — 40^0 C[3]. Der Boden der Weymouthskiefernstandorte in ihrer Heimat ist der frische bis selbst feuchte, schwach sandige Lehmboden oder frischer Sandboden, am besten mit anstehendem

---

[1] F r ö h l i c h J., Die Akazie in Südosteuropa, Intern. Holzmarkt 1943, Nr. 4/5, S. 20—21.

[2] G r a f v o n d e r R e c k e, Versuche mit der Akazie, Forstarchiv **20,** 1944, S. 61 bis 63.

[3] V a n s e l o w K., Die wirtschaftliche Bedeutung und waldbauliche Behandlung der Weymouthskiefer, Dt. Forstverein, Jahresbericht 1927.

Grundwasser, demnach ein durchaus guter Boden. Sie ist eine Halbschattholzart, fordert großen Wuchsraum, die Stammzahlverminderung muß daher rascher erfolgen als bei unseren einheimischen Holzarten. Sie weist eine beträchtliche Frosthärte auf, ihre Wuchsleistung ist groß und kann nur von der Douglasie übertroffen werden. Für höhere Lagen in den Alpen (Tirol, 1000 m und mehr) ist sie jedoch nicht geeignet, auf solchen Versuchsflächen wurde sie durch Schnee geschädigt, auch konnten die Triebe infolge der kurzen Vegetationszeit nicht verholzen und litten dann durch Frost. In deutschen Mittelgebirgen liegt die Höhenstufe der Schneebruchgefährdung der Strobe schon bei 500 m, beziehungsweise bei 750 m (R o h m e d e r , Forstw. Centralbl. **53**, 1931, S. 338). In Mittel- und Westdeutschland, einem verhältnismäßigen „Optimum" ihres mitteleuropäischen Anbaugebietes, ist sie etwa bis zum 30. Jahre, dem Abschluß des Hauptlängenwachstums, im Höhenwuchs allen anderen Holzarten, mit Ausnahme der Douglasie, überlegen, in den Fichtengebieten, zum Beispiel der Alpen, Voralpen und des Schwarzwaldes, soll sich aber diese Überlegenheit auf eine kürzere Zeit beschränken[1], desgleichen in Preußen östlich der Elbe.

Abb. 90. Weymouthskiefer im Nationalforst von Pennsylvania (Aufn. F o r e s t S e r v i c e , Washington).

Durch die verhältnismäßig dichte, stark beschattende Krone, die reichlichen, langen, sich langsam zersetzenden Nadeln ist die Weymouthskiefer besonders befähigt, Unkraut jeder Art leicht, rasch und sicher zu unterdrücken, somit die Konkurrenz der Bodenunkräuter auszuschalten, den Boden zu schützen und zu verbessern. Dies ist waldbaulich wertvoll. (Allerdings soll in Gebieten mit feuchten, kühlen Sommern Rohhumusbildung unter ihr vorkommen.)

Gefahren: Gegen Rauchschäden ist sie weniger empfindlich als die einheimischen Nadelhölzer. Infolge ihrer tief in den Boden eindringenden Herzwurzeln ist sie sturmfest, verträgt aber nicht stetige, starke Winde

---

[1] W a p p e s L., Grundsätze und Richtlinien für den Anbau der Weymouthskiefer, Dt. Forstwirt **26**, 1944, S. 1 u. 2. „Auf Fichtenstandorten steht sie der Fichte im Höhenwuchs etwas nach, im Stärkenwuchs ist sie ihr aber überlegen."

(man kann selbst in den Parkanlagen von Wien beobachten, daß sie im Winde kurze Nadeln und in der Windrichtung abgebogene Äste bekommt). Gegen Trockenheit ist sie empfindlich, gegen Schneeschäden im allgemeinen unempfindlich, ausgenommen in höheren Lagen der Alpen über 1000 m. Am meisten ist sie gefährdet durch den Blasenrost *(Peridermium Strobi)* und durch den Hallimasch *(Agaricus melleus)*, dann auch durch Wildschäden. Auch die Rindenwollaus befällt sie häufig. Die Zwischenwirte des Blasenrostpilzes sind die Ribessträucher. Der Blasenrost ist schon in den Forstgärten festzustellen (auch in der Nähe von Wien). Auch in Dickungen und Stangenhölzern, aber auch an älteren Bäumen tritt er auf. Im Jahre 1927 hat T u b e u f mit großem Nachdruck auf diese Gefährdung hingewiesen[1]. Ihre Vorzüge sind aber so groß, daß wegen der Gefährdung nicht gleich ganz auf sie verzichtet zu werden braucht. Außer durch Raschwüchsigkeit und Bodenbesserungsvermögen ist sie gekennzeichnet durch ihr Holz von gleichmäßigem Gefüge, das wenig arbeitet, weich und leicht ist und sich für besondere Zwecke, wie leichte Kisten, Rollvorhänge und dgl. besonders eignet, stärkere Abschnitte sind auch für Zündholzerzeugung wertvoll. Sie bietet also Massenleistung und Gebrauchswert des Holzes für Spezialzwecke. In Oberösterreich findet sie sich zum Beispiel im Kobernauser Wald in Beständen verschiedener Altersklassen, die Forststatistik für Österreich (Stand 1935) weist für Oberösterreich 230 ha Weymouthskiefernbestände aus. Im Lande Baden betrug 1931 die Anbaufläche mit Weymouthskiefern 310 ha (nach K i l i u s, Anbauversuche mit fremdländischen Holzarten in badischen Waldungen, 1931). Im bayerischen Staatswald stockte 1926 die Strobe auf 1934 ha (Fw. Cbl. 53, 1931, S. 325). Auch aus Südosteuropa wird über Pflanzung der Strobe berichtet[2].

Waldbauliche Anwendung: Der Anbau im großen als Hauptholzart wäre gewagt, sie kann aber zu vorübergehender Mischung Anwendung finden, als Mittel zum Zweck, wegen günstiger Beeinflussung der eigentlichen Wirtschaftsholzarten („Füll- und Treibholz"); auch als vorübergehender Reinbestand, Voranbau, zur Verbesserung verunkrauteter, verheideter Böden, also als „langfristiger Vorwald", kann sie Verwendung finden. Dies empfiehlt sich im zusagenden Klima und auf zusagenden, schwach lehmigen und frischen Böden, dann auf trockenen Böden mit hohen Niederschlägen, auch wenn sie stark verunkrautet oder sonst geschädigt sind. Bei einzel- und truppweiser Mischung sind etwaige Eingänge von Weymouthskiefern für den Bestand weniger schädlich, ihre Beimischung wirkt massenmehrend[3].

---

[1] Jahresbericht des Dtsch. Forstvereins 1927.

[2] C z o p p e l t H., O plantatie de Pinus strobus (Eine Pflanzung von Strobe), Revista Padurilov 51, 1939, S. 155—158. — R u s k o f f M., Über den Anbau der Weymouthskiefer im Ausland und bei uns ..., Jahrb. der Universität Sofia, Land- u. Forstw. Fakultät 1936, 2, Bd. 16, S. 155—198, bulgar. mit dtsch. Zusammenfassung.

[3] Bericht der Weymouthskiefernkommission, Dtsch. Forstverein, Jahresbericht 1935, Berlin 1936.

Da sie den Boden rasch deckt, kann sie in gleichaltriger Mischung mit anderen Holzarten eingebracht werden. Sie eignet sich aber infolge der Raschwüchsigkeit auch zu ungleichaltriger Mischung (Füllholz, Ausbessern lückiger Kulturen). Wenn sie bei Voranbau im Reinbestand lückig wird, empfiehlt sich Unterbau mit Laubholz auf einem durch den Nadelabfall bereits verbesserten Boden.

Eine andere wichtige ausländische Nadelholzart, auf die man in ganz Mitteleuropa große Hoffnungen setzte, bis ihre Gefährdung durch zwei Pilzarten bekannt wurde, ist die *Douglasie, Pseudotsuga taxifolia* oder *Douglasii.* Sie hat im westlichen, also im pazifischen Nordamerika ein sehr großes Verbreitungsgebiet. M a y r (Fremdländische Wald- und Parkbäume, 1906) nennt sie die verbreitetste Holzart Nordamerikas, befähigt, in 32 Breitengraden zu gedeihen, die scharfen Stürme und langen Winter des Nordens ebenso wie den Sonnenschein der mexikanischen Kordilleren im Süden zu ertragen. Nach Süden geht sie zum 34.⁰ n. Br., außerdem reicht sie von der Küste des Großen oder Stillen Ozeans bis über das Küstengebirge ins Felsengebirge. Ihre natürliche Verbreitung erstreckt sich also über die kühlere Hälfte des Castanetums, das Fagetum und einen Teil des Picetums.

Innerhalb des großen Verbreitungsgebietes gibt es mehrere Klimarassen, vielleicht auch Arten. Zuerst unterschied man die *Pseudotsuga Douglasii viridis* (oder *taxifolia viridis*), das ist die grüne oder Küstendouglasie aus verhältnismäßig ozeanisch mildem Klima, und die *Pseudotsuga glauca,* die blaue oder kontinentale Form (Felsengebirgsdouglasie). Die *viridis* ist raschwüchsig, aber frostempfindlich, für Seeklima geeignet, die *glauca* langsamer wüchsig, aber frosthart. „*Glauca*" hat ihren Namen von der grau- bis blaugrünen Benadelung erhalten. Die Farbe der Nadeln ist aber nicht immer ein verläßliches Merkmal zur Unterscheidung der Douglasienrassen. Außerdem gibt es im Norden, Britisch-Kolumbien, eine Form, die in der Farbe und im Wuchsverhalten zwischen den beiden steht und dabei frosthart sein soll und die vom Grafen S c h w e r i n , Vorsitzenden der Dtsch. Dendrolog. Gesellschaft, „*caesia*" genannt wurde.

Außer diesen Unterarten gibt es gerade bei der Douglasie mit ihrem großen Verbreitungsgebiet zahlreiche Klimarassen. S c h w a p p a c h konnte 1910 durch Vermittlung der Staatsforstverwaltung in den Vereinigten Staaten Douglasiensamen aus verschiedenen Teilen Nordamerikas bekommen, von den daraus erzogenen Pflanzen übergab er 8000 Stück an M ü n c h. Dieser begründete damit 1912/13 Anbauversuche im Staatswald bei Kaiserslautern in 350 bis 400 m Höhe, auf lehmigem Sandboden, Vorbestand Buche. M ü n c h berichtete dann über den Versuch im Centralblatt f. d. ges. Forstwesen 1928, S. 254 ff. Es ergab sich, daß eine ausgeprägte grüne Küstendouglasie, unweit der Westküste am Fuß des Kaskadengebirges geworben, sich als die raschwüchsigste im Anbauversuch erwies (10 m Höhe bei achtzehnjährigem Alter, laufender Höhenzuwachs reichlich 1 m). Die übrigen stammen aus dem kontinentalen Höhenklima des Felsengebirges. Die Küstendouglasien genießen eine lange, wenn auch kühle

Vegetationszeit. M ü n c h schloß aus den Ergebnissen des Versuches auf das Vorhandensein vieler Klimarassen der Douglasie.

Anbau: Der Anbau erfolgt durch Pflanzung, und zwar wegen der Raschwüchsigkeit in einem weiten Verband, zum Beispiel Quadratverband von 1,5 m oder Reihenverband 1,8 mal 1,4 m, besonders wenn Durchforstungsmaterial verwertbar ist. Manche empfehlen ein Sparen mit dem teueren Pflanzenmaterial, also Einbringung in sehr weitem Verband von 4 oder 5 m in den Fichtengrundbestand, doch ist die Höhenentwicklung der Douglasie in der Jugend langsam, daher die Gefahr, überwachsen zu werden (später verhält sichs umgekehrt). Zu gutem Gedeihen verlangt sie tiefgründigen, lockeren, lehmigen Boden. Geringe Sandböden kommen ihr nicht zu. Ihr waldbaulicher Wert liegt auch keineswegs in der Aufforstung geringer Böden, vielmehr sind ihre zahlreichen Vorzüge anderer Art.

Die Douglasie ist wertvoll wegen ihrer Raschwüchsigkeit, ihres guten Einflusses auf den Bodenzustand, ihrer Eignung zur Ergänzung von natürlichen und künstlichen Kulturen; ihr Holz ist vorzüglich, dauerhaft, hat hellroten bis dunkelroten Kern, wird in Amerika als wertvollstes Bau- und Sägeholz geschätzt. Auch in breiten Jahrringen ist der Spätholzanteil in der Regel hoch und die Festigkeit infolgedessen bedeutend. Die Verkernung tritt frühzeitig ein, daher sind auch Durchforstungsstangen gut verwertbar. Sie ist Halbschattholzart. Gegen Spätfröste ist sie empfindlich. Ihre Wuchsleistungen sind außerordentlich. In Mitteleuropa übertrifft sie alle einheimischen Holzarten an Massen und Durchmesserstärken. In Norddeutschland konnte bereits auf Grund von Versuchsflächen eine bis zum 50. Jahre reichende Ertragstafel für sie (1937) aufgestellt werden[1]. Auch in Österreich sind Versuchsbestände; ein sehr schöner, massenreicher Douglasien-Versuchsbestand ist im Forstamt Aurach bei Gmunden im Waldort Dambach (640 m ü. d. M.)[2]. Auch im Versuchsgarten des Waldbauinstituts der Hochschule, auf dem Wolfersberg, befand sich ein solcher, im Jahre 1888 begründet. Über seine hervorragenden Leistungen berichtete A. C i e s l a r im Jahre 1920[3], leider wurde der Bestand im November 1941 durch Schneedruck und Windwurf umgelegt. Nach der von K a n z o w aufgestellten Ertragstafel erreicht die Douglasie mit 50 Jahren in der ersten Güteklasse eine Höhe von 28 m, in der zweiten eine solche von 23 m. Die Gesamtleistung an Derbholz, 50jährig, erste Güteklasse, beträgt 813 fm. Sie übertrifft die Leistungen der Fichte auf bestem Standort bedeutend, die Masse des 50jährigen Bestandes ist $1^{1}/_{3}$mal so groß als die eines gleichalterigen Fichtenbestandes.

Gefahren: In normalen, lockeren Böden bildet die Douglasie kräftige Herzwurzeln aus, bei dicht gelagertem Boden aber Flachwurzeln mit Ab-

---

[1] K a n z o w, Zeitschr. f. Forst- u. Jagdw. **1937.**

[2] S c h m i e d H., Ein vergleichender Durchforstungsversuch an der Douglastanne in den österreichischen Alpen, Centralbl. f. d. ges. Forstw. **1924.**

[3] C i e s l a r A., Die grüne Douglastanne (*Pseudotsuga Douglasii Carr.*) im Wienerwald, Centralbl. f. d. ges. Forstw. **1920.**

senkern in die Tiefe[1]. Bei flachstreichender Bewurzelung ist sie durch Schneedruck und Windwurf gefährdet. In jugendlichem Alter leidet sie durch das Fegen des Rehbockes, im Stangenholzalter wird sie vom Hochwild geschält. Sonst galt sie bis vor wenigen Jahren für recht widerstandsfähig. Seit einigen Jahren werden aber an ihr gefährliche Pilzerkrankungen beobachtet, sie verursachen Nadelschütten. Zuerst berichtete man über die Douglasienschütte durch *Rhabdoclina Pseudotsugae*, die an manchen Orten auftrat, besonders 15- bis 20jährige Stangenhölzer befiel und Nadelabfall verursachte. Seit 1934 hat man in Süddeutschland, Oberschwaben, einen anderen, gefährlicheren Douglasienschüttepilz beobachtet, der von der Schweiz aus, wo er sehr verbreitet ist (daher „Schweizer Douglasienschütte"), in die zunächstliegenden Teile Württembergs, Badens, Vorarlbergs eingewandert zu sein scheint. Es ist dies die *Adelopus*-Nadelschütte. Sie stellt einen sehr ernst zu nehmenden Schädling der Douglasie dar. Über ihr Auftreten im Vorarlberger Rheintal hat H. S t e i n e r 1937 in der Wiener Allg. Forst- und Jagdzeitung berichtet[2]. In der Schweiz ist der Adelopuspilz nach B u r g e r „vom Westjura bis in das St.-Galler Rheintal und von Schaffhausen bis in die Zentralschweiz" verbreitet. In Deutschland wurde er an Beständen von 10- bis 40jährigem Alter beobachtet. Vor allem wird die graue und blaue Douglasie befallen, bei der grünen dauert die Krankheit länger. Die Nadeln zeigen auf der Unterseite längs der Mittellinie, auf den Spaltöffnungsreihen, kleine, schwarze, kugelige Fruchtkörper des Pilzes als rußfarbene Streifen, sie sind das ganze Jahr über zu finden, es tritt Nadelabfall ein. Bei *Rhabdocline* erscheinen im Mai, Juni orangefarbene Pusteln auf der Unterseite.

Der Douglasienanbau wurde, besonders auch im Buchengürtel, eifrig betrieben, man hoffte in ihr eine auch für wärmere Lagen geeignete wertvolle Nadelholzart gefunden zu haben. Nunmehr mahnt aber das gefährliche Auftreten des Adelopuspilzes und jenes des Rhabdoclinepilzes zur Vorsicht. Vor wenigen Jahren noch wurden Douglasien auch im vorderen Wienerwald auf beträchtlichen Flächen kultiviert. Von dem Maß der Schäden an den vorhandenen Versuchen wird das weitere Verhalten abhängen.

Von den ausländischen Holzarten, die auch in Österreich versuchsweise angebaut wurden, ist weiter zu nennen die *Lawsons Scheinzypresse, Chamaecyparis Lawsoniana*. Die Heimat dieses durch sehr gutes Holz und Raschwüchsigkeit ausgezeichneten Waldbaums ist im ozeanischen Castanetum- und wärmeren Fagetumklima an der pazifischen Küste (südliches Oregon

---

[1] G r o t h, Die Wurzelbildung der Douglasie und ihr Einfluß auf Sturm- und Schneefestigkeit dieser Holzart, Allg. Forst- u. Jagdztg. 1927. — Z i m m e r l e, Erfahrungen mit ausländischen Holzarten in den württembergischen Staatswaldungen. Mitt. d. Württ. Forstl. Versuchsanst. 1930.

[2] S t e i n e r H., Die Nadelschütten der Douglastannen, Wiener Allg. Forst- u. Jagdztg. 1937, S. 169. — G a i s b e r g, E. v., Über die Adelopus-Nadelschütte in württ. Douglasienbeständen, mit Hinweis auf die bisher hier bekanntgewordene Verbreitung von Rhabdocline, Silva 1937. — S c h m i t z in: „Forstl. Hochschulwoche der Univ. Freiburg i. Br. 1938", Verlag d. Univ.-Forstabtg. Freiburg i. Br. 1938.

und nördliches Kalifornien) und in den Küstengebirgen Nordamerikas. Von der Küste entfernt sie sich nur wenige Meilen und steigt im Küstengebirge nicht hoch empor. In warmen Schluchten der Küstengebirge erreicht sie starke Dimensionen. Sie bevorzugt also ozeanisches Klima und hohe Luft- und Bodenfeuchtigkeit, gehört aber nach Ilvessalo trotz ihrem kleinen amerikanischen Heimatgebiet (60 km breiter Küstenstreifen) zu den Holzarten, welche auch noch in kontinentaleren Gebieten als jenen der natürlichen Verbreitung bei Anbauversuchen befriedigende Wuchsleistungen hervorbringen. Sie ist eine Halbschattholzart, in der ersten Jugend langsam-, später raschwüchsig. Zu gutem Gedeihen verlangen die Scheinzypressen bei uns frischen, feuchten, tiefgründigen, mineralkräftigen Boden in frostgeschützten Lagen. Größere Winterfröste (bei gleichzeitiger Besonnung im Freistand) riefen eine Bräunung der Nadeln hervor, welche auch teilweise ein Absterben der Pflanzen (in Baden, Kilius) zur Folge hatte. Im Walde kann man sie gegen Frost schützen durch Zwischenpflanzung zwischen anderen Holzarten oder durch Vorbau von Lichtholzarten, doch darf die Überschirmung nicht zu stark sein, sonst würde das ohnehin langsame Jugendwachstum zu sehr zurückgehalten. Wegen besserer Astreinigung ist eine enge Pflanzweite angebracht. Zu diesem Zwecke kann auch vorübergehende Zwischenpflanzung einheimischer Laub- und Nadelhölzer stattfinden. Schäden durch Schneedruck und Sturm kommen vor sowie starke Verzwieselung. Bei Zwieselbildung sind schwächere Gabeläste abzuschneiden. Versuchsflächen im Wienerwald (auch im Versuchsgarten des Waldbauinstituts der Hochschule) sehen zwar nicht schlecht aus, weisen aber in Anbetracht des Alters keine befriedigenden Leistungen auf, die Ansprüche in bezug auf die Tiefgründigkeit des Bodens und auf die Feuchtigkeit des Standortes sind nicht ausreichend erfüllt. In Süddeutschland ist das beste Gedeihen auf frischem lehmigem Sand oder sandigem Lehm in 150 bis 500 m in der Bodenseegegend, in den milderen Schwarzwaldlagen und dem Odenwald auf feuchteren Standorten. Dort sind die Wuchsleistungen ähnlich denen der Fichte, nach Zimmerle ist sie sehr vollholzig. Das Holz ist leicht, weich, gleichmäßig gewachsen, dauerhaft, findet in Amerika weiteste Verwendung als Bauholz, für Bretterware, zu Wasserbauten, Zündholzfabrikation, Schreinerholz. In günstigsten Klimalagen Mitteleuropas, vielleicht auch der Balkanhalbinsel, kann man sie für im Walde anbauwürdig halten, z. B. in natürlichen Buchenverjüngungen.

Nach neueren Versuchsergebnissen aus Norddeutschland (Zeitschr. f. Forst- u. Jagdw. 1937, S. 545 bis 548) waren bisher, bis zum 50. Jahre, die Wuchsleistungen auf besseren Böden durchaus befriedigend, besonders auf Standorten mit ausreichender Feuchtigkeit. „Maritimes Klima sagt ihr besser zu.“ Der Versuchsansteller bemerkt aber, daß auf solchen Standorten, auf denen sie Befriedigendes leistet, dies auch andere Holzarten können. Trotz der günstigen Beurteilung ist sie in Mitteleuropa in Parkanlagen häufiger zu finden als im Walde.

Thuja gigantea, der Riesenlebensbaum, ist gleichfalls bei uns in öffentlichen Anlagen häufiger als im Walde. Er stammt aus Lagen mit Seeklima, der Höhenstufe des Fagetums im pazifischen Gebiete Nordamerikas, also aus Küstengebieten der Vereinigten Staaten und Kanadas. Er erreicht dort außerordentliche Ausmaße und erzeugt ein sehr dauerhaftes, dabei leichtes, weiches Bauholz. In den Jugendjahren ist das Wachstum sehr langsam. In Mischung mit Fichten und Föhren werden die Thujen in der Regel bald überwachsen, zum Teil in den Unterstand gedrängt. Auch im Wienerwald sind Versuchsflächen (gut aussehend, aber mit mäßigen Leistungen). Im Odenwald und in der Bodenseegegend Badens zwischen 200 und 500 m wurden gute Wuchsleistungen auf tiefgründigem, frischem, sandigem Lehm erzielt. Strenge Winter bewirkten Schäden, doch trat später Erholung ein. Hallimasch, Windwurf, Schneedruck können Schäden hervorrufen. Auch Forstfrevel wirken sich nachteilig aus. Das Holz ist in Amerika wegen der Dauerhaftigkeit geschätzt für Schwellen, Brückenbauten und dergleichen. In Baden hatten selbst Bohnenstangen 12jährige Haltbarkeit. Die bisher vorhandenen Anbauversuche sind noch jung.

Die *Sitkafichte, Picea sitkaensis,* hat ein sehr ausgedehntes Verbreitungsgebiet im pazifischen Nordwestamerika in ausgesprochen ozeanischem Klima (und zum Teil auch in kontinentaleren Gegenden). Wegen der Größe des Gebietes dürften, wie M ü n c h vermutet, verschiedene Rassen vorkommen. In Deutschland hat sie im nordwestdeutschen Küstengebiet, so besonders in Schleswig-Holstein, dann im westdeutschen Gebirge in nassen Lagen in einigen Fällen hervorragende Wuchsleistungen geboten. Sie übertraf dort (Eifel, Hunsrück) in jugendlichem Alter die Fichte, die dort gleichfalls nicht ursprünglich vorkommt. Norddeutsche Versuchsergebnisse von 1937 (Zeitschr. f. Forst- u. Jagdw., S. 537 bis 545) bestätigten das günstige Urteil S c h w a p p a c h s, allerdings mußten die Ansprüche besonders an die Feuchtigkeit sichergestellt sein. Die dem *maritimen* Klima angehörigen Versuchsflächen in Norddeutschland waren überlegen[1]. In Österreich sowie in Baden und Württemberg traf diese Überlegenheit nicht mehr zu. Man hoffte früher, in ihr eine Holzart zu finden, welche infolge der spitzen Nadeln vom Wilde verschont würde. Das traf aber nicht zu. Sie wird vom Wilde gern angenommen. Besonders Fegeschäden kommen vor. Auch Schneedruck, besonders auf nassen Standorten, sowie der Hallimasch wirken nachteilig. Auch das Holz ist dem der einheimischen Fichte nicht überlegen.

Die *Silbertanne, Abies concolor,* ebenfalls im pazifischen Nordamerika daheim (Coloradotanne), ist ausgezeichnet durch besondere Schönheit (lange, beiderseits gleichfarbige silbergraue Nadeln, sichelförmig nach der Oberseite der Zweige gekrümmt), durch verhältnismäßige Raschwüchsigkeit in der Jugend, die aber durch Wildschäden aufgehoben werden kann, durch geringere Frostempfindlichkeit (junge Pflanzen im Mariabrunner Versuchsgarten haben aber durch Frost gelitten). Lauserkrankungen sind bisher nicht beobachtet worden. Auch im Wienerwald sind (jüngere) Versuchs-

---

[1] Gute Wuchsleistungen in Schleswig hebt nochmals hervor: Dtsch. Forstw. 1938, S. 1086.

flächen. In Weinheim in einem Mischbestande im Besitz des Grafen Berckheim, Westhang des Odenwaldes, gibt es über 60jährige Coloradotannen mit ausgezeichneten Wuchsleistungen. Im Schwarzwald und den Bodenseegegenden gab es starke Wildbeschädigungen, die Silbertannen waren dann überwachsen. Nach I l v e s s a l o gedeiht sie in Europa in Gebieten sowohl mit Seeklima als auch Landklima, was für den Anbau besonders um ihrer Schönheit willen an Stellen, wo diese zur Geltung kommt, von Belang ist. Die praktische Schlußfolgerung ist also: Die Empfehlung für den Parkwald und für Stellen, wo es auf Schönheit besonders ankommt.

Die *Nordmannstanne, Abies Nordmanniana,* ist hervorragend schön, vom Aussehen einer besonders üppigen Weißtanne, Seitenzweige gewöhnlich mit drei Seitenknospen unter der Endknospe, von denen eine schief nach unten wächst. Sie stammt aus dem Kaukasus und dem nordöstlichen Teil des Pontusgebirges in Kleinasien. In der Jugend ist sie meist langsamer wüchsig als unsere Tanne. Beschädigungen durch Wild, durch die Tannenlaus, durch Frost kommen vor. Sie kommt nur als Schmuckbaum in Frage. Im Wienerwald leidet sie sehr durch Wildverbiß. Im forstlichen Versuchsgarten des Waldbauinstituts der Hochschule (auf dem Wolfersberg, Wienerwald), wo sie durch die Einfriedung gegen Wildschäden geschützt ist, sind schöne 60jährige Exemplare, sie scheint dort das pannonisch beeinflußte sommerwarme Klima des Eichen-Hainbuchen-Waldes besser zu ertragen als die einheimische Tanne, die vor dem 60. Jahre zugrunde gegangen ist.

Die *Großtanne, Abies grandis,* ist im pazifischen Nordamerika zu Hause, in Österreich sah Verfasser auf dem Geschriebenstein im Burgenlande noch junge Anbauversuche mit Vorbau der *Abies grandis* unter Buchenaltholz. Sie scheint, besonders im milden Südwestdeutschland, in Baden, für das wärmere Fagetum geeignet zu sein, ihre Vorzüge sind: rascheres Jugendwachstum im Vergleich zur einheimischen Tanne, bisher geringere Anfälligkeit gegen Lauserkrankungen, die sonst gerade in tieferen Lagen bei künstlicher Tanneneinbringung empfindlich schaden, sehr gute Wuchsleistungen, wenigstens in ihrer Heimat. Wegen ihrer Fähigkeit, Überschirmung zu ertragen, eignet sie sich für den Vorbau. In klimatisch begünstigten Forstbezirken Südwestdeutschlands: Weinheim, Heidelberg, ist sie, vorläufig mit Erfolg, angebaut. In Weinheim hatte ein 60jähriger Bestand eine mittlere Höhe von 27 m.

Die *Bankskiefer, Pinus banksiana,* stammt aus dem östlichen Nordamerika mit mehr kontinentalem Klima. Ihr Vorzug ist die große Anspruchslosigkeit, die Eignung zur Begrünung von Ödländern. Sie wurde auf geringen, trockenen Standorten eine Zeitlang auch in Österreich viel verwendet, *hat aber bei uns enttäuscht,* sie soll in Europa ihr beste Entwicklung im nördlichen Kontinentalklima haben. In Mitteleuropa wächst sie anfänglich auch auf den mageren Böden scheinbar befriedigend, behält jedoch diese Entwicklung nicht bei, sondern läßt bald im Wachstum stark nach. Sie leidet ganz außerordentlich unter Schneebruch und Schneedruck, die Bestände werden infolgedessen durchlöchert, verlichten und weisen

krumme und sperrige Wuchsformen und dünne, sich windende Schäfte auf.
Dabei wird sie schon sehr früh mannbar, zugleich läßt die vegetative Tätigkeit nach. Auch durch Wild leidet sie, desgleichen durch einen Klein-
schmetterling, den Kieferntriebwickler, *Grapholita buoliana*. Das Holz hat
schwächere Verkernung, geringeren Harzgehalt, es ist zur Papiererzeugung
brauchbar, jedoch weniger gut als das Fichtenholz wegen geringerer Faser-
länge. In Österreich und in Süddeutschland kommt der Bankskiefer keine
Anbauwürdigkeit mehr zu, für die Balkanhalbinsel als noch weiter im
Süden befindliches Gebiet aller Wahrscheinlichkeit nach auch nicht[1]. Bei
der Karstaufforstung in Krain ergaben die Versuche mit Bankskiefer vollständig negative Resultate, sie erwies sich als ungeeignet[2].

Eine Verwandte der *Pinus banksiana* ist die *Murrayakiefer*, *Pinus
Murrayana*; nach neueren Forschungen soll sie zur *Pinus contorta*, Dreh-
kiefer, gehören, nach anderen soll es sich aber doch um zwei verschiedene
Arten handeln. Sie ist im Felsengebirge Nordamerikas beheimatet. In
einigen Gegenden Deutschlands wird *Murrayana* seit etlichen Jahren wegen
Geradschaftigkeit und Schnellwüchsigkeit sowie der Eignung zu Papierholz versuchsweise angebaut, die Versuche sind noch sehr jung. Auch im
Versuchsgarten Mariabrunn-Wien wurden solche 1928 begründet, die
Pflanzen sind aber im strengen Winter 1929 zum größten Teil als Sämlinge erfroren. Für Österreich sind solche Versuche weniger wichtig, weil
das vorhandene Fichtenholz für die Zelluloseindustrie geeigneter ist.

Der *virginische Wacholder*, *Juniperus virginiana*, der unter dem
Namen „Bleistiftzeder" das Bleistiftholz des Welthandels liefert, hat sein
Optimum in den Südstaaten von Ostamerika, im Castanetum und Lauretum. Im winterlosen Florida erreicht er bis 30 m Höhe. Sein Vorkommen
reicht nach Norden, allerdings bei schlechtem Wuchs, bis zu den kalten
Küsten Neubraunschweigs. Wegen seines wertvollen Holzes versuchte man
ihn in Österreich und Deutschland anzubauen, auch im Versuchsgarten
auf dem Wolfersberg sowie im Wienerwaldforstamt Purkersdorf, doch
hat er sich hier und an sonstigen Orten Mitteleuropas als subtropischer
Baum zu langsam entwickelt, ein Holz mit eingewachsenen kleinen Ästen
erzeugt, das als Bleistiftholz nicht verwendbar ist. Die Wuchsleistungen
sind in Mitteleuropa unbefriedigend, er erreicht hier in 100 Jahren kaum
17 bis 18 m Höhe. Vielleicht wären Versuche im Castanetum und Lauretum der Balkanländer auf besseren Böden, sandigem Lehm oder humusreichem Kalk- oder Sandboden aussichtsreicher. Sein Holz wird wegen
seiner feinen Struktur, Gleichmäßigkeit, der schönen roten Farbe und des
Geruches für den genannten Zweck verwendet.

---

[1] M a t t h i a s O., *Pinus banksiana Lamb.*, ein Kulturversuch in der Bukowina.
Revista pădurilor **45**, S. 357—365, mit dtsch. u. französ. Zusammenfasung. — D a n I.,
Ein anderer Versuch mit *Pinus banksiana* in der Bukowina, Revista pădurilor **46**, S. 28
bis 33, 1934, mit dtsch. u. französ. Zusammenfassung. (Empfehlung nur bedingt als
Schutzholz für andere wertvolle Holzarten oder als Aufforstungsholzart für vegetations-
lose Böden, wenn keine andere dazu geeignet.)
[2] R u b b i a K., Fünfundzwanzig Jahre Karstaufforstung in Krain, Laibach 1912, S. 84.

Die *japanische Lärche, Larix leptolepis*, ist in Japan in Gebirgslagen mit Seeklima und somit hohen Niederschlägen zu Hause. Ihr Anbau hat sich im Gebiet des Küstenklimas von Schleswig-Holstein und im nordwestdeutschen Heidegebiet am besten bewährt, auch in niederschlagsreichen Gegenden Württembergs sollen nach Z i m m e r l e bis zum Alter von 35 Jahren die Erfahrungen günstig sein. Wo es trockene Sommer gibt, braucht sie um so frischere Standortsbeschaffenheit. Für Standorte mit genügender Feuchtigkeit ist sie also empfehlenswert. Nach norddeutschen Versuchen (Zeitschr. f. Forst- und Jagdw. 1937, S. 525 bis 536) hat bis zum vorliegenden Alter von 40 Jahren die Überlegenheit im Höhenwachstum gegenüber der Fichte angehalten. In 63 Fällen leistete sie besseres als Fichte bester Ertragsklasse (D e n g l e r, Zur Frage der japanischen Lärche, Zeitschr. f. Forst- u. Jagdw. 1939, S. 157). Ausgesprochen flachgründige und trockene Böden sagen ihr nicht zu. Bei den großen Heideaufforstungen in Schleswig-Holstein war für das hervorragende Jugendwachstum Bodenbearbeitung (am besten Vollumbruch) Voraussetzung. Nach einheitlichem Urteil der Versuchsansteller ist für gutes Gedeihen genügende Klimafeuchtigkeit erforderlich. Selbst in Schleswig ergaben sich wegen Zusammentreffens mehrerer Schadensursachen außerordentlich schwere Schäden und dadurch Rückschläge durch Wildverbiß, Engerlinge, Hallimasch, Mäusefraß, Dürre und Insekten [1].

Die *Schwarznuß, Juglans nigra*, stammt aus dem östlichen Nordamerika, in den Urwäldern der Niederungen des Mississippi und seiner Nebenflüsse ist *Juglans nigra* in uralten Exemplaren mit Stammdurchmessern bis zu 2 m zu finden. Sie liefert ein hochwertiges Nutzholz, zeichnet sich vor dem gemeinen Walnußbaum, *Juglans regia*, dadurch aus, daß sie einen längeren astreinen Schaft ausbildet und als Waldbaum besser geeignet ist. Ihr Optimum hat sie nach M a y r im Castanetum, gedeiht aber auch noch gut im Eichenklima des wärmeren Fagetums; sie braucht zu befriedigendem Gedeihen tiefgründige, frische, lockere Lehmböden in warmen frostgeschützten Lagen. Gefährdet ist sie durch Spätfröste, ihre Frosthärte ist etwas größer als die der gemeinen Walnuß, *Juglans regia*. Sie verträgt nur kurze Überschirmung durch einen Schutzbestand, nachher muß die Kultur im Freistand gedeihen können [2].

Wegen der langen Pfahlwurzel und der Empfindlichkeit gegen Wurzelverletzung ist die Schwarznuß zur Pflanzung weniger geeignet. Hingegen sind Saaten zu empfehlen [3], allenfalls Pflanzungen mit einjährigen Pflanzen. Nachher ist sorgfältige Bestandespflege zum Schutze gegen den Wettbewerb einheimischer Arten notwendig. Kleine Reinbestände von 10 bis 15 Ar sind der Einzelmischung vorzuziehen wegen der Schwierigkeit der Mischwuchspflege bei Einzelmischung. Das Holz findet Verwendung für

---

[1] Holzuntersuchung: T r e n d e l e n b u r g, Silva 1937, S. 403.

[2] K i l i u s, Anbauversuche mit fremdländischen Holzarten in badischen Waldungen, 1931, S. 74 (in der Rheinebene ist die Schwarznuß frostgefährdet).

[3] R e b m a n n, Der Anbau von Walnußbäumen und amerikanischen Nußbäumen im Walde, 1920, Mitt. d. Dtsch. Dendrolog. Ges. 1907.

wertvolle Möbel, für Furniere, Täfelungen, für Gewehrschäfte usẃ. Wegen seiner schönen Färbung wird es dem der Walnuß noch vorgezogen. Es ist ein vorzüglicher Werkstoff für die Innenausstattung repräsentativer Gebäude. In den USA und in Kanada ist die Schwarznuß auch wegen ihrer Nüsse geschätzt.

Zur *Saat* sollen die Nüsse entweder schon mehrere Monate vorher in naturfeuchten Sand eingeschlagen und vorgekeimt werden oder sie sollen schon im Herbst ausgesät werden. R e b m a n n empfiehlt Streifen- oder Reihenpflanzungen mit Pflanzenabständen von etwa 1 bis 1,60 m. Er fand, daß sie wesentlich weiter außerhalb des Weinklimas angebaut werden könne als die Walnuß, und zwar leiste sie Befriedigendes dort, „wo die Eiche noch sehr freudig gedeiht", in Lagen, in denen Spät- und Frühfröste selten auftreten. Er erzielte in Rheinwaldungen bei Straßburg auf tiefgründigen Böden mit reichlicher Feuchtigkeit, bei nicht zu hohem Grundwasserstand, an freistehenden Schwarznußbäumen im Alter von 70 Jahren Durchmesser von über 70 cm, Derbholzmassen von 6,3 fm je Stamm. Im *Südosten, in den Donauauen bei Mohacs in Ungarn,* gab es 1943 im Bereich einer erzherzoglichen Forstdirektion 297 ha umfassende Schwarznußbestände in ver-

Abb. 91. Schwarznuß auf einer Schlagfläche bei Vukovar, Slawonien. (Aus der Lichtbildersammlung des Instituts für Waldbau an der Hochschule für Bodenkultur, Wien.)

schiedenen Altersklassen bis 56jährig, die Begründung war meist durch Reihensaat, Herbstsaat, Reihenabstand 2 m, Abstand in der Reihe 1 m, erfolgt.

Bei Bodenbearbeitung der Streifen (mit Kartoffelzwischenbau) wurde häufig der Bestandesschluß schon in 5 bis 8 Jahren erreicht. Die dortigen ausgesuchten, geeigneten Standorte liegen außerhalb des Überschwemmungsgebietes und haben tiefgründige, humose Böden (80 bis 120 cm Tiefe), Grundwasser in 3 bis 6 m Tiefe. Auch die Eiche gedeiht auf diesen Standorten sehr gut[1]. Unter ähnlichen Verhältnissen

---

[1] S c h n e i d e r, Schwarznuß im Forst, Berlin, Reichsarbeitsgem. Holz, 1943.

dürften in den südöstlichen Nachbarländern Österreichs noch öfter geeignete Standorte für den Anbau der außerordentlich wertvollen Schwarznuß gegeben sein (Abb. 91). In Rumänien sollen die geeignetsten Feuchtigkeitsverhältnisse in sandig-lehmigen und lehmig-sandigen Böden bei einer Grundwassertiefe von 3 bis 3,5 m vorliegen[1]. M. S c h r e i b e r empfahl ihren Anbau im Burgenland[2].

Die *Roteiche, Quercus rubra:* Ihr Verbreitungsgebiet ist das kontinentale östliche Nordamerika, wobei sie auch ziemlich weit nach Süden und Südwesten geht. Die Anbauversuche in Mitteleuropa hatten im allgemeinen guten Erfolg, so in Österreich, in Württemberg[3], Baden, in Preußen, Sachsen, Mecklenburg usw. Das kleine Land Baden allein hatte nach Erhebungen vom Jahre 1929 175 ha mit Roteichen bestockter Flächen. Auch für die Länder des europäischen Südostens kommt der Anbau der Roteiche in Frage[4]. Versuchsflächen im Wienerwald, auch im Versuchsgarten auf dem Wolfersberg, zeigen gutes Gedeihen. Die Roteiche zeichnet sich aus durch die, im Verhältnis zu anderen Eichen, geringeren Bodenansprüche, durch gutes Bodenbesserungsvermögen, intensive Bodendurchwurzelung, raschen Jugendwuchs und durch die Schmuckwirkung ihres großen, im Herbst schön rotverfärbten Laubes. Ihr Holz ist weniger wertvoll als das der Weißeichen, insbesondere ist es für Fässer (als Küferholz) wegen der großen Poren nicht geeignet. Es bleiben aber noch andere Verwendungsmöglichkeiten. Ihr Massenertrag und ihre Raschwüchsigkeit übertrifft die der meisten einheimischen Laubhölzer, besonders auf ziemlich frischen, tief- und mittelgründigen Lehmböden. Sie trägt früh und reichlich Mast, das ist günstig für die Wildäsung. Auf den besten Standorten hat sie (im Lande Baden, K i l i u s, a. a. O.) mit etwa 60 Jahren bereits eine Bestandesmittelhöhe von beinahe 30 m und einen mittleren Brusthöhendurchmesser von rund 33 cm aufzuweisen. Wo der Boden für die einheimischen Eichen nicht mehr genug frisch und mineralkräftig ist, dort kann sie (im Verbreitungsgebiet der Rotbuche) noch gedeihen. Im Optimum der Rotbuche kann allerdings die Roteiche in den ersten Jahren von der Buche überwachsen werden. Der reiche Laubabfall der Roteiche verwest gut, bildet also keinen Trockentorf und beeinflußt die obere Bodenschicht günstig. Im Lande Baden wurde das Holz als Möbelholz mit den anderen Eichen, als Schälfurnier, für Gartenpfosten und dergleichen verwendet. P i n g e l empfiehlt ihr Holz als wertvollen Werkstoff, da es sich gut verarbeiten lasse, nach der Verarbeitung stark nachhärte; es sei daher auch für Wagnerarbeiten, Waggonbau usw. geeignet, auch wegen seiner großen astreinen Längen sei es begehrt. Für große Plastiken und Schnitzwerke sei es bei

---

[1] C h i r i t ă C. D., Beiträge zur Kenntnis der Bodenansprüche von *Juglans nigra,* Analele Instit. de Circet. şi Experim. forest. 4, 1939, S. 28—56, dtsch. Zusammenfassung.

[2] S c h r e i b e r M., Zum Anbau des Nußbaumes, Wiener Allg. Forst- u. Jagdztg. 55, 1937, S. 25.

[3] Z i m m e r l e, Mitt. d. Württ. Forstl. Versuchsanst. 1930, S. 78.

[4] C h i r i t a C. D., Speciile de stejar pe soluri compacte: Qu. rubra în regiunea de câmpie (Eichenarten auf schweren Böden; Roteiche in der rumänischen Tiefebene), Viat forestiera (Bukarest) 7, 1939, S. 374—377.

guter Pflege das beste Eichenholz. Für Eisenbahnschwellen sei es ungeeignet
und zu wertvoll[1].

In waldbaulicher Hinsicht kann nachteilig wirken, daß sie in Einzelmischung mit Nadelhölzern durch ihre breite, ästige Krone auf die Kronen
der Nadelhölzer verdämmend wirkt. Doch könnte sie im Buchenbestand,
am besten gruppenweise, beigemischt werden. In der Jugend wird sie durch
Mäuse und Wild geschädigt, das Wild schadet besonders durch Verbiß und
durch Fegen, der fegende Rehbock bevorzugt die glatte Rinde der Roteichen. Auf Standorten, auf welchen die einheimischen Eichen oder Nadelhölzer gut gedeihen können, ist die Einbringung der Roteiche nicht wirtschaftlich vorteilhaft. Doch kommt sie auch auf anlehmigen Sanden und
selbst auf mittleren Sandböden gut fort.

Die *weiße Hickory, Carya alba*, stammt aus Ostamerika mit seinen
ausgedehnten Laubwäldern, gehört dem Castanetum und wärmeren Fagetum an, wächst auf sehr tiefgründigen (2 m tiefen) lockeren, frischen
Böden und erzeugt ein ausgezeichnetes, hartes, zähes und widerstandsfähiges Holz, das dem Eschenholz nahesteht. Es ist zu Rädern, Speichen,
Deichseln, Griffen aller Art sowie auch als bestes Brennholz verwertbar. Die
Fläche der Anbauversuche mit dieser Holzart, die große Ansprüche in
bezug auf Wärme und Bodeneigenschaften stellt, ist in Mitteleuropa nicht
groß. Im Wienerwald, zum Beispiel im Forstamt Kierling, gingen kleinere
Anbauversuche während des ersten Weltkrieges durch die Konkurrenz der
Buche, wegen unterbliebenen Aushiebes dieser, zugrunde. Auch ein kleiner,
1888 von H e m p e l begründeter Anbau im forstlichen Versuchsgarten des
Waldbauinstituts der Wiener Hochschule leistet nicht Befriedigendes. Selbst
im Lande Baden, dessen wärmere Lagen für ausländische, wärmebedürftige
Holzarten ja besonders geeignet sind und das von manchen Exoten beträchtliche Flächen aufweist, beträgt dennoch der Anteil der Caryaversuche nicht
einmal zwei Hektar. Die Caryaversuchsflächen in günstigeren Klimalagen
Mitteleuropas (zum Beispiel auf den kleinen Anbauflächen in Baden und
Württemberg) machen öfter einen waldbaulich sehr ansprechenden Eindruck, solange man das Alter des Bestandes nicht kennt. Das Wachstum, nach
württembergischen Beobachtungen insbesondere das Stärkenwachstum, ist
ein äußerst langsames[2]. Ohne künstliche Nachhilfe kann sich Carya, besonders wenn sie durch Fröste geschädigt wird, kaum gegen die raschwüchsigen
heimischen Holzarten halten. In *Südosteuropa*, einschließlich Kleinasiens,
könnten Anbauversuche im Castanetum auf besten, tiefgründigen, frischen
Böden in Frage kommen.

Die *kanadische Pappel, Populus canadensis*, ist eine für beste Standorte
der Auwälder besonders wertvolle Holzart wegen ihres für die Sperrholzerzeugung begehrten Holzes, sie stellt aber in bezug auf Klima und Boden
beträchtliche Standortsansprüche, ihr Zuwachs ist dann ein besonders

---

[1] P i n g e l W., Schafft Nutzhölzer! Schrift 16 der Reichsarbeitsgemeinschaft Holz,
56 Seiten, Berlin 1943.

[2] Z i m m e r l e, Zum Anbau von Juglans- und Caryaarten, Dtsch. Forstwirt 1940,
S. 65 ff.

großer. Ihre Heimat ist im östlichen Nordamerika von Kanada bis Virginien, sie findet sich dort als Begleiterin der Flüsse. Ihre Wuchsleistungen sind groß, ja erstaunlich, ihr Holz ist weich, leicht, gleichmäßig gebaut, gut verwertbar. Sie braucht aber zu guten Wuchsleistungen gute, frische Auböden im Überschwemmungsgebiet der Flüsse. Es sagen ihr also zu: lockere, tiefgründige, auch in den trockenen Sommermonaten genügende

Abb. 92. Kanadapappeln, Setzstangenkultur, 7jährig, 15 mm hoch, 16 cm Brusthöhendurchmesser, Maria-Elender Donauau (Aufn. H. E n d l e r).

Feuchtigkeit führende Böden mit Grundwasser, die aber nicht stagnierendes Wasser aufweisen und bis zur Oberfläche naß sind, vielmehr soll der mittlere Niederwasserstand mindestens 50 cm unter der Bodenoberfläche liegen wegen der Wurzelatmung. Längere Überflutung zur Zeit des Hochwassers ist ihr unschädlich. Auf trockenen Standorten kränkelt sie und geht zugrunde.

Sie ist eine lichtbedürftige Holzart und braucht vollen Lichtgenuß.

Auch beansprucht sie in klimatischer Hinsicht eine möglichst lange Vegetationszeit, also warmes Frühjahr und späten Winter. In den österreichischen Donauauen wurden mit Anbauversuchen gute Erfahrungen gemacht, auch im Rheintal des Landes Baden sowie in den Rheinauwaldungen der Pfalz wurden auf tiefgründigen, feuchten Schwemmlandsböden schöne Erfolge erzielt, ebenso im warmen Klima Italiens auf entsprechenden Böden. In den Donauauen von Niederösterreich (Grafenegg) war ein schönster Kanadapappelbaum im Alter von 16 Jahren schon 23 m hoch, die Schaftlänge betrug fast die Hälfte der Baumhöhe. Durchschnittlich wurde in 20 Jahren eine Höhe von 20 bis 22 m erreicht, Durchmesser von 30 cm, Massen des Einzelbaumes von nicht ganz 1 fm [1]. In den Rheinauen Badens sind die Massenleistungen der Kanadapappel gleichfalls sehr hoch, so sah Verfasser in Waldungen bei Karlsruhe, Gemeindewald Durlach, auf tiefgründigem, steinfreiem Alluvialboden einen 45jährigen Kanadapappelbestand, dessen Bewurzelung tief reichte und in welchem die Brusthöhendurchmesser bis 91 cm, die Höhen bis 42 m betrugen, der durchschnittliche Gesamtzuwachs zwischen 14 und 15 fm. Die beste Teilfläche wies im Alter von 45 Jahren bereits über 1000 fm je Hektar auf, Stamm für Stamm gab hochwertiges Furnierholz. Der Bestand stockte auf einer Großfläche in Mischung mit gleich alten, bereits unterständig gewordenen Eschen und Schwarzerlen, der ursprüngliche Pflanzverband der Pappel war 12 mal 6 m, die Eschen und Erlen wurden dazwischen gepflanzt.

Wegen des raschen Zuwachses muß man die Kanadapappel in einem weiten Verband bauen, zum Beispiel 7 zu 7 m, oder Reihenabstand 10 bis 12 m, Abstand in der Reihe 6 m. Es kommen dann etwa 200 Pappeln auf 1 ha. Auf italienischen Anbauflächen baut man bei kürzerer, bloß 10jähriger Umtriebszeit auf 1 ha 800 Pappelpflanzen, dem dortigen Bedarf vermögen geringere Stärken bereits zu entsprechen, die außerdem in dem warmen Klima Italiens in kürzerer Zeit erreicht werden [2]. In Mitteleuropa, so in Deutschland, ist der Umtrieb 40- bis 60jährig, von da ab fängt sie an, rotfaul zu werden, deshalb wäre ein höherer Umtrieb nicht zu empfehlen. Der durchschnittliche Zuwachs auf 20 Probeflächen (im Land Baden) schwankte zwischen 12 und 16 fm je Jahr und Hektar. Zur Bodenpflege und Schaftpflege bringt man als „unteres Stockwerk" Mischholzarten zwischen den Pappelreihen ein, und zwar im Überschwemmungsgebiet Erlen, Weiden und Eschen, außerhalb der Überschwemmungszone Ahorne, Linden usw.

Das Holz ist verwendbar als Blindholz für Möbel, weil es weniger als andere Holzarten arbeitet, dann als Schälfurnier für Sperrholzerzeugung (für Mittellagen von Sperrholz, das gleichmäßige Gefüge bei geringem Gewicht ist ein großer Vorzug bei der Verwendung für Blindholz und für Sperrholzplatten), für Zündholzfabrikation, da es auch Paraffin gut aufnimmt, für Kistenherstellung, für Packfässer, Spankörbe für Obst, Schnittmaterial, für Holzwolle und Papier, im trockenen Klima (zum Beispiel

---

[1] Zeitschr. des niederösterr. Forstvereins, 1926.
[2] N a d a l i n i C e s a r e, Il popolo.

Türkei) auch als Bauholz. Für schwächere Sorten liegt der Preis immer noch um 20 bis 30 v. H. höher als für Schwarzpappelholz, für schönes, starkes Holz sogar um 80 bis 100 v. H. höher. Die Sperrholzplatten haben heute in der Holzindustrie große Bedeutung, dabei ist zu berücksichtigen, daß die Sperrholzindustrie leichte Hölzer von gleichmäßigem Gefüge wegen geringen „Arbeitens" dringend braucht und daß dabei das Pappelholz das einzige in Europa produzierte Holz ist, das mit Gabun, Apachi usw. konkurrieren kann.

Die Anbaufähigkeit und Anbauwürdigkeit ist auf zusagenden Standorten sicher. Hinsichtlich der Vermehrung durch Steckhölzer gilt das bei den einheimischen Pappeln bereits Angeführte. Stecklinge von männlichen Stämmen sollen im Höhen- und Stärkenwuchs gegenüber weiblichen etwas überlegen sein[1]. Das Schneiden der Stecklinge erfolgt mit einem scharfen Messer oder einer Schere in waagrechtem oder schiefem Schnitt, jeweils knapp über einem Auge zur Beschleunigung der Überwallung. Die Stecklinge werden hundertstückweise gebündelt. Das Alter der Ruten von ein bis zwei Jahren wird deshalb gewählt, weil sich die Übergangszone vom ein- zum zweijährigen Holz gut bewurzeln soll. Die Stecklinge werden zuerst zur Bewurzelung in Forstgärten gebracht, und zwar werden sie in einen 30 bis 35 cm tief bearbeiteten Boden zeitig im Frühjahr gesteckt, sie werden dabei senkrecht oder leicht schief „bodeneben" eingestoßen, Abstand im Pflanzbeet 30 bis 35 cm; falls zweijährige Heister in der Baumschule erzogen werden sollen, muß der Verband noch größer (50 bis 60 cm) gewählt werden. Auf die Freifläche werden sie verbracht als einjährige Halbheister oder (im Überflutungsgebiet sowie bei starker Unkrautentwicklung) als zweijährige Heister. Sie werden sorgfältig gepflanzt und mit Baumpfählen versehen.

Neben der Kanadapappel werden auch raschwüchsige Bastarde (Neuzüchtungen) gebaut, so die *Robustapappel, Populus angulata cordata robusta,* diese ist erst seit wenigen Jahrzehnten in Mitteleuropa eingeführt. Sie zeichnet sich durch geraden Schaft, schmale, pyramidale Krone aus. Die schlanke Form mit aufrecht stehenden feinen Ästen ist ein Unterscheidungsmerkmal der *robusta* gegenüber der breiter ausladenden *canadensis*. An Schnellwüchsigkeit und guter Schaftform übertrifft die Robusta- selbst die Kanadapappel. Sie scheint aber frühzeitig an Kernfäule zu erkranken, auch leidet sie ziemlich durch Frostrisse. Die Verwendungsfähigkeit ihres weißen, weichen Holzes, das kurzfaseriger und spröder als das der Kanadapappel ist, ist noch nicht geklärt. In den Rheinauen der Pfalz erwiesen sich seit 1931 Kanada- und Robustapappel in beträchtlichem Ausmaß als anfällig gegen den Pappelkrebs, nicht anfällig waren die einheimischen Arten[2].

---

[1] R o h m e d e r, Wuchsleistungen männlicher und weiblicher kanadischer Pappeln im gräflich von Preysingschen Forstrevier Moor, Forstw. Centralbl. 1943, S. 225—233. — D e r s e l b e, Die kanad. Pappel im gräfl. v. Preysingschen Forstrevier Moor, Dtsch. Forstw. 26, 1944 S. 33/34. — Forstabt. des bad. Finanzmin., Die Nachzucht von Pappel und Baumweide in den badischen Auewaldungen, Karlsruhe, Selbstverlag, 1936.

[2] „Auszug aus dem Betriebswerk für die staatlichen Rheinauwaldungen der Pfalz", München, Landesforstverwaltung, 1939.

Auch auf der Balkanhalbinsel kann für die Auen mit genügendem Grundwasser auf den besten, tiefgründigsten Böden der Anbau der Kanadapappel in Frage kommen. So hatten nach M. R a d u l e s c u Aufforstungsversuche mit Kanadapappeln im Donaudelta guten Erfolg[1]. In Ungarn kann man im Überschwemmungsgebiet der Donau und der Drau Kanadapappelbestände mit vollkommen gesunden Stämmen von 50 bis 70 cm Brusthöhendurchmesser finden[2].

Raschwüchsige Eukalyptusarten (Anbau in wintermilden mediterranen Küstengebieten): Die Gattung Eukalyptus hat ihre Heimat im subtropischen Australien, in Tasmanien und Neuguinea und auf benachbarten Inseln. Es sind immergrüne Laubbäume des Lauretums, sie benötigen eine durchschnittliche Jahrestemperatur von 15 bis 23° C, die tiefste Wintertemperatur (das Minimum) soll nicht unter — 5° C betragen[3]. Die wertvollen raschwüchsigen Arten gedeihen nur dort, wo auch Orangen und Zitronen im Freien angebaut werden können. Die Zahl der Eukalyptusarten ist sehr groß, eine englische Veröffentlichung führt 432 Arten an[4].

Abb. 93. Eukalyptus im Dorfe Ince yer, Südanatolien; bei 6jährigem Alter 7 m hoch (Aufn. A s a f I r m a k).

Die raschwüchsigen unter ihnen wachsen in Küstengebieten und erreichen in ihrer Heimat sehr bedeutende Baumhöhen. Mehrere der anspruchsvollen raschwüchsigen Eukalyptusarten vermögen Minima von etwa — 5° C in Form

[1] R a d u l e s c u M., Delta Dunarii din punct de vedere silvic. (Das Donaudelta, vom forstlichen Standpunkt gesehen), Revista Padurilor **54**, 1942, S. 450—459.

[2] Z ó l o m y L., Sollen wir kanadische Pappeln pflanzen? Erdészeti Lapok **77**, 1938, S. 456—460.

[3] P a v a r i A. und d i e P h i l i p p i s A., Cenni Monografici Sugli Eucalypti Piu Importanti per la Selvicoltura Italiana, L'Alpe, 1935, S. 210—228.

[4] A critical revision of the genus Eucalyptus, 1909 von M a i d e n begonnen, 1929 von C a m b a g e und B l a k e l y beendet.

kurzer Nachtfröste zu ertragen; stärkere Dauerfröste vermögen sie nicht zu überstehen. Die in trockenen oder kühlen Gebieten vorkommenden Arten dagegen sind langsamwüchsig, manche von ihnen bilden nur strauchartige oder fast strauchartige Gewächse, deren Anbau in den mediterranen Gebieten Südosteuropas nutzlos wäre. In Australien befindet sich die Heimat der Eukalyptusarten an der Südwest-, Süd- und Südostküste des Erdteiles. Seit einigen Jahrzehnten sind Eukalyptusarten vielfach durch künstlichen Anbau auch außerhalb ihrer Heimat verbreitet worden, und zwar in tropischen und subtropischen Ländern Europas, Asiens, Afrikas und Amerikas. Dies ist der Fall in Küstengebieten Italiens (seit 1870), in atlantischen Provinzen Portugals und Spaniens, in Palästina, Britisch-Indien, Ägypten, Algier, in der Kapkolonie und in Abessinien, in Kalifornien, Argentinien, Brasilien und in Chile.

In Küstengebieten Griechenlands und der Türkei (besonders im Süden Anatoliens) kann bei Wahl raschwüchsiger Arten und passender Standorte die Einführung von Eukalyptus wirtschaftlich von Vorteil sein. In Athen sind raschwüchsige Eukalyptusarten in öffentlichen Anlagen mehrfach zu treffen, im nahen königlichen Forstrevier Tatoi nicht mehr, weil dort die Winter (200 m Höhenunterschied) etwas strenger sind. In Küstengebieten Südanatoliens traf Verfasser im Jahre 1937 Eukalyptus (meist die Art *globulus*) häufig in kleinen Gruppen angebaut, und zwar auf Bahnstationen, in städtischen Parkanlagen und in Alleen [1]. Im Jahre 1938 wurde auf Veranlassung des türkischen Landwirtschaftsministeriums mit größeren Aufforstungen, zunächst bei Tarsus und Antalya, begonnen. Bei Tarsus wurde der Boden vorher unter Verwendung eines Traktors tief gepflügt, was sich als vorteilhaft erwies. Innerhalb der wintermilden Küstengebiete kommen die Gegenden mit tiefgründigen, lockeren und frischen Böden in Betracht. Die nötige Bodenfrische ist am besten dann gegeben, wenn der Untergrund feucht ist und das Wasser in den Wurzelraum der Bäume kapillar emporsteigen kann. Auch versumpfte Gebiete können aufgeforstet werden, doch ist dann Hügelpflanzung oder solche auf Rabatten notwendig. Die Wasserbedeckung darf also nicht so hoch sein, daß Hügelpflanzung unmöglich ist. Andernfalls müßte eine oberflächliche Entwässerung vorausgehen. Im Alter von fünf bis sechs Jahren sollen die Eukalyptusbestände schon so viel Wasser verbrauchen, daß der vormalige Sumpf trockengelegt wird.

Zum Niederwaldbetrieb sind viele Eukalyptusarten dank sehr guter Ausschlagfähigkeit geeignet. Die Aufforstung im Freien kann mit etwa zehn bis elf Monate alten Pflanzen geschehen, die ungefähr zwei bis drei Monate im Saatbeet und acht Monate im Verschulbeet zugebracht haben. Das Auspflanzen erfolgt zu Beginn einer Regenperiode und vor dem neuen Austreiben (zwischen Dezember und Februar) auf vorher gut bearbeitetem (gepflügtem) Boden. Die Ballenpflanzung erwies sich als zu teuer. In Adana (Landwirtschaftliche Schule) wurden die einjährigen Pflanzen von etwa

---

[1] T s c h e r m a k L., Eukalyptusanbau an der Südküste Anatoliens, Zeitschr. f. Weltforstw. **6**, 1938, S. 3—18.

1,5 m Höhe mit nackter Wurzel ins Freie versetzt, die Eingänge waren
gering. Für Gebiete mit längerer Winterüberschwemmung wurden stärkere
zweijährige Pflanzen verwendet, damit sie nicht so leicht durch Ver-
schlämmung und Wasserbedeckung leiden. Da die zu langen Wurzeln im
Pflanzloch nicht untergebracht werden könnten, wandte man den Wurzelschnitt auf 30 bis 40 cm Länge an. Mit Rücksicht auf die Schnellwüchsigkeit
wird in 2-bis-3-m-Quadrat-Verband gepflanzt. Für bloße Brennholzerzeugung würde im Niederwald ein Umtrieb von sechs bis sieben Jahren
genügen, für Grubenholz, Telegraphenstangen zehn bis zwölf Jahre.

In subtropischen Ländern häufig angebaut wurde *Eucalyptus globulus*,
der Blaugummibaum, der sehr rasch wächst und ein mittelmäßiges Bau- sowie
gutes Brennholz liefert; in der Dauerhaftigkeit des Holzes wird er übertroffen von *Eucalyptus rostrata*, dessen dauerhaftes Holz sowohl im Boden
als auch im Wasser verwendet werden kann (zum Schiffbau, Brückenbau,
zu Pflastern, für Telegraphenstangen, Pfosten, Pfähle, Zimmerholz, Ge-
länder usw.). Andere empfohlene Arten sind *Eucalyptus botrioides*, der sich
in italienischen Versuchen durch besonders gute Schaftform ausgezeichnet hat,
dann *Eucalyptus Majdeni*, für feuchte Böden *Eucalyptus saligna* und
tereticornis.

Der Zuwachs der Eukalyptusarten ist ein sehr rascher. Gruppen von
etwa 20 m hohen Bäumen auf den Bahnstationen der Südküste Anatoliens
waren meist nur etwa 20 Jahre alt, ihre Brusthöhendurchmesser betrugen
bis 60 cm. Im Garten der Landwirtschaftlichen Schule Adana sah Verfasser
eine Gruppe schöner *Eucalyptus-globulus*-Bäume, der stärkste Baum war im
Jahre 1937 gerade 25 Jahre alt und hatte einen Brusthöhendurchmesser
von 70 cm, auffallend war sein mächtiger Wurzelanlauf unmittelbar über
dem Boden.

Das Holz, zum Beispiel von *rostrata*, ist hart, schwer, fest, dauerhaft;
nicht imprägnierte Eisenbahnschwellen lagen 10 bis 12 Jahre im Boden, die
längste Dauer betrug sogar 20 Jahre. (Ein Nachteil vieler Eukalyptushölzer
ist ein starkes Reißen und Schwinden.) Das Holz mancher anderen Arten,
zum Beispiel *Eucalyptus saligna*, ist als Tischlerholz und für den Schiffbau
beliebt. Auf geeigneten Böden kann ein Zuwachs von Eukalyptusholz von
mehr als 10 fm je Jahr und Hektar erreicht werden, der Ertrag ist also
sowohl der Menge als auch der Holzqualität nach günstig. Früher glaubte
man, daß der hohe Gehalt der Eukalyptuspflanzen an ätherischen Ölen zur
Bekämpfung der Malariaerreger beitrage. Diese Anschauung wird aber nicht
mehr aufrecht erhalten. Wohl aber ist der Wasserverbrauch der Eukalyptus-
bäume ein so großer, daß Sumpfgelände trockengelegt wird und daß mit
der Trockenlegung den Malariaträgern, den Mücken von Anophelesarten,
die Brutgelegenheit genommen wird. Diese Art der Entwässerung kann
aber auch durch andere raschwüchsige Bäume bewirkt werden.

Casuarina equisetifolia: Neben Eukalyptus findet man an der Südküste Anatoliens und in geeigneten Lagen Griechenlands in Parkanlagen auch
Kasuarinen häufig, das sind Bäume vom Aussehen von Schachtelhalmen, daher der Name einer Art: *Casuarina equisetifolia*. In den Eukalyptuswäldern

Australiens kommen auch Kasuarinen (sowie echte Akazien) vor. Auch im indisch-malayischen Gebiet sind Kasuarinen verbreitet. Einige Arten werden auch in Ägypten als Nutzbäume angepflanzt. In Südspanien ist gleichfalls in der gleichen geographischen Breite wie jene von Adana *Casuarina equisetifolia* mit gutem Erfolg angebaut. Auch Casuarina ist in der Jugend sehr raschwüchsig. Fünfjährige Kasuarinen im Garten der Landwirtschaftlichen Schule Adana waren bereits 5 m hoch. Ihr sehr hartes, schweres Holz, sogenanntes „Eisenholz", findet in der Drechslerei und als Straßenpflaster Verwendung und ist auch zu Grubenholz geeignet. Um beim Anbau von Eukalyptusniederwäldern in der Türkei die Nachteile reiner Bestände etwas zu mildern, empfahl Verfasser 1937, längs der Schneisen und Wirtschaftsstreifen, also an den Rändern der Abteilungen, mehrere Reihen von Kasuarinen als Einfassung zu pflanzen.

13. Gemischte Bestände.

Im Fichtengrundbestand.

Fichte ist in den Gebirgen Österreichs die Hauptholzart. Aber reine Fichtenbestände sind zumeist weder ursprünglich gegeben noch wirtschaftlich erforderlich.

Mischung von Fichte und Tanne: In den Außenzonen der Alpen, dann im Waldviertel und Mühlviertel ist diese Mischung nicht selten, ebenso in den Gebirgen der Balkanhalbinsel, hier erst in höheren Lagen wegen der südlicheren geographischen Breite. Der wirtschaftliche Vorteil dieser Mischung besteht darin, daß im Tannenverbreitungsgebiet (oder im Verbreitungsgebiet beider Holzarten) Fichtenbestände mit Tannenbeimischung gesünder und geschlossener bleiben und weniger durch Schneedruck und Schneebruch und durch Sturm leiden als künstlich geschaffene reine Fichtenbestände. Günstig ist auch, daß Fichte und Tanne sich betreffs der Baumform nahestehen und daß ihre Bestände lange Zeit in gutem Bestandesschluß verharren können. Die Begründung erfolgt durch natürliche Verjüngung der Tanne und durch Ergänzung der Lücken mittels Fichtenauspflanzung, falls nicht auch diese natürlich verjüngt wurde. Die Tanne ist in der Jugend langsamwüchsig und frostgefährdet und bedarf daher des Schutzes gegen Verdrängung durch die Fichte, ein Mittel der Bestandespflege zur Gewährung dieses Schutzes wäre das Zurückschneiden der Fichte in der Jugend. Da aber im dünnbesiedelten Gebirge häufig die Arbeitskräfte für die ausreichende Durchführung dieser Pflegemaßnahme fehlen, so wäre der Schutz der Tanne durch gruppenweise Mischung und durch einen Altersvorsprung von fünf bis zehn Jahren zu bewirken. Durch die Vorverjüngung der Tanne unter Schirm kann ihr dieser Altersvorsprung unschwer gesichert werden. Für die Bodenpflege ist diese Mischung günstig. Auch die Insektengefahr ist im Vergleich zum reinen Fichtenbestand auf Großflächen vermindert. Die Vollholzigkeit der Tanne und ihre geringe Neigung zur Rotfäule ist gleichfalls von Vorteil. Der Kahlschlagbetrieb mit künstlicher Fichtenaufforstung ist der Erhaltung dieser wertvollen Mischung abträglich, auch durch Wildschäden wird der Tannenanteil vermindert.

Mischung von Fichte und Buche: Auch diese Mischung kommt in der Außenzone der Alpen, dann im niederösterrreichischen Waldviertel, oberösterreichischen Mühlviertel, im Kobernauser Wald usw. und in Gebirgen der Balkanhalbinsel häufig vor, desgleichen in den Gebirgen Mitteleuropas (Mittelgebirgen Deutschlands, der Tschechoslowakischen Republik usw.). Der Höhenwuchs der Fichte ist im allgemeinen energischer als jener der Buche, aber nicht in den ersten zehn Jahren. Gar dort, wo die Fichte nachträglich in Buchenverjüngungen eingebracht wurde, ist sie in der ersten Jugend bis etwa zum zehnten Jahre in der Regel durch die Buche gefährdet und bedarf pflegender Eingriffe. Später sticht die Fichte, wenigstens auf ihr zusagenden Standorten, durch das Kronendach der Buche durch und behält die Führung, und zwar oft in solchem Maße, daß nunmehr die Buchenbeimischung gefährdet sein kann. Um die Verdrängung der einen Holzart durch die andere sowie kostspielige Pflegemaßnahmen zu vermeiden, ist die gruppen- oder horstweise Mischung, die schon K. G a y e r mit Recht vorschlug, vorzuziehen. In zu warmen Tieflagen des Buchenoptimums führte der Versuch der Fichteneinbringung mitunter zu vollständigen Fehlschlägen. In den letzten hundert Jahren wurden in Mitteleuropa häufig Buchenmischwälder durch reine Fichtenaufforstung verdrängt, für die hiebei mit der Zeit gemachten Erfahrungen ist folgendes Beispiel typisch für Standorte geringerer Meereshöhen: Im Pürglitzer Wald (südwestlich von Prag) kam es seit der Zeit der Aufforstungen, etwa seit 1850, zu weitestgehender Bevorzugung der Fichte. In kaum hundert Jahren gewann dort die Fichte fast 10.000 ha an Fläche, sie wurde wegen ihres hohen Nutzwertes bevorzugt. Doch stellten sich bald Schnee- und Windbruchschäden ein, das Holz wuchs in dem milden Klima (durchschnittliche Meereshöhe nur 400 m) zu breitringig, es zeigte sich zu 50 bis 90 v. H. Befall durch Rotfäule. Sträucher und Bodenflora waren durch die dichten Fichtenbestände verdrängt, die Folge waren Schälschäden durch das Wild. Um 1900 gab es rund 3000 ha geschälter Fichtenbestände mit mehr als 55 v. H. beschädigter Stämme. 1917 bis 1921 wurde der künstlich geschaffene Fichtenwald auch noch von einer Nonnenübervermehrung heimgesucht. 1939/40 kam es zu neueren Schäden. Alle diese Erfahrungen zwangen zu einem neuen Holzartenwechsel im Sinne stärkerer Berücksichtigung der ursprünglichen Bestockung[1].

Im nördlichen Salzkammergut Oberösterreichs, in den nördlichen Ausläufern des Höllengebirges, in Höhen zwischen 500 bis 1000 m, beobachtete F r ö h l i c h auf Standorten ehemaliger (ursprünglicher) Buchen-Tannen-Fichten-Wälder *künstlich,* durch Aufforstung, geschaffene Fichtenbestände mit noch 20 v. H. Buchenbeimischung. Er fordert mit Recht, daß in diesen Mittellagen (500 bis 1000 m) und in den angegebenen Beständen der Kahlschlag zu unterlassen und ein Hiebsverfahren zu wählen ist, das die natürliche Wiederverjüngung der Buche und Tanne gewährleistet. Wo aber gar nur mehr 0,1 Buche in Beständen mit 0,9 Fichte auf ehemaligem Buchen-

---

[1] S v o b o d a, Holzartenwechsel im Pürglitzer Wald, Centralbl. für das ges. Forst.wesen, 1943. S. 65—87.

standort beigemischt ist, dort muß wenigstens dieser bescheidene Anteil von 10 v. H. Buche in den neuen Bestand (am besten durch Vorverjüngung) hinübergerettet werden, auch sollen alle Mittel angewendet werden, um in solchen Waldbeständen der Buche in Hinkunft einen größeren Raum als diese 10 v. H. zu erobern[1].

In höheren Lagen der Alpen, zum Beispiel in Höhen etwa über 1100 m in der nördlichen Außenzone, ist die Konkurrenzfähigkeit der Buche meist gering, trotzdem sollte wegen der Bodenpflege und der Sturmfestigkeit der Bestände auf die Erhaltung der Buchenbeimischung Wert gelegt werden.

Auch auf Standorten, auf denen die Buche gegenüber der Fichte etwas zurückbleibt, ist der naturgemäß begründete Mischbestand von Fichte und Buche gesünder als der künstlich geschaffene Fichtenreinbestand, das ging aus Untersuchungen des Freiherrn v. O w in der Grafschaft Glatz hervor[2]; die künstlich geschaffenen reinen Fichtenbestände wurden dort schon im Alter von 50 bis 80 Jahren so lückig, daß statt Starkholzzucht nur noch Fichtengrubenholzwirtschaft zustande kam.

Verfasser beobachtete in den Jahren 1904/05 im Revier Neu-Serowitz in Südmähren die Verdrängung der Buchenmischwälder durch Kahlschlagbetrieb und Fichtenaufforstung, dieses Verfahren wurde dort seit 1871, seit der Erschließung durch die Nordwestbahn, angewandt. 1941 sah Verfasser im gleichen Revier die Ergebnisse, die jenen des Pürglitzer Waldes sehr ähnlich waren und die auch hier zu einem abermaligen Holzartenwechsel zwangen.

Wertvoll und in den obengenannten Gebirgen häufig ist die *Mischung Fichte-Tanne-Buche.* Meist handelt es sich um natürliches Vorkommen aller drei Holzarten, manchmal kommen nur Buche und Tanne natürlich vor und die Fichte kann, wenn nicht allzu warme Tieflagen vorliegen, zur Erhöhung der Nutzholz- und Werterzeugung künstlich eingebracht werden. Wenn es die Standortsverhältnisse gestatten, wird ein größerer Anteil der Fichte angestrebt. Andernfalls ein größerer Anteil des Nadelholzes Fichte + Tanne zusammen, während der Buchenanteil auf den auch für das Nadelholz geeigneten Standorten nur etwa 0,2 betragen soll. Das Mischungsverhältnis darf nicht dem Zufall überlassen werden, vielmehr sind klare Betriebsziele aufzustellen, Mischung in abgewogenem Verhältnis ist anzustreben (das „Betriebsziel" betrifft die Wahl der Holzart, die Bestimmung der Mischungsform und die Festlegung der Bestandesaufbau·form). Die natürliche Verjüngung solcher Mischbestände wurde bereits im Abschnitt über den Fichtenbestand besprochen. Die Schattholzarten verjüngt man unter Schirm, die Fichte am Saum; die Fichte kann auch künstlich eingebracht werden. Mit Rücksicht auf die Langsamwüchsigkeit der Tanne in der Jugend empfiehlt es sich, ihr bei der Jungwuchspflege durch

---

[1] F r ö h l i c h J., Spaziergänge durch einige Waldungen des nördl. Salzkammergutes, Intern. Holzmarkt **37**, 1946, S. 4.

[2] v. O w, Dtsch. Forstwirt, 1943, S. 93—96.

Zurückschneiden der Buche zu helfen. Auch bei den Durchforstungen kann noch auf das erstrebte Mischungsverhältnis hingearbeitet werden.

Beim Fichten-Tannen-Buchen-Bestand ist die Massen- und Wertleistung etwas geringer als beim Fichten-Tannen-Bestand ohne Buche, dafür ist die Bodenpflege und die Sicherung gegen Gefahren eine bessere. In der Außenzone der Alpen (genauer: Zwischenzone zwischen Innenalpen und Randalpen) ist die Mischung *Fichte-Tanne-Buche-Lärche* sehr verbreitet. Die Verjüngung der Lärche erfolgt in dieser Mischung, entsprechend ihrem Lichtbedürfnis, auf dem Außensaum oder aber von Überhältern und durch Seitenbesamung vom Rande her auf schmalen Kahlschlägen. Die lichtbedürftige Lärche hält sich in dieser Mischung, weil sie auf Standorten des ihr zusagenden Klimagebietes dauernd vorwüchsig bleibt. Als Beispiel sei ein 110jähriger Bestand in 700 m Meereshöhe im Blühnbachtal bei Werfen (Salzburg) angeführt; der Mischbestand enthielt 0,6 Fichte, 0,3 Lärche, 0,1 Tanne, eingesprengt Buche, die mittleren Scheitelhöhen betrugen bei Lärche 29 m, Fichte und Tanne 26 m, Buche 23,5 m (im unteren Teil der Lehne: 31, 28 und 24 m), der Waldtyp gehörte dem „kräuterreichen Fichtenwald" (*Piceetum normale*) an[1].

In den Innenalpen halten *Mischbestände von Fichte und Lärche* von Natur aus große Flächen besetzt. Die Lärchen überragen dort in der Regel mit ihren Kronen den Fichtenbestand auch im Altholz um ein beträchtliches. Die Konkurrenz der Fichte ist in diesem Klimagebiet für die Lärche nicht so wirksam, daß sie stets auf besondere Pflegemaßnahmen der Forstwirtschaft angewiesen wäre, diese können ihr dort infolge der wirtschaftlichen Bedingungen nur in bescheidenem Maße zuteil werden, trotzdem hält sie sich in einem ansehnlichen Mischungsanteil bis in ein hohes Alter der Bestände. In den höheren Lagen der Innenlandschaft ist der Anteil der Lärche in der Regel auffallend größer als in den tieferen, wo die Fichte vorherrscht.

Außerhalb des natürlichen Verbreitungsgebietes der Lärche wäre die gleiche Mischung häufig wirtschaftlich erwünscht wegen des wertvollen Lärchenholzes und, zum Beispiel im Sächsischen Erzgebirge, wegen Mischung der Fichtenbestände mit einer Lichtholzart zwecks besserer Humuszersetzung, doch wird in diesem Klima die Lärche häufig schon im Alter von 20 bis 30 Jahren im Höhenwuchs von der Fichte eingeholt und unterdrückt. Vorher eilt die Lärche in der Jugend im gleichaltrigen Mischbestand der Fichte im Höhenwuchs erheblich voraus. Es ergibt sich nun die Frage, welche Hilfsmittel uns im künstlichen Anbaugebiet der Lärche zur Verfügung stehen, um im Mischbestand mit Fichte der Lärche zu helfen. Man kann Lärchen passender Standortsrasse wählen, dann der Lärche tiefgründige, lockere, frische Lehm- und sandige Lehmböden zuweisen und im Wege von Pflegehieben (Durchforstungen) für ausgiebigen Lichtgenuß ihrer Krone sorgen, ferner schon bei der Bestandesgründung die Lärche truppweise (und nicht etwa in Einzelmischung oder reihenweise) einbringen.

---

[1] T s c h e r m a k L., Die natürliche Verbreitung der Lärche in den Ostalpen, 43. Heft d. Mitt. a. d. forstl. Versuchsw. Österreichs, Wien 1935, S. 25.

Manche Standortsgebiete sind entweder durch ihr Klima oder durch ihren Boden der *Mischung von Fichte und Kiefer* günstig. Die Fichtenbestände erlangen durch diese Mischung größere Sturmfestigkeit. Die Massenleistung solcher Bestände ist jener des reinen Kiefernbestandes überlegen, jedoch nicht jener des reinen Fichtenbestandes. Die Kiefer wächst in der Jugend rascher, gefährdet also die Fichte, falls diese keinen Altersvorsprung besitzt. Je frischer und lehmhaltiger aber der Boden ist, desto eher vermag auch die Fichte die Kiefer einzuholen. Die Erhaltung dieser Mischung erfordert Mischwuchspflege, um in der ersten Jugend die Unterdrückung der Fichte durch die zuerst raschwüchsigere Kiefer zu verhindern, später kehrt sich das Verhältnis um, die Pflege ist dann nötig, um das Untertauchen der lichtbedürftigen Kiefernkrone im Dunkel der Fichtendickung hintanzuhalten.

In der Regel nicht zu empfehlen ist die Mischung *Fichte und Eiche*, sie kommt von Natur aus nur auf frischen Lehmböden Ostpreußens vor und hat sich nur dort bewährt. Künstlich geschaffene Mischbestände von Fichte mit Eiche (außerhalb des ostpreußischen natürlichen Verbreitungsgebietes) haben dagegen oft ergeben, daß die lichtbedürftige Eiche zwischen den Fichten im Stangenholzalter zugrunde ging.

Im Kieferngrundbestand.

Mischung der *Kiefer* als vorherrschender Holzart *mit der Fichte* ist auf Kiefernstandorten, die auch noch der Fichte einigermaßen zusagen, oft waldbaulich erwünscht wegen Beimischung einer Holzart, die eine bessere Beschirmung des Bodens bietet als die Kiefer und die zugleich als Füllholz dient, die Schäfte der Kiefer beschattet, zu ihrer Astreinheit beiträgt und die Kiefernkronen nicht einengt. Auf minderen Böden (oder in trockenem Klima) bildet unter sonst reinen Kiefernbeständen die Fichte nur den Unterwuchs, sie ist also „unterständig", übernimmt die Rolle des Bodenschutzholzes. Auf etwas besseren Bodenstellen wird die Fichte, die in der Jugend langsamer wächst als die Kiefer, im Alter von 30 bis 40 Jahren zwischenständig oder nimmt gar am Aufbau des Hauptbestandes teil. Am Alpenostrand südlich von Wien, zum Beispiel bei Vöslau-Gainfarn (Forstamt Merkenstein), kann man auch Kiefernbestände mit unterständigen Fichten antreffen. Ein Beispiel für die Art der Begründung von Mischbeständen der Kiefer mit zwischenständigen Fichten bietet der Weilhart in Oberösterreich: dort sind derzeit größere Flächen Kieferngebiet auf geringeren Böden, hervorgegangen aus meist quarzreichen Schottern der Moränen des Salzachgletschers; es werden Schmalschläge geführt, die Kiefer verjüngt sich durch Seitenbesamung, die Schmalschläge werden aber vorher mit Fichte aufgeforstet, das Ergebnis sind dann Mischbestände aus Kiefer als herrschender Holzart mit zwischenständigen Fichten. Die Fichte beschattet den Boden wesentlich besser als der reine Kiefernbestand, außerdem sind ihre Holzerträge, auch wenn sie nur zwischenständig ist, wirtschaftlich wichtig. Der Wert dieser Mischung liegt also besonders in der Erhaltung des Bestandesschlusses auch in höherem Alter der Kiefer und in der Bodenpfleglichkeit, außerdem in der Erhöhung des Ertrages im

Vergleich zum reinen Kiefernbestand. Die Gefährdung durch Insekten und durch Sturm ist geringer als im reinen Fichtenbestand, die durch Feuer ist kleiner als bei reiner Kiefer. Bei der Durchforstung kann die Erhaltung der Fichte und ihr Einrücken unter die herrschenden oder mitherrschenden Stämme gefördert werden. Auch durch Aufasten einzelner Föhren kann man nachhelfen.

Auf besseren, frischen Böden ist die Mischung *Kiefer mit Eiche*, hauptsächlich Traubeneiche, zu finden, so in Nordostdeutschland, dann in der Rhein-Main-Ebene usw. In früheren Jahrhunderten sollen noch viele, heute reine Kiefernwaldungen Nordostdeutschlands einen Anteil an alten Eichen enthalten haben [1]. Auch vom westslowakischen Kieferngebiet wurde festgestellt, daß früher die Eiche zweifellos die vorherrschende Holzart war, noch heute geben einzelne alte Eichen, die verstreut ab und zu im Kiefernbestand stocken, und vereinzelte Eichenbestände Zeugnis von der ehemaligen Eichenbestockung; ortsweise sind auch Eichen-Kiefern-Mischbestände vorhanden [2]. Im nordöstlichen Waldviertel Niederösterreichs (Herrschaft Riegersburg) gibt es gelegentlich auch schöne Kiefern-Eichen-Mischbestände. Im Nordosten Deutschlands hat man seit einigen Jahrzehnten künstlich horst- oder streifenweise Eichen mit einem Altersvorsprung von fünf bis zehn Jahren in die Kiefernverjüngungen eingebracht. Diese Eichenbeimischung auf Sandböden des Kieferngebietes erwies sich aber nur dort als erfolgreich, wo sich unter dem Sand in nicht zu großer Tiefe (2 bis 3 m) lehmige oder mergelige Schichten fanden. Auch glaubt man, daß die Verwendung von anerkanntem Saatgut der Traubeneiche den Erfolg befördere. Mitunter findet sich, wahrscheinlich infolge von Hähersaat (Eichelhäher!), unter lichtstehenden Kiefern ein Unterholz von Eichen *(sessiliflora)*. Wo nämlich ursprünglich Eiche war und nur noch in Resten vorhanden ist, stellt sich oft ein solcher Unterwuchs von selbst ein. Man kann ihn auch künstlich durch Unterbau einbringen.

Wegen des ungleichen Haubarkeitsalters beider Holzarten wendet man Überhalt der Eiche an, der aber durch Wasserreiserbildung und Zopftrocknis bald beeinträchtigt werden kann, die Eichengruppen sind daher auf den Überhalt erst vorzubereiten. Dies geschieht durch Vermeidung plötzlicher Freistellung, langsame Gewöhnung an den Freistand durch frühzeitige Umlichtung und Anerziehung einer genügend langen und dichten Krone. Bei der Begründung von Eichengruppen sollen diese einen kleinen Altersvorsprung erhalten. Durch Wild werden die jungen Eichen empfindlich geschädigt, bei entsprechenden Wildständen ist also Eingatterung der Eichenflächen zum Schutz gegen Wild in der Regel nötig.

Auch auf geringeren, der Eiche nicht mehr zusagenden Böden kann der reine Kiefernbestand vermieden werden durch Anwendung der Mischung *Kiefer und Birke*. Da beide Arten Lichthölzer sind, wirkt zwar diese

---

[1] D e n g l e r A., Waldbau, 3. Aufl., S. 359.

[2] S c h m i t s c h e k E., Die Massenvermehrung des Kiefernspinners, *Bupalus piniarius L.*, und seine Bekämpfung im Jahre 1940 in der Westslowakei, Centralbl. f. d. ges. Forstw., 1941, 25 ff.

Mischung nicht gerade bodenpfleglich, immerhin kommt ihr ein gewisser Schönheitswert zu, und solange die Birken jung sind, können Reihen von solchen längs der Wirtschaftsstreifen als Feuerschutz wirken, später (unter älteren Birken) wird infolge starken Graswuchses die Gefahr von Boden-feuern nicht verhindert. Auch als Maikäferfangbaum kann die Birke dienen. Allzu reichliches Auftreten von Birken ist aber wirtschaftlich nicht er-wünscht, weil sie im Klima von Mitteleuropa auf Kiefernstandorten nur zum schwachen Brennholzstamme erwächst (Ausnahmen bilden die ost-preußischen Lehmreviere).

Eine waldbaulich sehr erwünschte Mischung, die aber nur auf besseren Kiefernböden erreichbar ist, ist jene von *Kiefer und Buche* (auch Hainbuche). So wurde zum Beispiel von einem Lehrausflug des österreichischen Reichs-forstvereines ins Burgenland 1931 berichtet: In reinen Beständen stellt sich die Kiefer mit 50 bis 60 Jahren licht; wo sie aber mit der Buche gemengt vorkommt, liefert sie die schönsten, wertvollsten Stämme und die Gefahr des Lichtstellens ist geringer[1]. Wir finden diese Mischung sowohl gleich-alterig als auch ungleichalterig, letztere entstanden durch Buchenunterbau im Kiefernstangenholz. Oft handelt es sich nicht um künstlichen Buchen-unterbau, sondern um natürliches Fußfassen der Buche unter dem lichten Kiefernschirm. Der zweischichtige Bestandesaufbau kann durch allmähliches Einwachsen der Buche in das Kronendach der Kiefern (auf frischen Böden) zu einem mehr oder weniger einschichtigen werden. Die Buche wirkt bodenbessernd, wenn auch nach neueren Untersuchungen[2] ihr Wasser-verbrauch beträchtlich ist. Die Astreinigung und Schaftform der Kiefer zwischen den Buchen wird günstig beeinflußt, die Gefahr durch Feuer und Insekten ist im Mischbestand herabgesetzt.

Mischung *Kiefer und Tanne:* Diese Mischung, die in Tannenverbreitungs-gebieten vorkommt, ist vom Standpunkt des Bodenschutzes noch gün-stiger als die der Kiefer mit der Fichte. Die Kiefer im Tannenbestand zeichnet sich in der Regel durch gute Schaftform und Astreinheit der Schäfte aus. Auch im Osten Österreichs, im Burgenlande, wo der Anteil der Kiefer beträchtlich ist und auch die Tanne vorkommt, kann man dies beobachten, eine Abbildung (mit guten Schaftformen der Kiefern) enthält die Österr. Vierteljahresschr. f. Forstwesen, 1931, S. 239. Auf gutem Standort pflegt die Kiefer während des ganzen Bestandeslebens gegenüber der Tanne vorwüchsig zu bleiben. Außer der gleichaltrigen Mischung kommt auch Unterbau der Tanne im reinen Kiefernbestand in Frage, und zwar im Verbreitungsgebiet der Tanne, bei guten Bodenverhältnissen, sobald der Kiefernbestand sich licht zu stellen beginnt.

Im Buchengrundbestand.

Mischung *Buche und Eiche:* In tieferen wärmeren Lagen eignet sich die Buche zur Mischung mit der Eiche. In dieser Mischung verträgt die Eiche

---

[1] Österr. Vierteljahresschr. f. Forstw., 1931, S. 219. 223.
[2] Forstw. Centralbl., 1930, S. 843 ff.

die Gesellschaft der Buche um so besser und wird von ihr um so mehr
im Wuchs gefördert, je mehr es sich um einen der Eiche günstigeren warmen Standort handelt und je tiefgründiger der Boden ist. Milde Lagen
geringerer Meereshöhe auf sonnseitigen Hängen mit lehmigem, gutem
Boden sind für nahezu gleichaltrige Buchen-Eichen-Mischbestände günstig.
Dagegen ist auf etwas kühleren, der Buche günstigeren Gebirgsstandorten
die Begründung eines gleichaltrigen Mischbestandes beider Arten weniger
zu empfehlen. Auf Standorten, die der Buche besser zusagen als der Eiche,
gelingt eine Mischung entweder nur horstweise (also auf getrennter Fläche)
oder mit größerem Altersvorsprung der Eiche (Buchenunterbau). So greift
man auch im Spessart wegen des erforderlichen Altersvorsprungs der Eiche
oft zur Begründung der Eiche im Reinbestand mit späterem Unterbau
mit Buche. Schon K. G a y e r hob mit Recht hervor, daß die Buche die
naturgemäßeste Mischholzart der Eiche sei. Durch die Mischung mit der
Buche werden der Eiche die Vorteile gesichert, die der dauernde Bestandesschluß gewährt. Die durch die reiche Buchenlaubstreu geförderte Bodenfrische kommt ihr zugute, sie bleibt vor den Nachteilen zu früher Bestan-
desverlichtung bewahrt.

In der frühesten Jugend ist die Eiche auf fast allen Standorten rasch-
wüchsiger als die Buche. Auf warmen Standorten, in milden Lagen geringer
Meereshöhe, auf genügend tiefgründigen und frischen Böden, bleibt die
Vorwüchsigkeit der Eiche gegenüber der Buche bis zum Alter von 40 bis
50 Jahren bestehen, unter solchen Verhältnissen ist die gleichalterige
Mischung und die Einzelmischung möglich. Auch da ist schon in der
Dickung und besonders im Stangenholzalter Bestandespflege zum Schutze
der Eiche gegen die Konkurrenz der Buche erforderlich.

Auf Standorten, auf denen die Eiche nicht vorwüchsig ist, erfordert
die Sicherheit der künftigen Entwicklung der Eiche, sie als reinen Bestand
zu begründen und sie vor Eintritt der Verlichtung entweder auf der
ganzen Fläche oder horstweise mit Buche zu unterbauen.

Die Mischung *Buche und Tanne*, manchmal auch: *Tanne und Buche*, ist
häufig im Alpenrandgebirge und in der Außenzone (Alpenzwischenzone,
zwischen Rand- und Innenalpen). Auch in der südlichen Außenzone der
Zentralkarpaten in der Slowakei sind Tanne und Buche stark vertreten,
ebenso im badischen Schwarzwald (Luvseite, entsprechend einer Außenzone), im Pontusgebirge Kleinasiens (dort Nordmannstanne und *Fagus
orientalis*) usw. Die Nutzholz- und Werterzeugung fällt in dieser Mischung,
wenn die Tanne gut gedeiht und lange genug ausdauert, hauptsächlich
der Tanne zu; doch ist auch der gegenteilige Fall möglich, und zwar
im Buchenoptimum mit Buchenstarkholzzucht. Wenn es sich nicht um
ausgesprochene Laubholzgebiete, sondern um solche guten Tannen-
gedeihens handelt, so strebt man an, den Buchenanteil nicht mehr als
0,2 bis 0,3 der Bestockung betragen zu lassen. Das Buchenlaub wirkt
günstig auf den Boden. Durch Überlagerung mittels abgefallenen Buchenlaubes sind die Tannenkeimlinge gefährdet. Die Mischwuchspflege hat sich
der in der ersten Jugend langsamwüchsigen Tanne anzunehmen, durch

Ausschneiden der Buche im Bedarfsfalle. Tanne und Buche stimmen in ihren Standortsansprüchen ziemlich überein, wenn auch die Tanne in den Alpen höher ansteigt als die Buche. Von dem Zeitpunkt der Kulmination des Höhenwachstums der Tanne an ist die Erhaltung dieser nicht mehr in Frage gestellt. Im höheren Bestandesalter bleibt die Buche gegenüber der Tanne im Längenwachstum in der Regel etwas zurück.

Die Mischung der *Buche mit der Fichte sowie mit Fichte und Tanne* und die in der Alpenzwischenzone häufige Mischung Fichte-Buche-Lärche-Tanne wurden schon im Abschnitt über die Mischbestände im Fichtengrundbestand besprochen. Im westlichen Wienerwald, im Gebiet um Neulengbach und den Schöpfl, wo von Natur aus die Fichte fehlt, weisen die Bestände die natürlich vorkommende Mischung von *Buche-Tanne-Lärche* auf. Die Verjüngung der Lärche erfolgt auch hier, entsprechend ihrem Lichtbedürfnis, auf dem Außensaum (im Sinne des Wagner schen Blendersaumschlags) oder von übergehaltenen Samenbäumen auf kleinen Kahlflächen. Auch zum künstlichen Anbau im Buchenbestand eignet sich die Lärche. So sah Verfasser in Baden (Lörrach), daß Buchenverjüngungen mit vorwüchsigen Lärchen in weitem Verband (zum Beispiel 7 mal 10 m) durchstellt wurden. Der bekannte Lärchenanbau der Graf Görtzschen Forstverwaltung in Schlitz bei Fulda enthält schöne, über 100jährige Lärchen mit Buchenunter- und -zwischenstand. Die Astreinheit der Lärchenschäfte im Buchenbestand ist eine vorzügliche. Auch in ihrem natürlichen Vorkommen ist die Lärche häufig mit der Buche gemischt.

Die Mischung *Buche-Weißbuche* kommt hie und da in unteren wärmeren Lagen des Buchengürtels (an der Grenze zum Eichen-Weißbuchen-Wald) vor, zum Beispiel im östlichen Teil des Wienerwaldes, wird aber von der Wirtschaft nicht gerade erstrebt; denn die Massenleistung der Weißbuche bleibt hinter jener der Rotbuche in der Regel erheblich zurück. Wo Verjüngungen der Rotbuche durch Frühjahrsfröste geschädigt werden, dort kann in tieferen Lagen die Hainbuche vordringen, dies soll zum Beispiel in Frostlagen des westdeutschen Buchengebietes gelegentlich der Fall sein (D e n g l e r, Waldbau, 3. Aufl.). Wo das Klima der Hainbuche mehr zusagt und deshalb ihr Anteil größer ist, dort pflegt sie auch in der Jugend ein rascheres Höhenwachstum aufzuweisen als die Rotbuche, die dann der Pflege (durch Köpfen der Hainbuche) bedarf. Später läßt aber das Höhen- und Stärkenwachstum der Hainbuche stark nach. Einzelne Hainbuchen mit guter Schaftform wären zu erhalten wegen der Nachfrage nach Hainbuchennutzholz.

Die Mischung *Buche-Kiefer* wirkt günstig auf die Astreinheit und Stammform der Lichtholzart Kiefer. Bei der Kiefernstarkholzzucht kommt ungleichaltrige Mischung, nämlich Buchenunterbau unter der Kiefer, in Frage. Unterbau der Buche schon vom Stangenholzalter der Kiefer findet man häufig auf besseren Kiefernböden in Deutschland. In manchen alten Kiefernbeständen stellt sich ein solcher Buchenunterwuchs auch infolge natürlicher Verjüngung von selbst ein. Auch die gleichalterige Mischung Buche-Kiefer kommt auf Standorten, die der Buche zusagen, vor.

Im Buchengrundbestand sind häufig (auch im Urwald) wertvolle Laubhölzer, wie *Esche, Bergahorn, Ulme, Linde* beigemischt oder eingesprengt, ferner Elsbeerbaum, Mehlbeerbaum, Birke, Wildobstarten, Vogelkirsche, hie und da Eibe und andere Arten. Die meisten dieser Mischholzarten liefern wertvolle Nutzhölzer. Im Reinbestand kommen sie (außer etwa der Esche im Auwald) überhaupt nicht vor. Die Begründung erfolgt entweder durch natürliche Verjüngung oder durch künstliche Einbringung von Pflanzen in den Buchenjungwuchs auf frischen, tiefgründigen Stellen, zum Beispiel Eschen und Ahorne in feuchten Mulden. Sobald die Edellaubhölzer Esche und Ahorn vor der Buche nicht mehr vorwüchsig bleiben, empfiehlt sich die Freihaltung ihrer Kronen, das Ziel ist dann die Erziehung von Starkholz der Edellaubhölzer.

V. Die Bestandesverjüngung.

1. Arten der Bestandesverjüngung.

Wenn vorhandene Waldbestände genutzt und durch jungen Wald ersetzt werden, so sprechen wir von „Verjüngung". Geschieht die Verjüngung durch den Samenabfall der Mutterbäume des alten Bestandes oder durch Ausschläge gestummelter (zum Beispiel auf den Stock gesetzter) Laubhölzer, so handelt es sich in beiden Fällen um „natürliche Verjüngung". Findet dagegen auf einer kahl abgetriebenen Waldfläche durch Menschenhand die Bestandesgründung statt durch Ausstreuen von Samen oder durch Aussetzen von Pflanzen oder geschieht das gleiche auf kahlen Flächen, die durch Windwurf, Schneedruck, Insektenfraß und dergleichen entstanden sind, so spricht man von künstlicher Bestandesgründung oder Aufforstung; ebenso, wenn auf bisherigem Ödland ein Bestand neu begründet wird oder wenn ein Voranbau unter Schirm erfolgt.

Wir können also unterscheiden:

Natürliche Verjüngung durch Samenabfall von Mutterbäumen, natürliche Verjüngung durch Ausschläge an Stöcken, an Stämmen oder an Wurzeln, *künstliche* Bestandesbegründung oder Aufforstung durch:

Saat (Ausstreuen des Samens durch Menschenhand, beziehungsweise Maschinen), Pflanzung (Aussetzen von Pflanzen).

In der Regel erfolgt die künstliche Bestandesgründung auf freier Fläche, zum Beispiel auf Kahlschlägen, doch kann sie auch als „Vorverjüngung" unter einem Schirmbestand stattfinden. Auch wenn im Wald aus dichten, durch natürliche Verjüngung entstandenen Anwüchsen Pflanzen, sogenannte „Wildlinge", zum Unterschied von den in Forstgärten gezogenen, ausgehoben und zur Aufforstung auf anderen Flächen benutzt werden, zählt dies selbstverständlich zur künstlichen Bestandesgründung.

Für die bei der natürlichen Verjüngung aus Samen entstehenden Pflanzen sind einige Fachausdrücke üblich: Der Samenabfall der Mutterbäume ergibt zunächst, meist im nächsten Frühjahr, „Keimlinge". Aus ihnen entsteht der „Anwuchs", der je nach vorhandener oder fehlender

Flugfähigkeit der Samen, aus denen er entstanden ist, auch als „Anflug"
oder „Aufschlag" bezeichnet werden kann (also Fichten-, Tannen-, Lärchen-
anflüge, dagegen Buchenaufschläge). Wenn der Anwuchs gesichert und biologisch selbständig ist, so daß seine Fläche in der Altersklassenübersicht bei
der jüngsten Klasse („Jungwuchsklasse") ausgewiesen werden kann, so
nennt man ihn „Jungwuchs".

2. Bedingungen der natürlichen Verjüngung durch Samenabfall.

Die natürliche Verjüngung durch Samenabfall in einem Umfang und
Ausmaß, daß der Betrieb der Waldwirtschaft darauf aufbauen kann, ist
geknüpft an Bedingungen des *Klimas*, des *Bodens*, des vorhandenen *Bestandes* und der *wirtschaftlichen* Verhältnisse. Die Bedingtheit vor allem durch
Klima und Boden läßt sich vielfach beobachten. In Österreich zum Beispiel sind bevorzugte Standorte für natürliche Verjüngung durch Samenabfall Randgebirge und Außenlandschaften der Alpen in mäßigen Höhen,
wo sowohl hohe Niederschläge und größere Luftfeuchtigkeit die Keimung
und das Fußfassen der Anwüchse begünstigen als auch die Wärmeverhältnisse günstigere sind, so daß auch die Samenjahre genügend häufig wiederkehren. Auch herrschen in diesen Standortsgebieten Mischwälder mit
reichem Anteil der Schattholzarten Tanne und Buche vor, die sich bekanntlich zur natürlichen Verjüngung besonders eignen. Beispiele solcher Verhältnisse sind: Mischwälder im westlichen Teil des Wienerwaldes, von
Buchen, Tannen, Lärchen und Kiefern, so in der Forstdirektion Neulengbach; ähnliche Mischwälder des östlichen Alpenrandes südlich von Wien,
so in der Forstverwaltung Merkenstein bei Vöslau-Gainfarn sowie im
Forstrevier Seebenstein[1] (Aspangbahn); Mischwälder in den Flyschvorbergen bei Steyr, Oberösterreich, und auf den Flyschbergen nördlich von
Salzburg; Waldungen im Unterinntal zwischen Wörgl und Kufstein, Tirol;
Plenterwälder von Fichte, Tanne, Buche im Bregenzer Wald, Vorarlberg.
Es könnten natürlich noch viele andere Beispiele aufgezählt werden, und
ihre Zahl wäre noch größer, wenn nicht Wild und Weidevieh den Verjüngungen Abbruch tun würden. Wenn es sich noch dazu um tiefgründige,
lockere, lehmreiche Verwitterungsböden mit guter Wasserkapazität, also
auch guter Speicherung der Winterfeuchtigkeit, handelt, so sind die standörtlichen Bedingungen für die natürliche Verjüngung gut erfüllt.

Die gegenteiligen Verhältnisse finden wir hingegen auf gröberen,
durchlässigen, daher trockenen diluvialen Sanden in niederschlagsärmeren
Gebieten, zum Beispiel Norddeutschlands östlich der Elbe, wo die Nachteile der geringeren klimatischen Feuchtigkeit noch verschärft werden durch
die Durchlässigkeit des Bodens. Günstig hinsichtlich natürlicher Verjüngung verhält sich im gleichen Klimagebiet anlehmiger Sand und besonders
Lehmboden.

Um genügend gut geschlossene natürliche Verjüngungen („aus einem
Guß") zu erreichen, sind also in bezug auf das Klima nötig: ausreichende

---

[1] L o r e n z - L i b u r n a u H., Über die Wälderschau auf dem landtäflichen Gute
Seebenstein, Österr. Vierteljahresschr. f. Forstw. **78**, 1928, S. 232 ff.

Niederschläge, Luftfeuchtigkeit und die der betreffenden Holzart (Samenerzeugung) zusagenden Wärmeverhältnisse. Durch erhöhte Luftfeuchtigkeit wird die Transpiration und die Bodenverdunstung herabgesetzt. Dem Bestandesklima ist, wie bereits im ersten Teil dieses Buches dargestellt wurde, im Vergleich zum Freilandsklima eine etwas höhere relative Luftfeuchtigkeit eigen.

Auch in sommertrockenen Gebieten, zum Beispiel Griechenlands und der Türkei, ist natürliche Verjüngung der dort vorkommenden Holzarten, dank der Feuchtigkeit des Winters und Frühjahrs, durchaus möglich, wenn nicht übermäßige Viehweide die jungen Anwüchse gefährdet.

Der *Boden* muß nicht nur genügende Feuchtigkeit enthalten, sondern muß auch ein günstiges Keimbett für den abfallenden Samen abgeben. Stärkere Verunkrautung erschwert das Keimen der Waldsamen und schädigt den Anwuchs durch den Wettkampf um Wuchsraum, Boden, Licht und Nahrung. Auch die Humusform ist von Einfluß. Milder Humus, mit dem mineralischen Boden innig vermischt, ist günstig, die Erhaltung einer solchen „Bodengare" ist für die natürliche Verjüngung erwünscht. Unter Heide, Heidelbeere usw. bildet sich nicht selten ein dem Mineralboden in mehr oder weniger dicken Schichten aufliegender Rohhumus oder Trockentorf. Solche Schichten von Auflagehumus sind für die meisten Holzarten ein Hindernis für die natürliche Verjüngung (hier seien die „Heidelbeerwälder" auf der Schattenseite bei Schladming im Ennstal Steiermarks erwähnt). Wenn die Humusschichten weniger mächtig sind, so können sie immerhin noch die Verjüngung erschweren und verlangsamen. Bei Ausbildung stärkerer Rohhumuslagen kann die Verjüngung fast völlig verhindert werden. Der Zirbe sagen die unter Alpenrosen, Heide, Heidelbeere entstehenden lockeren Humusmassen zu.

Der in den Alpen, besonders in den Kalpalpen, vor allem auf grusigen und steinigen Böden vorkommende „Alpenmoder" ist gut zerkleinert, infolge der reichlichen Niederschläge feucht, daher für die Verjüngung weniger ungünstig. In Bestandeslücken kann der Humus besser verwesen, weil im Sommer mehr Wärme Zutritt hat, auch kann die Feuchtigkeit auch schwächerer Niederschläge besser eindringen, ohne von den Kronen zurückgehalten zu werden. Deshalb wird bei den Verjüngungsverfahren unter *gelockertem* Schirm verjüngt.

Im Süden, auch auf der Balkanhalbinsel, spielt infolge der rascheren Zersetzung der organischen Abfälle im wärmeren Klima der Auflagehumus im Walde praktisch keine Rolle.

Was die Bedingungen hinsichtlich des *Bestandes* anbelangt, so muß dieser sowohl genügend alt zur Samenerzeugung sein als auch muß er wohl ausgebildete und belichtete Kronen besitzen, um eine ergiebige Samenerzeugung sicherzustellen; er soll durch seinen Schirm die Temperaturausschläge mildern, also besonders gegen Spätfröste schützen, die relative Luftfeuchtigkeit erhöhen, Windschutz gewähren, darf aber nicht durch zu starken Lichtentzug oder durch Wurzelkonkurrenz den Jungwuchs schädigen. Über das Mannbarkeitsalter, die Häufigkeit der Samenjahre, deren Ergiebigkeit usw. wurde schon im ersten Teil des Buches (S. 291—296) abgehandelt. Es kann also sowohl zuviel Beschirmung (durch Lichtentzug, Wurzelkonkurrenz) schädlich werden als auch ein „zu wenig" wegen mangelnden Schutzes gegen Spätfröste, gegen Hitze, wegen fehlender Luftruhe usw. Die natürliche Verjüngung stellt deshalb höhere Anforderungen an den Wirtschafter als der Kahlschlag mit künstlicher Aufforstung, der Wirtschafter muß sorgfältig beobachten und danach seine Entscheidungen treffen.

Auf freier Fläche außerhalb des Bestandes weist das Klima der bodennahen Luftschicht größere Extreme auf als das Klima etwa in Körperhöhe des Menschen. Im Tierreich gibt es die Brutpflege, ältere Tiere übernehmen den Schutz. Demgegenüber sind die Klimabedingungen der Jungpflanze auf der Freifläche, wenn sie nicht gerade unter einer schützenden Schneedecke liegt, „geradezu spartanisch"[1]. Die Jungpflanze auf der Freifläche lebt in einem extrem reizstarken Klima. Für den heranwachsenden Baum bessern sich die Klimaverhältnisse, sobald er in den Klimaraum des Menschen hineinwächst und weiterhin dann sein Höhenzuwachs über diesen Raum hinausreicht.

Zu den *wirtschaftlichen* Bedingungen der natürlichen Verjüngung gehört, daß die Wirtschaftsbezirke nicht übermäßig groß sind, daß genügend viel Personal vorhanden ist. Da ferner bei natürlicher Verjüngung der Hieb örtlich weniger zusammengefaßt, vielmehr bei Vermeidung des Kahlschlages auf größere Flächen mit stammweiser oder horstweiser Nutzung verteilt ist, so ist ein genügend dichtes Wegenetz erforderlich, um die auf größere Flächen aufgeteilte Holzernte ausbringen zu können. Zum Beispiel gab es im Lande Baden, wo die natürliche Verjüngung in beträchtlichem Ausmaße Anwendung findet, im Jahre 1939 in den Staatswaldungen ein Wegenetz mit einem Bauwert von 50 Millionen Reichsmark bei einer Staatswaldfläche von 100.000 ha oder je Hektar Waldfläche durchschnittlich 500 Reichsmark Bauwert[2]. Zu den wirtschaftlichen Bedingungen ist auch zu rechnen, daß durch Weidevieh, durch hohe Wildstände, durch manche Verfahren der Streunutzung die natürliche Verjüngung wesentlich erschwert oder in Frage gestellt werden kann. So wird in den Ländern der Balkanhalbinsel und in der Türkei die natürliche Verjüngung der Waldbestände häufig außerordentlich gehemmt durch die Viehweide.

3. Verbesserung der Bedingungen durch Bodenvorbereitung.

Früher, als man noch weniger durchforstete, suchte man durch den Vorbereitungshieb, der etwa 10 bis 20 v. H. der Masse des geschlossenen Bestandes entnahm, sowohl den Bestand als auch den Boden für die natürliche Verjüngung vorzubereiten. Der Boden soll dann garer, frischer Mull-

---

[1] S c h m a u ß, Der Klimaraum der Jungpflanze, Mitt. d. Akademie d. Dtsch. Forst. wissenschaft, 1941, S. 173.

[2] F a b e r, Neuzeitlicher Waldstraßenbau, Dtsch. Forstwirt 21, 1939, S. 109—114, 125—128.

boden ohne Rohhumus sein, er soll mit einer leichten, lockeren Begrünung
aus Kräutern, Gräsern und Moosen den Garezustand anzeigen. Heute
sucht man durch wiederholte Durchforstungen (statt des Vorbereitungs-
hiebes) das gleiche zu erreichen. Wo aber die Durchforstung wegen der
Ungunst der wirtschaftlichen Bedingungen seltener angewendet wird, dort
ist der Vorbereitungshieb auch heute noch am Platze.

Der Bodenzustand ist aber trotzdem nicht immer der erwünschte.
Oft ist eine schädliche, dichte, lebende Bodendecke von Moospolstern,
Gräsern, Heide, Heidel- und Preiselbeere und dergleichen vorhanden.
Manche dieser lebenden Bodendecken sind von Rohhumusschichten unter-
lagert. Auch tote Bodendecken aus Laub und Nadeln mit stärkerer Roh-
humusbildung können vorhanden sein. Unter dem Rohhumus pflegt der
Boden ungünstige physikalische Eigenschaften, Dichtlagerung, schlechte
Durchlüftbarkeit, ungünstige Wasserführung aufzuweisen[1].

In solchen Fällen müssen, wenn natürliche Verjüngung anzuwenden
ist, durch Bodenbearbeitung diese Hindernisse ganz oder teilweise entfernt
und der Boden in einen günstigeren physikalischen Zustand übergeführt
werden. Bei sehr ungünstigen Bodenverhältnissen ist zu erwägen, ob es
nicht zweckmäßig ist, auf natürliche Verjüngung zu verzichten und künstliche Bestandesgründung, am ehesten durch Pflanzung, zu wählen. Mitunter ist es aber möglich, die tote Bodendecke als „Streu“ an die Landwirtschaft abzugeben und auf diese Weise den Boden ohne Kosten für die
natürliche Verjüngung zu verbessern. (Teilweise Streuabgabe zum Zwecke
der Verjüngung, also nur einmal während einer ganzen Umtriebszeit,
wäre vom Standpunkt des Nährstoffentzuges nicht untragbar.) Ein Beispiel bietet das Verfahren von E b e r h a r d in Langenbrand (Württemberg). In dem humiden Klima von Langenbrand auf wenig tätigen Bunt-
sandsteinböden fehlt häufig trotz wiederholter Hochdurchforstung die
Bodengare. Die Rohhumusauflage wird nun durch kostenlose Abgabe als
Streu an die Landwirte meist plätzeweise oder auch streifenweise entfernt
und der Boden behackt. Reichliche Ansamung auf den bearbeiteten Stellen
ist die Folge. (Soweit das Beispiel von Langenbrand.) Im allgemeinen wäre
zwar Bodenbearbeitung auf der ganzen Fläche das vollkommenste Verfahren, ist aber in der Regel zu kostspielig. Wie schon erwähnt, geht im
warmen Klima des Südens die Zersetzung der organischen Abfallstoffe so
rasch vor sich, daß das aus Mittel- und Nordeuropa bekannte Problem der
Beseitigung von Rohhumusschichten, die dem Boden auflagern und die
natürliche Verjüngung behindern oder erschweren können, dort keine
Rolle spielt. Jedoch können *lebende* Bodendecken, zum Beispiel von behin-
derndem Gesträuch, auch im Süden und auch im mediterranen Gebiet vorkommen und es kann ihre Beseitigung vor der Bestandesverjüngung von
Belang sein.

In Mitteleuropa wird mit manchen fahrbaren Geräten die ganze oder

---

[1] Ein Beispiel für besonders ungünstige Verhältnisse: H u f n a g l H., Die Heidelbeerwälder im oberen Ennstal, Österr. Vierteljahresschr. f. Forstw. 84, 1934, S. 105—119.
— S c h o p f J., Die Heidelbeerwälder im oberen Ennstal, ebenda, S. 95—104.

nahezu ganze Bodenfläche bearbeitet, so mit *Grubbern*, das sind Geräte, die mit Hilfe von Zinken Wühlarbeit leisten, die obere Humusdecke zerreißen und zerkleinern und mit der darunterliegenden Bodenschichte vermischen. Bei den Grubbern handelt es sich entweder um Geräte mit starr befestigten, also nicht an drehbaren Achsen angebrachten, aber federnden Zinken, zum Beispiel Neumann-Hilfscher Waldigel; eine kräftigere Ausführung dieses Waldigels, die für stärker verwurzelte und durch Unkraut verfilzte Böden zu empfehlen ist, heißt Gebirgsigel (Abb. 94).

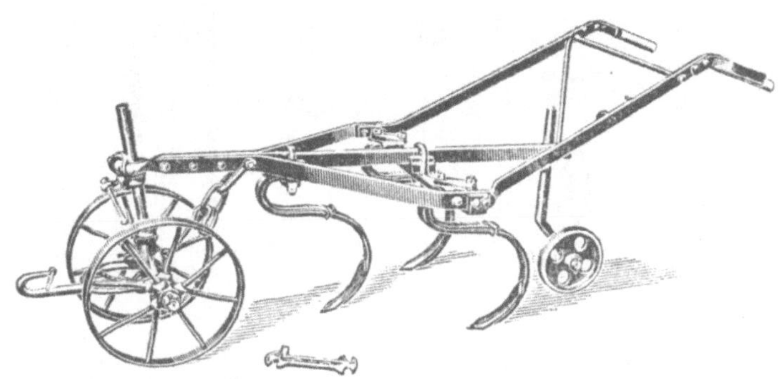

Abb. 94. Wald- oder Gebirgsigel mit drei Federzinken (nach V a n s e l o w, Natürliche Verjüngung im Wirtschaftswalde).

Bei anderen Geräten sind die Zinken nicht feststehend, sondern an drehbaren Achsen angebracht, so bei der dänischen Rollegge, deren zwei in einem Rahmen sich drehende Walzen neun Scheiben tragen, jede davon ist mit sechs sichelförmig gekrümmten Zinken versehen. Dieses ältere Gerät fand in Dänemark viel Verwendung zur Bodenverwundung in Buchenbeständen, es lockert und mengt den Boden mehr oberflächlich. Ein ähnliches, aber kräftiger wirkendes Gerät ist die finnische Spatenrollegge II (Nagelscher Bauart); die schräggestellten Rollen und Schaufeln dringen bis 20 cm tief in den Boden ein, durchwühlen den Boden und vermischen die tote Bodendecke mit dem Mineralboden (Abb. 95, 96).

Abb. 95. Finnische Spatenrollegge II (Nagelsche Bauart) (nach V a n s e l o w).

Eine Abart des Neumann-Hilfschen Waldigels ist der „Wald-, beziehungsweise Gebirgsigel I mit Nagelschen Spatenrollen", der sich in Buchenverjüngungsschlägen bewährt hat und dem geringes Gewicht, leichte Führung, große Beweglichkeit und geringe Kraftbeanspruchung nachgerühmt

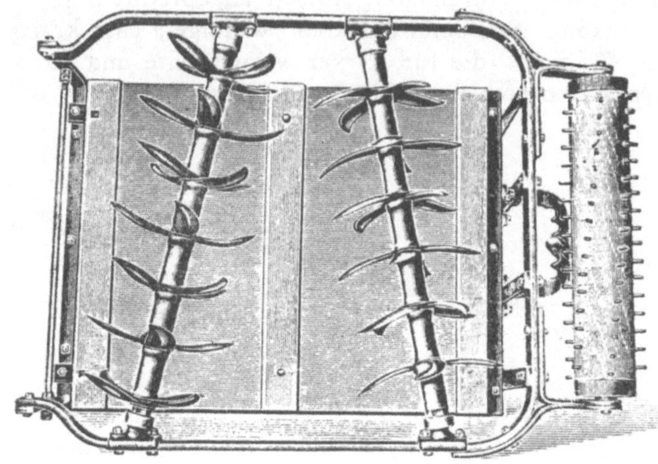

Abb. 96. Finnische Spatenrollegge II (Nagelsche Bauart) von unten gesehen. (Nach V a n s e l o w, Natürliche Verjüngung im Wirtschaftswalde.)

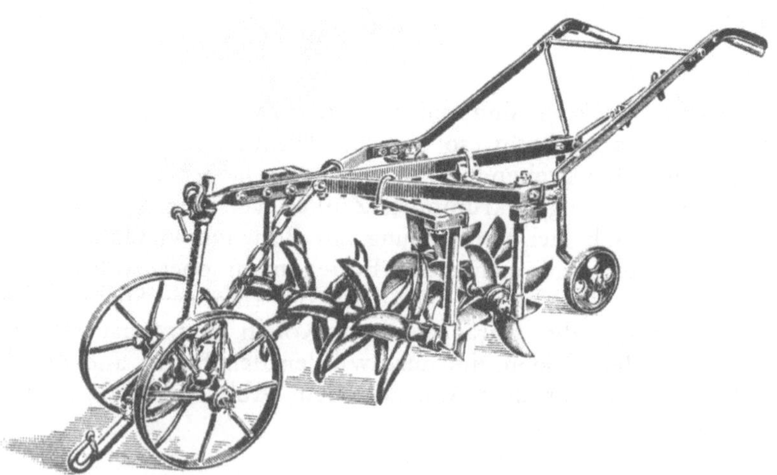

Abb. 97. Wald-, beziehungsweise Gebirgsigel I mit Nagelschen Spatenrollen (N e u m a n n, Eberswalde).

wird (Abb. 97). (In Österreich könnte es sich zum Beispiel im Buchenoptimum am ehesten um lebende Bodendecken, Vergrasung, handeln, die etwa durch Grubber, Rolleggen usw. zu bekämpfen wären.)

Der Geistsche Wühlgrubber in der schweren Ausführung, Marke Keiler, eignet sich mehr für Herstellung von Saatstreifen auf Großkahlschlägen, wo er bis zu beträchtlicher Tiefe die Bodendecke zerreißt und mit dem Mineralboden mengt. Die kleinere Marke des Geistschen Wühlgrubbers, Marke Überläufer, eignet sich dagegen zur Bodenverwundung für natürliche Verjüngungen in Beständen.

In Dänemark wird auch Pflugarbeit mit eigens gebauten Spezialpflügen in natürlichen Verjüngungen verwendet, in diesem Lande ist die Bodenbearbeitung bei der natürlichen Verjüngung am höchsten ausgebildet, dies ist bedingt durch die intensive Wirtschaft bei günstigen wirtschaftlichen Bedingungen, außerdem ist ein besonderer Anlaß zur Bodenbearbeitung dadurch gegeben, daß das sommerkühle humide Klima eine schlechte Verwesung auch der Buchenstreu zur Folge hat.

Der von Oberforstmeister A u e r o c h s erfundene „Lindwurm" besteht aus einem hölzernen Kern in Form eines Kegelstumpfes, an dem die Wühlkämme sowie eine Zug- und eine Steuervorrichtung angebracht sind. Er reißt mit den sägezahnartigen Kämmen den Boden auf, die in einer Schraubenlinie angeordneten Kämme geben dem Lindwurm eine Drehbewegung um seine Achse. Am hinteren Ende ist die Geschwindigkeit der Drehung infolge des größeren Umfanges eine größere, daher wird der aufgerissene Boden von den Zähnen des hinteren Teiles des „Lindwurms" noch durcheinander gemischt. Die Bearbeitung erfolgt auf etwa 8 cm Tiefe und 30 bis 50 cm Breite. Er benötigt nur ein Pferd zur Bespannung und zwei Männer zur Bedienung und eignet sich besonders zur Bodenbearbeitung in Verjüngungsflächen mit geringerer Humusauflage, so in Buchenbeständen oder Fichten-Tannen-Verjüngungen.

Ein neuzeitliches forstliches Bodenbearbeitungsgerät ist die Siemens-Schuckertsche Bodenfräse. Durch den Antrieb eines Explosionsmotors von fünf bis sechs Pferdekräften wird eine Achse mit federnden Zinken in schnelle Drehung versetzt. Verschiedene Schäl- und Tieflockerungswerkzeuge sind rasch auswechselbar. Diese Fräse ist nicht nur bei künstlicher Aufforstung zur Herstellung von Saat- oder Pflanzstreifen geeignet sowie zur Bodenbearbeitung in Forstgärten, sondern sie eignet sich, wie Versuche ergeben haben, auch für Bodenverwundung und Bodenlockerung in Beständen bei Einleitung von natürlicher Verjüngung[1]. In den Alpen hat J. T r u b r i g Versuche mit der Bodenfräse auf der Erlhofplatte oberhalb Zell am See mit Erfolg durchgeführt, allerdings für alpwirtschaftliche Zwecke. Außerdem kommen als Bodenbearbeitungsgeräte für natürliche Verjüngung in Anwendung: Hacken, wie Breithacke, Spitzhacke, Kulturhacke zum streifen- oder plätzeweisen Abziehen von Bodendecken, dann Rechen zur Entfernung leichter Streu- oder Moosdecken. Im allgemeinen werden die Kosten um so höher, je mehr Handarbeit in Anwendung kommt und je gründlichere, die ganze Fläche umfassende Arbeit geleistet wird. Bei intensiv arbeitenden Verfahren, wie Handarbeit oder Fräse, beschränkt man sich daher meist behufs Vermeidung zu hoher Kosten auf plätzeweise oder streifenweise Bearbeitung.

In früheren Zeiten hat auch in Mitteleuropa der *Schweineeintrieb* zur Bodenlockerung und damit zur Bodenvorbereitung vor der natürlichen

---

[1] Ausschuß für Technik in der Forstwirtschaft, Heft II, 1929.

Verjüngung beigetragen. Die Schweinemast, vor allem in Eichen- und Buchenwäldern, spielte Jahrhunderte hindurch auch in Mitteleuropa eine hervorragende Rolle[1]. In Südosteuropa findet auch gegenwärtig vielfach noch Schweineeintrieb in die Eichenwälder statt. Die Wirkungen des Eintriebes von Schweineherden in den Eichenhochwald liegen dort vor allem in einer vorzüglichen Bodenlockerung, verbunden mit Unterpflügung der Laubstreu, Vermischung des Humus und der Streuschichten mit dem Mineralboden. Da aber die Schweine die Eicheln verzehren, so müßte an den zu verjüngenden Orten von einem Vollmastjahr an der Eintrieb eingestellt werden[2]. Die auf der Balkanhalbinsel vorkommenden Eichen, so (außer Stiel- und Traubeneiche) die Flaumhaareiche, *Qu. pubescens*, die ungarische Eiche, *Qu. conferta*, die Zerreiche, *Qu. Cerris*, die Immergrüneiche, *Qu. Ilex*, liefern ausgiebige Eichelmast. Auch für die Verjüngung der Eiche in Slawonien wurde Unterbindung des Weideganges auf etwa acht Jahre empfohlen, um genügenden Aufschlag sicherzustellen[3].

4. Die wichtigsten Verfahren der natürlichen Verjüngung durch Samen.

Wir können folgende *Grundformen* unterscheiden: a) Natürliche Verjüngung unter Schirm, der Samen fällt von den auf der Verjüngungsfläche selbst stehenden Bäumen zu Boden (*„Schirmverjüngung"*); b) *„Seitenverjüngung"*, natürliche Verjüngung durch Seitenbesamung auf der Kahlfläche, angewandt bei leichtsamigen, für die Kahlfläche geeigneten Holzarten mit flugfähigen Samen, besonders bei Lärche, gemeiner Kiefer, Schwarzkiefer, Fichte, einigen Laubhölzern, wie Birke, Aspe, Salweide und anderen; c) *„Randverjüngung"*, Vereinigung der beiden erstgenannten Formen in dieser, und zwar natürliche Verjüngung auf schmalen Randflächen des Altholzbestandes, so auf „Saumschlägen" im Sinne C h r. W a g n e r s, mit einem kahlen Außensaum in der Breite von der Hälfte bis zwei Drittel der Bestandeshöhe und einem Innensaum, meist mit gelockertem Kronenschluß. Auf dem Außensaum findet Seitenverjüngung, auf dem Innensaum Schirmverjüngung statt. Auf diese Grundformen soll nun näher eingegangen werden.

V e r j ü n g u n g   u n t e r   S c h i r m.

Um den aus den abgefallenen Samen hervorgehenden Pflanzen den Zutritt von Feuchtigkeit, Licht, Wärme zu ermöglichen und die Wurzelkonkurrenz des Altholzes herabzusetzen, wird das Altholz zunächst durch Entnahme von Stämmen lichtgestellt, die Hiebe wiederholen sich in mehreren Stufen bis zur schließlichen Räumung des Altholzes. Wie im ersten Teil bereits dargestellt wurde, herrscht im Altholzbestand ein vom Freiland etwas verschiedenes Klima, das Bestandesklima. Die Lichtmenge

---

[1] H i l f R. B., Der Wald in Geschichte und Gegenwart, Potsdam 1938, S. 132 ff.

[2] M ü l l e r K. M., Wälder und Waldwirtschaft in Bulgarien, Forstwissensch. Centralbl. **50**, 1928, S. 182.

[3] A. d e P h i l i p p i s, Die Eichen von Slawonien (italienisch), La Rivista Forestale Italiana, 1941.

unter dem geschlossenen Kronendach des Bestandes ist zwar geringer; die Temperaturen sind bei Tage im Sommer etwas weniger hoch, dagegen wird die nächtliche Ausstrahlung durch das Kronendach abgeschwächt, der Wärmegang ist also ausgeglichener. Ein Teil der Niederschläge wird zwar von den Baumkronen zurückgehalten. Günstig ist die Luftruhe und die hohe relative Luftfeuchtigkeit im Bestand.

Die Eingriffe in das Kronendach des Altholzes bezwecken, für den Anwuchs die Lichtverhältnisse, die Wärme- und Feuchtigkeitsverhältnisse zu verbessern, andererseits aber durch den noch vorhandenen Schirm den in der Jugend frostgefährdeten und gegen Hitze und Dürre empfindlichen Holzarten noch Schutz zu gewähren. Auch die Konkurrenz des Unkrautes wird durch die Beschirmung zurückgehalten. Wie schon ausgeführt, wird durch Zutritt von Licht und Wärme zum Boden auch die Zersetzung der Streu gefördert. Das Samentragen der Mutterbäume wird durch deren lichtere Stellung gesteigert. Die Schirmverjüngung kann entweder auf Kleinflächen oder auf Mittelflächen oder auf Großflächen erfolgen. Die Begriffsbestimmung wurde schon im Abschnitt IV, 2 (S. 333 ff.) festgehalten.

Die Auflichtung des Altholzes auf *Großflächen* ist für flachwurzelnde Holzarten wie *Fichte*, wegen der Sturmgefahr nicht empfehlenswert. Wenn dagegen die Schirmverjüngung zum Beispiel auf Streifen erfolgt, die von der der Hauptsturmrichtung entgegengesetzten Seite aus im Bestand vorrücken, so ist die Gefahr auch für die Fichte, wegen des „Deckungsschutzes" durch den vorliegenden Altholzbestand, geringer.

Die Schirmverjüngung auch auf der Großfläche wird in der Praxis des Forstbetriebes am meisten bei Buche und Tanne angewandt, hingegen bei der sturmgefährdeten Fichte nur Schirmverjüngung auf Kleinflächen mit Deckungsschutz, also horst- und gruppenweises oder streifenweises Vorgehen. Auch in Mischbeständen von Fichte, Tanne, Buche, zum Beispiel im badischen Schwarzwald, findet bei Handhabung des badischen Femelschlagbetriebes Schirmverjüngung auf der Großfläche statt, auch die Fichte ist in diesen Mischbeständen in der Regel durch den Eingriff nicht gefährdet, weil sie im Gebirgswald (Höhen von etwa 1000 bis 1200 m) meist von vorneherein im Vergleich zu den Buchen vorwüchsig und daher widerstandsfähiger ist.

„*Verjüngungsfläche*" heißt die Fläche, auf der innerhalb eines bestimmten Zeitraumes das Altholz allmählich durch eine junge Generation ersetzt werden soll. Der Zeitraum vom Beginn der Verjüngungsmaßnahmen auf dieser Fläche oder auf Teilen derselben bis zur vollständigen Räumung des Altholzes über dem Anwuchs heißt der „*Verjüngungszeitraum*". Wenn die Verjüngung nicht auf der ganzen Verjüngungsfläche gleichzeitig, sondern zuerst auf Teilflächen, zum Beispiel in Horsten oder Gruppen oder auf Streifen und Säumen erfolgt, so können wir einen allgemeinen Verjüngungszeitraum und einen besonderen („speziellen") unterscheiden. Unter dem speziellen Verjüngungszeitraum verstehen wir die Zeit, die zur Verjüngung der einzelnen Teilfläche erforderlich ist, unter dem allgemeinen hingegen jenen, in welchem sich die Verjüngung auf der ganzen Ver-

jüngungsfläche abspielt. Der spezielle Verjüngungszeitraum ist bei Lichtholzarten kurz, bei Kiefer, Lärche, Eiche 3 bis 8 Jahre, bei Schattholzarten länger, Buche 8 bis 15 Jahre, Tanne 10 bis 20 Jahre.

Hauptsächlich je *nach der Länge des allgemeinen Verjüngungszeitraumes*
können wir bei der natürlichen Verjüngung unter Schirm *zwei Hauptformen*
unterscheiden:

Jene mit *kurzem* allgemeinem Verjüngungszeitraum („*Schirmschlagbetrieb*", Großschirmschlag, Dunkelschlag), in der Regel mit Großflächenschirmstellung, möglichster Ausnützung des Samenabfalles eines einzigen

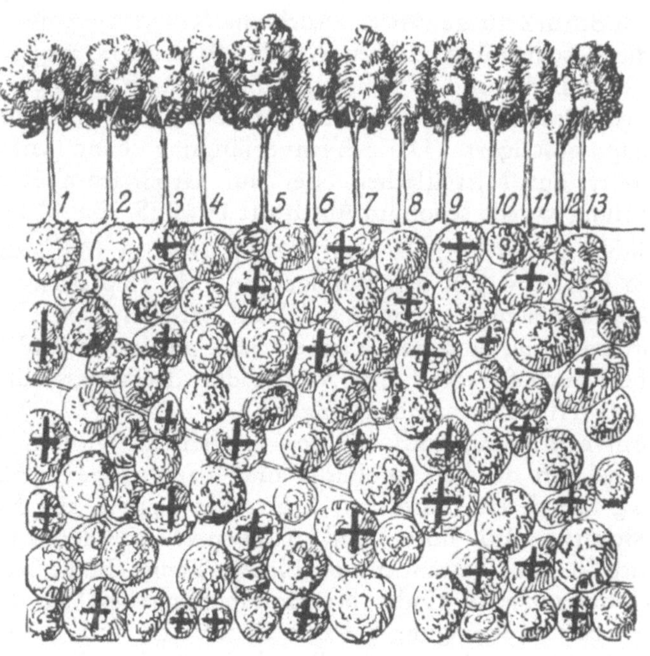

Abb. 98. Voll geschlossener Bestand; „+" die im Vorbereitungsabschnitt zu entnehmenden
Stämme (nach V a n s e l o w).

Jahres, Erzielung nahezu gleichaltrigen Anwuchses; die Verjüngungsdauer
auf der ganzen Verjüngungsfläche beträgt bei Buche etwa 10 bis 20
(oder 25) Jahre, bei Kiefer sowie Eiche 8 bis 10 Jahre. Und weiter jene
mit *langer*, meist 30 bis 40 Jahre umfassender Verjüngungsdauer, hieher
gehören verschiedene Abarten des *Femelschlagbetriebes*, zum Beispiel der
bayerische Femelschlagbetrieb und andere.

Hiebstechnik beim Schirmschlag. Die Hiebstechnik bei der natürlichen
Verjüngung unter Schirm, und zwar beim Schirmschlag (mit kürzerer Verjüngungsdauer), unterscheidet hauptsächlich drei Abschnitte hinsichtlich der
Nutzung des Altholzes und der Verjüngung: Die *Vorbereitungshiebe*, die
den Bestand und den Boden für die künftige Ansamung in einem Samenjahr vorbereiten. Es wurde schon früher erwähnt, daß durch wiederholte

Durchforstungen, also durch eine intensive Bestandespflege, der Vorbereitungshieb entbehrlich gemacht werden kann. Handelt es sich aber um wenig durchforstete, dichte Bestände, so sind mehrmalige, nach zwei bis drei Jahren wiederholte mäßige Vorbereitungshiebe am Platze. Es kann sich (zum Beispiel bei der Buche bei intensivem Betrieb) um drei bis vier Vorbereitungshiebe handeln, der Massenanfall wird auf Endnutzung verbucht, die Hiebe unterscheiden sich von der Durchforstung, weil sie mehr der Einleitung der Verjüngung dienen[1]. Sie entnehmen unerwünschte Holzarten, dann kranke, mißgeformte oder schlecht bekronte Bäume,

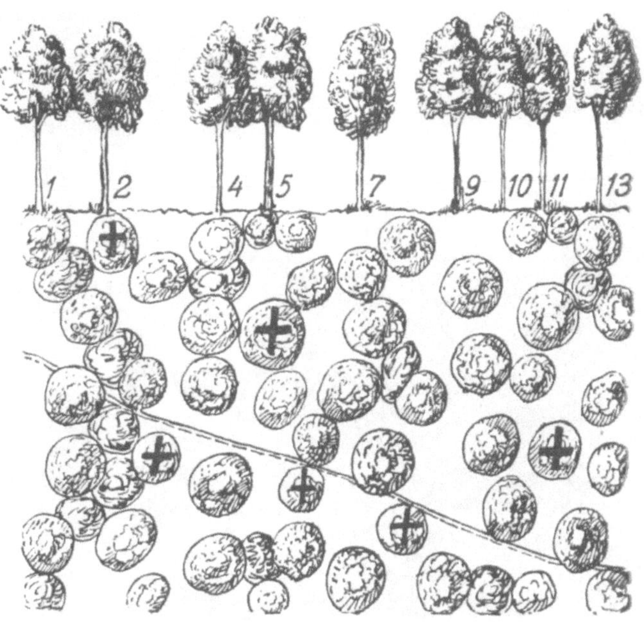

Abb. 99. Bestand in Vorbereitungsstellung; „+" die im Besamungshieb zu entfernenden Stämme (nach V a n s e l o w).

Bestandesglieder des Nebenbestandes (bewirken also eine „Hebung" des Kronendaches) und soweit es der beabsichtigte Lichtungsgrad erfordert, werden auch Stämme des Hauptbestandes gefällt. Die Menge der zu entnehmenden Holzmasse richtet sich danach, wann die Bodengare mit lockerer Begrünung erreicht ist, sie wird auf etwa 10 bis 15 v. H. der vorhandenen Holzmasse des Bestandes geschätzt, wenn nötig noch etwas höher. Eine zu starke Begrünung des Bodens wäre ein Hindernis für die beabsichtigte Verjüngung und würde Bodenbearbeitung erforderlich machen.

Durch den Vorbereitungshieb sollen auch die später freizustellenden Samenbäume noch sturmfester werden. Die vorwüchsigen stärkeren Bäume sind an sich meist widerstandsfähiger. Man hat sie vergleichsweise als das

---

[1] V a n s e l o w K., Natürliche Verjüngung im Wirtschaftswald, Neudamm 1931.

„Knochengerüst des Bestandes" bezeichnet. Sie werden vorsichtig umlichtet.
Die Vorbereitungshiebe erstrecken sich bei der Buche auf sechs bis zehn
Jahre; bei der Lichtholzart Kiefer auf zwei bis drei Jahre.

Der zweite Abschnitt der Nutzung und Verjüngung im Schirmschlag
ist der in einem Samenjahr einzulegende *Besamungshieb* oder Samenschlag,
der dem künftigen Anwuchs das nötige Licht gewähren soll. Die Keimlinge
benötigen noch etwas weniger Licht als der Anwuchs im späteren Alter.
Die Schattholzarten Buche und Tanne bedürfen der geringsten Belichtung
(zum Beispiel wurden bei Steyr in Beständen der Buchenreviere Dambach

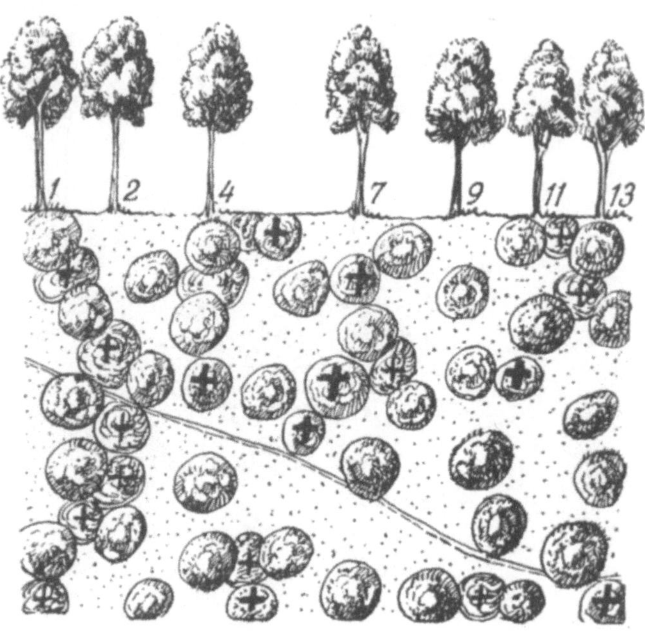

Abb. 100. Bestand in Besamungsstellung. „+" die im ersten und zweiten Lichtungshieb
zu entfernenden Stämme (nach V a n s e l o w).

und Kollergraben seinerzeit bloß Durchforstungen auf Kohlholz durchgeführt, unter dem durchforsteten Altholz entstanden zusammenhängende
Anwuchsflächen). Etwas mehr Licht verlangt die Fichte, noch mehr die
Lichtholzarten Eiche, Kiefer. Die Lärche pflegt man überhaupt nicht unter
Schirm zu verjüngen, sondern entweder durch Seitenbesamung oder durch
Überhalt von Samenbäumen auf der Schlagfläche. Beim *Samenschlag* ist
wegen Unkrautwuchs, Frost, Sturmgefahr für den gelichteten Mutterbestand Vorsicht nötig. Die Fällungsarbeiten des Samenschlages (einschließlich Rückung) bewirken meist eine mäßige Bodenverwundung, die für das
Fußfassen der Keimlinge erwünscht ist. K. G a y e r empfahl, daß der
Samenhieb bei den Schattholzarten nur bis 25 v. H. der vorhandenen Holzmasse zu entnehmen habe, hingegen bei den Lichtholzarten 30 bis 35 v. H.
der Masse.

Nach dem Samenhieb soll der Altholzschirm aus gut bekronten Samenbäumen in *gleichmäßiger Verteilung* bestehen, also hauptsächlich aus herrschenden Stämmen. Bäume mit kräftigen symmetrischen Kronen sind sowohl gute Samenträger als auch pflegen sie gut bewurzelt und daher
sturmfest zu sein. Überstarke Stämme mit zu breiten Kronen pflegt man
trotzdem beim Besamungshieb zu entfernen, um die Entstehung von Fällungsschäden bei der künftigen Nutzung zu vermeiden. Auch tief beastete
unter- und zwischenständige Stämme werden entnommen, um das Kronendach gleichsam zu heben und die Lichtverhältnisse für die neue Verjün-

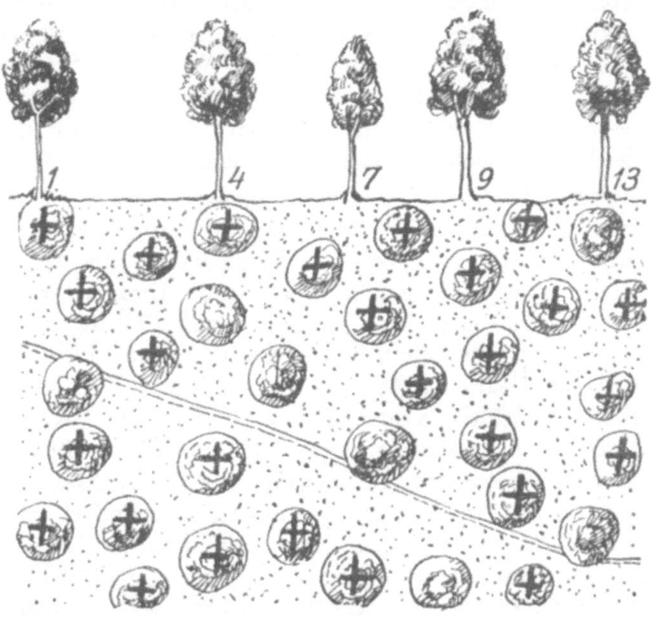

Abb. 101. Bestand nach dem zweiten Lichtungshieb; „+" die weiter im Lichtungs-
abschnitt zu entfernenden Stämme (nach V a n s e l o w).

gung zu verbessern. Soweit notwendig, wird auch in herrschende Stämme
eingegriffen. (Die Belassung einiger Stämme des Nebenbestandes kann aber
unter Umständen zum Zwecke der Bodendeckung für den Fall eines Mißlingens der Verjüngung erwünscht sein.)

Beim Großschirmschlag kommt normalerweise nur *ein* Besamungshieb
zur Anwendung, er ist an ein Samenjahr gebunden. Hingegen pflegt man
beim Femelschlag mit längerer Verjüngungsdauer mit mehreren Samenjahren
zu rechnen. Hinsichtlich der *Vorwüchse*, also der älteren, schon vorhandenen
Anwüchse, wird entschieden, ob sie in die Verjüngung zu übernehmen
sind oder nicht. Gut geschlossene Vorwuchsgruppen ohne „Steilrand",
deren Außenränder also sanft abfallen, entfernt man nicht. Die Tanne ist
nach jahrzehntelangem Druck noch erholungsfähig. Doch können auch
Tannen bei größerem Altersvorsprung zu recht unerwünschten „Protzen"

werden. Noch mehr ist dies bei Buchen der Fall. Unterdrückte Kiefern sind weniger erholungsfähig, vorwüchsige Kiefern bilden breite, sperrige Kronen und unterdrücken wertvolle Nachbarn. Solche unerwünschte Vorwüchse werden somit entfernt. Handelt es sich aber zum Beispiel um frostgefährdete Lagen, so sind auch solche Vorwüchse wenigstens vorübergehend als Frostschutz willkommen.

Bei den Schattholzarten Tanne und Buche kann auch mitunter zur Vermeidung von Verunkrautung vom Besamungshieb abgesehen und die volle Besamung nach den bloßen Vorbereitungshieben erwartet werden. Wenn Bodenbearbeitung notwendig ist, so ist der Sommer und Herbst vor dem zu erwartenden Samenjahr, etwa August und September, wohl auch bis Mitte Oktober, die geeignete Zeit hiezu. Der Boden soll nämlich nach der Lockerung wieder Zeit zum Setzen finden. Wenn das Samenjahr früher eintritt als die Vorbereitung durch den Vorbereitungshieb sich auswirken konnte, und wenn daher der Boden den Garezustand noch nicht erreicht hat, so ist jedenfalls Bodenbearbeitung notwendig.

Der dritte Abschnitt der Verjüngungsmaßnahmen bezweckt dann, den vorhandenen Anwuchs zu fördern, die Schirmstellung immer lichter zu gestalten, um den Anwuchs von der Konkurrenz des Mutterbestandes zu befreien, ohne aber den gegen Frost und Hitze wirkenden Schirm plötzlich zu beseitigen. Die hieher gehörigen Fällungen werden als *Lichtungshiebe* oder Nachlichtungen, Nachhiebe bezeichnet. Lichthölzer können unter dem dann sehr lichten Schirm noch anfliegen. Der letzte Lichthieb räumt die Fläche endgültig vom Altholz und heißt „Räumungshieb". Solche Lichtungen sind notwendig, weil der Eingriff des Besamungshiebes nur für die ersten zwei bis drei Lebensjahre des Anwuchses ausreicht. Mit zunehmendem Alter des Anwuchses wird dessen Lichtbedarf immer größer, die Konkurrenz des Mutterbestandes immer drückender. Da aber andererseits doch auch noch Schutzwirkungen des Schirmes erwünscht sind, so erfolgen auch die besprochenen Auflichtungen *allmählich*, in mehreren, etwa alle zwei bis drei Jahre wiederholten Lichtungshieben.

Alle diese Hiebsmaßnahmen bei der Schirmverjüngung müssen unter Bedachtnahme auf die Schonung des Anwuchses erfolgen. Mittel, um die Schäden am Anwuchs zu vermindern, sind: Fällung und Rückung des Holzes bei Schneelage, Vermeidung solcher Arbeiten bei starkem Frost wegen Brüchigkeit der jungen Pflanzen. Auch die Entastung stehender Bäume vor der Fällung oder der „Kronenabschuß" kann in Frage kommen; besonders auch Entastung sofort nach der Fällung, damit die niedergedrückten Anwüchse sich bald wieder aufrichten können! Die Rückungsschäden werden vermindert, wenn man die Stämme in kurze Sorten zerlegt oder indem man pflegliche Verfahren der Rückung anwendet (dies ist mit Rücksicht auf die vielseitigere Verwendbarkeit des Langholzes dem Zerlegen in kurze Sorten vorzuziehen). Zu den pfleglichen Verfahren der Rückung gehört die Verwendung des Rückschlittens von T s c h a e n oder der Baumschlepphaube von C l a u s n i t z e r , des A l b o r n schen Rückewagens, dann das Abseilen der Stämme, Festlegung bestimmter Schleifgassen (schmaler, immer wieder benutzter Gassen durch die Verjüngung hindurch), Verwendung von Wagen und Schlitten[1].

Holzarten, bei denen der Großschirmschlag angewendet wird, sind vor allem schattenertragende, die zugleich gegen Frost, Hitze und Vertrocknung in der Jugend schutzbedürftig sind. In Deutschland wird der Großschirmschlag gegenwärtig fast nur noch bei der Buche gehandhabt, besonders im westdeutschen Buchengebiet. In Schweden und Finnland dient er auch zur natürlichen Verjüngung der Kiefer, in Frankreich zur Verjüngung ausgedehnter reiner Eichenbestände, in kleinerem Maße ist dies auch in Deutschland der Fall.

Über den *Schirmschlag in Südosteuropa* berichtet J. F r ö h l i c h (1941)[2]: Die maßgebenden Fachkreise auch in Südosteuropa seien gegenwärtig der Ansicht, daß der Kahlschlag wenigstens in den Mischbeständen von Buche, Tanne und etwas Fichte unterlassen werden müsse. In Hinkunft werde also die natürliche Verjüngung auch solcher Urwaldbestände voraussichtlich vorgeschrieben werden. Bei der Festlegung der Verjüngungsdauer für die einzelnen Abteilungen müsse auf die Rentabilität unter den dortigen schwierigen wirtschaftlichen Bedingungen Rücksicht genommen werden. Wegen der erforderlichen vielen vorübergehenden Bringungsanlagen sei es nicht gleichgültig, ob der Räumungshieb fünf, zehn oder fünfzehn Jahre nach dem Samenschlag geführt werde. Eine Verjüngungsdauer von 20 bis 30 Jahren je Abteilung und die *Führung von drei Hieben* (Vorbereitungs-, Besamungs- und Räumungshieb) sei nur dort tragbar, wo die Kosten für die Bringungsanlagen zweiter Ordnung nicht hoch sind, wo zum Beispiel das anfallende Holz im Winter auf einfachen Schlittwegen zur Hauptbringungsanlage herangebracht werden könne. Eine Nutzungs- und Verjüngungstechnik, wie sie in den durch dauernde Holzbringungsanlagen aufgeschlossenen Kulturwaldungen Mitteleuropas schon seit langem in Übung sei, komme für den noch nicht erschlossenen Urwald schon aus Gründen der Wirtschaftlichkeit nicht in Frage. Wenn der Grundbestand aus *Tanne und Buche* bestehe, wie es im Mittelgebirge Südosteuropas meistens der Fall sei, so erreiche man mit *zwei Hieben*, einem *Samenschlag* und einem *Lichtungshieb*, und einer Verjüngungsdauer von 10 bis 15 Jahren in den meisten Fällen das Ziel, nämlich eine natürliche Verjüngung der beiden Hauptholzarten in einem solchen Ausmaß, daß sie nur da und dort einer künstlichen Ergänzung bedürfe. In Bosnien habe man beim Samenschlag ungefähr die halbe Holzmasse „mit Vermeidung von Lückenbildung" entnommen. Dabei seien die stärksten Tannen und Buchen zur Fällung angewiesen worden, während die mittleren Stammklassen als Samenbäume zurückblieben. Diese seien dann nach 10 bis 15 Jahren womöglich in einem Hieb zu räumen gewesen, die Lücken im Jungwuchs habe man allenfalls im Wege der Pflanzung ergänzt. Aus den bosnischen Erfahrungen folgert F r ö h l i c h, daß eine *naturgemäße Wieder-*

---

[1] Mitt. des Ausschusses für Technik in der Forstwirtschaft, Heft III, Berlin 1930.

[2] F r ö h l i c h J., Die Forstbetriebseinrichtung im Urwald, Centralbl. f. d. ges. Forstw. **67**, 1941, S. 87.

verjüngung der Mischbestände aus Tanne, Buche und etwas Fichte im Laufe von 10 bis 15 Jahren und mit zwei bis drei Hiebsmaßnahmen möglich sei[1]. Auf Grund seiner eigenen Wahrnehmungen in Bosnien möchte Verfasser hinzufügen, daß das angegebene Verfahren selbstverständlich in bezug auf die Pfleglichkeit zu wünschen übrig läßt, daß es aber dem Zwang der wirtschaftlichen Tatsachen Rechnung trägt und in waldbaulicher Hinsicht weniger schädlich ist als der Großkahlschlag im Mischwald mit nachfolgender reiner Fichtenaufforstung. Der Besamungshieb „mit Entnahme der halben Holzmasse" wäre nach Ansicht des Verfassers so zu führen, daß der Einschlag nicht etwa nach der Aufarbeitung der bei der Fällung beschädigten Stämme *mehr* als die halbe Masse ausmacht, eher soll er auch *nach* dieser Aufarbeitung die halbe Masse noch nicht ganz erreichen. Nach den bosnischen Beobachtungen des Verfassers hatten zu lichte Besamungshiebe häufig sehr starke Verunkrautung zur Folge. Auch Sturmschäden in zu plötzlich stark gelichteten Beständen kamen vor. Wo es also die wirtschaftlichen Verhältnisse nur einigermaßen zulassen, wäre ein stetiges, allmähliches Vorgehen, mit mehreren Eingriffen, der Plötzlichkeit (mit bloß zwei bis drei Hieben) stets vorzuziehen.

In reinen Nadelholzbeständen der südosteuropäischen Gebirge, und zwar in solchen von Fichte oder Fichte und Tanne, kann, wenn aus Gründen der Wirtschaftlichkeit ein großer Holzeinschlag erforderlich ist, wegen Sturmgefährdung nicht natürliche Verjüngung angewandt werden. Beim Kahlschlagbetrieb mit künstlicher Wiederaufforstung sollen auch dort Großflächen vermieden werden durch Schaffung mehrerer Anhiebe und Bildung mehrerer Hiebszüge. Über den Schirmschlagbetrieb in Stieleichenbeständen Rumäniens (mit zwei einander rasch folgenden Hieben) berichtet M. P e t c u t[2].

Der Schirmschlag verdankt die hauptsächliche Verbreitung dem Einfluß G. L. H a r t i g s, der mit seiner 1791 erschienenen „Anweisung zur Holzzucht für Förster" als der Begründer einer systematisch zusammengefaßten Waldbaulehre angesehen werden kann. Das Verfahren des Schirmschlages wurde allmählich etwas abgeändert: Außer dem Hauptsamenjahr können nunmehr auch Vor- und Nachbesamung durch Sprengmasten berücksichtigt werden, auch wird die Schlagstellung nicht mehr so gleichmäßig wie früher durchgeführt, das Risiko wird vermindert durch Beschränkung zunächst auf streifen- oder zonenweise Verjüngung, statt der früheren Inangriffnahme auf zusammenhängender Großfläche (V a n s e l o w). Auf Berghängen beginnt man, um Fällungs- und Rückungsschäden möglichst zu vermeiden, mit der Verjüngung im oberen Teil (sonst würden, da ja die Rückung von oben nach unten erfolgen muß, Rückungsschäden an den Anwüchsen die Folge sein). Infolge der zonenweisen Inangriffnahme erfolgt auch die Holzernte in besserer räumlicher

---

[1] F r ö h l i c h J., Die Forstbetriebseinrichtung im Urwald, Centralbl. f. d. ges. Forstw. **67**, 1941, S. 87.

[2] P e t c u t M., Beiträge zur Kenntnis der Naturverjüngung reiner Stieleichenbestände, Anal. Instit. d° Cercet. și Experim. for. **7**, 1942, S. 160—177 (Ref.: Forstl. Rundschau **15**, 1943, S. 101).

Ordnung, die Gefährdung des Jungwuchses ist geringer. Der gleichförmige Schirmschlag mit kurzer Verjüngungsdauer führt zur Gleichalterigkeit und, da er die Schattholzarten, besonders die Buche, begünstigt, zu fast reinen Beständen (zum „Herausdunkeln" der beigemischten Eiche). Beim abgeänderten Verfahren kann durch Voranbau anderer erwünschter Holzarten oder durch künstliche nachträgliche Ergänzung der Verjüngungen mit solchen auf das Ziel des Mischwaldes hingearbeitet werden.

Bisher wurde die Hiebstechnik der natürlichen Verjüngung unter Schirm mit kürzerer allgemeiner Verjüngungsdauer besprochen. Wird dagegen Schirmstellung auf *Kleinflächen* angewandt, so ist der Verjüngungszeitraum für die *ganze* Bestandesfläche, also der allgemeine Verjüngungszeitraum, ein *längerer*. Hieher gehört der *bayerische Femelschlag*, der grundsätzlich von Gruppenschirmstellungen ausgeht und der zugleich die noch zu besprechende „Randstellung", das Randhiebsverfahren, anwendet.

Der bayerische Femelschlag. Während der Ausdruck „Schirmschlag" gegenwärtig in der deutschen Fachsprache die Form mit gleichmäßiger Schirmstellung bedeutet, versteht man unter „Femelschlag" die Form des ungleichmäßigen Schirmhiebes, zum Beispiel in Horsten und Gruppen. K. G a y e r [1] kennzeichnet den Femelschlag dahin, „daß sich der Verjüngungsprozeß nicht gleichförmig und gleichmäßig über den ganzen Bestand erstreckt, sondern auf den einzelnen Teilflächen desselben sich ungleichmäßig vollzieht, so daß alle Stadien des Verjüngungsprozesses nebeneinander im Bestand vertreten sind. Die Hiebe sind keine gleichförmigen, sondern ungleichförmige". Beim Femelschlag beabsichtigt man also nicht, mit einem einzigen Samenschlag alles auf eine Karte zu setzen. In einem und demselben Samenjahr vollzieht sich die Verjüngung nur auf einigen Teilflächen, für andere kleine Teilflächen wird ein anderes, späteres Samenjahr ausgewertet. Man rechnet von vorneherein nicht nur mit „Vollernten", sondern auch mit „Teilernten" dazwischen, mit Zwischensamenjahren, ja auch mit „Sprengmasten". Durch die längere Verjüngungsdauer wird auch auf die Mischholzarten besser Rücksicht genommen als bei einem Verfahren, das in der Regel ein einziges Samenjahr der vorherrschenden Holzart ausnützt und dabei, schon wegen des schematischen Vorgehens auf der Großfläche, die anderen beigemischten Arten mehr oder weniger vernachlässigen muß. K. G a y e r (Der gemischte Wald, 1886) schrieb: Die natürliche Samenverjüngung mit gleichförmig geführten Hieben und Schlagstellungen, ganz besonders bei beschleunigten Verfahren, habe uns gemischte Bestände... „in der größten Mehrzahl der Fälle *nicht* gebracht".

Beim Femelschlag ist in einem bestimmten Zeitpunkt der Fortschritt der Verjüngung auf verschiedenen Teilflächen des Bestandes ein verschiedener. Während der Schirmschlag, selbst wenn er statt eines reicheren Samenjahres deren zwei ausnützt, zu einem gleichalterigen Bestande führt, ist dagegen das *Ergebnis des Femelschlages* nach Ausnützung einer größeren

---

[1] G a y e r K., Der Waldbau, 4. Aufl., 1898, S. 422.

Zahl von Samenjahren ein *ungleichalteriger Bestand*. Der bayerische Femelschlag entstand in den 1880er Jahren unter dem Einfluß K. G a y e r s,
dessen Vorschläge fortgebildet wurden durch den damaligen Leiter der
Bayerischen Staatsforstverwaltung v. H u b e r. G a y e r verlangte Ab-
kehr vom Schema, „vom allgemeinen Model für den wechselvollen Wald".
Während zu Beginn des 19. Jahrhunderts der Wald in Mitteleuropa fast
überall sehr beträchtliche Räumden aufwies, hatte man zur Zeit G a y e r s
seit einigen Jahrzehnten eine Verbesserung durch Aufforstung erreicht.
Aber *Kahlschlag und künstliche Aufforstung, Begründung reiner Bestände,
paßten nicht für alle Verhältnisse.* In G a y e r s süddeutscher Heimat handelte es sich vielfach um gemischte Bestände von Fichte, Tanne, Buche.
G a y e r trat dem Kahlschlag entgegen und arbeitete auf die Begründung
gemischter Bestände[1] in horst- und gruppenweiser Form hin. Er verlangte
Berücksichtigung der Mannigfaltigkeit und des Wechsels der Erscheinungen
sowie das Einschlagen naturgerechterer Wege als bisher. Der Femelschlag
paßt hauptsächlich für Waldungen von Tanne, Buche, Fichte. Da sich der
Verjüngungsvorgang nicht gleichförmig über den Bestand, sondern auf
einzelnen Teilflächen vollzieht, so sind alle Entwicklungsstufen der Verjüngung im Bestand nebeneinander vertreten. Die einzelnen Verjüngungsflächen sind Kleinflächen, „Gruppenschirmstellungen", unregelmäßig durch
den Bestand verteilt oder durch den zunächst zur Verjüngung in Aussicht genommenen Teil („Zone") desselben.

Um den Betrieb bei fortschreitender Verjüngung, die Ausrückung des
Holzes zwischen den vielen zu schonenden Anwuchshorsten usw. nicht zu
erschweren, ist eine *räumliche Ordnung* notwendig, besonders im geneigten
Gelände. Die Schwierigkeiten werden gemildert und die Übersichtlichkeit
wird erhöht, wenn die Kleinflächen zunächst nur innerhalb bestimmter
Streifen oder Zonen angeordnet werden, dies führt zu streifenweisem Vorgehen, Fällung und Rückung vom Anwuchs hinweg, nicht durch ihn hindurch. Erst wenn der Anwuchs in der einen Zone sichergestellt ist, kommt
eine weitere Zone zur Verjüngung. Man beginnt mit der Verjüngungszone auf der vom Wind abgekehrten Seite, also im Osten, Norden oder
Nordosten, in geneigtem Gelände mit Rücksicht auf die Holzbringung
stets oben. (Für sehr steile Hänge und für sturmgefährdete Lagen ist der
Femelschlag nicht geeignet.)

Unterbleibt die Zonenbildung, so wird wenigstens ein in der Richtung des sturzgefährlichen Windes vorgelagerter Bestandesstreifen von
etwa 80 bis 100 m Breite als Schutzstreifen zuerst vom Hieb verschont
und erst zuletzt verjüngt. Man beginnt mit der horstweisen Verjüngung
an Stellen, wo schon Ansamung vorhanden ist oder wo sie die besten Bedingungen findet. Gewöhnlich sind dies Stellen mit garem Boden, es
braucht dann der spezielle Verjüngungszeitraum auf der einzelnen Kleinfläche nicht lange zu sein, meist genügt für die Kleinfläche *ein* Besamungshieb und ein oder zwei Nachhiebe. Bei dichtem Schluß oder nicht garem

---

[1] G a y e r K., Der gemischte Wald, seine Begründung und Pflege, insbesondere
durch Horst- und Gruppenwirtschaft, Berlin 1886.

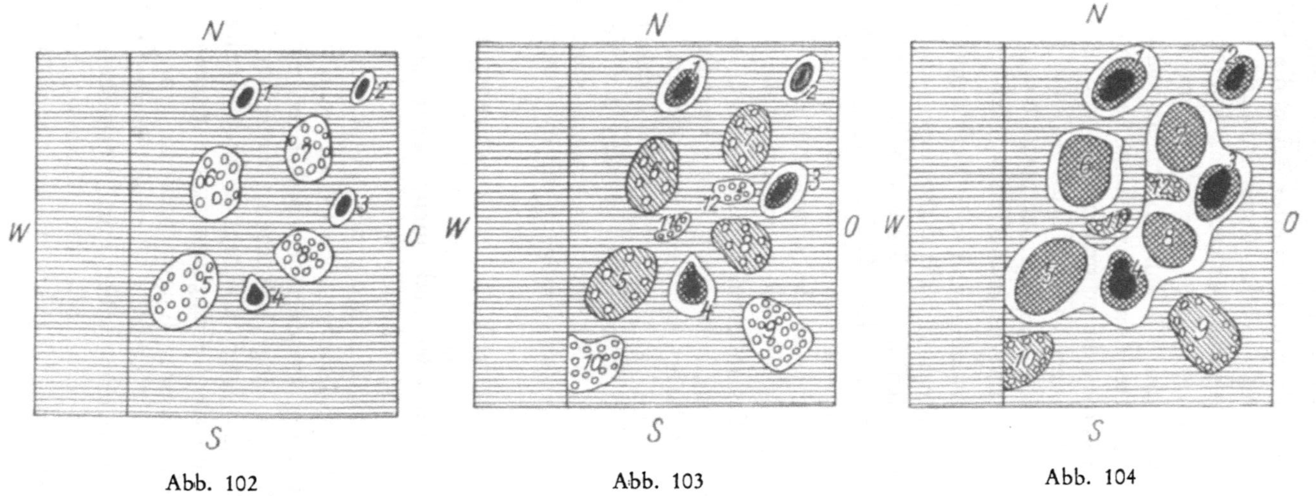

Verjüngungsgang beim bayerischen Femelschlag.

Abb. 102. Einleitung der Verjüngung; horizontal schraffiert = Vollbestand, im Westen Schutzstreifen. Die Vorwuchsgruppen (schwarz) 1—4 werden freigestellt und durch Anlage von Randstellungen erweitert. Neue Gruppenschirmstellungen 5—8 werden angelegt.

Abb. 103. Vergrößerung der Vorwuchsgruppen 1—4 durch Randstellungen. Auflichtung der Gruppenschirmstellungen 5—8 über vorhandenem Anwuchs. Anlegen neuer Gruppenschirmstellungen 9—12.

Abb. 104. Stetige Erweiterung der Verjüngungsflächen; die mit Jungwuchs bestockten Flächen 5—8 sind abgedeckt. Gruppenschirmstellungen 9—12 besamt, aufgelichtet.

(Nach Vanselow. 1931.)

Boden kommen erst Vorbereitungshiebe in Anwendung. Die Hiebe zur Erzielung der ersten Verjüngungsflächen, der „Verjüngungskerne", heißen *„Gruppenanhiebe"*. Die langsamwüchsigen, schutzbedürftigen Holzarten Tanne und Buche sollen sich zuerst ansiedeln, in zweiter Linie die Fichte. Auch örtlich auf Bestandeslücken zufällig vorhandener Anwuchs („Vorwuchs") kann als Verjüngungskern ausgenützt werden. Trotz kurzem Verjüngungszeitraum für die einzelnen Gruppen kann der *allgemeine Verjüngungszeitraum* etwa 30 bis 40 (oder selbst 50) Jahre betragen. Unter den älteren schlechteren Vorwüchsen sind öfter brauchbare junge Ansamungen, die durch Eingriffe in den alten Vorwuchs licht zu stellen sind, um sie in die Verjüngung einzubeziehen. Fehlt örtlich der Altholzschirm, so kann als Ersatz aus aufgelichteten alten Vorwüchsen eine sogenannte *„kleine Schirmstellung"* als Schutz für den künftigen Anwuchs geschaffen werden[1].

Um die Holzabfuhr nicht zu erschweren, sind die Verjüngungskerne zweckmäßig zuerst keineswegs in Mulden und Tälern anzulegen, durch die hindurch ja die Holzrückung wird stattfinden müssen, sondern auf den obersten Teilen der Verjüngungszonen, an den *Abrück- und Bringungsgrenzen*. Sobald die ersten Verjüngungskerne Fuß gefaßt haben, werden sie durch Anwendung der *Randverjüngung* längs des Umfanges der Verjüngungskegel erweitert. Die Verjüngungskerne selbst werden dann häufig schon freigestellt. Die Lockerung des Bestandesrandes rings um sie wird in Bayern als „Rändelhieb" oder Rändelung bezeichnet. Besonders die Fichte verjüngt sich in der Randstellung. Im Süden der Verjüngungsgruppe ergibt sich ein Altholznordrand, der für die Verjüngungsgruppe in der Regel besonders günstig ist. Der Südrand des Altholzes im Norden der Verjüngungsgruppe ist dagegen in vielen zur Trockenheit neigenden Klimalagen weniger günstig. „Horste" sind größer als Gruppen, durch Zusammenfließen von Gruppen entstehen Horste.

Um die Erweiterung der Verjüngungskerne zu beschleunigen, was in reichen Samenjahren und bei garem Boden erwünscht ist, kann an die erste Verjüngungsfläche eine bis 30 m oder auch mehr breite „streifenförmige Schirmstellung" in Ringform angeschlossen werden, die in Bayern als „Umsäumungshieb" bezeichnet wird. Die Breite der Umsäumung kann auch bis zur zwei- bis dreifachen Bestandeshöhe gehen (V a n s e l o w, 232). Außerdem sind neue Verjüngungskerne zwischen den bisherigen zu schaffen. Die Verjüngungsränder sollen nie lange stillstehen, damit der Boden nicht verhärtet und damit sich an den Jungwuchsgruppen keine Steilränder bilden. Vielmehr sollen sanft abfallende Verjüngungskegel entstehen.

Schließlich liegen zusammenfließende Jungwuchshorste mit einem wellenförmigen Kronendach vor, die Holzarten (Tanne, Buche, Fichte) sollen sich je in Gruppen auf Kleinflächen finden mit beigemischten einzelnen Kiefern und Lärchen, es wird also nicht nur Mischung, sondern gruppenweise Mischung angestrebt und Ungleichaltrigkeit, weil nur bei

---

[1] V a n s e l o w K., Theorie und Praxis der natürlichen Verjüngung im Wirtschaftswald, Neudamm 1931. — Dortselbst weitere Schrifttumsangaben, betreffend die bayerischen Verfahren, auf S. 242.

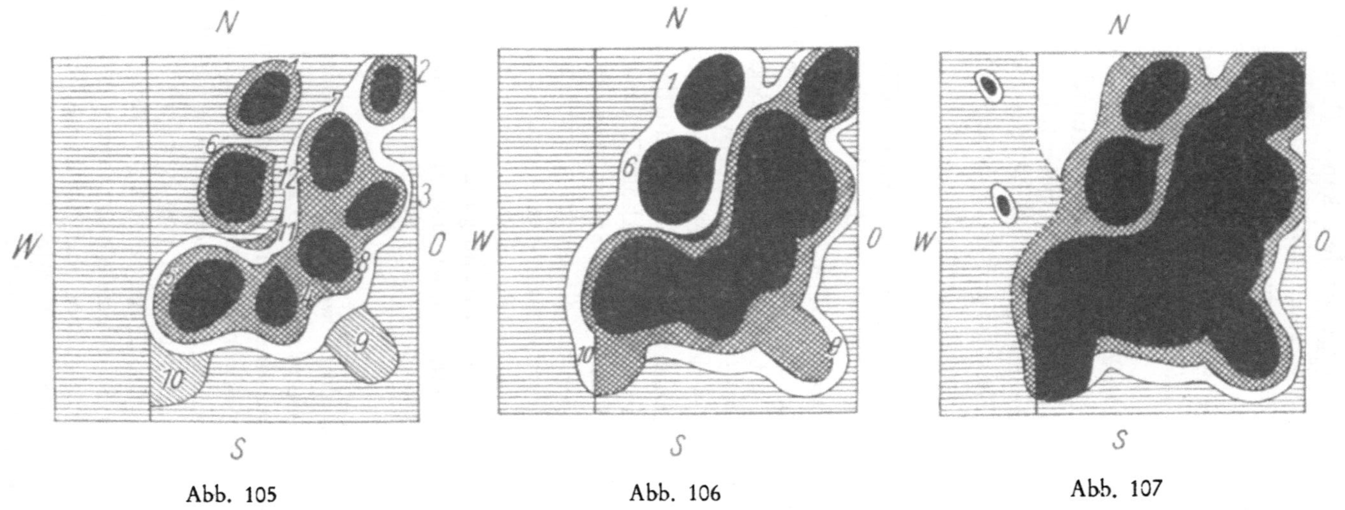

Abb. 105   Abb. 106   Abb. 107

Verjüngungsgang beim bayerischen Femelschlag.

Abb. 105. Beginn des Endstadiums. Die Verjüngungsflächen 1—8, 11 und 12 haben sich infolge der Randstellungen erweitert. Mehrere Verjüngungsflächen fließen zu einem „Horst" zusammen. Flächen 9 und 10 abgedeckt.

Abb. 106. Der Horst wird durch Randstellung erweitert und vereinigt sich mit den erweiterten Jungwuchsflächen 1, 6, 9 und 10.

Abb. 107. Der Bestand ist bis auf schmale Teile an der Ost- und Südgrenze und bis auf den Schutzstreifen verjüngt. Diese Flächen sind noch zu verjüngen, im Schutzstreifen sind bereits zwei Vorwuchsgruppen freigestellt und Randstellungen um sie angelegt.

(Nach Vanselow, 1931.)

räumlicher Trennung der Holzarten und einem Altersvorsprung der in
der Jugend langsamerwüchsigen für die ständige Erhaltung aller Holzarten und somit für Dauermischung gesorgt werden kann. (Das gilt für
gleichwüchsige Mischungen, ungleichwüchsige mit einer herrschenden und
einer dienenden Holzart müssen innigere Mischungen sein.) Die schmalen
Alzholzbänder zwischen den Gruppen werden schließlich geräumt. Die
Verjüngung beginnt dann (beim Zonenfemelschlag) in der gleichen Weise
in einer anschließenden Zone. Lückige Anwüchse werden durch künstliche
Bestandesgründung ergänzt.

In mehr oder weniger *lückigen Beständen* wird das Hiebsverfahren
des Femelschlages insofern abgeändert, als der Angriff zunächst nicht
durch einigermaßen regelmäßig verteilte Gruppenanhiebe erfolgt, sondern
eine unregelmäßige Schlagstellung über die ganze Fläche bewirkt wird,
durch Einzelentnahme der stärksten, ältesten und rückgängigen Stämme.
Die Verjüngungsgruppen bilden sich dann in verschiedener Größe und
unregelmäßiger Verteilung.

Die *Vorteile des Femelschlages* (im Vergleich zum Schirmschlag) sind:
Vermeidung schematischen Vorgehens (das mehr der Verjüngung des
reinen Buchenbestandes angepaßt ist), bessere Anpassung an das biologische
Verhalten jeder einzelnen Holzart in der Mischung, an kleine Unterschiede des Standortes, Ausnützung des Lichtungszuwachses, Begründung
von Mischbeständen. Daneben gibt es Nachteile, denen durch Abänderung
des Verfahrens entgegengewirkt werden kann: Südränder des Altholzes,
entstanden nach Freistellung der Jungwuchsgruppe, leiden durch Rindenbrand, Verhagerung und Verunkrautung; schmale Altholzbänder zwischen
den sich nähernden Jungwuchsgruppen sind durch Sturm gefährdet, auch
ist die Fällung und Rückung ohne Schaden für die einander nähergerückten
Anwuchsgruppen sehr erschwert. Zur Vermeidung dieser Nachteile wurde
die horst- und gruppenweise Verjüngung im Femelschlag verbunden mit
einer *saum- oder streifenweisen,* die mit Randverjüngung in den Bestand
vorwärtsschreitet und die vorher erzielten Jungwuchsgruppen einbezieht.
So entstand in Bayern als eine Abart (Verbesserung) des Femelschlages der
Saumfemelschlag.

Der Saumfemelschlag. Besonders dort, wo die *Fichte* sonst durch
Sturmschäden gefährdet wäre, ist der Saumfemelbetrieb am Platze. Der ursprünglich gerade Saum geht bei Einbeziehung von Vorwuchsgruppen oft
in eine geschlängelte Linie über. Das Schwergewicht der Verjüngung liegt
in der Regel auf der Gruppenschirmstellung. Außerdem wird in der Randstellung (Saumrandstellung von außen, in der Regel von Norden) verjüngt.
In reichen Samenjahren wird zu deren Ausnützung ausnahmsweise
Streifenschirmstellung angewandt. Der Saumfemelschlag ähnelt dem Blendersaumschlag C h r. W a g n e r s. In Verbindung mit horst- und gruppenweiser Verjüngung ist er dem noch zu besprechenden bayerischen kombinierten Verfahren sehr ähnlich. Beim Saumfemelschlag werden Tanne und
Buche, als schutzbedürftige Holzarten, dem Saum vorauseilend, in Gruppenschirmstellung verjüngt, die Fichte eignet sich besonders für die Rand-

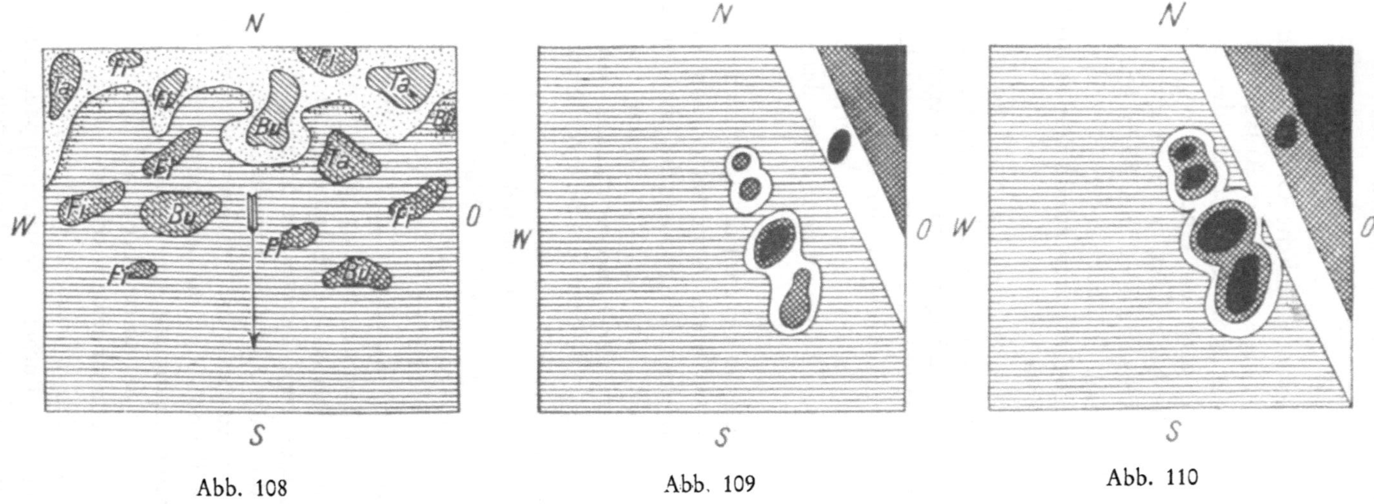

Abb. 108. *Saumfemelschlag* mit reicher Entwicklung der Randlinie. Horizontal schraffiert = Altholzbestand, punktiert = Jungwuchs, schräg schraffiert = verjüngte Gruppen von Tanne, Buche und Fichte, Pfeil = Frontrichtung. (Nach S e e h o l z e r, Forstwissenschaftliches Centralbl. 1922, S. 134).

Abb. 109. Verjüngungsgang beim *bayerischen kombinierten Verfahren* im ebenen oder schwach geneigten Gelände. Der Saumschlag dringt mit Frontrichtung SW (mit Schirm- oder Kahlstellung) in den Bestand vor. Er hat eine Jungwuchsgruppe aufgenommen. Vor der Angriffsfront vier Gruppen, je zwei zu einem Horst vereinigt.

Abb. 110. Fortsetzung des Verjüngungsganges im bayerischen kombinierten Verfahren im ebenen oder schwach geneigten Gelände. Die Angriffsfront dringt weiter vor. Die zwei Horste, durch Randstellung erweitert, haben sich zu e i n e m Horst vereinigt. (Abb. 109 und 110 nach den „Wirtschaftsregeln für die bayerischen Forstämter Kelheim-Nord und Kelheim-Süd".)

stellung, und die Lichtholzarten, wie Kiefer und Lärche, verjüngen sich zuletzt, von Überhältern auf den sonst bereits geräumten Außensäumen, oder es werden auch bei der Abdeckung der Anwuchsgruppen (Horste) einzelne Lärchen und Kiefern zu diesem Zwecke als Samenbäume übergehalten. Der Saumfemelschlag bietet bessere räumliche Ordnung und vermeidet daher die Nachteile des Femelschlages. Mit der Anlage der dem Saum voraneilenden Gruppen geht man nicht zu tief in den Bestand hinein; die Zone, das Verjüngungsfeld, wird auf eine Breite gleich der doppelten bis dreifachen Bestandeshöhe beschränkt, zum Beispiel ist bei einer Bestandeshöhe von 25 m das Arbeitsfeld 50 bis 75 m breit. Die Gruppen werden also dichter an die Front des Saumschlages herangezogen, dadurch wird das (dem Wind Eingangsmöglichkeiten schaffende) Aufreißen des Bestandes auf der ganzen Fläche vermieden.

Um trotzdem einen rascheren Hiebsfortschritt zu ermöglichen, können mehrere Hiebsfronten zugleich in einem Bestand geschaffen werden, durch Gliederung des Bestandes an Geländefalten, Gräben, Wegen. Somit kann die Verjüngung auch größerer Altholzflächen in nicht zu langem Verjüngungszeitraum bewirkt werden. Ergänzungen der natürlichen Verjüngungen durch künstliche Begründung können rechtzeitig erfolgen. Der Saumfemelschlag hat daher die rein horstweise vorgehende Form des Femelschlages weitgehend verdrängt.

Das bayerische kombinierte Verfahren ist ähnlich dem eben besprochenen, erstreckt sich aber auf ein ausgedehnteres Arbeitsfeld (von 100 bis 150 m Breite; beim vorigen ist die Breite des Arbeitsfeldes die doppelte bis dreifache Bestandeshöhe). Es wendet, um die Verjüngung auf dem breiten Arbeitsfeld zu bewältigen, statt der Randverjüngung auf dem Saum, eine *Streifenschirmverjüngung* an. Die Streifenschirmverjüngung gestattet einen rascheren Hiebsfortschritt, es können also ausgedehnte hiebsreife Bestände von Fichte (mit etwas Buche und Tanne) auf diese Weise verjüngt werden. Im Bestandesinneren wird (schon einige, zum Beispiel zehn Jahre vorher) Tanne und Buche verjüngt, von außen schreitet der Streifenschirmschlag vorwärts, in fast reinen Fichten- und Kiefernbeständen manchmal auch der *Streifenkahlschlag* mit künstlicher Bestandesgründung.

Der Unterschied gegenüber dem Saumfemelschlag ist also hauptsächlich die Breite des Streifens sowie die Breite des Arbeitsfeldes, der raschere Hiebsfortschritt. Stärkere Auflichtung zum Zwecke der Streifenschirmverjüngung findet in einem Samenjahr statt. Auf dem anschließenden Streifen wird meist zugleich eine schwächere Auflockerung, gewissermaßen ein Vorbereitungshieb, durchgeführt. Die Tannen- und Buchengruppen im Inneren sollen, bis die vorrückende Fichtenverjüngung sie erreicht, schon einen solchen Altersvorsprung besitzen, daß sie durch Frost und Dürre sowie durch die Konkurrenz der Fichte nicht mehr leiden können.

Auch in *Kiefernbeständen mit Buchenbeimischung* erfolgt zuerst im Bestandesinneren die Begründung von Buchenvorwuchsgruppen. Deshalb sind vorhandene Buchenaltholzgruppen lange vorher durch Kronenfreihieb zu pflegen. Nötigenfalls werden auch Einzelbuchen berücksichtigt. Fehlt es an Buchenaltholz, so kann auf geeigneten Standorten Buche auch vorher künstlich durch Saat oder Pflanzung eingebracht werden. Wenn die Buchen etwa 10 bis 15 Jahre alt sind, kann der Streifenschlag meist als Kahlschlag, mit künstlicher Bestandesgründung der Kiefer durch Pflanzung, allenfalls durch Saat, oder auch mit natürlicher Seitenbesamung vorrücken und die Buchengruppen aufnehmen.

Ähnlich kann man bei *reinen Fichtenbeständen* vorgehen, falls auf dem Standort ursprünglich (früher) auch Buchenbeimischung, beziehungsweise Tannenbeimischung war; bevor der Streifenschlag (als Schirmschlag oder als Kahlschlag) vorrückt, wird im Bestandesinneren unter dem gelockerten Schirm von Fichtengruppen Buche oder Tanne durch Pflanzung (oder durch Saat) eingebracht. Zu diesem „*künstlichen Femelschlag*" kann man auch rechnen den in manchen Gegenden Norddeutschlands gehandhabten

Mortzfeldschen Löcherhieb, den M o r t z f e l d zur Wiedereinbringung der Eiche sowohl in Ostpreußen als auch im Buchengebiet des Westens empfohlen hat. In Ostpreußen hatte die Eiche ihr Gelände an Fichte, Birke, Hainbuche usw. abgeben müssen, im Westen an die Rotbuche. In Ostpreußen erwies sich der Kahlschlag wegen der Spätfröste als wenig geeignet für die Einbringung der Eiche. M o r t z f e l d brachte daher die Eiche durch Voranbau auf kreisrunden, kahlen Löchern von etwa 30 m Durchmesser ein, die Bestandesgründung geschah mit Kleinpflanzen oder durch Saat auf geeigneten Stellen innerhalb jener Altbestände, deren sonstige Bestandesfläche nach etwa zehn Jahren verjüngt werden sollte. In den ostpreußischen Lehmrevieren gedeihen neben der Fichte auch Eiche, Esche, Birke, Aspe, Hainbuche. Wegen Gefahr des Wildverbisses mußten die Eichenhorste eingegattert werden, und da eine größere Anzahl von Horsten bedeutende Zaunlängen zur Eingatterung erfordert, so waren die Einzäunungskosten zu hohe. Immerhin wurde dadurch die Eiche auf beträchtlichen Flächen wieder eingeführt.

Ähnliche *Löcherhiebe* wurden zum Zwecke des Voranbaues der Eiche in Eichenmischwäldern der Vorsteppe *in der walachischen Ebene Rumäniens* empfohlen[1]. Dort gibt es (nördlich von Bukarest, im Gebiete Tigănești-Periș) ausgedehnte schöne Waldbestände aus Eiche *(Qu. pedunculata),* Weißbuche, Linde, Esche, Ulme und anderen Laubhölzern. Während Weißbuche und Linde sich dort im Optimum befinden, gibt es dagegen ergiebige Samenjahre der Eiche nur alle zehn bis zwölf Jahre. Im Schirmschlag war die Konkurrenz der Weißbuche und Linde übermächtig, wahrscheinlich hatte man mit der Führung des Samenschlags nicht Jahre mit Eichelvollmast abgewartet. Deshalb wurden, wie M. R ă d u l e s c u berichtet, von 1921 an Verjüngungsversuche auf Bestandeslöchern von 15 bis 30 m Durchmesser „nach dem G a y e r schen Verfahren" durchgeführt, auf dem mit der Haue bearbeiteten Waldboden wurden Eicheln gesät. Unter dem Schutz des benachbarten Bestandes entwickelten sich die Pflanzen gut,

---

[1] R a d u l e s c u M., Einige Bemerkungen zur Kultur der Stieleiche in der walachischen Ebene. Revista pădurilor **41**, 481—495, 1929.

zwischen den Löchern kamen allmählich die erwähnten anderen Laubholzarten an, ein erwünschter Mischbestand war das Ergebnis.

Der badische Femelschlag ist eigentlich ein *Großflächenschirmschlag mit einem* infolge besonderer Verhältnisse *wesentlich verlängerten Verjüngungszeitraum.* Diese „besonderen Verhältnisse" sind teils geschichtlich, teils ökologisch zu erklären: es handelt sich um die Verjüngungsform in Tannen-Buchen-Fichten-Kiefern-Mischbeständen der höheren Lagen des badischen Schwarzwaldes. Vor mehr als 100 Jahren sollte auf Grund des badischen Forstgesetzes von 1833 der regellose Plenterbetrieb durch den G. L. H a r t i g schen Schirmschlag mit kurzem Verjüngungszeitraum ersetzt werden. Dies stieß auf Schwierigkeiten wegen der ungleichalterigen Bestockung der ehemaligen Plenterwälder, dann auch deshalb, weil die Tanne in etwas höheren Lagen des badischen Schwarzwaldes weniger häufig Samenjahre aufweist (das ist der ökologische Grund); denn in 1000 bis 1200 m Höhe (zum Beispiel Forstbezirk St. Märgen) kommen Spätfröste oft noch im Juni vor, vernichten die Blüte, daher sind Samenjahre selten, bei Buche alle zehn bis zwölf Jahre, bei Fichte etwa alle sechs bis acht Jahre. Die Tanne braucht daher in dieser Höhe länger für die Verjüngung als in ihrem Optimum in den Vorbergen. Der Schirmschlag mit kurzer Verjüngungsdauer ist also für die Tanne dort wenig geeignet. Auch hätte seine Durchführung damals zur Folge gehabt, daß auf der Verjüngungsfläche des Schirmschlagbetriebes im damaligen früheren Plenterwald *alle,* auch die schwächeren, noch schlecht verwertbaren Stämme hätten bald genutzt werden müssen, während auf ausgedehnten anderen Teilflächen die Nutzung hiebsreifen Starkholzes im bisherigen Plenterwald hätte lange aufgeschoben werden müssen. Aus diesen beiden Ursachen, einer bestandesgeschichtlichen und einer ökologischen, wurde der Verjüngungszeitraum verlängert, die Umtriebszeit erhöht und zugleich das Schwergewicht auf die Erziehung wertvoller Starkhölzer durch Ausnutzung des Lichtungszuwachses bei sorgfältiger Bestandespflege gelegt. Der Betrieb wurde dadurch dem Plenterbetrieb ähnlicher, die Opfer der Überführung aus der einen in die andere Betriebsform wurden kleiner. Beim badischen Femelschlag kam aber die räumliche Ordnung häufig zu kurz. Später wurde wohl zur Verbesserung der räumlichen Ordnung, Vermeidung von Fällungsschäden, Windwürfen, ein zonenweises Vorgehen empfohlen sowie die Erhaltung der stärkeren Stämme als sogenanntes „Knochengerüst des Waldes", die Praxis folgte aber zunächst nicht immer dieser Anregung. Unter Hinweis auf diese Verhältnisse führte 1925 Landesforstmeister P h i l i p p den Keilschirmschlag ein, doch ist man nachher (1934) wieder zum badischen Femelschlag, jedoch mit besserer räumlicher Ordnung, zurückgekehrt. Die Vorteile bestehen in der natürlichen Begründung gruppenweise ungleichaltriger und gemischter Bestände von Tanne, Fichte, Buche, Kiefer auf Standorten, die nicht gerade einem raschen Verjüngungsgang förderlich sind, und in der Erziehung eines Lichtungszuwachses an bestveranlagten Bestandesgliedern auf Standorten höherer Ertragsfähigkeit. Der Verjüngungszeitraum beträgt 30 bis 40 Jahre, dies entspricht bei

120jährigem Umtrieb einer Verjüngungsfläche von 25 bis 30 v. H. der Gesamtwaldfläche, in Wirklichkeit stehen meist 30 bis 40 v. H. der Waldfläche in Verjüngung. Im geneigten Gelände schreitet die Verjüngung zur Vermeidung von Schäden mehr zonenweise von oben nach unten oder von den Rücken und Kuppen gegen die Mulden hin.

Das *Vorbereitungsstadium* beginnt mit der Entnahme kranker, mißgeformter, zuwachsarmer Stämme, auf die gute Kronenausformung der verbleibenden wird Bedacht genommen, hauptsächlich werden unter- und zwischenständige entfernt. Die Einleitung der Verjüngung aus dem Bestandesinneren soll zuerst zur Entstehung von Tannenanwuchs mit 10- bis 15jährigem Altersvorsprung führen. Arbeitsgebiet für die *Tannenansamung* ist die *Großfläche*, oft die ganze Abteilung. *Dann* erfolgt die Verjüngung der *Buche* und *Fichte* auf Grund wiederholter Hiebe in *verschieden breiter Zone*, die je nach dem Eintreffen der Mastjahre und der Verjüngungsfreudigkeit bemessen wird[1]. Verfasser hat im Jahre 1938 von Freiburg i. Br. aus auf häufigen Lehrausflügen schöne Beispiele sehr erfolgreicher Anwendung des badischen Femelschlagbetriebes kennengelernt.

Durch den vermehrten Wuchsraum werden die verbleibenden Bestandesglieder (Altholz) widerstandsfähiger gegen Sturm, auch tragen sie infolge der besseren Belichtung reichlicher Samen. Auch die Fichten sind hier in der Regel durch den Eingriff nicht gefährdet, weil sie in dieser Höhe meist von vornherein im Vergleich zu den Buchen vorwüchsig und daher widerstandsfähiger sind. Später erfolgen nach dem Bedürfnis des vorhandenen Anwuchses weitere Hiebe. Durch *Auslese der besten, einen guten Massen- und Wertzuwachs versprechenden Stämme* wird auf Wertleistung hingearbeitet. Vorwüchse, die zur Aufnahme in die Verjüngung geeignet sind, werden gepflegt durch Aufasten von Altholzstämmen oder durch Entnahme älterer protziger Einzelvorwüchse oder durch Fällung zwischen- und unterständiger Stämme. Verkümmerte, unbrauchbare Vorwüchse werden entfernt, falls sie nicht als Bodenschutz oder als Schutz gegen Spätfröste von Nutzen sind. Wo die natürliche Verjüngung ausbleibt, wird sie durch die künstliche ergänzt.

Auf die Stufigkeit der Mischgruppen mit größeren Altersunterschieden bis zu 30 bis 40 Jahren wird mit Rücksicht auf die Schneedruckgefährdung besonderer Wert gelegt. Wenn der Jungwuchs erstarkt ist, folgen Lichthiebe mit Entnahme der schwersten Hölzer und schließlich allmähliche Räumung vom Saume her. Ein- und Vielsäume (also Säume etwa im Sinne von C h r. W a g n e r s Blendersaum und solche im Sinne von E b e r h a r d s Schirmkeilschlägen) kommen ohne Schablone in Anwendung; in höheren Lagen des Schwarzwaldes auch Säume vom Süden wegen der dort erwünschten höheren Wärmequote.

Das Verjüngungsverfahren in Bärenthoren. Von K a l i t s c h führte seit 1884 in Bärenthoren in seinem 660 ha großen Kiefernwald den sogenannten *Dauerwald* ein, eigentlich war es eine Großflächenschirmverjüngung mit

---

[1] Dtsch. Forstverein, Führer zu den Lehrausflügen, Freiburg i. Br. 1937, Bericht über den Ausflug St. Märgen.

30- bis 40jährigem Verjüngungszeitraum und mit (vorläufig meist künstlicher) Beimischung verschiedener Laubhölzer, und zwar mit einem Anteil von etwa 0,3 der Bestockung. Das Verfahren bezog sich nicht auf das ganze Revier, denn mehr als die Hälfte des Revieres bestand aus aufgeforsteten Ackerflächen mit 30- bis 40jährigen Stangenhölzern, bei ihnen wurde schon in diesem Alter nur kurzfristige Schirmverjüngung auf Großflächen angewandt.

Die Maßnahmen in den älteren Beständen waren: Verzicht auf Kahlschlag, sorgfältige Pflege des Vorrates mit Hilfe der Durchforstungen, die durchschnittlich alle ein bis drei Jahre auf die gleiche Fläche wiederkehrten und die zuwachskräftigsten, bestgeformten und bestbekronten Bestandesglieder begünstigten, die schädigenden, minderwertigen Nachbarn entnahmen, weiter bestand das Verfahren in der Bodenpflege durch Reisigdüngung, Abschaffung der Streunutzung und der Leseholznutzung; bis zum Alter von etwa 90 Jahren soll die Vorratspflege *allein* maßgebend sein, dann erst setzt die Rücksicht auf die Verjüngung ein und beginnt der etwa 30 Jahre umfassende Verjüngungszeitraum. Die Stammzahl je Hektar im Alter von 90 Jahren beträgt:

> auf bester Güteklasse   170,
> auf mittlerer   200,
> auf geringster   500,

im Mittel je Hektar 300 (zum Vergleich sei erwähnt, daß am Alpenostrand in Niederösterreich wenig durchforstete Kiefernbestände sehr viel stammzahlreicher sind, zum Beispiel hatte 1943 ein 80jähriger Kiefernbestand zweiter Bonität im Forstamt Merkenstein, Abt. 7 c, eine Stammzahl von 699 mit hoch hinaufgerückten, verhältnismäßig kleinen Kronen infolge zu dichten Standes).

Die Durchforstungen verstärken sich zur Lichtung, die Stammzahl von im Mittel etwa 300 je Hektar verringert sich bis zum Alter von 120 Jahren auf einen Überhalt von 20 bis 30 Stämmen. Dieser soll ein Alter von etwa 200 Jahren erreichen. Fehlstellen in der Verjüngung werden künstlich mit Buche, Hainbuche, Eiche, Linde, Ahorn, Robinie, Wildobst usw. bestockt. Das Verjüngungsverfahren hat sich in Bärenthoren bewährt, doch ist es infolge der Langfristigkeit mit der Gefahr von Fällungs- und Rückungsschäden im Jungwuchs verbunden. Man wollte das Verfahren, das auch in Österreich stellenweise Beachtung fand, für Norddeutschland allgemein empfehlen, doch sind die standörtlichen Bedingungen, die Bodenbeschaffenheit, für die natürliche Verjüngung der Kiefer in Bärenthoren günstiger als es im Durchschnitt in Nordostdeutschland der Fall zu sein pflegt, die Anwendung läßt sich also nicht für alle Standorte Nordostdeutschlands verallgemeinern.

M ö l l e r-Eberswalde hat das Verfahren des Herrn v. K a l i t s c h sozusagen entdeckt und hat es unter der Bezeichnung „*Kieferndauerwaldwirtschaft*" durch eine Veröffentlichung vom Jahre 1920[1] und mehrere nach-

---

[1] M ö l l e r, Kieferndauerwaldwirtschaft, Zeitschr. f. Forst- u. Jagdw. 1920. — D e r selbe, Der Dauerwaldgedanke, sein Sinn und seine Bedeutung, Berlin 1922. — D e r-

folgende Abhandlungen der forstlichen Öffentlichkeit bekanntgemacht. Er hat also als erster auf die Erfolge der Bärenthorener Wirtschaft hingewiesen. Jedenfalls hat v. K a l i t s c h sowie auch M ö l l e r wertvolle Anregungen zu einer naturgemäßeren Bewirtschaftung des Kiefernwaldes, zur Vorrats- und Bodenpflege, gegeben.

Verjüngung im Plenterwalde. Im schlagweisen Hochwald sind die Altersklassen flächenweise getrennt und in Hiebszügen angeordnet. Der Bestockungsaufbau des Plenterwaldes ist dagegen gekennzeichnet durch eine bunte Mischung aller Altersstufen oder wenigstens Altersklassen[1] auf der ganzen Waldfläche; diese Mischung liegt entweder einzelbaumweise vor oder in Trupps oder Gruppen, so daß nicht der einschichtige Bestandesaufbau, sondern der mehrschichtige, mit sogenanntem „Vertikalschluß“ im Gegensatz zum Horizontalschluß gleichalteriger reiner Bestände, vorkommt. Freunde und Anhänger des Plenterbetriebes betonen, daß in ihm „keine großen, weitgedehnten Luftraumzonen ohne Chlorophyll sind“ (W. A m m o n), daß vielmehr „dauernd optimaler Stufenschluß, dauernde höchste Werterzeugung“ herrscht (S c h ä d e l i n).

Man teilt die Bäume im Plenterwald je nach ihrer Höhe und Stärke in drei Gruppen: den *Oberbestand* mit den höchsten und stärksten Bäumen, die einzeln oder in Gruppen über die Fläche verteilt sind und den übrigen Bestand überragen, den *Mittelbestand* mit den mittelhohen und mittelstarken Bäumen, die sich meist gruppenweise vorfinden, und den *Unterbestand*, der aus den niedersten und schwächsten Bäumen gebildet ist und der das unterste Kronenstockwerk darstellt. Für den Plenterbetrieb eignen sich am besten die schattenertragenden Holzarten, vor allem die Tanne. Die Hiebe, die im Plenterwald ausgeführt werden, mit stellenweiser Entnahme je eines oder weniger Bäume, und zwar vor allem schadhafter Bestandesglieder zugunsten von Auslesestämmen, führen zu einer natürlichen Verjüngung unter Schirm, einer Kleinflächenschirmverjüngung. Der allgemeine Verjüngungszeitraum ist gleich der ganzen Umtriebszeit des Bestandes, die man aber im Plenterwald nur aus dem durchschnittlichen Alter der ältesten Bäume bestimmen kann. Die Verjüngungshiebe im Plenterwald können in der Regel nicht getrennt und unterschieden werden von den Hieben der Bestandespflege, den Läuterungs- und Durchforstungshieben. Die Nutzung erstreckt sich zwar grundsätzlich stammweise über die ganze Fläche; in der

s e l b e, Kieferndauerwaldwirtschaft II, Ztschr. f. Forst. u. Jagdw. 1921. — W i e b e c k e, Der Dauerwald, 1. Aufl. 1920, 4. Aufl. 1924. — D e n g l e r A., Die Dauerwaldfrage in Theorie und Praxis, im „Jahresbericht des Dtsch. Forstvereins“, Berlin 1925. — K r u t z s c h - W e c k, Bärenthoren 1934, Neudamm 1935. — W i e d e m a n n E., Bärenthoren 1934, Ztschr. f. Forst- u. Jagdw. 1936, S. 513 — L e m m e l, Die Organismusidee in „M ö l l e r s“ Dauerwaldgedanken, 1939. — Sonstiges Schrifttum: bei V a n s e l o w, Natürliche Verjüngung im Wirtschaftswalde, 1931, S. 205/206.

[1] H u f n a g l L. betont, daß es für den Begriff des Plenterwaldes nicht erforderlich sei, daß alle Alters s t u f e n vorhanden sind, es genügt, wenn die Alters k l a s s e n durch eine hinreichende Anzahl von Stämmen vertreten sind. — H u f n a g l L., Der Plenterwald, sein Normalbild, Holzvorrat, Zuwachs und Ertrag, Österr. Vierteljahresschr. f. Forstw. 43, 1893, S. 117—132.

Regel ist man aber dazu übergegangen, die Masse, die dem betreffenden
ganzen Plenterwald in einem Jahre zu entnehmen ist, auf einer Teilfläche,
zum Beispiel nur auf einem Drittel oder einem Fünftel der Revierfläche, zu
ernten und dafür erst in drei oder fünf Jahren in dieselbe Teilfläche mit
der Nutzung wiederzukehren. Man nennt dann diese Zeit von zum Beispiel drei oder fünf Jahren, in der der Plenterhieb in denselben Bestand
wiederkehrt, die *„Umlaufszeit"* (nicht zu verwechseln mit der „Umtriebszeit"
des schlagweisen Hochwaldbetriebes). In den dazwischenliegenden Jahren
bleibt die schon geplenterte Teilfläche zunächst gänzlich verschont, weil
der Plenterhieb die anderen Teilflächen inzwischen in ähnlicher Weise
durchläuft. Den in einem Jahr in Plenterung befindlichen Waldteil bezeichnet man als den Plenterungsschlag, er braucht nicht eine zusammenhängende Fläche zu bilden, sondern kann aus mehreren, in verschiedenen
Waldteilen gelegenen Einzelflächen bestehen. Je pfleglicher der Betrieb ist,
desto mehr wird im Sinne der „Stetigkeit" (statt der Plötzlichkeit der
Eingriffe) verfahren, das heißt die Umlaufzeit ist kurz, beträgt zum Beispiel im vorbildlich gepflegten Plenterwald „Sandeckwald" des badischen
Forstamtes Wolfach nur etwa drei Jahre. Bei schon weniger günstigen
wirtschaftlichen Bedingungen, zum Beispiel im Bregenzer Wald Vorarlbergs, wird eine zehnjährige Umlaufszeit[1], somit ein höherer Einschlag auf
einmal auf der Einzelfläche, also größere Konzentration des Hiebes angewandt, dafür kehrt der Hieb erst nach zehn Jahren wieder. In einem
südöstlichen Nachbarland, im Plenterwald des Gottscheer Forstes, ging unter
Verhältnissen, die zu einer extensiven Wirtschaft zwingen, die Holznutzung mit Entnahme des jeweils stärksten Holzes regelmäßig nach
30 bis 40 Jahren über die gleiche Fläche, dabei wurden 30 bis 40 v. H.
der stehenden Masse (ja bis zur Hälfte dieser![2]) auf der einen Fläche auf
einmal entnommen, also ein grober Eingriff; solche Schläge sahen, wie
D a n n e c k e r[2] berichtet, unschön aus, gaben aber nach Mitteilung des
gleichen Verfassers in 30 bis 40 Jahren doch wieder schönen Plenterwald:
„Neben gewaltigen Starkstämmen von Tanne und Buche reichlichen
Zwischenwuchs beider Holzarten sowie auch Fichten und Ahorne." Nach
F l u r y dürfte eine Umlaufszeit von vier bis sechs Jahren, je nach Bonität
und allgemeiner Bestandesverfassung, das Richtige treffen[3].

Bei der Nutzung im Plenterwald entnimmt man bei den Verjün-
gungs-, zugleich Pflegehieben: im *Oberbestand* die schadhaften, krummen,
krebsigen Stämme, dann jene, die durch eine tiefliegende Krone nach unten
stark verdämmend wirken, weiter die unbedingt hiebsreifen Bäume, so jene,
welche die angestrebten Dimensionen (meist Starkholzzucht!) schon erreicht
haben; im *Mittelbestand* die dürren und absterbenden, dann die in Krone

---

[1] Z i e g l e r H., Der Bregenzer Wald, ein Beitrag zur Plenterwaldfrage, Centralbl.
f. d. ges. Forstw., 1927. — H u f n a g l H., Die Plenterwälder am Pfänder, Österr. Vierteljahresschr. f. Forstw. **86**, 1936, S. 45—51.

[2] D a n n e c k e r, Vom Naturwald zum Plenterwald, Centralbl. f. d. ges. Forstw. **68**,
1942, S. 111.

[3] F l u r y, Untersuchungen über die Wachstumsverhältnisse des Plenterwaldes, Mitt.
d. Schweiz. Anstalt f. d. forstl. Versuchswesen, XVIII., Heft 1, 1933, S. 146.

und Stamm minderwertigen, weiter jene, welche der Krone wertvollen Oberbestandes schädlich oder hinderlich sind. Doch soll der Mittelbestand, da die Nutzholzzucht Astreinheit der Stämme voraussetzt, im allgemeinen geschlossen bleiben. Erst der Oberbestand steht mit seinen Kronen frei und legt den infolge dieser Freistellung der Krone verstärkten Zuwachs an, diese Steigerung des Zuwachses gilt im Vergleich zum Einzelbaum des geschlossenen Bestandes. Die Nutzungen erfolgen alle innerhalb der Grenzen des errechneten Hiebssatzes. Ein Beispiel für den durch genaue Untersuchungen festgestellten verstärkten Zuwachs bieten Tannen des Oberbestandes in Plenterwäldern des Forstamtes Wolfach, badischer Schwarzwald; Hausraths Ermittlungen ergaben *am Einzelstamm* verstärkten

Abb. 111. Verjüngung im Plenterwalde von Tanne, Fichte und Buche im Bregenzer Wald, Vorarlberg, Gemeinde Kennelbach, etwa 500 m ü. d. M. (Aufn. H. Z i e g l e r).

Zuwachs, ohne daß auf einen solchen auch für den ganzen Bestand geschlossen werden konnte[1]. Im *Unterstand* entnimmt man verletzte, krebsige, zur späteren Nutzholzzucht untaugliche Bäume; dann auch unerwünschte Holzarten. Wegen der Astreinigung soll auch hier der dichte Stand der Gruppen erhalten bleiben.

Da der Bestand befähigt sein muß, Schatten zu ertragen, so ist ein vorbildlicher, pfleglicher, arbeitsintensiver Plenterbetrieb fast nur in Tannenbeständen oder in solchen mit vorherrschender Tanne, beigemischten Buchen und Fichten, gut durchführbar, in weniger vollkommener Weise allerdings auch in anderen Mischbeständen mit vorherrschenden Schattholzarten. Für die sehr lichtbedürftigen Holzarten, zum Beispiel Lärche,

---

[1] H u f n a g l L. wies schon im Jahre 1893 auf Grund zahlreicher Erhebungen im Plenterwald auf den erhöhten Zuwachs älterer Stämme infolge höheren Lichtgenusses hin (Österr. Vierteljahresschr. f. Forstw. 43, 1893, S. 119).

ist der Plenterbetrieb weniger geeignet, aus gemischten Plenterbeständen
wird sie mitunter „herausgedunkelt". Der geregelte Plenterbetrieb vermag
widerstandsfähige Bestände und schöne Waldbilder zu erzeugen sowie
bodenpfleglich zu wirken, weil er die Kahllegung des Bodens vermeidet,
er erfordert aber mehr Personal und für sehr pflegliche Durchführung
eine gute Aufschließung durch ein dichtes Wegenetz, erschwert im Großbetrieb die räumliche Ordnung und Übersicht und macht zur Ertrags-
regelung die Holzmassenaufnahmen des „Kontrollverfahrens" (in kurzen
Zeiträumen wiederholte Vorratsaufnahmen) erforderlich. Wenn auch
grundsätzlich zur Erzielung der Astreinheit der Stämme der Mittelbestand
geschlossen bleiben soll, so sind doch im Plenterwald häufig die Stämme
weniger astrein und vollholzig als in Beständen des schlagweisen Hochwaldes, dafür sind sie widerstandsfähiger gegen Schäden durch Sturm,
Rauhreif und Schnee. Auch L. H u f n a g l berichtet: „Es beruht auf der
größeren Kronenlänge der herrschenden Stämme im Plenterwald, daß die
Derbholzformzahl geringer ist als im schlagweisen Hochwald. F l u r y
(Zürich) nimmt den Unterschied mit 8 bis 10 v. H. an, und die Schweizer
bündnerischen Massentafeln, die aus Messungen im Plenterwald hervorgegangen sind, zeigen dasselbe Bild im Vergleich mit den Grundner-
Schwappachschen, die auf Aufnahmen im schlagweisen Hochwald beruhen[1]." Auch einer der besten Kenner des Plenterwaldes in der Schweiz,
R. B a l s i g e r, schreibt über die Gestalt der Hauptbäume im Plenterwald: „Die Widerstandsfähigkeit ... gegen Sturm läßt sich am besten vergleichen mit derjenigen der Randbäume, welche den dahinterliegenden
Bestand decken und zeit ihres Lebens dem Wind Trotz zu bieten gelernt
haben. Ihre Gestalt nähert sich in manchem der Gebirgsform, welche besonders für die Nadelhölzer charakteristisch ist und ihre außerordentliche
Standfestigkeit erkennen läßt. Auf den tief eindringenden und weit streichenden Wurzeln steht ein verhältnismäßig kurzer Schaft mit sehr ver-
stärkter Basis, der sich wenig biegen läßt. Die nach oben stark verjüngte
Krone bietet dem Wind nur im unteren Teil eine große Angriffsfläche,
der Baum gerät weniger ins Schwanken als die schlanken Stämme des
geschlossenen Bestandes mit ihren hoch angesetzten Kronen[2]."

Neuestens hat H. L e i b u n d g u t an Hand von waldbaulichen
Untersuchungen über den Aufbau von schweizerischen Plenterwäldern festgestellt, daß die relative Kronenlänge gerade in den schönsten, im vertikalen Aufbau am besten ausgeschichteten Plenterwäldern am größten ist;
somit stelle der stufige „Einzelplenterwald" in bezug auf die Qualitäts-
erzeugung nicht das Ideal dar[3].

Manche unterscheiden noch den *Femel-* und den *Plenterhieb*, beziehungsweise den *Femel-* und den *Plenterwald*. Sie wollen den Begriff „*Plenter-*

———

[1] H u f n a g l L., Des Plenterwaldes Wirtschaftsziel, Normalbild und Einrichtung,
Centralbl. f. d. ges. Forstw. 1939, S. 2.

[2] B a l s i g e r R., Der Plenterwald, 2. Aufl., Bern 1925, S. 90.

[3] L e i b u n d g u t H., Waldbauliche Untersuchungen über den Aufbau von Plenterwäldern, Mitt. der Schweizer. Anstalt f. d. forstl. Versuchsw., XXIV. Bd., 1. Heft,
1945, S. 291.

hieb" nur auf die vorwiegende *Einzelstammentnahme* beschränkt wissen, während die mehr *gruppenweise* Entnahme als *Femelhieb* bezeichnet werden soll[1]. Wenn nun im Sinne des Femelhiebes gruppenweise genutzt wird, so bekommt jede Altersklasse in Form von Gruppen ihren entsprechenden Flächenanteil; es entsteht eine Bestandesform, in der die einzelnen Altersklassen der Fläche und der Stammzahl nach ungefähr im Verhältnis des schlagweisen Hochwaldes vorhanden sind: der Fläche nach sind dann die jüngeren Altersklassen (in Gruppenform) den älteren gleich; der Stammzahl nach überwiegen aber die jüngeren Altersklassen um ein Vielfaches über die älteren und ältesten. T i c h y (Der qualifizierte Plenterbetrieb, München 1891) nannte einen solchen Wald „*Femelwald*". Wenn aber bei der Verjüngung nur *einzel*stammweise geplentert wird, so entstehen nur kleine Lücken mit wenigen Pflanzen, einem „Trupp", „von denen sich oft nur eine oder wenige im Zentrum des Lichtschachtes zu erhalten vermögen", der Jungwuchs ist also mit kleinerer Stammzahl vertreten. Alle Altersklassen haben dann annähernd gleiche Stammzahl, so entsteht ein sehr vorratsreicher, also altholzreicher Plenterwald, ein Wald mit mehr senkrecht untereinanderliegenden Altersstufen, der a¹s „Plenterwald", zum Unterschied vom Femelwald, bezeichnet wird. Da aber in Wirklichkeit keine scharfe Trennung zwischen der Nutzung in kleinen Lücken und der in Gruppen durchführbar ist, da vielmehr alle Übergänge vorhanden zu sein pflegen, so hat diese Trennung mehr theoretischen Wert.

An der oberen Waldgrenze, wo der Plenterwald als Schutzwald meist fast ganz außer Betrieb gestellt ist, außer spärlichen Nutzungen für Schutzhütten, Almhütten und dergleichen, dort finden wir den „zusammengewachsenen Plenterwald", der häufig, wie schon J. W e s s e l y ausführte, ein „nahezu völlig geschlossenes Hochholz" ist[2]. Beim Großwaldbesitz in Österreich ist der Plenterbetrieb fast nur in dieser Schutzwaldregion üblich. Die spärlichen Nutzungen sind zurückzuführen sowohl auf den besonderen Zweck des Schutzwaldes als auch auf die zu weite und zu kostspielige Bringung. Ertragsplenterwälder mit geregeltem Betrieb gibt es in Österreich in einigen bäuerlichen Kleinwäldern, zum Beispiel im Bregenzer Wald Vorarlbergs, wo die Tanne reichlich vorkommt, auch sonst in Vorarlberg (so im Montafoner Tal: Stand Montafon mit 7450 ha eingerichteten Plenterwaldes), in einigen bäuerlichen Wäldern Tirols, so im Unterinntal, am linken Ufer etwa gegenüber Wörgl und von da abwärts, im diluvialen Hügelland zwischen Inn und Sonnwendgebirge, nur 90 bis 130 m über der Talsohle. Im Bezirk Salzburg sind auf dem „Tannberg" (einem Flyschvorberg) in den Gemeinden Straßwalchen und Köstendorf gleichfalls bäuerliche Ertragsplenterwälder. In der Schweiz gibt es in tannenreichen Wäldern der nördlichen Außenzone der Alpen bekannte Plenterwälder im Emmental, Schwarzenecktal, Traverstal. Solche *arbeits-*

---

[1] D e n g l e r A. im Centralbl. f. d. ges. Forstw., 1938, S. 143.

[2] W e s s e l y J., Die österreichischen Alpenländer und ihre Forste, Wien 1853, Abschnitt über den Fichtenplenterwald des Hochgebirges, besonders über den Plenterwald im „Reichsforst von Paneveggio" in Südtirol: I. Teil, S. 292—305.

intensive Ertragsplenterwälder sind wohl zu unterscheiden von dem fast
unbenutzten, daher fast ertragslosen „zusammengewachsenen Plenterwald"
der Hochlagen sowie auch von manchem vorratsarmen, herabgewirtschafteten bäuerlichen Plenterwald. In der Schweiz erhielt auch die Forstwirtschaft staatliche Zuschüsse zu Wegbauten, durch die eine Verfeinerung des
Bringungswesens bezweckt wurde, wodurch der Forstwirtschaft ebenso
gedient wurde wie dem hochentwickelten Alpsbetrieb. Auch auf der Luvseite des Schwarzwaldes, im badischen Schwarzwald mit großem Tannenanteil, sind bekannte Plenterwälder (Forbach, Wolfach).

Von der Balkanhalbinsel berichtete 1928 K. M. M ü l l e r über einen
wenig pfleglichen Plenterbetrieb aus Ostbulgarien (Nähe der Küste des
Schwarzen Meeres), bei welchem der mit einer unteren Durchmessergrenze
von 30 cm in Brusthöhe zugelassene Dimensionshieb sich plenternd durch
die mit Eichen bestockten Waldteile bewegt, hiebei traten große waldbauliche Schäden eines solchen Plenterbetriebes häufig in Erscheinung. So
wurde oft guter Aufschlag unter lockerstehenden Starkeichen durch die
Fällung, zumal in der Saftzeit, schwer beschädigt. Durch den Überhalt der
wenig begehrten Zerreiche wurde der Anteil dieser Holzart übermäßig
vermehrt[1].

Im Mittelalter und in der Neuzeit bis gegen Ende des 18. Jahrhunderts nutzte man das Holz in Mitteleuropa meist auf Kleinflächen und
überließ der natürlichen Verjüngung die Wiederbestockung. Dadurch entstanden Wälder von einem Aufbau, der jenem des Plenterwaldes ähnlich
war. Mit Zunahme der Besiedlung und steigendem Holzbedarf führte
dieses Verfahren zu raschen Lichtungen, übermäßigen Hieben und Waldverwüstung. Deshalb wandte man sich zu Anfang des 19. Jahrhunderts
von diesem (vielerorts schon früher zeitweise verbotenen) „plätzigen"
Aushauen ab und empfahl damals statt dessen zwei Verfahren: den Kahlschlag und (besonders im Buchenwald) den Großschirmschlag. Der Kahlschlag mit Aufforstung verbesserte damals den Wald, sein Verfahren war
aber besonders für Mischbestände zu schablonenhaft, deshalb trat
K. G a y e r gegen dieses Vorgehen auf. In einzelnen Gebieten mit reichem
Tannenvorkommen kehrte man aber bald wieder zum Plenterwalde[2] zu-

---

[1] M ü l l e r K. M., Wälder und Waldwirtschaft in Bulgarien, Forstw. Centralbl. 50,
1928, S. 179.

[2] T i c h y A., Der qualifizierte Plenterbetrieb, München 1891. — H u f n a g l L.,
Der Plenterwald, sein Normalbild, Holzvorrat, Zuwachs und Ertrag, Österr. Viertel-
jahresschr. f. Forstw. 1893, S. 133. — B a l s i g e r R., Der Plenterwald und seine Be-
deutung für die Forstwirtschaft der Gegenwart, 2. Aufl., Bern 1925. — A m m o n W.,
Femelschlagwald und Plenterwald, Schweizer. Zeitschr. f. Forstw. 1928. — K n u c h e l H.,
Zum Aufbau des Plenterwaldes, Schweizer. Zeitschr. f. Forstw. 1928. — T s c h e r m a k L.,
Die natürliche Verjüngung und die Frage des Plenterwaldes in den österreichischen Alpen.
Österr. Vierteljahresschr. f. Forstw. 1929, S. 223—234. — H a p p a k R., Der Plenter-
wald im Hochgebirge Tirols, Österr. Vierteljahresschr. f. Forstw. 1929, S. 212—222. —
S c h ä d e l i n W., Stand und Ziele des Waldbaues in der Schweiz, Beiheft 2 zu den
Zeitschr. d. Schweizer Forstvereins, 1928. — V a n s e l o w K., Schweizer und deutsche
Forstwirtschaft, Forstwiss. Centralbl. 1928. — F l u r y P h., Über den Aufbau des
Plenterwaldes, Mitt. d. Schweizer. Anst. f. forstl. Versuchsw. XV, Heft 2, 1929; Unter-
suchungen über die Wachstumsverhältnisse des Plenterwaldes, Mitt. d. Schweizer. Anst.

rück. In der Schweiz wurde ein sorgfältig geregeltes neuzeitliches Verfahren seit dem Ende des vorigen Jahrhunderts durch A. E n g l e r, Zürich, und andere gefördert.

S e i t e n v e r j ü n g u n g.

Außer der bisnun besprochenen Schirmverjüngung (mit dem Schirmschlag, weiter dem Femelschlag und der Verjüngung im Plenterwald), kommt die Verjüngung durch Seitenbesamung auf der Kahlfläche in Betracht. Die Verjüngungsfläche wird zuerst vom Altholz geräumt, die natürliche Besamung entsteht durch Anflug von einem *neben* der Kahlfläche befindlichen Altholzbestand. Es handelt sich also um einen Kahlschlag auf nicht zu breiter Fläche mit natürlicher Verjüngung. In der Regel erhält die Kahlfläche nur eine Breite von etwa $1^1/_2$ Stammlängen. Es werden schmale, lange Streifen oder nur „Säume" gehauen. Dieses Verfahren kommt nur für Holzarten mit leichten, flugfähigen Samen in Frage, die zugleich in der Jugend raschwüchsig, frosthart und gegen sommerliche Hitze wenig empfindlich, somit für die Kahlfläche geeignet sind, wie Kiefer, Schwarzkiefer, Lärche, in geringerem Maße auch für die Fichte (wohl auch für Weißerle, Aspe, Birke, Salweide, Ulme, Linde, Esche, Ahorn). Häufig wird eine kleine Anzahl von Bäumen des Altholzbestandes, etwa 12 bis 20 je Hektar, auf dem Schmalkahlschlag stehengelassen, sie dienen als Samenbäume lediglich zur Steigerung der Ansamung, ohne daß mit einer Schutzwirkung gerechnet würde. Dies kommt sowohl bei der Lärche als auch bei der Kiefer vor. In den Alpen, besonders in der Innenlandschaft, wo die Waldform der Fichten-Lärchen-Wälder sehr große Verbreitung besitzt, erweist sich für die *natürliche Verjüngung der Lärche* die Kahlstellung auf Schmalschlägen mit einigen Samenbäumen als sehr geeignet. Erfahrungsgemäß genügen dort für die natürliche Verjüngung in Verbindung mit der Seitenbesamung etwa 12 bis 15 Lärchensamenbäume je Hektar. Die schmalen Kahlschläge rücken allmählich in der Richtung gegen den sturzgefährlichen Wind vor (mit Rücksicht auf die Fichte als Hauptholzart ist diese Hiebszugsrichtung notwendig); hinsichtlich der Fichte findet dort die Wiederbegründung in der Regel durch Pflanzung drei- bis vierjähriger Pflanzen statt, hinsichtlich der Mischholzart Lärche hingegen auf natürlichem Wege. Auch die *Schwarzkiefer* eignet sich, wie unter anderem Beobachtungen im Großen Föhrenwald bei Wiener Neustadt erkennen lassen, sehr gut zur natürlichen Verjüngung durch Seitenbesamung auf schmalen Kahlschlägen. Nicht minder besitzt die *Weißkiefer* diese Eignung, in der Regel werden durch dieses Verfahren reine Bestände begründet. Weiter können durch Seitenbesamung der Kiefer in Verbindung mit Fichtenaufforstung Mischbestände geschaffen werden, so werden im Weilhart in Oberösterreich schmale Kahlschläge mit Fichte aufgeforstet, wäh-

---

f. forstl. Versuchsw. XVIII, Heft 1, 1933. — H u f n a g l L., Des Plenterwaldes Wirtschaftsziel, Normalbild und Einrichtung, Centralbl. f. d. ges. Forstw. 1939. — A m m o n W., Das Plenterprinzip in der schweizerischen Forstwirtschaft, 2. Aufl., Bern 1944. — B u r g e r H., Ein Plenterwald mittlerer Standortsgüte, der bernische Staatswald Toppwald im Emmental, Mitt. d. Schweizer. Anst. XXII, 2, 1942.

rend die Kiefer durch Seitenbesamung anfliegt; da der Standort dort für die Kiefer geeigneter ist als für die Fichte, bleibt jene die Hauptholzart, die zwischenständige Fichte vermehrt den Ertrag und beschattet den Boden.

Die Richtung der Längsausdehnung der Verjüngungsfläche nennt man[1] (auch bei anderen streifen- oder saumförmigen Schlagflächen, nicht nur bei der Seitenverjüngung) ihre *„Streichrichtung"* oder Schlagrichtung, hingegen jene Richtung, in der die Verjüngungsflächen sich aneinanderreihen und in den Altholzbestand vordringen, die Hiebszugs- oder *Frontrichtung.* Die zweckmäßigste Schlagbreite bei der Seitenbesamung beträgt etwa 30 bis 40 m. Bei geringerer Breite der Kahlstreifen wird der Anteil der im Seitenschatten des Altholzes befindlichen Verjüngungsfläche relativ zu groß. Bei größerer Breite wird es unsicher, ob eine ausreichende Menge von Samen auf den vom Altholz entfernteren Teil der Fläche anfliegt.

Dort, wo die Feuchtigkeit der begrenzende Standortsfaktor ist, ergibt sich für die natürliche Verjüngung durch Seitenbesamung der Nordsaum als günstigste Verjüngungsfläche. Falls der Boden verunkrautet oder mit stärkeren Lagen unverwester Streu oder mit Rohhumus bedeckt ist, kann auch bei Seitenbesamung Streuabgabe oder Bodenbearbeitung empfehlenswert sein. Wenn die Ansamung nicht schon im ersten oder zweiten Jahr eintritt oder wenn die Witterung nach der Keimung ungünstig ist, kann Bodenverwilderung, Ausbreitung von Gras oder Heidelbeere die Folge sein, in der Regel ist dann künstliche Bestandesgründung notwendig. Ein Vorteil des Verfahrens der Seitenbesamung sind seine geringen Kosten und die vollständige Vermeidung von Fällungs- und Rückungsschäden. Wenn die Bestandesgründung durch Seitenbesamung allein erfolgt, so entstehen in der Regel reine Bestände, seltener gemischte, auch sind sie meist gleichalterig. Will man reine Bestände vermeiden, so kann man die Seitenbesamung mit künstlicher Aufforstung verbinden, wie dies am Beispiel der Kiefer im Weilhart und der Lärche in den Alpen bereits besprochen wurde.

Randverjüngung.

Nach der Schirmverjüngung und der Seitenverjüngung ist nun noch die Randverjüngung darzustellen, die natürliche Verjüngung auf schmalen Randflächen des Altholzes. Dabei findet auf dem unter dem Einfluß des Seitenlichtes stehenden Innenrand Schirmverjüngung, auf dem kahlen, seitlich beschatteten Außenrand Seitenbesamung statt, die Randverjüngung ist also eine Vereinigung beider Formen. Die kahle Außenrandfläche hat eine Breite von etwa der Hälfte (bis zwei Drittel) der Bestandeshöhe, steht also im Schutz des benachbarten Bestandes. Der Innenrand kann entweder gelockert oder geschlossen sein (Abb. 112), seine Breite liegt zwischen der halben bis doppelten Bestandeshöhe. Randverjüngung liegt auch dann vor, wenn die bei der horstweisen Verjüngung im Femelschlag unter gelockertem Schirm

---

[1] F a b r i c i u s L.. Festlegung forstlicher Fachausdrücke, Berlin 1932 (Sonderdruck aus Forstw. Centralbl. 1932). — V a n s e l o w, Natürliche Verjüngung im Wirtschaftswalde, 1931, S. 112.

entstandenen Anwuchsgruppen erweitert werden, die Verjüngungsfläche kann dann die Gestalt eines die Anwuchsgruppen umgebenden Ringes haben. Der Rand, Saum, kann geradlinig, gebrochen, gebuchtet verlaufen, kann sich um eine Anwuchsgruppe herum ringförmig schließen. Wenn der Randhieb nicht eine Anwuchsgruppe im Inneren umschließt, sondern wenn er und mit ihm die Verjüngung von außen her über einen Altholzbestand fortschreitet, so pflegt die Randlinie gerade zu sein.

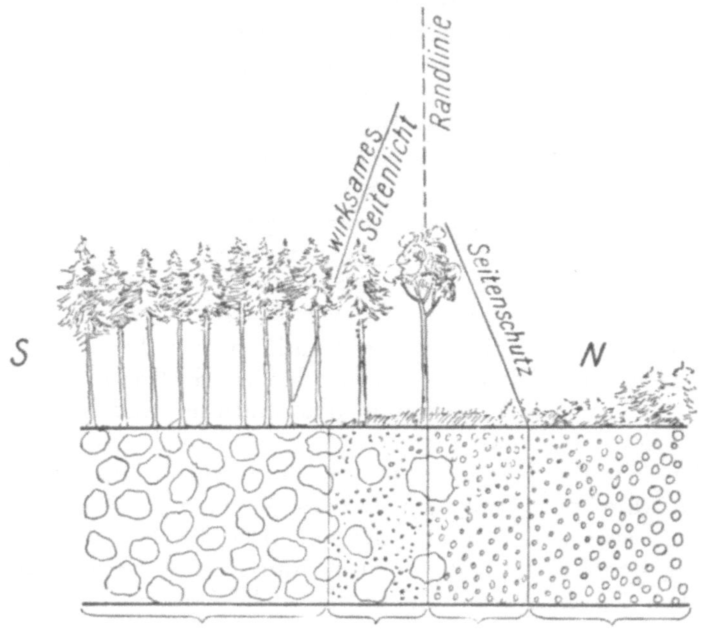

Abb. 112. Randverjüngung. Links geschlossener Altholzbestand; dann Innenrandfläche (½ h); weiterhin Außenrandfläche (bis ½ h noch im Seitenschutz); rechts fertige Verjüngung (nach V a n s e l o w, 1931).

Während die Schirmverjüngung die Schattholzarten, die Seitenverjüngung auf der Kahlfläche dagegen die Lichtholzarten begünstigt, so die Lärche, die oft reichlichst anfliegt, und die Kiefer, ist dagegen die Randverjüngung, der „Saum", für die Ansamung aller Holzarten geeignet, nämlich der Innensaum für die Schatthölzer, die Randlinie für die Fichte, der Außensaum für die Lichthölzer (Kiefer, Lärche, Eiche, Ahorn, Esche, Ulme). Allerdings ist häufige Wiederkehr der Samenjahre erwünscht, um bei stetigem Hiebsfortschritt immer Anwuchs zu erzielen. In günstigeren Klimalagen sind Samenjahre im allgemeinen häufiger, in solchen Lagen ist dann auch bei einer Hiebsführung in verhältnismäßig schmalen Säumen dennoch ein genügender Hiebsfortschritt zu erzielen, weil die Säume genügend häufig aneinandergereiht werden können. So ist zum Beispiel im Land Baden im Schwarzwald bei 1000 bis 1200 m Höhe mit selteneren Samenjahren der Tanne und Buche Großflächenschirmverjüngung des badischen Femelschlages üblich; dagegen wird im Bodenseegebiet mit häufigen Samenjahren Verjüngung auf Säumen, Randverjüngung, gehandhabt, der Hiebsfortschritt ist dort trotzdem ausreichend.

Der Saumschlag bietet alle Übergänge von der dunklen Innenfläche bis zum nahezu vollständigen Freistand auf dem Außensaum, er ist daher günstig für die Begründung gemischter Anwüchse (doch läßt sich dies auch beim Streifenschlag ähnlich einrichten). Die in der Jugend langsamwüchsigen Schattholzarten erhalten dabei einen Altersvorsprung, weil sie sich schon auf dem noch wenig gelockerten Innensaum einfinden. Beim Vorrücken des Saums werden dann die Lücken durch Nachverjüngung der lichtbedürftigen Holzarten geschlossen. Die Verjüngungen sind dann wohl auf den einzelnen kleinen Teilflächen gleichalterig, im ganzen Bestand aber stark ungleichalterig. Die Altersstufen folgen einander als schmale parallele Säume. Bei der Fällung werden die Stämme in der Richtung zum Altholzbestand geworfen, die Holzabfuhr hat ausschließlich durch das Altholz stattzufinden. Wenn man die Randverjüngung für sich allein anwendet, so ist der Hiebsfortschritt häufig ein zu langsamer. Die Randverjüngung braucht aber gar nicht für sich allein angewendet zu werden, sie kann vielmehr mit der Schirmverjüngung verbunden werden. Die Schirmverjüngung ist geeignet für die Buche, Tanne, wohl auch für die Eiche mit kürzerer Verjüngungsdauer, und kann ergänzt werden durch Randverjüngung der Fichte sowie der auf dem Außensaum ankommenden Lichthölzer (Kiefer, Lärche und anderer, auch der Esche).

Auch bei der Randverjüngung werden zuerst solche Stämme entnommen, die schlechten Zuwachs aufweisen, ungünstige genotypische Anlagen vermuten lassen, schlecht geformt sind oder durch die tiefe Beastung die Ansamung behindern würden. Kiefer und Lärche bleiben als Samenbäume auf dem lichten Außenrand und auch in Anbetracht ihrer Sturmfestigkeit länger stehen.

Ein Verfahren, das auf der Randverjüngung beruht, manchmal aber auch auf der Verbindung von Randverjüngung mit Streifenschirmverjüngung, ist:

Chr. Wagners Blendersaumschlag. Es erregte großes Aufsehen in Fachkreisen, als im Jahre 1906 die erste Auflage von W a g n e r s „Grundlagen der räumlichen Ordnung im Walde" erschien, ein Buch, von dem jetzt vier Auflagen vorliegen, dann 1912 die erste Auflage von „Der Blendersaumschlag und sein System" (jetzt drei Auflagen). W a g n e r schrieb „Blender", nicht „Plenter", in der Annahme, daß das Wort von „Blenden" (im Sinne von Lichtentziehen) entstanden sei [1]. Ernte und Ver-

---

[1] Andere deuten das Wort „plentern" (ältere Schreibweise „pläntern") als bloße Umlautung von „plündern". E r n s t (Zur Ableitung des Wortes „Plenterwald", Forstw. Centralbl. 1933, S. 17) verweist auf „Blendling" gleich Mischling (englisch: to blend = mischen, schwedisch: blandad skog = Mischwald) und nimmt an, Plenterwald bedeute den Wald, in welchem alle Altersklassen, Stärkestufen, Baumhöhen und auch verschiedene Holzarten gemischt durcheinander stehen. Aber zur Zeit der Entstehung des Wortes dürfte auf die Tatsache der Mischung aller Altersstufen noch wenig Gewicht gelegt worden sein, die Umlautung von „plündern" erscheint dem Verfasser deshalb wahrscheinlicher.

jüngung erfolgt hier grundsätzlich saum- oder streifenweise, und zwar wird der Bestand von der gesamtwirtschaftlich günstigsten Seite her, meist von Norden, in Randstreifen oder Säumen angegriffen. Das Verfahren ist etwas ähnlich dem des bayerischen Saumfemelschlages, doch wird mehr Gewicht auf die ökologischen Vorzüge des Nordrandes gelegt, auch waren beim bayerischen Saumfemelschlag ursprünglich die Horste und Gruppen weiter ins Bestandesinnere vorausgeeilt, erst *nach* W a g n e r s Erfolgen wurde die Verjüngungszone verschmälert, die Ähnlichkeit größer (V a n s e l o w,

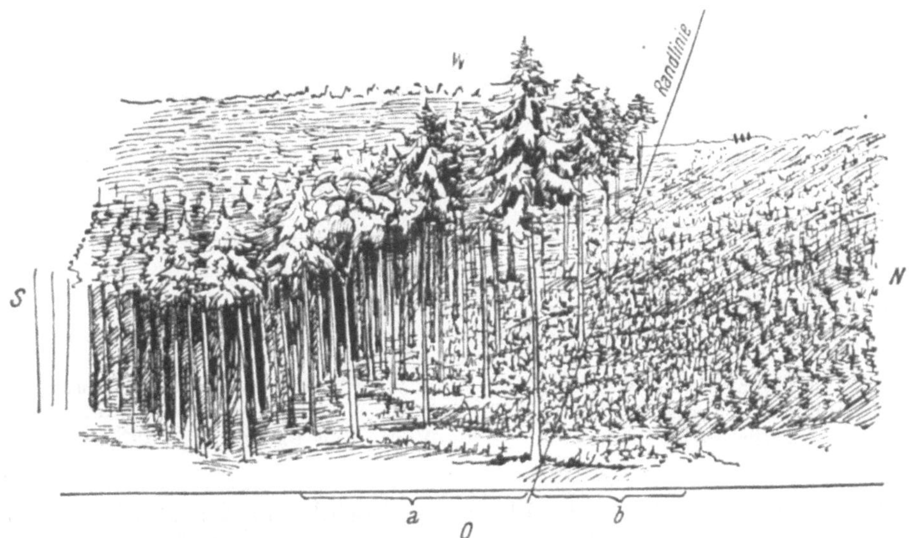

Abb. 113. Gelockerte Randstellung. a Innenrandfläche, b Außenrandfläche.
(Aus: V a n s e l o w, Natürl. Verjüngung im Wirtschaftswald, 1931.)

a. a. O.). Beim Blendersaumschlag bleibt das Maß und die Art der Eingriffe auf der Verjüngungsfläche, also die *Hiebsart*, je nach den örtlichen Verhältnissen der freien Entscheidung des Wirtschafters überlassen. (W a g n e r unterscheidet die Begriffe: Schlagform und Hiebsart, versteht unter ersterer die Figur, Gestalt der Verjüngungsfläche, unter der Hiebsart die Art und das Maß der Eingriffe: Plenterhieb, Kahlhieb usw.)

C h r. W a g n e r hat im Graf Pückler-Limburgschen Revier Gaildorf (Württemberg) sein Verfahren seit 1902 mit sehr gutem Erfolg angewandt, später taten dies seine Nachfolger, nachdem W a g n e r eine Professur an der Universität Tübingen übernommen hatte. Er lehnte den Großschlag ab und führte den saum- oder streifenweise fortschreitenden Kleinschlag ein (Abb. 113). Er erstrebte die Erhaltung von Mischwald, dabei soll neben wertschaffenden Holzarten jeweils immer mindestens eine bodenpflegende (womöglich Laubholz) erhalten bleiben. In den Mittelgebirgen Süddeutschlands sind Mischbestände von Tanne, Buche, Fichte und Kiefer verbreitet. Während Westränder durch Sturm gefährdet sind, Südränder durch Untersonnung, soll gemäß den Vorschlägen W a g n e r s die

Saumverjüngung von Norden besonders empfehlenswert sein (dies trifft in der Regel auf Standorten geringerer Meereshöhe, wo die Feuchtigkeit der im Minimum befindliche Faktor ist, auch zu). Auch Randstellungen von Nordosten und von Osten kommen in Frage. Um auch hier die Vorteile der Nordrandstellung zu erzielen, kann Staffelung und Buchtung angewandt werden:

<table>
<tr><td align="center">Staffelung</td><td align="center">Buchtung</td></tr>
</table>

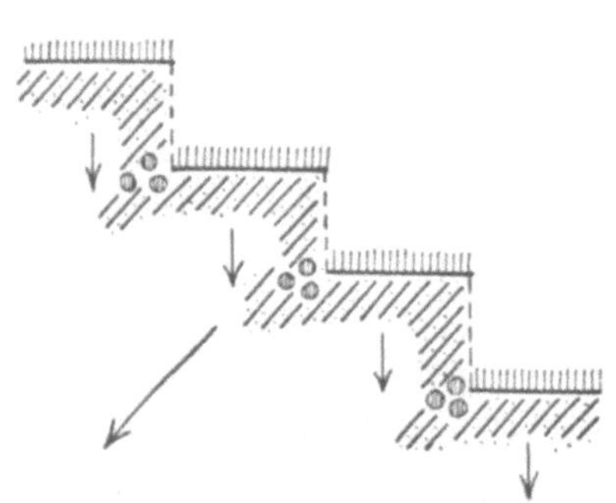

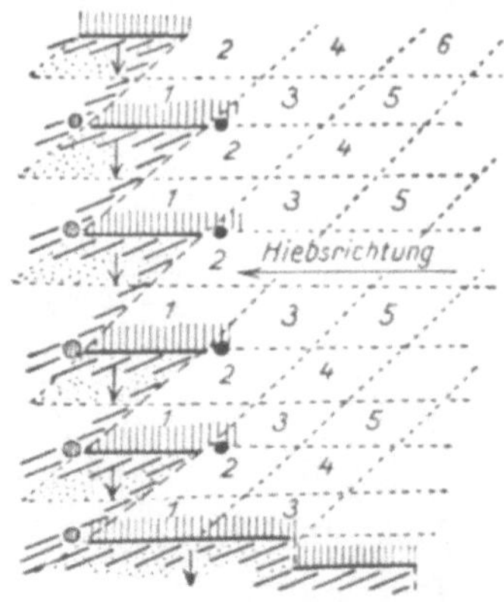

Abb. 114. Staffelung. (Aus: W a g n e r, Blendersaumschlag. Verlag Paul Parey, Berlin 1923.)

Abb. 115. Buchtenhieb von Osten her. (Aus: C h. W a g n e r, Blendersaumschlag, Verlag Paul Parey, Berlin 1923.)

Die Verjüngungsfläche soll sich also womöglich auf der Nordseite des Altholzes befinden, ihre Streichrichtung soll von Osten nach Westen gehen, die Frontrichtung nach Süden. Dies aus folgendem Grund: Schutz der Anwüchse und des Bodens gegen Austrocknung gegen Süden durch die vorstehende Altholzwand, Befeuchtung des Nordrandes, auch durch leichte Strichregen, bei Westwind (die vom Ostrand abgehalten werden können). Daher besondere Eignung des Nordrandes für Keimung und Fußfassen der Ansamung, für Gedeihen der Pflanzungen und für Erhaltung der Humusbeimengung und sonstiger günstiger Bodeneigenschaften.

W a g n e r arbeitete auch auf einen neuen Waldaufbau hin: Durch saumförmiges Fortschreiten der Verjüngung soll an Stelle der Großbestände, also der gleichalten Bestände auf Großflächen, der Aufbau in Schlagreihen treten, die zusammen einen Hiebszug bilden. Bestockungseinheit soll statt des „Bestandes" bei W a g n e r die „Schlagreihe", die jeweils zwischen dem ältesten und jüngsten Saum liegende Fläche, werden (Abb. 116). Mehrere hintereinanderliegende Schlagreihen können zu einem Hiebszug vereinigt werden, dieser bringt die Schlagreihen in einen festen Verband und schützt sie nach außen durch Bildung sturmfester „Traufe", das sind Windmäntel aus dicht beasteten, winddichten Bestandesrändern von sturmfesten Holzarten, wie Eiche, Buche, Tanne.

Die Länge der Verjüngungsfläche ist gleich der Breite des Bestandes, die Tiefe der Fläche aber ist entweder eine ganz schmale Randstellung oder

etwas breiter, zum Beispiel: Außenrandfläche halbe Bestandeshöhe, Innenrandfläche auch halbe Bestandeshöhe, Gesamtbreite gleich einer Bestandeshöhe, oder aber: Außenrand zwei Drittel der Bestandeshöhe, Innenrand
gleich zwei Bestandeshöhen, Gesamtbreite somit zwei und zwei Drittel,
rund drei Bestandeshöhen.

In geneigtem Gelände muß darauf Bedacht genommen werden, daß
die Rückung des Holzes bergab oder auf ebenen Wegen erfolgt und dabei
nicht durch Jungwüchse hindurchgeht. Somit kann auf Nordhängen der

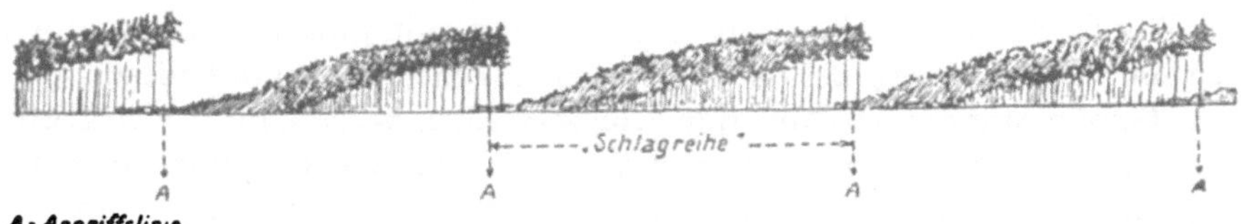

Abb. 116. Aufriß des Waldaufbaues als Folge des Blendersaumbetriebes: Bestockungseinheit
ist die Schlagreihe. (Aus: Ch. W a g n e r, Blendersaumschlag, Verlag Paul Parey, Berlin 1923.)

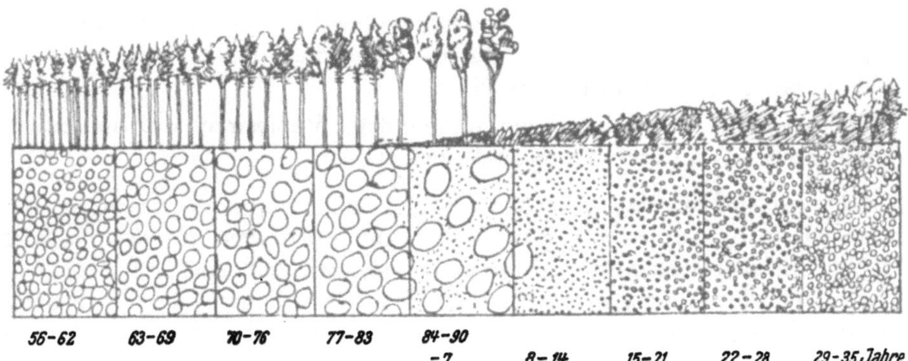

Abb. 117. Bestockungsaufbau als Folge der systematisch durchgeführten Randstellung:
Schlagreihenbildung. (Aus: V a n s e l o w, Natürl. Verjüngung im Wirtschaftswald, 1931.)

Anhieb nicht von Norden erfolgen. Auf flacheren Nordhängen findet er
von Osten statt, Frontrichtung der Säume von Osten nach Westen, auf
einem steilen Nordhang ist das Fortschreiten der Säume von Süden nach
Norden, also gerade entgegengesetzt der normalen Richtung des Wagnerschen Saumschlages, zulässig wegen Schutzes gegen Besonnung durch das
steile Gelände. Sonstige Vorschläge für verschiedene Hangrichtungen enthält der „Hiebsschlüssel" W a g n e r s (Der Blendersaumschlag, 3. Aufl.,
S. 160).

Die Hiebsart innerhalb des Saumes soll in der Regel plenterartig sein,
doch wird dem Wirtschafter hinsichtlich der Wahl der Hiebsart Freiheit
gelassen. In bezug auf die Fällung und Abrückung ermöglicht der Blendersaum eine sehr gute Ordnung: die Stämme werden vom Saum weg ins
Innere des Bestandes geworfen und durch den Altholzbestand zu den
nächsten Wegen abgerückt, ohne irgendeine Beschädigung des Jungwuchses.
Die Entnahme bei den plenterartigen Hieben nach W a g n e r betrifft zu-

erst den „Nebenbestand", also die Nichtherrschenden auf der Verjüngungsfläche, falls es sich nicht um Frostlagen handelt, dann für die Samenlieferung
unerwünschte Bäume, unerwünschte Holzarten oder solche, die sich über
Gebühr ausbreiten würden, weiter schlecht geformte Stämme; Stämme mit
besonders dichter, tiefreichender Krone, die auf die Ansamung nachteilig
wirken; Stämme mit geringem Zuwachs, beziehungsweise Wertzuwachs.

In den aus Tanne, Buche, Fichte, Kiefer gemischten Waldungen, die
auch im Ursprungsgebiet dieses Verjüngungsverfahrens verbreitet sind,
läßt sich die Verjüngung mittels des W a g n e r schen Blendersaumschlages
in der Regel, wo Samenjahre häufig genug sind, mit guten Erfolgen durchführen. Die Überführung des Waldes in einen neuen Bestandesaufbau, nämlich aus Großbeständen in dauernde Kleinbestände, wäre häufig mit großen
Zuwachsopfern verbunden, wenn man sie nicht als ein nur innerhalb
langer Zeiträume anzustrebendes Ideal betrachten würde. Man kann aber
die bloße Verjüngung nach dem W a g n e r schen Blendersaumschlagver-
fahren anwenden, ohne gleich die Großfläche vollständig zu verlassen und
ohne somit den Waldaufbau mit großen Opfern weitgehend umändern zu
wollen. Ferner ist in Hochlagen oft nicht die Feuchtigkeit der im Minimum
vorhandene Faktor, sondern die Wärme; in solchen Fällen wäre der Anhieb von Norden nicht mehr am Platz.

Ein ebenfalls in Württemberg ausgebildetes Verfahren, das (in seinem
zweiten Teil) zur „Randverjüngung" gehört, ist:

Der Schirmkeilschlag Eberhards[1]. Er stellt eine Verbindung der
Schirmverjüngung mit einer räumlich sehr gut geordneten *Randverjüngung*
dar. Und zwar pflegt man bei diesem Verfahren auf ein und derselben
Fläche zuerst durch Anwendung des Großflächenschirmschlages die Schattholzarten Tanne und Buche zu verjüngen, sodann aber im sogenannten
„Lichtungsstadium" durch Randverjüngung in schmalen Streifen, beziehungsweise keilförmigen Flächen (mehreren gleichzeitig) auf die Ansamung von Fichte, Kiefer, Lärche hinzuarbeiten. Durch diesen Übergang
zur Randverjüngung wird nicht nur die Beimischung der Lichthölzer zu
dem schon vorher erzielten Schattholzgrundbestand erreicht, sondern auch
die Räumung des Altholzes in bester räumlicher Ordnung und mit un-
schädlicher Abrückung des geernteten Holzes.

Die Bestände werden zuerst durch häufig wiederholte Hochdurch-
forstung mit sorgfältiger Stamm- und Kronenpflege für die natürliche
Verjüngung vorbereitet. Seltenere Holzarten werden dabei begünstigt, die
Bestandesränder sturmfest gemacht. Nach Erreichung des Nutzungsalters
der Bestände beginnt das Verjüngungsverfahren a) großflächenweise
(Zonenschirmschlag) mit häufigen schwachen, noch immer durchforstungs-

---

[1] E b e r h a r d J., Was will der Abrücksaumschlag (Keilsaumbetrieb)? Forstw.
Centralbl. 1919. — D e r s e l b e, Noch einiges über den Langenbrander Schirmkeilschlag,
Silva 1920. — D e r s e l b e, Neue und alte Betriebsformen, Forstw. Centralbl. 1922. —
D e r s e l b e, Der Schirmkeilschlag und die Langenbrander Wirtschaft, Forstw. Centralbl.
1922. — Dtsch. Forstverein, Jahresbericht 1932, mit Bericht „Lehrausflug Langenbrand",
S. 443 ff.

artigen Hieben, die je Hieb und Hektar nur etwa 15 bis 30 fm Derbholz entnehmen. Das Vorgehen ist also im Vergleich zum Dunkelschlag der älteren Schule (G. L. H a r t i g) ein mehr stetiges, allmähliches (nach E b e r - h a r d sogenannte „Zupfhiebe"). Der Rohhumus wird kostenlos an die Landwirte abgegeben, die den Boden plätzeweise behacken, sogenannte „Schüsseln", nämlich vertiefte, rohhumusfreie Plätze, herstellen, starke Stämme werden durch allmähliche Freistellung gekräftigt und bilden das sturmfeste „Knochengerüst" des Waldes. Solche durchforstungsartige Hiebe schließen Sturmschäden und Unkrautwuchs aus und sind sehr günstig für das Ankommen und Fußfassen der schutzbedürftigen Schatthölzer. Dieses ganze Stadium der Schirmverjüngung bezeichnet E b e r h a r d als „*Vorbereitungsstadium*", es ist etwas anderes als der „Vorbereitungshieb" beim Schirmschlag, denn es schließt ja schon die Verjüngung der Schattholzarten (Tanne) mit ein. Nach 10 bis 15 Jahren soll die Vorverjüngung der Schattholzarten erreicht sein.

b) Der *zweite Teil* des Verfahrens, nach E b e r h a r d das „*Räumungsstadium*", besteht (neben der Fortsetzung der durchforstungsartigen Pflegehiebe auf der ganzen Fläche wegen Erhaltung des Anwuchses der Schattholzarten) aus einem *Vielsaumverfahren* und bezweckt die Nachverjüngung der Fichte und anderer (lichtbedürftiger) Holzarten sowie eine geordnete *Lichtung und Räumung.* Dieses zweite Stadium ist durch die *Schlagform* gekennzeichnet, die den Namen „Schirmkeilschlag" veranlaßt hat: In Abständen von etwa 80 bis 100 m werden (in der Ebene in der Hauptsturmrichtung, also ost-westlich gerichtete) etwa 30 m breite Streifen weiter gelichtet und nach wenigen Jahren vom Altholz geräumt (Abb. 118, 119). Die Länge der Streifen beträgt etwa drei Viertel der Abteilungslänge. An den Rändern der Streifen stellt sich Randverjüngung (Fichte) ein, die Streifen werden allmählich zu einer *Keilform* verbreitert, mit der Spitze des Keiles nach Westen oder, auf dem Hang, talabwärts. Die Spitze des Keiles befindet sich stets in jener Richtung, in die der Hieb fortschreitet, daher auf dem Hang: unten (Abb. 120). (Wenn dagegen die keilförmige Verbreiterung des Streifens unten wäre, statt der Keilspitze, würden die Anwüchse durch die Bringung des Holzes beschädigt werden.)

Der Bestand wird von der Keilmittellinie (den „Abrückscheiden") nach den „Abrückwegen" hin streifenweise geräumt. Bei der Mitgliederversammlung des Deutschen Forstvereins im Jahre 1932 wurde beim sogenannten „Historischen Keil" in Langenbrand eine Darstellung der geschichtlichen Entwicklung des Schirmkeilschlages gegeben: E b e r h a r d übernahm vor „etwas mehr als 30 Jahren", also um 1900, das Forstamt Langenbrand. Die Abteilung Heiligenwald, 10 ha, ost-westlich gelagert, durch drei Innenwege in parallele Streifen aufgeteilt, war in Verjüngung zu nehmen. Das war, im Hinblick auf die Entstehung des Verfahrens, ein glücklicher Zufall. E b e r h a r d führte den Anhieb gegen die Windrichtung, also von Osten. Aber auch im westlichen Teil war bereits Ansatz zur Verjüngung (das war der zweite Zufall), E b e r h a r d wollte sie nicht verloren geben, und um möglichst bald den Anschluß zu gewinnen, führte er zunächst vorsichtige

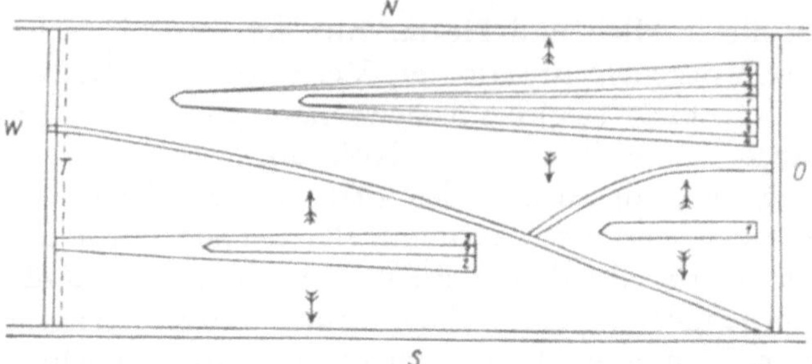

Abb. 118. Schirmkeilschlag nach E b e r h a r d in der Ebene,
Anfangsstadium. Bei T geschlossener Rand, Pfeile bezeichnen die Anrückrichtung, Ziffern die Zeitfolge der Randstellungen. (Nach E b e r h a r d, Der Schirmkeilschlag und die
Langenbrander Wirtschaft, Forstwissensch. Centralblatt 1922.)

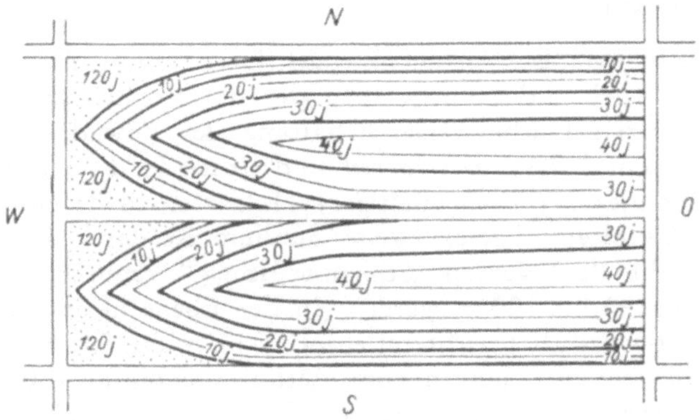

Abb. 119. Schirmkeilschlag nach E b e r h a r d in der Ebene,
Endstadium, normale Entwicklung. (Nach E b e r h a r d, Der
Schirmkeilschlag und die Langenbrander Wirtschaft, Forst-
wissensch. Centralblatt 1922.)

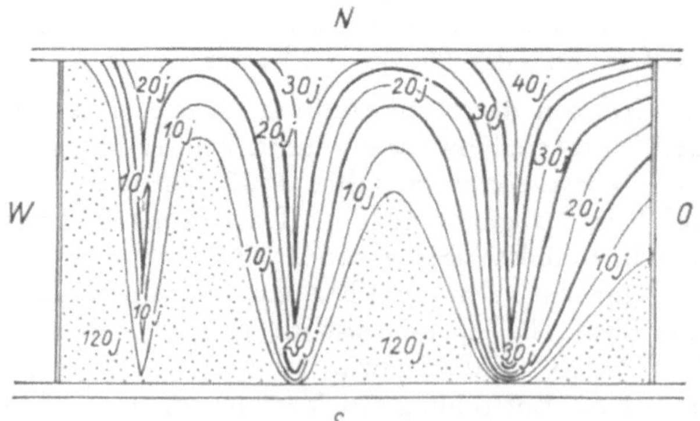

Abb. 120. Schirmkeilschlag auf dem Hang, Endstadium. (Nach E b e r h a r d, Der Schirmkeilschlag und
die Langenbrander Wirtschaft, Forstwissensch. Centralblatt 1922.)

Schirmschläge über die Fläche, Tannenansamung stellte sich ein. Die weitere Lichtung nahm er so vor, daß in der freizustellenden Verjüngung keine Fällungs- und Bringungsschäden angerichtet wurden: Also ging er von der Mitte der Bänder gegen die Wege vor, von der Mitte nach rechts und links wurde das Holz geworfen und ausgerückt, der Bestand gewissermaßen gescheitelt. Im Osten wurde rascher geräumt, dadurch entstand die Keilform. Auf der geräumten Freifläche flogen die Kiefern an, es ergab sich die Mischung von 0,7 Tanne, 0,3 Kiefer, etwas Fichte, Buche, Eiche. Außer den beiden „Zufällen" war die Persönlichkeit E b e r h a r d s für den Ausbau des Verfahrens ausschlaggebend.

E b e r h a r d nennt den W a g n e r schen Blendersaumschlag einen „Einsaumbetrieb" und stellt ihm seinen eigenen beweglicheren „Vielsaumbetrieb" gegenüber. Es handelt sich also auch bei E b e r h a r d um einen Saumbetrieb, wenigstens im zweiten, dem „Räumungsstadium", aber um einen Vielsaumbetrieb *ohne* die Absicht, den Waldaufbau aus Großflächenbeständen grundsätzlich zu ändern, vielmehr soll in rascherem Hiebsfortschritt wieder ein annähernd gleichalter Bestand auf der ganzen Fläche begründet werden, um größere Zuwachsopfer zu vermeiden.

An den Keilspitzen schreitet der Hieb wegen der Windgefahr langsamer fort. Sturmfeste Kiefern, Lärchen und Tannen werden dort länger übergehalten. Wie auch sonst bei der Randverjüngung, werden die Bäume ins Altholz gefällt und durch dieses hindurchgerückt, der Anwuchs wird also nicht beschädigt, außerdem liegen die Streifen, beziehungsweise Keile stets zwischen zwei Abfuhrwegen, so daß das Anrücken bis zum Abfuhrweg auf einer kurzen Strecke erfolgt. Es handelt sich also um ein sehr zweckmäßiges, räumlich geordnetes Abrücken aus der Mitte heraus nach den Randwegen. Der „Räumungszeitraum" erstreckt sich nach E b e rh a r d auf 20 bis 25 Jahre, der vorhergehende Zeitraum der Schirmverjüngung (E b e r h a r d s „Vorbereitungsstadium") auf 10 bis 15 Jahre, es beträgt also der Verjüngungszeitraum für den Gesamtbestand 30 bis 40 Jahre. An der einzelnen Verjüngungsfläche, dem einzelnen Streifen im Keil, nimmt der Verjüngungszeitraum nur 6 bis 8 Jahre in Anspruch.

Das Langenbrander Verfahren E b e r h a r d s hat ausgezeichnete Verjüngungserfolge aufzuweisen, innerhalb von 26 Jahren gelang dort die Verjüngung so weitgehend, daß von der Abnutzungsfläche nur 8 v. H. mit künstlicher Nachhilfe verjüngt werden mußten, es wurden prachtvolle gemischte Jungwüchse erzielt. Sturmschäden wurden vermieden, die Technik der Fällung und Rückung hat sich sehr bewährt. Sie konnte sich auch vorübergehenden Änderungen des Hiebssatzes sehr gut anpassen. Der mögliche rasche Hiebsfortschritt des Vielsaumbetriebes ist bei Vorhandensein großer hiebsreifer Altholzbestände von Vorteil. Besonders bei Vorherrschen der Schatthölzarten, so der Tanne, in Mischbeständen mit Fichte und mit Lichtholzarten ist also das E b e r h a r d sche Verfahren empfehlenswert.

Philipps Keilschirmschlag. In Baden hat P h i l i p p ein dem E b e rh a r d schen Schirmkeilschlag im Wesen sehr ähnliches Verfahren ange-

wandt und weiterentwickelt und hat es „Keilschirmschlag" benannt.
Philipp war zuerst Jahre hindurch Vorstand des dem württembergischen Forstamt Langenbrand benachbarten badischen Forstamtes Huchenfeld im nördlichen Schwarzwald. Er fand die Ergebnisse des badischen Femelschlagverfahrens unbefriedigend wegen fehlender räumlicher Ordnung und wandte daher das Verfahren aus dem Nachbarforstamte an. 1924 wurde er Vorstand der badischen Landesforstverwaltung und führte dann den Keilschirmschlag in Baden allgemein ein. Diese Verallgemeinerung in der Anwendung wurde aber nach einigen Jahren wieder aufgegeben. Philipp verglich sein (im „Vorbereitungsstadium" zonenweise vorrükkendes) Verfahren mit einer „streifenweisen Verjüngung mit vorgestreckten Fühlern" (den Keilen), wobei das Ganze in steter vorwärtsgleitender Bewegung sei (Abb. 121 bis 123). In einer Reihe von Veröffentlichungen hat Philipp eingehende Anweisungen für das Verfahren gegeben. Nach Philipp („Der rationalisierte Waldbau", S. 207) werden die „Zupfhiebe" auf *Zonen* angewiesen. Auf jeder Keilfläche haben die Zupfhiebe dem nachfolgenden Räumungskeil so weit vorzuarbeiten, daß stets die nötige Schattholzbesamung vorhanden ist, und zwar in einer Verfassung und in einem

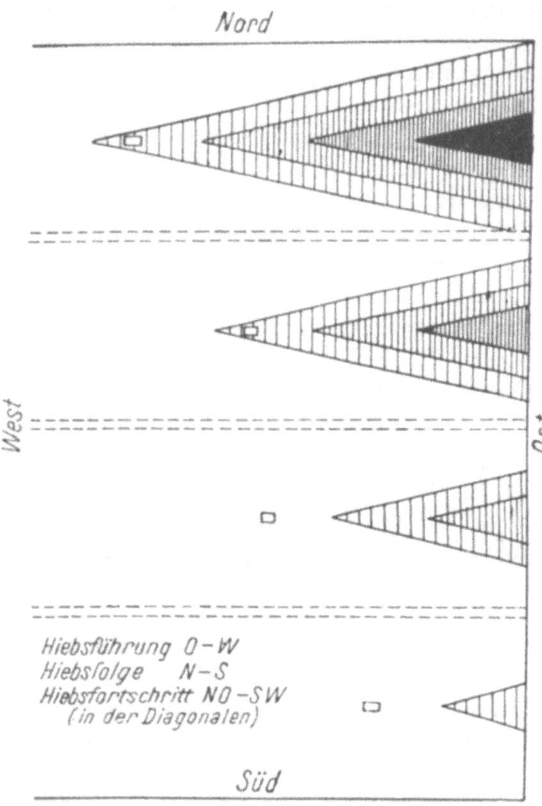

Abb. 121. Keilschirmschlagverfahren, Verjüngung im Vielsaum. (Nach Philipp, Der rationalisierte Waldbau, Verlag Harsch, Karlsruhe 1932.)

Alter, welche den weiteren Ablauf der Bestandesverjüngung begünstigen[1]. „Die Keilmitten, beziehungsweise im Gebirge die Rückenlinien, bieten die beste Gelegenheit, *nicht* im Altholzbestand vertretene Holzarten einzubringen oder, wie namentlich in Buchenwaldungen erforderlich, auf weite Sicht hinaus *Tannenvorbau* zu treiben." (Das Betreiben von Tannenvorbau auf der Keilmitte ist einer der wenigen Unterschiede des Philippschen Keilschirmschlages gegenüber dem Eberhardschen Schirmkeilschlag!) Schon im Durchforstungsalter werden die Keilmitten ausgesucht (und zur Kennzeich-

---

[1] Philipp-Kurz, Die Verjüngung der Hochwaldbestände, 1926, S. 33.

nung mit weißen Ringen an den Bäumen markiert; die Anrücklinien und die Rückwege wurden nach P h i l i p p mit weißpunktierten Ringen an den Bäumen bezeichnet).

Besonders für reine Buchenwaldungen forderte P h i l i p p, daß bei der natürlichen Verjüngung aus Gründen der Wirtschaftlichkeit durch Einbringung von Nadelhölzern eine Umstellung auf das Mischwaldideal zu erfolgen habe, er empfahl hiefür die künstliche Einbringung der Tanne, sie muß wegen des langsamen Höhenwachstums in der Jugend vorwüchsig erzogen werden, „der Ordnung und Nachschau wegen beschränken wir die Tannenkulturen auf 20 m breite Streifen längs der Keilmittellinien. Unter zu starken Schirmbuchen wird der Unterbau ausgesetzt. Das Pflanzenmaterial ist an Ort und Stelle in kleinen Wandersaatbeeten unter Schirm zu erziehen, wenn sich nicht Gelegenheit bietet, es aus natürlichen Verjüngungen zu entnehmen". Nachbarforstämter sollen sich nach ihm gegenseitig mit Pflanzenmaterial aushelfen. Der Vorbau soll 15 bis 20 Jahre vor der systematischen Einleitung der Verjüngung des Buchenbestandes erfolgen. Dadurch soll das Fortkommen der Tanne auf einem Viertel der Fläche für die nächste Umtriebszeit gesichert werden („Der rationalisierte Waldbau", S. 228/229).

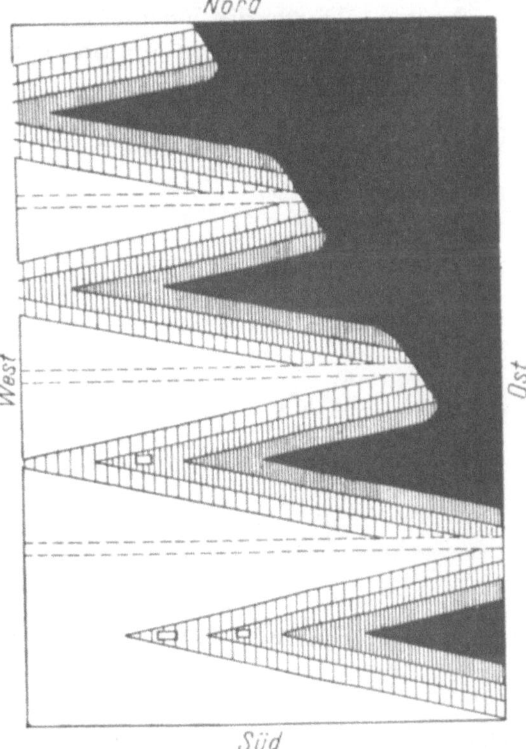

Abb. 122. Keilschirmschlagverfahren, Verjüngung im Vielsaum, „streifenweise Verjüngung mit vorgestreckten Fühlern". (Nach P h i l i p p, Der rationalisierte Waldbau, Verlag Harsch, Karlsruhe 1932.)

Auch im Harz führte der Umstand, daß auf *steilen* Hängen der Großschirmschlag wegen der entstehenden vielen Rückungsschäden an den stehenbleibenden Stämmen nicht mit Erfolg ausführbar ist, zur Ausbildung eines Verfahrens mit Schmalschlägen, beziehungsweise Säumen und mit Schirmverjüngung und Randverjüngung auf diesen.

Streifenschirmschlagverfahren von Kautz [1] (Oberförsterei Sieber, Harz). Es kommen dort Buchenbestände mit beigemischten Fichten und anderen

―――――――――

[1] K a u t z, Die Verjüngung und Pflege der Buchen- und Fichtenhochwaldbestände im Schmalschlagbetriebe der Oberförsterei Sieber (Harz), Zeitschr. f. Forst- u. Jagdw.

Holzarten vor. Der Großschirmschlag (Breitsamenschlag) führte dort wegen der Geländeverhältnisse mit langgestreckten Rücken und Steilhängen zu Fällungs- und Rückungsschäden, starkem Graswuchs und dergleichen. K a u t z entschloß sich deshalb zu Streifenschirmschlägen zur Begründung von Mischbeständen von Buche und Fichte, und zwar mit einer räumlichen Ordnung, bei der die 30 bis 40 m breiten Streifen von den Bergrücken, also mit der Frontrichtung von oben nach unten, und auch von Hangwegen, die eine horizontale Gliederung des Bestandes ergeben, zu Tale fortschreiten. Durch die Verjüngung zuerst von oben her werden Fällungs- und Bringungsschäden am Anwuchs tunlichst vermieden. An langen

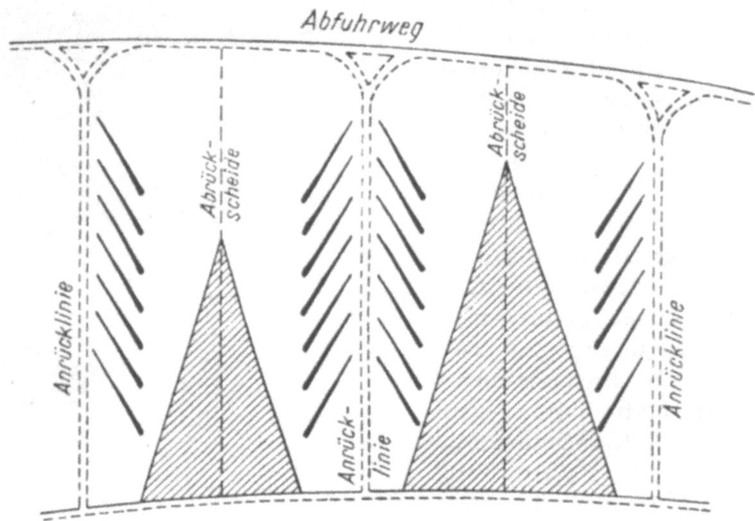

Abb. 123. Holzrückung beim Keilschirmschlag. (Nach P h i l i p p, Der rationalisierte Waldbau, Karlsruhe 1932.)

Hängen werden auch „Queranhiebe", nämlich quer zur Schichtenlinie, also mit der Streichrichtung von oben nach unten, eingelegt, die womöglich von vorspringenden Rippen des Hanges ausgehen, zum Beispiel ein Südhang mit einem vorspringenden „Riegel" (Querrippe, Abb. 124), der Riegel hat somit eine östliche und eine westliche Abdachung, an der östlichen wird ein Queranhieb eingelegt, der nächste Hieb folgt nicht mehr dem stärksten Gefälle, sondern dem Diagonalgefälle (in der Regel verlaufen also die Streifen oder Säume, falls sie nicht überhaupt die Streichrichtung in der Schichtenlinie haben, *nicht* im stärksten Gefälle, sondern im Diagonalgefälle, mit der Abrückrichtung durch das Altholz). Da der Hiebsfortschritt bei Schmalschlägen ein rascher sein muß, so ist das Verfahren nur bei häufig eintretenden Samenjahren anwendbar, dies trifft dort zu. Im

1921. — D e r s e l b e, Die Verjüngung der Fichte und Buche, Zeitschr. f. Forst- u. Jagdw. 1922. — B r ä u e r, Breitsamenschlag oder Schmalschlag, Silva 1922. — O t t o, Saumschlag oder Großschirmschlag? Eine kritische Gegenüberstellung, Allg. Forst- u. Jagd.-Ztg. 1929.

steilen Gelände bietet das Verfahren von K a u t z im Vergleich zum Großschirmschlag wesentliche Vorteile.

In Ungarn hat G y u l a R o t h eine Abänderung des W a g n e r schen Blendersaumschlags versuchsweise eingeführt in Gestalt der *„Linienplenterung"*, beziehungsweise des *„Linienplenterschlages"* [1]. Sein Verfahren weicht insoferne vom W a g n e r schen ab, als der Hiebsfortschritt „nach beiden Seiten senkrecht zur Angriffslinie" erfolgt, er geht also so vor, als ob bei einem gruppenweisen G a y e r schen Femelschlag die einzelnen Gruppen der „Angriffslinie" entlang nebeneinander gereiht würden. Der Angriff schreitet dann stetig beiderseits in den Bestand hinein. Er verzichtet dabei, auch zum Zwecke besserer Anpassung an die Geländeverhältnisse, auf den Anhieb von Norden. Seine Angriffslinien entsprechen einigermaßen den „Keilmittellinien" oder „Abrückscheiden" des Schirmkeilschlages. Die Angriffslinien (zugleich Mittellinien der R o t h schen „Plentereinheiten") werden in Abständen von etwa 400 bis 600 m in den Bestand eingelegt und durch Ölfarbenflecke an Bäumen, die noch länger stehenbleiben sollen, bezeichnet. Bei einem Hiebsfortschritt von jährlich 2 bis 3 m nach jeder Seite wird die „Plentereinheit" in rund 100 Jahren

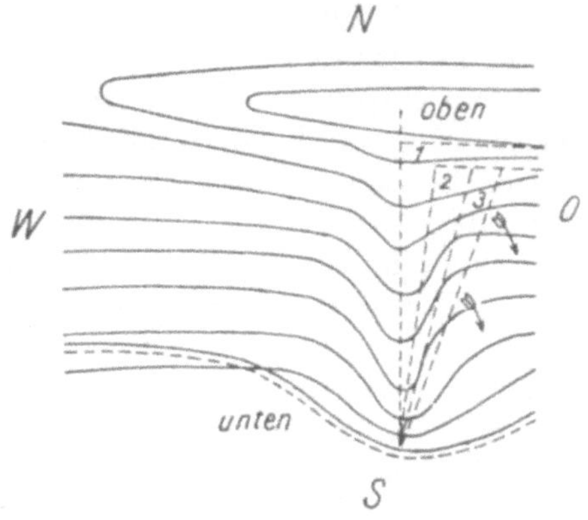

Abb. 124. Verjüngungsgang beim Schmalschlagverfahren nach K a u t z am S ü d h a n g, der durch eine Querrippe östliche und westliche Hangrichtung zeigt (Pfeile = Abrückrichtung). (Nach K a u t z, Zeitschr. f. Forst- und Jagdw. 1921.)

vom Hieb durchlaufen. Der Hieb kann entweder die Schaffung eines Plenterwaldes oder auch die Verjüngung im Femelschlagbetrieb bezwecken.

Die bis nun besprochenen Verjüngungsverfahren bezogen sich alle auf den Hochwaldbetrieb, der auch als „Samenholzbetrieb" oder „Kernwuchsbetrieb" bezeichnet werden kann, weil für ihn kennzeichnend ist, daß die Verjüngung durch Samen erfolgt. (Beim „schlagweisen Hochwald" ist die Verjüngung auf einer und derselben Fläche irgendeinmal abgeschlossen, erfolgt also nicht stetig; zu den schlagweisen Hochwaldbetrieben gehören der Kahlschlagbetrieb, der Schirmschlagbetrieb, der Femelschlagbetrieb mit seinen Unterarten. Zwischen zwei Verjüngungsperioden liegt eine mehr oder weniger lange Zeit der Bestandeserziehung. Das bedingt ein Abscheiden bestimmter Verjüngungsflächen, Schläge. Den schlagweisen Hochwaldbetrieben wird der Plenterbetrieb gegenübergestellt, beziehungsweise der Femel- und der Plenterbetrieb.)

Naturverjüngungserfolge haben nicht allein die Beherrschung der Technik einer Methode zur Voraussetzung, sondern auch die Urteilskraft und die Fähigkeit, die Voraussetzungen und Wechselbeziehungen der

---

[1] R o t h G y u l a, Linienplenterung und Linienplenterschlag. Intersylva, Zeitschr. d. Internationalen Forstzentrale 1, 1941, S. 32—41.

waldbaulichen Handlungen zu überblicken. An vorbildlichen Naturver-
jüngungsbetrieben kann man unter der Voraussetzung lernen, daß man
imstande ist, richtig zu beurteilen, warum die Maßnahmen gerade hier
zum sichtlichen Erfolg führen und ob sie auch unter den abweichenden
Verhältnissen im eigenen Bezirk anwendbar sind oder nicht, beziehungsweise warum an anderem Ort wieder anders verfahren werden muß[1].

5. Verjüngung durch Ausschläge.

Zum Unterschied vom Hochwaldbetrieb weisen die Ausschlagwaldbetriebe Verjüngung durch Ausschläge auf. Die Verjüngung erfolgt hier,
nachdem zuvor die alten Ausschläge genutzt wurden. Hieher gehören die
Verjüngung im Niederwaldbetrieb und im Mittelwaldbetrieb. Nur Laubhölzer kommen in Mittel- und Südosteuropa für die Verjüngung durch
Ausschläge in Betracht. Im *Niederwald* werden die Stämme unmittelbar
über dem Boden abgehauen, es wird ein Kahlhieb[2] geführt, aus schlafenden Augen und Adventivknospen entwickeln sich Ausschläge, deren Höhe
bereits im ersten Jahr eine beträchtliche sein kann. In Österreich sind
Nieder- und Mittelwälder besonders im niederösterreichischen Weinviertel (Viertel unter dem Manhartsberg), außerdem im Leithagebirge
und in den Auen; Grauerlenniederwälder gibt es auch in Auen im Gebirge. Im großen kommen hauptsächlich folgende Holzarten für die Verjüngung durch Ausschläge im Niederwald in Betracht: Eichen, Schwarzerlen (Grauerlen), Weiden, Edelkastanien, Robinien (in subtropischen
Gegenden, zum Beispiel an der Südküste Kleinasiens, Eukalyptusarten).

Die günstigste Jahreszeit für den Hieb im Niederwald ist das zeitige
Frühjahr (März), gegen Ende der Vegetationsruhe, zur Zeit der beginnen-
den Saftbewegung, damit sich gleich Ausschläge entwickeln können. Außerdem wendet man auch den Abtrieb im Spätherbst an, in Erlensümpfen
muß die Zeit der Fällung vielfach in den Winter (bei Frost) verlegt werden, weil zu anderer Zeit das Gelände nicht zugänglich ist. In Eichenschäl-
waldungen erfolgt der Hieb wegen des Schälens im Mai, Juni. Der Früh-
jahrshieb hat den Vorzug, daß die Abhiebsfläche alsbald überwallt. Die

---

[1] S e e h o l z e r M., Gedanken zur natürlichen Verjüngung im Wirtschaftswald,
Allg. Forst- u. Jagd-Ztg. 118, 1942, S. 57—67.

[2] In Italien traf Verfasser (unter anderem auf der westlichen Abdachung des
Apennin, bei Vallombrosa, in etwa 1000 m Seehöhe) geplenterte Buchenniederwälder.
Vgl. auch F l u r y, Untersuchungen aus dem geplenterten Buchenniederwald, Mitt. d.
Schweizer. Anstalt f. d. forstl. Versuchsw. XVII, 1. Heft, 1931, S. 35—74. Geplenterte
Buchenniederwälder kommen vor in der südlichen Hälfte des Kantons Tessin, in
Italien (bloß 1 v. H. der Fläche der Niederwaldungen), in Spanien, in Frankreich
(Pyrenäen), schließlich als Rarität auch im Spessart (an steilen Einhängen des Mains bei
Lohr-Aschaffenburg). Nach E. G u i n i e r (franzöische Abhandlung von 1883 laut An-
gabe F l u r y s) bildet die Buche wenig Adventiv- und Proventivknospen, bei gänzlichem
Kahlhieb entsteht dadurch ein Mißverhältnis zwischen den Wurzel- und Blattorganen,
was schädliche Saftstauungen hervorrufen und auf rauhem Boden in heißer, sonniger
Lage das Absterben der Stöcke bewirken kann. Der geplenterte Buchenniederwald ist
daher „eine für die gegebenen besonderen Verhältnisse passende walderhaltende...
Nutzungs- und Wirtschaftsweise, sofern sie pfleglich ausgeübt wird“, (F l u r y).

Hauwerkzeuge sind stets scharf zu erhalten. Wegen der Überwallung kommt es auf glatten Hieb an, bei dem das Splittern des Stockes und das Abtrennen der Rinde vermieden wird. Hiezu taugliche Werkzeuge sind für schwächeres Material Hippen, für stärkeres eine Axt mit scharfer und genügend breiter Schneide. Ein Absägen der Stöcke gibt rauhe Schnittflächen, die nicht gut überwallen. Sind aber die Stämme für die Benutzung einer Axt schon zu stark, dann ist doch die Säge am Platze, wobei auf möglichst glatte, am besten etwas geneigte Schnittflächen und tiefen Schnitt zu achten ist. Eine Einkerbung in der Mitte des Stockes, entstanden aus zwei Abhiebsflächen, ist zu vermeiden, weil in einer solchen vertieften Hiebsfläche sich Regenwasser sammelt und Fäulnis eindringt.

Die Verjüngung durch Ausschläge im Niederwald ist einfach, sie ist mit geringen Gefahren verbunden (wie der Niederwaldbetrieb überhaupt), Anwendung findet sie vorwiegend in wärmeren Gegenden; allerdings gibt es Grauerlenniederwälder, *Alnus incana*, auch im Gebirge, zum Beispiel in den österreichischen Alpen. Ausschlagfähige Holzarten sind besonders: Eichen, Edelkastanien, Schwarzerlen, Grauerlen, dann Robinie, Weißbuche, Ulme, Linde, Esche, Ahorn; weniger für den Ausschlagbetrieb geeignet sind Rotbuche und Birke.

Die Nachbesserungen in Niederwäldern zum Ersatz eingegangener oder zu alter Stöcke werden am besten durch Pflanzung, oft unter Anwendung von Stummelpflanzen, besorgt. Auch zur Neuanlage eines Niederwaldes verwendet man in der Regel das gleiche Verfahren. Wichtigere Niederwälder sind: der Robinienniederwald, der zum Beispiel in Ungarn und Rumänien ansehnliche Flächen bedeckt und auch im Marchfeld von Niederösterreich sowie im östlichen Südmähren zu finden ist. Die Robinie zeichnet sich durch zähe Ausschlagfähigkeit und schnelles Wachstum aus. Dann der Eichenschälwald, der Erlenniederwald und die Weidenheger. In Überschwemmungs- und Stauwassergebieten ist der Erlenniederwald wichtig. Schwarz- und Grauerle sind durch ein energisches und lang anhaltendes Ausschlagvermögen ausgezeichnet. Auch die Weidenhegerwirtschaft mit Erzeugung von Ruten für Flecht- und Korbwaren gehört hieher.

Im *Süden Europas* ist (in den tieferen Lagen) die Verjüngung durch Ausschläge im Laubwald eine häufige Erscheinung, so in Italien, Jugoslawien, Bulgarien, Griechenland. Italien besitzt rund sechs Millionen Hektar Wald, davon sind 3,352.000 ha Ausschlagwald (Nieder- und Mittelwald). Auch degradierte Waldungen, fast nur mehr Büsche, auf 362.000 ha gehören dazu[1]. In Griechenland betrug[2] nach dem Stande vom Jahre 1940 der Niederwald 43,2 v. H. der Waldfläche, der Mittelwald 26,5 v. H., zusammen somit 69,7 v. H. Auch Buschwaldflächen, die nur noch kümmerliche Waldreste aufweisen, sind im Niederwaldanteil Griechenlands mit enthalten. In Bulgarien überwiegt nach J. S t o j a n o f f (Der Gebirgsforst,

---

[1] P a v a r i A., Die waldbaulichen Verhältnisse Italiens, Zeitschr. f. Weltforstw. **8**, 1940/41, S. 175 ff.

[2] Laut freundlicher Auskunft des Forstdirektors im Landwirtschaftsministerium Griechenlands, A. C h r i s t o d u l o p u l o s.

Wien 1943, S. 39 ff.) der Niederwald, sein Anteil beträgt 59,1 v. H. der Waldfläche, der Holzvorrat der dortigen Niederwälder ist klein, im Mittel 30 fm je Hektar. In Bosnien und der Herzegowina betrug im Jahre 1916, wie A. v. Guttenberg (in der Österr. Vierteljahresschrift f. Forstwesen, **66.** Bd., 1916, S. 158) berichtete[1], der Waldbestand rund 2,5 Millionen Hektar oder 49,4 v. H. der Gesamtfläche, davon entfielen auf Hochwald 1,513.540 ha, Niederwald 560.179 ha, Gestrüpp 452.229 ha. Der Anteil des Niederwaldes und Buschwaldes war also auch hier sehr beträchtlich. Die Ausbreitung der Niederwälder in Griechenland, Bulgarien, Jugoslawien usw. entstand hauptsächlich durch die Verknüpfung der Waldwirtschaft mit der Landwirtschaft, auch das für Hochwälder weniger günstige Klima, besonders der tieferen Lagen, trug dazu bei.

Nicht nur durch Stockausschläge wie beim Niederwaldbetrieb, sondern auch durch *Stammausschläge* kann die Verjüngung bewirkt werden, so beim Kopfholzbetrieb, bei ihm werden die Stämme nicht am Boden, sondern (zum Beispiel Weiden in Überschwemmungsgebieten) in einiger Höhe, etwa 1 bis 4 m über dem Boden, geköpft. Die an der Verwundungsstelle erscheinenden Ausschläge werden entweder alljährlich oder alle zwei bis vier Jahre genutzt. Unter den in lockerer Verteilung stehenden Kopfholzstämmen treibt die Landwirtschaft meist noch Grasnutzung.

Außer der Verjüngung durch Stock- und Stammausschläge kann auch eine solche durch *Wurzelbrut* stattfinden. Wurzelbrut entwickeln Schwarzpappel, Silberpappel, Pyramidenpappel, Aspe, Robinie, der Götterbaum, *Ailanthus glandulosa*, Ulme, Feldahorn, Wildobstbäume, manche Sträucher. Die Aspe treibt reichlich und weithin Wurzelbrut, ähnlich die Robinie. In der Nähe von Konstantinopel beobachtete Verfasser häufig Wurzelbrut an *Ailanthus glandulosa*. Wegen der besonderen Fähigkeit dieser Holzart, Wurzelausschläge zu bilden, hat in Bulgarien N. Peneff[2] *Ailanthus* zu Versuchen über den Einfluß der Lage der Wurzelstecklinge auf die Größe und Qualität der Pflanzen während des ersten Jahres verwendet. Er stellte Versuche mit horizontalgelegten und mit vertikalgestellten Stecklingen und zum Vergleich auch mit einer Saat von *Ailanthus* an. Die im Boden horizontalliegend untergebrachten Stecklinge gaben bessere Pflanzen und reichlichere Bewurzelung als die vertikalgestellten; Stecklinge, stärker als 2,5 cm, bewurzelten sich schwierig und unbefriedigend. Einjährige Samenpflanzen blieben in bezug auf Vitalität, Größe, Gewicht usw. hinter den aus Stecklingen gewonnenen gleichalterigen Ailanthuspflanzen zurück. Im allgemeinen hat die Wurzelbrut für die Waldbestockung weniger Wert als die Stockausschläge (Hamm J., Der Ausschlagwald, Berlin 1896, S. 52).

Im *Mittelwald* entsteht das „*Unterholz*" aus Stockausschlägen, während das „Oberholz" in der Regel aus Kernwüchsen hervorgeht (der Mittelwald ist also eine Verbindung von Ausschlagwald mit einem plenterartig ge-

---

[1] Auf Grund der Schrift: Feifalik A., Ein neuer, aktueller Weg zur Lösung der bosnischen Agrarfrage, 3. Heft des 12. Bandes der „Wiener staatswissenschaftlichen Studien", Verlag Fr. Deuticke, Wien und Leipzig 1916.

[2] Peneff N., Einfluß der Lage der Wurzelstecklinge auf die Größe und Qualität der Pflanzen während des ersten Jahres, Lessowodska missal **8**, 1938, S. 20—25.

nutzten, ohne Kronenschluß aufwachsenden Hochwald). Beim Kahlschlag des Unterholzes werden „Kernwüchse" oder die besten Ausschlagstangen von Nutzholzarten vom Hieb verschont (als sogenannte „Laßreitel") in der Absicht, daß sie als Oberholz ein Alter erreichen, das ein Mehrfaches der Umtriebszeit des Niederwaldes (Unterholzes) beträgt.

Die Verjüngungsverfahren müssen gewöhnlich Hand in Hand mit anderen Maßnahmen des Betriebes durchgeführt werden, so mit solchen der Nutzung, der Holzrückung, der räumlichen Ordnung usw. Bestimmte Verjüngungsverfahren bilden daher zumeist auch jedes für sich ein Glied in der Kennzeichnung der Formen des Betriebes, der Betriebsarten. Zum Beispiel gehört die Verjüngung im Femelschlag zum Femelschlagbetrieb; oder das Verfahren der Verjüngung durch Stockausschläge ist kennzeichnend für den Niederwaldbetrieb. Die Betriebsarten, ihre Technik und Würdigung, sind dem letzten Abschnitt des Buches vorbehalten.

6. Künstliche Bestandesgründung.

Wie bereits festgehalten wurde, liegt künstliche Bestandesgründung oder Aufforstung vor, wenn der Waldbestand durch Menschenhand begründet wird, und zwar entweder durch Ausstreuen von Samen oder durch Aussetzen von Pflanzen. Die künstliche Begründung kann entweder auf kahler Fläche oder unter dem gelockerten Kronendach eines Altholzes erfolgen. Bei der Saat bleiben die aus dem ausgestreuten Samen entstehenden Pflanzen gleich auf dem Standort ihres ersten Aufwachsens, während sie bei der Pflanzung zuerst an anderen Orten erzogen und dann auf die Aufforstungsfläche versetzt werden.

Anwendung der künstlichen Verjüngung.

Wo die Bedingungen der natürlichen Verjüngung durch Samenabfall günstig sind, dort ist selbstverständlich die Anwendung der natürlichen Verjüngung vorzuziehen. Sie sichert am besten die Erhaltung vorhandenen Mischwuchses. Wo Nieder- oder Mittelwaldbetrieb herrscht und nicht aufgegeben zu werden braucht, dort ist die Verjüngungsart durch Ausschläge bereits gegeben. Aber auch bei Anwendung der natürlichen Verjüngung ist eine Ergänzung lückiger Anwüchse, eine Vervollständigung der Jungwüchse durch künstliche Einbringung von Pflanzen oder Samen häufig empfehlenswert, eine solche künstliche Nachhilfe ist einem allzu langen Warten auf vollständige natürliche Ansamung vorzuziehen. Auch in Ausschlagwäldern müssen zum Beispiel zu alte, nicht mehr ausschlagfähige Stöcke durch Pflanzung oder durch Absenker ersetzt werden.

Die Fälle, daß trotz der hohen Bewertung der natürlichen Verjüngung doch zur künstlichen Aufforstung geschritten werden muß, sind also nicht selten. Die Bedingungen für die natürliche Verjüngung sind nicht immer günstig; zum Beispiel in Kiefernbeständen auf trockenen Sandböden, bei geringen Niederschlägen. Auch wenn Weideland, Ackerland oder Ödland zum erstenmal aufgeforstet werden soll, so kann dies in der Regel nur durch künstliche Bestandesgründung (Pflanzung oder Saat) geschehen. (Schmale

Äcker am Waldrand könnten allerdings auch durch Seitenbesamung, zum Beispiel von Kiefer oder Schwarzkiefer, in Bestand gebracht werden.) Künstliche Bestandesgründung ist auch dann erforderlich, wenn sie mit einer auf dem betreffenden Standort neuen Holzart, etwa Kanadapappel im Auwald, stattfinden soll. Wenn im Wald durch Waldbrand, durch Kahlfraß von schädlichen Insekten oder durch Sturmbruch größere Kahlflächen entstanden sind, so ist auch da die Bestandesgründung nur künstlich, durch Pflanzung oder Saat, möglich.

Wo gemischte Bestände vorkommen, läßt sich für ihre Erhaltung in der Regel im Wege der natürlichen Verjüngung besser sorgen als durch künstliche Aufforstung. Wo aber der Boden sehr stark verunkrautet ist, dort kann man meist von der künstlichen Aufforstung einen rascheren Erfolg erwarten als von der natürlichen Ansamung. Es gibt also jedenfalls eine Reihe von Fällen, in denen eine künstliche Bestandesgründung am Platze ist. Im Jahre 1931 schätzte V a n s e l o w in seinem Buch über „Die natürliche Verjüngung im Wirtschaftswald", S. 189, daß im Durchschnitt von ganz Deutschland schätzungsweise 95 v. H. der Waldfläche künstlich und nur 5 v. H. natürlich verjüngt werden. Für Österreich wurde der Anteil der natürlichen Verjüngung auf 30 v. H. der Gesamtwaldfläche geschätzt, während in der Schweiz die natürliche Verjüngung überwiegt. Als eines der größten Hindernisse für die erfolgreiche Durchführung der natürlichen Verjüngung bezeichnete der gleiche Verfasser einen hohen Wildstand, wie er noch auf weiten Waldflächen Deutschlands vorhanden sei. V a n s e l o w bemerkte im Schlußwort seines Buches, ein solcher Wildstand schließe eine moderne, auf Naturverjüngung begründete und intensiv betriebene Forstwirtschaft aus. In manchen Teilen Deutschlands, zum Beispiel im badischen Schwarzwald, ist der Anteil der natürlichen Verjüngung groß.

Der Bedeutung der Aufforstungen ist man sich auch in den Ländern der Balkanhalbinsel bewußt, wie sowohl Maßnahmen der praktischen Forstwirtschaft in diesen Ländern beweisen als auch das einschlägige Schrifttum[1].

Bestandesgründung durch Saat.

Die Saat ist das einfachste, älteste und den natürlichen Vorgängen am nächsten kommende Verfahren der künstlichen Verjüngung. Trotzdem ist man von ihr vielfach zur Pflanzung übergegangen, und zwar aus folgenden gewichtigen Gründen: Die Saaten sind in den ersten Monaten besonders gefährdet durch Dürre, durch die Konkurrenz des Unkrautes, durch ihre langsame Jugendentwicklung. Immerhin kann sich Bestandesgründung durch Saat bei Holzarten empfehlen, die schon in der ersten Jugend raschwüchsig sind und eine tiefgehende Bewurzelung ausbilden, so daß eine oberflächliche Bodenaustrocknung sie nicht mehr vernichten kann. Schon in der Jugend tiefwurzelnde Holzarten sind Schwarznuß und Edelkastanie; von den in großem Umfang angebauten Holzarten gehören zu den in der

---

[1] Vgl. zum Beispiel: P r z e m e t c h i i Z. und G r. V a s i l e s c u, Die Technik der Aufforstungen mit einem Vorwort von D r ă c e a - Bukarest, Verlag Progresul silvic, Nr. 1, 1937 (166 Seiten). — S a c h a r i e f f B., Über die künstlichen Aufforstungen in Bulgarien, Lessowodska missal 7, 1938, S. 317—347 (mit dtsch. Zus.).

Jugend raschwüchsigen und tiefer wurzelnden die Kiefern und Eichen. Bei ihnen werden Saaten häufiger angewandt, sowohl wegen der rascheren Überwindung der Jugendgefahren als auch deshalb, weil bei diesen Arten Geradschaftigkeit und Astreinheit nur bei dichtem Stand zu erzielen ist. Frühzeitige Saat im ersten Frühjahr vermindert die Gefährdung der Saaten durch Sommerdürre. Auf sehr steinigen Böden, wo die Herstellung von Pflanzlöchern kaum durchführbar wäre, kann man unter Umständen ebenfalls der Saat den Vorzug geben, doch ist dann ganz besonders eine frühzeitige Ausführung zum Schutz gegen Dürre erforderlich.

Je nach den gegebenen Verhältnissen kann die Bestandesgründung durch Saat selbstverständlich auch bei anderen Holzarten in Frage kommen. Zum Beispiel können unter lockerem Schirm von Altholz auf passenden Standorten auch Schattholzarten, etwa die Tanne, durch Saat eingebracht werden (zur Vermeidung der Bedeckung mit Buchenlaub ist vorherige Lichtung des Altholzes nötig). Bei der Pflanzung sind in der Regel Arbeitsleistung und Kosten größer als bei der Saat; wenn aber die Saat mißlingt und öfter wiederholt werden muß, kann sich das Verhältnis hinsichtlich der Kosten umkehren. Mangel an Arbeitskräften, die Rücksicht auf die Kosten, die Notwendigkeit, sehr große Flächen auf einmal in Bestand zu bringen, können Anlaß geben, die Bestandesgründung durch Saat zu versuchen. Auf Böden von extremer Beschaffenheit (zum Beispiel nassen oder sehr trockenen Böden) sowie bei starkem Gras- und Unkrautwuchs, in Frostlagen oder in Lagen mit Gefährdung durch Wild oder Weidevieh wäre der Erfolg der Saat von vornherein fraglich.

Was Behelfe zur Unterscheidung des forstlichen Saatgutes anbelangt, sei verwiesen auf das Büchlein: T u b e u f , Samen, Früchte und Keimlinge der forstlichen Kulturpflanzen, Berlin 1891, dann auf eine Reihe von Abbildungen in H e y e r - H e ß , Der Waldbau oder die Forstproduktenzucht, 5. Aufl., 1906, sowie auf die farbigen Bildtafeln und sonstigen Abbildungen in dem Werke: H e m p e l und W i l h e l m , Die Bäume und Sträucher des Waldes in botanischer und forstlicher Beziehung, Wien und Olmütz 1889/98.

Zu dem Hinweis auf die Saat als das älteste Verfahren sei noch erwähnt: In Deutschland erfolgte die erste Anwendung der Saat zur forstlichen Bestandesgründung im Jahre 1368 im Reichswald bei Nürnberg; in Österreich wurde sie zum erstenmal gehandhabt im Jahre 1457 unter Kaiser Friedrich III. auf dem Steinfeld bei Wiener Neustadt, und zwar handelte es sich um Weißföhrensaat nach dem Muster von Nürnberg, im Jahre 1497 erfolgte die Fortsetzung „mit Samen, so von Nürnberg gebracht würdet", das geschah nur aus jagdlichen Gründen auf bisher unbestocktem Heide- und Ödland, im diluvialen Schottergebiet in der Nähe einer Stadt (Wiener Neustadt); dagegen wurde in der Forstwirtschaft Österreichs, etwa im Gebirgswald, die Saat erst viel später angewandt, das geht aus den Waldordnungen des Landes Salzburg[1] und der anderen Län-

---

[1] „Die Salzburgischen Forstordnungen von 1524, 1550, 1555, 1563, 1592, 1659, 1713, 1755", Salzburg, Mayr, 1796 (Landesregierungsarchiv Salzburg, XII, C a, 1).

der sicher hervor; zwecks Walderhaltung traf man in den älteren Waldordnungen nur Verfügungen betreffs schonender Nutzung, Bannlegung,
Ordnung im Holzschlag, Vermeidung der Beschädigung junger Anflüge,
Stehenlassen fruchttragender Eichen und Buchen und dergleichen, aber noch
nicht über künstliche Kultur. Die erste Anordnung, daß Blößen „mit
Lärchen-, Thannen-, Feichten-Samen besäet werden sollen", wurde in Salzburg im Jahre 1746 erlassen, aber noch nicht befolgt, im Jahre 1773 wurde
die Verfügung wiederholt und von da ab durchgeführt. In Oberösterreich
wurde im Jahre 1765 ein „Holzsaatförster" angestellt [1] mit der Aufgabe,
auf herabgekommenen Waldorten, wo keine Verjüngung mehr zu erwarten
war, zu säen. Ähnlich war es in anderen Ländern Österreichs.

Räumliche Verteilung des Samens bei der Saat. Nach der räumlichen
Verteilung des Samens wird unterschieden:

1. Die *Vollsaat*, wobei die ganze Fläche gleichmäßig mit Samen über-
streut wird; sie erfordert als Verfahren der Bestandesgründung zu große
Samenmengen und Bearbeitung der ganzen Bodenfläche, erschwert später
die Unkrautbekämpfung und kommt deshalb in der Regel nicht mehr in
Anwendung (das bezieht sich natürlich nicht auf die Beete der Saat- und
Pflanzschulen, denn dort kann sie noch in Anwendung kommen. Hier
handelt es sich um die Saat als Verfahren der Bestandesgründung direkt
auf der freien Fläche).

2. Die *stellenweise Saat: Streifensaat*, der Boden wird auf Streifen von
40 bis 60 cm Breite bearbeitet, die Entfernung der Streifen voneinander
von Mitte zu Mitte beträgt 1 bis 1,50 m. Innerhalb der Streifen wird in
einer vertieften Linie („Rille") in der Streifenmitte gesät, wodurch die Bekämpfung des Unkrautes und die Pflege der Saatreihen durch Bodenbearbeitung erleichtert ist. Oder es werden (besonders bei der Eiche) Rillen
quer zur Längsrichtung der Streifen besät, sogenannte „Leitersaat", die
Rillen stehen „wie die Sprossen einer Leiter", zum Beispiel in 20 cm Abstand voneinander, in jeder Querrille sind vier bis fünf Eicheln. Man erzielt
damit eine breitere Verteilung der Eichenpflanzen über den Streifen. Auch
lockeres breitwürfiges Säen innerhalb des Streifens kann in Anwendung
kommen. Ein anderes Verfahren der stellenweisen Saat ist die *Plätzesaat*
(Plattensaat), die Bodenbearbeitung beschränkt sich auf Plätze von etwa
30 bis 50 cm im Quadrat. Die Entfernung der Plätze von Mitte zu Mitte
beträgt bei Fichte etwa 1,20 bis 1,50 m, bei Kiefer weniger (zum Beispiel 1 m). In der Ebene gibt man meist den Streifensaaten den Vorzug,
um das Zusammendrängen der Jungpflanzen auf den Plätzen zu vermeiden.
Im Gebirge werden aber auch Plätzesaaten öfter angewandt, weil dort das
Gelände für lange Streifen nicht günstig zu sein pflegt. Doch werden auch
kurze Streifen (Riefen), sogenannte „Stückriefen", in geneigtem Gelände
hergestellt: das sind Streifen mit Unterbrechungen, sie laufen parallel zueinander und sind Voll auf Fug angeordnet. Wenn Platten oder Plätze

---

[1] „Resolutionsbuch des Gmundner Salzoberamtes von 1765" (Oberösterr. Landesregierungsarchiv in Linz).

unmittelbar an den Stöcken des abgetriebenen Bestandes hergerichtet werden, was zum Schutze gegen Schneeschub und Viehtritt geschehen kann, so spricht man von „Stocksaat". Bei der „Punktsaat" werden Samen schwerfrüchtiger Holzarten, Eicheln, Kastanien usw., von Arbeiterkolonnen in etwa schrittweisem Abstand einzeln (oder zu zwei bis drei Stück) mit Hacken oder Spaten in den Boden eingestuft.

Gewinnung des Saatgutes. Die Gewinnung des Saatgutes von anerkannten Beständen im eigenen Betrieb ist jedenfalls der sicherste Weg, um Samen von der gewünschten Klimarasse zu beschaffen[1]. In Norddeutschland bestehen staatliche Klenganstalten. In manchen Ländern, auch in Österreich, hat sich der Samenhandel einschließlich privater Klenganstalten entwickelt, zum Beispiel in Wiener Neustadt (veranlaßt durch die Nähe des Schwarzkieferngebietes). Über die Wichtigkeit der Berücksichtigung der Herkunft des Saatgutes wurde bereits im ersten Teil des vorliegenden Buches (über die ökologischen Grundlagen des Waldbaues, S. 279 ff.) abgehandelt. In Deutschland sind „Reviere und Revierteile für anerkanntes Saatgut" ausgewählt, die Auswahl erfolgte durch Beauftragte der Landesforstämter, früher geschah sie durch den „Hauptausschuß für forstliche Saatgutanerkennung" und dessen Ortsausschüsse. Durch Kontrolle wird für Echtheit des anerkannten Saatgutes gesorgt, der Käufer läßt sich den Herkunftsort des anerkannten Saatgutes von der Klenganstalt angeben.

Was das Alter der abzuerntenden Bestände anbelangt, so nimmt man im allgemeinen an, daß Bestände mittleren Alters die günstigsten Verhältnisse bieten. Zu junge — unter 20jährige — Bestände sollen besonders bei der Fichte viele unvollkommen ausgebildete und taube Samenkörner enthalten. Die Angabe, daß überalte Bestände einen höheren Hundertsatz an tauben Samen liefern, wäre noch zu überprüfen. Bei manchen Versuchen ergaben nämlich auch noch hochalterige Bäume ein einwandfreies Saatgut (vgl. Abschn. III, 1, Mannbarkeitsalter, S. 292). Bei günstiger Sammelgelegenheit kann man auch von Stangenhölzern guter Rasse Samen sammeln lassen („schwaches Stangenholz" liegt vor vom Eintritt stärkerer Astreinigung bis zur Erreichung von etwa 10 cm Stammstärke, stärkeres bis 20 cm Stammstärke). Das widerspricht nicht der vorhin angegebenen Regel, betreffend die unter 20jährigen Bestände. Die herrschenden und vorherrschenden Bäume liefern mehr Samen als die mit eingeklemmten und beherrschten Kronen. Doch können im Mischwald mit Lichthölzern die Schattholzarten, zum Beispiel Buchen, auch wenn sie zwischenständig sind, noch Samen tragen.

Das Sammeln soll bei trockener Witterung vorgenommen werden. Für das Sammeln der Eicheln empfiehlt H. B u r g e r, Zürich: Man sammle bei trockenem Boden nur reifes Saatgut von den besten Beständen und den besten Bäumen der örtlich bewährten Art und ihrer Rassen. (Unreife

---

[1] L a n g n e r W., Zur Verhütung des Anbaus ungeeigneter Herkünfte unserer Holzarten, Dtsch. Forstzeitung 11, 1942, S. 40/41, Dtsch. Forstwirt 24, 1942, S. 145—147. — R o h m e d e r E., Ergebnisse der forstlichen Saatgutforschung als Mittel zur Ertragssteigerung im Walde, Forstarchiv 18, 1942, S. 165—176.

Eicheln liefern wenig Pflanzen. Das Herunterschütteln reifer Eicheln ist empfehlenswert, wenn Gefahr des Sammelns durch Dritte besteht. Das Herunterschlagen mit Stangen dagegen nicht, weil dabei häufig unreifes Saatgut geerntet wird[1].)

Wenn feuchte Sämereien nicht gleich gesät werden können, muß für oberflächliches Abtrocknen Sorge getragen werden. Das geschieht, indem man sie in dünner Schicht ausbreitet und durch 10 bis 20 Tage täglich umwendet. Am ergiebigsten ist das Abernten von gefällten Bäumen. Bei der Gewinnung von stehenden Bäumen werden Leitern und Steigeisen benützt, besonders geeignet sind die sogenannten „Wolfganger Steigeisen"

Abb. 125. Wolfganger Steigeisen.

(Abb. 125) von der Staatsklenge in Wolfgang (bei Frankfurt am Main), sie ermöglichen ein Klettern auch an rauhen, astigen Stämmen und ein fast ungehindertes Gehen auf dem Erdboden; die Bindung ist ebenso wie das Eisen aus sehr gutem Werkstoff und gewährt mehrfache Sicherheit. Die sonstige Ausrüstung besteht aus dem Zapfensack, einem langen Hakenstock zum Heranziehen der Äste und einem Seil zum Festhalten des Pflückers auf dem Baum.

Auch das *Lagern* der Zapfen soll möglichst luftig erfolgen, um ein vorläufiges Abtrocknen zu befördern. Die Schichtung soll nicht zu hoch, bis höchstens 1 m, stattfinden. Frost ist nicht schädlich. Die Gewinnung der Samen aus den Zapfen wird als „Klengen", Klengung, bezeichnet, der Ausdruck soll davon herrühren, daß beim Öffnen der Zapfenschuppen ein „Klingen" zu hören ist. Die Klengung (der Darrbetrieb) erfordert vor allem bei Fichten-, Kiefern- und Lärchenzapfen besondere Vorrichtungen (die „Forstbenutzung" befaßt sich im Abschnitt über die „Nebennutzungen" mit den Einrichtungen für den Darrbetrieb). Hier sei nur bemerkt, daß bei der Kiefer frühgeerntete, noch stark wasserhaltige Zapfen schwer klengbar und gegen hohe Hitzegrade beim Klengen empfindlich sind, deshalb dürfen Kiefernzapfen erst im Dezember geerntet werden; Fichtenzapfen dagegen schon im Oktober, weil sonst der Same bei heiterem Herbstwetter frühzeitig ausfliegt[2]. Die Reife der Fichtenzapfen erkennt man an der vollendeten Braunfärbung der Zapfen und am vollen Ausdunkeln der Samen, dies läßt sich durch Aufbrechen oder Schneiden des Zapfens feststellen.

Aufbewahrung des Saatgutes. Da reiche Samenjahre nicht alljährlich auftreten, so soll nach einem Jahre reicher Ernte Samen für die künftigen Jahre aufbewahrt werden, ohne daß die Keimkraft eine Einbuße erleidet.

---

[1] B u r g e r H., Über die künstliche Begründung von Eichenbeständen, Mitt. d. Schweizer Anstalt f. f. Versuchsw. 23, 1944, S. 295, 363.

[2] H i l f R. B., Wie wirken Erntezeit, Alter des Mutterbaumes und Höhenlage auf die Güte des Fichtensaatgutes? Zeitschr. f. Forst. u. Jagdw. 1927, S. 74.

Bei den wichtigsten Nadelhölzern, mit Ausnahme der Tanne, ist die Samen-aufbewahrung verhältnismäßig einfach. Tannensamen läßt sich nicht lange aufbewahren, sondern bleibt nur bis zum nächsten Frühjahr keimfähig. Bei Samen von Fichten, Kiefern, Schwarzkiefern und Lärchen bewirkt die Auf-bewahrung unter luftdichtem Verschluß und Fernhalten aller Keimreize, besonders Feuchtigkeit und Wärme, eine Verlängerung der Lebensdauer. Das hat A. C i e s l a r, Wien, durch Versuche nachgewiesen[1]. H a a c k hat dieses Ergebnis bestätigt und noch dahin ergänzt, daß die luftdicht ver-schlossen Flaschen kühl zu lagern sind, zum Beispiel in einem Eiskeller, und daß die Samen vor der Füllung in die Flaschen abzutrocknen sind. Die Keimkraft von Fichten- und Kiefernsamen erhält sich bei kühler Lagerung unter luftdichtem Verschluß zwei bis drei Jahre hindurch nahezu unver-ändert auf gleicher Höhe. Man verwendet zum Beispiel Glasflaschen mit festsitzenden, eingeschliffenen Stopfen und zieht solche Flaschen den großen Aufbewahrungsgefäßen vor, um beim Versenden kleinerer Mengen nicht große Aufbewahrungsgefäße öffnen zu müssen. Auch bei der Versendung von Samen sollte man kleine, verschließbare Blechgefäße verwenden, um beim Versand Schädigungen, wie sie bei der in Säcken gelieferten Ware durch Druck, Stoß, Regen usw. vorkommen können, tunlichst zu ver-meiden. Kleine Mengen lassen sich in gut gesäuberten, trockenen Wein-flaschen leicht und billig unterbringen, die Korken werden mit Stearin oder Wachs versiegelt[2]. Für größere Mengen benutzt man besondere Glas-flaschen mit Hartgummi- oder eingeschliffenen Glasstopfen (1 Liter faßt etwa 0,5 kg Samen). Nach H e n n e (Schweizer. Zeitschr. f. Forstw. 1936) ergaben Keimproben an Fichtensamen folgende Mittelwerte: Frisch ge-klengt 94,2 v. H. Keimfähigkeit; drei Jahre in Glasflaschen aufbewahrt 91 v. H., drei Jahre in Papiersäcken 78,9 v. H. Wenn Saatgut in Säcken kühl und trocken gelagert ist, so sind bei Fichte und Lärche die Verluste in den beiden ersten Jahren auch noch nicht allzu groß. Die Unterbringung in Flaschen ist aber immer sicherer und gefahrloser.

Bei der Aufbewahrung von Laubholzsamen, zum Beispiel Eicheln und Bucheln, ist darauf Bedacht zu nehmen, daß ein gewisser Feuchtigkeitsgrad (Frische) erhalten bleibt (vgl. Abschnitt III, 2, „Lebensdauer der Samen", S. 305). Die Überwinterung in „Bodenmieten" sichert die Bewahrung gün-stigen Wassergehaltes. Die Samen von Buchen, Eichen, Linden, Hainbuchen, Eschen, Ahornen werden am besten in Bodenmieten aufbewahrt, diese müssen vor stauender Nässe geschützt sein. Die Überwinterung in Boden-mieten im Freien im trockenen Sandboden liefert befriedigende Ergebnisse. Eine Winterbodenlagerung, ähnlich wie in der Bodenmiete, ist auch nach folgendem, von H. B u r g e r empfohlenen Verfahren möglich: Einwickeln der Eicheln in ein Drahtnetz oder Einfüllen in einen flachen Gitterkasten, die beide auf den Waldboden gelegt und mit Laub bedeckt werden. Auf-bewahrung der Eicheln unter Erhaltung einer genügenden Keimfähigkeit

---

[1] C i e s l a r A., Versuche über die Aufbewahrung von Nadelholzsamen unter luft-dichtem Verschluß, Centralbl. f. d. ges. Forstw. 1897. — H a a c k, Zeitschr. f. Forst-u. Jagdw. 1909.

[2] Forstabt. d. bad. Finanzmin., Saat- und Pflanzschulen, Karlsruhe 1937, S. 7.

ist auch möglich in nicht zu trockenen, kühlen Kellern mit Naturboden und ohne Zentralheizung [1].

Bei Esche ergaben Versuche von C i e s l a r (Centralbl. f. d. ges. Forstw. 1920, S. 100): Sollen die Früchte schon im Frühjahr keimen, so muß die Eschenfrucht sehr zeitig im Herbst, etwa September, geerntet und sofort nach der Ernte in feuchten Sand eingeschlagen oder angebaut werden. Will man erst im zweiten Frühjahr Sämlinge, dann muß man später ernten und im Frühjahr anbauen oder in feuchtem Sand lagern.

Gewöhnlich wird die Miete als etwa 30 cm tiefe ausgeschachtete Grube unter Bestandesschirm angelegt. Bei schwerem Boden beschafft man sich zweckmäßig etwas Sand und mietet das Saatgut dort mäusesicher ein. Die Samen werden bis zu einer Gesamthöhe von 10 bis 20 oder höchstens 25 cm aufgeschüttet, anderenfalls erfolgt Erhitzung durch Atmung. Als Unterlagematerial eignet sich Moos oder Laubstreu; Stroh weniger wegen Fäulnis- und Schimmelgefahr bei starker Feuchtigkeit. Zur Bedeckung verwendet man Waldstreu und eine 10 bis 20 cm starke Lage von Sand. Durch Einschlagen in Juteleinen kann man bewirken, daß die Samen im Frühjahr gleich griffbereit sind. Bei größeren Saatgutmengen empfiehlt es sich, während der Lagerung öfter nachzusehen und ein Umschaufeln vorzunehmen. Auch ist es üblich, gegen das Frühjahr hin die Miete zu lüften durch Anlage eines gegen Regen abgedeckten Schachtes (mit Strohwisch), damit sich das Saatgut nicht erhitze oder vorzeitig keime.

Samen von Pappeln, Ulmen, Birken eignen sich in der Regel nicht zur Aufbewahrung, sie werden gleich nach der Gewinnung ausgesät, sonst geht ihre Keimkraft rasch zurück. Ausnahmsweise blieben Ende Juli gewonnene, gut ausgereifte Birkensamen auch nach einjähriger Lagerung noch bis 90 v. H. keimfähig (nach Untersuchungen der Waldsamenprüfungsanstalt Eberswalde). Samen von Schwarzerlen und Kastanien pflegt man den Winter über trocken und kühl aufzubewahren, ohne daß sie an Keimfähigkeit viel einbüßen.

Prüfung des forstlichen Saatgutes. Die Prüfung des forstlichen Saatgutes bezieht sich hauptsächlich auf die Keimfähigkeit; außerdem auf die Echtheit der Art, da beispielsweise bei Arten der Gattung *Quercus* leicht Verwechslungen und Vermischungen vorkommen können. Wer Traubeneicheln bestellt hat, wünscht nicht die Beimischung von Stieleicheln oder gar von Zerreicheln, da die Zerreiche ja nur Brennholz, kein Nutzholz liefert. Weiter erstreckt sich die Prüfung auf die Feststellung der Reinheit, also auf den Hundertsatz der Verunreinigungen, wie Zapfenschuppen, kleine Steinchen, Erdteilchen und dergleichen, die bei höherem Anteil ein höheres Gewicht vortäuschen, außerdem die Sämaschinen beschädigen könnten.

Bei der Prüfung der Keimfähigkeit setzt man mehrere, gewöhnlich drei Proben eines und desselben Samens günstigsten Außenbedingungen in bezug auf Wärme, Feuchtigkeit, Sauerstoffzutritt (bei manchen Arten Licht)

---

[1] B u r g e r H., Über die künstliche Begründung von Eichenbeständen, Mitt. d. Schweizer. Anst. f. f. Versuchsw. 23, Zürich 1944, S. 295.

aus, um den Hundertsatz der unter solchen Bedingungen in verhältnismäßig kurzer Zeit gekeimten Körner festzustellen. Insbesondere sind in staatlichen Prüfungsanstalten in der Regel neuzeitliche Geräte und Verfahren für die Prüfung in Anwendung (vgl. R o h m e d e r, Forstw. Centralbl. 1938, S. 218—231). Nach Versuchen von H a a c k lag das Temperaturoptimum für die Keimung von Kiefernsamen zwischen 25 bis 29⁰ C, für Fichtensamen bei 23⁰ C. In der Regel setzt man Proben zu je hundert Körnern Temperaturen von 20 bis 25⁰ C aus und sorgt für gleichmäßige Zufuhr von genügend, aber nicht zuviel Wasser. Denn zuviel Wasser bedeutet Sauerstoffmangel, die Samen würden dann ersticken. Kiefern und Lärchen keimen im Licht besser. Auch beim Ulmensamen fördert Lichtzutritt die Keimung[1]. Täglich oder nach drei bis vier Tagen wird die Anzahl der gekeimten und entnommenen Körner aus jeder Probe aufgeschrieben, bis endlich keine weiteren Keimungen mehr zu verzeichnen sind. Aus dem Ergebnis, dem Durchschnitt der drei Proben, berechnet man das Keimprozent.

Zu den gegenwärtig gebräuchlichen Keimapparaten gehören die *dänischen Keimglocken*. Sie bestehen aus einem in der Mitte durchlochten Tellerring aus Aluminium, nach der ursprünglichen Anweisung lag in diesem Tellerring ein gehäkelter Baumwollstern mit in das Wasser herabreichenden Baumwollfäden. Die Samen lagen auf einer Filtrierpapierscheibe und mit dieser auf der gestrickten Wollunterlage, die herabhängenden Fäden besorgten die gleichmäßige kapillare Wasserführung. 1938 hat R o h m e d e r darauf aufmerksam gemacht, daß die gehäkelten Baumwollsterne nach wiederholtem Auskochen (zwecks Reinigung) unerwünschte Veränderungen zeigten, er hat daher eine — von M e r l, München, eingeführte — Neuerung vorgeschlagen, statt der Baumwollsterne einen Glasspiralring und Filtrierpapier zum Aufsaugen zu verwenden. Das Filtrierpapier liegt dann direkt auf dem Glasspiralring, es wird mindestens für jeden Versuch erneuert und ist mit einem Glasglöckchen mit Luftloch als Verdunstungsschutz bedeckt. Man bringt die Keimapparate in einem gleichmäßig geheizten Zimmer in der Nähe des Fensters unter.

Ein anderer empfehlenswerter Apparat ist der *Haacksche Keimkasten*, ein Zinkkasten mit Fließpapierbelag, vom Fließpapier hängen Streifen ins Wasser, um dieses aufzusaugen. Der Abstand des Wasserspiegels von der Unterlage beträgt 3 bis 4 cm. Damit die Versuche nicht durch Verdunstung in der Zimmerluft zu trocken werden, ist Bedeckung des Haackschen Keimkastens mit einer Glasplatte erforderlich.

Der Keimapparat des Klenganstaltbesitzers Julius S t a i n e r in Wiener Neustadt besteht aus einer porösen Tonplatte mit hundert muldenförmigen Eindrücken zur Aufnahme der Samenkörner. Die Tonplatte liegt in einem Glasteller auf nassem Sand, aus dem sie Feuchtigkeit aufsaugt. Eine (oben durchlochte) Glasglocke dient als Verdunstungsschutz.

In den Samenprüfungsanstalten verwendet man heizbare Schränke mit

---

[1] R o h m e d e r E., Keimversuche mit *Ulmus montana* (With.), Forstw. Centralbl. 64, 1942, S. 121—135.

Thermostat, in denen die Samen gleichmäßiger Wärme und Feuchtigkeit ausgesetzt sind. Prüfungsanstalten pflegen die Samen möglichst unter mehreren Keimbedingungen zu prüfen, also in Wiederholungsreihen gleichzeitig auf mehreren Geräten mit etwas abweichenden Wärme- und Feuchtigkeitsverhältnissen innerhalb des Optimums. Auf je ein Gerät kommen dann je drei Proben zu 100 Körnern, im ganzen also auf zwei Geräte 600 oder auf drei Geräte 900 Körner. So berichtet R o h m e d e r [1] (Bayerische Forstliche Versuchsanstalt, München) über gleichzeitige Verwendung des Gerätes von J a c o b s e n mit dänischen Keimglocken und des R o d e - w a l d - Gerätes, letzteres besteht aus mit Quarzsand gefüllten Kästchen, eingehängt in ein Gefäß mit Wasser, mit Tropfvorrichtung, elektrischer Heizung des Wasserbades. Beide Geräte wurden mit Wechselwärme angewandt: sechs Stunden optimale Höchstgrenze, dann Abkühlung durch zugeführtes Leitungswasser auf 15^0 in den Keimbetten (12^0 im Gerät), dann nach Abstellen des Wasserstroms Zimmerlufttemperatur von etwa 20^0. Bei Fichte und Schwarzkiefer [2] wird das Endergebnis der Keimprüfung, wie eine große Zahl von Prüfungen ergeben hat, schon nach 14 Tagen erreicht, bei der Lärche nach 21 Tagen, bei der Föhre durchschnittlich nach 28 Tagen, bei Strobe nach 70 bis 90 (mindestens 42) Tagen. Die meisten Koniferen keimen beim Keimversuch in 14 bis 21 Tagen ab. Beim Ulmensamen kann die Keimfähigkeit nach 35 Tagen festgestellt werden (R o h m e d e r); bei den Erlen (*Alnus glutinosa* und *incana*) nach 21 Tagen, desgleichen bei der Birke [3].

Manche Holzarten eignen sich nicht zur Keimprüfung, weil sie überliegen oder sonst einen sehr lange dauernden Keimablauf aufweisen. Bei diesen Samen muß zunächst im Endosperm, im Nährgewebe, noch eine mehrmonatige Nachreife, eine Stoffumwandlung, vor sich gehen, bevor der Embryo keimen kann (vgl. Seite 302). Bei einer Reihe großsamiger Arten ist die Schnittprobe üblich, die Samen werden durchgeschnitten und die Güte wird nach der Farbe und dem Gesundheitszustand der Innenteile beurteilt. Bei der Eiche soll die Farbe weißgelblich, bei der Buche und Tanne noch etwas heller sein, bei Ahorn grünlich, bei Esche bläulichweiß. Das Nährgewebe und der Embryo sollen frisch, aber nicht naß sein, dürfen auch nicht durch Austrocknung geschrumpft sein, sondern sollen die Samenschale ausfüllen. Wenn zum Beispiel bei Bucheckern der Wassergehalt unter 20 bis 25 v. H. sinkt, bei Eiche unter 30 bis 35 v. H., so geht (nach Untersuchungen der Waldsamenprüfungsanstalt Eberswalde) die Keimfähigkeit verloren, ohne daß man bei der Frühjahrsschnittprobe diese Änderung durch die Austrocknung äußerlich warnehmen kann. Daher soll besonders bei Bucheln die Schnittprobe nur im Herbst brauchbar sein.

---

[1] R o h m e d e r, Neuzeitliche Geräte und Arbeitsverfahren bei der Prüfung des forstlichen Saatgutes, Forstw. Centralbl. 1938.

[2] Z a c h a r i e w B. J., Sofia, Über die Keimdauer bei Schwarzkiefernsamen, Forstw. Centralbl. **64**, 1942, S. 278—285. — Z e d e r b a u e r E., Die Keimprüfungsdauer einiger Koniferen, Centralbl. f. d. ges. Forstw., 1906.

[3] S c h m i d t W., Unsere Kenntnis vom Forstsaatgut, Berlin 1930, S. 123 (gibt für Fichte 21 Tage, Lärche 28, Weymouthskiefer 60—90 Tage an).

weil die Bucheckern zu dieser Zeit noch nicht ausgetrocknet sind. Auf jeden Fall ist die Schnittprobe nur ein unvollkommener Behelf, da auch Samen, die noch frisch erscheinen, schon Einbußen erlitten haben können.

Außer der Keimfähigkeit wird auch die Reinheit des Samens untersucht, man drückt die Reinheit in Gewichtsprozenten aus und berechnet aus ihr und dem Keimprozent (also aus R und K) den Gebrauchswert Gw nach der Formel $Gw = \dfrac{R \text{ mal } K}{100}$. Ein neues Verfahren zur raschen Prüfung der Keimfähigkeit nach H a s e g a w a und E i d m a n n beruht darauf, daß eine saure Natriumselenitlösung durch die lebenden Zellen des Keimlings abgebaut wird[1], rotes amorphes Selen wird frei, das Zellgewebe wird um so vollständiger und lebhafter rot gefärbt, je lebenskräftiger es ist. Bescheide über die Keimfähigkeit sind dann in drei Tagen möglich. Nach Versuchen von R o h m e d e r ist das Verfahren brauchbar, aber noch nicht vollständig durchgebildet. W. S c h m i d t, Eberswalde, veröffentlichte Einwendungen[2], R o h m e d e r, München, stellte Versuche an, das Ergebnis (Dt. Forstwirt 1940, S. 33) war, das Selenfärbeverfahren könne die Höhe der Keimfähigkeit annähernd richtig ermitteln und gestatte, die Lebensfähigkeit des Saatgutes in gewissen Grenzen anzusprechen.

Beim Weymouthskiefernsamen ist zur Überwindung von Keimhemmungen, die auf inneren Eigenschaften beruhen, eine „Kaltnaßvorbehandlung" empfehlenswert. Darüber liegen Arbeiten von S c h w a p p a c h (Allg. Forst- u. Jgd.-Ztg. 1922, S. 202), dann von G r i s c h und L a k o n (Landw. Jahrb. d. Schweiz 1923, S. 392 bis 407), von K o b l e t (Berichte der schweizerischen Botan. Ges. 1932, S. 199 bis 283) und von R o h m e d e r (Forstw. Centralbl. 1939) vor. Die Kaltnaßvorbehandlung (auch zur Förderung des Auflaufens der Samen im Saatbeet) kann darin bestehen, daß man den Weymouthskiefernsamen vor der Saat etwa vier Wochen in feuchten Sand einschichtet und in einem Keller kühlstellt. Bei der zur Samenprüfung angewandten „Züricher Kellermethode" wurde der Strobensamen vor der eigentlichen Keimprüfung einen Monat bei 8 bis 10⁰ C angefeuchtet aufbewahrt. Nach dieser Vorbehandlung keimte er verhältnismäßig rasch und vollständig aus, während er ohne Vorbehandlung im feuchtwarmen Keimbett nur langsam und innerhalb einer gewissen Zeitspanne nur unvollständig keimte. In der forstlichen Samenprüfstelle München wurde der Strobensame bei der Vorbehandlung in den Kühlschrank bei 2 bis 4⁰ C, in Glasschalen auf angefeuchtetem Filtrierpapier oder in feuchten Sand gebettet, gebracht. Bei geringkeimenden Samen wurde das Ergebnis der Keimprüfung durch die Vorbehandlung zwar nicht erhöht, *hingegen war bei Samen mittlerer und hoher Keimkraft in vielen Fällen das Endergebnis durch die Vorbehandlung erheblich*

---

[1] R o h m e d e r, Erfahrungen mit dem Selenverfahren bei der Untersuchung des forstlichen Saatgutes, Allg. Forst. u. Jagdztg., 1940, S. 169 ff. — W a c h A., Versuche zur Selenitfärbung des forstlichen Saatgutes, Allg. Forst- u. Jagdztg. 118, 1942, S. 178—188, 210—218.

[2] S c h m i d t W., Dtsch. Forstwirt, 1938.

erhöht [1]. Der Samen blieb dann — statt 90 Tage im Keimbett — zunächst 28 Tage im Kühlschrank und dann 62 Tage im Keimbett, doch läßt sich die Keimprüfungsdauer auf 70 Tage abkürzen, wenn die beim Abschluß nicht gekeimten Körner aufgeschnitten und die dabei gefundenen „Gesunden" berücksichtigt werden.

Saatzeit. Bei jenen Holzarten, deren Samen nach der Reife die Keimfähigkeit rasch verlieren, wie Ulmen, Birken, Pappeln und Weiden, wird die Saat in der Regel sofort nach der Samengewinnung im Juni-Juli bewirkt, in trockenen Sommern muß für Begießen gesorgt werden. Bei den übrigen Arten wendet man Frühjahrs- oder Herbstsaaten an. Herbstsaaten würden wohl von der Sorge um die Aufbewahrung während des Winters befreien, auch würde die Winterfeuchtigkeit besser ausgenützt werden, doch sind Herbstsaaten während des langen Liegens im Boden zu vielen Gefahren ausgesetzt. Man ist daher im allgemeinen bestrebt, die Zeitspanne zwischen Aussaat und Keimung möglichst kurz zu halten, um Schädigungen hintanzuhalten. Deshalb kommt Herbstsaat weniger in Anwendung. Für die Eiche fand K r a h l - U r b a n [2], daß die aus Herbstsaaten entstandenen Pflanzen bei fast allen Versuchen gegenüber der Frühjahrssaat einen beträchtlichen Vorsprung im Höhenwachstum zeigten, dies auch noch in der zweiten Vegetationsperiode; aber die Herbstsaaten erwiesen sich als gefährdet durch Mäusefraß, Schwarzwild, Eichelhäher usw. Deshalb seien Frühjahrssaaten vorzuziehen, außer im Kamp bei genügendem Schutz. Um die Winterfeuchtigkeit noch auszunützen, soll die Frühjahrssaat besonders in der Ebene und in den Vorbergen möglichst früh erfolgen, etwa Ende März, man erzielt dadurch kräftigere Pflanzen, der Keimungsprozeß wird im zeitigen Frühjahr meist weniger unterbrochen, die Frühjahrstrocknis kann den Keimlingen weniger schaden. In höheren Gebirgslagen wäre allzu frühes Auflaufen der Saaten wegen der Frühjahrsfröste nicht erwünscht, die Frühjahrssaat muß also dort etwas später erfolgen. Bei Tannensamen, der auch bei sorgfältiger Aufbewahrung den Winter über an Keimkraft einbüßt, werden Herbstsaaten, wo keine Mäusegefahr besteht, gerne angewandt. Auch Erlensamen ist schlechter aufzubewahren und wird deshalb gerne im Herbst gesät. Hinsichtlich des Douglasiensamens hat man die Erfahrung gemacht, daß er bei Frühjahrssaat oft langsam und unsicher aufläuft [3], bei Herbst- und Wintersaat sind die Ergebnisse besser. Von der Edelkastanie in Italien berichtet G i a c o b b e (L'Alpe 1931, S. 621 bis 632), daß man für die Aussaat auch in der Baumschule den Frühling vorzieht, um die Kastanien nicht einen ganzen Winter lang den Nagern zu überlassen, die da schweren Schaden anrichten.

---

[1] R o h m e d e r E., Die Überwindung von Keimhemmungen bei den Samen der Weymouthskiefer... durch Kaltnaßvorbehandlung, Forstw. Centralbl. **61**, 1939, S. 393 bis 406.

[2] K r a h l - U r b a n, Frühjahrs- oder Herbstsaaten der Eiche? Forstarchiv **20**, 1944, S. 64—66.

[3] Badische Min.-Forstabt., Saat- und Pflanzschulen, 1937, S. 18. — H i l f H. H. und B a a k, Die Nachzucht der Douglasie, Forstarchiv 1932, S. 289.

Samen, die sonst „überliegen", wie Eschen, Weißbuchen, Linden, Eiben, Zirben, Berg- und Spitzahorn, Wacholder usw., werden schon im Herbst eingeschlagen („stratifiziert", das heißt schichtenweise zwischen Sand gelegt) oder einfach „eingemietet" und im Freien, bedeckt, stehengelassen. Beim Bergahorn kann man mit dem Einmieten bis Dezember oder Jänner zuwarten, weil er rasch keimt. Spitzahorn braucht etwas länger. Lindensamen muß man unmittelbar nach der Reife einmieten, sonst liegt ein Teil über (vgl. auch Abschnitt III, 2, Seite 301, 302).

Die erforderliche Samenmenge. Zur (selten angewandten) Vollsaat sind natürlich größere Samenmengen erforderlich als zur stellenweisen Saat. Mit der Verbesserung des Klengbetriebes, der Gewinnung eines Saatgutes von höherer Keimkraft, Verbesserung der Saatmethode, insbesondere der Bodenbearbeitung und Unterbringung des Samens, ist man zu kleineren Samenmengen je Hektar übergegangen. Noch vor wenigen Jahrzehnten wurde in den Lehrbüchern bis 10 kg Fichten- oder Kiefernsamen je Hektar empfohlen, für Vollsaat selbst bis 15 kg. Heute begnügt man sich für Kiefer, entflügelten Samen mit 85 v. H. Keimfähigkeit, bei Streifensaat mit 2 bis 3 kg, bei 95 v. H. Keimkraft selbst mit 1,5 kg je Hektar[1]; für Fichte, Streifensaat, 85 v. H. Keimfähigkeit, 4 bis 5 kg.

Bearbeitung des Bodens für die Saat im Freiland. Auf den für die Saat bestimmten Streifen oder Plätzen (bei Vollsaat auf der ganzen Fläche) muß der für die Saatkultur hinderliche Bodenüberzug, also die lebende oder tote Bodenstreu, entfernt werden, der Mineralboden wird bloßgelegt. Doch wird die Vollsaat (und somit auch die Bodenbearbeitung auf der ganzen Fläche) in der Regel wegen der Kosten vermieden. Sorgfältige Bodenbearbeitung mit Maschinen ist hauptsächlich in der Ebene durchführbar. Schwere, feste Böden bearbeitet man schon im Herbst vor der Saat, damit auch der Frost auf die Scholle einwirkt und damit sich der Boden wieder setzen kann. Lockere, lose Böden werden dagegen nur oberflächlich mit Rechen bearbeitet, um Austrocknung zu verhindern. Falls das Setzen des bearbeiteten Bodens nicht abgewartet werden kann, muß ein Andrücken mit der Walze stattfinden. Bei der Bodenbearbeitung für stellenweise Saat kommen „Streifen" (Riefen) oder aber „Plätze" in Frage, die Entfernung der etwa 40 cm breiten Streifen voneinander (von Mitte zu Mitte) beträgt etwa 1 bis 1,5 m; in der Ebene ist die Richtung der Riefen jene von Osten nach Westen mit Lagerung des Abraums auf der Südseite der Streifen, um die jungen Pflanzen gegen die Mittagssonne zu schützen. An Berghängen führt man die Riefen waagrecht (in der Schichtenlinie) zur Vermeidung der Abschwemmung des aufgelockerten Erdreichs. (Im übrigen sei auf den Teilabschnitt über die „räumliche Verteilung des Samens bei der Saat" hingewiesen.) Bei der Plätzesaat geschieht die Anordnung der Plätze im Gebirge in der Regel in unregelmäßigem Verband, ungefähr im Quadrat- oder Rechtecksverband („Verband" be-

---

[1] Dtsch. Forstbeamtenkalender 1943, S. 292: „Für Kiefernvollsaat 4—6 kg, Streifensaat 1,2—1,6 kg je Hektar; Fichte 1,8—2,6 kg, Weißtanne 30 kg, Eiche Streifensaat 500 kg. Plätzesaat 250 kg, Rotbuche 75—150 kg je Hektar."

deutet in diesem Zusammenhang die räumliche Anordnung der Saatstellen, bei der Pflanzung: der Pflanzstellen).

Was die Geräte zur Bodenbearbeitung für die Saat anbelangt, so wird in der Ebene die Verwendung des Waldpfluges zur Entfernung des Bodenüberzuges und zur Lockerung, der geringeren Kosten wegen, meist der Handarbeit, dem Behacken der Saatstreifen, vorgezogen. Auch sogenannte „Grubber", also Geräte zur Zerkleinerung und Mengung des Oberbodens, werden gebraucht. Die Kosten der Handarbeit betragen etwa zwei bis dreimal soviel als jene der Arbeit mit dem Waldpflug. Zur Handarbeit verwendet man Hacken (Hauen) mit breitem Blatt oder mit

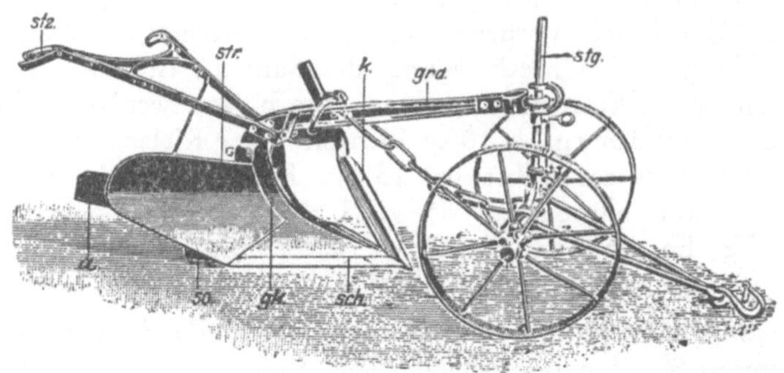

Abb. 126. Choriner Wald- und Forstkulturpflug in Arbeitsstellung. (Nach D e n g l e r, Waldbau, Berlin 1944.) sch = Pflugschar; so = Pflugsohle; str = Streichbretter; a = Abstreifer; gk = Grieskörper; grd = Grindel; stz = Sterzen; k = Kolter (Messerkolter); stg = Stellstange zum Einstellen des Tiefganges.

spitzem oder in Zinken aufgeteiltem Blatt. Mit ihrer Hilfe kann die Bodendecke abgezogen und der Boden gelockert und gemischt werden. In ebenem Gelände verdient die weniger kostspielige Arbeit mit Waldpflug den Vorzug. Während die Ackerpflüge nur *ein* Streichblatt (Streichbrett) haben und die Scholle nur nach einer Seite schräg ablegen, besitzt der Waldpflug außer der eisernen Pflugschar doppelseitige Streichblätter, die nach jeder Seite je eine Scholle umlegen (Abb. 126). Der Pflug stellt also eine (etwa 40 cm breite und 10 cm tiefe, also flache) „Furche" her, die den Streifen für die Kultur bildet, sie bleibt bei den Waldpflügen offen, zwischen den Streifen oder Furchen ist der Boden um die umgelegte Scholle erhöht, der sogenannte „Pflugbalken" (Abb. 127). Der Bodenüberzug, der auf diese Weise vom Streifen entfernt, auf die Pflugbalken umgelegt wird, ist häufig Rohhumus. Für die Saat kann es nachteilig werden, wenn sich der Boden erst während ihres Auflaufens setzt. Daher ist Bodenbearbeitung im Herbst (oder wenigstens zeitig im Frühjahr) vorzuziehen. In Kieferngebieten (auf Sandböden Norddeutschlands) hat man festgestellt, daß bei stärkerem Gras- und Unkrautwuchs zur Erzielung des erforderlichen dichten Schlusses der Kiefer gründliche Beseitigung der Bodenvegetation vor der Saat erforderlich und daher der *Vollumbruch* der billigeren Waldpflugarbeit vorzuziehen ist; durch Motorisierung werden die Kosten des Vollumbruches vermindert[1] (vgl. Abschnitt über die künstliche Verjüngung der Kiefer, S. 378).

Ausführung der Saat bei der Bestandesgründung. Als Mittel zur Beschleunigung der Keimung vor der Aussaat kommt die Quellung des Samens in Wasser einige Tage vor der Saat in Frage. Doch ist dies nur dann zulässig, wenn das so behandelte Saatgut fortlaufend rasch ausgesät werden kann. Bei Aufbewahrung des gequollenen Samens erweist sich dieser nämlich als außerordentlich empfindlich, indem er durch Trockenheit, Kälte, Verschimmelung und dergleichen zugrunde geht. (Im Forstgarten, bei Anwendung kleinerer Mengen, ist ein rasches Nachfolgen der Aussaat sicherer und daher die Gefährdung nach der Vorquellung geringer.)

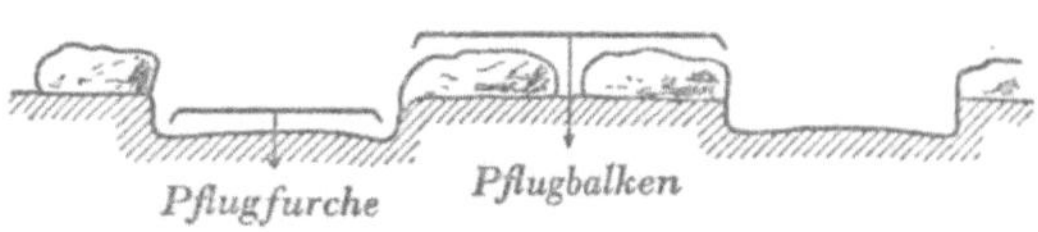

Abb. 127. Arbeit des Waldpfluges.
(Nach D e n g l e r, Waldbau, Berlin 1944.)

Der Samen der *Robinie,* deren Anbau in den Ländern Südosteuropas (in Rumänien, Bulgarien, Ungarn usw.) wesentliche Bedeutung hat, keimt schwer infolge der Hartschaligkeit (Pflanzenprozent: Mittel bei Aussaat im Freien rund 13 v. H.). Verfahren zur Überwindung der Hartschaligkeit wurden von P e n e f f erprobt, neben der Behandlung mit Schwefelsäure von 95 v. H. (Einwirkungsdauer von ein bis zwei Stunden) und der Heißwasserbehandlung (zum Beispiel Übergießen der Samen mit Wasser von 90° C und 24 Stunden Liegenlassen in dem sich abkühlenden Wasser) bewährte sich besonders das mechanische Anritzen der Samenschale, dies geschah in Trommeln, hergestellt nach P e n e f f s Angabe, wobei die Samen zusammen mit scharfkantigem Sand oder Glasscherben als Ritzmittel in den Trommeln umgewälzt wurden. Die Keimfähigkeit konnte dadurch auf das 3,6fache gesteigert werden[2] (vier Teile Scherben auf einen Teil Samen, ungefähr 70 Umdrehungen in der Minute, Behandlungsdauer 30 bis 60 Minuten).

Die *Vollsaat* ist, wie erwähnt, kaum mehr üblich, höchstens bei der Kiefer in der Ebene auf bisher landwirtschaftlich benutztem, also wundem Boden. Wenn sie ausnahmsweise noch stattfinden sollte, so wird der Samen mit der Hand ausgesät in zwei Gängen, die sich rechtwinkelig kreuzen, dies zur Erreichung größerer Gleichmäßigkeit. Bei stärkerem Winde ist die Handsaat zu unterlassen. Die *Riefensaat* (Streifensaat, entweder breitwürfig auf dem Streifen oder auf Querrillen als „Leitersaat" oder auf einer in der Mitte der Riefe gezogenen „Rille") geschieht entweder durch Handarbeit oder, besonders in der Ebene und hauptsächlich bei der Kiefer, mit Sämaschinen. Handarbeit ist gut, aber kostspielig und zeitraubend. Eine oft kurze Spanne Zeit günstigen Wetters wird durch

---

[1] W a g e n k n e c h t, Über den Einfluß verschiedener Bodenbearbeitungsverfahren auf das Wachstum der Kiefernkulturen, Zeitschr. f. Forst- u. Jagdw. 1941, S. 297, 369, 385.

[2] P e n e f f N i c o l a, Untersuchungen am Saatgut der Robinie, *Robinia Pseudacacia L.,* vor allem über die Überwindung der Hartschaligkeit. Sofia, München, 1941.

sie zu wenig ausgenützt. Nach der Aussaat wird der Samen mit Eggen
oder Rechen eingedeckt. Die Streifensaat kann zweckmäßigerweise mittels
der verbesserten H a c k e r schen Sämaschine erfolgen (Abb. 128). Bei ihr ist ein
unten offener Samenbehälter durch die unmittelbar unter ihm befindliche
Samenwalze abgeschlossen. Auf der Oberfläche der Samenwalze befinden
sich in der Längsrichtung dieser angeordnete Vertiefungen, welche beim
Drehen der Walze Samen mitnehmen und ausfallen lassen. Damit diese
Vertiefungen nur ein gestrichenes Maß an Samen ausfallen lassen, trägt

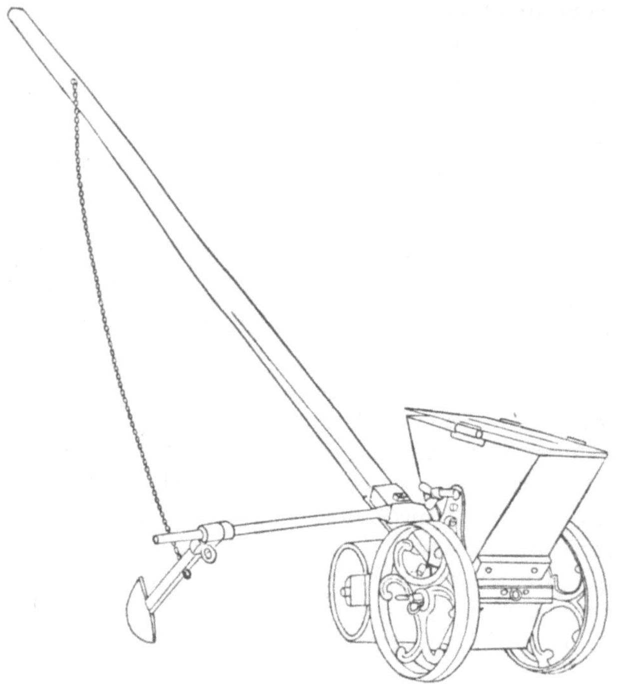

Abb. 128. H a c k e r sche Sämaschine (als Wald- und als Kampsämaschine verwendbar).

der Samenbehälter an seiner unteren Öffnung kleine Bürsten. Die Regulierung der Samenmenge erfolgt durch feststellbare Schieber. Die Aussaat
ist in schmalen oder breiten Streifen, je nach Wunsch, möglich. Ein Mar-
kör zeichnet die Saatreihen vor. Das Eindrücken des Samens geschieht
durch eine schwere Druckwalze. Eine andere Waldsämaschine ist die
Waldsämaschine „Kultur", mit ihr wurden in Deutschland vom „Ausschuß für Technik in der Forstwirtschaft" Versuche angestellt, über deren
günstiges Ergebnis im Heft III der Veröffentlichungen dieses Ausschusses
berichtet wurde. Es konnte ihr einfache Bauart, niedriger Preis, zuver-
lässiges Arbeiten und vielseitige Verwendbarkeit nachgerühmt werden. Sie
ist wie ein Schubkarren gebaut, hat vorne statt des Laufrades ein Rillen-
rad, das die Saatrille in den Boden eindrückt. Zugleich treibt dieses Rad
durch eine Welle den Sämechanismus. Dieser ist so eingerichtet, daß durch
Verstellung von Messingringen die Öffnung kleiner oder größer gestellt

und die Aussaatmenge geregelt werden kann. Diese Einstellung der Aussaatmenge erfolgt mittels einer an der rechten Handhabe befindlichen Zugstange, und zwar gibt dort eine Skala die auszusäende Menge an, zum Beispiel Kiefer 1 kg je Hektar usw. Außerdem gehören zur Maschine „Zustreicher" für die Übererdung und eine „Andrückwalze". Genannt sei noch die von der Firma Nagel erzeugte Sämaschine „Walddank" in ihrer verbesserten Form, die gleichfalls vom Ausschuß für Technik in der Forstwirtschaft geprüft und als zuverlässig erklärt wurde (Abb. 129).

Für die *„Punktsaat"* oder das „Einstufen" von Eicheln, Bucheln und anderen größeren Samen kann man Hauen verwenden; in schrittweisem Abstand geht eine Arbeiterreihe über die Fläche, nach jedem Schritt erfolgt ein Hackenschlag und der Einwurf von zwei bis drei Eicheln (oder anderen größeren Samen); oder man bedient sich einfacher Geräte, wie

Abb. 129. Sämaschine „Walddank".

des Saatstockes „Eichelhäher", der wie ein Spazierstock aussieht, für leichtere Böden aus Aluminiumrohr, für schwere aus Stahlrohr gebaut ist und unten eine kleine Schaufel aus Stahl, in der Nähe des Griffes aber einen trichterförmigen Ansatz zur Aufnahme der Eicheln besitzt (Abb. 130). Auch sonstige „Eichelsetzer", zum Beispiel Spaten mit kleinem Blatt, in stumpfem Winkel zum Stiel befestigt, können benützt werden. Über die Bedeckungstiefe der Samen wurde schon in einem früheren Abschnitt (III, 2) einiges vorgebracht. Samen, deren Keimblätter unter der Erde bleiben, wie die der Eiche, Edelkastanie, Roßkastanie, Walnuß, sind imstande, eine stärkere Bedeckung zu ertragen als jene, bei denen die Keimblätter die Erde durchbrechen, wie Fichte, Kiefer, Tanne usw. Auch kann bei Verwendung von lockerem Deckmaterial, wie Sand, Humus, die Deckung etwas stärker sein als bei festem, bindigem Bedeckungsmaterial. Eicheln, Nüsse deckt man 3 bis 4 cm tief, Bucheln 2 bis 3 cm, Akazien 4 bis 5 cm, Samen von Ahorn, Esche, Linde 1 bis 2 cm. Hingegen sät man die leichtsamigen Erlen, Ulmen, Birken, Aspen, Weiden obenauf, ohne Bedeckung (sie werden bloß angedrückt). Kiefer und Fichte erhalten 0,5 bis 1 cm, Tanne 1 bis 2 cm Bedeckung, Lärche nur ganz dünne oder gar keine Bedeckung.

Für Holzarten des Mittelmeergebietes liegen Untersuchungen aus dem

Waldbaulaboratorium der Universität von Thessaloniki von Chr. Mulopulos vor[1]; danach schwankt die zweckmäßigste Bedeckungstiefe der Samen von *Pinus halepensis* und *Pinus nigra* zwischen 0,5 bis 1,5 cm, die kleinere ist auf feuchten und bindigen Böden und bei ebensolchem Bedeckungsmaterial angemessen; dagegen sind bei lockeren, leicht austrocknenden und leicht auswaschbaren Böden bis 1,5 cm Bedeckung angebracht. Auch bei solchen lockeren und leicht austrocknenden Böden sind aber 2 cm Bedeckung nicht mehr ratsam, der Eingang wäre zu groß. Bei *Pinus-brutia*-Samen ist 1 bis 1,5 cm ratsam, weil bei geringerer die Austrocknungsgefahr für die Keimlinge größer ist. Für *Cupressus sempervirens* sind 0,5 bis 1 cm zweckmäßig (bei feuchten Keimmedien und bei bindigen Böden 0,5 cm). Für *Abies cephalonica x alba* entsprechen 1 bis 2 cm (je nach Feuchtigkeit und Bindigkeit des Bodens).

Bestandesgründung durch Pflanzung.

Beschaffung des Pflanzenmaterials.

Gegen den Ankauf der Pflanzen aus privaten Forstbaumschulen können folgende Gründe sprechen: vor allem der Umstand, daß die Pflanzen gegen Transport empfindlich sind; beim Ankauf müßte in der Regel das ganze Quantum auf einmal bezogen werden, während man aus dem eigenen Forstgarten die Pflanzen nach dem laufenden Bedarf in kleinen Mengen ausheben kann, sie kommen sehr bald nach der Aushebung, also in frischem Zustand, zur Verwendung. Manche Holzarten, wie Douglasie, Lärche, Buche und die kostspieligen Laubholzheister, erweisen sich gegen Transport (einschließlich der mehr oder weniger langen Lagerung) mehr als andere empfindlich. Weiter spricht gegen den Ankauf die Rücksicht auf die Wahl der klimagemäßen Herkunft der Holzart, diese ist beim Pflanzenankauf in der Regel nicht genügend gesichert.

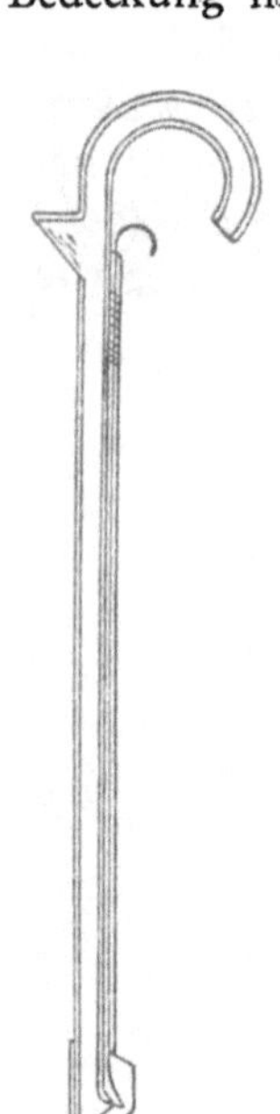

Abb. 130.
Saatstock
„Eichelhäher"
(nach
Früchte-
nicht,
Göttingen).

Endlich ist zu berücksichtigen, daß man im eigenen Forstgarten bei genügendem Standraum kräftige, stufig erwachsene Pflanzen erziehen kann, wogegen man aus Handelsforstgärten nicht selten, da aus Gründen der Rentabilität mit dem Standraum gespart wird, zwar genügend hohe, aber schlanke, dünne, nicht „stufige" Exemplare bekommt. Andererseits ist nicht zu bestreiten, daß die großen Handelsbaumschulen (zum Beispiel die in Halstenbeck) sich in Gebieten befinden, deren Boden- und Klimaverhältnisse für die Pflanzenzucht besonders geeignet sind, und daß diese Großbetriebe über wertvolle Erfahrungen und zweckdienliche Einrichtungen verfügen. Durch das Verfahren der „Lohnpflanzenzucht" begegnen sie dem Einwand hin-

---

[1] **Mulopulos** Chr., Untersuchungen über die Bedeckungstiefe und Keimung des Samens von *Pinus halpensis, P. brutia, P. nigra, Cupressus sempervirens und Abies cephalonica x alba* (griechisch mit dtsch. Zus.), Thessaloniki 1939.

sichtlich der passenden Rasse: sie bauen den von den Forstverwaltungen selbst gesammelten Samen in ihren Anlagen an und liefern dann die Pflanzen zurück. Immerhin bleibt aber die Gefährdung durch langen Transport, das Lagern vor dem Versand und nach diesem, trotzdem bestehen. Die Pflanzenzucht in betriebseigenen Forstgärten ist daher jedenfalls zu empfehlen. In Mitteleuropa bestanden schon vor 162 Jahren wenigstens stellenweise langjährige Erfahrungen auf dem Gebiete der Anzucht von Gehölzen. Denn im Jahre 1787 erschien bereits ein Buch „Anleitung zur sicheren Erziehung und zweckmäßigen Anpflanzung der einheimischen und fremden Holzarten, welche in Deutschland und unter ähnlichem Klima vorkommen" vom Oberforstmeister v o n B u r g s d o r f. Im praktischen Forstbetrieb eingebürgert hat sich die Pflanzung allerdings auch in Mitteleuropa erst im Laufe des 19. Jahrhunderts. Nur hinsichtlich der Eiche wurde schon im Mittelalter Ersatz der Nutzung von Eichenbäumen durch Pflanzung von Eichenheistern empfohlen.

Unter den Pflanzgärten unterscheidet man die kleineren Wanderkämpe („fliegende" Forstgärten oder Pflanzbeete in der Nähe der Kulturorte) und die ständigen, größeren, gut ausgestatteten Saat- und Pflanzschulen. Im Kleinkamp ist die Arbeit meist hinsichtlich des Erfolges unsicher, des öferen auch verlustreich, durch unzulängliche Geräte und Betriebszersplitterung gekennzeichnet, die zur Kostensteigerung beiträgt[1]. Die Pflanzenzucht in größeren, gut ausgestatteten Saat- und Pflanzschulen ist daher vorzuziehen.

Auch in *Südosteuropa* wird auf die Forstpflanzenzucht Gewicht gelegt. So wurde zum Beispiel 1943 (Intersylva, S. 399) aus *Bulgarien* berichtet: „Im Rahmen des großen Aufforstungsprogramms in Bulgarien steigt die Anzucht der Pflanzen in Baumschulen des Landes von Jahr zu Jahr. Während ihre Zahl im Jahre 1941 87 Millionen betrug, hat sie sich im Jahre 1942 verdoppelt auf 160 Millionen. Beinahe die Hälfte ist Akazie. Diese Holzart spielt die erste Rolle bei der Aufforstung Bulgariens. Sie befestigt nicht nur Gebiete mit losem Boden, Geröll usw., sondern liefert auch ein gutes Material. An zweiter Stelle kommt das Nadelholz mit 67 Millionen Pflanzen. An dritter Stelle stehen verschiedene Pappelarten."

Pflanzenzucht in Forstgärten.

Gute Zufahrtswege, zentrale Lage zu den Orten des Pflanzenverbrauches, Nähe des Wassers, geringe Entfernung von der Wohnung eines Försters oder sonstigen Aufsichtsorganes sind von wesentlichem Belang. Die Zufahrtswege sind für Düngerzufuhr, Pflanzenabfuhr und dergleichen erforderlich. Wasser wird für zeitweises Begießen, zum Beispiel der Saaten in Dürreperioden, dann für Verschulungen unmittelbar nach dem Versetzen der Pflanzen gebraucht. Die leichtere Überwachung und dauernde Beobachtung der Entwicklung der Pflanzen ist dem Aufsichtsorgan nur bei entsprechender Lage zu seiner Wohnung möglich.

Eine ebene oder nur sanftgeneigte Lage ist sehr erwünscht, um kost-

---

[1] Badische Ministerial-Forstabteilung, Saat- und Pflanzschulen, 1937, S. 6.

spielige Terrassierungen zu vermeiden und der Gefahr einer Abschwemmung von Boden und Samen vorzubeugen. Frostlagen, zum Beispiel die Sohle tiefer Mulden, dürfen nicht gewählt werden. Auch ausgesprochene Ostlagen sind im Winter frostgefährdet. Auf schweren, tonigen Böden leiden die jungen Pflanzen durch Barfrost. Im geneigten Gelände meidet man Südhänge (wegen Trockenheit und zu frühen Austreibens) und wählt die tiefgründigen, frischeren Nord-, Nordwest- oder Nordostlagen. Viele der anzubauenden Baumarten, besonders von Nadelhölzern, ziehen verhältnismäßig kühle Temperatur sowie größere Luftfeuchtigkeit und Bodenfrische vor, auch dies spricht für die Wahl nördlicher, nordwestlicher und nordöstlicher Abdachungen in geschützter Lage. Wenn die Pflanzen im höheren Gebirge zur Verwendung kommen sollen, so soll der Pflanzgarten in einer mittleren Höhe (also etwas, aber nicht sehr viel tiefer als der Ort der Verwendung) liegen, damit die Pflanzen nicht wesentlich früher austreiben, als sie an den Orten der Aufforstung zur Verwendung kommen können, er soll aber auch nicht in zu rauher Hochlage angelegt werden, weil dort die klimatischen Unbilden zu groß und die Böden nicht geeignet sind (die chemische Verwitterung, der Gesteinszerfall, ist in Hochlagen der Hochgebirge durch geringe Wärme herabgesetzt).

Der *Boden* soll womöglich sandiger Lehm- oder lehmiger Sandboden, möglichst steinfrei, frisch und tiefgründig sein. In trockenen Gegenden ist ein stärkerer Lehmgehalt erwünscht, weil er mehr Feuchtigkeit festhält. In Gegenden mit genügender klimatischer Feuchtigkeit wäre dagegen ein mehr sandiger Boden vorteilhafter, er staut nicht die Feuchtigkeit und verhält sich günstiger hinsichtlich der Durchlüftung und Erwärmung. (Ein Wechsel der Bodenbeschaffenheit innerhalb eines großen Forstgartens kann zur Anzucht von Holzarten mit verschiedenen Bodenansprüchen benutzt werden.) Ein allzu bindiger Boden ist auf jeden Fall unerwünscht, denn auf ihm kann man zum Beispiel nicht schon wenige Stunden nach einem Regen im Frühjahr mit der Bodenbearbeitung beginnen, wie es tatsächlich notwendig ist. Auch die Aushebung der Pflanzen ohne Wurzelbeschädigung ist in einem sehr schweren Boden kaum durchführbar, die Bodenbearbeitung ist auf festen, schweren Bodenarten kostspielig und weniger erfolgreich. Dagegen ist lehmiger Sand leicht zu bearbeiten, auch nach Regen, auf ihm ist gut zu jäten, er begünstigt eine gute Wurzelentwicklung, auch die Keimung, und gestattet ein verhältnismäßig müheloses Herausnehmen der Pflanzen ohne Wurzelbeschädigung. Selbstverständlich kann für die Anlage eines Forstgartens auch eine geeignete Stelle außerhalb des Waldes, mit Garten- oder Ackerboden, in Frage kommen.

Die *Form des Grundstückes* soll sich möglichst der eines Quadrates oder breiten Rechteckes nähern, weil hiedurch die Umzäunungskosten wegen kleineren Umfanges geringer werden und weil sich dann auch die Einteilung in rechteckige Gartentafeln besser als bei unregelmäßiger Flächenform bewerkstelligen läßt.

Die *Größe* jedes Forstgartens hängt ab von der Zahl der jährlich erforderlichen Pflanzen, von dem im Garten selbst zu erreichenden Pflanzenalter und davon, ob die Pflanzen als unverschulte Saatpflanzen oder aber als verschulte ins Freie kommen. Im Lande Baden zum Beispiel gilt als Rahmenzahl über die erforderliche Flächenausdehnung: in Nadelholzrevieren 5 bis 8 v. H. der durchschnittlichen jährlichen Kulturfläche (das ist ausgiebig bemessen, denn sonst wird im Schrifttum bei Verwendung drei- bis vierjähriger verschulter Nadelholzpflanzen eine Baumschulfläche von 3 bis 5 v. H. der jährlichen Kulturfläche gefordert. Es würde also in einem Revier von 2000 ha Waldfläche mit 100jährigem Umtrieb die jährliche Kulturfläche $\frac{F}{u} = 20$ ha betragen, die Forstgartenfläche 5 v. H. davon, also 1 ha). Für unverschulte zweijährige Saatpflanzen beträgt die Forstgartenfläche 1 bis 1,5 v. H. der jährlichen Kulturfläche. Im Auwald benötigt man zum Teil größere Pflanzen wegen der Überschwemmungen, auch sind die Laubhölzer, zum Beispiel aus Stecklingen gezogene Pappelpflanzen, in der Jugend raschwüchsiger und brauchen daher mehr Standraum, daher rechnet man (in Baden) für Auwaldforstämter mit einer Forstgartenfläche von 10 v. H. der jährlichen Kulturfläche.

Einteilung des Gartens durch Wege in „Tafeln" oder „Felder", Umzäunung: Anlagen größeren Umfanges müssen mit Fuhrwerk befahrbar sein, dazu ist ein mindestens 2 m breites Einfahrtstor mit ebenso breiten Hauptwegen nötig, dadurch werden Transporte erleichtert und Kosten erspart. Die Wege werden noch vor der Ausführung der Umzäunung und vor der Bodenbearbeitung abgesteckt. Die Abräumung des Bodenüberzuges, die Rodung der Baumstöcke und die Entfernung zutage tretender Steine geht der Wegeeinteilung voraus. Durch die Gartenmitte legt man einen Hauptweg (2 m breit), der das Gelände am besten in der Längsrichtung durchschneidet. Rechtwinkelig dazu verlaufen eine Anzahl von Seiten- oder Nebenwegen. Diese sowie die „Umfangswege" (parallel zum Gartenumfang) teilen den Garten in meist gleichgroße, quadratische oder rechteckige „Tafeln" oder „Felder". In großen Gärten legt man zwischen den Haupt- und den Umfangswegen noch Parallelwege an. Wo schwere Lasten (Wagen mit Ballenpflanzen, Düngerfuhren und dergleichen) befördert werden sollen, sind gut befestigte Hauptwege erforderlich. In sehr großen Baumschulbetrieben zerlegt man den Garten durch fahrbare Wege in größere Teilflächen, in Halstenbeck baut man Forstpflanzen auch auf großen Feldern ohne weitere Unterteilung, somit auch ohne Beeteinteilung, an. Dort gibt es leichte Böden. Auf schweren Böden wäre regelloses Betreten schädlich, die Beeteinteilung ist daher auf solchen notwendig. (Verfasser hat die Anlagen in Halstenbeck besichtigt, nachdem er zuvor größere Forstgärten im Erzgebirge angelegt und Jahre hindurch bewirtschaftet hatte.) Den Saatbeeten gibt man in der Regel eine Breite von 1,20 m, Breite der Steige 30 cm.

Die Umzäunung wird nach Abstecken des Umfanges und der Wege vorgenommen. Durch sie soll das Pflanzenmaterial gegen Weidevieh und Wild sowie gegen Beschädigungen von seiten der Menschen geschützt werden. Die Zaunhöhe beträgt gewöhnlich 1,2 bis 1,5 m, bei Gefährdung durch

Hoch- und Rehwild selbst 2 bis 2,5 m (besonders bei höherer Schneelage ist ein entsprechend höherer Zaun erforderlich). Es kommen Stangenzäune, Flechtzäune, Drahtzäune, lebende Zäune und Verbindungen von lebenden Zäunen mit Drahtzäunen in Anwendung. Sehr gebräuchlich sind „Stangenzäune", sie bestehen aus den 4 bis 5 m voneinander entfernten Zaunsäulen, dann aus je zwei waagrecht angebrachten Holmen oder Brusthölzern und den von außen senkrecht (hasendicht) aufgenagelten Zaunlatten. Gegen das Einspringen von Hochwild können nötigenfalls oben noch waagrechte „Sprunglatten" verwendet werden. (Die Zaunsäulen sind 16 bis 18 cm starke Hölzer aus Eiche, harzreicher Kiefer, Akazie, Lärche oder sonstigem dauerhaftem Holz, roh oder vierkantig bezimmert, mit angekohltem oder mit Teer, Karbolineum und dergleichen angestrichenem Fuß. Die Holme sind Stangen von 6 bis 10 cm Stärke am unteren Ende, die Zaunlatten 3 bis 5 cm starke, gerade Stangen.)

Eine einfachere Ausführung ist der Stangenzaun mit wenigen horizontalliegenden Stangen, die zur Erreichung größerer Festigkeit noch durch schräg angebrachte Stangen verbunden sind. Er ist eigentlich nur anwendbar, wenn kleinere, für den Forstgarten schädliche Tiere in der Gegend nicht häufig sind und somit nicht durch den Zaun ferngehalten zu werden brauchen. Auch Flechtzäune (mit drei Reihen waagrechter Holme und dazwischen in senkrechter Richtung verflochtenen zähen grünen Reisstangen) oder Flechtzäune mit waagrechtem Geflecht zwischen nahe beieinander stehenden Säulen (Abstand 1 bis 1,5 m) sind brauchbar. Bei den Drahtzäunen sind solche aus Drahtgeflecht zu unterscheiden von jenen mit einfachen Drahtzügen aus glattem Draht oder aus Stacheldraht. Auch Verbindungen von Drahtgeflecht (unten) und Drahtzügen (oben) sind üblich. In je 5 bis 6 m Entfernung stehen starke Holzsäulen als Zaunsäulen, auf denen die gespannten Drähte mittels Schrauben festgehalten sind. Dazwischen befindliche Zwischensäulen dienen nur dazu, die Drähte durch bloße Klammernägel in der entsprechenden Lage zu halten. *Drahtzäune erfordern höhere Anschaffungskosten, besitzen aber längere Dauer (25 Jahre und mehr) und die Erhaltungskosten sind geringer.*

Lebende Zäune sind zum Beispiel Hecken von *Crataegus* oder *Carpinus Betulus.* Die Pflanzen werden in Abständen von etwa 12 bis 15 cm einreihig gesetzt. Wenn man einen zusammengewachsenen lebenden Zaun aus den genannten Laubhölzern erzielen will, so werden sie tief am Boden gestummelt. Von den sich ergebenden Ausschlägen werden nur je zwei belassen, die mit jenen der links- und rechtsstehenden Nachbarpflanze zu einem Gitter verbunden werden und an den Berührungsstellen zusammenwachsen. Solange die lebende Hecke zu jung ist, bedient man sich eines Holzzaunes. Ältere Hecken werden unten licht und lückig und schützen dann nicht mehr gegen Kleintiere. Niedere Weißdornhecken in Verbindung mit gespannten Drahtzügen ober ihnen geben dichte Einfriedungen. Wo die Fichte gut gedeiht, sind auch Fichtenhecken brauchbar.

Es ist empfehlenswert, gleich bei der ersten Anlage eine verschließbare Pflanzschulhütte zu errichten, sie dient als Werkzeug- und Geräteschuppen, zur Unterbringung der Schutzgitter, als Unterstand für die Arbeiter bei

Regen und enthält zugleich einen Raum für den Pflanzschulförster zur Erledigung seiner schriftlichen Arbeiten. Auch Lagerplätze für Komposthaufen sind erforderlich, ebenso kann die Erbauung von Anlagen für die Wasserbeschaffung in Frage kommen.

Die erstmalige Bodenbearbeitung. Waldstreu wird mit dem Rechen entfernt. Eine etwa vorhandene Rasendecke wird flach abgeschürft. Der Bodenüberzug kann dann zu Komposthaufen zusammengetragen werden. Baumstöcke und Wurzeln werden gerodet, größere Steine entfernt. Die Wege werden vor der ersten Bearbeitung der Tafeln auf die ihnen zu gebende Tiefe mit der Rodehaue abgegraben, meist etwa 10 cm tief. Das anfallende Erdreich wird auf die zunächstliegenden Gartentafeln verteilt. Die Wege werden dann in der Mitte etwas erhöht angelegt, auf geneigten Wegen werden Wasseranschläge angebracht, die Hauptwege werden mit Kies versehen.

Die erste Bearbeitung des Bodens der Gartentafeln in Forstgärten kann durch Rigolen auf eine Tiefe von 40 bis 60 cm bewirkt werden. Die Dammerdeschicht soll als solche oben erhalten bleiben, sie soll entweder gar nicht gemischt werden oder nur mit einer mäßig starken Schichte des unteren, rohen Bodens. Das Rigolen mittels Handarbeit ist gründlich, aber kostspielig. Auch beim Rigolen auf drei Stich Tiefe soll nur eine Tieflockerung, aber nicht eine Umwälzung des Bodens bewirkt werden, die bisher oberste Bodenlage soll auch oben bleiben. Wenn auch der zweite Spatenstich noch einen guten Boden aufweist, kann es sich empfehlen, den ersten und zweiten Spatenstich miteinander zu mischen. Dadurch wird eine tiefere Dammerdeschicht erzielt. Oft begnügt man sich mit einem Umgraben auf zwei Spatenstich Tiefe. Wenn genügend tiefe Spaten verwendet werden, so wird damit eine Lockerung von angemessener Mächtigkeit der bearbeiteten Bodenschicht erreicht. (Beim Rigolen wird zuerst ein Graben von einem Spatenstich Tiefe ausgeworfen, das Erdreich wird beiseitegelegt, zum Beispiel auf eine Gartentafel. Die Sohle dieses Grabens wird noch einen Stich tief umgegraben, dann wird vom nebenan befindlichen Bodenstreifen der oberste Stich darauf geworfen, die entstehende Sohle wird auch hier wieder umgegraben und so fort.)

Der Kosten wegen zieht man häufig die vereinfachte Bodenlockerung mit dem Pflug vor, dabei ist ein Tiefpflug, der 35 bis 40 cm tief reicht, erforderlich (man kann auch noch jeweils die Sohle jedes Pflugganges von Arbeitern mit Spaten lockern lassen). Die reine Pflugarbeit (auf 40 cm Tiefe) ist einfacher und billiger als das Rigolen auf die gleiche Tiefe. Die geeignete Zeit für die tiefe Bodenbearbeitung ist der Hochsommer oder Frühherbst, damit zur Zeit der Pflanzung die gelockerten Bodenmassen sich wieder einigermaßen gelagert haben können. Es folgt dann das Ebnen (Planieren) der Gartentafeln, in geneigtem Gelände das Terrassieren (mit schmalen Terrassen zur Vermeidung zu hoher Stufen).

Im Frühjahr vor dem Anbau wird der Boden noch einmal bearbeitet, es ist dies die feinere Bodenbearbeitung oder das *Fertigmachen des Bodens zur Saat oder Verschulung.* Auch nach dieser feineren Bodenbearbeitung und

Einteilung in Beete soll sich der Boden noch vor der Saat etwas setzen
können, deshalb findet diese Arbeit entweder im zeitigen Frühjahr oder
schon im Herbst statt. Der Boden wird dabei gewöhnlich mit Spaten oder
mit Grabegabeln auf 20 bis 25 cm Tiefe umgestochen, um ihn krümelig zu
machen. Steine und Wurzeln werden ausgeschieden, das gartenmäßige Her-
richten der Saat- und Verschulbeete, Zerkleinern der Schollen nach dem
Umgraben kann mittels eines „Wolfschen Grubbers" erfolgen.

In zentralen Forstgärten größerer Forstbetriebe könnte sich unter Umständen Bodenbearbeitung mit der „Bodenfräse" der Siemens-Schuckert-
Werke empfehlen. Der Antrieb erfolgt durch einen Explosionsmotor, der
eine Achse mit federnden Zinken in sehr schnelle Bewegung versetzt
(1500 Umdrehungen in der Minute), dadurch wird der Oberboden in sehr
feine Teile zerteilt und zerkrümelt. Eine 4-PS-Fräse reicht aus, um 20 bis
25 cm tiefe Lockerung und 0,30 bis 0,40 ha im Tag zu leisten. Wo eine
Fräse eingestellt wird, muß vorher ein Arbeiter in der Handhabung derselben gründlich ausgebildet werden, er muß sein Arbeitsgerät durchaus
kennen. P. K a c h e (Die Praxis des Baumschulbetriebes) bezeichnet die
Verbindung der herbstlichen Pflugarbeit zwecks Tieflockerung und der
Fräsarbeit im Frühjahr (um die Flächen für die Saat oder Pflanzung auf-
nahmsfähig zu machen) als „die beste Arbeitsform"[1].

Bei Verschulungen mit raschwüchsigen Holzarten und *weitem* Verschul-
verband kann man mitunter auf die Beeteinteilung verzichten, weil die
Pflanzen in solchem Abstand stehen, daß der Arbeiter ohne Schaden seinen
Fuß zwischen die Reihen setzen kann. Der Zweck der Beetpfade, Ermöglichung des Betretens bei Pflegemaßnahmen, entfällt dann. Während das
bisher Vorgebrachte sich hauptsächlich auf die erstmalige Anlage des Forstgartens bezog, betreffen die folgenden Ausführungen die Unterhaltung
und den Betrieb der Forstgärten.

Die Aussaat im Forstgarten. Die Saat im Forstgarten erfolgt entweder
zu dem Zweck, um *unverschultes* Material, so ein- bis zweijährige, bei Fichte
bis dreijährige Saatpflanzen zur unmittelbaren Verwendung bei der Aufforstung auf der freien Fläche im Wald heranzuziehen, oder aber in der
Absicht, die erforderlichen ein- bis zweijährigen Sämlinge für die *künftige
Verschulung* im Garten zu gewinnen. Der zur Verwendung kommende
Samen muß in bezug auf die Herkunft und die Keimfähigkeit den schon
besprochenen Anforderungen entsprechen. Für die Aussaat wählt man
Gartenteile mit lockerem Boden (Sand, Humus). Lockere Bodenbeschaffenheit begünstigt die Keimung, durch Regen tritt dann nicht gleich Verkrustung ein, dies fördert ein lebhaftes Wurzelwachstum. Ein lockerer
Boden aus Humus und Sand ergibt ein gutes Faserwurzelwerk. Für frostempfindliche Holzarten (Tanne, Buche, Esche, Eiche, Douglasie) vermeidet
man kalte und nasse Örtlichkeiten. Weiter sollen Kiefernsaaten wegen
Schüttegefahr nie auf die im Vorjahr mit Kiefern besetzt gewesenen Beete
kommen, auch nicht in die Nähe vorjähriger Kiefernbeete wegen der Gefährdung durch den Schüttepilz, *Lophodermium Pinastri.*

---

[1] K a c h e P., Die Praxis des Baumschulbetriebes, 2. Aufl., Berlin 1938, S. 48.

Die Saatzeit im Forstgarten ist im allgemeinen das zeitige Frühjahr, etwa Ende März; frühzeitige Saat mit Ausnützung der Winterfeuchtigkeit gibt kräftige Pflanzen. Überliegende Samen werden im Herbst „eingeschlagen", um im Saatschulbetrieb die Zeit des Überliegens nicht zu verlieren. Für Samen, welche den Winter über die Keimfähigkeit schlecht bewahren, empfiehlt sich wie beim frisch gesammelten Ahornsamen Herbstsaat nur dann, wenn nicht durch Wild, Vögel, Mäuse, Eichhörnchen usw. größere Abgänge zu befürchten sind.

Die *Arten der Saat* im Garten sind entweder Vollsaat oder Rillensaat. Im allgemeinen gibt man einer dünnen Rillensaat (in schmalen Rillen) den Vorzug. Die Vollsaat ist für die Reinigung der Beete vom Unkraut und für die Bodenlockerung weniger gut zugänglich als die Rillensaat, die leichter unkrautfrei zu halten ist. Querrillen sind in der Regel am günstigsten für die Unkrautbekämpfung. Auf lockeren, wenig zur Verkrustung

Abb. 131. Rillenbrett.   Abb. 132. Rillenwalze.

und zur Verunkrautung neigenden Böden kann auch die Vollsaat befriedigen (Halstenbeck). Bei Samen, die unregelmäßig aufgehen, wenige Keimprozente aufzuweisen pflegen (Birken, Erlen), wendet man gleichfalls öfter die breitwürfige Saat auf den Beeten an.

Zu dichte Vollsaaten liefern aufgeschossene, schwache Pflanzen. Bei einer gut gelungenen Vollsaat sollen die Sämlinge nach dem Aufgehen der Saat in schütterer Verteilung auf der Fläche stehen. Geräte zur Herstellung der Querrillen sind das Rillenbrett (Abb. 131), dann die (günstige Leistungen ergebende) Rillenwalze und der S p i t z e n b e r g sche Rillenzieher oder Rillendrücker. Rillenbretter haben auf der Unterseite Leisten, die beim Beschweren (Betreten) des quer über das Beet gelegten Rillenbrettes in den Boden eingedrückt werden. Ähnlich wirkt die Rillenwalze (Abb. 132). Der Rillendrücker (Abb. 133) besitzt auswechselbare Rillenräder von verschiedenem Profil, mit denen durch Ziehen des Gerätes in der gewünschten Richtung („gezogene" Rillen) diese für die verschiedenen Samenarten hergestellt werden. Auch manche Säapparate sind gleich auch mit zweckmäßigen und arbeitsparenden Vorrichtungen für das Eindrücken von Querrillen verbunden, dies ist besonders bei der D ö p p e r schen Rillensaatmaschine[1] der Fall. Tiefere

[1] T s c h e r m a k L., Neuere Geräte für die Ansaat von Nadelholzsamen in Forstgärten, vergleichende Prüfung. Wiener Allg. Forst- u. Jagd-Ztg., 1935.

Rillen werden mit einer schmalen Hacke hergestellt, das sind dann, ähnlich wie die beim Spitzenbergschen Rillenzieher besprochenen, „gezogene" Rillen. Solche eignen sich am besten für die schwersamigen Laubhölzer, die eine größere Bedeckungstiefe erfordern: Eiche, Buche, Edelkastanie, Nuß. *Für kleinere Samen ist die gedrückte Rille vorzuziehen.* Der Rillenabstand beträgt etwa 12 bis 15 bis 20 cm. (Je größer der Samen, um so stärker kann die Bedeckung, also auch die Tiefe der Rille sein.) Für die Pflanzenentwicklung ist eine schmale Rille von 2 bis 4 cm Breite vorteilhaft. Von den Sämereien mit kleinem Korn eignet sich nur die Robinie für verhältnismäßig starke Bedeckung. Über die Tiefe der Bedeckung wurde schon im Abschnitt über die Bestandesgründung durch Saat (S. 547) abgehandelt. Je humoser und leichter der Boden ist, um so stärker kann die Bedeckung sein. Samen, deren Keimblätter unter der Erde bleiben, können auch im Forstgarten mit Boden der Saatschule gedeckt werden. Andere deckt man mit Sand, Torfmull, Gemisch von beiden, Komposterde, milder

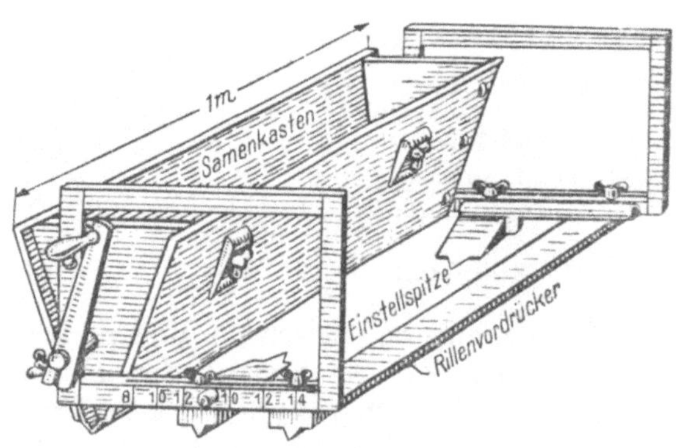

Abb. 133. Rillenzieher.   Abb. 134. Döppersche Rillensaatmaschine für Nadel-
(Spitzenberg.)   holzsamen.

Humuserde. Die gedeckte Fläche wird mit einem Brett angetreten oder leicht angewalzt, damit die Kapillarität und somit der Zutritt der Bodenfeuchtigkeit in Wirksamkeit tritt. Zum Schutz gegen Vogelfraß färbt man kleinere Samen (Kiefer, Fichte usw.) mit Bleimennige (rot, als „Schreckfarbe"). 1 kg Mennige reicht zur Färbung von 8 bis 10 kg Samen aus. Man schüttet die Samen partienweise in einen Brei von Mennige und Wasser. Größere Samen (Eiche, Buche) werden zum Schutz gegen Vögel mit Petroleum behandelt, 1 Liter auf 100 kg, dies nützt aber nur bei Frühjahrssaat, wenn die Saat bald aufläuft, ehe der Geruch zu sehr nachläßt.

Die erforderliche Samenmenge hängt ab von der Keimkraft des Samens, vom Rillenabstand und davon, ob man dünne oder dichte Saaten beabsichtigt (dichte zur baldigen Verschulung); dünne Rillensaaten ergeben kräftiger entwickelte Pflanzen und sind daher vorzuziehen. Erfahrungszahlen geben an, wieviel Gramm Samen bei angemessener Keimkraft von den einzelnen Arten für einen laufenden Meter Rille erforderlich sind, zum Beispiel bei Fichte 1,5 bis 3 g, Tanne 15 bis 20 g, Kiefer 1 bis 2 g [1], Eiche 60 bis 100 g usw.

Bei größeren und schwereren Samen wendet man Handsaat an, sie geschieht seitlich von den Beetpfaden aus je auf die halbe Beetbreite aus vorher geeichten Gefäßen, welche genau die Samenmenge für eine Querrille enthalten. Im übrigen empfiehlt sich die Verwendung von Saatmaschinen. Ein in Österreich erfundenes Gerät, das sich bei einer vom Verfasser durchgeführten vergleichenden Dauerprüfung von sieben verschiedenen Saatgeräten als bestes erwiesen hat, ist die „D ö p p e r sche Rillensaatmaschine für Waldsamen" (Abb. 134). Sie besteht zunächst aus einem hölzernen (lärchenen) Trog von der Länge einer Querrille, zur Aufnahme des Saatgutes dienend; die untere Öffnung des Troges ist durch die Saatwalze geschlossen. Der trogförmige Behälter läßt nach einer Vierteldrehung einer Kurbel und zugleich der mit ihr verbundenen Saatwalze Samen für eine Rille ausfallen [2]. Mit dem Trog fest verbunden ist eine einfache Vorrichtung (Leiste aus Lärchenholz) zum genauen Vordrücken einer Rille. Beim Aufstellen des Gerätes wird ohne besonderen Zeitaufwand eine nächste Rille vorgedrückt. Je nach der Lage, welche die Kurbel bei der Befestigung, also bei der Verbindung mit der Saatwalze, erhält, fällt der Same bei der Drehung der Kurbel entweder aus einer tieferen oder einer seichteren Ausnehmung, also reichlicher oder spärlicher, aus (im ganzen besitzt die Saatwalze dreierlei Ausnehmungen einschließlich solcher für Büschelsaat). Mit der D ö p p e r schen Saatmaschine dauerte die Aussaat von 80 Rillen auf 10 m² Beetfläche einschließlich des Rillendrückens (ohne Bedeckung mit Erde) durchschnittlich 5 bis 6 Minuten, Bedienung zwei Mann (auf 1 Ar somit 50 bis 60 Minuten für zwei Mann oder zwei Männerstunden), das ist auch im Vergleich zur Nagelschen Sämaschine „Walddank" günstig, die mehr für die Streifensaat (bei der Bestandesgründung), weniger für die Saat im Forstgarten geeignet ist. Die Schrift über „Saat- und Pflanzschulen" 1937 der Badischen Ministerialforstabteilung gibt (S. 13) an, daß mit „Walddank" je Ar Einsaat zwei bis zweieinhalb Frauenstunden erforderlich waren. Mit den meisten anderen Geräten erforderte dieselbe Leistung einen wesentlich größeren Zeitaufwand, nur die verbesserte H a c k e r sche Sämaschine leistet das gleiche, ist aber für Freisaaten (auf bearbeiteten Bodenstreifen) geeigneter als zur Herstellung von Querrillen in Saatbeeten.

Eukalyptussaat in der Baumschule: Einschlägige Wahrnehmungen konnte Verfasser 1937 an der Süd- und an der Westküste Kleinasiens, in Baumschulen von Adana, Mersin, Karşiyaka bei Izmir (Smyrna), Mercimek machen. In der Landwirtschaftlichen Schule Adana, wo seit Jahren ein

---

[1] Badische Ministerial-Forstabteilung, Saat- und Pflanzschulen, Karlsruhe 1937, S. 12 (Tabelle).

[2] Während des Druckes dieses Buches kam „Modell 1949 der D ö p p e r schen Saatmaschine" heraus, das keiner Saatwalze und Kurbel mehr bedarf, da die Rillensaat (oder wahlweise Büschelsaat) durch Verschiebung eines der beiden Böden des Samenkastens vollzogen wird.

Baumschulbetrieb auch für Eukalyptus besteht, wird meist in den Monaten
März, April, Mai gesät. Die Aussaat geschieht auf Beeten oder in Kasten
von 60 mal 40 mal 10 bis 15 cm Ausmaß. Der Same wird auf feine, mit
reifem Humus vermischte, reichlich angefeuchtete Erde gestreut und mit
Hilfe eines Siebes ganz leicht mit feinster Erde bedeckt. In der Baumschule
Karşiyaka bei Smyrna hat man zuerst auf bloßem Sandboden gesät, diese
Saat gelang nicht, sondern erst die auf gedüngtem, humushaltigem Boden. Der
Samen kann auch gleich mit Feinsand vermischt ausgesät werden, er bedarf
dann nicht der Bedeckung mit Feinerde. Da der Eukalyptussamen *sehr klein*
ist, so werden für 1 m² Saatfläche im Durchschnitt nur 20 bis 60 g Samen
benötigt.

Nach etwa 14 Tagen kommen die Pflänzchen zum Vorschein. Schon
vom Tage der Aussaat an müssen die Saatbeete oder Kasten vor Tem-
peratursprüngen geschützt werden. Dies geschieht durch Abdecken. Auch
Windschutz und Beschattung als Wirkung des Abdeckens ist erwünscht. In
Adana befanden sich die Saatkasten unter einem Dach, das als lockeres
Schattengitter aus Schilfrohr hergestellt und auf Stangen in 4 m Höhe befestigt war. Nach der Keimung ist das Begießen der Pflänzchen sorgfältig
zu regeln. Der Boden muß am Tage mäßig feucht und in der Nacht ziemlich trocken gehalten werden, deshalb darf abends nicht gegossen werden
(L'Alpe, 1935). Bei allzu großer Feuchtigkeit und Wärme verschimmelt
nämlich der Same sehr leicht und wird unbrauchbar. Ein Boden, der ein
Gemisch aus reifem Humus und Sand darstellt, ist durchlässig und hält
nur mäßige Mengen von Wasser fest. Das Begießen hat bei Tag öfter,
aber nicht zu stark, mit einer Gießkanne zu erfolgen. Der Boden der
Kasten soll durchlöchert sein, um Stagnation von Feuchtigkeit zu verhindern. Wenn die Eukalyptuskeimpflänzchen eineinhalb bis zwei Monate
alt geworden sind und eine Höhe von 6 bis 10 cm erlangt haben, werden sie
verschult. Im ersten Lebensjahr der Eukalyptuspflanzen werden die Beete
ein- bis zweimal berieselt. Die Pflanzen bleiben für Aufforstungszwecke
meist nur sechs bis acht Monate im Verschulbeet (zur Aufforstung geeignete,
etwa zehn bis zwölf Monate alte Pflanzen sind ungefähr 1,5 m hoch).

Schutz- und Pflegemaßnahmen in Saatbeeten. Gleich nach vollzogener
Saat belegt man die Beete zum Schutz des Samens gegen Hitze, Kälte und
Frost, Schlagregen, Mäuse, Vögel usw. mit einem Deckmaterial, am besten
Saatgittern (Schattengittern, Schattendecken); es können aufrollbare Schattendecken sein, die daher, im Vergleich zu starren Lattengittern, bei der Aufbewahrung wenig Raum beanspruchen, also „Rollgitter", die entweder aus
Schilfrohr oder aus Stäben von in Sägewerken anfallendem weichem Ab-
fallholz (Nadelholzstäben) und Draht hergestellt werden[1]. Die Beschattung
ist den Keimlingen sehr zuträglich. „Lattengitter" beanspruchen, da sie starr
sind, bei der Aufbewahrung über Winter größere Lagerräume (Abb. 135). Sie
bestehen aus einem aus hochkantig gestellten Brettern hergestellten Bretter-

---

[1] S c h w a r z , Ein wertvolles Schutzmittel für Saat- und Verschulbeete in Forstgärten, Wiener Allg. Forst- u. Jagd-Ztg. 1924, S. 208. — „Erfahrungen mit Schattendecken", Forstw. Centralbl. 1931, S. 113.

rahmen von der Breite der Beete und etwa 2 m Länge sowie 15 cm Höhe, auf diesen Rahmen sind 2 cm breite Latten mit Zwischenräumen von halber oder ganzer Lattenbreite aufgenagelt. Ähnlich werden auch „Maschindrahtgitter auf Bretterrahmen", also mit Drahtgeflecht bespannte Holzrahmen verwendet, die aber meist nur als Unterlage für irgendein Beschattungsmaterial, zum Beispiel Latten oder Zweige, und als Vogelschutz dienen. Sind keine Schutzdecken oder Saatgitter vorhanden, so deckt man die Saatbeete mit Tannen- oder Kiefernästen, jedoch nicht mit Fichtenästen, weil

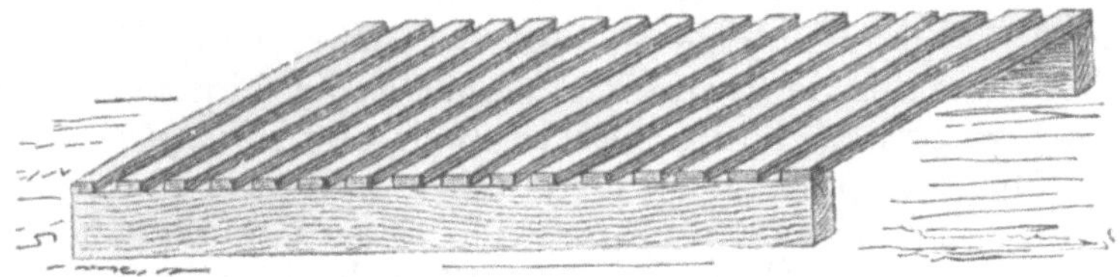

Abb. 135. Lattengitter.

von diesen die Nadeln bald abfallen und sich stark erwärmen. Die Deckgitter dürfen aber nicht etwa den ganzen Sommer belassen werden, sondern, wenn die Saat aufgegangen ist, werden sie höher und schief, gegen Süden, gestellt und schließlich werden sie während einer Regenperiode ganz entfernt. Anderenfalls würden die Pflanzen verzärtelt, sie möchten dann ungenügend verholzen und durch Früh- und Winterfröste leiden. Lichtholzarten würden bei längerem Belassen der Schattengitter durch Lichtentzug leiden und, wie Versuche bewiesen, wesentlich weniger Pflanzenwuchs sowohl dem Volumen als auch dem Gewichte nach erzeugen.

Weitere Pflegemaßnahmen bestehen in der Bodenlockerung, Kopfdüngung, dem Begießen in Trockenperioden, Jäten. In manchen Gegenden wendet man zur Zurückhaltung von Unkraut, zum Schutz gegen Bodenverkrustung, die durch Schlagregen verursacht werden kann, sowie gegen oberflächliche Bodenaustrocknung und zur Bodenlockerung auf schweren Böden ein Einstreuen von Torf, und zwar von solchem gröberer Körnung, an. Auch das Einlegen von Moos oder Holzlatten zwischen die Saatrillen wird empfohlen. Auf schweren Böden gibt man im Herbst Torfmull oder Moos als Schutzmittel gegen den sonst im Februar-März auftretenden „Barfrost".

Später gehört zu den Pflegemaßnahmen ein Ausziehen oder Ausschneiden minderwertiger oder zu dicht stehender Sämlinge, um nicht zu viel schwaches Material heranzuziehen. Mitunter wird dieses „Ausziehen", „Verdünnen", als Ersatz für die Verschulung empfohlen (doch haben zum Beispiel bei der Fichte unverschulte Pflanzen zwar kräftige Haupt- und Seitenwurzeln, aber weniger Faserwurzeln). Eine wichtige Pflegemaßnahme ist auch auf den Saatbeeten, ähnlich wie auf den Pflanzbeeten, die Bekämpfung des Unkrautes und die Bodenlockerung. Oberflächliche Bodenlockerung unterbricht die Kapillaren, vermindert also die Verdunstung aus dem Boden und trägt somit zum Haushalten mit der Bodenfeuchtigkeit bei.

Die Verschulung. Um stärkere Pflanzen mit gutem Wurzelwerk zu bekommen, werden die Pflanzen aus dem engen Stand im Saatbeet herausgenommen und in etwas weiterem Verband auf andere Beete wieder verpflanzt, dies wird als Verschulung bezeichnet. Bei der Aushebung aus dem Saatbeet werden nur die stufigen, starken sowie die mittleren Pflanzen benutzt, hingegen die schwachen, geringen weggeworfen. Die Anwendung der Verschulung ist bei verschiedenen Holzarten, hauptsächlich je nach ihren Wuchsverhältnissen in der Jugend, verschieden.

In der Regel verschult man ein- oder zweijährige Sämlinge; in Hochlagen des Gebirges sind die einjährigen (zum Beispiel Fichten) für die Verschulung noch zu schwach und es werden zwei- und selbst dreijährige dazu verwendet. (Hingegen pflegt man in tropischen und subtropischen Ländern die Eukalyptuspflanzen schon als eineinhalb bis zwei Monate alte zu verschulen, weil sie in diesem Alter schon 6 bis 10 cm hoch und zur Verschulung geeignet sind.)

Einjährig pflegt man die Kiefer (falls sie nicht als unverschulter ein- bis zweijähriger Sämling schon zur Aufforstung verwendet wird, was häufig der Fall ist) und die meisten Laubhölzer zu verschulen. Bei sehr günstigen Standortsverhältnissen, also in warmem Klima und auf Boden von normaler Beschaffenheit, sind auch einjährige Douglasien, Lärchen und Fichten schon zur Verschulung geeignet.

Zweijährig pflegt man sonst Fichten, Lärchen, Douglasien, also die Nadelhölzer außer der Kiefer, zu verschulen. Die in der Jugend langsamwüchsige Tanne entweder gleichfalls zweijährig oder manchmal erst dreijährig. Die günstigste Jahreszeit für die Verschulung der Nadelhölzer ist das Frühjahr. Da vor dem Austreiben verschult werden soll, müssen die früh austreibende Lärche und die Laubhölzer zuerst verschult werden. Laubhölzer können auch im Herbst verschult werden, vor der Zeit des herbstlichen Wurzelwachstums. Das Ausheben der zu verschulenden Pflanzen soll immer nur nach Maßgabe des Bedarfes zum Verschulen geschehen, so daß die Faserwurzeln nicht lange bloßliegen. Die Verwendung einer Pflanzenlade oder eines Korbes und feuchten Mooses oder nasser Säcke zum Zudecken ist empfehlenswert. Eine Grabegabel leistet beim Pflanzenausheben mit möglichst wenig Wurzelverletzungen wertvolle Dienste. Bei Holzarten, die bereits im ersten Jahr sehr lange Pfahlwurzeln bilden, wie Eiche, Schwarznuß, Schwarzkiefer, mitunter auch Weißkiefer, ist der Wurzelschnitt, also das Einkürzen zu langer, das Verschulen erschwerender Pfahl- und Seitenwurzeln zweckmäßig und erleichtert auch die spätere pflegliche Verpflanzung auf die Freifläche. An der Schnittstelle bilden sich in der Regel rasch neue Wurzeln. (Übrigens zieht man bei solchen Holzarten, zum Beispiel bei der Eiche, auch im Hinblick auf die lange Pfahlwurzel häufig die Bestandesgründung mit unverschulten Kleinpflanzen vor, wenn nicht stärkere Verunkrautung und dergleichen zur Verwendung etwas älterer Pflanzen zwingt.)

Die Zeitdauer, während der die verschulten Pflanzen im Verschulbeet bleiben, beträgt: zwei Jahre bei Fichte, Douglasie, Lärche; bei Kiefer nur dann, wenn man stärkere Pflanzen, zum Beispiel für verunkrautete Flächen, ziehen will; weiter bei Tanne, Buche, Eiche, Esche, Linde. Ein Jahr bei Weißkiefer, Schwarzkiefer, Akazie, Pappel (Halbheister). Wenn man von Laubhölzern Heister, zum Beispiel für den Auwald (wegen der Überschwemmungen), ziehen will, so bleiben Erlen, Pappeln zwei Jahre im Verschulbeet, andere auch drei und vier Jahre, und zwar Eiche, Buche, Hainbuche, Esche, Ulme, Linde.

Verfahren der Verschulung. Auf bindigeren Böden ist bei nassem Wetter die Verschulung zu unterlassen. Man unterscheidet die *Grabenverschulung* und die *Verschulung mittels Steckholzes.* Zur Grabenverschulung bedient man sich eines Verschulbrettes mit eingekerbten Abständen auf der einen, einer glatten Kante auf der anderen Seite. Längs der glatten Kante des Verschulbrettchens wird ein Graben mit senkrechter Wand ausgehoben; an der anderen Kante des Verschulbrettes sind in Abständen, zum Beispiel von je 5 cm, Kerben eingeschnitten. Das Brett wird mit diesen Kerben an den oberen Rand der senkrechten Wand angelegt und die Pflanzen werden in die Kerben eingehängt, das Wurzelwerk wird dann sofort mit dem Aushubmaterial bedeckt. Beabsichtigt man eine sparsame enge Verschulung, die aber weniger kräftige, weniger „stufige" Pflanzen ergibt, so kann ein Pflanzenabstand von nur 5 cm (Fichte) innerhalb der Reihe gewählt werden. Ist dagegen die Erziehung kräftiger Pflanzen beabsichtigt, so werden die Pflanzen nicht in jede einzelne Kerbe eingehängt, sondern (bei Fichte) nur in Abständen von 7,5 oder 10 cm, ja in milden Tieflagen mit besonders raschem Wuchs sogar von 15 cm. Der *Reihen*abstand ist, um zwischen den Pflanzenreihen jäten zu können, etwas größer, zum Beispiel (bei Fichte und Tanne) 15 bis 20 cm. Eine sparsame, enge Verschulung vermag bei dem gleichen Aufwand für Bodenbearbeitung, Düngung, für Pflege, wie Jäten, Begießen, Behacken usw., ein Vielfaches der Pflanzenzahl zu ergeben, die Pflanzen sind aber dann aufgeschossen und nicht stufig. Eine Verschulung auf angemessenen Abstand innerhalb der Reihe, zum Beispiel bei Fichte auf 10 cm, gibt kräftige, stufige Pflanzen als Entgelt dafür, daß an Kosten und Fläche weniger gespart wurde. Da je nach Klima und Boden die Raschwüchsigkeit und somit der Bedarf an Standraum verschieden ist, so kann kein festes, überall gültiges Maß für den Pflanzenabstand angegeben werden (unter mittleren Verhältnissen pflegen für Fichte 2,5 bis 5 cm zu eng, etwa 10 cm Abstand in der Reihe angemessen zu sein). Bei engerem Reihenverband empfiehlt sich die Verwendung des Hacker-schen vereinfachten Verschulapparats (Abb. 136) (oder selbst der Verschulmaschine, Abb. 137); dieses Verfahren gehört auch zur Grabenverschulung, bei engem Verband ist die Leistung des Apparats oder der Maschine der Handarbeit überlegen.

Brauchbare Verschulverbände sind zum Beispiel für die Weißkiefer: Reihenabstand 15, Pflanzenabstand 10 cm; Lärche (mit Rücksicht auf das rasche Jugendwachstum) 20 mal 15 cm; Tanne, die man länger im Verschulbeet zu belassen pflegt, 15 mal 10 oder 20 mal 15 oder 20 mal 10 cm; Eiche, Buche 20 mal 15 cm. Wer für Handelszwecke billiger produzieren will, pflegt engere Verbände zu wählen. Wer aber eine stufige Entwicklung der Pflanzen erzielen will, meidet die engsten Verbände. Große Verbandsweiten verteuern aber die Erziehung wesentlich, es ist also der den örtlichen Klima- und Bodenverhältnissen angepaßte Mittelweg zu wählen. Seltener wendet man die Verschulung mit dem *Steckholz*, also eine Art „Klemmpflanzung", an, und zwar nur für schwaches Material mit geringer Wurzelentwicklung.

*Eukalyptus*pflanzen (zwei Monate alte Keimpflänzchen) wurden in Adana im Quadratverband auf 40 bis 50 cm verschult. Eine so weitständige

Abb. 136. H a c k e r sche Verschulrechen (ein Paar), dazu „Beeteinfasser" und „Pflanzenhalter" (Verschullatten) samt „Ständern" zum Aufstecken der Pflanzenhalter.

Erziehung ist teuer und kann nur den Zweck haben, ältere und stärkere Pflanzen für Alleen oder Gärten im Verschulbeet zu erziehen. Da man für Aufforstungen Hunderttausende von Pflanzen braucht und da für diesen Zweck die Eukalyptuspflanzen nur 6 bis 8 Monate im Verschulbeet bleiben, so genügt hiefür ein kleinerer Standraum, 15 mal 15 cm; für Überschwemmungsgebiete braucht man stärkere, zweijährige Pflanzen, der Standraum muß dann größer sein (etwa 30 cm im Quadrat).

S w a r t[1] empfiehlt für die Verschulung ein Beschneiden der Wurzeln im Boden auf maschinellem Wege, dadurch Einflußnahme auf die Ausbildung eines reich entwickelten, auf engen Raum beschränkten Wurzelsystems. Die Pflanzen werden im Beet stehengelassen, Nadelholzsaaten in langen schmalen Rillen, Reihenabstand 20 cm, die Wurzeln werden beiderseits gekürzt (mittels der Wurzelschneidmaschine Radex, die den Schnitt von beiden Seiten in einem Gang mittels zweier Stahlmesserscheiben be-

---

[1] S w a r t, Pflanzenzucht und Leistungssteigerung, Zeitschr. f. Forst- u. Jagdw. 1940, S. 65.

werkstelligt), aus dem Kallusgewebe der Schnittflächen wird eine größere Anzahl von Adventivwurzeln gebildet. Die Ergebnisse einer ausreichenden Überprüfung dieses Verfahrens sind noch nicht bekannt.

Beim Verpflanzen von Loden und Heistern kommt ein Wurzelschnitt aus anderen Beweggründen in Anwendung: wegen abgerissener, verletzter oder zu langer Wurzeln, die im Pflanzloch nicht untergebracht werden könnten, wird ein Beschneiden mit einem scharfen Messer oder der Gartenschere vorgenommen, die glatten Schnittflächen verheilen besser, als es bei den Wundstellen der Fall wäre.

Pflege und Schutz der Verschulbeete. Die wichtigste Pflegemaßnahme besteht in der Bekämpfung des Unkrautes, also im Jäten, und in der Bodenlockerung. Vom Frühjahr bis zum Herbst muß drei- bis viermal die Unkrautbekämpfung (jedesmal bevor das Unkraut verdämmend wirkt oder zu blühen beginnt) durchgeführt werden. Das Unkraut schadet nicht nur durch Nährstoffentzug und Wasserverbrauch, sondern auch durch Entzug des Lichtes und Beanspruchung des Wurzelraums. Verspätetes Jäten läßt durch Ausreifen der Unkrautsamen das Übel größer werden. Arbeitsparende Lockerungs- und Reinigungsgeräte ergeben höhere Leistung als die Hackarbeit. Auf schweren Lehm- und Tonböden ist allerdings die Hack-

Abb. 137. H a c k e r sche Verschulmaschine.

arbeit kaum zu entbehren. Geräte, die sich auf leichten Sandböden glänzend bewähren, können auf schwerem Boden unbrauchbar sein, zum Beispiel Werkzeuge zum Ausstechen tiefwurzelnden Unkrautes. Ein sehr brauchbares Gerät ist die „Königshacke", eine Ziehhacke, enthaltend ein Stahlband in einem Bügel, ihr geringes Gewicht gestattet rasches Arbeiten bei der Unkrautbekämpfung und Bodenlockerung. Zur Wegreinigung und auf schweren Böden ist Wolfs Flachmesserhacke brauchbar.

Bodenverbesserung und Düngung der Forstgärten. In ständigen Forstgärten, also bei wiederholter Pflanzenentnahme, ist regelmäßige Düngung notwendig, weil durch die jungen Pflanzen mit ihrem höheren Mineralstoffgehalt eine Erschöpfung des Bodens an Nährstoffen eintritt. Auf gedüngtem, gutem Boden erzogene, kräftige, „stufige" Pflanzen mit reicher Bewurzelung sind auch bei Verwendung auf armem Waldboden den weniger kräftigen überlegen. Bloß beim Stickstoff ist eine „Überdüngung" zu fürchten und kann zu Rückschlägen im späteren Anbau führen. Eine übermäßige Stickstoffdüngung, zum Beispiel Salpeterdüngung noch nach Mitte Juni, kann das Trieb- und Blattwachstum zu sehr anregen und dadurch das Ausreifen des Holzes mindern[1]. Als Düngemittel für Forstgärten kommen in Betracht:

1. *Volldünger*, wie Stallmist, Kompost (Waldhumus). Sie sind besonders wertvoll, verbessern den Boden auch physikalisch und begünstigen die Bakterientätigkeit. 2. Gründüngung durch Anbau stickstoffsammelnder Schmetterlingsblütler. 3. Fäkaltorf; von der Industrie erzeugte Mischdünger, wie der (Stickstoff, Phosphorsäure, Kali und Kalk enthaltende) Mischdünger Nitrophoska. Dann 4. die verschiedenen mineralischen Dünger („Kunstdünger") als *Einzeldünger*, die nur dem Mangel eines bestimmten wichtigen Nährstoffes abhelfen, also verschiedene Arten Stickstoffdünger, Kalidünger, Kalkdünger, Phosphordünger.

Am wichtigsten sind Stallmist und Kompost. Die Gaben von *Stallmist* können je nach dem Nährstoffreichtum des Mistes und nach den Bodenverhältnissen verschieden sein, im allgemeinen sind zwei bis drei Meterzentner je Ar (eine Fuhre zu zehn Meterzentnern für vier bis fünf Ar) nicht zuviel. Dabei eignen sich die hitzigen (nährstoffreichen, rascher Zersetzung unterliegenden) Dünger: Pferdemist, Schafmist mehr für bindige, schwere Böden oder für schichtenweises Lagern im Komposthaufen, die langsam wirkenden, wie Rindermist, für leichte Böden. Gelagert wird Stallmist im Schatten, eingedeckt mit Laub, Kompost und dergleichen. Auf leichtem Boden verwest der Dünger rascher wegen des reichlichen Luftzutrittes, dieser ermöglicht energischere Bakterientätigkeit und daher raschen Verlauf aller Verwesungsvorgänge. Leichter Boden wäre daher häufiger, wenn auch schwächer zu düngen. Schwerer Boden, auf dem die Zersetzungsvorgänge langsamer vor sich gehen, kann deshalb stärker, zugleich in größeren Zeitabständen gedüngt werden.

Kompost wird aus einem Gemenge pflanzlicher und mineralischer Stoffe bereitet, so aus Stalldünger, Grabenaushub (wobei die Gefahr größeren Gehaltes an Unkrautsamen besteht), Straßenabraum, Holzasche, Torfstreu, Laub, Jauche, Pflanzenabfällen, wie: vor der Samenreife gejätetem Unkraut usw. Der Komposthaufen wird an einer schattigen Stelle (nahe einem Weg) angelegt, die verschiedenen Bestandteile werden lagenweise aufgeschichtet, mit Erde überdeckt. Der Komposthaufen darf nie austrocknen und soll zwei- bis dreimal im Jahr umgestochen werden, um die Zersetzung zu fördern. Nach zwei bis drei Jahren ist der Kompost verwendungsfähig, eine Tafel mit Aufschrift des Anlagejahres wäre daher zu empfehlen. Behufs Tötung von Unkrautsamen und -wurzeln setzt man schichtenweise ungelöschten Kalk oder Holzasche zu, doch ist die Samenvernichtung keineswegs sicher, der Kalk ist aber bekanntlich auch zur Erhöhung der Krümelung wertvoll. Zur Verhinderung von Stickstoffverlusten ist der Kalk nicht unmittelbar mit frischem Stallmist oder mit Jauche zu mengen. Zur Erhöhung des Düngerwertes können auch Kainit oder Thomasmehl oder andere Handelsdünger dem Kompost beigemischt werden.

Auf den gleichfalls zu den Volldüngern zählenden Mischdünger *Nitrophoska* (kalkhaltige Mischung) wurde schon hingewiesen. Er enthält

---

[1] B e c k e r - D i l l i n g e n, Die Ernährung des Waldes, Berlin 1939, S. 552/553.

alle vier selteneren Pflanzennährstoffe: Stickstoff (teils in rasch aufnehmbarer, teils in langsamer wirkender Form), Kali (leicht löslich), Phosphor, Kalk. Zur Vermeidung von Ätzwirkungen wird dieser Dünger bei trockenem Wetter und trockenen Pflanzen ausgestreut und die Pflanzen werden dann abgeschüttelt („Kopfdüngung" zur Aufnahme der leicht löslichen Stoffe).

Als *Gründüngung* werden stickstoffsammelnde Schmetterlingsblütler in Form des Voranbaues verwendet, das ist möglich auf solchen Gartentafeln, die eine Vegetationsperiode lang nicht forstlich bebaut werden. Die Gründüngung bewirkt eine wahrnehmbare Verbesserung des Bodens nur dann, wenn dieser arm an Stickstoff (eventuell an Phosphorsäure und Kali) ist[1]. Böden mit mehr als 0,15 v. H. Gesamtstickstoff sollen nach N ě m e c keine Gründüngung notwendig haben. Durch die Gründüngung wird der Boden an aufnehmbarem Stickstoff angereichert, zugleich werden die physikalischen Bodeneigenschaften infolge der Humusbildung verbessert. Gutes Gedeihen der Gründüngungspflanzen ist an genügenden Gehalt des Bodens an Kali und Phosphorsäure geknüpft. Nach Entnahme der Forstpflanzen, im Herbst (oder im zeitigen Frühjahr), wird der Boden mit 5 bis 10 kg Thomasmehl je Ar und etwa 8 kg Kainit gedüngt. (Für die Gründüngung nimmt man größere Mengen als für die direkte Düngung im Forstgarten.) Lupinen vertragen keinen versauerten Boden[2], auf solchem wendet man daher Kalkung an, zum Beispiel 30 kg gemahlenen kohlensauren Kalk je Ar. Thomasmehl enthält sowohl Kalk als auch Phosphorsäure. Für leichte, sandige Böden eignet sich die gelbe Lupine, die nur wenig Kalk verträgt, sowie Seradella und Sandwicke; für Lehmböden die blaue und weiße Lupine. Da die Lupine frostempfindlich ist, wird sie nicht vor Anfang Mai in den Boden gebracht. Die Lupinen werden im September gemäht, bleiben den Winter über liegen und verrotten, die Reste werden im Frühjahr zusammengebracht und kommen auf den Komposthaufen. Samenmenge je Ar: 3 bis 4 kg Lupinen oder 3 bis 6 kg Ackererbsen oder 6 bis 10 kg Pferdebohnen.

Von den *mineralischen Einzeldüngern* kommen in Betracht: verschiedene *Stickstoffdünger*, wie *Kalksalpeter* (Kalziumnitrat), $Ca(NO_3)_2$, der wie alle Salpeterdünger wasserlöslich ist, daher leicht aufnehmbar, aber auch auswaschbar, er wird deshalb als Kopfdünger verwendet. Schon Lösungen 1 : 1000 können auf die Pflanzen schädigend wirken, man verwendet daher nur 2 kg je Ar. Das gilt auch von den anderen Stickstoffdüngern. *Chilesalpeter*, $Na\,NO_3$, 14 bis 16 v. H. Stickstoff, ist gereinigter natürlicher Rohsalpeter und kann ungereinigt Natriumperchlorat, ein starkes Pflanzengift, enthalten. Er ist nach dem Herkunftsland benannt, hingegen wird Kalksalpeter im Inland künstlich hergestellt. Ein anderer Stickstoffdünger, der auch künstlich erzeugt wird, ist das *schwefelsaure Ammoniak*, gleichfalls wasserlöslich, wirkt langsamer, aber nachhaltiger, kann daher schon im

---

[1] N ě m e c A., Ergebnisse der Gründüngungsversuche in Forstgärten, Ann. d. Landw. Versuchsanst. der ČSR. **134,** Prag 1935, und Forstw. Centralbl. **57,** 1935, S. 221—228.

[2] L e i n i n g e n, Graf W., Forstw. Centralbl. 1930, 593 ff.

Herbst gegeben werden. Mit Kalk oder anderen kalkhaltigen Düngemitteln, zum Beispiel Thomasmehl, darf es nicht zugleich verwendet werden, weil sich sonst freies Ammoniak bilden würde, das die Wurzeln schädigt[1].

Weiter sind von den Einzeldüngern wichtig die *Kalidünger:* Besonders kalibedürftig sind leichte Böden, denn die lehmhaltigen Böden, die der Verwitterung von Feldspaten, Hornblenden usw. den Lehmgehalt verdanken, enthalten ohnehin Kali. Die Staßfurter Abraumsalze Kainit, Carnalit sind chlorhaltig und können dadurch den Nadelhölzern schaden. Besser geeignet ist das *40prozentige Kalisalz.* Düngung mit *Kainit* kann aber im vorhergehenden Herbst erfolgen in Verbindung mit Kalk, ein halbes Jahr von der Bebauung der betreffenden Gartentafeln, damit das schädliche Chlor bis zum Frühjahr wenigstens teilweise ausgewaschen wird.

Kalkdüngung. Für schwere, undurchlässige, kalte Böden ist gebrannter Kalk, Ca O, zu empfehlen, als Bodendünger im Herbst nach Entnahme der Pflanzen (mit Vorsicht, wegen Gefahr von Verätzung); je feinpulveriger der Kalk ist, desto besser. Kohlensaurer Kalk wirkt langsamer, man verwendet ihn auf leichten Böden, wo infolge stärkerer Durchlüftung die Umsetzungsvorgänge ohnehin schneller verlaufen. Seine Wirksamkeit ist in erster Linie vom Feinheitsgrad der Mahlung abhängig. Auch Mergel kann als Kalkdünger gebraucht werden.

Phosphorsäure. Thomasmehl, ein Abfallprodukt der Stahlindustrie, ist fein gepulvert, ist zwar im Boden nur in organischen Säuren löslich, aber dennoch verhältnismäßig rasch wirkend. Es kommt in sauren und sandigen Böden zur Wirkung, enthält außer Phosphorsäure auch Kalk. Dagegen ist im *Superphosphat,* das wasserlöslich ist, sofort aufnehmbare Phosphorsäure enthalten. Auf kalkarmen Böden verdient Thomasmehl den Vorzug. Ähnlich wie Thomasmehl verhält sich Rhenaniaphosphat (es ist nicht wasserlöslich, aber größtenteils zitronensäurelöslich, enthält auch etwas Kali, viel Kalk).

Versand und Aufbewahren (Einschlagen) der Pflanzen. Die im Forstgarten erzogenen Pflanzen werden sorgfältig, mit Vermeidung von Wurzelverletzungen, zum Beispiel mit Hilfe von Grabegabeln, ausgehoben. Ballenpflanzen kann man auch mit Hilfe des H e y e r schen Hohlbohrers oder des Heyerschen Kegelbohrers und ähnlicher Geräte ausheben. Pflanzen ohne Ballen sind für weiteren Transport durch Umhüllen der Wurzeln mit feuchtem Moos gegen Austrocknung zu schützen, man verpackt die Pflanzen in Bündeln, wobei die Wurzeln innerhalb des Bündels mit feuchtem Moos umgeben sind. Die Umhüllung kann aus Reisig oder auch aus Packleinen bestehen. Für kurze Entfernung können die Pflanzen auch in Körben aus Weidenruten (auch Tragkörben) lagenweise zwischen feuchtem Moos verpackt werden. Über den „Pflanzentransport im Hochgebirge" wurde aus dem Riesengebirge berichtet[2]: Die Pflanzen werden zuerst auf Wagen mit gummibereiften Rädern möglichst weit in die einzelnen Täler gefahren,

---

[1] Tabellen von S a c h ß e in: W a p p e s, Wald und Holz, I. Bd., S 242.

[2] N o r d m a n n, Pflanzentransport im Hochgebirge, Forstarchiv 1941, S. 109 ff (mit Abbildungen).

dort an schattigen Orten eingeschlagen; für nahegelegene Kulturstellen können sie dann von den Kulturarbeitern in Körben, die mit feuchtem Moos ausgelegt sind, zum Verwendungsort gebracht werden. In Hochlagen werden sie dort mittels „Holztragen" gebracht (das sind zum Fortbringen auf dem Rücken bestimmte Traggerüste aus Leisten mit Querbrettchen, mit Traggurten ausgestattet, in die man eine entsprechende größere Anzahl von Pflanzen, aus denen die Erde nicht ganz ausgeschüttelt wurde, mit feuchtem Moos verpacken kann). Der Pflanzentransport auf Wagen geschieht am besten zur Nachtzeit oder am frühen Morgen.

Wenn vor und nach dem Transport ein Aufbewahren der Pflanzen erforderlich ist, so geschieht dies durch das „Einschlagen": an einem schattigen Ort mit frischer, lockerer Erde wird ein Graben mit einer senkrechten und einer schrägen Wand hergestellt, an die schräge Wand werden die Pflanzen in einer Reihe in dünner Schicht (nicht in Büscheln, sondern jede einzelne Pflanze an den Boden) mit ihren Wurzeln angelegt, sodann werden die Wurzeln mit Erdreich von der senkrechten Wand bedeckt. Dann kommt auf das Erdreich, das als Bedeckung dient, wieder eine Schichte Pflanzen usw. Die oberirdischen Teile werden durch Bedecken mit einigen Zweigen gegen zu viel Verdunstung geschützt.

Falls sich der Forstgarten in einer tieferen Lage befindet als der Kulturort im Gebirge, so kann sich die Notwendigkeit ergeben, zur Verhinderung zu frühen Austreibens der Pflanzen diese schon frühzeitig auszuheben und an dem höhergelegenen Ort einstweilen in Schneegruben einzulegen [1], weil die dortigen Schnee- und Witterungsverhältnisse vorläufig eine Kultur noch nicht gestatten. In der Nähe der aufzuforstenden Fläche wird eine schattseitig gelegene Grube (womöglich schon in dem der Aufforstung vorhergehenden Herbst) hergestellt, in diese wird 1 bis 1,5 m hoch Schnee eingestampft, auf den Schnee kommt eine Lage dürrastigen Reisigs und eine Lage frischer Erde und auf diese die Pflanzen, deren Wurzeln man mit Erde bedeckt. Auf die oberirdischen Teile legt man Reisig, das Ganze wird im Frühjahr mit einem Schutzdach aus grünem Reisig versehen. Solche Pflanzen treiben länger nicht aus und können noch in dem späten Frühling der Hochlagen versetzt werden.

D i e   A u s f ü h r u n g   d e r   P f l a n z u n g   z w e c k s   k ü n s t l i c h e r
B e s t a n d e s g r ü n d u n g   a u f   d e r   K u l t u r f l ä c h e.

Das Pflanzenmaterial. Die Pflanzen sollen gesund sein, die Nadelhölzer sollen nicht spindelig, sondern stufig gebaut sein, sollen gesunde Triebe, frischgrüne Farbe und kräftige Knospen besitzen sowie frische, nicht ausgetrocknete Wurzeln. Auch sollen sie noch nicht ausgetrieben haben. Die Bewurzelung soll reich und dicht sein. Die Stärke oder Höhe der für die Kultur zu wählenden Pflanzen hängt davon ab, ob mit beträchtlicher Konkurrenz durch Unkraut zu rechnen ist, ob es sich um Lagen mit Frostgefahr in der bodennahen Luftschicht handelt oder um Nachbesserungen, um Überschwemmungsgebiete in Auwaldungen und dergleichen. Im all-

---

[1] H e y e r - H e ß, Waldbau, 5. Aufl., I. Bd., S. 221 (Verfahren nach K o ž e š n i k).

gemeinen pflegt man kleinere Pflanzen wegen besseren Anwachsens und geringerer Kulturkosten vorzuziehen, so drei- bis vierjährige Fichten (verschult oder bei geringerer Konkurrenz durch Unkraut auch unverschult), ein- bis zweijährige Kiefern, fünf- bis sechsjährige Tannen (in Anbetracht der Langsamwüchsigkeit in der Jugend) usw. Man kann unter den Pflanzen unterscheiden: „Wildlinge", die nicht in Forstgärten gezogen, sondern im Wald ausgehoben werden; Saatpflanzen (ein- oder zweijährig, unverschult, die besonders bei der Kiefer, bei der Lärche in ihrem natürlichen Verbreitungsgebiet, bei Laubhölzern zur Kultur verwendet werden); verschulte Pflanzen. Weiter wird unterschieden zwischen ballenlosen Pflanzen und Ballenpflanzen. Bei den Laubhölzern heißen 2,5 bis 3 m hohe Pflanzen „Heister"; etwa 2 m hohe „Halbheister"; 1 bis 1,5 m hohe werden als „Lohden" bezeichnet. Die Heisterpflanzung wird nur ausnahmsweise aus besonderen Ursachen angewandt, da Kleinpflanzen in der Regel am besten anwachsen und weniger Kosten verursachen. Heisterpflanzung kommt in Anwendung: in Überschwemmungsgebieten, wo Kleinpflanzen durch Wasser- und Schlammbedeckung gefährdet wären; beim Setzen von Alleebäumen; dann in frostgefährdeten Örtlichkeiten, um das besonders empfindliche Jugendstadium abzukürzen; schließlich auf Waldorten, die durch Wildschäden besonders gefährdet sind, damit die durch Wildverbiß bedrohten Holzarten eher dem Zahn des Wildes entwachsen (Schutz der Heister gegen das Fegen des Rot- und Rehwildes kann dann erforderlich werden). Bei Holzarten von gutem Ausschlagvermögen, zum Beispiel Weißerle, braucht man zur Begründung von Ausschlagwäldern „Stummelpflanzen", an denen das Stämmchen gekürzt ist. Bei Weiden und Pappeln kommen Stecklinge in Anwendung, beziehungsweise Pflanzen, die aus Stecklingen gezogen wurden, zum Beispiel bei Kanadapappel einjährige Halbheister oder (im Überflutungsgebiet sowie bei starker Unkrautentwicklung) zweijährige Heister.

Pflanzzeit. Die Pflanzzeit ist vor einer Zeit des Wurzelwachstums und bei Witterungsverhältnissen, die eine geringe Transpiration bewirken (womöglich Regenzeit) zu wählen. Das ist zum Beispiel im Frühjahr der Fall. Durch das Wurzelwachstum wird dann der Kontakt der Pflanze mit dem Boden hergestellt, bevor noch die Pflanze durch hohe Wärmegrade zu einer starken Wasserabgabe veranlaßt wird[1]. Die Pflanzung soll vor Beginn den Antreibens erfolgen, weil die Pflanzen nach dem Antreiben empfindlicher gegen Eingriffe sind. Bei den Nadelhölzern ist die Frühjahrspflanzung im großen und ganzen vorzuziehen. Bei den Laubhölzern (die nach E n g l e r auch im Herbst und Spätherbst bei milder Witterung eine Periode des Wurzelwachstums aufweisen) ist auch die Herbstpflanzung erfahrungsgemäß gut anwendbar. Im mediterranen, sommertrockenen Gebiet wird die Pflanzung auch von Nadelhölzern, zum Beispiel der *Pinus halepensis* oder der *Pinus brutia*, mit Vorliebe in der Regenzeit durchgeführt, also im Spätherbst und milden Winter bis in den Jänner und Februar

---

[1] E n g l e r A., Untersuchungen über das Wurzelwachstum der Holzarten, Mitt. der Schweizer. Versuchsanst., Bd. 7, 1903, S. 247 ff.

hinein, um im Frühling nach etwaigen Ausfällen sofort nachbessern zu können.

Pflanzverband, Pflanzweite, Pflanzenmenge. Man unterscheidet den *regelmäßigen* und den *unregelmäßigen* Verband. In der Regel und insbesondere im Gebirge genügt ein bloß annähernd regelmäßiger; denn vom Standpunkt der Waldschönheitspflege sind die in Reih und Glied befindlichen Kulturen (meist auch noch reiner und gleichalteriger Bestände) bekanntlich keineswegs befriedigend. Als Vorteil regelmäßger Verbände sah man früher an: die Gewährung des gleichen Wuchsraumes für jede Pflanze, doch verschieben sich diese Verhältnisse bald, nämlich nach Eintritt des Bestandesschlusses und Beginn der natürlichen Stammausscheidung, beziehungsweise nach den ersten Durchforstungseingriffen. Praktisch von Belang kann ein regelmäßiger Verband sein: dort, wo Grasnutzung in den Forstkulturen stattzufinden pflegt und eine Beschädigung der im Gras verborgenen Forstpflanzen bei regelmäßigem Verband leichter vermieden werden kann; ferner bei Nachbesserungen für das Auffinden der Fehlstellen.

Was die *Pflanzweite* anbelangt, so ist bei Holzarten, die zur Ausbildung ästiger Kronen, zur Sperrwüchsigkeit, neigen, wie Kiefer, Buche, Eiche, ein engerer Verband erforderlich. Auf Standorten, die ein langsames Jugendwachstum bedingen, wählt man engere Verbände als auf sehr guten Standorten mit raschem Jugendwachstum, und zwar zu dem Zweck, damit auch auf dem schwächeren Standort der Bestandesschluß frühzeitig genug eintrete. Bei der Pflanzung etwa drei- bis vierjähriger *Fichten* pflegt man mit Rücksicht auf deren Wuchsverhältnisse und in der Absicht auf baldige Erreichung des Bestandesschlusses für den Quadratverband eine Pflanzweite von ungefähr 1,5 m auf besseren, 1,2 m auf den geringeren Standorten zu wählen. In Hochlagen des Gebirges können verschiedene Umstände (zum Beispiel unter anderem der späte Beginn der Durchforstungen in sehr entlegenen Waldorten) für eine noch größere Pflanzweite bei der Fichte sprechen. Für beste Standortsklassen mit ausgezeichneten Wuchsverhältnissen in geringer Meereshöhe (600 m) in der schwäbisch-bayerischen Hochebene (in Waldorten mit früherer Laubholzbestockung) wurden bei Weßling in Bayern *Versuche über die Entwicklung des reinen Fichtenbestandes bis zum Alter von 35 Jahren unter dem Einfluß verschiedener Pflanzweite* durchgeführt[1]. Die Versuche bewiesen, daß die Bestände auf die Abänderung der Pflanzweite sehr fein und nachhaltig reagieren. Vanselow folgerte aus den Versuchen, daß die große Sterblichkeit bei den ganz engen Pflanzverbänden deren Zwecklosigkeit beweise, dann daß dort, wo Wertholz und somit auch Vollholzigkeit und Astreinheit das Betriebsziel ist, die obere Grenze des Pflanzverbandes auf 1,5, höchstens 1,6 m (unter Verhältnissen wie in Weßling) zu bemessen ist. Die untere Grenze soll bei solchen Verhältnissen bei 1,3 m liegen. Bei der *Kiefer* sind zur Bekämpfung der Ästigkeit und in Anbetracht der Ausfälle und Abgänge die Abstände geringer, Reihenentfernung 1 bis 1,3 m, Pflanzenabstand in der Reihe bei

---

[1] Vanselow K., Einfluß des Pflanzenverbandes auf die Entwicklung reiner Fichtenbestände, Forstw. Centralbl. 64, 1942, S. 23—37, 49—59.

einjährigen Pflanzen 0,3 bis 0,5, bei zweijährigen 0,5 bis 0,7 m. Bei der *Eiche* sind bei Verwendung von Kleinpflanzen dichte Pflanzungen ähnlich wie bei Kiefer empfehlenswert. Im *mediterranen Gebiet* werden auch die Bestände von *Pinus halepensis,* beziehungsweise *Pinus brutia* zuerst dicht begründet, zum Beispiel Pflanzung in Abständen von 50 bis 60 cm; erst später, sobald der Konkurrenzkampf begonnen hat, sollen Pflegehiebe zu einer weniger dichten Stellung führen. Bei sehr raschwüchsigen Holzarten, zum Beispiel bei der Kanadapappel auf gutem Auboden oder bei Eukalyptus in tropischen oder subtropischen Gebieten, muß die Bestandesgründung mit Rücksicht auf den sehr bald notwendig werdenden größeren Standraum in weitem Verband erfolgen (Eukalyptus: 2—3-m-Quadratverband).

Arten des Verbandes. Dieser kann ein Quadratverband sein (die Pflanzen stehen in den Eckpunkten eines Quadrates) oder ein Reihenverband (der Abstand der Reihen ist dann größer als jener der Pflanzen innerhalb der Reihen), die Pflanzenzahl beim Quadratverband kann aus der Fläche F und dem Pflanzenabstand a nach der Formel $\dfrac{F}{a^2}$ berechnet werden, beim Reihenverband nach der Formel $\dfrac{F}{a \cdot b}$; beim selten angewandten Dreiecksverband stehen die Pflanzen in den Eckpunkten gleichseitiger Dreiecke, bei ihm ist die Pflanzenzahl 1,155 mal $\dfrac{F}{a^2}$. (Noch seltener wird der Fünferverband angewandt, ein Quadratverband mit einer Pflanze im Schnittpunkt der Diagonalen.) Mit der Verringerung des Pflanzenabstandes steigt die erforderliche Pflanzenzahl im quadratischen Verhältnis an, infolgedessen auch die Kosten ungefähr in dem gleichen Verhältnis.

Verfahren der Pflanzung. 1. Das am häufigsten angewandte Verfahren ist die *Lochpflanzung.* Die Pflanzlöcher werden mit der Haue (in ebenem Gelände allenfalls auch mit dem Spaten) hergestellt; für flachwurzelnde Holzarten, zum Beispiel die Fichte, wird in dem Pflanzloch ein kleiner Hügel aus guter Erde geformt und auf diesen die Pflanze gesetzt. Ein Zutiefsetzen soll besonders bei der Fichte auf bindigen Böden vermieden werden. Die Setzerin hält mit der Linken die Pflanze über das Pflanzloch, mit der Rechten werden die Wurzeln in möglichst natürlicher Lage ausgebreitet, dann zuerst mit der besseren Erde, schließlich mit der übrigen bedeckt, zum Schluß wird die Erde mit den Händen leicht angedrückt (nach K o ž e š n i k von Vertiefungen zu beiden Seiten der Pflanze aus, die nachträglich ausgefüllt werden, H e y e r - H e ß, Waldbau, 5. Aufl., S. 340/41). Bei Pflanzen mit tiefreichender Wurzel entfällt die Formung des kleinen Hügels im Pflanzloch, im Gegenteil kann für die Pfahlwurzel eine Vertiefung des Loches erforderlich sein. Das Setzen von Heistern und Lohden wird zweckmäßigerweise von zwei Personen besorgt.

2. *Hügelpflanzung.* Auf nassem oder auf sehr graswüchsigem Boden empfiehlt es sich, die Pflanze höher, auf kleine Hügel, zu setzen. Auch in Frostlagen kann, da in Bodennähe die Frostgefahr am größten ist, die Hügelpflanzung empfehlenswert sein. Früher wandte man eine etwas um-

ständliche Hügelpflanzung (Bedeckung der Hügel zum Schutze gegen Austrocknung mit zwei mondsichelförmigen Rasenplaggen, mit der Seite des Rasens nach unten, übergreifend) an, unter den heutigen Lohnverhältnissen ist dieses Verfahren nach M a n t e u f f e l (Abb. 138) in der Regel zu kostspielig. Nur weil in besonders schwierigen Fällen seine Anwendung in kleinerem Umfang vielleicht doch erwünscht sein könnte, sei erwähnt, daß bei diesem vor fast 100 Jahren aufgekommenen Verfahren[1] die Erde für die Hügel schon ein Jahr vorher zubereitet und mit Rasenasche vermischt wurde, auf der Pflanzstelle wurde der Rasen nicht abgeschält, sondern die in Körben gebrachte Erde auf diesen aufgeschüttet, worauf die Bepflanzung und Bedeckung mit den beiden Plaggen erfolgte. Auf nassen Böden ist die Vorsorge gegen Austrocknung der Hügel entbehrlich.

Abb. 138. v. M a n t e u f f e l sche Hügelpflanzung (nach H e y e r - H e ß, Waldbau, 2. Aufl., 1906).

Abb. 139. Rabattenpflanzung. (nach H e y e r - H e ß, Der Waldbau oder die Forstproduktenzucht, 1906).

3. Statt der Hügelpflanzung kann man in feuchten Lagen auch die sogenannte „*Rabattenpflanzung*" anwenden: Durch Ausheben von Gräben wird Erde gewonnen, die dann kleine Dämme, zusammenhängende Erdbänke, bildet, diese werden bepflanzt (Abb. 139).

4. Wenn nach Abschälen des Bodenüberzuges im Pflanzloch selbst ein Hügel durch Zusammenziehen der Erde gebildet wird und auf diesem „Hügel im Pflanzloch" obenauf gepflanzt wird, so spricht man von „*Lochhügelpflanzung*". Man wendet dieses kegelförmige Zusammenziehen der gelockerten Erde in der hergestellten Vertiefung dort an, wo sonst zu wenig lockerer Boden vorhanden wäre.

5. Für die Pflanzung von Eschen, Erlen, Ruchbirken auf nassen Böden hat man zur Verhinderung des Auffrierens die *Klapp-Pflanzung* empfohlen. Der Name kommt daher, daß Grasplaggen zur Bedeckung des Pflanzloches und zum Schutze gegen Auffrieren umgeklappt werden (Abb. 140).

6. Ein besonders sorgfältiges, aber kostspieliges Verfahren ist die *Ballenpflanzung*. Sie besteht darin, daß die Pflanze nicht mit entblößter Wurzel, sondern samt dem diese umgebenden Erdballen versetzt wird. Bei Verwendung des H e y e r schen Hohlbohrers werden mit diesem Gerät sowohl die Ballenpflanzen ausgehoben als auch die Löcher für die Pflanzung hergestellt. Ballenpflanzen wachsen sicher an, können sozusagen zu

---

[1] M a n t e u f f e l, H. F. v., Über das Verhalten der Hügelpflanzungen in den Jahren 1857, 1858 und 1859, Allg. Forst- u. Jagdztg. 1861, S. 85. — D e r s e l b e, Die Hügelpflanzung der Laub- und Nadelhölzer, 4. Aufl., Leipzig 1874.

jeder Jahreszeit versetzt werden, die Ballenpflanzung eignet sich auch für
ältere Pflanzen (sofern der Boden einige Bindigkeit aufweist und der
Ballen zusammenhält), doch ist sie kostspielig. Geräte für das Ausheben
der Ballenpflanzen und für das Herstellen der Löcher sind außer dem
Heyerschen Hohlbohrer auch der Hohlbohrer von Jansa, die Pflanzen-
zange von Dostal, der Heyersche Kegelbohrer und andere (Abb. 141).
Der leere Raum zwischen Ballen und Lochwand muß nach dem Versetzen
entweder durch Niederdrücken mit der Hand oder durch Antreten geschlossen werden, sonst würde der Ballen austrocknen.

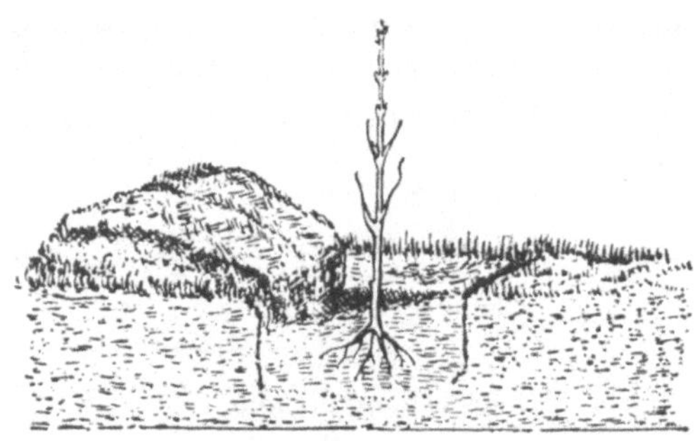

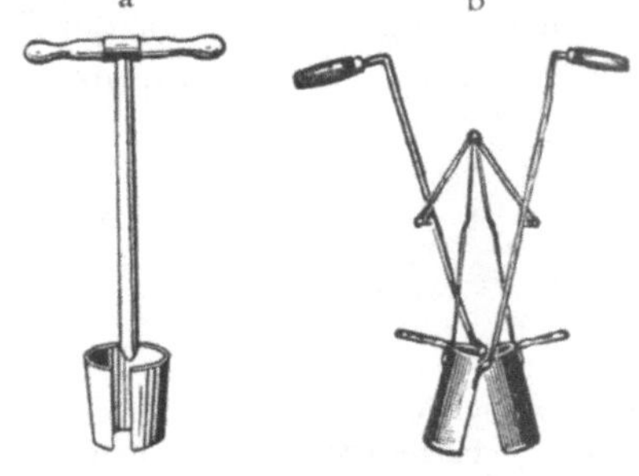

Abb. 140. Klapp-Pflanzung (nach Heyer-
Heß, Der Waldbau oder die Forstproduktenzucht, 5. Aufl., 1906).

Abb. 141. Geräte zur Ballenpflanzung.
a) Heyerscher Hohlbohrer.
b) Jansascher Ballenstecher.

7. Ein wohlfeiles, in Kieferngebieten mit leichten Böden häufig ange-
wandtes Verfahren mit Kleinpflanzen ist die *Spalt- oder Klemmpflanzung.*
Hiebei wird im Vergleich zur Lochpflanzung die Bodenbearbeitung verringert, das Pflanzverfahren beschleunigt, indem man mit keil- oder spatenför-
migen Geräten (vgl. Abb. 78, S. 379) aus Holz oder Eisen (oder beiden Stoffen) oder mit Geräten, ähnlich dem im Gemüsebau verwendeten Setzholz,
Löcher in den Boden stößt und in diese die einzusetzende Pflanze hält; während des Hineinhaltens wird das Loch durch seitliches Einstechen des Werk-
zeuges und Andrücken der Erde geschlossen. Das Verfahren empfiehlt sich
für *leichte, lockere Böden* und für Verwendung kleiner, und zwar in der
Regel *Kiefernpflanzen.* Es ist bei der Pflanzung ein- oder zweijähriger
Kiefernsämlinge viel in Anwendung. Die Kosten der Klemmpflanzung betragen häufig nur ein Fünftel bis ein Drittel der für die gewöhnliche Lochpflanzung erforderlichen. Besonders auf bindigen Böden, auf denen die
Klemmpflanzung besser zu unterlassen ist, besteht ein Nachteil des Verfahrens darin, daß die Wurzeln in unnatürlicher Weise zusammengepreßt
und gequetscht werden, was Mißbildungen der Wurzeln, Verschlingungen
der Seitenwurzeln zur Folge hat[1]. Die Werkzeuge können kurz- oder

---

[1] In Bulgarien ergaben Untersuchungen, daß Wurzeldeformationen bei Weiß- und
Schwarzkiefernpflanzen bei nachfolgender Sommerdürre (im Jahre 1938) ein Vertrocknen
der fünf- bis sechsjährigen Pflanzung zur Folge hatten: Peneff N., Untersuchungen über
das Wurzelsystem an fünf- und sechsjährigen Weiß- und Schwarzkiefernpflanzen, die
wegen der Sommerdürre im Jahre 1938 vertrocknet waren. Lessowodska missal 11, 1942,
S. 137—156.

langgestielt sein, es gibt ihrer eine stattliche Reihe, wie Setz- oder Pflanzholz, Pflanzeisen, Pflanzdolch, das Wartenbergsche Stieleisen, Klemmspaten, Pflanzlanze und andere.

Von der Schweizerischen Anstalt für das forstliche Versuchswesen
wurden bei der Pflanzung ein- bis zweijähriger Eichen vergleichende Versuche mit der Spaltpflanzung und der Lochpflanzung ausgeführt. Dabei
zeigten bei der Spaltpflanzung die richtig gesetzten Eichen nicht nur besseres Gedeihen, sondern es war auch der Arbeitsaufwand bei der Spaltpflanzung wesentlich kleiner als bei der Lochpflanzung, besonders bei
lockerem Boden[1]. Ein Pflanzerpaar (Mann und Knabe) setzte bei der
Spaltpflanzung in der Stunde 60 bis 80 Stück ein- bis zweijährige Eichen,
bei der Lochpflanzung aber nur 20 bis 30 Stück, im Verband 1,0 mal 0,6 m.

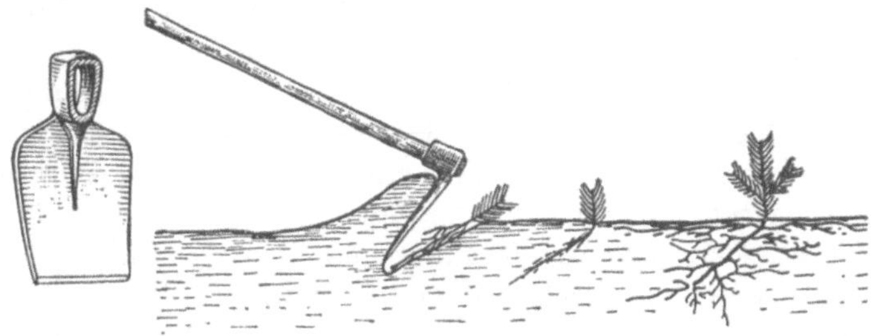

Abb. 142. Schrägpflanzung nach E. M ü n c h. Schräger Spalt, Pflanze schräg eingelegt;
Aufkrümmung und Bewurzelung der Pflanze.

8. Da ein schräges Loch mit der Haue wohlfeiler herzustellen ist als
ein senkrechtes und da schräg eingesetzte Pflanzen sich infolge des Geotropismus sehr rasch aufrichten und auch die Wurzeln normal ausbilden,
so wurde die *Schrägpflanzung* empfohlen als eine Klemmpflanzung oder
Spaltpflanzung, bei der die Pflanze (auch Fichte) mit Absicht schräg in den
Boden gebracht wird. Eine Arbeiterin stellt mit der Haue den Spalt her,
eine zweite legt die Pflanze ein, worauf die erste durch Antreten den
Spalt schließt (Abb. 142). Die Pflanzen bekommen durch die Schwere des auf
den Wurzeln liegenden Erdlappens rasch und selbständig Bodenfühlung, wodurch ohne besonderen Aufwand an Zeit und Arbeit die Bedingungen zum
Weiterwachsen gegeben sind[2]. Die Arbeit kann mit geringem Kräfteauf-
wand ausgeführt werden, eine Rodehaue mit etwa 12 cm breiter Schneide
sowie eine Pflanzlade zum Mitführen der gut feucht zu haltenden Pflanzen wird verwendet. Auf normalen Böden ist es, wie M ü n c h mit Recht
angab, ein einfaches, billiges und förderndes Verfahren. Auch Z e n t g r a f,
Freiburg i. Br., stellte fest, daß für dreijährige und ältere Fichtensämlinge
die Schrägpflanzung nach M ü n c h sehr arbeitsfördernd ist und daß die
mit diesem Verfahren gemachten Erfahrungen durchaus günstig sind.

<hr>

[1] B u r g e r H., Über die künstliche Begründung von Eichenbeständen, Mitt. der
Schweiz. Anst. für das forstl. Versuchsw., XXIII. Bd., 2. Heft, S. 306, 1944.

[2] Dtsch. Forstzeitung 1940, Nr. 1, Nr. 6. — M ü n c h E., Thar. Forstl. Jahrb. 1932.

Z e n t g r a f s Untersuchung der ältesten, von M ü n c h begründeten Bestände hat gezeigt, daß die Wurzelrück- und -neubildung zu keinen Rotfäuleerkrankungen führte[1]. In Emmendingen bei Freiburg i. Br. wurde auf graswüchsigen Böden mit Seegras, *Carex brizoides*, bei der Kultur *verschulter*, mindstens 30 bis 35 cm hoher *Kiefern* die Schrägpflanzung oder „Klemmpflanzung mittels der Breithaue" mit Erfolg angewandt. Wegen der Konkurrenz des Seegrases wäre es aussichtslos gewesen, niedrigere, etwa zweijährige Kiefern zu setzen. Da alljährlich hohe Pflanzenzahlen erforderlich waren, wurde statt der Lochpflanzung ein rascher arbeitendes und trotzdem im Erfolg sicheres Verfahren gesucht. Um den für das größere Wurzelwerk der verschulten Pflanzen nötigen Raum in erforderlicher Breite zu schaffen, ist die Schneide der gewöhnlichen Rodehaue zu schmal, die verwendete Breithaue mit einer 15 bis 16 cm breiten Schneide und 20 bis 25 cm Höhe ergibt einen geraden Spalt. Ein kräftiger Arbeiter zieht mit der Haue den Bodenüberzug ab und haut den Spalt, der nicht zu oberflächlich verlaufen darf (wegen Austrocknungsgefahr!), eine Arbeiterin schiebt die Pflanze in den mit der Hacke offengehaltenen Spalt ein. Es ergab sich im Vergleich zur gewöhnlichen Lochpflanzung eine Leistungssteigerung bei großen dreijährigen verschulten Pflanzen um mindestens das Doppelte, bei unverschulten um das Dreifache. Die Wurzel paßt sich in ihrer weiteren Trachtausformung bald den Bodenverhältnissen an, die schräg gepflanzte Kiefer stellt sich bald wieder gerade. An acht- bis zehnjährigen Kiefern konnte man in den wenigen Jahren nach der Pflanzung kaum mehr den von der Schrägpflanzung herrührenden schiefen Verlauf der Schaftachse am Wurzelhals erkennen. Seit 1923 wurden dort alljährlich Tausende von verschulten Kiefern[2] nach diesem Verfahren mit befriedigendem Erfolg gesetzt.

B e w e r t u n g   d e r   S a a t   u n d   P f l a n z u n g.

In Österreich und wohl auch sonst in Mitteleuropa wandte sich die Forstwirtschaft, als sie die künstliche Bestandesgründung in größerem Umfang in Angriff nahm, zuerst der Saat zu; langjährige Erfahrung führte aber dann dazu, das Schwergewicht auf die Pflanzung zu verlegen. Für die Hauptholzart in Österreich, die Fichte, wurde bei Einführung der künstlichen Verjüngung zuerst fast nur die Saat angewandt, später erst wurde auf Grund der gemachten Erfahrungen *vorwiegend* zur Pflanzung übergegangen[3]. Pflanzungen gelingen fast stets, Saaten sind in höherem Maße

---

[1] Z e n t g r a f in der Schweizer Zeitschrift f. Forstwesen 1948, S. 602 ff.

[2] S e e g e r M., Ein Beitrag zur Schrägpflanzung, Allgem. Forst- u. Jagd-Ztg. 108, 1932, S. 392—396.

[3] So berichtet zum Beispiel H. S c h ö n w i e s e („Die Entwicklung der Forstwirtschaft im oberösterreichisch-steiermärkischen Salzkammergut seit der Mitte des 19. Jahrhunderts", Österr. Vierteljahresschr. f. Forstw. 77, 1927, S. 97—133), daß man im Salzkammergut im 18. Jahrhundert zuerst die Aufmerksamkeit der Neubegründung der Bestände durch Vollsaat, besonders Schneesaaten (Fichte und Lärche) zuwandte. Die Saaten hatten aber, besonders in Hochlagen, nicht immer Erfolg. Auf besseren Böden gelangen sie. Von etwa 1856 an wandte man sich auch dort immer mehr der Pflanzung zu. Nach 1870 traten dann die Saaten gegenüber den Pflanzungen ganz zurück.

als Pflanzungen von der Witterung abhängig, durch Frost, Dürre und Unkrautwuchs stärker gefährdet. Saaten als Voranbau unter gelichtetem Altholzschirm sind gefährdet durch Verdämmung unter der sie bedeckenden Laubstreu sowie durch Kronen- und Wurzelkonkurrenz des Altholzes. Immerhin werden *Saaten* noch bei den in der Jugend raschwüchsigen Holzarten *Kiefer* und *Eiche* häufiger als bei anderen Arten ausgeführt, denn diese Arten vermögen den Jugendgefahren rascher zu entwachsen. Auch sind die durch Saat geschaffenen dichteren Jungwüchse bei Kiefern und Eichen wegen der besseren Astreinigung, Verhinderung sperrigen Wuchses, erwünscht (ähnlich wie die dichte natürliche Verjüngung bei der Buche, die sonst ebenfalls zur Breitkronigkeit im Freistand neigen würde). Die Möglichkeit der Auslese durch Aushieb schlechter Stämmchen ist gleichfalls in dichten Jungwüchsen dieser Arten eine bessere. Den Eichenwurzeln sichert die Saat eine ungestörte Entwicklung. Auch bei einigen anderen Holzarten, die schon in der Jugend eine lange Pfahlwurzel bilden, wie Schwarznuß, Pinie (diese im mediterranen Gebiet), kann deshalb und wegen des raschen Jugendwachstums die Saat bevorzugt werden. Aber selbst bei der Kiefer hat man die Erfahrung gemacht, daß Saaten in trockenen Jahren und auf trockenen Böden durch Dürre stärker gefährdet sind als Pflanzungen. In Deutschland hat man festgestellt, daß Kiefernsaaten auf geringen Böden in niederschlagsarmen östlichen Gebieten unsicher sind wegen der Trockenperioden im Frühjahr. Unter solchen Verhältnissen zieht man es vor, die Kiefer zu pflanzen. Auch bei der Eiche ist der Erfolg der Pflanzung sicherer als der der Saat, auch kann man bei stärkerer Verunkrautung für die Pflanzung etwas ältere Pflanzen wählen.

Bei anderen Holzarten, die in der Jugend längere Zeit klein und schwach bleiben, ist bei Anwendung der Saat die Gefährdung durch Unkraut und Graswuchs, durch Dürre sowie durch Barfrost eine zu große. Um so mehr verdienen bei solchen Arten Pflanzungen den Vorzug. Andererseits kann auf moosüberwachsenen Bergstürzen und Geröllfeldern in den Alpen oft nur die Saat zum Ziele führen. Scheinbar ist die Saat weniger kostspielig, doch können die Kosten durch häufig wiederholte Nachbesserungen und Unkrautbekämpfung mit der Zeit höher werden als bei der Pflanzung. Die Bestandesgründung durch Pflanzung, Verwendung des Saatgutes hauptsächlich im Forstgarten, sichert auch besser das Haushalten und Auslangen mit dem forstlichen Saatgut, dessen Verbrauch gewaltig ansteigen würde, wenn die Saat die allgemein übliche Kulturmethode wäre und, wie sicher anzunehmen ist, auf vielen Flächen wegen häufigen Mißlingens öfter wiederholt werden müßte. Deshalb meinte ein über langjährige Erfahrungen aus verschiedenen Waldgebieten verfügender Verfasser, „allgemeine Einbürgerung der Saat würde die Beschaffung des nötigen Saatgutes unmöglich machen, weil der Bedarf dann 40mal so groß würde wie bei der Pflanzung"[1]. Auch ist bei Handhabung der Pflanzung stets in den Baumschulen eine Reserve für Katastrophenfälle vorhanden.

---

[1] R u ž i č k a J., Lesnická práce VII, S. 535—562, 1928, zit. nach dem Referat von F. H e s k e in: Forstliche Rundschau 2, 1929, S. 120.

7. Bewertung der natürlichen und künstlichen Verjüngung.

Die natürliche Verjüngung oder wenigstens ihre Mitverwendung (mit künstlicher Ergänzung) bietet dort, wo *Mischbestände* vorliegen, unbestritten den Vorteil, daß sie am besten zur Erhaltung und Wiederbegründung des Mischbestandes beiträgt. Manchmal kann die künstliche Ergänzung eine recht weitgehende sein, ohne daß wesentliche Nachteile festzustellen wären, zum Beispiel bei den Mischwäldern von Fichte und Lärche in den Innenalpen: die Verjüngung der Fichte erfolgt dort in der Regel auf Schmalschlägen durch künstliche Aufforstung, die der Lärche auf natürlichem Wege durch Randbesamung sowie von einigen Samenbäumen auf der Schlagfläche aus, der Mischbestand bleibt erhalten.

Falls im Altholz noch die dem Standort angepaßte ursprüngliche Rasse der Holzart vorhanden ist, so besteht ein weiterer Vorteil der natürlichen Verjüngung in der Erhaltung dieser heimischen bodenständigen „physiologischen Rasse". Bei Holzarten, die in der Jugend des Schutzes gegen Frost und Hitze durch einen Altholzschirm bedürfen, wie Tanne, Buche, bietet die natürliche Verjüngung den Vorteil der Gewährung eines solchen Schutzes. In ausgesprochenen Frostlagen, wo es oft sehr schwierig ist, nach kahlem Abtrieb des Altholzes die Fläche wieder mit Holz in Bestand zu bringen, erleichtert die Anwendung der natürlichen Verjüngung, der Schutz gegen Wärmeausstrahlung durch das gelockerte Kronendach des Altholzes, die Wiederbegründung des Waldes.

In manchen Fällen ist die natürliche Verjüngung nahezu kostenlos. In anderen Fällen entstehen indirekt Kosten dadurch, daß die Bäume in einer bestimmten Fallrichtung geworfen werden müssen, weiter daß Stämme an stehenbleibenden Nachbarn hängenbleiben können, so daß die Arbeit schwieriger wird, die Holzhauer etwas höher entlohnt werden müssen. Dann daß eine Zersplitterung, Zerteilung des Hiebes auf größere Flächen vorliegt, wodurch die Manipulation, die Rückung und Bringung, erschwert wird. Dies spielt besonders im Hochgebirge eine wesentliche Rolle. Das Aufarbeiten des Brennholzes kann in Verjüngungsschlägen nicht an jedem beliebigen Ort im Schlag geschehen, das Holz muß vorher ausgerückt werden. Nicht in allen Klimalagen kann man mit häufigen Samenjahren rechnen, auch bedarf die natürliche Verjüngung des öfteren noch einer Ergänzung durch künstliche Nachbesserung, so daß doch noch Kosten entstehen können. Andererseits gewährt eben diese Nachbesserung noch eine Gelegenheit zur künstlichen Einbringung erwünschter, wertschaffender Holzarten.

Bei natürlichen Verjüngungen ist die große Zahl der Bestandesglieder günstig für die natürliche Auslese und wirkt sich daher ähnlich wie die natürliche Zuchtwahl aus. Andererseits ist eine zu starke Konkurrenz in bürstendichten Jungwüchsen ungünstig, die Entscheidung im Kampf ums Dasein, zum Beispiel in dichten Fichtenverjüngungen, bleibt zu lange hinausgeschoben, die einzelnen Glieder würden infolge zu geringen Standraums im Zuwachs stocken, die Wirtschaft muß daher die Kosten der Durchreiserung auf sich nehmen. Auch wird bei natürlicher Verjüngung der

Boden in der Regel besser geschont, eine starke Verunkrautung, starke Besonnung und oberflächliche Austrocknung wird besser als beim Kahlschlag vermieden. Der Waldboden bleibt bei Vermeidung des Kahlschlages in naturgemäßerem Zustand erhalten. Wenn aber eine Rohhumusschichte dem Boden auflagert, so kann der Kahlschlag, indem er den Zutritt von Wärme und Licht zum Boden fördert, für die Zersetzung des Rohhumus von Vorteil sein[1].

Unter Umständen kann also auch der Kleinkahlschlag am Platze sein, etwa wegen Zersetzung des Rohhumus. Wo zum Beispiel von Natur aus ein Reinbestand einer für die Aufforstung auf Kahlschlägen geeigneten Holzart (Fichte, Kiefer) vorliegen würde, dort kann Kahlschlag eher als sonst in Betracht kommen. Die Vorteile des Kahlschlages bestehen in einer einfacheren Wirtschaftskontrolle, besseren Übersichtlichkeit des Betriebes; die Anweisung des zu nutzenden Holzes stellt geringere Anforderungen an den Wirtschaftsführer. Erzielt wird eine Konzentration des Hiebes, ein größtmöglicher Anfall auf kleinsten Flächen. Wenn aber jahraus, jahrein im gleichen Hiebszug die Kahlschläge unmittelbar aneinandergereiht würden, so könnten zu große zusammenhängende Aufforstungsflächen mit Bodenverunkrautung usw. entstehen. Dem läßt sich vorbeugen, wenn am gleichen Anhiebsort nicht schon im nächsten Jahre wieder ein Hieb folgt, sondern erst nach dem Gelingen der Aufforstung, wenn also infolge genügender Anzahl vorhandener Anhiebsorte eine unmittelbare Aneinanderreihung der Kahlschläge vermieden wird. Unter solchen Umständen kann die künstliche Aufforstung im Kahlschlagbetrieb, sofern durch Vorverjüngung der Mischholzarten für deren Erhaltung gesorgt wird, von Erfolg sein.

8. Wiederaufforstung großer Windwurfflächen im Hochgebirge.

An einem Beispiel aus der *Außenzone der Alpen, Höhenstufe 990 bis 1600 m,* und zwar in den nordwestlichen Teilen der Außenzone, in denen die Lärche schon sehr spärlich ist, während neben der Hauptholzart Fichte auch Tanne und Buche vorkommen, sei die Aufforstung besprochen[2].

1. Bei der Aufarbeitung[3] und Räumung der Schläge sind alle *lebensfähigen Vorwüchse* und alle vom Wind verschonten, *lebensfähigen Glieder des Nebenbestandes* einschließlich aller geköpften, leicht gebogenen, teilweise ihrer Äste beraubten und sonstwie beschädigten Exemplare sorgfältig zu *verschonen.* Stehengebliebene *Bestandesränder* und *Bänder,* ebenso aufgelockerte Ränder der Windwurfflächen bleiben *tunlichst erhalten,* ihre Aufarbeitung wird auf das unerläßlich notwendige Maß beschränkt. Einzeln und truppweise stehengebliebene, dem *Hauptbestand* angehörige *Fichten-*

---

[1] W i t t i c h W., Untersuchungen über den Einfluß des Kahlschlages auf den Bodenzustand, Mitt. aus Forstwirtschaft und Forstwissenschaft 1930, Heft 4.

[2] A l b e r t (Garmisch), Wiederaufforstung großer Windwurfflächen im bayerischen Hochgebirge, Forstw. Centralbl. 50, S. 496—508, 1928.

[3] R u t h O., Aufarbeitung, Bringung und Verwertung der Windwürfe in den Waldungen des oberen Pinzgaues 1926—1928, Österr. Vierteljahresschr. f. Forstw. 80, 1930, S. 182 ff. (mit 5 Abb.).

bestandesreste würden ohnehin dem Wind zum Opfer fallen und werden deshalb *abgeräumt*[1]. Die zu schonenden Vorwüchse und Nebenbestandsglieder gehören meist den Mischholzarten: Tanne, Buche, Ahorn, Esche, auch Weichhölzer, an. Betreffs der Reste des *Hauptbestandes* aus *Tanne* und *Buche* wird fallweise sorgfältig beurteilt, ob sie stehenbleiben können. Der Zweck dieser Schonung ist der, sowohl dem Boden als auch der neuen Generation wirksam Schutz zu bieten, Gras- und Unkrautwuchs hintanzuhalten, die Gewalt des Windes zu mildern, die Aufforstung auch noch durch natürliche Verjüngung zu unterstützen. Für bloße natürliche Verjüngung wäre bei Kahlwurf auf der Großfläche in Anbetracht der in Hochlagen selteneren Samenjahre ein unwirtschaftlich langer Zeitraum erforderlich. Auch R u c k e n s t e i n e r warnte (in der Österr. Vierteljahresschr. f. Forstwesen 1915) mit Recht vor „*großen blanken Kahlflächen*", besonders auf *Südlehnen*, weil auf ihnen alle der großen Kahlfläche anhaftenden Nachteile stärker auftreten, besonders wenn die Lehnen auch noch dem Wind ausgesetzt oder wenn die Niederschläge gering sind. Er empfahl, daß wenigstens die kahlgelegte Fläche *nicht jedweden Schutzes beraubt* werden soll. Unterständiges Gehölz, Strauchwerk usw. leisten hiebei die allerbesten Dienste. „*Übergehaltene sturmsichere,* wenn auch schwächere Stämme tragen nicht allein als Samenbäume, sondern auch als Schutz- und Schirmholz für die der Nutzung folgende Kultur oft mehr Früchte, als wenn sie in die Säge gewandert wären[2]."

2. Nach Erfahrungen aus den bayerischen Alpen (A l b e r t, Garmisch) bereitet die Reisigdecke, also das den Boden bedeckende Ast- und Gipfelholz, schon nach zwei Jahren keine wesentlichen Hindernisse mehr; in dem von A l b e r t dargestellten Fall wurde es durch die winterlichen Schneemassen abwärts zusammengeschoben. Bei der Kulturarbeit (nach zwei Jahren) konnten dann noch manche Äste zum Schutz der Pflanzen herangezogen werden, zur Erhaltung der Bodenfrische, Unkrautbekämpfung, Abhaltung von Vieh und Wild während der ersten Jahre. In anderen, diesbezüglich weniger günstigen Fällen wäre mit einem nur sparsamen Aufwand an Arbeit und Kosten nur das Übermaß an Reisig zu entfernen.

3. Bei höheren *Wildständen* ist eine Minderung dieser die Voraussetzung für erfolgreiche künstliche flächenweise Beimischung der (dort natürlich vorkommenden) *Weißtanne*, da für Aufforstungsflächen solchen Ausmaßes der Schutz durch Umzäunung oder durch Verpflockung in der Regel zu kostspielig ist. (Bei der Verpflockung werden zum Schutz der Kulturpflanzen um jede einzelne je drei Holzpflöcke ein wenig schräg in den Boden geschlagen, so daß sie sich über die Pflanze neigen; der wichtigste ist der obere, auch gegen Viehtritt schützende Pflock. Die gewünschte Schutzwirkung kann nur erreicht werden, wenn die Pflöcke

---

[1] Falls aber standfeste, in freierem Stand erwachsene Fichten vorhanden sind, so bleiben sie verschont!

[2] R u c k e n s t e i n e r, Über den Einfluß der Bodenlage in der Forstwirtschaft, Österr. Vierteljahresschr. f. Forstw. **65**, 1915, S. 16.

nicht aus elastischem, federndem Astholz bestehen und wenn sie auf tiefgründigem Boden genügend tief eingeschlagen werden können[1].)

4. Da die *Buche* in höheren Lagen der Fichte gegenüber schon weniger konkurrenzfähig ist, so wird sie zu ihrem Schutz in größeren Horsten (von 20 bis 30 m Durchmesser der Horstfläche) eingebracht. Im Gelände werden Köpfe und Rücken für die Einbringung der Buchengruppen ausgewählt, desgleichen für jene der Tannengruppen. Von den Köpfen aus kommt die düngende Wirkung des Buchenlaubes mehr als von tieferen Stellen auch dem Nachbarbestand zugute.

5. Die einzelnen Pflanzstellen sind an *schutzgewährenden Plätzen* zu wählen: im Schutz alter Baumstöcke, Felsblöcke, Steintrümmer, Kleinsträucher, und zwar an der Unterseite der Stöcke usw., in den sogenannten „*Stockachseln*" und Stockachselhöhlen, entlang alter Stämme und dergleichen. Dadurch wird Schutz gegen Viehtritt, Verunkrautung, Frost und Hitze gewährt. Auch das Liegenlassen des Astholzes im Schlag bewährte sich als Mittel zur Vorbeugung gegen Viehschäden.

6. Was die *Pflanzweite* anbelangt, so genügen in dem angegebenen Gebiet in Lagen um 1000 m etwa 5000 Pflanzen je Hektar; in größeren Höhen, gegen die Kampfzone des Waldes zu, wird auch von Natur aus der Schluß immer weniger dicht, hier können schon etwa 2000 Pflanzen je Hektar ausreichen. An stufig erwachsenen Pflanzen richtet auch der Schnee weniger Schaden an als an solchen in Dichtschluß. Um den wirtschaftlichen Bedingungen im Hochgebirge Rechnung zu tragen, um also jeden Luxus beim Pflanzgeschäft im Hochgebirge zu vermeiden, sind Lawinengänge, wenn auch nur von geringer Breite, sowie alte und neue Wege von der Kultur auszuschließen. Vorwüchse und vorhandene Naturverjüngungen sind zu überspringen.

7. *Verschulte Fichtenpflanzen* sind auf stärker vergrasten, stärker verunkrauteten und sonstigen besonders ungünstigen Standorten erforderlich. Für *schwach vergraste* und wenig verunkrautete Böden im Hochgebirge können *dreijährige Fichtensämlinge* genügen; wenn nach ungünstigem Sommer die dreijährigen noch zu schwach sind, vierjährige. Das niederschlagsreiche Klima der Alpenaußenzone sagt der Fichte in solchem Maße zu, daß Aufforstungen auch mit unverschulten Fichtensämlingen gelingen. Für die *Buche* empfiehlt sich dagegen die Verwendung von drei- bis vierjährigen *verschulten* Pflanzen. Mit aus natürlichen Verjüngungen ausgehobenen „Wildlingen" wurden ungünstige Erfahrungen gemacht. Auch verschulte Weißtannen wären in Forstgärten des eigenen Betriebes zu erziehen und vierjährig (nach je zwei Jahren im Saat- und im Verschulbeet) zu verwenden.

Eine möglichst früh beginnende und bis in den Vorsommer hinein sich erstreckende tatkräftige *Frühjahrskultur* bewährte sich. In der obersten Stufe des Baumwuchses, der „Kampfzone", verdient die Herbstpflanzung

---

[1] H o f f m a n n Fr., Verpflockungen, Österr. Vierteljahresschr. f. Forstw. **52**, 1902, S. 365—376.

bei günstigem Wetter den Vorzug, weil diese Lagen im Frühjahr zu spät
schneefrei werden.

8. Für die *räumliche Planung* betreffs der *Reihenfolge der aufzuforstenden Flächen* gilt die Regel, daß zuerst die unteren Lagen und die
frischen Mulden in Angriff genommen werden, weil hier rascher Verunkrautung zu befürchten ist. Aus dem gleichen Grund haben vollständig
kahle Flächen den Vorrang vor solchen mit Schutzbestand aus verschonten
Buchen und anderen Laubhölzern, Tannen usw. Auch sind die jüngsten
Windwurfflächen mit noch gutem Bodenzustand, der rechtzeitig auszunützen ist, zuerst in Arbeit zu nehmen. Bereits verraste Schläge können
eher zurückgestellt werden. Die für Buchen-, Tannen- (Lärchen-) Aufforstung bestimmten Köpfe und Rücken sind zuerst vom Verwaltungs-
beamten selbst auszusuchen und zu bezeichnen, erst nach Begründung
dieser Horste erfolgt die Kultivierung des Fichtengrundbestandes.

9. Das *Verfahren der Pflanzung* kann bei dem im Hochgebirge der
Alpenaußenzone meist vorhandenen frischen, humusreichen Boden möglichst einfach vor sich gehen, zugunsten des auf großen Windwurfflächen
erforderlichen raschen Fortschrittes. In dem dargestellten Beispiel wurden
also keine Hügelpflanzungen, auch keine sehr breiten, besonders tiefen
Löcher angewandt. In vielen Fällen konnte eine Art Klemmpflanzung
speziell bei der Fichte genügen, was durch die geringe Größe der dreijährigen Sämlinge begünstigt wurde. (Nach dem heutigen Stande könnte die
Schrägpflanzung nach M ü n c h in Frage kommen; vgl. S. 573.) In dem
wenig übersichtlichen Gebirgsgelände ist aber mit Sorgfalt darauf zu achten,
daß nicht etwa größere, kulturfähige Flächen übersehen werden und irrtümlich unaufgeforstet bleiben!

10. Durch *Saat* kann nach den vorliegenden Erfahrungen im Hochgebirge eine möglichst *rasche* Wiederbegründung der neuen Bestockung auf
großen Windwurfflächen *nicht* oder nur unvollkommen erreicht werden.
Die winterlichen Schäden an den Saaten durch die schwere Schneedecke
sind zu groß.

11. Die Bestockung in der *Kampfzone* hat Bedeutung zur Hintanhaltung von Lawinen, Bodenrutschungen usw. zum Schutz des unterhalb
liegenden Wirtschaftswaldes. Deshalb kann auch betreffs der Windwurfflächen in der Kampfzone nicht auf die dort zu langsam fortschreitende
natürliche Verjüngung gewartet werden. Hier besonders muß jeder Vorwuchs usw. geschont werden. In solchen Lagen spielt auch nach schweizerischen Erfahrungen[1] der Schutz durch vorhandene Bäume eine wesentliche Rolle. Die Pflanzen für solche Gebiete sind aus Saatgut ähnlich hoch-
gelegener Standorte (in Forstgärten mittlerer Höhenlage im eigenen Betrieb) zu erziehen. In Samenjahren reift auch der Samen dieser Hochlagen
(in größeren Zeitabständen, nach heißen Sommern) aus, man kann dann
im Vorwinter auf verharstetem Schnee in Mulden das Saatgut solcher

---

[1] Vgl. G u t Ch., Beobachtungen über die Verjüngung im Gebirge, Journal forest.
suisse **89**, S. 159—164, 173—181, 1938.

Hochlagenfichten „förmlich zusammenkehren" (A l b e r t). Auch in der Schweiz hat man vor allem im Hinblick auf die schwierigen Hochgebirgs-aufforstungen eine eigene öffentliche Kleindarre im Jahre 1931 geschaffen, als erste Aufgabe dieser Anstalt bezeichnete F l u r y die Beschaffung von Samen geeigneter Herkunft jener Holzarten, die für die Hochlagen in Betracht kommen[1].

Auch in einem *weniger hochgelegenen Gebiet*, bei der Wiederauffor-stung von Windwurfflächen im Alpenvorland (etwa 500 m ü. d. M.)[2], erwies sich die Forderung als wichtig, den Boden rasch zu decken. Bei großer Ausdehnung der durch die Katastrophe entstandenen aufzufor-stenden Kahlfläche kann sich die Notwendigkeit ergeben, den Hauptholz-arten schützende und wuchsfördernde Hilfsholzarten beizugeben oder aber, um rasche Deckung anzustreben, zunächst nur einen „Vorwald" aus solchen Hilfs- und Schutzholzarten zu schaffen, der dann möglichst bald mit den Haupptholzarten unterbaut werden soll.

9. Aufforstung von durch Katastrophen entstandenen großen Kahlflächen unter gleichzeitiger Verwendung schützender Hilfsholzarten oder mit vorheriger Deckung durch bloße Vorwaldbegründung.

R e b e l berichtet (a. a. O., S. 38) von der im Jahre 1819 durch Nonnenfraß entstandenen Kahlfläche von 800 ha in Hofolding (Bayern). Geplant war, sie, von mehreren in Nord-Süd-Richtung geräumten Schlägen aus beginnend, streifenweise binnen acht Jahren mit Vorwald zu decken. Dann erst wollte man sie, wieder bei der ersten Zone beginnend, in der gleichen Zeitdauer und Reihenfolge mit Fichten auspflanzen. Dort, wo man genügend rasch den Boden deckte, wo man also sofort nach beendig-ter Holzausfuhr Mischsaaten von Fichte, Föhre, Lärche, Birke ausführte, war die Entwicklung eine vorzügliche. Nur die Föhre hätte nach R e b e l nicht beigemischt werden sollen, weil sie in der für ein Bestandesschutzholz angemessenen lockeren Stellung zu astig und unduldsam voraneilte, da-durch zu einer wirtschaftlichen Verlegenheit ausartete. Auch der Wuchs der Birkenpflanzungen des ersten Jahres in der sogenannten ersten Birken-zone war sehr gut. Die zweite Birkenzone entwickelte sich gleichfalls noch gut, blieb aber immerhin hinter der ersten in der Höhen- und Gesamt-entwicklung zurück. Die dritte Birkenzone befriedigte schon nicht mehr. In der vierten vermochte der Vorwald überhaupt nicht mehr seinen Zweck zu erfüllen. Beim fünften Streifen wurde die Vorwaldbegründung einge-stellt.

---

[1] F l u r y Ph., Zur Frage der forstlichen Samenprovenienz, Schweizer. Zeitschr. f. Forstw. 82, S. 41—47, 1931. — H e n n e A., Die Kleindarre Bern im Vollbetrieb, Schweizer. Zeitschr. f. Forstw. 84, S. 167—176, 1933. — D e r s e l b e, Die Kleindarre Bern im Jahre einer Mittelernte 1934, Schweizer. Zeitschr. f. Forstw. 86, S. 215—221, 1935.

[2] R e b e l K., Waldbauliches aus Bayern, 1. Bd., 1922, Abschnitt: „Wiederauf-forstung der 1920er Windwurfflächen auf der schwäbisch-bayerischen Hochebene" S. 38—47. — A m a n n H., Birkenvorwald als Schutz gegen Spätfröste. Forstw. Centralbl. 52, 1930, S. 493—502, 581—592.

Auch die jeweils sechs Jahre nach der Birkenpflanzung ausgeführten Aufforstungen (Pflanzungen) mit der Hauptholzart Fichte zeigten die gleiche Güteabstufung. Die ersten Hauptwaldstreifen gediehen sehr gut, die zweiten gut, die dritten halbwegs und in den späteren waren die Fichten durch Frost, Hitze, Hagel, Graswuchs und Bodenverdichtung schwer bedrängt. Aus ähnlichen, an verschiedenen Orten gemachten Erfahrungen ergibt sich die Forderung nach *rascher Bodendeckung*.

Die Grundsätze für die Aufforstung großer Windwurfflächen auf der schwäbisch-bayerischen Hochebene (Alpenvorland), über die K. R e b e l 1922 berichtete, sind: Deckung sogleich womöglich ausschließlich mit Hauptholzarten; nur wenn aus waldbaulichen Gründen Schutzholz notwendig ist, gleichzeitig auch mit Hilfsholzarten; in besonders schwierigen Fällen sowie auf den in den beiden ersten Jahren nicht mehr zu bewältigenden Restflächen Beschränkung auf die vorläufige Deckung mit Schutzholz (Vorwald). *Beigabe* von Schutzholz ist *dort* notwendig, wo die Hauptholzarten auf der *unbeschirmten Großfläche* durch *Frost, Hitze, Hagel, Unkrautwuchs und Verrasung* gefährdet wären sowie auf Böden extremer Beschaffenheit (dicht gelagerte Böden von feinem Korn). Die Größe der Kahlfläche pflegt solche Gefahren auch dort mit sich zu bringen, wo die Aufforstung normaler Schläge ungefährdet wäre.

Das Frühjahr ist schon sehr zeitig zur Aufforstungsarbeit auszunützen, Herbstpflanzung wird für Birken, Lärchen, Buchen empfohlen. Um Mischung zu erreichen, sind entweder sofort außer der Fichte auch noch andere Holzarten zu kultivieren, oder es werden später unter dem Vorwald außer den Fichten auch Buchen, Tannen, Eichen und andere standortsgemäße Holzarten eingebracht. (In manchen Gebieten des Alpenvorlandes ist die den Aufforstungen sehr schädliche Seegrasnutzung üblich. Sie zu verhindern, ist der Birken- und Weißerlenvorwald geeignet, weil unter ihm das Seegras nicht wächst.)

Reste des Bestandes, Übergänge von der Kahlfläche zum Vollbestand, sind, sofern sie einigermaßen auszuhalten versprechen, keineswegs zu räumen. Je zahlreicher die Kahlflächen mit stehengebliebenen Bändern und Bestandesresten durchsetzt sind, um so günstiger ist dies für die Aufforstung. Im Anschluß an Bestandesreste läßt sich in der Regel ohne Schutzholz oder Vorwald aufforsten. Wo auf der großen Kahlfläche Frost zu befürchten ist, dort werden, zugleich mit der Fichte, auf leichten, weniger graswüchsigen Böden als Schutzholzarten angebaut: *Betula verrucosa, Larix europaea, Alnus incana, Pinus silvestris, Tilia, Carpinus Betulus,* allenfalls *Pinus Strobus,* außerdem Ginster, Lupine. Auf schweren, stark graswüchsigen, undurchlässigen Böden betrifft der Mitanbau zur Fichte: Kiefer, Birke, Linde, Hainbuche, Lupine. Auf kalten, sehr schweren Lettenböden: zur Fichte *Betula pubescens* und *Pinus silvestris.*

Für den Vorwald kommen in Betracht: auf feuchten Böden (der dortigen Hochebene) *Betula pubescens,* auf sonstigen Standorten *Betula verrucosa* und *Pinus silvestris,* auf lockeren, sandigen Lehmböden auch Lärche. Für die Fichte wird in erster Linie, besonders auf leichteren, weniger graswüchsigen Böden, Pflanzung mit zwei- bis dreijährigen Saatbeetfichten empfohlen; für den Fall, daß es an Arbeitern und Zeit fehlt, allenfalls (auf den weniger graswüchsigen Böden!) auch Saat. Auf schweren Böden und bei starker Verunkrautung erfolgt die Fichtenaufforstung entweder mit drei- bis vierjährigen verschulten Pflanzen, am besten auf bearbeiteten Bodenstreifen (Riefen), oder in Ermangelung von verschultem Material wenigstens mit dreijährigen, also etwas stärkeren Sämlingen. Auf sehr graswüchsigen und stark verunkrauteten Böden sowie auf dichten, naßkalten müssen sorgfältige Verfahren der Fichtenpflanzung angewandt werden, so die Verwendung von Ballenpflanzen aus nahegelegenen Wanderkämpen oder die Obenaufpflanzung von verschulten Fichten.

Die Birke kann entweder durch Vollsaat (von Ende Juli an bis in den Winter) eingebracht werden oder durch Pflanzung zwei- bis vierjähriger Pflanzen. Bei der Lärche ist Frühjahrssaat oder Pflanzung ein- bis zweijähriger Sämlinge möglich. Die Schutzholzarten werden in weitem Verband so gesetzt, daß nach je zwei Reihen der Hauptholzart immer eine Reihe der Hilfsholzart folgt.

Auf Restflächen wird wenigstens Spritzsaat mit Birken-, Lärchen-, Fichtensamen bewirkt. Auf ungünstigen Böden wird dabei nur ein Vorwald von Birken, Lärchen, Weißerlen, Föhren begründet. Die Einbringung der Hauptholzart kann im dritten Jahr oder noch später erfolgen. Künftige Wege und Schneisen werden ausgesteckt, bezeichnet und bei der Aufforstung ausgespart. Im allgemeinen sind als Schutzholz und für den Vorwald geeignet: frostharte, gegen Hitze unempfindliche, raschwüchsige, anspruchslose Holzarten. (Für die Wahl der Holzarten sind selbstverständlich die an Ort und Stelle gegebenen Verhältnisse des Klimas, Bodens und der Holzartenverbreitung mit entscheidend.)

Um die rechtzeitige Durchführung solcher großen Aufforstungen zu sichern, sind organisatorische Maßnahmen in bezug auf die Arbeitseinteilung, Umfrage nach Arbeitskräften, Fürsorge für Unterkünfte, Samen- und Pflanzenbeschaffung, Anlegen von Forstgärten und Wanderkämpen, Kulturschutz nötig. K. R e b e l s zitierte Abhandlung enthält Beispiele solcher Vorkehrungen.

10. Bindung von Flugsanden durch Aufforstung, dargestellt an Beispielen der Aufforstung von Inlands- oder Binnendünen in Niederösterreich, Ungarn, Jugoslawien und Rumänien, von Stranddünen an der Ostsee und von Flugsanden im mediterranen Gebiet.

„Flugsand" nennt man ohne Rücksicht auf das geologische Alter jeden lockeren, durch Wind beweglichen Sand. Als „Dünen" bezeichnet man allgemein Anhöhen (oft nur von wenigen Metern Höhe), die aus verwehtem Sand, Flugsand, bestehen. Wenn der Flugsand in humiden Gebieten etwa durch eine Vegetationsdecke gebunden ist, so kann er an Stellen, wo der Boden verwundet, die Pflanzendecke somit unterbrochen wird, zum Beispiel in Wegeinschnitten oder bei Zerstörung der Bodendecke durch den Tritt von Weidetieren, *wieder beweglich* werden. Die gebannte Düne wird dann wieder flüchtig. Der im Winde fortbewegte Sand wird auf benachbarte Kulturflächen schädlich abgelagert und zu

„Dünen" zusammengetragen, er kann auch ganze Dörfer bedrohen. Voraussetzungen der Bildung von Dünen sind: größere Flächen von *losem Sand*, der nicht durch Vegetation geschützt, nicht durch Beimengung von Kolloiden, Ton oder Humus, gebunden ist, *und Windwirkung*. Dünen finden sich besonders an den Meeresküsten, außerdem auch, zum Beispiel im Bereich alluvialer und diluvialer Ablagerungen lockerer Sande, im *Inneren des Landes*. (In echten Wüstengebieten nehmen die Sandwanderungen großartige Maßstäbe an.)

„Küstendünen" oder „Stranddünen" entstehen dort, wo an flachen Küsten die Meereswogen Sand anspülen, diese frische Ablagerung, die bei Ebbe in weiter Fläche freiliegt, ist pflanzenleer und wird, wenn der Sand ton- und staubfrei ist und mittlere Korngrößen (etwa zwischen 0,1 und 3 bis 4 mm) aufweist, leicht vom Wind in Bewegung gesetzt (Abb. 143). Die fast ständig landeinwärts wehenden Seewinde geben Veranlassung, daß die Ablagerung parallel den Küsten erfolgt. Wie S t i n y [1] berichtet, bewegen sich die Wanderdünen mit einer Geschwindigkeit von wenigen Zentimetern bis mehreren Metern im Tage vorwärts, indem der Sand auf der Luvseite fortgeblasen und über den Kamm getrieben wird, von dessen Höhe er dann den leeseitigen Hang hinabrollt. Im Flugsandgebiet des Marchfeldes von Niederösterreich erhebt sich bei stärkerem Wind der Sand in Höhen von 10 bis 15 m vom Boden und bildet dichte, im Wind treibende Staubwolken. Der Boden im Dünensand ist in der Regel durchlässig, daher trocken, ausgeblasen, arm an Kolloiden. Besonders der Sand der Stranddünen ist reingewaschen, von tonigen Bestandteilen befreit, nährstoffarm, während der Sand der *Binnendünen* mehr oder weniger staubhaltig ist; Flugsande des Marchfeldes (bei Wien) weisen nach Untersuchungen von G. S c h r e c k e n t h a l genügenden Mineralstoffgehalt auf, Kalkgehalte von 4,79 bis 28,65 v. H. CaCO₃. Die *Bindung* der Dünen ist von großer wirtschaftlicher Bedeutung, dauernden Schutz kann in der Regel nur die Bewaldung bieten.

Im Osten von Wien zieht durch das fruchtbare Marchfeld von Westen nach Osten ein ungefähr 30 km langer und stellenweise über 10 km breiter Landstreifen mit Flugsandboden (bei Enzersfeld beginnend und bis gegen Marchegg verlaufend)[2]. Der nördliche Teil gehört dem Diluvium, der südliche, tiefer gelegene, dem Alluvium an. Die Grenze zwischen beiden Teilen ist der 10 m hohe Rücken des sogenannten Wagram. Der Untergrund setzt sich aus Schottern und Sanden zusammen. Der Flugsand des Marchfeldes ist durch hohen Feinsandgehalt, Armut an bindigem Material

---

[1] S t i n y J., Technische Geologie, Stuttgart 1922. S. 299.

[2] B a u e r E., Die Flugsandaufforstungen im Marchfeld, „Der Gebirgsforst", Wien 1941, S. 31—33. — D e r s e l b e, Die Wohlfahrtsaufforstungen im Flugsandgebiet des Marchfeldes, Österr. Vierteljahresschr. f. Forstw. 1936, S. 103—126, 175—199. — S c h r e c k e n t h a l G., Bodenkundliche Untersuchungen im Aufforstungsgebiet des Marchfeldes, Centralbl. f. d. ges. Forstw. 54, 1928, Heft 12. — H a r t m a n n Fr., Die Flugsandböden des Marchfeldes als forstlicher Standort, Centralbl. f. d. ges. Forstw. 67, 1941, S. 197—206. — W e s s e l y J., Der europäische Flugsand und seine Kultur, Wien 1873.

(Ton und Humus) gekennzeichnet. Das Klima des Gebietes ist trocken, der Jahresniederschlag beträgt durchschnittlich 495 mm, das Grundwasser liegt tief. Auch die windreiche Lage trägt zur Dünenbildung bei. Im Marchfeld war die Aufforstung mit Schwarzkiefer *ohne* vorherige „Bedeckung" der gefährdeten Sandflächen möglich.

In der Regel muß vor der Aufforstung eine *vorläufige Bindung des Sandes* durch *Bestecken mit Reisig* oder durch *Bepflanzung mit sandbesiedelnden Gräsern* vorausgehen. Um also das Flüchtigwerden des Sandes zu verhindern, werden die gefährdeten Flächen streifenweise, senkrecht zur herrschenden Windrichtung, in 3 m Abstand der Streifen voneinander mit etwa 50 bis 70 cm langem Astreisig von Wacholder, Kiefern und dgl. bedeckt, das ist die sogenannte *„liegende Bedeckung"*. So wurde zum Beispiel

Abb. 143. Düne an der Küste des Mittelländischen Meeres im Golf von Iskenderun, südlich von Adana, Nehrung von Akyatan (Aufn. A s a f I r m a k, Istanbul).

im Flugsandgebiet von Deliblat (im ungarisch-serbischen Grenzgebiet, das bis zum Ende des ersten Weltkrieges zum südöstlichsten Teil Ungarns gehörte, nachher zum Donaubanat, zur „Vojvodina" innerhalb Jugoslawiens) die „liegende Bedeckung" mit *Juniperus-communis*-Reisig durchgeführt. Der Wacholder wurde gewählt, weil er dort auf der ganzen Steppe in großen Massen zu finden ist und stellenweise in undurchdringlichen Dickichten wuchert. Die reich benadelten und stark verzweigten Äste des Wacholders decken große Flächen und können nach dortigen Erfahrungen vier bis fünf Jahre lang der Fäulnis trotzen. Das in der Nähe der aufzuforstenden Dünen geworbene Reisig wurde an Ort und Stelle in 60 bis 70 cm lange Stücke zerhackt und in Reihen, senkrecht zur Windrichtung verlaufend, in Abständen von 3 m aufgelegt und mit etwas Sand beschwert. Die spätere Befestigung besorgte der Wind selbst, da er den ausgehobenen Sand zwischen dem hindernden Reisig fallen ließ und so dieses gut bedeckte und festigte[1].

---

[1] A j t a y, E. v., Die Aufforstung der ärarischen Sandpußta Deliblát, Beitrag zu dem Werke: F e k e t e L. und B l a t t n y T., Die Verbreitung der forstlich wichtigen

Den gleichen Zwecken dienen die „*stehenden Bedeckungen*" oder „*Bestecke*". Dabei wird das Astreisig in Reihenabständen von etwa 2 bis 4 m ungefähr 20 cm tief in den Sand gesteckt, so daß es etwa 30 cm über diesen hinausragt und niedere Zäune bildet. Diese Zäune werden auf der vor der Verwehung zu schützenden Fläche derart verteilt, daß die Reihen sich kreuzen, und zwar die einen in der Richtung des gefährlichsten Windes, die anderen senkrecht dazu verlaufen, die quadratischen Maschen des entstehenden Netzes haben 2 bis 4 m Seitenlänge. Das Reisig der Bestecke oder stehenden Bedeckungen soll so dicht stehen, daß der Sand innerhalb der Bestecke gleich zur Ruhe kommt.

Statt der Bedeckung mit totem Material, mit Reisig, manchmal auch *neben* dieser als Ergänzung, kann man noch vor der Aufforstung die *Bepflanzung der Sandflächen mit sandbesiedelnden Gräsern anwenden.* Dieses Verfahren wird zum Beispiel bei der Kultivierung der Stranddünen an der Ostsee gehandhabt, doch geht man auch dort vielfach, um Zeit zu gewinnen, zu der Reisigbesteckung über, beziehungsweise einer Deckung mit Heidekraut, Stroh, Schilf, Durchforstungsstangen, Ginster, Strauchwerk; auch eine solche mit 30 mal 30 cm großen Plaggen von Moor-, Heidekraut- oder Grasflächen kann in Frage kommen. Auch die Bepflanzung mit Gräsern erfolgt in sich kreuzenden Reihen, also in einem Netz mit Maschen von etwa 2 bis 4 m im Quadrat. Besonders geeignet unter den sandbefestigenden Gräsern ist der Strandhafer oder Helm, *Ammophila arenaria Lk.*, weil seine dichtgestellten Stengel und Blätter dem Wind gut widerstehen und als Sandfang dienen. Auch der Strandweizen, *Triticum junceum*, vermag den Sand zu binden und zurückzuhalten, diese Arten vertragen den anfangs hohen Salzgehalt der Küstensande, halten den Sand fest, wachsen auch nach Verschüttung immer wieder durch den Sand hindurch. Allmählich nimmt der Salzgehalt infolge Auswaschung ab, andere Arten siedeln sich an und befestigen die Düne[1].

Die endgültige Befestigung der Flugsande wird durch die *Aufforstung* bewirkt. Eine Schutzdecke aus Sandgräsern allein würde sich nur bewähren, wenn der Rasen weder durch Vieh noch durch Menschen viel betreten und somit keinen Beschädigungen ausgesetzt würde. Für das Flugsandgebiet des Marchfeldes forderte schon 1769 Kaiserin Maria Theresia Vorschläge zur Abhaltung des sich dort verbreitenden schädlichen Flugsandes. Der auf Grund dieser Vorschläge eingeleitete Versuch der Aufforstung mit Pappeln, Weiden, Erlen, Eschen aus den Donauauen gelang nicht. Erst vom Jahre 1880 an wurden Hunderte von Hektaren mit Schwarzkiefern aufgeforstet, die Kulturen wurden aber von den Wildkaninchen zum

---

Bäume und Sträucher im ungarischen Staate, Schemnitz 1914, S. 808—819. — M o l c s á n y, G. v., Waldanlagen in der ungarischen Tiefebene und Aufforstung verödeter Berghänge, Intersylva 1, 1941, S. 303—312. — Š p a n o v i ć T., Der Sandboden von Deliblat (Deliblatski pijesak), Šumarski list 60, 1936

[1] L e i n i n g e n W., G r a f z u, Forstwirtschaftliche Bodenbearbeitung, Düngung und Einwirkung der Waldvegetation auf den Boden, Sonderdruck aus: Handbuch der Bodenlehre, herausgeg. von B l a n c k, 9. Bd., Abschnitt „Dünenaufforstung", S. 468—477. — G e r h a r d t P., Handbuch des deutschen Dünenbaues, Berlin 1900.

großen Teil wieder vernichtet. 1924 waren deshalb nur 370 ha Aufforstungswald vorhanden. Von 1927 an wurde der Schutz der Aufforstungen durch Einzäunung der Flächen mit kaninchendichtem Gitter bewirkt, rund 27 km Gitter wurden in den Jahren 1928 bis 1937 aufgestellt, 400 ha damit eingezäunt und eben diese Fläche in Bestand gebracht (vor der Einzäunung war nach 44jähriger Arbeit nur 370 ha Aufforstungsfläche geblieben, sie war also bis 1937 auf 770 ha angewachsen).

Die Aufforstung der *Marchfeldflugsande* erfolgte in der Hauptsache mit *Schwarzkiefer*. 75 v. H. aller Pflanzen, die nach 1924 dort versetzt wurden, waren Schwarzkiefern, 15 v. H. Weißkiefern, 8 v. H. Robinien und 2 v. H. Weißerlen und sonstige Laubhölzer. Die Schwarz- und Weißkiefern wurden zweijährig unverschult angepflanzt, die Robinie ein- und zweijährig, die übrigen Laubhölzer als zweijährige verschulte Pflanzen. Die Pflanzung wurde bei den Nadelhölzern mit 1 m Pflanzenabstand im Quadratverband nach dem Verfahren der Lochpflanzung auf schotterigen, der Spaltpflanzung auf Sandböden bewirkt. Auf Böden mit einem zähen und dichten Rasenfilz mußten in dem der Frühjahrskultur vorausgehenden Herbst an den künftigen Pflanzstellen Rasenplaggen auf Plätzen von 40 mal 40 cm (bis zu 5 bis 8 cm Tiefe) abgehoben werden. Um der Pflanze etwas Schatten zu spenden, wurden die Plaggen an die Südseite der Pflanzstellen gelegt. Dies genügte für die vorwiegend angewandte Spaltpflanzung. Wo Lochpflanzung beabsichtigt war, wurden im Herbst nach Abhebung der Plaggen auch noch die Pflanzlöcher gegraben, um sie dem Frost auszusetzen und Niederschlagswasser zu sammeln.

Die Schwarzkiefer weist für den vorliegenden Zweck folgende Vorzüge auf: Ihr natürliches Verbreitungsgebiet am Alpenostrand südlich von Wien befindet sich in der Nähe, also in ähnlichem Klima. Ihre Ansprüche sind bei Vorhandensein genügender Sommerwärme sehr bescheiden, jene an die Wasserzufuhr sind gering, sie vermag noch auf den trockensten Böden fortzukommen. Ihr dichterer Baumschlag im Vergleich zur Weißkiefer hat zur Folge, daß sie dem Boden mehr an Streu zuführt und ihn somit mehr als jene durch Humusanreicherung verbessert. Gegen Wind ist sie ziemlich unempfindlich (wenn auch im Großen Föhrenwalde bei Wiener Neustadt in Schwarzkiefernbeständen auf wenig tiefgründigem Boden Windwürfe vorgekommen sind). Auch an Stellen, die dem Winde ausgesetzt sind, bildet sie einen geraden Stamm. Gegen Schneedruck, Eisanhang und Rauhreif ist sie gleichfalls widerstandsfähig.

Im *Flugsandgebiet von Deliblat* handelt es sich um diluviale Ablagerungen. Die Dünen erreichen dort oft 20 bis 25 m Höhe. Ihre südöstliche Seite (Luvseite) ist sanft ansteigend, die nordwestliche (Leeseite) fällt steil (mit 45⁰) ab. Für die dortige Dünenbildung ist wichtig ein besonders in den Frühlings- und Herbstmonaten auftretender trockener, sehr starker Südostwind, der, „vom rumänischen Tiefland kommend, das Gebirge der Donau überschreitet und als Föhn von oben auf die Steppe herniederstürzt" (A j t a y). Dieser Wind bewirkt Lockerung und Austrocknung des Bodens, verweht die Krume von den Feldern und Weingärten und

schadete früher auch dadurch, daß er nach Knospenausbruch die jungen
Blätter und Zweige durch das Anschlagen der feinen, scharfen Sandkörner
vernichtete. Infolge der Bindung des Sandes durch Aufforstung hat (nach
A j t a y) die Gefährlichkeit des „Sandschlages" aufgehört. In Deliblat er-
folgte seinerzeit die Bepflanzung hauptsächlich mit *Robinien* (nach Beruhigung des Sandes mittels der schon erwähnten liegenden Reisigstreifen).
Starke, bis dreijährige Pflanzen wurden tief gepflanzt, damit sie nach dem
Auswehen der Zwischenräume die richtige Stellung erreichen und um sie
gegen die Austrocknung des Sandes, die im Sommer stets bis 15 bis 20 cm
Tiefe reicht, zu schützen. Übrigens erwies sich die tiefe Pflanzung auf
Sand für die Robinie als günstig. Der Reihenabstand bei der Pflanzung
betrug 1,5 m. Nach der Pflanzung wurde zur weiteren Sandbindung zwischen die Robinienreihen noch Gras *(Festuca vaginata L.)* gesät. Die in
gutem Zustand befindlichen Robinienwälder in Deliblat umfaßten 1914
eine Fläche von 7044 ha. Vor Beginn der Robinienkultur hatte man im
Deliblater Sandgebiet vom Jahre 1820 an auch Pappeln (Kanadapappel,
Schwarzpappel, Pyramidenpappel) zur Aufforstung verwendet. 1914 wurde
die Fläche der Pappelbestände mit 5468 ha ausgewiesen, außerdem gab es
gegen 300 ha Schwarzkiefernbestände und Versuche mit anderen Holzarten. Die Pappelbestände sind meist sehr räumig, teils weil ihnen der
Standort weniger zusagt, teils infolge der schonungslosen Beweidung
während des ersten Drittels des 19. Jahrhunderts. *Pinus nigra* wurde seither in großem Ausmaß zur Aufforstung von zur Landwirtschaft nicht
geeigneten Flächen herangezogen. Durch Forschungsergebnisse von
F e h é r [1] wurde der höhere Nährstoffverbrauch der Robinie, ihr Gedeihen nur auf besseren Böden, ihre geringere Eignung zur Bodenverbesserung betont. Daraus ist, wie von anderer Seite [2] wohl mit Recht hervorgehoben wurde, nur zu schließen, daß man nicht auch die ärmsten Sandböden mit Robinie bepflanzen darf; im übrigen soll die Robinie als vorzügliche Holzart des ungarischen Tieflandes ihrer herrschenden Rolle nicht
beraubt werden.

Auch in *Rumänien* gibt es besonders in den warmen, *trockenen Niederungen des Waldsteppengebietes* ausgebreitete *Flugsandbildungen* im
Bereich der Ablagerungen der Donau und anderer Flüsse. Als Beispiel sei
das Sandgebiet von Hanul-Conachi im Bezirk Tecuci genannt (das sandige Material stammt größtenteils von den Ufern des Barlad, weniger
von denen des Sereth). Im Jahre 1937 hat die forstliche Versuchsanstalt
Rumäniens diesen Flugsandbildungen eine eingehende Arbeit gewidmet [3].

---

[1] F e h é r D., Die bodenbiologischen Probleme der Alföld-Aufforstung, Erdészeti
Lapok **70**, S. 317—335, 1931. — S z e d e r j e j - O s t a d á l J., Über die Wahl der Holzarten bei der Sandaufforstung, über die Akazienpflanzung und Wirkung der Entwässerung, Erdészeti Lapok **79**, S. 161—174, 1940.

[2] K a l l i v o d a A., Über die Holzarten, Umtriebszeit und Einrichtung der Alföld-
Wälder, mit besonderer Rücksicht auf die Verhältnisse des Sandbodens, Erdészeti Lapok **73**,
S. 300—313, 388—398, 1934.

[3] C h i r i t ă C. D., Naturwissenschaftliche und forstliche Untersuchungen über das
Sandgebiet von Hanul-Conachi, Analele Institului de Cercetări şi Exper. Forest. 1937,
Bukarest 1938 (rumänisch mit dtsch. Zusammenfassung S. 115—125).

Die jährlichen Niederschläge betragen nur etwa 400 mm, das Klima weist sehr heiße Sommer und kalte Winter auf, mit einem Maximum der Niederschläge am Sommeranfang. Durch heftige Winde wird die Trockenheit der Sande vermehrt. Die Grasvegetation läßt einen Großteil der Sandoberfläche entblößt und der erhöhten Erwärmung ausgesetzt. Das Sandgebiet von Hanul-Conachi bedeckt eine Fläche von 400 ha, Dünenreihen von etwa 5 bis 7 m Höhe kommen vor. Bei den Aufforstungsversuchen wurden je nach der Flora, den Relief- und Bodenverhältnissen, der Wasserführung eine Reihe von Standortstypen unterschieden. *„Liegende Bedeckung"* durch streifenweises Legen von Reisig der *Salix rosmarinifolia L.* wurde angewandt, Richtung der Streifen senkrecht zu jener der örtlichen Winde. Auch Robinienreisig wurde zur Deckung herangezogen. Der Sand zwischen dem Deckreisig wurde bald durch xerophile Dünenvegetation gebunden. Für die *ärmsten* Sande mit xerophiler Vegetation erwies sich bei der dann folgenden Aufforstung die Robinie als ungeeignet, sie ging infolge der Nährstoffarmut, der Trockenheit des Bodens und der Luft, der zu hohen Temperaturen und der Konkurrenz des Graswuchses vollständig zugrunde.

Außer mit Robinie wurden auch mit *Pinus silvestris* und *Pinus nigra var. austriaca* Anbauversuche in Angriff genommen. Auch *Pinus silvestris* gab keine befriedigenden Resultate, der Wuchs war gering. Das Pflanzverfahren war Lochpflanzung, mit Beigabe von Schwarzerde in die Pflanzlöcher, Reisig- oder Strohdeckung des Bodens rings um den Pflänzling. *Pinus nigra var. austriaca gab die zufriedenstellendsten Resultate. Die jährlichen Höhentriebe im* siebenten Vegetationsjahre betrugen 50 bis 73 cm; sie wird als *die* Holzart angesehen, die wegen ihrer bescheidenen Ansprüche in bezug auf Bodenfeuchtigkeit und Nährstoffe auf dem armen, trockenen Sande von Hanul-Conachi gutwüchsige Bestände bilden kann. Wegen Schädigung der jungen Kiefern durch Hasen sind Schutzmaßnahmen erforderlich. Auf *Sandböden mit Schwarzerdeuntergrund in geringer Tiefe* erreichte dagegen die *Robinie* schon im zweiten Jahre Höhen von 4 bis 5 m. Auch auf braunen humus- und etwas tonhaltigen Sandböden gedeiht sie, wenn die Konkurrenz des Grasfilzes beseitigt wird. Bei verspäteter Beseitigung der Konkurrenz kränkelt sie. Die österreichische Schwarzkiefer dagegen erweist sich auch als weniger empfindlich gegenüber der Graskonkurrenz. Auf *frischen, humushaltigen Sandböden* ist im dortigen Klima die Vegetation auch der Robinie eine sehr kräftige.

Zur Aufforstung der *Stranddünen an der Ostsee* wurde (nach vorheriger Beruhigung des Sandes auf die oben angegebene Art und Weise) seit langem die gemeine Kiefer und die Bergkiefer verwendet. Vorzüge der Bergkiefer für diesen Zweck sind ihr dichterer Baumschlag und ihre Widerstandsfähigkeit gegen den Seewind. Auf der Kurischen Nehrung bei Rossitten sah Verfasser hohe Dünen, deren Sand durch Aufforstung mit Bergkiefern gebunden war. Für die Niederungen der Dünen an der Ostsee eignen sich Birke, Erle und Zitterpappel. Bei der Dünenaufforstung im Ostseegebiet pflegt man die künftigen Pflanzstellen im Herbst vor der

Auspflanzung mit etwas Kompost zu düngen, der unter Mitverwendung
von Haffschlick zubereitet wurde. Häufig wird an der Küste vor dem
aufzuforstenden Gelände erst eine *Vordüne* angelegt, um den von der
Meerseite kommenden Sand zurückzuhalten. Zu diesem Zwecke werden
parallel zur Küste, ungefähr 80 m von ihr entfernt, mehrere, je einen
halben Meter voneinander entfernte Reihen von Strandgräsern durch
Büschelpflanzung mit Klemmspaten angelegt. Zwischen diesen Grasreihen
lagert sich der Sand ab, die Strandgräser wachsen mit dem Höherwerden
der Sandanwehung nach, nach Verlauf von etwa acht bis zehn Jahren
kann die Vordüne ungefähr 5 m hoch sein.

Im *mediterranen Gebiet* eignet sich zur Flugsandaufforstung an den
Küsten die Seestrandkiefer, *Pinus maritima.* Verfasser sah solche Auffor-
stungen mit Pinien und Seestrandkiefern im Podelta bei Ravenna. Das
Land, aus kalkhaltigem Sandboden bestehend, wächst dort allmählich in
der Richtung zum Meere. Die dortigen, seit Jahrzehnten begründeten
Aufforstungen umfassen Flächen von mehr als 5000 ha. Ein Haupt-
zweck ist der Schutz gegen Wind und gegen Sandverwehung. Die
Aufforstungsflächen befinden sich nahe dem nördlichsten Punkt des
Anbaugebietes der Pinie in Italien, ursprünglich dürfte Stieleiche dort
verbreitet gewesen sein. Die Pinien sind auf diesem Standort durch
Winterkälte gefährdet und bedürfen zu ihrem Schutze des Bestandesschlusses in Mischung mit der Seestrandkiefer. Während an anderen Orten
Pinien etwa vom 40. Jahre an um der Samenerzeugung willen mit wohl-
umlichteten Kronen, also mit großem Standraum, gezogen werden, ist
dort dagegen Bestandesschluß notwendig, der auch dem besonderen Zwecke
des Schutzes gegen den Seewind und die Sandverwehung entspricht.
Weiter im Süden (auf Sizilien, am Flusse Gela)[1] kamen für die Aufforstung der Wanderdünen am Strande entsprechend den Vegetationsverhält-
nissen der Umwelt auch andere Holzarten in Betracht, eine gute Mischung
war *Cupressus sempervirens horizontalis, Quercus Ilex* und die Pinie.

In *Kleinasien, südlich von Adana,* bei Karataş, sah Verfasser auf einer
Nehrung („Akyatan"-Gebiet) Flugsande und lange, breite Sanddünen noch
ohne jegliche Bindung des Sandes; für die dortige arme, von Malaria
schwergeplagte Bevölkerung sind intensivere landwirtschaftliche Kulturen
unmöglich, weil sie alsbald vom bewegten Sande verschüttet würden[2].

11. Aufforstung flachgründiger sonnseitiger Kalk- und Dolomitlehnen in warmen Lagen[3].

Es handelt sich hier gewissermaßen um die mitteleuropäische kleinere
Parallele zu jener größeren Aufgabe, die in einigen Ländern des euro-

---

[1] G i a c o p i n o St., La sistemazione integrale del bacino del fiume Gela (Die vollständige Verbauung des Beckens des Flusses Gela), Rivista forestale Italiana **19**, 1941,
S. 22—31.

[2] T s c h e r m a k L., Eukalyptusanbau an der Südküste Anatoliens, Zeitschr. f.
Weltforstw., Bd. 6, 1938, S. 8 (und Abb. 3 und 6).

[3] F r a n c k e, Überblick über das Aufforstungswesen in Deutschland, mit besonderer
Berücksichtigung gegenwärtiger Verhältnisse, Zeitschr. f. Weltforstw. **3**, S. 348—375,

päischen Südostens durch das Vorhandensein ausgedehnter aufforstungs-
bedürftiger, verödeter Karstflächen gegeben ist. Auch unter dem wald-
freundlichen Klima Mitteleuropas ist das Waldkleid sonnseitiger Kalk-
und Dolomithänge *empfindlich* gegen rücksichtslose Wirtschaft, gegen die in
früheren Zeiten jahrzehntelang geübte Viehweide, Streunutzung und
dergleichen. Auf solche Art und Weise vor langer Zeit entwaldete sonnseitige Kalk- und Dolomithänge haben oft flachgründige, humusarme
Böden, sind infolge der Zerklüftung des Gesteins trocken bis dürr und
infolgedessen um so stärker erwärmbar. Von steilen Hängen ist der
Boden abgeschwemmt, besonders die höheren Hangteile besitzen oft infolge Abtrages der Verwitterungsprodukte geringere Gründigkeit, während der Boden der unteren Hangteile recht tiefgründig sein kann. Es
kann sich empfehlen, Horizontalgräben in der Richtung der Schichtenlinien anzulegen zum Abfangen des vom Hang abfließenden Wassers, um
dieses in abflußlosen Mulden zurückzuhalten. Zum gleichen Zwecke können Erosionsrinnen durch Querdämme verbaut werden. In warmen Lagen
geringer Meereshöhe, im Verbreitungsgebiet des Laubholzes, werden beim
Anbau die standortsgemäßen Laubhölzer bevorzugt, und zwar zuerst
solche, die als anspruchslose Pionierholzarten den Boden für die eigentlichen Wirtschaftsholzarten verbessern, zum Beispiel die *Weißerle*. Die
Aufforstung geschieht durch Pflanzung in engem Verband. Im Verbreitungsgebiet der anspruchslosen *Schwarzkiefer* (oder in dessen Nähe) ist diese
zumeist die gegebene Holzart, sie stellt an die Boden- und Luftfeuchtigkeit
sehr geringe Ansprüche und vermag sich in extrem sonnigen, trockenen
Lagen auf wasserdurchlässigen Böden zu halten. Außerdem kann sie auch
fern von ihrem Verbreitungsgebiet in der Stufe des Laubholzes in genügend sommerwarmem Klima als Pionierholzart verwendet werden, damit
durch ihren reichen Streuabfall der Boden verbessert und an Humus angereichert werden. (Im Oberboden unter Schwarzföhrenbestand von
St. Peter am Karst konnte L e i n i n g e n 11,3 v. H. Humus und in 30 cm
Tiefe noch 6,3 v. H. feststellen. Die Streumenge unter einem 27jährigen
Bestand betrug dort, auf Flächen von je einem Quadratmeter bezogen,
1,382, beziehungsweise 1,254 kg). Auch da empfiehlt sich ein enger (unregelmäßiger) Verband, zum Beispiel 1 mal 1 m, denn mit räumigen Beständen würde keine genügende Bodenverbesserung erreicht werden, auf
geringen Standorten ist eine größere Stammzahl naturgemäß (geringerer
Zuwachs, demgemäß kleinerer Standraum der einzelnen Bestandesglieder).
In den genügend großen (etwa 30 bis 35 cm breiten) Pflanzlöchern ist der
Boden tief durchzuhacken, mindestens auf 25 cm; lockerer Boden ist befähigt, mehr Wasser aufzunehmen und am oberflächlichen Abfluß zu verhindern. Zum Schutz gegen Bodenabspülung wird die Grasnarbe geschont.

1935/36. — S t a s s e n und B e h r i s c h, Über Aufforstung von Kalködland, insbesondere
in bezug auf Weißerle und Schwarzkiefer in der Klosteroberförsterei Göttingen, Zeitschr.
f. Forst- u. Jagdw. 1925, S. 483—494. — F r ü c h t e n i c h t, Aufforstungen von Kalködland, Zeitschr. f. Forst- u. Jagdw. 1927, S 488—501. — L e i n i n g e n, W. G r a f z u,
Forstwirtsch. Bodenbearbeitung, Düngung und Einwirkung der Waldvegetation auf den
Boden, im „Handb. d. Bodenlehre" von B l a n c k, 9. Bd., 1931, S. 493 ff.

Untersuchungen im Aufforstungsgebiet von *Göttingen,* in der in Mitteleuropa „wohl ältesten und umfangreichsten Stätte der Kalködlandauffor-
stungen" (F r ü c h t e n i c h t) ergaben, daß die Oberschicht des *Weißerlen-*
bodens gegenüber der Schwarzkiefer fast das Doppelte an Stickstoff enthält. Hiebei kann vielleicht der Umstand eine Rolle spielen, daß das Klima
dieses westdeutschen Gebietes von jenem im Verbreitungsgebiet der
Schwarzkiefer verschieden ist und nur die Laubhölzer begünstigt. Diese
sollen nach dortigen Erfahrungen auf solchen Standorten zur Ausnützung
der Winterfeuchtigkeit im Herbst gepflanzt werden. Pflanzen mit aus-
giebigem, tiefreichendem Wurzelwerk sind bei oberflächlicher Bodenaustrocknung weniger gefährdet, daher geschieht dort die Aufforstung mit
verschulten Pflanzen mit reicher Bewurzelung. Damit beim Pflanzgeschäft die Wurzeln nicht austrocknen, sind die Pflanzen gut einzuschlagen, beziehungsweise die Wurzeln in den Körben mit feuchtem Moos zu
bedecken. Auf der Südseite der Pflanze, dicht an dieser, können Steine zur
Zurückhaltung der Bodenfeuchtigkeit und auch als Schutz gegen Besonnung aufgeschichtet werden. Geeignete Holzarten für die erstmalige Bodenverbesserung sind Weißerle, Robinie, Schwarzkiefer, gemeine Kiefer, Gold-
regen. Gegen die in solchen Lagen häufig auftretenden argen Engerlings-
schäden (Engerlinge des Maikäfers und des Sonnwendkäfers oder Juni-
käfers, *Rhizotrogus solstitialis)* sind Robinien und Weißerlen wenig empfindlich. Nach dem guten Anwachsen des Laubholzes kann man durch
Einstutzen auf buschige Formen hinwirken, die besseren Bodenschutz
gewähren. Unerwünscht ist bei der Weißerle die üppige Wurzelbrut, die
sich bei der Lichtung zwecks Umwandlung in Buche einstellt. Durch Ringelung am Wurzelhals in der Saftzeit einige Jahre vor der Fällung (hand-
breite Manschetten) kann aber dieses Wuchern der Weißerle und die Bildung von Wurzelbrut unterbunden und allmähliches Absterben des
Baumes erreicht werden. Die Verwendungsfähigkeit des Holzes wird dadurch nicht beeinträchtigt. Sobald durch den Bestand von Pionierholzarten
der Boden verbessert worden ist, wird etwa zwischen dem 25. bis 40. Jahre
zur Umwandlung geschritten, etwa ein Drittel des Vorbestandes wird entnommen, beziehungsweise bei Weißerle: in der Saftzeit geringelt, so daß
nicht plötzlich zu viel Licht in den Bestand hineinkommt, sondern das
Absterben in etwa drei bis vier Jahren eintritt.

Unter dem so gelichteten Schirmbestand werden Lohden von Rotbuche, Hainbuche, Esche, Ahorn, Eiche unterbaut. Etwa im dritten Winter
nach der Ringelung werden die Erlen herausgezogen, der Unterbau hat
sich in den drei Jahren soweit entwickelt, daß man im Sommer nach
Herausnahme des ersten Drittels der Erlen das zweite Drittel ringeln kann.
Nach drei bis vier Jahren werden auch diese allmählich absterbenden Erlen
herausgezogen, dann erfolgt die Räumung des Restes (ohne Ringelung,
denn den jungen Buchen ist die Wurzelbrut nicht mehr gefährlich). Bei
der Umwandlung von Schwarzkiefernbeständen werden die besten Kiefern vom Hiebe verschont, um sie in den neuen Bestand einwachsen zu
lassen. Um den Graswuchs zurückzuhalten und dadurch die Mäusegefahr
zu vermindern, ist bei den Lichtungen Vorsicht nötig. Zur Vorbeugung

gegen Mäuseschäden ist das Ausgrasen, Entfernung von Gestrüpp, Buschwerk und Schlagabraum, Schonung der Mäusefeinde usw. anzuwenden. Waldweide muß unbedingt vermieden werden.

Um für die Zukunft die Entstehung solcher Kahlflächen, deren Aufforstung besondere Schwierigkeiten bereitet, zu vermeiden, ist überall dort, wo der Wald auf Sonnseiten auf ziemlich reinen, wenig nachschaffenden Kalken und Dolomiten stockt, stets Vorsicht und Zurückhaltung bei der Hiebsführung geboten.

12. Karstaufforstung[1].

Begriff und Ausdehnung des Karstes, Einfluß des Grundgesteins, des Klimas und des Weidebetriebes auf die Verkarstung.

Unter dem Begriff „Karst" im naturwissenschaftlichen Sinne werden nicht nur vegetationsarme Gebiete (Abb. 144) zusammengefaßt, sondern auch ausgedehnte, von Hochwald bedeckte Flächen gehören dazu, sofern die „Karsterscheinungen" dort festzustellen sind. Unter diesen versteht der Geologe das Auftreten zerklüfteter, scharfkantig zerfallender Kalkgesteine (in der Regel in der Nähe von Bruch- und Verwerfungsspalten), die durch das Vorkommen von trichterförmigen Einsenkungen („Karsttrichter"), „Dolinen" (Abb. 145), das sind rundliche Vertiefungen auf dem Kalkplateau und seinen Abhängen, „Karstwannen" (längere solche Bildungen), „Poljen" (große, eine ebene Sohle besitzende Einsenkungen), Höhlen, durch unterirdische Wasserläufe und den Mangel oder die Spärlichkeit oberirdischer Quellen ausgezeichnet sind. Im Grunde der Karsttrichter usw. finden sich nicht selten sogenannte *Schluckschlünde*, welche die Vertiefung *nach einem Höhlengerinne* oder einer *Spalte des Gebirges hin entwässern.*

---

[1] P u c i c h J., Die Frage der Bewaldung des Triester Karstgebietes, Triest 1898. — D e r s e l b e, Die Karstbewaldung im österreichisch-illyrischen Küstenlande nach dem Stand mit Ende des Jahres 1906, Wien 1907. — D e r s e l b e, Die Karstbewaldung im österr.-illyr. Küstenlande nach dem Stand zu Ende 1899, Triest 1900. — R u b b i a K., Fünfundzwanzig Jahre Karstaufforstung in Krain, Laibach 1912. — B u b e r l M., Der gegenwärtige Stand der bosnisch-herzegowinischen Karstfrage, Österr. Vierteljahresschr. f. Forstw. 45, 1895, S. 234—250. — C i e s l a r A., Die Schwarzföhre am Triester Karst, Centralbl. f. d. ges. Forstw. 48, 1922, S 13—32. — H o l l F., Die Karstaufforstung, Sarajewo 1901. — G e s c h w i n d A., Die Technik der Wesselyschen Resurrektionshiebe in den Laubholz-Krüppelwaldresten des Karstes, Centralbl. f. d. ges. Forstw. 64, 1920, S. 193—218. — G o l l W., Die Karstaufforstung in Krain, Laibach 1898. — A c k e r b a u m i n i s t e r i u m W i e n, Die Karstaufforstung in Krain nach dem Stande Ende 1906, Wien 1907. — G u t t e n b e r g, H. v., Die forstl. Verhältnisse des Karstes, mit besonderer Berücksichtigung des österr. Küstenlandes, Triest 1882. — W e s s e l y J., Das Karstgebiet Militär-Kroatiens und seine Rettung, dann die Karstfrage überhaupt, Agram 1876. — N y i t r a y, O. v., Karstaufforstung, in: F e k e t e und B l a t t n y, Die Verbreitung der forstlich wichtigen Bäume und Sträucher im ungar. Staate. Schemnitz 1914, S. 819—821. — B a l e n J., Die Technik der Karstaufforstung (serb.), Šumarski list 53, S. 164, 222, 1929. — D e r s e l b e, Unser kahler Karst (serb.), Zagreb 1931. — U g r e n o v i ć A., Le Karst Jougoslave, 1928 (war mir leider nicht zugänglich). — P a v a r i A., Die Karstaufforstung (ital.), L'Alpe, Nr. 5, 6, 1937. — P o d h o r s k y J., Die italienische Karstaufforstung, Wiener Allg. Forst- u. Jagd-Ztg. 55, 1937, S. 207 u. 208 (referiert über die Arbeit P a v a r i s und zwei ital. Arbeiten von A. S c a l a).

Innerhalb der Gebiete mit den angegebenen geologischen Erscheinungen gibt es ausgedehnte Flächen *holzlosen, vegetationsarmen, mit wenig Gestrüpp bewachsenen* oder ganz ertraglosen *Bodens*, auf diese Flächen wird die landläufige Bezeichnung „Karst" *im engeren Sinne* angewandt. Der Karst erstreckt sich über Innerkrain (gegenwärtig zu Slowenien gehörig), wo die nördliche Begrenzung des Karstgebietes von Karfreit gegen Krainburg und zum Maschitzberge geht, weiter über die Gebiete von Görz-Gradiska, Triest (Abb. 146), dann den südlichen und nördlichen Teil Istriens,

Abb. 144. Von wenig Vegetation bedeckter Felsabhang im Rečinatal bei Fiume. Links und in der Mitte Schutthalden. (Nach W. G r a f z u L e i n i n g e n.)

den größten Teil Dalmatiens, die dalmatinisch-istrischen Inseln, Teile von Kroatien (Fiume, Lika, Otočać, Ogulin), von Bosnien (Kreis Bihać, Bezirke Livno und Županjac), den größten Teil der Herzegowina (besonders die Bezirke Stolac und Ljubinje), den an Dalmatien grenzenden Teil von Montenegro. Ausgedehnte verkarstete Flächen auf Kalkgrundgestein gibt es auch in Griechenland. In Bulgarien berichtete B i o l t s c h e f f [1] über den verödeten Karst in seinem Heimatlande. Über ausgedehnte Flächen veröderer Böden in Rumänien erschien eine Arbeit von H a r a l a m b [2]. Daß es auch in den Gebirgen im Süden und Westen Kleinasiens

---

[1] B i o l t s c h e f f A., Studien über die Wiederaufforstung des verödeten Karstes in Bulgarien (bulgar.), Jahrb. der Universität Sofia, Land- und Forstw. Fakultät, 17, 1938/39, Sofia 1939.

[2] H a r a l a m b, Befestigung und Inwertsetzung veröderer Böden (rumän.), Bukarest, „Bucovina", 1938 (32 S. und 12 Abb.).

verkarstete Kalkberge gibt, wurde schon erwähnt (I. Teil, S. 101). Das Ausmaß des „Karstes im engeren Sinne" in Krain, Küstenland samt Inseln, Kroatien, Slowenien, Dalmatien samt Inseln, Bosnien, Herzegowina schätzte F. Holl (1901) auf 64.400 km². Die Meereshöhe des Karstgeländes wechselt, der Innerkrainer Karst zum Beispiel liegt zwischen 110 m und 1174 m ü. d. M.

Über den Zusammenhang zwischen den Karsterscheinungen und dem Vorhandensein von tektonischen Linien, Verwerfungsklüften und dgl. ist

Abb. 145. Dolinen im Karst von Istrien, Tschitschenboden oberhalb Pinguente. (Aus N. Krebs, Die Halbinsel Istrien, Leipzig, Verlag Teubner.)

die geologische Auffassung ungefähr die: Wannen, Trichter, Dolinen, Poljen, Höhlen usw., die Auswaschungserscheinungen aller Art, die im Karst häufig vorkommen, sind wohl Werke des auflösenden und abspülenden Wassers, aber ihre Anlage steht doch unter dem Einfluß von Baulinien, Verwerfungsklüften und sonstigen Spalten des Gebirges, welche dem Wasser den unterirdischen Weg vorbereitet und erleichtert haben[1].

Auf der Sohle der Dolinen sammelt sich die von den umgebenden Hängen durch das Niederschlagswasser abgespülte Roterde (Abb. 147), sie ist bei mächtiger Ablagerung wasserundurchlässig infolge der größeren Bindigkeit des Materials. In dem sonst wasserarmen Karst vermögen dann die

---

[1] Stiny J., Technische Geologie, Stuttgart 1922, S. 349.

Dolinen etwas Wasser und selbst Quellen zu führen, sie zeichnen sich
daher auch durch ein auffallend besseres Gedeihen der Vegetation aus. Daß
es sonst an oberirdischem Wasser mangelt, ist hauptsächlich auf das Vorhandensein der Löcher, Spalten und Höhlen zurückzuführen. Die Öffnung,
durch die das Wasser den unterirdischen Abfluß findet, bezeichnet man
auch als „Ponor". Oft sind die Ponore höhlenförmig. Wenn das oberirdische Wasser in den Kesseltälern einen zu geringen Abfluß findet, so
verwandelt sich das Tal in einen vorübergehenden See, ein Beispiel eines

Abb. 146.
Kannelierter,   scharfkantiger
Karrenfirst von Nago.

Zerfall eines Stückes Karst-
kalk von Opčina (bei Triest)
in dünne Platten, entsprechend dem Verlaufe der
Sprünge (zwei Drittel der
natürlichen Größe). (Nach W.
G r a f z u L e i n i n g e n.)

solchen ist der Zirknitzer See in Krain. In der Türkei traf Verfasser bei
Kirggöz, nördlich von Antalya, am Fuße verkarsteter Kalkberge vorübergehende, nur als winterliche Überschwemmung bestehende Seen, die von
starken, am Fuße der Berge zutage kommenden Quellen gespeist werden
und somit aus der Ansammlung des Wassers unterirdischer Karstbäche
bestehen. Aus Bosnien berichtete P e t r a s c h e k, daß die Sohlen der
Poljen 300 bis 1200 m ü. d. M. liegen; sie werden vorzugsweise im
Herbste und Frühjahr durch das unterirdische Wasser überschwemmt und,
wenn der Zufluß sich vermindert, durch Sauglöcher und Ponore, durch
die das Wasser nach unterirdischen Hohlräumen abfließt, wieder entwässert. Insgesamt gab er für Bosnien und die Herzegowina 49 Poljen
mit einem Flächeninhalt von 157.720 ha an, wovon etwa 56.000 ha
periodisch überschwemmt und ungefähr 19.000 ha versumpft sind. Als die
bedeutendsten Poljen führte er jene in Südwestbosnien an (Livno, Glamoč,

Kupreš und Županjac); in der Herzegowina das Mostarsko blato und andere[1].

Das *Klima* im Karstgebiet ist nicht einheitlich. In Küstennähe längs der Adria, im *Mittelmeerkarst* (Abb. 148) von der Küste bis zu 150 oder 200 m ü. d. M., herrscht das mediterrane Klima mit milden Wintern, sehr warmen, trockenen, fast regenlosen Sommern. Die Mildheit des Winters wird örtlich gestört durch einen kalten, trockenen Nord- oder Nordostwind, die Bora. Der kroatische Seekarst und besonders die Gegend von Zengg

Abb. 147. Aussicht vom Včevac auf zwei Riesendolinen, beide in landwirtschaftlicher Nutzung stehend, die vordere nur teilweise auf dem Bilde zu sehen. (Nach W. G r a f z u L e i n i n g e n.)

hat stark von der Bora zu leiden (F. H o l l, 1901). Im mediterranen Teil des Karstgebietes, also im küstennahen unteren oder Mittelmeerkarst, können Feigen, Oliven, Orangen, Zitronen gedeihen sowie Gehölze des Lauretums, besonders immergrüne Macchie. Bei Pola finden sich, wie P u - c i c h anführt, außer der orientalischen Weißbuche *(Carpinus duinensis)*: Pistazien, Bestandteile der Macchie, wie *Arbutus Unedo, Myrtus communis, Viburnum tinus, Erica arborea* und andere. Die nächsthöhere Stufe, der *Mittelkarst* in Höhen von 150 oder 200 m bis zu 700 bis 800 m, enthält *Fraxinus-Ornus-Mischwald* mit *Quercus pubescens* und *Cerris, Ostrya carpinifolia* und, wie schon der Name dieses Mischwaldes andeutet, der Manna-Esche. Im Sinne der M a y r schen Zonenbildung gehört der Mittelkarst

---

[1] P e t r a s c h e k K., Skizze der natürlichen und forstwirtschaftlichen Verhältnisse Bosniens und der Herzegowina, Österr. Vierteljahresschr. f. Forstw. **45**, 1895, S. 212—226.

zum Castanetum. Die Niederschläge sind größer, Einfälle der Bora kommen vor. Der höhere Teil des Karstgebietes, zum Beispiel in Krain, Kroatien, Bosnien usw., der „*Hochkarst*", hat reichliche und gut verteilte Niederschläge, daher eine üppigere Vegetation, er gehört hauptsächlich dem Fagetum, stellenweise sogar dem Picetum an, im Hochkarst spielt die Aufforstung eine geringere Rolle als in den beiden übrigen Höhenstufen des Karstes. Diese Teile stehen unter dem Einfluß eines dem mitteleuropäischen ähnlicheren gemäßigten Klimas mit strengeren Wintern, Schneefällen, die

Abb. 148. Strandkarren zwischen Lovrano und Medvea. (Nach W. G r a f z u L e i n i n g e n.)

Bora macht sich in diesem Teil des Karstes, und zwar in Krain, Kroatien und im westlichen Bosnien, im Winter unangenehm bemerkbar. Die mittlere Jahresniederschlagsmenge beträgt zum Beispiel auf dem krainischen Karste 1500 mm, die Hauptmengen der Niederschläge entfallen in Krain auf den Sommer und Herbst („Karstaufforstung in Krain", Wien 1907, S. 12), die gleiche Schrift verweist aber auch auf die im Karst (Gebietsteil gemäßigten Klimas) im Juli bis Mitte August herrschende Dürre, die, von trockenen Ostwinden begleitet, je nach ihrer Dauer die Bodenvegetation und die Karstkulturen mehr oder weniger beeinflußt. Das *Grundgestein* und das *Klima schließen auf dem Karst das Vorhandensein einer Waldvegetation nicht aus.* Wohl aber vermögen Boden und Klima zu bewirken, daß die *Entwaldung durch wirtschaftliche Einflüsse, besonders Viehweide* und übermäßige Holznutzung, *stärkere und nachhaltigere üble Folgen* in bezug auf die Verödung der Landschaft mit sich bringen, als es in feuchteren, weniger zerklüfteten, weniger stark drainierten, kühleren Gebieten der Fall wäre.

Menschliche Eingriffe, insbesondere der *Weidebetrieb*, bewirken unter den angegebenen geologischen und klimatischen Verhältnissen die Zerstörung der Vegetation. Schon J. W e s s e l y schrieb (1875) über den kroatischen Seekarst: Die Entwaldung habe nur den Anlaß zur Verödung gegeben; aber „die schrankenlose, jede Rücksicht auf das allgemeine Wohl und die eigene Zukunft beiseite lassende Ausbeutung zur Viehweide", sei

Abb. 149. Karst, Kalkplatten bei Nago mit paralleler Kannelierung.
(Nach W. G r a f z u L e i n i n g e n.)

der Dämon, der „den vom Schatten des Hochholzes befreiten Boden zur Wüste machte". 1764 seien dort auf Befehl der Regierung Tausende von Ziegen geschlachtet und wegverkauft worden; aber bis zur Wende des Jahrhunderts hätten sie sich wieder so vermehrt, daß dann ihre Zahl im Carlstädter Generalate 64.000 betrug. (Verfasser möchte daraus schließen, daß dauernde Abhilfe nicht durch Gewaltmaßnahmen erreicht werden kann, sondern nur durch Zusammenwirken mit der Bevölkerung, wirkungsvolle Belehrung und Gewinnung dieser für ein maßvolles Programm, das sowohl die Bedürfnisse der Viehzucht als auch die Walderhaltung, Wiederbegründung und Schonung an geeigneten Örtlichkeiten berücksichtigt!) J. P u c i c h berichtet („Karstbewaldung im österr.-illyr. Küstenland", 1907), daß in Istrien neben Großvieh sehr viele Schafe gehalten und meist auf Gemeindegründen geweidet werden. Auf der Insel Cherso gebe es viele tausende Schafe, die das ganze Jahr hindurch frei weiden und förmlich verwildern. Da sie wenig Grasnahrung finden, wurde von ihrem Biß gar keine Pflanze verschont, selbst der Wacholder wurde von ihnen abgeweidet. Auch sollen wegen Nahrungsmangels alljährlich einige tausend

Stück zugrunde gegangen sein. Selbst bis 1,5 m hohe Mauern wurden von ihnen auf der Suche nach Nahrung übersprungen. Da bei der Wiederbewaldung des Karstes die aufzuforstenden Flächen der Weide entzogen, mit Trockenmauern vor der Beweidung geschützt und in Hege gelegt werden müssen, so ergab sich in vielen Fällen, daß die Bevölkerung von der weiteren Aufforstung eine einschneidende Schmälerung ihrer Weideinteressen fürchtete. Die Bevölkerung ist zumeist arm, hat um das tägliche Brot schwer zu kämpfen und empfindet den Entgang auch eines geringfügigen Nutzens schmerzlich, für sie ist die Erhaltung der Weide eine dringende Gegenwartsaufgabe, während die Bewaldung in der Hauptsache erst späteren Generationen zugute kommen kann. Eine ablehnende, ja feindliche Haltung der Bevölkerung kann also nur vermieden werden, wenn die Auswahl der aufzuforstenden Grundstücke unter Rücksichtnahme auf die Weidebedürfnisse erfolgt und die Weideberechtigten allmählich dafür gewonnen werden, die Vorteile der Bewaldung einzusehen.

Zu den Arbeiten der Karstaufforstung gehört nicht nur die Wiederbegründung des Waldes auf verkarsteten oder der Verkarstung entgegengehenden Flächen durch Pflanzung (oder Saat) einschließlich der Verhegung und Einfriedung, sondern auch die Sorge dafür, daß dort, wo noch Reste von Laubbäumen und Sträuchern verschiedenen Erhaltungszustandes vorhanden sind, durch deren zweckmäßige wirtschaftliche Behandlung und Schonung Ausschlagwald geschaffen werde.

Schaffung von Waldschongebieten, Anwendung der Wesselyschen Resurrektionshiebe, Rücksicht auf die Weide.

Ausgedehnte Karstflächen, deren Bestockung zu bloßem Gestrüpp herabgesunken ist, besitzen in den durch Viehverbiß und Holznutzung verkrüppelten Holzgewächsen Reste des ehemaligen Waldes, die oft nur mehr polsterartig die Fläche bedecken. Österreichische Forstwirte, die sich Jahrzehnte hindurch mit der Wiederbewaldung des Karstes befaßten, haben beobachtet, daß die seit langer Zeit vom Vieh verbissenen, gänzlich verbutteten Kollerbüsche nach bloßer Einfriedung sich nur langsam erholen. Wurden dagegen die Laubholzkrüppelwüchse auf den Stock gesetzt, so wurden innerhalb der Einfriedungen bessere, geradwüchsige Ausschläge erzielt. Schon Wessely berichtete im Jahre 1875: „Setzt man solche Gebüsche auf den Stock oder auf die Wurzel und pflanzt man die zwischen ihnen vorkommenden leeren Bodenstellen gehörig aus, so gelingt es, dasjenige, was bisher nichts als magere, steinige Weide war, ohne weiteres in einen gutwüchsigen Wald zu verwandeln, der allen Forderungen einer guten Forstwirtschaft entsprechen kann." Er schrieb weiter: Um dem Kind einen treffenden Namen zu geben, will ich diese Verwandlungsoperation „Waldresurrektion" und den bezüglichen Hieb „Resurrektionshieb" heißen. Er berichtete, die Forstverwaltung der Militärgrenze habe schon früher den Vorteil solcher Hiebe erkannt und in den Jahren zwischen 1865 und 1872 schon 4464 Joche bebuschter Gemeindehutweiden in ziemlich wüchsiges Gehölz umgewandelt. Den Schutz gegen weitere Schädigung habe man in richtiger Würdigung der Verhältnisse durch Umfangung des Geländes mit landesüblichen Trockenmauern aus Kalkgestein hergestellt. Die Bezeichnung „Resurrektionshieb" (oder auch „Verjüngungshieb") ist auch heute noch üblich. Die Wirkung eines Schutzes gegen das Weidevieh kann man in den Gebieten der bebuschten Hutweiden leicht und häufig beobachten. So sah Verfasser zum Beispiel in der Umgebung von Konstantinopel, daß inmitten ausgedehnter Weideflächen mit niedrigen, kaum kniehohen, verbissenen Hartlaubbüschen jene Grundstücke, die von Mauern umgeben, also seit langem durch die Einfriedung gegen das Weidevieh geschützt waren, eine frohwüchsige, stattliche, mehrere Meter hohe Vegetation, aus den gleichen Arten von Hartlaubbüschen und Bäumen zusammengesetzt, aufwiesen.

Die *Auswahl der Grundstücke* für die Resurrektionshiebe und für Schonung und Hegelegung hat unter Rücksichtnahme auf die Weide- und sonstigen Nutzungen der Bevölkerung zu erfolgen. Die Heimweide in der Nähe der Gehöfte darf selbstverständlich nicht vermindert werden, die sonstigen besten Weideplätze auch nicht. Es ist zu bedenken, daß die Karstflächen der volkswirtschaftlich wichtigen Viehzucht als Hutweiden dienen. In den einzelnen Gemeinden ist von den bebuschten Hutweiden nur so viel in die Aufforstung (Resurrektion) einzubeziehen, daß die übrige Fläche noch einigermaßen zur Ernährung des vorhandenen Viehstandes dieser Gemeinde ausreichen kann. Nur wenn auf anderem Wege, etwa durch Düngung, Bewässerung, Schwendung von Unkräutern auf Weideflächen und dgl. für vermehrte Futtererzeugung gesorgt werden kann, könnte von diesem Grundsatz abgewichen werden. Die Aufforstung ist nicht Selbstzweck, sondern erfolgt der Karstbewohner wegen, dies kann vernünftigerweise nur unter sorgfältiger Rücksichtnahme auf ihre Lebensbedürfnisse geschehen. Stark windgefährdete Orte sind (wegen der schädlichen Wirkung der Bora) zu vermeiden. Zu hoch gelegene, für Ausschlagbetriebe zu kalte Lagen sind für die Resurrektionshiebe gleichfalls nicht auszuwählen. Hinsichtlich der Lage der auszuwählenden Grundstücke ist auch die Möglichkeit einer intensiven Überwachung der Schongebiete zu berücksichtigen. Die Einfriedung ist notwendig wegen des in vielen Karstgegenden ohne Aufsicht von Hirten weidenden Viehes. Die Einfriedungsmauern erhalten das Querprofil eines Trapezes (zum Beispiel Basis 0,60 bis 0,75 m, Krone 0,30 bis 0,45 m, Höhe mindestens 1,20 m). Die Herstellung der Trockenmauern kann den ländlichen Karstbewohnern übertragen werden, die eine große Geschicklichkeit in der Errichtung solcher Mauern besitzen. Die Mauerkrone wird zweckmäßigerweise mit Dorngestrüpp (im Mittelmeerkarst mit *Paliurus aculeatus*) belegt. Wegen des Windanpralles werden die dornigen Zweige mit Steinstücken gut beschwert. Die Mauern müssen an passenden Stellen Eingangspforten in genügender Anzahl besitzen (manchmal auch Übergangsstufen, indem länger geformte Steine beiderseits der Mauer herausragen).

Der *Plan für umfangreichere Verjüngungshiebe* hat die künftige Lagerung der Jahresschläge, die Holzbringung mit Vermeidung jener durch verjüngte Schläge, die Abfuhrwege und den Schutz gegen schädliche Wirkungen der Bora zu berücksichtigen. Man trachtet, der Bora und ihren Wirkungen in bezug auf Laubverwehung, Austrocknung, Frost dadurch zu begegnen, daß man die zu regenerierenden Krüppelwaldreste entgegen der Richtung, aus welcher die Bora droht, also von Südwest gegen Nordost fortschreitend, auf den Stock setzt. *Der Zeitpunkt des Hiebes* ist das erste Frühjahr nach erfolgter Einhegung, und zwar vor Beginn des Laubausbruches. Da aber im Frühjahr die Arbeitskräfte durch die Feldbestellung in Anspruch genommen sind, so kann der Hieb im Spätherbst oder Frühwinter erfolgen. *Als beste Hiebshöhe* gibt G e s c h w i n d an: „3 bis 5 cm oberhalb der im Bodenniveau liegenden Grenzzone zwischen Stamm und Wurzel", weil die Ausschläge, die am Wurzelhals entspringen, am kräftigsten sind, sie zeigen Neigung, sich selbständig zu bewurzeln, „wodurch die von uns durch die Führung der Resurrektionshiebe beabsichtigte Regeneration wesentlich gefördert wird". Bei etwas höheren Stöcken dagegen würden die auf dem Überwallungsring der Abhiebsfläche sich bildenden Stockausschläge, weil sie in der Ansatzstelle brüchig sind, der Bora häufig zum Opfer fallen. Bei einem noch tieferen Hieb als dem von G e s c h w i n d angegebenen möchte Wurzelbrut entstehen, die bei manchen Holzarten bald nach dem Entstehen eingeht oder gegenüber den Stock- und Wurzelausschlägen zurückbleibt. Als *Geräte* für die Ausführung des Resurrektionshiebes kommen Hippen und Äxte nur dort mit Vorteil in Betracht, wo der Boden nicht zu steinig ist. Auf steinigen Karstböden würden diese Werkzeuge infolge des tief zu führenden Hiebes bald unbrauchbar werden. Dagegen lassen sich mit der *Durchforstungsschere* ziemlich starke Stämmchen zwischen den Steinblöcken bequem abschneiden. Sie ist also das geeignetste Werkzeug, außerdem soll man für starke Krüppelwüchse eine Hippe mitführen. Hingegen hat sich die Handastschere nicht bewährt, sie eignet sich nicht zum Durchschneiden des (infolge des langsamen Wuchses oft beinharten) Holzes. Allenfalls vorhandene Kernwüchse und besser geformte Ausschläge können vom Hieb verschont werden zur baldigen Erzielung stärkerer Holzsorten, vor allem dort, wo in ihrer Umgebung eine genügende Anzahl von Ausschlägen zu erwarten ist, welche die Überhälter vor Gefahren schützen.

H o l l (Sarajevo) führte an: Die neuen Triebe zeigen anfangs ein Wachstum, wie es der beste Niederwald der Niederungen nicht besser aufweist, einzelne Schößlinge erlangen bereits im ersten Jahre eine Länge bis 1,5 m und darüber. In den folgenden Jahren läßt der Höhenwuchs (wie in anderen Niederwäldern auch) nach, immerhin erhält man auf diese Weise innerhalb weniger Jahre einen frohwüchsigen Jungwald. Die Wirkung des Verjüngungshiebes könne man am besten beurteilen, wenn sich daneben eine in Schonung gelegte, aus verbissenem Gestrüpp bestehende Karstfläche befinde, auf die sich der Hieb nicht erstreckte. Die erste Fläche zeige nach einigen Jahren schönen Niederwald, die andere habe dann immer noch ein kümmerliches Aussehen.

Wo allzu viele Ausschläge erscheinen, müssen die schwächeren und schlechtwüchsigen im Wege von Durchreiserungen beseitigt werden. Dieser

Aushieb (mit Hippen) geschieht zur Vermeidung abermaligen Ausschlagens im Sommer. Die dabei anfallenden beblätterten Triebe können als Futterlaub verwendet werden. Später einsetzende Durchforstungen entnehmen auch in diesem Ausschlagwald die kranken, schadhaften, umgebogenen, unterdrückten, rückgängigen, gebrochenen und toten Lohden zugunsten der bestgeformten. Dadurch wird nicht nur der Zuwachs an der zurückgebliebenen Bestockung gesteigert, sondern es werden auch noch die im Karst so sehr begehrten Zwischennutzungen in Form von Holz und Futterlaub gewonnen. In den aus Buschwäldern und bebuschten Hutweiden hervorgegangenen regenerierten Ausschlagwaldbeständen des Karstes sind in der Regel Lücken und Blößen. Manche Karstkultivatoren pflegten sie entweder gleichzeitig mit dem Resurrektionshieb oder erst nachher mit Schwarzkiefern auszupflanzen. Die Erfahrungen haben aber ergeben, daß sich auf den Lücken, wenn sie nicht beweidet werden, ohnehin bald Ausschläge einstellen. Man kann sich daher das Einsetzen der Schwarzkiefern ersparen, indem man die Lücken und Blößen während des ersten Umtriebes nicht kultiviert, sondern abwartet, ob sich Bestockung einstellt. Solange sie fehlt, können die Lücken als Grasland verwendet werden. Ungestörte Karstwaldreste im Mittelkarst (*Fraxinus-Ornus*-Mischwald) weisen öfter so lockere Bestände auf, daß sich unter ihnen üppiger Graswuchs einstellt, zum Beispiel der 400 ha große Waldrest Lipizza, von dem J. P u c i c h (1900) schrieb: „Diese Bestände, welche gewissermaßen als beholzte Grasflächen anzusehen sind, bilden gleichsam das Ideal der Karstbewaldung."

Die Technik der Karstaufforstung.

Die Aufgabe der Karstbewaldung wurde zuerst von Österreich und Ungarn (zur Zeit der Monarchie) in großem Stil in Angriff genommen. Nach dem ersten Weltkrieg ging sie an Italien und mit dem Krainer sowie mit dem ehemals ungarischen Anteil an Jugoslawien über. Die Gemeindevertretung von Triest stellte schon 1842 die ersten Versuche der Aufforstung von Karstgründen an (durch Saat auf unbearbeitetem Boden, Schutz durch Trockenmauern), diese Ansaaten mißlangen aus begreiflichen Gründen. Auch weitere Versuche mit Saaten in Gräben mit tiefer Bodenbearbeitung und mit den auf dem Karst einheimischen Laubholzarten, wie Eiche, Ulme, Hopfenbuche, Blumenesche, Hainbuche usw., waren dennoch erfolglos. Die Stadtgemeinde ging dann zur Pflanzung über und legte Pflanzschulen an, eine Aufforstungskommission wurde gebildet und die Leitung der Arbeiten österreichischen Forstechnikern übertragen. Im Jahre 1859 wurden zwei Grundstücke im Einvernehmen mit den weideberechtigten Landwirten unter persönlicher Leitung des Vorstandes des k. k. Forstamtes Görz, Forstmeister J o s e f K o l l e r, aufgeforstet. Diese Versuche gelangen sehr gut. K o l l e r erkannte die Schwarzföhre wegen ihrer geringen Boden- und Feuchtigkeitsansprüche als die geeignetste Holzart für die Wiederbewaldung des Karstes.

Mit Recht hebt R u b b i a hervor, dem Forstmeister J. K o l l e r gebühre das Verdienst, auf die Eignung der Schwarzföhre für die Aufforstung

kahler Karstgründe zuerst hingewiesen zu haben. Er soll schon vorher die
erste Aufforstung mit Schwarzföhren im Reichsforst Corneria bei Buje in
Istrien ausgeführt und so die nötigen Erfahrungen gesammelt haben. Von
den zahlreichen Holzarten, die das Karstgebiet von Natur aus besiedeln,
sind nur wenige für dessen künstliche Wiederaufforstung geeignet, wohl
aus dem Grunde, weil nach der Entwaldung und dem Abtrag eines Groß-
teiles der Bodenkrume die Bodenverhältnisse und insbesondere dessen
Wasserführung für die künstliche Aufzucht der meisten Arten nicht sofort

Abb. 150. Streifenweise Anpflanzung von Schwarzkiefer im Karst von Opčina bei Triest.
(Nach W. G r a f z u L e i n i n g e n.)

entsprechen. Die Widerstandsfähigkeit der Schwarzkiefer gegen Hitze,
Kälte und Wind, ihre Anspruchslosigkeit, ihre tiefreichende Bewurzelung,
die ihr auch in scheinbar trockenen steinigen Böden ermöglicht, aus Klüften
und Spalten die nötige Nahrung zu holen, machten es möglich, sie in
großem Maßstabe dort zu verwenden, wo andere Holzarten meist versagten. Dank ihrem reichen Streuabfall ist sie geeignet, den Karstboden
für andere Holzarten vorzubereiten. Sie soll auch nur als Vorkultur dienen,
um den herabgekommenen Boden zu verbessern und die spätere Bestandesumwandlung durch Anbau anderer Holzarten unter ihrem gelockerten
Schirm vorzubereiten. Besonders für den *Mittelkarst* (von 150 oder 200 m
bis 700 oder 800 m), der dem Castanetum und dem Übergang vom
Castanetum zum Fagetum angehört, ist die österreichische Schwarzkiefer
geeignet; Karstflächen dieser Höhenstufe befinden sich nicht allzu weit
entfernt von Standorten natürlichen Vorkommens der Schwarzkiefer, ihre
Klimaverhältnisse dürften daher den Ansprüchen der Schwarzkiefer entsprechen. P a v a r i (1937) empfiehlt für den *Mittelkarst* neben der Schwarz-

kiefer auch die griechische Tanne, *Abies cephalonica*, die sich bereits bei der 1884 vorgenommenen Aufforstung des Monte Cocus bei Basovizza auf kahlem Felsboden „bis heute" (1937) bewährt habe. Sie vermag den Boden sehr gut zu schützen, außerdem besitzt sie den Vorzug großer Widerstandsfähigkeit und leichter Vergesellschaftung mit Laubhölzern, wie Buche, Ahorn, Bergulme, Esche. (Besonders zu der noch zu besprechenden Umwandlung von Schwarzkiefernbeständen ist sie im Klima dieser Höhenstufe geeignet.) Dagegen wurden im *unteren oder Mittelmeerkarst* (an der Meeresküste, nach oben bis 150 oder 200 m reichend) mit Recht auch *Pinus halepensis* und *Pinus brutia* verpflanzt, die für das mediterrane wintermilde Klima in Küstennähe geeigneter sind. Bei Triest und Pola gibt es gegenwärtig schon über 50jährige Bestände dieser Holzarten (P a v a r i), auch für die Aufforstung des Seekarstes und in Dalmatien wurden sie schon vor Jahrzehnten verwendet. *Pinus halepensis* und *Pinus brutia* stehen in bezug auf die Bescheidenheit ihrer Standortsansprüche und auf die Widerstandsfähigkeit gegen Hitze der Schwarzkiefer nahe. Sie sind aber wegen ihrer Wärmeansprüche, Empfindlichkeit gegen Winterkälte, an die Meeresnähe und an geringere Meereshöhe gebunden. Die Pinie, *Pinus Pinea*, braucht gleichfalls milde Winter und ist daher auch im Karstgebiet auf Standorte in der Nähe der Meeresküste, zum Beispiel im südlichen Dalmatien, angewiesen. Für die Schwarzkiefer erwies sich diese unterste Stufe wegen ihres zu heißen Klimas und der zu langen Vegetationszeit als weniger geeignet, hier ist auch die Insektengefahr für sie am größten.

Für den *Hochkarst* (höher als 700 bis 800 m, bei geographischen Breiten entsprechend der Lage der ehemals österreichischen und ungarischen Karstgebiete) ist in der wärmeren und mittleren Stufe des Fagetums, etwa bis 1100 m, die österreichische Schwarzkiefer auf armen Böden noch durchaus am Platze. In dieser Höhenstufe käme, wo es die Bodenverhältnisse gestatten, noch die Beimischung von Weißtanne, Fichte und Buche in Frage (die sich im Mittelkarst weniger bewährt haben). In der Herzegowina und in Teilen von Bosnien kann in verkarsteten höheren Gebirgslagen die dort natürlich verbreitete *Pinus leucodermis* Anwendung finden.

Auch Laubholzkulturen sind im Karst bei standortsgerechter Wahl der Holzart und sorgfältiger Kulturausführung trotz manchen schlechten Erfahrungen nicht immer erfolglos. Für den Mittelkarst kommen *Quercus pubescens, Fraxinus Ornus, Ostrya carpinifolia*, Robinien, Ulmen, Ahorne in Frage, für den unteren Karst auch Maulbeerbaum, Mahalebkirsche, Zürgelbaum. F. H o l l (1901) berichtet, daß die Blumenesche, deren Laub ein vorzügliches Viehfutter liefert, sich für die Karstaufforstung in den unteren und mittleren Lagen sehr gut bewährt habe und überall da in Betracht zu ziehen sei, wo die Standortsverhältnisse ihrem Anbau günstig sind[1] und der Futternot gesteuert werden soll. Das gleiche gelte von der Hopfenbuche, in minderem Grade auch von der orientalischen Hainbuche. Von den Ahornarten eignet sich besonders der stumpfblättrige Ahorn, *Acer*

---

[1] Aus dem natürlichen Vorkommen von Resten des *Fraxinus-Ornus*-Mischwaldes könnte man auf die für sie günstigen Standortsverhältnisse schließen.

obtusatum, und der dreilappige oder französische Ahorn, *Acer monspessulanum*, für die Aufforstung im *Mittelkarst*, während im Hochkarst auch
Berg- und Spitzahorn zu gedeihen vermögen. In geschützten Lagen können
Juglans regia und *Castanea vesca* auch wegen ihres Fruchtertrages für den
Anbau in Betracht kommen. Als Mischholzart kann auch die Linde verwendet werden, oft stellt sie sich in Schwarzföhrenaufforstungen durch natürliche Verjüngung ein. Nach Eintritt des Bestandesschlusses der Schwarzföhren
steigert sich der Höhenzuwachs der Linde, sie bleibt dann dauernd vorwüchsig.

Wie sehr neben den genannten anderen Holzarten die *Schwarzkiefer*
bei der Karstaufforstung den Vorrang hatte, geht auch aus Zahlen über
die verwendeten Pflanzen hervor. So zum Beispiel berichtete J. P u c i c h
über die Aufforstung im ehemaligen *österreichisch-illyrischen Küstenlande*
(Görz-Gradiska, Triest, Istrien), Stand 1906, daß zur Aufforstung von
7229 ha samt Nachbesserungen und Unterbau verwendet wurden:

102,076.200 Stück Pflanzen und 6034 kg Samen; davon waren:

	Stück Pflanzen		kg Samen
Pinus nigra austriaca	90,851.000,	beziehungsweise	63
Pinus brutia	1,207.100,	,,	22
Pinus halepensis	357.600,	,,	26
Pinus maritima	143.300,	,,	156
Pinus nigra corsicana	901.100,	,,	6
Pinus Strobus	19.500,	,,	5
Picea excelsa [1]	5,461.400,	,,	2
Larix europaea [1]	1,669.900,	,,	—
Abies pectinata [1]	48.000,	,,	377
Verschiedene andere Nadelhölzer, wie *Pinus leucodermis, Pinea, Abies Apollinis, Juniperus virginiana, Cupressus sempervirens pyramidalis, Cedrus Deodara usw.*	52.200,	,,	26
S u m m e d e r N a d e l h ö l z e r	100,711.100	oder 98,67 v. H.	683
Robinia pseudacacia	696.500,	beziehungsweise	20
Alnus glutinosa	200.100,	,,	—
Verschiedene: *Acer monspess., Ulmus camp.* und *effusa, Fraxinus Ornus, Frax. excelsior, Qu. sessiliflora, pubescens, Ilex, Laurus nobilis, Ailanthus glandulosa, Ostrya carpinifolia, Celtis austr.*, Populus- und Salixstecklinge, *Prunus Mahaleb, Gleditschia, Tamarix gallica*	468.500,	,,	5331
S u m m e d e r L a u b h ö l z e r	1,365.100	oder 1,33 v. H.	5351

---

[1] Nur für den Hochkarst empfehlenswert.

Durch besondere Gesetze wurde die Durchführung der Arbeiten „Aufforstungskommissionen" übertragen. Diesen gehörten außer einem vom Ackerbauminister ernannten Vorsitzenden und sonstigen Behördenvertretern auch *gewählte Vertrauensmänner der betreffenden Gemeinden* an, letzteres ist wichtig wegen der einvernehmlichen Zusammenarbeit mit der Bevölkerung. Die Kommissionen hatten unter Rücksichtnahme auf die Bedürfnisse der Landwirtschaft die aufzuforstenden Grundstücke zu ermitteln und festzustellen; sobald die diesbezüglichen Erkenntnisse der Kommissionen in Rechtskraft erwachsen waren, wurden die Grundstücke im „Aufforstungskataster" verzeichnet, der die Rechtsgrundlage der Aufforstungstätigkeit zu bilden hatte. Die Grundstücke sollten „zur Hintanhaltung einer Verschärfung, beziehungsweise zur Herbeiführung einer Milderung der elementaren und gemeinschädlichen Übelstände der Karstregion" aufgeforstet werden; Grundstücke, die zu einer landwirtschaftlichen Kultur geeignet waren, wurden in der Regel in die Aufforstung nicht einbezogen (außer in jenen Fällen, wo die Nichtaufforstung eine erhebliche Beeinträchtigung des Hauptzweckes der Karstaufforstung bedeutet hätte).

Grundsätzlich wurde *der Pflanzung der Vorzug* gegeben. Immerhin kamen *auch Saaten* zur Ausführung: hauptsächlich im Umwandlungsbetrieb zum Anbau unter dem gelockerten Schirm der Schwarzkiefer. Die geringere Anwendung der Saat ist darauf zurückzuführen, daß Saaten erfahrungsgemäß infolge der ungünstigen Standortsverhältnisse, Dürre im Sommer, Bora im Winter, größtenteils mißglückten, wenn auch nicht ohne Ausnahme; so wiesen zum Beispiel im Gebiete von Triest 1895 bis 1897 ausgeführte Saaten von *Quercus Ilex* auf geschützten und teilweise bestockten Flächen in den nächsten Jahren guten Erfolg auf. Auch Tannensaaten unter Schirm gelangen gut. Bei der Pinie und der Aleppokiefer, die bereits im ersten Lebensjahr tiefreichende Wurzeln ausbilden und die gegen Wurzelverletzungen empfindlich sind, wird gleichfalls auch Saat stellenweise angewandt. Von den Laubhölzern läßt sich mittels Saat auf den Karstflächen noch am ehesten aufbringen: Eiche, Edelkastanie, Walnuß (allenfalls Mahalebkirsche und Zürgelbaum).

Die Saat muß aber, um ein Mißlingen zu verhüten, mit besonderer Sorgfalt gehandhabt werden, es kommen also *den Standortsverhältnissen des Karstes besonders angepaßte Verfahren der Plätzesaat und der Punktsaat* zur Ausführung. Das Wesentliche ist, daß sowohl bei der Plätzesaat wie bei der Punktsaat der Boden tief gelockert wird, mindestens auf 30 cm Tiefe, damit die jungen Eichen- (Edelkastanien-, Walnuß-) Pflanzen in kurzer Zeit im lockeren Boden eine lange Pfahlwurzel treiben können, denn durch Ausbildung einer tiefreichenden Wurzel sichern sie ihren Bestand für den Fall oberflächlicher Bodenaustrocknung während des heißen, trockenen Sommers. Es werden also für die Plätzesaat eigentlich „Saatlöcher" hergestellt, „als ob man eine Pflanzung ausführen wollte" (F. Holl), 30 bis 40 cm tief und ungefähr ebenso breit. Gespart wird dann betreffs Entfernung der Saatlöcher voneinander: 1 bis 1,5 m. Auch für die *Punktsaat* werden die Saatlöcher tief (30 bis 40 cm) gelockert, und zwar mit einer Brechstange, ohne etwa den Rasen abzuschälen. In das schmale, tiefe Loch kann die Pfahlwurzel rasch eindringen. Bei der Punktsaat kann mit Rücksicht auf die wohlfeile Herstellung der Löcher bis auf einen Pflanzenabstand von 0,8 m herabgegangen werden. Da auf dem Karst die Temperatur der bodennahen Luftschicht bei Einstrahlung knapp über dem erwärmten Boden sehr hoch werden kann, so ist zur Verhütung von Rindenbrand der Sämlinge ein Bedecken der Saatstellen mit Steinen, mit Ausnahme einer 8 bis 10 cm im Durchmesser messenden Fläche in der Mitte, empfehlenswert; besonders auf der Sonnenseite sind zur Beschattung des Keimlings höhere Steine zu legen. Die freigebliebene Stelle kann noch mit kleingehacktem Wacholderreisig belegt werden. Wo Mäusegefahr zu fürchten ist, ist von der Saat abzusehen. J. P u c i c h berichtete (1907), daß im Küstenland die Laubholzansaaten von den Mäusen zum großen Teil vernichtet wurden und nach kümmerlichem Vegetieren mit geringen Ausnahmen zugrunde gingen.

Für die meisten Nadelhölzer und auch für die Mehrzahl der Laubhölzer wird die *Pflanzung vorgezogen.* Sie wird mit im Forstgarten erzogenen Pflanzen ausgeführt. Nadelholzpflanzen sollen, um den Unbilden des Karststandorts zu widerstehen, nicht etwa durch zu engen Stand im Saatbeet lang und dünn in die Höhe geschossen, sondern sollen kürzer und kräftiger, also „stufig" erwachsen sein und sollen kräftige, lange, andererseits nicht durch übermäßige Länge die Pflanzung erschwerende Wurzeln besitzen. In der Regel werden *zweijährige Schwarzkiefern* benützt. *Pinus brutia* und *Pinus halepensis* werden einjährig oder zweijährig verwendet, zweijährig sind sie oft zu groß, ähnlich verhält sich die Pinie. Einjährige Pflanzen können auch bei der Robinie, Eiche, dem Götterbaum und Zürgelbaum (Ahorn, Mahalebkirsche) angewandt werden. *Die Zeit der Pflanzung* auf dem Karste ist das zeitliche Frühjahr. Laubholzpflanzungen können auch im Herbst mit Erfolg ausgeführt werden. Freilandkulturen mit Nadelhölzern wurden grundsätzlich im Frühjahr durchgeführt, weil Herbstkulturen zu viele Eingänge aufwiesen, da im Winter kein Wurzelwachstum stattfindet, der Kontakt der Wurzel mit dem Boden nicht hergestellt wird. Je tiefer eine Aufforstungsfläche liegt und je mehr sie der Besonnung ausgesetzt ist, desto frühzeitiger ist die Kultur auszuführen. Hochlagen und Nordhänge können auch noch später im Frühjahr mit Erfolg bepflanzt werden.

Die übliche Kulturmethode ist die *Lochpflanzung,* die Pflanzlöcher werden mit der Spitzhaue und einer Brechstange in einer Tiefe von 30 cm und einer Breite von 30 bis 40 cm hergestellt. Die Spitzhaue (Krampen) soll aus hartem Material und nicht zu schwer und auch die Brechstange nur von mittlerer Größe sein. Ist nicht genug Erde vorhanden, so wird sie von den nächsten Dolinen oder sonstigen erdreichen Stellen zugetragen. Vorheriges Vorbereiten der Kulturerde ermöglicht ein besseres Ausnützen der Frühjahrswochen zur Pflanzung. Für tausend Pflanzlöcher wurden im Karst erfahrungsgemäß etwa 5 bis 10 m³ zusätzlicher Füllerde benötigt. Schon die Bodenverhältnisse im Karst bringen es mit sich, daß die Pflanzung in *unregelmäßigem Verband* durchgeführt wird, an Stellen, an denen

genügend viel Erde vorhanden ist; die Auswahl solcher Stellen wird nach
dem Verlauf der Schichtfugen im Gestein beurteilt. Wenn auch die Karstflächen erdarm, öd und steinig aussehen, so ist die Sterilität doch oft nur
äußerlich vorhanden, denn unter der rauhen Oberfläche ist in den Klüften
und Spalten häufig recht viel Erde angesammelt, so daß die Pflanzen oft
auch ohne Zutragen von Kulturerde zu den Pflanzlöchern gedeihen
können. Die Herstellung der Pflanzlöcher ist unter den Verhältnissen des
Karstes selbstverständlich Männerarbeit, dagegen wurde das Einsetzen der
Pflanzen in die Löcher Frauen übertragen. Gewöhnlich beträgt der Reihenabstand ungefähr 1 bis 1,25 m, der Pflanzenabstand innerhalb der Reihe
etwa 1 m. Für einen größeren Pflanzenabstand (bis zu 1,5 m) spricht außer
der Rücksicht auf die recht hohen Kosten der Löcherherstellung auch noch
das Bestreben, die Widerstandsfähigkeit der künftigen Dickungen gegen
Schneedruck (dort, wo mit Schneefällen zu rechnen ist, vor allem im
Hochkarst) und gegen Bora zu erhöhen; bei Anwendung des weiten Verbandes sind nach einigen Jahren die Kronen länger und die in der Jugend
etwas abholzigen Stämmchen widerstandsfähiger. Wo aber die Gefahr des
Schneedruckes geringer, hingegen baldiger Schluß zur Bodenverbesserung
notwendig ist, dort wären die kleineren Abstände vorzuziehen. C i e s l a r ,
der die im Jahre 1859 begründete Kultur „Koller" genau untersuchte,
sagt (Centralbl. f. d. ges. Forstw. 1922), man habe „die Pflanzenzahl von
6000 bis 7000 je Hektar als in jeglicher Beziehung wirtschaftlich richtig"
auch später beibehalten. Nur hatte man im Jahre 1859 auf größere be-
arbeitete Plätze drei bis vier Schwarzföhrenpflanzen gesetzt, die Pflanzen
bildeten also in ihrer Verteilung auf der Kulturfläche kleine Gruppen;
später zog man mit Recht annähernd gleichmäßige Verteilung der Pflanzen
auf der Fläche vor.

Beim Einsetzen werden die Wurzeln vollständig mit gelockerter Erde
umgeben, die Erde wird zum Schluß mit dem Rücken kurz gestielter,
kleiner Hacken, mit denen die Arbeiterinnen ausgestattet sind, fest-
gedrückt, um ein allzu rasches Austrocknen zu verhindern. Um mehr
Niederschlagswasser zurückzuhalten, wird auch die Pflanzstelle etwas ver-
tieft (im Verhältnis zum umgebenden Boden) angelegt. Schließlich wird
im Umkreis der Pflanze der Boden, um die Verdunstung aus ihm und die
Verunkrautung hintanzuhalten, mit einigen Steinen belegt. Zum Schutz der
Pflanze gegen direkte Besonnung werden auf der Sonnenseite ein oder
zwei größere Steine auf die hohe Kante gestellt. „Je heißer die Lage und
je schädlicher die Wirkung der Bora ist, desto besser sind die gesetzten
Pflanzen mit Steinen zu schützen" (H o l l). Auch mit den abgeklopften
und mit der früheren Oberseite nach unten gelegten Rasenplaggen kann
der Boden, statt mit Steinen, belegt werden. Auf sehr steilen Aufforstungsflächen wurden die Pflanzen gegen abrollenden Gehängeschutt dadurch geschützt, daß im Pflanzloch auf der Bergseite ein größerer Stein auf die
hohe Kante gestellt wurde zum Zurückhalten der Steinschläge. Beim Be-
gehen der Kulturfläche durch die Arbeiter hätten die Belegsteine leicht
verschoben werden können, wodurch die Pflanzen bedeckt und vernichtet
worden wären. Deshalb wurde veranlaßt, daß die Arbeiter grundsätzlich

nicht über die bepflanzten Flächen, sondern nur über noch nicht aufgeforstete Teile ihren Weg nehmen.

Anfangs wurde statt der Lochpflanzung oder neben dieser die besonders sorgfältige *Grabenpflanzung* angewandt, die H. v. Guttenberg (1882) wie folgt beschrieb: „Die beste, aber auch teuerste Kulturmethode für Nadelhölzer ist die Grabenpflanzung, wobei die Gräben in der Entfernung von 2 m etwa 20 cm tief und 40 cm breit hergestellt und in dieselben die Pflanzen auf 30 cm Distanz gesetzt werden. Diese Methode, welche wegen des steinigen Terrains großen Arbeitsaufwand erfordert, wird von der Gemeinde Triest ausschließlich angewandt und hat sich sehr gut bewährt, wo sie nicht durch felsiges Terrain von selbst ausgeschlossen ist." Im ganzen wurden im Gebiet der Stadtgemeinde Triest 18.950 laufende Meter solcher „Gräben" hergestellt, dann wurde das Verfahren wegen der verhältnismäßig hohen Kosten aufgegeben, weil im dortigen Klima durch sorgfältige Lochpflanzung ungefähr dieselben günstigen Ergebnisse erzielt werden konnten (erst in noch südlicheren Breiten des mediterranen Gebietes ist wegen noch größerer Hitze und noch wesentlich längerer Periode der Sommertrockenheit eine noch größere Sorgfalt des Kulturverfahrens erforderlich, darüber wird im folgenden noch berichtet werden).

Sämtliche Anpflanzungen wurden mit Trockenmauern umfriedet, um, wie J. Pucich anführt, „die Karstbewohner in ihrem eigenen Interesse vor Weidefrevel zu bewahren". Im Karstgebiet von Triest, Görz-Gradiska und Istrien waren bis 1906 insgesamt 110.860 laufende Meter solcher Trockenmauern hergestellt, außerdem 4975 m sonstiger (lebender oder toter) Umzäunungen.

Über den *Pflanzeneingang* im „österreichisch-illyrischen Küstenland, Stand 1906" berichtete J. Pucich, daß er sich, „abgesehen von den sehr ungünstigen Jahren, durchschnittlich auf zirka 30 bis 40 v. H." bezifferte. Nach Rubbia ergab ein 25 Jahre umfassender Überblick über die Karstaufforstung in Krain, daß für Neuaufforstungen (auf einer Fläche von 2657 ha) 26 Millionen Waldpflanzen erforderlich waren, für Nachbesserungen im gleichen Zeitraum 18,5 Millionen, „daraus ergibt sich, daß von den ursprünglich ausgesetzten Pflanzen durch wiederholte Nachbesserungen 71 v. H. ersetzt werden mußten". (Dabei können die Eingänge in den einzelnen Jahren, „abgesehen von den sehr ungünstigen", sehr wohl auch dort bloß 30 bis 40 v. H. betragen haben.) Auf steilen Südhängen sowie in Lagen, die der Bora direkt ausgesetzt sind, mußten die Nachbesserungen oft vier- bis sechsmal wiederholt werden, bis das Ziel erreicht war.

Gefährdung der Karstkulturen.

Am meisten gefährdet sind die Aufforstungen durch anhaltende *sommerliche Dürre*. Selbst ältere Aufforstungen können durch diese vernichtet werden. Pflanzeneingänge bis zu 25 v. H. durch Dürre können noch als normal angesehen werden, erst größere Eingänge weisen auf „anhaltende Dürre" hin (Schädigungen bis zu 80 v. H.!). Am meisten leiden durch diese die ein- bis dreijährigen Aufforstungen. Durch besondere Sorgfalt und frühzeitige Ausführung der Aufforstung kann der Schaden vermindert werden. Im *Hochkarst* können Dickungen und Stangenhölzer durch *Schnee- und Eisbruchschäden* arg getroffen werden, besonders bei naßfallendem, an den Kronen hängenbleibendem Schnee, mit Übergang zu Frostwetter in Begleitung der Bora. Eine Vorbeugung besteht in weiterem Verband, rechtzeitiger Läuterung und Durchforstung, also Erziehung widerstandsfähiger Bestände. Eine ständige Gefährdung der Karstkulturen im unteren und Mittelkarst bilden *Brände*. In der dürren Sommerszeit vertrocknet der oft üppige Graswuchs der Aufforstungsflächen, dann kann Funkenflug aus den Lokomotiven oder unvorsichtiges Hantieren mit Feuer bald einen Brand zur Folge haben. Die Vorbeugung besteht in der Gestattung der Grasgewinnung mit der Sichel (unter Einhaltung gewisser Vorsichtsmaßnahmen), Entfernung von Unkraut, Trockenästen und sonstigen leicht brennbaren Stoffen von der Aufforstungsfläche, Verwendung bester Kohle zum Heizen der Lokomotiven (elektrischer Betrieb der Bahn würde Abhilfe schaffen). Durch die Bewilligung der Grasnutzung wird den Karstbewohnern eine sehr willkommene forstliche Nebennutzung gestattet. Schon bei der Aufforstung wurden „Feuerschneisen" (5 bis 8 m breite, unbepflanzt belassene Landstreifen, entweder in der Schichtenlinie oder in der Richtung des größten Gefälles verlaufend) ausgespart, sie dienen sowohl zur Isolierung von Bränden als auch als Angriffsstellen für die Löschaktion. Auch Schutzstreifen längs der Bahn, besonders an Stellen, deren Gefährdung bekannt ist, und ein erhöhter Feuerwachdienst während der Dürrezeit sind zur Vorbeugung zu empfehlen. Der Schutz der Aufforstungsflächen durch Trockenmauern wirkte sich auch als Vorbeugung gegen Waldbrände aus. An besonders gefährdeten Eisenbahnstrecken wurden Trockenmauern und Feuerschutzgräben zugleich verwendet, die letzteren erhielten eine Breite von mindestens 1 m, eine Tiefe von 30 cm, das gewonnene Erdreich wurde auf der Seite der zu schützenden Aufforstung aufgeworfen und mit den bei der Herstellung des Grabens gewonnenen Steinen belegt. Selbstverständlich müssen die Feuerschutzgräben immer pflanzenleer erhalten werden. In Krain wurde laut Bericht R u b b i a s durch die Waldbrände in den Karstaufforstungen innerhalb von 25 Jahren eine Fläche von 96 ha betroffen (wobei die ganze dortige Aufforstungsfläche allmählich auf 2657 ha angewachsen war). Im österreichisch-illyrischen Küstenland (wo die Karstaufforstungsfläche bis 1906 ein Ausmaß von 7229 ha erreicht hatte) hatte das Feuer bis Ende 1906 in 244 Fällen „3- bis 25jährige Kulturen auf einer Fläche von 288,7 ha total oder größtenteils vernichtet"; „die Brände wurden in 62 Fällen durch das Funkensprühen aus der Lokomotive, in 13 Fällen durch kleine, mit Petroleum oder Spiritus geheizte, von Knaben in den Vororten von Triest ausgelassene Papierballons, in 40 Fällen durch Unvorsichtigkeit und in 3 Fällen durch Böswilligkeit verursacht, in 126 Fällen blieb die Ursache unbekannt" (J. P u c i c h). Durch die *Bora* leiden besonders die jungen Pflanzen, vor allem bei heftigem Auftreten zur Zeit des Erwachens der Vegetation. Durch die heftige Windeinwirkung können auch an mehrjährigen Pflanzen Gipfel und Seitentriebe vertrocknen. An besonders exponierten Örtlichkeiten des Triester Gebietes, wo in einem Jahr die Gipfel- und einzelne

Seitentriebe vieler Pflanzen vertrocknet waren, wurden die trockenen
Teile sorgfältig abgeschnitten und die Pflanzen erholten sich in wenigen
Jahren derart, daß das Wachstum (nach J. P u c i c h) anderen gleich-
alterigen Anpflanzungen nicht nachstand.

An *schädlichen Insekten* wurden bekämpft: die Engerlinge des Maikäfers (besonders in der Nähe von Eichenbeständen), der Kieferntriebwickler
(*Retinia buoliana*), der durch ein Ausbrechen der befallenen Triebe und Verbrennen dieser samt Puppen und Raupen vertilgt wurde, die Kiefernbusch-
hornblattwespe (*Lophyrus pini*), ihr wurde durch Vernichtung der After-
raupen entgegengewirkt; der Pinienprozessionsspinner (*Cnethocampa pityocampa*), dessen Vernichtung sich mit dem Älterwerden der Kulturen immer
schwieriger gestaltete, weil es nicht immer gelang, die Gespinstnester in
den älteren und höheren Beständen aufzufinden und zu erreichen, um sie
gründlich zu verbrennen. R u b b i a berichtete, daß in den Bezirkshaupt-
mannschaften Adelsberg und Sesana, wo der Schädling in Massen vorkam,
energischeste Vertilgungsmaßnahmen ergriffen wurden. Aus einem Hinweis von P a v a r i, Florenz (1937), geht hervor, daß die Bekämpfung des
Prozessionsspinners am Triester Karst jährlich beträchtliche Mittel (ungefähr 28 Lire je Hektar) erfordere.

B e s t a n d e s u m w a n d l u n g   d u r c h   A n b a u   a n d e r e r   H o l z -
a r t e n   u n t e r   d e m   g e l o c k e r t e n   S c h w a r z f ö h r e n b e s t a n d
(o d e r   u n t e r   d e m   S c h i r m   v o n   A l e p p o k i e f e r   u n d   *P i n u s*
b r u t i a).

Die anspruchslosen Kiefern (Schwarzkiefer, im untersten Karst in
Küstennähe: Aleppokiefer und *Pinus brutia*) sind nicht auf jedem Standort, wo sie angebaut wurden, für die Dauer die passendsten Holzarten;
oft mußten sie nur auf einem herabgekommenen Boden zunächst als „Vorkultur" gewählt werden, um den Boden zu verbessern und um der sodann
nachzuziehenden Holzart eine Zeitlang den erforderlichen Schutz zu bieten.
Solche Bestände, in denen die Schwarzkiefer (Aleppo- oder brutische Kiefer)
in diesem Sinne nur vorübergehend, als „Vorkultur", verwendet wird, werden bei der Karstaufforstung als *„Umwandlungsbestände"* bezeichnet. Daneben gibt es andere Bestände, in denen die *Kiefer dauernd* als reiner Bestand oder wenigstens als Grundbestand erhalten bleiben soll, hauptsächlich auf trockenen, erdarmen, verödeten Böden tonarmen Kalkgrundgesteins (Karstkalke, besonders der Kreideformation, mit wenig „Lösungsrest" bei der Verwitterung), auf solchen Standorten ist eine Umwandlung
bis auf weiteres nicht geplant (Schutz- und Bannwälder an steilen Lehnen,
auf verödeten Kalkfelsböden, in ausgesprochen rauhen Boralagen). Solche
„Dauerbestände" sollen auch dem Schutz von öffentlichen Kommunikationen: Eisenbahnen und Straßen, dienen; diese Rolle können aber auch
Umwandlungsbestände erfüllen.

Im Alter von acht bis zehn Jahren pflegt der Schwarzkiefernbestand auf
dem Karst in Schluß zu treten. Von diesem Zeitpunkt an wird der Boden
durch den Streuabfall, Beschattung und Humusbildung verbessert und der
Zuwachs wird ein größerer. J. P u c i c h beobachtete, daß von da ab die

Benadelung größer und dichter wird und die Höhentriebe (bei einer Stärke von 3 bis 5 cm) oft Längen von 40 bis 70 cm erreichen. Die Humusbildung kann unter 20jährigen Beständen schon eine Mächtigkeit bis zu 20 cm aufweisen. Die Bewurzelung ist sehr kräftig, schief abwärtsgehende Seitenwurzeln erreichen oft Tiefen von 2 bis 3 m. (Auf ungünstigem Standort ist die Beastung lichter, die Nadeln sind kürzer und dünner, besonders bei horizontaler Lagerung der Schichten des Kalkgesteins pflegt der Boden erdarm, der Standort ungünstig zu sein.)

Durch die Umwandlung sollen die Schwarzföhrenbestände einer den naturgesetzlichen Grundlagen des Waldbaues entsprechenden Behandlung unterzogen werden. Es soll dem Umstande Rechnung getragen werden, daß im Hochkarst Buche, Tanne und Fichte heimisch waren, im Mittelkarst Eichen und andere Laubhölzer, im untersten küstennahen Karst Holzarten des Castanetums und Lauretums. Die Umwandlung wird in der Regel mit einer Bestandesgründung unter gelockertem Schirm der Schwarzkiefer etwa im Alter von 25 Jahren eingeleitet. Zur „Umwandlung" bestimmte Schwarzföhrenbestände werden vorher der Trockenästung, Läuterung und Durchforstung unterzogen. Dann wurde meist Buche und Tanne eingebracht, teils durch Unterpflanzung, teils durch Plätzesaat. C i e s l a r berichtet, daß im „Bestand Koller" im Alter von 35 Jahren Weißtanne und Rotbuche unter Schirm kultiviert wurden. Der *Tannenvoranbau* unter dem im Jahre 1859 begründeten Bestand begann im Jahre 1893, jener der Buche fand etwa fünf Jahre später statt. Der Voranbau erfolgte zuerst durch Plätzesaat, dann auch durch Pflanzung. 1914 untersuchte C i e s l a r auch die Pflanzen des Voranbaues; die etwa 20jährigen Tannen hatten eine mittlere Höhe von 51 cm (die mittlere Bestandeshöhe des 56jährigen Schwarzföhrenbestandes betrug 13,8 m, seine Gesamtwuchsleistung an Derb- und Reisholz 443,5 fm im angegebenen Alter von 56 Jahren!). Wo das Kronendach der Schwarzföhren lockerer war, wuchsen die Tannen freudig und hatten Höhen über 1 m. Der Tannenvoranbau deckte im Jahre 1914 nur etwa ein Zehntel der Bodenfläche (da der Bestand in 370 m Meereshöhe liegt, handelt es sich keineswegs um den „Hochkarst", sondern nur um den Mittelkarst, ein höherer Tannenanteil wäre also nach Ansicht des Verfassers in dieser südlichen Breite bei der gegebenen geringen Meereshöhe gar nicht naturgemäß). Der Rotbuchenvoranbau war im Frühjahr 1914 ungefähr 16 Jahre alt, vielfach auch jünger. Als mittlere Höhe des Buchenunterstandes ergaben C i e s l a r s Messungen 178 cm. Die Rotbuchen waren von ausgezeichnetem Gedeihen, die Schaftbildung war eine tadellose. Der Boden war mit Buchenlaub bedeckt, das sich mit der Schwarzföhrenstreu mischte. Auch der in 370 m Meereshöhe standortsgemäße *Fraxinus-Ornus*-Mischwald fehlte nicht ganz, denn C i e s l a r erwähnt: „Recht zahlreich war der natürliche Anflug von *Fraxinus Ornus, Prunus Mahaleb, Juniperus communis,* von *Crataegus, Evonymus, Clematis . . ."* Außer einer nicht zu mächtigen Nadelschicht deckte dunkelbrauner, mit stark zersetzter Nadelstreu gemengter Humus den Boden, auch die oberste Schicht des steinigen mineralischen Bodens war humusreich. Unter der neuentstandenen geschlossenen Bodendecke war das Gestein größtenteils verschwunden (außer dort, wo bei der Herstellung der Pflanzlöcher mehr Steintrümmer seinerzeit ausgehoben worden waren).

R u b b i a berichtet, daß die Karstaufforstungskommission von Krain der Tanne ihre Aufmerksamkeit zugewendet und sie dort, wo der verbesserte Boden ihr standörtlich zusagt, zum Voranbau verwendet habe; die Fläche solcher Karstbestände betrage 1912 in Krain rund 480 ha. Außerdem seien auch Stiel- und Traubeneichen in älteren Schwarzföhrenbeständen im Wege des Voranbaues[1] eingebracht worden; aber nur auf Bestandeslücken und -rändern habe die Eiche freudige Entwicklung gezeigt. Unter ziemlich geschlossenen Schwarzföhrenbeständen müssen (sommergrüne) Eichen als Lichtholzarten selbstverständlich kümmern. Für den Voranbau unter durchforsteten oder gelichteten Beständen der *Pinus halepensis* und der *Pinus brutia* in der *untersten* Stufe des Karstes (Mittelmeerkarst) empfiehlt P a v a r i (1937) mit Recht die Steineiche, *Quercus Ilex* (die Immergrüneichen sind schattenertragend). Außerdem nennt er die Pinie, bei ihrer Einbringung müßte auf das bedeutende Lichtbedürfnis Rücksicht genommen werden. Für den *Mittelkarst* führt er als eine Tannenart etwas wärmerer Standorte die griechische Tanne, *Abies cephalonica*, an, außerdem als Mischholzarten für die Schwarzkiefer: *Cedrus atlantica*, *Chamaecyparis Lawsoniana*, *Juniperus virginiana*, *Cupressus arizonica*. Bis zum ersten Weltkrieg seien im Mittelkarst zur Umwandlung nur Weißtanne, Buche und Fichte verwendet worden; doch sei der heutige Zustand (1937) dieser Umwandlungsbestände im Mittelkarst kein günstiger. An ihre Stelle solle daher die griechische Tanne treten, die auch den plötzlichen Wechsel nach Freistellung durch Aushieb der Schwarzkiefer gut vertrage. Im Wald von St. Peter am Karst vollzieht sich die Bestandesumwandlung von selbst durch Anflug der Esche, *Fraxinus excelsior*, die sich weithin verbreitet hat und schöne, gerade Stämme bildet.

E r g e b n i s s e d e r K a r s t a u f f o r s t u n g ; W u c h s l e i s t u n g e n d e r K a r s t a u f f o r s t u n g s b e s t ä n d e ; Z u s t a n d d e r K u l - t u r e n i n d e n l e t z t e n J a h r e n.

In einer Abhandlung über die Schwarzkiefer in der italienischen Zeitschrift „L'Alpe", 1931, gab A. P a v a r i, Florenz, folgendes Urteil *über küstenländische, unter österreichischer Verwaltung geschaffene Aufforstungen* ab: „So sieht man heute bei St. Peter am Karst auf weiten Teilen des Hochplateaus und den umliegenden Abhängen herrliche Schwarzkiefernwälder, die heute das sehr geschätzte Holz für Konstruktionen und Rüstzeug des Bergbaues liefern. Unter dem Schirm dieser Kiefern zufällig verstreut gibt es Tannen und die gemeine Esche. So entstehen wieder reiche schattige Wälder, wo noch vor kaum fünfzig Jahren trockener, nackter Felsboden war." „Der harte Kampf um die Wiederaufforstung, dessen stärkste Waffe

---

[1] In unserem einschlägigen Schrifttum ist meist vom „Unterbau" die Rede. Da es sich aber um U m w a n d l u n g s bestände handelt, also nicht bloß um Einbringung von Bodenschutzholz, so ist, um Verwechslungen zu vermeiden, der richtige Fachausdruck: Voranbau.

die Schwarzkiefer ist, brachte einen der schönsten Siege der Forsttechnik über ungünstige Natur- und Wuchsverhältnisse."

Im ehemaligen österreichisch-illyrischen Küstenland wurden nach P u c i c h bis zum Jahre 1906 Karstflächen von insgesamt 7229 ha Ausmaß aufgeforstet, in Krain nach R u b b i a bis 1911 2657 ha; die Summe dieser beiden Angaben würde 9886 ha ergeben, doch wurde auch in den folgenden Jahren bis zum ersten Weltkrieg noch unter österreichischer Verwaltung die Karstaufforstung fortgesetzt; zum Beispiel in Krain 1912: Neuaufforstung 106,33 ha mit 874.000 Pflanzen, außerdem Nachbesserungen mit 1,327.330 Stück Pflanzen[1]. Schätzungsweise kann also angenommen werden, daß bis zum ersten Weltkrieg in den damals österreichischen Karstländern über 12.000 ha aufgeforstet waren, gleichzeitig gab es Aufforstungen in den zur ungarischen Reichshälfte gehörigen kroatischen Karstgebieten und im Karst des gemeinsam verwalteten Okkupationsgebietes Bosnien und Herzegowina. Zugleich waren im österreichisch-illyrischen Küstenland an „Weide- und Waldgründen" schon bis 1907 durch Resurrektionshiebe und Schonung (Einhegung) 22.500 ha der Waldkultur wiedergewonnen worden (P u c i c h , 1907).

Von den unter der österreichischen Verwaltung bis 1914 durchgeführten, nachher italienisch gewordenen Karstaufforstungen blieben trotz den Kriegsschäden nach P a v a r i (1937) bis zum Zeitpunkt seines Berichtes über 9500 ha erhalten. Unter italienischer Verwaltung konnte in diesem gewesenen Kriegsgebiet wegen der vordringlichen Wiederherstellungsarbeiten erst 1927 mit der Aufforstung neuer Karstflächen begonnen werden, dabei entstanden bis 1937 in Pola 2000 ha, bei Görz 2700 ha, Triest 600 ha, zusammen 5300 ha neue Schwarzkiefernkulturen. Im ganzen gab es also im ehemals österreichischen, später italienischen Karstgebiet 1937 rund 15.000 ha vorwiegend Schwarzkiefernkulturen, dazu die (jugoslawisch gewordenen) Aufforstungen in Krain.

In dem von C i e s l a r untersuchten 56jährigen „Bestand Koller" (Probefläche von 0,36 ha Größe) war die mittlere Stammstärke 21,2 cm, die mittlere Bestandeshöhe 13,8 m, die Kreisflächensumme für 1 ha 42,23 m², die Schaftholzmasse 345,97 fm, die Masse des Astholzes 97,54 fm, die Gesamtmasse 443,51 fm. Zum Vergleich führte C i e s l a r acht Bestände ungefähr des gleichen Alters, teils vom Großen Föhrenwald bei Wiener Neustadt, teils von der Domäne Hernstein im niederösterreichischen Schwarzföhrengebiet, an, deren Masse wesentlich geringer war (111,8 fm bis 244,4 fm je Hektar). In Niederösterreich liegt nur der nördlichste Teil des natürlichen Verbreitungsgebietes der Schwarzkiefer, am Karstrand oberhalb Triest ist die Holzart dem Optimum näher, das Klima sagt ihr dort weit besser zu. Die mittlere Jahrestemperatur beträgt dort 11,1° C, die mittleren Jahressummen der Niederschläge im Schwarzkieferngebiet Niederösterreichs bleiben im ganzen weit zurück gegenüber den Niederschlagsmengen auf dem Karst um Triest, zum Beispiel: Basovizza (370 m ü. d. M.)

---

[1] Tätigkeitsbericht der Aufforstungskommission für das Karstgebiet des Herzogtums Krain für das Jahr 1912, S. 1.

1140 mm. Auch P a v a r i berichtete 1937, daß die alten, 50- bis 60jährigen Schwarzkiefernaufforstungen sich als bereits ziemlich ertragsreich erweisen. Der Holzmassenvorrat im Mittelmeerkarst und im Mittelkarst (60jähriger Bestand) werde mit etwa 300 fm je Hektar angegeben. Die ersten Durchforstungen fänden im 25. bis 30. Jahre des Bestandesalters statt, der durchschnittliche Jahreszuwachs derselben betrage 5 fm, sei also mit Rücksicht auf Boden und Klima ziemlich beträchtlich. Bessere Böden mit größeren Niederschlägen hätten 400 fm je Hektar bei 60jährigem Umtrieb ergeben. Das Durchforstungsmaterial finde in der Regel guten Absatz, besonders als Grubenholz. Die Kiefernharzgewinnung sei noch im Stadium der wissenschaftlichen Prüfung.

Da in den letzten Jahrzehnten vor dem ersten Weltkrieg die ökologischen Grundlagen des Waldbaues noch nicht in dem Maße ausgebaut waren wie gegenwärtig und da sich im Großbetrieb der Praxis mit den vielen zu überwindenden Schwierigkeiten in der Regel ein *einfaches Schema* leichter durchsetzt als die notwendige sorgfältige Anpassung an die vielgestaltigen Klima-, Boden- und Vegetationsverhältnisse, so wurde manchmal etwas *zu einseitig in allen Höhenstufen des Karstes* die Schwarzkiefer und unter dem Schwarzkiefernbestand zum Voranbau *auch im Mittelkarst* vorwiegend die Weißtanne (und Buche) verwendet. Doch muß anerkannt werden, daß man im unteren oder Mittelmeerkarst, zum Beispiel bei Triest und Pola, doch schon vor 50 Jahren mit Recht die Aleppokiefer auf immerhin ansehnlichen Flächen verwendet hat. Sonst ist gerade die unterste Stufe wegen des zu warmen Klimas und der zu langen Vegetationszeit für die Schwarzkiefer am wenigsten geeignet.

Zum *ungarischen Staat* gehörte bis zum Ende des ersten Weltkrieges der kroatische Seekarst, ein 140 km langer Küstenstreifen „von Novi angefangen bis zu dem zu Dalmatien gehörigen Dörfchen Sv. Magdalena", umfassend eine Fläche von 46.000 ha, die Aufforstung war dem Karstaufforstungsinspektorat in Zengg übertragen. Die Fläche der durchgeführten Aufforstungen sowie durch Schonung und Resurrektionshieb wiedergewonnenen Waldungen betrug bis 1914 8627 ha[1], die widerstandsfähigste Holzart war auch dort die Schwarzkiefer.

A u f f o r s t u n g e n   a u f   K a l k ö d l a n d   w e i t e r   i m   S ü d e n   d e s
M i t t e l m e e r g e b i e t e s   i m   w a r m e n ,   s o m m e r t r o c k e n e n
K l i m a.

Je weiter man im Mittelmeergebiet nach Süden geht, desto länger wird die Periode der sommerlichen Trockenheit, desto höher werden die Sommertemperaturen, desto ungünstiger für den Wald das Verhältnis zwischen der hohen Verdunstung und der geringen Feuchtigkeitszufuhr während der

---

[1] N y i t r a y, O. v., Karstaufforstung, in: F e k e t e und B l a t t n y, Die Verbreitung der forstlich wichtigen Bäume und Sträucher im ungarischen Staate, Selmecbanya, 1914, S. 820. — M a r i n o v i ć Milan, Aufgaben der Forstwirtschaftspolitik in Kroatien, Intersylva 2, 1942, S. 473—491 (empfiehlt für die Lösung des Karstproblems eine breitere Grundlage, Verbesserung der sozialwirtschaftlichen Verhältnisse der verarmten Bevölkerung mit ihrer extensiven Viehzucht).

Vegetationszeit, desto kleiner der noch vorhandene Waldanteil, desto größer die Schwierigkeit der Wiederaufforstung verödeter, trockener Lehnen. Unter solchen Verhältnissen muß daher noch mehr Arbeit und Sorgfalt als im ehemaligen österreichischen Karst aufgewendet werden, um bei Aufforstungen den gewünschten Erfolg dennoch herbeizuführen. Für Aufforstungen im Süden der Südostländer können einschlägige italienische Erfahrungen von Belang sein: Eine schwierige, kostspielige Aufforstung auf einem seit langem entblößten, durch Weidebetrieb herabgewirtschafteten und einigermaßen (bis auf spärliches Strauchwerk) verödeten, großenteils sonnseitigen Kalkhang sah Verfasser in Umbrien auf dem 1290 m hohen *Monte Subasio bei Assisi.* An einer Stelle, beim „Eremo", fand sich noch, durch Mauern geschützt, ein Rest eines alten, schattigen Steineichenwaldes *(Quercus Ilex)* mit eingesprengten Bäumen von *Juglans regia* und *Acer obtusatum,* auch kleine Reste von Flaumeichenwald waren vorhanden. Bei der Aufforstung wurde hinsichtlich der Wahl der Holzarten berücksichtigt, daß auf dem Hang drei Höhenstufen unterschieden werden können: von unten bis zu 600 oder 700 m das Lauretum, von da bis 1000 m Höhe das Castanetum und schließlich über dieser Grenze bis zum Gipfel das Fagetum. Die Aufforstung auf den ausgedehnten kahlen Flächen außerhalb der Mauern geschah unter Anwendung von waagrechten Terrassen („gradoni"); in der Richtung der Schichtenlinien werden diese Terrassen an den Hängen angelegt, in Abständen von etwa 8 m. Sie fangen das Regenwasser auf und lassen es im bearbeiteten Boden versickern, statt daß es unter Abspülung der Feinerde des Hanges an diesem allzu rasch abfließt. Dieses Zurückhalten des Niederschlagswassers kommt der Aufforstung zugute. Auch die Zwischenräume zwischen den Terrassen werden (auf bearbeiteten Plätzen von 1 bis 1,5 m Länge) bepflanzt. Die Terrassen sind 0,6 bis 1 m breit (in anderen Fällen beträgt die Breite 1 bis 1,20 m) und sind etwas (bis 30 v. H.) gegen den Berg geneigt, der Boden auf ihnen wird (womöglich bis 40 cm Tiefe) bearbeitet, dies begünstigt nicht nur die Wasserspeicherung, sondern auch ein rascheres Eindringen der Wurzeln in tiefere Bodenschichten, so daß die Pflanzen auch längere Trockenperioden auszuhalten vermögen. 1916 wurde mit den Aufforstungsarbeiten begonnen, auch Verbauungen im Rutschterrain wurden ausgeführt. In der untersten Stufe, dem Lauretum, wurden auf dem Südhang als Holzarten für die Aufforstung Aleppokiefern, Pinien, *Cupressus sempervirens horizontalis,* Arizonazypressen, Steineichen, Hopfenbuchen, Judasbaum und andere gewählt; in der dann nach oben folgenden Edelkastanienstufe: Schwarzkiefer mit bescheidenerem Anteil, dann die afrikanische und die Himalajazeder, die griechische Tanne, Flaumhaareiche, Zerreiche, amerikanische Roteiche *(Qu. rubra);* in der Buchenstufe: Weißtanne, Lawsonzypresse, Buchen, Eschen, Ahorne, auf sehr armen Böden Schwarzkiefer (in geringerem Maße). Zwischen den Zonen gab es Übergänge ohne scharfe Abgrenzung.

In einer Abhandlung über das beste Verfahren der Bodenbearbeitung für die Aufforstung der durch warmes und trockenes Klima gekennzeichneten

italienischen Gebiete[1] führt A. de Philippis aus: Als Gegenden
„warmtrockenen Klimas" werden jene Gebiete des Lauretums, Typus mit
sommerlicher Dürre, angesehen, in denen die Niederschläge des Frühlings
(März bis Mai) unter 200 mm und jene des Sommers (Juni bis August) unter
100 mm liegen. Folgende Verfahren hat der Verfasser einer Prüfung unterzogen:

1. Vollbearbeitung des Bodens auf 10 bis 15 cm Tiefe;

2. Beschränkung der Bearbeitung auf Löcher von $60 \times 60 \times 60$ cm;

3. Terrassenartige Abstufungen („gradoni") in der Breite von 1 bis
1,20 m, mit 30 v. H. Neigung zum Berge; die „gradoncini" und die
„piazzole" sind Terrassenabschnitte in der Länge von 5 bis 7 und 1,50 bis
2 m. Auf fünf Versuchsorten (davon zwei in Sizilien und zwei in Mittel-
italien) mit je drei Parallelversuchen verschiedener Bodenbearbeitung
wurden Bodenproben entnommen und der Wassergehalt sowie die Wasserkapazität bestimmt, und zwar während der sommerlichen Dürreperioden,
um festzustellen, welches Verfahren der Bodenbearbeitung ein maximales
Zurückhalten des Wassers im Boden in der für die Pflanzen kritischen Zeit
begünstigt; auch Zahl und Entwicklung der aus Saaten hervorgegangenen
Keimlinge wurde dabei mit beobachtet. Es ergaben sich folgende Schlüsse:
In der „*wärmeren* Unterzone des Lauretums mit *andauernder intensiver
Dürre*" ist die *Vollbearbeitung der Bodenfläche* auf dicht gelagertem, ver-
härtetem Boden gelegentlich der Aussaat jedem anderen Verfahren ohne
weiteres vorzuziehen, weil damit der Wassergehalt größer und dementsprechend der Prozentsatz der überlebenden Pflänzchen *wesentlich*
größer und deren Entwicklung kräftiger ist. Unter so ungünstigen klimatischen Verhältnissen ist die Beschränkung der Bodenbearbeitung auf
Löcher in allen Fällen abzulehnen. Die Anwendung der Terrassen ist für
steile Hänge das geeignetere Verfahren.

Wo die klimatischen Verhältnisse günstiger sind, dort nimmt der Vorteil der Vollbearbeitung ab, und die Vorzüge der Terrassen (gradoni)
kommen immer mehr zur Geltung.

Bei der Wiederaufforstung der *Cornate von Gerfalco* (in der Nähe
von Siena) wurde ein vollkommen kahler, trockener, südseitiger Hang mit
Kalkgrundgestein, der früher einmal mit schönem Steineichenwald (*Quercus
Ilex*) bedeckt gewesen sein soll, auf einem 1059 m hohen Berg unter Anwendung der Terrassen vorläufig mit *Pinus nigra Arnold var. austriaca*
als Vorholz zur Bodenverbesserung bepflanzt, später soll die Umwandlung
in Steineichenbestand erfolgen[2].

Ein Beispiel einer *Aufforstung in Sizilien* bietet die im Zuge der Verbauung des Einzugsgebietes des Flusses Gela durchgeführte. Es handelt sich
um Höhen zwischen 50 und 850 m über dem Meere, mit tertiären Tonen,

---

[1] A. de Philippis, Technik der Bodenbearbeitung für die Wiederaufforstung im
warmtrockenen Klima (ital.). Mitt. der Stazione Sperimentale di Selvicoltura in Florenz,
Nr. 6, 1939.

[2] Pepe G., Wiederaufforstung der Cornate von Gerfalco (ital.), Rivista forestale
Italiana, 1940, S. 594—597.

stellenweise Sanden, auch Kalktuffbänken. Der ehemalige Wald war zugunsten des Ackerbaues zurückgedrängt worden, der gelockerte Boden war durch die Niederschlagswässer von den Bergen herabgeschwemmt. Das Klima auch des höheren und mittleren Teiles ist rein mediterran, mit milden Wintern, heißen Sommern, Sommertrockenheit, die Gegend gehört zum Lauretum, niedere Macchie kommt vor. Unter Anwendung der Terrassen und tiefer Bodenbearbeitung (in tiefgründigem Lehmboden) erfolgte die Aufforstung mit Zypressen und Eukalyptusarten, Steineichen, Pinien, an anderen Stellen wurden auch Eschen und Ahorne ausgesetzt. Auf ganz steilen Hangteilen, wo die Bodenbearbeitung nicht möglich war, wurden die Pflanzen, Robinien und Ailanthus, nach Vorstoßen der Löcher mittels Eisenstangen recht dicht gesetzt, kamen gut an und verhinderten Abrutschungen [1].

In *Griechenland* hat C h r. M o u l o p o u l o s - Saloniki während des besonders heißen und trockenen Sommers 1939 in einer Aufforstung auf einem Südsüdwesthang des Hymettosberges bei Athen in 270 m Seehöhe genaue Untersuchungen und Messungen an den vorhandenen Pflanzen von *Pinus brutia*, *Pinus halepensis* und *Cupressus sempervirens* durchgeführt und auf Grund der Beobachtungen folgende Vorschläge zur Aufforstungstechnik in heißen und trockenen Ländern [2] gemacht: Pflanzung mit 20 bis 25 cm hohen Setzlingen der genannten Arten; kleinere wären besonders gefährdet, weil sie zur Gänze in der bodennahen Luftschicht mit den höchsten Sommertemperaturen liegen würden. Höher als 25 cm bei den Pinusarten, 30 cm bei Cupressus sollen die zur Kultur verwendeten Pflanzen auch nicht sein. Die bis zum Boden reichenden, den Wurzelhals beschattenden Kronen der Pflanzen sollen stufig sein und einen Durchmesser von 8—10 cm besitzen. Auch sollen die Pflanzen nicht besonders rasch gewachsen, sondern eher dick und stämmig sein, denn ältere (mehr als einjährige) Pflanzen von der angegebenen Höhe, mit wenigstens 4 mm dickem Stämmchen, haben relativ dickere Rinde und mehr Korkgewebe und sind deshalb, wie die Beobachtungen von M o u l o p o u l o s ergeben, widerstandsfähiger gegen die Hitze. (Ähnlich haben wir auch im Abschnitt über die „Technik der Karstaufforstung", auf S. 608, „stufige", nicht lang und dünn erwachsene Nadelholzpflanzen gefordert.) Auch Schrägpflanzung (nach Süden) zwecks Beschattung des Bodens um den Wurzelhals wird empfohlen. Bei Belegen der Vertiefungen um die Pflanze mit Steinen (mit Intervallen von 2—3 cm oder mehr!) sind solche von dunkler Färbung zu vermeiden. An Stelle von Steinen kann auch eine Mulchschichte von nicht weniger als 3 cm Dicke Anwendung finden. Auch Bewässerung sowie das Anpflanzen im Schatten von Bäumen oder Büschen (auch Farnen) kann in Frage kommen.

---

[1] G i a c o p i n o St., Die vollständige Verbauung des Beckens des Flusses Gela (ital.), Rivista forestale Italiana, 1941, S. 22—31.

[2] M o u l o p o u l o s Chr., High Summer Temperatures and Reforestation Technique in Hot and Dry Countries. Journal of Forestry Vol. 45, Nr. 12, Dezember 1947.

13. Bodendeckung (Reisigdeckung) in Kulturen.

Durch A. M ö l l e r s Veröffentlichungen über den Dauerwald in
Bärenthoren ist die Reisigdeckung oder Reisigdüngung bekanntgeworden,
sie wurde dann (in Mitteleuropa) vielfach mit Erfolg angewandt, wenn
auch ab und zu bei unvorsichtiger Handhabung Mäusefraß oder gar Waldbrand durch die Reisigdecke begünstigt wurde. F a b r i c i u s hat die
Wirkung der Bodendeckung durch Versuche auf verschiedenen Standorten
erprobt. Auf feinkörnigen, mehlartigen Sanden (Verwitterungsprodukt des
Blasensandsteins) mit Krüppelbeständen und Heidewuchs wurde auf den
einen Vergleichsflächen Heide und aller sonstige Bodenüberzug ausgehauen
und von den Flächen entfernt, und auf anderen wurde der Bodenüberzug
zwar ausgehauen, aber liegen gelassen, auf wieder anderen *blieb der gesamte
Unkrautwuchs stehen und wurde mit abgemähter Streu, hauptsächlich Heide,
dicht bedeckt,* mit rund 1200 kg auf 180 m². Außerdem gab es unberührte
Vergleichsflächen sowie auch solche mit ausgehauenem und liegen-
gelassenem, mit dem Unkraut der Nachbarfläche bedecktem Bodenüberzug.
Das Bedecken stehender Heide mit einer hohen Packung abgemähten Heidekrautes hat auf die Kulturen (Kiefer und Fichte) überraschend günstig
gewirkt. Ausgesprochene Krüppelkulturen wurden rasch zu freudigem
Wachstum gebracht, dieses setzte sich während des Beobachtungszeitraumes
von neun Jahren fort. Wenn also in der Umgebung einer Fläche genügend
viel Heidekraut vorhanden ist, um mit ihm die stehende Heide in der
Kultur hoch zuzudecken, so braucht auf das Ausreißen und die Entfernung
des Heidekrautes in der Kultur keine Arbeit aufgewendet werden. Durch
Bedeckung vergeht die stehende Heide von selbst, das Verwesen ihrer
Wurzeln im Boden scheint günstige Wirkungen zu haben. Auch weitere
Versuche mit Fichtenreisig sowie mit Kiefernastreisig auf anderen, nicht
verheideten, sondern vergrasten Standorten ergaben ähnliche Wirkungen,
auch auf lehmigen Böden, die aus Moränenverwitterung hervorgegangen
waren. Auch zwischen Eschenpflanzungen in feuchten Mulden wurde eine
¹/₂ m hohe Deckung mit einer Mischung von Fichten- und Kiefernastreisig
erprobt, nach dreijähriger Deckungswirkung war die Durchschnittshöhe
auf den gedeckten Flächen erheblich besser als auf den ungedeckten.
F a b r i c i u s folgerte aus den Versuchen: Unkraut, besonders Heidekraut
und das Reisig von Hieben, könnte zum Nutzen des Waldes nicht besser
verwendet werden als zur Bodenbedeckung in Kulturen [1]. Bekanntlich
weist das Reisig ebenso wie Laub und Nadeln einen wesentlich höheren
Gehalt an Pflanzennährstoffen auf als das Derbholz. Wenn also das Reisholz samt Zweigen, Laub, Nadeln im Walde auf dem Boden liegenbleibt
und verwest, bereichert es den Boden an Mineralstoffen und Humus, schützt
die Bodenoberfläche vor Verdunstung und hält das Unkraut zurück.

------

[1] F a b r i c i u s L., Bodendeckung mit Pflanzenstoffen, Forstw. Centralbl. 60, 1938,
S. 1—15.

VI. Die Bestandeserziehung[1].

Der Waldbau auf ökologischer Grundlage strebt nach dem „naturnahen Wirtschaftswald". In der Natur würden im Kampf ums Dasein der Bestandesglieder, bei der „Bestandesausscheidung", die Stärksten auch dann siegen, wenn sie im Hinblick auf die Zwecke der Wirtschaft mit Fehlern behaftet wären, wie schlechte Stammform, Fehlstellen am Schafte und dergleichen. Die Bestandespflege oder Bestandeserziehung weicht also bewußt vom Naturwalde ab, denn ihre Aufgabe ist die *fortgesetzte Auslese mit dem Ziel der Wertvermehrung von Einzelstämmen und Beständen, Aushieb der schlechteren Stämme, Konzentration des Zuwachses auf die Bestveranlagten.*

Zu den Maßnahmen der Bestandeserziehung rechnen wir:

1. Die *Jungwuchspflege,* deren Gegenstand die Bestockung von den ersten Jahren nach der Begründung an bis zum Beginn des Bestandesschlusses ist, also bis zu dem Zeitpunkt, in dem sich die Kronen gegenseitig berühren; während dieser Zeit ist der Schutz des Jungwuchses vor bedrängenden Unkräutern erforderlich sowie Aushieb minderwertiger Bestandesglieder, Verdünnung zu dichter Verjüngung, Mischwuchspflege.

2. Die „*Säuberung*" im Sinne S c h ä d e l i n s, sie besteht im Aushieb Schlechtveranlagter in der „Dickung", also zunächst in negativer Auslese, Aushieb der Minderwertigen; die Pflegemaßnahmen in der Dickung werden oft auch als „*Läuterungen*" oder „*Reinigungshiebe*" bezeichnet.

3. Die *Durchforstungen,* das sind wiederholte Eingriffe von dem Zeitpunkte an, in welchem sich die natürliche Astreinigung auszuwirken beginnt; sie bezwecken positive Auslese, nämlich Förderung der wertvollsten Stämme.

4. *Lichtungen,* zur Erziehung von Starkholz, nur für bessere Standorte empfehlenswert, und zwar in der Regel erst in der zweiten Hälfte des Umtriebes. Die Lichtungen gehen über den Grad der Durchforstungen hinaus, sie bewirken dauernde starke Durchbrechung des Kronenschlusses.

5. Die *Aufastung,* angewandt an Zukunftsstämmen ausgewählter Astungsbestände wegen des höheren Nutzwertes astreinen Holzes. Je nachdem, ob nur abgestorbene oder auch noch lebende Äste entnommen werden, wird die *Trockenastung* und die *Grünastung* unterschieden.

Zur Bestandespflege gehört auch

6. Schutz des Bodens (besonders bei Lichtungshieben) durch *Unterbau.*

---

[1] S c h ä d e l i n W., Die Auslesedurchforstung als Erziehungsbetrieb höchster Wertleistung, 3. Aufl., Bern-Leipzig 1942. — R u b n e r K., Die Waldbautechnik der größten Wertleistung, Neudamm 1936. — M a y e r - W e g e l i n H., Ästung, Hannover 1936. — S c h m i e d H., Über den Einfluß der Bestandesdichte auf die Bestandeshöhe in jüngeren Buchenbeständen, Centralbl. f. d. ges. Forstw. 1928, S. 260—284. — O e l k e r s J., Waldbau, Teil III, Durchforstung, Hannover 1932 (S. 265—373), mit reichlichen Schrifttumsnachweisen. — T s c h e r m a k L., Vornutzung und Mehreinschlag in Niederdonau und im Gau Wien, Mitt. der Akademie der Dtsch. Forstwissenschaft, 1944, S. 147—165.

Die Jungwuchspflege.

Als „Jungwuchs" bezeichnen wir die Bestockung von den ersten Jahren nach der Begründung an, wo die einzelnen Bestandesglieder noch freistehen, bis zu dem Augenblick, wo sie sich zusammenzuschließen beginnen, wo aus den vielen bisher vereinzelt lebenden Individuen eine Lebensgemeinschaft, eine „Dickung" zu werden beginnt. Alle waldbaulichen Eingriffe auf dieser Entwicklungsstufe, bis zum Beginn der Dickung, werden als Jungwuchspflege zusammengefaßt. Hieher gehört:

a) Schutz der Jungwüchse vor schädlichen Einwirkungen der *Forst-unkräuter;* die noch kleinen und schwachen Waldpflanzen dürfen nicht dem rascher wachsenden und wuchernden Forstunkraut besonders auf Kahlflächen schutzlos preisgegeben werden. Hohes Gras, das die Waldpflanzen überwuchern und bei Belastung mit Schnee sich schädlich über die Pflanzen lagern würde, muß in den Kulturen vor der Samenreife weggesichelt und wenn nötig im Herbst noch einmal geschnitten und außerdem weggeschafft werden, damit es nicht schließlich auch noch im Frühling, dürr und leicht entzündlich, eine Feuersgefahr bilde. Stauden, Schlinggewächse, die im Übermaß anfliegenden „Unhölzer" oder sogenannten „Weichhölzer" (Salweide, Zitterpappel, Birke[1]), Brombeere, wilder Hopfen, klimmendes Geißblatt und die in wärmeren, tieferen Lagen alles überspinnende Waldrebe müssen entfernt werden. Ihre frühzeitige Unterdrückung ist notwendig, sonst verunstalten und verderben sie den Jungwald. Die leichtsamigen Birken, Aspen und Salweiden fliegen oft in großer Zahl an, gefährden die wertvolleren Kulturpflanzen und werden so zum „forstlichen Unkraut". Von den Birken wird aber im Nadelholzreinbestand nur ein Übermaß ausgehauen, zum Teil bleibt die Birke als Mischholzart wenigstens so lange erhalten, bis sie im Wege der Durchforstung als Wagnerholz genutzt werden kann. Die Fällung einzelner Aspen und Salweiden wird mitunter bis zu strengen Wintern aufgeschoben, um sie dann als Wildäsung zu verwenden.

b) Zur Jungwuchspflege gehört auch die *Verbesserung der Bestockung* durch Aushieb aller *kranken, schlechtrassigen oder sonst minderwertigen Bestandesglieder;* in natürlichen Verjüngungen müssen die durch Fällung, Rückung usw. beschädigten, entrindeten und entwipfelten Waldpflanzen entnommen werden. Besonders bei Eiche und Kiefer ist schlechte Veranlagung schon frühzeitig erkennbar. Man bevorzugt zum Beispiel besonders die schmalkronige, schlanke und dünnastige Kiefer und entfernt soweit wie möglich breitkronige und grobastige. Stockausschläge würden den Hochwaldumtrieb nicht aushalten, würden selbst verdämmend wirken und sind daher zu entfernen. Ebenso ist auf Zwiesel zu achten und auf grobastige, protzige „Vorwüchse", die zugunsten wertvoller, feinastiger Bestandesglieder auszuhauen sind. Wenn unerwünschte Vorwüchse noch zur Astreinigung besserer Nachbarstämme beitragen können, so werden die Vorwüchse zuerst nur geköpft. Solange die frischen Triebe besonders der Nadelhölzer in der ersten Hälfte der Vegetationszeit noch zart und gebrechlich sind, soll man mit den

---

[1] Die Birke ist eigentlich ein Hartholz und wird nur wegen des gleichen Verhaltens als leicht anfliegendes Forstunkraut miteinbezogen.

pfleglichen Eingriffen noch zuwarten oder man müßte diese besonders vorsichtig und schonend vornehmen. Wenn man Buchen- und Tannenverjüngungen schroff vom Altholzschirm befreit hat, so dürfen beschattende Brombeeren, Holunder usw. nicht auch noch gerade an sonnigen, warmen Tagen ausgehauen werden.

c) *Bürstendichte natürliche Verjüngungen* müssen *verdünnt* werden, dies könnte wohl am zweckmäßigsten durch Vereinzelung der bestveranlagten Pflanzen erfolgen, wäre aber in der Regel bei der ungeheuren Pflanzenzahl sehr kostspielig. Man begnügt sich daher besonders bei der Fichte (bei der man nicht so viele Bestandesglieder auf der Flächeneinheit nötig hat wie bei den sonst zur Breitkronigkeit neigenden Buchen, Eichen und Kiefern) mit einem gröberen Verfahren: so mit dem „Gassenschneiden" mit der Durchforstungsschere in den nicht einmal kniehohen Fichtenverjüngungen. Der Kampf unter den annähernd Gleichwertigen würde sonst allzulange zu keinen Entscheiden führen.

d) Auch die *Mischwuchspflege* gehört zu den Aufgaben der Jungwuchspflege; sie bezweckt schon in diesem Jugendstadium die Regelung des Anteils der einzelnen Holzarten. Dabei muß stets der auf dem betreffenden Standort biologisch schwächeren Holzart geholfen werden, und zwar um so mehr, je geringer sie vertreten ist. In Österreich sind zum Beispiel in manchen Standortsgebieten Buche und Tanne weitgehend zurückgedrängt, die Mischwuchspflege gibt Gelegenheit, den geringen Resten gegenüber bedrängenden Fichten zu helfen. In warmen Niederungen wurde häufig die Kiefer angebaut und der Anteil der Eiche wesentlich verringert, hier könnte die Mischwuchspflege dem Eichennachwuchs zu Hilfe kommen usw. Schon 40 bis 60 Buchen je Hektar, die durch Mischwuchspflege bis ins Altholz gerettet wurden, können wesentlich zur Milderung der Schäden des künstlich geschaffenen Fichtenreinbestandes im Gebiete natürlich vorkommender Mischwälder beitragen.

Die Säuberung (im Sinne Schädelins) oder Läuterung.

Die Bestockung tritt in Schluß und wächst zu einer „Dickung" heran. Es beginnt infolge des Kampfes ums Dasein unter den zunehmenden, mehr Standraum beanspruchenden Bestandesgliedern eine Ausscheidung verschiedener Gesellschaftsschichten. Der Gang der natürlichen Entwicklung würde die stärksten Stämmchen begünstigen; der stärkste ist aber nicht immer der wirtschaftlich beste Stamm. *Die Forstwirtschaft hat den Gang der Natur abzulenken durch Begünstigung der für wirtschaftliche Zwecke besten Stämme!* Stärkste Laubholzstämmchen werden meist astig, ihr Höhenwachstum nimmt dann ab. Bei den Laubhölzern pflegen solche Stämmchen, die sich in die Lebensgemeinschaft einordnen, ohne als breitkronige und grobastige Protzen vorzuwachsen, wertvoller zu sein. Nach S c h ä d e l i n , Zürich, dessen Schrift über die Auslesedurchforstung als Erziehungsbetrieb höchster Wertleistung in Mitteleuropa volle Zustimmung gefunden hat, soll die „Säuberung" in einer Reihe rasch sich folgender Eingriffe alle deutlich erkennbaren minderwertigen Stammformen und Holzarten der Oberschicht aus der Dickung entfernen. (In diesem jugendlichen Alter sind die durch Aushieb von Stämmen der Oberschicht entstehenden Lücken im Kronendach noch klein, sie schließen sich bald wieder, daher ist es gerade in dieser Altersstufe an der Zeit, besonders bei den Laubhölzern alle Schlechtgeformten, Minderwertigen auszuhauen.) Entnommen werden: kranke und krumme Kernwüchse, Zwiesel, Stockausschläge, die weit ausladende Büsche zu bilden pflegen und wertvolle Kernwüchse bedrängen, Drehwuchs, Vergabelung, dann Vorwüchse, die infolge ihres Freistandes astige, grobe Kronen bilden (während gutgeformte Vorwüchse als ein gegen Schneedruck festes „Knochengerüst" erhalten bleiben).

Der junge *Laubholz*stamm gilt nach S c h ä d e l i n als gut, wenn er einheitlich bis zur herrschenden Endknospe des führenden Gipfeltriebes als deutliche Achse durchgeht, außerdem gerade und fehlerlos ist und lotrechten Stand, kreisrunden Querschnitt sowie glatte Rinde ohne erhebliche Narben aufweist. Bei jungen *Nadelholz*stämmen gelten im wesentlichen die gleichen Bedingungen; glatte Rinde ohne größere Narben ist bei Fichte und Tanne Voraussetzung, bei Fichte ist außerdem allseitige gute Verankerung im Boden erwünscht. Von einer guten Krone wird verlangt: eindeutig herrschender Gipfeltrieb, Feinastigkeit, gleichmäßiger Bau. Krummwüchsigkeit wirkt zum Beispiel beim Nadelholz wegen der Bildung von Rotholz als entwertender Fehler.

Die Behandlung von Laubholz und Nadelholz im Dickungsalter ist etwas verschieden: *Laubholzdickungen* sind so stammreich, daß sie trotz der Säuberung in dicht bleibendem Schluß aufwachsen sollen. Am windausgesetzten Bestandesrand ist wegen Erhaltung eines festen Waldmantels dafür zu sorgen, daß Holzarten, die nicht lange aushalten und dann Lücken ergeben würden, wie Birken, Aspen, Weiden, Holunder, rechtzeitig herauskommen. Das Ergebnis der wiederholten Säuberung soll im Laubholz sein, daß nicht die besseren Bestandesglieder von vorwüchsigen, minderwertigen überwachsen werden, so daß späteren Pflegehieben eine ungenügende Zahl von guten Stämmen zur Verfügung stehen würde, sondern die 20- bis 25jährige Oberschicht soll lauter gutgeformte Stangen aufweisen, so daß die künftige Durchforstung aus einer großen Anzahl von Gutgeformten („Kandidaten der Nutzholzlaufbahn" nach S c h ä d e l i n) allmählich im Laufe der Jahre Geeignete („Anwärter") auswählen kann.

Nicht geeignet für Laubhölzer, zum Beispiel Buche, ist lichte Erziehung in der Jugend mit nachträglicher stärkerer Schlußstellung behufs Astreinigung. „Die Buche muß von Jugend auf zur Begünstigung des Höhenwuchses im Schluß gehalten und darf erst nach Erreichung der gewünschten Höhe zur Erzielung größerer Stärken licht gestellt werden" (H. S c h m i e d, 1928).

Nadelholzdickungen sind, bis auf den Aushieb alles Minderwertigen, weniger pflegebedürftig. S c h ä d e l i n nennt bestveranlagte Stämmchen in diesem Alter „Anwärter"; in der Umgebung der besten *Tannen- und Fichten*anwärter ist nach ihm, behufs angemessener Ausbildung der Krone, eine Auflockerung des Kronenschlusses zweckmäßig. Jedoch *nicht* bei der Föhre, weil diese dann zu sperrigem Astwuchs neigen würde. Dagegen ist die Lärche kronenfrei zu halten. Die *Föhre* muß bis zum 30. oder 40. Jahre in einem Schlußgrad aufwachsen, der allen Bäumen gleiche Entwicklungsmöglichkeiten gibt. Föhren, die schon in den ersten zwei Jahrzehnten infolge weiten Standraums breite Jahrringe ansetzen, taugen infolge sperrigen Astwuchses nicht zur Wertholzerzeugung.

Früher, zum Beispiel schon von B o r g g r e v e, wurden ähnliche Pflegemaßnahmen in der Dickung als „*Läuterung*" (oder Reinigungshieb, Auszugshieb) bezeichnet. Die Läuterung bezweckte nach B o r g g r e v e „die erwünschten Holzarten und Individuen des Bestandes gegen vorgewachsene, weniger gewünschte zu schützen". Ausgehauen wurden Stock- und Wurzelausschläge, Sperrwüchse, Strauchhölzer, „sonnengierige jugendschnellwüchsige, verbreitungsfähigere Baumhölzer wie Salweide, Aspe, Birke, Eberesche, Kiefer", welche in Beständen von Tanne, Fichte, Buche, Eiche, Esche, Ulme, Hainbuche voraneilen; ferner die Stämme und Holzarten, die zwecks Mischwuchspflege auszuhauen sind (zit. nach O e l k e r s, Waldbau, 1932, S. 286).

Durchgeführt wird die Säuberung oder Läuterung von wohlausgebildeten Personen des mittleren und unteren Forstpersonals. In der Regel sind die zu säubernden Dickungen sehr ausgedehnt und stammreich, so daß auch besonders geschulte Waldarbeiter heranzuziehen sind, welche die minderwertigen Bestandesglieder der Oberschicht zu erkennen vermögen. Auch als leichte Arbeit während des Sommers für ausgediente, verläßliche Waldarbeiter kommt die Läuterung in Betracht. Das Forstpersonal behält die Leitung und Beaufsichtigung. Bei ausgedehnten Dickungen empfiehlt sich sehr deren Gliederung durch *Pflegesteige*, sie ermöglichen ein besseres Betreten und Überblicken eines Teiles, besonders für die Mischwuchspflege. Die Bestände werden dadurch in parallele Streifen von 20 bis 30 m zerlegt; ein Aufteilen von Flächen, die für eine einzelne Arbeitergruppe zu groß wären, wird dadurch erleichtert. Nur in intensiven Betrieben wird die Jungwuchspflege und Säuberung in diesem Sinne durchgeführt. Aber Schutz vor verdämmenden Unkräutern und Weichhölzern, Aushieb schlechtgeformter Bestandesglieder schon in der Dickung und die notwendigste Mischwuchspflege wenigstens in günstigeren, nicht zu hohen Lagen wäre auch in weniger intensiven Betrieben anzustreben. Werden die Pflegehiebe nicht rechtzeitig angewandt, so müssen besonders in Laubholz- und Kiefernbeständen (oder in Mischbeständen, die Buche oder Kiefer als Mischholzarten enthalten) schlecht geformte, minderwertige Stämme oft in großer Zahl im Bestande belassen werden, weil durch ihre verspätete Entnahme zu große Lücken entstehen würden. Auch bei der Lärche kann durch rechtzeitige Pflegehiebe auf eine Auslese gutgeformter Stämme hingewirkt werden. Im Fichten- und Tannenbestand sind wirtschaftlich ungünstige Wuchsformen weniger häufig. Werkzeuge für die Säuberung sind hauptsächlich Hippen, Kulturmesser, Durchforstungsscheren, für stärkere Vorwüchse die Axt. Auch bügellose Sägen können verwendet werden.

Die Durchforstungen.

In der Regel rechnet man zu den Durchforstungen die Eingriffe in den Bestand erst von jenem Zeitpunkt an, in welchem die Astreinigung als Folge des Bestandesschlusses sich bereits auszuwirken beginnt. Je mehr die Durchforstung als Erziehungsmaßnahme gehandhabt wird (und nicht bloß als Nutzungsmaßnahme), desto früher muß sie einsetzen, insbesondere dann, wenn es sich um schnellwüchsige Holzarten, um sehr gute Standorte, somit auch um frühzeitigen Beginn des Kampfes ums Dasein handelt. Nach S c h ä d e l i n beginnt die Durchforstung nach wiederholter und richtig durchgeführter Säuberung in einer Bestockung im Alter von etwa 20 Jahren. Früher, als man die Durchforstung fast nur vom Standpunkt der Nutzung anwandte, begann man entsprechend später. Der *Zweck* der Durchforstungen ist ein mehrfacher: a) Vorratspflege und *positive Auslese*, nämlich Förderung des Zuwachses der bestveranlagten Stämme; b) Begünstigung der *Widerstandsfähigkeit* der Bestände; die Bestandesglieder erlangen mehr Standraum, daher bessere Bewurzelung, tiefer reichende Kronen, stärkeren Wurzelanlauf und werden dadurch allmählich widerstandsfähiger gegen Sturm, Schneedruck und Rauhreif; c) ein weiterer Zweck ist die Gewinnung von *Vornutzungen;* d) mit der Zeit stellt die Durchforstung auch eine *Vorbereitung für die natürliche Verjüngung* dar und macht, folgerichtig durchgeführt, wie schon hervorgehoben wurde, den Vorbereitungshieb entbehrlich; e) auch bei gleichem Massenertrag können infolge der Durchforstung *stärkere Dimensionen in der gleichen Zeit* erreicht werden. Diese Gesichtspunkte finden auch in den Ländern des europäischen Südostens Beachtung[1].

Früher erhoffte man sich mit Hilfe der Durchforstung auch eine wesentliche Steigerung der Gesamtmassenerzeugung. Aber nur wenn die Durchforstung Jahrzehnte hindurch gänzlich unterbleibt und die bei der natürlichen Bestandesausscheidung unterliegenden Stämme zu Moder werden und den Waldboden düngen, bleibt die Gesamtmassenleistung bemerkenswert zurück im Vergleich zu jener bei entsprechender Handhabung der Durchforstungen. Sonst sprechen die Ergebnisse der genauen vergleichenden Durchforstungsversuche nicht gerade für eine wesentliche Steigerung der erzeugten Gesamtmasse, wohl aber für eine *sicher mögliche sehr wesentliche Steigerung der Werterzeugung infolge des Prinzips der Auslese.*

Die Gesamtheit der beherrschten Stämme bildet den „Nebenbestand". Dieser kann bei Schattholzarten im Bestande belassen werden (als Bodenschutz und um die Astreinigung der Auslesestämme zu fördern). Je höher der Nebenbestand zwischen den herrschenden Bestandesgliedern emporwächst, desto mehr fördert er die Astreinigung auch höherer Stammteile der Zukunftsstämme. Bei den Lichtholzarten ist die Belassung des Nebenbestandes nicht möglich, hier kann an seine Stelle nur der Unterbau mit

[1] Vgl. z. B. R u s k o f f M., Erziehungshiebe in unseren Nadelwäldern, erster Beitrag, Bulgar. mit dtsch. Zus., Jahrb. d. Univ. Sofia, Land- u. forstw. Fakult. 15, S. 190—236, 1937; zweiter Beitrag, dtsch. Zus., ebenda, 17, 2, S. 175—224. — R o t h G., Über die Durchforstung (I und II), Erdészeti Lapok 79, 1940, S. 467—473, 698—715 (ungar.). — B a l e n J., Über Durchforstungen (serb.), Zagreb 1929 (222 Seiten, 38 Abb.).

Schattholzarten treten, und auch bei der Halbschattholzart Fichte hält sich der Nebenbestand nicht lange.

Um die Grundsätze der Durchforstung entwickeln zu können, ist die Kenntnis der Stammklassenbildung erforderlich.

Baumklassen- und Schaftklasseneinteilung.

Eine im wesentlichen noch heute anerkannte Baumklasseneinteilung hat im Jahre 1884 K r a f t in Hannover geschaffen, der die soziale Stellung im Bestand und die Kronenausbildung als maßgebend für die Durchforstungen erkannte. Er unterscheidet:

Abb. 151. Die K r a f t schen Stammklassen (nach K r a f t, bezw. nach D e n g l e r, Waldbau).

1. Vorherrschende Stämme mit ausnehmend kräftig entwickelter Krone;

2. herrschende, in der Regel den Hauptbestand bildende Stämme mit gut entwickelter Krone;

3. gering mitherrschende Stämme: Kronen zwar noch ziemlich normal geformt und in dieser Beziehung denen der zweiten Stammklasse ähnlich, aber verhältnismäßig schwach entwickelt und eingeengt, oft mit schon beginnender Degeneration;

4. beherrschte Stämme, Kronen mehr oder weniger verkümmert, entweder von allen Seiten oder nur von zwei Seiten zusammengedrückt oder einseitig (fahnenförmig) entwickelt;

a) zwischenständige, im wesentlichen meist eingeklemmte Kronen,

b) teilweise unterständige Kronen; der obere Teil der Krone frei, der untere Teil überschirmt und infolge Überschirmung abgestorben;

5. ganz unterständige Stämme:

a) mit lebensfähigen Kronen (nur bei Schattholzarten),

b) mit absterbenden oder abgestorbenen Kronen.

Die dritte Klasse stellt die untere Stufe des herrschenden Bestandes dar. Für die Kiefer gab K r a f t eine bildliche Darstellung der verschiedenen Stammklassen (Abb. 151).

Die Baumklassen verdienen in der Forstwirtschaft Beachtung, denn *die vorherrschenden und herrschenden Stämme erzeugen die größte Holz- menge im Bestande,* sind die Träger des *größten Wertes* und sind in einer vorratspfleglichen Wirtschaft vor allem zu berücksichtigen. Gelegentlich der natürlichen Verjüngung ist ihr Anteil am Samenertrag am größten. Die *vor- herrschenden* Bäume sind die widerstandsfähigsten gegen Sturm, schützen auch noch andere, im Windschatten ihrer Krone stehende Bäume (sie bilden das „Knochengerüst" des Bestandes). Die Klasse der *mitherrschenden Stämme* enthält die für die Betriebssicherheit notwendigen Reserven, ihre Massen- und Wertleistung ist immerhin von Belang. Die Klasse der *Beherrschten und Unterdrückten* hat, soweit lebensfähig, die Aufgabe des Bodenschutzes, trägt zur Luftruhe im Bestande bei, besitzt also hauptsächlich biologische Bedeutung.

Die wirtschaftlich so wichtige *Form des Schaftes* war bei den K r a f t- schen Stammklassen (Baumklassen) noch nicht berücksichtigt. Diesen Nach- teil suchte H e c k (der 1898 Vorschläge für seine „freie Durchforstung" veröffentlichte[1]) zu beseitigen, indem er für jede K r a f t sche Stammklasse sieben Schaftklassen ausschied, die mit griechischen Buchstaben bezeichnet wurden: α gerader, schöner, langschaftiger Nutzstamm; β mittelmäßiger, kurzschaftiger Nutzstamm; γ krummer, astiger Stamm; δ Zwiesel; ε stark vergabelter Protz; ζ Stockausschlag; η Kranke. Mit der Berücksichtigung der Schaftform hatte H e c k recht, nur war seine Einteilung der Schaft- klassen etwas zu weitgehend, es genügt die Unterscheidung von drei Klassen: gute, mittlere und schlechte Schaftform. Veranlaßt war H e c k zu seiner Unterscheidung dadurch, daß er in Buchen-Tannen-Beständen Würt- tembergs wirtschaftete und die Eignung von Buchen und Tannen zu starkem Lichtungszuwachs beobachtete, wobei der Schaft durch den Nebenbestand gegen Sonnenbrand und der Boden gleichfalls durch Unter- und Zwischen- stand gegen Verunkrautung, Aushagerung, Abtrag geschützt bleiben mußte. Auch der hohe wirtschaftliche Wert von fehlerfreiem Buchenstark- holz war für sein Verfahren von Belang. Durch Freihieb der bestgeformten herrschenden Stämme leitete er seine „freie Durchforstung" ein, wobei er die Unterdrückten tunlichst schonte und eine gleichmäßige Verteilung der begünstigten Hauptstämme über die Fläche anbahnte.

Auch der *Verein der deutschen forstlichen Versuchsanstalten* hat die Forderung nach Mitberücksichtigung der Schaftform 1902 anerkannt. Er

---

[1] H e c k, Freie Durchforstung, München, Forstl. Hefte, 1898.

hat (in seiner Anweisung zur Ausführung von Durchforstungsversuchen) eine Einteilung vorgeschlagen, bei der von der Unterscheidung der „Vorherrschenden" abgesehen wurde und die „Herrschenden" zur I. Klasse wurden:

I. Herrschende Stämme sind alle, die am oberen Kronenschluß teilnehmen; unter ihnen werden:

1. Stämme mit normaler Kronenentwicklung und guter Stammform unterschieden,

2. Stämme mit abnormaler Kronenentwicklung oder schlechter Stammform, und zwar: a) eingeklemmte Stämme, b) schlechtgeformte Vorwüchse, c) sonstige Stämme mit fehlerhafter Schaftausformung, vor allem Zwiesel, d) sogenannte Peitscher, e) kranke Stämme aller Art.

II. Beherrschte Stämme, das sind alle, die am oberen Kronendach *nicht* teilnehmen:

3. Zurückgebliebene, aber noch schirmfreie Stämme;

4. unterdrückte (unterständige, übergipfelte), aber noch lebensfähige Stämme, die zusammen mit 3. für die Boden- und Bestandespflege in Betracht kommen;

5. absterbende und abgestorbene Stämme, für Boden- und Bestandespflege nicht mehr in Betracht kommend.

Dazu ist zu bemerken, daß die (in dieser Einteilung fallengelassene) Unterscheidung der Vorherrschenden für Fichtenbestände nicht überflüssig wäre, denn in Fichtenbeständen sind die Vorherrschenden das „Knochengerüst" des Bestandes.

1931 schlug S c h ä d e l i n eine neue Einteilung vor, bei der drei Eigenschaften getrennt voneinander berücksichtigt wurden [1]: die soziale Stellung im Bestand, die Güte der Stammform und die Kronenausbildung. S c h ä d e l i n verwendet eine Form der Bezeichnung nach dem Dezimalsystem (die Ziffer an der Hunderterstelle bezeichnet die soziale Stellung im Bestande, die folgende, an der Stelle der Zehner, die Stammgüte, die dritte, an der Einerstelle, die Kronengüte). Die Kronengüte ist erst an dritter Stelle berücksichtigt, weil bei dem jungen Baum die Kronenform noch kein bleibendes Wahrzeichen der Güte ist, da der Bau der Krone durch entsprechende Erziehung im Laufe der Zeit noch weitgehend beeinflußt werden kann. Ein Vorzug ist, daß mit einer dreistelligen Zahl ein rascher Überblick über drei für den Bestandesaufbau wichtige Eigenschaften gegeben wird:

Stammgüte	Soziologische Stellung im Bestand											
	1. herrschend			2. mitherrschend			3. beherrscht			4. unterständig		
	Kronengüte											
	gut	mittel	gering	gut	mittel	gering	gut	mittel	gering	gut	mittel	gering
gut	111	112	113	211	212	213	311	312	313	411	412	413
mittel	121	122	123	221	222	223	321	322	323	421	422	423
gering	131	132	133	231	232	233	331	332	333	431	432	433

[1] S c h ä d e l i n W., Klasseneinteilung und Qualifikation der Waldbäume, Schweizer. Zeitschr. f. Forstw. 1931.

Erwähnt sei noch die *dänische Baumklasseneinteilung* (Einteilung bei der dänischen Durchforstung), sie unterscheidet die Bäume nach ihrer Nützlichkeit für die Wirtschaft in:

A. Hauptstämme, geradwüchsig und gleichmäßig bekront,

B. schädliche Nebenstämme, welche wegen der Kronenpflege der Erstgenannten zu entfernen sind,

C. nützliche Nebenstämme, welche wegen Reinigung der Hauptstämme von unteren Ästen zu erhalten sind,

D. gleichgültige Stämme.

Durchforstungsarten und -grade.

In früherer Zeit waren die Eingriffe bei der Durchforstung hauptsächlich auf den Aushieb der unterdrückten und absterbenden Stämme gerichtet; so schrieb Leopold G r a b n e r, Wien, vor fast hundert Jahren[1], daß es Aufgabe des Forstwirtes sei, durch zeitweisen Aushieb der der Unterdrückung verfallenen Stämmchen deren Benützung vor wesentlicher Schmälerung ihres Gebrauchswertes zu erzielen, zugleich auf diesem Wege das allzu starke Drängen im Bestand im Kampf ums Dasein (gelegentlich der Bestandesausscheidung) zu mäßigen und den „Raum, den die Absterblinge früher oder später doch verlassen müssen, mit Abkürzung des Kampfes den dominierenden Individuen des Bestandes zuzuwenden". Immerhin rechnete L. G r a b n e r schon damit, „nebst dem ganz unterdrückten Gehölze auch angehend unterdrückte oder selbst dominierende Stämme" hinwegzunehmen und „größere oder geringere Unterbrechungen des Kronenschlusses" bei der „weitgreifenden" Durchforstung als unvermeidlich in Kauf zu nehmen. Als Summe der Vorerträge bei höherem Umtrieb im Hochwaldbetrieb („Ausbeute an Durchforstungsholz") gab er „bis 50 und mehr v. H. von der Holzmasse im haubaren Alter" an. G r a b n e r hatte damals als Vorstand der Verwaltung des gesamten Fürst Liechtensteinschen Forstbesitzes Waldungen bedeutenden Ausmaßes *auch außerhalb der Alpen* bewirtschaftet.

Als 1923 im Alpenstaate Österreich H. L o r e n z - L i b u r n a u in einer Abhandlung „Für den Fortschritt in unserem Durchforstungswesen" die Anwendung der *neueren*, im Wege des Versuchswesens und in der Praxis erprobten Durchforstungsverfahren einschließlich auch der *Hochdurchforstung* verlangte, wurden ihm im Schrifttum Hinweise auf die Schwierigkeiten der Bringung im Hochgebirge entgegengehalten sowie solche auf die Gefahr einer mißbräuchlichen Anwendung der Hochdurchforstung durch die fachlich nicht geschulten Kleinwaldbesitzer und dergleichen[2]. Aber nicht alle Waldungen in Österreich befinden sich auf Hoch-

---

[1] G r a b n e r L., Die Forstwirtschaftslehre für Forstmänner und Waldbesitzer, 2., verbesserte Aufl., I. Bd., Wien 1854, S. 176—187.

[2] L o r e n z - L i b u r n a u H., Für den Fortschritt in unserem Durchforstungswesen, Z. d. n.-ö. Forstver. „Blätter aus dem Walde", 1923. — K l i m e s c h J., „Für den Fortschritt in unserem Durchforstungswesen", Wr. Allg. Forst- u. Jagd-Ztg. 41, 1923, S. 267—269. — L o r e n z - L i b u r n a u H., „Unentwegt für den Fortschritt in unserem Durchforstungswesen", ebenda, S. 297—299. — K l i m e s c h, ebenda, 42, 1924, S. 33, 51, 64, 88.

gebirgsstandorten; besonders in Buchenbeständen geringerer Meereshöhe, in sonstigen Laubholzwaldungen sowie in Kiefernbeständen, in allen jenen Mischbeständen, die auch Laubhölzer oder Kiefern, Lärchen enthalten, wäre für die Auslesedurchforstung (im Herrschenden) ein dankbares Arbeitsfeld gegeben.

Gegenwärtig unterscheiden wir zwei Arten von Durchforstung: die *Niederdurchforstung* und die *Hochdurchforstung*. Die Hochdurchforstung besteht in der fortwährenden Begünstigung und Wachstumsförderung jener Bestandesglieder, die nach Standort, Holzart und Form das meiste wirtschaftliche Interesse verdienen (A. E n g l e r, Die Durchforstung, Mitt. d. Schweiz. Versuchsanstalt 1924). „Die Kronen dieser wichtigen, für die Zukunft am meisten versprechenden Individuen sind nach und nach durch Aushieb minderwertiger Bäume oder durch sonstige Auflockerung des Kronenschirms lichter zu stellen... Diese pfleglichen Eingriffe vollziehen sich hauptsächlich im herrschenden Teil des Bestandes", dagegen bleibt der Nebenbestand, der aus den Beherrschten und Unterdrückten besteht, erhalten, um als Bodenschutz zu dienen oder bei der Astreinigung der Herrschenden zu nützen.

Bei der *Niederdurchforstung* dagegen werden in erster Linie beherrschte Glieder des Bestandes entfernt, auch bei den stärkeren Graden wird hauptsächlich beurteilt, welche Bestandesglieder zu entfernen, und nicht, welche beste Auslese zu fördern ist. Früher war die Niederdurchforstung die übliche, heute hat die Hochdurchforstung den Vorrang, die Durchforstung im Herrschenden. Ihr Ziel ist die Auslese und Pflege der besten Stämme. Der Hauptunterschied besteht im grundsätzlichen Aushieb der beherrschten Bestandesglieder bei der Niederdurchforstung und deren grundsätzlicher Erhaltung bei der Hochdurchforstung.

Bei den Holzarten, bei denen schlechte Stammformen häufiger sind, wie Kiefer, Buche, Eiche (auf manchen Standorten auch Lärche), ist die Hochdurchforstung praktisch besonders wichtig, doch läßt sie sich bei den Lichtholzarten Kiefer und Eiche nur bei Vorhandensein einer schattenertragenden Mischholzart wie Buche oder bei Unterbau mit einer solchen durchführen. Der Buchenbestand ist sowohl wegen der Notwendigkeit der Stammpflege zur Hochdurchforstung geeignet als auch wegen der Schattenfestigkeit des erhalten bleibenden Nebenbestandes. Mischbestände, zum Beispiel von Buche-Eiche oder Buche-Kiefer, sind besonders geeignete Objekte der Hochdurchforstung. Daß der Föhrenbestand zur Verhinderung sperrigen Astwuchses bis zum Alter von 30 bis 40 Jahren so geschlossen aufwachsen muß, daß keine „Protzen" entstehen können, wurde schon an anderer Stelle hervorgehoben. Auch bei Eiche ist Vorsicht nötig. Wenn in bürstendichten Jungwüchsen der Eiche eine schwache Auflockerung, Jungwuchspflege, stattfindet, so darf dabei der Bestand nicht durchsichtig werden. Auch im Dickungsalter, nach der „Säuberung", soll der Bestand dicht bleiben.

Im Fichtenbestand ist die Erfüllung der Forderung, den Nebenbestand im Sinne der Hochdurchforstung zu erhalten, insofern schwierig, weil im Alter von 40 bis 50 Jahren die zurückgebliebenen Stämmchen dieser Halbschattholzart in der Regel absterben; im Fichtenbestand ist also die Anwendung der Hochdurchforstung bis zum Alter von etwa 40 bis 50 Jahren möglich; falls nachher noch im Wege der starken Niederdurchforstung Eingriffe im Herrschenden stattfinden, so können sie nicht mehr zur Hochdurchforstung zählen (weil der Nebenbestand sich nicht mehr erhalten läßt). Bei Holzarten, die, wie Fichte und Tanne, in der Regel gute Schaftformen aufweisen, ist die Auslesetätigkeit der Hochdurchforstung nicht so dringend erforderlich wie bei Buche, Eiche, Kiefer[1].

Je nach dem *Durchforstungsgrad* unterscheidet man bei der Niederdurchforstung:

Die *schwache Niederdurchforstung (A-Grad* der Versuchsanstalten), die sich darauf beschränkt, die Klasse 5 (abgestorbene und absterbende Stämme) sowie kranke Stämme und niedergebogene Stangen zu entnehmen. Sie kommt nicht als eigentliche Erziehungsmaßnahme, sondern nur zum Vergleich für die anderen Grade in Frage.

Die *mäßige Niederdurchforstung (B-Grad)* entfernt die Klassen 5 und 4 (abgestorbene und absterbende, unterdrückte, übergipfelte, niedergebogene Stämme) und außerdem einen Teil von Klasse 2 (Kranke und Peitscher, schlechtgeformte Vorwüchse, falls sie nicht durch Ästung unschädlich gemacht werden).

Die starke *Niederdurchforstung (C-Grad)* entfernt allmählich die Stämme sämtlicher Klassen, außer Klasse 1, so daß nur Stämme mit normaler Kronenentwicklung und guter Schaftform in möglichst gleichmäßiger Verteilung verbleiben. Durch Gruppenauflösung wird für die Entwicklungsmöglichkeit der Kronen nach allen Seiten gesorgt, doch soll keine dauernde Schlußunterbrechung eintreten. Wenn durch Entnahme herrschender Stämme Lücken entstehen würden, können etwa vorhandene unterdrückte und zurückbleibende (bei den Graden B und C) noch im Bestande belassen werden. Da nämlich eine Auflösung des Schlusses nicht beabsichtigt ist, wurde die zusätzliche Bestimmung getroffen, daß mit Rücksicht auf den Bestandesschluß außer zurückbleibenden und unterdrückten auch „gesunde Bäume mit abnormer Krone oder schlechter Stammform" erhalten bleiben können. Stämme aus Klasse 2 werden also nur unter Rücksichtnahme auf den Schluß des ganzen Bestandes entnommen.

Die *Hochdurchforstung* greift grundsätzlich in den herrschenden Bestand ein zum Zwecke besonderer Pflege von Zukunftsstämmen, dabei wird grundsätzlich ein Teil des Nebenbestandes als bodendeckender Unterstand geschont. Der Hochdurchforstung liegt die Annahme zugrunde, daß vor allem Glieder des herrschenden Bestandes belangreiche Konkurrenten von Zukunftsstämmen sein können und daß die Leistung und Ausformung des künftigen Haubarkeitsbestandes vor allem von Gliedern des herrschenden Bestandes bestimmt wird.

Die *schwache Hochdurchforstung (D-Grad)* beschränkt sich einerseits darauf, die Stämme der Klasse 5, also die abgestorbenen und absterbenden,

---

[1] Versuche von Graser in Zöblitz zeigten, daß auf frischen Standorten in vorher gut gepflegten Fichtenbeständen auch in der zweiten Hälfte der Umtriebszeit hochdurchforstungsartige Behandlung noch möglich ist (Graser, Die Bewirtschaftung des erzgebirgischen Fichtenwaldes, 2. Bd., 1935, zit. nach Rubner, Vorratswirtschaft, S. 43).

dann einen großen Teil der Klasse 2 (kranke Stämme, Zwiesel, Sperrwüchse, Peitscher usw.) zu entfernen, dann andererseits diejenigen Stämme von Klasse 1, welche zur Auflösung von Gruppen Gleichwertiger herauskommen müssen. Die Entnahme kann auf mehrere Durchforstungen verteilt werden. Erhalten bleiben also: Klasse 3 (zurückgebliebene, aber noch schirmfreie Stämme), Klasse 4 (unterdrückte, übergipfelte, aber noch lebensfähige) und der größte Teil von Klasse 1.

Die *starke Hochdurchforstung (E-Grad)* geht von dem Ziel aus, eine bemessene Anzahl von Zukunftsstämmen zu pflegen. Dazu werden außer Klasse 5, also den abgestorbenen und absterbenden, dann außer den schlechten unter den herrschenden, nämlich einem Teil der Klasse 2 (Kranke, Zwiesel, Sperrwüchse usw.) noch alle diejenigen Stämme entfernt, welche die gute Kronenentwicklung der ausgewählten Haubarkeitsstämme behindern, also zahlreiche Stämme der Klasse 1.

Der C-Grad (starke Niederdurchforstung) und die starke Hochdurchforstung (E-Grad) sind keineswegs etwa das gleiche; denn bei allen Graden der Niederdurchforstung, auch beim C-Grad, handelt es sich auch um die grundsätzliche Entfernung der beherrschten Bestandesglieder, während bei der Hochdurchforstung eine positive Auslese und Pflege der besten Bäume stattfindet und der Nebenbestand grundsätzlich erhalten bleibt. Bei der Fichte allerdings verschwindet der Nebenbestand spätestens bei einem dem halben Umtrieb entsprechenden Alter; und die Entnahme der schlechten Stämme ergibt praktisch das Übrigbleiben und die Pflege der besten genau so, als wäre eine positive Auslese erfolgt.

Vom Dauerwald her kam die Forderung nach „Vorratspflege". Die *Vorratspflege* der neueren Zeit geht gelegentlich noch etwas weiter als die Hochdurchforstung. Sie nimmt nämlich auch Lücken im Bestand dann in Kauf, wenn eine Häufung schlechter Bestandesglieder solche Eingriffe erfordert. Andererseits verzichtet sie aber auch unter Umständen darauf, Gruppen gutwüchsiger Stämme aufzulösen, sie paßt sich also den gegebenen Bestandesverhältnissen und äußeren Bedingungen an und bringt nicht Opfer zugunsten einer unnatürlichen Gleichmäßigkeit.

Dem Praktiker, der eine bestimmte Durchforstungsart und einen bestimmten Grad der Durchforstung anwenden will, wäre mitunter ein exaktes Maß für die Größe des Eingriffes erwünscht. Ein solches ist in der Stammgrundflächensumme oder „*Kreisfläche*" je Hektar gegeben. W i e d e m a n n [1] konnte auf Grund vieljähriger Bearbeitung zahlreicher Durchforstungsversuchsflächen folgende Kreisflächensummen je Hektar in Quadratmetern angeben:

	Niederdurchforstung			Hochdurchforstung		Lichtung
	schwach	mäßig	stark	mäßig	stark	
Buche	38—45	28—34	22—25	20—26	18—24	20—24
Eiche	28—35	24—30	17—22	21—25	16—22	—
Fichte	53—60	45—55	34—45			20—30
Kiefer	33—38	28—33	24—29			19—22

---

[1] W i e d e m a n n E., Zur Klärung der Durchforstungsbegriffe, Zeitschr. f. Forstu. Jagdw., 1935.

Ein anderer Maßstab für die Intensität der Bestandeserziehung wurde in der Badischen Forstverwaltung eingeführt: Je nach dem Verhältnis der *Vornutzungsmasse zur Gesamtwuchsleistung* des Bestandes wurden Durchforstungsstufen (in Baden von P h i l i p p als „Wirtschaftsstufen" bezeichnet) unterschieden: Wenn die Summe aller Vornutzungen 20 v. H., 30 v. H., 40 v. H. ... des Gesamtertrages ausmacht, wird von der II., III., IV. ... Durchforstungsstufe („Wirtschaftsstufe") gesprochen. (Bei Beständen aber, die von vornherein in sehr weitem Verband begründet sind, in denen also der Standraum der einzelnen Bestandesglieder von Anfang an groß ist, müssen die Durchforstungserträge zunächst kleiner sein, ohne daß von zu schwacher Durchforstung geredet werden kann [1].)

Beginn und Häufigkeit der Durchforstung, Auszeige.

Nur bei frühzeitigem Beginn kann alles ungeeignete Bestandesmaterial entfernt werden, deshalb findet die Läuterung (oder „Säuberung" im Sinne S c h ä d e l i n s) bereits im Dickungsalter statt. Zum Teil können noch die ersten Durchforstungen im frühen Stangenholzalter das bei der Läuterung Versäumte nachholen. Bei späterem Eingriff würden durch die Entnahme Ungeeigneter oft schon zu große Lücken entstehen, die Folge wäre Ästigkeit der verbleibenden Stämme, eine lückige Bestockung, Gefahr von Schneedruckschäden. Der alte Grundsatz, „früh" zu beginnen, „mäßig" in den Bestand einzugreifen und „oft" zu wiederholen (also „früh, mäßig und oft"), ist im großen ganzen auch heute noch gültig. Während des Stangenholzalters sind bei Holzarten, die sonst zur Ästigkeit neigen: Kiefer, Eiche, Buche, sonstige Laubhölzer, vorsichtige, mäßige Eingriffe am Platze. In der Jugend raschwüchsige Lichtholzarten, zum Beispiel die Lärche, bedürfen früh einsetzender Durchforstungen, sonst geht die Astreinigung so weit, daß nur mehr hoch hinaufgerückte, kleine Kronen noch grün und lebensfähig bleiben.

Je schnellwüchsiger die Holzart, je besser der Standort, desto früher stellt sich der Kampf ums Dasein ein, desto eher soll auch die Durchforstung einsetzen. Bei Holzarten, die zu starker Astbildung und Kronenausbreitung neigen, wird im Stangenholzalter Niederdurchforstung angewandt. Hingegen können solche mit geringerem Ausladungsvermögen, Fichte, Tanne, Lärche, schon von Jugend an in lockerem Schluß gehalten werden.

Was die Häufigkeit der Durchforstung anbelangt, die Zeitspanne, nach der eine Wiederholung am Platze ist, so erfordert der Grundsatz der Stetigkeit die Vermeidung allzu langer Pausen. Für jüngere Bestände mit rascherem Wachstumsgang und solche mittleren Alters empfiehlt es sich, etwa alle drei Jahre einzugreifen. In älteren Beständen können alle fünf bis sechs Jahre wiederholte Eingriffe genügen. Wenn in der Dauerwaldbewegung eine alljährliche Wiederkehr des Hiebes gefordert wurde, so ist einzuwenden, daß man in diesem Falle sich kein Urteil über die Wirkung des vorhergehenden Eingriffes bilden kann und daß die Durchführung im

---

[1] H a u s r a t h H., Zur Bedeutung der Wirtschaftsstufen, Allgem. Forst- u. Jagdzeitung 106, 1930, S. 246—247. — P h i l i p p und K u r z, Die Verlustquellen in der Forstwirtschaft, Badenia, Karlsruhe, 1928, S. 26.

Großbetrieb kaum möglich wäre. Auch würde die alljährliche Wiederkehr eine weitgehende Zersplitterung des Hiebes bedeuten.

Der Auszeigende muß den Bestand überblicken, daher wird das Bezeichnen der Stämme nach seiner Anweisung von Holzhauern besorgt (durch Striche mit dem Baumreißer oder durch Anschalmen). Der Auszeigende beginnt mit der Auszeige von unten, geht den Bestand streifenweise (Streifen in der Richtung der Schichtenlinie) durch, und zwar bewegt er sich, um in die Kronen blicken zu können, stets am oberen Rande des betreffenden (zuerst des untersten) Horizontalstreifens. In Laubholzbeständen sind im unbelaubten Zustand die Kronen verhältnismäßig besser zu übersehen.

Die wichtigeren Durchforstungsverfahren.

Im Laufe der Zeit wurde eine ganze Reihe von Durchforstungsverfahren ausgebildet, viele davon haben nur noch geschichtliche Bedeutung. Es wäre nicht zweckmäßig, hier auf alle im einzelnen einzugehen. Heute herrscht im wesentlichen der Grundsatz der Auslesedurchforstung in der herrschenden Schicht, also auch der der Hochdurchforstung, wobei Zukunftsstämme durch Befreiung von Konkurrenten begünstigt, die Unterdrückten aber, wenn sie noch lebensfähig sind, als Bodenschutz belassen werden. Zu den Durchforstungsverfahren, die zu der Auslese- und Hochdurchforstung in Beziehung stehen, gehört:

Die *französische Hochdurchforstung (éclaircie par le haut)*, die schon zu Ende des 18. Jahrhunderts in Frankreich in den aus Eichen und Buchen gemischten Beständen sowie in Mittelwäldern ausgebaut und erstmalig schon wesentlich früher angewandt wurde. Die Elitestämme werden bei ihr begünstigt, die zwischen- und unterständigen bleiben zur Bodenpflege erhalten. Grundsatz ist, daß „die Krone im Licht, der Stamm im Schatten und der Fuß im Frischen" sein soll. Aus klimatischen Gründen überwiegt in Frankreich der Mischwald von Eichen und Buchen. In tieferen Lagen kommen Mittelwälder vor. Die Industrie in Frankreich benötigt von den genannten Laubhölzern Starkholz. Deshalb wurde die Hochdurchforstung in Frankreich das herrschende Verfahren. Für die Elitestämme schädliche Nachbarn aus dem Hauptbestand (herrschende und mitherrschende) werden ausgehauen. Die beherrschten und unterdrückten bleiben als Bodenschutz- und als Treibholz (Umfütterung der Schäfte) stehen.

Zu dem Gedankengut, das zum Ausbau der Auslese- und Hochdurchforstung führte, gehören auch die Ideen, die „*Hecks freie Durchforstung*" zugrunde liegen. Schon früher wurde festgehalten, daß Heck bereits 1898 in seiner Veröffentlichung über freie Durchforstung auch als erster die Unterscheidung von „Schaftklassen" vorgenommen hat. (Vorher hatte man nach Kraft bloß die soziale Stellung im Bestand und die Kronenausbildung berücksichtigt.) Heck schlägt für die „Durchforstung der freien Hand" vor, daß ohne Bindung an bestimmte Regeln und an bestimmte Kronenklassen nach freier Würdigung des Einzelfalles unter Berücksichtigung der jeweils besseren Schaftformklassen einzugreifen sei, daß der Unterstand möglichst zu schonen, die Schlußunterbrechung vor dem 50. Jahr nur mäßig, und erst von diesem Alter an stärkere Lichtstellung im Herrschenden anzuwenden sei. Von diesem Alter an ist die Astreinigung der Schäfte durch gedrängten Schluß im wesentlichen schon erreicht, die Förderung des Durchmesserzuwachses von da ab wichtiger! H e c k s Verfahren entspricht den Grundsätzen der Hochdurchforstung. Als Ziel der „freien Durchforstung" gilt ihm die „Erziehung vereinbar größter, namentlich wertvollster Holzmasse auf dem Hektar durch Erziehung einer tunlichst großen Zahl langschaftiger und senkrechter, zweischnüriger und astreiner Stämme mit verhältnismäßig bestbezahltem Durchmesser bei mäßigem Bestandesalter" in guter Verteilung der Hauptstämme.

Dem Grundgedanken der Hochdurchforstung entspricht auch die *dänische Durchforstung.* Schon um 1800 hat der dänische Staatsmann C. D. F. G r a f R e v e n t l o w starke wiederholte Eingriffe und grundsätzliche Entfernung jeweils des schlechteren Stammes in den Buchen- und in den Eichenbeständen angewandt und empfohlen[1]. In Dänemark sind die Meereshöhen gering, die natürlich vorkommenden Holzarten sind Laubhölzer, in erster Linie Buche, dann Eiche, Esche, Ahorn usw., Aufforstungen enthalten Nadelhölzer. Das Ziel der *intensiven* dänischen Wirtschaft ist ein in möglichst kurzem Umtrieb (*Eiche* 120 bis 150 Jahre, *Buche* 100 bis 120 Jahre) zu erreichender reiner Bestand von *Starkholz von genügender Astreinheit.* Daß die dänische Durchforstung die Stammklassen nach wirtschaftlichen Gesichtspunkten unterscheidet (Hauptstämme, schädigende Nebenstämme, nützliche Nebenstämme, gleichgültige Stämme), wurde schon weiter oben genauer besprochen. Schon in Jungwüchsen werden „Durchschneidungen" (die unserer Jungwuchspflege entsprechen) vorgenommen. Im Bestandesalter von etwa 20 Jahren (ungefähr 7 m Höhe) beginnen die Durchforstungen, bei denen zuerst alle schlechten Stämme sowie kranke und unerwünschte entnommen werden (ähnlich wie bei der „Säuberung" S c h ä d e l i n s). Schon in jungen Beständen werden nach und nach jene Stämme ausgehauen, welche den *oberen* Teil der Krone der Hauptstämme schädigen; also wird schon in der Jugend in die *herrschenden Stammklassen* eingegriffen. Solange man noch auf Astreinigung hinarbeitet, also bis zum Alter von etwa 60 Jahren, sollen dagegen die *unteren* Kronenteile der Hauptstämme absterben, also sind solche Stämme des Nebenbestandes, die nur in den unteren Kronenteil der Hauptstämme als Konkurrenten eingreifen, als „nützliche Nebenstämme" zu schonen. Das sind Grundsätze, die der Hochdurchforstung entsprechen.

Die Wiederholung der Durchforstung erfolgt im jungen Bestand ungefähr alle drei Jahre, im mittleren Alter alle fünf Jahre, im Altholz alle zehn Jahre. (Die Regel in Dänemark besagt: Wiederholung der Durchforstung nach so viel Jahren, als das Bestandesalter Dezennien zählt. Das wird aber nur ungefähr eingehalten.) Etwa in der Mitte der Umtriebszeit, also bei Buche ungefähr im Alter von 60 Jahren, werden auf gutem Boden etwa 200 Zukunftsstämme je Hektar, auf geringerem 300 (geringere Wuchskraft, kleinerer Standraum, daher größere Stammzahl!) ausgewählt und

---

[1] C. D. F. G r a f R e v e n t l o w, Grundsätze und Regeln für den zweckmäßigen Betrieb der Forste, nach dem deutschen Manuskript von 1827 veröffentlicht, Kopenhagen und Berlin, P. Parey, 1934.

dauernd bezeichnet. Wenn der Bestand einen astreinen Schaft von etwa 12 bis 15 m erreicht hat, so wird nicht mehr wie bisher auf die Reinigung von unteren Ästen hingearbeitet, sondern auf *Stärkenzuwachs,* somit auch auf die Erhaltung der vorhandenen Krone. Dann soll also keiner der unteren Äste mehr verlorengehen, sondern die Krone soll auch seitlich stark wachsen. Deshalb werden jetzt solche Stämme, welche die Zukunftsstämme in den unteren Kronenteilen schädigen, gefällt. Schädiger der oberen Kronenteile sind in diesem Alter nicht mehr im Bestande vorhanden. Von nun an entnimmt also die Durchforstung jeweils die kürzeren von zwei Stämmen, schont aber einen Teil der unterdrückten wegen Bodenschutz und Luftruhe. Die dänische Durchforstung sucht nicht nur große Massen zu erzielen, sondern die Masse des hiebreifen Bestandes soll aus einer gewissen geringen Anzahl, dafür aber stärkerer Stämme bestehen (gerade beim *Laubholz,* bei Buche und Eiche, sind stärkere Stämme wesentlich besser verwendungsfähig und somit wertvoller als die schwächeren; bei Fichte und Tanne spielt die Stärke in der Regel eine geringere Rolle). Schon 1827 schrieb R e v e n t l o w in seinen „Grundsätzen und Regeln": „Ich betrachte die vollkommensten Bäume der Art, die ich zu ziehen wünsche, und suche durch den Abstand, den ich den Bäumen . . . gebe, dazu beizutragen, daß ihre Bildung der Gestalt, die ich an den vollkommensten Bäumen finde, ähnlich werde." Daß man, sobald astreine Schäfte von etwa 12 bis 15 m Länge erreicht sind, auf Stärkenzuwachs hinarbeitet und nicht mehr auf weitere Astreinigung und Höhenentwicklung, dies gehört zu den besonderen Kennzeichen der dänischen Durchforstung. Zu den Eigentümlichkeiten dieser zählt auch die positive Auslese der besseren und besten Stämme, die zu begünstigen sind. In Deutschland hat auf die dänische Durchforstung von 1899 an M e t z g e r durch Abhandlungen und Vorträge nachdrücklich hingewiesen [1].

Auch die von M i c h a e l i s im Bramwald (Lehrrevier der Forstlichen Hochschule Hann.-Münden) durchgeführte *„Durchforstung im Herrschenden"* schließt sich in der Hauptsache den dänischen Durchforstungsgrundsätzen an. Die Voraussetzungen sind insofern ähnlich, als es sich ebenfalls um geringe Meereshöhen (Weserhänge in etwa 100 bis 400 m Seehöhe) und um die Hauptholzarten Buche, auch Eiche (künstlich eingebracht Fichte, auch Lärche) handelt, auch dort ist in Anbetracht der vorkommenden Holzarten Buche, Eiche die Erzeugung von Starkholz (neben Astreinheit und Geradheit) maßgebend für die Verwendungsfähigkeit und den Wert des Holzes. M i c h a e l i s erstrebte die Erzeugung wertvollen Holzes und erkannte als Bedingungen eines solchen: Stärke und Astreinheit, Geradheit und (in letzter Linie) gleichmäßigen Jahrringbau. Seine Einteilung der Stämme ist ähnlich der dänischen. M i c h a e l i s schrieb vor, zur allmählichen, stetigen Lockerung des oberen Kronenschlusses „immer dann einen Stamm zu nehmen, wenn er einen oder mehrere am Schaft, besonders hinsichtlich der Astreinheit, wertvoller gearteter Nachbarn an dem zu erhaltenden und wei-

---

[1] M e t z g e r C., Vortrag bei der 27. Versammlung des Dtsch. Forstvereins in Schwerin 1899 über die in Dänemark gebräuchliche Art der Buchenbestandspflege, Jahresbericht Dtsch. F.-V. 1899, S. 80—116.

ter auszubildenden Teil ihrer Krone handgreiflich schädigt oder beengt". Dabei ist der lebensfähige Unterstand grundsätzlich zu schonen. Die stärkeren Stämme besitzen in der Regel auch einen höheren Anteil astreinen Holzes. Besonders bei Buche, Eiche, Kiefer ist Starkholz Wertholz. Auch nach M i c h a e l i s wird bei der Durchforstung zuerst in den *oberen* Kronenraum eingegriffen, weil dort der Kampf stattfindet, dem vorgegriffen werden soll. Erst wenn die Hauptstämme einen astreinen Schaft gebildet haben, dessen Länge etwa 50 bis 60 v. H. der Baumhöhe ausmacht, erst dann werden auch solche Stämme gefällt, welche die untere Kronenhälfte schädigen. Außer schädlichen und abkömmlichen entnimmt M i c h a e l i s auch Stämme zur Auflösung von Gruppen gleich guter. Der Bessere von zweien oder der Beste einer Gruppe soll in der Kronenentwicklung gefördert werden. Dadurch wird das Dickenwachstum an den Zukunftsstämmen gehoben.

Reformatorisch, aber auf Grund irrtümlicher Thesen, war B o r g g r e v e s *Plenterdurchforstung*, dargestellt unter anderem in seiner „Holzzucht", 2. Auflage, 1891; wenn sich die Plenterdurchforstung auch nicht dauernd bewährte, ist sie trotzdem heute noch von grundsätzlichem Interesse. B o r g g r e v e arbeitete in älteren, schlechtwüchsigen, aus ehemaligem Mittelwald zusammengewachsenen *Buchenbeständen*, die vorwüchsige „Protzen" enthielten. Er nahm an, daß die K r a f t schen Baumklassen nicht zugleich auch Wuchsintensitätsklassen seien, der Vorsprung der Vorwüchsigen beruhe nicht auf innerer Veranlagung, sondern auf äußeren Zufälligkeiten. Die stärksten Stämme unserer Bestände seien stets vorherrschend gewesen. Etwa vom 60. Jahre des Bestandesalters an seien diese Vorherrschenden zu entnehmen. Die bisher leicht Beherrschten, von den stärkeren Nachbarn befreit, würden dann eine sehr wesentliche Zunahme des Zuwachses aufweisen. B o r g g r e v e glaubte, die „Plenterdurchforstung" im gleichen Bestand alle zehn Jahre immer wieder (etwa acht- bis zehnmal) wiederholen zu können. S c h w a p p a c h sche Versuche ergaben, daß schon nach zweimaliger Wiederholung eine weitere Fortsetzung nicht mehr am Platze wäre, denn die stärksten Stämme sind dann nicht mehr „Protzen". In den älteren, wenig gepflegten Buchenbeständen, in denen B o r g g r e v e sein Verfahren · durchführte, war dieses solange berechtigt, als noch „Protzen" vorhanden waren. Eine Verallgemeinerung auf alle Holzarten und für eine lange Dauer war aber nicht berechtigt. Immerhin war der Gedanke, schlechte Vorwüchse zugunsten besser geformter schwächerer Stämme auszuhauen, damals neu und lag in der Richtung der Hochdurchforstung, beziehungsweise der heute anerkannten Grundsätze der Vorratspflege.

Während die bisher besprochenen Verfahren hauptsächlich die Pflege von Buche, Eiche und sonstigen Laubhölzern zum Gegenstande hatten, soll im folgenden das heute zumeist angewandte Verfahren zur *Durchforstung der Kiefer* (Hochdurchforstung erst vom 35. bis 40. Jahre an) besprochen werden [1]. In der Jugend ist bei der Kiefer eine Kultur in dichtem Horizontalschluß anzustreben, dies ist (wegen der Neigung der Kiefer zu sperrigem Astwuchs) wichtig für die Wertholzerzeugung. Die erste Säuberung be-

---

[1] J u n a c k, Durchforstung der Kiefer, 4. Aufl., Neudamm 1931.

schränkt sich auf den Protzenaushieb oder das oberflächliche Köpfen und Einstutzen der Vorwüchse, um wertvollen, feinastigen Bestandesgliedern zu helfen. Dann beginnen die ersten Durchforstungen als schwache Niederdurchforstung (wegen der Astreinheit vorsichtig) mit verspäteter Entnahme von Protzen; erst vom 35. bis 40. Jahre an, wenn der Bestand schon auf etwa acht bis zehn Meter von Ästen gereinigt ist, findet ein scharfer Hiebseingriff zur Vorratspflege (Qualitätsverbesserung) statt. Zwischen dem 40. bis 70. Jahre dürfen die Durchforstungen nicht zu gering ausgeführt werden, die Hauptaufgabe ist dann die Pflege der Kronen der Zukunftsbäume, also *Hochdurchforstung*, in einem Alter, in welchem die Krone des Baumes noch bildungsfähig ist; Versäumnisse in dieser Zeit lassen sich später nicht mehr nachholen. Nachbarn, welche die Krone der Zukunftsbäume peitschen oder einengen, sind zu beseitigen. Abgängiges Material und „Kümmerer" müssen genutzt werden, desgleichen Kiefern mit Baumschwamm (*Trametes pini*), weil sie sonst an Qualität abnehmen würden. Ihr Aushieb hat daher rücksichtslos zu erfolgen, selbst wenn Lücken entstehen. Auch Kiefern mit Kienzopfstellen unterhalb der Krone oder in deren unterem Teil unterliegen dem Aushieb. Zu den „Kümmerern" gehören trockene Stämme, Kiefern mit zwerghafter Krone, mit geringer Nadelmenge infolge Kronendruckes, seitlicher Einengung und Absterbens der Kronenspitze durch Kienzopf. Außer den *Zukunftsstämmen* mit gutem Schafte und verhältnismäßig gut entwickelter Krone bleiben auch „Zukunftsreservisten" für den Fall der Abgängigkeit eines Zukunftsstammes erhalten. Auf dem Bestandesrand als Windmantel sollen die Bäume von Jugend an weiteren Abstand bekommen, damit sie kräftig, tief beastet, mit abholzigem Stamme erwachsen. Behufs Erhaltung des Mantels ist dann vom Stangenholzalter an der Hieb an diesem Rand zu unterlassen.

Zu jenen hier zunächst besprochenen Durchforstungsverfahren, die zur *Hochdurchforstung* in Beziehung stehen, gehört insbesondere auch die *Auslesedurchforstung* nach S c h ä d e l i n - Zürich. Während die (schon früher besprochene) „Säuberung" im Sinne S c h ä d e l i n s nur Eingriffe zur Beseitigung der Minderwertigen in der Dickung zum Gegenstande hatte, handelt es sich bei der Durchforstung um *positive Auslese*, Begünstigung von Wertträgern, also Bestandesgliedern mit gutem Stamm und guter Krone, die im übrigen der herrschenden, der mitherrschenden oder auch der beherrschten Gesellschaftsschichte angehören können (jedoch nicht der vierten der von S c h ä d e l i n unterschiedenen Gesellschaftsschichten, jener der Unterständigen). In den Begriff der Auslesedurchforstung sind von S c h ä d e l i n alle Aushiebe zusammengefaßt, die nach vollzogener Säuberung erfolgen zum Zwecke der Ermittlung einer immer engeren Auswahl zur höchsten Wertleistung befähigter Anwärter. Die erste Durchforstung setzt nach ihm im etwa 20jährigen Bestande ein. Als Wertträger kommen in Frage: in erster Linie Stämme der Klassen 111, 211, 311 (also solche mit gutem Stamm und guter Krone); in zweiter Linie 112, 212, 312 (also solche mit nur mittelmäßiger Krone, aber gutem Schafte).

S c h ä d e l i n s Verfahren (ausgearbeitet und erprobt vor allem bei der langjährigen Bewirtschaftung von Buchen- und Buchen-Tannen-Beständen) ist eine Hochdurchforstung, denn die qualitativ besten, Nutzholz versprechenden Bäume werden von schädigenden oder auch nur hemmenden Konkurrenten befreit, aus dem Nebenbestand werden aber nur die dürren oder absterbenden sowie die Gefahrenträger herausgenommen. Er begünstigt unter den „Kandidaten", den guten, immer die besten, und zwar bei der ersten Durchforstung etwa 800 bis 1500 solche beste je Hektar, die „Anwärter" (A 1-Anwärter nach der ersten Durchforstung). Welche Anforderungen an einen guten Laubholzstamm sowie an einen guten Nadelholzstamm zu stellen sind, wurde schon im Abschnitt über die „Säuberung" besprochen. Im Abstand von vier bis fünf Jahren kehren die Durchforstungen wieder. Alljährliche Wiederkehr, wie sie von Vertretern der Dauerwaldbewegung gefordert wurde, hält S c h ä d e l i n weder für nötig noch für nützlich (wegen der Gefahr einer allzu raschen Abnahme der Stammzahl).

Die Auslesedurchforstung beachtet nur die *Wertträger.* Früher hoffte man von der Durchforstung in erster Linie eine wesentliche Steigerung der Gesamtmassenerzeugung, konnte diese aber bisher doch nicht zugunsten der stärkeren Durchforstungsgrade allgemeingültig erweisen. Hingegen ist im Wege der Durchforstung sicher möglich eine sehr große *Steigerung der Werterzeugung.* Die neuzeitliche Holzverwendung stellt höhere Ansprüche an die Beschaffenheit besten Nutzholzes. Im natürlichen Kampf würde der Stärkere siegen, der aber nicht der wirtschaftlich Bessere zu sein braucht.

Nach wiederholten Durchforstungen gehen aus den Anwärtern durch fortwährende Auslese hinsichtlich Schaftgüte 200 bis 300 Elitebäume hervor, die noch im Wege einer „Lichtwuchsdurchforstung" mit dauernder Unterbrechung des Kronenschlusses (also schon Lichtung, „Lichtungsbetrieb") zur Förderung des Durchmesserzuwachses gepflegt werden.

Im vorliegenden Abschnitt wurden bisher Durchforstungsverfahren, die zur Hochdurchforstung gehören oder ihr nahestehen, dargestellt. Die im folgenden zu besprechenden, zueinander in Beziehung stehenden Verfahren: *W o r l i k e r Durchforstung* sowie G e h r h a r d t s „*Schnellwuchsbetrieb*" [1] gehören nicht zur Hochdurchforstung, weil sie sich in der Regel des Nebenbestandes bald entledigen, wohl aber zählen auch sie zu jenen Methoden, die *in den Hauptbestand, in die Herrschenden eingreifen,* den Grundsatz der *Auslese unter den Herrschenden* anwenden. Für uns ist von Interesse, daß über die Worliker Durchforstung und G e h r h a r d t s Schnellwuchsbetrieb sowie S c h i f f e l s „Wuchsgesetze normaler Fichtenbestände" der Weg, nach Berücksichtigung der Ergebnisse zahlreicher Fichten-Durchforstungsversuche (W i e d e m a n n, Die Fichte 1936) u. a. zu anerkannten neuzeitlichen Grundsätzen der Durchforstung in *Fichtenbeständen* führt.

Auf einer sehr weitständigen Erziehung in der Jugend zum Zwecke besseren Stärkezuwachses beruht die *W o r l i k e r Durchforstung.* Sie wurde von Forstmeister B o h d a n e c k y in den Fürst Schwarzenbergschen Forsten von Worlik an der Moldau in Böhmen für die Fichte ausgebildet. Veranlaßt wurde das Worliker Verfahren dadurch, daß allzu dichte, aus Saat hervorgegangene Fichtenbestände keineswegs Befriedigendes leisteten, son-

---

[1] G e h r h a r d t, Über Schnellwuchsbetrieb, Zeitschr. f. Forst- u. Jagdw. **64,** 1932, S. 65—82.

dern noch am Ende der Umtriebszeit übermäßig stammreich waren, jedoch
schwache Stämme aufwiesen. B o h d a n e c k y ging von dem Erfahrungs-
satz aus, daß der Stärkezuwachs dem Blattvermögen nahezu proportional
sei, „daß somit jeder Millimeter Durchmesserzuwachs eine bestimmte Krone
in Größe, Form und Tätigkeit voraussetzt" [1]. Er führte daher weitständige
Pflanzung und wiederholtes Durchschneiden der Jungwüchse ein; das
schwache Material war in der Nähe des Schwarzenbergkanals zum Binden
der Flöße verwertbar. Nach seinem Verfahren sollten schon im Alter von
zehn Jahren, nach Eintritt des Schlusses, Lockerungshiebe beginnen. Im
Alter von 25 Jahren sollen die grünen Kronen noch bis zum Boden herab-
reichen. Die Stammzahl soll in diesem Alter nur halb soviel wie laut der
Ertragstafel betragen. Im Alter von 30 bis 35 Jahren sollen die Kronenlän-
gen noch zwei Drittel der Baumhöhen ausmachen, es sollen also leistungs-
fähige Kronen erhalten bleiben, selbst im Abtriebsalter sollen ihre Längen
noch der Hälfte der Baumlängen gleich sein. Die zweite Hälfte des Umtriebes soll hauptsächlich der Schaftausbildung und weiteren Schaftreinigung
dienen. Das W o r l i k e r V e r f a h r e n wurde durch Veröffentlichungen von
S c h i f f e l - Mariabrunn (Wien), S c h w a p p a c h - Eberswalde [2] und
R e b e l - München [3] in Mitteleuropa bekannt. Auch S c h i f f e l empfahl
in seinen „Wuchsgesetzen normaler Fichtenbestände, 1904" eine freiwüch-
sige Jugenderziehung, tunlichste Vermeidung der Saat, und wenn sie dennoch
Platz greift, eine frühzeitige Vereinzelung der Pflanzen, dann einen weiten
Pflanzverband schon bei der Bestandesgründung (auf bestem Standort 2 m
Pflanzenabstand, auf gutem 1.75 m), frühzeitige Durchforstungseingriffe.

Die Worliker Durchforstung gab Anregungen zu weiteren Untersuchungen, ein abschließendes Ergebnis auch hinsichtlich der Gesamtwuchsleistung ist von dieser Durchforstung nicht bekanntgeworden, weil die Bestände später wieder dichteren Schluß erlangten, die angestrebte Kronenlänge wurde nicht erreicht, die Fichten reinigten sich trotz dem weiteren
Stand. *Gegenwärtig* hält man für die beste *Erziehungsform für Fichten-*
bestände: frühzeitige Kronenfreistellung nur der besten Stämme (im Stangenholzalter), später aber Sorge für die Erhaltung eines genügenden Vorrates
an zuwachsfähigen Stämmen auch noch im höheren Alter, sonst würde wegen
zu geringer Bestockung später der Zuwachs zu klein werden (vgl. S. 371,
„Bestandeserziehung in Fichtenbeständen").

Anknüpfend an die Worliker Durchforstung hat von 1922 an
G e h r h a r d t - Hann.-Münden den „*Schnellwuchsbetrieb*" hauptsächlich für
Buche (weil sie das größte „Kronenausdehnungsvermögen" besitzt), Fichte
und Douglasie empfohlen. Durch Aufstellung von Ertragstafeln wurde von
ihm der Schnellwuchsbetrieb begrifflich genauer festgelegt. Er definiert ihn
(Zeitschr. f. Forst- u. Jagdw. 1932) als ein Durchforstungssystem, das sich
hauptsächlich gründet auf Ausnützung der in der Landwirtschaft gewonnenen Erfahrung, „daß die einzelne Pflanze am besten gedeiht, wenn ihr

[1] S c h i f f e l A., Wuchsgesetze normaler Fichtenbestände, Mitt. a. d. forstl. Versuchsw. Österr., 29. Heft, Wien 1904, S. 88.
[2] S c h w a p p a c h A., Zeitschr. f. Forst- u. Jagdw. 1905.
[3] R e b e l K., Forstw. Centralbl. 1905.

bei der Vergesellschaftung mit ihresgleichen ständig annähernd der Wachsraum zur Verfügung steht, der für die Bestentwicklung der allein aufwachsenden Pflanze zum mindesten notwendig ist". Da zwischen Baumhöhe und Kronendurchmesser ein stetiges Verhältnis besteht, so gibt G e h r h a r d t (Silva 1923) für die verschiedenen Bestandeshöhen bestimmter Standortsklassen die von ihm als die wirtschaftlich besten empfohlenen *Stammzahlen* an. Nach G e h r h a r d t muß eine Erziehungsweise, welche die höchste Wachstums- und Wertleistung des Fichten-, Douglasien- und Buchenbestandes in kürzester Zeit erreichen will, stets und möglichst ausschließlich mit Stämmen der Klasse 1 (also mit vollkommensten herrschenden) arbeiten. Sie muß den Nebenbestand bei der Fichte und Douglasie überhaupt verwerfen und bei der Buche sich dann seiner entledigen, sobald die herrschenden Stämme sich allein tragen können. Nach G e h r h a r d t ist die vollendetste Form eines solchen Verfahrens der Schnellwuchsbetrieb, für die Fichte bekanntgeworden durch B o h d a n e c k y und S c h i f f e l. Die von Gehrhardt vertretene Abart dieses Betriebes ist durch Niedrighaltung der Stammzahl bis zur Hiebsreife gekennzeichnet. Als Hauptmerkmale werden von ihm bezeichnet: Anwendbarkeit nur auf den besseren Standorten (zum Beispiel sind Rotwildreviere mit starken Schälschäden nicht geeignet); Einsetzen der Pflegehiebe bei einer Bestandeshöhe bei der Fichte von etwa 6 m, bei der Douglasie von 6 bis 7 m, bei der Buche von etwa 8 bis 10 m, also noch während des Hauptlängenwachstums. Hiedurch soll eine möglichst ebenmäßige Entwicklung der Krone angebahnt werden. Fortan soll die durch einen normalen Kronendurchmesser bedingte Zahl der herrschenden Stämme, also die „Kronenstammzahl", tunlichst eingehalten werden (zum Beispiel bei Fichte, II. Bonität, Alter 30, Stammzahl je Hektar 2300, Abstand 2,1 m; Alter 40: Stammzahl 1350, Abstand 2,75 m; Alter 50: 840 Stämme, Abstand 3,5 m usw.). Bei den genannten Nadelhölzern wird der Nebenbestand durch die ersten Hiebe entfernt, um seine Konkurrenz auszuschalten, bei der Buche erst, sobald der Hauptbestand seine schwankende Beschaffenheit verloren hat. Die bleibende Bestockung soll von da ab aus den besten herrschenden Stämmen in möglichst gleichmäßiger Verteilung bestehen. Hier sind also die „Zukunftsstämme" nicht als ein bestimmter Teil des Hauptbestandes von vorneherein festgelegt, sondern ungefähr der ganze Vorrat setzt sich aus beinahe gleichwertigen Anwärtern für den Endbestand zusammen. Die weitere Stammzahlverminderung geschieht nach Maßgabe der Weiterentwicklung der einzelnen Schäfte und der Erweiterung des Standraumes.

Die Durchforstung wiederholt sich alle zwei bis drei Jahre, dann alle drei bis fünf Jahre. Die Jahrringbreite soll bis zur Hiebsreife möglichst gleichbleibend sein. Sie kommt nach G e h r h a r d t nicht an den Betrag heran, bei welchem Schwammigkeit und Wertminderung des Fichtennutzholzes einzutreten pflegt. Die Astreinheit der Fichte und Douglasie kann durch Trockenästung gefördert werden. Die Widerstandsfähigkeit gegen Sturm und andere Schäden wird gehoben. Die Stammzahlen der G e h r h a r d tschen Ertragstafeln sind weitaus niedriger als bei allen Normalertragstafeln.

Auch bei Buche will G e h r h a r d t die Bestandespflege von der Verjüngung ab ununterbrochen betreiben, möglichst frühzeitig alle Vorwüchse, Sperrwüchse, Zwiesel usw. beseitigen. Bei Bestandeshöhen von 6 bis 8 m folgen dann gründliche Durchreiserungen (unter Beibehaltung eines Teiles des Nebenbestandes als Stütze der Herrschenden). Während bei B o h d a n e c k y in der zweiten Hälfte des Umtriebes ein lockerer Schlußstand angestrebt wird, schreibt G e h r h a r d t auch für dieses Alter eine weitere Vermeidung der Kronenspannung vor. Das Ziel Gehrhardts ist nicht nur Steigerung des Zuwachses, sondern raschere Erreichung starker Durchmesser, Ermöglichung eines kürzeren Umtriebes. Die Zahlen der G e h r h a r d t schen Ertragstafeln sind hergeleitet „teils aus Gipfelleistungen einzelner zeitweise besonders stark durchforsteter Bestände, teils aus dänischen Ergebnissen" und aus entsprechenden Schlußfolgerungen, beruhen aber noch nicht auf fortlaufend fortgesetzter langfristiger Beobachtung der Erträge der gleichen Bestände.

Zu diesen Vorschlägen konnte W i e d e m a n n Stellung nehmen auf Grund der Bearbeitung von 110 Fichten-Durchforstungsversuchen, davon betrafen 17 „Schnellwuchsbetrieb und Lichtung", beziehungsweise „Schiffelflächen", dem Schnellwuchsbetrieb entsprechend, um das Jahr 1905 angelegt. Aus den jahrzehntelang im Rahmen der Versuchsanstalt Eberswalde fortgeführten Versuchen schloß W i e d e m a n n : In *jüngeren* Fichtenbeständen wird der Durchmesserzuwachs durch die starke Durchforstung tatsächlich angeregt (fast ähnlich wie bei der Buche), der Unterschied im mittleren Durchmesser beruht dabei überwiegend auf dem tatsächlichen Lichtungszuwachs der starken Durchforstung (und nicht bloß auf der rechnerischen Wirkung auf den mittleren Durchmesser nach Entnahme der schwächeren Stämme). Während bei Buche durch starke Umlichtung der Höhenzuwachs der herrschenden Stämme nicht gesteigert wird, wird er bei der Fichte mindestens nicht geschwächt. W i e d e m a n n konnte nachweisen, daß bei Freistellung vor dem 30. Jahre unter Umständen das Höhenwachstum des Einzelstammes erheblich gefördert werden kann.

In jungen Fichtenbeständen wird der M a s s e n z u w a c h s durch die starke Durchforstung erhöht. Später holen die mäßig durchforsteten Bestände infolge ihrer größeren Stammzahl, weil mehr Zuwachsträger vorhanden sind, das Versäumte nach. Die gesamte Massenleistung der Fichte ist daher bei starker Durchforstung nur bei kurzen Umtrieben überlegen[1]. Wo man also bei künstlichem Anbau der Fichte außerhalb ihres natürlichen Verbreitungsgebietes in warmen Tieflagen wegen der Gefahr der Rotfäule zu kurzen Umtrieben gezwungen ist, dort ist starke Durchforstung zu empfehlen. Bei Umtrieben von 90 bis 100 Jahren dagegen gewinnen die dichten Bestände einen Vorsprung. W i e d e m a n n tritt daher für „gestaffelte Durchforstung" der Fichte ein, frühzeitige Kronenfreistellung der besten Stämme im Stangenholzalter, später Sorge für Erhaltung eines genügenden Vorrates an zuwachsfähigen Stämmen auch noch im höheren Alter. Also ist bei Fichte das zweckmäßigste Verfahren „starke Durchforstung in der Jugend, die später mäßiger wird".

---

[1] W i e d e m a n n E., Die Fichte 1936, Mitt. aus Forstwirtschaft und Forstwissenschaft, Hannover 1937, S. 237.

Der Lichtungsbetrieb.

Wenn die Durchforstungen zweckmäßig durchgeführt worden sind, kann auf *besseren Standorten*, auf frischen Böden, etwa vom Alter $\frac{U}{2}$ an mit dem Lichtungsbetrieb begonnen werden, besonders bei Buche, Eiche, Kiefer, Lärche (Ahorn, Esche, Ulme, Erle, Birke, Pappel, Weide). Durch ihn sollen Stämme mit besten Schaftformen, guter Bekronung durch Eingriffe mit dauernder Schlußunterbrechung zu einem gesteigerten Zuwachs, dem „Lichtungszuwachs", angeregt werden. Auf diesem Wege soll Starkholz in verhältnismäßig kürzerer Frist erzeugt werden. Starkholz ist Wertholz besonders bei Eiche, Buche, Lärche, Kiefer; in den Auen auch bei Pappel, Weide und anderen Laubhölzern wegen der Sperrholzerzeugung. Für besondere Zwecke (seltener) benötigt die Wirtschaft auch Tannen- und Fichtenstarkhölzer als Werthölzer, so wird zum Beispiel im badischen Schwarzwald astreines Tannen- und Fichtenstarkholz für die Dielung mit aufrechtstehenden Jahrringen als Wertholz verwendet. Dank der neuzeitlichen Technik, insbesondere der Erzeugung von Schälfurnieren, ist die Zahl der Holzarten, bei denen größere Stärken höheren volkswirtschaftlichen Wert aufweisen, größer geworden. So war zum Beispiel Buchenstarkholz früher seltener begehrt als gegenwärtig. Auch in den niederösterreichischen Donauauen (zum Beispiel Forstverwaltung Petronell) ist die wirtschaftliche Verwendbarkeit und demgemäß auch der Festmeterpreis für Stammnutzholz von Pappeln, Weiden usw. um so höher, je größer der Durchmesser ist. (Bei größerem Durchmesser wird der Abfall bei der Verarbeitung zu Schälfurnieren geringer, der Anteil astfreien Holzes nimmt zu, bei Kernhölzern steigt der Kernholzanteil, die Verwendbarkeit wird allgemein vielseitiger; es entfallen auch weniger Einzelstämme auf die gleiche Masse, so daß zahlreiche Arbeiten, von der Fällung, Ausformung und Entrindung an, leichter zu leisten sind.) In den Rheinauen von Karlsruhe zum Beispiel waren fehlerfreie starke Sorten nicht nur von Eiche, Esche, Ahorn, Kanadischer Pappel „Werthölzer", sondern gelegentlich kamen auch starke Stämme des sonst weniger begehrten Platanenholzes im Hinblick auf die Sperrholzindustrie als „Wertholz" in Betracht.

Während die Durchforstungseingriffe den Bestandesschluß nicht dauernd unterbrechen, werden dagegen bei den Lichtungshieben so viele Stämme entnommen, daß die Kronen der stehenbleibenden vollständig frei sind und frei bleiben sollen. Die Entnahme zu diesem Zweck beträgt laut des Arbeitsplanes der forstlichen Versuchsanstalten mehr als 20 v. H. der Masse des normalen Vollbestandes. Zwei Grade von Lichtungshieben werden unterschieden: Der L_1-Grad entnimmt 20 bis 30 v. H. der Stammgrundfläche des nach dem C-Grad durchforsteten Bestandes, der L_2-Grad 30 bis 50 v. H. der Stammgrundfläche.

Die Stammscheiben auch 100- und mehrjähriger Stämme beweisen, daß auf *gutem* Standort die Stämme nach der Freistellung breitere Jahrringe anlegen als während des Bestandesschlusses („Lichtungszuwachs"). Die Stammzahl wird beim Lichtungsbetrieb auf besten Güteklassen allmählich auf etwa 200 bis 300 je Hektar verringert. Für Starkholzzucht eignen sich nur herrschende, gut bekronte Stämme, solche weisen auch im geschlossenen Bestand die stärksten Durchmesser auf. Die Lichtungshiebe entnehmen auch wuchskräftige, gesunde Stämme der Stammklasse 1 mit normaler Kronenentwicklung und guter Stammform, um die *besten* in entsprechender Verteilung zu fördern. Auf Standorten geringerer Güteklasse empfiehlt sich die Anwendung des Lichtungsbetriebes in der Regel nicht. (Gegebenen Falles müßte wegen geringerer Kronenentwicklung die Stammzahl etwas höher sein, etwa 300 bis 400 betragen).

Durch Lichtungshiebe kann in der Regel nicht die Gesamtmasse je Hektar erhöht werden, da ja die Stammzahl vermindert wird, wohl aber wird die Zuwachsleistung des Einzelstammes und somit die Wertleistung wegen des höheren volkswirtschaftlichen Wertes des Starkholzes erhöht. Fehlerfreie starke Bloche dienen zur Erzeugung von „Schälfurnieren". Die Buche auf besseren Standorten mit ihrem großen Ausladungsvermögen der Krone ist zum Lichtungsbetrieb besonders geeignet. Im Wienerwalde befindet sich in der Forstverwaltung Purkersdorf, Waldort Unterlaabach bei Gablitz, ein Lichtungszuwachsversuch in einem über 100jährigen Buchenbestande. Der Versuch wurde im Jahre 1888 von der Versuchsanstalt Mariabrunn in dem damals 56jährigen Bestande eingerichtet. Zuerst wurde im Jahre 1888 starke Durchforstung eingelegt; auf der Einzelfläche I blieb der Vollbestand, nur durchforstet im Wege der starken Niederdurchforstung. Auf den drei übrigen Einzelflächen wurde 1889, 1893 und 1898 nachgelichtet, auf Fläche II auf 0,8 der Kreisflächensumme, auf Fläche III auf 0,65, Fläche IV auf 0,5 (bei späteren Wiederholungen war auf Fläche IV der Eingriff nicht mehr so stark). Wie H. S c h m i e d berichtete[1], betrugen die Mitteldurchmesser der je 100 stärksten Stämme 1931:

Auf Fläche   I 40,9 cm,
            II 42,8 cm,
           III 46,0 cm,
           IV 50,1 cm.

Die stärksten Stämme auf Fläche IV hatten somit dank dem Lichtungszuwachs eine höhere Wertklasse erreicht, auch ein Wertzuwachs war also festzustellen sowie eine Konzentrierung des Massenzuwachses auf die besten Stämme.

Bei Lichtungshieben in Beständen der Lichtholzarten Eiche, Föhre, Lärche muß der Bestand unterbaut werden. Der *Unterbau* bezweckt Schutz des Bodens durch Beschattung, Streubildung, Verhinderung der Verunkrautung, die sich sonst auf Lichtungsflächen einstellen würde. Durch Einwachsen in den Schaftraum wirkt der Unterbau mit der Zeit auch auf die Astreinheit und Formausbildung der Schäfte. Für den Unterbau geeignet sind Rotbuche, Hainbuche, Linde, Tanne, Weißerle, Edelkastanie, Ahorn, Traubeneiche. Mitunter wendet man auch auf geeigneten Standorten Unterbau mit wertschaffenden Holzarten als „Rückversicherung" an, so mit Fichte, Douglasie, Weymouthskiefer, Tanne. Beim Unterbau, zum Beispiel mit Buche, kann ein weiter Verband, mit Abständen von 2 bis 2,5 m, genügen.

---

[1] S c h m i e d H., Centralbl. f. d. ges. Forstw. **57**. 1931, S. 362—373.

Es schadet nämlich nichts, wenn die für Zwecke des Unterbaues, also zur *Bodenpflege*, eingebrachten Buchen niedriger bleiben und breitere Kronen aufweisen. Während also bei der Buchen-Bestandesgründung durch natürliche Verjüngung etwa ein bis zwei Millionen Pflänzchen je Hektar als „Aufschlag" entstehen, kann beim Buchenunterbau Einbringung von etwa 1600 bis 2500 Pflanzen je Hektar genügen. Falls aber der Unterbau zur Umfütterung der Schäfte rascher emporwachsen soll und falls der Standort sehr frisch und somit die Wurzelkonkurrenz des Unterbaues nicht gefährlich ist, dann kann auch ein etwas engerer Unterbau zweckmäßig sein.

Auch im Südosten, und zwar in Rumänien, wurde die Frage des Unterbaues besonders für Eichen- und Robinienbestände der rumänischen Tiefebene untersucht. Untersuchungen in Zerreichenbeständen der Vorsteppe in der Nähe von Bukarest ergaben, daß bei Crataegus-Unterbau der Boden wesentlich lockerer, besser durchlüftet, humoser und feuchter war als die grasbedeckten Waldböden [1]. Für Robinienbestände (in Wäldern der Vorsteppe Rumäniens) wurde der Unterbau auf frischen Böden mit Holunder, auf trockenen Böden mit Weißdorn, rein oder gemischt mit Spindelbaum und gemeinem Liguster, empfohlen [2].

Zu frühe Lichtung würde ästiges Holz ergeben. Man beginnt mit dem Lichtungsbetrieb daher erst, wenn die Astreinigung des Schaftes eine Höhe von 10 bis 12 m erreicht hat, also erst bei einem Alter etwa gleich der halben Umtriebszeit, das sind beim gewöhnlichen Hochwaldbetrieb (in Mitteleuropa) 50 bis 60 Jahre, im Auwalde früher wegen kürzerer Umtriebszeit.

Die Lichtung muß wiederholt werden, bevor sich infolge Zuwachses der Kronen die Äste wieder berühren und bevor somit der Schluß wieder eintritt. Auch hier ist ein allmähliches Vorgehen, Stetigkeit, erwünscht, bei der Eiche zum Beispiel sollen die Kronen erstarken und nicht etwa infolge plötzlicher Lichtung Wasserreiser gebildet werden. Auch die Rücksicht auf den Bodenzustand spricht gegen die Plötzlichkeit.

Als während des zweiten Weltkrieges die Gefahr bestand, daß infolge des Mehreinschlages eine Altholzlücke und eine Schmälerung der Vorräte (auch in Österreich) entsteht, wurde die Rettung des besten Altholzes bei gleichzeitiger Gewinnung des Mehreinschlages mit Hilfe des Lichtwuchsbetriebes (besonders in Buchen-, in Kiefernbeständen, in Laubholzbeständen der Auen) empfohlen [3]. Besonders geeignet sind hiefür die Ertragsklassen I und II. Als Ziel des *Buchenlichtwuchsbetriebes* wurde bezeichnet, Starkholz von 50 cm in einer Umtriebszeit von 120 bis 140 Jahren auf erster Ertragsklasse, und von 130 bis 150 Jahren auf zweiter, zu erziehen. Seine Einleitung im Alter von 50 bis 80 Jahren, nach Abschluß des Hauptlängenwachstums, ist besonders wirksam. Nötigenfalls kann er auch in noch

---

[1] C h i r i t a C. D. und B a l ă n i c a T. P., Die ökologische Bedeutung des Unterbaues in den Wäldern der rumänischen Tiefebene, Revista padurilor 44, S. 439—458, 1932 (mit dtsch. und französ. Zusammenfassung).

[2] C h i r i t a C. D. und M u n t e a n u R. D., Das Problem des Unterbaues in Akazienbeständen, Revista padurilor **44**, S. 627—648, 1932.

[3] A b e t z K., Buchenlichtwuchsbetrieb, Dtsch. Forstwirt 1943, S. 307.

älteren, selbst über 100jährigen Beständen eingeleitet werden. Voraussetzung ist entsprechende Qualität der Buche, angemessene Zahl von Wertholzträgern, während stärker rotkernige Bestände nicht in Frage kommen. Nach den Vorschlägen von A b e t z war die Lichtung durch häufig wiederkehrende hochdurchforstungsartige Eingriffe (also in stetigem Vorgehen) zu bewirken. Vom Nebenbestand sollte nur ein lockerer Unterstand belassen werden, allenfalls nur ein „Unterstandschleier", um zuviel Konkurrenz für den Hauptbestand zu vermeiden. Als Maß der Eingriffe wurde angeführt: dreimal im Jahrzehnt je etwa 50 fm je Hektar zu entnehmen. Die Stammgrundfläche, die in Buchenalthölzern oft 30 m² und mehr (bis 40 m²) beträgt, könne allmählich, in ungefähr 20 Jahren, auf etwa 20 m² abgesenkt werden. Es wird ein Aushieb der Protzen, Zwiesel, Stämme mit Chinesenbärten, mit Wasserreisern (ohne Scheu vor Lücken selbst von 6 bis 8 m Durchmesser) durchgeführt, die besten Wertträger werden energisch freigestellt. Die Kronen dehnen sich aus, die arbeitende Blattmasse wird also nicht dauernd vermindert, auch die Vollholzigkeit nimmt nicht ab.

Beim *Eichenlichtwuchsbetrieb mit Unterbau* wird die Kreisfläche, die bei mäßiger Durchforstung im Eichenbestand etwa 25 bis 30 m² beträgt, nach W i e d e m a n n [1] allmählich auf etwa 16 bis 19 m² vermindert. Nach ihm ist die beste Stammzahl für Lichtung auf besseren Eichenstandorten etwa 130 Stämme je Hektar mit 120 Jahren; etwa 80 Stämme mit 200 Jahren. Die Erfolge der Lichtung sind bei der Eiche größer als bei Kiefer und Buche. Der Massenzuwachs pflegt auch bei der Eiche, ähnlich wie bei der Buche, nur sehr langsam zu sinken, zugleich tritt mit zunehmendem Durchmesser eine sehr wesentliche Wert- und Preissteigerung gesunder Eichenwerthölzer ein. Auch der Unterwuchs kann unter der Lichtholzart Eiche ein massenreicher Bestand werden. Nach W i e d e m a n n kann der laufende Wertzuwachs in einem 150jährigen gelichteten Eichenbestand mit Unterwuchs häufig jenem in einem 100jährigen Fichtenbestand erster Bonität gleichkommen. Für den Unterbau kommen auch nutzholztüchtigere Holzarten neben der Buche in Betracht, so die amerikanische Roteiche, Linde, auf sehr guten Böden Ahorn, Douglasie, Tanne. Die wertvollen Eichen sollen ständig gepflegt werden, zugleich soll auch im Unterbau auf Wertleistung hingearbeitet werden. Die Schaffung von wertvollen Eichenstarkholzreserven für künftige Jahrzehnte ist der Hauptzweck dieses Erziehungsverfahrens.

S c h ä d e l i n gibt hinsichtlich seiner „*Lichtwuchsdurchforstung*" an, daß sie einzusetzen hat, wenn das Haupthöhenwachstum zurückgelegt ist und wenn die vorausgehende Auslesedurchforstung im zweiten Lebensviertel des Bestandes in wiederholten Durchforstungen in immer strengerer und engerer Auslese die „Anwärter" ermittelt hat. Dabei wurden die vorausgehenden Durchforstungen alle vier bis fünf Jahre wiederholt, im ganzen etwa 6 bis 10 mal, bei 10maliger Wiederholung entspricht dies einem Zeitraum von 40 Jahren, also etwa dem Bestandesalter von 20 bis 60; von da ab (etwa vom Alter von 60 Jahren) habe dann eben die „Lichtwuchsdurch-

---

[1] W i e d e m a n n E., Lichtwuchsbetrieb, Dtsch. Forstwirt 1943, Nr. 85—88.

forstung" einzusetzen. Die wertständigen Anwärter rücken nun allmählich in die höchste Wertklasse, in die „Elite", auf. Die Elite ist die Auslese aus den herrschenden Schichten von Anwärtern, die selbst wieder die Sieger sind aus einer Reihe hinsichtlich der Stammgüte scharf auslesender Durchforstungen. (Dies ist belangreich besonders bei den Laubhölzern und bei solchen Nadelhölzern, bei denen schlechte Stammformen häufiger vorkommen.) Als Höchstzahl der Elitestämme *vor* der Lichtung gibt S c h ä d e l i n 500 je Hektar an, durch den Lichtwuchshieb sinkt diese Zahl allmählich. Die „Lichtwuchsdurchforstung" S c h ä d e l i n s ist jener Eingriff in die Bestockung, der zum Zwecke des ungehinderten Kronenausbaues der Elite den oberen Kronenschluß dauernd unterbricht und der ferner die Kronen der Elitebäume wenn nötig vor nachrückendem Nebenbestand schützt. Ziel der Lichtwuchsdurchforstung ist nicht mehr die Veredelungsauslese, sondern die *Förderung des Durchmesserzuwachses* bei angemessener räumlicher Verteilung der Elitebäume. (Die Absicht, in der zweiten Hälfte der Umtriebszeit den Durchmesserzuwachs zu fördern, haben mehrere Verfahren gemeinsam, so: die dänische Durchforstung, die Durchforstung im Herrschenden nach M i c h a e l i s und die Lichtwuchsdurchforstung S c h ä d e l i n s.)

In Beständen schattenertragender Holzarten ist der Nebenbestand vorhanden, der den Boden schützt und dem Wirtschafter freie Hand für den Kronenfreihieb der Elitebäume gewährt. B ü h l e r (Waldbau, II. Bd., S. 492) teilt mit, daß in württembergischen Versuchsflächen in älteren Beständen der durchschnittliche Zuwachs des Durchmessers der herrschenden Stämme in 10 Jahren 3 bis 5 cm, in 20 Jahren 6 bis 10 cm ausmache; somit erreichte der Zuwachs in 20 Jahren den Betrag einer Wertklasse (10 cm-Stufe). Auch in badischen Flächen war nach S c h u b e r g der Zuwachs in 20 Jahren 8 bis 10 cm stark. Bei Schattholzarten pflegt im allgemeinen der Lichtungszuwachs größer zu sein als bei Lichthölzern.

Nur gute bis sehr gute Standorte sind für den Lichtungsbetrieb zu empfehlen, auf schlechteren dagegen ist das Ziel des Lichtungszuwachses nicht erreichbar. Unter ungünstigen Verhältnissen tritt eher Zopftrocknis, Wasserreiserbildung, Rindenbrand, Windwurf ein.

Beim Lichtungsbetrieb wird das Hauptgewicht nicht etwa auf den Unterbau gelegt, sondern auf die lichter gestellten Bäume des Oberholzes. Anders verhält es sich beim *Überhaltbetrieb:* Bei ihm handelt es sich um die Belassung von Einzelbäumen („Einzelüberhalt") oder von Gruppen solcher („gruppenweiser Überhalt") beim Abtrieb des Vorbestandes mit dem Ziel, sie in den neuen Bestand einwachsen zu lassen und womöglich erst bei dessen Abtrieb zu nutzen. Dabei spielt selbstverständlich die Erreichung des Wirtschaftszieles auch hinsichtlich des darunter befindlichen neuen Bestandes eine wesentliche Rolle. Hinsichtlich der Überhälter ist auch hier der Zweck die Erziehung von Starkhölzern.

Als Holzarten kommen solche in Frage, die nicht unter Rindenbrand leiden, als Tiefwurzler sturmfest sind und die den jungen Bestand nicht zu sehr beschatten, die schließlich für Lichtungszuwachs geeignet sind, das sind vor allem Eiche, Kiefer und Lärche (Berg- und Spitzahorn). Für geringere, trockenere Standorte ist der Überhaltbetrieb nicht geeignet, hier wird auch unter dem Trauf der Überhaltstämme der junge Bestand zu sehr geschädigt, die Überhälter haben auf schlechten Böden tieferliegende Kronen. Nur auf guten und sehr guten, physiologisch tiefgründigen Böden ist der Überhaltbetrieb empfehlenswert. Auch muß der Überhalt sorgfältig vorbereitet werden, um Schäden und Gefahren tunlichst zu vermeiden, so die Windgefahr bei plötzlicher Freistellung, Rindenbrand bei Holzarten mit glatter dünner Rinde (Buche, Esche); bei Eichen Wasserreiserbildung und Zopftrocknis. Um solche Schäden zu verhüten, muß der Bestand, aus dem die Stämme übergehalten werden sollen, zunächst gut durchforstet sein. Dann sind die Kronen und Wurzeln an sich schon besser entwickelt und es sind die zum Überhalten geeigneten Bäume schon herausgearbeitet. Die künftigen Überhälter werden sorgfältig ausgesucht und (noch innerhalb des Bestandes) kräftig freigehauen. Der Übergang zur Freistellung soll ein allmählicher sein. Auf sehr sturmgefährdeten Standorten soll der Überhalt überhaupt nicht angewendet werden. Die ausgewählten Bäume müssen gesund, wuchskräftig, gut geformt und gleichmäßig bekront sein. Schadhaft werdende Überhälter müßten vorzeitig durch „Auszugshiebe" zur Nutzung kommen. Wenn dies im Stangenholzalter des jungen Bestandes geschieht, so sind oft schwere Beschädigungen an diesem nicht zu vermeiden.

Untersuchungen über Kiefern-Überhaltbetrieb hat B a a d e r, Hann. Münden, veröffentlicht[1]. Die „Schirmwirkung" oder „Traufwirkung" der Überhälter drückt sich aus in einer Verschlechterung der Höhenbonität des jungen Bestandes. Je größer der Höhenabstand zwischen dem Trauf des Überhälters und dem Kronendach des Grundbestandes ist, desto kleiner ist die schädigende Traufwirkung. Auf schlechten Böden sind aber tieferliegende Kronen. Trotz Verschlechterung der Höhenbonität des jungen Bestandes ist die Gesamtwerterzeugung beim Überhaltbetrieb nach B a a d e r s Untersuchungen auf erster und zweiter Bonität größer als beim einstufigen Hochwald. Dabei ist die Ausgangsstammziffer beim Überhaltbetrieb mit etwa 50 Überhältern je Hektar zu bemessen, diese Zahl wird je nach der Umtriebszeit in 60 bis 80 Jahren auf 20 bis 25 Stück durch fortgesetzte Auslese vermindert. „Einzelüberhalt" wendet man mit Vorliebe in der Nähe von Wegen und Schneisen an, um im Falle von Fehlschlägen (Wuchsrückgang oder Eingang) die Überhälter leicht nutzen und ausbringen zu können. Sonst würden sich bei notwendig werdender vorzeitiger Nutzung beträchtliche Fällungs- und Rückungsschäden ergeben. Für den Einzelüberhalt der Eiche ist erforderlich, daß mehrere Jahrzehnte vorher eine sorgfältige Auslese der Überhalteichen erfolgt, daß die Eichen langsam an die zukünftige Freistellung gewöhnt werden und daß in der Umgebung der einzelnen Eichen Verjüngung stattfindet behufs Bodenschutzes und Stammschutzes (Umfütterung jeder Eiche mit Jungwuchs von einigen Metern Höhe). Bei gruppenweisem oder horstweisem Eichenüberhalt sind die Gefahren wenigstens im Inneren der Gruppen (Horste) geringer.

---

[1] B a a d e r G., Der Kiefernüberhaltbetrieb, Schriftenreihe der Akad. d. dtsch. Forstwissenschaft, Frankfurt a. M. 1941. — D e r s e l b e, Die wirtschaftliche, ertragskundliche und waldbauliche Bedeutung des Kiefernüberhaltbetriebes, Jahresber. d. dt. Forstvereins, 1937.

Aber auch die Gruppen müssen vorher langfristig von ihrer Umgebung abgelöst werden.

Im natürlichen *Verbreitungsgebiet der Lärche* käme auf geeigneten Standorten auch *Lärchen-Starkholzerzeugung* im Überhaltbetrieb an gut bekronten Lärchen mit bester Schaftform, also mit geraden, gesunden, astreinen, vollholzigen Stämmen in Frage, in der Nähe von Bringungswegen, um später das Starkholz gut abbringen zu können. Auch außerhalb des natürlichen Verbreitungsgebietes, im Gebiet künstlichen Anbaues, ist mitunter Starkholzzucht der Lärche im Überhaltbetrieb möglich. Die „Hildegardlärche" im Forstbezirk Überlingen (Spitalwald) im Lande Baden war im Jahre 1938 ein 160jähriger Überhälter von 43 m Höhe, bis 21 m astrein, mit guter Schaftform, Kubikinhalt 23 fm (Abb. 152).

Um die großen Qualitätsunterschiede bei der Kiefer entsprechend zu berücksichtigen, empfahl A b e t z [1], den *Kiefernüberhalt* zur Starkholzzucht dort anzuwenden, wo auf guten und sehr guten Bonitäten der Anteil von hochwertigen Stämmen dennoch ein geringerer ist; wo er dagegen ein hoher ist, also in ausgesprochenen „Schneidholzbeständen" (Beständen mit viel Wertholzanwärtern), soll der „*Kiefern-Unterbaubetrieb*" in Anwendung kommen. Dabei kann unter mittleren Verhältnissen eine Kreisfläche von 20 m², entsprechend einer Bestockung von 0,6, angestrebt werden. Sie wird erreicht durch starke Niederdurchforstung mit anschließendem Unterbau, der der Bodenpflege dient und die Betriebssicherheit fördert. Der Kiefernunterbaubetrieb braucht hohe Umtriebszeiten, 130 bis 150 Jahre, um Kiefernwertholz zu erzielen und um den Unterstand mit seinem Zuwachs zur Geltung kommen zu lassen und dadurch das Absinken des Kiefernzuwachses aufzufangen. Die Einleitung erfolgt mit 40 bis 60 Jahren oder noch früher (25 Jahre), die Durchforstung soll dreimal im Jahrzehnt wiederkehren und jeweils 30 bis 50 fm Derbholz je Hektar entnehmen, dabei kommen zum Aushieb: in erster Linie Kienzopf, Schwammbäume mit tief angesetzten Schwämmen, Konkurrenten bedrängter Schneidholzanwärter; dann: krumme herrschende und Stämme zur Auflösung von Gruppen; weiter: Schwammbäume mit hoch angesetzten Schwämmen, Bauholzstämme. In letzter Linie: unterdrückte. Eigentliche Lücken sollen hier (zum Unterschied von der Buche mit ihrem großen Ausladungsvermögen) vermieden werden.

Wenn der Anteil der guten Bestandesglieder kleiner ist, als es für den Lichtwuchsbetrieb mit Unterbau („Kiefernunterbaubetrieb") notwendig wäre, aber dennoch größer als bei Kiefernüberhalt, dann kann der *zweialterige Betrieb* in Frage kommen: Die Stammgrundfläche wird in mehreren Hieben durch Entnahme von 0,3 bis 0,5 der Bestockung auf bloß 10 bis 12 m² vermindert, die Nutzung ist beträchtlich. Die besten Bestandesglieder bleiben erhalten zum Zwecke der Starkholzerziehung. Der Anteil des Unterstandes an der Massen- und Werterzeugung soll bis zu 50 v. H. betragen, zu diesem Zwecke wird Nachanbau von Nadel- und Edellaub-

---

[1] A b e t z K., Kiefernlichtwuchsbetrieb, Dtsch. Forstwirt 1943, S. 313 ff. (Abhandlung: „Verstärkung der Vornutzungen und Lichtwuchsbetrieb zur Sicherung der Holzbedarfsdeckung in und nach dem Kriege").

hölzern empfohlen. Durch sie wird der Wertzuwachs ergänzt, deshalb ist der zweialterige Betrieb auch bei nicht sehr hoher Qualität der Kiefer (aber gutem Standort) statthaft. Das Alter der Einleitung ist eher etwas höher als beim Unterbaubetrieb, damit die in ansehnlicherer Anzahl zu entnehmenden Stämme sich noch vorher tunlichst ihrem höchsten Durchschnittszuwachs nähern. Beispiele des zweialterigen Betriebes sind: Kiefer über Tanne, mit sehr befriedigenden Waldbildern; in der Regel muß die durch Nachanbau eingebrachte Tanne durch Eingatterung gegen Wildschäden geschützt werden; Kiefer über Fichte, auf frischen Standorten,

begründet durch Mischsaat oder durch Fichtenpflanzung und Seitenbesamung der Kiefer auf Standorten, die der Kiefer besser zusagen als der im Unterstand bleibenden Fichte; oft gleichalterig begründet, aber wirtschaftlich zweialterig; Kiefer über Douglasie; Kiefer über Kiefer, im Oberstand nicht mehr als 15 m² Stammgrundfläche. Vor der Fällung muß geästet werden, Anrücklinien sind einzuhalten, der Jungwuchs ist bei einer Höhe von 3 bis 8 m am gefährdetsten.

Eine während des Krieges wieder einigermaßen aktuell gewordene Abart des Buchenlichtungsbetriebes, die um 1830 vom Oberforstmeister von Seebach im Solling eingeführt wurde, ist der *Seebachsche Lichtwuchsbetrieb* oder *„modifizierte Buchenhochwald"*, der veranlaßt war durch die Notwendigkeit, Brennholzberechtigungen zu befriedigen, also augenblicklich viel Holz zu nutzen, trotzdem aber auch starkes Buchennutzholz

Abb. 152. 160jähriger Lärchenüberhälter („Hildegardlärche"), 43 m hoch, bis 21 m astrein, Masse 23 fm, Forstbezirk Überlingen, Baden (Aufn. Gastpar).

zu erziehen. Erst im 70. bis 80. Jahre wurde in den reinen Buchenbeständen ein starker Lichtungshieb eingelegt, der die *Hälfte bis zwei Drittel der Masse* entnahm und bei Durchführung des Hiebes in einem Samenjahr Bodendeckung durch natürliche Verjüngung erstrebte. Wo die Verjüngung ausblieb, wurde künstlich unterbaut. Nun wurde der Bestand ohne weiteren Hieb noch 30 bis 40 Jahre stehen gelassen, damit er Lichtungszuwachs anlege und der Schluß sich wiederherstelle. Der Unterstand durfte wieder vergehen oder schwach bleiben, auf ihn wurde keine Rücksicht genommen, da erst zwischen dem 100. bis 120. Jahre die Hauptverjüngung erfolgte, die mit dem Ausreißen oder Ausroden des Unterstandes, zugleich zum

Zwecke der Bodenverwundung, eingeleitet wurde. Die Erfahrungen mit dem Seebachschen „modifizierten Buchenhochwaldbetrieb" ergaben auf besseren Böden dank dem großen Ausladungsvermögen der Buche beträchtlichen Lichtungszuwachs, die damals übliche Streuentnahme wurde durch den dichten Unterstand hintangehalten, der große Brennholzbedarf wurde befriedigt. Für die heutigen Begriffe in bezug auf ein pflegliches, stetiges Vorgehen im Waldbau ist der Eingriff nach S e e b a c h zu unvermittelt, auch entnimmt er schwache Stämme, die durch die Vorratspflege noch zu wertvollem Nutzholz erzogen werden könnten, aber für den *Waldbau der Gegenwart* ist es ungemein lehrreich, daß selbst mit einem so starken Eingriff im Buchenbestand noch Befriedigendes erreicht werden konnte.

Ein anderer Lichtungsbetrieb war der des Forstmeisters V o g l auf der Herrschaft Kogl, vorwiegend auf Flyschvorbergen des Salzkammerguts in Fichten-Tannen-Buchen-Mischbeständen[1]. Nach allmählicher Steigerung der vom Alter 30 ab alle zehn Jahre wiederkehrenden Durchforstungen begannen zwischen dem 60. bis 70. Jahre Lichtungen. Der Lichtungshieb erfolgte meist allmählich, in zwei bis drei Stadien. Bis zum 70. Jahre sollen nur mehr 300 bis 400 fehlerfreie, wuchskräftige, schönste Stämme des Hauptbestandes, also etwa die Hälfte der Stammzahl geschlossener Fichtenbestände erster Güteklasse, bis zum 100. Jahre nur noch etwa 200 bis 250 erhalten bleiben. Dank dem Lichtungszuwachs soll die durchschnittliche Masse je Stamm 3 fm betragen, so daß trotz der beträchtlichen Vornutzungen noch 600 bis 700 fm je Hektar für die Abtriebsnutzung bleiben. Obwohl V o g l für die Forstfinanzwirtschaft eintrat und die hohen Erträge der Fichte sehr wohl kannte, betrachtete er doch die reinen Fichtenbestände in diesen Lagen mehr oder weniger als „Börsenspiel im Walde" (1887, S. 320), besonders wegen der Rotfäule. Die stärkeren Stämme schonte er mit Recht, weil sonst der Wind in Sturmlagen sein Veto einlegt, da „die schwachen, gedrängt erwachsenen Stämme nicht widerstandsfähig sind". Dieser Standpunkt deckt sich mit der Schonung der vorherrschenden als „Knochengerüst des Waldes" (E b e r h a r d). Der sich einstellende Anwuchs soll zuerst als Bodendeckung, später als natürliche Verjüngung in Betracht kommen. Unter den günstigen Standortsverhältnissen der Voralpen wurde auch an Fichten und Tannen ein beträchtlicher Lichtungszuwachs erzielt. Doch wurde das Verfahren von den Nachfolgern nicht fortgesetzt. E n d r e s, München, der die Waldungen besichtigte, gab bei der Versammlung des Deutschen Forstvereins in Ulm 1910 an, daß der Boden zum Teil verwilderte. Ohne Bodenverwilderung wäre bei Tanne und Fichte Lichtungszuwachs am besten erreichbar in Verbindung mit natürlicher Verjüngung. In den ursprünglichen Tannen-Fichten-Buchen-Beständen der Voralpen wäre ein solcher Betrieb auch zwecks Erhaltung der Mischung das Gegebene. Das Klima des Alpenrandes (dem Seeklima

---

[1] V o g l J., Öster. Vierteljahresschr. f. Forstwesen 1887, S. 315—360. — S t e i n - h ä u b l L. und V o g l J., Die Forste der Herrschaft Kogl, Österr. Vierteljahresschr. f. Forstw. 1889, S. 303—339. Anschließend Bericht über eine von V o g l geführte Exkursion. — V o g l J. †, Der Lichtungsbetrieb, Forstw. Centralbl. 50, 1928, S. 361—374.

ähnlich) erleichtert die natürliche Verjüngung der ursprünglich vorkommenden Holzarten wesentlich und ist auch für die Starkholzzucht günstig.

Hieher gehört auch B u r c k h a r d t s zweihiebiger Hochwald; Eichenbestände wurden zwischen dem 70. bis 90. Jahre allmählich gelichtet und mit Buche unterbaut, dabei sollten die besten Werteichen herausgearbeitet werden. Ein solcher Lichtwuchsbetrieb wird bei Eichen heute noch nicht selten angewandt, nur findet heute der Unterbau mit Schatthölzern schon früher statt. Ähnlich wie der schon besprochene zweialterige Betrieb im Kiefernbestand steht auch B u r c k h a r d t s zweihiebiger Hochwald zwischen dem Überhalt- und dem Lichtungsbetrieb, da er einen größeren Anteil an wertvollen Stämmen des Oberbestandes voraussetzt als der „Überhaltbetrieb", dagegen einen kleineren als der „Lichtwuchsbetrieb mit Unterbau"; bei ihm wird auf den Oberbestand und auf den Jungbestand unter ihm in gleicher Weise Wert gelegt.

Als eine Abart des Lichtungsbetriebes sei auch W a g e n e r s „*Kronenfreihieb*" erwähnt. W a g e n e r hatte Mittelwälder in Hochwald überzuführen. Eine solche Überführung in Hochwald schließt die Notwendigkeit in sich, einen größeren lebenden Holzvorrat einzusparen. Für die Zeit des Einsparens wird dadurch der jährliche Hiebssatz klein. Wenn auf den verkleinerten Nutzungsflächen trotz dem geringen Alter wenigstens zum Teil massenreiche, stärkere Stämme stocken würden, wäre die Überbrückung erleichtert. W a g e n e r wandte deshalb frühzeitige Ausnutzung des Lichtungszuwachses an, nämlich Umlichtung der künftigen Haubarkeitsstämme im Alter von 25 bis 40 Jahren. Von trockenen, flachgründigen Böden sollte der Betrieb auch nach W a g e n e r fernbleiben. Eine so frühzeitige Lichtung schon im Stangenholzalter vermag die Bodenverwilderung nicht hintanzuhalten und ist auch für die Reinigung der Schäfte von Ästen nicht günstig.

Ästung.

Die Ästung ist ein Mittel zur Verbesserung der Astreinheit und damit auch des Wertes des Holzes. Die wirtschaftlichen Verwendungsmöglichkeiten des Rohstoffes Holz werden durch sie erweitert.

Die Möglichkeit erfolgreicher Ästung.

Ein kurzer Hinweis auf die Geschichte der Ästung ist für uns insofern von Interesse, weil er zeigt, warum früher Mißerfolge vorlagen und warum gegenwärtig erfolgreiche Ästung möglich ist. Schon im 18. Jahrhundert wurde viel geastet. Damals handelte es sich darum, in übernutzten, lichten, unregelmäßigen Plenterwäldern sowie im Mittelwalde dem (unter alten Bäumen stehenden) Jungwuchs sowie dem Unterholz des Mittelwaldes Licht zu verschaffen. Die damaligen Ästungsverfahren waren keineswegs pfleglich und mit schweren Schädigungen verbunden. Man astete an schlechtgeformten, starkastigen Bäumen, an denen eine Wertsteigerung durch Astentnahme nicht mehr zu erzielen war. Man strebte auch in der Hauptsache mehr Licht für das Unterholz an. Erst etwa von 1860 an begann man, infolge steigenden Bedarfes der Volkswirtschaft an Nutzholz, die Ästung vom Standpunkt der *Holzverbesserung* zu betreiben. So erschienen von 1868 bis 1891 Veröffentlichungen über Ästung vom braunschweigischen Forstmeister Georg Alers, Erfinder der zur Aufastung bestimmten, sehr gut brauchbaren „Flügelsäge". Geräte und Ästungsverfahren wurden fortgebildet. Ein französischer Autor, Vicomte de Courval, dessen Schrift über „Das Aufästen der Waldbäume oder neue Methode der Behandlung der hochstämmigen Hölzer" 1865 in deutscher Übersetzung in Berlin erschien, empfahl Ästung der Eiche, und zwar (statt mittels des bisher geübten, aber schädlichen Stummelns) durch Wegnahme glatt am Stamm und Schutz der Wunde mit Teeranstrich[1]. Eine Kommission im Lande Baden, bestehend aus Forstleuten und Holzindustriellen des holzreichen Murgtales, ließ Stammabschnitte einst geasteter Tannen und Fichten aufschneiden und prüfte den Erfolg der Ästung an den genannten Nadelhölzern. Das Ergebnis war ein im Jahre 1858 erlassenes badisches Verbot der Ästung mit dem Beil und Gestattung der Ästung mit der Säge. An Untersuchungsmaterial wurden Tannen und Fichten verwendet, die teils 1823, teils 1840 mit Axt und mit Säge geastet worden waren. Die Kommission stellte auch fest, daß „man imstande ist, durch frühzeitigen Beginn und von Zeit zu Zeit fortgesetzte Entastung das Ergebnis an astreiner Sägeware wesentlich zu vermehren"[2]. Die Ästungen wurden aber unzweckmäßig ausgeführt, zu plötzlich oder als Grünästungen oder in schon zu alten, nahezu hiebsreichen Beständen, bei denen kein Nutzen mehr zu erwarten war. Die Folge waren Rückschläge, Unsicherheit über die Auswirkungen der Ästung. Man wandte dann auch durch etwa ein Vierteljahrhundert, bis 1920, die Ästung kaum mehr an. In Wien erschien gerade noch in dieser Zeit (1895) eine eingehende Untersuchung von G. Hempel über die Ästung des Laubholzes, insbesondere der Eiche[3].

J. Vogl (Salzburg) berichtete in der Österr. Vierteljahresschr. 1887 (S. 348), daß er im Laufe von dreißig Jahren mehr als eine Million Stämme mit Erfolg aufasten ließ. Auch in einem Auenmittelwald, den er bewirtschaftete, wurde „sicher schon seit hundert Jahren in den Eichen aufgeastet" (S. 353). Vogl hatte den Erfolg hiebei in allen Altersklassen sorgfältigst beobachtet.

Heute muß möglichst viel *hochwertiges* Holz erzeugt werden, weil der Bedarf der Industrie an astreiner, maschinell bearbeitbarer Ware steigt und voraussichtlich künftig steigen wird und weil zu Krisenzeiten die Preise für minderwertiges Holz stärker sinken als für Wertholz[4]. „Die Ernte- und Transportkosten sind bei höherem Wert des Holzes im Verhältnis zu diesem geringer."

---

[1] Mayer-Wegelin H., Ästung, Hannover 1936, S. 6.

[2] Forstabteilung des badischen Finanz- und Wirtschaftsministeriums, „Wertsteigerung einheimischer Hölzer durch Aufastung", 1935.

[3] Hempel G., Die Ästung des Laubholzes, insbesondere der Eiche. Mitt. aus d. forstl. Versuchsw. Österreichs, XVIII. Heft, Wien 1895. (Sonstiges Schrifttumsverzeichnis, umfassend 379 Nummern, bei Mayer-Wegelin, Ästung, 1936, S. 166—178.)

[4] Schmied H., Über Ästungen, Österr. Vierteljahresschr. f. Forstw. 1938, S. 17

Die natürliche Astreinigung.

Bei der natürlichen Astreinigung sind zu unterscheiden: Das Absterben infolge Lichtentzuges, das Vermorschen und der Abfall. Der *Lichtentzug* an unteren Ästen bedingt zugleich Mangel an Assimilaten, also an Nahrung, der Ast bildet immer schmälere Jahrringe, kümmert und stirbt langsam ab. Das *Vermorschen* geschieht durch Pilze. Ein höherer Gehalt an Harz oder an Kern- und Gummistoffen hemmt das Pilzwachstum. Dicke Äste vermorschen langsamer als dünne. Der *Abfall* der morschen Äste vollzieht sich beim Laubholz meist in ganzer Länge oder in großen Stücken, bei der Buche schon bald nach dem Trockenwerden: bei dünnen Ästen (von 1 cm Dicke) schon nach drei bis sechs Jahren, bei etwas dickeren (3 cm) nach vier bis neun Jahren, bei noch dickeren (6 cm) in sieben bis siebzehn Jahren[1]. Bei den Nadelhölzern dagegen mit ihrem harzreichen Holz bröckelt der morsch gewordene Ast nur stückweise ab, meist bleiben Stummel zurück. Im Vergleich zum Laubholz ist die Zersetzung verlangsamt. Die Fichte in Südbayern braucht nach v. Pechmann[2] vom Zeitpunkt des Absterbens des Astes bis zur vollständigen Überwallung je nach den Standortsverhältnissen 30 bis 80 Jahre, in Nordwestdeutschland (nach Angabe von Köster[3]) selbst bis 90 Jahre. Je dicker die Äste sind, um so länger dauert die Reinigung. Durch waldbauliche Maßnahmen soll die Bildung dicker Äste verhindert werden. Hieher gehört der Aushieb grobastiger Protzen, Erhaltung dichten Schlusses in der Jugend. Die Ästung ist daher insbesondere für das Nadelholz wichtig, und zwar hauptsächlich die Trockenästung, also die Entnahme bereits abgestorbener Äste. *Die Trockenästung der Nadelhölzer bewirkt, daß der innerste Teil des Stammes, in dem sich die Astansätze, beziehungsweise die Aststummel befinden, möglichst klein bleibt,* sie verhindert den schweren Fehler des Nadelholzes, das Einwachsen von Durchfallästen. Der Preis für astreine Schnittware ist sehr wesentlich höher als der für astige. Beim Laubholz ist wegen rascher einsetzender Astreinigung die Trockenästung nicht erforderlich. Die Grünästung erscheint unbedenklich bei der raschwüchsigen, die Astwunden rasch überwallenden Pappel und in geringerem Umfang bei der Eiche. Zusätzlich neben der Trockenästung kann sie auch bei Douglasie, Tanne, Lärche stattfinden.

Durch Begründung stammzahlreicher Jungbestände, Erhaltung dichten Schlusses in der Jugend, Erziehung unter Schirm oder im Schluß wird Feinästigkeit und frühes Absterben der Äste begünstigt. Rechtzeitiger Aushieb grobastiger Vorwüchse fördert gleichfalls die Feinastigkeit des Bestandes.

Grünästung und Trockenästung.

Bei der Grünästung werden lebende Äste entnommen. Die Trockenästung greift der Natur nicht zu weit vor, unterstützt nur den natürlichen Reinigungsvorgang und ist somit die naturgemäßere Ästungsart. Bei der Pappel ist, wie erwähnt, Grünästung unschädlich, da selbst 5 cm starke

---

[1] Gelinsky H., Die Astreinigung der Rotbuche, Z. f. F. u. Jw. 1933, zit. nach Mayer-Wegelin.

[2] Pechmann v., Forstw. Centralbl. 1934.

[3] Köster E., Mitteilungen aus Forstwirtsch. u. Forstwissensch. 1934, Nr. 3.

Grünäste (nach badischen Beobachtungen) in zwei bis drei Jahren gesund überwallen. Zur Grünästung gehört auch das Reinigen der Stämme von Wasserreisern, die durch Austreiben schlafender Knospen an Eichen, Pappeln, auch an Lärchen entstehen. Durch die Wasserreiserbildung würde der Wert des Holzes gemindert. An Eiche ist auch sonst Grünästung statthaft, ebenso an Birke, allenfalls auch an Erle und Weißbuche; zusätzlich an Tanne und Douglasie. Nach M a y e r - W e g e l i n vermeidet man bei der Eiche die Ästung mehr als 80jähriger Stämme, astet in der Regel lebende grüne Äste, vermeidet jede Ästung in der Vegetationszeit, desgleichen vermeidet man peinlich jede Rindenverletzung und astet dicht am Stamm mit glattem, senkrechtem Schnitt. Damit der Astungsschnitt bald überwallt wird, ist sowohl bei Grün- als auch bei Trockenästung ein *glatter, parallel zur Stammachse und dicht am Stamm geführter Schnitt* erforderlich. Bis zu welcher Dicke der Äste bei der Grünästung vorgegangen werden kann, hängt von der Standortsgüte und Holzart sowie davon ab, ob man die Wunde durch Teeranstrich gegen Fäulnis schützt oder nicht. Bei geringerem Wuchs der Eiche kann man, wenn die Wunde mit Teeranstrich geschützt wird, bis zu einer Astdicke von 6 cm an der Astbasis gehen, bei gutwüchsigen Eichen bis 10 cm. In früheren Zeiten wurden Grünästungen so unzweckmäßig gehandhabt, daß Schädigungen durch Fäulnis von den Wunden aus die Folge waren. Unebene Ästungswunden leisten der Fäulnis Vorschub. Steinkohlenteer ist ein wirksames Schutzmittel für die Astwunde bei Grünästung. Außerdem gibt es andere Anstrichmittel (Dendrosan, dann Obstbaumwachs und dergleichen).

Bei den Nadelhölzern wird hauptsächlich die Trockenästung gehandhabt. Sie findet außerhalb der Vegetationszeit statt, um die Gefahr von Rindenbeschädigungen (mit folgender Wundfäule) zu vermeiden. So sind zum Beispiel bei der Fichte Verletzungen der Stammrinde Eingangspforten der Fäule. Doch wurden bei sorgsam trockengeasteten Fichten nach M a y e r - W e g e l i n nirgends irgendwelche Astungsfäulen gefunden. Nach Versuchen von H. B u r g e r , Zürich, darf man es wagen, auch die zwar noch lebenden, aber schon geschwächten Schattenäste der Nadelhölzer gleichfalls zu entfernen, ohne den Gesundheitszustand des Stammes zu gefährden. Dies sei bei der Fichte wichtig, weil der Stammdurchmesser sonst häufig vor der Ästung zu groß wird, wenn man sich auf die reine Trockenästung beschränken muß. Doch dürfe man (bei Fichte, Tanne und Douglasie) nur die untersten ein bis vier noch grünen, aber stark geschwächten Schattenastquirle auf einmal entfernen[1]. Man astet, wie im folgenden noch des näheren besprochen wird, nur in ausgewählten Beständen an einer Auslese von Zukunftsstämmen.

S t ä r k e d e r a u f z u a s t e n d e n B e s t ä n d e b e i d e r T r o c k e n -
ä s t u n g ; Ä s t u n g s h ö h e .

Bei hochwertigem Nadelholz soll der astdurchsetzte Teil im Inneren des Stammes möglichst geringe Breite haben, hingegen sollen die an ihn angelegten astreinen Holzschichten beiderseits mindestens 10 bis 12 cm

---

[1] B u r g e r H., Astfreies Holz, Schweizer. Zeitschr. f. Forstw. 1940.

Stärke besitzen. Daher soll die Ästung frühzeitig, schon im Stangenholzalter, beginnen. Die Stämme sollen, wenn die Ästung einsetzt, nicht mehr
als 14 bis 16 cm (bei guter Standortsklasse, also bei zu erwartendem
größerem Zuwachs) stark sein. Bei *sehr gutem* Stärkezuwachs, wenn die
Stämme bis zum Abtrieb mindestens 45 cm stark werden, lohnt es sich auch
noch, bis zu einem Brusthöhendurchmesser von 20 cm als oberste Grenze
für den Beginn der Ästung zu gehen (dies ist in Baden der Fall). Auf geringeren Güteklassen lohnt sich der Ästungsbeginn nur bei 8 bis 10 cm
Stärke. Bretter aus spät geasteten Beständen lassen lange Schwarzast-
stummel unter schmalen, nicht ausnutzbaren astfreien Holzpartien erkennen. Solche Ästung ist für die Käuferschaft wertlos und kann vom
Holzhandel als Täuschung empfunden werden.

Auf geringeren Güteklassen ist eine Erziehung stärkeren Holzes innerhalb angemessener Umtriebszeiten nicht möglich, daher auch eine Ästung
nicht wirtschaftlich.

Was die *Ästungshöhe* betrifft, also die Höhe am Stamm, bis zu der die
Äste abgenommen werden, so sollen die Stämme mindestens bis zu einer
Höhe, die der üblichen Brettlänge entspricht, also 4,5 oder (einschließlich
Stockhöhe) 5 m hoch geastet werden. Nach Möglichkeit ist auf besseren
Standorten auf zweimal 4,5, also auf 9 bis 10 m zu gehen. Um den Anteil
an Schwarzästen auf ein möglichst geringes Maß herabzudrücken, soll die
endgültige Aufastungshöhe nicht auf einmal erreicht werden, sondern nach
Maßgabe des natürlichen Absterbens der Äste ist der Baum in zwei bis drei
Ästungsstufen (im Anschluß an Durchforstungen) hinaufzuästen.

Für Wertholz kommen in erster Linie die „Erdstammstücke" in
Frage; in größerer Stammhöhe ist die Ästungsarbeit schwieriger und kostspieliger. Die oberen Grenzen sind gegeben einmal durch die jetzigen Wert-
holzlängen, dann auch dadurch, daß oberhalb dieser Grenzen die Astdicke
in der Regel zunimmt. Höher als bis 8 bis 9 (10) m braucht man mit der
Ästung nicht zu gehen, denn die Kosten würden dann wegen Verwendung
von Leitern höher, sowie auch deshalb, weil der Schnitt durch die höheren,
zugleich stärkeren Äste mehr Sorgfalt und Zeit beansprucht. „Es ist also
wirkungsvoller, Hochästungen zu sparen und dafür lieber Jungbestände in
frühzeitigem Alter oder größerer Anzahl von Stämmen zu ästen"
(H. S c h m i e d, Österr. Vierteljahresschr. f. Forstw. 1938, S. 23).

V o r s i c h t s m a ß n a h m e n   b e i   d e r   T r o c k e n ä s t u n g.

Wie schon erwähnt, ist auch die Trockenästung während der Vegetationszeit zu unterlassen, weil in dieser Zeit die Rinde locker sitzt, so daß
Wunden zum Beispiel durch einen zu dicht am Stamm geführten Schnitt,
durch ein Abrutschen der Säge oder durch den Druck der Leiter entstehen
können. Am besten geeignet ist die Zeit von Januar bis April, es folgt dann
gleich die Überwallung, bevor Frost und Hitze die Wundfläche vergrößern.
Auch die Trockenäste sind dicht an der Ansatzstelle mit glattem Schnitt
wegzunehmen. Dazu sind scharf schneidende Sägen nötig. Beim Abstoßen
mit einem schneidenden Werkzeug würden zum Beispiel die spröden
Fichtenäste zerbrechen, die zackigen Bruchstellen halten die Feuchtigkeit

zurück und begünstigen das Eindringen der Pilze. Auch die Verlangsamung der Überwallung an der Bruchstelle würde ungünstig wirken.

Bei plötzlicher, auf zu große Höhe ausgeführter Ästung besteht die Gefahr des Aufreißens der Rinde unter der Einwirkung von Sonne und Frost. Äste von mehr als 3 cm Dicke bei Fichte, Kiefer und Lärche, von 4 cm bei Tanne, können nicht mehr entnommen werden. Im geschlossenen Bestand pflegen die untersten Äste schon abzusterben, bevor sie mehr als 3 cm dick werden können.

Zahl der zu ästenden Stämme.

An solchen Stämmen, die im Wege der Durchforstung schon frühzeitig ausscheiden werden, wäre die Ästung nutzlose Verschwendung. Man braucht also nicht den ganzen Bestand zu ästen, sondern nur Zukunftsstämme (eine Auslese von Edelstämmen innerhalb eines Bestandes). Alle Stämme, die später zu Starkholz heranwachsen werden, sollen (in geeigneten Beständen) in der Jugend geastet sein. Auch bei Stämmen, die erst bei späteren Durchforstungen entnommen werden, wirkt größere Astreinheit, beziehungsweise Weißästigkeit günstig auf den Wert.

Wenn man berücksichtigt, daß auch schon die in älteren Beständen bei späteren Durchforstungen, Vorratspflegehieben, anfallenden Stämme bereits astreine Schnittware liefern sollen, wenn man ferner auf mögliche Abgänge und auf Reservestämme Bedacht nimmt, würde sich etwa folgende Stammzahl für die Ästung je Hektar empfehlen:

Bei Fichte und Tanne	300 — 500 Stück	
„ Föhre	250 — 400 „	
„ Douglasie	250 — 350 „	
„ Lärche	200 — 250 „	
„ Pappel	100 — 200 „	(Grünästung)
„ Eiche	100 — 150 „	„

Auswahl der Ästungsbestände.

Von der Ästung sind im allgemeinen auszuschließen: Bestände mit vorwiegend krummschaftigen Stämmen, solche mit überstarker Ästigkeit (zum Beispiel mit tiefer Beastung infolge weitständiger Heisterpflanzung oder lückig aufgewachsene Nadelholzbestände), schlechte Standortsklassen, Fichtenerstaufforstungen wegen Rotfäulegefahr, angerieste oder vom Rotwild beschädigte oder durch Schnee stark durchbrochene, ferner sehr sturmgefährdete Bestände[1].

Damit bei der späteren Verwertung der gleichzeitige Anfall größerer Wertholzmengen gesichert ist, soll die Ästung bestandesweise (nicht bloß an einzelnen Stämmen, sondern an allen Zukunftsstämmen, allen auserlesenen Stämmen eines Bestandes) vorgenommen werden. Die zu ästenden Stämme sollen noch etwa 60 bis 70 Jahre stehenbleiben und Starkholz werden. Die auszuwählenden Bestände müssen also genügend viel Stämme enthalten, die sich nach Gesundheit, Form usw. zur Ästung eignen.

---

[1] Forstabteilung des badischen Finanz- u. Wirtschaftsministeriums, „Wertsteigerung einheimischer Hölzer durch Aufastung", 1935.

Traufbäume vom Bestandesrand dürfen nie geastet werden, ihre Beastung ist ja erforderlich für die Erfüllung ihres Zweckes als Schutz gegen Windwurf sowie zur Erhaltung der Luftruhe im Inneren des Bestandes. Als Edelstämme, an denen die Ästung erfolgen soll, werden in der Regel nur herrschende Bestandesglieder ausgewählt. Die Auswahl besorgt der Wirtschafter oder ein geeigneter Betriebsbeamter, er wählt Stämme mit guter Schaft- und Kronenform, voller Gesundheit, nicht zu starken unteren Ästen (bis 4 bis 5 m Höhe). Die Eignung zur Ästung nach dem Brusthöhendurchmesser wird für den Bestand beurteilt, nicht für den einzelnen Ästungsstamm. In einem als ästungsfähig beurteilten Bestande werden also gut geformte, wüchsige Stämme auch dann geastet, wenn ihr Durchmesser auch den zulässigen Bestandesdurchmesser etwas überschreitet. Die Ästungsstämme innerhalb eines Bestandes sind dann kenntlich zu machen. In Fichtenbeständen ist eine Dauerbezeichnung der geasteten Stämme meist nicht nötig, sie sind ohnehin zu erkennen. Hingegen ist bei der Kiefer eine Bezeichnung erforderlich. Dies geschieht zum Beispiel, indem man die Stämme vor der Aufastung auf zwei Seiten durch einen Farbstrich deutlich kennzeichnet [1]. Kalkmilchstriche halten je nach der Witterung nur etwa zwei bis vier Wochen. Ölfarbe ist für den Zweck zu kostspielig. In Baden trachtet man mit Recht, aus Gründen der Waldschönheitspflege auf die Farbstrichzeichen zu verzichten, da die geasteten Stämme sich ohnehin jahrzehntelang von ihrer Umgebung abheben.

Ausführung der Ästung.

Unpfleglich ist die Benützung von Beil, Heppe, Stoßeisen, Steigeisen, sie muß daher abgelehnt werden. Als Ästungsgeräte sind vor allem Sägen zu empfehlen. Die Äste sollen mit einem glatten, von oben geführten, die Rinde rings um die Abschnittsfläche nicht verletzenden Schnitt parallel zur Stammachse entfernt werden. Wenn bei einem schweren Ast ein Einreißen oder Quetschung der Rinde zu befürchten ist, so kürzt man vorher den Ast und sägt nachher den verbliebenen Stummel vorschriftsmäßig (glatt am Stamm) ab.

Bis auf 2 m Reichhöhe sind Handsägen brauchbar, und zwar kurzgriffige Baumsägen. Eine solche bewährte neuere ist die Hohenheimer Bügelsäge. Der Bügel selbst dient, an einer Stelle mit Holzleisten versehen, als Griff, sie ist daher leicht, kennzeichnend ist der spitz zulaufende Bügelbogen, was sich beim Einschieben zwischen gedrängt stehende Äste bewährt, ihr Blatt mit feinen Zähnen kann straff gespannt und schräg zur Bügelebene festgeklemmt werden. Sie gewährt einen glatten Schnitt. Für Trockenästung schwächerer Äste ist praktisch die sogenannte „Rebsäge" (allenfalls mit Pistolengriff), eine Säge ohne Bügel, also nicht gespannt, kurzgriffig, nur auf Zug arbeitend. Sie ist leichter als die Bügelsäge, ermöglicht in Jungbeständen ein rasches Arbeiten, wie Zeitstudien ergeben haben. Doch muß das Blatt einen verstärkten Rücken besitzen, sonst ist es zu biegsam, was

---

[1] S c h u l t z, Womit bezeichnet man die Zukunftsstämme? Dtsch. Forstwirt 1938, S. 1082/83 (empfiehlt das „Freienwalder Stammbezeichnungsgerät" mit einem wetterfesten, jederzeit schreibfertigen Farbstift für Bäume sowie Werkzeugen zum Glätten der Rinde).

die Arbeitsleistung vermindern würde. Die Rebsägen leisten die schnellste Arbeit, jedoch nicht den glattesten Schnitt, der bei den straff gespannten Bügelsägen, wie bei der Hohenheimer und Dauner, erreichbar ist. Eine ältere Bügelsäge, die sich 1868 durchsetzte und viele Jahrzehnte hindurch unübertroffen war und heute noch in Anwendung steht, ist die A l e r s sche Flügelsäge, eine Bügelsäge mit dünnem, feinzähnigem, durch eine Flügelschraube gespanntem Sägeblatt. Mittels einer Hülse kann sie entweder an einem Handgriff oder an einer Stange angeschraubt werden.

Zur Entnahme oberer Äste dienen Stangensägen, als älteres Modell ist die A l e r s sche noch immer in Gebrauch, doch ist die Schnittleistung der neueren sogenannten „Dauner Aufastungssäge" besser. Ihren Namen hat sie vom Forstamt Daun, wo sie vom Revierförster S c h ü l e r konstruiert wurde, sie ist hauptsächlich eine Fichtenstangensäge, ihre Form ist gegenüber den älteren Bügelstangensägen weitgehend zusammengedrängt: sie ist gewissermaßen eine „Bügelsäge mit der schmalen Umrißform einer Blattsäge". Auf die Verstellbarkeit des Blattes wird dabei verzichtet. Infolge ihrer Form, ihres Kopfgewichtes ist ihre Leistung größer. Gleichfalls eine Stangensäge ist die 1934 zum erstenmal auftauchende H e n g s t sche Sensensäge mit oben verstärktem, leicht geschwungenem, langem Blatt mit fortlaufender Dreiecksbezahnung. Die schmale lange Sensenform erleichtert das Arbeiten in engen Quirlen, die Verstärkung des Rückens ist günstig für einen glatten Schnitt (sie schließt das Mitschwingen des Blattes aus). Die grobe Bezahnung ist weniger empfindlich als jene der Dauner Säge, die Arbeitsleistung in Fichten- und Tannenstangenhölzern ist gut.

Bei Ästungen über 4 m sollen die Arbeiter zum Schutz der Augen gegen eindringendes Sägemehl Schutzbrillen bekommen. Bei Höhen über 5 m wird der Leiterästung vor jener mit der Stangensäge der Vorzug gegeben. Die Leitern sollen fest, aber leicht sein. Die Holme sollen nach oben spitzwinkelig (also nicht parallel) zulaufen, die oberste Sprosse soll durch ein starkes Seil ersetzt sein, das noch wie die Holmenden zum Schutz gegen Rindenquetschungen mit Stoff umwickelt wird. Die Leiterhöhe kann um 1,5 m geringer sein als die gewünschte Ästungshöhe.

Im Lande Baden hat sich die Hengstsche Sensensäge bei Versuchen bewährt. Folgende drei Arbeitsgänge sind in Baden zweckmäßigerweise bei der Leiterästung empfohlen:

1. Bis 2 m Aufastung mit Handsäge oder Baumschere;
2. von 2 bis 5 (oder 6) m Aufastung mit Stangensäge, Schutzbrille;
3. über 5 bis 6 m Aufastung unter Benutzung einer entsprechend langen Leiter und kurzgriffigen Handsäge (von Leitern aus ist die Benützung von Stangensägen verboten).

In der Baumhöhe von 2 bis 5 (6) m ist die Leiterästung unwirtschaftlich, weil teurer als die Ästung mit Stangensägen.

Da man dem geästeten Stamm später nicht ansieht, wann er geästet wurde, so sind darüber *Aufschreibungen* nötig, sonst bringt sich die Forstwirtschaft um den Erfolg der Arbeit. Die vorgenommenen Ästungen sind daher in Wirtschaftsbüchern zu vermerken und in die Bestandesbeschreibungen bei der Erneuerung der Forsteinrichtung zu übernehmen.

VII. Die forstlichen Betriebsarten[1].

Unter der „Betriebsart" verstehen wir die Art der Bewirtschaftung, die planmäßige Aneinanderreihung bestimmter Wirtschaftshandlungen (insbesondere in bezug auf Bestandespflege, Nutzung, Wiederverjüngung, Schutz) in einer auf die Dauer berechneten Wirtschaft. Im Laufe der letzten hundert Jahre ist die Holzerzeugung als das hauptsächliche Wirtschaftsziel des Waldbaues in solchem Maße in den Vordergrund getreten, daß die Verbindung des Waldbaues mit der Tierzucht und dem Ackerbau als Beeinträchtigung der Forstwirtschaft fast vollständig aufgegeben wurde. Deshalb ist in den neuesten Waldbaulehrbüchern in Deutschland, zum Beispiel in D e n g l e r s Waldbau, auf jene Betriebsarten, welche die „Holzzucht in Verbindung mit Tierzucht oder mit Feldgewächsbau" betreffen, fast gar nicht mehr Rücksicht genommen. In den *südöstlichen Nachbarländern Österreichs* aber und wohl auch *in den Alpen* gibt es die scharfe Abgrenzung gegenüber der Landwirtschaft (und gegenüber der Aufzucht und selbst auch Überhegung des Wildes) noch nicht. Dementsprechend dürfen wir also hier noch, ähnlich wie es im „Waldbau" von C. H e y e r und R. H e ß gehandhabt wurde, unterscheiden:

1. Rein forstliche Betriebsarten (oder „reine Hauptnutzungsbetriebe"),
2. Verbindung der Holzzucht mit der Tierzucht:
   a) Waldweidebetrieb,
   b) Wildparkbetrieb,
3. Verbindung der Holzzucht mit dem landwirtschaftlichen Fruchtbau (Waldfeldbaubetrieb, Röderwaldbetrieb, Hackwaldungen).

Rein forstliche Betriebsarten.

Was zunächst die rein forstwirtschaftlichen Betriebsarten anbelangt, so hat den größten Einfluß auf die Betriebsart die Art der Nutzung und der Wiederverjüngung. Diese drückt auch dem Bestockungs- und Waldaufbau ihr Gepräge auf. Wir gliedern die Betriebsarten: zunächst in die *Hochwaldbetriebe* oder Samenholzbetriebe, *„Kernwuchsbetriebe"*, bei denen die *Verjüngung durch Samen* erfolgt. Im Hochwald findet der Abtrieb der Stämme meist im voll erwachsenen Zustand statt, und die jungen Waldpflanzen, welche die Bestandesgründung an ihre Stelle setzt, sind *aus Samen erwachsen.* Der Ausdruck „Hochwald" kommt wohl daher, daß man die Bestände

---

[1] W o h l f a h r t E., Zur Frage der waldbaulichen Betriebsformen, Allg. Forst- u. Jagdztg. **115**, 1939, S. 226—234. — V a n s e l o w K., Zur Systematik der Betriebsformen, Allg. Forst- u. Jagdztg. **100**, 1924, S. 429—434. — N e u b a u e r W., Zur Systematik der waldbaulichen Betriebsarten, Centralbl. f. d. ges. Forstw. **63**, 1937; **64**, 1938. — D e n g l e r A., Zur Frage der Systematik der forstlichen Betriebsformen, Centralbl. f. d. ges. Forstw. **64**, 1938, S. 141—153. — W a g n e r C h r., Lehrbuch d. theoretischen Forsteinrichtung, Berlin 1928, S. 244—250; d e r s e l b e, Zwei Vorträge über den Aufbau forstlicher Betriebssysteme, Forstw. Centralbl. **35**, 1913, S. 226—254. — H e y e r - H e ß, Der Waldbau oder die Forstproduktenzucht, 5. Aufl., 2. Bd., 1909. — H a r t m a n n F r., Zur Frage über die systematische Einordnung der wirtschaftlichen Bauformen des Hochwaldes, Österr. Vierteljahresschr. f. Forstw. **84**, 1934, S. 49—59.

zumeist (aber nicht immer) erst in einem Alter, das höher ist als das bloße Mannbarkeitsalter, nutzt und daß man sie *somit auch hoch werden* läßt. Doch gehört die Anzucht von *Weihnachtsbäumen*, weil sie auch einen „Kernwuchsbetrieb" darstellt, gleichfalls zum „Hochwald".

Hochwaldbetrieb.

Innerhalb der Betriebsart des Hochwaldes unterscheiden wir: die *schlagweisen Hochwaldbetriebe*, also Betriebsarten, bei denen die Verjüngung auf einer und derselben Fläche irgendeinmal abgeschlossen wird, nicht stetig erfolgt. Hieher gehören: der Kahlschlagbetrieb, der Schirmschlagbetrieb, der Femelschlagbetrieb und seine Unterarten: horst- und gruppenweiser Femelschlag, Streifenfemelschlag, Saumfemelschlag, W a g n e r s Blendersaumschlagbetrieb, E b e r h a r d s Schirmkeilschlagbetrieb usw. Zwischen je zwei Verjüngungsperioden liegt eine mehr oder weniger lange Zeit der Bestandeserziehung. Das bedingt ein Abscheiden bestimmter Verjüngungsflächen (Schläge). Beim schlagweisen Betrieb baut sich der Wald aus Beständen verschiedenen Alters auf, die Nutzung und Verjüngung erfolgen jeweils auf mehr oder weniger großen Flächenteilen schlagweise; der Waldaufbau ist in „Bestände" gegliedert, die Altersklassen sind räumlich geschieden. Mit C h r. W a g n e r können wir noch je nach der Größe des Arbeitsfeldes unterscheiden: *Breitschlag-* oder *„Großflächenbetrieb"*, wenn der Waldaufbau nach Großbeständen gegliedert ist, wobei die Hiebsart, die Art des Eingriffes in den Schlag, wieder sein kann: Kahlhieb, Schirmhieb (beim „Schirmschlagbetrieb", Schirmgroßschlag, Dunkelschlag), Femelschlag (zum Beispiel beim bayerischen oder beim badischen Femelschlag);

Schmalschlagbetrieb, wiederum mit drei Hiebsarten (Kahlschlag, Schirmschlag, Femelschlag), und

Saumschlagbetrieb (die Hiebsart tritt bei der Schmalstreifenform nicht mehr so bezeichnend hervor wie beim Großflächenbetrieb). Zum Beispiel können bei W a g n e r s Blendersaumschlag alle Hiebsarten nach Bedarf nebeneinander gelten.

Diesen schlagweisen Hochwaldbetrieben ist gegenüberzustellen der *Femel- oder Plenterbetrieb*, das ist eine Betriebsart mit ununterbrochener, stetiger Verjüngung. Infolge stetigen Andauerns des Verjüngungsvorganges fehlen ein Verjüngungszeitraum und eine besondere Verjüngungsfläche (Schläge). „Arbeitsfeld ist fortlaufend die ganze Betriebsfläche mit regellosem Ernteeingriff. Der Bestockungsaufbau zeigt einheitliche Mischung aller Altersklassen ohne Scheidung von Bestockungseinheiten" (C h r. W a g n e r, Forsteinrichtung, S. 245), Abb. 153.

Der Plenterbetrieb ist Punktwirtschaft im Gegensatz zur Flächenwirtschaft der schlagweisen Betriebe. Er ist die ursprünglichste und älteste Nutzungsart des Waldes. Das Holz wurde ursprünglich bei Bedarf da gefällt, wo es in bester Brauchbarkeit stand und am leichtesten genutzt werden konnte. Die Verjüngung überließ man der Natur. Meist war Vorwuchs vorhanden. Erst später brachte man die Nutzung in bewußten und absichtlichen Zusammenhang mit der Verjüngung. Die regellose Nutzung führte bei steigendem Bedarf zur *Ausplünderung*, besonders in Verbindung mit

Waldweide und Wildschäden. Deshalb wollte man (um 1800) zur Schlag-wirtschaft übergehen und lehnte das „plenterweise Hauen" und die „Schleich-wirtschaft" ab.

Innerhalb des Begriffes „Plenterwald" unterscheiden manche noch den Femel- und den Plenterbetrieb: Plenterhieb mit vorwiegender Einzelstamm-entnahme, Femelhieb mit gruppenweiser Entnahme. Im Femel- oder Plenterwald sind Bäume aller Alters- und Stärkeklassen in Einzelmischung, trupp-, gruppen- oder horstweiser Mischung vertreten. Der geregelte Plenter-betrieb, die Unterscheidung des Oberbestandes, Mittel- und Unterbestandes

Abb. 153. Plenterwald von Tanne, Fichte, Buche im Bregenzer Wald, Vorarlberg, Gemeinde Lochau, Waldort Afterboden, 800 m ü. d. M. (Aufn. H. Z i e g l e r).

im Plenterwald, der Begriff der Umlaufszeit, die Verjüngung im Plenterwald wurden bereits (S. 507—513) besprochen.

Die *Unterarten des schlagweisen Hochwaldbetriebes,* die „Betriebsfor-men", *wurden in diesem Buche schon als Verjüngungsformen im Abschnitte über die Verjüngung (S. 486—528, 577) geschildert.*

Ausschlagwaldbetriebe.

Um in der Aufzählung der Betriebsarten fortzufahren, sind weiter die *Ausschlagwaldbetriebe,* und zwar der *Niederwald,* zu nennen. Die Stämme (Laubhölzer) werden unmittelbar über dem Boden abgehauen, es wird ein Kahlhieb geführt, es entwickeln sich Ausschläge aus den Stöcken, an Wur-zeln (beim „Kopfholzbetrieb": Ausschläge aus dem Stamm). Zum Unter-schied vom „Kernwuchsbetrieb" bezeichnet man daher diesen Betrieb auch als Ausschlagbetrieb. Da die Ausschlagfähigkeit im höheren Alter meist

nachläßt, ist man meist gezwungen, die Erntenutzung schon im jugendlichen Alter und bei geringerer Höhe durchzuführen, dadurch ist die Bezeichnung „Niederwald" entstanden. Bei manchen Stockausschlägen, und
zwar bei Holzarten, bei denen auch im Niederwald ein etwas höherer
Umtrieb üblich ist, zum Beispiel in Schwarzerlenniederwäldern, werden
auch die Ausschlagwälder hoch, unter Umständen so hoch wie mancher
Hochwald. Das Unterscheidende für die Begriffsbestimmung: „Hochwald",
„Niederwald" liegt also in der Art der Begründung: hie Kernwuchs, dort
Ausschlag! Dabei spielt es keine Rolle, wenn gelegentlich und untergeordnet
auch noch die andere Art der Begründung mit auftritt, wenn zum Beispiel
also auch einzelne Stockausschläge in den Kernwuchsbeständen mit übernommen werden oder umgekehrt. Bei der Überführung von Ausschlagwäldern in Hochwald ist man meist genötigt, von einer solchen Übernahme
der Ausschläge in die Kernwüchse stärker Gebrauch zu machen.

In Österreich beträgt der Anteil des Niederwaldes an der Gesamtwaldfläche nur 2,6 v. H.[1], in Deutschland (nach V a n s e l o w, Zuwachs- und
Ertragslehre, 1941) „4 v. H. der gesamten Waldfläche des Altreichs". Im
südlichen Europa ist der Anteil des Niederwaldes groß, so wurde er zum
Beispiel für Bulgarien im Jahre 1943 mit 59,1 v. H. der Waldfläche angegeben[2], für Griechenland nach dem Stande vom Jahre 1940 mit 43,2 v. H.[3],
auch Buschwaldflächen mit nur kümmerlichen Waldresten sind hier mit
inbegriffen, es hängt dies hauptsächlich mit der Kleinviehweide (zugleich
auch häufig mit dem für Hochwälder weniger günstigen Klima, besonders
in dortigen tieferen Lagen) zusammen.

Der *Mittelwald* ist eine Zwischenform von Hoch- und Niederwald, eine
Verbindung von Ausschlagwald mit einem plenterartig genutzten, ohne
Kronenschluß aufwachsenden Hochwald. C h r. W a g n e r definiert ihn als
„Verbindung des Stockschlagbetriebes mit dem Überhalt von Samenpflanzen in mehreren Altersstufen", zum Beispiel Eichenmittelwaldbetrieb,
Auenmittelwaldbetrieb. Das Unterholz im Mittelwald geht aus Stockausschlägen hervor, das Oberholz in der Regel aus Kernwüchsen. Das Oberholz bildet in lockerer Verteilung eine obere, höhere Stufe, die wenigstens
dem Ideal nach aus Kernwüchsen hervorgehen oder doch möglichst reichlich
durch sie ergänzt werden soll.

Die Zahl der Altersklassen im Oberholzbestand und der Altersabstand
dieser kann verschieden sein, es findet nämlich der Hieb sowohl im Unter-
als auch im Oberholz in der Regel am Ende des Unterholzumtriebes statt,
der Überhalt der jüngsten Oberholzklasse beginnt daher in der Hauptsache
stets zugleich mit der Wiederbegründung des Unterholzbestandes, und der
Turnus, in welchem die Wiederbegründung des Unterholzes sich wiederholt, bestimmt somit den Altersabstand zwischen den einzelnen Oberholzklassen. Das Alter, das die älteste Oberholzklasse erreicht, muß dann ein
Vielfaches der Umtriebszeit des Unterholzes sein (zum Beispiel u = 25 Jahre,

---

[1] Forst- und Jagdstatistik für Österreich nach dem Stande vom Jahre 1935, Wien
1938, S. 26.

[2] S t o j a n o f f J., in der Wiener Forstzeitung „Der Gebirgsforst" 1943, S. 39 ff.

[3] Laut Auskunft des Forstdirektors im Landwirtschaftsministerium Griechenlands.

U = 125). Je höher das Alter der ältesten Oberholzklasse bemessen wird und je kürzer der Umtrieb des Unterholzes ist, desto höher wird die Anzahl der Altersklassen des Oberholzes.

Die *Höhe des Umtriebes* im Unterholz kann nicht willkürlich gewählt werden [1]; jedenfalls darf der Umtrieb des Unterholzes nicht so hoch sein, daß kein kräftiger Ausschlag mehr stattfinden kann (die Rotbuche zum Beispiel schlägt nicht mehr gut aus, sobald die Rinde aufzuspringen beginnt) oder daß das Unterholz durch Absterbelücken räumdig wird und der Boden verunkrautet (Weißerle verträgt auf trockenem Boden im Tieflande keinen wesentlich höheren Umtrieb als etwa 15 Jahre). Auf gutem, zusagendem Standort kann der Umtrieb höher sein als auf ungünstigem. Auch muß der Umtrieb sich nach den Holzarten richten. Wenn in einem Mittelwald erhebliche Verschiedenheiten je nach den Holzarten und der Standortsgüte vorhanden sind, so kann sich die Anwendung verschiedener Umtriebszeit empfehlen.

Der Mittelwald bietet Gelegenheit, neben der Brennholzerzeugung vorzugsweise Laubnutzholz in lockerer Stellung zu erziehen, die Kronenfreiheit des einzelnen Oberholzstammes begünstigt das Kronenwachstum und den Stärkenzuwachs, es werden daher in möglichst kurzer Frist bedeutende Stammstärken erreicht, die Entwicklung der Oberholzstämme ist infolge der freieren Stellung ihrer Kronen eine raschere als jene gleichalteriger Einzelstämme in geschlossenen Hochwaldungen. Die Holzbeschaffenheit kann sehr gut sein, wenn auch die Länge der astreinen Nutzholzstücke beim Oberholz der Mittelwälder bedeutend geringer zu sein pflegt als unter günstigen Verhältnissen im Laubholzhochwald, zum Beispiel in den besten Eichenwuchsgebieten. Für die verschiedenen Altersstufen des Oberholzes gab es verschiedene Namen, die jüngste Stufe des Oberholzes bezeichnet man auch heute als „Laßreitel", die nächstälteren hießen „Oberständer", weiter „angehende Bäume", „Hauptbäume" und „alte Bäume". Mit Rücksicht auf die Schwierigkeit einer genauen Trennung begnügt man sich mit der bloßen Unterscheidung von Laßreideln und sonstigem Oberholz. Der Umtrieb des Unterholzes darf auch nicht so hoch sein, daß das Unterholz zu stark in die Oberholzkronen hineinwächst oder daß die schnellwüchsigen Holzarten im Unterholze das Oberholz seitlich überflügeln. Unter dichtem und kurzschaftigem Oberholz müßte der Umtrieb des Unterholzes entsprechend kurz sein.

Anwendungsgebiete. Diese Waldform ist alt und hatte in früherer Zeit im Laubholzgebiet der Ebenen und Hügelländer Mitteleuropas große Flächen inne. In Deutschland wurde seit einigen Jahrzehnten zur Steigerung der Nutzholzproduktion in der Regel die Umwandlung von Mittelwald in Hochwald vollzogen. So sah Verfasser in Baden im nördlichen Teil des Landes prachtvolle Eichenhochwälder mit entsprechend hoher Umtriebszeit, die der Überführung aus ehemaligen Mittelwäldern ihre Entstehung verdankten. Im Waldbau von H e y e r und H e ß (5. Aufl., II. Bd.,

---

[1] H a m m J., Leitsätze für den Mittelwaldbetrieb, Forstw. Centralbl. 22, 1900, S. 392—404.

1909) wurden vor 40 Jahren als Gebiete Deutschlands, in denen der Mittelwald verbreitet ist, angegeben: Baden, Lothringen (hauptsächlich noch in den Gemeindewaldungen), Württemberg (zirka 30 v. H. des gesamten Gemeindewaldes), Hessen (in den Rheinauen), Preußen in einzelnen Oberförstereien (Lödderitz, Schkeuditz und Zöderitz a. d. Mulde). In der Schweiz ist der Mittelwald gleichfalls vertreten. Auch in den Ländern Südosteuropas hatte die Betriebsart des Mittelwaldes früher eine größere Verbreitung als gegenwärtig [1].

In Österreich gibt es Mittelwälder besonders im Hügellande des niederösterreichischen Weinviertels (Eichenmittelwälder) und in Auwaldungen, besonders in den Donauauen. Zum Unterschied von den Mittelwäldern der Auen pflegt man jene der Hügelländer auch als „Landmittelwälder" zu bezeichnen. In einigen Verwaltungsbezirken des niederösterreichischen Weinviertels (Floridsdorf, Gänserndorf, Korneuburg, Hollabrunn, Mistelbach) entfallen beträchtliche Anteile der dortigen Waldflächen auf die Eichenmittelwälder. Die Oberholzeichen im Weinviertel erreichen bei entsprechendem Alter (zum Beispiel 125 Jahre) bedeutende Stärken. Brusthöhendurchmesser von 1 bis 1,20 m können vorkommen, die Scheitelhöhen betragen im Weinviertel etwa 20 bis 22 m, astreine Schaftabschnitte von 6 bis 8 m Länge pflegen vorhanden zu sein. Die Holzbeschaffenheit der Nutzholzabschnitte von Oberholzeichen im Weinviertel ist sehr gut.

Holzarten: Das Oberholz wird aus Holzarten gebildet, die Nutzholz liefern und zugleich durch ihre Beschaffenheit das Unterholz nicht zu stark bedrängen, also Lichtholzarten und Halbschattholzarten: Stiel- und Traubeneiche, Esche, Pappel (kanadische und Silberpappel, Schwarzpappel, Pyramidenpappel), Erle, Ahorn, Birke, Kirsche, Ulme, Platane, Kastanie, Robinie, auch Lärche und Kiefer. Als Unterholz sind geeignet Weißbuche, Erle, Ulme, Feldahorn, Ahorn, Linde, Edelkastanie, Esche, Akazie, Rotbuche, Hasel, Pappel und Weide, Sorbus-, Prunus- und Pirusarten, auf guten Böden auch Eiche. Wenn sich Schlehe, Weißdorn, Hartriegel, Pulverholz, Spindelbaum, Liguster, Schneeball, Kreuzdorn, Sanddorn, Sauerdorn usw. ansiedeln, so müssen sie bei den Reinigungshieben entfernt und durch andere Holzarten ersetzt werden, sofern sie nicht als Schutz- und Füllholz notwendig sind. In den Landmittelwäldern des niederösterreichischen Weinviertels sind im Oberholz in der Absicht auf die Erzeugung von Starknutzholz vor allem Trauben- und Stieleichen, stellenweise Weißkiefer (dort, wo vorübergehend Hochwald begründet war und die Kiefer bis ins Stangenholz in gutem Schluß astrein und vollholzig erwachsen ist). Einzeleinbringung der Weißkiefer im Mittelwald, etwa auf Blößen, wird nicht empfohlen, weil sie in diesem Falle mangels seitlicher Beschattung bis herab beastet, abholzig, kurzschaftig und nicht nutzholztüchtig erwächst [2]. Auch die amerikanische Roteiche, *Quercus*

---

[1] J o n e s c u A., Beiträge zum Studium der Kultur und Technik von Mittelwäldern in Rumänien. Revista padurilor **42**, 1930, S. 1151—1168, 1256—1282.

[2] L o r e n z - L i b u r n a u H., Beobachtungen und Erfahrungen in typischen Landmittelwäldern Niederösterreichs, Mitt. d. Österr. Land- und Forstwirtschaftsgesellschaft in Wien, **54**, 1931, 836—840, 848—852, 861—865.

rubra, kann in den Mittelwald eingebracht und zum Teil auch im Oberholz belassen werden; sie verschönert nicht nur das Waldbild, sondern auch ihr Holz ist als Nutzholz verwertbar, wenn auch nicht für Faßdauben. Vorübergehend können im Oberholz belassen werden: Birken von guter Schaftform, bis sie als Wagnerholz verwertbar sind, dann Weißbuchen sowie Zerreichen dort, wo die Ansamung dieser wohl vorwiegend nur im Unterholz neben den Weißeichen heranzuziehenden Holzarten angestrebt wird. Im *Unterholz* sind (im niederösterreichischen Waldviertel) gute Brennhölzer erwünscht, vor allem Trauben- und Stieleichen, und zwar sowohl als Stockausschläge als auch als Kernwüchse, die aus dem Aufschlag vom Oberholz entstehen und aus denen sich die künftigen Oberholzstangen in der zweiten Altersklasse, die „Laßreitel", rekrutieren, ferner finden sich im Unterholz des Weinviertels die schattenertragende Weißbuche und die Zerreiche als gleichfalls gutes Brennholz. Hingegen sind mehr oder weniger unerwünscht: die Aspe, Hasel, Linde, Weide und Birke, letztere sofern sie im Übermaß vorhanden ist, während eine Anzahl von Kernwüchsen guter Schaftform, wie bereits erwähnt, zu Wagnerstangen herangezogen werden kann. Die unerwünschten Holzarten, als „Unhölzer" oder Weichhölzer bezeichnet, werden nach Tunlichkeit zurückgedrängt. Die Robinie oder falsche Akazie wird inmitten größerer Mittelwaldflächen nicht gern gesehen, weil sie leicht zu sehr überhand nimmt und weil die namentlich an Stockloden stark entwickelten Dornen für die Aufarbeitung unbequem sind; sie wird aber auf isolierten Grundstücken mit gutem wirtschaftlichem Erfolg gezogen, teils im Niederwald mit kurzem Umtrieb (etwa fünfjährig!), teils im Mittelwald mit bis 25jährigem Oberholz. Sie wird im Weinbaugebiet zu Weinpfählen verwendet (vom Oberholz gespaltene, vom Unterholz runde). Sonst wurden solche Weinpfähle aus Robinienholz aus Ungarn in die niederösterreichischen Weingegenden eingeführt.

Die „Unhölzer" Aspe, Linde, Hasel, Birke sind insbesondere in der Jugend raschwüchsiger und frosthärter als die zu pflegende Eiche, manche von ihnen (Hasel, Linde) sind auch schattenfester, die Eiche könnte also leicht zurückgedrängt und besonders in kühleren und feuchteren Lagen ganz verdrängt werden. Um dem vorzubeugen, ist bei den Läuterungen entsprechend einzugreifen, nötigenfalls ist (auf Nordhängen und in feuchten Mulden) Rodung und Neuaufforstung erforderlich, allenfalls auch Übergang zum Hochwald.

Bestandesgründung. Normalerweise erfolgt sie durch Stockausschläge, sobald das Unterholz nach erreichtem Umtriebsalter gefällt worden ist, und unter Belassung von Laßreiteln für die Oberholzbildung. Außerdem kommt in Frage:

a) Begünstigung der Harthölzer, sobald im Unterholz die erwünschten Harthölzer (Traubeneiche, Stieleiche, Zerreiche, Weißbuche) zu sehr durch die Konkurrenz der „Unhölzer" eingeengt sind; Lorenz-Liburnau (a. a. O.) empfiehlt mit Recht, mehrere (etwa fünf) Jahre *vor* dem Abtrieb vor allem die unterdrückte Eiche im Wege der Durchforstung zu begünstigen, *nach* dem Abtrieb frühe, wiederholte Läuterungen zugunsten der Eiche und auch zugunsten des sich einstellenden natürlichen

Eichenaufschlages vorzunehmen. Wenn die Bestandesverhältnisse eine Förderung der Eiche im Wege der Durchforstung nicht mehr zulassen, kann auch ein um einige Jahre verfrühter Abtrieb in Frage kommen.

b) Aufforstung von Lücken und Kahlstellen: Bei noch genügendem Hartholz-, namentlich Eichenanteil im Unterholz können in diesem Kahlstellen dadurch entstanden sein, daß dazwischen befindliche Linden- und Haselnester vorzeitig dürr wurden oder daß schwere Althölzer abgetrieben wurden. In solchem Falle erfolgt *wenige Jahre vor* dem Unterholzabtrieb entweder Pflanzung einjähriger Eichen auf den Kahlstellen oder das Einstufen von Eicheln, falls sich nicht Naturverjüngung durch Eichenaufschlag eingestellt hat. Die Saat soll aber nur auf reinem Boden und bei genügendem Abstand von den Mutterstöcken erfolgen. *Nach* dem Abtrieb des Unterholzes ist Pflege der so entstandenen natürlichen oder künstlichen Eichenhorste erforderlich.

c) Oft ist sowohl die „Begünstigung der Harthölzer", wie im Falle a, erforderlich als auch gleichzeitig die Aufforstung von Lücken und Kahlstellen infolge vorzeitigen Einganges von Linden- und Haselnestern; in solchen Fällen erfolgt länger vor dem Abtrieb die Förderung der Eiche im Wege der Durchforstung, dann kurz vor dem Abtrieb die Kultur der Kahlstellen und nach dem Abtrieb wiederholte Läuterung zugunsten der Eichenausschläge und Kernwüchse.

Eine solche Begünstigung der Eiche (Weißbuche, Zerreiche) gegenüber der Konkurrenz der „Unhölzer" erfordert viel Sorgfalt und verursacht Betiebsausgaben, darf aber totzdem keineswegs unterlassen werden; denn sie führt zu einer wesentlichen Hebung des Wertes der künftigen Abtriebserträge, unter Umständen selbst zur Verdoppelung dieses Wertes.

Da für die Auslese von Laßreiteln für das Oberholz genügend viele Kernwüchse der Eiche vorhanden sein müssen, so kommt in den Eichenmittelwäldern, zum Beispiel im niederösterreichischen Weinviertel, der natürlichen Verjüngung der standortsmäßigen Eiche durch Samen und der Pflege der so erzielten Aufschläge besondere Wichtigkeit zu. Außerdem liefert reichliche natürliche Verjüngung der Eiche zugleich auch das beste Material für künftigen Stockausschlag, es kann dann leichter auch nach dem Absterben der alten Stöcke eine Rodung und künstliche Kultur vermieden werden. Ein entsprechender Stand von Oberholzbäumen als Samenspender ist daher auf alle Fälle wertvoll, selbst wenn in trockenen, steinigen Lagen die Bonität für das Oberholz gering und dessen Zuwachs schlecht ist.

d) Es kann vorkommen, daß im Unterholz Eiche und sonstige Harthölzer fast nicht mehr vorhanden sind, daß das Unterholz durchaus aus mindererwünschten Holzarten, aus „Unhölzern", besteht und daß auch die jüngeren Eichenoberholzklassen fehlen. In solchen Fällen wird in den niederösterreichischen Landmittelwäldern notgedrungen zur Rodung mit Hackfruchtbau und künstlicher Kultur geschritten, letztere erfolgt mit Eiche oder Eiche mit Weißkiefer. Wenige besonders schöne mittelalte Oberholzbäume werden belassen. Die künstliche Aufforstung größerer Flächen soll also eine seltene Ausnahme bilden. Sie findet in Niederösterreich meist im Wege des Waldfeldbaues statt. Durch diesen wird die Bodenkraft stärker beansprucht, was auf minder guten Böden ohne Zweifel von Belang ist, da im Mittelwald ohnehin infolge des großen Reisiganteils an der Holznutzung der Entzug an mineralischen Pflanzennährstoffen größer ist als im Hochwald mit vorwiegender Derbholznutzung. Die Rodung wird (im Weinviertel) von Waldarbeitern, die zugleich kleine Landwirte und Weinbauern sind, gegen Überlassung des Stock- und Wurzelholzes und der späteren landwirtschaftlichen Nutzung kostenlos besorgt. Sie bearbeiten den Boden und bestellen ihn mit Kartoffeln. Nach zweijähriger landwirtschaftlicher Nutzung findet die Aufforstung mit Eiche, allenfalls Eiche und Kiefer, mit ein- bis zweijährigen Pflanzen statt (Klemmpflanzung auf gelockertem Boden), Reihenabstand 1,20 m, Pflanzenabstand in den Reihen 0,80 bis 1 m. Nach Aufforstung wird noch zweijähriger „Zwischenfruchtbau" zwischen den Reihen (Anbau von Kartoffeln, Rüben, Fisolen, Erbsen) betrieben. Von da ab wird die Fläche ausschließlich der Forstkultur überlassen. Auf frischen bis feuchten Böden kommen außer der Eiche auch Ahorne, Eschen, Ulmen, Buchen und andere Holzarten in Frage.

Bestandeserziehung[1]. Die Bestandeserziehung im Mittelwald ist nötig zur Erhaltung der gewünschten Holzarten, zur Pflege der allenfalls eingepflanzten Heister und der sonstigen Kernwüchse (also des künftigen Oberholzes), zur Ausformung der Laßreitel und des Oberholzes, zur Verstärkung des Zuwachses, zur Mischwuchspflege und zur Gewinnung eines Durchforstungsertrages. In den weniger waldreichen und dichter besiedelten Landstrichen des Tieflandes, in denen der Mittelwald anzutreffen ist, zum Beispiel im niederösterreichischen Weinviertel, ist das bei den Zwischennutzungen anfallende Material gut verwertbar, so daß in der Regel die Kosten der Bestandeserziehung mindestens gedeckt werden. Wo sich zwischen den Eichen (Ahornen, Ulmen, Eschen, Lärchen, Kiefern und sonstigen wertvollen Holzarten) die unerwünschten Weichhölzer verdämmend vordrängen, muß im Wege der *Läuterung* eingegriffen werden. Die Läuterung beginnt meist im dritten Jahr und muß in späteren Jahren nach Bedarf wiederholt werden. Das Höhenwachstum der Stockausschläge ist bekanntlich anfangs rascher als das der Kernwüchse. Später wird das Verhältnis umgekehrt. Zugunsten guter Kernwüchse werden also bedrängende Ausschläge seitlich aufgeastet oder geköpft. Wenn die Stöcke einer schnellwüchsigeren Holzart angehören als die Kernwüchse, so ist der Eingriff stärker als im entgegengesetzten Falle. Bedrängende Ausschläge sehr schnellwüchsiger Holzarten müssen unter Umständen vollständig ausgehauen werden. Zu gleicher Zeit werden auch Gabelwüchse und sonstige schlechtgeformte Pflanzen entnommen. Gegen die meist breiten und dichten Haselbüsche wendet man entweder wiederholten Aushieb oder

---

[1] H a m m J., Leitsätze für den Mittelwaldbetrieb, Forstw. Centralbl. 22, 1900, S. 392—404. — L o r e n z - L i b u r n a u H., Beobachtungen und Erfahrungen in typischen Landmittelwäldern Niederösterreichs, Mitt. d. Österr. Land- u. Forstwirtsch.-Ges. in Wien, 1931, 848 ff. — D e r s e l b e, Die Wälderschau des Niederösterr. Forstvereins 1934 in den Forsten der Herrschaft Schönborn. Österr. Vierteljahresschr. f. Forstwesen 84, 1934, S. 140—155. — H e y e r C. und H e ß R., Der Waldbau oder die Forstproduktenzucht, 5. Aufl., II. Bd., 1909.

einmaliges enges Zusammenbinden zu einem schmalen Busch an, so daß der Eichennachwuchs gegen Verdämmung geschützt ist. Die Läuterung wird (im Weinviertel Niederösterreichs) wiederholt, sobald die Eiche wieder bedrängt wird. In Frostlöchern, auf Nordhängen, überhaupt an Stellen, wo die Eiche von Spätfrost gefährdet ist, kann das Stehenlassen eines schütteren Schirmes von Weichhölzern als Frostschutz zwischen den Eichen empfehlenswert sein. An Stellen, wo die Eiche nicht bedrängt ist, sind auch die Weichhölzer, Linde und Hasel, als Bodenschutz willkommen, schließlich ist ihr Holz auch verwertbar. H a m m, der in den Mittelwäldern von Karlsruhe wirkte, empfahl (1900) Wiederholung des Hiebes je nach den Wuchsverhältnissen im neunten bis zwölften Jahre. Von einem Betrieb im niederösterreichischen Weinviertel wird (1931) berichtet, daß mit dem achten bis zehnten Jahre nach dem Abtrieb die Läuterung abgeschlossen, für die Eiche im Unterholz Raum zu gesicherter Vorherrschaft, jedenfalls aber Gipfelfreiheit geschaffen sein soll. Wo möglich, soll man die sogenannten „Unhölzer" nicht zu stark zur Entwicklung gelangen lassen, um nicht durch allzu häufiges (zum Beispiel alle zwei Jahre wiederholtes) Läutern eine Nutzung sehr großer Reisigmassen und somit einen bedeutenden Entzug an mineralischen Nährstoffen zu bewirken. Wenn auch als beste Läuterungszeit der Sommer empfohlen wird, um das Wiederausschlagen der Weichhölzer tunlichst zu hemmen, so kann erforderlichenfalls im Mittelwald auch im Winter geläutert werden; denn im Sommer sind die Arbeiter in diesen Gegenden in der Landwirtschaft unabkömmlich, und wenn die Weichhölzer nach der während der Vegetationsruhe vollzogenen Läuterung wieder reichlich vom Stock ausschlagen, so ist dies kein Nachteil, *sofern nur die Eiche einen sicheren Vorsprung erlangt* hat, im Gegenteil kann die rasche Wiederbedeckung des Bodens sogar erwünscht sein.

Bei einem 25jährigen Unterholzumtrieb folgt noch eine einmalige oder zweimalige *Durchforstung* etwa im 12- bis 18jährigen Alter des Unterholzes. Sie begünstigt wieder die wertvollen Holzarten, im Weinviertel die Eiche, und wendet ein Freihauen der künftigen Laßreitel (Kernwüchse) an. Als „schwache Hochdurchforstung" bewirkt sie zugleich Auflösung dichter Gruppen ungefähr gleichwertiger Stämmchen, besonders in den Gruppen von Kernwüchsen, dabei werden wieder künftige Laßreitel durch entschiedenen Freihieb begünstigt, allenfalls auch mäßig aufgeastet. In den Ausschlägen des Unterholzes wird die Durchforstung schwach vorgenommen, bei Linde ganz unterlassen, damit nicht die ganzen Ausschlagnester kränkelnd werden (L o r e n z). In den zur Begründung künftigen Mittelwaldes bestimmten Eichenkulturen werden bestgeformte Stämmchen als künftige Laßreitel ausgewählt, bezeichnet, freigehauen und zugleich mäßig aufgeastet. Sonst wird hier noch nicht viel durchforstet, da tunlichst alle Stöcke zur gegebenen Zeit (später) Ausschlag geben, also lebend erhalten werden sollen. Jene Stämmchen, die zugunsten der Laßreitel aus der Kronenkonkurrenz ausgeschieden werden, läßt man nicht knapp am Boden aushauen, sondern nur in etwa Mannshöhe köpfen, worauf sie vom Kopf und Stamm ausschlagen. Wenn der Abtrieb nicht allzu spät nachfolgt, so bleiben ihre Stöcke lebensfähig. Die Vorbereitung der Laßreitel auf ihre künftige Freistellung ist sehr wichtig, sonst unterliegen sie nach dieser dem Sturm oder Schneedruck oder werden dürr.

An den künftigen Oberholzstämmen wird gelegentlich der Durchforstung die Aufastung als Grünästung bewirkt. Wenn nötig, wird das gesamte gegenwärtige Oberholz nur bis zur Unterholzhöhe *im* Unterholzbestand etwa zehn Jahre vor dem Unterholzabtrieb geastet, die höher angesetzten Äste werden in der Regel belassen. Die seitliche Beschattung durch das Unterholz wirkt der Bildung stärkerer neuer Wasserreiser entgegen. Schon im Unterholz wird darauf hingearbeitet, daß die künftigen Laßreitel einen Vorsprung erlangen und ihre Kronen stufig und leistungsfähig ausformen können.

Anteil der einzelnen Oberholzklassen, Zahl der Oberholzstämme je Flächeneinheit. Im normalen Mittelwald sollen nur so viele gutgeformte, gutbekronte, aussichtsreiche Oberständer in tunlichst gleichmäßiger Verteilung vorhanden sein, daß die Fläche allenthalben noch mit Unterholz bestockt bleiben kann und daß dieses nicht nur als Bodenschutz dient, sondern neben dem Oberholz auch einen *Ertrag* gewährt. Dabei kann eine bestimmte Zahl von Oberholzstämmen nur unter bestimmten Verhältnissen angemessen und somit ihre Festsetzung nicht allgemein gültig sein, denn das Maß des Einflusses, den die Überschirmung des Oberholzes ausübt, hängt ab von der Standortsgüte, von der Beschaffenheit des Oberholzbestandes je nach Holzart, Schaftform, Kronenansatz, Stammverteilung usw., dann auch von der Beschaffenheit des Unterholzbestandes (Lichtbedürftigkeit, beziehungsweise Holzart, Umtrieb usw.). Je breiter und dichter oder länger die Krone eines Oberholzbaumes ist, desto mehr wirkt er verdämmend; je höher über dem Boden seine Krone angesetzt ist, desto geringer ist die verdämmende Wirkung. Mit zunehmendem Alter des Oberholzes pflegt auch seine Schirmfläche und Dichte zuzunehmen, zugleich aber auch der Kronenabstand (der Abstand des unteren Kronenansatzes vom Boden). Auch kann die Wirtschaft durch Wegnahme der unteren Beastung den Abstand der Krone vom Boden künstlich erhöhen. Auch nach der Dichte des Baumschlages des Oberholzes (also nach der Holzart, beziehungsweise ihrer Schattenfestigkeit) wechselt selbstverständlich der Grad der verdämmenden Wirkung. Unterholz, das aus lichtbedürftigen Holzarten besteht oder in höherem Umtrieb bewirtschaftet wird, erträgt nur eine schwache Überschirmung. Auf frischen, kräftigen, tiefgründigen Böden und in milden Lagen ist eine größere Menge von Oberholz zulässig als im entgegengesetzten Falle.

In jüngeren Oberholzklassen muß eine größere Menge von Stämmen übergehalten werden als in älteren. Denn von der Anzahl der jüngeren wird sich während ihres Vorrückens in die höheren Klassen noch ein Abgang ergeben durch Fällungsschäden, durch Unterdrückung, durch Krankheiten, Schneebruch oder Schneedruck, Frostrisse, Blitzschlag usw. Auch soll mit zunehmendem Alter eine fortgesetzte Auslese erfolgen. Die Stammzahlen müssen also von den jüngeren Klassen gegen die älteste hin abnehmen. Nach H e y e r und H e ß, Waldbau (5. Auflage, 1909) sollen sich bei fünf Klassen die Stammzahlen etwa verhalten wie 20 : 12 : 4 : 2 : 1, zum Beispiel wären die Stammzahlen vor dem Abtrieb:

25jähr. 50jähr. 75jähr. 100jähr. 125jähr.:
80   48   16   8   4, zusammen 156.

Beim Abtrieb des Unterholzes, also zu Ende jeder Niederwald-Umtriebszeit, wird sowohl das Unterholz genutzt als auch vom Oberholz die älteste Klasse, ferner alle kränkelnden und schlechtgeformten, stark mit Wasserreisern bedeckten oder beschädigten Stämme der übrigen Klassen und so viele gesunde, als zur Herstellung eines richtigen Verhältnisses in der Stammzahl erforderlich ist.

Nach H. Lorenz-Liburnau (a. a. O., 1931) wird in einem Waldbesitz des niederösterreichischen Weinviertels folgender Normalstand je Hektar auf gutem Boden angestrebt, beziehungsweise für angemessen gehalten:

Alter beim Abtrieb: 25   50   75   100   125 Jahre

Normaler Oberholzstand

vor dem Abtrieb: 48   48   24   16   12, zusammen 148
nach dem Abtrieb: 48   24   16   12   —,   „   100
normale Fällung: 24   8   4   12,   „   48

In diesem Falle verbleiben auf den guten Oberholzbonitäten nach dem Unterholzabtrieb noch 100 Oberständer je Hektar, auf mittleren des gleichen Waldgutes sind es nur 90, auf den schlechten nur 80. Je besser also die Güteklasse, je wertvoller und aussichtsreicher das Oberholz ist, desto größer wird sein Anteil am Bestande bemessen. Auf den besseren Güteklassen ist nicht nur die Zahl der Oberständer größer, sondern auch der Kronenraum des Einzelstammes. Aber auch auf schlechteren Güteklassen wird genügend viel Oberholz im Mittelwald zur Erzielung der natürlichen Verjüngung durch Samen erhalten. Bei diesem Stand an Oberholz ist auf dem betreffenden Waldbesitz auch die Entwicklung des Unterholzes eine befriedigende, es kommt ihm für die Ertragsbildung die gleiche Bedeutung zu wie dem Oberholze.

Formen des Mittelwaldes. Man unterscheidet die *normale Form,* in welcher der Schwerpunkt mit annähernd gleichem Gewicht sowohl auf den Oberholz- als auch auf den Unterholzbestand gelegt wird und wo somit eine gleichförmige Verteilung des Oberholzes angestrebt wird, weil nur so für ein möglichst gleichmäßiges Gedeihen auch des Unterholzbestandes vorgesorgt werden kann. Diesem Gedeihen ist es förderlich, wenn die Oberholzbestockung zum größeren Teil aus Lichthölzern gebildet ist, wodurch der Grad der Überschirmung des Unterholzes vermindert wird. Der Oberholzvorrat der normalen Form kann etwa 100 bis 200 fm je Hektar betragen. Weiter gibt es die *hochwaldartige oberholzreiche Form,* deren Oberholzvorrat mehr als 200 fm beträgt, bei ihr ruht das Schwergewicht der Wirtschaft auf dem Oberholzbestand, das Oberholz muß also stärker vertreten sein, dies erfordert namentlich in den jüngeren und mittleren Altersklassen eine gedrängtere Stellung desselben als bei der normalen

Form. Würde ein solches verhältnismäßig geschlossenes Oberholz in gleichmäßiger Verteilung die ganze Bestandesfläche bedecken, so würde das Unterholz verschwinden oder zum bloßen Bodenschutzholz werden und der Charakter des Mittelwaldes würde verlorengehen. Die hochwaldartige Form des Mittelwaldes hat also häufig eine ungleichförmige Verteilung des Oberholzes zur Voraussetzung, oft eine mehr kleinflächen- und horstweise, in Anpassung an die Bodenbeschaffenheit oder an die verfügbaren, zur Auslese als Oberholz besonders geeigneten gesunden, geradschaftigen Stämme usw. Der Überhalt ist ein möglichst reichlicher, doch sollen die Oberhölzer immerhin ein bis zwei Unterholzumtriebe hindurch in etwas räumlicher Stellung den Lichtungszuwachs genießen können. Durch die unregelmäßige Verteilung des Oberholzes ist eine ähnliche Verteilung auch des Unterholzes bedingt, dessen Bedeutung etwas zurücktritt. Es bildet einen ungleichförmigen, stellenweise unterbrochenen Bestand, der den Bodenschutz besorgt und dort, wo das Oberholz etwas räumlich gestellt ist, auch dessen Schaftreinigung bis zu einer je nach Standortsgüte und Holzart wechselnden Höhe fördert. Ist dagegen das Oberholz nur gering vertreten, mit einem Vorrat von meist weniger als 100 fm je Hektar, liegt der Schwerpunkt der Wirtschaft auf der Unterholzzucht, dann entsteht der *niederwaldartige Mittelwald*, der heute von geringerer Bedeutung ist.

Äußere Gefahren. Der Mittelwald ist nur in mäßigem Grade Gefahren ausgesetzt. Gegen *Stürme* sind die Altholzstämme des Oberholzes infolge ihrer kräftigen Bewurzelung, Anpassung an den Freistand, widerstandsfähig. Im Unterholz kommen, besonders bei Linde, wenn die Stöcke brüchig geworden sind, Windwürfe vor. Laßreitel, auch von Eichen, können vom Sturm gebeugt und gebrochen werden, wenn sie ohne entsprechende Vorbereitung mit zu schlankem Schaft und hochangesetzter Krone unvermittelt freigestellt wurden. Gegen *Schnee- und Eisanhang* sind die höheren Altersklassen ebenfalls standfest; einzelne, im Schluß schlankerwachsene, beim Unterholzhieb freigestellte Laßreitel von Eichen, deren dürres Laub noch nicht abgefallen ist, werden durch *Schneebruch, Schneedruck und Eisanhang* geschädigt. Gegen *Frost*, besonders Spätfröste, sind die üppigen Triebe der Ausschläge, das Laub der Eiche an Ausschlägen und an Kernwüchsen, besonders in Frostlagen, empfindlich. Im Eichenoberholz entstehen im Winter in Frostlagen die Frostrisse. In Jugenden treten im Verlaufe von Trockenperioden *Waldbrände* als Lauffeuer, genährt durch dürr gewordenes Gras und Unkraut, auf. Wenn die Ausschläge durch das Lauffeuer geschädigt wurden, so werden sie auf den Stock gesetzt und geben im nächsten Frühjahr neue Ausschläge, die Ausschlagkraft der Mutterstöcke bewährt sich als ein Heilmittel, das dem Kernholzbestande fehlt. Ein unangenehmer Zuwachsschädiger ist der *Eichenmehltau*. Eichenoberständer werden durch die *Eichenmistel* geschädigt, außer Zuwachsverlusten sind Wucherungen, über welchen der befallene Stamm oder Ast kümmert und selbst abstirbt, die Folge. Ein wirksames Gegenmittel besteht im Besteigen der Bäume und sorgfältigen Ausschneiden der befallenen Astteile mittels Handsägen. Gegen die verdämmende Wirkung des *Graswuchses* in jungen Kulturen hilft das Aussicheln. Von Insektenschädlingen ist besonders der

Eichenprozessionsspinner zu erwähnen, der auch im niederösterreichischen Weinviertel in einzelnen Jahren am Oberholz aller Eichenarten durch seinen Fraß eine schwere Zuwachsverminderung herbeiführte. Der *Maikäfer* schadet durch die Engerlinge in jungen Kulturen und Pflanzgärten, außerdem in Jahren stärkeren Fluges durch Käferfraß an den Bestandesrändern. Eine nicht geringe Rolle spielen die *Wildschäden.*

Hiebsführung. Bei der Hiebsführung wird zuerst das Unterholz abgetrieben, um im Oberholz besser auszeigen zu können. Vorher werden die *Laßreitel* sorgfältig *ausgewählt* und in größerer Zahl als schließlich erforderlich stehengelassen, um Reserven für den Fall von Fällungsschäden zu besitzen. Im Oberholz werden zuerst die kranken und fehlerhaften Stämme und dann erst die hiebsreifen ausgezeigt. Zur Schonung der Laßreitel und jüngeren Oberhölzer muß die Fällung vorsichtig erfolgen. Die Räumung des Schlages soll noch vor dem Wiederausschlagen der Stöcke vollzogen sein.

Würdigung des Mittelwaldes. Frage der Umwandlung in Hochwald: Da der Umtrieb (im Mittel für Unter- und Oberholz) kleiner ist als beim Hochwaldbetrieb, so ist auch das Holzvorratskapital kleiner, die jährliche Nutzungsfläche ist größer, die Wiederkehr der Nutzungen auf der gleichen Fläche erfolgt in kürzeren Zeiträumen, die Erzielung auch starker Holzsorten ist ohne allzu großes Holzvorratskapital möglich, die Bedürfnisse der Landwirtschaft treibenden Bevölkerung nach Kleinnutzholz und Brennholz können befriedigt werden. Im allgemeinen wurde der Mittelwald in Mitteleuropa weitgehend verdrängt, weil er zu wenig Nutzholz erzeugt, weil die Schaftform, die Länge und Geradschaftigkeit zu wünschen übrig lassen. Die Umwandlung von Mittelwald in gleichalterigen Hochwald erfolgte häufig, doch wäre es verfehlt, hiebei auch das Laubholz durch Nadelholz zu verdrängen (wenn auch gelegentlich auf schlechteren oder herabgekommenen Standorten auf kleineren Flächen der Anbau der Weißkiefer in Mischung etwa mit Weißbuche in Frage kommen kann). Bei der Umwandlung in Hochwald (häufig Eichenhochwald mit höherer Umtriebszeit, 160 Jahre und mehr) muß das Holzvorratskapital wesentlich erhöht werden, zum Zweck der Einsparung des Mehrvorrates muß für einen längeren Überführungszeitraum der Abnutzungssatz entsprechend erniedrigt werden. Andererseits soll vermieden werden, durch längeres Überhalten entschieden hiebsreifer Ausschlagwaldbestände oder älterer Oberholzklassen wirtschaftliche Opfer zu bringen. Zwischen diesen zwei Forderungen wird der Weg gewählt, nur das Notwendigste in den Hauungsplan aufzunehmen, alles noch genügend Zuwachsfähige dagegen noch zu halten und es durch sorgfältige Bestandespflege, Hochdurchforstung, Lichtungsbetrieb in der Zuwachsleistung zu fördern. Die für den Umwandlungszeitraum erforderliche Erniedrigung des Hiebssatzes sucht man womöglich durch Anbau und Pflege raschwüchsiger beigemischter Holzarten, zum Beispiel der Lärche, und durch ergiebige Vornutzungen wettzumachen. Die Umwandlung hat auf Grund eines von der Forsteinrichtung aufzustellenden sorgfältigen Umwandlungsplanes zu erfolgen. Da in der Regel dieselben Holzarten, die bisher das Oberholz gebildet haben, beizubehalten sein werden, so können oberholzreiche Bestände, besonders solche mit vorwiegend mittleren und jüngsten Altersklassen, gleich als Hochwaldbestand (etwa nach Entfernung einzelner ältester Stämme) behandelt und in die künftigen Altersklassen eingereiht werden. Wo die Unterholzbestockung zum Teil aus Kernwüchsen, sonst aus kräftigen Stockloden besteht, kann sie länger auf dem Stock belassen werden, so daß die Umwandlung nur auf den übrigen Flächen im Wege neuer Bestandesgründung (womöglich natürlicher Verjüngung durch Aufschlag oder Anflug unter gelockertem Schirm oder künstlicher Kernwuchsbegründung gleichfalls unter lockerem Schirmstand) verwirklicht zu werden braucht. Der Einrichtungsplan hat die Behandlung jedes einzelnen Bestandes auf Grund sorgfältiger Prüfung vorzuschreiben.

Oft wird zur *Vorbereitung* der Überführung in Hochwald zunächst die Anwendung des oberholzreichen Mittelwaldes empfohlen. So stellte H. Lorenz-Liburnau 1931 in der bereits angeführten Abhandlung über Landmittelwälder Niederösterreichs fest: Noch sei die Holzpreisbildung im Mittelwald im holzarmen Berichtsgebiet (niederösterreichisches Weinviertel, politischer Bezirk Mistelbach) günstig, weil einer großen Nachfrage nur ein mäßiges Angebot gegenüberstehe und weil Brennholz (aus dem Unterholz), Faßholz für die Weinbau treibende Bevölkerung (aus den Oberholzeichen) und Rebpfähle (aus Kiefer und Robinie) sowie Werk- und Bauholz begehrt seien. Für den Fall aber, daß durch Einführung der Mineralkohle das Brennholz schwer absetzbar werden würde, empfahl er wohl mit Recht, durch rechtzeitige Maßnahmen ohne größere Einbußen darauf vorbereitet zu sein; seine Vorschläge bedeuten die allmähliche Einführung des *oberholzreichen Mittelwaldes* auf besseren Oberholzstandorten [1], also auf Teilflächen, bei Vorhandensein von genug Eiche im Ober-, beziehungsweise Unterholz. Hiezu ist erforderlich: 1. natürliche Verjüngung (namentlich der Eiche) zur Heranzucht möglichst vieler Kernwüchse; 2. Pflege der jungen Kernwüchse in genügender Zahl zu widerstandsfähigen Laßreiteln durch Läuterung, Durchforstung, Umhauung, so daß beim nächsten Unterholzabtrieb etwa 60 bis 100 solcher 25jähriger Laßreitel je Hektar zur Verfügung stehen; 3. Heranzucht und Pflege eines guten Oberholzstandes in dem bereits angegebenen Ausmaß und Altersklassenverhältnis, aber unter Belassung einer größeren Zahl von Laßreiteln; 4. von den herangezogenen 60 bis 100 Laßreiteln je Hektar werden, falls man zur Zeit des Unterholzabtriebes entschiedener zur hochwaldartigen Form übergehen will, bis 100 übergehalten (andernfalls nur 48). Das Oberholz wird also schon nach dem ersten Unterholzabtrieb vermehrt. Die ältesten, wertvollsten Oberholzstämme (12 bis 16) gelangen zur Nutzung, der augenblickliche Oberholzertrag wird also wenig geschmälert. Da das bleibende Oberholz vorwiegend aus jüngeren Altersklassen besteht, ist noch ein gutes Gedeihen des Unterholzes gewährleistet. Beim zweiten

---

[1] Da in Österreich zu wenig an wertvollem Laubnutzholz erzeugt wird, ist auch aus diesem Grunde auf besseren Oberholzstandorten der Übergang zum oberholzreichen Mittelwald oder zum Hochwald von Laubhölzern erwünscht; vgl. Tschermak, Verbreitung, Anbau und Pflege der edlen Laubhölzer in Österreich, Werbeschrift „Die österreichischen Laubhölzer" der niederösterr. Landeslandwirtschaftskammer, Wien, Agrarverlag (1932).

Unterholzabtrieb wird schon zuverlässiger beurteilt, ob auf dem Wege der Nutzholzerzeugung durch Vermehrung des hochwaldartigen Oberholzes fortzuschreiten ist. Bejahendenfalls ist dann nach dem zweiten Unterholzabtrieb schon ein Stand von mindestens 200 bis 250 Oberholzstämmen je Hektar für tunlichst rasche Starkholzerzeugung erreichbar und angemessen. Den Bodenschutz besorgt weiterhin das (dann schon beinträchtigte) Unterholz, allenfalls wird Unterbau mit schattenertragendem Bodenschutzholz angewandt. Das Schwergewicht der Erzeugung nach Masse und Wert liegt dann bei dem in lockerem Schluß stehenden Oberholz, das später leicht in einen ziemlich gleichalterigen Hochwald übergeführt werden könnte, wenn man die wenig zahlreichen Stämme der ältesten Altersklassen nutzen würde. Das Unterholz hätte dann nur mehr vorwiegend waldbauliche Bedeutung. *Damit soll aber nicht einer radikalen Überführung der noch vorhandenen Mittelwälder in Hochwald das Wort geredet werden.* Nur auf *geeigneten Teilen* des Mittelwaldes sollen ohne fühlbare Schmälerung der jetzigen Erträge die Vorbereitungen für einen allmählichen späteren Übergang zur Hochwaldform durch besondere Pflege der Laßreitel und überhaupt des Oberholzes getroffen werden. (Im Bereich des pannonischen Klimas im Nordosten Niederösterreichs sind die geringeren Güteklassen auch wegen dieses Klimaeinflusses für die Umwandlung in Eichenhochwald mit hoher Umtriebszeit kaum geeignet.)

Ü b e r f ü h r u n g d e r A u s s c h l a g w ä l d e r d e r A u e n i n s c h l a g w e i s e n , i m L i c h t w u c h s b e t r i e b z u b e h a n d e l n d e n , m e h r s c h i c h t i g e n L a u b h o l z h o c h w a l d[1].

Auch in den Auen ist der Nutzholzertrag der Nieder- und Mittelwälder ein geringer. Es ist wirtschaftlich nicht gerechtfertigt, sich auf den zumeist sehr ertragsfähigen Standorten der Auen mit der Erzeugung minderwertiger Brennholzsorten zu begnügen. Die Ernte von verhältnismäßig viel Reisholz stellt höhere Anforderungen an das Nährstoffkapital des Bodens. Beim Niederwaldbetieb und bei der Nutzung des Unterholzes im Mittelwald kommt es häufiger als im Hochwaldbetrieb zur Bloßlegung und Vergrasung des Bodens, das Gras wirkt verdämmend auf die Kulturpflanzen, außerdem läßt häufig die Wildüberhegung die Stockausschläge und Kernwuchspflanzen nicht hochkommen, so daß stellenweise nur minderwertige Weichhölzer, dornige Sträucher und Gestrüpp an die Stelle des Unterholzes treten. Eine Umwandlung, die zu einer ausgesprochenen Nutzholzwirtschaft, Verhütung des übermäßigen Gras- und Unkrautwuchses, Zurückdrängung des Strauch- und Weichholzes führt, wäre anzustreben. Es kann sich bei dieser Umwandlung nicht um die Überführung

---

[1] B a u e r, Die Umstellung der Wirtschaft in den Auewaldungen des badischen Rheintales, Forstw. Cbl. **53**, 1931, S. 629—643, 682—696, 726—738. — P h i l i p p, Richtlinien für die Erziehung und Verjüngung der Hochwaldbestände in Baden, 1925. — B a y e r. L a n d e s f o r s t v e r w l t g., Auszug aus dem Betriebswerk für die staatlichen Rheinauwaldungen der Pfalz, Mitt. aus d. Landesforstverwaltung Bayerns, 24. Heft, München 1939. — W o d e r a H., Die Donauauen bei Wien, Centralbl. f. d. ges. Forstw. 1929, S. 86 ff., 121 ff. — W i l d m a n n E., Die Donauauen von Niederösterreich, Centralbl. f. d. ges. Forstw., 52. Jg., 1926, S. 193 ff., 285 ff.

in Plenterwald handeln, denn die wichtigsten Holzarten des Auwaldes sind Lichthölzer, so die Weiden und Pappeln, Robinien, Birken, Eschen und Eichen. Andere weisen als „Halbschattholzarten" nur mäßige Schattenfestigkeit auf, wie Ahorn, amerikanische Roteiche, Ulme, Erle. Es ist nicht möglich, die Lichthölzer des Auwaldes in dauerndem Stufenschluß des Plenterwaldes zu halten. Für die Lichthölzer des Auwaldes ist Lichtwuchsbetrieb, für die Bodenpflege sind Schatthölzer als Bodenschutzholz im Unter- und Zwischenstand erforderlich. Dieser Bestockungsaufbau ist auf die Dauer nur im schlagweisen Hochwald möglich. Der Plenterwald würde unregelmäßige Auszugshiebe für das Oberholz erfordern, eine unschädliche Rückung und Bringung der schweren Hölzer wäre ohne Fällung des Unterstandes kaum durchführbar. Daher wurden in den Rheinauen Badens und in den von der Bayerischen Landesforstverwaltung bewirtschafteten Rheinauwaldungen der Pfalz Ausschlagwälder mit gutem Erfolg in schlagweisen, im Lichtwuchsbetrieb zu behandelnden, mehrschichtigen Laubholzhochwald übergeführt, es wurde auf höchstmöglichen Zuwachs hochwertiger Edellaubhölzer bei intensiver Bestandespflege hingearbeitet, dabei wurde durch einen Unterstand von Schatthölzern für die Bodenpflege und für die Schaftpflege der Edelhölzer gesorgt.

Um eine dem stetigen Standortswechsel angepaßte Auwaldwirtschaft mit Hochwaldbetrieb planmäßig aufzubauen, ist die Unterscheidung verschiedener *Auwaldtypen* erforderlich, und zwar sind etwa folgende Typen, die auch hinsichtlich der empfohlenen Umtriebszeiten voneinander verschieden sind, festzustellen:

1. Der *Pappel- und Weidentyp* auf Standorten, die bei jedem Hochwasser regelmäßig und fast alljährlich überflutet werden und dann längere Zeit der Überflutung ausgesetzt sind; der Boden dieser Überschwemmungsgebiete ist in der Regel sehr gut, er wird durch bloßen Niederwaldbetrieb nicht entsprechend ausgenützt, Hochwaldbestockung von Pappel- und Weidenbeständen mit höheren Wuchsleistungen bei *40- bis 50jährigem Umtrieb* wird empfohlen. Der Pappel- und Weidentyp ist in der Hauptsache auf die Weichholzstufe (vgl. S. 47, 48) beschränkt, er greift aber örtlich über sowohl nach unten in die Halblandstufe (mit Weiden) wie auch nach oben in die untere Hartholzstufe, um die für die fremdländischen Pappeln noch unzweifelhaft vorhandene Eignung des Standortes auszunützen. Holzarten dieses Typs sind die fremdländischen Pappeln *Populus canadensis* und *robusta,* denen auf der Hartholzstufe als Füllbestand Schwarzerlen, in höheren Lagen auch Ahorne, Eschen, Linden beigepflanzt werden zur Förderung der Astreinheit sowie zur Erzielung eines bodenschützenden, den Graswuchs zurückhaltenden Unterstandes. Die Begründung erfolgt in höheren Lagen mit aus Stecklingen erzogenen Pappelstarkheistern, in tieferen Lagen mit Weidensetzstangen, die aber nicht zu Kopfhölzern, sondern zu Hochstämmen zu erziehen sind. Für weniger ertragreiche Böden sind (vorwiegend auf der Übergangsstufe von Weichholz zu Hartholz) die einheimischen Pappeln standortsgemäß. In den Rheinauen der Pfalz sucht man den bisher vernachlässigten einheimischen Pappelarten ihr altes Heimatrecht wiederzugeben, dies wurde auch durch Erkrankungen

(Pappelkrebs) an der *canadensis* und *robusta* veranlaßt. Den vielen Gefährdungen der Auwaldkultur (Wasser- und Schlammbedeckung) entwachsen am sichersten Pflanzungen mit Halb- und Starkheistern, also mit 1 bis 2 m hohen, stämmigen, gut bewurzelten Pflanzen. Die Pappel braucht vollen Lichtgenuß und weist nur bei ausreichendem Standraum (Pflanzverband etwa 6 : 6 bis 8 : 8 m) die außergewöhnlichen Zuwachsleistungen auf. Zur Erzielung astreinen Nutzholzes ist frühzeitiges Aufasten notwendig.

2. Hieher gehört weiter der *Schwarzerlentyp* in vernäßten Tieflagen außerhalb des eigentlichen Überschwemmungsgebietes, mitunter kurzfristigen Überschwemmungen ausgesetzt, doch müssen die ihr zusagenden nassen Tieflagen längs Wasserläufen geregelten Wasserabfluß (Rieselwasser) aufweisen, gegen Stauwasser ist sie empfindlich. In Baden (und auch in den Rheinauen der Pfalz) wurden die Erlen in zwei- und mehrschichtigem Aufbau im Hochwaldbestand erzogen, Stämme des herrschenden Bestandes ergaben wertvolles Nutzholz (bis 75 v. H. Schaftholzausbeute), Stockausschläge lieferten den Unter- und Zwischenstand zur Bodenpflege, die *Umtriebszeit* betrug 50 bis 70, *im Mittel 60 Jahre*. Hiebsreife Erlenbestände auf einem der Erle entsprechenden Standort werden in der Hauptsache durch Kahlabtrieb und Heisterpflanzung wieder auf die gleiche Holzart verjüngt. Auf höhergelegenen Stellen ist natürliche Verjüngung durch Ansamung zu empfehlen, auf solchen Standorten samt sich die Schwarzerle leicht und massenhaft an.

3. Der *Eschentyp* als Mischwaldtyp in der unteren und oberen Hartholzstufe auf mineralisch kräftigen, tiefgründigen, feuchten Böden außerhalb des Überflutungsgebietes, auf denen auch andere Edellaubhölzer, wie Eichen, Ulmen, Ahorne, ferner Buchen, Linden, Birken, Nußbaum, Wildobst, Platanen, Robinien, gedeihen können. Aber die für die Esche geeigneten feuchteren Standorte auf guten tiefgründigen Schlickböden in nicht wassergefährdeter Lage (also auch ohne Stauwassergefahr) sind der Esche und nicht der Eiche zuzuweisen, weil die Esche schon in 70- bis 90jährigem, *durchschnittlich 80jährigem Umtrieb* hochwertiges Nutzholz von entsprechender Stärke ergibt, während dies bei der Eiche auf frischen Böden der Auen erst in einem 120- bis 150jährigen Umtrieb der Fall ist. In wirtschaftlicher Hinsicht ist also der Eschentyp in der Au dem Eichentyp entschieden überlegen. Als bodenschützende Holzarten im Eschentyp werden Ahorne, Linden und Buchen begünstigt, der Mischwald wird angestrebt, die Schwarznuß vermag im Rahmen des Eschenumtriebes zu sehr wertvollen Stämmen heranzuwachsen auf sehr tiefgründigen, mineralkräftigen, frischen bis feuchten Lehmböden bei mildem Klima. Wenn kleinere Teilflächen nach ihren Feuchtigkeitsverhältnissen für die Esche nicht taugen, lohnt es sich nicht, zur Eichenwirtschaft mit hohem Umtrieb auf kleinster Fläche überzugehen, vielmehr können auf solchen Teilflächen unter Beibehaltung des 70- bis 80jährigen Umtriebes amerikanische Roteiche, Ahorn, Kirschbaum, Platane, auf trockensten Böden Birke und Robinie, in ehemaligen Hochwasserrinnen Erlen angebaut werden. Die Begründung erfolgt durch Heisterpflanzung im Verband von 2 : 2 m bis 2,5 : 2,5 m. Der Eschenanbau soll erst nach sorgfältiger Untersuchung des Bodens auf seine Güte und besonders auf die Mächtigkeit (80 bis 90 cm Schlick) erfolgen, dann auch

auf die gegen Hoch-, Stau- und Druckwasser geschützte Lage. Auch bei der Übernahme von Eschennaturbesamung ist Vorsicht geboten, denn bei dem ungemein raschen Standortswechsel im Auwald kann Eschenansamung auch auf Standorten erfolgen, auf denen sie nur in der Jugend blendet und die für sie trotzdem völlig ungeeignet sind.

4. Eine Art des Eschentyps im Mischwald von Hartlaubholz ist der *Ahorntyp*, der noch auf sandigen Lehmböden gedeiht, die etwas weniger feucht sind und deren Körnung etwas gröber ist als beim Schlick, mit 60 bis 70 cm Gründigkeit. Mischholzarten sind Linde, Roteiche, Kirsche, Rotbuche; auf den trockensten Stellen Birke, Robinie, auf feuchteren Stellen Esche. Der Umtrieb ist durchschnittlich *70jährig*, die Begründung erfolgt ähnlich wie beim Eschentyp.

5. Sandige, zur Trockenheit neigende Lagen eignen sich für den *Birkentyp* mit Warzenbirke und den Mischhölzern Robinie, Linde, Kirsche. Zur Bestockung geringerer und flachgründiger, durch längere Freilage verödeter, höhergelegener Standorte sowie mehr sandiger Bodenlagen mit tiefem Grundwasserstand ist der Birkentyp allein geeignet. Auch für nicht allzu flache Kiesböden kommt er in Frage. Die Begründung erfolgt durch Halbheisterpflanzung im Verband 1,5 bis 2 m je nach der Größe der Heister. Der Umtrieb beträgt *60 bis 80 Jahre.*

6. Der *Eichentyp* auf tiefgründigen, mineralkräftigen, frischen Böden außerhalb des Überflutungsgebietes mit geringen Höhen- und Feuchtigkeitsunterschieden im Vergleich zum Eschentyp, vorwiegend in der unteren Hartholzstufe. Qualitativ beste Auwaldböden mit mindestens 1,50 m Gründigkeit auf frischem bis feuchtem Schlick eignen sich für die Stieleiche. Zur Erzeugung der vom Markt begehrten Starkeichen muß der Umtrieb unter den Standortsverhältnissen des Auwaldes 120 bis 150, im Mittel *130 Jahre* betragen. Die Aufsparung des erforderlichen hohen Holzvorratskapitals im Wege jahrzehntelanger Hiebseinsparungen kann in der Regel nur begüterten Besitzern größerer Waldungen zugemutet werden. Nur jene Waldteile mit tiefgründigem Schlick, die sich wegen nicht genügender Feuchtigkeit, fehlender oder nicht genügender Grundwasserführung oder wegen Warmwassergefährdung für die ertragsreichere Esche nicht mehr recht oder überhaupt nicht eignen, die aber noch immer erstklassige Laubholzböden aufweisen, kommen im Auwald für den Übergang zur Eichenwirtschaft in Frage. Wirtschaftsziel ist dann Eichenstarkholzzucht im Lichtwuchsbetrieb, möglichst auf größerer zusammenhängender Fläche. Eichelsaat würde im Auwald wegen zu starker Verdämmung durch Unkraut, Sträucher und Stockausschläge zu viel Kulturpflege erfordern. Die Begründung findet daher streifenweise mittels Heisterpflanzung statt. Die Heister sollen aus einheimischem Saatgut erzogen werden. Für den Unterbau der Eiche in den Auen eignen sich Hainbuche, Buche, Linde und Ahorn.

In den Rheinauwaldungen der Pfalz wird noch ein *Rotbuchentyp* auf flachen und meist trockenen Böden in nicht wassergefährdeter Lage unterschieden, die Rotbuche ist auch dort im Auwald nicht einheimisch, sondern wurde vor einigen Jahrzehnten zur Verdrängung der Dornhölzer ein-

gebracht und entwickelte sich günstig[1]. Diese Typen sind alle mehr oder
weniger Mischtypen mit Übergängen, denen nur die vorherrschend vertretene Holzart den Namen gibt. Dem Reinbestand am nächsten kommen
noch die Bestände des Pappel-, Erlen- und Eichentyps.

Die Typenausscheidung wird gelegentlich der Forsteinrichtung karto-
graphisch in eine Typenkarte festgelegt. Bodenkarten und Überflutungs-
karten können den Einblick in die Standortsverhältnisse fördern. Die Forsteinrichtung stellt den Umwandlungsplan auf. Es wird unterschieden
zwischen *Umwandlung* und *Umformung*. Jüngere, oberholzarme Bestände,
die vorwiegend aus Unterholz ohne genügende Beimischung von Edelhölzern
bestehen, werden *umgewandelt* durch typengerechte Bestandesneugründung
auf künstlichem Wege durch Starkheisterpflanzung. Für manche Typen, so
für den Pappel-, den Erlen- und meist auch den Eichentyp, geschieht die
Umwandlung durch Kahlabtrieb auf der Kleinfläche und künstliche
Bestandesgründung, wegen Frost- und Verdämmungsgefahr grundsätzlich
unter leichtem Schirm. Für diesen werden vor allem Edelholzkernwüchse
und Edelholzstockausschläge verwendet. Nach Bedarf der Neukultur erfolgt
Lichtung und schließlich Räumung der Schirmstellung, wobei brauchbare
Edelhölzer übernommen werden. Die Stockausschläge des Unterholzes und
später der Schirmstellung ergeben Bodenschutzholz (die untersten Stufen
für den Mehrschichtenaufbau). In Baden wurde als wichtig erkannt, daß die
junge Kultur mindestens zwei Jahre lang die biologisch wirksame Deckung
der Randstellung sowie des Schutzes gegen Wind und Sonne genießt. Im
Pappeltyp werden die den Bodenschutz übernehmenden Holzarten gleichzeitig angebaut.

In Beständen mit genügender typengerechter Edelholzbeimischung erfolgt
keine „Umwandlung", sondern die *Überführung*. So ist es beim *Eschentyp*,
der meist große Teile des Auwaldes umfaßt, zum Teil auch beim Eichen- und
Erlentyp möglich, vorhandene Bestände durch entsprechende Hiebsführung
(„*Umformungshieb*") nicht nur in die erste Hochwaldaltersklasse, sondern
auch in die zweite und selbst in die dritte überzuführen. Dabei werden vorhandene mittelwaldartige Bestände durch entsprechende Hiebsführung und
Holzartenbegünstigung so „umgeformt", daß sie sich nach dem Hieb zu
einer im Mittel gleichartigen und ungefähr gleichzeitig hiebsreif werdenden
Hochwaldaltersklasse entwickeln. So erfolgt zum Beispiel in jüngeren, ober-
holzarmen Unterholzbeständen mit genügender typengerechter Edelholzbeimischung ein systematisches *Herausarbeiten dieser Edelhölzer* durch rechtzeitiges und wiederholtes Zurückschneiden des Strauchwerkes und wertloser Stockausschläge. In Auwäldern bei Karlsruhe sah Verfasser schöne

---

[1] In den badischen Rheinauen wurde auf den höhergelegenen, trockenen, stark wasserdurchlässigen Sand- und Kiesböden durch Nachzucht der Kiefer auch ein „Kieferntyp" begründet, mit 80- bis 100jährigem Umtrieb; dann auf anmoorigen, der Überflutung nicht
ausgesetzten Standorten, die auf wasserundurchlässigem Lettenboden vernäßt waren, so daß
das Grundwasser fast die Oberfläche erreichte, ein „Fichtentyp" (Umtriebszeit 60 bis 80
Jahre). Auf solchem Standort im Stadtwald von Freiburg i. Br. bewährte sich dieser Typ.
In Auwäldern von geringer Meereshöhe sind aber im allgemeinen die Nadelhölzer Fremd-
linge.

Beispiele solcher Überführung. Gleichzeitig werden die hiebsreifen Oberhölzer gefällt. Der so herauszuarbeitende Jungbestand kann auch brauchbare junge Stockausschläge enthalten. Nötigenfalls kann die Überführung
(ebenso wie die Umwandlung) auch auf der Großfläche bewirkt werden.
Fehlstellen, zum Beispiel in einem 40jährigen Eschenbestande, können mit
Pappel aufgeforstet werden, für die die restliche Umtriebszeit des Eschentyps (noch 40 Jahre) zur Erlangung der Hiebsreife ausreicht.

Ältere mittelwaldartige Bestände mit reichlicherem, vielfach aus Natur-
besamung hervorgegangenem Unter- und Zwischenstand standortsgemäßer
Edelhölzer werden durch die Hiebsführung im Ober- und Unterholz derart umgeformt, daß sie sich nach dem Hieb zu einer im Durchschnitt gleichartigen Hochwaldaltersklasse entwickeln und auf der ganzen Fläche je
nach dem derzeitigen Alter des Unter- und Zwischenstandes in die zweite
und selbst in die dritte Altersklasse fallen (B a u e r , Karlsruhe, a. a. O.).

Außer der Umwandlung und Überführung kommt noch *Pflege der
Mittelwaldbestockung* in Anwendung, in mittelwaldartigen Beständen mit
Hochwaldcharakter, die noch nicht verjüngt werden, in denen die Wieder-
herstellung gute Bodenzustände durch Schaffung eines regelmäßig verteilten
Unter- und Zwischenstandes aus guten Ausschlägen, Bekämpfung der Weich-
und Strauchhölzer und des Dornengestrüpps, Unterdrückung des Gras-
und Unkrautwuchses durch den Schirm des gepflegten Unter- und Zwischenstandes die Hauptsache ist, dadurch wird zugleich Vorarbeit für die spätere
natürliche Verjüngung geleistet. Die Forsteinrichtung vermag nach badischen
Erfahrungen, über die B a u e r berichtet, die Mittelwaldschläge unter Berücksichtigung aller Umstände derart in den Einrichtungsplan einzugliedern,
daß auch in ungünstigen Fällen in $\frac{U}{2}$-Jahren der eigentliche Hochwaldbetrieb verwirklicht ist. (Dabei sind die Hochwaldumtriebszeiten bei den
sehr günstigen Produktionsverhältnissen des Auwaldes wesentlich kürzer als
außerhalb der Auen, für Pappel 40 bis 50 Jahre, Erle, Birke 60, Ahorn 70,
Esche 80 Jahre.)

Außer der künstlichen Bestandesgründung unter Vorholz und außer
der Jungbestandesgründung durch Herausarbeiten der Edelhölzer mit der
Axt kann auch die Überführung durch eigentliche natürliche Verjüngung
unter Schirm erfolgen: Am besten aus dem Unterholz, nötigenfalls aus dem
Oberholz wird ein lockerer Schirm geschaffen, unter dem sich zuerst die
Schattholzarten (Ahorn, Hainbuche, Linde, Ulme, Buche) verjüngen, die
durch Reinigungshiebe gekräftigt werden, nach weiterer Auflockerung des
Kronendaches stellt sich auch die weniger schattenfeste Esche ein. Die gewünschte Holzartenmischung, zum Beispiel Vorherrschen der Esche oder des
Ahorns, ist, soweit sie nicht restlos durch Hiebsführung und Ansamung
erreicht werden konnte, mittels Durchpflanzung der natürlichen Verjüngung mit Starkheistern der standortsgemäßen Holzart zu sichern. Lichtungshiebe, Räumung und Jungwuchspflege sichern das Ergebnis. Ein durchschnittlich zehnjähriger Verjüngungszeitraum kann genügen. Für die räumliche Ordnung war bei der natürlichen Verjüngung in badischen Rheinauen
(bei Karlsruhe) durch das System der Anrücklinien im Sinne des Keilschirm-

schlagverfahrens gesorgt. Das wirtschaftliche Ergebnis der Betriebsumwandlung des Auwaldes ist eine wesentliche Ertragsteigerung[1].

Formen des Niederwaldes.

Zum *Niederwald* gehört der *Eichenschälwaldbetrieb*, dessen Ziel in erster Linie auf die Gewinnung von Gerbrinde (glatter „Spiegelrinde") gerichtet ist. Außerdem werden die geschälten Eichenstangen teils als Nutzholz (Rebpfähle), teils als Brennholz verwendet. Infolge zunehmender Verwendung ausländischer Gerbstoffe und der Gerbung mit mineralischen Stoffen ist seit den letzten Jahrzehnten des vorigen Jahrhunderts die Nachfrage nach Gerbrinde und die Wirtschaftlichkeit dieses Betriebes stark zurückgegangen[2], auch das Steigen der Arbeitslöhne trug zum Niedergang dieser Wirtschaft bei. Schon während des ersten Weltkrieges war man wieder auf die inländische Rinde angewiesen, jedoch nach dem Kriege gestaltete sich die Rentabilität des Eichenschälwaldbetriebes wieder sehr ungünstig. In Bayern zum Beispiel ging die Fläche des Eichenschälwaldes von 1900 bis 1925 auf fast ein Drittel zurück. Meist wurde eine Umwandlung in Hochwald oder die Verwendung des Bodens für andere Kulturgattungen vollzogen. Der Eichenschälwald erfordert kräftige frische Böden und warmes Klima (Weinklima), in Deutschland sind südliche Lagen im Gebiete des Rheins, Mains, Neckars, der Saar und Mosel bevorzugt. Die Begründung des Eichenschälwaldes geschieht entweder durch Riefensaat oder durch Pflanzung, meist mit drei- bis vierjährigen Stummelpflanzen. Die wichtigsten Gerbstoffeichen Mitteleuropas sind die Stiel- und die Traubeneiche. Die Rinde der Zerreiche wird nur ausnahmsweise als Lohrinde verwendet, weil sie gerbstoffärmer und rissig ist und frühzeitig Borke bildet[3]. Im Mittelmeergebiet wird die (besonders zum Gerben des Sohlenleders verwendbare) Rinde der Immergrüneiche *(Quercus Ilex),* in Südfrankreich auch die Rinde der Korkeiche und Kermeseiche gewonnen. Die Kermeseiche, *Quercus coccifera,* hat sehr wertvolle Gerbrinde, die wertvollste Lohrinde wird aus den Wurzeln gewonnen. Auf besten Standorten ist die Rinde der Stiel- und Traubeneiche bis zum 25. bis 30. Jahre geschlossen und glatt, von grauer Farbe, glänzend (daher „Glanz- oder Spiegelrinde"), mit zahlreichen braunen Lenticellen bedeckt. Der Eichenschälwald soll möglichst als Reinbestand erzogen werden. Sich eindrängende Weichhölzer, wie Aspe, Salweide, Birke, Hasel, Hainbuche, werden entfernt, das gehört zu den Arbeiten der Bestandespflege und der

---

[1] Über den A u w a l d vgl. auch noch folgende Abschnitte des vorliegenden Buches: Die Wasserverhältnisse der Standorte in Auwäldern, S. 44 f., Wasserbedarf der einzelnen Holzarten, S. 53, Natürliche Verbreitung der Esche, der Pappeln, der Erlen, der Weiden, der Stieleiche, S. 170, 196, 200, 203, 204. Vegetative Vermehrung (Ausschläge, Stecklinge, Setzstangen, Absenker), S. 298—301, Waldbautechnik des Eschenbestandes, des Schwarzerlenbestandes, der einheimischen Pappeln, der Weiden, der Stieleiche, der Kanadapappel und Robustapappel, S. 406, 417, 419, 439, 442, 462, Ausschlagwaldbetrieb (Niederwald, Mittelwald), S. 528—531, Weidenhegerwirtschaft, Robinienniederwald, Erlenniederwald, Brennholzniederwald, S. 683—688.

[2] J e n t s c h Fr., Untersuchungen über die Verhältnisse des deutschen Eichenschälwaldbetriebes, Berlin und Frankfurt a. M., 1906.

[3] H e m p e l und W i l h e l m, Die Bäume und Sträucher des Waldes, 2. Bd., Wien 1893, S. 77.

Vorbereitung der Rindennutzung. Die Nachbesserungen finden nur mit Eichen, meist mit Stummelpflanzen, statt. Um dem Boden Licht und Wärme zuzuführen, sorgt die Durchforstung für Vermeidung zu dichten Schlusses. Aus demselben Grunde soll auch nicht Oberholz übergehalten werden. Die Fällungszeit im Eichenschälwald ist bedingt von der Rücksichtnahme auf die beste Schälzeit, die Zeit, in der die Rinde sich leicht vom Holze abschälen läßt. Sie fällt zusammen mit der Zeit vom Knospenausbruch an, also vom Mai an, bis etwa Mitte Juli, in Bosnien von anfangs April bis Mitte Juli[1]. Je weiter in den Sommer hinein die Schälzeit sich verzögert, um so größer ist die Gefahr, daß die noch im selben Jahr erscheinenden neuen Ausschläge nicht genügend verholzen und den Herbst- und Winterfrösten zum Opfer fallen. Feuchte warme Witterung fördert die Ablösung der Rinde. Dem Hieb geht im Winter die Nutzung etwa noch vorhandenen „Raumholzes" (also unerwünschter Holzarten) und nicht schälbaren, geringen Eichenholzes voraus. Die Umtriebszeit ist mit Rücksicht auf die Gewinnung der besten Gerbrinde niedrig, sie beträgt 12 bis 20, allenfalls 25 Jahre.

Zum Niederwaldbetrieb (mit sehr kurzem Umtrieb) gehört auch die *Weidenhegerwirtschaft* zum Zwecke des Korbweidenbaues[2] (Erzeugung von Ruten für Korbflechterei, Bindeweiden, sogenannten Bandstöcken für Faßreifen). Tiefgründige frische Böden sind geeignet, insbesondere Lehm mit reichlicher Feuchtigkeit, der Grundwasserspiegel soll nicht höher als 0,5 bis 1 m unter der Bodenoberfläche liegen. Unter dieser Voraussetzung kommen frische tiefgründige Böden in freier sonniger Lage vom Lehm bis zum sandigen, schotterigen Boden in Betracht. Ungeeignet sind nur rohe Torfböden, ausgesprochen sumpfige Böden und trockener Sand. Zeitweilige Überflutung durch Hochwasser schadet hingegen den Weiden nicht. Liegt der Grundwasserspiegel höher als angegeben, so ist Entwässerung notwendig. Auch Klima und Bodengestaltung sind von Einfluß, nicht nur das Tiefland kommt für Korbweidenkultur in Frage, sondern auch die Vorberge der Gebirge (nach J a n s o n geht im Schwarzwald die Anbaumöglichkeit bis über 800 m hinaus, in Gebirgen südlicherer Breiten noch entsprechend höher). Auf Hängen werden die Reihen in der Richtung der Schichtenlinien, also senkrecht zur Linie des stärksten Gefälles, angelegt, um einen Schutz gegen das Abschwemmen zu bilden.

Zur Neuanlage einer Weidenkultur wird der Boden im Herbst durch Hand- oder Pflugarbeit auf 40 cm rigolt (wodurch das Unkraut so tief versenkt wird, daß es die Oberfläche nicht wieder erreichen kann). Im Frühjahr, sobald der Boden abgetrocknet ist, werden die Stecklinge nach der Schnur gesteckt, mit nach oben gerichteter Knospenspitze, schwach schräg, sie kommen zur Gänze in den Boden. Die Erde muß allseits am Steckling anliegen. Man verwendet dabei Daumen- und Handballenschutz aus Leder. Die Stecklinge dürfen beim Eindrücken in den Boden nicht geknickt wer-

---

[1] H o f f m a n n K., Über den Eichenschälwaldbetrieb in Bosnien, Österr. Vierteljahresschr. f. Forstw. 45, 1895, S 226—234.

[2] J a n s o n A., Korbweidenbau, Berlin, P. Parey 1929. — S t e l l w a g - C a r i o n F., Korbweidenkultur in Österreich, Centralbl. f. d. ges. Forstw. 59, 1933, S. 7—10. (Vgl. auch Abschnitt IV, 11, des vorliegenden Buches, S. 443.)

den. Bis zum Setzen sind die Stecklinge feucht, kalt und dunkel aufzubewahren, um sie vor dem Austrocknen oder Austreiben zu schützen. Als Pflanzweite empfiehlt S t e l l w a g - C a r i o n auf Grund der Anbauversuche der Österreichischen Bundesanstalt für Pflanzenbau und Samenprüfung: Reihenentfernung 45 bis 50 cm, Pflanzenabstand in der Reihe 10 bis 20 cm, Stecklingsbedarf bei Pflanzweite 45 mal 20 cm: 111.000 je **Hektar.** Nach J a n s o n hat fast jedes Weidenanbaugebiet seine Lokalsorten, doch komme für den heutigen erwerbsmäßigen Anbau nur die Auswahl von fünf Sorten (drei für Flechtweiden, zwei für Bandweiden) in Betracht: Die Amerikanerweide, *Salix fragilis americana,* die ausgezeichnet ist durch raschen Wuchs und durch die Eignung zur Herstellung von weißem Flechtwerk, da ihre Ruten, geschält, absolut weiß bleiben. Sie ist allen Mandelweidensorten *(Salix amydalina)* weit überlegen, die wegen der leichten Schälbarkeit und weißen Färbung der geschälten Ruten geschätzt sind. Weiter empfiehlt J a n s o n Sorten der Korbweide, *Salix viminalis L.,* und zwar die „echte gelbe Königshanfweide", *var. regalis,* und die echte Kaiserweide, *var. imperialis,* als Bandweiden *Salix dasyclados Wimm.* und die Freiburger Weide, deren botanische Herkunft nicht feststeht.

Für Österreich gibt S t e l l w a g - C a r i o n für alle nicht extremen Standorte als qualitativ und quantitativ leistungsfähigste Sorten an: Die amerikanische Weide *(Salix americana),* die belgische Hanfweide *(Salix viminalis Belgie),* die englische Hanfweide *(Salix viminalis merriniana),* die englische Steinweide *(Salix purpurea Kerksii)* und die sanddornblättrige Weide *(Salix hippophaefolia).* Auf den extremen Standorten habe sich die Uferhanfweide *(Salix viminalis riparia)* für recht feuchte Böden und die kaspische Weide *(Salix pruinosa daphnoides caspica)* für trockene, schotterige Böden sowie für Flugsandböden am besten bewährt.

Die Pflege der Korbweidenpflanzungen besteht hauptsächlich in der Behackung als Mittel zur Unterdrückung des Unkrautes bis zum Eintritt des Bestandesschlusses. Im ersten Jahr ist bis dreimaliges Behacken, im folgenden ein- bis zweimaliges empfehlenswert. Besonders der Windling ist (durch wiederholtes Ausreißen) zu bekämpfen. Ohne Stallmistdüngung und Kunstdüngerzufuhr sind auf die Dauer keine Höchsterträge zu erzielen.

Die jedesmalige Nutzung der Ausschläge geschieht nach dem Laubfall als Zeichen für vollkommenes Ausreifen des Holzes, ab Mitte November oder ab Dezember bis Ende Februar, knapp am Boden, zum Schneiden bedient man sich einer guten Gartenschere oder eines „Weidenmessers". Bündel von etwa 20 kg werden mittels Weidenruten gebunden. Der Ertrag soll im ersten Jahr etwa 4000 kg, im zweiten Jahr 7000, im dritten bis fünfzehnten (oder zwanzigsten) normal je 10.000 kg grüne Ruten je Hektar betragen. Der Markanteil im Querschnitt der Ruten soll nicht größer sein als ein Fünftel des Holzkörpers.

Die Aufbewahrung der Ruten über den Winter, bis zum März, erfolgt in Bündeln, liegend gestapelt, an windgeschützten Orten, wo ein Vertrocknen nicht zu befürchten ist, entweder unter Bedachung (in Holzschuppen, Scheunen) oder im Freien, mit Stroh und dergleichen sorgfältig gedeckt. (Ein anderes Verfahren der Aufbewahrung ist das Einlegen der Bündel in

Wasser, vornehmlich in fließendes.) Im Frühjahr findet die Verwendung der Ruten zur Stecklingsgewinnung statt oder zur Abgabe als grüne Ruten, auch zur Herstellung geschälter weißer Ruten. Zur Vorbereitung für das Schälen, falls dieses beabsichtigt ist, werden die Bunde anfangs März in 10 bis 20 cm hohes Wasser, Bund an Bund, gestellt. Anfangs Mai, sobald der Safttrieb bemerkbar ist, die Ruten über Wasser Blätter treiben, kann mit dem Schälen begonnen werden. Die Ruten werden dann nach gleicher Länge sortiert und mit Draht in handliche Bunde gebunden. 10.000 kg grüne Ruten entsprechen 3300 kg weißgeschälter.

Der *Robinienniederwald* bedeckt im Tieflande Ungarns, Rumäniens, Bulgariens, in der Ukraine und sonst in Südrußland weite Flächen. In Österreich finden wir ihn im sommerwarmen Osten mit pannonischem Klima, so im Burgenlande, im niederösterreichischen Weinviertel, im benachbarten östlichen Südmähren. Auch im Elsaß gibt es Akazienniederwaldungen von Belang. In Deutschland wird er hauptsächlich für die Aufforstung von Steinbrüchen und Halden, an Steilhängen in warmen Lagen, an Böschungen von Eisenbahn- und Wegeinschnitten angewandt. Außer einem guten Brennholz liefert der Robinienniederwald Rebpfähle, Wagnerholz, dauerhaftes, aber nur mäßig warnfähiges Grubenholz, Bauholz für ländliche Bauten; Kernholz eignet sich auch für Eisenbahnschwellen sowie für Brunnen- und Wasserleitungsrohre. Die Robinie zeichnet sich durch zähe Ausschlagfähigkeit und raschen Wuchs aus. Die Neubegründung kann mit ein- bis zweijährigen Pflanzen in 1 bis 1,2 m Pflanzenabstand erfolgen, die Pflanzen werden zwei Jahre nach dem Anwachsen gestummelt. Im fünften bis sechsten Jahre kann bereits mit den Durchforstungen begonnen werden. D r a c e a berichtet[1], daß sich in Rumänien nach dem Abtrieb eines Robinienbestandes (Neupflanzung) der Boden mit einer außerordentlich großen Zahl von Stock- und Wurzelloden bedecke. Infolge des Lichtbedürfnisses und der Wurzelkonkurrenz komme es zu einer kräftigen Bestandesausscheidung, die hauptsächlich auf Kosten der weniger wüchsigen Wurzelloden vor sich gehe. Die Stockausschläge erweisen sich als kräftiger. Im dritten bis fünften Jahre sind die Stockloden zu zahlreich und zu dicht, in Windlagen werden dem Stock aufsitzende Ausschläge leicht umgebogen oder gebrochen. Im fünften Jahre hat schon die Durchforstung zugunsten der nach Beschaffenheit, Stärke und Höhe besten Bestandesglieder zu beginnen, sie wird in Abständen von wenigen Jahren wiederholt. Die niedergebogenen, gipfellosen, gebrochenen und aufgespaltenen Stangen werden ausgehauen. Die Aufastung der stärksten und höchsten etwa 800 bis 900 Zukunftsstämme bezeichnet D r a c e a als eine zwar kostspielige, aber sehr einträgliche Arbeit. Schon beim ersten Aushieb werden in Rumänien Rebpfähle gewonnen, die aber noch arm an Kernholz sind. Die Bestandesausscheidung vollzieht sich so rasch, daß der fünfjährige Bestand je Hektar nur etwa 4000 bis 5000 lebende, gutwüchsige Bestandesglieder enthält, der 15jährige rund 1000, eine Zahl, auf welche die Stammzahl des Eichenbestandes erst im 25. Jahre sinkt, die des Kiefern-

---

[1] D r a c e a M. D., Beiträge zur Kenntnis der Robinie in Rumänien, Bukarest 1926.

bestandes nach S c h w a p p a c h schen Ertragstafeln gar erst im 55. bis 66. Jahre.

Die *Umtriebszeit* im Robinienniederwald beträgt je nach den zu erzeugenden Holzsorten etwa 12 bis 30 Jahre. In Ungarn empfahl V a d a s eine solche von 15 bis 20 Jahren, er fand, daß bei 20jährigem Umtrieb der Durchschnittszuwachs am größten sei[1]. Wo stärkere Nutz- und Werkholzsorten erzeugt werden sollen, wird bei günstigen Standortsverhältnissen der Umtrieb auf 30 Jahre verlängert. In Rumänien berechnete D r a c e a die finanzielle Umtriebszeit des Robinienniederwaldes auf den guten und besten Sandböden der Kleinen Walachei (auf Grund der Holzpreise von 1915) zu 15 Jahren, für den Fall einer zweckmäßigeren Preisbildung ergab sich eine 20jährige Umtriebszeit als finanzielle und zugleich als solche des größten Derbholzmassenertrages. Nach ihm übertrifft dort die Rentabilität des Robinienniederwaldes selbst jene der Landwirtschaft auf den besten Sandböden. Die *Zuwachsverhältnisse* sind sehr günstig, nach seiner Ertragstafel beträgt auf den besten Sandböden die Mittelhöhe im 15jährigen Robinienniederwald 20 m, die Schaftmaße 222 fm, der durchschnittliche Zuwachs 14,8 fm, der durchschnittliche Derbholzzuwachs 14,3 fm. (Im zwölften Lebensjahr erreicht dort der laufend jährliche Derbholzmassenzuwachs sogar über 26 fm!) „Auf bindigen, unkrautwüchsigen, undurchlüfteten, tonreichen Böden Rumäniens sind nur minderwertige Robinienwälder.‟

Der *Erleniederwald* ist in Überschwemmungs- und Stauwassergebieten eine zweckmäßige und oft die einzig mögliche Betriebsart. Das Ausschlagvermögen der Schwarz- und der Weißerle ist groß und hält lange an. Weißerlenniederwälder werden in der Regel in 15- bis 20jährigem Umtrieb bewirtschaftet. Die Weißerle verlangt nur mäßige Gründigkeit, hält aber im Tieflande auf trockenen Böden höhere Umtriebe nicht aus, sondern wird auf solchen Böden bald gipfeldürr. Im *Schwarzerlenniederwald* werden wegen des Wertes stärkerer Nutzholzsorten auch höhere als 30- bis 40jährige (bis 60jährige) Umtriebe angewandt. So wurden zum Beispiel im Burgenland in einer Leithaau der Heeresökonomie Bruckneudorf[2] durch Ausschlag entstandene Schwarzerlenbestände behufs Nutzholz-, insbesondere Furnierholzerzeugung in einen höheren Umtrieb übergeführt, die Nutzung zum Beispiel in einem 45jährigen Bestande erfolgte nur im Wege sorgfältiger Durchforstung zur Pflege der besten Bäume. Diese Bestandespflege wurde von 1925 bis zur Gegenwart fortgesetzt, der Bestand hat sich recht gut entwickelt. Die Schwarzerle gedeiht besonders auf Lehmboden mit der erforderlichen Feuchtigkeit. Auf Sandböden braucht sie für gutes Gedeihen jährliche Düngung durch Schlickablagerung bei der Überschwemmung[3]. Wo (ähnlich wie in den Donauauen unterhalb Wiens) durch Errichtung eines Schutzdammes die jährliche Überflutung und Düngung wegfiel und die Geradlegung und Vertiefung des Hauptgerinnes zu einer Senkung des

---

[1] V a d a s E., Monographie der Robinie, Schemnitz 1914.

[2] H u d e c z e k Fr., Lehrausflug in die Forste der Heeresökonomie Bruckneudorf, Österr. Vierteljahresschr. f. Forstw. 1931, S. 225—229.

[3] R a v e, Ein Wort für die Roterle, Dtsch. Forstwirt 24, 1942, S. 369—372.

Grundwasserspiegels führte, dort litten besonders die Erlenbestände, viele Stämme wurden gipfeldürr [1].

Auf Böden mit üppigem Graswuchs findet die Bestandesgründung durch Pflanzung mit stärkeren und höheren (etwa 1,20 m hohen) Setzlingen statt, zwei Jahre nach der Kultur können die Pflanzen bereits 5 m hoch sein. In der genannten Leithaau war in Schwarzerlenpflanzungen schon drei bis vier Jahre nach deren Begründung völlige Unterdrückung des Grases zu beobachten. Zur Anlage und Ausbesserung werden in der Regel dreijährige, einmal verschulte, gut bewurzelte Pflanzen benutzt, bei geringerer Konkurrenz durch Graswuchs zwei- bis dreijährige Saatpflanzen. Auf schwerem und nassem Boden findet Hügelpflanzung, allenfalls Rabattenpflanzung Anwendung. Bestandesgründung durch Saat oder durch natürliche Verjüngung wäre in der Regel durch den Graswuchs, gegen den die junge Erle empfindlich ist, behindert. Bei der Pflanzung kann wegen der Raschwüchsigkeit ein weiter Verband (1,5 m im Quadrat) angewandt werden. Kranke Stöcke werden durch Kernwüchse im Wege der Pflanzung von Loden ersetzt. Die übliche Jahreszeit für den Abtrieb ist der Herbst oder Frühling, auf nassen Standorten der Winter bei Frost. Wegen der Frühjahrsüberschwemmungen werden hohe Stöcke belassen.

Die Umtriebszeit des Schwarzerlenniederwaldes beträgt 40 bis 60 Jahre, der durchschnittlich jährliche Baumholzmassenzuwachs auf bester Standortsklasse 9 bis 10 fm, davon etwa 10 v. H. Reisholz, auf zweiter Standortsklasse 6,5 bis 7,5 fm, davon 12 bis 15 v. H. Reisholz, auf dritter 4 bis 5 fm (hievon 17 bis 24 v. H. Reisholz)[2].

Der durch hohe Erträge ausgezeichnete *Edelkastanienniederwald* wurde bereits im Abschnitt IV, 10 (Seite 423—424) besprochen.

Der *Brennholzniederwald* besteht hauptsächlich aus Stockausschlägen verschiedener Laubhölzer, wie Eiche, Hainbuche, Birke, Esche, Ahorn, Buche, Feldulme, Linde, Salweide, Erle, Pappel, Weide. Die Umtriebszeit liegt meist zwischen 20 bis 30 Jahren. Der Höhenzuwachs der Ausschläge ist in den ersten Jahren groß, da Stockausschläge in der Jugend rascher als die Kernwüchse derselben Holzart wachsen. In der ersten Jugend beträgt der Höhenzuwachs bei Ausschlägen der Pappeln, Akazien, Baumweiden, Birken, Eschen etwa 1,50 m und mehr im Jahre; bei Schwarzerle, Ahorn, Bergulme, Ailanthus etwa 1,20 m; bei Edelkastanie, Feldulme, Walnuß, Sorbusarten etwa 1 m; bei Eiche, Hainbuche 0,60; Rotbuche 0,40 m. Die Massenleistung des Brennholzniederwaldes ist je nach der Holzartenzusammensetzung, Pflege und Bestockungsdichte wechselnd, auf Auenstandorten erreicht sie (nach V a n s e l o w, a. a. O.) 10 bis 12 fm, außerhalb der Auen aber bloß etwa 2 bis 5 fm Baumholz je Jahr und Hektar, dabei ist der Derbholzanfall gering. Verhältnismäßig günstig verhalten sich Brennholzniederwälder, in denen die *Hainbuche* vorherrscht. Ihre Ausschlagfähigkeit ist groß und hält lange an, sie hält als Schattholzart mit reichlicher, gut zer-

---

[1] Österr. Vierteljahresschr. f. Forstw. 73, 1923, S. 36.

[2] V a n s e l o w K., Einführung in die forstliche Zuwachs- und Ertragslehre, Frankfurt a M., 1941.

setzbarer Streu den Boden in gutem Zustand. Trotzdem hat der Brennholzniederwald, der in der wirtschaftlichen Leistungsfähigkeit dem Hochwald
weit nachsteht, vom volkswirtschaftlichen Standpunkt die Daseinsberechtigung im großen und ganzen verloren. In Österreich gibt es noch Brennholzniederwälder hauptsächlich im Weinviertel, Leithagebirge, mittleren und
südlichen Burgenland, im Süden des oststeirischen Hügellandes und in den
Auen.

Außer den rein forstlichen Betriebsarten können noch unterschieden
werden solche einer

Verbindung der Holzzucht mit der Tierzucht.

Waldweidebetrieb.

Hieher gehört der *Waldweidebetrieb*. Im Hochgebirge bildet die Wald-
weide (einschließlich der Weide auf den der Forstwirtschaft gehörigen
Nebengründen, Alpenweiden usw.) eine Existenzfrage für die Bevölkerung.
Hier kann man zweierlei unterscheiden: entweder es handelt sich um eine
lichte Überschirmung des Weidelandes durch schüttere Bestockung auf einer
Fläche, die *hauptsächlich* als *Grasweide* dient. In den Alpen ist die in schütterer Bestockung auf Weideflächen häufig geduldete lichtkronige Holzart die
Lärche, die sich dort infolge natürlichen Anfluges einstellt; im Tieflande kommen Laubhölzer in Betracht, die im weiten Verband gepflanzt, verpfählt
(oder durch Dornen geschützt) und im Schneitel- oder im Kopfholzbetrieb
bewirtschaftet werden. (Das „Schneiteln" besteht in einer in drei- bis
sechsjährigem Umtrieb wiederholten Gewinnung der dem Schaft entlang
entstandenen Äste und Ausschläge, die entweder als Futterlaub oder als
Flechtruten und dergleichen verwendet werden.)

Der zweite Fall betrifft *eigentlichen Wald*, in welchem zugleich auch
Waldweidenutzung stattfindet.

Die Weidenutzung besteht in der Nutzung der in den Waldungen
wachsenden Futterkräuter und Gräser durch unmittelbaren Auftrieb des
Viehes, in den Alpen hauptsächlich von Rindvieh (in geringerem Maße auch
von Pferden und Schweinen, Schafen und Ziegen). Auch in den Schweizer
Alpen gibt es sowohl öffentliche Waldweide als auch private. Im Berner
Oberland zum Beispiel war 1926 etwa ein Viertel der Gesamtfläche von der
bestockten Weide eingenommen[1]. Den bayerischen Alpen ist die Waldweide
gleichfalls nicht fremd. In den österreichischen Alpen wird auf ausgedehnten
Waldflächen die Weide ausgeübt[2]. In Tirol zum Beispiel gibt es kaum einen
Wald, der nicht auch der Nebennutzung durch Weide ausgesetzt wäre. In
den Alpen ist die Viehzucht der Hauptzweig der Landwirtschaft, die Bewirtschaftung der Almen, also des meist unbestockten Graslandes in höheren
Alpenlagen, ermöglicht eine erhöhte Viehhaltung mit allen ihren wirtschaft-

---

[1] Großmann, Die Waldweide in der Schweiz, 1926.

[2] Rund 645.000 ha Waldfläche in Österreich ist mit Weiderechten belastet; außerdem
wird auf beträchtlichen Flächen bäuerlichen Eigenwaldes die Weide ausgeübt, die Gesamtfläche des beweideten Waldes in Österreich kann daher nach N. Domes auf rund
1,150.000 ha oder 40 v. H. der gesamten Waldfläche geschätzt werden. Domes N., Untersuchungen über Waldweide, Zentralbl. f. d. ges. Forst- u. Holzwirtschaft 70, 1947, S. 39—51.

lichen Werten und besitzt Bedeutung auf tierzüchterischem Gebiet, die Almen sind Aufzuchtgebiete für einen gesunden, kräftigen Viehstand. Wo die unbestockten Flächen des offenen Graslandes zu klein oder extensiv bewirtschaftet sind, dort gewinnt die Weide im anschließenden Wald verhältnismäßig hohe Bedeutung. Richtige Verteilung des Waldes zwischen den Almflächen wirkt auf den Almboden günstig ein, beeinflußt das Klima (mäßigt die Windgeschwindigkeit) und fördert den Almbetrieb. Diese Wirkungen des Waldes finden in der Schweiz ihre praktische Würdigung in der Einführung einer Betriebsform, des sogenannten „Wytwaldes", welche den Wald in Gruppen und Horsten, gleichsam in schachbrettartiger Verteilung, auf den Almflächen erhält. Die Einrichtungen der Alpwirtschaft, die Ställe und Almhütten, finden Schutz durch den sie umgebenden Wald. Das Vieh findet im Bestand und unter alten Wetterfichten Schutz gegen die Unbilden der Witterung. Der Wald liefert dem Alpwirt Brennmaterial und Nutzholz, Streu, Dürrfutter und Weide [1].

Im eigentlichen Wirtschaftswald ist die Waldweide ein Notbehelf. Denn die im Schatten erwachsenen Gräser sind wasserreicher und nährstoffärmer als die Lichtpflanzen der offenen Weide. Das Vieh ist gezwungen, weite Wege zurückzulegen, um sein Nahrungsbedürfnis zu befriedigen, es „verläuft Fleisch und Milch", und wertvoller Dünger geht verloren. Andererseits ist ein wesentlicher Vorteil der Waldweide der, daß sie in Zeiten anhaltender Trockenheit, ja Dürre immer noch Futter liefert, während auf der freien Weide keines mehr zu finden ist. Mit ihrer Hilfe kann also zu solchen Zeiten der Viehstand erhalten werden.

Die *Schäden* der Waldweide betreffen den Boden und den Bestand. Ungünstige Bodenveränderungen treten ein an steilen Lehnen und an Örtlichkeiten mit frischem, tiefgründigem, bindigem Boden; durch die Klauen der Weidetiere wird der Boden verwundet, die Rasendecke losgelöst. Diese Stellen werden vom Wasser durchtränkt, es entsteht oft ein wasserundurchlässiger Brei, das Wasser macht den Boden schwer, es kommt leichter zur Bildung von Bodenabsitzungen und Abrutschungen, von sogenannten „Blaiken" und selbst von „Muren" (Abgleiten fester Massen auf einer schiefen Ebene, wobei das Wasser die Rolle des „Schmiermittels" spielt). Weiter werden Schäden an Wegen und Steigen angerichtet. Am (jungen) Bestandesmaterial schaden die Weidetiere zunächst durch den „Viehtritt", namentlich das Großvieh infolge seines größeren Gewichtes. Beim Rindvieh ist der Hauptschaden der durch den Viehtritt. Die Hufe der Weidetiere verletzen (besonders auf feuchtem Boden) die Kulturpflanzen am Wurzelhals oder an den Wurzeln, dadurch finden auch Pilze Eingang in den Holzkörper. Der Rotfäule des Holzes wird dadurch wie überhaupt durch äußere Verletzungen Vorschub geleistet. Im Weidwald sind rotfaule Fichtenstämme nicht selten.

---

[1] M a n t e l W., Die Alm- und Weidewirtschaft im Hochgebirge in ihrer Auswirkung auf den forstlichen Betrieb, Jahresbericht d. Dt. Forstvereins 1925, S. 191—207. — J u g o v i z R., Wald und Weide in den Alpen, Wien 1908. — D i l l e r, Die wirtschaftlichen Auswirkungen der Servituten in Kärnten, Österr. Vierteljahresschr. f. Forstw. 80, 1930, S. 334 ff. — E c k m ü l l n e r O., Die Formen der Waldweide im steirischen Bauernwald, Allg. Forst- und holzw. Ztg. 1948, S. 121—123.

Ferner beeinträchtigt der Tritt der Weidetiere den Bestand durch das Zertreten von jungen Pflanzen und Keimlingen, Fehlen der Verjüngung [1], durch Umbiegen und Umbrechen größerer Pflanzen. Weitere Weideschäden werden durch das Verbeißen junger Pflanzen verursacht. An manchen Orten wird der Schaden durch häufige Wiederholung gesteigert. Der Verbiß währt oft so lange, bis der Baum dem Maul des Viehes entwachsen ist, es entstehen oft meterhohe, dabei zwei und mehr Jahrzehnte alte „Kollerbüsche". Mantel (a. a. O.) berichtet, daß sich in den weidebelasteten Wirtschaftswaldungen die Kulturkosten um 30 v. H. erhöhen und daß durch fortwährenden Verbiß der Kulturen die Hiebsreife um zehn bis fünfzehn Jahre hinausgeschoben werden kann.

In den lückigen Waldungen der Kampfzone nahe der oberen Waldgrenze ist der Schaden geringer als im eigentlichen Wirtschaftswald, doch muß auch dort verhütet werden, daß der Wald gerade in der Höhenstufe, wo er ein Bollwerk gegen die Unbilden des Klimas darstellt, der Zerstörung anheimfalle.

Die Größe des Weideschadens hängt auch ab von dem Verhältnis zwischen dem *Vorrat an Futter*, also an Bodenweide, einerseits und der *Viehzahl und Viehgattung andererseits*. Man rechnet, daß der tägliche Futterbedarf an mittlerem Heu beträgt [2]: für eine Kuh etwa 11,4 kg, für ein Stück Jungvieh 5,1 kg, für ein Schaf 0,8 kg, ein Pferd 12,4 kg, ein Schwein 2 kg. Wenn also die Weidezeit zum Beispiel 120 Tage dauert, so muß eine Kuhweide einen Futterwert von ungefähr 14 q liefern, eine Schafweide einen solchen von etwa 1 q. Wird mehr Vieh aufgetrieben, als dem Weideertrag an Bodenweide entspricht, so werden um so mehr auch die jungen Holzgewächse geschädigt. Ziegen sind wegen ihrer Vorliebe für Holzpflanzen besonders schädlich, Pferde verursachen außerordentliche Trittschäden.

Versuche über den *Weideertrag der bestockten und unbestockten Weide*, die im Lande Salzburg ausgeführt wurden und über die J. Trubrig in der „Österreichischen Vierteljahresschrift für Forstwesen" 1938 berichtete, ergaben: Auf der *offenen*, also nicht bestockten, *gepflegten Weide*, deren Boden mit der Kleinfräse bearbeitet und außerdem gedüngt worden war, war der Weideertrag fast achtmal so hoch als auf der *ungepflegten offenen* Weide; auf dieser war er immer noch um ein weniges höher als auf der *schütter mit Lärchen* bestockten Weide; dabei wirkt die Lärche als Lichtholzart am wenigsten verdämmend. Auf einer mit *Fichtenaltholz bestockten* Fläche war der Weideertrag am geringsten, nicht einmal halb so groß wie auf jener unter Lärche, er betrug unter den Altholzfichten nur etwa ein Siebzehntel von dem auf der gepflegten, offenen Weidefläche. Auch in bezug auf den Futterwert der Pflanzen war die Kunstweide gegenüber der Waldweide sehr überlegen. Weitere systematisch durchgeführte Untersuchungen zur Feststellung des Futterertrages der Waldweide je nach den wichtigsten Holzarten, den forstlichen Standortsbonitäten, den Bestockungsgraden und den Altersklassen wurden im Schrifttum verlangt (N. Domes, a. a. O.).

---

[1] Vgl. Leibundgut H., Über aufgelöste Gebirgswälder und Maßnahmen zu deren Wiederherstellung. Schweiz. Z. f. Forstw. 88, S. 33—42, 65—73, 1937.

[2] Wappes L., Wald und Holz, I. Bd., S. 457.

In den Beständen von lichtbedürftigen Holzarten, wie Lärche, Eiche, Birke, Kiefer, stellt sich früher und mehr Begrünung ein als in Beständen von Halbschattholzarten, wie Esche, Ahorn, Ulme usw. In gut geschlossenen Beständen der Schattholzarten (Tanne, Buche) und in solchen der Fichte unterbleibt die Begrünung ganz. In der oberen Waldstufe der Innenalpen mit großem Lärchenanteil sind die Bestände lichter und graswüchsiger als in den Außenzonen und Randalpen mit dichter geschlossenen Beständen, geringerem Lärchenanteil oder vollständigem Fehlen dieser (O. Eckmüllner, a. a. O.).

Maßnahmen zur Eindämmung des Schadens der Waldweide[1]. Bei genügendem Bodenfutter fügt das Großvieh dem Holzwuchs nicht viel Schaden zu. Daher soll die Anzahl der Kuhrechte festgelegt werden, die der zu beweidende Wald normalerweise zu ernähren vermag. Die Festsetzung der *zulässigen „Bestoßung"* erfolgt durch Schätzung auf Grund von Erfahrungen für längere Zeiträume. Andere Vieharten werden entsprechend ihrem Futterbedarf nach Normalkuhrechten umgerechnet. Ziegen und an manchen Orten auch Schafe sind als waldschädliches Kleinvieh von der Waldweide in der Regel ausgeschlossen. Die *Weidedauer* sollte durch Anfangs- und Endtermin festgesetzt sein, um einer wegen zu frühen Beginnes bei mangelnder Bodenweide entstehenden stärkeren Beschädigung am Holzbestande vorzubeugen. Weiter sollte die Weide nur bei Tage ausgeübt werden, dazu wäre für genügende gesunde Stallräume vorzusorgen. Wo die Waldweide von den Kulturen nicht ausgeschlossen werden soll, dort wendet man „*Verpflockungen*" an, in der Regel mit drei Pflöcken zu jeder Pflanze, hauptsächlich als Schutz gegen den Viehtritt. Über die Erfahrungen, die in einem größeren Forstwirtschaftsbezirke der nördlichen Kalkalpen mit umfangreichen Verpflockungen (reduzierte Fläche der verpflockten Kulturen von 130 ha in sechs Jahren) gesammelt wurden, berichtete Fr. Hoffmann[2]. Danach haben sich die Verpflockungen gegen Vertritt und Verbiß durch Weidevieh sehr gut bewährt, doch waren sie nicht geeignet, den Verbiß durch Rotwild abzuhalten. Auf Böden, in welchen den Pflöcken die erforderliche Standfestigkeit gegeben werden kann, sind die Verpflockungen durchführbar. Dagegen ist dies auf allen seichten, felsigen, grobsteinigen und versumpften Böden nicht der Fall. Steiles Gelände schließt die Verpflockung nicht aus, wenn der Boden den Pflöcken ein entsprechend tiefes Eindringen gestattet. Das Rindvieh geht den Pflöcken nach Möglichkeit aus dem Wege. Um dem Weidevieh dieses Verhalten zu ermöglichen, muß der Pflanzenabstand derart gewählt werden, daß sich die Tiere zwischen den verpflockten Pflanzen bewegen können. Dies ist der Fall bei einer Pflanzenzahl von höchstens 4000 Stück je Hektar; bei sehr regem Weidegang (zum

---

[1] Gayer K., Fabricius L., Forstbenutzung, 13. Aufl., 1935, S. 655. — N. N., Betriebseinrichtung und Wirtschaftsführung in einem Hochgebirgswaldbesitz, welcher mit Weiderechten überlastet ist. Österr. Vierteljahresschr. f. Fw. 50, 1900, S. 25—49 (schildert eindringlich krasse Übelstände in einem von Weidevieh und Wild übermäßig bevölkerten Hochgebirgsforst in den Hohen Tauern, vermutlich Kärnten).

[2] Hoffmann Fr., Verpflockungen. Österr. Vierteljahresschr. f. Forstw. 52, 1902, S. 365—376.

Beispiel in der Nähe der Alpstallungen) ist eine Pflanzenzahl von 3000 Stück je Hektar vorzuziehen, sofern dies auch die sonstigen waldbaulichen Erwägungen gestatten. Auch die Kosten der Verpflockung sprechen für die Herabsetzung der Pflanzenzahl.

Runde Pflöcke drehen sich leicht und werden im Boden bald locker; es sind daher gerade Spaltpflöcke mit entsprechender Länge und scharfkantigem Querschnitt zu verwenden. Umfangreiche Versuche sprechen für 70 cm Pfahllänge (vier Zehntel der Länge sollen im Boden stehen). Wenn die Pflöcke später locker werden, müssen sie tiefer eingeschlagen werden. Auf feuchten Böden braucht man Pflöcke von größeren Dimensionen. Der Querschnitt soll so viel Quadratzentimeter aufweisen, als einem Achtel der Pfahllänge (in Zentimetern) entspricht, zum Beispiel bei 70 cm Pfahllänge: Querschnitt 9 cm² (3 mal 3 cm). Die Pflöcke sollen zur Zeit der Verwendung vollkommen ausgetrocknet sein, also rechtzeitig vorher erzeugt werden. Die Verpflockung soll man unmittelbar im Anschluß an das Pflanzensetzen durchführen lassen, denn sonst genügen bei größeren Kulturflächen nachher die Arbeitskräfte nicht mehr, um vor dem Viehauftrieb zu verpflocken. Verpflockungen, welche vom Waldbesitzer durch eigene Arbeiter sorgfältig ausgeführt werden, sind stets erfolgreicher als jene, welche von den Weideberechtigten, wenn auch unter Aufsicht des Forstpersonals, geleistet werden.

In der Regel sind drei Pflöcke je Pflanze erforderlich; nur in sehr steilem Gelände kann man, wenn auf die beschränkten Geldmittel Rücksicht genommen werden soll, mit nur einem Pflock auskommen, denn in solchen Lagen wird die Schutzleistung vorwiegend durch den bergseitigen Pflock ausgeübt. *Für Pflanzen, welche im Schutz von Stöcken, Steinen, Wurzeln, Sträuchern und dergleichen gesetzt werden,* kann oft schon dieser *natürliche Schutz* allein genügen, meist wird er aber durch einen zweckmäßig eingeschlagenen Pflock zu ergänzen sein. Besonders an Berglehnen ist der genannte natürliche Schutz sorgfältig auszunützen, da die unterhalb solcher Schutzmittel stehende Pflanze gegen Viehtritt, Schneeschub, Verschüttung durch abgetretenes Erdreich und dergleichen am besten geschützt ist. Auch werden die bei Stöcken und Wurzeln gesetzten Pflanzen durch die Zerfallsprodukte jener gedüngt. Auf dem Boden soll der Abstand der drei Pflöcke voneinander rund 25 cm, einschließlich der Pflockstärken 30 cm betragen. Stärker geneigte Pflöcke bieten dem Hufe eine Angriffsfläche. Man darf also den Pflöcken nur eine geringe Neigung geben, kurze Pflöcke würden dann nicht gegen das Maul des Weideviehs schützen, Pflöcke von 70 cm Länge helfen ab. Der bergseitige Pflock soll stärker als die beiden anderen sein, denn er ist am stärksten dem Viehtritt ausgesetzt. Allenfalls schlägt man zwei Bergpflöcke knapp nebeneinander. Bei Pflöcken aus Fichten- und Tannenholz treten im Herbst des dritten Jahres in feuchten Lagen schon Fäulniserscheinungen auf. Das häufigere Nachschlagen der Pflöcke verlängert die Dauer, weil die Grenze zwischen ober- und unterirdischem Teil, die am meisten dem Fäulnisangriff ausgesetzt ist, beständig verschoben wird. Der *Arbeitsaufwand* für die Herstellung von ein Hektar Verpflockung (samt Erzeugung der Pflöcke, Transport und Einschlagen) erfordert bei einer Pflanzenzahl von 4000 bei mittelgünstigen Verhältnissen rund dreißig Männerschichten zu zehn Arbeitsstunden, für 3000 Pflanzen nur 24 Tagschichten. Der Materialbedarf für 9000 Pflöcke beträgt rund 7 fm. Bei Verwendung von ästigem, schlecht spaltbarem Holz kann sich der Materialbedarf verdoppeln. Die Instandhaltungskosten betragen ein bis zwei Männerschichten je Jahr und Hektar.

Drahtverzäunungen zum Schutz der Kulturflächen kosten um etwa ein Drittel weniger und üben einen besseren Kulturschutz aus. Bei der Verpflockung hört der Schutz gegen Verbiß schon auf, wenn der Gipfeltrieb die Verpflockung überragt. Bei zweckmäßiger Ausführung sind die Verpflockungen geeignet, den Aufforstungen im beweideten Wald über die ersten und gefährdetsten Jugendjahre hinwegzuhelfen. Bei *Einzäunungen* wird unter manchen Verhältnissen die verringerte Waldweidegelegenheit als Nachteil von gesamtwirtschaftlichen Gesichtspunkten aus angesehen. Rein waldbauliche Interessen würden für Einzäunung der Kulturflächen sprechen. Holzsparende Einzäunungen unter Verwendung gedrehter Blechstreifen (in drei zueinander parallelen Zügen) sah Verfasser in der Schweiz, sie waren als Grenze zwischen absolutem Wald (einschließlich solchen Grundes, der wegen obwaltenden Schutzwaldcharakters zu Wald werden soll) und der bestockten Weide hergestellt. Zwischen der bestockten Weide und der reinen Weide war in diesem Falle keine Grenze gezogen[1].

Für Wirtschaftswaldungen und ausgesprochene Schutzwaldungen wäre das wirksamste Mittel die „*Trennung von Wald und Weide*" durch Schaffung von offener, gepflegter Weide auf den geeignetsten Böden, um den übrigen Wald von der Waldweide zu befreien. Denn der größte Fehler des Weidebetriebes ist die „Ausdehnung auf Kosten der Güte". In der Schweiz hat man zuerst auf eine scharfe Trennung von Wald und Weide hingearbeitet, später hat man bei grundsätzlicher Trennung doch Fälle anerkannt, in welchen eine solche nicht zweckmäßig ist; man unterscheidet in der Schweiz: 1. den gegen Weide geschützten Wald; 2. die absolute Weide (ohne Waldbestockung); 3. die bestockte Weide oder Waldweide, Wytweide, Weidwaldung. Besonders die Bestände in den Hochlagen, die ohnehin von Natur aus durch lichte Stellung der Bestandesglieder ausgezeichnet sind, sowie die Weideflächen mit vereinzelten Bäumen in der „Kampfzone" werden häufig zu solchen Weidwaldungen erklärt; dort die Bäume zu beseitigen, um reine Weide zu gewinnen, wäre mit Rücksicht auf die Gewalt der Stürme in den Hochlagen nachteilig. Außerdem gibt es auch unterhalb der Waldgrenze Grundstücke, die zur Weide geeignet, der Alpwirtschaft zugewiesen sind und dennoch eines durch einzelne Waldstreifen und Waldgruppen bewirkten Schutzes nicht vollständig entbehren können (also auch da keine vollständige Trennung). Die Waldstreifen dienen als „Schneefluchten" oder „Wetterweiden", die für Menschen und Vieh als Sturm- und Wetterschutz wirken und unter deren Schutz das Vieh auch bei ungünstiger Witterung noch weiden kann. Behufs Trennung von Wald

---

[1] T s c h e r m a k L., Bericht über die Studienreise des Österr. Reichsforstvereins durch die Schweiz, 1909. Österr. Vierteljahresschr. f. Forstw. 1909, IV. Heft.

und Weide muß eine Hingabe geeigneten Bodens zu almwirtschaftlicher Benutzung als „offene Weide" stattfinden, um dadurch das übrige Gelände von der Weide zu entlasten. Das Almgelände bedarf dann eines viehsicheren Zaunes. Alpenverbesserungen, die häufig auch von der Forstwirtschaft durchgeführt werden, betreffen Stallbauten, Weganlagen, Wasserleitungen, Entwässerungen, Rodungen, Errichtung von Zäunen, Anlage von Wiesen, Säubern des Weidelandes von Steinen, Moos, Alpenrosen usw.

Über die Waldweide in den *Ländern der Balkanhalbinsel* wurde bereits im Abschnitt I, 9 (Seite 102 ff.) des vorliegenden Buches berichtet. Zu den Betriebsarten, in denen eine Verbindung der Holzzucht mit der Tierzucht vorliegt, gehört auch:

Der Wildparkbetrieb.

Der Wildpark oder Wildgarten, der die Holzzucht mit der Wildzucht zu vereinigen sucht, ist ein mit Wild bevölkerter, von einer Einfriedung umschlossener Wald. Als Beispiel sei der „Lainzer Tiergarten" bei Wien genannt, im östlichsten Wienerwald, westlich vom Wiener Becken gelegen, im Norden von der Wien, im Süden von der Liesing begrenzt. Eine in den Jahren 1772 bis 1781 errichtete Umfassungsmauer umschließt ein Gelände von rund 2300 ha (früher 2529 ha). Er enthält Hochwild, Damwild, Schwarzwild und Muffelwild, der Stand an diesen Wildarten zusammen betrug vor einigen Jahren etwa 900 Stück. Als Holzarten finden sich Zerreichen, Traubeneichen, Hainbuchen, Buchen, Roßkastanien, andere fruchttragende Bäume, wie Kirschbaum, Wildbirne, Elsbeer- und Vogelbeerbaum, ferner Eschen, Ulmen, Berg- und Feldahorne usw. (am Übergang vom Eichen-Hainbuchen-Wald zum Fagetum).

Im Wildpark tritt im allgemeinen die Jagd und die Hege des Wildes in den Vordergrund, der Waldbau und die rentenarme Waldwirtschaft fristet hier ein untergeordnetes, bescheidenes Dasein. Die Verluste an Holzzuwachs und Holzwert infolge der Wildschäden sind stets größer als der Reinertrag der Jagd. Die Ernährung des Wildes erfordert die Anlage von Grasplätzen, von Wildäckern zur Gewinnung des erforderlichen Wildfutters (Winterkorn, Hafer, Kartoffeln, Topinambur, Mais usw.), die Anzucht von Holzarten, die Wildfutter liefern, wie: Eichen, Buchen, Roßkastanien, Edelkastanien, Wildobst, Vogelbeeren, zahlreichen beerentragenden Sträuchern. Salweiden und Aspen, die sich als leichtsamige Pionierholzarten durch Anflug im Bestande ansiedeln, werden bei den Läuterungen nicht entfernt, weil sie, im Winter gefällt, dem Wild zur Äsung dienen. Viehweide und Grasverkauf unterbleiben. Selbst die Heide wird, wo sie vorkommt, nicht als Streu abgegeben, weil ihre verhältnismäßig zarteren Spitzen im Winter als Äsung dienen können. Die Durchforstungen werden später und in schwachem Grade ausgeführt, damit die Dickungen dem Wilde als Verstecke dienen können.

Der Wildparkbetrieb weist Waldbilder auf, welche sonst im Wirtschaftswald verpönt sind, wie vom Wild verbissene Kulturen, angerissene oder geschälte Stangenhölzer, hohe Umtriebszeiten für das frühzeitiger Stammfäule verfallene Nadel- und Laubholz. Wo die verjüngten Schläge eingefriedet werden müssen, empfiehlt sich in der Regel nicht die Wahl der natürlichen Verjüngung, weil dann wesentlich größere Flächen durch längere Zeiträume eingezäunt bleiben müßten, künstliche Begründung durch Pflanzung ist daher meist vorzuziehen. Wild in solcher Zahl, wie es der Wildpark aufweist, zählt zu den Schädlingen des Waldes. Nur wenn der auch vom Naturschutz gelegentlich erhobenen Forderung Raum gegeben wird, daß nicht alles Gelände der menschlichen Wirtschaft dienen soll, dann hat, nicht als Bestandteil der Wirtschaft, sondern als Ausnahme von den Regeln dieser, auch der Wildparkbetrieb seine Daseinsberechtigung. (Im Lainzer Tiergarten tragen die natürlich vorkommenden Holzarten, so die Zerreiche, reichlich Mast, dies trug dazu bei, daß die natürlich vorkommenden Arten auch im Tiergartenbetrieb beibehalten werden konnten. Hochalterige Bäume, zum Beispiel mehrhundertjährige Traubeneichen, kommen vor, mit Roßkastanien bepflanzte Alleen erfreuen im Frühling durch ihre Blütenpracht, der Wechsel der Waldbestände, Grasflächen und einzelstehenden Laubbäume mit gut entwickelten Kronen schafft schöne Bilder, der Lainzer Tiergarten ist gleichsam ein Naturschutzpark in unmittelbarer Nähe der Großstadt.)

Verbindung der Holzzucht mit landwirtschaftlichem Pflanzenbau.

Unter dem *Waldfeldbaubetrieb,* der auch in Österreich stellenweise gehandhabt wird, versteht man die Verbindung des Hochwaldbetriebes, und zwar eines Kahlschlagbetriebes, mit vorübergehender landwirtschaftlicher Benützung des Bodens jeweils nach dem Kahlschlag und nach der Rodung der Stöcke. Der landwirtschaftliche Pflanzenbau erfolgt entweder als *Vorfruchtbau* (vor der Wiederbegründung des Bestandes) oder als *Zwischenfruchtbau* (zwischen den Reihen der durch Aufforstung eingebrachten jungen Holzpflanzen). Beim Vorfruchtbau wird nach dem Abtrieb und der Bodenbearbeitung, vor der neuerlichen forstlichen Kultur, ein bis drei Jahre hindurch Feldbau getrieben. Beim Zwischenfruchtbau wird die Forstkultur entweder durch Reihenpflanzung oder durch Riefensaat eingebracht, die Zwischenstreifen zwischen den Saat- oder Pflanzreihen werden mit einer Hackfrucht oder auch mit Roggen, Hafer oder Buchweizen, in wärmeren Lagen mit Mais bestellt. Der Fruchtbau dauert gewöhnlich zwei bis drei Jahre, wobei man zum Beispiel zwei Jahre hindurch Kartoffeln baut oder nach zweijährigem Kartoffelbau im dritten Jahre Getreide einbringt oder im ersten Jahre Sommergetreide mit Staudekorn gemischt einsät und dadurch mit einer Aussaat zwei Ernten erlangt, weil das Staudekorn erst im zweiten Sommer Ähren treibt. Beim Zwischenfruchtbau wird gelegentlich des Behackens, Jätens und Behäufelns der Kartoffeln auch zwischen den Holzreihen gejätet. Gewöhnlich werden die Schläge zum Zwecke des Waldfeldbaues an kleinere Pächter vergeben.

An steilen Gebirgsabhängen, an denen im Falle der Bodenlockerung der Abtrag des Bodens durch Wasser zu befürchten wäre, ist das dem Waldfeldbau vorausgehende Stockroden und Wurzelausgraben nach dem österreichischen Reichsforstgesetz nur insofern gestattet, „als der hiedurch verursachte Aufriß gegen jede weitere Ausdehnung sogleich versichert wird".

Als *Hackwaldbetrieb* wird die Verbindung des *Niederwaldes* mit landwirtschaftlichem Zwischenbau bezeichnet. Der Betrieb besteht darin, daß der Boden unmittelbar nach jedesmaligem Abtrieb des Niederwaldbestandes unter Beihilfe von etwas zurückgelassenem Reisig gebrannt und bearbeitet wird, und zwar zwischen den Ausschlagstöcken, die nicht gerodet werden. Der Ertrag eines bloß- ein- bis zweiährigen Getreibebaues zwischen den Ausschlagstöcken ist im Verhältnis zu den Kosten des Brennens und Behackens gering, es kann also nur die äußerste Not an Lebensmitteln zur Übernahme solcher Pachtungen bewegen.

Im nordöstlichen Niederösterreich, im Marchfeld, zum Beispiel auf dem Gut Wolkersdorf, wird gelegentlich eine Abart des Hackwaldbetriebes gehandhabt, die von dem eben angegebenen Betrieb etwas abweicht: Die Holznutzung wird (von den Käufern des Holzes selbst) durch *Baumrodung* bewirkt; die Nutzungsfäche wird sodann den Waldarbeitern zur Vervollständigung der Rodung und zu zwei- bis dreijährigem Hackfruchtbau zugewiesen. Auf dem steinfreien Lößboden läßt sich die Vervollständigung der Rodung mit Schonung der Äxte und einem verhältnismäßig geringen Arbeitsaufwand durchführen. Die dortigen Waldarbeiter widmen nur 40 bis 80 Arbeitstage im Jahre der Waldarbeit und sind sonst kleine Landwirte und Weinbauern. Der zweijährige Fruchtbau auf Lößboden ist ohne Düngung möglich, da der Dünger für die Weinberge dringender benötigt wird. Nach zweijähriger Nutzung gibt der Waldarbeiter das Grundstück an die Forstverwaltung ab, die es nach Aufforstung noch zu zweijährigem „Zwischenfruchtbau" verpachtet. Aber nicht alle Waldböden eignen sich für die vorübergehende landwirtschaftliche Benützung so gut wie die Lößböden. Schwere, grobschollige, humusarme Böden des Wienerwaldes zum Beispiel geben nach der Rodung bei mangelnder Düngung zunächst nur geringe Erträge.

In Deutschland hat der Hackwaldbetrieb seine größte Ausdehnung in Gegenden mit zahlreicher Bevölkerung und geringer Ackerfläche, zum Beispiel in Westfalen im Bergland von Siegen. Allgemein ist der Waldfeldbau und der Hackwaldbetrieb nur in Gegenden, wo es der Bevölkerung an lohnenderen Erwerbsquellen mangelt, üblich. Wo aber Industrie und Baugewerbe die Arbeiter an sich ziehen, dort sinkt die Nachfage nach Rodeland.

Man hielt früher den Waldfeldbau für eine forstliche Kulturmaßnahme, die besonders auf sehr graswüchsigen, durchwurzelten oder auf verhärteten Böden bewirke, daß der Boden durch Lockerung für die Forstkultur verbessert werde. Dies trifft aber auf manchen Böden nur in den ersten Jahren nach dem Anbau der Holzpflanzen zu. Die Tatsache, daß Nadelholzbestände auf aufgeforstetem Ackerland, besonders auf Böden von feinem Korn und gleichmäßigem Gefüge, nach anfänglichem gutem Gedeihen in vielen Fällen im Dickungs- und Stangenholzalter Sterbelücken aufweisen, wird auf Grund der Untersuchungen von A l b e r t[1] sowie von B u r g e r[2]

---

[1] A l b e r t, Besteht ein Zusammenhang zwischen Bodenbeschaffenheit und Wurzelerkrankung der Kiefer auf aufgeforstetem Ackerland? Z. f. F.- u. Jw. 1907, S. 283 ff. und 353 ff.

[2] B u r g e r H., Physikalische Eigenschaften der Wald- und Freilandböden, Mitt. d.

darauf zurückgeführt, daß solche Böden, von vermodernden Baumwuzeln (durch die Rodung) und von Steinen befreit und sich selbst überlassen, mit der Zeit ein sehr dichtes Gefüge annehmen. Die in der ersten Zeit nach der Rodung und Bodenbearbeitung durch ein lebhaftes Wachstum ausgezeichneten Forstkulturen kränkeln auf solchen Böden später und sterben zum Teil allmählich ab. Die Einführung des Waldfeldbaubetriebes ist also für die Forstkultur nicht überall unbedenklich. Doch neigen nicht alle Waldböden in gleicher Weise zu Dichtlagerung. So wird über erfolgreichen Waldfeldbau aus einem Sandgebiet im nordöstlichen Teil des ungarischen Tieflandes (Nyirséggebiet) berichtet [1].

Übrigens kann die Zerstörung der besonderen Architektur des Waldbodens vollständig vermieden werden, indem man die *Rodung* vor dem landwirtschaftlichen Fruchtbau *unterläßt* und trotzdem *Waldgetreidebau* betreibt: Die Kulturfläche wird vor dem Anbau lediglich vom Stamm- und Astholz sowie von den größeren, freiliegenden Steinen gesäubert. Nach Kriegsende empfahl F. Hartmann solchen Waldgetreidebau für fruchtbare, frische, humusreiche, tätige Waldböden (Kahlschläge), die nicht zu stark geneigt, nicht stark vergrast sind, sich im Tief- oder Hügelland oder im Gebirge innerhalb der Getreideregion in Lagen befinden, die nicht mit Reh- und Hochwild überhegt sind und von Waldweide freigehalten werden können. Es erfolgt dann die Saat auf der bloß gesäuberten Fläche für Sommer- und Wintergetreide gleichzeitig, als Sommerfrucht kommen im allgemeinen Sommerkorn und Hafer, seltener Buchweizen, als Winterfrucht das Waldstaude- oder Johanniskorn in Frage. Die breitwürfige Saat soll für Sommer- und Wintergetreide gesondert, aber unmittelbar hintereinander durchgeführt werden [2]. Nachher genügt je nach Bodenbeschaffenheit entweder das Einrechen des Saatgutes mit Eisenrechen oder das Unterbringen mit einer Waldegge oder oberflächliche Bearbeitung mit leichten Kulturhacken durch jugendliche Arbeitskräfte. Mit nur einer Feldbestellung mit verhältnismäßig geringem Abeitsaufwand werden zwei Ernten erreicht. Die Bestandesgründung wird nach der zweiten Ernte, also nach zweijähriger Schlagruhe, durchgeführt. Für Notzeiten, wie sie im Gefolge von Kriegen auftreten, scheint das Verfahren beachtenwert zu sein.

Schweizer. Anstalt f. forstl. Versuchsw. Bd. 13, 1926. — Derselbe, Waldbodenphysik und Stockrodung, Z. f. F.- u. Jw. 1924.

[1] Forgách, Graf B. v., Robinienzucht auf den Flugsandböden des Nyirséggebietes. (Ungar.) Erdészeti Lapok 78, S. 973—986, 1939.

[2] Hartmann Fr., Der Waldgetreidebau als zusätzliche Ernährungsquelle. Allg. Forst- und holzwirtsch. Zeitung (Neue Folge der „Wiener Allgem. Forst- und Jagdzeitung") 57, 1946, S. 17—20. — Mahr, Der Waldstaudenroggen als Wildäsung und Hilfspflanze bei der forstlichen Bestandesbegründung. Neudamm 1933.

Namenverzeichnis.

Sachverzeichnis.

Entwicklungslehre des Bodens. Von Dr.-Ing. **L. Kubiëna,** Bundesanstalt für alpine Landwirtschaft, Admont, a. o. Professor der Hochschule für Bodenkultur in Wien. Mit 5 Textfiguren und 36, großenteils mehrfarbigen Abbildungen auf 9 Tafeln. XI, 215 Seiten. 1948.   S 66.—, sfr. 28.70, $ 6.60. DM 22.—
Geb. S 72.—, sfr. 31.50, $ 7.20, DM 24.—

Elemente der Botanik. Eine Anleitung zu Beobachtungen und Versuchen an *Crepis capillaris* L. Wallr. Von Prof. Dr. **E. Heitz,** Basel. Erscheint im Frühjahr 1950.

Grundlagen und Methoden einer Erneuerung der Systematik der höheren Pflanzen. Von Prof. Dr. **F. Buxbaum,** Judenburg. Erscheint im Frühjahr 1950.

Aus dem Leben der Bienen. Von Dr. **K. v. Frisch,** Professor der Zoologie und Direktor des Zoologischen Instituts an der Universität Graz. V i e r t e, neubearbeitete und ergänzte Auflage. 16. bis 20. Tausend. Mit 112 Abbildungen. VI, 196 Seiten. 1948.   S 18.—, sfr. 8.40, $ 2.—, DM 6.—

Duftgelenkte Bienen im Dienste der Landwirtschaft und Imkerei. Von Dr. **K. v. Frisch,** Professor der Zoologie an der Universität Graz. Mit 50 Textabbildungen. X, 189 Seiten. 1947.   S 36.—, sfr. 16.—, $ 3.70, DM 12.—

Einführung in die Vererbungslehre. Von Dr. **F. Mainx,** a. o. Professor an der Universität Wien. Mit 30 Textabbildungen. VI, 148 Seiten. 1948.
S 24.—, sfr. 10.50, $ 2.40, DM 8.—

Veröffentlichungen der Bundesanstalt für alpine Landwirtschaft in Admont. Heft 1. III, 106 Seiten. 1949.   S 28.—, sfr. 12.20, $ 2.80, DM 9.35

Grundriß der Wildbach- und Lawinenverbauung. Von Dipl.-Ing. **G. Strele,** Innsbruck. Mit 203 Textabbildungen. IX, 340 Seiten. 1949.
S 90.—, sfr. 32.—, $ 7.40, DM 30.—
Geb. S 99.—, sfr. 34.50, $ 8.—, DM 32.50